光电与红外系统的系统工程与分析

Systems Engineering and Analysis of Electro-Optical and Infrared Systems

［美］ **William wolfgang Arrasmith** 著

范晋祥　张坤　张天序　译

白晓东　审校

国防工业出版社

·北京·

著作权合同登记　图字：军—2016—051

Systems Engineering and Analysis of Electro—Optical and Infrared Systems / by William Wolfgang Arrasmith / ISBN：978—1—4665—7992—7

图书在版编目（CIP）数据

光电与红外系统的系统工程与分析 / （美）威廉·沃尔夫冈·阿瑞史密斯著；范晋祥，张坤，张天序译. —北京：国防工业出版社，2019.7

书名原文：Systems Engineering and Analysis of Electro-optical and Infrared Systems

ISBN 978 - 7 - 118 - 11596 - 3

Ⅰ. ①光… Ⅱ. ①威… ②范… ③张… ④张… Ⅲ. ①光电技术—系统工程②红外系统—系统工程 Ⅳ. ①TN2②TN21

中国版本图书馆 CIP 数据核字（2018）第 298305 号

※

国防工业出版社出版发行
（北京市海淀区紫竹院南路 23 号　邮政编码 100048）
三河市腾飞印务有限公司印刷
新华书店经售
*
开本 787×1092　1/16　印张 40¼　字数 924 千字
2019 年 7 月第 1 版第 1 次印刷　印数 1—2000 册　定价 188.00 元

（本书如有印装错误，我社负责调换）

国防书店：(010)88540777　　发行邮购：(010)88540776
发行传真：(010)88540755　　发行业务：(010)88540717

译者序

现代光电与红外系统可以看作由目标、背景和外部照射源及传输介质、光电或红外传感器及信号、信息处理等多个相互影响的单元组成的工程系统。近年来,随着光电与红外系统及其面临的目标和环境、承担的任务使命的复杂性日益提高,怎样更好、更快地设计和研制能够满足用户需求,且适应复杂的运行使用环境的光电与红外系统,成为涉及复杂光电与红外系统开发的项目和技术管理者、系统工程师及光电系统设计师必须面对的问题。

系统工程从需求出发,综合多种专业技术,通过分析、综合、试验和评价的反复迭代过程,开发出满足使用要求、整体性能优化的系统。系统工程是实现工程系统的方法,也是应对技术复杂性的有效方法。系统工程在国外重大国防和航天项目的推动下迅速发展,并从军用标准演化到商用标准,在军用和民用工程技术领域都取得了很大的成功。

系统工程师在现代复杂系统研制中起着重要作用。洛克希德马丁公司前董事长和CEO Norman R. Augusting 指出:在面向工程的公司中,最受欢迎的雇员是系统工程师。2009 年,CNN 财经频道把系统工程师列为美国最佳职业的首位。从事光电与红外系统研制的系统工程师,不仅必须善于应用系统思维和系统工程方法分析问题和解决问题,而且需要具有与光电红外系统专业相关的广博的知识和系统研制的实践经验。

随着所设计和运用的系统变得越来越复杂,理解系统概念并掌握系统工程方法对于光电与红外系统设计师也是至关重要的,除了要精通与光电和红外成像系统设计直接相关的专业知识外,还需要掌握指导复杂光电系统优化、平衡设计的系统工程方法。

综上所述,涉及复杂光电与红外系统开发的各级系统工程师及光电系统设计师需要平衡地掌握有关光电与红外系统的专业知识和系统工程方面的知识。但现有的系统工程类书籍缺乏以具体学科为中心的技术实例和实现方面的内容,而从技术观点出发讨论光电与红外成像、探测和光学系统的书籍,则未能实现专业技术内容与系统工程原理的有机结合。美国 CRC 出版社 2015 年出版的《光电与红外系统的系统工程与分析》一书,平衡地介绍了系统工程和光电与红外系统的技术内容两大方面,并且通过综合案例将书中的系统工程内容与光电系统分析和设计内容有机结合起来,有效弥补了这两类书的不足。

原著作者 William W. Arrasmith 现在是佛罗里达理工学院工程系统教授,曾在美国空军工作了 20 多年,参与了美国空军多项光电与红外系统的研制与项目管理工作,在大型复杂系统的系统工程管理和光电/红外系统的分析、建模等方面具有丰富经验,具有较高的学术水平和丰富的实践经验。

我们认真地通读了全书,认为该书在现代系统工程和光电与红外系统的技术内容方面都有较高的水平,体现了最新研究成果,对从事光电与红外系统研制工作的系统工程师、系统设计师及高校相关专业的教师和研究生具有较大的参考价值,为此开展了该书的翻译工作。全书由上海机电工程研究所范晋祥、空军研究院系统工程研究所张坤、华中科技大学张天序翻译,由中国空空导弹研究院白晓东研究员对全书进行了审校。

　　本书的翻译、出版得到了军委装备发展部装备科技译著出版基金和华中科技大学的资助。

　　本书得到了西安现代自动控制研究所研究员、中国工程院院士杨绍卿先生,华中科技大学武汉国家光电研究中心主任骆清铭教授,中国航天科工集团有限公司第三研究院张锋总师、研究员,上海航天技术研究院副院长张宏俊研究员、院长助理贾耀兴研究员,上海机电工程研究所所长孙刚研究员、副所长王波兰研究员、科技委主任王海良研究员的极大支持。

　　在此一并表示衷心感谢!

　　因译者水平所限,书中疏漏之处在所难免,敬请读者批评指正!

译者
2018 年 7 月

前　言

为什么写这本书？已经有一些优秀的教科书一般性地讨论过系统工程。类似地，有许多从技术角度来讨论成像、探测和光学系统的优秀的书籍。在前一种情况下，一般的面向系统工程的书能很好地描述系统工程的基本原理、工具、技术和方法论，但它们通常在综合性地给出以具体的学科为中心的技术实例和实现方面有所欠缺。有很多由不同出版社出版的优秀的一般系统工程的教科书，其中一个例子是 Benjamin S. Blanchard 和 Wolter J. Fabrycky 的《系统工程与分析》一书。

在光谱的另一端（请原谅我使用这一双关语），有很多有关光学探测和成像的优秀的技术书籍，但它们与系统工程原理的联系不够紧密，这类书的一个好的例子是由 R. D. Hudson 所著的《红外系统工程》，书中有涉及红外光学系统的丰富的技术信息，但有关系统工程的内容仅在此书开始的几页中涉及。这是可以理解的，因为系统工程过程的展开和描述与一本光学或成像书籍中技术信息的展开有不同的流程。本书想要实现三个目标：

（1）我们想写一本关于光学系统工程的书，全书由系统工程基本原理来导出光学/成像技术内容。

（2）光学/成像技术内容足以使实际的工程师理解和分析光学系统，并能将光学技术内容运用到现代光学系统中。

（3）我们想要以综合案例研究作为实例来说明怎样将系统工程内容运用到光学系统中，并给出怎样运用光学系统技术内容的例子。这就可以讨论专业的细微差异和与应用相关的主题，这在纯粹的技术讨论中通常是不涉及的。

除了这三个目标外，我们也希望能包括企业体系架构方法、由多个系统构成的大系统和系统族的内容以及系统工程在这些范式中的作用。我们也希望为读者介绍基于模型的系统工程方法和工具，并给出在系统工程生命周期内怎样运用这些工具的一些实例。最后，我们希望本书能论述现代光电和红外系统。

为什么用这个书名？我们选择"光电与红外系统的系统工程与分析"这一书名以表明：首先这是一本面向系统工程的书，通过强调"分析"，表明这本书将有足够的理论、分析方面的内容和技术深度，从而使工程师能够从系统视角和技术视角分析光学系统。我们采用光电和红外（EO/IR）系统这一词汇，是因为这一说法在美国国防部与情报、监视和侦察界是众所周知的。我们可以在书名中使用"可见光与红外系统"代替"光电与红外系统"，因为我们主要关注在电磁波谱的可见光与红外部分的光学系统。然而，根据韦氏词典，"光电"意味着"是发射、调制、传输或敏感光的电子器件或与之相关"，这一定义更有系统性的解释，由于这一原因并顾名思义，我们选择在书名中采用"光电与红外系统"。此外，在这一书名中的"系统"，用于强调在本书中我们给出了系统级的技术聚焦。我们应当指出：除非另外说明，我们采用"光学"这一术语来描述电磁波谱的紫外、可见光和红外部分的可用部分。如果我们需要区别紫外、可见光、红外和电磁波谱的其他部分，我们将在本书中将它们区分开来。

本书的编排是这样的，在每一章的开始重点讨论顺序描述的系统工程过程，这一讨论是一般性的，可直接运用到光学系统中，我们的目的不是宽泛地论述一般的系统工程主题，而是要导出在本书中介绍的光学分析和设计过程所需的关键的系统工程方法学、技术和工具。因此我们不想复制一般系统工程教科书中的大部分内容，尽管现在这在文献中是盛行的，我们想从现在的顶尖的教科书和期刊中选取系统工程方法论，并把它们运用到光学系统中。我们将选择性地使用适当的过程和工具来概括现代系统工程的基本做法，并运用这些做法得到我们的光学系统工程和分析的重点。

正如本书中的系统工程内容一样，我们也不试图大量地复制在市场上可以得到的光学技术书籍的内容，这将是冗余的、不必要的，且需要太多的篇幅。我们的重点是光学系统工程师所需的光学系统分析、技术性能指标和设计考虑。我们的"光学组成模块"部分的细节等级将是对 Richard D. Hudson 的经典的教科书《红外系统工程》的现代化和主题扩展。尽管 Hudson 的书在强调现代系统工程基本原理方面有所欠缺（这一问题在本书中得到了弥补），但对于光学系统工程师来说，其光学系统方面的内容细节是合适的。我们将采用类似的细节等级，但也进行了主题的扩展和内容的现代化，并把内容从仅覆盖红外扩展到可见光与红外系统。

在每一章，我们将系统工程内容与光学系统分析和设计内容联系起来，我们把这一内容称为光学组成模块，在本书中我们将顺序地展开必要的内容。将系统工程原理与光学系统的内容联系起来是富有挑战性的，因为系统工程内容展开的逻辑流与光学系统分析的逻辑流是不同的。例如，在系统工程早期的概念阶段，你实际上需要有关光学组成模块的所有材料，以全面地进行光学系统分析。我们通过抽象地将系统工程内容中论述的主题与每章中的光学系统分析的内容联系起来以解决这一问题。例如，在第1章中，我们介绍了企业体系架构、由多个系统组成的大系统、系统族、采办过程和系统工程过程，我们也在1.2节相应地介绍了光学系统工程、基本的单位和辐射度量。每一章都有系统工程内容与光学系统分析内容之间的逻辑联系，到第12章时，就已经展开了光学系统分析的必要的基本方面，之后涉及更专门的主题。

每一章以一个综合案例研究作为结尾，案例研究通过实例说明怎样用该章的系统工程内容来导出光学系统分析与设计过程。综合案例研究采用当前章节或以前章节的材料，并应用系统工程原理和光学系统分析原理和方法。我们采用一个虚构的公司，它参与了国土安全竞标并获得成功，将提供用于边境巡逻应用的无人机载昼夜光学系统能力。这一公司的研发部分是一个较大的企业活动的一部分，因此，可以在综合案例研究中涉及企业架构问题、由多个系统构成的大系统问题、系统工程问题以及光学系统分析和设计问题。实质上，综合案例研究将本书中的系统工程内容与光学系统分析和设计材料结合起来，也用来说明怎样应用书中的材料并给出分析性的例子。

我们现在描述本书的内容和布局。本书分为两大部分，第一部分包括第1~4章，涉及在企业、由多个系统构成的大系统和系统族的较大的情境中的系统工程。这一部分也描述系统工程过程的关键的方面，并在每一章中将这些系统工程过程与相应的光学组成模块和案例研究联系起来。

第1章是入门性（导论性）的，介绍了系统、企业、由多个系统组成的大系统和系统族的概念。在1.2节，我们介绍了基本的光学参数、定义和辐射度学量。综合案例研究引入并建立了将在本书全书中提供应用实例的案例研究。

第2章聚焦在通过企业体系架构模型和方法学来理解企业，系统工程过程是与企业体系架构方法相互补充的。我们给出了企业体系架构的用途、简要的历史背景、企业的类型，以及它们在多实体的开发环境中的作用，并简要地描述了某些通用的企业体系架构。我们也讨论了某些企业体系架构建模工具，并具体描述了一个有用的企业体系架构框架——国防部体系架构框架（DoDAF2.0）。正如企业体系架构是将各个实体通过其体系架构框架联接起来的模型一样，线性和非线性系统模型将光学系统的各个方面联接并集成在一起。在2.2节中，我们给出了线性和非线性光学系统模型和应用我们的结果的综合案例研究。

第3章聚焦于由多个系统组成的大系统和系统族，并说明了怎样将系统工程过程应用到整个系统开发生命周期中。在3.2节，我们说明了光学系统本身可以当作一个由多个系统组成的大系统，我们定义了这一由多个系统组成的大系统的构成单元。同在本书的其他合适的章节中一样，综合案例研究再次将系统工程内容与光学组成模块内容综合起来，并当作应用我们的结果的部分。

第4章概述了基于模型的系统工程概念。我们概述了某些基于模型的系统工程工具，并将MagicDraw当作基于模型的系统工程工具的一个有代表性的实例。基于模型的系统工程的一个用途是将企业级的需求与系统组件级的需求联系起来。正如在Math-Work的Simulink中那样，需求模型可以直接与快速原型结构中的硬件和软件单元联系起来。在4.2节中，我们描述了用于建立光学模型所需的光学原理、工具和技术，理解基本的光学原理和方法，能够建立与基于模型的系统工程工具综合起来的复杂的光学技术模型，并成为基于模型的系统工程的范例中的一部分。在综合案例研究中，我们采用层次分析法（AHP）来选择一个分析工具，并说明了理解基本的光学系统的重要性。

第二部分深入地介绍了系统工程过程，第5～16章依次介绍了系统工程过程的关键步骤。同第一部分一样，我们对每一章采用类似的写作方法，将系统工程内容与光学组成模块内容联系起来。综合案例研究还是用于说明本章的材料的实例和应用，综合案例研究是建立在前面的案例研究和光学系统分析中给出的材料的基础上的。

第5章描述了问题定义阶段，并涉及利益攸关者确定、利益攸关者要求分析、运行使用方案和它与企业体系架构框架的关系、利益攸关者需求、项目范围、目标和目的。我们介绍了质量功能分解，并采用MagicDraw作为代表性的需求管理工具。正如问题定义阶段的步骤是系统工程方法学的起点一样，理解光源是理解、建模和分析光学系统的起点，在5.2节，我们建立了理解电磁波谱中的可见光和红外部分的光源的分析框架。

在第6节中，我们涉及可行性分析、权衡分析和可选方案分析，将层次分析法作为所选择的分析可选方案的方法，也说明了可行性和风险以及可行性和需求之间的关系。为了确定一个具体的光学系统概念的技术可行性，或说明不可行性，需要理解一个远离探测面的源的辐射的传播，在6.2节中，我们讨论了光学辐射及其传播。

第7章涉及系统需求，我们讨论了需求产生过程和它与光学系统的关系。我们讨论了光学系统功能、非功能和逆向需求,还讨论了怎样撰写好的光学系统需求,形成了对需求文件的要求的例子,并介绍了基于模型的系统工程在需求更改管理中的价值。正如需求是一个项目、产品、系统或服务成功的关键一样,滤光和调制器件经常是一个光学系统成功的必要的组成部分。7.2节描述了各种滤光和调制机理和系统需求,在综合案例研究中应用了滤光和调制方法。

在第8章,我们评价了光学系统的维护和保障方面。我们发展了可靠性、可维护性和可用性模型,并考虑了预先统筹产品改进(PPPI)、支持保障和光学系统的退出和处置。光学系统将对其关键系统、组件和零部件有维护和支持保障需求,其中一个主要的系统组件是光学探测系统。第8.2节介绍了光学探测机理和探测系统性能指标。这里,我们将给出最基本地理解探测系统所必要的分析性信息,并讨论了对关键的光学系统传感器组件的重要的维护和支持保障考虑。

在第9章,我们建立了一个光学系统的技术性能测度和指标。我们也讨论了性能测度和关键性能参数,并讨论了它们与光学系统需求的关系。可以通过理解其技术性能测度来快速地评定一个光学系统的性能,理解光学传感器的性能特性以及系统和传感器噪声,对于确定光学传感器与光学系统的其他部分是怎样交互作用的是必要的,因此,在9.2节,讨论了系统噪声、传感器噪声和重要的传感器特性。本节的综合案例研究应用本节的分析性材料和以前的结果来确定光学系统传感器的技术性能测度、性能测度和关键性能参数以及性能特性。

在第10章,我们进行了光学系统的功能分析。我们给出了功能分析过程,并说明怎样将它与一组需求联系起来。我们进行了需求的功能分解,并采用功能框图和功能流程图来形成功能分解文件。我们也将功能分析与像 Simulink 那样的基于模型的系统工程工具联系起来。功能分析过程可以用于说明所需的光学系统的功能方面。环境调节控制可以包括温度、湿度、灰尘、辐射等级、光照等级、环境和传导的噪声水平和压力的控制等功能,在10.2节,我们讨论了对光学系统的环境调节考虑。

第11章讨论了光学系统的需求分配,我们讨论了需求分配过程及其与功能分析步骤的关系,我们也给出了对于描述许多系统的高级属性有用的一些通用技术性能测度,并讨论了技术性能测度(如重量、空间、功耗、可靠性指标和噪声指标)的分配。

在第12章,我们讨论了系统设计,给出了系统工程设计过程的三个阶段(方案设计、初步设计和详细设计与研制),并讨论了设计过程和以前的章节的关键方面的关系。我们强调设计过程的分析、综合和优化步骤,在12.2节我们将使用关键性能参数、性能测度、技术性能测度来建立一个用于评估我们的光学系统性能的分析方法。

第13章讨论了建造、制造和生产。在本章中,我们讨论了可以用于生产、制造和建造过程的有用的系统工程方法。我们讨论了统计分析、质量工程方法和过程控制方法及其在光学系统工程中的应用。我们也说明了光学系统本身是全系统开发生命周期的生产、制造和建造阶段的校准和测量工具的基础。在制造了光学系统之后,需要进行测试和定量评定。

第14章介绍了系统测试和评估,我们介绍了系统检验过程并给出了光学系统测试的必要的方面,这是一个小世界!对光学系统和组件的精确的测试和定量评定经常需要高度复杂的测试方法和工具。在14.2节,我们描述了光学系统测试和定量评定方法。我们也给出了对光学系统测试环境条件的理解和控制方法。我们还介绍了光学测试平台，并描述了光学校准方法和标准以及现代光学测试工具。

第 15 章涉及光学系统运用阶段（即运用和支持保障、系统退出和处置阶段）。我们讨论了通过工程更改建议实现的系统改进。我们也描述了 PPPI 过程和批次改进。我们也介绍了可靠性、可维护性和可用性，因为它们与运用阶段有关。并介绍了保障支持需求，强调提供期望的服务。光学系统经常是以模块化和可通过软件改进的方式构建的，这能够在系统仍然在部署使用的情况下有效地改进光学系统的性能，例如，当考虑光学系统的图像/信号处理能力时，通过在光学系统设计和研制中使用开放系统结构和模块化设计原则及标准化，可以更有效、效费比更高地实现升级和改进。在 15.2 节中，我们给出了某些重要的信号处理考虑，并讨论了对光学系统工作有用的某些信号处理方法。综合案例研究则应用了运用阶段的系统工程方法，并将信号处理方法用于 Fantastic 成像技术公司的无人机光学系统中。

在第 16 章，讨论了系统退出和处置。在本部分的这最后一章，我们讨论了光学系统生命末期出现的问题。讨论了有害材料和特殊处理及安全考虑等问题，我们也讨论了搜集经验和更新包括关键的系统信息的历史数据库的必要性，以用于生命周期成本估计、决策和风险管理、可靠性分析和系统建模与优化工作。当光学系统在地面，维护和服务团队能够直接接触到光学系统组件时，在整个生命周期内支持保障一个光学系统就是一项足够挑战性的工作，当光学系统不能直接接触到（如在像空间那样的难以接触的遥远环境中）时又会怎么样？16.2 节描述了空间光学系统，强调系统支持和退出问题。

考虑到章节本身的组织，它们通常分解成三个部分，前面一部分定义系统工程原理和方法，并将它们用于光学系统中。光学系统部分又与光学系统组成模块部分联系起来，光学系统组成模块部分侧重于技术方面，并给出光学系统工程的技术细节。光学系统组成模块部分试图尽可能当作单独的部分，但最好顺序阅读，换言之，每一章的光学系统组成模块部分可以抽取前面章节的信息。有经验的读者可以直接跳到感兴趣的章节，但学习者和受培训者应当顺序地逐章阅读。每一章都以综合案例研究来结束，这里要运用本章的原理、工具和技术。

除了这一材料之外，我们也在每章的结尾处和本书的结尾处提供某些有用的附录（如果需要的话），包括理解本书的技术内容所需的重要的数学关系、有用的数据、表格和信息。

本书是面向较广泛的读者写作的。我们预期的读者主要是涉及光学系统或作为一个较大体系一部分的由多个光学系统组成的大系统的系统工程师。本书也可用于涉及光学系统的一般工程师。光学科学家和专业的工程师将发现这本书对于从系统工程视角理解光学系统是有价值的。负责光学系统的项目管理者将能在整个系统开发生命周期内采用系统开发方法发现有用的指标、分析工具和管理与技术推动者之间的关系。本书对于涉及光学系统的技术人员也是有用的。此外，这本书作为教科书，对于系统工程，光学系统，科学、技术、工程与数学（STEM）课程或其他涉及光学系统的多学科系统方面的研究生会有所帮助。本书也会是国际同行所感兴趣的。

本书的补充材料可以在 CRC 的网站 http://www.crcpress.com/product/isbn/9781466579927 中获得。

致　谢

本书的写作是一个漫长的过程，要感谢很多人对本项目的完成给予的帮助。首先，感谢上帝在这一项目期间给我和平和力量，并在我的生活中给予帮助，如果没有他的宽容和支持，这项工作就不能完成。我也要感谢我的家庭，尤其是 Lena，她在整个项目期间给我支持，在我开始在计算机屏幕前工作时她单独度过了无数的时间。我也要感谢我的孩子 Christina（和她的丈夫 Carlos）和 Kari 及我的孙子 Christian 和 Tristan，他们都是好孩子，给了我和 Lena 极大的快乐。我也要感谢我的父母 Bill Black（MD）和 Hannelore Black，我的哥哥 Gordon 和姐姐 Katrin 在我成长成人的过程给予的爱、激励和支持。此外，感谢我的大家庭，我的所有亲戚和朋友（尤其是 John、Julie、Eric、Jackie、Dan、Denise、Paul、Nancy、Barry、Vee、Nitaya、Yolli 和 Bill）。还要感谢 Pastor 和在 Calvary Chapel 的每一个人。

感谢 Muzaffar Shaikh 博士给我时间来完成本项目，他非常的友善。感谢 Barry、Danny、Aldo、Adrian，尤其是 Arlene，他们活跃了办公室，是无穷的幽默的来源。最后，我必须感谢多年来的许多学生，他们直接以各种方式帮助我来完成本项目，从帮助绘图，到输入公式，到进行重点的、方向性的研究，到开展相关的项目研究、分析和审查，以及帮助我完成材料本身，对你们的艰苦的工作和许多贡献表示感谢。最后，但不是最不重要的，感谢 Taylor&Francis 集团给我机会来完成本书。

William W. Arrasmith 于 1995 年在俄亥俄州代顿空军技术学院获得工程物理博士学位。1991 年他在新墨西哥州阿尔布开克新墨西哥大学获得电子工程硕士学位，1983 年在维吉尼亚州布莱克斯堡维吉尼亚理工学院获得电子工程学士学位。现在，Arrasmith 博士是佛罗里达州墨尔本佛罗里达理工学院工程系统专业教授。在佛罗里达理工学院之前，他在美国空军工作了 20 多年。

在美国空军期间，Arrasmith 博士拥有几个职位，包括美国空军应用技术部先进科学与技术分部主任；美国海军学院武器和系统工程系副教授；美国空军科学研究办公室物理和电子学部项目经理；空军研究实验室（Kirtland 空军基地）Flood Beam 实验部主任；以及美国空军空间部 Teal Ruby 系统项目办公室项目工程师。

Arrasmith 博士是 Phi Kappa Phi、Tau Beta Pi 和美国工程教育学会会员，拥有两个国家专利奖。2013 年，他在佛罗里达理工学院获得总统奖，2010 年获得 Walter Nunn 优秀教学奖。

目　录

第二部分　系统工程工具、方法和技术在光学系统中的应用

第一部分

现代光学系统工程纵览：系统工程与企业体系、由多个系统组成的大系统、系统族的关系

第1章 系统工程导论

科学家研究已经有的；

工程师创建从来没有见过的。

——Albert Einstein

1.1 现代系统工程

将系统工程方法、原理和技术引入并应用到工作场所，并持续多年地进行系统工程支持，已经对系统开发工作产生了显著的影响，在美国及其盟国和全世界的各个国家的政府、工业界、商务界和学术界都可以看到这些工作。在美国，系统工程原理和方法在国防部及其供应商、合作伙伴和防务合同商中非常流行。在美国国防部和许多盟国的国防部，系统工程原理和方法是系统开发工作、采办和支持策略的一个组成部分。在国防界之外，许多商务和工业实体正在采用基本的系统工程原理和方法，并使它们成为其核心业务工作的一部分，著名的实例是汽车、运输和空间工业界。政府、公司、私企和教育部门已经在大型的、复杂的项目和小的项目中采用系统工程方法获得了很大的成功。本章介绍了直接相关并应用到光学系统开发活动中的系统工程的基本概念。本书的重点是作为光学系统工程原理、方法和技术的应用主体的光学系统。我们将把系统工程的概念和方法学与光学探测方法、光学成像应用联系起来，并说明怎样采用系统工程原理和方法驱动光学系统的开发、保障及退役和处置。对于光学系统，除非另有说明，我们均指工作在电磁频谱的紫外、可见光和红外部分的系统。我们接着讨论了现代系统工程和多样性的需求，介绍了企业的总体概念，以及相关的企业体系架构框架和它与系统工程的关系。然后讨论了企业体系架构，并介绍了由多个系统组成的体系和系统族概念。接下来讨论了美国的被称为联合能力集成和开发系统(JCIDS)的规范的采办过程。接着我们介绍了用于整个系统开发生命周期(SDLC)的一些基本的系统工程原理和方法，以此结束本节。

本章的1.2节聚焦于光学系统组成模块，它们是理解光学系统工程所需的基本分析方法和技术。本书大部分章节有光学系统工程组成模块内容，这些章节是相互联系和顺序展开的。在1.1节，我们给出引言性的信息，如将用在较后的章节的单位和基本概念，我们介绍了为宽泛的光学系统和光学系统工程应用奠定基础所需的术语和概念。本章的1.3节引入了将贯穿于本书的光学系统工程案例研究。正如光学系统构成模块一样，案例研究是顺序展开并演进的，目的是将系统工程概念、原理和方法与光学系统工程分析方法综合到一个面向应用的案例研究中。下面我们将简要介绍系统工程领域的历史并给出一些必要的定义。

1.1.1 系统工程简史

在广义上，系统工程可以追溯到古代第一次将系统进行工程化时。古代的建筑可被看作系统，因此金字塔、中国的长城、古罗马供水系统（水道桥）和其他古代建筑都是工程化的系统工程的例子。然而，从历史视角来看，系统工程的原理、方法、工具和技术等现代思想的发展是近年来开始的。系统工程涉及有组织的、优化的、需求驱动的系统开发，强调跨整个生命周期的整个系统，重点是系统集成。

根据国际系统工程学会（INCOSE）的定义，系统工程这一术语本身起源于 20 世纪 40 年代的贝尔电话实验室（Schlanger，1956；Hall，1962；Fagan，1978），贝尔电话实验室的某些系统工程概念可以追溯到 20 世纪早期。美国国防部在 20 世纪 40 年代末期进入这一领域，并将系统工程应用到导弹防御系统（Goode 和 Machol，1957）。在第二次世界大战期间，美国陆军、空军组建了兰德公司。系统工程在第二次世界大战期间得到了应用，但直到 20 世纪 50 年代才第一次讲授我们现在所知道的系统工程学科。第一次尝试讲授系统工程的是麻省理工学院的 Gilman 先生，他曾经是贝尔电话实验室的系统工程主任（Hall，1962）。到 1951 年，Fitts 提出了将系统功能分解到物理单元的思想（Fitts，1951）。兰德公司在 1956 年发展了系统分析这一重要的基本领域（Goode 和 Machol，1957）。1962 年，Hall 在对系统工程的描述中提出了 5 个阶段的划分（Hall，1962），分别是：

(1) 进行系统研究和适当的策划活动。

(2) 探索性策划：实现已知的系统工程功能。

(3) 发展策划：重复第二阶段，但在更详细的层级上实现。

(4) 发展研究。

(5) 当前工程：在系统得到改进并进入系统运行使用阶段时进行当前工程。

自 20 世纪 60 年代之后，系统工程学科得到了稳健的发展。近几十年著名的事件包括 1971 年创建了防务采办大学，创建了设在空军技术学院的空军系统工程卓越中心，以及 1990 年国际系统工程学会的建立。某些著名的出版物包括 1969 年的 MIL-STD-499（美国国防部，1969），1992 年 Andrew Sage 所著的系统工程教科书（Sage，1992），IEEE Std 1220-1998（涉及系统工程的应用和管理），ANSI/EIA-632-1999（重点是系统工程过程；ANSI，1999），2007 年国际系统工程学会的系统工程手册（DAU，2001），以及 Blanchard 和 Fabrycky 的专著“系统工程和分析”（1981 年第 1 版，2010 年第 5 版；Blanchard 和 Fabrycky，2010）。最近的其他重要的事件包括企业体系架构方法的建立和发展、能力成熟度模型集成（CMMI）方法、生命周期成本方法和基于模型的系统工程方法。

CMMI 是一种以过程为中心的方法论，它对于建立一组有组织的评估标准和最佳的做法是有用的。CMMI 方法论起源于一个涉及商务和政府实体与卡内基梅隆大学软件工程研究所之间的创造性的协作项目，国防工业联合会和国防部办公室等组织是其强有力的支持者。

根据 Eisenberger 和 G. Lorden 的说法，系统生命周期成本的概念在 20 世纪 60 年代开始流行，当时美国国防部开始认识到仅仅基于价格授予合同所存在的问题，对武器系统和其他采办事务的研究表明：采办成本通常小于拥有的成本（如运行和维持系统所需的人力和材料成本）。

基于模型的系统工程的思路是在系统开发过程的所有层级上采用一体化模型,并尽可能地改进跨学科的集成和跨系统生命周期的各种系统工程活动的集成。现在有各种优秀的基于模型的系统工程工具,如 Magic 的 MagicDraw™ 有一个企业体系架构插件,能提供基于模型的企业体系架构,它也可以与自身(或其他的)标准的需求管理工具(如 IBM 的面向对象的动态需求系统 DOORS™)及其他基于模型的系统工程工具集成。许多基于模型的系统工程工具构成了一个一体化的组合,能够对诸如企业体系架构方法、需求工程和需求管理方法、业务过程建模和决策与风险分析建模那样的系统工程方法和技术进行建模。企业体系架构方法和基于模型的系统工程方法将在第 4 章进一步讨论。"敏捷"方法、精益工程、"6Sigma"方法和生命周期一体化产品开发工具及决策和风险分析方法、技术和工具的采用,显著地推动了现代系统工程学科的发展,在本书中我们将讨论这些方法。我们接着介绍推进系统工程学科演进的一些决定性的事件。

1.1.2　系统工程的某些定义

当我们考虑系统这个词时,会想到什么?根据韦氏大学词典,系统是"由各个相互作用的或相互依赖的事物组成的具有某一特定功能的整体"。采用这一定义,我们注意到:要有资格成为一个系统,必须有交互作用又相互依赖的事物,而且它们要以一定形式构成一个整体。这一定义是非常宽泛的,适合于许多事物,从一般的事物到不寻常的事物。例如,一个咖啡杯可以看作一个系统,它有一个当作手和咖啡之间接口的手柄(事物 1)、一个当作杯子和表面之间的接口的平坦的表面(事物 2)和一个当作盛放美味的液体饮料的盛器的单元。在另一个极端,星系本身可以被看作一个包括几十亿颗恒星、行星、黑洞、类星体、等离子体、电磁辐射等单元的系统,星系中的这些单元通过诸如引力和电磁效应那样的物理交互作用相互影响,并综合为一体,形成星系。其他系统有卫星系统、医疗系统、军事系统、质量管理系统、检验系统、制造系统和光学系统等,这里仅列出了少数几个。

从这一点看,无论我们怎样定义,只要多个相互依赖的单元以某种方式综合为一体,它就是一个系统。这意味着,当美国的一艘导弹巡洋舰被当作舰队中的一艘具有特定任务使命的可机动的海军水面舰艇时,它可以被看作一个系统。同样,巡洋舰的宙斯盾作战系统本身也可以被看作一个获取实时的目标报文,并将信息提供给舰艇的指挥结构的系统。系统工程涉及按照我们的定义将一个系统进行工程化所涉及的原理、方法论和技术。当阅读系统工程教科书时,不同的教科书对系统工程有不同的定义,但对系统工程定义的相同之处是:

(1) 涉及整个系统。

(2) 应用在整个生命周期,从方案设计到退出/处置。

(3) 重点是综合。

当我们考虑对一个系统进行工程实现时,我们可以考虑以上几点。

系统必须定义在其环境中,这样可以确定它的边界和与其他系统或实体的关联。"实体"这一词汇意味着它从属于包括该单元的一个企业体系架构中。我们的系统可以与其他实体交互作用,如果这样的话,企业体系架构方法就是有用的。一旦我们定义了系统,这意味着什么?我们可以将系统进一步划分为称为子系统的较小的功能单元,这种功能分解是分层级的,取决于系统本身,还经常取决于谁在分解系统。子系统又可以进一步分解为组件/部件/单元/零件,我们采用组件这一术语来指称系统分解的这一层级。

我们所定义的一个光学系统的例子如图 1.1 所示,它表示一个由一组子系统构成的卫星系统。注意:这一卫星有作为子系统的光学组件(如主反射镜、次反射镜、太阳能电池阵列、太阳传感器、仪表模块)。此外,卫星的其他部分可能是直接影响光学系统性能的关键组件(如光阑、遮光罩、电源、信号调理、辐射遮护板、环控和数据通信)。

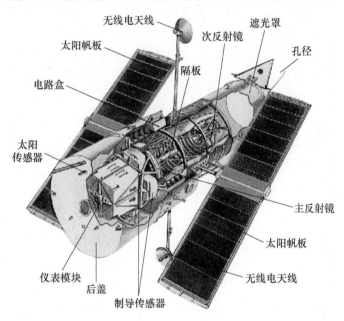

图 1.1　哈勃望远镜结构(复制自 NASA,哈勃望远镜图,2014,NASA Ques 网站:http://quest. arc. nasa. gov/hst/photos — i. html,2014 年 11 月 3 日访问;http://quest. arc. nasa. gov/hst/images/HSTdigram. gif,经允许引用。)

因此,我们可以把这一卫星定义或划归为一个天基光学系统。另一方面,这一卫星可以是卫星光学数据在其中起着关键作用的一个较大系统的一部分。在这种意义下,卫星是一个较大企业体系中的一个实体,卫星可以被看作一个由多个系统组成的大系统中的一个组成部分。本质上,我们要定义系统,它的组成部分和它的周边环境。

除了要理解和定义系统外,我们还想要区别项目群(大型项目)和项目,以及服务、产品和过程这几个词汇之间的差别。按照韦氏大学词典的定义,项目群是“一个可以向着一个目标采取行动的计划或系统”(Merriam — Webster,2003),在国防部中,这一术语通常指一个大的、复杂的开发或采办活动,而项目群管理指与实现这一计划相关的管理活动。例如,国防部一项发展新的成像能力的高预算复杂卫星的研制工作通常被划分为一个研制或采办项目群。有趣的是,按照韦氏大学词典的定义,项目是“一项计划进行的工作,例如:

(1) 一些研究项目;

(2) 一个大的通常由政府支持进行的项目;

(3) 通常由一组学生完成的一项任务或问题,以补充或用于课堂学习”。

这一定义中的第(2)项表明项目群和项目是同义的,有些人用两个词汇表示相同的意思。然而,根据我们的经验,最经常看到的项目指的是较小规模的活动。在本书中,项目群被看作大的、复杂的活动,可以包括数个项目。项目是与项目群类似的活动,但是规模要小得多。按照这一解释,你可以看到,在一个较大的项目群中有初级的工程师或较低层次的管理者在从事项目工作。项目管理者、项目工程师和项目工程与较大规模的项目群有类似的内涵。必须强调,在其他学科和领域中,对项目群和项目的解释可能是不同的。

系统工程学科不仅关注系统、项目群或项目,而且也关注服务、产品和过程。例如,一个系统可以按照常规的国防部采办项目范例进行组织,但也可以有服务或过程方面。另一个系统可能是完全面向服务的,如咨询台支持服务或技术写作支持服务系统。

在较大的系统中,在活动中经常有多个组元,系统工程师将涉及所有方面!当我们考虑与商务方面有关的系统和活动时,我们采用"产品"这一词汇,例如,蜂窝电话、iPad和商用货架产品计算机被看作是产品,而光学监视系统或武器系统被更贴切地看作为可以通过一个项目群或项目实现的系统。系统工程师涉及系统、服务、产品或过程。现在我们观察一下现代的、多学科的系统工程师的独特的世界。

1.1.3 各色各样的系统工程师

当今的系统工程师的工作环境是非常动态化的、多学科的、挑战性的、令人振奋的。系统工程师将与系统、服务、产品或过程、各个利益攸关者、管理者、支持人员、技术专家和不同领域的技术接触点、官员和支持合同商(组织内部或外部的)高效地互动。现代系统工程师需要能在高度技术型的环境中和高度管理型的环境中同样高效地工作。有时,期望系统工程师有丰富的工程经验且略微精通管理(如对于一个典型的初级系统工程师)。通常,初级系统工程师被分配理解和处理较低层级的功能系统组件,因此需要更加精通技术(相对于对管理的精通程度)。相反,更高层级的系统工程通常支持更高层级的管理,工作的重点是工程管理活动。这并不意味着高级系统工程师有较少的工程经验,只是他们更多的工作重点是工程管理活动,而不是低层级的工程细节。此外,某些组织也有提供将系统工程师的技术能力提升到较高层级的路径。然而,在许多情况下,提升到一个组织的最高层级的机会涉及从具有丰富的工程经验型的工作向精通管理型的工作的转型。为了有效地聚焦到精通管理型的工作,在较大的组织中,高级系统工程师通常由初级系统工程师对较高层级的管理提供较低层级的技术支持,这样高级系统工程师就可以聚焦在较高层级的技术问题,可以有效地对一个组织或企业的项目管理者和高级管理者提供系统工程管理支持。

期望得到的支持的类型,取决于组织的需求、组织可以得到的资源和具体的系统工程师的能力。

例如,具有大量系统工程师的大的组织能够采用高级和初级系统工程师来支持大型的、复杂的项目和系统。在较小的组织中,没有大量的系统工程师甚至只有少量的系统工程师,因此系统工程师被迫同时提供技术和管理支持(丰富的工程经验型和精通管理型),这对于涉及大型的、复杂项目的大的组织是不实际的。由于资源约束,较小的公司和组织倾向于采用丰富的工程经验型和精通管理型的技术途径,系统工程师必须能够完成多项任务,包括技术和管理任务。

在这种情况下光学系统工程师,期望精通光学系统、服务、产品和过程方面的技术。

为了精通光学系统,光学系统工程师需要较强的数学背景,如熟悉线性和非线性系统理论、微积分、概率论、统计学、随机过程、复变函数、优化方法、泛函分析、频域分析、傅里叶变换理论、拉普拉斯变换、Z 变换和小波变换等基本技能。之所以强调数学基础,是因为它是不同的技术学科之间的统一的语言。光学系统工程师必须与光学设计师、机械工程师、光学测试师、软件工程师、硬件专家、光学科学家、光学技师和大量的其他专业的专家协同工作。因此,考虑到与光、统计光学、傅里叶光学、非线性光学、探测器、材料特性、信号/图像处理、一般力学、系统噪声分析和光学系统建模方法的交互作用,具有某些技术主题方面的经验是有益的,如现代光学、激光、电磁学、电子线路、计算机结构、大气湍流物理学。我们将在 1.2 节提供理解全书所需要的基本的入门级的技术理解。

至于系统管理,期望熟悉需求管理和工程、建模和仿真方法、工程设计原理、可行性分析、权衡分析、功能分析、需求分配、配置管理方法、接口控制程序、技术性能测度和指标、决策和风险分析、成本、进度、性能、风险评估/管理、质量计划和执行,以及系统优化方法。光学系统工程师还必须精通以下代表性的概念、过程和问题:

- 可靠性
- 人因工程
- 工程伦理学
- 并发工程
- 可支持性
- 安全性
- 合同管理/法律
- 性能

- 可维护性
- 质量
- 价值工程
- 标准
- 知识产权
- 安全
- 灵活性
- 责任

- 可用性
- 勤务保障
- 生命周期成本
- 评价标准
- 可生产性
- 可处置性
- 环境交互作用
- 适应性

1.1.4　企业及其体系架构描述简介

本节简要地介绍了企业体系架构概念,并确定了它与系统工程原理的关系,在第 2 章将更详细地讨论企业架构方法。随着当前的技术系统的复杂性的日益提高,企业体系架构方法及其与系统工程原理的交互变得非常必要。尽管有人主张如果一个企业符合我们对系统的一般定义,则企业体系架构方法应当是系统工程学科的一部分,然而现实是企业体系架构方法是独立发展的。企业体系架构方法在定义、理解、发展和支持作为一个较大企业行动一部分的系统方面起着重要的作用。

根据开放工作组(TOGAF,2012)的说法,一个企业是"具有共同的目标集和/或单一的底线的组织的聚合"。一个重要的看法是我们要涉及多个组织,这些组织可能有不同的动机、资源、责任和能力。它们也可能具有某些独立性和自主性,但被一个共同的目标连接在一起。企业体系架构方法定义企业的战略目标,确定在企业内的各个组织之间协同的框架,并提供构成企业的各个实体之间的控制结构。一个例子是构成国防部的各个局、部门和组织,这些国防部组织有独立的预算和自主性,但要通过协作实现由国防部和美国领导设定的战略目标。注意:国防部本身可能是包括美国政府和关注相同的防务问题的美国盟友的一个较大的企业的一部分。企业中的每个组织是国防部企业中的一个实体,它们的协同交互作用是通过企业的体系架构框架结构化的,在这一例子中,是国防部体系架构框架(DODAF)。每个组织必须在整个企业中起到关键的作用,某些组织提供服务,其他组织提供系统,另外一些组织则确保过程的进行,还有一些组织提供产品,有些组织则提供服务、系统、过程和产品的组合。

企业体系架构框架的任务是提供指导构成企业的实体的交互作用的结构或框架。企业体系架构框架不构建企业体系架构本身;它只是提供用于以集成的、一体化的方式联合构建企业体系架构的交互作用协议和工具,这是通过汇聚预先定义的视图和结构框架来实现的。例如,许多体系架构框架具有作战使用视点、系统视点、服务视点等视点,它们彼此要集成在一起,这些企业体系架构产品提供企业的利益攸关者所需要的必要的信息。企业体系架构通常提供系统工程师能够得到的最高层级的集成,当企业本身是一个具有更高层级架构的更大企业(即由多个企业构成的大企业)的一部分时例外。一个例子是与世界舞台交互作用的美国政府架构,这里有几个不同的企业,每个企业有其彼此之间将有效地交互作用的架构框架。企业通常是系统工程师面临的最高层级。在本书中,我们将假设,对于我们的应用和需求,企业是最高层级的组织结构。如果企业是一个较大的企业的一部分,则第 2 章中概括的企业体系架构方法仍然适用,因此采用我们的"单一企业"的方法将不失一般性。企业体系架构框架提供了定义着构成企业的服务、系统、过程和产品的交互作用环境的架构。

作为一个例子,一个关键的企业体系架构产品是企业的运行使用方案。企业的运行使用方案说明了关键的系统、行动者、过程和交互作用环境本身,行动者是"启动活动或者与活动交互作用的人员、组织或系统"(TOGAF,2014)。我们现在在企业体系架构和系统工程学科情境下讨论由多个系统组成的大系统或系统族的概念。

1.1.5 由多个系统组成的大系统和系统族简介

在前一节我们指出,企业体系架构通常包括系统工程师能得到的最高层级的集成。在企业体系架构层级,将定义企业中所有的实体及这些实体之间预期的交互作用,无论我们考虑的是服务、系统、过程、产品,还是这些单元的混合体。企业可能包括以一体化的方式协同工作的许多单独的系统。企业可能而且经常包括由多个系统构成的大系统。我们把由多个系统组成的大系统看作一个本身由图 1.2 所示的系统集合构成的更大系统。

较大的系统有一个只能依靠构成它的多个系统的交互作用实现的整体目标,其中一个例子是包括许多系统(如雷达系统、武器系统、通信系统、毁伤控制系统、防御系统等)的美国海军舰艇,所有这些系统协同工作,从而使舰艇指挥官和作战人员能实现更高的指挥官分配的作战使命。在这种意义下,舰艇是一个由多个系统组成的大系统,而组成系统——高频通信、超高频通信、X 波段通信、毁伤控制系统、雷达系统、武器系统、能源系统、控制系统、光学系统等是构成这一由多个系统组成的大系统的独立系统。注意,美国海军舰艇可以被看作一个由早期预警卫星、指挥结构、其他响应单元、情报服务和支持单元组成的更大企业的一部分,这种企业本身可以被看作具有作为其组成部分的由多个系统组成的大系统。然而,除了由多个系统组成的大系统这一组成部分外,企业也具有服务、产品和过程,以构成一个整体。作为一个例子,国防部企业包括单个系统的集合、协同的由多个系统组成的大系统、支持系统(如武器系统、通信系统、导航系统、早期预警系统、部队防护系统、勤务系统、维护系统)、产品(如战法、战术、能力、军事和人道主义作战、维和行动、防护、飞行员、士兵和水兵)以及赋能过程和服务(如指挥和控制、情报、监视、侦

图 1.2　由多个系统构成的大系统概念(源于 Wikimedia 常识,全球信息栅格运行视图—1,
http://commons.wikimedia.org/wiki/File:Gig_ov1.jpg,2014 年 11 月 8 日访问)

察、财经、医疗、供应、训练、管理、工程),这一清单不是要包括所有的单元,仅是用来说明
怎样将由多个系统组成的大系统概念纳入整个企业体系架构范例中,换言之,我们定义一
个由多个系统组成的大系统,以适合我们的需求和情况。企业体系架构定义系统和由多
个系统组成的大系统彼此之间的交互关系,以及与企业本身的关系。"系统族被定义为通
过不同的技术途径实现类似的或互补的效果的提供类似能力的一个系统集"(ODUSD
(A&T)SSE,2008)。系统族和由多个系统组成的大系统之间的差别在于,系统族提供相
似的能力,而由多个系统组成的大系统利用其构成系统提供倍增的能力,在其他方面难以
加以区分。

　　系统族的一个例子是一个搜寻潜艇的装备集合,有不同的装备能提供相同的或类似
的探测潜艇的能力,如水面舰艇、其他潜艇、空中装备及专门的传感器,在这一场景中,这
些装备是系统族的组成部分。反之,我们前面提到的,与卫星系统、指挥和控制系统、情报
系统、地面系统、空中系统和一体化通信系统协同工作的美国海军舰艇,可以是提供新的、
改进的海基快速响应能力的、由多个系统组成的一个大系统的组成部分。在后一种情况
下,由多个系统组成的大系统是有别于系统族的,因为它提供一个采用单独的系统本身不
能实现的新的能力。

　　在以下的章节中,介绍了美国国防部的美国联合能力集成、开发系统和采办系统过
程。在美国,大部分与系统工程相关的工作与国防工业相关。对国防部采办过程的全面
理解是与美国防务系统方面的工作相关的,而且是重要的。1.1.6 节将简要地介绍美国
国防部采用的采办过程。

1.1.6　美国 JCIDS 和国防部采办体系

　　本节概述采办过程,以更好地理解企业体系架构方法、规范的防务能力采办过程和系
统工程原理之间的相互关系,防务采办指南(DAU,2012)和 DAU 的材料(DAU,2012)是
获取进一步的信息的好的资源。图 1.3 示出了美国防务采办系统(DAS)、规划、预算和执
行过程和 JCIDS 之间的关系,从该图可以看出,有三个具有其本身的审查结构的不同的

实体。对于规划、预算和执行过程,由国防部副部长进行审查。对于 JCIDS 过程,由参谋长联席会议副主席和联合需求审查委员会进行审查。JCIDS 过程在很大程度上是过去的 DAS 的继承,以确保采办体系是能力聚焦的,具有所需的与其他军兵种、参战部队和盟国的系统兼容性。要进行检查和平衡,以确保只有在其他效费比更高的能力解决方案(如战法、组织、训练、器材、领导、人员和财务)被穷举之后,才采用 DAS。

JCIDS 是由参谋长联席会议主席的一系列指令管理的。DAS 是由里程碑决策机构 (MDA)审查的,由美国国防部 5000 系列条令进行指导。联邦采办规程在定义实体的法令、指南、政策和过程方面也是突出的。尽管系统工程师可能与所有这些实体交互作用,他们主要参与 DAS 本身。系统工程原理、方法和技术是防务系统开发和采办活动的主要部分。

图 1.3 示出了 JCIDS 和 DAS 之间的关系。策划、规划、预算和执行集成在整个系统采办过程和系统研制、支持和退役阶段中,这样就能对整个生命周期阶段的技术性能、研制和保障支持进度以及相关的服务、系统、过程和生产活动进行优化。

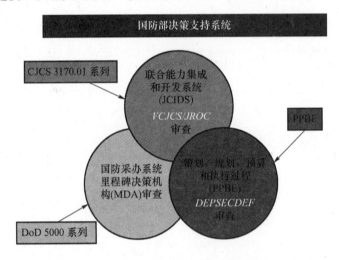

图 1.3 JCIDS 与国防采办系统和 PPBE 过程的关系(源于国防采办门户,https://dap.dau.mil/aphome/Pages/Default.aspx,2014 年 11 月 8 日访问)

采办过程从图 1.4 左上部示出的高层级的作战方案开始,这一作战方案本身是从更高层级的作战方案(如国家政策)发展而来的。要进行一系列联合多业务活动(有来自空军、陆军、海军、海军陆战队和海岸警卫队等利益攸关者的代表参加),完成概念评估、能力评估和缺口分析,形成初始能力文件。如果里程碑决策机构认可初始能力文件中要求的解决方案,里程碑决策机构和适当的利益攸关者要做出装备研制决策。装备研制决策要开始分析潜在的解决方案,进行装备解决方案分析和可选方案分析。在采办过程的这一部分,要分析来自各个源(包括国外的研发项目、政府实验室、卓越技术中心和工业界)的有潜力的技术。在确定了装备解决方案之后,要形成采办决策备忘录。将根据采办决策备忘录和备选方案分析的结果,由进行备选方案分析的国防部相关牵头部门形成解决方案建议,并通过策划、规划、预算和执行(PPBE)形成寿命周期资金剖面,这标志着装备解决方案分析阶段的结束,并开始技术研发阶段。

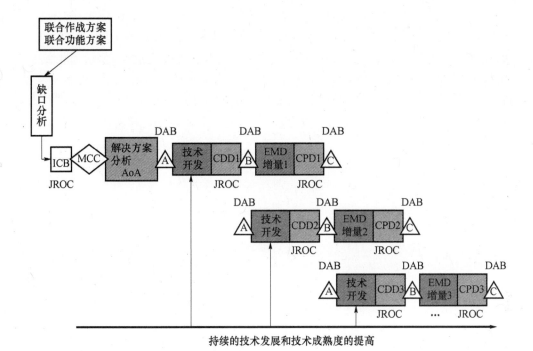

图 1.4　需求和采办过程流(复制自 ACQWeb,2014,http://www.acq.osd.mil/asda/docs/dod_instruction_operation_of_the_defense_acquisition_system.pdf ,获得许可)

　　图 1.4 中的三角形是与系统工程发展周期(如方案设计阶段、初步设计阶段和详细设计阶段)对应的正式的里程碑事件。取决于项目的成本水平,对这些里程碑事件的评审是由以里程碑决策委员会为主席的防务采办委员会进行的。有不同的批准等级,取决于项目的整个研究、开发和评估成本,批准级别基于采办类别[ACAT,从 Ⅰ 级到 Ⅳ 级(ACAT Ⅰ 级有两个子类)]。作为一个例子,ACAT Ⅱ 项目是那些不具备 ACAT Ⅰ 系统的条件,但仍然被看作重要系统的系统,重要的系统是在 2000 财年的研究、开发、评估成本等于或超过 1.4 亿美元的项目。在这一阶段,划分成不同的 ACAT 类别并不是那样重要,因为里程碑决策部门要依据采办项目的研究、开发、测试和评估的成本结构进行判断。在适当时,联合需求审查委员会审查 JCIDS 产品——能力发展文件和能力产品文件。对于重要的系统开发活动,在联合需求审查委员会审查了能力发展文件后,里程碑决策部门批准里程碑 B——初步设计评审,采办进入工程化、制造和开发(EMD)阶段。采办过程的下一阶段是由联合审查委员会进行的能力生产文件评审,以及由里程碑决策部门进行的里程碑 C——关键设计评审。图 1.4 中的交叠的杠形说明了演进性的发展。值得指出的是,国防部 5000.02 指南要求国防部企业体系架构"应当为所有的信息体系架构的发展提供支撑"。相应地,必须符合国防部 5000.02 指南的采办、发展或行动的任何与信息相关的单元必须服从 DODAF(写作本书时为 2.02 版)。

　　图 1.5 从商务的视角,示出了通常与防务采办过程交互作用和接口的商务合同过程。商务合同过程包括采办策划、源选择和合同管理三个阶段。注意,这些视角来自政府一边。在采办策划阶段,采用在图 1.4 中讨论的过程确定系统需求,这些过程的结果如图 1.5 中的顶部的框图所示(标识为需求确定)。根据对 DAS 解决方案的需求确定对建议

的解决方案的需求,政府据此发起项目建议书征询,并在政府网站上发布,如 http://www.fedbizopps.gov、http://www.grants.gov 和 http://www.sbir.gov,分别对应于较大型的项目、学术型项目和小企业项目。在项目建议书征询或委员会企业通报发布之后,工业界和学术界可以选择做出响应。

工业界或学术界将采用它们内部的过程来决定是否值得参与投标。一个企业可以通过有代表性的阶段来开展它们的业务发展过程,即创造机会、辨别、判定、争取、提出建议、建议书评审和提交建议书。在创造机会阶段要考虑许多事情,如评估市场需求,确定商务案例,以及规划业务增长的机会。辨别阶段考察创造的机会,并发现可以获得的与战略愿景和业务的核心竞争力一致的机会。判定阶段评估业务实体的能力,以确保有足够的技术深度、广度和资源来完成工作,在这一点通常要确定协作和合作伙伴,以形成这一项目的"合适的团队"。争取阶段涉及建立与征询项目建议书的接触点的联系,以在可能时可以得到的指导。在完成了项目建议书形成阶段之后,应当进行项目建议书评审活动,项目建议书评审包括能对建议书进行关键的评审的独立评审组(红队和蓝队),红队试图对建议书进行挑战,蓝队则进行答辩,这一过程的目的是在提交政府/利益相关者进行官方评审前改进项目建议书。在根据红队/蓝队的评审建议改进、完善项目建议书之后,将项目建议书提交政府相关部门,成为图 1.5 中部框图中示出的正式的建议书。

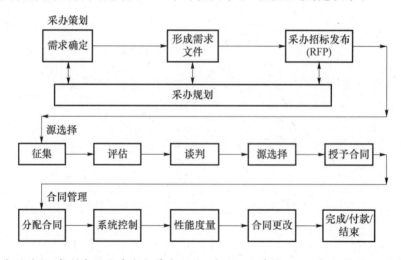

图 1.5 合同过程(复制自国防采办大学出版社,系统工程基础,2001 年 1 月,Fort Belvoir,VA,http://www.dau.mil/pubs/pdf/SEFGuide％2001-01.pdf,2014 年 4 月 24 日访问,获得许可)

政府评估所提交的项目建议书。政府的评估过程有生命周期成本评估和竞争力指标。政府将采用系统工程和领域专家来评估项目建议书,基于这些评审,政府可以进入与业界实体的协商。在协商阶段,源选择过程确定选择哪个业界实体参与项目建议书征询所概括的工作。在这一阶段之后,授予合同。政府采用几类不同的合同,如固定价格合同、成本加固定税费合同和成本加增值税合同。选择采用哪种合同,取决于在这一项目中政府需要完成任务的性质和数量。在合同签订之后,合同签订过程的源选择阶段结束。

图 1.5 的最后一行示出了在合同签订之后的合同过程步骤。在这一合同管理阶段,合同审查机构(如防务合同管理局和防务合同审计局)确保业界实体满足适当的管理。这

是通过建立系统控制方法和衡量合同完成性能来实现的。如果必要,也要进行合同调整以及合同完成、付款和终结工作。在本节,我们简要地学习了 JCIDS 和 DAS。在 1.1.7 节,我们的重点是系统工程过程和一般的系统工程原理和方法。

1.1.7　跨生命周期系统工程导论

本节将介绍系统工程方法学,说明某些基本的过程,并定义 SDLC 阶段。我们的方法与现代系统工程规程和当前对系统工程学科的学术理解是一致的。此外,我们较多地引用了美国国防工业界采用的系统工程应用和方法学。我们的方法是通用的,能适用于商务和其他应用。这里采用了面向防务为中心的应用,因为美国的系统工程工作主要应用于国防工业界,或以某种模式与国防工业相关。在适当时,我们将聚焦于一般系统工程方法在光学系统工程应用领域和学科的应用。为了提供适当的情境,某些举例说明将保持在一般的水平上,而其他的实例将适合于跨生命周期的光学系统工程场景。在全书中将采用这种方法,并用来提供导论级的信息,详见本书的第 3~16 章。

系统工程原理在开发大型的复杂系统、系统族、由多个系统组成的大系统和一个企业体系架构中的相关单元时是非常重要的。系统工程方法和过程也可用于其他组织和活动,包括小的业务、商务、工业、政府和学术应用(Arrasmith,2007)。系统工程原理包括用于实现最优的系统并在全生命周期支持系统,且实现有效、安全、环境友好的系统处置的原理、方法论、过程和技术。换言之,系统工程将实现复杂的系统,在整个生命周期内进行系统支持,并以集成的、最优的方式进行系统处置。

复杂的 SSPP(系统、服务、生产、过程)的演进性的发展通常采用面向研究、开发、测试和评估的、分阶段的结构,如传统的系统工程生命周期有方案设计阶段、初步设计阶段、详细设计阶段、建造/生产/制造阶段、运行和支持阶段、系统退役/处置阶段。注意,我们采用高层级的分类,这些类别将在第 3 章详细介绍。多种有用的过程模型有助于系统工程师来理解一个系统,并将系统分解到一个可管理的开发阶段中。我们将从跨生命周期瀑布图着手,简要地讨论某些更经常使用的过程模型,并将它运用到光学系统工程中。

这一瀑布过程模型概括了系统工程过程中的必要的、串行的步骤。注意,从光学系统需求到光学系统设计集成的步骤是串行的步骤,但在这三个系统工程设计阶段(方案设计、初步设计和详细设计)的每个阶段将重复进行,在图 1.6 中由单个方框左边的虚线表示这一迭代,我们将在第 3 章更多地讨论。正如我们在图 1.6 中看到的那样,这一瀑布模型的第一步是定义问题。

这一方框有与其相关的数个行动、过程和事件,但为了简明起见,在这一简介中我们仅聚焦在高层级的细节。下一步涉及确定我们的系统结构框架,以指导系统与结构中其他系统的交互作用和接口。这一步应该在系统工程开发寿命周期的早期进行,以确保在系统需求和导出的有潜能的解决方案中,考虑到与企业体系架构相关的技术问题、系统问题和治理与战略驱动因素。在这一阶段,可行性分析和权衡分析聚焦在利益攸关者需求,并在更高和更宽泛的层级上进行初步评估。例如,对每个利益攸关者需求,不仅要评估技术可行性,而且要评估组织、政治、运行使用、经费和环境可行性。我们也必须确定在系统生命周期内,对这一需求的潜在的可行解决方案,在企业内是否可持续。

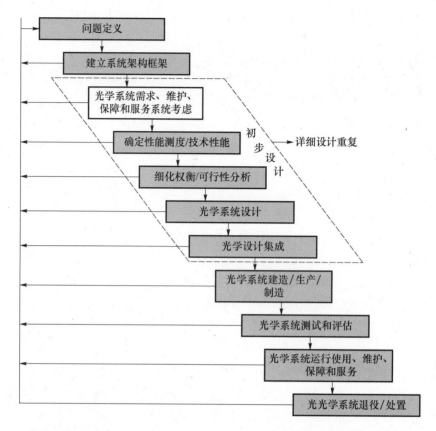

图 1.6　跨寿命周期瀑布模型的光学系统工程开发（改编自 Blanchard B S 和 Fabrycky W J，Systems Engineering and Analysis，5th edn.，Pearson，London，U.K.，2010）

在光学系统需求方框中示出了候选的光学系统的系统级需求，一般的系统工程教科书将把这标记为"系统需求"，但因为本书是面向工程光学系统的，我们加上了"光学"加以区分。注意，瀑布模型的这一步从光学系统需求开始，结束于光学系统设计集成。这些代表性的核心系统工程过程在每个设计阶段要重复进行。例如，如果我们从系统层级需求开始，我们要考虑与这些需求相关的系统级的维护、保障支持和服务。

我们也要确定我们的系统适当的性能测度、技术性能测度和指标，以及关键的性能参数，这对有效地测试和定量评定我们的系统，以及有效地与系统的利益攸关者就系统性能能力进行交流是必要的。此后，我们基于系统层级需求进行功能分析，这一功能分析整体地评估系统级需求，并定义满足这些需求所需的子系统的功能。接着将系统需求分配到由功能分析和需求分配过程确定的功能部分（如子系统）。

工程团队接着要基于功能分解设计和集成设计。需求和设计之间的联系可以分解成两个可以区别的步骤，即一般需求与基于一般需求的设计。例如，我们的光学系统需求用于指导已经确定基线并进入配置管理的设计工作。我们的光学系统的设计过程从光学系统需求的功能分解开始，在功能分析过程中，定义和分析完成光学系统需求的相应的功能部分的子系统。例如，我们可以选择将光学成像系统划分为电源、控制、通信、环境控制、信号处理、图像处理、瞄准和跟踪，以及光学子系统。

光学系统可以进一步分解成白天光学系统和夜间光学系统，每个光学系统可以进一步分解成光学望远镜、成像光学、光学探测器、探测器安装件和探测器制冷子系统。当然，这一分解不是唯一的，其他形式的分解同样有效。重要的是，功能分解是在所有满足光学系统需求所需的功能都得到定义的意义上完成的。然后将光学系统的各功能部分汇聚到需求分配过程中，设计过程要继续进一步按照需要进行功能分析、权衡分析、建模和仿真。

在分析我们候选的光学成像系统的子系统时，有必要导出和形成子系统层级的新的需求，这些新导出的与形成的需求和分配的系统层级需求，构成了子系统需求和相关的需求文件的基础。在确定子系统需求的基线时要重复这一过程。在完成了所有需求生成/设计阶段之后，要开始建造、生产或制造光学系统。此后，对完整的光学系统进行测试、验收和全生命周期支持。在光学系统生命周期的末端，要以高效费比的、环境友好的、安全、合法且符合伦理的方式进行退役或处置。

图 1.7 示出了另一种有用的系统工程过程模型——V 形过程模型，这一模型在说明可以在时间上分开的串行的、分级的、互补的生命周期系统工程活动方面是有效的。我们可以在灰色的矩形框中看到传统的系统工程设计阶段。概念设计阶段从问题定义开始，结束于系统需求文件准备，对于我们的光学系统，是 A 类技术指标。在系统评审中，要正式批准系统需求文件，这一事件从 SDLC 的初步设计阶段开始。初步设计阶段是由批准的 A 级技术指标指导的初步设计，这一阶段的结果是初步设计文件产品和子系统层级需求文件（初步设计评审的 B 类技术指标）。在 B 类技术指标得到批准后，开始最后一个设计阶段——详细设计和开发阶段。在最后一个设计阶段，基于 A 类和 B 类技术指标，形成详细的设计、相关的规范、图纸和详细的需求。在这一阶段，要建造并测试原型样机，这一阶段结束于关键设计评审时批准的所有详细的设计文件。这一阶段的结束标志着建造/生产/制造探索性研究活动阶段的开始，这一阶段如 V 形图的底部所示。

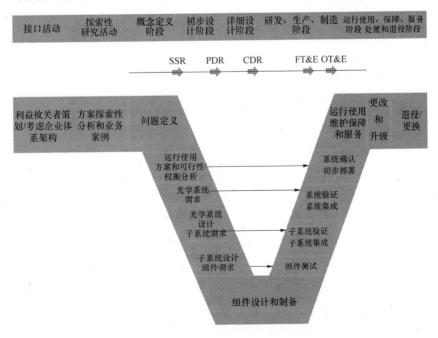

图 1.7　V 形过程模型，说明系统层级、子系统层级和组件层级需求和贯穿常规的系统工程生命周期阶段的测试

在生产后,系统工程开发过程继续进行后续的对"已构建系统"的测试,如 V 形图的右部所示。注意,每一层级的需求(如系统级、子系统级和组件级)有相应的测试方框。在需求生成过程中,建立一个良好的技术性能测度和指标(TPM&M)、性能测度(MOP)和关键性能测度(KPP),是对所开发的系统进行有效的测试的关键。系统级正式测试通常称为功能测试和评估(FT&E),而标志着系统研发过程的结束的正式测试,则称为运行使用测试和评估(OT&E)。运行使用测试和评估经常在运行使用(或仿真的)条件下在外场进行。在系统通过使用测试和评估后,研发行动完成,系统转到使用、维护、保障支持和服务阶段,在这一阶段,系统工程涉及评估系统性能、进行系统的预先统筹产品改进(PP-PI),以及根据更改和配置控制方法学进行更改,这方面的一个例子是形成工程更改建议,并进行相应的行动。SDLC 的最后一个阶段是系统退役和处置阶段,如果在 SDLC 的较早的时间考虑,这应该可以平滑地进行。

1.1.8 转到光学系统组成模块

我们已经简介了系统工程和现代系统以及企业体系架构方法学和过程。在 1.2 节,我们将开始构建理解和成功地分析光学系统所必要的光学系统组成模块。本书大部分章将有与该章内容有某种形式相关性的光学组成模块章节,但这些部分大体上是独立的。在每一章包含光学组成模块的目的是提供理解和分析光学系统所需的技术细节。它们被设计为循序渐进的、相关的但相对独立的章节。这样,后面的章节中的光学组成模块部分,可能与前面的章节中的原理、方法和理解有关。

我们试图尽可能使每一部分相对独立,但由于光学系统一般是复杂的,某些后续材料的展开和各个章节之间的相互关联是不可避免的。这些光学组成模块章节的技术内容对于涉及光学系统的实践的系统工程师或学生是必要的。正如我们给出了现代系统工程简介一节一样,我们现在给出在后续的章节中理解和分析光学系统所需的导论性材料。

1.2 光学系统组成模块:简介、单位制、光学系统方法论和术语

在本节,我们从简介光学系统和与光学系统工程技术相关的重要发现入手。然后概括了我们采用的光学系统工程单位制。接着我们介绍了光学系统方法论,这有助于理解、描述、建模和分析光学系统。我们也希望给出不同视角的光学系统建模,并讨论什么时候应用不同的途径和方法,例如,我们想要使读者理解不同类型的传播模型所需的术语,我们可以采用几种不同的方法建模和分析可见光和红外光的传输,所选择的方法取决于物理场景。在适当的章节,我们将讨论确定采用哪种途径的方法和每种途径的关键结果。

全面地讨论这些领域的某一方面就可以轻易地填满本书内容,因此我们聚焦于实际的工程师和光学系统制造者可以直接应用的结果。电磁波谱可见光和红外部分光波的传播建模和分析的一些方法列举如下:矢量电磁场理论、标量电磁场理论、统计光学、几何光学、傅里叶光学或辐射传输分析。每种方法均有实际的光学系统工程师或光学系统管理者需要理解的概念框架,我们试图在本节给出简介。我们将以后续章节中必要术语的描述来结束本节。全书将采用国际单位制。我们首先简要介绍有关光学领域主要发展的一些背景信息。

1.2.1　光学系统简介

在 1000 年前,仅知道电磁波谱的可见光部分。电磁波谱的红外部分是早期的科学家和学者开始研究在彩虹的颜色的红端之外是什么时发现的。在 1665 年,牛顿确定了光和颜色的基本原理,并使用了棱镜,他也发现,在不采用任何校正的条件下,采用一个孔径大于几十厘米的、在可见光波长成像的光学系统不能实现衍射限性能(Nweton,1952)。

对于光学成像系统的空间分辨率,衍射限性能指采用经典的电磁理论可以获得的最高的空间分辨率。实质上,它是完美的成像系统(没有光学系统像差或噪声,没有大气效应)的分辨率,因此表示进行光学系统性能分析的一个评判标准。在牛顿时代还知道,与从较近距离观察点源相比,从远距离观察一个点源(一个小于给定的光学系统的空间分辨率的物体)时光的扩散更宽。牛顿采用一个望远镜观察星光,发现光的扩散(观察到的点扩展函数)比在实验室用望远镜观察一个类似的点源时的扩散要宽,这是早期观察到的光学成像系统的大气湍流效应。不幸的是,直到 1900 年代,科学装备、照相和相机技术还没有发展到足以研究大气湍流的程度。

在 1800 年代,Friedrich Wilhelm Herschel 发现了光谱中超出可见光范围的、辐射热的部分。其后,电磁波谱的这一部分被为"不可见的光线"或"暗热",现在称为电磁波谱的红外部分。Herschel 着手研究受热物体的光谱的颜色,Herschel 知道,采用棱镜,阳光可以产生红、橙、黄、绿、青、蓝、紫等颜色,因此他尝试测量与这些颜色相关的温度。借助于棱镜和温度计,他测量了不同的颜色的温度,以观察沿着阳光透过棱镜所产生的各个颜色移动温度计时,在什么地方温度上升。他发现,当他把温度计移到超出棱镜的红光部分之外(看不到颜色)时,温度达到最高水平,这表明产生热的辐射是不可见的,因此,他得出这些不可见的光线有某种类型的"暗热"的结论。1860 年,Gustav Kirchhoff 发现好的吸收体也是好的辐射体,由此导出了理想化的黑体模型。1879 年,Jozef Stefan 发现从一个黑体辐射源辐射的功率与它的温度有关。1884 年,Ludwig Boltzmann 根据理论热力学计算导出了相同的结果,从而形成了斯特藩-玻尔兹曼定律。正如后面将看到的那样,这一定律对估计期望从一个理想(黑体)源辐射的空间功率谱密度(W/m^2)是重要的。1893 年,Wilhelm Wien 采用热力学原理导出了维思定律,这一定律表明,对于所有的温度,由一个黑体辐射的热辐射(作为波长的函数)的形状实质上是相同的。他也证明,这一热辐射分布的峰随着温度的升高移到较低的波长。Lord Rayleigh(又名 John William Strutt)和 James Jeans 发展了瑞利-金斯定律,试图解析地描述从一个黑体辐射的热辐射(作为波长的函数),这一定律对于较高的波长是成立的,但在较低的波长区域与物理观测有所偏差。1900 年,Max Planck 发现采用经验公式对黑体辐射定律进行修正,可以适用于所有的波长。此外,在 1900 年,Heinrich Rubens 和 Ferdinand Kurlbaum 通过实验验证了 Plank 的工作,这导致了量子理论的建立。1941 年,Andrey Nikolaevich Kolmogorkov 发表了一系列有关大气湍流的数学论文(Kolmogorkov,1941)。1961 年,Valerian Ilich Tatarski 基于 Kolmogorkov 的工作,建立了波前扰动的模型。1965 年,Dave Fried 采用统计方法确定了一个参数 r_o,表示与通过大气"观察"的质量相关的一个指标,该参数称为弗雷德参数,即大气相干直径,表示可以把这一区域的大气看作是有点相同的一个大气斑片的直径。实际上,对于直径大于 r_o 的望远镜直径,需要采用自适应光学和/或大气湍流补偿方法来获得成像系统的最佳分辨率。图 1.8 给出了与受地球大气影响的远距离探测系统相关的光学系统领域的关键技术贡献的时间表。

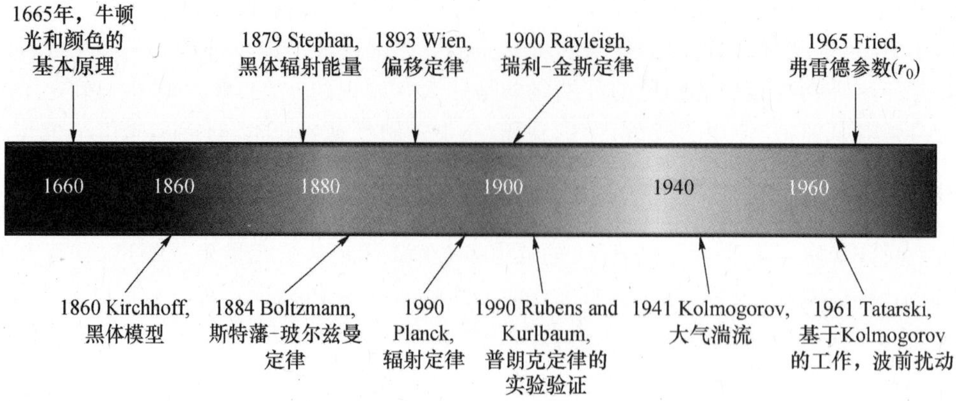

图 1.8　光学系统发展的重要时线

1900 年以后,我们仅给出了与受大气湍流影响的远距离光学探测系统相关的少数一些贡献。这是一个与远距离光学探测系统(如在各种光学敏感平台上的地地、地空、空空和空地成像系统)相关的简介级的时间表。在以后的各章将包括关键贡献的一个更完整的清单。此外,在这一时间表的较后面的部分,我们主要关注影响着远距离光学探测系统的关键的发展事件,以及对大气湍流效应的理解和建模的关键的结果。

1965 年之后,在用于光学成像的大气湍流效应校正的自适应光学(实时、硬件为主的解决方案)、大气湍流补偿方法(常规的非实时的、软件为主的解决方案)和混合方法(两种途径的混合)方面做了大量的工作和研究。对于许多良好设计的光学成像系统,大气湍流效应是光学系统空间分辨率的限制因素。

1.2.2　所采用的单位制概述

在本节,我们概述我们所采用的单位制,较早地关注术语是重要的,因为当与另一个技术领域的人员交谈时许多术语可能会混淆,对于不同的技术学科,某些术语有不同的意义,通过正确地采用与光学系统相关的术语可以避免许多混淆。例如,在文献和实际中可能以各种不同的方式使用强度这一术语,当目标可以由光学系统完全分辨出时,在实际上和文献中经常使用"目标的强度"这一术语。但目标系统还有长度、宽度可能还有深度尺寸等可观测的维度,在这种情况下,强度这一术语不是合适的,实际的强度单位是瓦/球面度(W/sr),因此,从技术上讲,强度这一术语仅适于点源。正如较早所提到的,对于我们的用途,一个点源是一个尺寸小于光学观察系统的空间分辨率的光学辐射源。

在点源情况下,源物体可以被看作一个辐射膨胀的球面波的辐射"点",则强度是辐射到一个球面度内的光学功率部分,球面度是通过将膨胀的光波的球面面积的一部分(或整个部分)除以距离平方得到的,例如,如果我们想要知道我们的点源有多少立体角辐射到整个球面上,我们将球面的球面积($4\pi r^2$)除以点源相对球面的距离的平方(r^2)得到 $4\pi sr$,强度是辐射到这一球面的光学功率(W)。类似地,如果我们对得到围绕点源的半球的强度感兴趣,我们想知道有多少光学功率被辐射到半球的 $2\pi sr$。实际上,强度这一词适用于点源,但正如前面所阐述的那样,这一术语在谈话甚至出版物中经常被误用,即将强度这一词用来描述与扩展的物体(大于光学观察系统的分辨率限的空间尺寸)相关的光功率,这一误用是很频繁的,以至于许多光学科学家和工程师必须学习闭上一只眼睛。对于扩展物体情况,更合适的术语是辐射出射度(W/m^2)。为了避免这一问题,较早地采用已建立的单位制,并定义术语是有所帮助的。

有不同的单位制来描述像电磁、地震、声和超声波等可观察的物理现象的特性,采用哪种单位制取决于技术学科的便利和所涉及的问题。为了方便,并考虑到国际读者,我们将在本书中使用 SI 单位。对于光学系统,当测量电磁辐射时,有两种 SI 单位制特别有用,分别为光度学单位和辐射度学单位。光度学单位通常涉及在单一的波长上测量光,包括人眼的响应作为其公式中的滤波函数。辐射度学通常涉及用总的功率(如在所有的波长上进行积分)来测量辐射。辐射度学单位也有单波长的,但这些是通过在辐射度学量的前面加一个诸如光谱那样的限定词来区分的,例如,一个辐射计测量跨一个波谱范围的总的光功率,而一个光谱辐射计测量在一个特定的中心频率附近一个窄波段(或频段)的光功率。光谱辐射计可以调谐到不同的中心波长,以测出在不同的中心波长上的窄带光功率。

当感兴趣的量包括人的视觉系统的响应(在不同的波长上有不同的衰减或滤光特性)时,我们采用基于 SI 的光度学单位。表 1.1 示出了用于光度学测量系统的单元。

这组单位经常用于光学成像系统、摄像机和某些探测器的性能指标表中。第 2 列示出了对应的 SI 符号。作者经常在其工作中定义和采用不同的符号,因此专业人员需要检查符号的单位和量纲,以理解它们的正确用法。例如,如果一个作者对一个光学辐射源采用词汇发光强度和符号 I,但单位是 Lm/m^2,则我们知道作者所指的是发光出射度而不是发光强度。单位分析对于正确地解释技术情境是重要的。

当进行需求分析时,其中的一个步骤应该是考虑在应用中采用最一致的单位制,并采用这组单位重写需求。在与采用不同的单位制的表格的单元进行比较时,表 1.1 中的量纲列中的项是有用的。当进行辐射度学分析时,表 1.2 中的单位制是非常通用的。

表 1.1　光度学测量单位

光度学名称	符号	SI 单位	量纲
发光通量(功率)	Φ_v	流明(lm)	J
发光能量	Q_v	流明秒(lM·s)	TJ
发光强度或烛光强度	I_v	坎德拉(lm/sr)	J
发光出射度	M_v	勒克斯(lm/m²)	$L^{-2}·J$
光照度	E_v	勒克斯(lm/m²)	$L^{-2}·J$
发光度,发光立体角密度或光度学亮度	L_v	坎德拉每平方米(cd/m²)	$L^{-2}·J$
发光照射量	H_v	勒克斯秒(lx·s)	$L^{-2}·J$
发光能量密度	ω_v	流明秒每立方米(lm·s/m³)	$L^3·T·J$
发光效力	η	流明每瓦(lm/W)	$M^{-1}·L^{-2}·T^3·J$
发光效率	V	—	1

我们将在本书大部分章节采用这一单位制,因为这些单位可以很好地理解,并适用于各种各样的光学系统分析应用。我们将在必要时采用基于 SI 单位制的光度学单位,但由于它们的相似性,我们主要采用基于 SI 单位制的辐射度学单位。表 1.3 示出了某些重要的物理量的符号和单位。在基于 SI 单位制的辐射度学单位制中,能量的基本单位是 J,可

以看作在 1m 的距离上施加 1N 的力所产生的功的量（N·m）。力是由质量乘以加速度得到的，1N 的力等于 1kg 的质量经受 $1m/s^2$ 的加速度。1J 的能量单位是 $kg·m^2/s^2$。对于电流而言，这等于 1A 电流通过 1Ω 电阻 1s 时间。辐射通量是辐射的光功率，并以瓦（W）给出。1W 是以能量的时间变化率给出的，因此单位是 J/s。对于一个电磁波，空间功率密度的单位是 W/m^2，当用于具有有限范围的辐射源时，采用术语辐射出射度或辐射发射度。

表 1.2　辐射度学测量单元

辐射度学名称	符号	SI 单位	量纲
辐射能量	Q_e	焦耳（J）	$M·L^2·T^{-2}$
辐射通量	Φ_e	瓦（W）	$M·L^2·T^{-3}$
光谱功率	$\Phi_{e\lambda}$	瓦每米（W/m）	$M·L·T^{-3}$
辐射强度	I_e	瓦每球面度（W/sr）	$M·L^2·T^{-3}$
光谱强度	$I_{e\lambda}$	瓦每球面度每平方米（W/(m^2·sr））	$M·L·T^{-3}$
面辐射强度	L_e	每球面度每平方米瓦	$M·T^{-3}$
光谱面辐射强度	$L_{e\lambda}$ 或 L_{ev}	瓦每立方米每球面度或瓦每平方米每球面度每赫兹（W/(m^3·sr）或 W/(m^2·sr·Hz））	$M·L^{-1}·T^{-3}$ 或 $M·T^{-2}$
辐射通量密度、辐照度	E_e	瓦每平方米（W/m^2）	$M·T^{-3}$
光谱辐照度	$E_{e\lambda}$ 或 E_{ev}	瓦每立方米或瓦每平方米每赫兹（W/m^3 或 W/(m^3·Hz））	$M·L^{-1}·T^{-3}$ 或 $M·T^{-2}$
辐射出射度/辐射发射度	M_e	瓦每平方米（W/m^2）	$M·T^{-3}$
光谱辐射出射度/光谱辐射发射度	$M_{e\lambda}$ 或 M_{ev}	瓦每立方米或瓦每平方米每赫兹（W/m^3 或 W/m^3·Hz）	$M·L^{-1}·T^{-3}$ 或 $M·T^{-2}$
辐照度	I_e 或 $I_{e\lambda}$	瓦每平方米（W/m^2）	$M·T^{-3}$
辐射照射量	H_e	焦耳每平方米（J/m^2）	$M·T^{-2}$
辐射能量密度	ω_e	焦耳每立方米（J/m^2）	$M·L^{-1}·T^{-2}$

这一术语可以解释为从一个源的 $1m^2$ 的面积上辐射的光功率量。如果辐射出射度在整个辐射面积上是恒定的，则在整个辐射面上的空间功率密度是均匀的，否则在辐射面上的空间功率密度分布和空间变化的功率密度是非均匀的。注意，辐射通量密度（辐照度）的单位与辐射出射度的相同，这是因为辐射通量密度指的是在远的观察面接收的空间功率密度，而辐射出射度指从源发射的空间功率密度。

表 1.3　物理量的符号和单位

量	符号	SI 单位
长度	L	米（m）
质量	m	千克（kg）
时间	s	秒（s）
力	F	牛顿（N）
频率	ν	赫兹（Hz）
能量	U	焦耳（J）
功率	P	瓦（W）
电流	I	安培（A）
电势	V, ϕ	伏特（V）

在我们的单位制中,辐射强度指辐射到 1sr 立体角的光功率。因此,辐射强度这一术语仅适用于可以适当地描述为点源的辐射源,而不是在远距离的观察面中的辐射度学量。例如,说在一个遥远的探测面上的一个光学探测器上接收的辐射强度是 $1W/m^2$ 没有意义的,因为辐射强度的单位是 W/sr,辐射强度是辐射特性不是接收特性。术语面辐射强度是用来描述具有点源或扩展源属性的源的,例如,源可以有一个已知的一定的范围,但仍然是不能被一个光学系统分辨的,因此看起来像一个点源。面辐射强度是每单位立体角的空间功率密度,因此其单位是 $W/(m^2 \cdot sr)$。注意,如果将面辐射强度相对于源的表面积进行积分,则我们得到源的辐射强度。类似地,如果我们将源在立体角内进行积分,则得到源的辐射出射度。如果我们在辐射度量的前面加上光谱项,这意味着我们指的是在频率的一个窄的谱段的辐射度量。例如,如果我们对在频率的一个窄的光谱范围内测量的源辐射的光功率感兴趣,我们将使用光谱辐射通量。也有其他非 SI 的单位制,包括诸如英尺郎伯、毫郎伯等发光度和英尺坎德拉与厘米烛光那样的亮度与照度单位。正如前面所述的那样,我们在全书中采用基于 SI 的单位制。在 1.2.3 节,我们简要介绍某些对于光学系统分析有用的光学系统方法学,这将在后续的几章详细描述。

1.2.3 光学系统方法学

有各种各样的非常有用的分析方法学能帮助我们理解光学系统和它们的性能。在本节,我们将在更一般的意义上概述并讨论这些方法。然而,在介绍这些方法之前,我们要给出某些基本的物理概念,并从系统的视角描述电磁波谱的某些重要的特性。日常生活中许多类型的辐射是类似的,包括阳光、热、无线电波、X 射线和微波,这些类型的辐射看起来彼此是非常不同的,但它们都被看作是电磁波谱的一部分。在我们采用光学这一术语时,意味着是在电磁波谱的紫外、可见光和红外部分辐射的电磁辐射。

因为我们最常涉及可见光和/或红外系统,我们所说的“光学的”通常指电磁波谱的可见光和/或红外系统,正确的意义将通过讨论中的情境来清晰化。电磁辐射的类型取决于辐射的电磁波的波长或等效的频率。以下的方程给出了电磁波波长和其对应的频率之间的基本的物理关系:

$$\lambda \upsilon = c \tag{1.1}$$

频率是在一个点上测量的每单位时间(s)的电磁波周期数,单位为赫兹(Hz)。方程右边的 c 项是真空中的光速(299792458m/s)。式(1.1)适用于所有的频率。在我们采用的单位制中,用于波长的长度的单位是米(m)。由于光波长非常短,进一步定义长度的单位是便利的。对于光辐射,光波长经常采用微米(μm)或纳米[nm,有时称毫微米($m\mu m$)]、逆厘米或埃($\mathring{A}$)。以下的关系式帮助我们在这些单位之间进行换算,逆厘米的单位称为一个波数,顾名思义,这是 1 厘米的逆:

$$1m = 39.37in = 10^2 cm = 10^3 mm = 10^6 \mu m = 10^9 m\mu m = 10^{10} \mathring{A} \tag{1.2}$$

例如,一个 1cm 的长度等于 1 个波数(如逆厘米)。类似地,一个 10cm 的长度等于 0.1 波数。波数单位是通过将长度单位变换到厘米然后取倒数得到的。一个 $1\mu m$ 的波长等于 $10^{-4}cm$ 或等于 10000 波数。波数单位经常用于对材料进行谱分析的场合,如在波谱学场合,波谱学要研究材料与辐射的能量的交互作用(Skoog etal.,2006)。由于在式(1.1)中频率的单位是每秒周期数,逆厘米的单位可以看作每厘米一个周期——一个空间频率。在某种情况下，λ 是频率的一个窄带的一部分，或者是波长，λ 被当作是波的中心波长。以下方程示出了频率的变化和对应波长的变化关系：

$$|\Delta\upsilon| = \frac{c}{\lambda^2}|\Delta\lambda| \tag{1.3}$$

针对频率求解方程(1.1)，在方程两侧均引入一个扰动，并取结果的绝对值得到这一表达式。式(1.3)可以用来将频率的变化与波长的变化联系起来。

电磁频谱可以采用辐射的电磁波的波长、频率或波数来描述，图1.9示出了在整个电磁波谱各个部分辐射的有用性质。该图的上部示出了地球的大气相对透明的波谱部分，这些透明的区域采用图1.9上部的一个 Y 来表示，非透明区域采用 N 来表示，灰色的区域是部分透明的。注意，电磁波谱的紫外部分不是透明的，因此，这就是我们不采用在电磁波谱的紫外部分来构建远距离通信和/或探测系统的原因。在顶部的杆形的下面，示出了波长的相对尺寸。图的左边是非常长的波长，图的右边是非常短的波长。电磁波的波长和频率部分是由式(1.1)确定的。

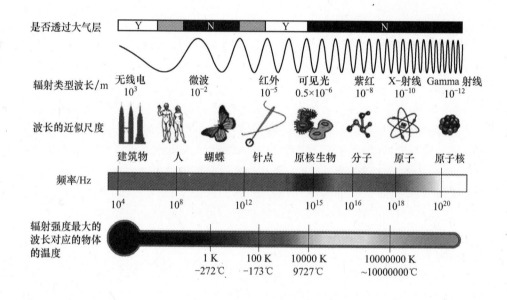

图 1.9　电磁波谱的特性

在波长的量化图下面，示出了对应的电磁波谱区域和波长的数值以及与波长的尺寸类似的某些事物的图像。例如，在图的最左边，我们看到了一个包括无线电波的大气的透明区域，在电磁波谱的这一部分一个代表性的波长可能从建筑物的尺寸到超过1000m长。在电磁波谱的微波部分波长受地球大气强烈的吸收和散射，波长近似为一个蝴蝶的尺寸。在可见光区域，波长的尺寸为原生动物的量级，在图的最右边，是伽马射线，波长为原子核的半径量级。在波长的近似尺度下面，我们看到根据式(1.1)得到的电磁波对应的频率。不同类型的电磁辐射有相同的特性，并服从类似的折射、反射、衍射和偏振律。

不同类型的辐射也以相同的速度传播，通常称为"光速"。它们的频率或波长有显著的差别。最后，在频率杆形的下面，我们看到以开尔文给出的温度杆形，这一温度杆形示出了在所示出的波长处有最大峰值辐射的物体的等效温度,图 1.9 底部的温度杆形是重要的,因为能量也可以采用热进行量化,这在电磁波谱的红外部分特别有用,电磁波谱的这一部分是人眼看不见的。热辐射是一类由物体辐射的,由于物体的温度和材料特性产生的一类电磁辐射,这类辐射容易在电磁波谱的红外部分观察到,因为大气在红外波段是相对透明的。相应地,取决于物体的温度,由于热辐射发出的光可能超过在电磁波谱的红外部分所反射或散射的光,在夜间尤其是这样,此时由于没有太阳的照射,光的反射的分量通常最小。

图 1.10 示出了对电磁波谱的红外部分的进一步细分及其与电磁波谱其他部分的关系。我们可以看到,红外辐射出现在电磁波谱的从 $0.7\mu m$ 的近红外到 $100\mu m$ 的远红外谱段,在短波红外一侧与可见光辐射相接,在长波红外一侧与微波辐射相接。表 1.4 示出了进一步细分电磁波谱的红外部分的具体的波长限,在 ISO 标准 20473:2007 中规定了近红外、中红外和远红外的范围。

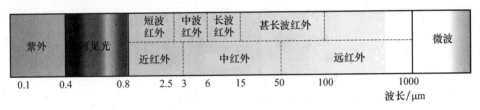

图 1.10　电磁波谱的可见光和红外部分的展开显示

表 1.4 中的短波红外、中波红外、长波红外和其他可能基于规约有所变化。我们基于前面提到的 ISO 标准和 NASA 喷气动力实验室的报告采用这些定义,但读者在阅读其他文献时应能看到不同的波段范围定义。

表 1.4　红外辐射波段细分

红外波段	缩略语	范围/μm	相对大气透明度
近红外	NIR	0.7～3.0	透明
短波红外	SWIR	1.1～2.5	透明
中红外	MIR	3.0～5.0	透明
中波红外	MWIR	2.5～6	—
第一热成像波段	—	3.0～5.5	—
蓝尖峰喷焰	—	4.1～4.3	—
红尖峰喷焰	—	4.3～4.6	—
远红外	FIR	50～1000	透明
长波红外	LWIR	7.0～15.0	—
第二热波段	—	8～14	—
甚长波红外	VLWIR	＞15	不透明
极远红外	XIR	15～100	—
近毫米波	—	100～1000	—
毫米波	—	1000～10000	—

在表 1.4 中，最后一列说明地球大气在这些波长上是否透明。热成像波段是与常用的红外成像系统相关的，可以相对较好地探测红外辐射的波段。第一热成像波段对应于中波红外成像系统。在这一波段下面的电磁波谱的短波红外部分，红外成像系统通常主要探测的是反射光。在第一热成像波段中，反射光和辐射光都是重要的，因此，在中波红外中，成像系统可以利用可能存在的低照度光，但这些成像系统也可以通过探测一个目标发射的辐射，工作在完全黑暗的条件下，后者当然取决于可由中波红外成像系统探测到的、具有适当的温度和发射特性的目标。随着系统（物体）温度的升高，在所有波长上辐射的光谱辐射出射度会增大。斯特藩和玻尔兹曼发现了物体的辐射出射度和它的温度之间的关系。维恩发现一个给定的物体的辐射出射度随着温度的升高移向较短的波长。这解释了为什么我们的裸眼可以在可见光波长看到喷气发动机的热的排气，但我们不能看到"相对冷的"人的温度所发射的辐射。例如，一个人员的温度和物理特性使人的峰值辐射出射度出现在大约 9.4μm 处，这样，一个长波红外成像系统将能比中波红外成像系统更好地匹配于对这一峰值辐射出射度的探测。我们将在第 5 章更详细地讨论斯特藩—玻尔兹曼定律和维恩定律。第二个热波段是电磁波谱的长波红外部分，这里，成像系统被设计为探测发射的辐射，因为发射的光在电磁谱段的这一区域远超过反射光。蓝的尖峰喷焰和红的尖峰喷焰涉及其他的辐射。地球的大气在近红外、中红外和远红外区域是相对透明的，在极远红外区域，大气对于超过几米长度的路径是不透明的。

为了领会和正确地分析光学系统概念，对电磁波的表现和特性做一般性的理解是必要的，尤其在电磁波谱的光学部分。多年来，已经发展了不同的数学模型和物理概念，这有助于分析和建模光波。我们介绍了这些方法，并简要概述了某些关键的物理概念和考虑。我们聚焦于关键的概念、结果、假设和从系统工程视角看的限制。在参考文献部分列出的一些以原理为中心的教科书中可以看到更详细的描述。

当涉及光学系统时，一个重要的物理概念是光的波粒二象性。有时把光看作传播的电磁波是方便的，在其他时候，把光看作粒子是方便的。一个有趣的事实是光具有粒子和波的两重性质，我们将采用对于给定的应用最便利的性质。例如，式(1.1)表明一个电磁波的频率可以由光速 c 除以电磁波的波长来给出，在这种情况下，我们把光看作电磁波。当波长是在电磁波谱的光学部分时（紫外、可见光和红外），称为光波。我们也知道，一个光子的能量由下式给出：

$$E_v = hv \tag{1.4}$$

式中：h 为普朗克常数，$h = 6.626 \times 10^{-24} \, m^2 \cdot kg/s$，这是一个基本的物理参数。

光子可以看作一个表现得像一个粒子的光能量子。在某些光学系统分析应用中，把光看作粒子比看作波更加方便，例如，在理解低照度光探测装置（如光子探测器和光倍增管）时。光子探测器可以探测照度非常低的光（低到仅几个光子），光倍增管可以有效地放大要转换成电子的光子。在本书中，我们将在必要时采用波或光子途径来方便地分析光学系统特性。

当要理解、分析和建模电磁波谱的光学部分的电磁现象时，有几种有用的分析方法学，采用哪种方法取决于具体的应用。我们将简要地介绍这些方法，并对怎样运用这些方法给出某些指导，但我们将把更详细的评介和数学推导放在后续的章节。对光波和光子的最严格的分析可以采用经典电动力学实现(Jackson,1975)。在我们的分析和建模工作中,许多重要的结果可以采用这一方法学,由基本原理导出。电动力学对于理解光与物质以及相对定义良好的物体和简单的物体(如平面、球形、半球面、平板、圆柱和基本形状的组合)的交互作用很有效。当涉及非常粗糙的、宏观的物体时,电动力学方法难以解析求解,在这种情况下,计算机仿真和其他分析方法变得更有用。对于可控的边界条件,电动力学能处理静电、静磁、时变电磁场、辐射系统、波传播、散射、衍射、电磁波与粒子和物质的交互作用、等离子体物理学等。电动力学可用于均匀的和非均匀的介质,也可以用于非常小的尺度(量子电动力学),还可以处理涉及接近光速时出现的交互作用的物理问题(相对论电动力学)。对于我们的应用,我们通常对电磁场的辐射、传输、散射、衍射、吸收、反射和与物质的交互作用方面最感兴趣。此外,电动力学对于描述电磁场在波导或在一个谐振腔中(像在激光器中那样)的电磁波也是有用的。描述电磁场特性的基本物理方程是麦克斯韦方程,它有微分的和积分的形式。电动力学提供了一种理解电磁场基本物理特性的途径,而且在解释、推导和理解光波的关键特性方面是有用的。

　　傅里叶光学方法提供了一组将电磁场频谱、强度频谱或辐射出射度频谱与诸如成像系统像平面那样的某些远场平面联系起来的空间频率域的强大的分析工具。傅里叶光学方法是基本的麦克斯韦方程和 Helmholtz 方程的大的简化。傅里叶光学关系是通过采用一对距离约束对 Rayleigh-Sommerfeld 衍射积分进行简化得到的,这些约束确保建立了 Fraunhofer 衍射条件。对于电磁波的源的尺寸 d 相对于源与观察平面的间距较小的情况,傅里叶光学方法可以采用经典电动力学导出。更具体地,我们必须观察以下条件,以便全面地应用 Fraunhofer 衍射和傅里叶光学方法:

$$\frac{kd^2}{2z} \ll 1 \tag{1.5}$$

$$d \ll z \tag{1.6}$$

式中:k 由给出 $2\pi/\lambda$ 给出;d 为衍射系统的半径;z 为衍射系统距离观察平面的距离。

　　作为一个例子,如果我们采用位于 $1 \times 10^6 \text{m}$ 之外的光学系统观察从一个 1m 直径的圆板卫星表面所反射的光,则由式(1.5)得 $\frac{kd^2}{2z} = 0.785$,因此不能适用 Fraunhofer 条件。然而,在许多实际的情况下,Fraunhofer 衍射假设和傅里叶光学方法可以在不太严格的情况下($d/z \ll 1$)使用(Jackson,1975)。作为第二个准则的一个例子,在 $1 \times 10^6 \text{m}$ 之外的一个 15m 直径的卫星容易满足这一条件,但不能满足式(1.5)。傅里叶光学方法可以在不太严格的 $d/z \ll 1$ 的条件下使用,且可以得到良好的结果。我们建议更宽松地把式(1.5)解释为傅里叶光学适用性的一个判别因素,如果这一方程不能满足,应慎重地采用傅里叶光学。我们将把第 2 个条件 $d/z \ll 1$ 当作主要的条件,而式(1.5)则起着重要的辅助支撑作用。这一结果是一个发射的和/或反射的源和一个远距离的观察/图像平面中相关电磁单元之间的二维傅里叶变换关系的有用汇集。如果不能满足式(1.5),则应用 Fresnel 衍射条件,存在一组略为复杂的关系集合。现在,我们将在适用时采用傅里叶光学方法进行处理,并在必要时涉及 Fresnel 传播。

　　统计光学是在分析和理解光学系统时采用的另一种强有力的分析工具。有了统计光学方法,我们不再限于经典的电动力学计算易于处理的简单散射方法。我们可以使用统计方法来分析光斑的性质和特性,这些方法可以与傅里叶光学方法组合,以提供理解光波传播和整个探测过程的一个强有力的和严格的数学框架。对于低照度条件,泊松统计有助于描述光子计数过程。我们将在第 6 章更详细地阐述这一强大的方法,更详细地讨论辐射的传播。

我们还必须提到其他各种方法。现代光学方法使我们能够理解和建模光学组件(如透镜、滤光片、光学夹具、镀膜),光波通过这些组件的传播以及偏振效应等。这些方法在设计光学组件时是重要的。物理光学方法以解析的方法研究衍射效应,而几何光学采用简单的光线追迹方法近似光学传播现象学。非线性光学方法给出了在常规的线性、位移不变系统不适用时理解光波特性的一种途径。我们将在第 2 章讨论线性、位移不变假设和非线性光学模型。我们将在需要时采用这些结果来帮助理解、定量描述和建模光波和光学系统。作为光学系统工程师和光学系统管理者,我们的重点是基本的结果,并依靠光学工程师进行详细的分析。更详细的信息可以在参考文献中找到。

我们还要考虑到电磁应用,对我们选择的单位制作出最后的评价。有几种单位制对于处理电磁物理现象是有用的。有静电单位(esu)、电磁单位(emu)、高斯单位、Heaviside－Lorentz 单位和正则化的 MKSA 单位(SI)。高斯单位在处理微观问题时更加实用,而正则化的 MKSA 单位(我们采用的 SI 单位制)对于诸如大规模工程应用那样的宏观问题更实用。我们现在给出将在全书中使用的某些重要术语的定义。

1.2.4 基本的光学系统概念和技术术语

本节包括对于理解全书中的概念非常重要的定义。我们将希望能够跳到本书任何后续的章节且能够理解内容。当然,最好依次顺序地阅读全书的材料,因为每一章都是基于前面一章的。但我们也希望能方便那些想要直接跳到特定主题的读者。例如,如果某一读者在阅读和理解了本节后,想要学习光学探测器,他们应当能直接跳到第 8~10 章,并理解那些章节中的大部分材料。读者可以在不了解前面章节(如源、光学辐射、基本的光学系统)材料的情况下,仍然可以理解探测器章节的材料。我们希望每一章的内容尽可能独立,为了实现这一目标,我们需要定义某些通用的技术术语。除了技术术语的定义之外,我们将给出某些描述性的细节(如在适当时给出某些方程)。

吸收率(α)——一个物体吸收的辐射通量与入射到该物体上的辐射通量之比:

$$吸收率 = \frac{\varnothing 吸收}{\varnothing 入射} \tag{1.7}$$

声光学——光与声的交互作用。声光学器件采用声波操控光波。

主动成像——成像系统在人造照射条件下(如激光照射)采用相参成像模型。

大气湍流限空间分辨率——对大多数与弗雷德参数(r_0)相比入瞳孔径大的良好设计的光学成像系统,在地球大气中时,大气湍流效应限制着光学成像系统的空间分辨率。对于这种情况,成像系统的大气湍流限空间分辨率由下式给出:

$$\Delta x_{atm} = 1.22 \frac{\lambda}{r_0} z \tag{1.8}$$

式中:1.22 为圆形入瞳孔径的结果;λ 为光波的中心波长;z 为观察点与成像系统入瞳之间的距离。

自适应光学——用于实时校正大气湍流效应,主要是基于硬件的系统。

大气湍流补偿——对所获取的数据(通常是图像)进行大气湍流校正,以软件为主的方法,这些方法通常比自适应光学方法要慢得多,一般在后处理环境中完成。

亮度——与位置无关(例如,可以在源处或探测器处)的空间功率密度,单位是 W/m^2。

相干波——电磁波的自相关在多于一个点处非零。

衍射限空间分辨率——一个成像系统可以得到的理论上最好的空间分辨率。由下式给出:

$$\Delta x_{\mathrm{d}} = 1.22\,\frac{\lambda}{D}z \tag{1.9}$$

式中:1.22 为圆形入瞳孔径的结果;λ 为光波的中心波长(m);D 为光学系统入瞳(通常是望远镜的主反射镜)的直径(m);z 为观察点与成像系统入瞳之间的距离。

方程的左边表示采用给定的成像系统不能观察的较小空间细节的一个尺度,它可以看成是理论上一个完美的成像系统(没有光学或大气像差和系统噪声效应)的空间分辨率。

电光——受电子学影响的大多数光学器件,如光开关。

发射率(ε)——这是一个表面发射辐射的能力,它等于一个给定的源辐射的能量(跨所有的波长)除以黑体源(处于相同的温度)辐射的能量。

扩展源——如果一个由光学成像系统观察的物体的空间尺度大于成像系统的空间分辨率,则在理想情况下,成像系统可以分辨物体的空间特征。在这种情况下,源物体可以看作是一个扩展源。

傅里叶光学——一种采用空间频率域来分析和定量描述光学系统的方法学。

弗雷德参数——弗雷德参数 r_0 是由大卫·弗雷德提出的,表示可以看作是空间相干的大气斑块的直径。弗雷德参数的另一个名称是空间相干长度。对于入瞳直径等于或小于弗雷德参数的成像系统,自适应光学/大气湍流补偿方法没有什么效果。对于入瞳直径大于弗雷德参数的成像系统,自适应光学/大气湍流补偿方法有明显的收益。

非相干波——波的自相关仅在一点非零。

光子学——一个综合光学和电子学的学科,它涉及采用电子器件来控制光[以波或粒子(光子)的形式]。该学科包括光学、光电子学、电子光学、声光学、光学信息处理、激光和量子电子学、光电子和通信、光波器件、光纤通信及光波系统(Saleh 和 Teich,1999)。

光电子——主要是电子的但具有某些光学方面的器件,如电视显示和光电二极管。

统计光学——一种将光与物质的交互作用看作是基本统计现象的方法学(Goodman,1985)。这种方法学提供了一组基于统计的强大分析工具,用于理解光的传播、光与宏观物体的交互作用,以及光波的空间和时间相干效应。

光波光学——一个光学方法与光学信号处理和光通信器件融合的领域。

非线性光学——光与非线性介质的交互作用,如相位共轭、双波混合、四波混合、自聚焦、三阶谐波产生和光放大。

被动成像——在自然照射条件(如阳光、星光、在电磁波谱的红外部分发射的光)下采用非相干成像模型的成像系统。

光度学——对由人眼感知的光的亮度测量。人眼的灵敏度随着入射能量波长的变化而变化,因此,在光度学中,亮度是采用在每个波长上的辐射功率测量的。

光子通量(Φ_p)——以(photons/s)度量的每秒的光子数。

点源——如果一个给定的成像系统的空间分辨率大于由一个成像系统观察的一个源物体的物理尺度,则成像系统不能分辨物体的任何空间细节。在这种情况下,我们可以认为该物体相对于成像系统具有点源的性质,即使该物体具有一定的物理尺度。

辐射能量(U,E,Q_e)——这是由电磁波所携载的能量。能量的单位由焦耳(J)给出,1J等价于1N的力作用1m,它也等价于1W的功率持续1s。

辐射通量或辐射功率(P,Φ_e)——这是作为时间变化率的函数能量变化的测度,单位为瓦(W):

$$1W = 1J/s \tag{1.10}$$

辐射发射度或辐射出射度(W,M_e)——一个源每单位面积辐射的辐射通量,辐射出射度的单位是(W/m^2 或 W/cm^2),如果在成像系统处测量,这一量称为辐射入射。

辐射强度(J,I_e)——每单位立体角发射的辐射通量,采用 W/sr 度量。

面辐射强度(N,L_e)——每单位立体角每单位源面积辐射的辐射通量,采用 $W/(m^2 \cdot sr)$度量。

光子辐射出射度(Q_p)——每秒每单位面积辐射的光子数,采用 $photons/(s \cdot m^2)$度量。

辐射度量学——电磁辐射的测量,测量是在一定的波长范围或等价的频率范围内进行的。

反射率(ρ)——由一个物体反射的辐射通量与入射到该物体上的辐射通量之比:

$$反射率 = \frac{\varnothing 反射}{\varnothing 入射} \tag{1.11}$$

立体弧度——通过将一个球面一部分的表面积除以它半径的平方得到的一个角度度量。例如,如果所考虑的表面积是整个球面,则相关的角度度量为 $4\pi sr$。

光谱辐射通量(P_λ)——每单位波长间隔的辐射通量,用 $W/\mu m$ 度量。

光谱辐射出射度(W_λ)——每单位波长间隔的辐射出射度,用 $W/(m^2 \cdot \mu m)$度量。

光谱辐射强度(J_λ)——每单位波长间隔的辐射强度,用 $W(sr \cdot \mu m)$度量。

光谱面辐射强度(N_λ)——每单位波长间隔的面辐射强度,用 $W/(m^2 sr \cdot \mu m)$度量。

光谱辐射通量密度(H_λ)——每单位波长间隔的辐射通量密度,用 $W/m^2 \cdot \mu m$ 度量。

总功率定律——一个物体的吸收率、反射率和透过率之和为1。或者换言之,在一个表面上入射的辐射通量 ϕ 等于吸收的辐射通量、反射的辐射通量和透过的辐射通量之和:

$$\alpha + \rho + \gamma = 1 \tag{1.12}$$

或

$$\varnothing 吸收 + \varnothing 反射 + \varnothing 透过 = \varnothing 入射 \tag{1.13}$$

透过率(τ)——透过的辐射通量的量除以入射到物体上的总的辐射通量:

$$透过率 = \frac{\varnothing 透过}{\varnothing 入射} \tag{1.14}$$

本章介绍了某些光学系统工程组成模块、按惯例采用的单位制,并介绍了标准的光学系统技术术语。本章给出了某些基本概念和方法学,这将有助于读者在必要时跳跃性地阅读后续的章节(但最好按照次序阅读本书的材料)。本节的目的不是给出全面的定义,而是给出一般性理解所需的关键的定义。1.3节将给出一个采用本章中某些概念的一个综合案例研究。

1.3 综合案例研究：我们的光学系统案例研究简介

在本节中，包括一个与前两节所讨论的主题相关的案例研究。本节说明了怎样将系统工程方法应用到光学领域。这一案例研究的目的是帮助读者理解怎样在专业环境中实际运用系统工程，并说明了它的某些优势。此外，我们想采用一个单一的综合案例研究来说明怎样将系统工程原理的不同方面应用到相同的场景中。我们采用一个构想的中等规模的、正在扩展的公司（称为 Fantastic 成像技术公司）来验证较高层级的系统工程概念和原理，以及它们与面向系统工程的光学技术分析、建模和可行性分析、权衡分析的关系。表 1.5 列出了假定的主要角色和他们在这一案例研究中的作用。

表 1.5 综合案例研究的主要角色

参与者	角色	所在组织
Bill Smith	首席执行官	FIT
Tom Phelps	首席技术官(光学专家)	FIT
Garry Blair	首席信息官(企业体系架构)	FIT
Karl Ben	高级系统工程师	FIT
O. Jennifer	系统工程师	FIT
S. Ron	系统工程师(新雇员)	FIT
R. Ginny	无人机项目经理	FIT
G. Arlene	商务开发	FIT
C. Maire	需求管理/	FIT
R. Carlos	质量经理	FIT
A. Lena	保障分析师	FIT
K. Phil	软件工程	FIT
B. George	硬件专家	FIT
R. Amanda	光学工程师(光学负责人)	FIT
R. Christina	光学技师	FIT
A. Kari	测试经理	FIT
P. Malcolm	生产经理	FIT
B. Rodney	现场服务	FIT
F. Julian	产品服务	FIT
E. Steven	技术支持和信息技术	FIT
N. Andy	维护/支持	FIT
M. Warren	机构联系	FIT
Doris	执行管理助理	FIT
Wilford Erasmus	主要的利益相关者美国海关和边境保护局运行和采办负责人	DHS
H. Glen	技术专家	DHS
H. Jean	运行管理	DHS
N. Kyle	用户	DHS
G. Ben	采办主管	DHS
Simon Sandeman	特殊的客户	未披露名称的组织
H. Rebecca		

FIT 是一个中等规模的成像技术公司,位于美国佛罗里达的 Melbourne。FIT 发展工作在电磁波谱的可见光和红外区域的成像系统,该公司具有用于地地、地空和空地成像场景的卓越的技术。FIT 也有专门的研发团队,重点是采用大气湍流补偿和自适应光学方法改进远距离成像系统的性能。

现在,让我们向你介绍 FIT 的一些领导。公司的首席执行官(CEO)是 Bill Smith 博士,他是一名退役的美国空军官员,在光学探测方法、系统工程和防务采办过程方面具有 25 年的经验。公司的首席技术官(CTO)是 Tom Phelps 博士,他是一名光学专家,重点是光学成像系统。公司的首席信息官(CIO)是 Garry Blair 先生。Bill Smith 博士是系统工程原理的强力倡导者,他坚持在公司的所有项目中采用系统工程方法。从创始起,FIT 就在所有内部和外部项目中应用现代系统工程原理、工具和技术。系统工程的焦点并不限于公司的产品、项目和系统,而且包括 FIT 的过程和业务。系统思维和系统工程方法学被嵌入在公司的文化和核心价值中。

FIT 对产品开发和支持采用整体的方法,从一开始,FIT 就主动参与到光学系统的全寿命周期发展(研究、开发、试验、评估、生产/制造、运用支持、维护、服务和系统退出/处置),并将基于模型的系统工程方法运用到系统的需求管理和设计阶段。公司采用 DOORS 和 MagicDraw 作为用户定制的需求管理工具,采用 Zemax 进行光学设计。公司也有某些内部开发的、运行在基于 MATLAB 快速原型环境中的具有专利的算法,能完成高速大气湍流补偿,这些算法已经被移植到各种高速硬件结构,如现场可编程门阵列(FPGA),并采用模块化设计方法和先进的安全和业务协议进行了开发。

随着公司开始成长并开始并行开展多个项目的开发,顶层的管理团队和公司的技术人员之间的日常信息流变得明显不太有效,日常的预算和会计、审计过程也变得更加难以管控,这导致了公司内部的预算和进度调度问题日益严重。为了应对这一情况,首席信息官建议采用企业架构来进行公司的战略愿景、核心业务过程、技术过程、信息流、系统、运行和标准的管理、集成和文件编制。首席执行官和董事会批准采用这一企业架构方法,并确定了企业架构基线和规划的发展路径与评审周期。企业架构能够用于清晰地确定公司的目标和目的,这有助于定义组织结构、信息流、决策流、人员的交互性结构,和对公司的运行与成长非常关键的产品和过程。由于实现了企业架构,更容易跟踪公司的每一个项目,决策制定过程大为简化,且更加有效。

FIT 最近接到了美国国土安全部的一个项目建议书征询,这一项目要发展一个用于辨识跨越美国—墨西哥边境的步行人员流的无人机光学子系统,这一系统需要在白天和夜间条件下具有 5 英里以上的地面识别距离,这一系统也需要具有进行近实时图像处理,并在图像获取 5s 之内将图像发送到远地任务控制中心的能力。光学系统必须能进行本地和远距离双向通信和控制。这里是根据首席执行官 Bill Smith 博士、首席信息官 Garry Blair 先生和首席技术官 Tom Phelps 博士对这一项目的讨论得到的场景。

Bill:"各位好,感谢二位参会。在确定是否参与国土安全局的项目建议书征询工作之前,我们需要考虑一下公司目前的任务和资源。我们需要讨论我们的资源现在被分配到哪里。此外,我们是否有足够的资源和基础设施来参与这一项目?我们是否有具有所需技能的人员?需要多少员工来参与这一项目?此外,对赢得这一项目而言,我们有哪些强项和弱项?这对我们公司而言是一个大的项目,因此我们必须了解相关的风险。"

Tom："是的,我同意 Bill 的看法。在参与这一项目之前,我们要做些作业,确保我们已经准备好了,并且能够承担这一新的、艰巨的任务。当我说这是一个机会时,我确实有激动的感觉,因为这将使我们公司跃到一个新的台阶,使我们得到新的突破。我们公司已经从事成像行业一段时间了,但现在主要集中在商用项目,这些项目适合于我们公司,因为我们的重点是大气湍流补偿方法的优化,现在我们在大气湍流补偿方法方面居于领先地位,现在又为我们提供了一些新的机会。因此,如果我们都同意我们有足够的资源来支撑这项工作,我们就能在成为业界领先者方面跨出新的一步,这一项目将是向这一方向迈进的重要一步,如果成功的话,我们将打开一个新的市场基础。

对于这一项目,我们有适当的成像系统技术。这一项目将为把我们的系统提升一个台阶并集成到无人机上创造机会。我理解我们正忙于其他的项目,但这一项目代表着一个我们不能忽略的机会。项目建议书团队将完成一个非常具有竞争力的项目建议书文件包,项目建议工作本身仅需要 2～3 个月的工作,这样到我们开始启动项目时,我们的其他一些项目将已经完成,我们将有人员能致力于国土安全部这个项目。与此并行,如果赢得竞标,我们还将试探潜在雇员的反应,在本地有一所非常好的大学,我们可以开始做一些问询工作。"

Garry："Tom,我同意你的看法。现在我们已经建立了我们的企业架构框架,清晰地制定了公司的所有目标、目的、政策、过程、系统、运行和标准,较容易看到我们已经有什么并做出选择。这一项目与我们建立企业架构时规划的公司转型显然是匹配的,公司已经进行了调整以便能承担政府组织的项目。1996 年,美国政府通过了 Cohen-Clinger 法案,要求所有的联邦企业在他们的工作中采用企业架构方法,这一要求也是支持这项政府企业的合同商(如我们公司)必须遵守的。由于我们已经实现了一个企业架构框架,这对我们向国土安全局提交建议书是有利的。从技术观点来看,FIT 也具有我们的竞争者所没有的一项优势,我们具有业界最好的大气湍流高速补偿技术。这一项目要求远距离成像,因此对于大口径光学系统,大气对图像的影响是不可避免的。与我们的竞争者相比,我们的系统将具有较远的作用距离,或在等价的距离上具有较高的空间分辨率,我们站在技术前沿!我们应该有比我们的竞争对手更好的项目建议书,现在我们只要将寿命周期成本降下来。"

Bill："因为我们都同意我们应当参与国土安全部的这一项目,现在我们开始尽快地完成项目建议书。这对我们是一个新的台阶,因此我们需要更多的一些时间来爬上这一台阶。Tom,你负责项目建议书工作,你和 Garry 需要确保我们在项目建议书中有所有必要的体系框架,从今天起,项目建议书要在两个月内完成。如果你需要了解更多的细节,请与 Wilford Erasmus 先生联系,他是我们这一项目的国土安全部运行和采办主管。有关项目建议书的讨论,我希望你有两个团队:红队和蓝队,蓝队将讨论优点,红队将讨论缺点。我希望看到每周一次的情况报告。我们将每两周开一次会讨论我们的进展。让我们开始动起来!好运!!"

在这次会议之后,Tom 建立了一个由 Karl Ben 牵头的团队,致力于国土安全部这个项目的项目建议书工作,Karl Ben 是公司的一名高级系统工程师。他们开始了项目建议书工作,首先确定了利益攸关者。下面是两周后 Bill 和 Tom 在第一次审查项目建议书工作时的另一次讨论。

Tom:"我们开始了确定这一项目的利益攸关者的工作。这一项目确定了除国土安全部之外的许多利益攸关者(如中央情报局、联邦调查局、其他国外用户等),但我们决定将这项项目建议书的工作重点放在国土安全部的需求上。"

Bill:"这是一个好的决策。让我们现在把重点聚焦在国土安全部的需求上,在赢得立项之后我们可以考虑第二个利益攸关者。如果赢得了立项,我们可以采用我们的模块化设计原则和快速原型方法来有效地争取第二个利益攸关者的机会。现在你对我们怎样满足主要利益攸关者的需求有什么想法?"

Tom(指向包括运行方案的汇报PPT):"是的,我们已经确定了运行方案(Tom指向屏幕上的图1.11)。我们装在无人机上的光电和红外成像系统将通过采用用于无人机成像的常规扫描机构来搜索人员流。我们将在无人机上对图像进行处理以进行大气湍流补偿,并使它们与无人机的标准通信协议兼容,所处理的图像将借助于无人机可以获得的通信系统发送到任务指挥中心。一体化成像系统将包括两个不同的子系统:一个工作在电磁波谱的可见光波段,用于白天成像的带望远镜的电视摄像机系统,一个用于夜间成像的带望远镜的红外摄像机。

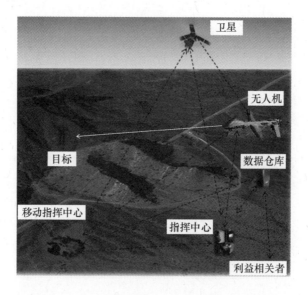

图1.11 无人机边境巡逻任务的运行使用概念图

Bill:"你可以解释上面所提到的每个系统是怎样工作的吗?"

Tom:"好的。让我们从夜间光学成像解决方案开始,所有的材料都有电磁辐射,辐射剖面的峰值在电磁波谱的一个特定波长。由于我们的光学成像系统的目标是人员,人将是辐射源。[Tom示出了一个完整的人体图(图1.12)]。

人体在电磁波谱的红外部分发射辐射。因此,如果我们知道人体辐射的红外辐射的峰值波长,我们可以采用在这一波段附近探测人员的优化的光学探测器,这将是要考虑的一个风险因素,但考虑到没有大量的吸收和来自光学系统的噪声,而且在这一波长上或其附近没有很多来自其他物体的杂波,我们应当能够设计我们的光学系统以充分利用感兴趣的人员目标所发射的峰值辐射。这里,一个重要的事情是确保光学探测器仅获取来自希望的光电磁波谱区域的信号,在系统带宽、探测器噪声、探测器上接收的辐射通量密度

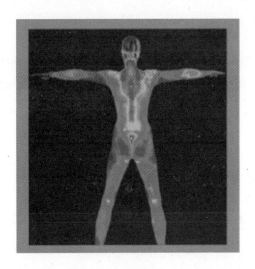

图 1.12 人体红外图像（来自 NASA，2014，http://commons.wikimedia.org/w/index.php? title=File:Atrnospheric_window_EN.svg&page=1。）

和背景噪声之间有一个折中，这应当是我们设计过程的一部分，在设计过程中我们要构建辐射度学模型，分析成像场景，确定最佳的探测器特性，然后针对由我们的运行方案驱动的场景，设计适当的光学滤光片或信号滤波器。

要考虑的另一个事情是在人体发射辐射的区域的大气效应，如果我们采用的窄带探测器工作在电磁波谱的错误部分，由于大气吸收，我们可能会损失感兴趣的目标信号的很大一部分。"

（Tom 接着跳到下面的 PPT 说明大气和大气的不同组分对光的传输有什么样的影响，如图 1.13 所示。他接着继续他的解释）。

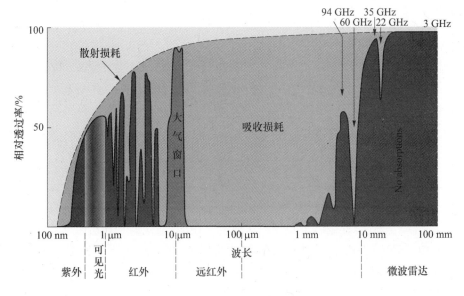

图 1.13 大气对透过率的影响

Tom："我们知道，人体在大约 $9.5\mu m$ 的波长处有峰值辐射。这里，我们看到在这一波长及其附近传输的光功率有一些损耗，从这一图可以看出，略大于 20%。我们将得到一个在 $9.5\mu m$ 附近的更详细的大气透过率曲线，在人体辐射体的峰值辐射出射度的波长右边也有显著的吸收，因此我们应当避开电磁波谱的这一部分。现在我们要关注我们是否已经确保光学探测器接收到来自源的足够的信号，并产生可探测的响应。为此，要计算来自源的辐射出射度和在探测器上产生的相应的辐射通量密度，如果信号强度较低但在可探测的范围内，则需要采用适当地放大、降噪和信号处理方法。由于由人（和热血动物）产生的辐射出射度通常远超过夜间沙漠环境背景，我们可以采用一个宽瞬时视场成像系统作为传感器，我们可以对成像系统进行放大，以在传感器告诉我们向哪里观察时得到较高的空间分辨率。"

Tom："对我们的白天解决方案可以采用类似的辐射度学论证。这里，探测器必须与电磁波谱的可见光部分相匹配，因为在白天可以得到的主要光学信号是由目标和场景散射和反射的可见光，由于在白天有大量的背景杂波，采用等待式传感器思路可能是不可行的，如果我们可以采用某些最新的自动目标识别算法，采用等待式方法也许有某些优势，但我们可能需要采用扫描式技术途径，以得到可以接受的空间分辨率，这是我们的主要方法。我们仍然在评估这种场景。此外，我们可以采用我们的实时大气湍流补偿方法，以提高我们的光学系统的空间分辨率，或者使我们的系统相对于竞争者具有更远的作用距离，我想国土安全部喜欢这样。"

Bill："对于国土安全部运行使用方案，需要多高的空间分辨率？"

Tom："基本的原则是我们需要在感兴趣的目标上至少有 10 个像素，从而能适当地判别出我们观察的是人还是别的，记住，这是跨感兴趣目标的实际分辨率。因此，我们将进行分析，以确定对于工作概念驱动的场景，我们需要什么样的大气湍流补偿方法，以使我们的光学系统的分辨率最高。"

Tom："迄今我所谈到的是这一项目的技术基础。在这项工作的下一部分，我们将开发一个光学系统模型，并开始更详细地分析我们的光学场景。我们也要做以下基本的计算，以确定大气对我们的成像系统的空间分辨率会造成什么影响。正如你们所知道的那样，对于许多良好设计的光学系统，大气效应经常是光学系统空间分辨率的主要限制因素。我们也要对我们的运行使用方案将要遇到的成像场景进行建模，研究观察角度、瞄准和跟踪系统的回转速率，以及我们的设计模型所需要的基本光学模型。

我在今天较早的时候与 Garry 进行了交谈，他提到我们应该考虑与我们的企业架构相关的一些活动。他说，这是不能等到下次会议的东西，但他似乎非常激动。"

Bill："看起来是一个好的开端，我对所开展的工作非常高兴。下次评审时和你和 Garry 再见。"

1. A 附录:首字母缩略词

ATIF	空军技术学院
CDR	关键设计评审
CEO	首席执行官
CIO	首席信息官
CMMI	能力成熟度模型集成
CONOPS	工作概念
COTS	商用货架产品
CPFF	成本加固定税率
CPIF	成本加增值税
CTO	首席技术官
DAS	防务采办系统
DAU	防务采办大学
DHS	国土安全部
DOD	国防部
DODAF	国防部体系结构
DOORS	面向动态对象的需求系统
DOTMLPF	战法、组织、训练、器材、领导、人员和财务
EA	企业架构
ECPs	工程更改建议
emu	电磁单位
esu	静电单位
FAR	联邦采办规程
FFP	固定税率价格
FIR	远红外
FIT	Fantastic 成像技术公司
FoS	系统族
FPGAs	现场可编程门阵列
FT&E	功能测试和评估
IFOV	瞬时视场
INCOSE	国际系统工程学会
JCIDS	联合能力集成和开发系统
JROC	联合需求审查委员会
KPPs	关键性能参数
LCC	生命周期成本
LWIR	长波红外
MBSE	基于模型的系统工程

MCC	任务控制中心
MDA	里程碑决策机构
MIR	中红外
MIT	麻省理工学院
MOPS	性能测度
MWIR	中波红外
NIR	近红外
NLO	非线性光学
OSD	国防部长办公室
OT&E	作战试验和评估
PDR	初步设计评审
POC	接触点
PPBE	规划、计划、预算和执行
PPPI	预先统筹产品改进
RDT&E	研究、开发、试验和评估
RFP	项目建议书征询
SDLC	系统开发生命周期
SEI	系统工程研究所
SI	国际单位制
SI	国际 MKSA（千米克秒安培）有理单位制
SO	统计光学
SOS	由多个系统组成的大系统
SSPPs	系统、服务、产品或过程
SSR	系统分段评审
SWIR	短波红外
TPM&Ms	技术性能测度和指标
UAV	无人机
VCJCS	参谋长联席会议副主席

参 考 文 献

ACQWeb. 2014. Requirements and Acquisition Process Flow. Acquisition Web Portal: http://www.acq.osd.mil/asda/docs/dod_instruction_operation_of_the_defense_acquisition_system.pdf (accessed November 10, 2014).

ANSI/EIA-632-1999 (R2003). 2003. Processes for Engineering a System. American National Standards Institute and Electronic Industries Alliance. Washington. http://webstore.ansi.org/ (accessed November 10, 2014).

Arrasmith, W.W. 2007. A systems engineering entrepreneurship approach to complex, multi-disciplinary university projects. Paper presented at *National Conference of the American Society of Engineering Education*, Honolulu, HI, June 23–27, 2007.

Blanchard, B.S. 2008. *System Engineering Management*, 4th edn. New York: John Wiley & Sons.

Blanchard, B.S. and W.J. Fabrycky. 2010. *Systems Engineering and Analysis*, 5th edn. London, U.K.: Pearson.

Cepheiden. 2009. Atmospheric Window. Wikimedia Commons website: http://commons.wikimedia.org/w/index.php?title=File:Atmospheric_window_EN.svg&page=1 (accessed November 10, 2014).

DAU. 2012. *Online Defense Acquisition Guidebook*. Defense Acquisition University website. https://dag.dau.mil/Pages/Default.aspx (accessed April 24, 2014).

DAU. 2014. Integration of the DOD Decision Support System. Defense Acquisition University website: https://acc.dau.mil/CommunityBrowser.aspx?id=488288&lang=en-US (accessed November 10, 2014).

Defense Acquisition Portal. 2014. https://dap.dau.mil/aphome/Pages/Default.aspx (accessed November 8, 2014).

Defense Acquisition University. 2001. *Systems Engineering Fundamentals*. http://www.dau.mil/pubs/pdf/SEFGuide%2001–01.pdf (accessed April 24, 2014).

Defense Acquisition University Press. 2001. *Systems Engineering Fundamentals*. Fort Belvoir, VA: Defense Acquisition University Press.

Department of Defense. 1969. MIL-STD-499 Military standard system engineering management. http://www.everyspec.com/MIL-STD/MIL-STD-0300–0499/MIL-STD-499_10376/ (accessed April 4, 2014).

Fagan, M.D. 1978. *A History of Engineering and Science in the Bell System: National Service in War and Peace*. Murray Hill, NJ: Bell Laboratories.

Fitts, P.M. 1951. *Human Engineering for an Effective Air Navigation and Traffic Control System*. Washington, DC: National Research Council. http://www.dtic.mil/cgi-bin/GetTRDoc?AD=ADB815893 (accessed April 4, 2014).

GIG. 2014. Global Information Grid OV-1. Wikimedia Commons website: http://commons.wikimedia.org/wiki/File:Gig_ov1.jpg (accessed November 8, 2014).

Goode, H.H. and R.E. Machol. 1957. *Systems Engineering*. New York: McGraw-Hill.

Goodman, J.W. 1985. *Statistical Optics*. New York: Wiley-Interscience.

Grants.Gov. 2014. http://www.grants.gov (accessed November 8, 2014).

Hall, A.D. 1962. *A Methodology for Systems Engineering*. Princeton, NJ: Van Nostrand.

IEEE. 1998. Standard for application and management of the systems engineering process— Description. IEEE Std 1220-1998. https://standards.ieee.org/findstds/standard/1220-2005.html (accessed April 24, 2014).

Jackson, J.D. 1975. *Classical Electrodynamics*. New York: John Wiley & Sons.

Kolmogorov, A.N. 1941a. Dissipation of energy in the locally isotropic turbulence. *Proceedings of the USSR Academy of Sciences*, 32: 16–18.

Kolmogorov, A.N. 1941b. The local structure of turbulence in incompressible viscous fluid for very large Reynold's numbers. *Proceedings of the USSR Academy of Sciences*, 30: 301–305.

Merriam-Webster's Collegiate Dictionary, 11th edn. 2003. Springfield, MA: Merriam-Webster.

NASA. 2007. EM Spectrum Properties. Wikimedia Commons website: http://en.wikipedia.org/wiki/File:EM_Spectrum_Properties_edit.svg (accessed November 10, 2014).

NASA Thermal. 2014. A Diagram of the EM Spectrum. Wikipedia website: http://commons.wikimedia.org/wiki/File:Fullbody_03.jpg (accessed November 10, 2014).

NASA. 2014. Hubble space telescope diagram. NASA Quest website: http://quest.arc.nasa.gov/hst/photos-i.html (accessed November 9, 2014).

Newton, I. 1952. Optics. In *Great Books of the Western World*, R.M. Hutchins (ed.). Chicago, IL: Encyclopedia of Britannica, 377–550.

Office of the Deputy Under Secretary of Defense for Acquisition and Technology. 2008. *Systems Engineering Guide for Systems of Systems*, Version 1.0. Washington, DC: ODUSD(A&T)SSE.

Sage, A.P. 1992. *Systems Engineering*. New York: Wiley.

Saleh, B.E.A. and M.C. Teich. 1991. *Fundamentals of Photonics*. New York: Wiley-Interscience.

Schlager, J. 1956. Systems engineering: Key to modern development. *IRE Transactions*, EM-3: 64–66.

SEF. 2014. Systems Engineering Fundamentals Guide. Defense Acquisition University weblink: http://www.dau.mil/publications/publicationsDocs/SEFGuide%2001-01.pdf (accessed November 10, 2014).

Skoog, D.A., F.J. Holler, and S.R. Crouch. 2006. Principles of Instrumental Analysis. 6th edn. Wadsworth Australia: Thomson Brooks/Cole.

TOGAF. 2012. The TOGAF welcome screen. http://pubs.opengroup.org/architecture/togaf8-doc/arch/ (accessed April 24, 2014).

TOGAF. 2014. Definitions. The Open Group Definitions web page: http://pubs.opengroup.org/architecture/togaf9-doc/arch/chap03.html (accessed November 10, 2014).

U.S. General Services Administration. 2014. Federal Business Opportunities. http://www.fedbizopps.gov (accessed November 8, 2014).

U.S. Government. 2014. SBIR/STTR. http://www.sbir.gov (accessed November 8, 2014).

第2章 企业体系架构基础

> 某些人把私营企业看作要被射杀的肉食性老虎,其他人把他看作可以取奶的母牛,只有少数人正确地看待它,把它看作拉动整个马车的壮马。

> ——Winston Churchill

企业体系架构(EA)方法正变成推动致力于复杂的项目、工程和工作的多个组织实体之间成功协作和协同的一个必要要素。这些方法被用于采用所需的体系架构原理和规程来指导大型的和/或扩张的组织,通过业务、信息、过程和技术的转变,从一个简单的组织结构演进为复杂的组织结构,以执行核心的企业战略。

国际电子与电气工程师学会(IEEE)将体系架构定义为:"体系架构是一个系统的基本组织,包括系统的组成单元、这些单元之间的关系和它们与环境之间的相互关系,以及指导系统的设计和演进的原则。"企业体系架构的主要目的是确定/构建一个企业的核心业务、组织和技术集成、标准和管控等方面,重点是确定企业的发展目标、设计企业发展策略,规划向未来状态演进的实施途径。企业体系架构方法学也提供了一个战略和业务驱动的框架,用于做出系统和基础设施发展决策,提供与基于模型的系统工程工具集成的企业建模能力,并确定企业的愿景和方向。企业体系架构的三个主要的视角是面向规程的视角、面向设计的视角和面向模式的视角。

经常采用"蓝图类比"来描述和理解企业体系架构,想象一下没有蓝图来建造一个房屋,这可以与没有企业体系架构来发展业务资源和系统相比(Bernard,2012)。在过去的几十年中,系统已经变得越来越复杂,这给组织带来了新的机会和挑战。利益攸关者采用系统和体系架构概念、原则和程序来理解和管理企业的组成和演进。利益攸关者可以采用结构化的描述来改进有关业务战略的交流和协同,以实现所希望的目标。采用体系架构框架和描述语言提供各界和各个应用领域的体系架构的协定和规程。企业体系结构被当作"业务规划、业务运行、自动化等方面的协同力以及业务的赋能技术基础设施"(de Vries,2010,pp. 17—29)。

企业体系架构概括组织的使命、目标和目的,并通过改进和沟通关键的需求、过程和模型来转化成业务愿景和战略,从而实现整个企业的转变,这包括有关应该怎样按照使命的变化来调整体系架构的信息。

企业体系结架构提供了一种用于管理的结构(Bernard,2012),并致力于根据业务和/或战略目标与目的定义清晰的关系,以完成对企业的改进。为了能够实现所希望的性能改进,企业体系架构必须演进,并循序渐进地运用到整个企业。企业体系架构及其原则和方法必须由顶层管理来支撑,必须在整个企业中循序渐进地实现。企业体系架构方法帮助在技术和系统选择中进行全局性的思考,并为企业提供控制机制、标准化和治理机制。

企业体系架构还应当预见并确定对性能改进的影响。应当建立加入了利益攸关者的反馈、反映附加的价值，并改进企业体系架构产品、业务和过程的质量性能指标（Schekker-man,2008）。

2.1　高层级集成模型

在前面与一个房子的蓝图的类比中，我们描述了在开始一个项目（建造房子）之前知道"大图"（蓝图）的重要性。为了进一步扩展这一类比，如果采用蓝图建造一个房子表示采用系统工程原则建造一个产品、过程、系统或服务，则企业体系架构将等价于城市规划活动。采用蓝图（系统工程方法）开发的房子（系统）是一个拥有其管理结构、过程、系统和标准（企业体系架构）的一个较大的企业（经受城市规划的城市/州/国家）的一部分。企业体系架构确定管控、政策、战略方向、技术系统、标准和过程（城市规划及其相关的执行者和过程），并综合构成企业的实体（各个建筑/施工人员）的行动。实质上，企业体系架构为其构成成员（实体）提供了高层级集成模型。这些原则和方法用于大规模组织（如国防部、联邦企业甚至国际合作行动），它们也可用于集成到较大的组织或计划演进到大型组织的较小的组织。

2.1.1　企业体系架构的用途

企业体系架构最初试图通过考虑和实现一个组织的结构改进、业务过程以及数据流的集中化和/或集成，并确保信息技术投入的合理化，来提高一个组织或服务的整体效率。可以通过采用战略驱动，将企业体系架构方法应用到一个组织的多个层级，以调整业务规程和过程，实现信息技术和系统的标准化和集成，使决策制定流畅化，并管控业务转换活动（GAO,2010）。企业体系架构是构建在一个体系架构框架上的，有多种企业体系架构框架可供选择，如开放工作组体系架构（TOGAF）。TOGAF描述了一种开发"架构视图"（也称为具有目标的服务）的方法，如果一个视图是联接的，要构建一个形式为转换结构的路线图，以指导从目前到未来的状态转化。在其他企业体系架构框架中也描述了类似的方法。每种企业体系架构框架都表现出其独特性，例如，TOGAF的长处在于对架构开发方法的定义，而其他企业体系结构框架的长处在于企业体系架构产品（人工制品）和分类方法的定义（Zachman,1987,pp.276-292）。

企业将面临着变化和挑战，包括融合、并购、创新、新技术、新业务模型、解除管制规定和日益增强的国际竞争。在电子商务、网络的全球化、虚拟企业和资源可获得性等方面的进步，进一步加大了对信息技术和数据流的协作管理压力。随着技术以更快的速度演进，业务环境变得更加动态化。为了提高在当今的全球性竞争环境中业务生存的机会，企业需要演进并变得更加灵捷，从而能更加快速、有效地适应于变化。

2.1.2　历史背景

在 J. A. Zachman1987 年发表的一篇标题为"一种用于信息系统架构的框架"的文章中（Zachman,1987,pp.276-292），描述了企业体系架构作为管理分布式系统在演进和给实体增加所需要能力时的复杂性的一种途径的挑战和愿景。他构想了一种用于系统架构的,评价使业务能适用于变化的每个重要方面的整体性途径。一项取决于信息系统的业务的代价和成功,需要一种管理这些系统的原则性方法。这种有关结构化系统的综观方法首先被称为"信息系统体系结构",后来也被称为"企业体系架构框架"(Zachman,1987,pp.276—292)。

1994 年,美国国防部采用 Zachman 的工作成果,创建了一种称为用于信息管理的技术体系架构框架(TAFIM)(DOD,1994)的方法,宣称能根据技术预期调整业务需求,以确保实现战略目标和目的。1996 年,美国国会发表了一项称为 1996 Clinger 和 Cohen 条令的法案,或信息技术管理改革条令(ITMRA,1996 Clinger 和 Cohen 条令)。这一条令建立了政府企业的首席信息官制度,要求联邦政府关注信息技术采办过程的结果和流程,并强调信息技术项目的选择过程和管理,以提高业务价值。如果项目成本低于 500 万美元,则采用简化的采办程序。

1998 年首席信息官理事会开始发展联邦企业体系架构框架(FEAF),并在 2009 年 9 月发布了第 1.1 版。FEAF 讨论了分段的结构,作为一个组织较小部分的起点。2002 年管理和预算办公室开始从首席信息官接手负责 FEAF。管理和预算办公室将 FEAF 的名称改成了联邦企业体系架构(FEA),它的功能将在后面进一步讨论。尽管联邦政府明显强调企业体系架构的重要性,但进展是相当慢的。美国总审计署报告说,在 Clinger 和 Cohen 法案实施之后的 8 年中,只有 96 个机构中的 20 个开始建立用于架构管理的基础。此外,国家总审计署确定:在企业运用企业体系架构方法时有一些失误,包括联邦调查局、国防部和国家航空航天局(NASA)等机构。

TAFIM 在引入 4 年后被撤回,开放工作组负责起草了一个称为"开放工作组架构框架"(TOGAF)的新标准,并在 2003 年发布。在这一时期,国防部也创建了其体系架构框架,称为"国防部体系架构框架"(DODAF)。这两个标准在继续扩展,并在持续地改进。图 2.1 示出了企业体系架构方法学随着时间的演进。

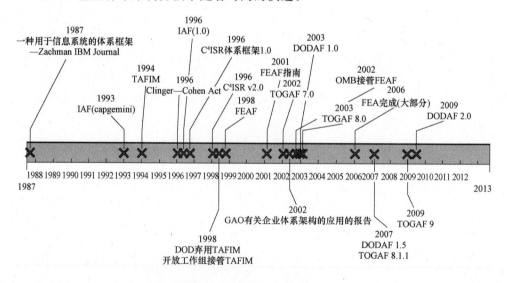

图 2.1　企业体系架构时线

2.1.3　体系架构的类型

现在采用多种类型的企业体系架构框架,如 Gartner、TOGAF、FEAF 和 Zachman 企业体系架构框架,每种框架有其优点和缺点,需要根据特定的场景加以考虑。每种类型的企业体系架构框架被设计为解决包括业务战略与信息技术关系的所有业务问题。我们首先给出每种主要的架构框架的某些关键特征。

第一种类型的体系架构是由 Gartner 团队创建的 Gartner 方法,Gartner 团队是一个著名的 IT 研究咨询组织(deVries,2010,pp.17－19),他们的企业体系架构方法更多地被看作一种规程,而不是一个方法论或过程,这种企业体系架构做法是高度协同的,并改进了业务所有者、信息技术专家和技术工程师之间的交流。

第二种企业体系架构框架是 TOGAF。这种企业体系架构框架综合了四种不同的架构,分别是:

(1) 业务架构:描述能够满足业务目标的过程。

(2) 应用架构:涉及应用是怎样交互作用的。

(3) 数据架构:关注数据的组织。

(4) 技术架构:关注在企业中的硬件和软件的基础设施(Hornford,2011)。

第三种类型的架构是 FEA。这种架构将多个联邦政府的企业组合在一个公共的架构中。FEA 有良好定义的结构化过程和分类法,可以作为一个可能的方法学,或者当作一种评估通过执行过程实现结果的工具。它有 5 个度量性能的参考模型,分别是业务、组件、服务、技术和数据模型。此外,它给出了观察企业体系架构、创建企业体系架构的过程、分类法和衡量是否成功的方法视角(Whitehouse,2007)。最后,Zechman 框架大部分包括怎样构建和组织体系架构的分类法。Zachman 采用一种将事项组织到类别的分类方法,使利益攸关者能做出更好的决策(O Rourke 等,2003)。

2.1.3.1　相对比较

在本节中,我们对 TOGAF、FEA、Zachman 和 Gartner 企业框架进行客观的比较,目的是突出这些主要的企业体系架构框架的长处和弱点。分类和排序源于一次微软开发者网络库开发者会议(Sessions,2007)。这一比较是一个有用的例子,其结果如下。这些准则中的一些可能与你的组织或企业没有直接的关联,但在考虑用于你的组织的架构框架时,可以从这些评估开始。比较分析如下:

按照以下准则对每种企业体系结构框架方法论进行排序:

1:在这一领域非常不称职。

2:在这一领域不称职。

3:在这一领域称职。

4:在这一领域表现非常优秀。

(1) 分类法完备性,指采用所指的企业体系架构框架方法论对各种结构制品进行分类的效率,这是 Zachman 方法的主要重点,其他方法论在这一方面没有那么受重视。

排序:

Zachman:4　　TOGAF:4　　FEA:2　Garter:1

(2) 过程完备性,指一种方法论通过系统性的过程创建企业体系架构的效率,这是

41

TOGAF 及其架构开发方法（ADM）的主要重点。

排序：

Zachman：1　　　TOGAF：4　　　FEA：2　　Garter：3

（3）参考模型指南,指方法论对构建一个相关的参考模型集的有用性,这是 FEA 的主要重点,TOGAF 也支持参考模型集构建,然而,TOGAF 参考模型指南不像 FEA 参考模型指南那样完备。

排序：

Zachman：1　　　TOGAF：3　　　FEA：4　　Garter：1

（4）实践指南,指方法论在多大程度上便于将一种企业体系架构方法的思想贯彻到组织中,并建立一种评价和使用企业体系架构的文化。这是 Gartner 架构框架方法的主要重点。

排序：

Zachman：1　　　TOGAF：2　　　FEA：2　　Garter：4

（5）成熟度模型,指方法论对采用企业体系架构方法评估企业内不同组织的效能和成熟度有多大的指导意义。

排序：

Zachman：1　　　TOGAF：1　　　FEA：3　　Garter：2

（6）业务重点,指方法论在采用技术来驱动业务价值（具体定义为降低成本和/或增加收益）的重点。

排序：

Zachman：1　　　TOGAF：2　　　FEA：1　　Garter：4

（7）管控指南,指方法论对理解和创建一种指导利益攸关者的交互作用的有效管控模型的作用。

排序：

Zachman：1　　　TOGAF：2　　　FEA：3　　Garter：3

（8）分配指南,指方法论能多有效地对企业进行自主分配,这是一种管理复杂性的重要方法。

排序：

Zachman：1　　　TOGAF：2　　　FEA：4　　Garter：3

（9）规范的分类,指方法论能多好地指导设定结构化资产的类别,从而能在未来的行动中重用。

排序：

Zachman：1　　　TOGAF：2　　　FEA：4　　Garter：2

（10）厂商中立性,指你有多大的可能通过采用这种方法论锁定到一个特定的咨询组织上。这里高的评分指锁定到特定的厂商的可能性较低。

排序：

Zachman：2　　　TOGAF：4　　　FEA：3　　Garter：1

（11）信息可用性,指有关这种方法论免费的或不昂贵的信息的数量和质量。

Zachman：2　　　TOGAF：4　　　FEA：2　　Garter：1

(12) 时间价值,指采用这种方法论需要多长时间才能建立可以提供高业务价值的解决方案。

Zachman:1　　TOGAF:3　　FEA:1　Garter:4

Sessions(2007)

正如可以在这些评分中看到的那样,各种企业体系架构框架都有其不同的优点和缺点。应当采用哪种企业体系架构框架取决于评价类别对组织/企业的相对重要性,这样的选择也经常取决于利益相关者所采用的企业体系架构框架,例如,国防部采用 DODAF 架构框架。

2.1.4　架构类型在多实体开发过程中的作用

每种架构类型的目的是确定一种框架,使之能实现信息流动、理解变化对整个系统或企业有怎样的影响,并帮助管控具有最小影响或后果的变化。尽管每种架构类型采用不同的技术途径,但它们都有相同的目的。这些架构的作用是有效地集成来自跨整个企业的多个实体系统,并提供实现实体整体性的、优化的交互作用的技术途径。一个企业体系架构能帮助在企业中有效地加入和集成新的能力。这样,新的能力将在数据流、信息技术基础设施和系统资源等方面来影响整个企业。

2.1.5　体系架构框架

体系架构框架定义一个组织的组织或结构(Minoli,2008),这些框架应当被用作企业体系架构的指导原则,企业体系架构定义在组织内运用业务过程、技术和信息技术基础设施创建、分析和运用架构描述的程序,从而能确定新的能力影响组织的方式。架构框架通常包括三个组元(Minoli,2008)。

(1) 视图——用于信息流并使利益相关者能够实现组织内子系统或其他系统之间关系的可视化。

(2) 方法——提供一个用户达到一个具体的目标所需的步骤。在一个框架内可以提供多种方法,可以包括过程、工具或规则。

(3) 途径——定义怎样实现所希望的结果。

对于一般的和专门的应用可以获得许多开源和专用的框架,应当考虑各种体系架构框架对企业的适应性,业界采用这些框架来构建便于业务愿景、使命、目标和希望的新能力的演进的企业体系架构,以满足利益攸关者的需求。体系架构框架提供支持由多个系统组成的大系统的结构复杂性增大所需的组元、过程和程序(Mioli,2008),并定义了这些系统之间的相互关系,从而能定义业务目标和对企业更整体的视图。这提供了一种用于理解企业的能力,并对满足业务需求的新的机会做出响应的机制。以下各节描述了几种类型的企业体系架构框架。

2.1.5.1　企业体系架构立方体

企业体系架构立方体(EA3)是一个采用不同的细节等级来描述企业的程式,由两个视图构成:第一个视图为"AS IS",采用当前定义的状态来说明企业体系架构(Bernard, 2012);第二个视图为"TO BE",寻求确定企业的未来的状态。EA3 框架是围绕着定义"AS IS"和"TO BE"视图之间的结构管理和变迁计划的立方体结构构建的(Bernard,

2012)。当采用企业体系架构框架(EA3)时,必须有 6 个核心要素来完成这一框架(Bernard,2012)。

(1) 企业体系架构文件框架——确定各层级文件的范围和它们之间的关系。

(2) 实现方法学——详细定义结构的当前(AS IS)和未来(TO BE)视图,还包括维持这种架构的具体步骤。

(3) 用于结构管控的过程——管理策划、决策制定和对结构更改的过程审查。

(4) 文件编制——详细描述用于每个子系统文件的类型和方法,包括策略分析、安全、计划和控制。

(5) 架构存放——具体的例子包括存储框架所需文件的数据库、网站或其他软件。

(6) 得到验证的方法——实现整个架构的最好的做法。

这些核心要素定义着 EA3,这些要素结合起来,使企业体系架构框架可用于确定使企业从当前状态转到未来状态的新能力。图 2.2 示出了 EA3 框架及其与业务目标的关系。

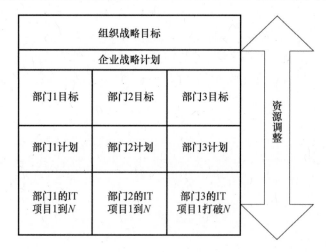

图 2.2　EA3 框架及其与业务领域的关系

2.1.5.2　DODAF

DODAF 用于确保架构描述是与每个组织的运行、系统和技术结构视图相关的,而且可以跨组织边界比较。这种框架提供了开发和表示结构描述的规则和指南,给出了怎样描述结构的方向,但它并不指导怎样构造或实现具体的架构。

DODAF 2.0 版是包罗万象的、综合的框架和概念模型,能够发展便于国防部的各个级别的管理人员通过跨国防部、联合能力领域、任务、组元和项目边界共享有组织的信息来更有效地做出关键决策的结构(DODAF,2014)。国防部响应 Clinger 和 Cohen1996 年法案创建了这一框架,并在针对国防部所发展的体系架构(DODAF,2014)中明确了首席信息官的职责。按照 DODAF 的过程,可以实现信息的重用,并将企业定义为一个整体,以提供用于共同理解的跨整个企业的通用产品。

DODAF 最新版本(2.0)的重点从单一的产品转向了跨整个企业的系统数据流的过程,重点的这种变化是为了便于理解数据流,并指导数据的获取和组织。企业是由体系架构框架所提供的不同视点来定义的。DODAF 视点使用户能够理解与特定的用途、任务或目标一致的结构描述(DODAF,2014)。每个视点提供不同的用途,有不同的内容、结构和细节等级,这些变化的视点使结构化描述能满足利益攸关者的具体需求和用途。

DODAF 支持如下 6 个核心过程,以在关键的与防务相关的决策制定领域提供统一的过程(DODAF,2014):

(1) 联合能力集成和开发系统(JCIDS)。

(2) 防务采办系统(DAS)。

(3) 系统工程(SE)。

(4) 规划、计划、预算和执行系统。

(5) 作战规划。

(6) 能力投资组合管理。

JCIDS 的重点是满足国防部任务所需的联合能力(DODAF,2014)。这一核心过程确定按照任务范围、描述、训练和人员进行优先级排序的必需能力,以弥补所确定的能力鸿沟。某些体系架构产品包括基于能力的评估、初始能力文件、能力开发文件和能力产品文件。

DAS 管理支持国家安全战略的技术、项目和产品的投资(DODAF,2014)。DAS 所需的过程和产品支持将任务需求和技术计划转化为稳定的、可承受的、可良好管理的采办项目的框架。采办项目是基于对于项目阶段有重要意义的里程碑在企业(体系)内推进的。

用于 DAS 的 DODAF 产品包括用于提供能力评估、定义投资计划并指导系统开发的路线图和综合计划,用于资源分配和国防规划和预算评审的输入(DODAF,2014)。

按照政策(如 2003 年 1 月 6 日发布的 Sambur 备忘录)要求,许多国防部项目采用稳健的系统工程方法。系统工程方法要与 DAS 过程适应,以提供最佳的系统开发途径。要建立一个系统工程计划,以描述系统工程技术途径,包括行动、资源、测度(和指标)与适用的性能增量。在整个系统开发寿命周期内都要运用系统工程过程。

DODAF 通过反映和确定军事能力与资源分配并提供用于项目规划过程的结构,指导和支持项目规划、预算和执行,使机构能够确定优先的、可承受的策略(DODAF,2014)。DODAF 也通过建立用于反映和确定风险与性能测度的框架,支持对信息技术基础设施的投资的技术投资组合管理,以满足企业的任务和目标要求。企业体系架构的综合特征建立了一个基于知识的方法,使利益攸关者能够在适当的时间获得关键的信息,以做出正确的决策(DODAF,2014)。企业体系架构过程持续地演进,强调对体系整体的观察而不是单个项目的工作。

DODAF 2.0 的核心是它为利益攸关方提供从特定的视角观察企业体系结构机制的视点。不同的视点提供不同的细节等级和不同的视角数据。某些视点提供将体系当作一个整体的概况信息,如高层概念。其他视点提供具有更详细技术细节层级的特定子系统的更深入的信息。还有一些视点说明各个子系统或单个系统之间相互联接的方式,提供数据和控制流图。图 2.3 描述了不同的视点,也示出了 DODAF1.5 与新版的 2.0 之间的关系。

2.1.5.3　开放工作组体系架构框架

组织采用 TOGAF 来提高业务效率(开放工作组,2014)。TOGAF 的重点是业务视图和当前的能力,以确定设计、策划和实现跨组织的信息的最佳途径。这种方法的使用者对于过程是开放的,从而能有效地使用资源(Hornford,2011)。正如在 2.1.2 节所介绍的

DoDAF V2.0 / DoDAF V1.5	经营观	系统观	服务观	大局观	标准观	数据与信息观
AV-1				AV-1		
AV-2				AV-2		
OV-1	OV-1					
OV-2	OV-2					
OV-3	OV-3					
OV-4	OV-4					
OV-5	OV-5a,OV-5b					
OV-6a	OV-6a					
OV-6b	OV-6b					
OV-6c	OV-6c					
OV-7						DIV-2
SV-1		SV-1	SvcV-1			
SV-2		SV-2	SvcV-2			
SV-3		SV-3	SvcV-3a, SvcV-3b			
SV-4a		SV-4				
SV-4b			SvcV-4			
SV-5a		SV-5a				
SV-5b		SV-5b				
SV-5c			SvcV-5			
SV-6		SV-6	SvcV-6			
SV-7		SV-7	SvcV-7			
SV-8		SV-8	SvcV-8			
SV-9		SV-9	SvcV-9			
SV-10a		SV-10a	SvcV-10a			
SV-10b		SV-10b	SvcV-10b			
SV-10c		SV-10c	SvcV-10c			
SV-11						DIV-3
TV-1					StdV-1	
TV-2					StdV-2	

图 2.3 DODAF—V2.0 视点

那样,TOGAF 源于国防部的 TAFIM,后来在 2003 年被移交到开放工作组,并转变为一个体系架构开发框架(Hornford,2011)。TOGAF 通常用于开发多个与其他体系架构框架相关的相互关联的架构。它的主要重点是支持体系架构开发的架构开发框架。

TOGAF 通过对一个系统进行描述来定义体系架构,这种描述包括系统组元的细节和相互关系、对系统的治理准则,以及体系架构随时间的演进。TOGAF 可指导四种相关类型架构的开发,这四种类型的架构见表 2.1(Hornford,2011)。

表 2.1　由 TOGAF 支持的架构

架构类型	描　述
业务架构	业务、治理、过程和组织的战略
数据架构	组织的数据资产和数据管理资源
应用架构	组织的应用、它们的接口和/与核心业务过程的关系
技术架构	支持业务、数据和应用服务所需的软件和硬件能力;信息技术基础设施、网络、通信等

来源:引用 Barroero,T. 等,以业务能力为中心的企业体系架构,Springer,Berlin,Germany,2010。

正如前面所解释的那样,TOGAF 的本质特征是其体系架构开发框架,体系架构开发框架被分解到几个依次进行的阶段,每个阶段使企业体系架构能理解在这一阶段对它有什么需求,这些阶段的定义如下(Hornford,2011):

(1) 初步阶段——定义体系架构的原则,也用于确定可以/应该采用的具体的框架。

(2) 阶段 A——定义范围、愿景、利益攸关者和任务使命以创建架构。

(3) 阶段 B(业务架构)——基于阶段 A 的范围和愿景,描述产品和服务策略和过程。

(4) 阶段 C(信息系统架构)——开发数据/应用系统服务。

(5) 阶段 D(技术架构)——构成实现的基础。

(6) 阶段 E(机会和解决方案)——使体系架构能评估实现,以确定用于未来能力的战略参数。

(7) 阶段 F(迁移规划)——评估阶段 E 的参数并定义成本、收益和迁移战略。

(8) 阶段 G(实现治理)——提出实现的建议,提供更改管理,并在完成后进行部署。

(9) 阶段 H(架构更改管理)——继续监控新的能力或技术和业务环境的变化。

图 2.4 示出了这些过程的完整的流程。

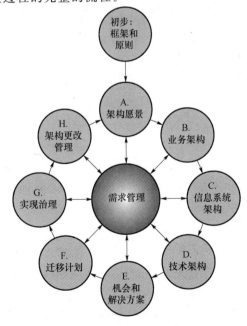

图 2.4　TOGAF 结构开发过程(引自 Wikipedia,TOGAF 结构开发过程被看作一个公开域,http://en. wikipedia. org/wiki/File:TOGAF_ADM. jpg,2014)

TOGAF 也定义了一个说明现有的体系架构组成模块、详细描述视图之间的相互关系(Hornford,2011)并实现业务能力的可视化的内容元模型(图 2.5)。结合体系架构开发过程和内容元模型,可以确定新的能力对整个体系的影响,并导出对业务的需求(Hornford,2011)。内容元模型图如图 2.5 所示。

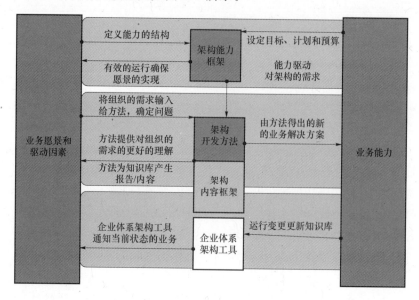

图 2.5　TOGAF 内容元模型

2.1.5.4　联邦企业体系架构框架

美国联邦政府的管理和预算办公室创建了联邦企业体系架构框架(FEAF),它定义了一种协同业务的运行者和目标的通用方法,以形成跨企业的清晰的愿景和战略方向,这包括减少浪费的和重复的方法,并评估技术影响、推动技术进步。在联邦机构信息基础设施的开发支持上花费了大量资金,发展 FEAF 是为了确保项目在开发各种体系架构时采用更加整体化的途径,强调相互关系和降低成本。采用 FEAF 获得了四个主要的输出结果:

(1) 服务提供——关注对联邦机构任务使命的响应,并使架构能满足这些需求(Whitehouse,2007)。

(2) 功能集成——功能集成意味着元场景和标准的项目、系统和业务之间的互操作性是成功的。企业体系架构可以提供跨所有的功能域(战略、业务和技术)的元场景,以及在每个域的全生命周期活动的相关标准。项目、系统和服务的互操作性是联邦政府组织能够成功地参与到新的共享的业务模式中的基础,共享业务模式涉及外部的提供者和参与者(如顾客、开发者或提供者)的新角色。企业体系架构应当提供场景,并成为所有基本的互操作性标准的来源(Whitehouse,2007)。

(3) 资源优化——定义使用可以获得资源的最佳方式,包括资产管理(如硬件库存和软件许可)和配置管理(维持和监控使用者、过程、硬件和软件的文档化的基线),它们是一个企业体系架构实现资源优化的重要要素(Whitehouse,2007)。

(4) 权威参考——正如建筑物的蓝图是结构将完成什么功能的权威参考依据一样,组织的企业体系架构提供了跨整个组织(包括项目、业务和系统)的战略目标、任务使命和支持服务、数据与赋能技术的一个综合的、一致的视图,这使企业体系架构能够编制业务拥有者、目标和目的以及性能指标的文件(Whitehouse,2007)。

基于前面所阐述的输出结果,FEAF 概括了采用以下模型开发业务、技术和数据的原则和标准:

(1) 性能参考模型——度量信息技术投资的性能和成功以及对企业的收益有影响的标准(GAO,2001)。

(2) 业务参考模型——目标是改进跨联邦机构的协同业务及其服务的功能视图(GAO,2001)。

(3) 服务组元参考模型——用于确定和划分有助于新的能力的业务,这可以用于在支持新的业务时复用(GAO,2001)。

(4) 数据参考模型——通过实现一致性的数据描述、便利的数据发掘和数据共享,提供跨企业的信息共享和协同。

(5) 技术参考模型——一种支持业务组元参考模型实现其能力的技术模型,它的目标是复用技术资产和重新划分现有的架构要素,以满足联邦机构的任务需求(GAO,2001)。

FEAF 类似于其他框架架构,但它采用架构或业务运行者作为输入,以提供新的能力、目标、愿景和原则。它的目标是跨所有联邦机构的复用和降低成本。FEAF 的过程如图 2.6 所示。

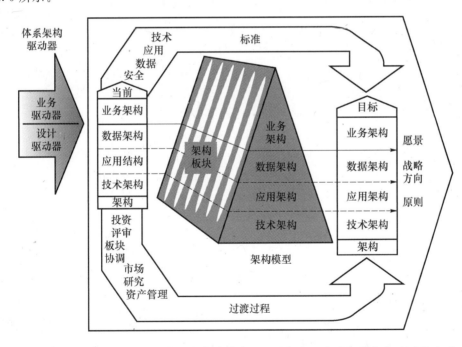

图 2.6 FEAF 组元的结构(源于首席信息官委员会——联邦企业体系架构框架实践指南,http://commons. wikimedia. org/wiki/File:Structure_of_the_FEAF_Components. jpg # mediaviewer/File:Structure_of_the_FEAF_Components. jpg,2014。)

2.1.5.5 英国国防部体系架构

英国国防部体系架构(MODAF)是英国国防部为了改进国防规划和更改管理工作并提供装备能力的结构和定义而开发的一种获得国际认可的体系架构框架。MODAF 提供了能从不同视图进行业务领域的可视化规则和模板,这些视图定义在表 2.2 列出的 7 个类中(MoD,2012)。

表 2.2 英国国防部视图描述

视图名称	描 述
战略视图	说明所希望的业务输出结果和实现它的步骤
作战视图	实现能力所需要的过程和信息
面向服务的视图	支持作战视图的过程并描述提供者的服务
系统视图	作战和面向服务的视图的物理实现
采办视图	项目交付能力的时线和里程碑
技术视图	描述所采用的技术需求
全景视图	全景描述

源自:英国国防部,国防部体系架构框架,https://www.gov.uk/mod-architecture-framework,2012。

这些在 MODAF 模型中交互作用的视图详细描述了由利益攸关者为了实现特定的任务而确定的 what、why 和 how 之间的相互关系(MoD,2012)。

2.1.6 建模工具

本节概述架构开发和建模工具。架构工具支持对所选择的框架的体系视图的开发、表示、存储和建模,工具通常提供系统的图形化视图以建立当前(AS IS)模型和未来(TO BE)模型(包括影响着作为一个整体的组织的新的能力)。

正在越来越普遍地应用自动化工具,以应对所设计的系统复杂性的提高,并且易于访问具有人工制品和企业体系架构构成模块的知识库。有些工具的形式是提供建模工具和知识管理的架构组合,还有一些工具是多功能体系架构工具。当选择工具时,组织应当考虑以下因素(van den Berg 和 van Steenbergen,2006):

(1)功能能力。

(2)工具结构:集中式或分布式、版本控制、可访问性(web、PC、Mac、Unix)。

(3)拥有成本。

有几种在商业市场上可以获得的和开源的体系架构工具。某些有代表性的例子包括 Rhapsody、IBM 体系结构、Essential Project、Modelio 和 MagicDraw。图 2.7 是采用 DODAF 的 IBM Rhapsody 的一个截屏。必须讨论选择一个完善的企业体系架构建模工具的主要目的,并得到企业的利益攸关者的认可。一旦选定了工具,通常需要进行培训以使工具发挥全面的作用。

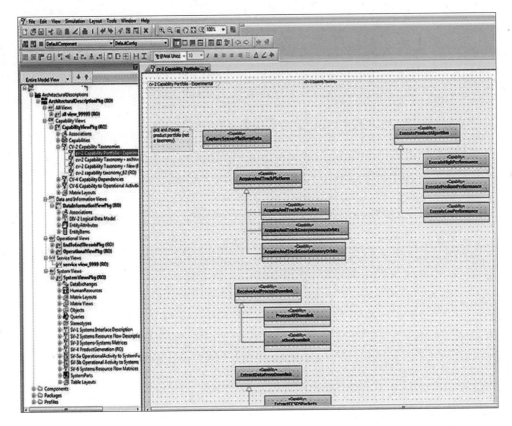

图 2.7　采用 DODAF 的 IBM Rhapsody

2.2　光学系统模型

在本节,我们提供用于理解光学系统的技术方面的模型和分析框架,在某种意义上,这些框架和模型与融入、集成和定义企业的实体及其产品之间关系的体系架构有类似的作用。分析框架和模型描述着关键的系统单元和它们的可观察量之间的技术联系,可观察量指可观察的感兴趣的量,如感兴趣的单元的光度学或辐射度学量,如在探测器单元上的辐射通量密度。模型描述所有必要的实体或系统组元和它们之间的交互作用,以适当地解决手头的分析问题。在本章,我们建立了一些有用的数学模型和分析方法,以帮助我们理解光学系统,这些模型对于分析和仿真与我们的光学系统相关的物理现象是有用的。正如后面讨论的那样,每种模型都有其优缺点。

对于确定与影响探测器的噪声相比在探测器上是否有足够的信号来成功地进行观测,辐射度学和光度学模型是有用的。这里,噪声指来自源、源与光学系统之间的介质和光学系统本身的任何不希望的信号。通常,噪声划分为背景和杂波效应、闪烁效应、散射、大气湍流效应、接收机光学系统的像差、探测器噪声效应、探测器读出电路效应、冲击、抖动、环境效应(压力、温度、湿度、辐射、尘等),以及光本身的随机特性所导致的统计不确定性。我们将在第 6 章研究辐射度学和光度学模型,并更详细地讨论这些效应。

51

尽管辐射度学和光度学模型擅长于确定我们的光学系统的各种信噪比特性,但并不擅长于确定在某些成像应用中可能变得显著的空间效应和时间相关性。如果我们要研究光与非常简单的或理想化的物体(如一个平面、球面或一个简单的几何边界)的交互作用,则一个采用电磁波理论的模型是凑效的,而且是最精确的。有时,对于初步的或粗略的数量级型的分析一个简单的几何模型假设是可以接受的。采用量子电动力学、电磁理论和所导出的方法也可用于超小的物理现象,如分子、原子和像玻色子、费米子和强子那样的亚原子微粒和纳结构。当量子电动力学涉及接近于光速时的物理交互作用时,要采用相对论量子电动力学方法。尽管现代电磁理论和方法能最精确地表示电磁波与物质的这些交互作用,将电磁理论用于具有复杂的空间结构和细节的计算时,计算量是非常大的,基于电磁学方法的其他模型更加有用。例如,大多数人造物体在光学波长尺度上是"粗糙的",对来自像卫星那样的大的人造物体或在一个成像系统的瞬时视场内的场景进行详细的电磁学处理,在数学上是难以处理的,除非做出某些简化的假设。如果由成像系统观察的物体的空间尺寸和该物体与成像系统之间的距离相比是小的,这样的简化将能得到近似的结果。我们将在 2.2.3 节讨论在空间维的简化。如果与成像或观察系统的光学波长相比,物体非常大,而且与光波长相比物体是"粗糙"的时,另一种基于统计分析的建模方法可以工作得很好。由于在典型的成像场景中,大部分人造物体属于这种类型,统计光学模型是非常有用的(除了镜面或反射面要单独处理),我们将在第 2.2.4 节中讨论。

本章的编排如下:我们将从概述基本的电磁传播理论着手,以说明用于线性(和非线性)系统模型的基本的和一般的假设。然后,我们将给出线性和非线性系统的某些基本概念,以及诸如叠加和位移不变性等有用的特性。接着我们推导了一个线性系统模型,并列出了某些有用的特性。我们将模型扩展到空间二维和空间二维与波长(或)频率一维的三维,分别用于可见光与红外成像应用和超光谱及多光谱成像系统那样的光谱成像应用,这些将在后面更详细地讨论。我们接着给出了空间域和空间频率域之间的某些有用的关系,用于相干和非相干成像系统。我们讨论了能量谱、功率谱、广义光瞳函数(GPF)、脉冲响应、点扩展函数(PSF)、光学传递函数(OTF)、调制传递函数(MTF)、相干传递函数(CTF)和相关的某些有用的特性。我们通过讨论某些采样效应,并说明怎样在一个计算机上适当地表示一个连续信号或图像,给出相干和非相干成像模型。我们接着转向统计光学分析和建模方法,并给出了统计和概率理论的某些重要的术语、概念和结果。正如前面所阐述的那样,这种方法学对于相对于光学波长而言非常大的光学系统的建模是非常有用的。正如前面那样,我们的方法将主要面向光学系统工程师和光学系统管理者,因此我们的重点是关键点和结果,但也给出了有更详细的支撑信息的参考文献。良好的理解第 1 章给出的术语和概念对于理解本章和本书其余内容是必要的。

2.2.1　电磁传播理论基础

对于我们将给出的所有模型,模型的公式中重点考虑的是电磁场的特性、衍生的分量以及它的传播效应和与物质的交互作用。麦克斯韦方程的微分形式,描述着在给定的空间和时间上的点处电磁波与物质的交互作用(或者通过自由空间的传播)。麦克斯韦方程的微分形式由下式给出:

$$\begin{cases} \nabla \times H = J + \dfrac{\partial D}{\partial t}, & \nabla \cdot D = \rho \\[2mm] \nabla \times E = \dfrac{\partial B}{\partial t}, & \nabla \cdot B = 0 \end{cases} \tag{2.1}$$

式中：E 为电场（V/m）；B 为磁感应（T）；J 为电流密度（A/m²）；D 为位移（C/m²）；H 为磁场（安培匝数/m）；ρ 为电荷密度（C/m³）；∇ 为梯度算子，即

$$\nabla = \frac{\partial}{\partial x}\boldsymbol{x} + \frac{\partial}{\partial y} + \boldsymbol{y} + \frac{\partial}{\partial z}\boldsymbol{z} \tag{2.2}$$

注意，有一组一阶的、耦合的电磁方程。式（2.1）的右上部是库伦定律，左上部是安培定律，右下部表明没有自由磁极子，左下部是法拉第定律。尽管这些方程可以直接求解，在数学上一般选择使这些方程解耦，并分别处理标量和矢量，这可以通过定义一个标量势 Φ 和一个矢量势 A 并采用下式将这些项与电场和磁感联系起来实现：

$$E = \nabla\Phi - \frac{\partial A}{\partial t}, \quad B = \nabla \times A \tag{2.3}$$

通过做出一个称为仿形变换的附加的代换（为了数学上方便），我们可以将这些结果代入麦克斯韦方程，并求解两个解耦的非齐次波方程：

$$\begin{cases} \nabla^2 \Phi - \mu_0 \epsilon_0 \dfrac{\partial^2 \Phi}{\partial t^2} = -\dfrac{\rho}{\epsilon_0} \\[3mm] \nabla^2 A - \mu_0 \epsilon_0 \dfrac{\partial^2 A}{\partial t^2} = -\mu_0 J \end{cases} \tag{2.4}$$

在这些方程中，∇^2 为由下式给出的拉普拉斯算子：

$$\nabla^2 = \frac{\partial^2}{\partial x^2} + \frac{\partial^2}{\partial y^2} + \frac{\partial^2}{\partial z^2} \tag{2.5}$$

式（2.3）中的波方程在数学上等价于麦克斯韦方程，但具有彼此解耦的优势。注意，这些波方程具有以下相同的结构形式：

$$\nabla^2 \Psi_{(\overline{x},t)} - \mu_0 \epsilon_0 \frac{\partial^2 \Psi_{(\overline{x},t)}}{\partial t^2} = -\rho f(\overline{x},t) \tag{2.6}$$

其中右边的项是导出的项，涉及诸如电荷密度和电流密度那样的源。我们可以通过用傅里叶变换对来表示解，消除解的显式的时间相关性，求解这一方程：

$$\begin{cases} \Psi(\overline{x},t) = \displaystyle\int_{-\infty}^{+\infty} \psi(\overline{x},\omega)\, \mathrm{e}^{-\mathrm{j}\omega t}\, \mathrm{d}\omega \\[3mm] F(\overline{x},t) = \displaystyle\int_{-\infty}^{+\infty} f(\overline{x},\omega)\, \mathrm{e}^{-\mathrm{j}\omega t}\, \mathrm{d}\omega \end{cases}$$

相应的逆为

$$\begin{cases} \psi(\overline{x},\omega) = \displaystyle\int_{-\infty}^{+\infty} \Psi(\overline{x},t)\, \mathrm{e}^{\mathrm{j}\omega t}\, \mathrm{d}t \\[3mm] f(\overline{x},\omega) = \displaystyle\int_{-\infty}^{+\infty} F(\overline{x},t)\, \mathrm{e}^{\mathrm{j}\omega t}\, \mathrm{d}t \end{cases} \tag{2.7}$$

将式（2.7）代入式（2.6），我们得到以下的非齐次 Helmholtz 波方程：

$$(\nabla^2 + k^2)\Psi(\overline{x},\omega) = -f(\overline{x},\omega), \mathbf{R}^n \tag{2.8}$$

式中：k 为与在它传播的介质中波的速度相关的量。如果我们现在考虑通过自由空间的

电磁场传播,则没有电流密度 J 或电荷密度 ρ,式(2.6)中的波方程的形式变为

$$\nabla^2 \boldsymbol{\Psi}_{(\overline{x},t)} - \mu_0 \epsilon_0 \frac{\partial^2 \boldsymbol{\Psi}_{(\overline{x},t)}}{\partial t^2} = 0 \qquad (2.9)$$

由于在这种情况下,式(2.4)的右边显式地示出的导出的项为 0,相应的 Helmholtz 方程由下式给出:

$$(\nabla^2 + k^2)\boldsymbol{\Psi}(\overline{x},\omega) = 0 \qquad (2.10)$$

其中 k 由下式给出:

$$k = \frac{\omega}{c} = \frac{2\pi}{c}\nu = \frac{2\pi}{\lambda} \qquad (2.11)$$

其中:λ 为电磁波长(m);ν 为对应的频率(Hz)。

Helmholtz 方程有几个传播的解,齐次标量 Helmholtz 方程的最简单的解是由下式给出的平面波:

$$\begin{cases} \underline{u}(P,t) = \Re e\{U(P)\mathrm{e}^{\mathrm{j}\phi(P)}\,\mathrm{e}^{\mathrm{j}2\pi\nu t}\} \\ \underline{u}(P,t) = \mathfrak{U}(P)\cos(2\pi\nu t + \phi(P)) \end{cases} \qquad (2.12)$$

在这些方程中,符号 u 表示电场或磁感,因为这两个量均满足波方程。参数 P 表示位置,$U(P)$ 是在位置 P 处波的幅度,$\phi(P)$ 是在位置 P 处的相位,$\Re e\{\}$ 表示对括号内的项取实部。式(2.12)中的相量表示法是非常有用的,将在全书中采用。采用相量表示法的一个有用的结果是,相量通常可以通过各种解析计算来操作,可以推迟到计算的最后一步,通过取解的实部得到实际物理解。在使用 u 时,我们将根据我们所讨论的场景来明确我们指的是电场还是磁感。齐次 Helmholtz 方程的平面波解本身是非常有用的,因为足够远离源点的扩展波可由平面波很好地近似。这方面的一个例子是我们的太阳系外面的星光,恒星是远离太阳的,因此可以由点源很好地近似,当恒星的光到达我们时,携载来自恒星的信息的电场可以由平面波很好地近似。

麦克斯韦方程和 Helmholtz 波方程的解精确地描述着在空间和时间的一个特定点的电磁场的特性,然而,我们需要得到与电磁场和扩展物体的交互作用相关的表达式。我们也需要理解这些场怎样传播到某些遥远的观测系统并与观测系统交互作用。这一场景的例子是观察一个可分辨的物体的成像系统,如观察塞伦盖蒂平原上一个母狮的望远镜。对于这种情况,一个基于 Helmholtz 波方程的积分表示是最实用的。我们将简要地描述这种方法,并为更详细的解释提供某些依据。我们的目的是得到主要的结果,并说明与我们的建模方法学的关系。在将 Helmholtz 波方程转换成积分表达式时,Green 定律是非常有用的(Goodman,2005):

$$\iiint_v (\underline{G}(P)\,\nabla^2\underline{U}(P) - (\underline{U}(P)\,\nabla^2\underline{G}(P)))\mathrm{d}V = \iint_s \underline{G}(P)\,\frac{\partial \underline{U}(P)}{\partial n} - \underline{U}(P)\,\frac{\partial \underline{G}(P)}{\partial r}\mathrm{d}S$$

$$(2.13)$$

其中:函数 $G(P)$ 是在空间位置 P 处的著名的 Green 函数。注意,我们已经消除了式(2.12)中的时间相关性,因为我们感兴趣的是空间效应,而且在其相量形式中这是一个可分离的函数。我们将在必要时在后面引入这一时间相干性。在 Green 定律中,$G(P)$ 和 $U(P)$ 可能是任何两个复值函数。这一积分是在一个表面 S 所包含的一个体积 V 内进行的。式(2.13)右边的偏导数是在表面 S 法向向外的。对于我们的用途,自由空间 Green

函数由下式给出：

$$G(P_o) = \frac{\exp(jkr_{os})}{r_{os}} \tag{2.14}$$

其中：r_{os} 为从源点 s 到观察点 P_o 的距离。这一 Green 函数描述了一个源于点 s 的球面扩展波。注意，这里的一个假设是观察点不是正好在源点上，因为这样的话这一项将趋向无穷大。在远距离观察应用中，r_{os} 这一项永不为 0。选择这一球面扩展 Green 函数是受荷兰物理学家 Christiaan Huygens 的工作启发的，Huygens 注意到，在距离一个扩展物体某一距离的观察点的电磁场，可以通过叠加在观察平面中的每个点源的球面扩展子波来确定(Born 和 Wolf，1970)。通过将式(2.14)中的 Green 函数和式(2.12)中相量的空间分量代入 Green 定律，估计 Green 函数的偏导数，并进行简化，我们得到 Helmholtz 和 Kirchhoff 积分定律，中间结果为

$$
\begin{aligned}
U(P_o) &= \iint_s \left\{ \frac{\partial U(P)}{\partial n} \left[\frac{\exp(jkr_{os})}{r_{os}} \right] - U(P) \frac{\partial}{\partial n} \left[\frac{\exp(jkr_{os})}{r_{os}} \right] \right\} ds \\
&= \iint_s \left\{ \frac{\partial U(P)}{\partial n} G - U(P) \frac{\partial G}{\partial n} \right\} ds
\end{aligned} \tag{2.15}
$$

Kirchhoff 用这一方程来描述在远距离的观察平面所观察到的由于一个孔径的衍射效应产生的电磁场。式(2.15)中仅有的没有消失的源项是实际的孔径本身。相应地，式(2.15)中的积分限被限定到孔径区域。式(2.15)用来描述一个平面屏的衍射效应，并导出了 Fresnel 和 Kirchhoff 衍射公式。尽管实验结果惊人地精确，这一公式在满足近孔径的 Kirchhoff 边界条件方面有一些理论问题。为了解决这一问题，Rayleigh 和 Sommerfeld 采用一个不同的 Green 函数求解式(2.15)：

$$G_{rs}(P_o) = \frac{\exp(jkr_{os})}{r_{os}} - \frac{\exp(jk\tilde{r}_{os})}{\tilde{r}_{os}} \tag{2.16}$$

其中增加的第二项是 Sommerfeld 为了满足适当的边界条件而增加的。图 2.8 示出了一个平面屏衍射的 Rayleigh－Sommerfeld 公式的几何。

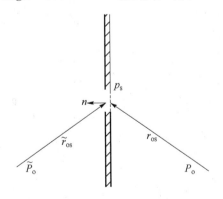

图 2.8　Rayleigh－Sommerfeld 公式的几何

左边的点源是右边的点源的一个镜面像，相位相差 $180°$。选择的这种 Green 函数，除了满足 Kirchhoff 边界条件外，还能够采用在衍射屏的孔径(Sa)内的积分表示在一个远距离的观察平面中的电磁场，在屏的孔径内的点是 P_s，在观察平面上的点由 P_o 给出。

将式(2.16)代入式(2.13),并再次估计式(2.16)中新的 Green 函数的偏导数并简化结果,得到 Rayleigh-Sommerfeld 衍射积分:

$$u(P_o) = \frac{1}{j\lambda} \iint\limits_{Sa} U(P_o) \left[\frac{\exp(jkr_{os})}{r_{os}} \right] \cos(n, r_{os}) dSa \tag{2.17}$$

这一方程对于描述由有限范围的源产生的在一个远距离平面内的电磁场是非常通用和有用的,采用到远距离观察点的平面屏孔径内的场表示。让我们做以下变量代换,以采用我们在后面给出的线性系统模型更方便地表示式(2.17)的结果。假设在平面屏的孔径中的点 P_s 由二维位置矢量 x_o 表示,其中下标"o"表示物体(而不是前面较早定义的观察者),下标"1"表示观察平面,因此 x_1 表示在观察者平面中的一个二维位置矢量。令小写符号 u 表示复电磁场,θ 表示法向面单位矢量 n 和 r_{os} 之间的夹角。Rayleigh 和 Sommerfeld 衍射公式具有以下形式(Roggemann 和 Welsh,1996):

$$U_1(\chi_1) = \frac{1}{j\lambda} \int d\chi_o u_o(\chi_o) \frac{\exp(jkr_{o1})}{|r_{o1}|} \cos\theta \tag{2.18}$$

我们采用 Roggemann 和 Welsh 的表达式,因为它对多种成像概念和应用是直觉性的、实用的。注意,式(2.18)可以写成以下形式:

$$U_1(\chi_1) = \int d\chi_o u_o(\chi_o) h_d(\chi_1, \chi_o) \tag{2.19}$$

其中:

$$h_d(\chi_1, \chi_o) = \frac{1}{j\lambda} \frac{\exp(jkr_{o1})}{|r_{o1}|} \cos\theta \tag{2.20}$$

式(2.20)是成像系统的脉冲响应,而式(2.19)是一个叠加积分,式(2.19)和式(2.20)对应的几何如图 2.9 所示。注意,在图左边的孔径包含物平面的复场分布。

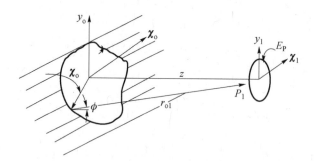

图 2.9 叠加的积分几何

这一复场分布可以看作一个扩展物体源项,可以用作各种物理解释的模型,例如,正如前面所推导的那样,我们可以假设在一个中间开口的非常大的屏的左边有一个源,在这种情况下,我们知道在孔径中的复电磁场分布是由于照射源产生的。此外,我们也知道,在沿着无穷平面上的一个孔径的外面,场的值是零。另外,我们可以认为,在孔径中的复电磁场包括从一个扩展源单色辐射或反射的光。在这些情况下,在物体的空间范围之外,源电磁场为零,复场本身完全在物体的空间区域内表示(由孔径的有限范围表示)。换言之,一旦我们有源孔径(物平面)内的场的空间描述,它与什么产生了孔径内的场是无关的。通过了解孔径内的场,我们能够描述在一个分离的、远距离的观察平面内的复电磁场。在这里,我们采用下标"o"表示感兴趣的物平面中的项,采用下标"1"表示感兴趣的观察平面内的项。位置矢量 $\boldsymbol{r}_{o1}$ 将在观察平面中的任意点 P_o 与在观察平面中的任意点 P_1 联系起来,其幅度由下式给出:

$$r_{o1} = [z^2 + (x_o - x_1)^2 + (y_o - y_1)^2]^{1/2} \tag{2.21}$$

我们现在想要考察考虑到式(2.21)的 Rayleigh－Sommerfeld 衍射公式的某些特殊情况,这表明由于式(2.21)中的平方根项,难以对式(2.20)进行处理。然而,如果距离 z 远大于源的最大限定范围 $|\boldsymbol{x}_o|_{max}$,且 $\lambda \ll |\boldsymbol{x}_o|_{max}$,则可以进行旁轴近似,仅需保留式(2.21)中的二项式展开的低阶项。如果符合以下条件则可以满足这一条件(Bahaa 和 Teich,2007):

$$F = \frac{|x_o|_{max}^2}{\lambda z} \geqslant 1 \tag{2.22}$$

式中:F 为 Fresnel 数。如果满足这一条件,则我们可以采用由下式给出的 Fresnel 衍射积分来近似 Rayleigh－Sommerfeld 衍射公式:

$$u_1(\boldsymbol{x}_1) = \frac{\exp(jkz)}{j\lambda} \frac{\exp[jk\,|\,\boldsymbol{x}_1\,|^2]}{2z} \iint_{S_A} dx_o u_o(\boldsymbol{x}_o) \exp\left[j\frac{2\pi}{\lambda z}\,|\,\boldsymbol{x}_o\,|^2\right] \exp\left[j\frac{2\pi}{\lambda z}(\boldsymbol{x}_o \cdot \boldsymbol{x}_1)\right] \tag{2.23}$$

注意,式(2.23)可以写成以下列紧凑的形式:

$$u_1(\boldsymbol{x}_1) = \iint_{S_A} dx_o u_o(\boldsymbol{x}_o) h_d(\boldsymbol{x}_1 - \boldsymbol{x}_o) \tag{2.24}$$

其中:

$$h_d(\boldsymbol{x}_1 - \boldsymbol{x}_o) = \frac{\exp(jkz)}{j\lambda z} \exp\left\{j\frac{k}{2z}[\,|\,\boldsymbol{x}_1 - \boldsymbol{x}_o\,|^2]\right\} \tag{2.25}$$

式中示出的脉冲响应是自由空间脉冲响应(Roggemann 和 Welsh,1996;Goodman,2005)。我们已经采用了 Goodman 的距离 z 远大于物体的角度范围和偏离光轴的距离的假设,因此式(2.20)中的余弦项近似为 1,式(2.21)中的项 r_{o1} 近似为 z。式(2.24)是一个二维空间卷积,式(2.22)可以解释为如下的二维空域傅里叶变换:

$$u_1(\boldsymbol{x}_1) = \frac{\exp(jkz)}{j\lambda z} \frac{\exp jk\,|\,\boldsymbol{x}_1\,|^2}{2z} \zeta\left\{u_o(\boldsymbol{x}_o) \exp\left[j\frac{k}{2z}\,|\,\boldsymbol{x}_o\,|^2\right]\right\}_{|\overline{f} = \frac{\overline{x}_1}{\lambda z}} \tag{2.26}$$

其中 ζ 表示由下式给出的二维傅里叶变换:

$$G(\boldsymbol{f}) = \zeta[g(\boldsymbol{x})] = \iint_{-\infty}^{+\infty} dx\, g(\boldsymbol{x}) \exp(-j2\pi \boldsymbol{f} \cdot \boldsymbol{x}) \tag{2.27}$$

相关的二维傅里叶逆变换为

$$g(\boldsymbol{x}) = \zeta^{-1}[G(\boldsymbol{f})] = \iint \pm_\infty^\infty d\boldsymbol{f}\, G(\boldsymbol{f}) \exp(j2\pi \boldsymbol{f} \cdot \boldsymbol{x}) \tag{2.28}$$

参数 $\boldsymbol{f}$ 为单位为每米线对数的二维空间频率变量。这里我们采用常规的形式,用小写字母表示空域中的参数,用大写字母表示在频域中的参数,并在全书中采用。如果式(2.22)得到满足,且 $z \gg f$,源孔径的最大空间范围 $|\boldsymbol{x}_o|_{max} \gg \lambda$,则采用式(2.23)～式(2.28)。注意,$z$ 不能太大,否则,式(2.22)中的 Fresnel 条件不再成立。在这种情况下,我们需要考察我们感兴趣的第二种情况,这就是 Rayleigh－Sommerfeld 衍射积分的 Fraunhofer 衍射公式。

在 Fraunhofer 衍射情况下,我们对式(2.26)中的傅里叶变换算子内的指数项有附加的假设,我们需要确保这一指数项在物平面孔径内实际上是恒定的。在这种情况下,傅里叶变换积分中的指数项的幅角趋于零,指数项本身趋于 1。这一条件在 Fresnel 数远大于 1 时得以满足:

$$F = \frac{|x_o|^2_{\max}}{\lambda z} \ll 1 \tag{2.29}$$

注意,如果 λ 和 z 的乘积远大于物平面中的源孔径的最大空间范围的平方,则满足这一条件。如果式(2.29)成立,我们有以下 Fraunhofer 衍射积分:

$$u_1(x_1) = \frac{\exp(jkz)}{j\lambda z} \frac{\exp jk |x_1|^2}{2z} \iint\limits_{SA} dx_o u_o(x_o) \exp\left[j\frac{2\pi}{\lambda z} x_o \cdot x_1\right] \tag{2.30}$$

紧凑的表达式为

$$u_1(x_1) = \frac{\exp(jkz)}{j\lambda z} \frac{\exp(jk |x_1|^2)}{2z} F\{u_o(x_o)\}_{f=x_1/\lambda z} \tag{2.31}$$

在这一点,我们应当指出这一单色结果可以扩展到多个波长或者一个波长波谱之内。对于多个波长或一个宽泛的波长范围,结果与在每个单独的波长上同样有效,叠加原理仍然成立。在观察平面的最终场将是在每个波长上的单独场的叠加,或者是跨波长谱的场的叠加。式(2.22)、式(2.25)、式(2.26)、式(2.29)和式(2.31)是本节的主要结果,将是我们下一节的线性系统模型的基础。值得重复的是,这些结果是源于麦克斯韦方程的,而且仅需要 Huygens 叠加原理来建立线性性。此外,为了保证有效,必须满足对孔径相对于波长的大小和孔径相对于物平面到观察平面距离 z 的大小的约束。在 2.2.2 节中,我们给出了基于这些结果的线性系统成像模型。

2.2.2　线性和非线性系统模型

在前一节,我们简要地推导了在远距离的观察平面中的电磁场与在物平面中的电磁场分布是怎样联系起来的。我们证明,如果满足 Fresnel 条件,可以通过在物平面中的复电磁场与一个位移不变的脉冲响应的二维空间卷积分,来得到观察平面中的复电磁场。我们也证明,对于 Fresnel 和 Fraunhofer 成像条件,在 Fresnel 衍射或 Fraunhofer 衍射条件下,可以通过对物体的空间调制电磁场的二维傅里叶变换来确定观察平面中的电磁场。

为了确定我们的线性系统模型,我们需要一些附加的信息。我们知道,由于物平面场和观察平面场是通过傅里叶变换联系起来的,则为了恢复图像,我们需要确定所观察的场的傅里叶逆变换(或某些等价的表述),这可以采用薄透镜实现。为了观察怎样实现,我们首先需要描述一个薄透镜对光场的影响。薄透镜对一个入射的电磁场的影响可以看作是与一个透明度函数的乘积:

$$u_t(x) = u_i(x) t_1(x) \tag{2.32}$$

其中透明度函数本身由下式给出:

$$\begin{cases} t_1(x) = \exp\left(-j\frac{k}{2f} |x|^2\right) \\ u_i(x) = \int_{-\infty}^{+\infty} dx u_o(x_o) h(x - x_o) dx_o \end{cases} \tag{2.33}$$

式(2.32)中的下标"i"指照射到薄透镜上的电磁场。矢量 x 是在透镜平面中的一个位置矢量，f 为薄透镜的焦距，下标"t"表示通过薄透镜后透过的电磁波。如果我们现在通过将薄透镜放在观察平面上，将这一概念应用到由式（2.31）给出的观察平面中的电磁波，假设现在观察平面中的电磁波是源，传播的距离等于薄透镜的焦距，可以看到最终形成的图像将是在物平面中的原始物体的缩放版，研究细节对于读者而言是一个有趣的练习。透镜的效果实际上是对观察平面中的场进行二维傅里叶变换。现在我们把前面讨论的观察平面当作我们的成像系统的入瞳平面。作为一个基准点，对一个设计良好的望远成像系统，望远镜的主镜放置在成像系统的入瞳处。按照上面所讨论的进行详细的分析，我们发现在薄透镜的焦平面中的电磁场是物平面中的电磁场的缩放版（除了一个复数比例因子和衍射效应外）。实际上，薄透镜消除了在入瞳中的二次相位因子，并对结果取二维傅里叶变换。因此，我们有在光学系统的像平面中的傅里叶变换，这是物场的傅里叶变换的尺度变换版。第二个傅里叶变换的效应，与逆傅里叶变换相比，只是在焦平面中的物体图像的翻转。我们可以通过采用图 2.10 所示的系统模型将薄透镜方法推广到一组任意的光学元件。

图 2.10 左边的坐标系是包含物体的平面。到物体右边的第一个孔径是成像系统的入瞳，光学成像系统的光学组元被看作一个"黑箱"，可以包括透镜、中继光学、滤光片、偏振片、光束分束器和各种光束整形和成形光学元件。我们将在第 7 章讨论怎样对"黑箱"中的光学组元进行定量评定和数学描述。图 2.10 中下一个感兴趣的点是成像系统的出瞳，从出瞳到图像平面的距离是等效焦距 f_{eff}，注意，我们已经省略了区分物平面、入瞳平面与成像平面的下标，原因是，在一个无像差的环境中，图像是物体的缩放版，因此光学系统横向和纵向放大所涉及的相对图像缩放问题通常是与图像形成过程分开处理的。为了方便起见，我们在所有的三个平面（物平面、入瞳平面和像平面）上采用相同的坐标系，并分别处理放大率。我们将根据所讨论的是哪个平面来明确放大率，我们将在第 4 章讨论放大率问题。

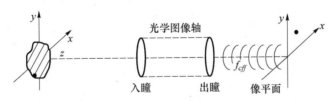

图 2.10　光学系统模型

我们现在有足够的信息来给出我们的线性的、位移不变的模型。在我们的模型中线性是 Huygens 子波叠加的结果，位移不变性是按照 Fresnel 或 Fraunhofer 近似得到的几何简化的结果。如果位移不变性假设不成立，则我们将把式（2.19）作为物平面电磁场和观察平面电磁场之间的关系，把式（2.20）当作脉冲响应。幸运的是，对于大多数实际的成像应用，位移不变性假设是成立的，因此我们可以受益于在空域和空间频率域的某些数学简化。在本节，我们推导了涉及电磁场空间相干性的两种类型的线性、位移不变模型。如果电磁场有高的空间相干性，正如激光那样，我们将采用在电磁场级是线性的、位移不变的模型。在另一方面，如果电磁场是高度非相干的，就像从光学粗糙的平面上发射或反射的电磁波那种情况，则我们采用在光学功率级（如电磁场的幅度的平方）线性和位移不变的模型。我们首先从空间高度相干的电磁场假设入手,在这种情况下,我们将采用线性的、位移不变的成像模型,如图 2.11 所示。

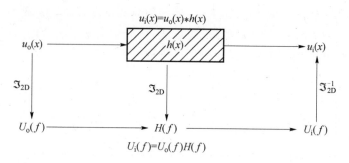

图 2.11　线性系统模型

物平面中的电磁场 $u_o(\boldsymbol{x})$ 和像平面中的电磁场 $u_i(\boldsymbol{x})$ 之间的关系由物体的电磁场与光学成像系统的脉冲响应 $h(\boldsymbol{x})$ 的二维空间卷积给出。星号表示卷积,$\mathfrak{I}_{2D}$ 表示二维傅里叶变换算子,$\mathfrak{I}_{2D}^{-1}$ 是二维傅里叶逆变换,$H(\boldsymbol{f})$ 是 CTF。注意,在每一个空间点 $\boldsymbol{x}$ 和每一个空间频率 $\boldsymbol{f}$ 上,这些关系是成立的。采用这一模型的一个物理例子是从满足 Fresnel 或 Fraunhofer 准则的某一远距离点(也是在空间中)探测由激光照射一个圆形反射镜所产生的反射的场,在这种情况下,反射的电磁场将是高度相干的,并受有限范围的反射镜反射。假设探测器在反射的电磁波的 Fresnel 区,且不采用透镜(探测器直接放置在入瞳而不是像平面内);则脉冲响应将由式(2.25)给出,入瞳中的电磁场可以通过直接采用式(2.24)或在频域求解问题并对结果取二维傅里叶逆变换得到,后一种方法在图 2.11 的底部示出。采用傅里叶变换在频率空间求解的计算负荷远小于在空间域求解。然而,随着并行处理硬件结构的发展,尤其是三维硬件结构和图像处理算法的发展,这并不是普遍正确的(Arrasmith,2010)。对这一简单的例子进行扩展,假设照射的激光是恒定的,而且基准相位在每处都为 0,则反射的电磁场的空间分量由下式建模:

$$u_o(\boldsymbol{x}) = A\,\mathrm{circ}\left(\frac{|\boldsymbol{x}|}{\rho}\right) \tag{2.34}$$

$\mathrm{circ}(ax)$ 函数被定义为:在量 $ax<1$ 时为 1,否则为 0。实际上,我们在一个半径为 ρ 的圆形反射镜的孔径内有一个恒定的值 A。式(2.25)给出了相应的自由空间脉冲响应。这一脉冲响应有一个由下式给出的傅里叶变换(Goodman,2005;Roggemann 和 Welsh,1996):

$$H_d(\boldsymbol{f}) = \begin{cases} \exp(\mathrm{j}kz)\exp[-\mathrm{j}\pi\lambda z|\boldsymbol{f}|^2], & |\boldsymbol{f}| < \dfrac{1}{\lambda} \\ 0, & \text{其他} \end{cases} \tag{2.35}$$

"d"下标表示这是自由空间衍射的 CTF。从傅里叶变换表看到,式(2.24)的傅里叶变换为

$$U_o(\boldsymbol{f}) = A\,\frac{\rho^2}{(\lambda z)^2}\,\frac{J_1(2\pi\rho|\boldsymbol{f}|/\lambda z)}{(\rho|\boldsymbol{f}|/\lambda z)} \tag{2.36}$$

其中,符号 J_1 意味着 1 阶一类 Bessel 函数。在入瞳平面中的电磁场谱是通过在入瞳中的探测器孔径的每处式(2.36)与式(2.35)相乘,然后对结果进行傅里叶逆变换得

到的。这种做法在计算上比采用式(2.24)、式(2.25)和式(2.34)计算二维空间卷积要简单得多。

我们现在想要考虑对相干的电磁场成像的情况。在这种情况下,探测器放置在像平面,或者不在入瞳平面中。通过采用式(2.33)中的透镜函数,并确保具有旁轴条件,我们可以确定以下的相干成像系统脉冲响应(Goodman,2005):

$$h(\boldsymbol{x}) = \iint_{-\infty}^{+\infty} \mathrm{d}\boldsymbol{f} W(f\lambda f_{\mathrm{eff}}) \exp[-2\pi \boldsymbol{f} \cdot \boldsymbol{x}] \tag{2.37}$$

或者:

$$h(\boldsymbol{x}) = F\{W(f\lambda f_{\mathrm{eff}})\} \tag{2.38}$$

函数 $W(f\lambda f_{\mathrm{eff}})$ 是入瞳函数,对于相干成像情况,在成像系统的入瞳空间内取 1,在其他地方取 0。脉冲响应是入瞳函数的二维傅里叶变换。参数 f_{eff} 是等效焦距,由成像系统的出瞳到焦平面的距离给出。式(2.38)是非常有用的。如果我们知道入瞳(如一个成像系统的望远镜的主反射镜)孔径的形状,则我们可以通过对入瞳平面中的空间坐标 $\boldsymbol{x}$ 进行比例变换确定入瞳函数:

$$\boldsymbol{x} = \boldsymbol{f}\lambda f_{\mathrm{eff}} \tag{2.39}$$

接着我们可以通过对结果取二维傅里叶变换,确定成像系统的脉冲响应。作为一个例子,许多望远成像系统有一个圆形的主反射镜,正如前面那样,我们可以采用 $\mathrm{circ}(ax)$ 函数描述入瞳,然后根据式(3.39)对入瞳坐标进行适当的比例变换:

$$H(\boldsymbol{f}) = \mathrm{circ}\left(\frac{|\boldsymbol{f}|\lambda f_{\mathrm{eff}}}{\rho_{\mathrm{ep}}}\right) \tag{2.40}$$

这一比例变换的入瞳函数是 CTF。量 ρ_{ep} 是入瞳中孔径的半径。由于 CTF 是在圆形孔径范围内径向对称的,我们把空间频率坐标看作一个幅度。脉冲响应是通过对式(2.40)取二维傅里叶逆变换得到的:

$$h(\boldsymbol{x}) = \frac{\rho_{\mathrm{ep}}^2}{(\lambda f_{\mathrm{eff}})^2} J_1 \frac{((2\pi \rho_{\mathrm{ep}}^2 |\boldsymbol{x}|)/(\lambda f_{\mathrm{eff}}))}{((\rho_{\mathrm{ep}}^2 |\boldsymbol{x}|)/(\lambda f_{\mathrm{eff}}))} \tag{2.41}$$

正如前面那样,这一方程是一阶一类 Bessel 函数。注意,如果我们有一个矩形入瞳孔径而不是圆形孔径,则 CTF 为

$$H(f_x, f_y) = \mathrm{rect}\left(\frac{f_x \lambda f_{\mathrm{eff}}}{D_x}\right) \mathrm{rect}\left(\frac{f_x \lambda f_{\mathrm{eff}}}{D_y}\right) \tag{2.42}$$

其中:f_x 和 f_y 分别为 x 和 y 方向的空间频率分量;D_x 和 D_y 分别为 x 和 y 方向的矩形入瞳孔径的相对直径。

函数 $\mathrm{rect}(x/b)$ 被定义为:对于 $-b/2 < x < b/2$ 为 1,其他为 0。正如较早所提到的那样,脉冲响应是通过取二维傅里叶逆变换得到的,由下式给出:

$$h(x, y) = \frac{D_x D_y}{(\lambda f_{\mathrm{eff}})^2} \mathrm{inc}\left(\frac{x D_x}{\lambda f_{\mathrm{eff}}}\right) \mathrm{sinc}\left(\frac{y D_y}{\lambda f_{\mathrm{eff}}}\right) \tag{2.43}$$

$\mathrm{Sinc}(ax)$ 函数由 $\sin(ax)/ax$ 给出,$x = 0$ 点被定义为 1。我们现在将给出一个快速的例子,以说明在图 2.10 中示出的我们的建模系统的效用。假设我们有一个由激光光束照射的高度磨光的、像反射镜那样的圆形表面。正如前面那样,我们可以将源项(如反射镜)建模为式(2.34)那样的幅度为 A 的 circ 函数,电磁场的傅里叶变换是由式(2.36)给出的电磁场谱。式(2.36)给出了具有一个半径为 ρ_{ep} 的圆形入瞳的成像系统的 CTF。电

磁场谱和 CTF 的积给出了像平面中的电磁场谱。二维傅里叶逆变换给出了像平面中的电磁场,像平面电磁场的幅度的平方给出了在像平面中的辐射通量密度。

我们现在考察与相干成像情况不同的非相干成像。对于非相干成像系统,我们假设物体是空间非相干的,这意味着彼此间距远大于一个光学波长的邻近点是彼此不干涉的。这一假设的效果是:只有在零位移处(与物体本身直接重叠),一个物体的二维空间自相关是非零的。严格地说不是这样的,但对大多数人造物体,这一假设是非常成立的,原因是,大多数人造物体不是良好磨光的,在光波长尺度上是粗糙的,因此在物体表面上的邻近点彼此不干涉。我们将充分地利用这一事实来确定有关物体的亮度(W/m^2)和像平面上的辐射通量密度(W/m^2)之间关系的数学模型。为了确定这一关系,我们必须回想到在物平面上亮度正比于在物平面中电磁场幅度的平方:

$$i_o(\boldsymbol{x}) = u_o(\boldsymbol{x}) u_o^*(\boldsymbol{x}) \tag{2.44}$$

我们可以采用式(2.33)并代入式(2.44)来将物体的亮度与像平面的辐照度联系起来。取结果的期望值,我们得到以下关系(Roggemann 和 Welsh,1996):

$$\langle i(\boldsymbol{x}) \rangle = \int_{-\infty}^{\infty} d\boldsymbol{x}'_o \int_{-\infty}^{\infty} d\boldsymbol{x}''_o \langle u_o(\boldsymbol{x}') u_o^*(\boldsymbol{x}'') \rangle h_i(\boldsymbol{x}-\boldsymbol{x}'_o) h_i^*(\boldsymbol{x}-\boldsymbol{x}''_o) \tag{2.45}$$

期望值产生了在像平面中的平均辐照度。在这一阶段,我们要利用非相干成像假设,正如前面所阐述的那样,对于非相干成像条件,仅有在电磁场交叠时,期望值非零。在数学上,我们可以将它写成(Goodman,2005)

$$\langle u_0(\boldsymbol{x}'_0) u_0^*(\boldsymbol{x}'') \rangle = k \langle o(\boldsymbol{x}'_0) \rangle (\boldsymbol{x}'_0 - \boldsymbol{x}''_0) \delta \tag{2.46}$$

因子 k 是使这一方程两边等价的一个比例常数。符号 δ 是 Dirac delta 函数。对于这一方程,我们附有积分变量,以清晰地说明在哪个平面上进行积分。将式(2.46)代入式(2.45)并进行积分,我们得到

$$i(\boldsymbol{x}) = \int_{-\infty}^{+\infty} d\boldsymbol{x}_0 o(\boldsymbol{x}_0) | h_i(\boldsymbol{x}-\boldsymbol{x}_0) |^2 \tag{2.47}$$

或简单地写成

$$i(\boldsymbol{x}) = o(\boldsymbol{x}) * | h_i(\boldsymbol{x}-\boldsymbol{x}_0) |^2 \tag{2.48}$$

为了方便,我们已经消除了方程左边的期望值,并理解到除非另有说明,否则在这种情况下,我们指的是平均量,式(2.47)的左边是平均图像辐照度。类似地,在积分中的物体亮度也是平均量。注意到,这一方程与相干成像情况一样,具有相同的二维空间卷积形式,差别在于:对于相干成像情况,二维空间卷积是在电磁场级,而对于非相干成像情况,二维空间卷积是在电磁场的幅度平方级上进行的。在这一点,我们在图 2.12 中给出了我们的非相干成像例子的模型。

正如前面一样,二维傅里叶变换和它的逆变换有较强的关联性。在图 2.12 的左上部,我们用小写的"o"表示的物体亮度,通过将 PSF 与物体的亮度卷积得到在像平面中的平均辐射通量密度。与前面类似,一种更方便的、计算更有效的确定像平面平均辐照度的方法是:首先对物体亮度取二维傅里叶变换,以获得物体亮度谱,然后将物体亮度谱乘以OFT 以得到图像谱。正如在相干成像情况下一样,我们取图像谱的傅里叶逆变换,以得到平均的像平面辐照度。在空间频率域对物体亮度的物理传播进行建模,通常是计算效率最高的,然而,随着高速、并行处理器件(如现场可编程门阵列、三维神经网络结构(Ir-vine 传感器公司)、胞元神经网络芯片(Arrasmith,2010)的进步和进一步的发展,以及高

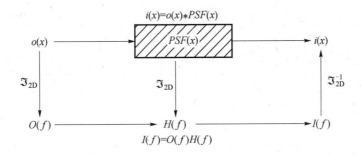

图 2.12　非相干成像模型

速、并行处理、图像处理级大气湍流补偿方法的进步,提供了在空间和频率域的有潜力的高速成像解决方案。

如图 2.12 所示,非相干成像模型适用于各种各样的被动成像场景和应用。对于被动成像,我们指在自然(如环境光或自然辐射)条件下,电磁波谱红外部分的成像。与此相比,主动成像系统是采用诸如激光和/或雷达那样的人造源照射感兴趣的目标。如果采用一个高度空间相关的源照射一个在光波长尺度上光学平滑的感兴趣的目标,则应当采用图 2.12 所示的相干成像模型来建模成像系统的基本传播和探测物理。这种场景的一个例子是一个空间相干的激光照射一个镜面表面,并在满足 Fresnel 或 Fraunhofer 条件的某一远距离的成像面上进行探测。应当注意,在一个高度空间相干的源照射一个在光波长尺度上粗糙的物体时,反射的光将是空间不相干的,与源是否相干无关,这时应当采用混合模型(源的相干传播模型和从目标到成像平面反射亮度的非相干成像模型)。

对于非相干的成像场景,由于感兴趣的目标的表面粒度在光学波长尺度上经常是粗糙的,或者照射源本身是空间非相干的,在描述被动成像系统(或者受到主动照射的在照射波长尺度上是粗糙的物体)的必要特性时,非相干成像模型工作得很好。我们现在将描述非相干成像系统的某些必要的方面,这是建模和理解光学成像系统的性能所需要的。

正如在相干成像情况中那样,入瞳在建模成像系统和大气湍流效应方面起着重要的作用。图 2.12 中所描述的成像模型也适用于非相干成像情况。回想到对于许多良好设计的光学、望远成像系统,望远镜的主反射镜放置在成像系统的入瞳处。由于其重要性及其与光学系统其他必要单元的关系,我们将推导一个用于成像系统入瞳面的单独模型。图 2.13 示出了我们假设的圆型入瞳,我们采用圆形入瞳是因为大多数望远镜采用圆形的主反射镜。尽管电磁波的实部和虚部在望远镜入瞳内是连续的,为了在计算机上适当地建模成像场景,必须正确地对在成像系统的入瞳内的电磁场进行空间(和时间)采样。现在我们的重点是空间采样需求,在后面的统计光学章节中我们将把重点放在时域方面。在入瞳孔径中的离散点是在 x、y 方向的采样点,这是按照 Nyquist 采样条件选择的。我们将在本章进一步讨论 Nyquist 采样条件。

我们按照惯例消去在位置变量上的下标并确定适当的平面,在这种情况下是入瞳平面。如图 2.13 所示的采样在两个空间方向都是均匀的,这不是一个限制约束,但这样做是便利的。因此,除非另有需要,我们将继续对入瞳采用均匀空间采样模型。我们也发现跨入瞳孔径有奇数个点是便利的,这样沿着主坐标轴孔径的物理中心点和孔径的边缘点与采样点是一致的。在我们的模型中,我们将这一采样的孔径放在一个零矩阵中,在 $\hat{x}$

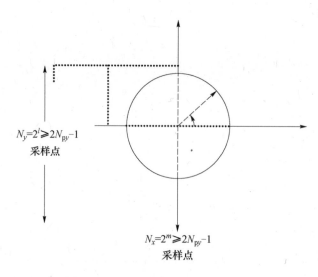

图 2.13 简单的圆形入瞳模型

方向至少有($2N_{px}-1$)个点在 $\hat{y}$ 方向至少有($2N_{py}-1$)个点。此外,我们将每个线性方向的采样点的数目增加到 2 的最小幂次,这比前述的采样要求要大,以提高二维傅里叶变换的效率。换言之,有

$$N_y=2^l,l=\min\{l=1,2,3,\cdots\}\ni 2^l\geqslant 2N_{py}-1 \tag{2.49}$$

$$N_x=2^m,m=\min\{l=1,2,3,\cdots\}\ni 2^m\geqslant 2N_{px}-1 \tag{2.50}$$

其中:

N_{px} 和 N_{py} 是在入瞳孔径的直径上沿着 $\hat{x}$ 方向和 $\hat{y}$ 方向的采样点数目。

l 和 m 是选择的分别满足式(2.49)和式(2.50)右边尽可能小的整数。

N_x 和 N_y 是在我们的模型中一个给定线性方向的总的入瞳采样点的数目。例如,我们在入瞳孔径的直径上沿着 $\hat{x}$ 方向有 127 个采样点,对应于 $x=0$ 的中心点是第 64 个点,在中心点的左边和右边有相同的点数,即 63 个点。第 1 个和第 127 个点在孔径的边缘。由于我们采用均匀采样,对于我们的圆形孔径,在 $\hat{y}$ 方向与 $\hat{x}$ 方向相同。在圆形孔径的直径上沿着 $\hat{x}$ 方向和 $\hat{y}$ 方向的采样点的数目分别是 $N_{px}=N_{py}=127$。在我们的模型中所需要的最少的点数是:在 $\hat{x}$ 方向($2N_{px}-1$)$=253$ 点,在 $\hat{x}$ 方向($2N_{py}-1$)$=253$ 点,满足式(2.49)和式(2.50)的最小的 l 和 m 是 $l,m=8$,这样 $N_x=N_y=256$。为了建模我们的入瞳孔径,我们将有 256×256 的阵列,除了在圆形孔径的直径上沿着 $\hat{x}$ 方向的 127 个点和沿着 $\hat{y}$ 方向的 127 个点,其余点均为 0。圆形孔径的中心在阵列的中心,位于距阵列的左上角($129,129$)的采样点处。注意,如果我们将一个长度分配到圆形入瞳孔径的直径上,则我们可以确定采样间隔 Δx 和 Δy。例如,如果我们有一个 20cm 直径的望远镜主反射镜,则 Δx 和 Δy 将是 $20/(129-1)=0.15625$cm。在入瞳的孔径内,我们定义一个 GPF:

$$W(\boldsymbol{x})=W_p(\boldsymbol{x})e^{j\Phi(\boldsymbol{x})} \tag{2.51}$$

其中:

$$W_p(\boldsymbol{x})=\begin{cases}1, & r(\boldsymbol{x})\leqslant D/2 \\ 0, & \text{其他}\end{cases} \tag{2.52}$$

式(2.52)是一个描述入瞳的物理孔径的空间函数,在这种情况下,在直径为 D 的圆形孔径内为 1。应当提到的是,对于有强的幅度效应的物理情况(如闪烁),物理孔径可以取在 1 以外的值,但对于宽泛的成像条件,采用恒定幅度的假设是可以接受的。如果在我们的成像模型中包括幅度效应,我们将采用具有空间变化的幅度来代替式(2.52)右边的"1"。式(2.51)中的复数指数被用来描述入瞳相位像差(畸变),以包括由于大气造成的相位像差(畸变)。GPF 是空间位置矢量 x 的连续函数,但在计算上是在图 2.13 所示的离散的采样点处估计的。正如我们将在讨论空间采样的章节中所讨论的那样,如果建立了适当的采样条件,从采样数据可以确切地复制连续函数。现在,我们将说明连续的变量 x,但理解到当在计算机上实现时,我们将 GPF 和其他函数的采样点来表示它们的连续的函数版本。我们现在希望推导一些重要的光学 SE 函数,以帮助定量评定和理解我们的光学系统性能。正如将要看到的那样,我们的方法与前面提到的相干成像情况有许多类似之处。

如果我们将式(2.39)的变量代换到式(2.50)和式(2.51),并像在式(2.38)那样对我们的 GPF 取二维傅里叶变换,则可以得到光学系统的脉冲响应。接着通过取脉冲响应的幅度平方,得到非相干成像系统的 PSF:

$$s(x) = |h(x)|^2 = |F\{W(f\lambda f_{\text{eff}})\}|^2 \qquad (2.53)$$

PSF 描述着衍射、大气效应和系统效应对在图像平面中跨探测器表面光的"扩散"影响,这将降低成像系统的空间分辨率。即使我们有一个没有像差的完美光学系统,且在真空中成像(没有大气像差),入瞳孔径的衍射效应仍然会在一定程度上影响我们的成像系统。将需要采用超分辨率方法来解决由于衍射造成的空间分辨率损失。对于在地球大气中的大部分光学系统,光学系统像差和大气湍流是造成成像系统的空间分辨率损失的主要因素。对于良好设计的光学系统,由于光学系统本身造成的像差得到了最小化,大气湍流效应是成像系统空间分辨率下降的主要因素。

如果我们取 PSF 的二维傅里叶变换,并对结果归一化,以使最终函数的最大值为 1,例如将二维傅里叶变换的结果除以其最大值,我们得到 OTF:

$$H(f) = \frac{\mathcal{F}\{s(x)\}}{\mathcal{F}\{s(x)\}|_{f=0}} \qquad (2.54)$$

PSF 的二维傅里叶变换的最大值总是最终的二维傅里叶变换函数的零空间频率分量。另一种确定 OTF 的方法是采用傅里叶变换的两个方便的特性,第一个特性是两个函数积的傅里叶变换是每个函数的傅里叶变换的空间卷积,第二个特性是一个函数的复共轭在傅里叶变换空间有时间/空间对易的效应。组合这两个特性,并注意到 PSF 是光学系统脉冲响应与脉冲响应共轭的乘积,我们看到 OTF 可以通过 GPF 的自相关得到:

$$H(f) = \frac{\mathcal{F}\{h(x)h^*(x)\}}{\mathcal{F}\{h(x)h^*(x)\}|_{f=0}} = \frac{W(f\lambda f_{\text{eff}}) \otimes W(f\lambda f_{\text{eff}})}{W(0) \otimes W(0)} \qquad (2.55)$$

式中:符号 $\otimes$ 意味着二维自相关。式(2.54)确定 OTF 的方法比式(2.55)更加可取,因为对于常规的应用,前面那种方法比式(2.55)计算更快。由图 2.5,并采用式(2.54)或式(2.55),我们可以得到以下的图像谱:

$$I(f) = O(f)H(f) \qquad (2.56)$$

这样可以通过对图像谱取二维傅里叶逆变换得到图像：

$$i(\boldsymbol{x}) = F^{-1}\{I(\boldsymbol{f})\} \tag{2.57}$$

我们现在给出一个简单的例子来说明这种方法。假设有一个直径为 1m，等效焦距 f_{eff} 为 1m 的望远成像系统，我们希望模拟成像系统在观察一个恒星的幅度是另一个恒星 2 倍的双星系统时的性能，由于所涉及的几何条件，我们的地基望远镜不能分辨出单独的恒星，因此在我们的模型中将它们表示为 δ 函数，我们对一颗恒星进行归一化，从而得到 1W/m^2 的最大亮度，另一颗恒星的相对亮度为 0.5W/m^2。图 2.14 示出了我们感兴趣的目标的 MATLAB 模型。

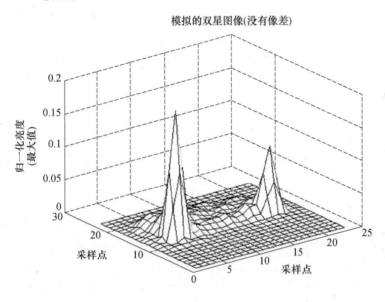

图 2.14　可见的双星系统(如 α—半人马座 A 和 α—半人马座 B)的物模型

根据实验，可以通过观察一颗单一的恒星得到 PSF。由式(2.47)可以看出，如果物体是一个点源，我们可以恢复 PSF。这一 PSF 将加入大气效应、入瞳的孔径和光学系统效应。如果成像系统要观察一个远距离的点源物体，像平面中的效应将是使点源的辐射通量密度有所扩散，因此称为 PSF。现在，我们假设我们想要确定入瞳孔径本身的效应，而不考虑大气湍流或光学系统效应，一个物理实例是采用地球大气层外的一个望远镜观察双星系统。我们还假设我们可以忽略时域效应，我们将在后面建模时域效应。在这些假设下，我们的模拟结果将给出我们期望的光学系统的常规空间分辨率的上界。作为一个例子，如果我们采用跨 x 方向和 y 方向的 127 点均匀的入瞳采样，则正如前面所讨论的那样，在我们的入瞳模型中我们有 $N_x = N_y = 256$ 个采样。图 2.15 示出了我们的入瞳平面孔径的模型。注意，通过设定孔径内每一点的相位项为 0，我们实际上消除了模型中的光学系统相位效应和大气湍流效应。通过暂时忽略系统和信号噪声，我们可以隔离我们的模型中的入瞳孔径效应。当相位在入瞳孔径的各处均为 0 时，GPF 仅有实值。在整个入瞳的相位恒定的近似，仅适用于良好设计的通过真空成像的光学系统(如在空间的光学系统)。在存在大气湍流时，入瞳面相位恒定不再成立，GPF 是一个复数量。在我们的模型中可以包括系统噪声和大气湍流效应，但现在我们想隔离入瞳孔径对我们的成像系统的影响。在图 2.15 中，注意到我们的 GPF 值仅在入瞳的孔径内非零，在入瞳孔径外被设定为 0，因为仅有在入瞳孔径内的辐射通量密度对图像形成有所贡献。还注意到 GPF 的最大值为 1，因为我们假设在我们的成像系统中没有幅度效应。

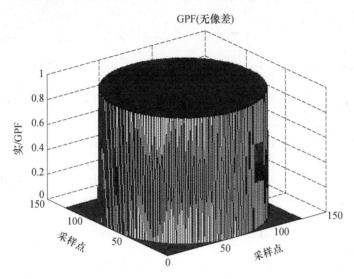

图 2.15　无系统和大气像差的 GPF 模型

　　按照式(2.38)取二维傅里叶变换，我们得到光学系统的脉冲响应，取脉冲响应的幅度平方得到 PSF。在空间域，PSF 是我们的成像系统分辨率损失的度量。由于成像系统中没有像差，且入瞳孔径无穷大，PSF 将接近一个 δ 函数，而且根据式(2.47)，成像系统将确切地复制物体的亮度。在我们的成像系统中不存在像差时，一个具有一定空间范围的入瞳实际上将使在成像系统的像平面上接收的辐照度扩散。因此，除了超分辨率方法之外，即便一个没有像差或系统噪声的完美的成像系统，也不能确切地复现物体的亮度，因为入瞳具有一定的范围。入瞳也可看作一个有效消除我们的图像的较高空间频率分量的低通滤波器。对 PSF 取二维傅里叶变换并采用其最大值进行归一化，可得到 OTF。

　　我们现在具有能模拟观察一个代表性的双星系统(如 α-半人马座 A 和 α-半人马座 B)的光学成像系统的性能所有必要的单元。对于裸眼来说，α-半人马座 A 和 α-半人马座 B 的组合——α-半人马座 AB 看起来是一颗单一的恒星，但可以采用较小的望远镜轻易地分辨成一个双星系统，当排除太阳时，在众多的恒星中，它们是第三亮的物体。我们将双星系统中的每一颗恒星建模为一个比例变换的 Kronecker δ 函数，以表示具有不同亮度和变化间隔(2~22)的像点源的物体。α-半人马座 A 的亮度约为 α-半人马座 B 亮度的 2.038 倍，因此我们可以将 α-半人马座 A 的亮度归一化为 1，α-半人马座 B 的亮度为近似 1/2。我们假设望远镜被对准到双星系统的中心，恒星的图像位于 x 轴上。我们假设双星彼此分开了 2(等价于 9.69μrad)。在物体的空间域的采样点间隔为 0.05，在入瞳平面的空间采样是 0.0794m。我们采用 500nm 作为我们窄带的、滤光的成像系统的中心波长。图 2.16 示出了具有 1m 圆形入瞳的衍射限光学成像系统模型的结果，建模是采用 MATLAB R2012a 进行的。

　　图 2.16(a)是我们的双星系统的一个仿真曲线，最大的亮度被归一化为 1，左边较亮

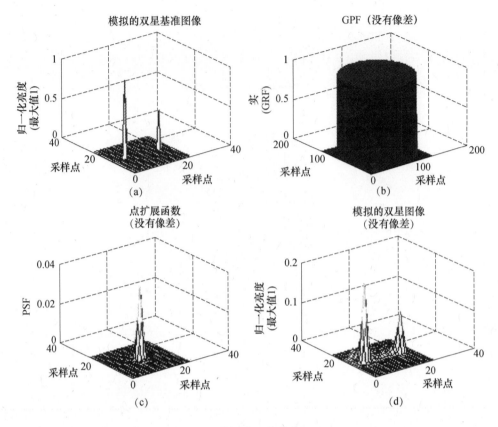

图 2.16　模拟的双星系统

的点源物体(恒星)表示 α—半人马座 A,右边较暗的物体表示 α—半人马座 B。图 2.16
(b)是我们产生的入瞳平面,假设没有系统噪声或大气像差,图 2.16(c)是通过实现式
(2.51)到式(2.53)得到的 PSF。我们的衍射限成像系统所获得的图像如图 2.16(d)所
示,这一仿真的图像是通过首先按照式(2.54)确定 OTF 得到的,我们接着通过实现式
(2.56)和式(2.57)来求解图像。我们可以看到,图像是原来物体的模糊版,尽管我们假设
采用没有像差的无噪声成像系统。如果我们将落在探测器上的图像的辐射通量密度乘以
探测器面积,我们就得到了在探测器上的光功率。光"功率"的二维傅里叶变换给出了图
像的功率谱。类似地,物体亮度与物体面积乘积的二维傅里叶变换产生物体的功率谱。
在确定一个物体或图像的能量谱时,必须首先通过将光功率在一个适当的时间尺度上积
分,将光功率转换到能量单位。如果希望得到总的能量谱,必须相对于时间(从负无穷大
到正无穷大)对功率谱进行积分,只有在随着能量的时间积分是有限的时候才能这样做。
从数学上讲,我们可以将能量功率密度定义为

$$\varepsilon(f)=|u(f)|^2 \tag{2.58}$$

这在电磁场的幅度的从负无穷大到正无穷大范围的时间积分是有限的时才能适用
(Goodman,1985)。如果积分的能量不是有限的,则可以在一个较短的周期 T 内进行光
功率的积分,并得到一个有限的结果。如果可以这样做,我们可以采用下式确定功率谱
密度:

$$P(f) = \frac{|u(f)|^2}{T} \tag{2.59}$$

另一个有用的度量是 MTF，这是 OTF 的幅度，并且描述了在每个适用的空间频率上 OTF 对物体的频谱幅度的影响。图 2.17 示出了观察双星系统的成像系统的 MTF。

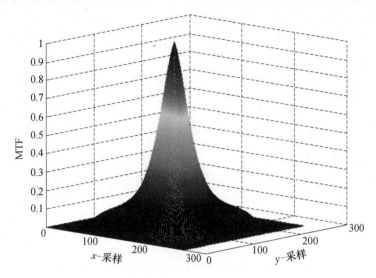

图 2.17　观察双星系统的一个光学系统的 MTF

2.2.3　采样考虑

为了在计算机上适当地表示一个空间连续的物体，经常对物体进行空间采样，假设采样点之间具有连续性。这一思想对大多数人来说并不新鲜。任何看电视的人"看到"的是一个连续的图像，但知道图像是由大量的小的像素组成的，每个像素输出一个采样的亮度。当距离电视显示器几英寸时，采用裸眼经常可以看到单个的像素，然而，当距离显示器较远时，图像看起来是平滑和连续的（对于正常工作的好的电视）。在前面的双星系统的例子中，我们给出了一个采样方案以便于说明，但怎样确定采样间隔呢？为了正确地采用前面章节所给出的线性系统方法，有必要理解空域和时域采样方法。在本节，我们简要地讨论了基本的采样考虑。我们将给出由数学决定的理论采样需求和由实践确定的某些实际的采样指南。

讨论空间采样的一个好的起点是：一个远距离的点源物体和入瞳平面电磁场之间的关系，经常可以表示为一个二维傅里叶变换关系。式(1.7)给出了一个圆形入瞳的光学成像系统的衍射限空间分辨率。常规的望远镜不能看到小于衍射限分辨率的空间细节。此外，要实现近衍射限空间分辨率，需要一个良好设计的光学系统。相应地，对于空间可分辨的物体，通过将成像系统的像素大小映射到物体上获得的在物平面的空间采样，应当不超过望远镜的衍射限分辨率。当从物平面的视角观察成像系统的入瞳时，可以做类似的论证。可能会有以下的问题：对于包含在一个直径为 D_0 的圆内或在一个长、宽分别为 D_{ox} 和 D_{oy} 的矩形内的一个物体，在入瞳平面上需要什么样的采样间隔以分辨空间细节？由于两个面之间的关系仍然是傅里叶变换关系，对于圆形的情况，在入瞳上需要的采样间

隔必须小于

$$\Delta X_p = 1.22 \frac{\lambda}{D_o} z \tag{2.60}$$

对于矩形的情况,必须小于:

$$\Delta X_{px} = \frac{\lambda}{D_{ox}} z, \quad \Delta X_{py} = \frac{\lambda}{D_{oy}} z \tag{2.61}$$

一个实际的原则是在由式(2.60)和式(2.61)所给出的采样间隔内必须至少对入瞳有两个采样。D_o 值是包围物体的圆的直径(m),D_{ox} 和 D_{oy} 是刚好包括物体的矩形的尺度,目的是提供一个仅包含所感兴趣的物体的简单物体(如正方形、矩形或圆形)。采用这种方式,可以设定在物平面或入瞳平面的采样需求,以确保光学成像系统能够获取可以得到的空间信息。由于将来自物平面的电磁场与入瞳平面联系起来的二维傅里叶变换的特性,所要成像的物体的最大空间尺寸决定了在入瞳平面中的采样需求(见式(2.60)和式(2.61)),入瞳的最大空间尺度决定着在物空间的最小采样需求(见式(1.7))。

对采样更正规的处理涉及对 Whittaker 和 Shannon 采样定理(Goodman,2005)的理解。可以证明,对于一个连续的二维带限函数 $g(x,y)$,采样函数为

$$g_s(x,y) = \mathrm{comb}\left(\frac{x}{X}\right) \mathrm{comb}\left(\frac{y}{Y}\right) g(x,y) \tag{2.62}$$

其中"comb"函数由下式给出:

$$\mathrm{comb}\left(\frac{X}{T}\right) = \sum_{n=-\infty}^{\infty} \delta\left(X - \frac{n}{T}\right) \tag{2.63}$$

这一方程右边的 Kronecker δ 函数在 T 单位的采样间隔处的值为 1,这实际上看起来像是一个"齿"的高度为 1 的无穷长的"梳子",齿的间隔为 T。对于有限范围的一维函数,式(2.63)中的 comb 函数要乘以一个"rect"函数:

$$\mathrm{rect}\left(\frac{X}{L}\right) = \begin{cases} 1, & X \leqslant \dfrac{L}{2} \\ 0, & \text{其他} \end{cases} \tag{2.64}$$

在二维情况下,每个"comb"函数可以乘以它本身的"rect"函数,以定义物体的最大的范围。采用这种方式,如果希望的话,可以在 x 和 y 方向有不同的采样。对于均匀的采样,式(2.62)中的参数 X 和 Y 被设定为相同的。图 2.18 示出了二维的情况,在 x 和 y 方向分别采用采样间隔 X 和 Y 对连续函数 $g(x,y)$ 进行采样。

在结束本节之前,我们应当对非线性光学系统模型说几句。非线性光学领域是一个非常丰富的、有趣的领域,但超出了本书的范围。诸如光学相位共轭、三波和四波混合、二次谐波产生和光学参数放大是非线性光学方法的例子(Boyd,2008)。在非线性光学中,叠加原理不再成立,我们前面刚提到的线性系统模型失效。在材料特性随电磁场的强度而变化的场合通常出现非线性光学过程。通常,需要非常高的电磁场强度以产生非线性光学效应。我们把非线性光学看作一个高等的、专门的主题,在以下的参考文献中有很好的阐述(Shen,1998;Anderson,2014)。对于大多数实际的光学成像和光学探测场景,我们的线性系统模型足够精确。然而,如果高能激光与非线性材料(如偏硼酸钡,BBO)晶体交互作用,则需要采用非线性光学分析方法,以精确地建模光学现象。在本书中,我们在需要且篇幅允许时采用非线性光学方法,并请读者在需要时参阅更详细的文献。

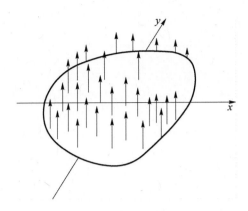

图 2.18　二维连续函数

最终的采样函数 $g_s(x,y)$ 由式(2.62)给出。可以看出 Nyquist 采样条件由

$$X \leqslant \frac{1}{2B_x} \tag{2.65}$$

$$Y \leqslant \frac{1}{2B_y} \tag{2.66}$$

给出,可以利用采样的数据确切地重构原始的连续函数(Oppenheim 和 Schafer,1975; Goodman,2005)。对于一维的情况,采样重构方程由

$$g(t) - \sum_{k=-\infty}^{\infty} g(kT) \frac{\sin[(\pi/T)(t-kT)]}{(\pi/T)(t-kT)} \tag{2.67}$$

给出(Oppenheim 和 Schafer 1975),对于二维的情况,内插公式由

$$g(x,y) = \sum_{n=-\infty}^{\infty} \sum_{m=-\infty}^{\infty} g\left(\frac{n}{2B_x}, \frac{m}{2B_y}\right) \mathrm{sinc}\left[2B_x\left(x-\frac{n}{2B_x}\right)\right] \mathrm{sinc}\left[2B_y\left(y-\frac{m}{2B_y}\right)\right] \tag{2.68}$$

给出(Goodman 2005),参数 B_x 和 B_y 是频率空间中的带宽。"sinc"函数由

$$\mathrm{sinc}(ax) = \frac{\sin(a\pi x)}{a\pi x} \tag{2.69}$$

给出,其中式(2.69)可以与位移定理结合使用,以评估式(2.68)。

　　获得式(2.67)和式(2.68)中的内插公式的关键假设是物体可以被傅里叶变换,而且物体是带限的。对于第一个假设,需要满足式(2.58)和式(2.59),实质上,为了能够进行傅里叶变换,源必须能够绝对可积:

$$\int_{-\infty}^{+\infty} \int_{-\infty}^{+\infty} |g(x,y)| \, \mathrm{d}x, \mathrm{d}y < \infty \tag{2.70}$$

或者源必须能在一个有限的周期内积分:

$$\lim_{T_y \to \infty} \frac{1}{T_y} \int_{-T_y/2}^{T_y/2} \lim_{T_x \to \infty} \frac{1}{T_x} \int_{-T_x/2}^{T_x/2} u^2(x,y) \mathrm{d}x \, \mathrm{d}y < \infty \tag{2.71}$$

　　在实际的情况下,对于有限范围的实际物体,通常是这种情况。对于时域分量,等价于前面所进行的能量谱和/或功率谱的讨论,能够进行傅里叶变换的条件为

$$\int_{-\infty}^{\infty} |g(t)| \, \mathrm{d}t < \infty \tag{2.72}$$

和

$$\lim_{T \to \infty} \frac{1}{T} \int_{-T/2}^{T/2} g^2(t) \mathrm{d}t < \infty \qquad (2.73)$$

第二个假设是带宽的定义的基础,对于我们的光学系统,是在给定的线性方向的最大空间频率。Nyquist 率是带宽的 2 倍,是我们的带限信号的谱范围,如图 2.19 所示。

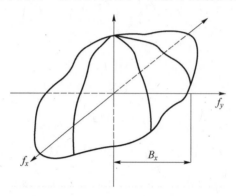

图 2.19 带限函数

对于大部分实际的成像场景,物体具有有限的范围和有限的能量/功率,因此傅里叶变换方法在建模光学系统方面是非常实际的,而且计算上是有效的。为了帮助对光学系统进行傅里叶分析,已经建立了某些有用的性质和变换关系。为了方便起见,我们在表2.3 中列出了最著名的特性和变换。

表 2.3 定理/理论

线性(一维和二维)	$\mathcal{F}(c_1 u_1 \mp c_2 u_2) = c \mathcal{U}_1 \mathcal{U}_2 \mp c_2 \mathcal{U}_2$
位移(一维)	$\mathcal{F}\{u_1(x-a)\} = \mathrm{e}^{\mathrm{j}2\pi fa} G(f)$
位移(二维)	$\mathcal{F}\{u_1((x-a, y-b))\} = \mathrm{e}^{\mathrm{j}2\pi(f_x a + f_y b)} G(f_x, f_y)$
比例(一维)	$\mathcal{F}\{u_1(ax)\} = \dfrac{1}{|ab|} G\left(\dfrac{f_x}{a}, \dfrac{f_y}{a}\right)$
比例(二维)	$\mathcal{F}\{u_1(ax, by)\} = \dfrac{1}{|ab|} G\left(\dfrac{f_x}{a}, \dfrac{f_y}{a}\right)$
Parseval 定理(一维)	$\displaystyle\int_{-\infty}^{\infty} |u_1(x)|^2 \mathrm{d}x = \int_{-\infty}^{\infty} |\mathcal{U}_1(f)|^2 \mathrm{d}f$
Parseval 定理(二维)	$\displaystyle\iint_{-\infty}^{\infty} |u_1(x, y)|^2 \mathrm{d}x\,\mathrm{d}y = \iint_{-\infty}^{\infty} |\mathcal{U}_1(f_x, f_y)|^2 \mathrm{d}f_x\,\mathrm{d}f_y$
自相关定理(一维)	$\mathcal{F}\left\{\displaystyle\int_{-\infty}^{\infty} h(\lambda_1 - x) h^*(\lambda_1) \mathrm{d}\lambda_1\right\} = |H(f)|^2$
自相关定理(二维)	$\mathcal{F}\displaystyle\iint_{-\infty}^{\infty} h(\lambda_1, \lambda_2) h^*(\lambda_1 - x)(\lambda_2 - y) \mathrm{d}\lambda_1 \lambda_2 = |H(f_x, f_y)|^2$
卷积定理(一维)	$\mathcal{F}\left\{\displaystyle\int_{-\infty}^{\infty} u(\lambda_1) h(x - \lambda_1) \mathrm{d}\lambda_1\right\} = \mathcal{U}(f) H(f)$
卷积定理(二维)	$\mathcal{F}\displaystyle\iint_{-\infty}^{\infty} u(\lambda_1, \lambda_2) h(x - \lambda_2)(y - \lambda_1) \mathrm{d}\lambda_1 \lambda_2 = \mathcal{U}(f_x, f_y) H(f_x, f_y)$

通过采用位移定理和傅里叶变换的比例变换特性,并结合较早讨论的基本的函数,可

以采用这些简单关系的组合来建模和分析复杂的空间函数。作为一个简单的例子,采用两个比例变换和位移的 Kronecker δ 函数建模了双星系统。通过采用所产生的满足 Shannon 和 Whitaker 采样定理的单独比例变换和位移的 Kronecker δ 函数,可以建模更复杂的物体。

迄今,我们已经给出了处理全相干成像系统和完全非相干成像系统的某些线性系统模型。此外,我们也讨论了与空间相干性相关的某些概念。如果我们的成像系统处于两个极端之间应该采用什么模型进行建模? 统计光学提供了某些相关的和有用的方法来回答这些问题。

2.2.4　统计光学模型

统计光学给出了用于描述、定量评定和分析光学系统的一个强有力的框架。此外,迄今我们已经学习的仍然适用于或者可以扩展到统计光学框架中。完整地论述统计光学领域超出了本书的范围,但我们可以有选择性地给出某些模型和原理。我们也将在后续的章节增加更多的材料。在本节,我们主要关注用于描述空间和时间相干性的统计光学方法。除了前面的完全相干光和完全非相干光的有限的情况外,我们提供了一种处理和建模部分相干光的方法。我们给出了涉及光的相干性的某些有用的工具,如互相干函数和 van Cittert 与 Zernike 定理。我们也给出了用于表示对在光电探测器上期望信号的限制的某些表达式。有关统计光学的更多的细节请参阅参考文献(Goodman,1985)。我们首先从一些数学基础开始,假设读者对概率和统计有基本的了解。

对于较高的信号电平,经常采用高斯密度函数来建模、分析和理解感兴趣的信号。高斯信号的一维和二维概率密度函数由

$$P_u(u) = \frac{1}{\sqrt{2\pi}\sigma}\exp\left\{-\frac{(u-\overline{u})^2}{2\sigma^2}\right\} \tag{2.74}$$

$$P_{uv}(u,v) = \frac{\exp\left[\frac{-(u^2+v^2-2\rho uv)}{2(1-\rho^2)\sigma^2}\right]}{2\pi\sigma^2\sqrt{1-\rho^2}} \tag{2.75}$$

给出,参数 u 和 v 是表示感兴趣的随机信号的随机变量。参数 $\overline{u}$ 和 σ 分别表示信号均值和标准差。式(2.75)中的参数 ρ 由下式给出:

$$\rho \triangleq \frac{\overline{uv}}{\sigma^2} \tag{2.76}$$

式中:$\overline{uv}$ 为联合分布随机变量 u 和 v 的联合矩,参数 ρ 的范围为 0～1。在式(2.75)中,我们已经做了一个一般的假设:随机变量为 0 均值和等方差。如果不是这种情况,联合分布高斯概率密度函数的更一般的表达式由下式给出:

$$P_u(\underline{u}) = \frac{1}{2\pi^{n/2}|\underline{C}|^{1/2}}\exp\left\{-\frac{1}{2}(\underline{u}-\overline{u})^{\mathrm{T}}|\underline{C}|^{-1}(\underline{u}-\overline{u})\right\} \tag{2.77}$$

式中:$\underline{C}$ 为一个 $n\times n$ 协方差矩阵;$\underline{u}$ 为包括随机变量 u 的长度为 n 的列矢量;上标"T"和"−1"分别表示转置和逆。

协方差距离包括由下式给出的"i"行和"k"列协方差值:

$$\sigma_{ik}^2 = E[(u_i-\overline{u}_i)(u_k-\overline{u}_k)] \tag{2.78}$$

其中"E"是由下式给出的期望算子：

$$\sigma_{ik}^2 = \iint_{-\infty}^{+\infty} (u_i - \overline{u}_i)(u_k - \overline{u}_k) P_{u_i u_k}(u_i, u_k) \mathrm{d}u_i \mathrm{d}u_k \tag{2.79}$$

通常，将随机变量 u_1 和 u_2 用 t_1 和 t_2 两个参数扩展，我们可以将联合期望写成

$$\overline{u_1 u_2} = E[u_1 u_2] = \iint_{-\infty}^{+\infty} u_1 u_2 \rho_u(u_1, u_2; t_1, t_2) \mathrm{d}u_1 \mathrm{d}u_2 \tag{2.80}$$

更一般地，有

$$\overline{u_1^n u_2^m \cdots u_L^p} = E[u_1^n u_2^m \cdots u_L^p]$$
$$= \iint_{-\infty}^{+\infty} \cdots \int u_1^n u_2^m \cdots u_L^p \rho_{u_1 u_2 \cdots u_L}(u_1, u_2, \cdots, u_L; t_1, t_2, \cdots, t_L) \mathrm{d}u_1 \mathrm{d}u_2 \cdots \mathrm{d}u_L$$

$$\tag{2.81}$$

式(2.81)对计算随机变量 u_1 和 u_2 的高阶矩是有用的。在这一点，它对讨论平稳随机过程是有用的。如果 L 阶概率密度函数与时间原点无关，则一个随机过程是严格平稳的(Goodman,1985)。如果随机过程的期望值与时间无关，且在两个不同的时间点上随机过程的相关仅仅是时间差的函数，则被认为是广义平稳的。换言之，首先，$E[u(t)]$ 与时间无关；其次，$E[u(t_1)u(t_2)]$ 是 $\tau = t_2 - t_1$ 的一个函数。

在图 2.20 中，我们看到了这些思想的可视化表示。水平轴是时间轴，每个曲线是随机过程 U 的一个特定的实现。如果随机过程 $Y(t) = U(t) - U(t - \tau)$ 对所有的 τ 值是平稳的，则认为一个随机过程是平稳的。此外，如果时域平均等价于统计平均，则一个平稳随机过程是遍历各态历经的。如果我们想要从时域数据推断一个随机过程的统计特性，则最后一个特性是有用的。随机过程的平稳性是重要的，因为对于非平稳随机过程，基于不同的开始时间我们有不同的统计结果。幸运的是，有多种光学系统应用可以满足一个或多个平稳假设。然而，对于每种应用，必须考虑是否能满足平稳性假设。

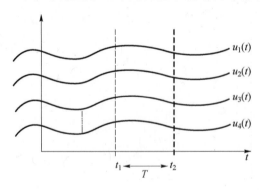

图 2.20 随机过程

注意，每个平稳随机过程也是广义平稳的，但不能说广义平稳的随机过程也是平稳的。在 K. S Shanmugan 和 A. M Breipohl 所著的《随机信号、检测、估计和数据分析》(Shanmugan 和 Breipohl,1988)一书中，有对其他形式的平稳性更多的细节和讨论。之所以提到这些区别，一个主要的原因是：满足一个或多个平稳和遍历各态历经假设的随机过程有一些有用的解析特性。表 2.4 中概括了某些有用的特性，在该表中 $R_{xx}(t)$ 是随机信号 $X(t)$ 的自相关，$R_{xy}(t)$ 是随机过程 $X(t)$ 和 $Y(t)$ 的互相关，$S_{xx}(f)$ 是随机过程 $X(t)$

功率谱密度，$S_{xy}(f)$ 是互谱密度函数（Goodman，1985；Shanmugan 和 Breipohl，1988）。

表 2.4　随机过程的有用的特性

名称	特　　　性	实/复	平稳性
自相关函数	$R_{xx}(\tau) = E[X(t) + X(t+\tau)]$	实	WSS
	$R_{xx}(0) = E[X^2(t)]$	实	WSS
	$R_{xx}(\tau) = R_{xx}(-\tau)$	实	WSS
	$R_{xx}(0) \geqslant \mid R_{xx}(\tau) \mid$	实	WSS
	$\lim\limits_{\tau \to \infty} R_{xx}(\tau) = \mu_x^2$	实	WSS
互相关函数	$R_{xj}(J) = E[X(t) + X(t+\tau)]$	实	WSS
	$\sqrt{R_{xx}(0)R_{yy}(0)} \geqslant \mid R_{xy}(\tau) \mid$	实	WSS
	$\mid R_{xy}(\tau) \mid \leqslant \dfrac{1}{2}[R_{xx}(0) + R_{yy}(0)]$	实	WSS
	$R_{xy}(\tau) = 0$，正交过程	实	WSS
	$R_{xy}(\tau) = \mu_x \mu_y$，独立过程	实	WSS
功率谱密度	$s_{xx}(f) = \mathcal{F}\{R_{xx}(\tau)\} = \displaystyle\int_{-\infty}^{\infty} R_{xx}(\tau)\mathrm{e}^{-\mathrm{j}\pi f \tau}\mathrm{d}\tau$	实	WSS
	$R_{xx}(\tau) = \mathcal{F}^{-1}\{s_{xx}(f)\} = \displaystyle\int_{-\infty}^{\infty} s_{xx}(f)\mathrm{e}^{-\mathrm{j}\pi f \tau}\mathrm{d}f$	实	WSS
	$R_{xy}(\tau)$ 是偶函数	实	WSS
	$s_{xx}(f)$ 是实的、非负的	实	WSS
	$s_{xy}(f)$ 是偶函数	实	WSS
互谱密度	$s_{xy}(f) = \mathcal{F}\{R_{xy}(\tau)\} = \displaystyle\int_{-\infty}^{\infty} R_{xy}(\tau)\mathrm{e}^{-\mathrm{j}\pi f \tau}\mathrm{d}\tau$	实	WSS
	$R_{xy}(\tau) = \mathcal{F}^{-1}\{S_{xx}(f)\} = \displaystyle\int_{-\infty}^{\infty} s_{xy}(f)\mathrm{e}^{-\mathrm{j}\pi f \tau}\mathrm{d}f$	实	WSS
	$[\mathrm{Re}\{s\}]_{xy}(f)\}$ 是偶函数	复	WSS
	$[(\mathrm{Im}\{s\}]_{xy}(f)\}$ 是奇函数	复	WSS
	$S_{xy}(f) = 0$，正交过程	复	WSS
	$S_{xy}(f) = \mu_x \mu_y \mathrm{d}f$，独立过程	复	WSS
	$\Gamma_{11}(\tau) = E[u(P_1,t+\tau)u^*(P_1,t)]$	复	WSS
	$\Gamma_{11}(0) = I(P_1)$	实	WSS
	$J_{12} = E[u(P_1,t)u^*(P_2,t)]$	复	平稳
	$\Gamma_{12}(\tau) = E[u(P_1,t+\tau)u^*(P_2,t)]$	复	平稳
	$\mu_{12} = X_{12}(0) = \dfrac{J_{12}}{[J_{11}J_{22}]^{1/2}}$		
	$X_{12}(\tau) = \dfrac{\Gamma_{12}}{[\Gamma_{11}(0)\Gamma_{22}(0)]^{1/2}}$	复	平稳

在表 2.4 中，自相关函数和它的功率谱密度之间的时域关系被称为 Wiener－

Khinchin 定理。功率谱密度是广义平稳随机过程自相关的时域傅里叶变换。例如,通过对至少广义平稳的一个电磁场进行时域傅里叶变换,我们可得到其功率谱密度。表 2.4 中示出的函数是非常流行的,而且对描述、定量评定和分析诸如光的相干性那样的重要光学系统特性是有用的。光的空间和时间相干性是令人感兴趣的,可以采用表 2.4 中所示的关系描述。时间相干性可以看作在观察平面的电磁波相对于它本身进行时间位移(不是在空间),并考察位移版的和非位移版的电磁场之间的相关性。在光的相干时间内的时间位移预期将在观察平面的一个点处产生观察的强度图形的正弦波动。当时间位移 τ 变得较大时,在观察点处所观察的强度的波动会变得相对小,接近于一个恒定的值。进一步增大 τ 将没有什么影响,在观察点处所观察的强度保持恒定。观察的强度变得恒定时的电磁场的时间间隔 τ 是电磁场变成时域不相干的时域边界。在试验上,时域相干性是采用如图 2.21 所示的 Michelson 干涉仪测量的。在图的底部示出的光辐射源是 S_1,光传播到准直镜 L_1,然后传播到用如图 2.21 的中部的倾斜的矩形表示的半反射分束器,分束器包括一层玻璃和一个半反射表面。

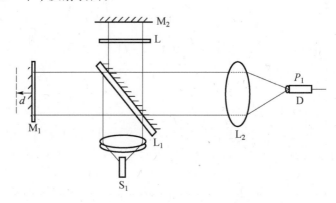

图 2.21 光辐射的源

注意,分束器的背端有半反射光学镀膜,前端是一个像玻璃那样的光学透明材料。一半的光从分束器的后表面反射到反射镜 M_1,分束器将另一半的光透过到反射镜 M_2。补偿器 C 调整光学路径长度以使两个方向(M_1 和 M_2)经过相同的玻璃传播长度。从 M_1 和 M_2 反射的光被导向会聚镜 L_2,将来自两个方向的光聚焦到点探测器 D。补偿器 C 被设计为使两个方向的光学路径长度在开始时是相同的,当 M_1 移动时,相对光学路径长度的变化是 τ 的函数。可以看到,时间位移 τ 由下式给出:

$$\tau = \frac{2d}{c} \tag{2.82}$$

式中:d 为电磁场的相对间距(m);c 为光束。

将 d 除以光速将空间间距转换成了时间间隔。表 2.5 中的自相干函数的表达式给出了在观察点 P_1 上观察的强度,可以估计相干度的复数表达式,并采用 $P_2 = P_1$ 时的最大值 1 和最小值 0,给出归一化结果。由下式给出的经典的能见度,是一个与光场的时间相干性相关的技术性能测度:

$$V = \frac{I_{\max} - I_{\min}}{I_{\max} + I_{\min}} \tag{2.83}$$

表 2.5 有用的时间和空间相干特性

名称	$\Gamma_{11}(\tau)$ 自相干函数	$\gamma_{11}(\tau)$ 自相干的复杂度	$\Gamma_{12}(\tau)$ 互相干函数	$\gamma_{12}(\tau)$ 互相干的复杂度	I_{12} 互强度	μ_{12} 复相干因子
源平面 窄带	$\langle u(P_1,t+\tau)u^*(P_1,t)\rangle$	$\dfrac{\Gamma_{11}(\tau)}{\Gamma_{11}(0)}$	$\langle u(P_1,t+\tau)u^*(P_2,t)\rangle$	$\dfrac{\Gamma_{12}(\tau)}{[\Gamma_{11}(0)\Gamma_{22}(0)]^{1/2}}$	$\langle u(P_1,t)u^*(P_2,t)\rangle$	$\gamma_{12}(0)$
相干情况 非相干情况			$\begin{aligned}&\lvert\Gamma_{12}(\tau)\rvert=0\\&P_1\neq P_2,\tau\neq 0\end{aligned}$		$\begin{aligned}&A(P_1)A^*(P_2)\\&kI(P_1)\delta(\Delta x,\Delta y)\end{aligned}$	$\begin{aligned}&\mathrm{e}^{\{j[\phi(P_1)-\phi(P_2)]\}}\\&\delta(\Delta x,\Delta y)\end{aligned}$
准单色情况	$I_1\mathrm{e}^{-j2\pi\bar{\nu}\tau}$	$\mathrm{e}^{-j2\pi\bar{\nu}\tau}$	$J_{12}\mathrm{e}^{-j2\pi\bar{\nu}\tau}$	$\mu_{12}\mathrm{e}^{-j2\pi\bar{\nu}\tau}$	J_{12}	μ_{12}
图像平面 窄带	$\langle u(Q_1,t+\tau)u^*(Q_1,t)\rangle$	$\dfrac{\Gamma_{11}(\tau)}{\Gamma_{11}(0)}$	$\langle u(Q_1,t+\tau)u^*(Q_2,t)\rangle$	$\dfrac{\Gamma_{12}(\tau)}{[\Gamma_{11}(0)\Gamma_{22}(0)]^{1/2}}$	$\langle u(Q_1,t)u^*(Q_2,t)\rangle$	$\gamma_{12}(0)$
相干源(I_s)情况					$\dfrac{k\mathrm{e}^{-j\psi}}{(\bar{\lambda}z)^2}\zeta_2(I_s)\Big\vert_{\substack{f_x=\Delta x/\bar{\lambda}z\\ f_y=\Delta y/\bar{\lambda}z}}$	$\dfrac{\mathrm{e}^{-j\psi}}{I_s}\zeta(I_s)\left\|\right\vert_{\substack{f_x=\Delta x/\bar{\lambda}z\\ f_y=\Delta y/\bar{\lambda}z}}$
部分相干源 (I_s)情况					$\begin{aligned}&k(\bar{x},\bar{y})\dfrac{\mathrm{e}^{-j\psi}}{(\bar{\lambda}z)^2}\zeta_2(I_s)\Big\vert_{\substack{f_x=\Delta x/\bar{\lambda}z\\ f_y=\Delta y/\bar{\lambda}z}}\\ &k(\bar{x},y)=\zeta_2(\mu(\Delta x_s,\Delta y_s))\Big\vert_{\substack{f_x=\bar{x}/\bar{\lambda}z\\ f_y=\bar{y}/\bar{\lambda}z}}\end{aligned}$	$\dfrac{\mathrm{e}^{-j\psi}}{I_s}\zeta(I_s)\left\|\right\vert_{\substack{f_x=\Delta x/\bar{\lambda}z\\ f_y=\Delta y/\bar{\lambda}z}}$

式中：$I_{\max}$ 和 $I_{\min}$ 分别为在观察点 P_1 上的最大和最小强度值。注意，复的相干度和经典的能见度对于完全时间相干场都是 1，对于完全时间非相干场都是 0，部分时间相干场将产生中间值。由 Michelson 干涉仪所产生的自相干函数相对于 τ 的函数被称为干涉图。根据 Mandel 的说法，相干时间 τ_c 可由下式给出（Goodman，1985）：

$$\tau_c \triangleq \int_{-\infty}^{+\infty} |\gamma(\tau)|^2 \mathrm{d}\tau \tag{2.84}$$

其中，积分是在所有可能的时间间隔 τ 内进行的。对相干时间的解释是：对于等于或小于相干时间的时间尺度，预期光场将出现干涉，在干涉图上将能观察到条纹，对于大于相干时间的时间尺度，干涉图将产生一个恒定的值。

对于空间相干性，一个电磁场（参考场）是相对于本身空间位移的（位移场），对于原始的和空间位移版的电磁场，电磁场的时域分量保持相同。参考场和位移场的空间相关性可以由表 2.4 列示的互强度或复相干因子来定量评定。根据实验，可以在杨氏双缝实验中观察到空间相干性。

图 2.22 的左边的一个源用来照射一个在 P_1 和 P_2 处切开两个小孔的一个不透明的屏，从 P_1 到观察点 Q_1 的光学路径为 r_1，从 P_2 到观察点 Q_1 的光学路径为 r_2，如果观察点 Q_1 在观察平面上下移动，将能观察到条纹。随着观察点进一步移动离开点 P_1 和 P_2 的投影中心，条纹将变小，直到消失，条纹消失的点是场变得空间不相干的点。对于空间相干性情况，经典的能见度由下式给出：

$$V = \frac{2\sqrt{I_1 I_2}}{I_1 + I_2} \gamma_{12}(0) \tag{2.85}$$

I_1 和 I_2 是在 Q_1 处观察到的由 P_1 和 P_2 分别产生的强度。在式（2.85）中的复相干度是在衍射面产生的，并在点 P_1 和 P_2 处评估的。在观察点 Q_1 处的强度为

$$I(Q_1) = I_1(Q_1) + I_2(Q_1) + K_1 K_2^* \Gamma_{12}\left(\frac{r_2 - r_1}{c}\right) + K_1^* K_2 \Gamma_{21}\left(\frac{r_1 - r_2}{c}\right) \tag{2.86}$$

式中：K_1 和 K_2 为根据几何考虑得到的复比例因子，在 Q_1 处观察到的由 P_1 和 P_2 分别产生的强度由下式给出：

$$I_1(Q_1) = K_1^2 \Gamma_{11}(0), \quad I_2(Q_1) = K_2^2 \Gamma_{22}(0) \tag{2.87}$$

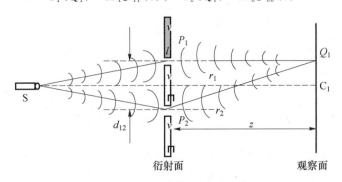

图 2.22　杨氏双缝实验的细节

式（2.86）和式（2.87）所需的假设是：保证在 P_1 和 P_2 处的小孔要小到足以使电磁场跨每个开孔不变化，且源于源 S 的照射光是窄带的。此外，我们假设保证旁轴条件，就

像在本章较早时推导 Fresnel 和 Fraunhofer 电磁场时那样。在观察平面上的条纹的间隔由下式给出：

$$L = \frac{\bar{\lambda} z}{d_{12}} \tag{2.88}$$

式中：d_{12} 为两个小孔之间的距离；z 为观察平面与衍射平面之间的间隔；$\bar{\lambda}$ 为窄带光的中心波长。

注意表 2.5 底部的项适于光的空域和时域相干性。可观察到的条纹的数目由下式给出：

$$N = 2 \frac{\bar{\nu}}{\Delta \nu} \tag{2.89}$$

其中：$\Delta \nu$ 为半功率带宽；$\bar{\nu}$ 为窄带光的中心频率。

与相干时间 τ_c 类似，相干长度 L_c 可以看作在观察平面内电磁波保持相干因而产生条纹的距离。在观察面内包含条纹的包的宽度为

$$\Delta l = \frac{2zc}{\Delta \nu d_{12}} \tag{2.90}$$

当满足准单色条件时，互强度和复相干因子得到了某些显著的简化。对于准单色光，半功率带宽 $\Delta \nu$ 必须远小于光的中心频率 $\bar{\nu}$，从源到观察平面的、通过小孔 P_1 和 P_2 的光学路径长度的差必须远小于所观察的光的相干长度。这种类型的光的一个例子可能是较低质量的激光。对于准单色条件，互强度为

$$\Gamma_{12}(\tau) \approx J_{12} e^{-j2\pi\bar{\nu}\tau} \tag{2.91}$$

复相干因子由下式给出：

$$\gamma_{12}(\tau) \approx \mu_{12} e^{-j2\pi\bar{\nu}\tau} \tag{2.92}$$

在旁轴条件下，在观察点 Q_1 处观察的强度由下式给出：

$$I(\boldsymbol{Q}_1) = I_1 + I_2 + 2K_1 K_2 J_{12} \cos\left[\frac{2\pi}{\lambda z}(\boldsymbol{d}_{12} \cdot \boldsymbol{Q}_1) + \phi_{12}\right] \tag{2.93}$$

这里，我们已经略微推广了我们的表达式，这样 $\boldsymbol{Q}_1$ 是在观察平面中的一个二维位置矢量，$\boldsymbol{d}_{12}$ 是在衍射屏平面中的一个矢量，对应于小孔 P_1 和 P_2 的位置偏差，相位项 ϕ_{12} 与互强度项相关。

我们现在对空间和时间相干性有了基本的理解。注意，互相干因子和复相干度同时涉及空间和时间相干性。我们希望引入另一个与电磁场的空间和时间相干性相关的有用的技术性能测度，这一技术性能测度对于定量评定大气对光学系统的影响非常有用。这一技术性能测度是由下式给出的结构函数（Roggemann 和 Welsh，1996）：

$$D(\boldsymbol{x}_2, \boldsymbol{x}_1; t_2, t_1) \triangleq \overline{[u(\boldsymbol{x}_2, t_2) - u(\boldsymbol{x}_1, t_1)]^2} \tag{2.94}$$

这里，同前面一样，表达式上的横杠指统计期望。互强度和复相干因子涉及空间相干性，自相干因子则提供了有关给定的电磁场的时间相干性的信息。我们也注意到，对于复相干度和复相干因子，完全相干的场产生一个为 1 的值，完全非相干场产生一个为 0 的值，部分相干场产生一个中间值。

我们现在考察互相干函数的两个极限情况，第一种是一个完全非相干源，第二种情况是完全相干源。对于第一种情况，大多数远不是激光的源属于这类，此外，即使一个源是

高度空间相干的,如果它是从一个在光学波长尺度上粗糙物体的表面发射或反射的,则发射或反射的光将变得空间非相干。大多数成像场景属于这些条件,因此有必要在非相干源近似条件下理解互相干函数的特性。图 2.23 给出了用于可视化的几何关系,我们再次假设旁轴成像条件,正如导出 Fresnel 和 Fraunhofer 衍射公式时所用的条件。源平面在图 2.23 的左部示出,空白的区域示出了源在二维平面上的投影。在发射系统情况下,图左部的开区域是发射的电磁场的孔径,从源平面到观察平面的距离由 z 给出。在源平面中的一个点由 P_1 表示,在观察平面中的两个点被标示为 Q_1 和 Q_2。从 P_1 到 Q_1 的距离由 r_1 给出,从 P_1 到 Q_2 的距离由 r_2 给出。在图 2.23 中的画阴影交叉线的区域是源场为 0 的区域。

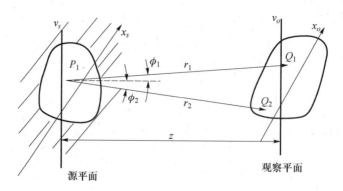

图 2.23　发射系统情况

我们再考察互强度的传播,我们将假设保持准单色成像条件。通常,互强度的传播由下式给出(Goodman,1985):

$$J(Q_1,Q_2)=\iint_{\Sigma}\iint_{\Sigma}J(P_1,P_2)\exp\left[-\mathrm{j}\frac{2\pi}{\overline{\lambda}}(r_2-r_1)\right]\frac{\chi(\theta_1)}{\overline{\lambda}r_1}\frac{\chi(\theta_2)}{\overline{\lambda}r_2}\mathrm{d}s_1\mathrm{d}s_2 \quad (2.95)$$

其中累加是在图 2.12 所示的孔径内进行的,角度项与成像几何相关。通过假设保证像推导 Fresnel 和 Fraunhofer 衍射公式时所采用的那样的旁轴条件,这些角度项接近于 1,我们得到 van Cittert—Zernike 定理:

$$J(x_1,y_1,x_2,y_2)=\frac{K(\mathrm{e}^{-\mathrm{j}\psi})}{(\overline{\lambda}z)^2}\iint_{-\infty}^{+\infty}I(x_s,y_s)\exp\left[\mathrm{j}\frac{2\pi}{\overline{\lambda}z}((x_2-x_1)x_s+(y_2-y_1)y_s)\right]\mathrm{d}x_s\mathrm{d}y_s$$

$$(2.96)$$

在式(2.96)中,在积分前面的相位项 ψ 由下式给出:

$$\psi=\frac{\pi}{\overline{\lambda}z}[(x_2^2+y_2^2)-(x_1^2+y_1^2)] \quad (2.97)$$

K 是由下式给出的体积归一化项:

$$K=\frac{(\overline{\lambda})^2}{\pi} \quad (2.98)$$

van Cittert 和 Zernike 定理是一个重要的结果,我们可以用来通过对物体的亮度进行二维傅里叶变换来确定观察平面的互强度。对互强度进行归一化,我们可以忽略互强度中的大部分比例因子,并得到复相干因子:

$$\mu(x_1,y_1;x_2,y_2)=\frac{e^{-j\psi}\iint_{-\infty}^{+\infty}I(x_s,y_s)\exp[j(2\pi/\bar{\lambda}z)(\Delta x x_s+\Delta y y_s)\mathrm{d}x_s\mathrm{d}y_s]}{\iint_{-\infty}^{+\infty}I(x_s,y_s)\mathrm{d}x s\mathrm{d}y_s}$$

(2.99)

式中：$\Delta x=x_2-x_1$；$\Delta y=y_2-y_1$。式(2.98)和式(2.99)可适用于在电磁波谱的可见光和红外部分的大部分源(除非采用像激光那样的高度空间相干的源直接照射)。对于具有高度的空间相干性的源，解析电磁场可以表示为

$$u(P,t)=A(P,t)e^{-j2\pi\bar{v}t}$$

(2.100)

其中，幅度项是一个复量。这一电磁场的解析形式在分析电磁场及其传播以及与光学系统的交互作用时经常是有用的。一个相干源场的互强度由下式给出(Goodman，1985)：

$$J_{12}=A(P_1)A^*(P_2)$$

(2.101)

其中，复幅度项是在相干源上的两个空间点 P_1 和 P_2 估计的。相关的复相干因子由下式给出：

$$\mu_{12}=\exp(j[\varphi(P_1)-\varphi(P_2)])$$

(2.102)

其中，相位是通过取式(2.100)的复幅度的幅角得到的。在杨氏实验情况下，在观察平面中观察到的条纹由下式给出：

$$I(Q_1)=I_1(Q_1)+I_2(Q_1)+2\sqrt{I_1(Q_1)I_2(Q_2)}\cos\left[\frac{2\pi(r_2-r_1)}{\bar{\lambda}}+\varphi(P_2)-\varphi(P_1)\right]$$

(2.103)

这里，图 2.24 再次用作杨氏双缝实验的参考。为了推广互相干函数及其导出的项的几何条件，我们采用以下的 4 点图。

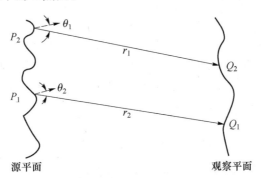

图 2.24　杨氏双缝实验

角度 θ_1 和 θ_2 是从在源点处的表面的法向和连接源点与在观察平面上的对应的外推点的线上测量的。为了从源平面到观察平面传播互相干函数或在适合时传播互强度函数，几个特殊的情况是感兴趣的，如窄带光、具有准单色假设的窄带光、相干光、非相干光、部分相干光。我们在表 2.5 中概括了主要的传播结果(Goodman，1985)。

我们看到，对于空间非相干和部分相干成像面情况，主要的传播积分服从 Cittert－Zernike 定理，是二维傅里叶变换。当然，部分相干情况中的"k"因子使事情有些复杂化。

部分相干情况所采用的条件为

$$z > \frac{2D_{\max}D_c}{\bar{\lambda}} \tag{2.104}$$

式中：$D_{\max}$ 为源物体的最大物理范围；z 为源平面与观察平面的间距；D_c 为源平面中的最大相干长度；$\bar{\lambda}$ 为平均波长。

由于可以通过假设为非相干源对许多源进行良好的建模，我们的重点是这种情况。注意，根据表 2.5 中的互强度公式，如果我们感兴趣的是在观察平面中描述强度，对于一个可以建模为非相干源的物体，观察点 Q_1 和 Q_2 一致，ψ 的指数相位项简化为 1。源强度和观察的强度之间的关系是一个二维空间傅里叶变换，可以采用解析或数值方法方便地求解。

我们现在通过概括某些可以用于建模诸如均值、协方差和高阶矩那样的有用的统计量概率密度函数来结束统计光学模型这一章节。一个有趣的事实是，对于任何具有任意概率密度函数和有限方差的 N 个独立随机变量的集合，根据中心极限定理，这些足够大量的零均值、单位方差的随机变量的累加将产生一个接近于零均值、单位方差的正态分布（Craig 等，1995）。例如，一个产生大量独立光子的高光亮度水平的源，可以被建模为具有高斯概率密度函数（如在式（2.74）～式（2.77）中所给出的那样）。对于低的光亮度水平，分析和试验结果表明：到达的光子服从泊松统计，其均值和方差具有相同的值。圆形的复高斯分布已被用于建模激光的某一方面，而到达探测器的低光亮度水平的光子服从双随机泊松过程（Andrews 和 Phillips，1998）。我们将在书中更详细地讨论这些特殊的情况。

用于确定已知概率密度函数的矩的一种有用的工具是特征函数，特征函数被定义为随机变量加权累加和的复指数的期望值：

$$M_u^{(n)}(w_1,w_2,\cdots,w_n) \triangleq E[\exp\{j(w_1u_1+w_2u_2+\cdots+w_nu_n)\}] \tag{2.105}$$

其中，n 为随机变量的最大的数目。这一期望采用 n 维傅里叶变换的形式：

$$M_u^{(1)}(w_1) = \int_{-\infty}^{+\infty} \exp\{j(w,u)\}P_{u_1}(u_1)\mathrm{d}u_1 \tag{2.106}$$

或

$$M_{u_1u_2}^{(2)}(w_1,w_2) = \iint_{-\infty}^{+\infty} \exp\{j(w_1u_1+w_2u_2)\}P_{u_1u_2}(u_1,u_2)\mathrm{d}u_1\mathrm{d}u_2 \tag{2.107}$$

相反，可以通过傅里叶逆变换，由特征函数确定对应的概率密度函数。如果存在矩，特征函数可以用于产生高阶矩（Goodman，1985）。例如：

$$\overline{u_1^n u_2^m} = \frac{1}{j^{(n+m)}} \frac{\partial^{n+m}}{\partial w_{u_1}^n \partial w_{u_2}^m} M_{u_1u_2}(w_{u_1},w_{u_2})\Big|_{w_{u_1}=0,w_{u_2}=0} \tag{2.108}$$

这里，同以前一样，横杠指统计期望。这一由特征函数产生高阶矩的能力是非常有用的，尤其在高斯随机变量情况下，因为所有的高阶高斯矩可以写为联合矩的线性组合。对于高斯和泊松概率密度函数的情况，一阶特征函数由下式给出：

高斯： $$M_{u_1}(w_1) = \exp\left(-\frac{\sigma^2 w_1^2}{2} + jw_1\bar{u}_1\right) \tag{2.109}$$

泊松： $$M_{u_1}(w_1) = \sum_{k=0}^{\infty} \frac{\bar{k}^k}{k!} e^{(-\bar{k}+jw_1k)} \tag{2.110}$$

n 阶高斯特征函数由下式给出：

$$M_{u_1\cdots u_n}(\underline{w})=\exp\left\{\mathrm{j}\,\overline{\underline{u}}^{\mathrm{t}}\underline{w}-\frac{1}{2}\underline{w}^{\mathrm{t}}\underline{C}\underline{w}\right. \tag{2.111}$$

这里采用与式(2.77)中的多维高斯概率密度函数相同的表示法。我们最终得到泊松情况的一维概率密度函数(Goodman,1985)：

$$P_{u_1}(u_1)=\sum_{k=0}^{\infty}\frac{(\overline{k})^n\mathrm{e}^{-\overline{k}}}{k!}\sigma(u_1-k) \tag{2.112}$$

均值和方差由下式给出：

$$E[u_1]=\overline{u}_1 \tag{2.113}$$

$$\sigma_{u_1}^2=\overline{u}_1 \tag{2.114}$$

本节已经给出了统计光学领域的某些基本的结果。这些结果将在全书中应用,并且与前面的结果是相互补充或一致的。本节我们从麦克斯韦方程入手,证明电磁场满足非齐次或齐次 Helmholtz 波方程。接着证明,在旁轴条件下,电磁场满足 Fresnel 或 Fraunhofer 衍射积分,且物平面和观察平面之间的关系是通过二维傅里叶变换联系起来的。我们提供了一个线性系统模型,并定义了某些重要的线性光学系统术语,如 GPF、脉冲响应、PSF 和 OTF,并给出了一些简单的例子。我们给出了能量谱和功率谱,并讨论了在一个成像系统的物平面和入瞳平面中的采样需求。最后,我们简要地概述了某些关键的统计光学结果。我们给出了在统计光学中遇到的两个经常出现的随机过程(高斯和泊松)的概率密度函数。我们证明:对于高的光亮度水平,高斯分布是一个好的模型,对于低的光亮度水平,泊松统计适用。我们讨论了遍历各态历经、平稳、广义平稳和增量平稳过程,以及它们与统计分析的关系。我们讨论了时间和空间相干性,并说明了怎样采用 Michelson 干涉仪和杨氏双缝实验测量这些特性(时间相干性和空间相干性)。我们给出了用于期望的观察面中强度的相关解析表达式。对于杨氏双缝实验,我们给出了完全非相干源和完全相干源的观察面中强度的表达式。接着给出了 van Cittert 和 Zernike 定理,说明对于完全非相干源,在观察面上观察到的互强度是物体亮度比例变换的二维空间傅里叶变换。我们给出了某些技术性能测度(如相关系数、经典的能见度、结构函数、相干时间和相干长度)。我们也说明了相关函数对于光学系统分析的重要性。我们给出了像互相干函数、互强度、自相干因子、复相干因子和复相干度那样的相关函数,并说明了怎样将这些在源平面中的相关函数与观察平面联系起来。我们在窄带光、窄带准单色光、宽度光、非相干光和部分相干光假设下给出了这些相关函数。我们给出了均值、方差的表达式和采用特征函数产生高阶矩的方法。本节不是要全面地涉及这些主题,而是要给出重要的和有用的光学分析概念和方法。在后面的章节我们将基于这些基础。对于更详细的细节和完整的阐述,请参阅所提供的参考文献。

在 2.3 节,我们继续第 1 章的案例研究,说明在本节学习的工具、技术和方法。为了设定场景,我们假定 Fantastic 成像技术公司刚刚得到通知,他们赢得了为国土安全部建造用于探测非法跨越美国边界的人员的无人机载成像系统的合同。我们将继续我们的综合案例研究。

2.3 综合案例研究:企业体系架构简介

这一案例研究说明了确定 FIT 的企业体系架构的过程,并说明了怎样采用企业体系架构来理解新的业务对公司其他业务的影响,也说明了某些关键的光学系统技术考虑。公司报道称,通过实现企业体系架构,决策变得更加清晰、简明和有效。由于 FIT 得到了国土安全部的无人机载光学系统的合同,Bill Smith 召集了一个执行委员会会议对团队表示祝贺,并讨论了这一业务未来的计划。这个场景有以下的角色:Bill Smith,FIT 的首席执行官;Tom Phelps,FIT 首席技术官和光学专家;Garry Blair,首席信息官和首席企业架构师;Karl Ben,FIT 首席系统工程师;Ron S,FIT 系统工程师(新雇用)。

2.3.1 定义 FIT 的企业体系架构

Bill:"各位早上好! 我希望各位和我一样激动。现在我们开会,首先祝贺我们的团队取得的好成绩! 赢得这一项目将为公司在这一领域赢得未来的许多机会。正如大家所知,我们原来主要专注于提供民用光学成像系统,这次赢得合同对我们是一个大的机会。我们的建议书中一个出彩的地方是我们的企业体系架构模型。在提出建议方案的过程中,我们能够确定支持这一新的项目所需的新的能力,以及它对我们的业务有怎样的影响。我们能够说服国土安全局:我们能够按时、按预算完成这一项目。现在我们需要开工干了! 记住,我召集这次会议是为了讨论我们下一步做什么,我希望讨论我们怎样成功地执行这一项目。我希望大家放开讨论。"

Garry:"我也祝贺我们的团队取得了好成绩。在提出建议方案的过程中,我们能够采用我们的企业体系架构来预测在建议方案中做的改变对整个公司业务的影响如何,这包括当前的项目、人力资源、基础设施、信息流和已经进行的过程。赢得这一合同在很大程度上是由于我们能够很好地协同工作。我们的企业体系架构仍然处于婴儿期,某些系统仍然需要实现,而且由于已经赢得了这一项目,我们注意到需要解决与资源、基础设施和工具相关的一些问题。"

Tom:"Garry 给讨论开了一个好头。我已经在 PPT 中归纳了这一新的项目以及它对我们公司意味着什么。众所周知,我们的任务使命是为我们的利益攸关者提供最好的光学成像产品。我们也通过针对需求提供可靠的、有效的和快速的解决方案,努力为我们的客户提供能有效执行它们的任务使命的解决方案。第一张 PPT 说明了我们的目标和目的。我们也决定对这一项目的各个方面和已经进行的各个过程进行可行性分析,这样我们可以确信我们已经具有适当的人力资源、信息流程和各种过程。"(表 2.6)

表 2.6 FIT 的目标和目的

目 标	目 的
研制和集成无人机载光电子系统	设计和制造与其他子系统集成的光学子系统
培训美国军事人员使用维护系统	对光学子系统提供支持,使用户能成功地执行任务使命
向其他美国政府机构推广光电系统	在今后两年使公司销售额和收入增加 20%
扩张公司的资产,包括人力资源、基础设施和知识产权	成为光学成像领域的业界引领者,强调大气湍流补偿和自适应光学方法

Bill:"Phelps 先生,在项目的这一阶段,为什么你想要进行可行性分析?"

Tom:"这是一个好问题。在理解了对这项工作的需求后,进行一个完整的可行性分析以确定想做的工作是不是可做的是重要的,可行性分析应当从全景的视角考虑到所有的需求。"

Bill:"这是一个好的想法。你可以解释一下你所说的全景性意味着什么吗? 你是否意味着不止从技术视角来评估项目的可行性?"

Tom:"是的,就是这样! 尽管也可以考虑其他方面,我们的可行性分析将瞄准以下 6 个方面:①技术可行性;②经济/财务可行性;③组织可行性;④运行可行性;⑤动机可行性;⑥管理/政策可行性。"

Bill:"但进行所有这些可行性分析看起来会占用很大精力。"

Tom:"是的,这会占用一些精力。但是,在项目的某些关键的方面的失误造成的代价会更大,会在项目发展的后期给我们带来麻烦。此外,现在我们的重点是技术和组织可行性。"

Bill:"好,在技术可行性分析方面的进展如何?"

Tom:"我们已经针对在国土安全部建议方案中确定的典型的场景和参数,运行了所有的模型。我们已经以人员作为目标进行了完整的辐射度学分析。我们花费了主要的时间来考察夜间工作场景,并评估了基于低光照度的成像系统和基于热的红外成像系统。在这一点,完全采用计算电磁学分析并不可行。对于白天型可见光成像系统解决方案,我们运行了我们的大气湍流模型,以考察我们的成像系统能得到什么样的空间分辨率。对于白天型系统所涉及的成像孔径大小,可能不需要对大气湍流补偿系统有苛刻的要求。然而,采用我们的大气湍流补偿可以得到更远的安全作用距离,这会增大我们的传感器的地面覆盖区域,采用这种方式,我们可以比没有大气湍流补偿的系统覆盖更大的范围。"

Bill:"好! 我们正在建立什么模型?"

Tom:"我们有一个采用 SI 单位的辐射度学模型,能够计算穿越边境的人员的特征水平。我们也有大气湍流模型(我们可以打开或关闭),用于分析我们的光学系统的空间分辨率。我们正在采用统计光学模型来描述所探测图像的空间相关性。我们也构建了用于无人机载成像传感器的某些基本的光学模型,采用了无人机的框架系统。我们可以模拟 Fresnel 和 Fraunhofer 传播。现在,我们假设我们集成到它们的框架系统中,但我们可以构建我们自己的汇聚和中继光学系统模型。我们也有一个用于快速的计算和光线追踪的几何光学模型。我们也开发了一个具有圆形入瞳的线性系统模型,用于非相干成像场景。我们有基于无人机采集孔径、Fresnel 区自由空间脉冲响应、点扩展函数和光学传递函数的计算机模型。这些模型使我们能够对它们的运行使用概念方案的改变做出响应,并使我们能够快速地评估对它们需求的变化。"

Bill:"如果我们需要某些主动成像方法,有什么模型?"

Tom:"如果有必要,我们可以快速形成一个用于我们的无人机平台光学成像系统的相干成像模型。在这一阶段,我们采用傅里叶光学和统计光学方法支持的非相干成像模型是足够的。"

Bill:"等等,你说你们在采用自由空间脉冲响应,这适用于真空,没有考虑大气效应。"

Tom:"对。我们采用自由空间脉冲响应以确定我们的成像系统的性能上限。我们想要隔离入瞳效应,以给出空间分辨率的衍射限性能估计。如果我们构建一个优良的成像系统,如果我们实现我们的大气湍流补偿系统,应当能够逼近这一性能等级。通过进行这样的估计,我们能够说明如果增加大气湍流补偿子系统,对现有的光学系统有多大的改进。"

Bill:"这是有意义的。Blair 先生,你提到了与我们企业体系架构相关的一些问题。"

Garry:"是的。没有什么是预期不到的。然而,为了实现我们的业务目标和目的,我们需要找到跨企业综合和一体化业务过程并与外部合作者连接起来的途径。我们需要通过最大化的复用来缩短交付时间,降低研发成本。最后,需要一个用于业务和信息技术部门的通用的视图。现在,我们已经赢得了合同,我们需要考察这对公司在企业级有怎样的影响,而不仅仅在这一项目级。新的项目将对人力资源、信息技术基础设施、销售和库存等带来压力。"

Bill:"Garry,你有反映这一新的项目对企业有多大影响的具体数据吗?"

Garry:"当我们开始向国土安全部提出建议方案时,我们关注了可能的人力资源短缺,我们当前的某些项目有些拖进度。采用来自人力资源系统的人力资源跟踪报告,我们看到在以下几个月人力资源的短缺有 25 人。图 2.25 示出了这一问题。"

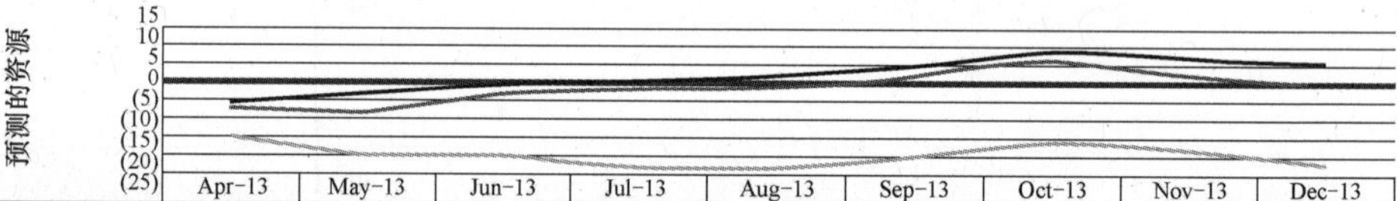

预测的资源	Apr-13	May-13	Jun-13	Jul-13	Aug-13	Sep-13	Oct-13	Nov-13	Dec-13
延滞	0.00								
最坏情况	(5.20)	(3.20)	(0.20)	0.80	1.80	4.80	8.99	7.09	5.29
正常情况	(7.20)	(8.20)	(3.20)	(1.20)	(1.20)	1.80	5.99	2.09	0.29
最好情况	(15.20)	(20.20)	(20.20)	(23.20)	(23.20)	(20.20)	(16.01)	(17.92)	(21.71)

图 2.25 新项目对企业的影响

Bill:"Garry,这一人员短缺问题会影响这一项目吗?"

Garry:"不会,幸运的是,我们已经将人力资源系统与我们的人力工具集成在一起,这样我们能够了解人力资源态势,并做出相应的行动。我们已经开始招聘人员以满足需求,已经有一些很好的候选者。"

Bill:"但培训新员工需要时间,我们考虑到培训时间了吗?"

Garry:"是的。作为组织可行性研究的一部分,对计划的人力资源需求进行了分析。人力工具考虑到培训和学习曲线。我们的人员能基于以往的和预期的工作负荷,很好地预测我们的资源需求。组织可行性分析的结果表明我们可以应对这一项目的需求。"

Tom:"由于人力资源系统与人力工具的成功的集成,使我们能对新业务进行战略规划,我们开始研究使公司获得其他方面的收益,这使我们能够保持对我们的业务目标和目的的认识。企业体系架构方法可以用于在销售、库存子系统、成本会计系统和培训系统方面帮助我们公司。我们已经开始与各个项目管理者进行讨论,就像成本会计系统中的利益攸关者一样,考虑他们的需求并支持我们开发业务工具的能力。此外,我们开始考察培训需求,不仅对内部人员,而且包括利益攸关者。当我们在项目建议阶段考虑国土安全部项目时,我们注意到,为了赢得项目,我们需要综合保障能力。我们所做的部分反应涉及在我们新的光学系统的运行和维护阶段对利益攸关者进行相关的培训。考虑到我们的能力,我们也在从其他的政府部门得到收益。在我们的设计中,我们正在考虑将其他政府部门作为第二利益攸关者。由于有这些考虑,我们应当考虑对内部人员和外部利益攸关者的培训,这将是一项大的工作,因为许多外部利益攸关者用他们自己的工具,从工作表,到自己开发的数据库,到存储和跟踪数据的复杂的企业体系架构。"

Bill:"由于人力资源系统的成功和我们扩展的业务基础,我想建立一个专门的计划来创建用于潜在的第二利益攸关者的基本企业体系架构产品。你们可以从修改这些特定的应用的 OV−1 入手。我们可以将它们作为下一个阶段的企业体系架构的一部分。Garry,你负责。在会后,我需要你与 Karl Ben 就新的国土安全部项目进行一次会谈。"

(他们开始评估在公司当前实现的系统和过程以及新的能力对其的影响。会议的讨论如下。)

Karl:"我们开始评估新的国土安全部项目所需的新的配置项,以及新的利益攸关者,我们还要确定必须在我们的企业体系架构中实现的某些新的能力。首先我概述一下如图 2.26 所示的项目的运行概念方案和系统的工作视图。"

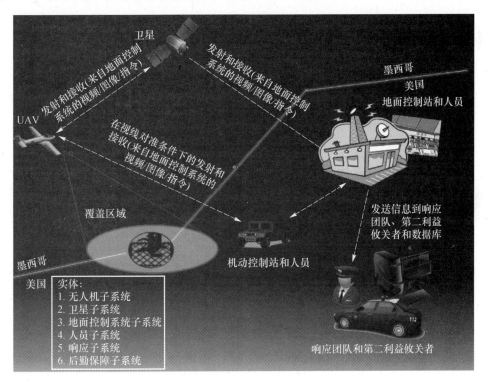

图 2.26　项目的运行概念课和系统的工作视图

Karl:"我将对这些系统做一些解释,以提供更详细的图像。今天我想讨论的能力是地面控制站(GCS)、机动控制站(MCS)和光学成像系统,因为这一能力与维护和支持有关。正如大家所知道的那样,我们有提供支持的需求,包括培训和对所交付系统的维护。在过去,我们通常创建一个培训模块,并对系统的操作人员和维护人员进行现场和场外培训,这需要一些工时、人员和差旅费用。我们也对其他的利益攸关者(包括联邦调查局、中央情报局和其他国外的利益相关者)的系统感兴趣。我们正在形成针对我们的国土安全利益攸关者的新的企业体系架构,并将对我们潜在的利益攸关者采用这些体系架构。由于我们的许多预期的客户在国防部范围内,我们需要确认我们的企业体系架构与他们预期的是兼容的。你们是否熟悉国防部对企业体系架构有什么期望?"

Garry:"是的。国防部对企业体系架构有一些特定的目标和期望,企业体系架构应当:

(1) 消除系统和业务过程的多余性、不兼容性和冗余度;

(2) 采用标准的共享信息来作为公司资源的知识进行管理;

(3) 便于有效的业务决策;

(4) 获取信息并跨企业复用信息;

(5) 对敏感信息提供信息安全防护;

(6) 通过提高效率和规模经济来影响改变;

(7) 创建具有足够细节的企业体系架构产品以便于实现。

我们需要确保我们的企业体系架构能实现这些项目。"

Karl:"对怎样实现这一目标有一些指导吗?"

Garry:"是的。国防部有一个便于实现企业体系架构的称为 DODAF 的体系架构框架。DODAF 对基于跨国防部、联合部队和多国部队界的一个通用的标准来发展、表示和理解架构提供了指南和规则。它使外部的利益攸关者能够理解国防部怎样开发体系架构。DODAF 用于确保可以跨项目、任务领域和国防部的机构比较和管理体系架构描述,因此建立了支持整个国防部决策制定过程分析的基础。DODAF 被组织成几个"视图",这些视图包括说明系统所基于的主要实体或节点的运行视图,描述支持节点之间或节点内数据通信系统的系统视图,以及说明整个系统所基于的标准和规程的技术标准视图。国土安全部对"为什么将合同授予给我们"的反馈是:他们寻找具有强有力的企业体系架构原则的公司。"

Karl:"我们已经将重点放在雇用技术人员,按照人力资源系统新提供的人员,我相信我们能够胜任新的光学系统的设计和研制。随着新的人才的到来,我们也应该规划内部的培训。"

Karl:"实际上,这正是我想要讨论的。我们正在考虑能够跨企业培训的新的培训软件。我们已经与企业体系架构团队协作来确定我们所需要的最佳的系统。"

Ron:"我不确定了解这一培训软件与我们的企业体系架构的关系。请你解释一下。"

Karl:"好的。我将概括一下 FIT 的企业体系架构过程,以及我们怎样实现我们的企业体系架构。记住,简单地说,一个企业是将人员、过程和资源协同起来,实现用一个任务使命或一组目标来表示的一个有组织的架构。这一有组织的架构获取、产生和使用信息,以在研发产品时支持业务过程的完成。有组织的架构采用业务过程来实现目标。业务过程的分解是通过有组织的架构的不同部分完成的。企业体系架构表示:

(1) 一个企业的业务架构和技术架构;

(2) 怎样调整业务和技术架构以实现企业的目标;

(3) 怎样转变技术和业务架构以更有效地实现当前的或未来的任务目标。

尽管对企业的这一描述采用面向业务的术语,一个企业实质上不是一项业务,而可能是一个商业实体、内政政府实体、军事实体,一个情报界实体,或者任何其他利益攸关者的企业表示。企业业务架构是一个复制企业业务过程、有组织的结构、信息需求和产品及它们之间关系的模型。企业技术架构是一个复制企业的技术以及技术怎样支持业务架构的模型,这一技术包括应用和支持软件以及计算和基础设施硬件。由于完成企业体系架构任务是基于启发和经验的,这一过程不描述"怎样"完成任务。我们强调充分地定义我们的企业体系架构的产品集。现在我所示出的 PPT 描述了 FIT 的顶层企业体系架构过程。

正如图 2.27 所描述的那样,企业体系结构过程的一般工作概念如下:

(1) 确定范围和目的:理解视图、任务需求和企业体系架构的关键需求;验证 FIT 对利益攸关者的理解,并确定企业体系架构的工作范围。这一工作的结果是企业体系架构行动的范围,从验证我们对现有的利益攸关者的企业体系架构的理解,到产生用于一个利益攸关者的企业体系架构。

(2) 发展业务架构:验证现有的或创建新的过程描述、信息流和企业安全,并说明怎样通过这些工作实现企业的目标。

(3) 发展技术架构:验证现有的或定义企业所采用的技术(硬件和软件),并说明这些技术怎样支持业务架构。

(4) 评估企业要素和调整:评估针对企业目标对业务和技术架构的调整,并定义改进计划,改进计划可以用于现有的目标或实现未来的目标。

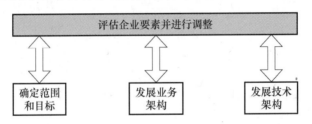

图 2.27　FIT 的顶层企业体系架构过程

在 FIT 的企业体系架构过程的每一步,我们已经确定了将创建的行动和产品。在下一张 PPT(图 2.28)给出的一个高层级的表。采用这一过程,我们已经提出了一个用于支持、培训和维护国土安全部的光学系统的建议方案。在高的层级上,我们确定了范围和目标、利益攸关者和治理方式。采用这些定义,企业体系架构团队确定了改进的方向。我已经汇总了用于满足企业目标和目的的支持、培训和维护子系统的方案建议。企业体系架构团队能够确定这一子系统的企业拥有者,从而使我们能够及早确定需求,并帮助满足我们的业务需求。这一特定的子系统的任务是支持、培训和维护光学系统,这包括培训操作人员、维护人员、生产人员、技术人员和外场支持。

我们进行了技术可行性分析,以评估和理解组织现有的技术资源所带来的收益,以及它们对所建议的系统现在和未来需求的适用性。我们进行了硬件和软件包的评估,以观察它们怎样满足我们建议的和未来的需求。我们已经对培训软件包进行了研究,从而能够在线创建和跟踪培训文件。培训可以在移动器件、计算机上运行,并打印到硬拷贝。用户可以向专家提出问题,答案将存储在在线问题上,便于以后搜索。培训包也允许创建课程,以使用户能够以方便跟随的方式扩展他们的知识。这一软件也包括信息的"片段"或

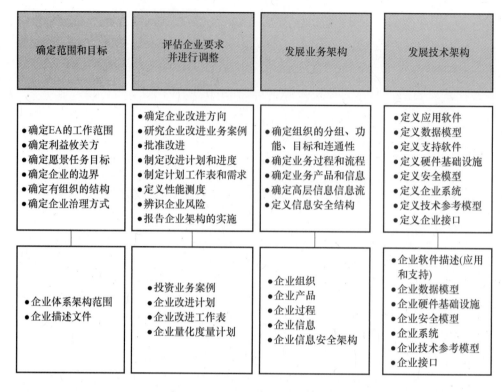

图 2.28　FIT 的企业体系架构细节

模块,从而使用户能易于发现问题的答案。简单地向培训系统账号发送一封 E-mail;系统搜索数据库,并提供关联到你的桌面或移动器件的培训。培训包是易于采用安装在专家的计算机上的软件创建的,这样使它们能够被视频记录或从键盘、麦克风或其他输入器件录入。培训软件类似于 Youtube。"

Garry:"听起来很好。我们现有什么能力? 将来需要什么?"

Karl:"对于培训,我们现在有 PPT 和手册。但不容易搜索或选择在飞行中需要的培训部分。对于我们的商务利益攸关者,我们到现场去帮助安装、培训和维护。对于未来的政府项目,我们将涉及多个机构,它们对培训有不同的看法。例如,国土安全局将主要采用它用于边境巡逻、搜索非法越境人员,他们主要关注移民问题,如是否有某人非法越境。DEA(缉毒局)可能想用它解决贩毒或人口贩卖问题,他们想要获取人员的图像,用于存储和搜索,以从其他的执法数据库中识别目标。当地警察可能有不同的运行使用方案,例如,寻找一个罪犯,或在搜索和营救任务中搜索一个丢失人员。通过不同的数据库搜索和识别人员,确定需要采用什么医疗措施,并回答问询。这些是高层级的描述,但你要开始理解培训场景可能很快失去控制。"

Garry:"这是否与我们已经有的系统集成在一起?"

Karl:"是的,我们现有的人力资源系统是基于面向服务的结构(SOA)的,这是一种用于软件的设计方法学,能够组合单独的软件模块或服务,以在集成时提供更高的功能能力。SOA 技术也很快变成了一个标准,并在国防部领域得到改进,因为各种不同的软件组件是模块化的。这种类似于即插即用的系统还没有完全实现,但这是 SOA 的目标。"

Garry："这一技术的投资回报是什么？"

Karl："系统的成本超过 300 万美元。然而，这一软件并非仅内部使用。在我们设计国土安全部的系统时，所有的图纸包、接口控制文件和与光学系统的设计、实现和生产相关的其他文件都可以上载。这也允许开发信息被加入到利益攸关者的培训软件包中，利益攸关者可以登录到系统，并阅读或下载对系统最新的培训材料。他们也能够像对我们的雇员培训那样询问专家问题。"

Garry："这样可以减少差旅费和外场人员需求？"

Karl："是的，我们估计投资回报是 1.5 年，相信它适合我们公司为利益攸关者提供对我们的光学系统高质量支持的目标。"

Garry："好的，对于我们提交给 Smith 的包，我想你有一个好的开端。我们和企业体系架构团队将花费两周的时间，在所定义的企业体系架构过程中运行。我们应当确定支持和维护子系统和整个企业的每项行动和过程，这些行动和过程应当包括利益攸关者、目标、目的、描述、它们与业务和项目目标的协调，以及改进方向。我们应当理解我们当前的能力，以及怎样扩展新的系统以满足和超过我们的目标。"

（两周之后，企业体系架构团队与首席执行官 Smith 博士、首席技术官 Phelps 博士和首席信息官 Blair 先生进行了一次会议。这次会议将批准实现在前面的案例研究中所确定的支持和维护培训模块。会议开始时简要地介绍了前一次会议所定义的企业体系架构过程。我们现在开始概述将培训模块安装在组织系统的哪一部分。）

Karl："正如在前面对我们公司的企业体系架构、我们支持的项目和我们现在建立的基础设施能力的概述部分中所看到的那样，我们在某些领域还有欠缺，如果我们要使我们当前的和未来的项目获得成功，并满足公司的目标，需要弥补这些欠缺。将采用我们提供的系统的美国政府和机构，对光学系统的综合保障和支持非常重视，这是在提出建议方案和与合同利益攸关者使用如图 2.29 所示的质量屋进行交流时看到的。最高的评定等级是便于使用、可维护性和可服务性。采用我们当前的文件控制、培训、设计、维护和支持体系，我们难以对现在正与我们公司就另外的加强项目和新的项目进行讨论的各个机构做出响应。我们将需要对我们的培训系统增加附加的能力，以支持公司未来的增长，并改进整个培训、支持和维护条件。

我建议我们加入一个新的培训模块，从而能以新的形式开展培训，这样能使现场出差培训费用降低 35％，使对技术人员的需求减少 20％，并使整个公司内的交流效率提高 25％。"

Bill："这些将有一些大的回报，你怎么确定它们？"

Karl："我们确定了几个可以模块化和集中化培训的领域，现在我们是在现场进行培训的，这可以解放我们的技术人员，使他们可以更专注于设计工作和其他核心工作。我们也确定了几个冗余的过程和文件。我们甚至能够消除某些重复性的步骤，并使功能部门之间的信息流标准化。"

Tom："Karl，你已经讨论了内部培训和对光学系统操作人员的培训。对这一系统，你所瞄准的利益攸关者是谁？"

Karl："新的系统的利益攸关者包括国土安全部边界巡逻部门，这包括在现场的操作人员和维护人员、其他机构的技术人员、业务开发、采购和采办人员、我们的内部技术人员、项目管理和人力资源。我知道这听起来像有大量的利益攸关者，众所周知，每个利益攸关者都有他们的需求和对系统的看法。我们正在瞄准内部人员和国土安全部、边界巡逻作为目前我们主要的利益攸关者。将确定企业边界,并建立可以用于培训内部人员的初步的培训和维护规程集,分步开发这些模块将能够模块化地开发培训包,并降低培训成本和雇用新雇员的成本。图 2.30 示出的是新的系统的组织结构。企业描述也包括我们怎样规划对这一系统更改的管理。

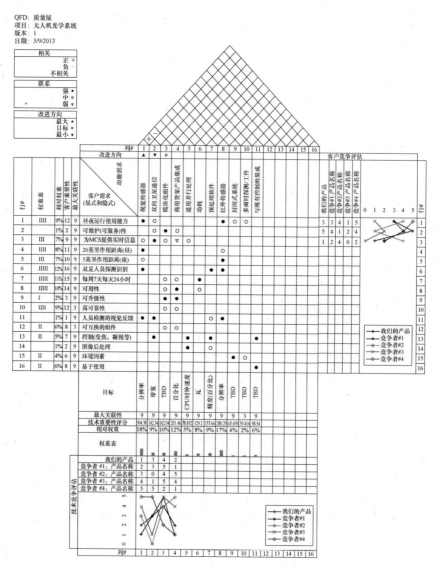

图 2.29　无人机光学系统的质量屋

正如你从图中可以看到的那样,培训模块允许借助云基础设施联接系统。培训系统将允许光学系统的操作人员获得操作手册和对操作的具体指导的最新信息,并能每周 7 天、每天 24 小时得到技术支持。系统是完全可搜索的,如果用户输入一个问题,问题和答案就成了系统的一部分,这一特征类似于用户在研讨会中的体验。对于维护人员,维护手册也是采用最新的信息更新的。视频是采用关键词搜索编码的,以识别部件,说明怎样使

图 2.30　培训支持模块的组织视图

用部件,并给出了各个部件的技术规范。系统保持对用户已经完成的培训的跟踪,基于已经完成的培训和对用户的资格评估,对用户进行分类(入门级、中级或专家级)。

Bill:"有可能在内部进行系统设计过程、编码标准、人力资源政策等的培训吗? 它与我们当前的人力资源系统是集成的吗?"

Karl:"这一系统实际上是由 ACME 所开发的另一个模块,它是我们所购买的人力资源系统的同一个供应商,并且仍然在提供支持。他们正在发展面向服务的应用,能够将离散的软件包相互集成起来。"

Tom:"这样我们预期可以从这一系统看到什么类型的报告,我们怎样度量培训的效果。"

Karl:"每个培训包由用户进行评分,这些评分将按照用户的数目进行累加,并给出效能评定。如果评定结果低于一定的分数,将对培训包加以标志用于评审,并返回开发者或专门的技术人员进行更新。系统也提供一个涉及完成一个培训模块需要问询多少个问题的测度,接着要对这些测度进行计算,以形成对用户进行建议培训的决策。也有更多的一些标准测度,包括一个用户登录系统多少次,用户进入一个特定的培训项多少次,系统中用户的数目,等等。我们可以采用这些测度来确定用户最需要的培训类型,它是视频、文件或讨论型的。"

Bill:"好,我想我们都同意这一新的系统将为我们提供某些需要的能力,这与我们为国土安全部交付所开发的光学系统,并对光学系统的组元进行支持、培训和维护的需求是一致的。它与我们当前的人力资源系统是集成的,并与整个企业概念是相符的。新的系统的成本有多高? 投资回报如何?"

Garry:"新的软件系统的成本是 300 万美元,然而,由于我们对 ACME 公司对现有的人力资源工具提供了良好的参考和反馈,他们给我们 10% 的折扣。我们也有机会设定临时的内部许可证,并开始通过小范围的先导性研究来使用这一系统,这一研究团队由我们的技术人员、人力资源人员、项目经理和某些业务开发人员组成。我们最近也有一些国土安全部人员参加了系统需求会议,我们向他们展示了这一系统,他们对这一系统的配置和易用性留下了深刻的印象,他们也对 SOA 技术表现出兴趣,因为他们有其他系统使用这一功能能力。投资的回报大概是 1.5 年,这包括采办成本、支持成本、对内部雇员培训的人力成本、形成培训包所需的成本、差旅费用,以及对我们的数据加密服务器上数据的信息安全成本。"

Bill："ACME看起来是一个有雄心的公司,而且已经提供了一个帮助我们赢得项目的系统,这一系统能提供有效的度量,并报告能力,从而能概括企业以及新的能力或变化对公司的战略规划有什么样的影响。我想我们将继续采用,并购买新的能力,并开始在我们的国土安全部光学系统项目中,作为我们的支持、培训和维护需求的解决方案的一部分来加以实现。除了帮助国土安全外,这也将使我们能在竞争中处于领先并赢得新的业务。Karl,请进行这项采办。"

2.4 结论

Fantastic成像技术公司已经对发展它们的企业体系架构的过程进行了标准化。FIT的企业体系架构过程依靠系统工程原理在采用工业标准的工具进行需求分析和管理方面有25年的传奇,所有的体系架构和系统级单元包含在一个公共的知识库中,并与需求联系起来,这样就确保了对整个技术基线的长期可维护性。系统是由有技能的支持人员支持的,并在培训内部人员和外部的利益攸关者。FIT采用了经裁剪的基于DODAF2.0的企业体系架构。FIT的系统工程师将按照标准的过程和工作流来获得、分析和建模需求,并有效地与企业的其他人员进行互动。

简化了投资决策制定:FIT的企业体系架构采用企业体系架构过程,以简化对项目提出的解决方案,或提供连接新项目解决方案的一个通用语言的信息技术基础设施,以及具有公司的战略目标、目的和核心业务功能的信息技术的演进。FIT的整体化途径为执行级人员提供了具有完整的投资组合的战略的、企业级的视图。

加速了系统实现:FIT的企业体系架构实践采用了现有的过程来加速系统设计和开发,并定义了核心业务规程、通用的数据单元、应用以及标准的系统平台。这一过程用于验证跨项目的需求和内部系统的需求,便于项目领域之间的交流,并便于技术人员定义用户的需求。

减少了信息技术系统的多样性:FIT的企业体系架构实践采用过程来使定义核心业务过程、通用的数据单元和标准的应用与平台的FIT的IT环境流畅化。标准化使FIT能降低与IT技术产品相关的成本、系统维护和运行成本,并简化对内部雇员和利益攸关方的培训需求。由于采用了标准化的途径,利用了SOA技术和方法,减少了IT系统的多样性。

企业体系架构使实体能够对一个复杂的、动态的、演进的开发环境的快速变化做出响应。可以针对新的能力,分析经济和社会影响,并对这些影响做出响应。2005年由美国首席信息官联合会(NASCIO)进行的一项研究的结论是:自从1999年以来,美国在采用企业体系架构过程方面已经取得了显著的进步(NASCIO,2005)。尽管大部分在技术领域,其他感兴趣的领域也开始采用企业体系架构方法学,包括性能管理、过程结构和业务结构。许多供应商正在创建和优化支持企业体系架构框架和过程的应用的建模工具。

2. A　附录:傅里叶变换对

$u(x) = \displaystyle\int_{-\infty}^{\infty} u(f)\mathrm{e}^{\mathrm{j}2\pi xf}\,\mathrm{d}f$	$\mathcal{U}(f) = \displaystyle\int_{-\infty}^{\infty} u(x)\mathrm{e}^{-\mathrm{j}2\pi fx}\,\mathrm{d}x$
$u(x,y) = \displaystyle\iint_{-\infty}^{\infty} u(f_x,f_y)\mathrm{e}^{\mathrm{j}2\pi(f_x x+f_y y)}\,\mathrm{d}f_x\,\mathrm{d}f_y$	$\mathcal{U}(f_x,f_y) = \displaystyle\iint_{-\infty}^{\infty} u(x,y)\mathrm{e}^{-\mathrm{j}2\pi(f_x x+f_y y)}\,\mathrm{d}x\,\mathrm{d}y$
$J(x)$	1
1	$J(f)$
$\curlywedge(x)$	$\mathrm{sinc}^{2(f)}$
$\mathrm{e}^{-\lvert x\rvert}$	$\dfrac{2}{1+(2\pi f)^2}$
$\dfrac{2}{1+(2\pi f)^2}$	$\mathrm{e}^{\lvert f\rvert}$
$\cos(\pi x)$	$\dfrac{1}{2}J\left(f-\dfrac{1}{2}\right)+\dfrac{1}{2}J\left(f+\dfrac{1}{2}\right)$
$\sin(\pi x)$	$\dfrac{1}{2}J\left(f-\dfrac{1}{2}\right)-\dfrac{1}{2}J\left(f+\dfrac{1}{2}\right)$
$\mathrm{e}^{-\pi x^2}$	$\mathrm{e}^{-\pi f^2}$
$J_0(2\pi x)$	$\dfrac{\mathrm{rect}(f/2)}{\pi(1-f^2)^{1/2}}$
$\dfrac{J_1(2\pi x)}{2x}$	$(1-f^2)^{1/2}\,\mathrm{rect}(f/2)$
$\mathrm{rect}(x)\,\mathrm{rect}(y)$	$\mathrm{sinc}\,fx\,\mathrm{sinc}\,fy$
$\mathrm{circ}(r)$	$\dfrac{J\cdot(2\pi\rho)}{\rho}$
$\sigma(r-a)$	$2\pi a J_0(2\pi a\rho)$
$\curlywedge(x)\curlywedge(y)$	$\mathrm{sinc}^2 f_x\,\mathrm{sinc}^2 f_y$
$\mathrm{e}^{\mathrm{j}\pi r}$	$\mathrm{j}\mathrm{e}^{-\mathrm{j}\pi(fx^2+fy^2)}$
$\dfrac{1}{r}$	$\dfrac{1}{\rho}$
$\dfrac{J_1(2\neq r)^2}{r}$	$2\cos^{-1}(\rho/2)-\rho/2\sqrt{1-\rho^2/4}\cdot\mathrm{rect}\left(\dfrac{\rho-1}{2}\right)$

参 考 文 献

Anderson, N. and T. Erdogan. Multimodal nonlinear optical (NLO) imaging, 2014. http://www.semrock.com/multimodal-nonlinear-optical-nlo-imaging.aspx (accessed November 14, 2014).

Andrews, L. and R. Phillips. 1998. *Laser Beam Propagation through Random Media*. Bellingham, Washington, SPIE Press.

Arrasmith, W.W. 2010. Novel wavelength diversity technique for high speed atmospheric turbulence compensation. *SPIE's Defense and Security Symposium*, Orlando, FL, May 5–9.

Bahaa, E.A.S. and M.C. Teich. 2007. *Fundamentals of Photonics*, 2nd edn. New York: Wiley.

Barroero, T., G. Motta, and G. Pignatelli. 2010. *Business Capabilities Centric Enterprise Architecture*. Berlin, Germany: Springer.

Bernard, S.A. 2012. *An Introduction to Enterprise Architecture EA3*, 3rd edn. Bloomington, IN: AuthorHouse.

Born, M. and E. Wolf. 1970. *Principles of Optics: Electromagnetic Theory of Propagation, Interference and Diffraction of Light*, 7th edn. Cambridge, U.K.: Cambridge University Press.

Boyd, R.W. 2008. *Nonlinear Optics*, 3rd edn. San Diego, CA: Academic Press.

Clinger and Cohen Act. 1996. (PL 107-347) (See THOMAS [Library of Congress]).

Craig, A.T., J. Hogg, and R.V. Hogg. 1995. *Introduction to Mathematical Statistics*, 5th edn. Upper Saddle River, NJ: Prentice Hall.

deVries, M. 2010. A framework for understanding and comparing enterprise architecture models. *Management Dynamics: Contemporary Research Journal of the Southern Africa Institute for Management Scientist*, 19(2): 17–29.

DOD. 1994. *Technical Architecture Framework for Information Management (TAFIM)*, vols. 1–8, version 2.0. Reston, VA: DISA Center for Architecture.

DoDAF v2.02. 2014. DoD Architecture Framework Version 2.02. DOD Deputy Chief Information Officer. U.S. Department of Defense. http://dodcio.defense.gov/TodayinCIO/DoDArchitectureFramework.aspx (accessed November 14, 2014).

GAO. 2001. *A Practical Guide to Federal Enterprise Architecture*, Version 1.0. CIO Council. http://www.gao.gov/products/P00201 (Publicly Released: February 9, 2001).

GAO. 2005a. FBI is taking steps to develop an enterprise architecture, but much remains to be accomplished. Information Technology. http://www.gao.gov/products/GAO-05-363 (Publicly Released: September 9, 2005).

GAO. 2005b. Some Progress Made toward Implementing GAO Recommendations Related to NASA's Integrated Financial Management Program. Business Modernization. http://www.gao.gov/products/GAO-05-799R (Publicly Released: October 27, 2005).

GAO. 2010. Federal enterprise architecture program EA assessment framework, Version 2.0. Organizational Transformation. http://www.gao.gov/products/GAO-10-846G (Publicly Released: August 5, 2005).

Goodman, J.W. 1985. *Statistical Optics*. New York: Wiley.

Goodman, J.W. 2005. *Introduction to Fourier Optics*, 3rd edn. Greenwood Village, CO: Roberts & Company.

Hite, R.C. 2004. The Federal Enterprise Architecture and Agencies' Enterprise Architectures Are Still Maturing. Information Technology: [GAO Testimony]. http://www.gao.gov/products/GAO-04-798T (Publicly Released: May 19, 2004).

Hite, R.C. 2006. Progress Continues, but Challenges Remain on Department's Management of Information Technology. Homeland Security: [GAO Testimony]. http://www.gao.gov/products/GAO-06-598T (Publicly Released: March 29, 2006).

Hornford, D. 2011. *TOGAF*, Version 9.1. Zaltbommel, the Netherlands: Van Haren Publishing.

Irvine Sensors Corporation. n.d. Development & Sales: Miniaturized infrared and electro-optical devices. http://www.irvine-sensors.com (accessed April 26, 2014).

Lannon, C. 2014. Figures with release for use in chapter 2. See also release file for verification.

Minoli, D. 2008. *Enterprise Architecture from A-Z: Frameworks, Business Process Modeling, SOA, and Infrastructure Technology*. Auerbach Publications (CRC), Boca Raton, FL.

MoD. 2012. MOD Architecture framework. https://www.gov.uk/mod-architecture-framework (accessed November 14, 2014).

NASCIO. 2005. NASCIO Enterprise Architecture Assessment. NASCIO Online. http://www.nascio.org/publications/documents/NASCIO-eaAssessment.pdf (accessed November 14, 2014).

Opengroup. 2014. The Open Group Architecture Framework (TOGAF). TOGAF Online. http://www.opengroup.org (accessed November 14, 2014).

Oppenheim, A. and R. Schafer. 1975. *Digital Signal Processing*. Englewood Cliffs, NJ: Prentice Hall.

O'Rourke, C., N. Fishman, and W. Selkow. 2003. *Enterprise Architecture Using the Zachman Framework*. Boston, MA: Course Technology.

Roggemann, M.C. and B. Welsh. 1996. *Imaging Through Turbulence*. Boca Raton, FL: CRC Press.

Sambur, M.R. 2003. Memorandum: Incentivizing contractors for better systems engineering. January 6, 2003.

Schekkerman, J. 2008. *How to Manage the Enterprise Architecture Practice*. Trafford Publishing, Bloomington, IN.

Sessions, R. 2007. A comparison of the top four enterprise architecture methodologies. Microsoft Developer Network. http://msdn.microsoft.com/en-us/library/bb466232.aspx (accessed November 14, 2014).

Shen, Y.R. 1998. *The Principles of Nonlinear Optics*. Chichester, U.K.: John Wiley & Sons.

Shanmugan, K.S. and A.M. Breipohl. 1988. *Random Signals Detection, Estimation, and Data Analysis*. New York: John Wiley & Sons.

van den Berg, M. and M. van Steenbergen. 2006. *Building an Enterprise Architecture Practice: Tools, Tips, Best Practices, Ready-to-Use Insights.* Dordrecht, The Netherlands, Springer.

Whitehouse. 2007. FEA Consolidated Reference Model Document, version 2.3. http://www.whitehouse.gov/sites/default/files/omb/assets/fea_docs/FEA_CRM_v23_Final_Oct_2007_Revised.pdf (accessed November 14, 2014).

Zachman, J.A. 1987. A framework for information systems architecture. *IBM Systems Journal*, 26(3): 276–292.

第3章 由多个系统组成的大系统、系统族和系统工程

如果你没有一个适于生活的行星来安放它,一栋好房子又有什么用呢?

——Henry David Thoreau

3.1 概 述

到处都有系统!我们在不断地被系统包围着,从小的像咖啡杯那样的物体到像卫星那样复杂的物体。某些系统是自然形成的,如地球行星,而其他系统是人造的系统,如一辆汽车。当将这些物体划归为一个系统时,重要的是:一个"系统"被定义为实现一个共同目标的协同工作的事物的组合。采用这一定义,显然许多事物可以按照一个适当的参考基准被划归为一个系统。

在早期记录的人类历史中就已经认识到了系统原理,但没有充分理解,人们采用神秘主义来解释某些自然的相互作用,如季节、月亮的相位、太阳升起和兽群的迁徙。随着人的思想的发展和演进,开始对自然系统有了更宽泛的解释,创建了轨道力学、相对论和量子力学。最终,人造系统与自然系统以显著的、可以观察到的方式交互作用(国家航空航天局 Goddard 研究所"空间研究 2012")。某些人造系统对这些自然系统的影响变成破坏性的,开始消耗不可再生的且有限的自然资源。在许多场合下,人们开始研究系统的交互作用,以避免未来的资源枯竭和损害,例如,北美白尾鹿、驼鹿和北美野牛曾经被猎杀得几乎灭绝,直到用牛肉作为一种可再生的食品源得到了普及(Evans,1996)。另一个例子是服装工业曾经严重依赖于北美的海狸、水貂和美洲狮,导致它们被捕猎到几乎灭绝,直到像肉用绵羊、蚕丝产品和棉花种植得到普及化(Saundry 和 EH. net,2012)。然而,人造系统对自然系统最得到认可的、最显著的影响是在世纪之交工业革命发生后产生的,大量的工厂增加了烟雾、煤烟和污染,影响了水和空气的质量,促使组织和政府采取行动来限制工业对人和环境的污染,这些行动推动了现代环境运动和人工气候变化研究(Robbins,2007;Lorentz,1972)。随着对系统对其他系统的影响的更深入的理解,人类开始洞察系统、由多个系统组成的大系统和系统族的特性。

地球可被用于更细致地分析系统的定义。地球是一个包括水、陆地、引力、大气、植物、人和动物等许多单元的自然系统,上面所提到的每个单元都有其特性,所有这些单元相互支持以实现系统内的和谐,并实现保持生存这一最终目标。对这些单元中的一个或更多的单元的扰动将导致系统产生偏差,这一偏差对系统的其他单元可能有影响或没有影响,甚至会威胁到系统本身。然而,削弱或消除系统内的一个交互作用的单元将导致系统内的混乱,直到再次获得新的平衡,这方面的一个例子是大气的偏差导致在一个特定区

域可持续的植物的寿命变化,最终,一组组成要素会受到影响,例如,在这一区域的植物将随着大气的变化而平衡,或者通过适应,或者通过不同的物种变得更占主导地位。

作为一个人造系统的较早的例子,汽车也包括许多组成要素:车体、轮胎、发动机、座椅、操纵、燃料、电池和计算机,尽管每个要素将带来对系统产生影响的特性,所有这些要素必须协同工作以实现将某些物体运输到某一地方的最终目标。没有发动机,系统将失效;没有轮胎,系统将失效;没有燃料,系统将失效。发动机需要燃料,计算机需要能量,车轮需要操纵,车体需要座椅,因此,要采用多个协同工作的单元来实现系统的目标。

Blanchard 说:"系统像它所存在于的宇宙一样普遍存在,它们可能像宇宙本身一样巨大,也可能像原子一样微小。系统最初是以自然的形式出现的,但随着人类的出现,各种人造系统也纷至沓来。在最近几十年中,人类已经开始以科学的方式来理解自然和人造系统的结构和特征"(Blanchard 和 Fabrycky,2011)。系统由独立的组成要素组成,例如,我们的银河系作为一个有各个组成要素的系统,这些组成要素是太阳、行星和月球。原子,作为一个系统,也有各个组成要素:电子、原子核、质子和中子。系统的各个组成要素对作为一个整体的系统有所贡献,各个组成要素之间的交互作用决定着一个系统怎样运行以实现其目标。最后,正如我们所定义的那样,系统可以是较大的,也可以是小的,它本身也可以由多个系统组成,这就是一个由多个系统组成的大系统。作为系统工程师,我们需要根据它与其他系统及其环境的关系来定义系统。

本节的其余小节将详细地讨论由多个系统组成的大系统和系统族之间的差别。此外,将研究一个装载在无人机上的光学子系统这一具体的例子,以及怎样对待一个由多个系统组成的大系统或系统族中的不同组元。此外,本章将给出一个综合了系统工程和无人机技术方面的案例研究。

3.1.1　由多个系统组成的大系统

系统是实现一个共同目标协同工作的组成要素的组合;类似地,一个由多个系统组成的大系统(SoS)是所有的组成系统相互协同地工作以实现更高层级的目标的系统组合。由多个系统组成的大系统的一个正规的定义是:"一个集中多个系统的资源和能力,以创建一个新的、更复杂的系统的面向任务的或专用的系统的组合,它可以提供的功能能力和性能比构成系统的简单的累加所能提供的更多、更强"(Wikipedia,2014)。由多个系统组成的大系统的另一个定义是美国国防部 2008 年防御采办指南中给出的定义:"一个由多个系统组成的集合,通过将单独的、有用的系统综合,形成一个能提供独特能力的更大的系统"(ODUSD,2008)。采用这些定义,可以很快地在一个飞机导航系统中找到一个例子,可以在飞机上安装采用现有的基本导航系统的传感器组合,也可以另外安装单独的传感器系统,使它们可以相互取长补短,然后将这些系统组合在一起,并看作一个提供稳健的导航能力的由多个系统组成的大系统。由多个系统组成的大系统中的每个系统与这一大系统中的其他系统具有相互关联性,也就是说,由多个系统组成的大系统中的一个系统的输入和输出,在大系统作为一个整体工作时具有因果关系。

以前面的地球自然系统为例,所考虑的单元(如人)可以进一步定义为一个具有分配到最低层级的组成单元和的功能的子系统。许多不同的社区聚合在一起以形成这一单元,而这些社区由多个协同工作的人组成的单独作用的、更小规模的人群组成。地球上的人有许多不同的特征,如地理区域、伦理背景、社会经济背景、宗教背景和政治背景,然而,他们都居住在并依赖于地球系统,他们与更高层级的系统——地球有共生的关系。正如前面所提到的那样,人对地球系统的影响可能直接影响到地球系统中的其他系统,如资源的耗费会影响到其他生命系统(物种)、环境系统和气候系统。

回头来看,前面汽车的例子也可以看作一个由多个系统组成的大系统。汽车由较小的系统组成,每个系统又由单独的零部件组成,将它们结合在一起形成一个系统。正如图3.1所示,这些较小的系统包括车体系统、车轮系统(轮胎)、发动机系统、座椅系统、转向系统、燃料系统、动力系统和计算机系统,这些较小的系统中的每一个可以提供本身的能力,它们本身又是由更小的组件组成的,因此满足我们的系统概念。在汽车系统中的这些更小的系统之间的相互关联性对于作为一个整体的系统是至关重要的,它们通过协同工作运行,因此一个系统的输入和输出可以影响另一个系统的输入和输出。例如,如果动力转向子系统的动力转向液贮箱泄漏,汽车系统的车轮(操纵系统)将变得非常僵硬,因此影响了车轮系统的正常功能能力,这两个故障将对汽车作为一个整体完成其功能的能力有负面的影响。没有转向能力,轮胎将不能转弯;因此当汽车运动时不能给出正确的方向。

采用国防部对由多个系统组成的软件大系统的定义,它们描述现在所采用的4类主要的大系统,即虚拟的、协同的、公认的和受引导的(ODUSD,2008)。虚拟的大系统不采用集中式管理,也不按照整个大系统的一致目标运行。协同的大系统具有仅在需要时交互作用以实现其用途的构成系统。公认的大系统具有相同的目标和资源管理,但系统是单独维持的,它们相互协同以实现系统的用途。最后一种大系统是受引导的大系统,它是完全集成的,它的工程化系统被引导为在系统的长的运行时间内受到管理。然而,由于总是希望将系统与信息共享联系起来,正在考虑新的技术途径以实现这种联接,且不需要大系统中的每个组成系统有共同的目标(ODUSD,2008)。

图 3.1　汽车子系统

正像一个系统是协同工作以实现一个目标的多个组成要素的组合,由多个系统组成的大系统是实现一个大于单个系统可以实现的目标的,多个协同工作的构成系统的一个组合。由多个系统组成的大系统的结构的一个确定特性是:构成大系统的系统单元的输入和输出之间存在相互依存性,以实现整个大系统的目标。美国军方认为,将某些系统组合起来以构成较大的系统可以扩展它们的能力,但管理所有这些构成系统以实现所希望的大系统的目标将需要发展新的能力。

3.1.2　系统族

由于系统是协同工作以实现一个目标的多个单元的组合,一个系统族可以被看作实现相同目标的多个单独工作系统的组合。子系统配置的方式将决定着整个系统的输出

（防御采办、技术和保障办公室）。国防部办公室指出（ODUSD,2008,4），系统族可以定义为"通过不同的途径以实现类似的或互补效果的提供类似能力的系统集"。系统族内的每个系统是彼此独立地工作的,尽管它们都要工作以实现整个系统的目标。

回顾汽车这一例子,通过把整个系统（汽车）看作一个更大的系统（短距离人员运输系统）的一部分,可以把它看作一个系统族的一部分,这一系统具有将旅客运输到工作单位和学校的能力。系统族的组成部分有各种系统,包括小汽车、公共汽车、摩托车甚至自行车。与汽车系统相比,系统族中的其他成员的能力有很大的差别,而且不能协同地运行,然而,在相同的时间,所有这些系统共同构成了整个人员运输系统。这些单个的系统也具有相同的目标——为个体提供人员运输能力。如果一个系统或车辆出现故障,由于系统的独立性,系统不会停滞,在系统族需要时,可以加入另一辆车辆以提供短途运输能力。

正如系统是实现一个目标的多个协同工作的单元的组合,一个系统族是通过不同的途径提供类似的或相互补充能力的多个系统的组合。系统族与由多个系统组成的大系统是不同的,因为前者不提供大于它组成部分之和的扩展功能或能力。

3.1.3　跨系统发展生命周期阶段的系统工程过程

系统工程方法长期地观察怎样设计所研究的系统,以及系统在期望的生命周期内的运行。系统工程生命周期通常划分为从概念方案设计到系统退役的多个不同的阶段。正如在图 3.2 中所描述的那样,系统开发生命周期划分为概念方案设计阶段、初步设计阶段、详细设计和研制阶段、生产阶段、系统使用和保障阶段以及系统退役阶段。这些阶段有它们本身的规则集、最佳规程、工具、技术和方法学,我们将进一步讨论。

3.1.3.1　整个系统工程开发过程

图 3.2 的概念方案设计阶段被设计为通过定义系统层级的需求给出系统的构形。第 1 个方框从问题定义和需求确定开始,两者都是这一阶段的关键过程,这里,要与利益攸关者和开发团队全面讨论系统将解决的问题,实际的动机是确定和尽可能多地考虑利益攸关者的需要,并形成系统概念方案。需要和期望被扩展成利益攸关者的一组需求,并在这一阶段结束时演进成为系统需求。系统需求将体现在系统层级的需求文件中,这一需求文件包括功能和非功能的运行使用需求。系统运行使用需求和维护与保障概念方案告诉我们:要保持系统在系统开发生命周期的运行使用和保障阶段的运行,系统要怎样工作,以及需要什么。在开始确定系统的体系结构时要完成权衡研究。要进行可行性分析,通常要一一分析每个需求,以确定是否能够实现。重要的是,在进入系统生命周期的下一个阶段前,我们要有一个严格的系统技术规范（A 类规范）。

图 3.2 的第 2 个方框是初步设计,包括对系统的高层级的功能分析和将系统级需求分配到子系统级的需求分配,以及初步设计和中级分析。在这一阶段要进行更加完善的可行性分析和权衡分析,要开展大量的工作以将系统层级的需求分配到子系统层级需求,并形成功能框图（FBD）/功能流框图（FFBD）以描述从系统到构成子系统的功能分解。初步设计阶段的终点是采用分配的需求形成的研制规范（B 类规范）,并体现在初步设计评审通过的配置控制（基线）中。对一个给定的系统可能有许多的 B 类规范,这些规范与系统本身的功能分解相匹配,并且通常划分成硬件和软件开发规范。此外,在这一阶段可能要并发地形成诸如 C 类规范、D 类规范和 E 类规范那样的初步规范。这些规范将在后续

的章节更详细地讨论。

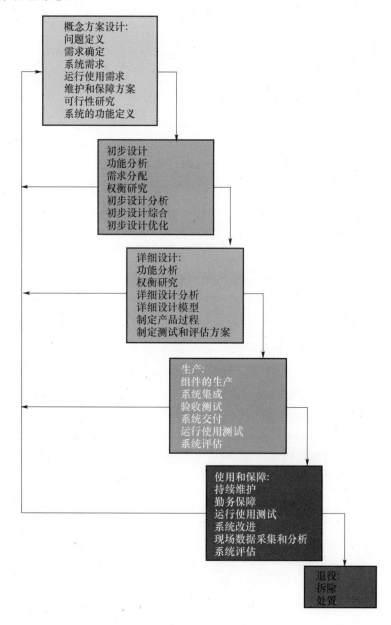

图 3.2　系统工程开发过程

　　图 3.2 的详细设计方框与前面一个初步设计方框有些类似,在这种情况下,要将较高层级的产品(如需求、设计、分析)传递到更详细的层级和最终的层级。要形成覆盖每个需求的试验规划、试验规程和试验案例,在系统已经生产出来后,试验团队最终要执行试验计划、试验规程和试验案例。在某些情况下,在这一阶段要制造原型样机以进一步定义系统。在这一阶段,要在进入下一阶段之前完成制造规范(C 类规范)、工艺(过程)规范(D 类规范)和材料规范(E 类规范)。这一阶段的里程碑事件是关键设计评审,要形成制造规范(C 类规范)以及适用的 D 类和 E 类规范的基线。

图 3.2 的制造阶段要制造、建造或生产系统,对设计规范的更改要体现在制造后基线版本文件中(称为"实际建造"规范)。接着进行系统测试以确保满足在每个开发层级上的所有需求。要从最详细层级的需求(C 类规范)着手执行在设计阶段所形成的测试计划、测试规程和测试案例,并针对 C 类规范要求测试系统组件,要采用验证试验以确保满足每项需求。在已经验证了组件满足需求之后,将组件集成到系统中,并进行集成测试。在完成了集成测试且集成的组件通过集成测试之后,开始系统级测试。系统级测试是针对在 A 类规范中包括的系统层级的需求进行的,在系统通过了系统级测试之后,进行运行使用测试和评估,在运行使用测试和评估之后,利益攸关者评估系统是否能达到所构想的性能。在运行使用测试和评估中要进行确认试验,对系统进行在真实世界/运用条件下的测试。作为一个类比,在实验室的支架上测试一个赛车的发动机性能是否满足试验需求,但确认试验需要在绕着试验赛道中测试奔驰的汽车中的发动机是否满足需求! 在成功地完成了运行使用测试和评估后,利益攸关者通常会接收系统,认为研制工作到了结束阶段。

图 3.2 中的第 5 个方框的使用和保障阶段包括系统在利益攸关者的环境中的运行,这一阶段要实现在系统设计阶段所形成的维护和支持计划。要针对维护、系统运用和保障支持搜集现场数据并进行分析,用于系统评估和系统可靠性、可维护性和可用性(SRMA)与生命周期保障建模。这一阶段在系统的整个生命周期持续进行,直到准备将系统退出服务。

第 6 个方框的系统退役阶段包括系统退出服务和对系统进行令人满意的处置,对系统的关键组件要进行拆解和销毁,其他组件可能会回收利用。例如,空间飞船可以经过消毒处理在博物馆等处展出,可能需要组件层级拆解,以满足联邦、州或当地政府对环境、循环利用/处置的要求或安全要求。处置是一个必须不被忽视的重要设计准则,因为最终所有的系统都面临着退役和处置。必须在系统开发生命周期的早期就制定适当的策划,包括后勤方面的考虑。这些策划必须详细规定如何对退役的系统进行处置,包括在拆解时危险物资的运输和敏感/保密信息的安全防护、处理和处置。

3.1.3.2　系统工程瀑布过程

图 3.3 所示的螺旋模型通常用于大型的复杂项目,在这样的项目中,逐渐释放每个相继的螺旋环并进行完善是有益的(Boehm 和 Hanson,2000)。在螺旋形模型中,系统开发工作被分解成一系列递进的、螺旋形的行动,在每个螺旋的结束时有明确定义的退出准则。

例如,在图 3.3 中,在包括需求策划的第一个螺旋之前,要先行开展包括概念形成在内的先期工作,如利益攸关者需求生成和系统运行概念的生成。在成功地评审了这些产品之后,第一个螺旋开始形成需求策划,需求策划形成工作概念必要的要素和利益攸关者的需求,需求策划也确定在需求生成过程中需要满足的目标。在图 3.3 的右上象限,要辨识并化解系统/服务/产品或项目风险,作为降低风险工作的一部分,可能需要形成高层级的原型样机,螺旋发展的这一象限部分的主要产品是一个良好定义的需求策划和高层级的风险分析(具有可以接受的风险)。这一螺旋的下一个象限涉及系统需求的形成、验证和确认,螺旋式开发方法的这一象限与研发和测试有关。在需求得到验证、确认和认可后,在图 3.3 的左下部的象限要实现下一个螺旋演进的规划,在这种情况下,要形成研发规划。在通过评审评估了该螺旋行动的结果后,一个特定的螺旋结束,为此要建立一系列

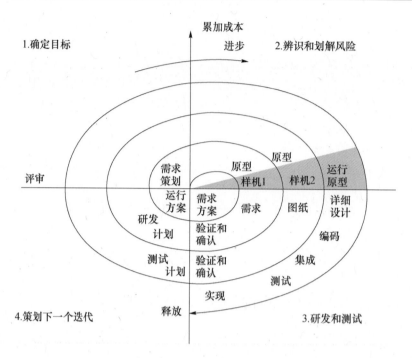

图 3.3　系统工程过程的螺旋式模型（复制自 Gansler，J. S. 等，采用螺旋式开发来缩短采办周期时间，UMD-AM-08-128，公共政策和私企中心，College Park，MD，2008，p. 12，http://www.dtic.mil/dtic/tr/fulltext/u2/a494266.pdf，获得许可）

必须满足的准则，以便在满足这一准则的条件下进入下一个螺旋。在需求规划这种情况下，螺旋的结果是可以接受的需求规划、风险分析和降低风险的计划、高层级的原型样机、需求本身和测试计划，假设评审是正面的，则批准进入下一个螺旋。通过后续的确定目标、评估和降低风险、原型样机演进、研发与测试以及下一个螺旋的规划等步骤，螺旋得以继续。这一模型在涉及累进性的投资的项目时是非常有效的，投资决策可能经常与在螺旋的评审点所验证的技术进步相关。

图 3.4 描述了另一种常见的系统工程工具，称为 V 形图（美国运输部，联邦高速公路管理局，2007）。V 形图的左边示出了系统设计过程和从系统需求到详细设计的演进。在 V 形图的底部，是研制的产品。V 形图的右部示出了从单元层级的验证测试开始的测试过程（Rausch 等，2007）。

注意，单元测试是针对详细设计层级的需求进行的。接着要将单元集成到子系统并进行集成测试，这些子系统是针对高层级的设计（如 B 类规范级）进行测试的。在集成测试之后，进行系统级测试，对于系统测试，针对在 A 类规范中给出的运行使用需求进行系统测试。在运用测试与评估阶段进行系统确认，此后将部署系统。

图 3.5 示出了瀑布模型。螺旋模型、V 形图和瀑布模型都是描述跨产品生命周期的系统工程设计过程的标准模型（Harris 公司，2012），每种模型都有广泛的应用，然而，瀑布模型是用于描述迭代式的设计过程的方法学，因为瀑布模型有清晰的、实际的和串行的过程流，这一模型也用来当作本书其他部分的组织模型。

图 3.5 所示的瀑布模型示出了在系统开发生命周期中的主要步骤。系统工程过程从

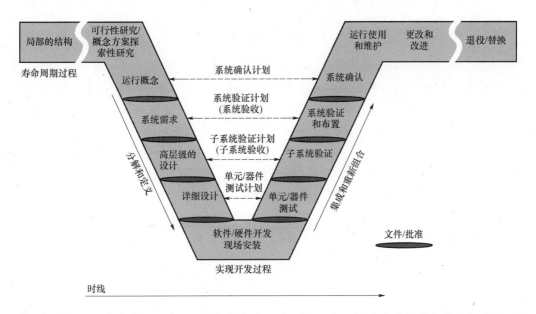

图 3.4　系统工程寿命过程的 V 形图（复制自 Rausch，R. et al.，北美毛皮贸易经济历史，1670 至 1870，地球百科全书，C. J. Cleveland 编，环境信息联盟，国家科学与环境委员会，华盛顿，2007，p.5，获得许可）

问题的陈述和定义开始，问题定义是设计过程中的最重要的步骤，因为在这一步，研发团队需要认真地倾听利益攸关者的意见，以明确系统需要解决的问题，在这一步通过利益攸关者和工程团队进行面谈来确定利益攸关者的需求，通常需要工程团队和利益攸关者之间进行多次会商，每次会商都需要工程团队进行详细的分析以进一步完善问题定义。要确定运行概念方案，以理解系统在它的环境中所发挥的作用，以及在一个给定的企业体系架构中系统与其他实体的关系。

利益攸关者需求是根据利益攸关者的需要和运行概念方案定义的。在这一层级上的系统需求是非常宽泛的，通常有高层级的技术性能规范，重点是系统必须"做什么"，而不是"怎样做"。这一层级的需求通常是采用利益攸关者的语言编写的（如感觉平滑、持续长时间、快速运行和工作良好），后续要采用工程化的语言来完善需求。在问题定义阶段，通常要确定一组目标和目的，目标是可度量的、具有业务或技术焦点的重大事件和计划，业务目标的一个例子是"我们将在首套传感器投放 3 年内，获得国内高分辨率成像市场的 10％"。另一个业务目标可能是"我们将在下一个三年内实现平均每年增长 10％的销售额"。技术目标的一个例子可能是"我们的光学成像系统将提供在市场上可以获得的最高空间分辨率的成像系统"。在后续的需求层级上（如系统层级需求和下面层级的需求），必须通过在较低层级的需求中包括可测量的指标，来消除高层级利益攸关者需求的任何模糊性。例如，在前一个例子中，将进一步采用以可靠性为中心的维护指标（如平均无故障工作时间、平均无维修工作时间和工作可用性）对"持续长时间"在系统规范层级进行完善。

作为企业中的一个实体，需要建立和理解将采用的企业体系架构。例如，如果系统是一个国防部的采办项目，则要采用国防部体系架构框架（DODAF）。需要建立系统体系

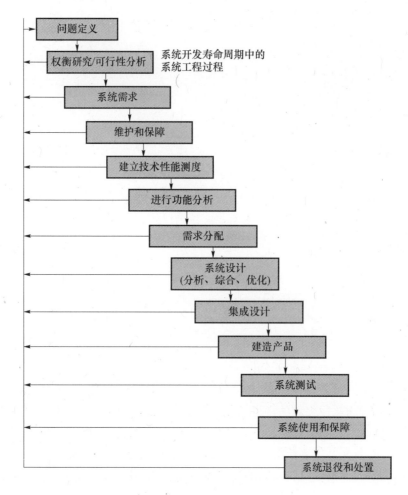

图 3.5 系统生命周期中的瀑布型系统工程过程

架构,以便使其与较高层级的企业体系架构中的指南相符。

系统规范(A 类规范)要反映系统的运行使用需求。如果系统是一个光学系统,光学系统需求要反映对光学系统的功能性和非功能性的运行使用需求,这些需求是以操作人员的语言编写的,要确定所需要的所有使用细节,以使开发团队能够跨光学系统的生命周期设计、建造、测试、交付、支持、退出光学系统。

本书讨论了对系统所期望的维护和支持,以确定利益攸关者对它们的系统的基础设施、勤务保障、修理、工厂备件模型、可维护性模型的需求,这也是利益攸关者对系统的工作流和进程进行交流的机会,这将帮助工程师确定系统必须具备的可靠性,以便满足这些期望。

在这一阶段开始确定性能测度、技术性能测度与指标、关键性能参数。工程团队评估系统需求,并形成表征系统性能的相关的测度与指标,这些测度与指标在测试中是特别重要的,因为它们通常用于试验计划、试验规程和试验案例,以确定系统是否能满足需求。这些测度与指标也要进行优先级排序,排出更重要的测度、指标和相关的参数,分别标示为性能测度、技术性能测度与指标、关键性能参数。这些将在本书的后面的章节进一步讨论。为了在开发团队与利益攸关方之间就性能测度、技术性能测度与指标、关键性能参数开展交流,质量功能展开(QFD)方法通常是有效的。

　　QFD 方法也称为质量屋方法,可以基于利益攸关者的优先级评估需求,QFD 的一般形式如图 3.6 所示。QFD 也可用于说明与评价标准对标的结果,即将系统的性能方面与作为标杆的市场上可以得到的"该类最好的"系统进行比较。

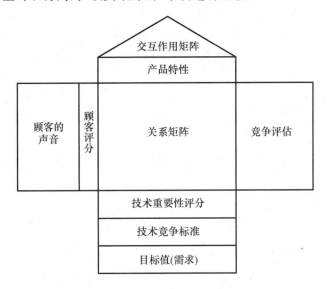

图 3.6　简单的 QFD,即质量功能展开(复制自 Sherif, J. S. and Tran, T. −L. ,质量功能展开方法概述,软件保障组,喷气动力实验室,Pasadena, CA, 1994, p. 9. http://trs−new. jpl. nasa. gov/dspace/bitstream/2014/33621/1/94−1598. pdf,2014 年 3 月 30 日,获得许可)

　　在 QFD 方法中,图 3.6 的最左边给出了"客户的声音"。通常,你将倾听利益攸关者的需求或者高层级的性能测度、关键性能参数或技术性能测度,以说明什么对利益攸关者是重要的。客户的排序是通过由利益攸关者说明所问及的每个项目的相对重要性来实现的。QFD 的顶部说明了对客户的声音的技术响应。在这种情况下,产品特性将包括属性列,说明产品的特性是怎样对客户的声音(例如,利益攸关者需求)那一行所列出的客户意见做出响应的。图 3.6 的右边涉及竞争性评价,如与评价标准对标的结果。关系矩阵包括与客户对产品特性的反响相关的评分。例如,如果客户对光学系统的反响项是"易于使用",则产品特性响应可能是"用于操作者的 GUI 菜单"。关系矩阵将对加权的"易于使用"那一项的产品特性响应的总体重要性进行评分,权重依据利益攸关者的相对偏好评分。在质量功能展开的底部是技术重要性评分,这是列的累加。也可沿着基于需求的目标值对每个技术响应(产品特性列项)进行技术竞争性分析,在这种方式下,QFD 能产生大量的有用信息,可以快速地与利益攸关者或开发团队进行交流。

　　在确定了性能测度、技术性能测度与指标、关键性能参数之后,要进行权衡研究和可行性分析。系统工程师应重点开展至少三个基本的可行性分析,即成本、技术和进度。可行性可以看作是风险的补体,可行性越高,风险越小,反之亦然。成本可行性是对以分配的资金完成需求、任务或行动能力的评估。技术可行性估计技术状态,并确定采用可以获得的技术是否可以实现需求、任务或行动。进度可行性估计在允许的时段内是否能够完成需求、任务或行动。如果发现需求、任务或行动是不可行的，或具有较低的可行性，应当进行风险评估，并形成风险评估文件。应当采用风险管理方法以在可能时消除风险。在要进行权衡决策时，要进行权衡研究，例如，在一个成像应用中选择传感器的类型，确定数据分发机制，或者选择最佳的成像系统设计，都可以通过权衡研究来实现。

作为光学系统设计方框的一部分，要进行功能分析。功能分析确定系统内每个子系统的必要的功能，采用 FBD 和 FFBD 描述根据对系统级需求的分析确定的必要的子系统，FBD 用于定义和扩展下一个较低的设计层级，在这种情况下是子系统层级，FFBD 用于说明顺序或次序是重要的过程或行动。功能分析包括将功能方框联接在一起以说明系统设计中的每个系统单元的输入和输出流的 FFBD（美国空军，1969）。FBD 和 FFBD 的功能应当包括对必要的输入、功能约束和功能所需的资源以及功能输出的高层级的评估，如图 3.7 所示。

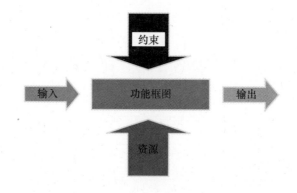

图 3.7　每个单元的功能框图

应当评估一个给定的 FBD 的每个方框，以确保适当地考虑了功能块之间的接口、能得到实现功能所需的资源、考虑了所有约束，而且没有缺失对功能的需求。作为一个例子，一个天基成像系统的一个功能将需要诸如冲击与振动测试、热循环测试、辐射测试和真空测试等专门的测试设施。在完成功能分析后，开始进行需求分配过程，将在功能分析分解中形成的功能块和需求分配到较低层级的功能块，并体现在较低层级的需求文件（B 类规范）中。

在系统设计和分析中，要进一步通过建模/设计、分析、权衡和试验的迭代过程来研制单个的系统组件。这一设计过程要按照所有的"ilities"项（可靠性、可维护性、可用性、可支持性、可运输性、灵活性、可用性、可生存性、可测试性、可生产性、可处置性、可承受性等）寻求设计方案，并评估所有可选的设计方案，系统设计的结果是一组准备集成到系统中的组件或单元。

在光学设计集成方框中，将各个子系统设计集成到系统整体设计中，要对集成设计进行评审，并体现在较低层级的需求文件（B 类规范）中。要进行正规的初步设计评审，评估初步设计和相关的需求文件，在成功的评审后，标志着初步设计阶段结束。在下一个更详细的设计层级——详细设计阶段要重复进行图 3.5 中所示的"方框框起的"过程。详细设计阶段从 B 类规范需求开始，并采用与初步设计阶段类似的过程，B 类规范用来驱动较低层级设计的功能分析，在功能分解之后，要采用需求分配来由 B 类规范导出、分配或分解到最详细的层级——组件层级。所分解的需求体现在产品规范（C 类规范）、工艺规范（D 类规范）和材料规范（E 类规范）中，并要在关键设计评审中确定基线并进行评审。在设计文件都完成之后，在光学系统制造、建造和生产方框中建造光学系统。然后对光学系统进行组件和集成的组件的验证测试，从单个组件入手测试其是否满足较低层级的详细的设计需求（C 类规范）。在完成了组件测试，且所有的组件均通过测试之后，将组件集成为较高层级的组元（子系统），并按照初步设计需求（B 类规范）进行测试。在按照 A 类规范需求测试了整个光学系统，且光学系统通过了在运用测试与评估中进行的外场验证测试后，就完成了光学系统测试方框。

在图 3.5 中的光学系统运用、维护、支持和服务方框中，要将光学系统性能与在概念方案、初步和详细设计阶段建立的可靠性、可维护性和勤务保障模型联系起来。在这一方框中，要实现维护基础设施，并针对期望的模型编辑和分析外场测试数据，以确保系统设计能表现的像所期望的那样（Rausch 等，2007）。如果维护和保障设计不满足需求，则修改系统设计或维护与保障模型，以确保满足系统需求。这也是一个包括对外场数据的评估的迭代的过程，以确保满足系统需求。

最后，在系统设计中可能经常忽视退役和处置过程，但这是非常重要的。当今对环境的关注和相关的规章要求对在制造中所使用的材料进行良好的管理。对系统组件的安全拆解、运输和处置所需要的技术人员、材料和勤务保障支持，可能是一个显著的成本驱动因素，在整个系统设计中不能忽视。

图 3.5 所示的系统开发生命周期是一个高度迭代的、多学科的过程，这要求系统工程师要对许多不可预见性做出预案。系统开发生命周期过程从系统要解决什么问题的概念方案开始，到实现全功能的系统结束，可能会牵涉到或不牵涉到退役和处置问题。

3.2　光学系统构成模块：由多个系统构成的光学系统模型

在以下的章节中，将描述一个由多个系统构成的大系统的模型，这一系统包括构成的一个光学系统的所有交互作用的技术组元。正如于前面的章节所介绍的那样，可以形成由多个系统构成的大系统的模型，并采用这一模型描述在企业体系架构模型中构成单元的交互作用，由多个技术系统组成的大系统的模型将揭示一个具体的光学系统中构成单元的交互作用。图 3.8 所示是表示一个通用的成像系统的面向技术的由多个系统构成的大系统的模型。

这一模型可以完善和改进，或在必要时采用在其他光学应用中使用的其他模型来替代，如主动成像（基于激光的成像）、天基成像、医学成像（如核磁共振成像）、机载成像、光学层析、光谱成像和水下成像。对表征天基成像所需要的模型进行修改的一个例子是将介质改为真空而不是大气。为适于建模水下成像也需要进行类似的改进，此时介质变成了水，聚光孔径在水中或水外。对于一个观察水中的一个物体的机载成像系统，介质将是两层，目标浸没在水中，目标周边的介质是水，但在水面和机载会聚孔径之间的介质是大气。对于宽泛的光学探测场景，物体位于距光学探测系统较远的位置处，介质是大气。正如将在后续的章节（尤其是讨论大气对光学系统的影响的章节）将要看到的那样，介质的性质将对光学系统的性能产生显著影响，例如，工作在电磁波谱可见光部分的良好设计

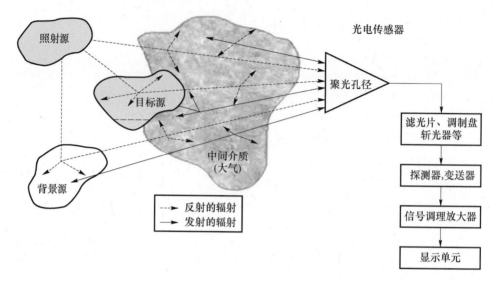

图 3.8　用于分析一个光学系统的由多个物理系统构成的一般的大系统模型

的光学成像系统中,大气经常是影响着光学系统空间分辨率降低的主要因素(Rogge-mann 和 Welsh,1996)。

　　我们现在描述我们的由多个系统构成的光学系统的必要单元。为什么说是由多个系统构成的大系统? 我们采用这一术语来说明光学探测问题的多学科性,例如,有多个优秀的光学系统制造商研制了完整的成像系统,但没有充分关注大气对它们的成像系统获得最终光学图像的影响。例如,几乎所有卖给一般用户的摄像系统都没有消除所获取的图像受到的较高阶大气湍流的影响,尽管大气湍流经常是对一个良好设计的具有足够大孔径的摄像机空间分辨率造成影响的主要因素。某些摄像机具有内置图像稳定软件来校正低阶的大气湍流,尤其是大气倾斜,这些成像系统本身可以看作“系统”。我们具有大气湍流补偿/自适应光学系统,光束成形、光束整形和中继光学系统;环境控制和调节系统;数据通信系统;图像处理和分析系统;信号调理系统;指挥和控制系统;电源系统;数据分发系统;任务规划系统;保障系统和服务系统。此外,光学辐射源和介质可能经常被看作系统。所有这些系统的交互作用是非常复杂的,需要多学科的知识和经验。此外,当所有这些系统一起工作时,它们提供的能力大于部件能力之和(例如,为感兴趣的观察者提供一个超过常规空间分辨率的近衍射限的图像)。由于这些原因,我们借助于交互作用的系统或由多个系统构成的大系统来考虑物理场景。

　　在图 3.8 中,左上部的照射源可以是被动源(如太阳、月亮、星光或由一个目标发射的红外热辐射),也可以是主动源(如激光、泛光、热灯或其他人造光源)。尽管照射源在左上角示出,这并不意味着对照射源与目标或探测器的相对位置有这样的几何限制,图中的照射源方框只是用来说明可能需要一个照射源。图 3.8 中的虚线示出了反射的辐射,实线示出了发射的辐射。背景辐射是由我们的光学探测系统探测到的通常不是来源于我们所感兴趣的源的辐射,例如,在一个红外成像系统中,在成像系统的视场中其他产生热的源(如热管、加热的结构的壁、发动机或其他产生热辐射的生物)产生与场景相关的背景辐射。如图 3.9 所示,狗作为一个目标产生红外辐射,如果在场景中放置其他目标,光学探测系统将探测到两者的信号。介质将经常散射、吸收和折射来自源和背景的辐射,有时会在不同的波长发出新的辐射,最终的辐射(希望的和不希望的辐射)将由光学系统的会聚孔径接收到。

图 3.9　狗的红外图像

对于一个良好设计的成像系统,成像系统的入瞳是会聚孔径本身。光束在经过入瞳之后,经过一组光学单元和组件传播,在一个成像应用中,这些单元和组件用来对光束整形,实质上是将入瞳亮度中继到光学系统的成像面,并在成像系统的探测器单元上形成图像。

为了在辐射到达探测器之前对辐射的光谱响应进行适当的整形,要对入射的辐射进行滤光,操控其在谱段中的特性,通过采用窄带、宽带、带通、带阻、低通、高通、陷波和自适应滤光片,对其进行整形,使它仅包括所希望的部分,而衰减不希望的光谱区域。包括转动反射镜、角隅棱镜、分束器、透镜和棱镜那样的光学硬件被用于对入瞳中的辐射施加二维傅里叶变换,并将结果映射到光学系统内小的探测器的成像平面上。自然密度滤光片可以用于控制落到探测器上的辐射的数量,以确保探测器不会变得饱和,这类似于在首次走到户外时带上遮光罩以降低到眼睛上的光的亮度。像调制盘和斩光片那样的元件用来帮助识别感兴趣的目标,将在后面的章节讨论。图 3.8 中的探测器示出的是一个光电探测器,但模型没有将其限制为光电探测器,因为其他的传感器也同样有效。电子传感器(变送器)硬件用于将源于物理变化的能量转变成一个更易于量化的电信号,以探测一个特定的可探测的物理量(如压力、亮度、温度、湿度和电磁波)的变化。因此,光电、化学、机械和热光探测器均属于我们的光学 SoS 范畴。在到达图像/数据显示器之前,要对探测器的输出进行各种专门的信号处理。将在信号处理阶段按照需要完成以下的任务:信号调理、加密或解密、滤波、图像和/或信号分析。在后面的章节中将深入地讨论这些模型单元的作用和特性。

接着我们进一步借助于辐射源来评估我们的光学系统中的辐射。为了更好地说明,采用图 3.10 所示的天基光学系统作为光学系统的一个例子,这里有各种相应的辐射源的辐射到达光学系统的入瞳面。

我们假设太阳是照射源,感兴趣的目标是水中小的物体(鱼),采用表示由光学系统的视场所接收的、从感兴趣的目标反射的太阳光的线,来标识感兴趣的信号。照射源的能量

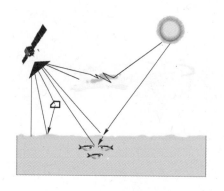

图 3.10 辐射源

被传送到水中,并最终从感兴趣目标反射到朝向光学系统。在水/空气界面处,感兴趣的目标对光的反射方式使其电磁场的传播方向在天基光学系统的瞬时视场之内。注意,我们关注由光学系统所接收的辐射,没有示出在光学系统的瞬时视场之外的反射的或发射的辐射。所有其他的辐射源被认为是背景辐射,如表示反射到光学系统瞬时视场中的水面反射光的线段。另一个线段示出了由地球的大气散射到光学系统瞬时视场中的太阳光。正如我们后面所看到的那样,大气本身可以通过吸收或反射过程产生辐射,在一个波段的能量可能被吸收,并从另一个波长重新辐射出去,有一个线段示出了这一重新发射到光学系统的方向的辐射。云经常是光学成像系统的一个问题,因为它们产生的辐射有时会干扰光学系统探测所希望的感兴趣目标的能力,正如后面所看到的那样,光学调制技术和杂波抑制算法经常用来降低不希望的辐射对光学系统的影响。图 3.10 中的另一个线段表示被光学系统接收到的从云发射的辐射。也有一个线段示出了从水本身所辐射的、被天基光学系统接收到的辐射。正如图 3.10 所示,有各种不希望的信号使天基光学系统的瞬时视场内产生杂波。此外,正如我们在前面一章的统计光学部分所学到的那样,所希望的信号由于光子本身到达速率的随机性,具有随机分量,这些效应是不能忽略的,在光学系统模型中必须加以考虑。另外,图 3.8 和 3.10 中所描述的模型可以用于表示其他场景,可以进行一些简单的修改,以用于一般的应用场合,一种可能的修改是考虑由下面的环视监视 OV-1(图 3.11)描述的地地远距离成像的例子。

图 3.11 环视监视模式 OV-1,具有大气湍流补偿成像系统和数据导出

在所描述的环视监视模式的 OV-1 中,有一个具有望远镜的数字化摄像机,还有一

个安装了具有大气湍流补偿算法的软件的桌面计算机。

一个应用的例子可以采用位于外国边境处的一个美国大使馆来说明,望远镜采用本地或遥控方式聚焦,以使对一个特定的感兴趣区域的清晰度最高,感兴趣区域被定义为望远镜能得到的满足其要完成的使命的相关数据的区域,在美国大使馆这一例子的情况下,感兴趣区域是大使馆外面的可疑人员。为了提供对感兴趣区域希望的覆盖,地地光学成像系统将采用望远镜拍摄感兴趣区域的照片。然而,对于足够大的孔径,直接得到的图像将是非常模糊的,由于大气湍流导致在图像中的人员上没有足够的空间细节进行进一步的特征分析或识别,因此不能对美国大使馆想要进行的监视提供有用的信息。在桌面计算机中安装的大气湍流补偿软件将消除大气湍流影响,形成接近于最佳(衍射限图像)的图像。改善的程度用空间分辨率来度量,与成像系统所采用的望远镜的空间尺寸成正比。例如,如果一个望远镜采用 8.5 英寸的主反射镜,与未补偿的原始图像相比,经大气湍流补偿后最终的图像分辨率提高了至少 20 倍。

对于这一地地成像场景,我们看到,在白天时的照射源是太阳,在夜间,照射源可以是有策略地布置在大使馆周围的灯,如果没有这样的灯,则可以使用低照度可见光成像技术、主动成像方法,或红外方法。应当注意,转换到红外成像技术将增大观察的光的波长,因此,降低了成像系统的空间分辨率。需要认真分析,以确定通过采用自适应光学或大气湍流补偿方法所得到的分辨率的提高,是否能补偿从可见光转到红外传感器所带来的由于波长变长导致的分辨率的下降。在建立成像模型时,需要考虑在探测器的光谱带内辐射的所有显著的辐射源。图 3.8 中的目标源是在感兴趣区域中的单个人员,不管光源是在电磁波谱的可见光波段的反射光,还是在电磁波谱的红外波段的红外辐射,认为源的辐射是非相干的。即便采用主动源(如人眼安全激光)来照射感兴趣区域,以在光学探测器上提供可控数量的可量测的光,反射的光也被认为是空间非相干的,因为反射面是光学粗糙的。因此,对于这种成像场景,非相干成像模型是适当的。图 3.8 中的背景辐射是在成像系统的瞬时视场内的其他物体(非感兴趣的目标,如大使馆前面的可疑的人员)造成的辐射。在日光下,我们感兴趣的信号是由感兴趣的目标反射的光,在夜间,感兴趣信号是感兴趣的目标发射的红外辐射,或者由于主动照射或低照度被动照射产生的感兴趣目标的反射光,由成像系统所接收的所有其他的辐射都被看作背景辐射。杂波这一术语可以用于背景辐射干扰我们对感兴趣的目标定位、分割、分类或识别能力的情况,例如,采用工作在可见光谱段的一个成像系统识别一个在叶簇中穿着迷彩服的人员时,叶簇被当作杂波,因为它明显地干扰将感兴趣的人员目标与其周围环境区分开来的能力。类似地,在红外成像的情况下,与人员处于相同的温度且处于相同瞬时视场中的辐射热源,可以被看作杂波。像自动目标识别算法中一样,当试图自动识别感兴趣的目标时,杂波是非常重要的,许多这样的算法具有杂波抑制部分,以消除虚假目标,抑制场景中的杂波。在图 3.8 中,介质是空气,正如在后面章节中所看到的那样,大气散射、吸收并在不同的波长发射、反射电磁波。除了电磁场本身原始的衍射外,散射和吸收效应会导致感兴趣信号的衰减。图 3.8 中的接收孔径是入瞳——望远镜的主反射镜。滤光片、调制盘、斩光片和相关的光学元件用来将感兴趣的目标与杂波区分开来,并在光学系统成像面中的探测器上产生最终的图像。探测器的输出通常是小电流或低电压信号,要进行放大、降噪和进一步调理,以便与处理和/或显示硬件交互作用。在我们的例子中,探测器输出必须被转换到数字形式,以便由桌面计算机中驻留的大气湍流补偿算法进行处理。探测器输出的信号放大器必须放大信号,以便使其在模数转换器的范围内。接着将图像进行处理,以消除大气湍流,并提供高分辨率的大气湍流补偿图像。接着对图像进行加密,并送到一个单独的设施(如读出设施)进行解密和评估,以确定进一步可能采取的行动。

我们的环视监视 OV-1 也可采用图 3.10 的视角进行评估。在我们的情况下,感兴趣的目标不在水中,探测器也不在空间。即便如此,仍然可以通过如下修改时不同的部分进行评估。在白天,太阳仍然是主要的被动照射源,除非成像系统的感兴趣区域中有水池,且太阳的位置使水的镜面反射在光学成像系统的瞬时视场内,水体到摄像机的直接反射可以用从太阳到水的射线来表示,到成像系统的上行路径不适用于环视监视场景。在我们的环视监视应用中等价的路径涉及地面和所有结构所反射的、被成像系统瞬时视场所接收的阳光。由于这一应用有相对短的距离,且光学系统的角度朝向地面而不是天空,图 3.11 所示的相应线段部分所表示的来自太阳的直接照射、大气和云的直接辐射以及地面和云的反射辐射,不是显著的因素。我们所讨论的最后一个线段示出了来自水的直接辐射,在这种情况下,对应于由光学成像系统的瞬时视场所接收到的地面和周围的结构。在夜间,取决于在成像系统瞬时视场中的结构和辐射物体的热辐射特性,这可能是也可能不是显著的因素,但在白天,背景结构和感兴趣目标的太阳反射可能会超过我们的典型环视场景发射的辐射。由我们感兴趣的目标产生的、被成像系统接收的反射光线段是最感兴趣的辐射。背景结构所反射的太阳光/月光/星光或发射的热辐射,也是在建立成像系统模型时必须考虑的。此外,我们也对影响着感兴趣的目标所反射的电磁场的大气的折射性质感兴趣,这将被光学系统接收到。在这一点,举例说明将是有所帮助的。

如果我们的环视监视场景的光学系统具有 8.5 英寸的望远镜,入瞳直径为 8.5 英寸,安装这样的望远镜的光学成像系统所能得到的最好的分辨率将是经典的衍射限:

$$\Delta x_d = 1.22 \frac{\lambda}{D} z \tag{3.1}$$

或

$$\Delta x_d = \frac{\lambda}{D} z \tag{3.2}$$

其中:式(3.1)中的因子是由于圆形孔径造成的;λ 为由光学系统接收到的光的中心波长(m);D 为望远镜入瞳的直径(m)(在这种情况下是 8.5 英寸或 0.2159m);z 为入瞳距离我们的感兴趣区域的距离。

在望远镜的入瞳是方形的而不是圆形的情况下,式(3.2)成立。对于中心波长为500nm 的窄带光学照射和 1.5km 的距离,且望远镜采用圆形主反射镜,我们将达到大约4.24mm 的衍射限分辨率。在边长为 8.5 英寸的方形主反射镜的情况下,一个良好设计的光学系统的衍射限分辨率为大约 3.47mm。这些空间分辨率表达式可以看作在真空中的良好设计的光学系统的性能上限。不幸的是,在我们的光学系统例子的情况下,是通过大气成像的,且没有大气湍流补偿,大气通常是光学系统的空间分辨率的限制因素。为了量化大气对我们的成像系统的影响,Dave Fried 提出了大气相干长度或弗雷德参数(r_0),这给出了一个考察大气的视看质量的一个指标(Quirrenbach,1999,76-78)。弗雷德参数可以看作大气湍流成为光学系统性能必须考虑的因素时的直径,超过弗雷德参数的入瞳直径的空间分辨率受到大气的影响,而小于弗雷德参数的入瞳直径的空间分辨率相对不受大气的影响。采用弗雷德参数的光学成像系统的空间分辨率的一组等价表达式由以下给出:

$$\Delta x_{\mathrm{a}} = 1.22 \frac{\lambda}{r_0} z \tag{3.3}$$

或

$$\Delta x_{\mathrm{a}} = \frac{\lambda}{r_0} z \tag{3.4}$$

在这些方程中,采用弗雷德直径代替望远镜的入瞳直径。对于地地成像系统,弗雷德参数的典型的值为 1~4cm 量级。在我们的场景中,对于良好的观察条件,选择一个 4cm 的弗雷德参数。在存在大气湍流时,对于方形望远镜主反射镜,我们的光学成像系统的实际的空间分辨率为 0.022875m 和 0.01875m。我们的成像系统不能分辨出在尺度上小于所计算的空间分辨率的空间特征。采用前面讨论的圆形望远镜孔径的例子,我们看到,光学系统实际上不能区分出小于 2.2875cm 的面部特征,面部将是模糊的,像眼睛和其他显著的面部特征小于 2.2875cm,不能被观察出来。反之,如果消除了图像中的大气湍流,则圆形入瞳的空间分辨率将为 4.24mm 量级,面部的大部分特征将是可以分辨的。如果我们考察不好的观察条件,如弗雷德参数为 1cm,则分辨率的改善更加显著。对于圆形的望远镜入瞳孔径,光学系统的实际分辨率为 0.0915m,对方形入瞳孔径为 0.075m。消除图像中的大气湍流效应得到的空间分辨率的改进上限,可通过将存在大气时的空间分辨率的表达式(3.3)或式(3.4)除以光学成像系统的衍射限分辨率方程(3.1)或(3.2)来给出,采用圆形入瞳孔径或方形入瞳孔径的望远镜的结果由下式给出:

$$\Gamma = \frac{\Delta x_{\mathrm{a}}}{\Delta x_{\mathrm{d}}} = \frac{D}{r_0} \tag{3.5}$$

对于我们的 8.5 英寸的望远镜,良好观察条件下的空间分辨率的改进超过 5,而对于不好的观察条件,可以高达 22。注意,在存在大气湍流时,如没有大气湍流补偿,大于弗雷德参数的望远镜直径不会产生更高的空间分辨率。如果采用大气湍流补偿方法,空间分辨率的上界与望远镜的入瞳直径成比例。

在光学成像系统设计中必须注意的一个关键的限制因素是光学成像系统所得到的空间分辨率,这必须大于将探测器像素投影到物平面上得到的尺寸。例如,在我们的具有圆形孔径的环视监视的例子中,假设为方形像素,在观察条件不良(弗雷德参数为 1cm)且没有大气湍流补偿的情况下,投影像素的尺寸必须小于 0.0915m×0.0915m。在大气湍流得到补偿的情况下,投影像素的尺寸必须小于 0.00424m×0.00424m。如果不是这样的情况,光学成像系统的空间分辨率性能将受像素大小,而不是良好设计的光学系统所得到的近衍射限成像性能的限制(Motorola 白皮书,2012)。图 3.12 有助于理解对我们的环视监视场景的投影像素尺寸需求,该图是一个光学系统的一般模型,瞬时视场如左边所示,包括投影到物平面上的光学探测器的所有像素。瞬时视场的半角是由对应于纵向的 $m_1 \cdot \alpha_1$ 和横向方向的 $m_{\mathrm{t}} \cdot \alpha_{\mathrm{t}}$ 给出的,参数 m_1 和 m_{t} 分别是纵向和横向放大率,是由具体的光学系统确定的,我们将在第 4 章进一步讨论。现在,它们被看作在一定的范围内(如 1~25)的可选择的参数。在典型的情况下,通过假设纵向和横向放大率被设定为 1,然后根据在给定的具体成像场景所要求的可以接受范围内的具体的放大率进行调整,来确定瞬时视场。

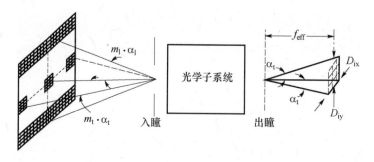

图 3.12　光学系统的一般模型

例如,如果成像场景要求可能获得的最高的分辨率,则放大率被设定为 1,瞬时视场变成了尽可能小的视场。如果成像场景要求宽范围监视,则放大率被设定为最大的值(即 25),瞬时视场变为尽可能宽的视场。在标以"光学系统"的方框的左边,示出了望远镜的入瞳。入瞳平面由光学系统本身确定,但在图 3.12 中表示为一个参考点。"光学系统"方框将光学系统看作一个表示一个一般的光学系统的黑箱。我们将采用本书后面的"光学基础"一章中的方法来描述光学系统的细节。现在,我们将把它当作一个"黑箱",仅关注入瞳和出瞳。从出瞳处,我们有由 f_{eff} 给出的等效焦距,这给出了从出瞳的成像平面的距离。探测器单元放置在成像平面上。后端平面横向和纵向角度分别由以下两式给出:

$$\alpha_t = \arctan \frac{D_{ix}}{2f_{eff}} \qquad (3.6)$$

和

$$\alpha_1 = \arctan \frac{D_{iy}}{2f_{eff}} \qquad (3.7)$$

其中:D_{ix} 和 D_{iy} 分别为探测器单元本身的横向和纵向尺寸;f_{eff} 为等效焦距。

对于 100% 的填充因子,整个探测器面由像素填充,但情况并不总是这样,因为某些探测器的像素读出电路与像素的边缘联接,其他的制造商将读出电路放在像素的下部,这样能够实现非常高的填充百分比。实际的像素尺寸和相关的填充因子由探测器单元制造商给出,光学系统经常被设计为与给定的探测器单元配合使用。就探测器限空间分辨率而言,像素密度是一个重要的参数,如果一个给定的探测器在横向和纵向分别有 n 个和 m 个像素,在探测器限空间分辨率情况下,像素会限制光学系统的性能,由于这是光学系统设计不充分的结果,可以通过在实际的光学系统设计实践中结合运用系统工程来应对。这类设计误差的一个例子是:如果像素投影到目标平面上的尺寸大于衍射限分辨率(在大气湍流补偿成像情况下),或者大于在大气湍流下成像所可以获得的基于弗雷德参数的分辨率,在这两种情况下,空间分辨率是由像素而不是光学系统的其他方面或大气本身决定的。在适当的光学系统设计中,光学系统被设计为在物平面中的像素采样小于光学系统所给出的空间分辨率。图 3.13 给出了在像平面中的投影像素的二维视图。

为了计算在物平面中的空间采样,需要确定纵向和横向方向的投影像素尺寸。在图 3.13 中,我们考察图 3.12 的一个维度,有在像平面中像素放大的视图(图中的右侧)和感

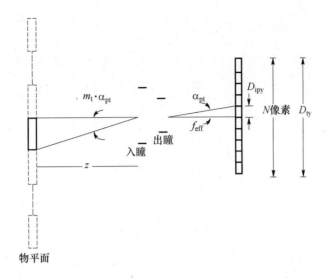

图 3.13　在一个线性方向(如俯仰方向)像素尺寸在物空间的投影

兴趣目标平面(图的左侧)。我们假设在这种情况下,像素位于我们的光学系统的纵轴上,如果探测器单元制造商在纵向有 4096 个像素,在横向有 4096 个像素,填充因子为 100%,则我们有方形的像素。如果探测器单元的有效面积为 1cm×1cm,则 4096×4096 个像素将均匀分布在这一区域内,在纵向方向,我们将有如图 3.13 右边所示出的 4096 个像素,该图被放大了,以说明相关的几何关系。在我们的例子中,在纵向方向的探测器单元的线性尺寸为 1cm,所有的像素相互邻接,分布在探测器的 1cm 的有效区域中,每个像素的长度为 1/4096cm,或大约 2.44μm。角度 α_{pl} 可由下式确定:

$$\alpha_{pl} = \arctan \frac{D_{iPy}}{2f_{eff}} \tag{3.8}$$

式中:D_{iPy} 为在纵向方向的像素的长度;f_{eff} 为等效焦距。

在我们知道角度 α_{pl} 后,注意到由投影的像素所张开的角度是 α_{pl} 乘以光学系统的纵向放大率 m_1,我们可以确定在物平面上的投影像素的尺寸。我们可以根据下式确定在物平面中的投影像素的长度:

$$D_{opy} = z\tan(m_1 \cdot a_{pl}) \tag{3.9}$$

其中:D_{oPy} 为在物平面中的投影像素的长度;z 为物平面到入瞳的间距;其他参数同前面一样。

对横向方向重复这一分析。在我们的例子中,我们在横向方向和纵向方向有相同数目的像素,因此采用相同的分析。通常,我们将分别采用 y 代替式(3.8)和式(3.9)及图 3.13 中的 l,采用 x 代替 t,并重复前面的分析。我们可以看到,物平面离入瞳越远,像素投影越大。如果我们想使像素的投影尽可能小,则我们采用纵向放大率为 1。我们也可以通过增大有效焦距和/或选择具有较小像素尺寸的探测器来减小 α_{pl}。通常,一旦选定,对于一个一般的、简单的光学系统,有效焦距和像素尺寸是固定的。作为一个例子,如果我们采用 2.44μm 的像素长度和 0.5m 的焦距,角度 α_{pl} 将是 2.44μrad,采用纵向放大率为 1 以便得到最小的空间分辨率,对于一个 1500m 之外的物体,我们得到的像素投影尺寸为大约 3.7mm。我们看到,这一结果比前面讨论的湍流补偿成像例子所需的 4.24mm

的上限要小,在这种情况下,像素的投影尺寸足以在物平面中对感兴趣目标进行适当的采样。应当注意,如果我们没有一个能够补偿大气湍流的光学系统,则我们的圆形孔径的光学系统可以实现的分辨率将保持为91.5mm,增加我们的光学系统的采样能力将得不到什么收益。在后一种情况下,我们将具有大气湍流补偿限的空间分辨率。

总之,我们给出了一个类似于在高级系统建模方法中的SoS概念的光学系统的一般模型,这是一个用于一般的光学系统的面向系统的分解的完整的模型。我们说明了怎样将这一模型用于一个一般的光学系统,以评估光学系统所获取的不同类型的辐射。我们也定义和区分了感兴趣信号、背景辐射、感兴趣目标和杂波。我们给出了一个采用光学成像环视监视运行使用概念方案的例子,并示出了相应的OV-1。我们描述了怎样使用式(3.5)来确定光学系统是否能受益于大气湍流补偿方法。如果对式(3.5)的评估的结果大于1,则大气湍流方法将使空间分辨率获得某些收益,但如果小于1,则光学系统空间分辨率将不会受益于大气湍流补偿。如果需要大气湍流补偿,则式(3.1)和式(3.2)给出了一个良好设计的光学系统可以获得的最高的分辨率。光学系统必须被设计为使像素投影到物平面中的尺寸略小于式(3.1)或式(3.2)所给出的值。使像素的投影小于光学系统的衍射限空间分辨率尺寸不能得到额外的收益,这样仅会增大处理量,但没有空间分辨率收益。如果不采用大气湍流补偿方法,则在物平面中的像素的投影尺寸必须略小于由式(3.3)和式(3.4)所确定的尺寸。为了分辨在物平面中的特征,像素的投影尺寸和光学系统的空间分辨率应当是需要分辨的特征的尺寸的10倍或以下,例如,为了充分地分辨一个人员,以告知这是一个人而不是其他动物或物体,一个原则是在人上应当有10个分辨单元,对于一个2m高的人,这意味着告知这个物体是一个人所需的空间分辨率应当为20cm或更小的量级。在另一方面,如果我们想要分辨某人的眼球的颜色,我们将需要在眼睛1cm的有颜色的部分有10个分辨单元(例如,所需的空间分辨率和物平面的像素投影尺寸为1mm)。光学系统必须被设计为能满足对于特定的应用的分辨率和空间采样需求,并要应对大气湍流效应。

在3.3节,我们给出了在本章学到的系统工程和光学系统原理方法的一个例子。我们看到了FIT对在前面的章节所确定的无人机例子所需的具体的设计参数的分析。

3.3　综合案例研究:实现一个由多个系统组成的光学大系统模型

在本节,我们继续我们的综合案例研究,说明怎样将前面所学习的系统工程原理应用在一个模拟的、现实的技术场景中。在本章,我们看到,FIT决定开始采用由多个系统构成的大系统与系统族思想和系统工程方法,推进针对主要的利益攸关者国土安全局和美国海关与边境警卫队的概念方案和技术途径的发展,这些工作体现在光学探测场景的光学传播分析工作中,这一工作引发了一系列的互动会议。

在其中一次与利益攸关者的互动会议中,团队确定了问题,并聚焦在问题定义和理解上,这一问题定义确定了国土安全部要采用系统解决哪些问题。通过在这些会议和其他的讨论中获得的详细的信息,团队能够形成利益攸关者需求文件,并进一步分析,以理解光学系统的运行使用、维护和功能的细节。

通过对问题坚实的理解,团队完成了主要利益攸关者需求的确定过程,确定主要利益攸关者的需求是从无人机平台上探测穿越美国—墨西哥边境的非法入境者的通用光学成像系统,这种无人机载光学系统本身是一个包括直接站点间通信、超地平线通信、任务指挥中心、机动控制中心、信息分发和可部署的边境巡逻及其他设备的,由多个系统组成的大系统的一部分。

研究团队积极工作,与国土安全部进行了更多的交流,获得了有关无人机平台的某些必要的信息,从而能够确定光学系统与无人机之间的接口以及无人机的能力(如瞄准和操纵、通信、能源、尺寸和重量约束)。确定了利益攸关者需求,正在建立初步的模型,这些模型处于不同的完成状态,包括辐射度学模型、统计光学模型、傅里叶光学模型、线性系统模型和几何光学模型。几何光学模型可以直接用于确定代表性的成像传感器的像素投影到物平面上的尺寸,这些有代表性的像素尺寸被用于空间分辨率分析。

FIT 的工程团队也在致力于对利益攸关者需求进行初步的可行性分析,以确保光学系统满足系统设计准则和国土安全部的期望。已经形成了光学系统的 FBD,正在形成FFBD,通过对光学系统的分析评判了成像系统的概念方案设计。

在一次内部会议中,系统工程师 O. Jennifer 与光学专家 Tom Phelps 先生讨论了对无人机载光学系统的主传感器所采用的可能的探测器的权衡分析。

(星期一早晨,Jen 到 Tom 的办公室参加一次技术会议)

Jen:"早上好,Tom。"

Tom:"Jen,早上好。"

Jen:"谢谢您这么快会见我。Karl 要求我整合一下对探测器的权衡分析,我希望我能采用您的知识和经验。"

Tom:"当然没有问题。你现在的进展怎么样?"

Jen:"迄今为止,我已经列出了用于物体探测的传感器,在我的研究过程中,我已经知道每种成像系统都必须具有某种类型的探测器,大多数探测器对入射辐射表现出一定程度的非线性性,某些探测器,如感光胶片在本质上就是非常非线性的,而另一些探测器,如硅光子探测器,如果适当地工作,在几个数量级内是非常线性的。然而,所有的探测器在高的辐射水平上都会表现出全局或局部的非线性,甚至饱和(Barrett 和 Myers,2004,xix)"。

Tom:"对的。我们看一看清单里所有的探测器,这样我们可以消除明显不合适的,并对其他的探测器进行权衡分析。"

Jen:"对,您完全理解我的想法。在被动传感器中我们列出了……"

Tom:"抱歉,我打断一下,你说被动传感器?尽管大多数被动传感器的成本较低,但它们提供的特征较少,在热辐射情况下,我们也必须考虑物体本身是否能提供足够的光学功率来得到可探测的信号。在可见光波段,我们依赖于像太阳那样的被动源来提供对目标的足够的照明,从而能看到目标。我们将考察在白天和夜间工作场景中我们感兴趣的目标是否有足够的光学功率,如果没有,必须确定增加一个主动源的复杂性。这类被动传感器的一个例子是立体成像摄像机,它具有在不同的地形条件下工作的能力,而且在得到某些基准信息时可以估计距离。"

Jen:"好的,光流怎么样?"

Tom:"这一技术太新了,还不好判断。我们需要为利益攸关者提供经过验证的、稳健的系统。先留着它,看看我们得到的结果。"

Jen:"对。对于主动传感器,我们有激光传感器,它具有惊人的精度和准确度,但增加了系统的复杂性,可能带来尺寸、重量和功率问题。雷达对大气效应不敏感,但更加昂贵,且不能提供可与光学成像系统相比的空间分辨率。光谱系统太昂贵、复杂,对于这一应用不合适。"

Tom:"我同意。"

Jen:"谢谢! 在这一点,我想基于尺寸、重量、成本、距离和精度来评估备选方案,我已经分配了权重。基于我们辐射度学分析,我们可以暂时将对被动传感器的讨论推后,现在先讨论更复杂的主动源。这样,我们将能应对被动源不能在我们的光学接收机上提供足够的光学功率进行探测的较糟糕的场景。"

Tom:"好。这将归结到什么?"

Jen:"它将归结到光流。"

Tom:"应该不是。"

Jen:"把在尺寸、成本、距离和精度方面得到最高分数的提供给我们。"

Tom:"我认为应该在这一权衡分析中加入一列可靠性,并观察这些传感器已经投入市场多长时间,以及它们的可持续性。"

Jen:"这很有意义,我将加到权衡分析中,并安排与你的另一次会面。我们应当准备讨论辐射度学分析的结果,如果我们在这周开会,将回答问题。Karl 认为国土安全部的 Bill Erasmus 将很快与我们接触。"

Tom:"我们需要一些时间来完成辐射度学分析,希望在我们有机会完成之前他们还没有过来。在我们完成辐射度学分析之前,我们甚至不能决定是否使用被动传感器,或者是否需要采用主动敏感解决方案。如果我得到了相关的信息我将发送给你。"

Jen:"谢谢! 希望很快与您交流。"

(星期三早晨)

Bill:(沉思)"我还没有完全理解我们的技术途径以及它与较大的国土安全部企业的关系……噢,没有! 如果投资者问我问题会怎么样? 我知道,我将和我的专家一起向他们解释我们所提出的系统怎样满足我们的利益攸关者的需求。"

Bill:"你可以安排在今天 15:30 与我们的系统工程师、首席技术官和首席信息官的会议。告诉他们特别关注在我们的无人机合同中采用的技术途径。并让他们带来利益攸关者需求分析的结果。"

(会议时间,Smith 在 15:45 到来)

参加会议的人员包括:Bill Smith,CEO(Bill);Karl Ben,高级系统工程师(Karl);Jennifer O. 系统工程师(Jen);Tom Phelps,光学专家(Tom);Gary Blair,工程架构师(Gary)。

Bill:"抱歉,我来晚了,我刚和我们的投资方打完电话。感谢各位参加会议,正如大家已经知道的那样,我们的利益攸关方是国土安全部/边境巡逻部,他们已经确定了监视美国—墨西哥边境(美国海关和边境防护,2012)的需求。我们这次会议的重点应当是满足较早确定的我们的无人机合同的利益攸关者需求的总体技术途径。首先,Karl,请给我们介绍一下最高层级的系统分解?"

Karl:"没问题,先生! 正如大家所知道的那样,这一项目涉及的主要系统是传感器系统和通信系统,其他影响到无人机工作的主要系统是飞行系统和电源系统。携载我们的光学系统的无人机,是由多个系统构成的较大的系统的一部分,这一大系统包括我们的光学系统、在多个无人机上的其他无人机传感器、通信卫星、任务指挥中心、机动控制中心、像直升机、汽车、飞机、小船、全地形车辆那样的移动设施和来自其他组织的装置。这些主要的系统在一起工作,并且是相互依存的,它们综合在一起,提供一个比每单个系统之和大得多的输出,因此它们是一个由多个系统构成的大系统。将它们综合在一起工作使无人机能够完成其使命。"

Bill:"Karl,在进入利益攸关者需求的细节前,你可以告诉大家光学系统要监视多大的边境区域。监视区域的典型的天气和地形如何。在监视区域期望的典型的人口有多少。为什么要监视这一边境区域。"

Karl:"好的,没有问题。我们将监视中部边境的沿着边境的 10 个"热点区域",每个区域 10km×10km,它们远离人口中心,具有不同的地形地貌变化。"

Bill:"所监视的热点区域有边境的物理特征吗,如河流或栅栏吗? 热点区域的位置将随着时间变化还是在固定的位置?"

Karl:"热点区域将随着时间变化,有栅栏线、河流或将两个国家分开的自然的边界。我们应当准备应对沿着边境(远离人口中心)的所有类型的地形。"

Bill:"Tom,我想得到有关光学系统的一些背景信息,光学系统的组成是什么,也就是说在我们负责研制的这一光学系统中包括什么,不包括什么?"

Tom:"光学系统将包括用于改变瞬时视场的望远镜,将落在入瞳上的辐射(在主反射镜上的辐照度,单位为 W/m^2)成像在探测器焦平面上的中继光学。探测器本身覆盖可见光和红外谱段。如果我们想要被动地探测人在红外波段的热辐射,峰值波长应当大约在 $9.5\mu m$。如果我们需要一个主动系统(激光),我们将需要选择/构建激光器并提供稳定机构、电源和瞄准与跟踪单元及光学系统。另外,我们也可以看看是否能充分利用可以装在无人机上的现有的装置。我们可能需要用于降低探测器的噪声的制冷系统。我们也需要滤光片轮,以应用陷波滤光片、高通滤光片、低通滤光片或自适应滤光片,还需要光学调制器(用于背景抑制)和振动和冲击隔离器。我们也需要包括温度控制器、湿度控制、压力稳定和遮光的环境控制单元。我们将需要开发用于光学表面的增透镀膜。此外,如果我们需要大气湍流补偿系统或自适应光学系统,需要至少在两个波长上同时获得光辐射(如 RGB 数字摄像机)。大气湍流补偿系统也需要一个通用的并行处理器,这可以小型化。如果我们采用自适应光学系统,我们不需要通用并行处理器,而是需要一个波前传感器、变形镜或微机电系统和控制器。我们也需要一个用于控制望远镜的控制器,还需要信号处理单元和无人机通信单元。我们也需要机上图像处理能力,至少能够选择一定大小的图像帧,传输到任务指挥中心或机动指挥中心。我们也需要设计接口电路用于我们的数据与无人机的接口。我们假设带有框架机构的吊舱是作为政府采购设备提供的,我们需要与其进行接口。Raytheon 公司制造这些带有框架机构的吊舱,它应当满足我们的瞄准和跟踪需求。最后,我们需要对数据进行加密,并确保数据和图像的格式化,以便集成在国土安全部/国防部企业体系架构中。"

Tom:"对于这一项目,一个重要的方面是望远镜。可以根据是采用透镜还是反射镜来成像,将望远镜宽泛地划分为折射型或反射型,此外,还有组合了折射和反射面的折反式系统。望远镜也可以根据最终的像是正的还是反的来加以区分。"

Bill:"对系统进行了很好的概括。光学系统需要对原始的光学数据进行机上存储吗?"

Gary:"对于高价值数据这是一个好的想法。我们将在我们的技术途径中包括机上存储。"

Bill:"Tom,光学系统需要一个单独的发射系统吗? 还是将发射系统装在无人机的通信系统中? 如果可以装在无人机通信系统中,可以为光学通信系统提供多大的带宽?"

Tom:"我是光学专业人员,我不太清楚通信方面。Karl,有什么想法,或者我们是不是需要研究一下能做什么。"

Karl:"我们可以与无人机上现有的通信组合接口。我们将研制我们的传感器的接口电路。此外,无人机有 C 波段的通信链路和用于远距离通信的 X 波段通信链路,因此我们必须有与两个系统的接口。我们也需要在飞行中调节我们的数据率,以满足无人机的带宽需求。我们也需要与其他系统共享带宽,因此我们需要与国土安全部无人机通信工程师密切合作。"

Bill:"在获取了视频和图像之后,可以实时存储和发送吗? 有没有数据压缩/评估过程?"

Jen:"不,还没有这方面的计划。如果采用 ATM/AO 系统,原始数据和"感兴趣的"任务关键数据将以原始数据格式和实时处理格式(视频或静止图像)传送到感兴趣的用户(如 DIA、CIA、FBI)。"

Bill:"我们是否有足够的可探测光功率,或者我们是否需要某种图像增强器?"

Tom:"我们现在正在进行研究。采用电子器件进行的图像增强是由 Holst 等在 1934 年首先提出的,在当时,真空管技术还不能实现所需要的器件,直到 20 世纪 40 年代后期才能实现,这主要是由 Chamberlain 在 1942 年发表的有关荧光管方面的论文所启发的,像增强是由 Coltman、Tol 和 Oosterkamp 与 Teves 采用我们所知道的现代形式的像增强器实现的(Biberman 和 Nudelman,1999,150)。"

Bill:"好的。谢谢你介绍像增强器的历史,但我们首先需要理解辐射度学,从而看看是否需要像增强器。让我们利用我们的建模工作来看看到底怎么样。我们对想要使用的具体的硬件和软件有什么考量?"

Karl:"这是一个我们还没有涉及的设计问题。这可以是一个内部开发的系统或部件,也可以是商用货架产品。我们将进行权衡分析,以确定最佳的技术途径。"

Bill:"预期系统是否能独立地输出图像和视频,或者我们可不可以假设系统将在任何给定的时间发送图像或视频?"

Jen:"主要是视频。我们可以从视频流中选择图像用于显示。另外,我们可以进入仅以可选择的时间增量发送一幅图像的模式。自适应光学系统将以视频速率(30Hz)处理流数据格式的视频数据,或者对所选择的图像进行单独的处理,或者不进行处理。"

Bill:"我们是否可以假设无人机将主要通过卫星通信与指挥中心通信?"

Gary:"是的。但它也与机动的通信中心通信,或者同时通信(一个进行与机动的通信中心或指挥中心的控制指令通信(取决于任务需求),另一个得到图像流)。"

Bill:"谢谢 Gary。现在我们对技术途径有了高层级的理解。我们采用什么方法学来管理这一过程?"

Karl:"我们正在采用我们的标准系统工程过程来开发系统。我们也在建立企业体系架构模型,这样我们可以与涉及国土安全部边境巡逻工作概念方案的其他实体交互作用。在这一意义上,我们的光学传感器系统是为国土安全部提供实现边境巡逻任务的能力的许多协同工作的系统中的一个。采用这种方式,我们是国土安全部边境巡逻体系的一部分。"

Bill:"对工作环境有什么约束?"

Karl:"利益攸关者希望我们的系统能够适应于各种不同的环境。这对我们的针对第二利益攸关者的市场战略是非常重要的。"

Bill:"我们是否从利益攸关者处得到了足够的高层级的技术信息以便理解工作场景?"

Karl:"是的,我们有足够的信息来完善我们的可行性分析,并开始确定系统层级的需求。当然,我们仍然需要做一些像辐射度学分析那样的分析工作,我们正准备做。我们将计划与利益攸关者的一些技术交流会,以确保我们在正确的轨道上。"

Bill:"我看我们需要加密,我们考虑采用哪种类型的加密?"

Karl:"对。我们认为 128 位的加密将是足够的,但我们将需要与用户进行确认。"

Bill:"尽快做。我们需要在开展这方面的工作之前细化这些较粗略的细节。"

Karl:"好的,Bill。我将在今天通知用户。"

Bill:"我们对我们的性能的度量有什么计划?"

Karl:"好的,我们有利益攸关者技术团队提供的关键指标数值。此外,利益攸关者还以性能测度、关键性能参数和技术性能测度和指标的形式提供了一些期望的结果。我们需要确保我们的系统满足基线需求和这些性能指标。"

Bill:"我看有要求我们的系统可以用于其他场景的需求,我们的系统应当是可以适应不同的场景的。我们对其他的运行使用概念方案有所了解吗?"

Karl:"我们得到了他们的环视监视 OV-1 的某些信息,我们能够看到他们的一个运行中的系统,较好地了解了需求意味着什么。我们的光学传感器系统将被设计为一个单独的地对地成像系统,我们将在设计过程中加以考虑,并采用模块化设计原则。"

Tom:"另外,我们将获得我们的主要的利益攸关者提供的自动目标识别算法。采用这些,我们可以模拟各种备选方案,并直接估计我们的光学系统性能。"

Bill:"维护、升级、预先规划产品改进、服务、可用性、可靠性等怎么样。我们需求理解这些需求。Karl,你是否可以在下一次会议前牵头确定这些需求?"

Karl:"是的。"

Bill:"对于我们的下一次会议,让我们列出所有的风险和对中到高风险的事项的相应规划的应对策略。我也想要看看初步建模结果,尤其是辐射度学模型,这将告诉我们是否需要采用主动成像,或者是否采用较低成本的成像解决方案。基于辐射度学建模结果和空间分辨率分析,我们需要确认我们的备选的技术途径,并进行权衡分析。"

Bill:"感谢你们在通知后短时间内就给了所有这些反馈。还有什么要关注的? 还有什么事项需要解决? 如果没有的话,我将让秘书安排下周同一时间的后续的会议。"

3.4　小结

在本章,我们介绍了由多个系统构成的大系统和系统族,并描述了对系统工程过程的高层级的观察。我们也介绍了一个可以当作 SoS 模型的光学系统模型,我们给出了一些简单的方程,用于确定有或没有大气湍流的圆形或方形孔径的良好设计的光学系统的空间分辨率。我们也说明了怎样确定一个任意的像素化传感器的像素投影到物平面上的尺寸。通过集成案例研究,我们能够了解涉及对无人机光学系统的高层级特性的理解和怎样将系统工程概念与对光学系统的技术理解和研制联系起来的某些具体的考虑。在第 4 章,我们将给出某些与基于模型的系统工程相关的概念。

参 考 文 献

Barrett, H.H. and K.J. Myers. 2004. *Foundations of Image Science*. Hoboken, NJ: John Wiley & Sons, Inc.

Biberman, L.M. and S. Nudelman. 1999. *Photoelectronic Imaging Devices*, Volume 2: Devices and Their Evaluation. New York: Plenum Press.

Blanchard, S. and W.J. Fabrycky. 2011. *Systems Engineering and Analysis*, 5th edn. Englewood Cliffs, Upper Saddle River, NJ: Pearson Education, Inc.

Boehm, B. and W.J. Hansen. 2000. Spiral development experience, principles, and refinements. *Spiral Development Workshop*, University of Southern California, Los Angeles, CA, February 9, 2000. http://www.sei.cmu.edu/reports/00sr008.pdf (accessed March 30, 2014).

California Department of Fish and Wildlife. Marine sportfish identification: Other fishes. http://www.dfg.ca.gov/marine/mspcont7.asp#tomcod (accessed March 30, 2014).

California Grunion, obtained from the California Department of Fish and Wildlife, http://www.dfg.ca.gov/marine/mspcont7.asp \l "tomcod" http://www.dfg.ca.gov/marine/mspcont7.asp#tomcod (accessed November 18, 2014).

Evans, S. 1996. *The Deer Hunter's Almanac*. New York: The Hearst Corporation.

Firesmith, D. 2010. Profiling Systems using the Defining Characteristics of Systems of Systems. Pittsburg, Pennsylvania: Software Engineering Institute, Carnegie Melon University, p. 9.

Gansler, J.S., W. Lucyshyn, and A. Spiers. 2008. Using spiral development to reduce acquisition cycle times, UMD-AM-08-128. College Park, MD: Center for Public Policy and Private Enterprise. http://www.dtic.mil/dtic/tr/fulltext/u2/a494266.pdf (accessed April 21, 2014).

Harris Corporation. 2012. Systems engineering manual, S-401-001, Revision 47, Revised November 12, 2012. New York: Harris Corporation, Government Communications Systems Division.

Lorenz, E. 1972. Predictability: Does the flap of a butterfly's wings in Brazil set off a tornado in Texas? *139th Meeting of the American Association for the Advancement of Science*, Boston, MA, December 29, 1972. http://eaps4.mit.edu/research/Lorenz/Butterfly 1972.pdf (accessed March 30, 2014).

Motorola White Paper. 2012. Video surveillance trade-offs, a question of balance: Finding the right combination of image quality, frame rate, and bandwidth. http://www.motorola.com/web/Business/_Documents/static%20files/VideoSurveillance_WP_3_keywords.pdf (accessed March 30, 2014).

National Aeronautics and Space Administration Goddard Institute for Space Studies. 2012. Earth's energy budget remained out of balance despite unusually low solar activity. http://www.giss.nasa.gov/research/news/20120130b/ (accessed November 18, 2014).

Office of the Deputy Under Secretary of Defense (ODUSD) for Acquisition and Technology Systems and Software Engineering. 2008. Systems engineering guide for systems of systems, Version 1.0. Washington, DC: ODUSD(A&T)SSE. http://www.acq.osd.mil/se/docs/SE-Guide-for-SoS.pdf (accessed March 30, 2014).

Pedrotti, F.L. and L.S. Pedrotti. 1987. *Introduction to Optics*. Englewood Cliffs, NJ: Prentice-Hall, Inc.

Quirrenbach, A. 1999. Observing through the turbulent atmosphere. In: *Principles of Long Baseline Stellar Interferometry*, P.R. Lawson, Ed. Pasadena, CA: JPL Publications.

Rausch, R., D. Benevelli, and S. Mort. 2007. Economic history of the North American fur trade, 1670 to 1870. In: *Encyclopedia of Earth*, C.J. Cleveland, Ed. Washington, DC: Environmental Information Coalition, National Council for Science and the Environment.

Robbins, P. (editor). 2007. Encyclopedia of Environment and Society. London, GB: SAGE Publishing.

Roggemann, M.C. and B. Welsh. 1996. *Imaging through Atmospheric Turbulence*. Boca Raton, FL: CRC Press.

Saundry, P. and EH.Net. 2012. Economic history of the North American fur trade, 1670 to 1870. http://www.eoearth.org/view/article/151941 (accessed March 30, 2014).

Sherif, J.S. and T.-L. Tran. 1994. An overview of the quality development (QFD) technique. Software Assurance Group, Jet Propulsion Laboratory, Pasadena, CA, http://trs-new.jpl.nasa.gov/dspace/bitstream/2014/33621/1/94-1598.pdf (accessed March 30, 2014).

The Next Generation in One System Technology AAI Corporation. 2009. http://www.aaicorp.com/pdfs/ugcs41709a.pdf (accessed March 30, 2014).

USAF. 1969. Military standard system engineering management. http://www.everyspec.com/MIL-STD/MIL-STD-0300-0499/download.php?spec=MIL-STD-499A.010375.PDF (accessed March 30, 2014).

U.S. Customs and Border Protection—Border Security. 2012. U.S. border patrol total apprehensions by southwest border sectors fiscal year 1960–2012. http://www.hsdl.org/?view&did=734433 (accessed March 30, 2014).

U.S. Customs and Border Protection: Office of Air and Marine. 2012. UAS on leading edge in homeland security. http://www.dtic.mil/ndia/2012targets/TKostelnik.pdf (accessed March 30, 2014).

U.S. Department of Transportation, Federal Highway Administration. 2007. Testing programs for transportation management systems: A technical handbook, FHWA-HOP-07-088. Washington, DC: U.S. Department of Transportation, Federal Highway Administration, May 10, 2007. http://ops.fhwa.dot.gov/publications/tptms/handbook/tptmshandbook.pdf (accessed March 30, 2014).

第4章 基于模型的系统工程

一个好的工程师逆向思维并反问他所建议的组件和系统的结果。

——Helmut Jahn,索尼中心架构师(Helmut,2013)

4.1 基于模型的系统工程概述

系统工程从确定和分析系统需求着手,并确定能否在整个系统开发生命周期内按照这些需求正确地实现系统。因此,系统需求可以看作系统工程过程的一个最关键的要素。在系统工程过程的核心,有必要采用在系统需求生成过程中形成的需求来驱动系统设计和研制过程。为了确保在整个生命周期内清晰地交流系统需求,已经引入了基于模型的系统工程以支持系统需求过程(INCOSE 系统工程,2007)。由主合同商管理或不管理的一个合同商团队经常发展大型的复杂系统。对于大的团队,明确的需求对于成功地集成构成子系统是必要的。在系统工程中,一个好的系统是明确地确定了需求,且有效地传递到研发团队的系统。换言之,负责设计和研发一个系统的不同的团队必须清晰地理解需求,并确保需求是完整的、可测量的、可测试的。一个具有良好的需求的系统将不仅有较少的问题和异常,而且从长时间看,将降低成本。基于模型的系统工程工具对于反映需求、形成需求文件,并将需求有效地传递到利益攸关者和开发团队,具有很大的帮助。它们也可起到分析工具的作用,对于形成和交流设计和测试结果是有用的。

现在,考虑采用基于模型的系统工程的商业或政府实体,通常采用模型来建构它们的企业和开发性系统。根据国际电气与电子工程师学会的说法(IEEE,1990):"模型是对一个真实世界的过程、概念或系统的某些方面的结构、行为、工作或其他特性的近似、表示或理想化。"也可在一个给定系统的开发工作的多个层级上应用、开发和运用模型。通常,在开发一个系统时要采用三类模型,即运行使用模型、系统模型和组件模型。

根据描述一个软件密集型系统的结构的 IEEE 1471 标准:"一个模型经常提供用于不同的用途的不同的视图,一个视图是从所关注的视角所观察到的系统的表示"。(IEEE,2000)根据国际系统工程学会的一篇文章:"基于模型的系统工程规范化地运用建模,以在从概念设计阶段到开发阶段和生命周期的后续阶段支持系统需求、设计、分析、验证和确认工作。"(INCOSE 系统工程,2007)

在 4.1.1 节,简介和描述了基于模型的系统工程。另外,对几种基于模型的系统工程方法学、工具和范例进行了扩展。最后,我们描述了基于模型的系统工程对于现代系统工程原理的重要性。

4.1.1 基于模型的系统工程概述

从实际的观点来看,基于模型的系统工程可当作一个一体化载体,它从项目概念方案设计阶段出发,并携载着系统的需求,在系统工程的全生命周期内推进设计属性、分析能力/结果、验证与确认工作的演进。在系统生命周期内,所有的阶段是独特的,每个阶段的输出当作下一个阶段的输入,所有的阶段的模型综合起来表示一个顺序的模型。基于模型的系统工程背后的思想是对企业体系架构进行建模,并为整个系统生命周期内的必要的系统行为,提供可视化工具、需求管理工具和分析工具。当在整个系统开发工作的整个生命周期内精心地运用和执行基于模型的系统工程时,成功的概率显著提高。

基于模型的系统工程便于利益攸关者和开发团队之间的清晰的交流。为了监督、评估和观察复杂系统和简单系统,基于模型的系统工程提供了有组织的、合理的系统建模工具,这样,基于模型的系统工程能确保在整个系统内的数据的一致性、正确性和完整性,并便于用于决策制定的信息流动。最后,基于模型的系统工程不仅能反映需求,并帮助进行一个项目的性能分析和验证、确认,它也可以在其他系统中充分利用和复用这些步骤。现在,基于模型的系统工程理念和方法学是许多顶尖的系统工程组织的核心。基于模型的系统工程已经将系统工程提高到一个更高的水平,以确保正确性、完整性,并有助于对整个组织的行动的集成。顾名思义,基于模型的系统工程意味着采用基于模型的系统工程方法和工具实现一个系统的工程化。

从一个概念观点来看,一个项目/计划/系统服务的系统需求可以可视化为一个树形结构。主节点,或所有分枝的源节点是"A"规范(A 类规范),或系统规范。从主节点出发,可以由被建模的系统衍生出任意数目的分枝。每个后续的节点,或主节点的子节点将表示其他的规范。例如,给定一个用于建模一个武器系统的系统需求的树形图,"A"规范将概括系统需求,并清晰地表示项目的工作视图。源于主节点的两个分枝可能是两个"B"规范,或研制规范。一个"B"规范将包括系统的硬件规范,另一个"B"规范将包括软件规范。当然,从"A"规范也可以衍生出两个以上的"B"规范,例如,可能有多个硬件子系统和多个软件配置项,每个都有其"B"规范。重要的是,要注意到,无论一个系统或它的建模的树形图的复杂性如何,仅有一个"A"规范,而在任何给定的层级上有多个其他的规范。

过去,首先写出系统需求,然后基于需求文件开发模型。这种仅采用需求的面向文件的模型开发过程在源头性、完整性和效率方面已经产生了许多问题。根据 INCOSE 的说法,"预期基于模型的系统工程将代替在以往的系统工程中所采用的以文件为中心的方法,将通过将其完全集成到系统工程过程的定义中,来影响未来的系统工程实践"(ECSS,2012)。因此,我们可以通过运用新的基于模型的方法学和技术,从一开始就建模系统需求。实现这些新的基于模型的系统工程方法有助于减少需求误差,并降低后续的分析、设计或测试的复杂性。期望基于模型的系统工程将能实现良好的交流,降低风险,并更好地理解系统的要素。例如,在 IEEE 第 14 届国际需求工程会议上,发表了一篇关于基于模型的系统工程在定量化需求分析中的应用的论文,在这篇论文中,说明了将定量化需求分析与基于模型的系统工程联系起来的思路,这一思路采用并综合了现代开发环境中新出现的思路。我们介绍了几个新思路,以说明基于模型的系统工程方法对现代系统工程环境的影响。

"需求工程"能形成清晰描述的需求(功能和非功能需求)。这些最终的需求将产生帮助缩小设计备选方案范围的约束,并强调对规划的开发活动进行及早的评估、研究和确认。基于模型的系统工程方法和工具便于需求工程过程,它通过采用企业体系架构建模、需求管理和业务过程建模工具,提供一个整合的、快速形成的需求。基于模型的系统工程方法和工具也可直接与设计和试验件关联,例如,采用基于模型的方法和工具,可以改变需求,直接和间接地影响一个设计或试验单元,实现快速原型系统。例如,通过改变顶层需求,可以直接在特定的设计单元、硬件在回路中或软件在回路中试验单元中,观察到效果。

"购物式设计强调揭示出可供选择的备选方案空间(没有假设以前已经得到了所有选择准则),并要提供可理解选择和它们所衍生的分枝的范围的途径。"(Feather 等,2006)

"基于模型的系统工程强调采用系统设计的所有方面(从研发到运用)的规范表示的目标,并提供强有力的工具组合以支持这些原则的实际应用。"(Feather 等,2006)

在 2010 年 IEEE 系统会议上发表的一篇题为"基于模型的系统工程在复杂的、重要的、多实体系统中的应用"的有关基于模型的系统工程的应用的论文中,涉及灾难管理系统及其结构,其思路从设计确定和限定灾难管理系统所需的体系框架入手,作者阐述了认识到"灾难管理系统作为一个不能通过对组成要素单独地优化来改进性能的复杂自适应系统"的重要性。基于模型的系统工程方法可以用于反映由于行动的因果结构造成的系统行为。系统建模语言是一种与领域无关的语言,可以用于将基于模型的系统工程付诸运用。期望整体地运用基于模型的系统工程方法来给灾难管理系统带来新的标准,并降低整个系统的复杂性。整体方法的应用首先要涉及灾难管理系统的行为特性方面和灾难管理系统的使用。其次,基于模型的系统工程聚焦于可能会导致所观察的行为的物理结构方面。这种模型可以用于所希望的表现(理想的灾难管理系统),或实际的表现(现有的灾难管理系统)。在用具体的例子说明之后,可以对灾难管理系统进行评估和对标研究。作者的结论是:"通过强化灾难管理子系统之间的可追溯性,并充分利用诸如视点那样的产品来观察具体的利益攸关者和用户,期望基于模型的系统工程这样的整体方法(正如在此文中给出的),将能促进适当地应用科学方法进行灾难管理系统的设计、验证、确认和改进。"(Soyler,2010)

在 2011 年的 IEEE Aerospace 会议上,有篇论文描述了基于模型的系统工程在未来的复杂系统中的应用。根据这篇论文,构建一个复杂系统需要协同的团队和学科的联合工作,包括各种建模过程、软件工具和方法论。基于模型的系统工程的特性能便于在系统生命周期内实现稳定的、符合逻辑的、互操作的和发展性的模型。在另一方面,现在没有一种全面的建模语言能表现出在整个系统开发生命周期内所有的系统特性(尤其在由多个系统组成的大系统的情况下)(Bajaj 等,2011)。在系统工程的世界中,具有不同尺度的子系统的大型的复杂系统必须不仅共存,而且需要无缝地协同工作,为此创建了基于模型的系统工程,以使子系统之间的兼容性最高。根据 INCOSE:"期望能应用基于模型的系统工程,通过改进良率和质量、降低风险,并改进系统研发团队之间的交流,带来超越以文件中心的方法的显著的收益。"(ECSS,2012)因此,运用基于模型的系统工程方法正变成现代系统工程实践的一个必要的方面。根据 IEEE 的一篇论文,协同工作的团队应当采用类似的语言,并采用类似的工作方式,以构建更复杂的、学科交叉的由多个系统构成的大系统。系统模型是"事物",因此,为了有效的交流,需要通用的、相容的、自适应的和友好的建模语言。基于模型的系统工程理念推动了系统工程学科的发展,因此很可能会变成近期的将来的常规做法。作为一个用于 21 世纪的系统的新的理念，它似乎对纵览涉及开发标准、孕育中的形式论、可用的建模语言、方法论和主要的应用的现状是有用的。"(Ramos，2012)

从惯例上讲，文档被描述为写有贯穿系统全生命周期的需求的主要介质，但在应用了新的基于模型的系统工程方法学后，因为需求变得更加清晰、准确和完整，显著降低了需求的模糊性。在 1998 年的 IEEE 航空电子系统会议中的一篇论文中说明了这一概念，按照这篇论文，像系统规范和权衡分析那样的文档是系统工程师的最重要的产品。通过采用这些文档向软件和硬件设计师解释需求看起来像是增加了不必要的复杂性，但通过采用基于模型的系统工程，在需求规范文档中没有模糊性，因此，模型是在应用基于模型的系统工程方法完整地描述功能、输入/输出和系统的物理结构的必要方面之后构建的。此外，性能和资源需求也给出了一个组合的、可靠的和可追溯的设计。论文给出了采用全球定位系统能力开发的，与通用汽车公司的 OnStar 系统相同的汽车个人助手系统（APAS）的例子，APAS 模型包括完整的系统工程开发周期（从原始的需求到系统验证、确认）的重要的产品。此外，不需要发展高成本的原型样机，因为可以通过完整地执行它们的行为模型来验核这些模型的正确性。因此，应用基于模型的方法学将能够提高产品质量，并降低总的研制成本(Fisher，1998)

因此，在项目中采用基于模型的系统工程方法学以及系统工程原理，能够改进团队成员之间的沟通、减少误差和研发时间，对成功的机会有正面的影响。

在实现基于模型的系统工程方法时，项目范围、系统的功能分解、需求分配等几个因素是系统开发生命周期中的重要的考虑。新的基于模型的方法带来了精确而清晰地定义系统的功能的方法。业已证明，采用基于模型的系统工程方法，能够改善开发团队、主要的利益攸关者和其他感兴趣的团体之间的交流。基于模型的系统工程方法能便于集成、工作流的流动、组织、控制、投资和可用性。因此，掌握基于模型的系统工程概念，并在整个项目生命周期内应用是重要的。我们主要关注对于光学系统工程项目有用的代表性的基于模型的系统工程工具。以下是具体的例子：

(1) No Magic 公司的 MagicDraw™ 是一种具有需求管理、企业体系架构和其他有用的即插即用模块的新的统一建模语言(UML)/SySML 建模工具。

(2) ENVI™（用于可视化图像的环境）是一种用于图像处理应用和地理空间图像分析工具的开发很好的软件工具。

(3) MATLAB、Simulink 和 Mathematica™ 是分析、科学/工程/技术建模和快速原型工具。

注意，这些建模工具是用来提供代表性的例子和参考点的，在商业市场上能得到许多其他的优秀的工具，在以下的章节以前面所提到的工具为例来进行说明。

4.1.2　基于模型的系统工程工具

在我们开始描述某些有用的基于模型的系统工程工具之前，重要的是认识到基于模型的系统工程工具可用于帮助实现利益攸关者和研发团队之间的清晰的交流。为了更好地理解基于模型的系统工程工具以及怎样将它们用于系统工程，重要的是理解 James Martin 所写的系统工程指南中的定义，这本书解释了方法学、过程和工具的概念：

一个过程(P)是为实现一个特定的目标所执行的一系列符合逻辑的任务。一个过程描述要做"什么",而不告诉"怎样"完成每项任务。一个过程的结构提供几个聚合层级,从而能完成不同的细节层级的分析和定义,以支持不同的决策制定需求。一种方法(M)具有规定"怎样"完成每项任务的各种方法,在这一点上,"方法""技能""做法"和"规程"等词汇经常互换使用。在任何层级上,过程任务是采用方法完成的。每种方法本身也是采用这种具体的方法完成一系列任务的过程。换言之,在一个抽象层级上的"怎样"变成了在下一个较低的层级上的"什么"。工具(T)是用于一个具体的方法以提高任务的效率的手段,但必须以正确的方式、由具有恰当的技能和训练的人员运用。工具的使用应当能帮助实现"怎样",在更宽泛的意义上,一个工具能推进"什么"和"怎样"的实现,大多数用于支持系统工程的工具是基于计算机或软件的工具,称为计算机辅助工程(CAE)工具。

Martin(1996)

由于基于模型的系统工程是在系统工程世界的一个相对新的进展,许多与基于模型的系统工程相关的工具采用了最先进的、顶尖的技术。例如,许多基于模型的系统工程工具采用 SysML 这一非常有效和流行的建模语言。"建模语言仅是语言,必须与方法论结合才能有用。"(INCOSE UK,2012)现在,SysML 被看作用于系统建模的一种最强大的、广泛使用的语言。SysML 是对象管理工作组和 INCOSE 协作,基于经历了多次迭代的 UML 语言(现在称为 UML 2.0)(OMG,2006)建立的。在一个系统模型中,SysML 以三个主要的图类为目标,SysML 所支持的三个类是结构图、行为图和需求图。结构图描述系统结构及其参数,行为图描述一个系统怎么运行,需求图从设计和性能视角描述一个系统的目标。

作为基于模型的系统工程方法在空间系统中的应用的一个例子,启动了一个基于模型的系统工程挑战项目,以开发一个 FireSat 成像卫星系统,评估 SysML 对于定义空间系统的适用性。由于该项目是假设的,不能实际实现系统,因此不能当作一个例子来证明这种工具在这一特定的应用中的效能。然而,这一研究可以当作用于由 Michigan 探索实验室(MXL)和 SRI 国际公司所构建的无线电极光探索者(RAX)任务的标准的 CubeSat(立方星)模型的一个模板(Spangelo,2012)。

如果系统工程项目采用像 MagicDraw 那样的工具(由 No Magic 公司构建),在工具中有各种基本的系统工程概念和最佳的做法。MagicDraw 工具可以采用 SysML 建模语言的基本的组件,采用了诸如块、特性和约束等各种 MagicDraw 单元,较易实现参数化模型和图。采用 MagicDraw 的一个显著的收益是:通过采用约束块,MagicDraw 可以链接 MATLAB 和 Simulink 函数和脚本,因此提供了直接将需求与可执行代码链接起来的能力。另一个收益是能够将 MATLAB 和 Simulink 的已有的模型集成到更大的 MagicDraw 模型中,这可以提高系统开发的速度。作为一个例子,通过构建 SysML 和 MATLAB/Simulink 模型之间的链接,实现了一个集成的机电一体化模型(Qamar,2009)。

另一个可以用于构建复杂的系统工程问题的分析模型的著名的、高度实用的工具是 MATLAB。MATLAB 是工程师和科学家中最流行的一种计算包,它采用简单的方式提供复杂的图形的能力,简单的绘图非常易于建模,通过采用"handle"(手柄)也可绘出特殊的图形,手柄提供了在 MATLAB 中完全控制和定制图形对象的手段。在理解了基于手柄的系统后,用户可以根据通常由专业人员设定的、预定的需求和质量标准来形成图形。人们开发了各种例程来验证这一概念(Green,2007)。MATLAB 是一种强有力的原型工具,从它开始已经有较长的历史。MATLAB 具有众多的工具箱,提高了工具的能力和有效性,并保持相对简单,例如,为了解决并行计算问题,MATLAB 增加了一个并行计算工具箱,使它便于用户编写并行计算函数。类似地,对于数学、统计和最优化问题,MATLAB 提供了一系列工具箱,如偏微分方程、统计、曲线拟合、最优化、全局优化、神经网络和基于模型的标定,从而能以简单的方式解决这些复杂问题。在控制系统设计和分析中,MATLAB 提供了控制系统、系统辨识、模糊逻辑、鲁棒控制、模型预测控制和宇航工具箱。为了处理信号处理和通信问题,MATLAB 提供了信号处理、数字信号处理、通信系统、射频、相控阵系统和小波工具箱。类似地,在图像处理和计算机视觉应用中,MATLAB 也提供了一系列工具箱,包括图像处理、计算机视觉系统和图像获取与映射工具箱。MATLAB 也可用于测试和测量领域,提供了数据采集、仪表控制和车辆网络工具箱。MATLAB 在计算财经和计算生物学领域具有建模能力,提供了金融、经济学、数据反馈、数据库、金融分析、交易和生物信息学工具箱。

在 4.1.3 节,我们将讨论光学系统的构成模块,分析了光学系统的各个单元。另外,下一节也讨论了怎样在光学系统的整个生命周期内应用各种基于模型的系统工程工具。这些工具主要负责光学系统的各个构成模块的相关的需求,并用于分析和仿真目的。

4.1.3　转到光学系统构成模块

由于其复杂性,建模一个光学系统的组件可能是困难的。理解光学组件经常需要采用多学科的途径和在各个领域的经验。可见光传感器工作在与红外传感器不同的波长。对于可见光,我们主要涉及反射光,而红外光可能是反射光与发射光都有(在中波红外波段),或主要是发射光(长波红外波段)。可见光与大气的交互作用与在电磁波谱的红外部分的辐射和大气的交互作用不同。可见光和红外探测的主要的噪声项、空间分辨率能力、热屏蔽需求、光学镀膜甚至信号处理需求可能有显著的差别。因此,为了构建完整的系统,所有这些光学系统构成模块必须协同工作,以产生一个公共的输出。

相应地,为了将结构层级的光学系统需求与组件级的需求联系起来,有必要采用基于模型的系统工程工具。像红外传感器、可见光传感器、数据存储、图像处理器或光学调制器那样的光学系统组件是彼此交互作用的,从一个组件获得的输出被用作其他组件的输入。这些不同的组件完成不同的任务,但协同工作,以产生最终的系统输出,这强调采用基于模型的系统工程工具将不同的光学系统组件的需求联接起来,并构建用于分析和仿真光学系统性能的集成的系统模型的重要性。作为一个例子,所有的光学系统需求可以分解成功能和非功能需求。需求的功能分解之间的接口定义也是关键的,可以通过基于模型的系统工程工具来获得。对于像光学系统那样的复杂系统,有必要通过采用诸如MagicDraw 那样的基于模型的系统工程工具来管理需求,MagicDraw 采用 NoMagic 的Cameo 和需求管理软件,它也可直接与面向动态对象的需求系统(IBM 开发的一种著名的、广泛使用的需求管理软件)接口,它对通用的常规需求管理软件提供基于模型的系统工程支持,并采用不同的插件提供各种功能能力。以下的章节将详细讨论光学组成模块,介绍了光学系统工程基础,并开展了案例分析,以说明这些光学方法和基于模型的系统工程原理。

4.2 光学系统构成模块:基本的光学系统

我们已经在前面的章节观察了电磁光及其传播特性,现在想描述光与透镜、反射镜、分束器、转向反射镜、准直镜、角隅棱镜、滤光片和望远镜等基本光学器件有怎样的交互作用。我们将涉及更专门的光学元件,如声光器件、液晶,以及在本书的其他章节介绍的特殊器件,本章的重点是基本的光学元件。根据 Saleh 和 Teich 的说法,用于描述电磁现象的几种不同的方法有量子光学、电磁光学、波动光学、射线光学(也称为几何光学)(Saleh 和 Teich,1991)。量子光学描述光与物质的所有交互作用,给出了最完整和严格的理论。电磁光学在经典的意义上描述光与物质的交互作用。波动光学,也称为标量衍射理论,是一种理论简化,在傅里叶光学或研究光通过大气湍流的传播时是有用的。在本节,我们重点讨论用来描述光与材料和器件的交互作用的最简单的形式——几何光学方法,也称为射线光学。

光的传播及其与物质的交互作用的这种简单的描述不考虑衍射效应,而且假设光是单色的。几何光学方法在许多应用场合是有用的,包括描述诸如近轴(旁轴)光线(反映在探测器单元上的图像的相对大小)那样的受限光线的传播。作为一个例子,望远镜入瞳和光学探测器之间的光学元件的典型的用途是以尽可能有效的方式将光学系统入瞳中的电磁波的空间傅里叶变换放在成像系统的探测器单元上,正如将在本章中看到的那样,透镜、转动反射镜、光束扩束器、准直镜、分束器、自然密度滤光片和其他基本的光学元件被用来完成这一任务,几何光学方法在这样的应用和其他一些衍射理论不起显著作用的应用中是有用的。几何光学方法的优势是它采用相对简单的数学形式来描述光的传播及其与光学器件的交互作用。Saleh 和 Teich 的有关光子学的书很好地概括了几何光学方面的内容(Saleh 和 Teich,1991)。在标准的现代光学教科书(如 Guenther 的《现代光学》,1990)中可以看到更全面的信息。在本节中,我们介绍光学系统工程师和从事光电/红外系统研制的专业人员需要理解的基本的几何光学原理。

4.2.1 光学基本原理

大多数物体是我们可以观察到的,因为它们反射、折射、透过或发射电磁波谱的可见光部分的光,我们的眼睛被调谐到能敏锐地接收在电磁波谱的可见光部分的光,在我们太阳的黄色谱段有峰值透过率。我们从视觉上感知到的我们周围的世界,是被反射、透过、折射或发射到我们眼睛的视场中的电磁波谱的可见光部分的电磁场的叠加。当涉及光通过光学元件链的传播时,经常不需要某些更高雅、数学上更严格的方法,较简单、数学上较易处理的方法(如几何光学)就足够了。其中一个例子是确定在一个成像系统的探测器单元上的一幅图像的大小,另一个例子是估计光是怎样通过一系列光学元件折射的。如果对于一个特定的应用,考虑衍射效应不是重要的,且我们涉及到的是与所考虑的光的波长相比来说较大的物体和较远的距离,则对于我们的需求,几何光学方法能实现合理的近似,且易于求解。在本节,我们将基于几何光学来解释光的折射、反射和与反射镜、透镜、光学镀膜、棱镜及滤光片的交互作用。我们给出了基于矩阵的射线追踪方法,并综述了用于这一用途的某些商用软件。我们在本节结束时讨论了望远镜,并给出了用于描述它们的功能能力的一个有用的模型。通过理解这些方法,读者应当能对在一组基本的光学组件中的基本的光学单元进行建模。

4.2.1.1　折射

在一个表面上的入射波可以被折射,当在一个介质中传播的光学遇到另一个允许透过光的介质时会发生折射,在界面边缘,透过的光以不同的角度离开边缘,例如,一个入射到一个由两个透明的物质(如空气和玻璃)分开的平面上的平面光波是分裂的:部分入射光在这一表面反射,部分入射光通过介质并被折射(如改变方向)。

入射、反射和折射光的方向是采用光相对于在入射光与物质边缘相遇的点正交的平面的角度定义的,通过观察入射、反射和折射光在表面边缘的入射点处的交互作用,可以观察到以下现象:

(1) 有一个包含入射、反射、折射的光线和表面的法向矢量的平面。

(2) 在所有的波长上,入射角等于反射角。

(3) 对于单色光,入射角的正弦与折射角的正弦之比是一个常数。

这三个现象是非常有用的,构成了光学追踪方法的基础,使我们能够描述通过一组光学元件的光线的光路。第三个现象的数学描述由折射律给出:

$$C = \frac{\sin(\theta_1)}{\sin(\theta_2)} \tag{4.1}$$

式中:C 是一个常数;角度 θ_1 和 θ_2 分别为入射角和折射角(图 4.1)。

图 4.1 的左边是在折射率为 n 的介质 1 中传播的入射光线,折射系数是在真空中的光速与在一个特定的材料中的光速之比:

$$n = \frac{c}{v} \tag{4.2}$$

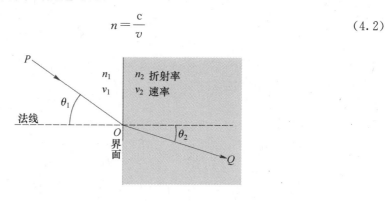

图 4.1　Snell 定律的图形表示

折射率是温度的函数,且正如在后面的章节看到的那样,折射率的变化是大气湍流效应的主要贡献因素。现在,我们注意到,当传播的光线遇到其他材料时,在该材料中光速变化,式(4.2)定义着这种材料的折射率。注意,式(4.2)中的分子和分母有相同的单位,因此折射率是没有单位的。

当光从一种折射率为 1 的材料进入具有不同的折射率的材料时,光受到折射或弯曲。

Snell 定律决定了光受到弯曲的程度：

$$n_1 \sin(\theta_1) = n_2 \sin(\theta_2) \qquad (4.3)$$

式中：n_1 为在材料（或介质）1 中的折射率；n_2 为在材料（或介质）2 中的折射率；角度 θ_1 和 θ_2 分别为入射光和反射光相对于材料边缘的法向矢量的角度。

对于拿鱼叉捕鱼的渔民或捕鱼的鸟，这种现象是常见的。如果材料/介质 1 是空气，而材料/介质 2 是水，观察点相对于水线的法线（图 4.1 中的垂直线）的角度为 θ_1，则看起来鱼的"表观"位置将在以相同的角度将入射光线通过边界延伸所获得的线上。然而，鱼的实际的位置将沿着折射光线的轨迹，如果不考虑这一角度上的差别，将使渔民和鸟空手而归，只能挨饿。

另一个有趣的现象是完全内反射情况，当包含入射光的介质的折射率大于具有折射光的介质时会发生完全内反射。此外，入射光线的入射角必须等于或大于由下式确定的临界角：

$$\theta_C = \sin^{-1}\left(\frac{n_2}{n_1}\right) \qquad (4.4)$$

其中：θ_C 为临界角；n_1 和 n_2 分别为第一种介质（有入射光线的介质）和第二种介质（有折射光线的介质）的折射系数（图 4.2）。

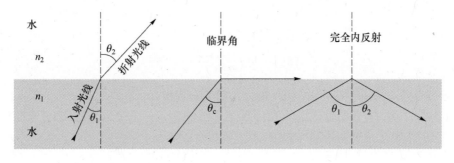

图 4.2　完全内反射

全反射情况如图 4.2 的右侧所示，折射光线的角度 θ_2 为 90°，当将 $\theta_2 = 90°$ 代入 Snell 定律时式（4.4）变得很明显。从物理上讲，如果一个观察者在全反射条件下沿着入射光线观察，观察者在介质 2 中将观察不到任何东西，介质 2 对于观察者似乎是不透明的。注意，式（4.4）中给出的临界角条件，仅有在包含入射光线的材料的折射率大于包含折射光线的材料的折射率时才有可能是有意义的，如果不是这样，如图 4.2 的左侧所示，没有可能发生全反射，任何有效的入射角的光线将折射到介质 2 中。此外，如果入射光线的入射角 θ_1 小于临界角，则折射的光线以一个小于 90° 的 θ_2 透射到介质 2。我们现在观察折射光线的某些性质。

4.2.1.2　反射

在白天时，我们所看到的大部分东西是由于反射光看到的。一般来说，反射光是一种散射的反射，具有在所有的方向散射的特性。当反射面与所反射的光的波长相比是粗糙的时，产生散射反射。

另一种类型的反射是镜面反射。在这种类型的反射中，入射的光线在给定的方向反射。当反射面与入射光的波长大小相比是平滑的时，产生镜面反射，以下是具体的例子：

由一张吸水纸所产生的反射是散射的。

由一个反射镜所产生的反射是镜面的。

也有既有散射反射也有镜面反射的情况,材料的一部分可能是"光学粗糙的",并导致入射光产生散射反射,而材料的另外的部分则可能是高度抛光、光学平滑的,因此产生了反射光的镜面反射分量。这些反射分量在电磁场水平上是加性的,换言之,给定一个离开反射面某一距离的观察点 P,所观察的电磁场将是入射到点 P 的光的所有的反射分量(由于散射和镜面反射)的累加。

图 4.3 表示从一个像反射镜那样的边界反射的光,当光被反射时,介质没有变化,因此,折射率没有变化。由 Snell 定律,入射角等于反射角。

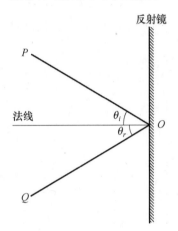

图 4.3 一个平坦的反射面的反射光线的示意图

在图 4.3 中,入射光如图的上部所示,与反射镜的表面边缘的法向矢量的角度为 θ_i,入射光线被反射回来,如图的下部所示的离开反射镜的表面边缘的光线所示,反射光线与表面的法向矢量所成角度为 θ_r,Snell 定律仍然成立,入射和反射光线在相同的介质中,具有相同的折射率。观察式(4.3),对于相同的折射率,入射光线的角度 θ_1 和反射光线的角度 θ_2 必定相同。

4.2.1.3 反射镜

反射镜是采用反射原理的高度反射的面。在 Snell 定律中,已经给出了对光线与反射镜的光学表面的交互作用的几何光学解释,对光与反射镜表面的交互作用的建模任务可以简单地在每个面运用 Snell 定律来完成。反射镜有凸状、平面和凹状三种类型,根据光学表面的曲率半径来划分。假设光从左向右行进,一个凹反射镜的焦点在反射镜的表面的左面,距表面的距离为 F。平面反射镜的焦点在距离光学表面无穷远处,而一个凸反射镜在光学表面的右边有一个虚拟焦点。凹反射镜的焦点的一个例子如图 4.4 所示。

凹反射镜的焦距 F 为其曲率半径 R 的一半:

$$F = \frac{R}{2} \tag{4.5}$$

如图 4.4 所示,从无穷远处到达凹反射镜的光线(平行光)将聚焦在焦点处。在这一点,当涉及与反射镜和透镜相关的距离时,我们需要选择一个符号规定,有多种规定,但我

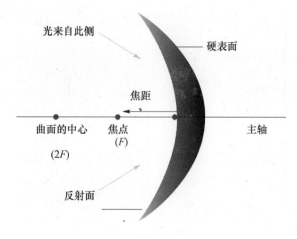

图 4.4　凹反射镜的反射

们将采用的是与球面反射镜和透镜相同的规定。在构建我们的光学模型时,如果它在一个特定的表面(反射镜或透镜)的物体一侧,我们假设光总是来自物体一侧,并称为入射光。在图中,我们说明,从左到右的入射光对应于左边的一个源物体。对于一个反射镜(或透镜)表面,曲率半径为从镜顶 V 到反射镜(或透镜)的表面的曲面中心的距离,正如在凹反射镜情况一样,则曲率半径 R 为正的。此外,根据式(4.5),对应的焦距是正的。如果反射镜的曲面半径在反射镜的右边,如在一个凸反射镜中,则曲面的半径和焦距一样是负的。如果 s_1 为从反射镜的镜顶到物体的距离,s_2 为从反射镜的镜顶到图像的距离,则对于凹反射镜和凸反射镜,一个有用的符号规定是:如果位于镜顶 V 的左边,则物距和像距是正的,如果位于镜顶 V 的右边,则物距和像距是负的。另一种说法是:如果球面反射镜产生一个实像(在反射镜前面),则物距和像距是正的;如果产生虚像(在反射镜的后面),则物距和像距是负的。采用这些假设,可以给出将反射镜表面的曲面半径与物距和像距联系起来的反射镜方程,这对于所有类型的反射镜均有效:

$$\frac{1}{s_1}+\frac{1}{s_2}=\frac{2}{R} \tag{4.6}$$

　　至于垂直维(如物高和像高)的符号规定,所采用的规定是:如果在光轴的上方,距离是正的,如果在光轴的下方,距离是负的。采用这一规定,我们可以将反射镜的放大率定义为

$$m_{\mathrm{m}}=-\frac{h_{\mathrm{i}}}{h_{\mathrm{o}}}=\frac{s_2}{s_1} \tag{4.7}$$

式中:h_{i} 和 h_{o} 分别为像高和物高(m);下标 m 用于表示一个反射镜所产生的放大率。注意,对于一个平面反射镜,s_1 和 s_2 都是正无穷大,因此这种反射镜的放大率为 1。放大率和反射镜方程对于理解光与反射镜的交互作用非常有用。我们将在本节后面讨论由反射镜和透镜构成的望远镜系统。

4.2.1.3.1　反射镜的类型

　　除了将反射镜定性为平面镜或球面镜之外,还需要理解反射镜的特性,其中一种特性是反射镜的类型,反射镜主要有前侧反射镜和后侧反射镜两种类型。前侧反射镜经常用于反射来自前表面的光的光学系统应用,这种类型的反射镜需要特殊的处理,因为光学反

射镀膜在反射镜单元的前面,容易受到损害,在外场试验中,或者在工作环境中,这种类型的反射镜需要进行防护,通常在一个环境控制间内进行临时处理。第二种类型的反射镜是后侧反射镜,这种类型的反射镜经常用于日常应用,如浴室反射镜,对于后侧反射镜,光学镀膜放在一个安装面(如玻璃)的后侧,玻璃本身当作防护层,因此这类反射镜对于日常应用是非常坚固和实用的。注意,尽管后侧反射镜非常坚固,由于加入了玻璃安装面,它引入了附加的材料界面,一个光线首先在空气-玻璃界面上进行反射,这占入射光功率的 4% 的量级,有 96% 的光投射到玻璃中,然后传播到反射镜后面的反射面,在平面镜的后端,光通过玻璃反射,这再次遇到玻璃/空气界面,在这一界面,某些光再次反射,剩余的光投射到空气中。注意,在这种情况下,Snell 定律必须应用到三个表面(开始的空气/玻璃界面、玻璃/磨光的表面界面、玻璃/空气界面),因此入射角和反射角不是完全相同。此外,电磁波的相位会由于在空气/玻璃界面的入射光线和出射光线之间的附加的光程差而产生相移。由于这些差别,前侧反射镜通常是需要高精度的光学应用所优选的。

4.2.1.4 透镜

透镜对于构建一个光学系统是非常重要的光学元件。正如我们较早所学到的那样,透镜对入射的辐照度进行光学孔径傅里叶变换,从而在透镜的焦平面上产生物体的谱。在第一个透镜的焦平面上放置的另一个透镜,将在其焦平面上产生物体的一个逆像。在本节,我们概述了用于理解透镜怎样工作的光学基本原理,在此之前,我们首先发展一个有用的模型,以分析一个一般的光学透镜系统,还定义了某些采用几何光学近似理解光通过这些光学元件的传播的项。我们从图 4.5 着手,该图给出了一个例子,说明怎样建模一个一般的透镜系统。可以给出更多的光学元件,但描述光学系统所必须的确定重要的光学参数的方法与这一例子是相同的。

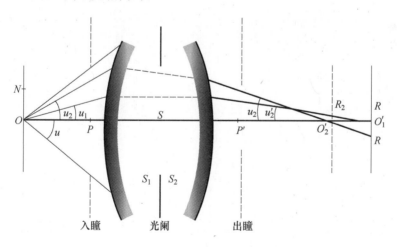

图 4.5 一般的透镜系统的代表性的例子

在图 4.5 中,考虑在图的左侧的一个物体的尺寸。对于任何光学元件系列,有一个当作透镜系统的孔径光阑的有限的孔径(在图的中心给出),孔径光阑是在光学单元链中的限制通过光学系统的角度 U_2 的大小的物体(例如,它决定着 U_2 的最大值)。边缘光线是从物中心掠过孔径光阑的边缘且刚好通过光学系统的光线。通过孔径光阑的中心的光线称为主光线(或主线)。要考虑的一个要点是:对于在给定的介质中的任何光线,如果介质的折射率没有变化,则光在介质中是连续线性的。相应地,在一个恒定折射率的介质中,光线将连续以直线路径传输,直到到达界面。在界面处,可以采用 Snell 定律来确定光线的方向的变化。正如将在后面看到的那样,这一简单的事实可以用来跟踪从一个物体发出的经过一个光学系统的光线的会聚,以确定图像。Snell 定律是用于几何光学建模软件的许多光线跟踪算法的基本原理。入瞳是从物体一侧观察的光阑的图像,而出瞳是从图像一侧观察的光阑的图像。有趣的是,注意到主光线看起来也通过入瞳和出瞳的中心。对于良好设计的望远镜系统,入瞳也是望远镜主反射镜的位置。因此,望远镜反射镜的直径(如一个 8.5 英寸的望远镜)也是光学系统的入瞳的直径。通常,与包括任意数目的光学元件的光学系统交互作用的光可以简化为一个在所谓的主面上的简单的折射模型。图 4.5 表示一个简单的两透镜模型,在图的右侧仅示出了出瞳。

可以采用引入两个称为主面的假想面来对像透镜和反射镜那样的简单的光学单元的任意组合建模,在图 4.5 中这两个面被表示为入瞳(简称 H_1)和出瞳(简称 H_2)。正如在以下的光线追踪章节中看到的那样,可以采用一个简单的变换矩阵建模这些主面之间的任意数目的光学单元,主面的一个特性是:一个离开后主面(H_2)的光线距离光轴的高度似乎位于与从第一主面(H_1)的前面观察的光线相同的高度,这样,在主面之间的所有的光学单元可以被简化为一组在主面上的点上产生的简单的折射。主面与光轴的交点是主点 P 和 P',如果透镜系统周围的介质是相同的(如空气或水),则主点的位置也是节点的位置。节点具有如果一条光线以一个特定的角度瞄向一个节点,则光线看起来将以相同的角度离开其他节点的性质。这三种类型的点(主点、节点和焦点)的集合构成了一个光学系统的基点集。对于一个理想的、旋转对称的光学系统,知道在光轴上的这些点,对于确定如像的大小和像平面的位置与像的方向那样的基本的成像特性是足够的。在光学系统中也有其他重要的光阑,如限制光学系统的视场的场阑、用于控制像差、光学元件安装和/或减小眩光的光阑。我们现在观察一个薄透镜的某些有用的特性。

一个透镜是一个与入射光交互作用的,用于会聚、扩散或准直入射光束的光学元件。图 4.6 示出了一个正(会聚)透镜。

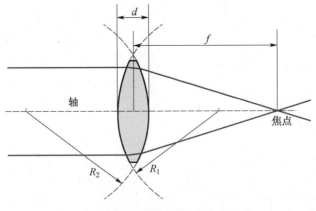

图 4.6   正(会聚)透镜

透镜有两个相关的球面,光线所遇到的第一个面的曲率半径称为 R_1,光线所遇到的第二个面的曲率半径称为 R_2。在前面的模型中,入射光线如图中透镜左边的光线所示,透镜的出射光线如图中透镜的右边的光线所示。对于透镜,除了曲率半径之外,我们的符号规定类似于对平面镜的定义。如果透镜表面的曲率的中心在面的顶点的左边,就像发散镜那样,则曲率半径是负的,当第一个面是凹的时就是这种情况,负(发散)透镜如图 4.7 所示。反之,如果曲率的中心在面的顶点的右边,则曲率半径和焦距是正的。

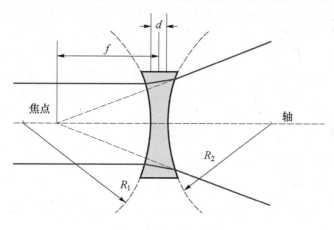

图 4.7　负(发散)透镜

在图 4.7 中,第一个面(最左边的面)的曲率半径 R_1 是负的,而第二个面的曲率半径 R_2 是正的,其他的符号规定与球面反射镜的相同。如果物体位于透镜的左边,它是实物体,物距是正的。如果物体位于透镜的右边,它是虚物体,透镜到物体的距离是负的。如果图像是实像(像会聚透镜那样,由实物体形成的在透镜右边的图像),则像距是正的。如果图像是虚像(像发散透镜那样,由一个实物体形成的在透镜左边的图像)。正如在球面反射镜中那样,垂直距离,如果在光轴上面,是正的,如果在光轴下面,则是负的。

4.2.1.4.1　薄透镜

最简单的透镜是薄透镜,如果透镜沿着光轴的厚度与透镜的焦距相比较小,则可以划归为薄透镜。为了确定焦距 f',在所谓的透镜制造者方程中采用前面的符号规定:

$$\frac{1}{f'} = \left(\frac{n_1}{n_2} - 1\right)\left(\frac{1}{R_1} - \frac{1}{R_2}\right)$$
(4.8)

其中:n_1 为透镜材料的折射系数;n_2 为周边的介质的折射系数。

注意,对于像图 4.6 中那样的会聚透镜,第一个面的曲率半径 R_1 是正的,第二个面的曲率半径 R_2 是负的,对于这种情况,形状因子 K_s 是正的,由下式给出:

$$K_s = \left(\frac{1}{R_1} - \frac{1}{R_2}\right)$$
(4.9)

形状因子是一个有用的量。如果透镜在空气中,则周边的介质的折射系数 n_2 为 1,透镜本身的折射系数 n_1 将大于 1,因此,形状因子决定着透镜是一个会聚透镜还是一个发散透镜。在空气中,如果形状因子 K_s 是正的,则透镜是会聚透镜。如果形状因子 K_s 是负的,则透镜是发散透镜。如果周边的介质不是空气,则透镜是会聚透镜还是发散透镜取决于透镜周边的材料、透镜本身的相对性质和形状因子。通常,透镜的放大倍率可以用于确定透镜是会聚还是发散光。透镜的放大倍率由下式给出:

$$放大倍率 = \frac{1}{f'} \tag{4.10}$$

式中：f' 为透镜的焦距。如果透镜的放大倍率是负的，则透镜将发散光，如果焦距是正的，透镜将会聚光。式(4.8)中的透镜制造者方程可以用于确定实际的透镜的一个宽泛的范围。如果第一个面是平的，则曲率半径位于无穷远处，形状因子的第一项为 0，形状因子的符号由薄透镜的第二个面的曲率半径决定。采用我们的符号约定，可以采用透镜制造者方程在宽范围内确定有用的透镜，如双凸、平－凸、凸－凹和双凹。考虑凸－凹透镜，它们是正的还是负的凸－凹透镜取决于面的相对曲率半径。如果第一个面具有比第二个面较大的曲率半径，则由形状因子表明这将是一个负的凸－凹透镜。相反，如果第一个面的曲率半径小于第二个面的曲率半径，结果是一个正的凸－凹透镜。

我们现在观察薄透镜的成像特性。我们定义第一焦距（前焦距）为图 4.8 中的 f，物空间在薄透镜的左边，像平面在透镜的右边。我们看到，对于一个薄透镜，有一个主面垂直平分透镜，将物空间和像空间分割开。

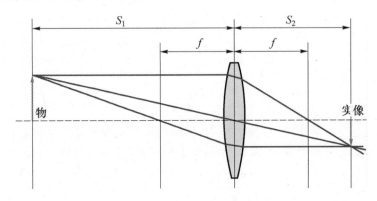

图 4.8　简单的薄透镜的成像模型

入瞳、出瞳、孔径光阑和场阑以及节点和主面点均在这一平面上。在像空间中，f' 是由式(4.8)中的透镜制造者方程给出的焦距。对于成像应用，我们定义从薄透镜到物体的距离为 S_1，从薄透镜到其对应的像的距离为 S_2。如果在物空间中有一个如图 4.8 所示的实物体，则双凸透镜将在像平面中形成一个实像，图像将是反转的，出现在像平面中。可以对来自物体的顶部的平行线经过透镜投影得到像平面，透镜将把平行线聚焦到通过焦点 f，通过将离开物体的顶部的另一条线投影通过位于光轴的透镜的中心的节点，两个投影线的交点将决定像平面。除了帮助确定像平面（形成光学图像的面），焦距对于各种应用也是有用的。如果如图 4.9 所示，光线投影通过第一焦点，则光线平行地离开薄透镜，是准直的，这一原理可以非常有效地用于扩展或压缩光束的尺寸。

一个有趣的应用是：当像下面那样组合两个透镜时，到达 L_1 透镜的平行光线通过焦点聚焦，第二个透镜 L_2 的前焦点位于与第一个透镜 L_1 的后焦点相同的位置，当光束离开 L_2 时，它再次准直，但具有不同的直径，这一直径是透镜的焦距比的简单的函数。如果 f_1 是第一个透镜的后焦距，f_2 是第二个透镜的前焦距，则离开第二个透镜的输出直径与输入光束的直径的关系是

$$D_{out} = D_{in} \cdot \frac{f_2}{f_1} \tag{4.11}$$

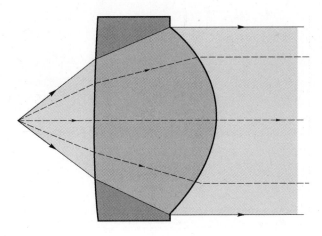

图 4.9 由一个薄透镜产生平行光线

如果第二个透镜的焦距大于第一个透镜的焦距,则双透镜系统是一个扩束器。另一个与透镜(或成像系统)的光学吞吐量相关的重要的参数是 f,f 由下式给出:

$$N = \frac{f}{\#} = \frac{f}{D} \tag{4.12}$$

式中:D 为透镜的直径(如成像系统的入瞳的直径);f 为透镜的焦距。

对于宽角度的情况,焦距较小,透镜的直径较大,f 非常小。反之,如果直径非常小,焦距非常大,则 f 非常大。这一指标是违反直觉的,因此经常采用另一个称为数值孔径的指标。数值孔径由下式给出:

$$NA_i = n\sin\left(\arctan\left(\frac{D}{2f}\right)\right) \approx n\frac{D}{2f} \tag{4.13}$$

其中:n 为透镜周边的介质的折射系数;下标 i 表示数值孔径是从图像一侧观察的。考虑到光学系统的放大率 m,从物方观察的数值孔径由下式给出:

$$NA_o = \left(\frac{2(m-1)}{nm}N\right)^{-1} \tag{4.14}$$

其中:N 为由式(4.12)给出的 f;n 为周边的介质的折射系数(对于空气为1);m 为横向放大率(假设为负)。

我们现在将把这些有用的结果扩展到厚透镜。

4.2.1.4.2 厚透镜

与薄透镜不同,所有实际的透镜被看作是厚透镜,具有附加的复杂性。对于一个薄透镜,光学系统仅有一个当作入瞳、出瞳和孔径光阑的主面。图 4.10 给出了一个厚透镜的模型,厚透镜有两个主面,它们的位置取决于前面和后面的曲率半径,焦点由 f 和 f' 表示,其余的主点用 C_1 和 C_2 表示。

注意:对于一个一般的光学系统,节点和主点在主面上是一致的。透镜制造者公式确定着厚透镜的光学放大率为

$$\phi = \frac{1}{f'} = \frac{(n_L - n_1)}{n_1 R_1} - \frac{(n_L - n_2)}{n_1 R_2} + \frac{(n_L - n_2)(n_L - n_1)}{n_1 n_L}\frac{t}{R_1 R_2} \tag{4.15}$$

其中:n_L 为厚透镜的折射系数;n_1 为与第一个面相接的介质的折射系数(假设在图 4.10

中的厚透镜的左边);n_2 为厚透镜物侧(右边)的介质的折射系数;t 为沿着光轴的透镜的厚度;R_1 和 R_2 为曲率的半径。

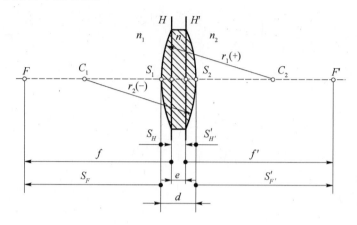

图 4.10　厚透镜的模型

如果厚的透镜在空气中像在通常的情况中那样,则式(4.15)简化为

$$\phi_{\text{air}} = \frac{1}{f'} = (n_L - 1) \left[\frac{1}{R_1} - \frac{1}{R_2} + \frac{(n_L - 1)}{n_L} \frac{t}{R_1 R_2} \right] \qquad (4.16)$$

注意,如果厚度 t 减小为 0,则得到薄透镜的结果。有一个将像距和物距与前、后焦距联系起来的有用的关系式。如果从物体到透镜的第一主面的距离由 S 给出,从透镜第二主面到图像的距离由 S' 给出,则前后焦距和物距与像距之间的关系由下式给出:

$$\frac{n_3}{f'} = \frac{n_1}{f} = \frac{n_1}{S} + \frac{n_3}{S'} \qquad (4.17)$$

式中:n_1 为在物平面中的折射系数;n_2 为在像平面中的折射系数。

不仅透镜的形状和厚度是重要的,通过光学系统的光量也是重要的。我们在表 4.1 中概况了与反射镜和透镜相关的某些显著的结果。

下面我们将观察使到达探测器的光量最大的增透镀膜。

4.2.1.5　增透镀膜

当构建设计用于低照度条件下工作的光学成像系统时,对光学元件表面的处理变得重要起来。正如我们较早所阐述的那样,如果我们不对光学元件的表面进行处理,会从表面反射一定比例的光。在玻璃中,在每个玻璃界面有大约 4% 的光学能量被反射,光路中表面未处理的光学单元越多,到探测器上的光能损耗的越多。一种减少光学表面的反射的方法是在表面上镀增透膜,增透膜将通过在镀膜的表面的反射的光之间形成对消干涉来减少反射的光的量,从玻璃的界面反射回来的光线将透过空气/薄膜界面。

薄膜的厚度被设计为等于入射光的波长的 1/4,这样光线的来回行程(从空气/薄膜边界到薄膜/玻璃边界再返回)为 $\lambda/2$ 米。两个反射光线的幅度大致相等,相位差 180°,因此将彼此对消干涉,在反射方向不带走能量。相应地,入射光线的大部分光能量被投射到玻璃中。

表 4.1 公式汇总

图像形成	S＝物体距主面的距离（对于实物体，总为正） S'＝图像距主面的距离（对于实像为正，对于虚像为负） f＝前焦距 f'＝后焦距 R＝曲面的半径 h_i＝像高 h_o＝物高 D＝入瞳的直径 t＝在光轴上的厚透镜的厚度 球面平面镜（在空气中）$\dfrac{1}{S}+\dfrac{1}{S'}=\dfrac{2}{R}$ 平面反射镜（$R\to\infty$情况下的球面镜）$S=-S'$ 球面折射面$\dfrac{n_1}{S}+\dfrac{n_2}{S'}=\dfrac{(n_2-n_1)}{R}$ 厚透镜$\dfrac{n_3}{f'}=\dfrac{n_1}{f}=\dfrac{n_1}{S}+\dfrac{n_3}{S'}$
薄透镜	$\dfrac{1}{f'}=\left(\dfrac{n_1}{n_2}-1\right)\left(\dfrac{1}{R_1}-\dfrac{1}{R_2}\right)$
厚透镜光学放大率	$\phi=\dfrac{1}{f'}=\dfrac{(n_L-n_1)}{n_1 R_1}-\dfrac{(n_L-n_2)}{n_1 R_2}+\dfrac{(n_L-n_2)(n_L-n_1)}{n_1 n_L}\dfrac{t}{R_1 R_2}$
垂轴放大率 m	$m=-S'/S$
垂轴放大率的幅度 $\lvert m\rvert$	$\lvert m\rvert=h_i/h_o$
角放大率	$m_\gamma=\dfrac{\gamma_i}{\gamma_o}$
$F/\#$	$N=\dfrac{f}{\#}=\dfrac{f}{D}$
数值孔径（图像一侧）NA_i	$\mathrm{NA}_i=n\sin\left(\arctan\left(\dfrac{D}{2f}\right)\right)\approx n\dfrac{D}{2f}$
光学不变性	$m\cdot m_\gamma=\dfrac{n_o}{n_i}$

4.2.2 消色差原理

折射系数随着波长的变化不是恒定的。由于各个波长上的焦距不同,采用透镜聚焦宽带的图像可能导致较差的图像。必须修正由于颜色（波长）的变化所造成的折射系数的变化。图 4.11 示出了常规的透镜（图 4.11(a)）和消色差透镜（图 4.11(b)）之间的差别。

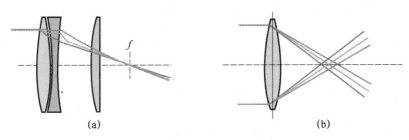

(a)　　　　　　　　　　　(b)

图 4.11 正常透镜和消色差透镜的比较

消色差透镜被设计为将不同颜色的光聚焦在相同的焦点上,这是通过增加第二种具有不同折射率的材料,并设计界面的厚度和曲面来实现的,这样可以将不同波长的光聚焦在相同的焦点上。

4.2.3 光线追踪

光线追踪是一种用于描述光学系统的工具,它采用矩阵的形式表示每个光学元件,这是一种采用几何光学原理追踪通过光学元件的光线的强大工具。到光学系统的输入光线由它的高度和它在感兴趣点相对于水平面的角度定义,这一光线可以通过在光线遇到一个光学表面时重复运用 Snell 定律来传播经过光学单元链路。在近轴限下,光线的传播可以采用描述光线遇到一个特定表面时或者传播通过一个特定介质时交互作用的矩阵来描述。光线新的高度和角度可以表示为光线旧的高度和角度与表示特定表面或传播距离的矩阵的乘积。以下方程定义了原始的光线距光轴的高度和它与水平面之间的角度与由矩阵单元表示的特定传播或表面之间的关系:

$$\begin{bmatrix} h_{\text{out}} \\ \theta_{\text{out}} \end{bmatrix} = \begin{bmatrix} A & B \\ C & D \end{bmatrix} \begin{bmatrix} h_{\text{in}} \\ \theta_{\text{in}} \end{bmatrix} \tag{4.18}$$

其中,矩阵的 $A \sim D$ 单元是根据光线所遇到的交互作用的独特的类型定义的。例如,对于一个放大率为 1 的薄透镜,A、B、C 和参数由下式给出:

$$\begin{pmatrix} 1 & 0 \\ -\dfrac{1}{f} & 1 \end{pmatrix} \tag{4.19}$$

将式(4.19)代入式(4.18),我们看到,在光线与薄透镜相交的点,输出高度等于输入高度,输出角等于输入角减去输入高度与透镜的焦距的商。表 4.2 示出了用于前面所讨论的光线传播原理的一些通用的矩阵。

表 4.2　简单光学表面和组件的 ABCD 矩阵

光学单元(或运算)	ABCD 矩阵	备注
自由空间传播或折射系数是恒定的	$\begin{pmatrix} 1 & d \\ 0 & 1 \end{pmatrix}$	$d =$ 距离
在平坦的界面处的折射	$\begin{pmatrix} 1 & 0 \\ 0 & \dfrac{n_1}{n_2} \end{pmatrix}$	$n_1 =$ 第一折射系数,$n_2 =$ 第二折射系数
一个曲面的边界的折射	$\begin{pmatrix} 1 & 0 \\ \dfrac{n_1 - n_2}{R \cdot n_2} & \dfrac{n_1}{n_2} \end{pmatrix}$	$R =$ 曲率半径 $R > 0$ 对于凸面 $R < 0$ 对于凹面 $n_1 =$ 第一折射系数 $n_2 =$ 第二折射系数
平坦的表面的反射(如平坦的反射镜)	$\begin{pmatrix} 1 & 0 \\ 0 & 1 \end{pmatrix}$	幺矩阵
弯曲的表面的反射(如曲面反射镜)	$\begin{pmatrix} 1 & 0 \\ -\dfrac{2}{R} & 1 \end{pmatrix}$	$R =$ 曲率半径 $R > 0$(凸面) $R < 0$(凹面)
薄透镜	$\begin{pmatrix} m & 0 \\ -\dfrac{1}{f} & \dfrac{1}{m} \end{pmatrix}$	$f =$ 透镜的后焦距 $f > 0$,对于凸透镜 $f < 0$,对于凹透镜 仅对薄透镜模型成立,因子 m 是光学系统的横向放大率

在采用简单的变换矩阵跟踪通过一组光学元件的光线方面,矩阵方法的效用是明显的。通过将我们的光学系统的所有矩阵相乘,我们得到了一个描述着整个光学系统,并将

输入光线与输入角同输出光线与输出角联系起来的矩阵。我们可以通过导出厚透镜的
ABCD 矩阵来说明这一概念。对于一个厚透镜,在折射率为 n_1 的介质中的光线首先遇到
一个折射面,这条光线然后通过宽度为 t 的厚透镜在折射率为 n_L 的介质中传播,这条光
线接着遇到将厚透镜与折射率为 n_3 的介质隔开的另一个折射面,最终的 ABCD 矩阵 M_{tl}
由下式给出:

$$M_{tl} = \begin{bmatrix} 1 & 0 \\ \dfrac{n_L - n_3}{n_3 R_2} & \dfrac{n_L}{n_3} \end{bmatrix} \begin{pmatrix} 1 & t \\ 0 & 1 \end{pmatrix} \begin{bmatrix} 1 & 0 \\ \dfrac{n_1 - n_L}{n_L R_1} & \dfrac{n_1}{n_L} \end{bmatrix} = \begin{pmatrix} A & B \\ C & D \end{pmatrix} \tag{4.20}$$

式中:R_1 和 R_2 分别为厚透镜的第一个和第二个面的曲率半径。注意矩阵是从右到左
"堆积"的。对入射光线的第一个运算如最右边的矩阵所示,后续的操作是从右到左的。
通常,一个包括一系列 N 个运算(每个具有一个 2×2 矩阵公式)的 ABCD 矩阵 $\boldsymbol{M}$ 由下式
给出:

$$\boldsymbol{M} = M_N \cdot M_{N-1} \rightleftharpoons M_2 \cdot M_1 \tag{4.21}$$

采用这种方式,光线可以通过一个光学单元组合传播,光线的最终的位置和角度可以
由一个包括由一系列 2×2 矩阵产生的简化的 ABCD 矩阵的一个单一的矩阵乘积来确
定。ABCD 矩阵方法可以应用于多种的光学运算和光学器件(如转向反射镜、角隅棱镜、
分束器和棱镜等)。转向反射镜用于改变光的传播方向,通常的用法是通过折叠光路长度
来扩展一个成像系统的焦距,这样可以在一个给定的小的空间内实现一个较大的焦距。
角隅棱镜是简单的两个成 90°角的反射镜面(与入射光成 45°斜角),以将光反射回它们原
来的方向,角隅棱镜被放置在月球上,以使从地球上发射到月球的激光脉冲能够反射回地
球,采用这种方式,激光可以用于测量从地球到月球再反射回来的光脉冲的飞行时间。

4.2.4　滤光片

滤光片用于选择要在一个光学系统中处理的一定的波长。一个窄带滤光片通过在一
定的频段(如 50nm 宽,中心位于一个特定的波长上)内的光。一个"红"滤光片通过红光,
但抑制其他波长的光。通过一个红滤光片观察,所透过的光看起来都是红色的。滤光片
也有高通、低通或带限型,这是基于它们是通过高频光、低频光,还是通过在一个特定的频
率范围内的光划分的。起偏器/偏振滤光片被设计为选择/去除所透过的图像的偏振分
量。分束器将光的能量分裂到不同的方向。例如,一个 50/50 分束器在一个方向反射一
半的光能量,在另一个方向透过一半的光能量,可以规定不同的反射/投射能量比。二色
分光镜可以通过在一定的波长范围内的光,反射在另一个波长范围内的光。自然密度滤
光片、偏振组件和光栅都可以用来调整通过一个光学元件链的光的能量。光栅和棱镜可
以用于分离不同颜色的光,或者在一定的角度反射特定颜色的光。所有这些光学元件可
以用于在光通过光学系统传播时控制光。我们将在后面的章节中更详细地观察这些光学
组件。我们将更详细地观察由于光学元件的不完美性、大气湍流效应和光本身的随机性
所导致的光学像差。

4.2.5　光学设计软件

在前面的章节中,我们通过推导相关的矩阵,讨论了用于建模光学系统的光线追踪方

法。通过采用用于光学系统的三维结构的光线追踪方法,可以标记出光线丛,这可能是一个复杂、繁重的任务。有可以用于设计和分析光学系统的软件包,有些软件包是授权使用的,有些是免费的。以下是可以用于光学系统的光线追迹、设计和分析的光学设计和分析软件的清单:

(1) 先进的系统分析程序(ASAP);

(2) Code V;

(3) dbOptic;

(4) LightTrans 虚拟实验室 5;

(5) 用于布局和优化的光学软件(OSLO);

(6) HEXAGON;

(7) OPtix;

(8) FRED 光学工程软件;

(9) Zemax。

通常,与免费的软件相比,商业化的软件有很好的文档说明且有更好的维护支持,错误也较少。例如,Zemax 光学设计和分析软件已经商业化较长时间了,现在有改进完善的软件产品(Radiant Zemax2014)。这些光学设计和分析软件组合简化了光学系统的设计过程,成为光学设计师的基础工具。然而,所采用的具体的工具是由组织的需求决定的,并且也希望由需求驱动的系统工程过程决定。

在 4.3 节,我们将采用我们的综合案例研究来应用我们所学到的方法。我们将说明怎样将基于模型的系统工程工具应用到光学系统中。作为案例研究的一部分,解释了系统工程的"层次分析法"(AHP)概念。

4.3 综合案例研究:基于模型的系统工程、MATLAB 和 FIT 的快速原型(基本的光学组件)

本案例分析的目的是说明在一个工作环境中怎样运用基于模型的系统工程工具,并说明怎样将基于模型的系统工程工具集成到现代的面向系统工程的开发环境中。在本节中,我们也给出了一个例子来说明怎样将光学组成模块应用到光学系统的开发中。本节还介绍了用于选择评估我们的无人机光学系统的一个关键组件(光学调制器)的用于进行权衡分析的层次分析法工具。

作为 FIT 成像技术公司最近赢得的国土安全部无人机合同的一部分,已经选择了由 FIT 公司来设计和开发无人机载光学系统的基本的光学组件。在这项应用中,采用光学调制器来在光束到达光学探测器之前对光束进行调制,以降低背景噪声,并帮助信号检测。作为这些讨论的一部分,在具体进行光学调制器设计之前,需要从技术方面理解基本的光学系统。公司也采用基于模型的系统工程方法来帮助管理系统的需求、设计和测试方面。对于这个项目,FIT 采用 MagicDraw 工具和它的需求管理插件来管理系统需求,采用 Zemax™ 作为主要的光学设计和分析软件工具。对于其高速大气湍流补偿应用,FIT 发展了一个快速原型系统来实现其专利的基于 MATLAB 的大气湍流补偿算法。

在 FIT 的系统工程师之间进行了多次头脑风暴会议来讨论基本的光学系统和光学

调制器。系统工程师和光学设计师之间的讨论的一个重要的主题是用于 DHS 无人机项目的成像传感器的基本光学系统的技术需求。高级系统工程师 Karl Ben 召集其下属的系统工程师 O. Jennifer(Jen)讨论了基本的光学系统。我们加入了他们两个的讨论。

（星期四早上）

Karl:"Jen,最近怎么样呀?"

Jen:"我很好,你怎么样?"

Karl:"很好! 谢谢! 辐射度学分析的进展如何?"

Jen:"非常好! 我们正在进行最后的细节分析,但实际上我们确定可以采用被动成像系统了。"

Karl:"这是个好消息。你认为什么时间可以完成分析?"

Jen:"很快。我们需要更好地理解基本的光学系统,从而能放在我们的模型里。我们进行的很顺利。"

Karl:"好,介绍一下具体情况。"

Jen:"我们正在分析 Raytheon 的 MTS－B－20 框架式吊舱,我们现在了解到它的可见光和红外部分采用的都是 20 英寸(0.508m)的主反射镜。我们已经确定了我们可以使用的可见光和红外波段的代表性的传感器,从而对成像场景有一个感性认识。"

Karl:"这很好。我们可以在我们现在的基于模型的系统工程中使用这些,然后在完成权衡分析后采用实际的传感器参数。这样,我们就可以开始软设计,看看有什么问题。"

Jen:"对。但现在有一个问题。我们还没有选择我们的组件级基于模型的系统工程工具。我想进行一下权衡分析,以选择适当的工具,但我一直忙于辐射度学模型及基本光学系统分析,因此现在仍然没有机会来这样做。"

Karl:"好,你还有周末吗? 放松一下。辐射度学分析优先,然后再理解光学系统。继续。"

Jen:"好的! 我们所采用的可见光和红外波段的成像传感器的有效面积都是 $1cm^2$,填充因子都是 100%。读出电路在传感器单元的背面,它们都是 2048×2048 像素。由于有中继光学系统,我们可以得到的等效焦距为 0.2~2m,我们从 1m 的等效焦距入手。"

Karl:"Raytheon 的框架式吊舱可以提供什么?"

Jen:"它可以提供望远镜主反射镜、瞄准和跟踪机构、伺服控制机构、驱动器、框架指令软件以及 PC 接口。其他是我们的。"

Karl:"好。光学系统的透过率如何?"

Jen:"我们要使我们的中继光学系统的光学表面的数目最少,以保持透过所有光学组件的透过率大于 95%。光学工程师正在运行 ZeMax 以完成初步设计。"

Karl:"好。在我们的分析中,针对弗雷德参数我们采用了什么?"

Jen:"在可见光波段,对于空地应用,大气相干长度为 8~12cm。我们决定采用 10cm 作为额定的 r_o 值。对于红外谱段,根据在红外波段的中心波长与可见光波长的中心波长之比,对 r_o 进行了调整,并将结果取 6/5 次方,这样大气相干长度为额定的 10cm 的 r_o 乘以 $(r_{ir}/r_{vis})^{6/5}$。"

Karl:"听起来是合理的。在我们得到了所有必要的参数后,我们可能需要对最坏的情况和最好的情况以及额定的情况进行分析。我们采用的传感器和感兴趣的人员目标之间的距离是多少？"

Jen："无人机高于地面的额定高度为 15000 英尺（4572m），最大高度是 50000 英尺（15240m），最低高度为 13123 英尺（4000m）。对于站立在边界线处的人员目标，传感器到人的额定距离为 9543m。"

Karl："好。我们或许应该考察最坏的情况和最好的情况以及额定的情况。"

Jen："这没有问题。"

Karl："基本的光学系统的垂轴和轴向放大率是多少？"

Jen："我们仍然要在实际的设计过程中确定。现在，我们对可见光和红外光学系统，对垂轴和轴向放大率取 1～25 倍的放大率。"

Karl："可见光和红外传感器所采用的平均波长是多少？"

Jen："对于可见光，我们采用 500nm，对于红外波段，基于人体的峰值辐射波长，我们采用 9.5μm 的平均波长。"

Karl："好。我们很快将讨论源。看起来你已经很好地掌握了基本的光学特性。从你刚才提供的信息中我应当能够确定一些属性和能力。我想现在是足够了。或许你可以开始进行你较早提到的权衡分析了。"

Jen："我希望你要求这样。"

Karl："我听说你正在本地的一所好的大学学习系统工程。课程如何？进展怎么样？"

Jen："我喜欢这个课程。我正在学习系统工程及其原理，并学习了许多知识。最重要的是，我所得到的知识可以直接应用到我目前参加的几个项目中。"

Karl："要确保在你进行权衡分析时，我们可以使用最终的工具来帮助对用于背景抑制的光学调制器进行建模。"

Jen："一定，我将把这作为学习的一个目标。"

Karl："嗯。要确保采用规范的、可重复的和可判断的分析方法，这样我们可以对结果进行答辩。"

Jen："在系统工程课程中，我们刚好完成了层次分析法的学习。层次分析法是一种用于分析备选方案并辅助做出决策的分析方法。我认为它对于这些类型的问题是适合的。"

Karl："这很好！我希望你至少考虑三种基于模型的系统工程工具，并要确定哪种工具对于分析光学调制器、与我们的基于模型的系统工程工具的其他部分集成以及对我们未来的工作提供最好的特征是最好的。"

Jen："我明白。我将要评估 MATLAB、ENVI 和 Mathematica，它们都是主要的分析工具，某些甚至在快速原型应用中也是有用的。"

Karl："我希望你要特别关注开发时间、成本、维护和支持以及易用性。"

Jen："好。我现在就开始。"

Karl："尽快让我知道你做的结果。"

当 Karl 开始进行权衡分析时，她的思路回到了她在系统工程课程中所学到的层次分析法。她回想起层次分析法非常适用于在给定一组准则的情况下选择最佳的可选方案。20 世纪 70 年代，Thomas Saaty 博士发展了层次分析法，它已经应用于许多学科，如社会科学、工程/科学，国家级的模型和私人和公共部门模型。在实现层次分析法时，第一步是选择一个特定的目标进行分析。在这种情况下，目标是选择用于分析诸如光学调制器那样的关键光学组件的最佳的长期分析工具。为了使用层次分析法,必须理解矩阵的运算,并熟悉特征值和特征矢量的计算。要创建两个维度等于要评估的决策准则数的矩阵,第一个矩阵称为准则—准则(CvC)矩阵,这表示前面提到的决策准则。第二类矩阵称为可选方案—可选方案(AvA)矩阵,对每个准则创建一个。采用层次分析法选择可选方案的4个简单的步骤如下:

(1) 建立决策准则(如价格、开发成本、维护、质量)和可选方案(如 A 方案、B 方案)

(2) 搜集用于成对的准则和每个可选方案的重要性/偏好性数据。

(3) 采用层次分析法综合并确定每个准则的相对优先度。

(4) 积累所有的优先度并计算所有的可选方案的权重;选择最佳可选方案。

在这些步骤中,基于成对比较确定每个可选方案的 CvC 矩阵,并确定决策一致性(或更准确地,决策不一致性),特征值和特征矢量有助于这一方面的量化。

图 4.12 给出了在这种场景下的决策制定过程的框图。框图的顶层说明分析的目的。中间的行给出了在分析中所采用的准则。第三行给出了用于比较的备选方案。Jen 注意到评估基于模型的系统工程工具的准则是:

(1) 维护/保障;

(2) 易用性;

(3) 开发时间;

(4) 成本。

她也列出了备选方案:

(1) MATLAB;

(2) ENVI;

(3) Mathematica。

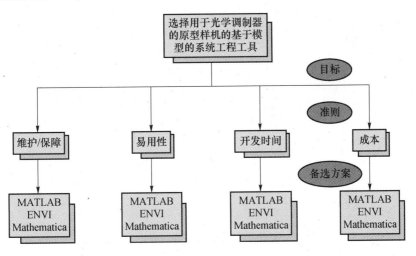

图 4.12 决策制定过程框图(复制自 http://en.wikipedia.org/wiki/File:Lens6a.png,得到 Bob 博士的允许。)

Jen 接着进行她的分析。表 4.3 示出了用于选择不同的基于模型的系统工程工具的CvC 比较矩阵,表 4.3 有 4 行和 4 列,每一行和每一列对应于所选择的一个准则。当完成了对同一个准则的比较时,它匹配的单元被分配一个权重因子 1。选择了一个任意的、适当的粒度来进行成对比较。表 4.3 中的优先度的结果可以被理解为：成本的优先度是维护/保障的 5 倍，是开发时间的 3 倍，但仅是易用性的一半。注意，这一比较是在从行到列成对比较的基础上进行的，对角线都是 1，因为每个准则和它自己的优先度是相同的。

表 4.3 用于选择基于模型的系统工程工具的 AHP 权重因子

准则	维护/保障	易用性	开发时间	成本
维护/保障	1	2	1/3	1/5
易用性	1/2	1	3	2
开发时间	3	1/3	1	1/3
成本	5	1/2	3	1

来源：数字来自 Bradley Barteotti 提交给佛罗里达理工学院的技术报告(Barteotti,2014)。

表 4.4 与表 4.3 相同，增加了一个"合计"行，包括给定列的累加和。这一步是为了对矩阵单元进行归一化，以使矩阵中的每一项是百分比而不是实际值。

表 4.4 用于选择基于模型的系统工程工具的 AHP 权重因子

准则	维护/保障	易用性	开发时间	成本
维护/保障	1	2	1/3	1/5
易用性	1/2	1	3	2
开发时间	3	1/3	1	1/3
成本	5	1/2	3	1
综合	9.5	3.83	7.33	3.53

来源：数字来自 Bradley Barteotti 提交给佛罗里达理工学院的技术报告(Barteotti,2014)。

在表 4.5 中，每一列除以总和来进行归一化。这样，每个列项是与其他列的项进行相对比较的，以使矩阵中的任何项的幅度不超出同样有效但幅度较小的矩阵单元值。接着计算每一行的平均值。增加新的一列来说明它。正如将看到的那样，在这一分析中平均列是特征矢量。

表 4.5 用于选择基于模型的系统工程工具的 AHP 权重因子(采用列总和与列平均)

准则	维护/保障	易用性	开发时间	成本	均值
维护/保障	0.105	0.522	0.045	0.057	0.182
易用性	0.053	0.261	0.409	0.566	0.322
开发时间	0.316	0.087	0.136	0.094	0.158
成本	0.526	0.130	0.409	0.283	0.337
综合	9.5	3.83	7.33	3.53	

来源：数字来自 Bradley Barteotti 提交给佛罗里达理工学院的技术报告(Barteotti,2014)。

层次分析法中的下一步是对每个决策准则创建一个 AvA 矩阵，说明每个可选方案怎样满足所提到的准则。在这种情况下，创建了 4 个矩阵，表示维护/支持、易用性、开发时间和成本。表 4.6 示出了针对维护/支持创建的矩阵。这些矩阵也采用与 CvC 矩阵相同的方式进行归一化，增加了附加的行和列以分别示出均值和总和。

表 4.6　相对于维护/保障选择备选方案的 AHP 权重因子

维护/支持	MATLAB®	ENVI	Mathematica	平均
MATLAB	1	4	3	0.623
ENVI	1/4	1	1/2	0.137
Mathematica	1/3	2	1	0.239
综合	1.583	7	4.5	

来源：数字来自 Bradley Barteotti 提交给佛罗里达理工学院的技术报告(Barteotti,2014)。

表 4.7 示出了对易用性重复进行的这一过程。

表 4.7　相对于易用性选择备选方案的 AHP 权重因子

易用性	MATLAB	ENVI	Mathematica	均值
MATLAB	1	5	3	0.671
ENVI	1/5	1	1/3	0.114
Mathematica	1/3	3	1	0.287
综合	1.533	9	4.333	

来源：数字来自 Bradley Barteotti 提交给佛罗里达理工学院的技术报告(Barteotti,2014)。

接着考虑开发时间,产生了相应的 AvA 矩阵。表 4.8 示出了结果。

表 4.8　相对于开发时间选择备选方案的 AHP 权重因子

开发时间	MATLAB	ENVI	Mathematica	均值
MATLAB	1	3	7	0.872
ENVI	1/3	1	3	0.340
Mathematica	1/7	1/3	1	0.120

来源：数字来自 Bradley Barteotti 提交给佛罗里达理工学院的技术报告(Barteotti,2014)。

最后,产生了用于成本的 AvA 矩阵并像前面的矩阵一样进行了归一化,结果在表 4.9 中示出。

表 4.9　相对于成本选择备选方案的 AHP 权重因子

成本	MATLAB	ENVI	Mathematica	平均
MATLAB	1	6	3	0.718
ENVI	1/6	1	3	0.305
Mathematica	1/3	1/3	1	0.160
综合	1.500	7.333	7	

来源：数字来自 Bradley Barteotti 提交给佛罗里达理工学院的技术报告(Barteotti,2014)。

层次分析法的下一步是构造一个汇总每个 AvA 矩阵的行均值和决策准则的矩阵。表 4.10 示出了这一汇总矩阵,每一行表示一个不同的可选方案,矩阵的每一列表示每个相应的决策准则的 AvA 的行均值。

表 4.10 备选方案—准则的 AHP

准则	维护/保障	易用性	开发时间	成本
MATLAB	0.623	0.671	0.872	0.718
ENVI	0.137	0.114	0.340	0.305
Mathematica	0.239	0.287	0.120	0.160

来源:数字来自 Bradley Barteotti 提交给佛罗里达理工学院的技术报告(Barteotti,2014)。

获得每个可选方案的优先度排序的最后一步是通过矩阵运算,将表 4.10 所示的可选方案—准则矩阵乘以表 4.5 中所得到的均值列(特征值)。结果如表 4.11 所示。

表 4.11 将备选方案—准则的 AHP 得到列均值

准则	维护/保障	易用性	开发时间	成本	均值	
MATLAB	0.623	0.671	0.872	0.718	0.182	0.710
ENVI	0.137	0.114	0.340	0.305 ✕	0.322 =	0.219
Mathematica	0.239	0.287	0.120	0.160	0.158	0.209
					0.337	

来源:数字来自 Bradley Barteotti 提交给佛罗里达理工学院的技术报告(Barteotti,2014)。

最终的矢量给出了基于特定的准则进行可选方案优先度排序的结果,具有最大优先度的是最佳的选择。在这种情况下,MATLAB 基于模型的系统工程工具的得分明显高于其他基于模型的系统工程工具。表 4.12 给出了对这三种可选的基于模型的系统工程工具的最终的排序。

表 4.12 备选方案排序

MATLAB	1
ENVI	2
Mathematica	3

来源:数字来自 Bradley Barteotti 提交给佛罗里达理工学院的技术报告(Barteotti,2014)。

尽管层次分析法已经完成,还需要另外一个步骤来揭示给定准则下的排序的一致性。具体思路是确定一个一致性指标以说明权重因子的一致性(或不一致性)。下面是一个例子:假定易用性 3 倍优先于成本,成本 3 倍优先于开发时间,这意味着成本 9 倍优先于开发时间。如果在成对比较步骤中,你分配一个等于 7 的值给易用性—开发时间矩阵单元,则在分配权值时就有一个固有的"不一致性",一致性指标能捕捉到分析的这一方面。Saaty 证明,如果所有的成对分析在分配相对权值时是完全一致的,则 CvC 矩阵的特征值估计将确切地等于在层次分析法中采用的准则数(在这种情况下是 4)。如果出现决策不一致性,特征值估计将偏离 4。矩阵特征值的估计可以采用它们的列平均完成,我们采用表 4.3 中的原始的 CvC 矩阵和表 4.5 中所示的特征值来说明。将原始的 CvC 矩阵乘以特征值产生一个 4×1 矢量,这一矢量可以除以原始的特征矢量,估计出特征值。其结果见表 4.13 的最后一列。

表 4.13　决策一致性

准则	维护/保障	易用性	开发时间	成本	均值		Lambda P	Lambda
维护/保障	1	2	1/3	1/5	0.182		0.947	5.195
易用性	1/2	1	3	2	0.322	=	1.563	4.851
开发时间	3	1/3	1	1/3	0.158		0.925	5.841
成本	5	1/2	3	1	0.337		1.885	5.589
综合	9.5	3.83	7.33	3.53				

来源：数字来自 Bradley Barteotti 提交给佛罗里达理工学院的技术报告(Barteotti,2014)。

　　将结果的每个单元减去准则的数目(在这种情况下是 4)，并将每个单元除以准则数减 1(在这种情况下是 3)，得到一致性指标。将一致性指标除以称为 ACI 的统计相关因子[与随机产生的成对比较表是相关的(对 4 个准则，等于 0.9)]得到一致性比，如果一致性比大于 10%(在这种情况下是这样)，则决策制定者应当重新考虑这一优先度权值，因为在分配到成对比较的优先级权重中有较大程度的不一致性。(Jen 想知道哪里出现了错误)

　　(第二天)

　　Karl："Jen，很好，又见到你了。你已经完成了对我们将用来评估光学调制器的基于模型的系统工程工具的分析了吗？"

　　Jen："是的，Karl，我采用层次分析法对我们的问题进行了分析，但有一个问题。"

　　Karl："出现什么问题了？"

　　Jen："通过应用层次分析法，我能够得出 MATLAB 是最佳的基于模型的系统工程工具的结论。然而，当我计算一致性比时，我发现当分配权重时有较大的不一致性。这意味着在我们校正了不一致的排序前，我不能信任这样的结果。"

　　Karl："好，至少我们有一个指标使我们在偏离时能够知道。你是怎么确定权重的？"

　　Jen："我向组织内不同的人征询意见，他们对做出估计有他们的准则。例如，我请正在进行分析的人员评价"易用性"相对于其他准则的重要性。我向 Joe 问询有关财务方面的事项、成本的重要性，像 Roger 问询有关软件方面的事项，以评估开发时间的重要性，向牵头技术服务的人员问询有关维护方面的事项。"

　　Karl："你要求他们在相对排序上保持一致性吗？"

　　Jen："噢，没有！我没有要求！"

　　Karl："噢，这就是你的问题了。他们没有被要求保持一致性，因此这些不一致的权重就进入你的分析中了。我将把他们召集在一起，向他们解释层次分析法，并要求他们考虑到整体一致性，重新修订他们的排序。我想下次你能够得到更好的结果。"

　　Jen："谢谢 Karl，我想我会得到好的结果的。"

　　Karl："好的，祝好运！你做好后通知我。"

　　Jen 进行了第二次层次分析，召集所有的人一起给出输入，以讨论准则排序。她能够实现 0.0023 的一致性比。MATLAB 仍然是最好的基于模型的系统工程工具。

　　在这种场景中，Jen 采用层次分析法分析了哪种基于模型的系统工程工具将最满足组织对分析像用于直升机项目及未来应用的光学调制器那样的光学组件的分析工具的要求。这一场景说明了层次分析法作为一个可选方案选择和决策制定工具的有效性。层次分析法的一个独特的特征是它能够接受"模糊"的输入。层次分析法可以用于从数学上分析诸如"易用性"那样的模糊属性。"模糊"输入的另一个例子是"工作良好"。另一个独特的特征是它能够提供一致性检查。由于具有独特的特征且相对易于使用,层次分析法是一种用于选择可选方案和做出决策的必要的、稳健的系统工程方法。

4.A　附录:首字母缩略词

AHP	层次分析法
APAS	汽车驾驶员辅助系统
ASAP	先进的系统分析程序
CAE	计算机辅助工程
CAS	复杂自适应系统
DMS	灾难管理系统
DOORS	面向对象的动态需求系统
ENVI	用于图像可视化的环境
FIT	Fantastic 成像技术公司
GUI	图形用户接口
IEEE	国际电气与电子工程师学会
INCOSE	国际系统工程学会
MBSE	基于模型的系统工程
MXL	密西根发掘实验室
OMG	对象管理组
OSLO	用于布局和优化的光学软件
RAX	无线电极光探测器
SDLC	系统开发寿命周期
SE	系统工程
SoS	由系统组成的系统
SysML	系统建模语言
UAV	无人机
UML	统一建模语言

参 考 文 献

Bajaj, M. et al. 2011. SLIM: Collaborative model-based systems engineering workspace for next-generation complex systems. Paper presented at *Aerospace Conference, 2011 IEEE*, InterCAX LLC, Atlanta, GA.

Barteotti, B. 2014. *Technical Report on AHP*. Submitted to Florida Institute of Technology, Melbourne, FL.

Cornford, S.L. et al. 2006. Fusing quantitative requirements analysis with model-based systems engineering requirements engineering. Paper presented at *14th IEEE International Conference*, Jet Propulsion Lab, California Institute of Technology, Pasadena, CA, September 11–15, 2006.

European Cooperation for Space Standardization (ECSS). October 1, 2012. *Space Engineering—Software Engineering Handbook*, European Space Agency (ASA) Requirements and Standards Division, Noordwijk, the Netherlands. ECSS-E-HB-40A PR-Draft1.

Fisher, G.H. 1998. Model-based systems engineering of automotive systems. Paper presented at *Proceedings of the AIAA/IEEE/SAE Digital Avionics Systems Conference, 17th DASC*, Vitech Corporation, Vienna, VA.

Green, R.A. July 2007. Getting a handle on MATLAB graphics. *Potentials IEEE*, 26(4): 31–37.

Guenther, R. 1990. *Modern Optics*. New York: John Wiley & Sons.

Helmut, J. 2013. BrainyQuote.com, Xplore Inc. "Hemult Jahn at BrainyQuote.com." http://www.brainyquote.com/quotes/quotes/h/helmutjahn325250.html (accessed April 2, 2014).

IEEE Std 610.12-1990. September 28, 1990. *IEEE Standard Glossary of Software Engineering Terms*. New York: The Institute of Electrical and Electronic Engineers.

IEEE Std 1471-2000. October 9, 2000. *IEEE Recommended Practice for Architectural Description of Software-Intensive Systems*. New York: The Institute of Electrical and Electronic Engineers.

INCOSE Technical Operations. 2007. *Systems Engineering Vision 2020*, version 2.03. Seattle, WA: International Council on Systems Engineering, Seattle, WA, INCOSE-TP-2004-004-02.

INCOSE UK. January 2012. Chapter Z9—Model Based Systems Engineering. Obtained from https://incoseonline.org.uk/Documents/zGuides/Z9_model_based_WEB.pdf (accessed November 20, 2014).

Martin, J.N. 1996. *Systems Engineering Guidebook: A Process for Developing Systems and Products*. Boca Raton, FL: CRC Press.

Object Management Group. May 2006. *OMG Systems Modeling Specification*. Needham, MA: Object Management Group.

Qamar, A. 2009. Designing mechatronic systems, a model-based perspective, an attempt to achieve SysML-MATLAB/Simulink model integration. Paper presented at *2009 IEEE/ASME International Conference on Advanced Intelligent Mechatronics*, Singapore, July 14–17, 2009.

Radiant Zemax 13. Release 2—The industry standard, powerful optical and illumination design software. http://www.radiantzemax.com/rz/news (accessed July 21, 2014).

Ramos, A.L. 2012. Model-based systems engineering: An emerging approach for modern systems. *IEEE Transactions on Systems, Man, and Cybernetics, Part C: Applications and Reviews*, 42(1): 101–111.

Saleh, B.E.H. and M.C. Teich. 1991. *Fundamentals of Photonics*. New York: John Wiley & Sons.

Soyler, A. 2010. A model-based systems engineering approach to capturing disaster management systems. Paper presented at *Fourth Annual IEEE Systems Conference*, Department of Industrial Engineering and Management Systems, University of Central Florida, Orlando, FL.

Spangelo, S.C. 2012. Applying Model Based Systems Engineering (MBSE) to a standard CubeSat. Paper presented at *2012 IEEE Aerospace Conference*, University of Michigan, Ann Arbor, MI.

第二部分

系统工程工具、方法和技术在光学系统中的应用

第5章　问题的定义

他的名字在经典物理学中占据着重要的地位；James Maxwell 的出生地属于爱丁堡，他的个性属于剑桥，他的工作属于全世界。

——Max Karl Ernst Ludwig Planck

在系统工程中，一个成功的系统、服务、产品或过程的一个关键的重要任务是正确地定义需要解决的问题。本章将讨论系统工程的一些主题，如利益攸关者的确定；利益攸关者的需要的确定；利益攸关者的需求的生成和一些相关的问题；运行使用概念方案的形成；任务使命、目标和目的的定义；系统工程开发工作总的范围的确定。在本章我们从用于进行问题定义的一些基本的系统工程原理与方法开始。

5.1　用于问题定义的系统工程原理和方法

系统工程是涉及作为一个整体的系统的科学、过程或学科。无论复杂性如何，系统工程学科主要强调的是使系统尽可能以效费比最高和最优的方式运行。已经建立了系统工程过程，以帮助利益攸关者和系统开发团队定义、设计、开发、生产、保障和处置满足确定的功能和非功能性需求的、具有所需的功能能力的、可靠的、可信的系统。

在一个非常复杂的大型系统中，不可能成为系统的所有方面的技术专家。因此，系统工程过程必须综合和统一复杂的信息，并提供用于融合来自许多相关的团队和部门的行动和产品的交互作用机制。为了有效地实现这些任务，系统工程过程必须聚焦于在一个多方面的系统中平衡技术和组织需求的能力上。

在 NASA 的系统工程手册中指出："系统工程与权衡和折中有关，与通晓数门知识者而不是专门知识者有关，与观察一幅大的图像有关，它不仅要确保满足需求，而且要实现正确的设计"（NASA,2007,pp.10－15）。系统工程原理、技术和方法的目标是为系统的利益攸关者提供一个精确的、完备的、可靠的、可信的和高效费比的系统、服务、产品或过程。

系统工程学科涉及系统生命周期的所有阶段。系统开发生命周期的阶段依次为：
（1）概念方案设计阶段；
（2）初步设计阶段；
（3）详细设计和开发阶段；
（4）生产、建造或制造阶段；
（5）系统运行使用和保障阶段；
（6）系统处置和退役阶段。

这些阶段有时由不同的作者或组织以各种方式聚合和归并。例如，开始的四个阶段有时称为研发、测试和评估（RDT&E），这四个阶段也称为采办阶段，而后两个阶段被称为运用阶段（Blanchard 和 Fabrycky，2001）。前三个阶段经常被称作系统设计阶段。在任何情况下，后面所提到的系统开发生命周期是广泛接受的，已经以一种形式或其他形式应用了很长时间。

当系统工程在系统开发生命周期尽可能早的时间启动时，它是最有效的。系统生命周期的开始是问题定义过程（例如，利益攸关者需求定义/需求、可行性分析和概念方案设计）。在这些阶段，系统工程过程将系统开发分解成更详细的设计活动。系统级设计是在概念方案设计阶段实现的，在确定系统技术规范（A 规范）基线后结束。系统被分解成组成子系统，这些组成子系统要在初步设计阶段进行设计，在接口控制文件中定义分解的单元（在这种情况下是子系统）之间的接口，这一阶段的输出是反映着每个子系统的需求的一组研发规范（B 类规范）、接口控制文件、初步的较低级别的技术规范和集成的子系统设计。接着在详细设计和开发阶段将子系统进一步分解成最低层级的设计单元，即组件/部件/零件。在详细设计层级上，需求将体现在产品技术规范（C 类规范）以及过程（工艺）需求（D 类规范）和材料需求（E 类规范）中。需求文件、接口控制文件、功能框图、功能流图、基于模型的系统工程产品、在详细设计阶段发展的原型样机和子系统与组件层级的设计，构成了进行组件生产的基础。在组件生产之后，首先要组装和测试组件，然后是组装和测试子系统，最后组装和测试系统本身。

系统工程不仅涉及系统、服务或产品，而且涉及系统开发工作中相关的过程。Benjamin S. Blanchard（Blanchard，1998，pp. 45—50）指出："系统由组件、属性和联系组成；组件是包括输入、过程和输出的系统的工作部件；属性是一个系统的组件的特性或可辨别的表现；联系是组件和属性之间的联系"。在设计阶段，要清晰地定义所有的组件和它们的交互作用，这是非常重要的。可能需要实现可行性和权衡分析，以定义所有必要的组件和交互作用。不能确定系统/子系统/组件交互作用（或作出虚假的假设），可能导致项目的成本过高和进度拖延。

系统工程学科强调系统开发的系统工程途径的三个基本的方面：系统管理原理、系统工程过程和系统工程工具/技术。这些基本方面是相互支持的，并提供了用于开发最佳系统的一个丰富的框架。

最近几年，由于技术的快速变化，开发环境变得非常易变、高度交互且非常复杂。这样，设计和生命周期成本显著增加，系统总的效能降低。这将带来技术问题和进度的延迟，并导致成本增加。

这些问题经常是由于不能很好地得到、定义和/或用文件表述需求造成的。Volere发展了一种用于解决需求问题的方法，Robertson（2006）对这种方法进行了描述。Robertson 指出，在设计一个系统时，Volere 需求过程（和相关的技术与模板）是一种很好的方法，它提供了项目起步阶段的详细方法，能向设计团队提供需求规范。这一过程能捕捉开发团队所需要的必要的需求特性和属性，并回答涉及子系统和组件交互作用及产品的运行使用的问题。在 NASA 系统工程手册中强调"系统工程师的最重要的任务和责任是确保系统在技术上能满足所定义的需求，并采用适当的系统工程方法"（NASA，2007，pp. 10—15）。像 Volere 过程那样的标准化的方法对于完成这一任务是有益的。我们现在把重点放在系统开发生命周期过程开始阶段的问题定义,这或许是最重要的。

在设计工作开始前,占用足够的时间来适当地定义问题,对于避免项目后期的设计缺陷是必要的。"现在设计,以后修改"的做法会导致成本过高和进度拖延。在许多系统开发环境中,经常有一个"必须现在做"的心理,似乎从来没有足够的时间预先进行全面的策划,但却总有时间重做一遍并确保解决问题,这比第一次就把事情做好的代价更大。问题定义包括系统需求生成过程,并要形成用于后续的子系统甚至组件设计的系统需求基线文件。精心地定义要解决的问题,能够在开始设计工作时清晰地理解需要解决的问题,并能增加设计出满足利益攸关者需求和期望的成功的系统的机会。

本章的重点是系统开发工作的一个重要的部分——问题定义过程。在以下的章节里,我们将讨论利益攸关者的确定、利益攸关者的需要、利益攸关者的需求和某些重要的系统工程工具与方法(如质量功能展开和运行使用概念)。将给出并分析系统工程过程的项目范围、目标和目的,这些过程和活动将针对光学系统应用进行剪裁。问题定义阶段是系统工程的最重要的阶段,因为它将帮助适当地定义需要设计的系统。忽略问题定义阶段,就像在不知道建造什么之前就开始设计,这是不可取的。

5.1.1　利益攸关者确定

一个利益攸关者被定义为与系统、服务、产品或过程有利益关系,并最终以某种方式受系统、服务、产品或过程的影响的一个组织、个人或实体。这里,为了简洁起见,我们采用项目这一术语来表示所考虑的系统、服务、产品或过程。在必要时,我们将采用适当的术语来进行强调和清晰化。作为一个例子,对于一个赛车团队,利益攸关者将包括赛车手、保障人员、投资者、出资人、银行、保险公司、法务团队、市场团队、团队拥有者、参赛者、赛道管理者、裁判机构和观众。为了构建一个利益攸关者竞争策略,应当回答以下关键的问题:

(1) 利益攸关者将受到项目的怎样的影响?

(2) 每个利益攸关者受到什么程度的影响?

(3) 每个利益攸关者对项目有什么影响?

第一步是确定全部的利益攸关者。系统的利益攸关者的需要可能是不同的,甚至相互冲突。在确定了全部利益攸关者的清单,并理解了它们各自的独特的需求之后,系统工程师要负责定义、分析所有这些不同的需求,并将这些需求综合和集成到一个满足每个利益攸关者的需要、希望和愿望的系统中。

确定利益攸关者对于回答某些基本的问题是关键的。首先,我们要问项目的发起人以下一些问题:

(1) 谁是真正的利益攸关者?

(2) 谁能回答设计问题?

(3) 是否有利益攸关者被忽略了?

(4) 这一项目隐含的决策和优先级是什么?(你可以搜索或间接地获得这些)

(5) 谁可以决定?

(6) 谁是这一需求的提出者?

(7) 如果这样做谁将受到影响?

"利益攸关者"不仅是资助项目的个人或组织,而且也包括项目的客户。但也有可能所有的利益攸关者不是客户,利益攸关者可能不是产品或服务的客户类型的一个例子可以包括客户、用户、竞争者、政府管理者的代表,或外部的关注健康和环境的人员。

利益攸关者的两个方便的分类是:主要利益攸关者和次要利益攸关者。主要利益攸关者是直接受项目的输出的影响的个人或组织,主要利益攸关者的例子是项目发起者、资助机构和/或投资者、开发团队、系统的用户、系统的维护人员、与系统有关联的组织或个人、竞争者、经销商、系统的市场和业务开发、管理、保险、法务和保障服务、系统的出资人和鉴定者。次要利益攸关者对系统有输入和需求,可能从系统的旁枝技术或系统的后续演进中获得未来的收益。

从未来的业务观点来看,应当以一个开放结构的视角(即能够适应于未来的项目)尽可能考虑主要利益攸关者的需求,这将使系统更具市场和更加标准化。系统越标准化,就更具可支持性和适应性,能够使设计周期更短,且使系统的演进成本更低。

例如,如果一个光学系统是为国土安全部建造并由国土安全部出资,则如果它被设计为具有更好的适应性,以满足其他未来的利益攸关者(如 FBI)的需求,将会从中受益。FBI 可能想要资助这一系统,或在为国土安全部制造的系统的基础上进行改进。FBI 的需求将不一定与国土安全部的需求完全一样,但由于系统被设计的具有灵活性和较好的适应能力,这样容易针对次要利益攸关者进行演进。必须注意到,灵活性设计不能增加主要利益攸关者的费用。例如,如果一个 8 英寸直径的望远镜口径能够满足主要利益攸关者国土安全部的需求,光学系统不能过分设计到 20 英寸的光学口径,并由主要利益攸关者国土安全部承担费用。这样做将令利益攸关者受到干扰,并可能招致法律纠纷。光学系统应当按照 8 英寸光学口径设计,但有一个灵活的接口,可以适应有国防部的另外的资金资助的 20 英寸的光学口径。像开放结构原则、模块化设计方法、企业体系架构方法和基于模型的系统工程那样的好的现代设计原则,是灵活性和适应性设计的必要的要素。

次要利益攸关者是不受项目的输出的直接影响,但未来可能会从项目或项目的未来的演进中获得利益的个人或组织。例子包括下游的客户或出资人,可能采用这一系统用于他们的用途的组织或个人,以及未来的投资者。

在某种情况下,要把负面的利益攸关者加到前面所解释的类别中。集团的成员被称为关键的利益攸关者。Phil Rabinowitz 在堪萨斯大学的社交工具箱网站上将关键的利益攸关者解释为:

> 关键的利益攸关者,可能属于或不属于前两类团体,即对一项工作有正面或负面的影响的团体,或者参与一项工作的一个组织、机构中的重要的团体。一个组织的领导可能是一个明显的关键利益攸关者,但该组织的直接参与该项工作的现场人员可能也是关键的利益攸关者,如果他们不相信他们所做的事情,或者不能做好,就和没有开始一样。关键的利益攸关者的其他例子可能包括资助者、被选举或指定的政府官员、业务领导,以及其他对项目的成功有重要影响的团体。

Rabinowitz(2013)

负面的利益攸关者的一个例子是一个认为他们的工作将被正在设计的系统所取代的雇员。负面的利益攸关者可能也包括竞争者、持反对意见的政治人物,甚至是相互争斗的同事。允许这些负面的利益攸关者影响项目的需求可能是代价昂贵的,对于项目最终的成功将有真正的危险。要及早辨别出这些负面的利益攸关者,以避免由于多余的需求带来附加的成本和拖延进度的风险。

正如所提到的那样,主要的利益攸关者和他们的需要覆盖各种系统需求。容易理解的是:多个客户的关注点和优先级可能是不同的,这些客户可能认为他们是唯一的系统利益攸关者,但客户不是总是最终使用产品的个人或组织,因此我们有另一类利益攸关者,称为用户。用户是最关键的利益攸关者,他们是可以从他们对产品或系统使用的视角来解释确切的系统需求的操作技术人员。

例如,在设计用于捕获军事目标的大倍率双目望远镜的光学系统时,用户的偏好可能是有一个较大的凸出的按钮,这样就能在戴着军用手套时操作。在某些情况下,一个给定的系统有多种类型的用户。同样的双目望远镜系统可能是针对盟军部队设计的,可能对在标签上所用的语言有要求。

客户和用户是前面所提到的,但其他类型的利益攸关者如何分类? 有许多分类和确定利益攸关者的方法。Sharp 的一个例子指出:"一种方法建议将利益攸关者划分为三类:项目团队内部人员、团队外部的但在业务内的人员、既在团队外部又在业务外部的人员"。(Sharp 等,1999,pp. 387-391)这种方法是一种划分利益攸关者并进行优先级排序的好的方法,它可以作为未来的项目的一个适用的指南。它划分了各种利益攸关者类型,并描述了各自的作用。

表 5.1 用于概括可能的利益攸关者,但不是一个完整的清单。在表中所描述的大多数利益攸关者是非常清晰的。

表 5.1　利益攸关者描述

利益攸关者类型	描　　述
咨询顾问和学科领域专家	在项目内部或外部,可以直接涉及系统开发或一个相关的系统中
管理人员	你们组织内部的关联人员、项目和产品经理和管理委员会成员
检验人员	政府或私人的安全、技术和其他检验人员
法务人员	律师、警察、当地和联邦执法机构
负面的利益攸关者	对你的产品没有兴趣并且可能会受到系统的实现的不利影响的人员
工业标准管理者	可以对这类产品设定标准的专业和政府组织
公众意见	可能使用系统或受到系统影响的一般的公众
特殊利益群体	来自受到系统直接或间接影响的特殊利益群体的代表
文化兴趣	来自受到系统直接或间接影响的不同文化的群体的代表
相关系统	如果所发展的系统是一个更大的系统的一个子系统,与这些相关系统的利益攸关者就特征和功能输入进行接触是明智的
以前的用户	与过去系统以前的用户进行接触以讨论过去系统的缺陷
客户服务代表	通常在组织的内部、是涉及对以往交付的系统的客户服务的人员,可以提供有关以往系统缺陷的输入
维护和现场服务技术人员	通常在组织的内部,这些利益攸关者具有有关可维护性的输入

描述系统的利益攸关者的一种方式是采用洋葱图,采用这种工具可以说明系统的利

益攸关者以及这些利益攸关者之间的交互作用。图 5.1 是一个一般的光学系统的洋葱图的例子。定义利益攸关者和项目的关系对于定义需求并对需求进行优先级排序是重要的。在图 5.1 的洋葱图的中心的"云"描述了所设计的系统,这是我们一般的光学系统:

> 最暗的环是系统的运行工作环境,在这一环里我们看到一个目标(光学系统要探测的),光学系统的某些实际的子系统和维护技师。洋葱的下一个环是所包含的业务,这些利益相关者不是实际的用户,但他们使用系统提供的数据或服务来完成某些其他功能。最后,我们有更宽的环境环,包括对光学系统有直接的影响的利益攸关者,这里我们列出了光学系统公司的雇员(如 CEO),法律顾问和工程团队及工业竞争者。
>
> Rabinowitz(2013)

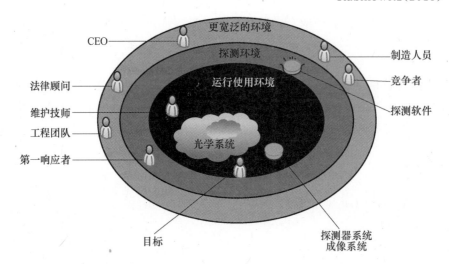

图 5.1 光学系统的利益攸关者洋葱图(采自 Robertson,S.,Mastering the Requirements Process,Addison－Wesley,Boston,MA,2006。)

简要地说,系统利益攸关者的确定过程是非常重要的,因为我们能够更好地观察谁对系统有输入,谁受系统的影响,哪些需求影响系统,利益攸关者与系统有怎样的交互作用。这能帮助系统工程师对利益攸关者的需求进行优先级排序,并洞察利益攸关者怎样看待系统。利益攸关者确定是利益攸关者的需要和需求定义的起点。

5.1.2 利益攸关者的需要

一旦确定了利益攸关者,必须确定利益攸关者的需要和期望。利益攸关者确定过程可以得到许多复杂问题的答案,但也可能是更多问题的来源。需要正确地获取并用文件描述利益攸关者的输入,并用来产生系统的一个适当的需求集。

重要的是要记住,利益攸关者所想要的和他们所需要的是有差别的,因为在愿景和技术成熟度方面有差别。无论如何,利益攸关者的需要可能由于他们的关注点和兴趣的变化而改变。每个利益攸关者可能有不同的关注点,如经济、文化、意识形态和伦理学。重要的是要分析相互冲突的关注点,因为单个利益攸关者或子类的优先级和约束可能显著不同。

一个产品或一个系统有许多不同的生产方式。时间和金钱总是对系统的定义的一个约束。系统"品质"（即满足利益攸关者的需要的能力，它的可靠性和工作可支持性）也是重要的因素。利益攸关者的需要和需求经常是动态的，由于需要和需求是根据系统特征和能力演化的，利益攸关者的需要、期望和关注点也可能随着时间变化。由于利益攸关者的需要和愿景的演变的结果，在发展一个更好的系统时，利益攸关者的需要的确定是一个迭代的和复杂的但也是关键的步骤，必须非常慎重地进行。

有各种有用的方法来洞察利益攸关者的想法和动机。一些有用的方法包括面谈、焦点团体访谈、需求研讨会、头脑风暴、用例模型开发、业务建模和客户需求规范评审。不管采用哪种方法或多种方法的组合，理解和获取利益攸关者的动机和动能，对于系统开发是非常重要的。

理解利益攸关者的需要、希望、动机和动因的最广泛的方法之一是会谈，会谈应当试图提供问题（如需要做什么，有什么约束，为什么利益攸关者想要解决这一问题，是否有隐藏的动机，项目有什么概念权衡）的答案，利益攸关者所想的是解决问题的最佳方式，有什么突出的问题，利益攸关者关注什么。

在另一方面，通过进行背景研究和/或组织有利益攸关者参加的预备会议（如果可能的话），从而在会谈前了解背景、经验，并"标出"已经在项目中的利益攸关者，可以使在引导正确的问题方面有所不同。例如，如果设计一个用于边境防护的光学系统，向当地警察询问光学系统对一个人员目标的探测距离是多少就是一个不合适的问题，而向同一个利益攸关者询问"你对这一系统有什么看法"和"你期望这一系统能做什么"，可能是非常一般的但是合适的问题，这样，利益攸关者能够给出他们对可能的光学系统的态度、观点和看法。

在系统概念设计阶段的早期，对利益攸关者提供有关系统假设和设计概念方面的培训，并获取他们的输入，能够在系统部署阶段得到正面的影响。应当在会谈调研之前，定义能够帮助团队理解利益攸关者的真实看法的关键问题。采用开放式问题并避免激怒性的问题能使会谈过程更有效。利益攸关者和项目成员经常一起讨论运行使用概念方案，并更多地了解项目。我们将在后面的章节简要地描述运行使用概念方案，它是一个从运用的视角概括所建议的系统的特性的工具，它对利益攸关者评价运行使用概念方案以便更好地理解系统是有用的，并有助于完成访谈调研。

在较早讨论的用于边境防护的光学系统的例子中，如果会谈调研一个光学专家，对于获得光学专家个人对系统的好的、高层级的描述是一个好主意，因为光学专家可以对具体的光学问题给出解答。除了一对一的面谈外，也可以与利益攸关者进行焦点团体访谈，从而推动个人之间的思想交流，个人之间的互动能加快对利益攸关者的需要的理解过程。然而，有时一个具有非常强的主张的人会使其他利益攸关者的意见摇摆。焦点团体访谈的牵头人应当确保能够给出并考虑各种观点，在焦点团体访谈中每个人都要发声。

为了使过程更有效，在组织焦点团体访谈之前，最好有确定的团体、确定的议题和系统性组织的会期。为了便于举行这种类型的会议，形成一个列出各自功能的利益攸关者清单是方便的。

有时，有必要根据利益攸关者的特点、目标、终端用途或某些共同的"看法或感觉"准则来组织利益攸关者，将这些以表格的形式汇总能帮助团队以更好的方式理解利益攸关者。表5.2是一个光学系统的利益攸关者分析表的一个例子。

表5.2　利益攸关者分析模板

利益攸关者类别	名称	优先级	目标	看法和感觉	距离性能
代理	Bob Smith	高	市场化的产品	现代,易于使用	对目标的探测距离3000m
客户	Carl Jackson	高	完成规定的功能的系统	制造精良、坚固持久耐用	对目标的探测距离1500m
用户1	Mike Barron	高	易于使用,合理的价格	易于使用,可靠	对目标的探测距离200m
当地警察	Jesse Bloomfield	中	市场化的项目,用于重新选择	对用户工作良好	没有选项
光学顾问1	James Dalberth	中	将来的顾问工作	实现最先进的特征	对目标的探测距离5000m
设计团队	Thomas McCurdy	中	全面的产品,市场化	易于使用,满足尺寸和重量要求	对目标的探测距离5000m

来源:数据采自 Rabinowitz, P. , Communit, tool box, http://ctb. ku. edu/en/tablecontents/chapter7_section8_main. aspx.

表5.2首先在输入他们的实际系统需求输入之前列出了利益攸关者的类型、名字和优先级。对利益攸关者进行优先级排序,并将优先级高的利益攸关者放在上部,可以帮助首先实现重要的需求。表5.2是对项目的一个简略的视图,它可以从对一个光学系统的较大的视图中摘录出来,上面所列出的特征或功能可以帮助团队确定设计优先级。

此外,项目团队需要了解利益攸关者之间的交互作用和关系并加以记录,以理解和平衡利益攸关者的不同的观点和需要。虽然已经对利益攸关者做了优先级排序,这样能帮助进一步对他们提供的信息进行优先级排序。

(Sharp 等,1999,pp.387-391)

另一种理解利益攸关者需要的方式是用例方法。用例方法描述系统对一个特定的应用(用)所实现的行动,它为行动者提供有显著价值的结果。在一个用例的意义上,一个行动者是系统内扮演角色的事物,可以是一个人或者一个外部系统。用例方法定义了一个系统对不同的场景执行的一组行动。采用这些场景是通过构想一个用例的特定的执行步骤来模拟对终端应用的看法的一种方式。确定用例的某些有意义的问题包括:

(1)行动者的优先级和责任是什么?

(2)行动者将产生、存储、改变和取出系统中的数据吗?

(3)行动者需要注意系统对未预期到的外部变化的响应吗?

(4)是否需要对行动者提供有关在系统中确定要发生的事件的培训?

有时要采用问卷调查来定义利益攸关者的需要。它包括一系列精心选择的问题来理解每个利益相关者的需要。

确定利益攸关者的需要是问题定义阶段最重要的过程之一,但这可能是一项巨大的工作。确定所需的资源和相关的时线对于确定利益攸关者的需要是必要的。应当细心地管理会谈的结果,这可用于项目团队将来应用,对于下游的具有相同的或相似的利益攸关者的开展相似的工作的团队也是有用的。

5.1.3　利益攸关者的需求

在前面的章节中,我们讨论了利益攸关者的重要性、用于确定利益攸关者的工具,以及利益攸关者的需要、愿望、动机和动因。下一步是将他们的需要和愿望转化成一个清晰的利益攸关者需求集。为了确定利益攸关者需求,利益攸关者和开发团队之间的有效的交流是必要的。"利益攸关者需求在系统工程中起着重要的作用,因为它们构成了系统需求活动、系统验证和利益攸关者验收的基础,而且可以当作集成和验证活动的参考依据,可以当作技术人员、管理、财务部门和利益攸关者之间交流的手段。"(Sharp 等,1999,pp. 387－391)

即便在完成了这一过程的工作之后,客户利益攸关者(以下称客户)的需要和愿望仍然有可能与其他利益攸关者的其他需要和愿望矛盾,尤其在设计甚至生产过程演进时(Yang,2003;Pancheco,2008,pp. 472－477)。为了解决这一问题,Yang 确定采用质量功能展开(QFD)过程作为一种规划工具,将客户的需要和愿望转化为需求,并在整个开发过程中跟踪这些需求(Yang,2003)。

QFD 过程是一种规范化的方法,它包括制作一个将利益攸关者的需求与系统的工程参数关联起来的矩阵图,这是一种使利益攸关者能够在一张表格中看到所有的信息的非常有用的工具。采用 QFD 方法将利益攸关者需求放在一个表格中能方便需求讨论,它提高了利益攸关者之间的交流的质量,并推进利益攸关者的有效的互动。根据 Cox 的说法,QFD 可以用于许多不同的设计阶段。无需全面地使用 QFD,QFD 可以以不同的方式应用,取决于所应用的项目阶段。采用 QFD 方法,应当始终关注需求形成和设计决策及更改怎样影响客户对产品的满意度,可以帮助加快产品开发周期,减少后期的重新设计,提高整体质量和客户满意度。"(Cox,2001,pp. 245－259)

另外,为了实现 QFD 的收益,需要一个多功能的团队。根据 Christiano 的说法,"为了与客户一起执行这样的与输入高度相关的过程,需要一个由有经验的负责人牵头的,包括市场、设计、质量和产品团队的跨功能团队"(Cristiano,2001,pp. 81－85)。

QFD 方法(Herzwurm,2003,pp. 1－2;Desai,2008)有许多类型的需要遵循的图表和过程,以实现在设计过程中从客户处提取最有用的信息并掌握信息的优先级的目标。根据 Francheschini 的说法:"这一过程的核心是质量屋图表,用来帮助避免设计团队中出现以下三种常见的问题:

(1) 产品的设计不能适当地表示客户的意愿;

(2) 在设计过程中丧失了客户的输入;

(3) 在项目中的几个设计小组中有不同的解释"。(Francheschini,2001,pp. 21－33)

QFD 试图用"怎样"来设计满足利益攸关者的具体的需求的系统来回答客户的"what"(做什么)。质量屋图表甚至能进一步考虑设计的"how"(怎么做)的相互关联性,甚至具有类似的目标竞争对手有什么样的考虑(Francheschini,2001,pp. 21－33)。

尽管形成了这一图表,需要确定客户的"what",这可能需要许多不同的设计的"how",以满足每项需求,这通常是通过调研、会谈、研讨会和互动来实现的。

在 QFD方法中,在质量屋图表的左边列出了这些"what"的结果。在下一步,由设计团队创建"how",用于解决已经确定的利益攸关者的每个"what"。最高或最低的评分帮助设计团队形成利益攸关者的优先级的视图,并帮助建立利益攸关者需求之间的权衡空间。QFD图表包括关联矩阵,强调"how"能多好地对应于"what"。

在一个通用的例子中,QFD形成了利益攸关者需求和怎样满足每项需求之间的一个关联表。QFD矩阵示出了每个需求的相对重要性,以及这些需求怎样影响技术响应。这一矩阵被用于通过矩阵的交点处的权值显示需求行(what)和技术响应列(how)之间的关联强度。质量屋图表也考虑到每个利益攸关者的需要与标杆进行对标,并进行战略规划。

与标杆进行对标是与一个标准、一个业界领先者或者"最好的"进行比较。QFD的这一方面可以用于对需求和/或技术响应特征与基准进行比较,或者作为与竞争者的比较工具。QFD图也给出了对应于每项技术响应的技术性能测度。图5.2描述了用于一个简单的光学系统的简化的质量屋图表。

利益攸关者需要什么 / 技术上怎么做	探测距离	MTBF	红外能力	准备时间	高质量	竞争者1	竞争者2	关联性	
提高速度	3	1	1	9	3	3	1	关联性	
提高质量	3	9	1	1	9	3	3	9	强
提高价值	3	9	3	9	1	1	1	3	中等
减少设备加工时间	1	1	1	9	3	1	3	1	弱
减少缺陷	1	9	1	1	9	3	1		
降低成本	1	3	1	1	3	9	9		
难度(10最高)	8	8	10	3	8				
最大(+)或最小(-)	+	+	+	+	+				

（屋顶相关区：红外能力 +；准备时间 +；高质量 + + +。相关：+ 协同，- 权衡。）

图5.2 质量屋图表(采自Francheschini,F.,Advanced Quality Function Deployment,CRC Press,2001,pp. 21-33。)

图5.2包括一个表示经过优先级排序的客户的需要和怎样满足这些需要的矩阵。根据Yang的说法:"这可以用于确定"how"之间的整合效果(用一个"+"符号描述)和在它们之间的哪里进行折中(用一个"-"符号描述),以选择一个而不是另一个。"Herzwurm(2003,pp. 1-2)指出:"在整个系统开发过程中采用这一图表有助于确保一直听到客户的

'声音'"。

QFD 和品质屋图表能帮助利益攸关者和设计团队以有效的方式理解利益攸关者的需要，并进行优先级排序。这些工具能帮助设计团队与利益攸关者沟通怎样满足他们的需要/需求，以及怎样与业界的标杆进行比较。QFD 方法和相应的品质屋图表是非常重要的，因为它们提供了一种讨论需求的好的可视化机制，可以有力地推动利益攸关者和开发者之间的交流。

5.1.4　运行使用概念方案

创建或获得一个系统的高层级的图形化视图是与不熟悉系统的人员交流的一种方式。它采用一个图形化的视图来描述系统实际上做什么。这提供了一幅"大图"，可以用于了解系统的功能、运行和支撑环境。对于一个系统而言，如果有一个高层级的图形表示，并能在一页纸内简单地说明或表示从每个关键的利益攸关者的角度来看系统实际上做什么，运行使用概念方案是最有用的。一个运行使用概念方案图使系统工程师易于表示他们的系统必须做什么，使他们把注意力聚焦在系统的用户、职责、约束和目标与目的。

系统运行使用概念方案图的重点不在细节和组件与子系统，它是一个系统的综合视图。根据 Firesmith 的说法："在某些情况下（非常少见），一个客户可能已经有一个为他们的系统创建的运行使用概念方案图，他们可以将这一运行使用概念方案图交给设计团队，使设计团队很好地感受系统应当怎样运行。更常见的情况是，由设计团队根据客户有关他们期望系统应当怎样运行的输入来创建运行使用概念方案图。"（Firesmith，2008）

运行使用概念方案图被用来提供高层级的用例，并确定主要的组件，以便使利益攸关者了解所设计的系统。接着设计团队要进一步使系统架构师了解与技术或产品相关的限制，较早地确定这些高层级的限制将有助于完善运行使用概念方案，并避免在后续的开发中产生问题。

运行使用概念方案的最重要的目标是使利益攸关者认可系统的任务、系统将怎样工作、系统的环境、系统的潜能和系统将保持的过程等，这最好通过从每个利益攸关者的角度来表示信息来实现，形成一个每个利益攸关者和设计团队容易理解的运行使用概念方案是非常重要的。

有时，运行使用概念方案以可视化的格式表示顶层的系统用例和场景。为了有效，非常复杂的系统可能需要非常复杂的运行使用概念方案。在某些情况下，对于非常复杂的系统，为了概括多个用例，运行使用概念方案可能不止一张图。在设计一个运行使用概念方案时应当采用著名的助记符 KISS（保持简单、傻瓜）原则，它仅需要简单的描述，使每个利益攸关者能够理解和了解"大图"即可。保持运行使用概念方案在一页之内有许多优点，而且可以避免混淆。

创建一个运行使用概念方案图是非常具有挑战性的，因为一个好的运行概念应当反映每个利益攸关者的观点，且利益攸关者应当易于理解它。Boardman 指出：

> 另外，体系架构还没有经历系统的系统和技术问题。在某些情况下，一个客户的组织内的多个机构可能以相似的但略有不同的需求来应用系统。在利益攸关者的图中反映这些需求，并及早地向每个系统架构解释为什么一种实现方案优于其他实现方案，或者为什么基于另一个机构的输入加入

某一特征或删去某一特征,是非常重要的。

Boardman(2008)

图 5.3 是准备部署在美国－墨西哥边境的一个光学探测系统的运行使用概念方案图的一个例子。

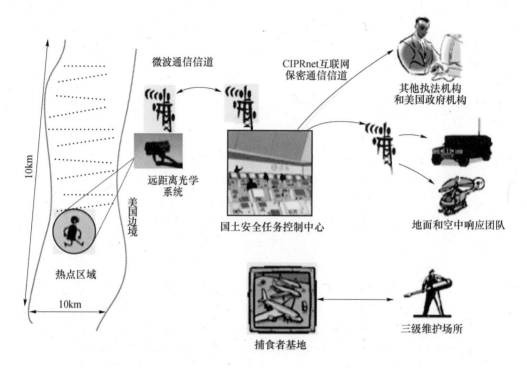

图 5.3　光学系统运行使用概念方案图

图 5.3 描述了一个位于美国—墨西哥边境的远距离监视站,采用干线通信将视频和图像数据送到一个指挥中心。这张图说明了系统是怎样运行使用的。从这一运行使用概念方案设计中,光学系统的利益攸关者容易理解系统组件之间的关系、特性和利益攸关者所要求的功能。在得到利益攸关者的认可后,设计团队必须进一步创建一个能够按照运行使用概念方案图所示的详细的交互作用方式工作的系统。

一个实际的例子取自美国军方。根据从互联网上得到的一个运行使用视图 1(OV－1):美国国防部采用定义不同的运行使用视图的国防部体系架构(DoDAF),这些视图中包括高级运行使用概念方案图(OV－1),OV－1 是上面列出的运行使用概念方案图的一个规范化的版本,已经被用作跨许多行业管理运行使用概念方案图的一个标准(美国国防部,2013)。

总之,运行使用概念方案应当帮助利益攸关者认识到系统将怎样运行。设计一个运行使用概念方案图有助于在利益攸关者、体系架构师和设计者之间形成共识。设计团队和体系架构师应当了解每个利益攸关者,他们必须把重点放在形成一个包括项目每个主要方面的运行使用概念方案图。他们还必须避免等待由利益攸关者准备好运行使用概念方案图,他们不应推迟整个项目的运行使用概念方案图的准备和更新。

系统项目的领导者应当负责确定运行使用概念方案的更改,确保每个新的团队成员看到的是说明系统应当做什么的同一页的运行使用概念图。Barnhart 指出:"在整个设计过程中,针对运行使用概念方案衡量每个设计决策,并确保每个设计决策有助于满足系统的目标是一个好的主意。对于偏离其核心价值的系统它也有所帮助。"(Barnhart,2010,pp.668-673)

另一个关键的项目任务是确定和管理项目的范围。需求变化可以被看作是渐进的新发现,有时可以看作项目范围的变化。重要的是根据项目的范围有效地管理项目。这将在 5.1.5 节讨论。

5.1.5 项目的范围

根据 Carmichael 的说法"范围可以定义为对一个项目设定的边界,以适当地定义要开展的工作的范围"(Carmichael,2003),项目的范围与建造一个系统或产品所必须完成的工作直接相关。利益攸关者和设计团队需要在项目的早期就项目的范围达成共识。项目的范围是一个关键的项目要素,因为它明确了项目要交付的事项,并概况了预期的工作条件。Robertson 指出:

> 一个好的项目范围说明应当包括以下要素:项目范围判定(你的项目是什么样的,为什么),项目目标范围(项目要实现什么),产品范围描述(你的项目将提交什么成果),产品验收准则(最终的产品需要满足客户的什么样的质量标准并得到验收),项目约束(项目的技术、物理约束),项目假设(你相信为了实现项目这些假设是正确的)。

Robertson(2006)

一个适当地标定范围的项目可以避免成本和进度超出预期,并保持设计团队聚焦在他们应当做的工作上。对于一个项目的领导者,范围管理是一种防止对系统提出额外的外部和内部要求的手段。一个好的项目范围说明应当提供一个路线图,用来解释当确实需要进行工程更改(另外的系统开发团队可能是合格的)时怎样做出决定。采用好的范围管理方法,有助于避免项目的成本增长和进度拖延。当增加新的需求时,较容易管理项目,而不是在不进行良好的技术集成和分析的条件下接受新的需求的影响,并实现新的需求。

Badiru 指出:"事实上,范围可以分解成跨项目的 5 个关键步骤,分别为范围策划、范围定义、创建工作分解结构(WBS)、范围验核以及范围控制。(Badiru,2009)在完成了这 5 个步骤之后,项目领导将能交付以下事项:范围说明,WBS,系统的验证和确认流程,要求对系统范围进行更改的流程。

5.1.5.1 范围策划

确定和更新范围的第一个步骤是范围的策划,这包括一组确定项目的范围的工作。策划工作是一个数据获取和信息获取过程,它包括像基于公司以往确定范围的惯例创建模板和表格、评估利益攸关者有关范围的初步的陈述、评审项目的合同(如果可以的话)那样的工作。

5.1.5.2 范围定义

当确定了这些项目时,范围策划过程中的第二步是范围的定义,这从设计团队基于运行概念和用例完成项目需求分析开始。在这一过程中,应当详细分析利益攸关者需求和业务需求,应当采用所获得的所有信息来完成范围定义。范围定义过程的最重要的一个部分是准备WBS,这是一个包括用于系统开发(以及系统的子系统和组件的开发)的主要的活动的工作表或图形形式的文件,要保持完整性,并提供关于系统的单元如何协同工作的某些结构。WBS应当有每个WBS单元相关的成本估计和完成时间,以控制进度和成本,并帮助进行影响分析。

5.1.5.3 范围验核

下一步是范围验核,将研发团队所定义的范围与利益攸关者实际期望的范围进行一致性检验,这一步要将开发团队的重点和注意力放在利益攸关者的需要上,确保利益攸关者和开发者对必须要做什么有共同的理解。这一过程的结果是项目的共同的、唯一的范围。

5.1.5.4 范围控制

范围策划的最后一步是系统的范围控制。任何人可以定义一个范围,在一个复杂系统的开发生命周期内对范围进行控制是非常具有挑战性的。在设计阶段,可能有一些利益攸关者、合同商和管理者想要做出超出项目的范围的更改。

范围应当包括说明对请求的更改要采取什么行动的指南。确定保持目标并使利益攸关者和设计团队之间出现的问题最小的项目路线图。对于一个超出范围的要求,Enos指出:"一个被看作超出了范围的外部要求将给客户带来某些成本、进度、资源和产品质量方面的影响,需要组织对这些超出范围的要求对项目的影响进行权衡,并作出决策。"(Enos,2007,pp.57-73)

对于项目管理而言,项目的范围说明过程是至关重要的。范围问题应当在设计阶段开始前确定,从而能确定成本或进度目标,并评估影响。跨项目的范围确定和管理可能得到更一致的结果,避免设计团队和利益攸关者之间的不一致性。采用后面提到的工具可以帮助确定边界、约束、假设、验收准则和对更改做出的判断。它们也提供了设定目标和目的的框架。

5.1.6 目标和目的

对一个项目设定目标和目的可能对工程组织和项目本身产生许多正面的结果。这一过程能促进所有的利益攸关者向着同一个目标努力,形成团队协同。设定好的目标可以得到成功的测度,在项目完成时,可使组织能清晰地了解在下一个项目中可以进行什么样的改进。设定好的且可以实现的目标的工作,对聚合团队的工作并帮助评估进展和结果,带来了共同的挑战。

目标也形成了设定目的的基础,它们可以提升团队的士气和创造性,鼓励个体在他们的项目中更有效地工作。设定强的目标可以在从利益攸关者那里获得信息时不偏离目标,他们将紧切主题,不在无关紧要的细节上浪费时间。目标可以使利益攸关者相互理解项目的目标(Poynting和Thomson,1906,pp.230-231)。

Enos进一步指出:"衡量每个目标可以帮助项目团队对项目设定有效的目标,并指导开发团队从起步就向着成功迈进。"(Enos,2007,pp.57-73)然而,目标的优先级可以是变化的,某些目标是紧要的,某些目标也可被划分为短期或长期目标,这样的分类对于准备进度计划时是有用的。

设定目标也是设定目的的基础。目的通过说明为了实现目标必须完成的行动的结果来支持目标。目的也应当是可行的、现实的、可测的、直接的、清晰定义的,并且是有意义的。目的也应当在一个过程策划中得到。

总之,设定一个项目的目标和目的能指导团队、协同团队,并确定在系统发展生命周期内需要实现的里程碑。目标和目的被当作所有利益攸关者的共同的基准点,因此,他们可以衡量性能或评估结果。

5.1.7 转到光学系统构成模块

正如问题定义阶段处于系统工程开发过程的开端一样,光源处于电磁传播过程的开端。在 5.2 节,我们讨论理解光源所需要的概念和数学框架,这一概念性的框架可用于开发光学系统的数学模型,并洞察光源的性质和特性。

5.2 光学系统构成模块:光源

在本节,我们关注光电和红外源,我们的目的是概述这一主题,并建立对于分析、描述和模拟电磁波谱的可见光和红外部分的光源有用的一些基于物理的数学应用和例子。我们将限于描述光源的特性上,在另一节将关注辐射度量传播分析。在本节,我们将进行以下工作:

(1) 我们从光的基本性质出发,描述了电磁波谱中对于光学成像有用的部分。我们描述了电磁波谱的可见光和红外部分之间的一些基本的差别,并描述了对光源的一些分析方法。

(2) 读者将理解黑体型光源和它们在标定和光学系统测试中的作用,黑体型光源主要用在电磁波谱的红外部分。我们将区分黑体型和灰体型光源。

(3) 作为真实世界的应用,讨论了某些红外源(从火箭到私人车辆)的辐射特性。

(4) 本节最后将给出某些有用的用例,说明本节介绍的方法在某些实际的源的例子(如太阳、熔化的铁和人员)中的基本应用。

当阅读本章时,读者必须注意到本书是从光电和红外系统工程师的视角出发的,在技术世界中,对很多理论有很好的描述。

5.2.1 电磁波谱的可见光和红外部分

电磁波谱可以按照波长、频率或波数划分成不同的类别,在一个类别中的辐射有某些共同的属性或特性。例如,可见光是一类由人眼可以观察到的光学辐射。类似地,电磁波谱的红外部分不能被裸眼所观察到,但可以作为热能量来测量。不同类别的辐射的产生和探测将涉及到不同的源、探测器和技术。在本节,我们关注电磁波谱的可见光和红外部分的光源。

正如通常所理解的那样,人眼对于处于电磁波谱的可见光部分(波长大致为 $400 \sim 700\text{nm}$,如图 5.4 所示)的光敏感,这一谱段有我们已知的各种颜色,可以采用棱镜或衍射光栅来验证。

一个类似的部分被定义为电磁波谱的红外部分,电磁波谱的红外部分位于波长为 $0.7\mu\text{m} \sim 1\text{mm}$ 的谱段,如图 5.4 所示。然而,红外谱段的实际部分被划分为图 5.5 所示

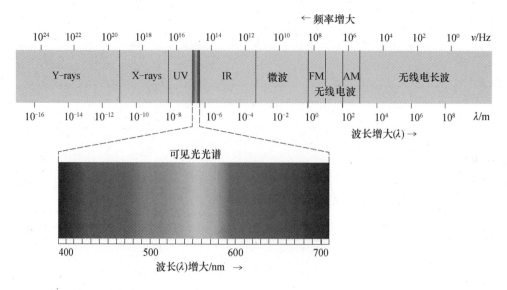

图 5.4 可见光光谱（经允许复制自 Ronan，P.，EM spectrum，http://en.wikipedia.org/wiki/
File:EM_spectrum.svg，accessed April 1，2014，2007。）

的短波红外（SWIR）、中波红外（MWIR）和长波红外（LWIR）。在电磁波谱的红外部分的
辐射需要能够对温度的变化做出响应的探测器，而且为了得到最佳的性能可能需要制冷。
红外光谱可以采用一个像分光仪（单色仪）那样的将光分解成窄的谱段的器件来测量。热
能表可以测量在给定的窄的波长范围或谱段内的辐射能量。

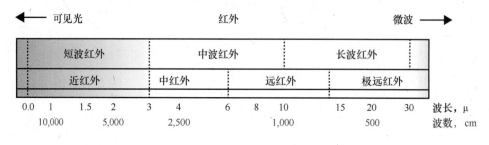

图 5.5 红外光谱

尽管可见光仅包括电磁波谱的一个很小的部分，但这是电磁波谱中人眼唯一可以看
到的部分，太阳是可见光的主要光源。然而，太阳也在电磁波谱的其他部分辐射能量，在
白天可以观察到的光中，大部分是由太阳辐射的，太阳是最大的白光光源，它也辐射可见
光之外的其他频率的能量。

可见光也可来自人造光源，如带电的气体（荧光）或热的金属灯丝（钨灯）、发光二极管
（LED）和激光。这些光源中的一些在可见光和红外波谱都辐射能量。

红外辐射处在电磁波谱的一个人眼看不到的部分，在电磁波谱的这一热辐射区域，能
量可以被当作热来测量和感觉到。在电磁波谱的这一部分的光源有热辐射，在峰值波长
处的辐射是源的平均温度的函数。随着平均温度的升高，峰值移到较短的波长。辐射特
性是波长的函数，经常可以采用在本章的较后所讨论的黑体辐射曲线来建模。热辐射的
一个例子是以在电磁波谱红外部分辐射的热的形式产生辐射的人体。

5.2.1.1　红外源:热辐射体和选择性辐射体

如果一个给定的源是一个像加热的固体或液体那样的热辐射体,则辐射分布曲线是连续的,有一个单一的最大值。从红外设计者的观点来看,热辐射体是最主要的源,包括像人员、小汽车/卡车和空气动力加热表面那样的典型的热辐射体。

如果一个红外辐射源是像火焰或气体中的放电电荷那样的选择性辐射体,与之相关的辐射通量将集中在一个窄的谱段内,且有多个局部的最大和最小值,这将可以在像来自喷气发动机喷口的热气体辐射流、气体放电灯(如用于照明的钠灯或水银蒸汽灯)或者在再入飞行器周围的激波层那样的例子中看到。在一个线谱中,光谱间隔看起来非常窄,有非常锋利的谱线,这对于一个气体辐射体是典型的,一个谱带由窄的谱线带组成。

有代表性的热辐射体和选择性辐射体的典型光谱响应如图 5.6 所示,该图绘出了辐射通量与波长的关系,两种类型的辐射体的光谱响应看起来是显著不同的,表现得像前面所解释的那样。

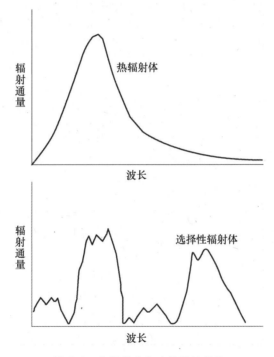

图 5.6　热辐射体和选择性辐射体

5.2.2　吸收和辐射谱

对于原子和分子,能量是在非常窄的谱带内吸收和辐射的。取决于器件,原子和分子中的电子将试图寻找最低的能态,如果处在正确的能级的辐射与原子或分子交互作用,则电子被激发到更高的能态,并试图通过释放热返回较低的能态,或者从较高的能态跃迁到较低的能态,并释放一个处于带隙能量(两个能态之间的能量差)所对应的波长的光子。吸收和辐射的交互作用是基于量子力学原理的。大气中所存在的原子、分子和气溶胶吸收通过大气的某些光学辐射,基于吸收原子、分子或气溶胶,吸收将发生在不同的波段。大气中的原子、分子和气溶胶也散射光,并产生通过大气的光通量。在图 5.7 中,我们可以看到本生灯焰的红外辐射的表现。通过采用已知的红外辐射库,操作人员可以通过辐射图形的形状来识别元素和物体。

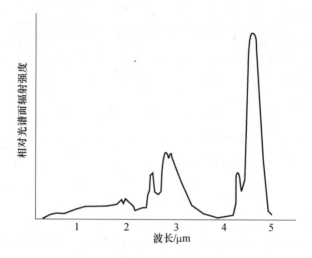

图 5.7　本生灯焰的代表性的红外辐射

5.2.3　红外谱段中的热辐射

热辐射可以被分类为从一个物体的表面发出的电磁辐射,与物体表面的温度有关,它是由于物体内的带电粒子的运动所产生的热被转换成电磁辐射造成的,热辐射所发射的电磁辐射的空间功率密度(辐射出射度)是波长和温度的函数,对于一个真正的黑体,由普朗克定律给出。维恩定律给出了一个黑体辐射体所辐射的峰值辐射出射度(与温度有关)所对应的波长,斯特藩-玻尔兹曼定律给出了物体的总的辐射出射度(与温度有关)。

5.2.4　普朗克定律

普朗克定律描述了黑体辐射出射度分布与波长和温度的关系。c_1 是第一辐射常数,c_2 是第二辐射常数,注意这些常数项是光速、普朗克常数和玻尔兹曼常数的简单的加权算术运算组合,普朗克定律由下式给出:

$$W_\lambda = \left(\frac{c_1}{\lambda^5}\right)\left(\frac{1}{e^{(c_2/\lambda T)}-1}\right) \tag{5.1}$$

式中:W_λ 为光谱辐射出射度(W/(m²·μm));λ 为波长(μm);T 为绝对温度(K);$c_1 = 2\pi h c_2 = 3.7411 \times 10^8$(W·μm⁴/m²);$c_2 = ch/k = 1.4388 \times 10^4 \mu mK$,其中 h 为普朗克常数,值为 $6.6256 \pm 0.0005 \times 10^{-34}$ W·s²,c 为光速,值为 2.99792458×10^8 m/s,k 为玻尔兹曼常数,值为 $1.3806503 \times 10^{-23}$ W·s/K。

黑体的辐射的几个显著的特性如图 5.8 所示,在这些曲线中这些特性是明显的。注意,总的辐射出射度实际上是如图中所示的光谱辐射出射度的积分。随着温度的升高,光谱辐射出射度的峰值波长向左移动。另外,无论波长如何,温度越高,光谱辐射出射度越大。

电磁波具有既可以从粒子的视角描述也可以从波的视角描述的特性,这就是所谓的光的波粒二象性。James Clerk Maxwell 发现,诸如透镜和棱镜对光的折射、衍射效应、散

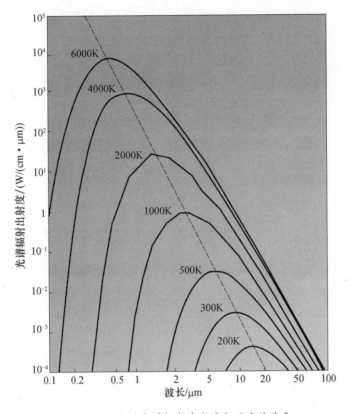

图 5.8　黑体的光谱辐射出射度与温度的关系

射、吸收和反射等现象可以由电磁场的波的性质来解释。牛顿和普朗克采用离散的单位描述了光,这些光量子或光子,沿着直线传播,具有正比于辐射频率的离散的能量:

$$Q = h\nu \tag{5.2}$$

式中:Q 为辐射能量;$h = 6.626 \times 10^{-23}$ J·s(普朗克常量);ν 为光子的频率。

普朗克定律解释了光电效应,即在某些金属的表面的光子的吸收会导致电子的发射。

5.2.5　斯特藩－玻尔兹曼定律

1879 年,斯特藩从他的实验测量中得到的结果,与玻尔兹曼在 1884 年采用电动力学关系所得出的结论是一致的。他们引入了斯特藩－玻尔兹曼定律,该定律指出,黑体的辐射出射度与其温度的四次方成正比。斯特藩－玻尔兹曼定律给出了黑体的整个表面和所有波长的总的辐射出射度(W/cm^2),比例常数是斯特藩－玻尔兹曼常数(σ),温度(T)用开尔文(K)来表示。辐射出射度由下式给出:

$$W = \sigma T^4 \tag{5.3}$$

式中:$\sigma = 5.6697 \times 10^{-8}$ W/(m^2·K^4);T 为温度(K)。

由式(5.3)可以看出,较热的黑体比较低温度的黑体具有更大的辐射出射度。一个代表性的球形航天器的发射率(y 轴)与波长(x 轴)的关系如图 5.9 所示,以下说明了怎样采用斯特藩－玻尔兹曼定律来计算卫星的温度。

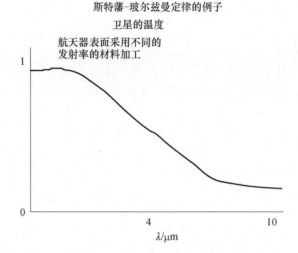

图 5.9　发射率随波长的变化而变化的人造物体的代表性的例子

输入功率＝输出功率	$H=$ 太阳常数
$HA_1\alpha=A_s\sigma\varepsilon T^4$	$A_1=$ 卫星的投影面积
$T^4=\dfrac{H}{\sigma}\cdot\dfrac{A_1}{A_s}\cdot\dfrac{\alpha}{\varepsilon}$	$A_s=$ 卫星的表面积
对于球体, $\dfrac{A_1}{A_s}=\dfrac{\pi R^2}{4\pi R^2}=\dfrac{1}{4}$	
假设 $\dfrac{\alpha}{\varepsilon}=0.5$	$\alpha=$ 在太阳区域的吸收
$T^4=\dfrac{1350}{5.67\times10^{-8}}\cdot\dfrac{1}{4}\cdot\dfrac{1}{2}=2.976\times10^9$	$\varepsilon=$ 在均衡温度区的发射率
$T=233.6\mathrm{K}$	$\sigma=5.67\times10^{-8}\mathrm{W/(m^2\cdot K^4)}$

5.2.6　辐射传递的基尔霍夫定律

1860 年提出的基尔霍夫定律指出,好的吸收体也是好的辐射体。黑体这一术语也是基尔霍夫建议的,黑体指吸收所有的入射的辐射能量的物体,这也是最有效的辐射体。黑体是最理想的热辐射体,被当作与其他辐射源进行比较的标准。

基尔霍夫定律将在整个物体的表面、所有波长的总的发射辐射与相同条件下总的吸收辐射联系起来。基尔霍夫发现,对于所有的源,从一个处于某一固定温度的源发射的辐射除以从一个相同温度的黑体源发射的辐射的比是恒定的,发射率定义为

$$\varepsilon=\frac{M}{M_b}\tag{5.4}$$

式中: ε 为发射率; M 为一个物体的辐射出射度; M_b 为相同温度的黑体的辐射出射度。

一个真正的黑体的发射率为极限值 1,一个完美的反射体的发射率为 0。

通过研究辐射传递,基尔霍夫发现,对于处于给定温度的所有材料,辐射出射度与吸收率之比是一个常量,这一比等于在给定的相同温度下的一个黑体的辐射出射度。

基尔霍夫定律可以表述为

$$\frac{W'}{\alpha}=W=M_b\tag{5.5}$$

式中:W' 为非黑体的辐射出射度;W 为黑体的辐射出射度;α 为吸收率。

5.2.7　发射率

入射的辐射能量在一个表面上受到三种过程的组合作用,即入射能量可以被吸收、反射和/或透射。在基尔霍夫对热辐射开展的研究中,基尔霍夫定义了一个终极的辐射能量吸收体——黑体。

对于黑体,落在其上的所有的入射辐射能量都被吸收,没有辐射能量被反射或透射。黑体基准的美是双重的:

(1) 基尔霍夫及其后继者能够借助基尔霍夫定律(好的吸收体也是好的发射体),采用黑体模型来描述和定量表示能量辐射源的特性。

(2) 黑体(及其特性)设定了源和表面的上限,它定义了发射率的 1,用于发射率分析。

为了考虑一个非纯黑体的源的辐射特性,在黑体公式中增加了一个因子,这一因子称为发射率。发射率是由源的辐射出射度 W' 除以一个处于相同温度的完美的黑体辐射体的辐射出射度 W 来确定的:

$$\varepsilon = \frac{W'}{W} \tag{5.6}$$

对于一个不辐射的源,发射率最终的值是 0,对于一个黑体源,发射率值是 1。

为了计及材料类型、表面粗糙度、非黑体源的温度,采用了光谱发射率 ε_s:

$$\varepsilon = \left(\frac{1}{\sigma T^4}\right)\int_0^\infty \varepsilon(\lambda) W_\lambda \, \mathrm{d}\lambda \tag{5.7}$$

基尔霍夫定律可以重写为以下的形式:

$$W' = \alpha W \tag{5.8}$$

结合斯特藩-玻尔兹曼定律,这可以简化为

$$\frac{\varepsilon \sigma T^4}{\alpha} = \sigma T^4 \tag{5.9}$$

消去公式两边的公共项,式(5.9)可以简化为

$$\varepsilon = \alpha \tag{5.10}$$

这意味着,对于处于一个给定温度 T 的任何材料,其发射率在数值上等于其在相同温度下的吸收率。基尔霍夫的发现表明,好的吸收体也是好的辐射体。

为了便利,这一关系采用较易于测量的反射率重写为

$$\varepsilon = (1 - \rho) \tag{5.11}$$

5.2.8　常用材料的发射率

表 5.3 举例说明了给定材料的发射率随温度和表面粗糙度的变化,这些值主要用于指导相对温度的测量,当需要高精度时,应当确定一个特定材料的确切发射率。

对这一信息的实际使用源于材料表面的发射率和基尔霍夫定律。在太阳照射下的地面上的飞机如果涂漆的话将有较低的内部温度,与铝相比,涂漆层的发射率高得多,这意味着涂漆层将能比铝吸收更多的辐射能量,这样,按照基尔霍夫定律,涂漆层也将辐射走更多的辐射能量。

5.2.9 近似于黑体辐射体的源

黑体是一个可以作为对红外探测器进行标定的基准的热辐射体。读者必须理解到，一个完美的黑体是一种能够吸收所有的电磁辐射、不反射电磁辐射的理论上的概念体，而且，它具有辐射任何给定的波长的能力。黑体辐射也称为腔辐射。基尔霍夫建立了适当地构建这样的热辐射体必须满足的条件，为了建立这些条件的基线，基尔霍夫将一个黑体的辐射与有一个远小于封闭体的直径的开孔的一个绝热封闭体的辐射进行了比较。一个绝热过程是保持温度恒定的过程，如果满足绝热条件，则通过开孔的辐射接近于黑体辐射。绝热的封闭体的开孔与封闭体直径相比的相对大小，影响着黑体近似的精度。这种辐射源的技术性能测度是有效发射率。

表 5.3 常用材料的发射率

非金属		金属	
材料	发射率	材料	发射率
石棉板	0.96	Ni80CR20 镍铬合金（氧化）	0.87
水泥	0.96	铝（未氧化）	0.03
水泥（红）	0.67	铝（高度磨光）	0.09
水泥（白）	0.65	铝（粗糙磨光）	0.18
布	0.90	商用钢板	0.09
纸	0.93	铋（光亮）	0.34
板石	0.97	铋（未氧化）	0.06
沥青（路面）	0.93	铜（无光泽）	0.07
沥青（沥青纸）	0.93	铜（磨光到棕色）	0.40
混凝土（粗糙）	0.94	铜（未氧化）	0.04
瓦（自然色）	0.63～0.62	碳（未氧化）	0.84
瓦（棕色）	0.87～0.83	蜡烛碳黑	0.95
瓦（黑色）	0.94～0.91	石墨化铜	0.76
棉布	0.77	铬（100℉）	0.08
花岗岩	0.45	铬（1000℉）	0.26
砾石	0.28	钴（未氧化）	0.13
冰（平滑）	0.97	红铜（无光泽）	0.22
冰（粗糙）	0.98	红铜（抛光）	0.03
大理石（白色）	0.95	红铜（粗糙）	0.74
大理石（光滑，白色）	0.56	金（抛光）	0.02
大理石（磨光，灰色）	0.75	铁（氧化）	0.74
砂	0.76	铁（未氧化）	0.05
锯末	0.75	汞	0.12
雪（精细颗粒）	0.82	银板（含镍 0.0005）	0.06～0.07
雪（颗粒）	0.89	银（抛光）	0.02
炭黑	0.97		
樟脑	0.94		
蜡烛	0.95		
煤	0.95		

发射率定量描述着一个实际的加热物体的辐射光谱与黑体的辐射光谱的接近程度。回顾上一章的概念,材料的发射率是材料的表面通过辐射发射能量的能力测度,在理论上,发射率的范围为 0~1,完美的反射体的发射率为 0。取决于光谱发射率怎样变化,可以划分三类不同的辐射体:

(1) 黑体:完美的辐射体,在所有的波长上,其发射率为 1。

(2) 灰体:其发射率是相同温度的黑体发射率的一个恒定百分比,小于 1($\varepsilon < 1$)。灰体的发射率与波长无关,其光谱形状与黑体相同。

(3) 选择性辐射体:发射率 ε 是波长 λ 的显函数。

这些类型的辐射体的概念性的例子如图 5.10 所示。

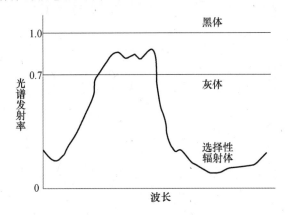

图 5.10 各种辐射体的光谱发射率曲线

注意,对于黑体和灰体,光谱发射率在所有的波长上是恒定的,而选择性辐射体的光谱发射率是变化的。当评估一个未知物体的光谱响应时,这种差别经常可以用于当作鉴别器。

Leslie 立方体,一种装有热水的中空的金属立方体,是一个用来验证某些材料比其他材料能更好地吸收辐射的实验。立方体的 4 个面有不同的粗糙度,如无光泽白、无光泽黑、粗的铝表面和抛光的铝表面,如果我们将手或一个辐射热电偶接近每个侧面,我们可以注意到黑色的表面辐射的能量最大,而抛光的金属表面辐射的能量最小(Poynting 和 Thomson,1906,pp. 230-231)。Leslie 立方体如图 5.11 所示。

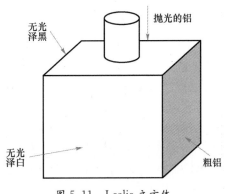

图 5.11 Leslie 立方体

有效发射率的一个典型的例子如图 5.12 所示,该图比较了不同的等效发射率值的曲线。发射率从表面发射率的 0.65(底部的曲线)到 0.95(上部的曲线),如图中的三条曲线所示。当黑体模拟器的口径与球形黑体的直径相比较小时,有效发射率增大,黑体型辐射器变得更像一个真正的黑体。金属的发射率随着温度的增加、氧化和表面粗糙度增大而增大。对于非金属(包括陶瓷和有机材料〔含介电材料〕),发射率随着温度的增高缓慢下降。

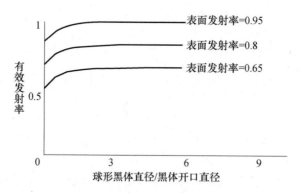

图 5.12　有效发射率变化的图形化表示

Andre Gouffe 致力于构建精密的黑体,他采用了绝热的封闭体的壁是散射反射体的假设,并进一步研究了黑体的有效发射率,散射反射体是一个在各个方向反射的亮度相同的表面(De Vos,1954),散射反射体的一个例子如图 5.13 所示。

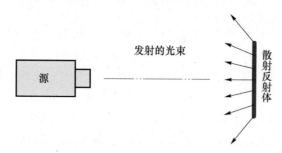

图 5.13　散射反射体的例子

Gouffe 采用这一假设(Sparrow 和 Johnson,1962)推导了求取一个封闭体的等效发射率的方程:

$$\varepsilon' = \frac{\varepsilon(1+K)}{(\varepsilon(1-(A/S))+(A/S))} \tag{5.12}$$

式中:ε' 为封闭体的等效发射率;ε 为封闭体的壁的发射率;A 为封闭体的开孔的面积;$K=(1-\varepsilon)(A/S-A/S_{\circ})$;$S$ 为封闭体的表面积(包括开口);$S_{\circ}$ 为直径从开口到封闭体最远壁的一个球面的表面积。

一个重要的概念是改变封闭体的大小可以改变一个给定表面的封闭体的等效发射率。一个典型的结果是,具有最大的表面积的封闭体具有最大的等效发射率。

需要进一步讨论较早的某些计算假设。Gouffe 原来假设封闭体的壁是完美的散射发射体,De Vos 假设这些壁可以是散射的反射体或非散射的反射体,并得到了与 Gouffe 类似的结果(De Vos,1954)。一个关键的差别是:De Vos 确定当壁的散射性降低时,封闭体的等效发射率降低。

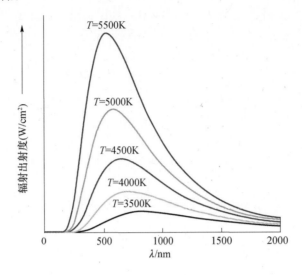

图 5.14　黑体辐射亮度与最大波长的关系

　　Gouffe、Sparrow、Kelly、Johnson、Moore、Campanaro 与 Ricolfi 等人已经完成了几项与发射率相关的研究(Sparrow 和 Johnson,1962;Kelly 和 Moore,1965;Campanaro 与 Ricolfi,1967)。这些研究基于各个研究者的假设所导入的误差,对等效发射率的计算结果的精确性进行了辩论。根据由 Gouffe 提出的公式,圆柱形和锥形封闭体的误差达 2%,这样的精度对于计算等效发射率经常是足够好的。

　　为了进一步改善黑体源发射率的精度,必须转向由 VI Sapritsky 和 AV Prokhorov 所发展的蒙特卡洛方法(Sapritsky 和 Prokhorov,1992)。由于相对误差很小(0.0001%),这种方法已经成为黑体辐射源的等效发射率计算的国家标准。

　　黑体的光谱辐射出射度由普朗克方程决定(式(5.1))。

　　黑体源的一个重要参数是光谱辐射出射度值最大处的波长,这是辐射最大的功率的波长,如图 5.1 所示。物理学家 Wilhelm Wien 建立的 Wien 定律(式(5.13))表明,黑体越热,与空间功率密度(辐射出射度,W/m²)相关的峰值波长越短:

$$\lambda_{max} = \frac{b}{T} \tag{5.13}$$

其中:$b = 2898\mu m \cdot K$;T 为黑体的温度(K)。

5.2.10　面辐射强度计算工具

　　面辐射强度计算采用人工计算经常是很繁重的。现在,大多数面辐射强度计算是采用某种类型的计算机应用或程序完成的。诸如 MATLAB 那样的程序也可以用来精确地建模电磁波与物质的交互作用,并模拟辐射量的传播。FEMLAB 是一种具有基于有限元的仿真能力的、优越的多物理学工具,用于多物理学应用,包括电磁传播建模,还具有其他有用的物理学建模能力。

5.2.11　制图比例尺的选择

制图比例尺的选择影响着黑体光谱辐射分布曲线的形状,图 5.15 所示为黑体辐射曲线的线性－线性比例尺图(第一幅图)和对数－对数比例尺图。注意,这两幅图的曲线具有相似的形状,但在对数－对数比例尺图中,Wien 函数是一个斜线,而在线性－线性比例尺图中,Wien 函数是一个指数曲线。

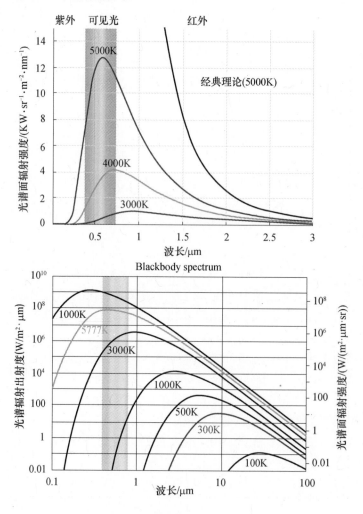

图 5.15　黑体的相对光谱分布曲线

5.2.12　辐射效率

热辐射效率由下式给出:

$$\frac{W_\lambda}{W}=\left(\frac{c_1}{\lambda^5}\right)\left(\frac{1}{e^{((c_2/\lambda T)-1)}}\right)\left(\frac{1}{\sigma T^4}\right) \tag{5.14}$$

其中效率被定义为给定波长上的辐射出射度除以由斯特藩－玻尔兹曼定律所给出的总的辐射出射度。红外图像检测与背景温度有很大的关系,当目标温度接近背景温度时,对比度很低,目标检测可能非常困难。

可以通过将普朗克函数相对于温度取偏微分得到辐射对比度的最大值(C_{rad}):

$$C_{rad} = \frac{\partial W_\lambda}{\partial T} = W_\lambda \frac{\psi}{T} \tag{5.15}$$

式中:ψ 为由 Pivovonsky 等提供的一个表里的值(1961)。

对于一个给定的黑体温度—波长组合,在一个波长上的光谱辐射出射度的最大变化率服从

$$\lambda_c T = 2411 \tag{5.16}$$

其中波长的下标"c"表示变化。

5.2.13　制作黑体源

前面一节描述了某些试验室的黑体型辐射源。前面提到,通过 VI Sapritsky 和 AV Prokhorov 的研究,已经发展了一种以接近完美黑体辐射体的精度制作高质量黑体型封闭体的基于蒙特卡洛的方法(Sapritsky 和 Prokhorov,1992;Hanssen,2004)。为了仿真电磁波谱的红外部分,可以采用一个典型的黑体型源来产生一定范围的响应。作为一个例子,一个有半英寸的开口的黑体型源,可以产生对应于 400~1300K 温度范围的响应。当开发这种标定工具时,精度取决于封闭体的结构(球形、圆锥形、圆柱形)、绝热、封闭体壁的发射率和封闭体腔的直径与出口缝的长度之比。模拟黑体的精度也取决于核的选择,这是封闭体内的大质量的材料,必须实现均匀加热以确保近似的绝热条件。

通过改变核的特征,可以改变封闭体壁的发射率。不同的表面粗糙度和变化的温度会影响发射率。经处理表面的表面条件和氧化对发射率有显著的影响。图 5.16 是美国国家标准和技术研究院(NIST)的一个实例,它说明了圆锥形黑体辐射源的典型的构造(Prokhorov 等,2010)。

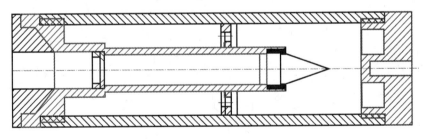

图 5.16　具有圆柱—圆锥腔的固定点黑体

任何黑体型源的温度的测量通常是采用美国国家标准和技术研究院的 Gibson 所描述的光谱面辐射强度和辐射通量密度刻度进行的(Gibson,2010)。光谱面辐射强度标定的典型设置如图 5.17 所示。将一个标定灯放置在距一个散射板面"d"距离处,选择灯放置的方向使散射板接收垂直的照射,相应地,被照射的板像一个均匀的辐射源,这个板的辐射为图 5.17 的底部所示的输入面辐射强度的光学系统提供照射源。Pisulla 的报道指出,如果从散射板到面辐射强度的输入光学系统的距离太大,则该光学系统将不是由照射板均匀照射的,这种标定将是无效的(Pisulla 等,2009,pp. 516—527)。

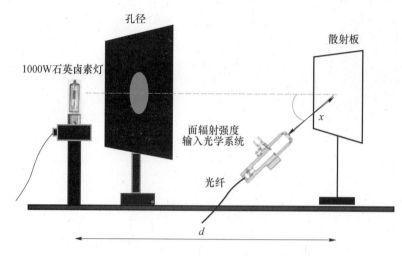

图 5.17　光谱面辐射强度标准标定设置

由于事实上通常不需要非常精确的温度读出,可以采用成本更低的测温器件。采用与温度控制器设定点匹配的简单的热电偶标定经常就足够了。可以在实验室环境中制作标准的不锈钢黑体。

可以实现各种计算以确定在假定的温度和等效发射率上辐射出射度的变化。例如,采用斯特藩－玻尔兹曼方程,我们可以采用式(5.15)确定 800K、等效发射率 0.99 的辐射出射度。

$$W = \varepsilon \sigma T^4 \tag{5.17}$$

其中:W 为辐射出射度($\mathrm{W/m^2}$);ε 为封闭体壁的发射率;T 为温度(K);$\sigma = 5.6697 \pm 0.0029 \times 10^{-12} \, \mathrm{W/(cm^2 \cdot K^4)}$。

通过对 5.16 进行微分,我们确定了在一个给定的温度(K)上辐射出射度的百分比变化。其结果如式(5.17)所示:

$$\frac{\mathrm{d}W}{\mathrm{d}T} = 4\varepsilon \sigma T^3 \tag{5.18}$$

将式(5.16)乘以源的表面积,我们确定了由源辐射的光功率:

$$P = A \varepsilon \sigma T^3 \tag{5.19}$$

其中:P 为辐射的功率(W);ε 为封闭体壁的发射率;T 为温度(K);$\sigma = 5.6697 \pm 0.0029 \times 10^{-12} \, \mathrm{W/(cm^2 \cdot K^4)}$。

适当地构建一种黑体需要将温度控制在几分之一度(De Vos,1954)。Gouffe 已经研究了限制孔径对发射率的影响(Kelly 和 Moore,1965)。然而必须注意,这些孔径的影响不适用于绝热型的黑体。

测量孔径的适当的方法可能包括工具显微镜,或者采用投影到标定屏上的称为光学比较的方法。Fowler 报道了在最坏的场景下产生 0.04% 的误差的光学比较方法,这是美国国家标准与技术研究院的标准(Fowler 和 Gyula,1995,pp.277—283)。注意,这种方法在测量非对称的孔时非常有用。由于事实上灰尘对这样尺寸的孔径有较大的影响,对孔径尺寸的一般标准是大于 0.01 英寸。可以采用更先进的方法(包括采用辐射度计),以确定较小的孔径的尺寸。当试图实现更高精度的测量时,必须认识到黑体是一个郎伯源,郎伯源的面辐射强度符合郎伯余弦定律。

Fowler 对郎伯余弦定律的陈述指出："理想的光学源的面辐射强度与从源处观察相对于最大面辐射强度方向的角度的余弦成正比"(国家电信和信息管理局,1996)。因此,必须注意观察角度,在计算中必须计及对观察角的校正。正如对黑体类型的最后一个澄清点那样,必须提及当前可以得到的尺寸和孔径的变化范围,某些黑体可以从仅几盎司到超过 300 磅,孔径可以从几分之一英寸到几英寸。也有一些采用专利的黑体结构,细节信息较少披露。

新技术可能具有能标定到 1/100°的能力,如 Leitenberger 的红外标定器件。作为一个例子,图 5.18 中给出了 Leitenberger 的红外标定器件的图片。

图 5.18　Leitenberger 的红外标定器件

5.2.14　源、标准和美国国家标准技术研究院

对辐射能量源的测量要对标美国国家标准技术研究院,物理测量和标定要参照其标准。在包括国防部应用在内的政府应用中,美国国家标准技术研究院一般要指导测量标准。自 2006 年以来,美国国家标准技术研究院已经制定了称为 ITS-90 标准的辐射温度测量标准,这一标准规定了精密的标定点,如镓的熔点或锡的凝固点,这些点被用于标定目的。注意,一般的理解是标定点要比采用这些点进行的标定要精确 10 倍以上(Johnson 等,1994,pp. 731—736)。

美国国家标准技术研究院已经建立了许多用于红外器件标定的标准,对本书而言,最重要的是黑体红外光谱特性标准,在这一标准中,美国国家标准技术研究院采用固定点黑体源,采用用于发射率计算的蒙特卡洛计算程序,采用中分辨率傅里叶变换光谱仪用于误差小于 0.1%的面辐射强度测量(Hanssen,2006)。美国国家标准技术研究院认定的所有的黑体红外光谱特性测量是在中等背景红外设施(MBIR)中完成的,这一设施装有大面积黑体源、中等背景红外设施绝对低温辐射度计,以及热红外变换辐射计。大面积黑体是一种能够在 180～250K 之间测量的黑体源,在 1～14μm 波长范围内估计腔发射率为 0.999(Johnson 和 Rice,2006c)。美国国家标准技术研究院的低背景红外设施如图 5.19 所示。

中等背景红外设施绝对低温辐射度计是一种采用主动腔的辐射计,用于宽带面辐射强度的绝对测量(Johnson 和 Rice,2006a)。NIST 所给出的中等背景红外设施绝对低温辐射度计的示意图如图 5.20 所示。

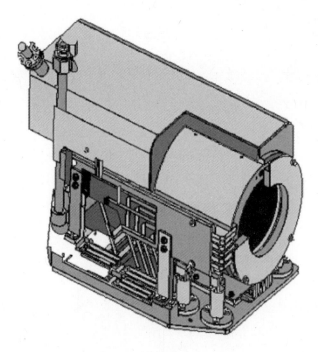

图 5.19　低背景红外设施

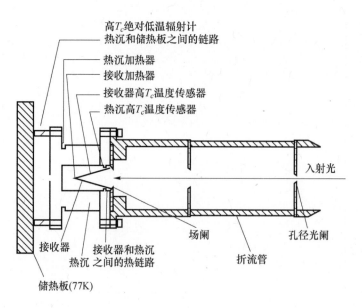

图 5.20　中等背景红外设施绝对低温辐射度计示意图(经允许复制自美国国家标准技术研究院高 T_c SCAR,http://www.physics.nist.gov/ TechAct.98/Div844/ div844h.html。)

　　热红外变换辐射计是一个有一个用于对宽带面辐射强度进行绝对测量的主动腔辐射计(Johnson 和 Rice,2006a),NIST 所给出的中等背景红外设施热红外变换辐射计的示意图如图 5.21 所示。

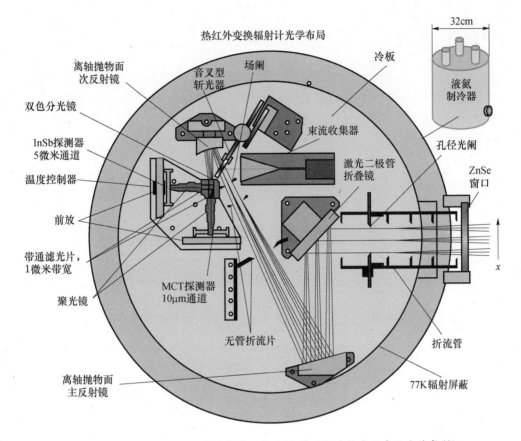

图 5.21　热红外变换辐射计的光学示意图(经美国标准技术研究院允许复制)

美国国家标准技术研究院使用中等背景红外设施的标准包括热的面辐射强度、热的面辐射强度灯、相对黑体进行标定的光谱面辐射强度灯。

5.2.14.1　光源

在本节,我们概述可以得到的光源,我们介绍了在电磁波谱的紫外、可见光和红外部分的一般的光源,并简要地描述了它们的特性。我们根据所处的电磁波谱来划分光源,我们首先介绍紫外源,然后介绍可见光源,最后介绍红外源。

5.2.14.2　紫外辐射源

电磁波谱的紫外部分划分为 4 个波段:①覆盖 315~400nm 的长波紫外(UVA);②覆盖 280~315nm 的中波紫外(UVB);③覆盖 200~280nm 的短波紫外(UVC);④覆盖 100~200nm 的真空紫外(VUV)。紫外的应用包括:长波紫外,材料的焊接和烘烤、非破坏性测试;中波紫外,焊接和烘烤、阳光老化研究;短波紫外,杀菌、消毒灭菌、快速表面烘烤;真空紫外,真空微电子学。紫外光传输机理包括直接照射和诸如光纤那样的光波导。

5.2.14.3　发光二极管

紫外发光二极管在紫外谱段产生窄带并且可以调谐的光功率,与标准的紫外灯相比,紫外发光二极管源是较耐久的,可以持续超过 20000h。可以得到的商用紫外发光二极管的代表性的波长跨紫外波谱,包括各种中心波长(265、280、310、365、385、395、400、405 和可调谐的光源),可以实现 $30kW/m^2$ 的功率密度。这类紫外光源的一些缺点包括所能达

187

到功率密度被限制在毫米级的光斑尺寸内,可实现的功率是常规的弧光灯的 20%,有些固化方法需要附加的波长(Lumen 动力学公司,2014)。

5.2.14.4 紫外灯

紫外灯采用气体放电机理在 250~600nm 的谱段内输出光功率,常用的气体是汞、氩、氘和氙。荧光紫外灯采用汞在 185nm 和 253.7nm 的波长上产生短波照射,253.7nm 是主要产生的波长。较短的波长经常被含汞石英管中的杂质所滤除。短波紫外灯用于食品加工和实验室的灭菌,也用于自来水的消毒处理。紫外灯的其他应用包括制革处理、尿检测、伪币等伪造品的检测和犯罪场景监测。这类紫外光源的缺点为像汞那样的材料具有毒性,启动时间相对长(分钟级),与紫外发光二极管相比耐久性较差。

5.2.14.5 紫外/可见光/红外激光器

由于激光源跨越电磁波谱的紫外、可见光和红外,我们将这几个波段的激光源放在一起讨论。激光这一词表示受激发射的辐射产生的光放大。激光具有高的面辐射强度、优越的方向性、相干性,而且易于调制,是电磁波谱的紫外、可见光和红外部分的光源的良好的候选者。现在,激光是工业界采用的主要光源。激光被广泛应用于医疗、商用、工业和军事部门,并广泛应用于娱乐业和学术界。激光发射近单色的、同相位的连续的或脉冲的光束。激光是高度方向性的,可以聚焦到一个小的光斑,得到高的空间功率密度。所辐射的光的波长取决于激光材料的能量带隙特性。有不同类型的激光,可以根据激光介质材料进行分类,包括固体、气体、液体或半导体激光器,见表 5.4。

表 5.4 激光器的类型(根据材料分类)

激光器的类型	例 子	特 性
固体	玻璃 晶体	非半导体
气体	铜蒸汽 CO_2 气体分子	高功率应用 脉冲模式应用 便宜、简单的技术
液体	染料	用于光谱的可见光和非可见光部分 低功率应用 CO_2 激光器在远红外发射能量 用于产生超短脉冲 在光谱的可见光部分的各种波长
半导体	铝镓砷化物 磷化铟	光学数据传输系统(CD 和 DVD)

无论在哪个谱段发射辐射,所有激光器都需要用于激发和放大激光辐射的激光材料、激光腔和反射镜。第一个受激发射的辐射是在电磁波谱的微波部分发现的,这是受激发射放大的微波辐射(MASER)。激光器的类型的选择取决于应用。紫外激光用于皮肤病学、肿瘤学、高精度外科手术、激光频谱仪、质谱仪、激光雷达、微加工等。可见光激光器被用于切割、准直、检验、打印、通信、娱乐和科学、军事、医疗、工业及商用应用。红外激光器应用包括照射源(尤其是中波红外部分)、远距离爆炸物检测、红外频谱仪、光谱成像、热视觉、工业过程控制、医疗诊断、有害化学物检测和军用热红外对抗。

5.2.14.6 可见光光源

正如在电磁波谱的紫外部分一样,可以获得各种商用可见光光源,包括白炽灯、荧光灯、发光二极管和激光器。室内的主要可见光光源是白炽灯和荧光灯。在白天,太阳是室外的主要自然光源,在夜间主要的自然光源是星光、月光和远处的火。取决于位置,可以从北极的极光、某些海洋生命和萤火虫的生物荧光、进入大气的流星、彗星、火山、闪电、宇宙射线、云等自然光源观察到自然光。也有各种人造光源,包括核和高能源、定向化学光源、燃烧和其他各种源(Lighting,2014)。有各种商用光源,包括宽带的、窄带的、准单色的和单色的,源可以是空间上或时间上相干的、部分相干的或非相干的。经常采用宽带源和单色仪来产生一个窄带源,光谱源的线宽由单色仪上的出口狭缝的大小确定。在可见光谱段有可调谐的、窄带源。火是一种与在光谱的紫外、可见光和红外部分产生能量的与燃烧相关的发热化学反应,对于在可见光谱段内可以观察到的光,温度为从 525℃(红色)到 1500℃(亮白色)。

5.2.14.7 红外源

为了发射红外辐射,一个物体的绝对温度必须超过 0K。有各种红外源,包括黑体辐射源、钨灯和碳化硅光源。当进行光学系统测试或标定时,可用的源包括商用的红外源和光谱仪、太阳模拟器或标定器件。这些源通常是便宜的,是完全得到美国国家标准技术研究院认证的标准光源的替代品。在下面的章节将讨论最常用的源。

5.2.14.8 能斯脱灯

德国物理学家 Walther Nernst 在 1897 年发展了这种光源。这些器件由一个稀土元素的氧化物制成的灯管组成,能产生类似于黑体的辐射,典型的工作波长范围为 $2\sim14\mu m$。能斯脱灯的发射率在 0.6 量级,它具有独特的设计特性,当冷时是一个非导体,当加热到 400℃ 以上时是一个导体。这种光源在红外光谱仪中是有用的。一种有代表性的能斯脱灯如图 5.22 所示。

EVZ-066能斯脱灯

图 5.22 能斯脱灯

相对于碳化硅加热电阻,能斯脱灯的优点是它工作在大气中,使用较少的能量,而且寿命长。对于较短的波长,能斯脱灯比碳化硅加热电阻更好。缺点是它需要预加热。

5.2.14.9 碳化硅加热电阻

碳化硅加热电阻是与光谱仪配合使用的,易于加热到 1200～1400K,平均发射率为 0.8,在工作时,不需要预加热。碳化硅加热电阻比能斯脱灯稳定,但必须冷却,且需要的能量比能斯脱灯大。

5.2.14.10 碳弧光灯

碳弧光灯利用两个碳电极之间的交互作用产生较高的面辐射强度和辐射强度,电极要接触在一起以激发电弧,接着被分开以产生小的间隙,电使碳蒸发并产生强烈的白光。碳弧灯对于用作太阳模拟器是理想的,因为它工作在 5800～6000K 范围。需要对电接触进行水冷,以避免形成电弧。

5.2.14.11 钨灯

钨灯被用来产生在电磁波谱近红外部分的标定辐射。例如,基于它们所传播的波长,钨灯的光谱输出有一个可变的相对光谱功率。钨灯的热辐射从较低波长的300nm到较长波长的1400nm,这样它们可以辐射出从紫外到近红外的连续光谱。在近似900nm处,钨灯输出的光谱辐射出射度最大。钨灯通过使电流通过一个小的钨材料灯丝来产生白炽照射,某些一般的例子是常规的灯泡。由于作为一种光辐射器是高效的,钨被选作基本的材料。

5.2.14.12 太阳

太阳提供了一种测量辐射通量密度的手段,但必须针对大气湍流进行误差校正。这种源提供了一种发射红外辐射的不可预测的手段。在地球表面接收到的太阳的辐射通量密度取决于各种因素,如灰尘、微粒、分子、气溶胶、霾和云等。观察者的高度和相对于太阳的角度也是重要的。虽然太阳产生最大面辐射强度的波长在可见光谱段,它在红外谱段也辐射较大的能量。

表5.5给出了典型的红外辐射源的代表性的数据,它给出了材料类型、辐射源和发射波长。

表5.5　红外源的类型

类型	材料	辐射源实例	波长/μm
热辐射	钨	红外灯	1~2.5
	碳化硅	碳化硅加热电阻	1~50
	陶瓷	能斯托灯	1~50
	金属	金属壳体加热器	4~10
	碳	碳弧灯	2~25
冷辐射	汞	汞灯	0.8~25
	氙	氙灯	
激励的辐射	二氧化碳	二氧化碳激光器	9~11
	铅化合物	PbSnTe激光器	6~7

5.2.15　常规目标的特性

除了上面提到的红外源之外,有各种自身产生热辐射的物体/目标,这些辐射可以被红外系统探测到。我们现在简要地描述某些更有用的常规目标。

5.2.15.1 飞机:涡轮喷气发动机

要分析的第一种物体是涡轮喷气发动机。这是一种有用的物体源,因为事实上它发射大量的辐射能量,其辐射能量是高温燃烧过程的结果。由于在军事应用中采用的涡轮喷气发动机的保密性,在这里不能讨论,但可以参考解密的商用或民用涡轮喷气发动机。在互联网上可以得到有关喷气推进和涡轮喷气发动机的演进和设计的资料。图5.23可用于对喷气发动机进行基本的理解。

采用互联网搜索引擎可以找到各种飞机和导弹的技术指标和像洛克希德·马丁公司与雷神公司那样的主要公司公开发布的研究工作。

在理解了前面介绍的源的机理之后,读者应当注意到涡轮喷气发动机的主要红外辐射源是金属尾喷管和排出的热气流(称为喷焰)。由于事实上尾喷管是一个长的圆柱形的,其口径让热的气体排出,尾喷管类似于一个黑体型的源。排出的气体的温度通常采用

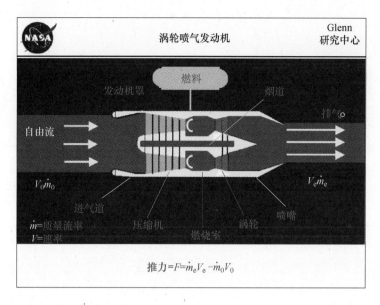

图 5.23　涡轮喷气发动机基本框图（经 NASA 允许复制，涡轮喷气发动机推力，http://www. grc. nasa. gov/WWW/K−12/airplane/turbth. html。）

热偶元件测量，涡轮喷气发动机的尾喷管的等效发射率通常假设为 0.9，这是小于 1 的恒定的发射率，且与波长无关，这使涡轮喷气发动机类似于一个灰体。

　　燃烧过程产生水蒸气和氧化碳，这些成分影响着在 $4.5\mu m$ 和 $2.8\mu m$ 波长上的光谱辐射的传输，这对于探测应用是有价值的信息。下式可以用于确定在通过排气喷管并扩张后的气体的温度：

$$T_2 = T_1 \left(\frac{P_2}{P_1}\right)^{\gamma-1/\gamma} \tag{5.20}$$

式中：T_2 为通过排气喷管后膨胀的气体的温度（K）；T_1 为排出的气体的温度（K）；P_2 为膨胀后气体的压强（大气）；P_1 为在尾喷管中的其他的压强（大气）；γ 为气体的热容比（恒定的压力和体积下的比热）。

　　下式用于确定排出的气体的温度，假设气体的压强仅膨胀到周围的压强：

$$T_2 = 0.85 \times T_1 \tag{5.21}$$

　　实际的大气条件（相对原子、分子和气溶胶浓度和气体分子的温度）将影响涡轮喷气发动机的辐射的传输。有关大气效应的更多的信息见第 6 章的讨论。

5.2.15.2　飞机：涡轮风扇式发动机

　　在我们开始分析涡轮风扇式发动机时，采用以下式子来表示如何确定在给定质量流和相对速度时的推力：

$$F = \dot{m}(V_e - V) \tag{5.22}$$

其中：F 为推力；$\dot{m}$ 为质量流[①]；V_e 为向后排出的气流的速度；V 为向前排出的气流的速度。

　　涡轮风扇式发动机的推力是由涡轮喷气发动机部分和来自风扇的大量空气产生的。

---

① 原书有误，译者改。

图 5.24 描述了涡轮风扇式发动机的内部工作,通常涡轮风扇式发动机的辐射小于涡轮喷气发动机的辐射。

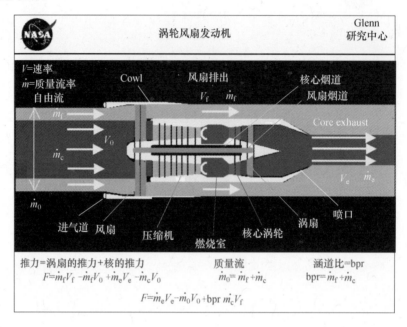

图 5.24　涡扇发动机基本框图(经 NASA 允许复制,涡扇发动机推力,http://www.grc.nasa.gov/WWW/k—12/airplane/turbfan.html。)

5.2.15.3　飞机:加力燃烧

为了快速定义什么是加力燃烧,读者必须熟悉典型喷气发动机的工作环境。通常,所能获得的氧气的 1/3 在发动机的燃烧室内燃烧,其余 2/3 在尾喷管中燃烧,在尾喷管中的燃烧称为加力燃烧过程,用于帮助增加飞机的推力。随着跨排气喷口的压强比的增大,尾焰的温度降低。例如,在马赫数为 3 时,排出的气体的温度是亚声速时的温度的一半。虽然这一温度降低,工程师必须认识到,随着速度的提高,飞机机体受到的加热也增大,与此相关的辐射也增大。

5.2.15.4　飞机:冲压喷气发动机

冲压喷气发动机没有常规的涡轮发动机的燃烧室前面的压缩室,它的压缩来自运动的冲压喷气发动机的引擎。在马赫数为 2 时,引擎的压缩比为 7,然而,引擎必须工作在冲压发动机能够有效工作的速度。涡轮喷气发动机和冲压喷气发动机的组合似乎是在变化的速度下给出最大的推力的一个好的组合。冲压喷气发动机没有运动部件,排出的气体的温度在较高的速度时较低。对于冲压发动机,其排出的气体的温度的计算与涡轮喷气发动机的排出气体的温度的计算相同。

5.2.15.5　火箭

火箭采用它本身的燃料和氧化剂工作,因此,不需要大气中的空气,它可以工作在像空间那样的真空中。标准的火箭引擎的设置包括推进剂、燃烧室和排气喷口。Rosenberg 对采用液态氧和煤油的火箭推进剂的计算描述了喷出的喷焰锥的连续的辐射(Rosenberg 等,1962),火箭的主要的辐射源是喷焰的辐射。

5.2.15.6　大气的气动加热

在速度超过马赫数 2 时，红外探测器可以明显地探测到大气的加热效应。一个运动的物体受到大气的阻挡的点称为滞流点(驻点)。下式可以计算这些点的温度：

$$T_s = T_0\left(1 + \gamma\left(\frac{\gamma-1}{2}\right)Ma^2\right) \tag{5.23}$$

式中：T_s 为驻点温度(K)；T_0 为在驻点处的静态温度(K)；r 为恢复因子；$\gamma=1.4$，为在恒定的压力和体积下空间的比热；Ma 为马赫数。

由于大部分的热被辐射出去了，好的辐射体的表面受到大气的加热不太容易被探测到。

5.2.15.7　人员

在大于 $4\mu m$ 的波长上，人体的皮肤的平均发射率近似为 0.98 和 0.99，且发射率不受肤色的影响。男人的皮肤的平均温度为 32℃(305K)，辐射强度为 93.5W/Sr，穿着的衣服使这一辐射强度降低(Hudson,1969)。皮肤的温度可能低到 0℃，这取决于环境条件。

5.2.15.8　地面车辆

地面车辆的典型的油漆的发射率为 0.85，腐蚀、灰尘和磨损会使发射率增大。军用车辆设计师能很好地认识到车辆的主要辐射源是排气喷管，因此车辆设计师将使这些辐射体放在车辆的下面隐藏起来。

5.2.15.9　星体

恒星的表观亮度是当观察点在地球大气层外时恒星所提供的光照度，亮的恒星可采用可见光或红外谱段探测。仅对少量的可见的恒星估计了光谱面辐射强度，仅有 19 个恒星的光谱面辐射强度 $>10^{-12}\,W/cm^2/\mu m$。在图 5.25 中，我们可以看到各个恒星的黑体辐射曲线。这些轮廓是根据温度和视觉数据估计的(Ramsey,1962)，各个曲线的峰值是采用维恩位移定律确定的。

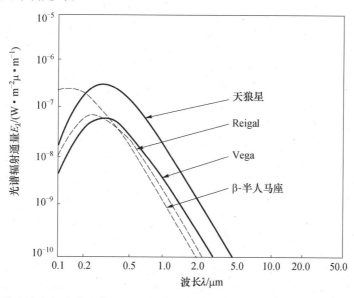

图 5.25　计算的地球大气层外的亮的恒星光谱辐射通量密度(引用 Ramsey,R.C.,Appl. Opt.,1 (4),465,1962。)

5.2.16 背景辐射和杂波

当采用红外系统探测物体时,将很可能有一些物体会干扰探测过程。某些背景辐射源(包括地球、天空、外空间、恒星和行星)可能干扰探测过程。另外一个问题是目标之外的物体会在相同的波段辐射,这些物体称为杂波物体。有时可以采用光学滤光和调制方法来抑制某些背景和杂波效应。

5.2.16.1 地球

地球是一个热辐射源,具有表面辐射,且反射和散射太阳的辐射。太阳的最大的光谱面辐射强度在大约 $0.5\mu m$ 的波长上,地球的最大的光谱面辐射强度在 $10\mu m$ 的波长上。无论地形如何,无论是否有雪、草、土壤或白沙,面辐射强度曲线是对的,图 5.26 中描述的面辐射强度曲线是白天时地球的平均光谱面辐射强度。无论地形如何,其他材料的面辐射强度曲线的形状类似于图 5.26 的土壤面辐射强度曲线。土壤的响应类似于在 35℃ 时的黑体的响应。

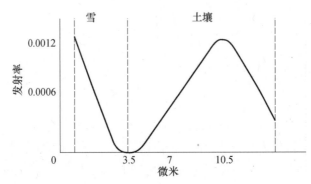

图 5.26 白天时地球上的土壤($32℃$,大于 3.5μ)和雪(下降曲线,从 2μ 到 3.5μ)的代表性的光谱面辐射强度

5.2.16.2 大气和大气层上

当观察天空时,需要考虑大气和气溶胶的分子结构,水蒸气、氧化碳和臭氧都对大气的发射率有着重要的影响。我们必须知道大气的温度和我们的视线的仰角,以便确定天空的面辐射强度。在低仰角时,我们看到一个通过大气的长的路径。在较高的仰角时,路径较短,发射率变低。在 $0°$ 的仰角时,天空的光谱辐射看起来与地球的类似,它接近于一个峰值波长在 $10\mu m$ 附近的黑体的曲线。然而,在仰角为几度时,大气中的吸收带对 $7\sim15\mu m$ 之间与 $16\sim20\mu m$ 之间的信号有强烈的吸收。

在深空中没有大气,深空的背景辐射的量级在 3K。在近地球的环境中的背景辐射明显较高,可能有大幅度的波动(如在 $175\sim393K$ 之间波动)。

5.2.17 常见材料的发射率

已经测量了常见材料的发射率,这些可以在许多参考书中查到。表 5.6 给出了各种常见的金属材料的发射率。注意,有意思的是表面条件也是影响着发射率数据的因素。

表 5.6 表明,抛光的金属的发射率低。然而,发射率随着温度的增高而增大,在物体表面形成氧化层时会有显著的增大。

表 5.6　金属和其他氧化物的发射率

金属和其他氧化物	条　件	发 射 率
铝	抛光铝板	0.05
	未加工铝板	0.09
	阳极化铝板,铬酸处理	0.55
	真空淀积	0.04
黄铜	高度抛光	0.03
	采用 80 号粗刚玉砂磨光	0.2
	氧化	0.61
红铜	高度抛光	0.02
	重氧化	0.78
金	高度抛光	0.21
铁	铸造抛光	0.21
	铸造抛光	0.64
	铁板,重度生锈	0.69
镍	电镀,抛光	0.05
	电镀,未抛光	0.11
	氧化	0.37
银	抛光	0.03
不锈钢	18-8 型,磨光	0.16
	18-8 型,氧化	0.85
钢	抛光	0.07
	氧化	0.79
锡	商用镀锡铁皮	0.07

来源:数据源于(Infrared Information and Analysis Center (Ann Arbor,MI),The Infrared and Electro-Optical Systems Handbook. Sources of Radiation,Vol. 1,Societyof Photo Optical,Bellingham,WA,http://oai. dtic. mil/ oai/oai? verb=getRecord&metadataPrefix=html&identifier=ADA364020,accessed April 1,2014,1993.)

5.2.18　常见的非金属材料的发射率

非金属材料具有非常高的发射率,这样较容易对这样的物体实现远距离处(包括从空间卫星上)探测。表 5.7 给出了经常用于建筑和工业方面的常见非金属材料的发射率,许多非金属材料的表面发射率值大于 0.9。

表 5.7 表明在室温下非金属材料的表面的发射率通常大于 0.8,但发射率随温度的升高而降低。

表 5.7　非金属材料的发射率

非金属材料		发射率
砖	通用的红砖	0.93
碳	蜡烛烟灰	0.95
	石墨	0.98

非金属材料		发射率
混凝土		0.92
玻璃	抛光平板	0.94
光漆	白	0.92
	无光泽黑	0.97
润滑油(镍上的薄膜)	仅镍基底	0.05
	油膜:1,2,0.005in.	0.27,0.46,0.72
	厚的润滑油涂层	0.82
油漆	16色平均	0.94
纸	白二号纸	0.93
涂墙灰泥	粗糙的墙皮	0.91
沙		0.90
人的皮肤		0.98
土壤	干性	0.92
	充满水	0.95
水	蒸馏水	0.96
	光滑的冰	0.96
	冰晶	0.98
	雪	0.90
木头	抛光橡木	0.90

来源:数据源于 Infrared Information and Analysis Center (Ann Arbor, MI), The Infrared and Electro-Optical Systems Handbook. Sources of Radiation, Vol. 1, Societyof Photo Optical, Bellingham, WA, http://oai. dtic. mil/oai/oai? verb=getRecord&metadataPrefix=html&identifier=ADA364020, accessed April 1, 2014, 1993.

每个物体所发射的辐射可以用于各种有用的应用。取决于所要探测的目标,有许多具体的应用可以划归为保密的军事应用。然而,实际上周围有一些不保密的物体,这些目标的辐射特性可以采用诸如普朗克定律和维恩定律这样的辐射定律来分析。

5.2.19 应用案例

对于以下每个案例,可以计算来自物体的辐射出射度、总的辐射功率和辐射最强的波长,所采用的公式如下:

(1)辐射出射度:我们将采用斯特藩-玻尔兹曼定律,式(5.16)。

(2)辐射的功率:我们将采用式(5.18)。

(3)峰值波长:我们将采用维恩定律,式(5.12)。

5.2.19.1 应用案例 1:太阳

太阳的直径近似为 1.392×10^9 m,它的表面温度为大约 5778K。恒星被看作完美的黑体,因此,对这一案例,ε 值为1。

辐射出射度为

$$W = 5.67 \times 10^{-8} \times 5778^4 = 63196526.546 \, \text{W/m}^2$$

辐射的功率为

$$P = AesT^4 = AW = 4p \left(\frac{1.392 \times 10^9}{2} \right)^2 \times 5.67 \times 10^{-8} \times 0.5778^4 = 3.85 \times 10^{26} \, \text{W}$$

峰值波长为

$$\lambda_{\max} = \frac{2898 \mu \text{mK}}{5778 \text{K}} = 5.02 \times 10^{-7} \, \text{m} = 502 \text{nm}$$

太阳的辐射峰值波长在电磁波谱的可见光部分。在空间中太阳的颜色实际上是白色的,然而由于光的吸收和散射,在地球表面看太阳看起来是黄色的。当观察恒星的温度时,较热的恒星看起来是蓝色的,较冷的恒星看起来更偏橙色和红色。有趣的是,注意到在空间中太阳常数大约为 0.140W/cm^2,在表面,这一值近似为 0.09W/cm^2。

5.2.19.2　应用案例:熔炉

在这一案例中,我们采用直径为 3m、温度为 1800K 的熔炉中圆形的盛放熔化铁水的铁水池。熔化的铁表面的发射率为 0.42.

辐射出射度为

$$W = 0.42 \times 5.67 \times 10^{-8} \times 1800^4 = 249989.85 \, \text{W/m}^2 = 250 \text{kW/m}^2$$

辐射的功率为

$$P = AesT^4 = pr^4 W = p1.5^2 \times 0.42 \times 5.67 \times 10^{-8} \times 1800^4 = 1.76 \text{MW}$$

峰值波长为

$$I_{\max} = \frac{2898 \mu \text{m} \cdot \text{K}}{1800 \text{K}} = 1.61 \times 10^{-6} \, \text{m} = 1610 \text{nm}$$

峰值波长在红外谱段,但在电磁波谱的红外部分仍然是可以观察到的。

5.2.19.3　应用案例:沙漠中的人

对于沙漠中的人,假设一个边境巡逻人员和一个处于 25℃ 工作温度的机载红外系统观察一个温度 305K、估计的可见截面积为 0.42m^2 的人员。根据表 5.7,人的皮肤的发射率为 0.98。

辐射出射度为

$$W = 0.98 \times 5.67 \times 10^{-8} \times 305^4 = 480.8 \, \text{W/m}^2$$

辐射的功率为

$$P = A\varepsilon\sigma T^4 = 0.42 \times 0.98 \times 5.68 \times 10^{-8} \times 305^4 = 201.95 \, \text{W}$$

峰值波长为

$$\lambda_{\max} = \frac{2898 \mu \text{mK}}{305 \text{K}} = 9.501^{-6} \, \text{m} = 9.5 \mu \text{m}$$

代表性的人的峰值发射波长大约为 $9.5 \mu \text{m}$,处在红外波谱的长波部分,人体不发出任何实际的可见光辐射,在夜间可以通过采用红外系统检测到人流。

5.2.20　实际的探测应用

现在,光电和红外系统被用于边境巡逻应用以便跟踪人员流。光电系统用于在白天高空间分辨率成像,红外系统经常在夜间使用。人体是一个好的红外源,人体的典型的温度大约为 305K,人的峰值光谱辐射出射度在 $9.5\mu m$ 处,因此经常采用在这一波长上或在这一波长附近优化的探测器。

5.2.21 转向对话,确定利益攸关者、需求和范围

在下一节,我们将考察一个一般的公司在项目开始时所出现的一个典型的场景。正如在前面的章节中那样,我们采用一个称为 Fantastic 成像技术公司的虚拟的公司来在一个建模的真实世界场景中说明在前面的章节所讨论的概念,目的是说明怎样将 5.1 节中介绍的系统工程原理应用到 5.2 节中给出的光学构成模块的技术材料中。我们将说明怎样将 QFD 方法应用到问题定义阶段,以获悉并理解利益攸关者的需要。我们还将说明怎样采用 5.2 节的分析方法来获得与运行概念相关的物理约束,并帮助理解光学系统的性能特性。

5.3 综合案例分析:简介

在这一综合案例分析中,我们发现 FIT 公司正在针对最近签订的为国土安全部的用于每周 7 天、每天 24 小时的边境巡逻的无人机配备先进成像系统的合同,积极开展各项工作。作为最近的会议的结果,FIT 公司正在进行辐射度学分析,以确定采用被动成像技术途径是否能有足够的可探测的信号,或者需要采用主动成像技术途径(如需要采用基于激光的成像技术途径)。由 Tom Phelps 牵头的光学设计团队,分析了 Raytheon 公司的 MTS-B-20 框架并在准备可行级的基本光学设计,以将 FIT 的成像系统集成到 21 架无人机上。可行级的光学设计的目的是帮助进行辐射通量分析,并为空间分辨率、视场和扫描的分析和建模提供基本的光学参数。FIT 的首席信息官 Garry Blair 正与业务开发部门的 G. Arlene、运行管理部门的 H. Jean、IT 和技术支持部门的 E. Steven 和需求与配置管理部门的 C. Marie 及新任命的国土安全部项目的项目经理 R. Ginny 一起开展企业体系架构工作。由 Karl Ben 和 O. Jennifer 所牵头的系统工程团队刚完成了基于模型的系统工程工具的选择工作。首席执行官 Bill Smith 博士召开了周例会。

Bill:"各位早上好。本周有大量的工作要做,我想听听你们要说什么。Karl,辐射度学分析的进展如何?"

Karl:"我们已经取得了很大的进展! Tom 已经做了大量的工作,他的团队已经完成了采用国土安全部无人机上装载的 Raytheon 公司 MTS-B-20 框架系统的可见光和红外光学系统的基本光学模型的集成。我们认为……"

Bill:"等等。抱歉打断你,但如果我们不知道是采用主动还是被动成像系统,我们怎样开发基本的光学模型?"

Karl(微笑):"嗯,好问题! 如果我们的辐射度学分析表明我们需要一个主动成像系统,功率发射光学系统将是与接收光学系统分开的一个单独的光学系统。我们现在正在建模用于可见光和红外波段的中继光学系统。我让 Tom 向您介绍,因为他更了解细节。"

Tom:"谢谢 Karl。我们正在构建的模型是 MATLAB 和 Simulink 模型,它可以与我们的自适应光学仿真和补偿工具集成。我们正在链接 Simulink 的方框图和将用作我们的基于模型的系统工程工具中的方框图。这样,当我们在设计过程中改变方框图时,通过

可执行的 Simulink 模型立刻可以看到结果。在这一点,我们想要实现一个简单的、可扩展的光学模型,从而能得到光学系统的基本的性能参数,并且能运行某些"what－if"场景想定。我们采用了模块化的设计方法,从而能够及时采用实际的、最优的设计。"

Bill:"很好!国土安全部的 Wilford 听到这将很高兴,他完全支持基于模型的系统工程方法,并且可能将能提供某些模型参数。另外,我要介绍一下我们这个项目的项目经理 R. Ginny,有些人还不认识她。Ginny 从美国国土安全部来到我们这里,她正在管理国土安全部和国防部的一项用于反恐的地基光谱成像联合项目。她认识国土安全部的 Wilford,在国土安全部的一些项目的管理上获得了成功,我们很幸运她能到我们公司来! 她也带来了 G. Arlene,一名活跃的业务开发经理。欢迎你们两位!"

Ginny:"我很高兴来到这里。"(Arlene 在圆桌的对面挥挥手)

Bill:"Ginny,你已经在牵头这项工作。请告诉我你需要什么资源,并把我需要了解的东西告知我。我想我不需要提醒每个人这是我们的优先级最高的项目。"

Ginny:"好的。您拥有一个优秀的团队,我已经与他们中的许多人一起开展工作了。现在,我们需要完成辐射度学分析。Tom,现在进展怎么样?"

Tom:"我们将在下次会面时向您提交一些东西。正如我前面所说的那样,我们已经完成了基本的光学模型。我们实现了一个标准化的变焦光学结构,采用一个工作在长波红外和可见光波段的紧凑的、双视场望远系统,这种技术途径在尺寸、重量和功耗方面有一些优势,并且具有可靠性优势。作为设计过程的一部分,我们将进行权衡分析。现在,我们正在对动态调节瞬时视场的常规的方法进行建模。"

Bill:"这是你们完成辐射度学传播分析所需要的吗?"

Tom:"是的,基本上是这样的。在我们完成了基本的光学模型之后,我们需要将它与我们的探测器模型、大气湍流仿真器模型、大气湍流补偿模型(如果需要的话)和源模型连接起来。听起来工作量很大,但我们已经基本上完成了。我们正在采用一个具有 100％的填充因子的通用的 2048×2048 像素的探测器模型替代实际的探测器(可见光和红外)。我们已经有大气湍流仿真和补偿模型,容易集成在我们的基于模型的系统工程环境中。我们在这次会议之前刚完成了源的建模。"

Bill:"好。我们对源的建模工作怎么样?"

Tom:"我的团队和系统工程团队的 Jen 考察了系统的红外部分,因为夜间成像系统可能存在光功率问题,白天成像系统有足够大的信号,因为来自太阳的能量足够强,将为我们的探测器提供足够大的光功率。对于红外系统,我们采用灰体热模型来确定源的光功率,我们知道一个健康的人的平均温度是 98.6°F(或者大约 310K),而皮肤的发射率为 0.98 左右。然而,某些研究表明在温暖的气候下皮肤的等效辐射温度为 32°C 或 305K。在寒冷的气候下,皮肤的温度会降低到 0°C 或 273K,在较冷的几个月的夜间,沙漠可能达到这一温度,因此我们在集成模型时要运行这样的场景想定。现在,我们讨论 305K 的额定条件。采用斯特藩－玻尔兹曼定律,我们得到的辐射出射度为 480.8W/m^2,采用估计的人的截面积 0.42m^2,我们可以确定在我们的无人机载红外传感器的方向,源所辐射的光功率为 201.95W。"

Bill:"你怎么得到散射截面? 我听说人的散射截面接近 2m^2。"

Tom:"这是对的。我看到的数值是:对于在各个方向辐射的一个人,散射截面的数

值为 $1.86\sim2\text{m}^2$。然而,在考虑到人与我们的机载传感器之间的方向性和角度时,实际的散射截面要远低于这一值,我们保守的估计是 0.42m^2。

Bill:"好。这一源功率是怎么转换到我们的探测器上的功率的。"

Tom:"这就需要完成我们的辐射度学分析。我们应当在下一次会面时向您汇报。基于我们以前的经验,我们相信对于我们的探测器和这一运行使用概念方案,光功率是足够的。然而,我们需要完成分析并得到确认。"

Bill:"好!你们的进展不错。感谢你们的辛苦工作,继续努力。因为你们提到了运行使用概念方案,让我们确认一下我们的问题定义工作。本周稍后我将与 Wilford 进行讨论,我想给他提供更新版的运行使用概念方案。Ginny,我们的问题定义工作进展怎样?"

Ginny:"很好!技术团队已经在获得为我们的主要的利益攸关者开发的产品的技术细节方面做了大量的工作。Arlene 正与 Garry、Jen 和 Tom 一起确定 OV-1 和我们的企业体系架构的基本技术和系统产品。Arlene 可以采用这来发现我们的某些次要的利益攸关者的兴趣。"

Bill:"当我们开始开发这些用于我们的企业体系架构的产品时,确定我们有一个包括制造和保障输入的跨学科的团队。"

Ginny:"好主意。基于我们已经学习到的东西,我们形成了这一项目的 OV-1。(Ginny,在她的基于模型的系统工具 MagicDraw 上展开国防部体系结构框架 2.0 OV-1,即图 5.27,并投影到屏幕上)

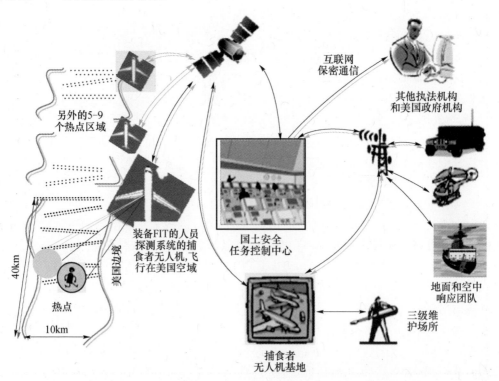

图 5.27　无人机光学系统运行使用概念方案图

我想这一运行使用概念方案图反映了整个国土安全部边界巡逻任务和主要的系统。

Arlene、Garry、Jen 和 Tom 在从我们的利益攸关者那里获得信息后完成了这一运行使用概念方案图。注意,我们将用直接卫星链路来代替用于干线通信的微波塔。在与我们的利益攸关者进行面谈时,我们发现国土安全部已经接入了这一链路,而且这是他们优先的选项。从运行使用概念方案图(OV—1)中我们可以观察到:

(1) 无人机光学系统监视沿着边境的 10 个热点,热点随着时间而有所变化。

(2) 每个无人机光学系统指向一个位置,并按照要求传回图像数据。

(3) 每个无人机光学系统扫描 $10km \times 10km$ 的目标区域。

(4) 无人机光学系统探测一个感兴趣的物体并将视频信息采用卫星通信传回国土安全部总部(在探测到感兴趣的物体 5s 内显示在 MCC 的屏幕上)。

(5) MCC 位于一个安全的、遥远的位置。

(6) MCC 处理数据以确认感兴趣的物体是两足动物的运动,并且是实际感兴趣的目标。

(7) MCC 将感兴趣的目标的位置通知适当的合作机构(如边境巡逻局、DEA、FBI、CIA、DIA、执法部门、国际刑警组织、国际合作组织等),以进行拦截/阻止。

(8) MCC 将图像产品、报告和 EA 产品传送给感兴趣的合作机构。

(9) 无人机光学系统能够在无人机基地维护场所维修或日常维护。

(10) 无人机可以由地面站或任务控制中心操控。

(11) 无人机光学系统可以由机动的指挥中心单元进行控制,并将图像传送到机动的指挥中心单元,可以由在特种卡车上的机动的指挥中心或部署的轻便式指挥中心进行本地控制。

(12) 态势报告和图像产品采用卫星通信从机动的指挥中心传回 MCC。

(13) 机动的指挥中心单元与任务指挥中心有实时的、定向的安全通信链路。

(14) 图像、控制信号和通信是采用 128 位的加密方法进行加密的。

(15) 无人机有机上数据存储用于对任务关键的视频存储。

(16) 无人机对存储的数据有保护措施。

(17) 无人机不能与其他无人机进行通信,或控制其他无人机。”

Bill:“非常好! 我们将与 Wilford 一起确定一下实际的热点数目,看看他们是否能全额支持部署 17 部无人机和 5 部备用的无人机系统,这意味着将采用 22 套我们的光学系统。我们需要确认他们有足够的经费支持。此外,我们要确定他们所使用的无人机的类型,我想他们采用的是 MQ—9。最后,我认为他们与他们的某些特殊的客户有直接的卫星通信链路。现在,我们仅示出了微波塔链路。在需要时我们将更新 OV—1。”

Ginny:“您说的对。Aelene 和团队也在获得有关利益攸关者的信息方面做了大量的工作。”

(Ginny 把表 5.8 投影到屏幕上)

表 5.8 无人机光学系统利益攸关者矩阵

编号	类别	功能	使用者	名称	优先级
1	接口技术	技术专家	国土安全,美国海关和边防	Clen H.	中等
2	维护操作人员	维护技术人员	国土安全,美国海关和边防	TBD	中等

编号	类别	功能	使用者	名称	优先级
3	正常操作人员	调度权限	国土安全,美国海关和边防	Kyle,Rebecca,Andy	中等
4	正常操作人员	系统操作人员	国土安全,美国海关和边防	Kyle N.	中等
5	运行使用保障	维护技术人员	国土安全,美国海关和边防	TBD	低
6	客户	N/A	国土安全,美国海关和边防	Wilford Erasmus	高
7	功能收益人	巡逻	国土安全,美国海关和边防	L. T. Daniels,L. T. Chang	中等
8	功能收益人	联络	墨西哥军方	Colonel Eduardo Torrez	低
9	功能收益人	联络	国际刑警	Mike King	低
10	功能收益人	联络	DIA	Alex Smith	低
11	功能收益人	联络	U. S. Marshal	Scott Holmes	中等
12	功能收益人	联络	ATF	Ted Gunderson	低
13	功能收益人	联络	DEA	TBD	中等
14	功能收益人	联络	FBI	Corey Goon	中等
15	功能收益人	联络	CIA	TBD	中等
16	用户	N/A	国土安全、美国海关和边防	Wilford Erasmus	高
17	外部咨询顾问	土地所有者,美国	N/A	Various	低
18	外部咨询顾问	土地所有者,墨西哥	N/A	Various	低
19	外部咨询顾问	美国国会议员	美国国会	Various	低
20	负面的利益攸关者	侵入者	N/A	Various	中等
21	负面的利益攸关者	竞争对手	Various	Various	中等
22	负面的利益攸关者	激进分子移民	Various	Various	中等
23	核心团队成员	首席执行官	FIT	Bill Smith	中等
24	核心团队成员	项目工程师	FIT	Marie C.	高
25	核心团队成员	技术牵头	FIT	Gerry Blair	中等
26	核心团队成员	开发团队	FIT	Gerry Blair,Marie C.,Pbil K.,Amanda R.,Ron S.,Tom Phelps	中等
27	咨询顾问	成像专家	Optics Now Consulting	Tom Phelps	高

Ginny:"正如你们所看到的那样,这张表列出了主要的利益攸关者,它们的位置,以及我们对这些利益攸关者对我们当前的努力的重要性的排序。我们想要确保我们的高优先级的利益攸关者能得到相应的更大程度的支持,这并不意味着我们对较低优先级的利益攸关者不予重视,但我们要确保我们的高优先级的利益攸关者得到他们值得得到的服务和重视。为了更好地看到他们的关系,Arlene 和 Jen 完成了这张我们的利益攸关者的洋葱图(图 5.28)。"

Ginny:"这表示我们目前的利益攸关者的清单和利益攸关者与我们的工作的关系。注意,我们的运行使用环境。这里列出了与这一环境相关性最大的利益攸关者。我们也列入了负面的利益攸关者,以便从他们的视角来观察我们的方法。他们显然要避免被探测到,因此我们需要采取措施以确保对他们的做法有应对措施。例如,我知道这里的大学

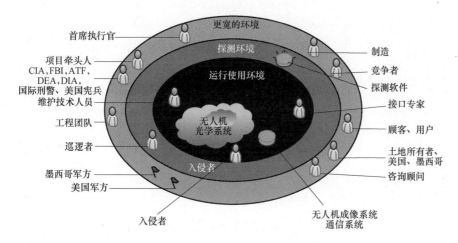

图 5.28　无人机光学系统利益攸关者洋葱图（采自 Robertson，S.，Mastering the Requirements Process，Addison—Wesley，Boston，MA，2006。）

有两个教授正在研究博弈论来确定针对这种应用的传感器部署方法。"

Bill："博弈论！Ginny，你可以请他们参加吗？这可能是有用的。"

Ginny："我将安排一下，我确定他们想和我们交流。洋葱图的外面的部分示出了离直接的运行使用环境距离较远的利益攸关者，这对于表示我们的利益攸关者很好。下面，Arlene 和系统工程人员将形成利益攸关者输入表。"

（Ginny 将表 5.9 投影到屏幕上）

表 5.9　无人机光学系统利益攸关者输入表

利益攸关者的需要（What）	利益攸关者排序	利益攸关者评价	特性（How）	技术响应
在无人机上运行使用	（5）非常重要	必须在这一平台上运行使用	振动和冲击隔振器	
识别双足的人员流	（5）非常重要	这是系统的使命任务	优化的专利算法	白天目标识别距离待定 夜间目标识别距离待定
白天运行使用	（5）非常重要	我们有每周 7 天每天 24 小时的运行使用要求	可见光传感器系统	
夜间运行使用	（5）非常重要	我们有每周 7 天每天 24 小时的运行使用要求	红外传感器系统	
实时图像通信	（5）非常重要	5s 或更短	图像处理/通信机上缓存用于实时视频流	从捕获到通信短于 5s
连续运行使用	（5）非常重要	每周 7 天每天 24 小时我们可以交替使用无人机，但我们需要满足系统可用性要求	组件选择	MTBF 待定
便于维护	（5）非常重要	我们也希望维护简单	现场可更换	单元封装
维护保障	（5）非常重要	是的，对于较难维修的组件，我们希望对我们的维护技术人员有现场保障、培训，有 5 年的保修期	现场和基地维修保障	现场培训 5 年保修

利益攸关者的需要（What）	利益攸关者排序	利益攸关者评价	特性（How）	技术响应
技术支持	(5)非常重要	是的,培训、服务、维护、技术咨询3年时间,可延长期限	咨询台	每周7天每天24小时可访问咨询台,3年合同,可选延长期限
信息安全	(4)有些重要	是的,我们的利益攸关者将在未来对我们提出信息安全要求	抗干扰防护	
用户可选择昼夜模式	(4)有些重要	我们希望能自己选择使用传感器,你们可以有自动选择传感器的特征,但不能使我们无法自主选择传感器	用户接口	
用户可选择成像模式	(4)有些重要		用户接口	
能够干线通信	(4)有些重要	这是必须的,你可以下载到一个本地场所,并使用互联网协议发送到指挥中心,不确保你在哪里都能得到干线通信,你必须将图像/数据传送回任务控制中心	采用加密的卫星通信	我们使用Ku波段,因为C波段饱和了
便于安装	(4)有些重要	这是重要的,我们的人将喜欢拆下/安装各种光学组合	现场可更换单元组合	平均更换时间待定
软件升级	(4)有些重要	是的,这是重要的,我们想要加入新开发的算法	用户可编程软件	
备件	(4)有些重要	我们需要满足我们的可用性需求,除此之外,我们不关心	勤务保障策划	每个系统的备件待定
机上图像存储	(3)重要	不关心是否在机上存储,只要我们能访问图像	保存飞行图像需要多少位?	参见实时图像通信
便于检索存储的图像	(3)重要	这是好的。然而通过培训,这可以更复杂些,我们有很智慧的人员	现场可更换单元接口(仅在我们有机上存储时才有影响)	参见实时图像通信
文档	(3)重要	我们需要充分了解我们需要做什么,以及怎样查找和排除故障并维护我们的系统	硬拷贝和电子手册	用户手册,一级维护手册,二级维护手册

Ginny:"表5.9表明:我们的利益攸关者对我们采用什么指标来满足他们的需要感兴趣。我们想要确保我们在解决恰当的问题,我们的利益攸关者能得到他们想要的东西。我周期性地进行审查以确保我们聚焦在正确的地方,并尽可能满足利益攸关者的需要和想法。在我们很好地了解利益攸关者的需要和想法后,我们准备了质量功能分解(QFD)图,这反映了利益攸关者的高层级的想法/需要。"

(Ginny移到他的电脑上的图5.29,并投影到屏幕上)

Bill:"很好的QFD图！这对于我和Wilford的交流,以及我们两周内向利益攸关者讲解是重要的。非常好！"

Ginny:"感谢Bill。这是Arlene、系统工程团队的成员、Tom和他的工程团队的成果。注意,QFD给出了客户的每项需求的相对优先级。这一QFD是瞄准国土安全部的人员的,因此在这种情况下我们采用"客户"这一专用术语。基于我们的讨论,我们得到了如QFD中所示的相对权重。Bill,你可能想在向他们讲解时分解的更清晰,进行抉择,或

行号	相对权重(%)	顾客重要度	最大关联性	顾客需求 (whats)	1 振动和冲击隔震器	2 目标检测最佳算法	3 可见光传感器系统	4 红外传感器系统	5 专利的图像处理	6 组件选择	7 产品封装	8 产品保障基础设施	9 通信子系统	10 干扰防护和检测	11 操作人员和用户接口	行号
1	9	9	9	在无人机上运行使用	●	○	▽	▽	●	●	▽	▽	●	▽	▽	1
2	9	9	9	双足人员流检测	▽	●	●	●	●	○	▽	▽	▽	▽	▽	2
3	9	9	9	白天运行使用	▽	●	●	▽	●	○	▽	▽	▽	▽	▽	3
4	9	9	9	夜间运行使用	▽	●	▽	●	●	○	▽	▽	▽	▽	▽	4
5	9	9	9	实时图像通信	▽	●	●	●	●	○	▽	▽	●	○	○	5
6	9	9	9	连续运行使用	▽	●	○	○	●	●	○	▽	●	▽	▽	6
7	9	9	9	便于维护	▽					○	●	●			▽	7
8	9	9	9	维护保障								●				8
9	9	9	9	技术支持						○		●				9
10	3	3	9	信息安全		●				○		○	●	●		10
11	3	3	9	昼夜模式用户选择	▽	●	▽	▽							●	11
12	3	3	9	成像模式用户选择		●	▽	▽							●	12
13	3	3	9	干线通信能力						○			●	○		13
14	3	3	9	便于安装						○	●	●				14
15	3	3	9	软件升级					▽	▽		●	●	▽	●	15
16	3	3	9	备件可用性	▽	○			●		●	●	▽	▽		16
关联性				最大关联性	9	9	9	9	9	9	9	9	9	9	9	
强 ●				技术重要性评定	171	547	300	300	618	476	212	347	388	165	206	
中等 ○ 弱 ▽				相对权重(%)	5	15	8	8	17	13	6	9	10	4	6	

图 5.29　无人机光学系统质量功能展开图

确认我们对他们的优先级评定的估计。现在,有太多的权重是相同的,这样不能帮助我们有效地区别它们的相对重要性。我们的技术团队将把他们对需求的技术响应列在 QFD 的列中。在 QFD 的底部,我们示出了每个技术响应的总的技术重要性评分。团队接着评估了技术响应相互之间的相关性,以说明我们的技术响应之间的相依性。"

（Ginny 将图 5.30 投影在屏幕上）

Ginny:"'＋'符号表示技术响应之间具有正相关性,空白表明技术响应之间没有相关性。例如,'红外传感器系统'和'最佳的目标检测算法'的交叉处有正的相关。"

Bill:"Ginny,这是重要的信息。在我们转到下一个项目之前,我希望你们都理解这一项目的范围、它的重要性。正如你们所知道的那样,这是我们和国土安全部的第一个合同,这代表着我们的系统进入政府用于帮助保护我们的边境的项目的一个主要的机会。请记住,我们的系统将用在前沿。我们的任务是为我们的利益攸关者提供最好的、最可靠的成像系统,并为这些系统提供全生命周期支持和服务。这意味着我们需要理解当前的和即将出现的相关的技术,并推动将新技术集成在新的能力中。我们不切边角,我们不做第二好的！这一项目的范围是为国土安全部的无人机编队提供最好的成像系统、图像分析软件和图像产品;将这些系统和产品集成到国土安全部的无人机编队和任务指挥中心/机动的指挥中心;在全生命周期内对这些成像系统和产品提供最好的服务和支持。我们希望通过这项工作的杠杆作用,能够在未来支持更多的利益攸关者。我希望你和高层团

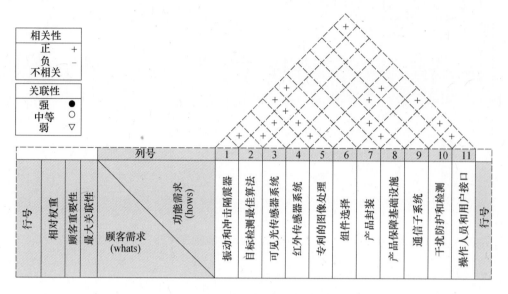

图 5.30　无人机光学系统质量屋"屋顶"

队能面对以下的目标和挑战：

（1）在这个项目的研发工作和全生命周期内为客户提供世界一流的产品和体验。

（2）到这一合同结束时能借助这个项目的杠杆作用与其他的利益攸关者签订 3 份主要的合同。

（3）在合同完成的两年内形成一个海外产品线。

（4）在这个合同完成后的 5 年内占据美国机载高分辨率成像市场的 15％ 份额。

（5）在这个合同完成后的 10 年内将生产线扩展到地面系统、水下系统和空间系统。

我将让执行经理与你们一起针对这些目的形成可度量的目标。总之，每个人都有很重的担子！继续好好工作！我们转向下一个项目。"

5. A　附录：首字母缩略词

℃	摄氏度
℉	华氏度
C—band	电磁波谱的微波部分的一个波段
CD	光盘
CEO	首席执行官
CIA	中央情报局
CO_2	二氧化碳
CONOP	运行使用概念方案

Cr	铬
DHS	国土安全部
DODAF	国防部体系架构框架
DVD	数字视盘
EGT	排出气体的温度
EO/IR	光电和红外
FBI	联邦调查局
FIT	Fantastic 成像技术公司
GPPP	通用并行处理
HSBP	国土安全边境巡逻
IR	红外
JSE	初级系统工程师
K	开氏温度
KISS	保持简单,直接
Ku	电磁波谱的微波部分的一个波段
LABB	大面积黑体
LASER	受激辐射的光放大,激光
LRU	现场可更换单元
LSE	牵头的系统工程师
MASER	受激辐射的微波放大
MBIR ACR	中等背景红外绝对低温辐射计
MCC	任务控制中心
MQ-1	捕食者无人机
NASA	美国航空航天局
Ni	镍
NIST	美国标准技术局
OV	运行使用视图
QFD	质量功能展开
RFI	要求提供资料的要求
RFP	征求建议书
SI	国际单位制(米制)
SW	软件
T	温度
TBD	待定
TXR	热红外变化辐射计
UAV	无人机
U. S.	美国
UV	紫外
WBS	工作分解结构

参 考 文 献

4C. 2006. Wien's Law of Radiation. http://en.wikipedia.org/wiki/File:Wiens_law.svg (accessed November 22, 2014).

Badiru, A. 2009. *STEP Project Management*. Boca Raton, FL: CRC Press.

Barnhart, E. 2010. Integrated mission models and simulation through the entire program life-cycle. *Military Communications Conference, 2010—MILCOM 2010*, San Jose, CA, October 31 to November 3, 2010, pp. 668–673.

Blanchard, B.S. 1998. *System Engineering Management*, 2nd Ed. Hoboken, NJ: John Wiley and Sons.

Blanchard. B.S. and W.J. Fabrycky. 2011. *Systems Engineering and Analysis*, 4th Ed. Upper Saddle River, NJ: Pearson Prentice Hall.

Boardman, J. 2008. *Systems Thinking*. Boca Raton, FL: CRC Press.

Campanaro, P. and T. Ricolfi. 1967. New determination of the total normal emissivity of cylindrical and conical cavities (1917–1983). *Journal of the Optical Society of America*, 57(1): 48–50.

Carmichael, D. 2003. *Project Management Framework*. Boca Raton, FL: Taylor & Francis.

Cox, C. 2001. *Manufacturing Handbook of Best Practices*. Boca Raton, FL: CRC Press.

Cristiano, J. 2001. Key factors in the successful application of quality function deployment (QFD). *IEEE Transactions on Engineering Management*, 48(1): 81–95.

Desai, A. 2008. Engineering course design based on quality function deployment (QFD) prin-ciples. *38th Annual, Frontiers in Education Conference, 2008—FIE 2008*. Saratoga Springs, NY, pp. T2G-17–T2G-21.

De Vos, J.C. 1954. Evaluations of the quality of a blackbody. *Physica*, 20(7–12): 669–689.

Enos, D. 2007. *Performance Improvement: Making It Happen*, 2nd edn. Boca Raton, FL: Auerbach Publications.

Firesmith, D. 2008. *The Method of Framework for Engineering System Architectures*. Boca Raton, FL: Auerbach Publications.

Fowler, J.B. and D. Gyula. 1995. High accuracy measurement of aperture area relative to a stan-dard known aperture. *Journal of Research of the National Institute of Standards and Technology*, 100: 277–283. http://www.nist.gov/calibrations/upload/100-3-95.pdf (accessed November 22, 2014).

Francheschini, F. 2001. *Advanced Quality Function Deployment*. Boca Raton, FL: CRC Press.

Gibson, C.E. 2010. Facility for spectroradiometric calibrations (FASCAL). Physics Laboratory—Optical Technology Division, National Institute of Standards and Technology, Gaithersburg, MD. http://www.nist.gov/pml/div685/grp01/spectroradiometry_fascal.cfm (accessed April 1, 2014).

Hanssen, L. 2004. Infrared blackbody spectral characterization. Physics Laboratory—Optical Technology Division, National Institute of Standards and Technology, Gaithersburg, MD. http://www.nist.gov/publication-portal.cfm?authorLastName=hanssen&dateTo=1/1/2007& page=3 (accessed November 22, 2014).

Hanssen, L. 2006. Monte Carlo modeling of effective emissivities of blackbody radiators. Physics Laboratory—Optical Technology Division, National Institute of Standards and Technology, Gaithersburg, MD (accessed May 30, 2007).

Herzwurm, G. 2003. QFD for customer-focused requirements engineering. *Proceedings of 11th IEEE International Requirements Engineering Conference*, Washington, DC, September 8–12, 2003, pp. 330–338.

Hudson, R.D. 1969. *Infrared System Engineering*. New York: John Wiley & Sons.

Infrared Information and Analysis Center (Ann Arbor, MI). 1993. *The Infrared and Electro-Optical Systems Handbook. Sources of Radiation*. Vol. 1. Bellingham, WA: Society of Photo Optical. http://oai.dtic.mil/oai/oai?verb=getRecord&metadataPrefix=html&identifier=ADA364020 (accessed April 1, 2014).

Johnson, B.C., G. Machin, C. Gibson, and R.L. Rusby. 1994. Intercomparison of the ITS-90 radiance tem-perature scales of the National Physical Laboratory (U.K.) and the National Institute of Standards and Technology. *Journal of Research of the National Institute of Standards and Technology*, 99: 731–736.

Johnson, C. and J. Rice. 2006a. Active cavity absolute radiometer based on high-temperature super-conductors for MBIR calibrations. Physics Laboratory—Optical Technology Division, National Institute of Standards and Technology, Gaithersburg, MD.

Johnson, C. and J. Rice. 2006b. Thermal infrared transfer radiometer (TXR). Physics Laboratory—Optical Technology Division, National Institute of Standards and Technology, Gaithersburg, MD. http://citeseerx.ist.psu.edu/viewdoc/download?doi=10.1.1.169.7456&rep=rep1&type= pdf (accessed April 25, 2014).

Johnson, C. and J. Rice. 2006c. Large-area blackbody source (LABB). Physics Laboratory—Optical Technology Division, National Institute of Standards and Technology.

Kelly, F.J. and D.G. Moore. 1965. A test of analytical expressions for the thermal emissivity of shallow cylindrical cavities. *Applied Optics*, 4(1): 31–40.

Kule, D. 2010. Black-body radiation. http://en.wikipedia.org/wiki/Black-body_radiation (accessed April 1, 2014).

Larason, T.C. and M. Houston. 2008. *Spectroradiometric Detector Measurements: Ultraviolet, Visible, and Near-Infrared Detectors for Spectral Power*. NIST Special Publication. Gaithersburg, MD: National Institute of Standards and Technology. http://www.nist.gov/calibrations/upload/sp250-41a.pdf (accessed April 1, 2014).

Lighting. 2014. http://en.wikipedia.org/wiki/List_of_light_sources (accessed July 22, 2014).

Lumen Dynamics. 2014. UV product literature. http://www.ldgi.com/technology-learning-center/led/ (accessed July 22, 2014).

NASA. 2007. *NASA Systems Engineering Handbook*. Washington, DC: National Aeronautics and Space Administration (NASA).

NASA. 2008. Turbojet thrust. http://www.grc.nasa.gov/WWW/K-12/airplane/turbth.html (accessed April 1, 2014).

NASA. 2010. Turbofan thrust. http://www.grc.nasa.gov/WWW/k-12/airplane/turbfan.html (accessed April 1, 2014).

National Telecommunications and Information Administration. 1996. Department of Commerce. Telecommunications: Glossary of Telecommunication Terms. Federal Standard 1037C. August 7, 1996. http://www.everyspec.com/FED-STD/download.php?spec=FED-STD-1037C.004685.pdf (accessed April 1, 2014).

NIST. 2002. High-T_C SACR. http://www.physics.nist.gov/TechAct.98/Div844/div844h.html (accessed April 1, 2014).

NIST. 2010a. Low background infrared (LBIR) facility. http://www.nist.gov/pml/div685/grp04/absolute_facility.cfm (accessed April 1, 2014).

NIST. 2010b. TXR optical layout. http://www.nist.gov/pml/div685/grp04/transfer_txr.cfm (accessed April 1, 2014).

Pacheco, C. 2008. Stakeholder identification methods in software requirement: Empirical findings derived from a systematic review. *The Third International Conference on Software Engineering Advances—ICSEA '08*, Sliema, Malta, October 26–31, 2008, pp. 472–477.

Pisulla, D., G. Seckmeyer, R.R. Cordero, M. Blumthaler, B. Schallhart, A. Webb, R. Kift et al. 2009. Comparison of atmospheric spectral radiance measurements from five independently calibrated systems. http://www.ndsc.ncep.noaa.gov/UVSpect_web/SkyRadiance/Radiance_final.pdf (accessed April 25, 2014).

Pivovonsky, M., M. Nagel, and S. Ballard, 1961. *Tables of Black body Radiation Functions*. MacMillan Monographs in Applied Optics. London, U.K.: MacMillan.

Plyler, E.K. 1948. Infrared radiation from a Bunsen flame. *Journal of Research of the National Bureau of Standards*, 40: 113.

Poynting, J. and J. Thomson. 1906. *A Textbook of Physics*. London, U.K.: Charles Griffin & Company.

Prokhorov, A.V., L.M. Hanssen, and S.N. Mekhontsev. 2010. Calculation of the radiation characteristics of blackbody radiation sources. In: *Radiometric Temperature Measurements: I. Fundamentals*, Z.M. Zhang, B.K. Tsai, and G. Machin, (eds.), Oxford, U.K.: Academic Press, 42: 181–240.

Rabinowitz, P. 2013. Community tool box. http://ctb.ku.edu/en/tablecontents/chapter7_section8_main.aspx (accessed April 1, 2014).

Ramsey, R.C. 1962. Spectral irradiance from stars and planets, above the atmosphere from 0.1 to 100.0 microns. *Applied Optics*, 1(4): 465–471.

Robertson, S. 2006. *Mastering the Requirements Process*. Boston, MA: Addison-Wesley.

Ronan, P. 2007. EM spectrum. http://en.wikipedia.org/wiki/File:EM_spectrum.svg (accessed April 1, 2014).

Rosenberg, N.W., W.M. Hamilton, and D.J. Lovell. 1962. Rocket exhaust radiation measurements in the upper atmosphere. *Applied Optics*, 1: 115.

Sapritsky, V.I. and A.V. Prokhorov. 1992. Calculation of the effective emissivities of specular-diffuse cavities by the Monte Carlo method. *Applied Optics*, 34(25): 5645–5652.

Sch. 2006. BlackbodySpectrum loglog. http://commons.wikimedia.org/wiki/File:Blackbody Spectrum_loglog_150dpi_de.png (accessed April 1, 2014).

Sharp, H., A. Finkelstein, and G. Galal. 1999. Stakeholder identification in the requirements engineering process. http://eprints.ucl.ac.uk/744/1/1.7_stake.pdf (accessed April 1, 2014).

Sparrow, E.M. and V.K. Johnson. 1962. Absorption and emission characteristics of diffuse spherical enclosures. *Journal of Heat Transfer*, 84(2): 188–189.

U.S. Department of Defense. 2013. OV-1: High level operational concept graphic. http://dodcio.defense.gov/dodaf20/dodaf20_ov1.aspx (accessed April 1, 2014).

Wikipedia. 2013. Nernst lamp. http://en.wikipedia.org/wiki/Nernst_lamp (accessed April 1, 2014).

Yang, K. 2003. *Design for Six Sigma for Service*. New York, NY: McGraw Hill.

第6章 可行性研究、权衡研究和备选方案分析

未来总是在变化的,是难以预测的。

——Yoda,星球大战第五部:帝国反击

这一部分概述了系统工程师和设计团队为了支持新的系统、产品或服务的设计所进行的分析类型。本章的重点是可行性研究、权衡研究和备选方案分析,这是对复杂、高成本、高风险的项目的贯穿系统全生命周期的系统工程方法的组成部分。

采用可行性研究验证需求,能为设计团队提供选择可满足需求的可行的技术途径、备选的方案或方法所需的信息。通过可行性研究,设计团队可以确定某一技术途径对于某项需求是不是实际的、现实的,权衡研究和备选方案分析的重点则是确保系统的属性满足利益攸关者的需要/需求。备选方案分析提供一种严格的、客观的、可判断的方法,从而从几个相互排他的技术途径中做出判决,这是一个迭代的过程,要持续到确定了最佳的选择,并且接受且实现这一选择。权衡研究提供了一种类似的结构化决策制定过程,用于优化系统配置,并在开发所设计的系统时最佳地分配资源。这一部分中的方法的一个共同属性是:它们对利益攸关者的需要、输入和系统生命周期中各方面的考虑做出响应,并受它们的指导。

建议我们在实际研制系统之前,了解系统是否可行并得到最佳配置。例如,关于一个光学系统的可行性的第一个问题是实际的探测和图像数据的传送,如果光学系统不能为利益攸关者提供图像和/或视频,系统就不能完成其使命。此外,当一个设计团队忽略了系统工程方法,而深入到系统组件的详细设计时,他们可能在设计一个优良的通信子系统方面获得了成功,然而,由于没有借助可行性研究,在集成子系统时,结果可能是难以捉摸的,可能会出现严重的错误,如通信系统不能读取并将图像数据格式转换成信号,或者整个系统的数据传输率受到信号处理子系统和通信子系统接口的严重制约。尽管在系统生命周期内实现这些分析可能占用一些时间和金钱,但与它可以避免的成本超出和计划拖延相比,这仅是很小的一部分。

为了建立起开展这些有益的分析的背景概念,进行了几个预备性的讨论。首先,在引言之后讨论了可行性的概念,并依次介绍了可行性研究的输入、输出、方法和目的。然后介绍了权衡研究和备选方案分析,它们是系统研制生命周期的设计(和其他)阶段的基本的决策制定过程。接着,讨论了层次分析法,这是一种适于备选方案分析和权衡研究的方法。接下来讨论了基于层次分析法的备选方案分析方法中的灵敏度分析,并扩展到有关可行性和风险分析之间关系的更一般的讨论。然后讨论了集成产品团队以及团队与可行性和权衡研究之间有怎样的关系。最后,通过案例分析,说明一个系统工程团队怎样采用本章所给的工具来进行关键的设计决策。

210

6.1　理解什么是可行的

可行性和风险是联系在一起的。所涉及的风险越大,实现目标的可行性就越小,较低的风险意味着更可实现的目标。在我们评估一项任务的可行性时,我们实际上是在进行风险分析。可行性或风险实际上定义了在利益攸关者已经确定的约束和限制下可以实现的目标。

6.1.1　风险类别

利益攸关者约束和限制通常与它们对任务的宽容度成正比。例如,一个不喜欢风险的利益攸关者经常选择一项有良好基础的成熟技术,而不是具有更好的潜在性能、但尚未得到验证或完全的测试的技术。一个实例是:在传感器应用中,选择一个具有良好基础并得到试验验证的信号处理板来提供所需的探测目标的能力,而不是选择一个新的、刚进入市场的既能探测所需探测的目标又能探测其他感兴趣的目标的信号处理板。尽管对风险的容忍度在确定约束和限制条件方面起着重要的作用,辨识的风险经常被划分为技术、经济/财务、组织、运行使用、动机、管理/政策风险。

技术风险基于用于产品的技术的已知的局限性。例如,如果一个产品是采用现有的组件和工艺设计的,则其风险低于采用新发展的或未经验证的组件和工艺的设计。

经济/财务风险基于开发、制造和支持一个产品所需成本的估计。成本风险可能与时间、材料、劳动力、安全风险和其他风险相关。经济/财务风险也可能直接与技术风险相关,需要较高技术风险的产品也有较大的经济/财务风险。

组织和运行使用风险有时是相互关联的。根据一个传统的拒绝风险的行业——银行业的说法,组织风险是"由于内部过程、人员和系统的不足或无效,或由于内部或外部事件造成的风险"(黑海贸易和开发银行,2014)。按照系统工程的观点,在利益攸关者的初步需求中并不总能辨别出组织和运行使用风险;然而,在完成了风险评估和量化过程后,这些风险就是明显可辨的了。风险评估和量化可以采用诸如故障模式和影响分析(FMEA)、工作分解结构和生命周期成本分析这样的工具来完成。可靠性工程、安全工程和质量工程采用 FMEA 来确定系统故障点并提出应对对策。动机和进度风险被用于确定一个项目在对项目的支持方面(如对完成项目的意愿和责任心)和完成项目所需要的时间方面(或估计的时间)是否可行。

管理/政策风险经常是难以量化的,有时是非常模糊不清的。例如,某些技术上可实现的事情,在组织上或政策上可能不是正确的。这是因为可以定义、设计和生产的产品,并不意味着将是成功的或可以接受的。这方面的例子是对环境有严重的影响或对社会有害的项目,尽管这些项目可能是有效的,并且能够实现其最终目标,支持发展和生产它们的组织和政策风险太大。

6.1.2　可行性研究的用法

在不同的地方对可行性研究有不同的定义;然而,这些定义有一些共同点。根据 Blanchard 和 Fabrycky(2011)的说法,可行性研究用来确定:基于可以提供的资源,在所要求的时间进度内,所提出的系统概念是否在物理上是可行和可实现的。因此,基于利益攸关者的具体需求,可行性研究可能要对利益攸关者的每项需求做出响应,并要确定,在给定的资源和时间进度内,是否可实现利益攸关者的需要、愿望和约束。在系统工程过程的较后的阶段,将针对系统、子系统或组件层级的需求,进行进一步的可行性研究。

可行性研究也可以用于证明:对于一个需求,一种可能的解决方案是可实现的(设计可行性)。除非得到了证明,否则不能确定可行性。可行性研究应当能够对一个可能的概念是否可行形成一个可度量的评估。

可行性研究可以用于分析备选的系统设计或技术途径。如果在进行可行性分析之前,一个系统的概念方案、组件或功能未能得到很好的定义,系统开发团队可以采用可行性研究来选择备选概念设计、功能、系统组件和技术。然后可进行权衡研究来选择所确定的备选方案。

6.1.3 可行性研究的应用

假设有一个需要可见光光学系统的利益攸关者,利益攸关者对可见光光学系统的需要被转化成一组利益攸关者需求,这组需求是采用一系列简短的、可测度的陈述表述的。然后采用这些利益攸关者需求作为系统需求分析过程的输入。基于利益攸关者需求,系统工程师可以考虑以下用于形成高质量图像的硬件和软件:像波前传感器和可变形反射镜那样的像差修正组件、图像处理硬件和软件、自适应光学方法或大气湍流补偿方法。对这些技术途径需要考虑生命周期。依赖更大、更好和更精密的反射镜、透镜和传感器的,需要识别可维护性、可生产性、可支持性、可处置性和组件供应问题。依靠需要专门的光学数据的不成熟的图像处理算法的,要辨识可能影响着开发进度和技术集成风险的其他问题。一个新的软件用户接口也可能导致终端用户的人素工程问题。

可行性研究可以聚焦在一个需求集的技术方面,如确定用于无人机平台的光学系统所需的分辨率。这一可行性研究的输出可以确定可能有较高进度和成本风险概率的某些高风险的技术问题。类似的可行性研究已经应用在几个不同的设计概念,可能包括光学系统的不同的平台,甚至在地面采用人眼来提供目标信息。

初步的可行性研究得到的结果将继续直接传播或间接传播到项目的整个生命周期。随着方案设计阶段的进展,针对利益攸关者需求进行的可行性研究,可以帮助进行系统方案设计,并有助于提高系统需求的成熟性。

初步的利益攸关者可行性研究对确保项目目标在利益攸关者的容许的参数和风险范围之内是非常重要的,这一可行性研究可以提供基本的可行性信息,对于进一步的可行性研究、备选方案分析和权衡研究等分析工作也有间接的影响,

6.1.4 对可行性分析的需要

为什么需要可行性分析?简单的回答是系统工程师采用这种方法来确定系统的某些方面是否是可行的。考虑对一个新的系统开展的系统工程工作,在利益攸关者愿意将大量的时间和资源投入到详细设计和制造计划中之前,系统工程师的职责是证明系统研制工作是可行的。

一个新的系统可能意味着几个事情,需要研制所提出的系统的所有的或某些组件。

它也意味着可能已经有了所有的组件,但要配置在一个新的结构中以满足利益攸关者的需求。例如,可能发现可以将一种商用货架产品图像处理算法、一种商用货架产品笔记本电脑和一种商用货架产品摄像机组合到一起,以满足利益攸关者的监视和人脸识别的需求。这一概念使系统工程师能重塑现有的技术、思路和产品,以形成一个新的系统,已经得到验证的技术具有较高的可行性和较低的风险。

在另一方面,实现一个新的系统可能意味着:基于未经测试的概念和结构,形成一个完全原创的思路,这是困难的任务。采用这种方式发展一个系统在大多数方面(进度、成本、技术风险、组织和政策等)是非常有风险性的。这种类型的项目通常仅有在利益攸关者的动机较强、利益攸关者需要它、有资源支持它,且没有其他高效费比的方式来实现这样的结果时,才是可行的。

图 6.1 示出了在系统研发生命周期内某些高层级的、顺序开展的活动,该图以一个信息系统为例,重点是在整个生命周期内的宏观的活动。由于其重要性和在整个系统寿命周期内的传播效应,需要在系统生命周期的较早的阶段启动可行性分析。图 6.1 示出了在系统的概念方案研究活动中所进行的可行性分析,实际上,可行性分析以一种或另外一种形式贯穿在系统发展的生命周期内。对与需求相关的成本和风险的估计是初步的可行性分析的重要的输出,需要为利益攸关者进行足够详细的分析,从而合理地确定项目是应该继续还是应该终止。

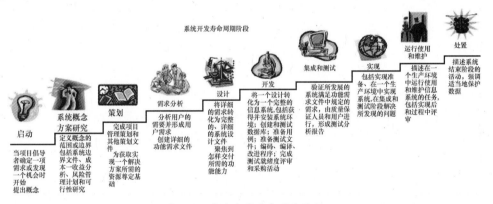

图 6.1 系统发展生命周期阶段

如果通过可行性分析确定研制/部署一个更好的光学系统的收益超过成本(通常在像系统需求评审、初步设计评审、关键设计评审、功能配置审查或物理配置审查这样的里程碑评估),则继续进行系统研制。

较早而不是较晚地进行风险评估对于避免不必要的成本是重要的。越晚识别风险,延误进度且增加项目成本的可能性就越大。较早进行可行性研究也能有时间来确定权衡空间中的多个解决方案,从而能针对利益攸关者需求选择最佳的解决方案。与每个单独的系统概念相关的成本、进度和技术风险,可能是在竞争的系统概念之间进行比较和选择的主要驱动因素。可行性研究的结果最起码可以初步确定优点和缺点,用于权衡分析和备选方案选择。

交流可行性研究的结果也可以为利益攸关者提供有用的反馈,使他们能够在进行备选方案选择之前考虑他们的需要和想法。利益攸关者所需的功能和设计特征有可能实际上并不能解决希望系统解决的问题(Blanchard 和 Fabrycky,2011),如果开发团队适当地覆盖利益攸关者的问题的范围,可行性研究和功能分析可以揭示真实的运行使用需求和所表述的需求之间的逻辑不一致性。

一个系统可能在物理上或技术上是不可行的,仅有在未来出现了科学突破时才能实现。一个系统是可行的,则是因为它可以被设计出来并予以实现,并能实现系统需求、满足项目目标。

根据情况,可能由系统采办者或者系统提供商负责完成和验证可行性研究的任务。一个有意匿名的城市提供了一个案例分析,其公共部门的采办机构对不充分的可行性分析负责。这个城市的目标是通过在 21 世纪早期增加旅游客流来增加财政收入,该城市所选择的满足这一财政需求的系统是一个轮渡系统,其想法是创建轮渡系统能吸引更多的旅游者到这个城市,虽然轮渡系统带来了新的成本,但能为城市带来更多的收入。在完成轮渡系统是否能吸引旅游者的研究或可行性分析之前,该城市的人员采购了轮渡系统,并开展了支持该系统所需要的基础设施方面的工作。在安装和运行轮渡系统后,它不能得到预期的财政收入。另外,没有对轮渡系统的财政收入对燃料价格的依赖性进行灵敏度分析,由于燃料价格上升,轮渡系统停摆。在这种情况下,利益攸关者把技术解决方案当成了需要,尽管它不是真正的运行使用需要(Blanchard 和 Fabrycky,2011)。

无论系统采购者是否参与概念方案设计,利益攸关者可能要求采用具体的方法来满足他们的需要。例如,一个稳健的系统工程概念设计过程应当确定多个可能的技术解决方案。利益攸关者的反馈对于选择满足他们的需要的系统的设计、能力和功能是关键的。系统工程团队应当提出多个可能的系统备选方案,并提出建议的初步系统配置,如果有可能的备选技术途径,可以通过其他方案来降低一个技术途径失败的风险。此外,这降低了把更好的配置排除在考虑之外的可能性。

必须从利益攸关者提供的备选解决方案集中选择出可行的和可信的解决方案,这意味着具有较低的技术、成本和进度风险。应当给出解决方案建议和怎样得出结论的论证,可以采用技术性能测度和其他指标、权衡分析和备选方案选择的结果。实现这样的论证。基于可行性研究和备选方案分析的总的结果,可以针对以前要求的系统功能形成一个案例。另一方面,可以形成一个确定要按运行使用需求加上附加的和不能预测的能力的案例。

可行性研究、备选方案选择和权衡研究最终要聚焦到所建议的系统概念方案上。系统可以是一个国家范围的电信网络、高速公路系统和支撑的基础设施和运行维护、一个单一的在轨望远镜或者制造消费产品的工厂。然而,各种形式和功能、范围非常不同的系统都需要进行可行性和相关风险的分析。

6.1.5 确定需求的可行性

前面几节描述了可行性研究的输入、输出和一般的价值。本节通过确定需求的可行性,进一步讨论可行性分析的细节。对有些需求,可能需要对可行性进行简短的、简单的评估,更复杂的包含较大的不确定性的需求,可能需要进一步的试验、研究,在某些情况下需要请领域专家参与来确定可行性。不管需求的性质如何,必须恰当地考虑技术、经济、组织、进度、风险、政策和运行使用因素,以应对系统发展中预期将遇到的可能的障碍和问题。此外,在项目生命周期的开始,可行性研究的结果能洞悉系统怎样来满足利益攸关者的需要。

可行性研究必须指明系统将怎么完成其功能,这是有意义的,因为系统工程师不能在不验证采用什么方法来满足需求的情况下宣称可以满足需求。取决于设计的进展,可能得到多个可选的具有定义的功能的设计方案。在这种情况下,可行性研究的任务可能是确定系统能多好地完成功能。"与设计相关的参数是必须或期望能够预测或评估其性能测度的设计固有的属性和/或特性(如设计寿命、重量、可靠性、可预测性、可维修性等)。可行性分析要把重点放在所考虑的每个设计的成本和效能测度及作为基准的与设计相关参数的值的确定。"(Blanchard 和 Fabrycky,2011)

注意从可行性研究到可行性分析的微妙的变化。某些文献将互换地采用这两个术语,或者只是笼统地讨论设计活动中涉及的可行性(Blanchard 和 Fabrycky,2011)。采用分析而不是研究这一词通常指要针对物理设计属性产生数值结果,这些数值中有些是像可用性、灵活性和可支持性这样的导出的统计量,对导出的统计量构成补充的是更加面向物理和性能的指标,一般指性能指标值,如从期望的与设计相关的参数值导出的重量和作用距离。

可行性分析的重点是概念方案设计的系统效能、成本和一组风险参数。如果采用可行性分析这一术语,它可能指从确定客户运行使用需求、头脑风暴、研究和咨询专家开始的设计综合工作中的更整体性的任务。不管它的语义表述如何,概念方案设计过程至少需要形成一个可以满足利益攸关者的需要的可行的设计,这样才能进入初步设计阶段。应该有令人信服的数值或非数值结果来支持可行性论证。必须评估所有的需求,并要分析几个设计概念方案。

产生这些度量的可行性分析所采用的方法取决于不同的情况。可以采用基于物理定律的系统功能模型来评估基本的可实现性。可以通过咨询技术专家、期刊和采用有组织的经验教训数据库来分析技术可行性。对于可能成为系统组件的技术的可行性分析,可以引证基准的技术性能测度,更广泛的评估涉及所建议的系统的技术成熟度和适应性。对技术成熟度的非数值评估可以用于进度、成本和技术风险的概率模型。可以对量化风险因素进行类似的整体可行性分析,以估计在满足需求方面的组织风险(考虑到经验和灵活性)。设计团队和它们的组织应当实际考察实现完全陌生的功能能力的风险。经济可行性可能涉及参考的经济数据库,以估计人力和材料的成本。如果一个特定的组件对于设计是关键的,应当分析供应商,并确保有一个用于评估市场敏感度的经济模型。

国际系统工程学会界所出版的论文更加强调在详细设计和建造之前采用仿真和建模确定系统可行性。此外,仿真可以用于系统生命周期的所有方面,诸如 Simulink 或 MATLAB 那样的强有力的工具可以完成数值仿真,并直接处理和分析来自电子组件的信号输出,以得到性能测度。系统集成可以采用组件接口交互作用(如传送数据和控制与反馈的作用)进行建模。可以采用蒙特卡洛仿真,通过得到各个变化的设计、原型样机、测试、培训和制造等活动的随机结果,估计进度和成本不满足需求的可能的影响。排队论仿真可以用于评估维护检修时间,以检查维护概念是否足以满足利益攸关者的保障需求。在项目的生命周期的后期,这些模型对于备选方案分析和权衡研究是非常重要的。

不管是怎么得到的,只要将它们转换成对应于运行使用需求的通用的性能指标测度,与设计相关的参数和其他可行性分析的结果对于比较是非常有用的。如果所估计的性能指标测度低于所需要的需求驱动的门限值,则一个设计团队可以宣布这一设计是不可行的。然而,在初步概念方案设计阶段,这样的决策不是很明确的,因此通常有多个候选的设计或结构要继续延续到备选方案分析。

可以更有重点、更有根据地利用性能指标测度和其他导出的系统生命周期测度来比较设计。由于系统复杂且运行使用需求相互冲突,可能导致很难确定最佳的系统。没有一个特定的系统在所有类型的评估中都是最佳的。对于决策制定,需要权衡研究和备选方案分析来对可行性研究进行补充,从可行性研究和分析得出的度量可作为这一过程的关键的输入。当然,数值不是一切。由有数值支持的建议辅助的利益攸关者输入、运行使用优先级和决策,是需要考虑的重要的因素。

以上已经讨论了很多有关设计可行性的内部考虑和分析过程。在概念阶段,可能还没有可供分析的设计,在这一阶段,可行性研究必须确定系统的功能能力、运行使用方面、组件和可能的配置,这是一个高层级的综合活动,它直接在利益攸关者的需要和运行使用需求与一个可行的设计之间搭起了桥梁。

图 6.2 给出了系统工程开发过程的整体结构,图中示出了系统开发过程的多个阶段和子阶段,这些阶段和子阶段采用系统定义环、初步设计环和详细设计环之间的连线的形式表示。利益攸关者的初步需求是系统概念需求活动的一部分,用于确定左上环中的功能基线(如系统级规范,即 A 类规范),可行性研究在利益攸关者需求评估和图 6.2 的左上环中的主要输出需求的形成中起着重要作用。可行性研究在形成和评估可能的设计和设计备选方案方面也起着重要的作用。可行性研究将输出与设计相关的参数、提供把与设计相关的参数转化为技术指标测度的模型,并提供将用于测试和集成的基准和必要的组件接口关系信息。正如前面所述,这一信息是在一个特定的环中缩小备选解决方案的范围的基础。随着系统转向后面的阶段,在初步设计环和详细设计环中将形成更详细的需求,所有这些活动将在可行性研究所确定的安全空间内继续进行。

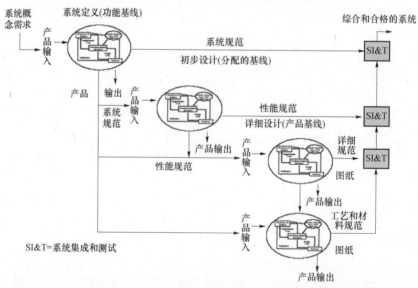

图 6.2　研制规范和层级(源于系统工程基础,国防采办大学,http://en. wikipedia. org/wiki/File:Specification_and_Levels_of_Development. jpg。)

　　单一的可行性研究不能确定一个系统设计的所有要素。根据所有需求、利益攸关者输入和其他并发的设计过程进行的可行性研究，要产生由系统工程师综合的知识，以深化系统设计。在图 6.2 中的系统定义框中，可行性分析起着重要的作用，表示从概念设计深入到初步设计阶段的系统设计深化所必须实现的重要的过程和活动。可行性研究必须指向一个连贯的系统特征集合。此外，可行性研究应该指向几个可能的、自洽的系统概念和设计。可行性研究还应当为比较这些系统奠定基础。需要采用权衡分析，对多个系统进行比较和对通过备选方案分析选择出的系统进行优化。

　　可行性研究的最高级别的成就是验证。对真实系统的验证是前面所提到的估计、仿真和建模活动的主要目的。仅有对一个真正平凡的需求，可以采用风险分析证明故障率低、故障的影响小，且在出现故障时有多个备选对策，来验证可行性。对于高技术应用等较不确定的需求，可以采用计算机仿真、原型样机测试、物理模型、数学模型和/或工业和经济数据，证明可以组合概念和技术，以得到利益攸关者所期望的结果。要求最可信的可行性研究要证明能成功地实现需求或功能能力，并能运行在利益攸关者期望应用的环境中。Mil－STD－882B 的 50.2.10.2 指出：得到验证的商用货架产品技术可作为一个低风险因子的标准(国防部,1984)。

　　以下给出可行性验证的一个例子，想象作为利益攸关者的 CBS 新闻这一新闻组织。CBS 对得到爆炸性新闻的实时视频感兴趣，他们想要利用民用遥控飞机在现场获得实时视频。许多类型的可行性研究可以分析他们对稳健、易用且能形成良好质量的图像的成像装置的需求。最好和最快的可行性验证将指向现有的稳健的、加固的无人机载光学系统和可以得到的视频处理、数据传输硬件与软件商用货架产品。系统工程师运用这一策略的公司将在投标过程中具有竞争优势，他们可以很快形成一个可行的、可信的系统。按照定义，可信的系统设计仅采用以往已经创建和应用的技术和能力(Shishko 等,1995)。尽管并不总是这样的情况，商用货架产品技术途径通常对利益攸关者具有更好的价值和可靠性。在 6.1.6 节，我们将讨论权衡研究。

6.1.6　进行权衡研究

　　在系统或子系统层级可以得到多个技术解决方案，可以理解的是，主要的利益攸关者仅想投资发展一个系统，权衡研究用于指出最可能的技术途径。权衡研究的功能是：在给定的良好定义的技术选择和参数的条件下，优化系统设计的一个特定的方面(Blanchard 和 Fabrycky,2011)。权衡研究的输入是竞争的技术解决方案或者与在宽范围内可变动的解决方案的设计相关的参数，这些输入可能包括这些技术解决方案的模型、利益攸关者按优先级排序的运行使用需求、系统全生命周期考虑和其他数据。权衡研究的输出是一个决策，它取决于基于所希望的系统的特性确定的所研究的备选方案要采用的技术路径。权衡研究将形成对决策进行论证的文件。本节的目的是解释为权衡研究提供论证能力的过程，将较详细地介绍这些输入和输出，介绍什么时候进行权衡研究、要进行多少次权衡研究，介绍什么是灵敏度分析，以及怎样将被分析的备选方案与权衡研究联系起来。

　　可以根据所关注的是大的决策还是小的决策，来粗略地区分备选方案分析和权衡研究。备选方案分析通常指在概念设计中进行的，从不同类型的解决方案(如地基望远镜还是天基望远镜)中选择最佳设计的决策。在这种情况下，系统可能有与设计相关的不同的参数,尽管它们可以以不同的数目建造和部署,以满足类似的运行使用需求。权衡研究可以聚焦在怎样在相对稳定的结构中最优地分配变化的变量,所操纵的变量要与所需要的并按利益攸关者的准则排序的运行使用功能联系起来。一个例子可以是改变一个光学系统的孔径大小,这与利益攸关者高度关注的两个因素——成像性能与系统成本相关。对光学系统的聚光功能进行的权衡分析,将揭示对成本和汇聚光的能力的负向相关的权衡。

备选方案分析很少用于描述概念方案设计阶段之外的事情;联合能力集成和开发系统(JCIDS)需要在可能的供应商已经完成他们的概念方案设计阶段之前进行备选方案分析,这是讲得通的,因为不应该在概念方案设计阶段已经完成了重要的设计工作后,进行显著影响结构的大的决策。进行大的更改实际上是设计工作的大的偏离,在系统生命周期的越晚的阶段进行大的更改的成本会越来越高。在采办阶段需要进行许多称为权衡研究的较小的决策和优化(Blanchard 和 Fabrycky,2011)。然而,各个来源的说法在语义上并不严格。在清晰定义的和尺度不变化的子系统结构和组件之间所做的决策,可能会采用备选方案分析这一术语。备选方案分析还有一个附加因素,利益攸关者在对多个竞争的系统提供商进行决策时,可能要从采办的角度进行备选方案分析。事实上,美国政府要求,在 JCIDS 下运行的部门,必须在采办过程的早期进行备选方案分析(国防部,2009)。作为系统提供商,美国国家航空和宇航局(NASA)要求在做出系统决策之前采用权衡研究,这是一个稳健的系统工程过程的一部分。(Shishko 等,1995)

系统提供商和利益攸关者、私立或公共部门机构进行备选方案分析和权衡分析这一事实表明,这一稳健的系统工程决策过程具有较大的论证价值。图 6.3 有助于解释利益攸关者和项目管理部门怎样支持和接受备选方案分析和权衡研究决策,并最终形成稳定的设计。决策制定过程的整体结构基于系统目标确定评价准则,并通过将系统的性能与对应于系统目标的性能指标测度进行对标,来评价系统解决方案。性能指标测度除了要与性能相关的设计和当前设计阶段的成本与进度直接对应起来外,还应当考虑到系统的采办和生命周期。应当有一个涉及从系统概念到系统退出以及中间的所有过程的性能权衡的宽泛的评价准则。

从系统提供商利用利益攸关者的输入建立整个决策制定指导书开始的决策制定过程由图 6.3 中的 SP1.1 环表示,包括利益攸关者的输入意味着所达成的任何决策是以双方认可一构建的方式进行的,这些指导书有助于建立可信的比较准则(SP1.2)。这些准则的源头是较早提到的输入:与设计相关的参数,重要的基准和利益攸关者的运行使用功能优先级。已经确定的所有的备选解决方案(SP1.3)都在考虑的范围内。通常,决策指导书(SP1.1)允许将备选解决方案纳入考虑范围,这样做的理由是:考虑到最后证明是不可行的设计比排除掉最好的设计更好(Blanchard 和 Fabrycky,2011)。

被当作备选方案的设计和解决方案可能指所发展的系统的多个层级和阶段:可以满足相同的运用需求的竞争设计概念方案、备选结构、子系统、系统组件和不同级别的资源的分配。在评价这些不同的解决方案之前,需要一个共同的度量体系。即便并不与同设计相关的所有参数匹配,不同的解决方案可以被转换到性能指标测度,性能指标测度实际上是在需求中规定的性能指标。在可行性研究中发展的模型,对于将与设计相关的参数转化为性能指标测度是非常有用的。为了用于权衡研究,可以改变模型和仿真的参数以

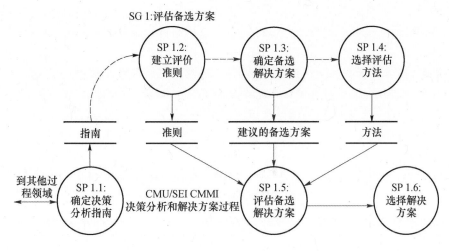

图 6.3　决策分析和解决方案活动

说明对设计渐进的更改的影响,这可以快速地估计对性能指标测度的影响,而不需要首先构建一个模型系统。

在针对每类设计参数形成了性能指标测度之后,可以对每一类参数进行比较,在对每一类参数完成比较并给出结论之后,进行下一类设计参数的比较。然后进行跨类别的比较。这就是为什么利益攸关者对类别的排序对于最终的评估和决策过程是重要的。

成本和风险也是重要的考虑,但由于某些可能的成本和风险的难以预料性,这些参数可能淹没其他参数。将这些参数单独进行详细分析,正如将较小的技术细节的影响汇总在一起以便于向利益攸关者或项目管理部门表述也许有助于解决问题。对于重要决策,应当由利益攸关者参与,并要将决策建议告知利益攸关者。决策建议也应当包括灵敏度分析,以说明在从系统模型转向实际系统时更改性能指标测度的相对风险。如果可选方案彼此在总的排序上相互接近,但根据组件模型或大系统交互作用,一种可选方案的性能指标测度有大的波动,则这种可选方案显然比其他的方案风险更大,因此要改变优选的解决方案(Haskins,2006)。利益攸关者最终要做出怎样针对单个运行使用功能权衡调整它们的成本和进度准则,以及这些准则是否有明显的冲突的确切的决策。

利益攸关者关注诸如从可靠性指标中导出的平均无故障工作时间等性能指标测度。可靠性和可维护性是不同类别的性能指标测度,为了更好地比较、评估解决方案,应该对这些性能指标测度和运行使用性能指标进行排序,以形成决策制定过程的一致性。例如,系统设计师将备选方案分析的结果告知利益攸关者,利益攸关者的需要是凝视探测深空以发现导致人类灭绝的事件——大尺寸的物体,可选的光学系统平台在星载和地基望远镜之间选择。由于大气对口径大于大气相干长度的大口径光学系统的图像空间分辨率带来了挑战,对等效孔径尺寸的空间和地基光学系统有显著的功能差别。尽管地基系统可以采用大气补偿技术,它们可能不能实现卫星平台所提供的相同的图像质量。必须对相同图像质量的性能指标测度的成本进行排序。此外,必须寻求较低成本、较高技术成熟度的大气补偿技术。利益攸关者必须比较采用成熟的技术和发展新技术的成本和对技术风险的容忍度,采用新技术的进度风险将是一个重要的因素。最后,在利益攸关者和系统提供者已经确定了一种方法之后,仍然需要进行权衡研究。如果选择了卫星平台,利益攸关者和提供者应当认可可维护性是一个比可靠性更低的优先级,除非空间飞船变得便宜且余量充足。

还没有讨论权衡研究的时间安排和频率。权衡研究要在整个采办周期内进行,权衡研究最好在功能分析结束时开始(Blanchard 和 Fabrycky,2011),此时功能被分解到下一个细节层级,通常每个新的系统细节层级将意味着一个新的功能分析、需求分配和权衡研究。在开发过程的每一阶段,可能要确定许多备选的机制,在评估备选组件和结构之前,需要进行权衡研究。

由功能分析引出的权衡研究的一个例子是先进的实时视频系统需要的图像处理功能的分解。软件和硬件这两个概念对象处理图像处理功能层级下的光学数据流,可以获得几种类型的软件应用和硬件。可能需要一个模型来确定:能实现所需的 30Hz 帧频的性能指标测度的效费比最高的技术途径是什么样的软件和硬件组合。在这种情况下,容易将运行使用需求转化到一个性能指标测度——帧频。速度需求从光学系统层级传递到图像处理子系统,并分配到影响图像传输速度的软件、硬件和其他子系统。

硬件和软件表示为了实现一项功能对具体资源的分配,需要一个涉及硬件、软件和子系统数据接口之间的交互作用的模型,以预测设计决策对整个系统将光学数据推送到视频的能力的影响,在构建了实际的产品之前,这样的模型的有效性具有一定的不确定性。因此,权衡研究也进行灵敏度分析。在估计优先级排序并针对最佳的权衡进行调整时,要向客户提交一个精心平衡的值。然而,如果一个小的软件错误可能导致系统不能满足 30Hz 的性能要求,则系统工程团队应当完成权衡研究以报告其灵敏性。风险管理响应可能强调选择更成熟和更稳健的软件,或对所选择的软件进行额外的测试,在这种情况下,灵敏性分析能够捕捉可能被已经满足需求的说法所掩盖的成本、进度和技术风险。

6.1.7 评估备选方案:层次分析法

质量功能展开(QFD)、因素评分和层次分析法是用于备选方案分析的一些良好的过程,所有这些过程涉及对性能指标测度进行分类排序,但它们的评估模型不同。评估建模可以是解析的,依赖于确定的数学关系和算法机理,也可以是基于仿真的,依赖于随机过程、事务处理分析和/或概率数学,以描述在迭代周期内的事件和决策的输出。本节将聚焦在层次分析法,这是一种典型的确定性模型。

层次分析法是一种广泛认可的方法,这一点是重要的,因为系统工程团队需要一种可以展示给利益攸关者的可信的过程,他们需要尽可能好的结果。Thomas Saaty 在 1982年发表了"用于领导的决策制定:复杂世界中的决策的层次分析法"(Saaty,2012),层次分析法已经在复杂决策问题中得到了广泛的应用(Haas 和 Meixner,2011)。

运用层次分析法的一种典型的情况是在概念方案设计的末期,这种方法也可以用于较小范围的权衡分析中。输入是可选的设计、利益攸关者对运行使用需求和相关的性能指标测度的排序,以及对这些设计进行的可行性研究的其他结果。可行性研究和以往的权衡分析的结果是良好的信息源和涉及"ilities"、风险、成本的指标测度及以往发展的模型。

尽管层次分析法的要点是获取某些信息并对其进行处理,设计分析、敏感性分析和在备选方案分析中形成的文件,对于系统开发团队是很有价值的。正如后面所解释的那样,层次分析法矩阵的特征矢量分析可能实际上指向 n 维空间中的理论上的最优资源分配,尽管它可能不是严格的,这是一种能洞察设计的解析方法。在一个更加面向结果的视角中,在生命周期的早期对所有可行的备选的技术途径进行评估,有助于更早地显著提高设计成熟度(Blanchard 和 Fabrycky,2011)。此外,可以在项目的后期重新查阅正规的备选方案分析文件,并证明对于降低技术风险是非常有用的。在方法"A"失败的情况下,系统工程团队已经有了方法"B"可以成功的思路。此外,评估模型的过程概括了用于后面的验证和确认的指标测度和测试准则。从利益攸关者的视角来看,应当确定对设计进行测量和测试的方法,以降低不确定性和生命周期风险。一个利益攸关者可能对采办一个没有得到测试的复杂的系统不感兴趣。在另一方面,他们可能会因听说他们将得到多个设计中最好的设计,并得到明确的证据而激动。

层次分析法对利益攸关者是可信的部分理由是:采用攸关者的偏好驱动备选方案选择过程。利益攸关者的偏好是层次分析法的输入,完全相同的偏好和对设计选择、成本与风险的影响被反馈给利益攸关者。层次分析法特别鼓励利益攸关者在决策制定过程中采用简单的成对比较排序,在一组相互认可的准则之间来确定相对偏好。

例如,对搜索深空中的小行星感兴趣的利益攸关者,可以把光学性能、可靠性、可维护性、可支持性和可用性作为对所建议的系统的几类重要的指标,他们一般认为光学性能比可靠性更重要:光学性能能力超过可靠性。接着他们将移向下一个成对比较:光学性能超过可用性。然后他们对可靠性和可用性进行比较。根据在一个相对直接的方式中进行的成对比较过程,可以构建一个完整的排序系统。

首先,对每一类的准则创建一个对应于一行和一列的表,例如表 6.1 中所给出的一个例子。接着,比较行和列交叉的类,并分配以大于、小于或相等。现在对每一行统计"大于"的优先度,接着进行排序,一个对应的行中包含 5 个"大于"的类比对应的行中包含 3个"大于"的类具有更高的优先级。这是一种对所有的准则进行排序的好的方法。然而,这并不表明从利益攸关者的观点来看,可靠性的重要性是可维护性的 3 倍。但这是一个开端。

表 6.1 层次分析法三准则成对排序矩阵的例子

	准则♯1	准则♯2	准则♯3
准则♯1	准则♯1—准则♯1 排序	准则♯1—准则♯2 排序	准则♯1—准则♯3 排序
准则♯2	准则♯2—准则♯1 排序	准则♯2—准则♯2 排序	准则♯2—准则♯3 排序
准则♯3	准则♯3—准则♯1 排序	准则♯3—准则♯2 排序	准则♯3—准则♯3 排序

考虑以下的排序顺序:性能优先于可靠性、可靠性优先于可维护性、可维护性优先于性能。这是一个高度不合逻辑的排序,至少从表面看是这样。对这样的排序需要考虑一致性分析、偏好传递性(一组对象之间的所有可能的关系的逻辑一致性)、无关性—相关性,还要考虑为什么没有将成本和风险列为层次分析法排序系统中的一般的类。首先,层次分析法采用线性矩阵方法,在数学分析中的一个基本的假设是变量是独立的。

前面所示出的排序可能有简单的逻辑错误，或者可能并非所有这些变量都是独立的。可用性的优先级的顺序可能根据对性能和可靠性进行权衡的结果进行更改。在这种情况下，可用性和这些变量中的一个是相互关联的，系统可能是非线性的。随着备选方案分析的解析模型的发展，"在准则或属性的选择中最关注的是它们应当是彼此独立的"(Blanchard 和 Fabrycky，2011)。

对星载望远镜和地基望远镜的比较是说明优先级顺序与备选方案有怎样的相关性的一个简单的例子。对于一个卫星，可维护性可能不是对所有的利益攸关者都是重要的，对系统进行在轨维护效费比不高，因此如果没有供维护人员检修的面板是影响很小的。由于同样的原因，可维护性是不重要的，需要一颗卫星是非常可靠的，相应地，具有非常低的故障率。对于地基系统，情况可能相反，根据需要，天文台人员可以更好地维护望远镜。此外，可靠性可能要与成本进行某些方面的权衡，因为能够接触到系统进行修理，且停工检修时间是可以承受的。

对于卫星与地基观察这两种备选方案的情况，得到层次分析法准则比较矩阵是非常困难的，将需要产生两准则比较矩阵以适应两种情况，然而，这导致了比较中的一个逻辑错误。单准则比较矩阵用于产生大致对应于矩阵的特征矢量的一列数，现在，想象这是一个从算法方程中得出的变量 x，采用两准则矩阵，将产生两个特征矢量：x 和 x'。在表 6.7 中，当仅有一列(C1—C4)可以接受 x 或 x' 而不是两者时，逻辑流终止，我们终止在非常接近于备选方案排序，这是表 6.7 中的矩阵方程的右侧，然而，这是一种可以用于解决这一逻辑错误的方法。可维护性和可靠性这两个相关的类可以聚类在一起，以形成一个独立的变量。利益攸关者可以为这一合成的"连续运行能力"类分配一个排序。

在层次分析法中需要避免不一致性和相关的变量问题。层次分析法采用两个简单的检查来解决这一问题。在准则排序时，层次分析法要求传递性，排除了不合逻辑的结果。一个简单的传递性要求是 1＜2＜3 应当永远不会变成 1＜3＜2(Blanchard 和 Fabrycky，2011)。层次分析法定义每个阵元有不仅仅是如 1、2 和 3 所示的相邻次序的更多的关系的矩阵，在这种情况下，逻辑关系包括次序和次序的尺度。为了使一个矩阵保持传递性，如果能将它们变换到其他阵元进行比较，次序和两个阵元的相对幅度必须是一致的和可重复的。也就是说，如果 $A＜B＜C$(次序)，$B=2A$(相对尺度)，且 $C=2B$，则 A 的 4 应当转换成 C 的 1。基于所参考的数学空间，可以使用许多其他意义的定义，但简单的排序和代数方程组对于描述层次分析法的传递性是足够的。为了学习更多的理想传递性矩阵，可参考群论方面的入门性的教科书。

第二个检查是一致性检查，这将产生一个一致性比(CR)，如果不满足传递性，将通不过 CR 测试。在这种情况下，进行层次分析法的系统工程团队应该回到利益攸关者或者原始的优先级排序的来源处。通过一致性检查也可以发现细微的错误。光学性能、可靠性和可维护性可能通过传递性门，但它们可能通不过相对一致性测试，如果光学性能比可靠性重要 3 倍，比可维护性重要 9 倍，而可靠性仅比可维护性重要 2 倍，但逻辑上讲可靠性应该比可维护性重要 3 倍，这样的不一致性可能会或者不会导致通不过一致性检查。某些不一致性是允许的，只要在所考虑的权衡空间中的关系是近似线性的。

回到光学层次分析法这一例子，假设利益攸关者对大量的"ilities"进行了排序，但系统工程团队选择仅包括光学性能、可靠性、可用性和可保障性，会有一些因素影响它们对有限数目的类的决策。

第一个因素是随着涉及的变量更多,决策变得更加困难且耗时,应当排除不太重要的参数,以确保层次分析法在用于实际的决策制定中时不太复杂,但要包括足够多的因素以使决策有用。Arthur Felix 在 2004 年 INCOSE 会议上的一篇论文对实际应用的权衡研究进行了全面的分析,Felix 的建议是"应当涉及 3~9 个准则"(Felix,2004,June 20—24)。这一思路也得到心理学家 George Miller 的研究的支持,他发现人脑在一个时间仅能处理这样多的概念对象和离散的数字(Miller,1956),魔数应该是 7 ± 2 个魔方块的范围。有趣的是,这一研究对 7 位数字的电话号码的选择有重大的影响。

第二个因素更加明显,应当仅包括受到备选方案选择实际影响的因素。必须对受到所做的技术选择有同样影响的因素进行更细微的决策,必须排除对所有的备选方案的影响是相同的类,因为所做的决策没有差别(Felix,2004,June 20—24)。这不意味着不应当跟踪受到影响的性能测度,如果所有的备选方案导致相同的可预测性,但对于所有的选择,可预测性都低,都不可接受,应当记录这样的事实。

在决策分析中不应包括成本和风险。成本和风险应当用于技术解决方案的初步层次分析法排序的结果(Felix,2004,June 20—24)。在层次分析法的第一阶段产生的数据分析可以直接反馈到成本和风险模型中,对风险模型的一个重要的贡献是在评估阶段层次分析法产生的灵敏度分析。在层次分析法决策矩阵中不包括成本和风险,但可以使成本和风险评估的质量得到实际收益。技术解决方案评估也能得到收益,因为更加关注于决定项目的解决方案的真正的价值的方面:性能、可预测性、可维护性等。通常,当试图确定一个产品的价值时,对成本是有所要求的,尽管成本是实际价值的决定性因素。Felix 建议了一个任何明智的顾客知道的行动路线,使成本涉及其中有可能使购买者失去对效能的洞察能力。

选择排序的准则的第四个考虑涉及项目的阶段。取决于项目的进展和系统层级,可维护性类可能转变为几件事情,如果所比较的备选方案的层级非常低,如所使用的电容的质量指标,故障率统计可能是一个适当的类。然而,对于整个系统而言,应当采用整个 MTBF 性能指标。到处使用的电容的可靠性可能以整体的形式影响着系统的可靠性,观察一个决策对整个系统有怎样的影响是重要的,尤其是在与 MTBF 技术性能测度进行比较时。对于技术比较目的,指定功能或组件层级的准则也是有意义的。如果有一个单元专门用于一个系统的运行使用的检查和自修正,这将是有意义的。

在选择用于层次分析法的类的适当的准则方面有许多想法,这是非常有意义的,因为在对象的目标之间搭建了桥梁。通过选择适当的准则,可以从中创建层次分析法。在建立一个矩阵之前,需要将优先级次序转换成数值。层次分析法准则比较是在重要性的最大和最小范围意义上准归一化的。这一类型的标准化在任何采用层次分析法的场合是非常常见的。在以下的例子中,9 代表最大的重要性,而 1 代表最小的重要性。例如,对于我们的用户,光学性能远比可保障性重要,因此性能为 9、可保障性为 1,比值为 9/1。当将可保障性与性能相比时,比为 1/9,任何准则与自己相比是等性能的,因此为 1/1,这一信息归纳在表 6.2 中。

表 6.2　层次分析法准则排序定义

重要性强度	定义	解　释
1	同等重要	选择是同等地加权的
3	中等重要	一个选择略为优先于另一个选择
5	很重要	一个选择优先于另一个选择
7	特别重要	一个选择特别优先于另一个选择
9	非常重要	一个选择不加选择地优先于另一个选择
2,4,6,8	中间值	在上述权重值之间选择
倒易	用于相反的关系	如果选择 A 相对于选择 B 具有一定程度的优先级,则选择 B 与选择 A 有倒易的关系

现在权重已经分配给准则,它们可以输入一个表示准则彼此之间的相对优先级排序的矩阵中,行中的准则项通常要与列中的准则项进行比较(优先级比较),矩阵的对角线的值将总为 1,因为这是一个与自身比较的准则(表 6.1)。

将数值填入后,表 6.3 现在看起来像一个 $N \times N$ 的方阵,为了解译优先级,矩阵首先比对行然后比对列,从第 2 行开始,这代表准则♯2,在这一行找到数值 3,向上跟踪列,发现对应于数值 3 的是准则♯3。在层次分析法格式中,这意味着第 2 行的准则比准则 3 重要 3 倍,观察第 3 行和第 2 列,矩阵读出准则 3 是准则 2 的重要度的 1/3,阵元(3,2)是(2,3)的倒易,反之亦然。

表 6.3　层次分析法三准则比较矩阵的例子

	准则♯1	准则♯2	准则♯3
准则♯1	1	3	7
准则♯2	1/3	1	3
准则♯3	1/7	1/3	1

这些准则排序矩阵是偏好度的数学模型,它们必须是方阵,尽管它们的大小可以增大,以增加更多的准则。简要地说,将要构建第二种类型的矩阵,以说明对于一个准则相应地有怎样的解决方案。层次分析法采用两种类型的基础矩阵:一种矩阵模拟准则之间的重要性的关系,第二种矩阵给出怎样将技术解决方案与每个准则关联起来的信息。为了告诉什么解决方案是最佳的,需要核查两个矩阵中的信息。

给定合成的优先级信息,当给出这些类的适当的权重时,哪种解决方案对于某一准则是最佳的?换言之,哪种解决方案表示最佳的准则分配?不能跨不同类别的准则,将解决方案满足各个准则的能力与其他解决方案满足准则的能力进行比较。然而,当增加准则—准则排序信息时,这些准则就变得可以进行数值比较了,这样就可以将一个解决方案对于某一准则的评分映射到跨类别的一个通用的幅度上,这一通用的幅度可以针对每个解决方案进行累加,然后直接进行比较。

特征矢量分析允许采用反映准则的相对优先级的列矢量,将一个方形矩阵关系进行整合,可以针对准则—准则和解决方案—解决方案矩阵形成这些"整合"矢量。正如在下面将要看到的那样,优选的解决方案的相对幅度是通过将准则—准则特征矢量右乘由每个准则的方案—方案特征矢量所构成的矩阵确定的。

当然，一个特征矢量不是真正的"整合"矢量，但对于层次分析法，这样认为是有用的。在层次分析法中，特征矢量被看作是一个优先级矢量，一个特征矢量被宽松地定义为一个矢量，当与一个矩阵左乘时，不会改变方向。由于这种原因，一个特征矢量有时被称为矩阵的方向。在层次分析法中重复使用这些矢量表明，寻找最佳的解决方案类似于一个几何问题，在许多方式下是这样的。一个有 3 行的列矢量可以表示为(x,y,z)坐标，采用相同的方式，源于一个 $N \times N$ 准则－准则矩阵的特征矢量是一个 N 维矢量。

观察图 6.4，最右边的列是特征矢量的一个估计，现在想象在最左边的矩阵是光学准则－准则矩阵，第 2 行有大的数值，因此这意味着这是一个像光学性能那样的重要的类。最上面一行有非常小的分数值，这表示可保障性的排序相对较低，与其他准则相比相对不重要。跨行寻找特征值的最大值，对应于光学性能的第 2 行的特征值最大。正如上面一样，可保障性那列有最小的特征值。如果针对光学性能、可保障性、可用性和可靠性轴，在 4 维空间绘制特征矢量，可以发现矢量沿着最重要的准则轴有较长的分量。对于较不重要的可保障性，矢量在这一方向仅有微移。

	A					A					A^2				X
1	1/7	1/2	1/3		1	1/7	1/2	1/3		4	0.4968	2.381	1.345		0.0718
7	1	5	3		7	1	5	3		33	4	19.5	10.83		0.5877
2	1/5	1	1/2	×	2	1/5	1	1/2	=	6.9	0.8524	4	2.267		0.1224
3	1/3	2	1		3	1/3	2	1		12.33	1.495	7.167	4		02182

图 6.4　方的准则矩阵($A \times A$)和特征矢量增量

特征矢量可以图形化地表示，可以表示其他微妙的因素，从 9 到 1 的相对重要性幅度被反映在特征矢量中，此外，各个一对一准则比较之间的关系也在特征矢量中进行加权。对于这种应用，它确实是将准则映射到一个优先级值的一个汇总矢量。方案－方案矩阵产生从一个给定的准则的视角考虑时建议的方案的相对优先级映射。与准则－准则矩阵特征矢量类似，方案－方案矩阵特征矢量可以被看作相对于特定的准则的备选方案的优先级的"M 维空间（M 表示备选解决方案的数目）中的方向"。

有几种方法可以用于计算或估计一个方形矩阵的特征值，可以采用以下特征值方程得到解析解(Strang,1993)：

$$Ax = \lambda x \tag{6.1}$$

式中：x 为矩阵 A 的特征矢量；λ 为称为特征值的一个标量。

对于在层次分析法中使用的适当构造的矩阵，通常仅需考虑每个构造的矩阵的一个特征矢量和最大的正的特征值。注意在方程的两侧都有 x，而 λ 要出现在矩阵的位置处。每将矢量乘以矩阵一次，λ 被乘到一个更高的幂次，特征值的这一特性对于将在下面讨论的方法有重要的涵义。

注意，在以下方程中，将矩阵 A 用矩阵乘以自身 10 次意味着 λ 必须乘以自身 10 次：

$$A^{10}x = \lambda^{10}x \tag{6.2}$$

如果 A 有第二个特征矢量 x_2 和对应的第二个特征值 λ_2，相同的方程可以写成以下的方程所示的那样：

$$\boldsymbol{A}^{10}\boldsymbol{x}_2 = \lambda_2^{10}\boldsymbol{x}_2 \qquad\qquad (6.3)$$

对于相同的矩阵 $\boldsymbol{A}$，如果 $\lambda_1 > \lambda_2$，则在连续地自乘之后，$\lambda_1^{10}\boldsymbol{x}$ 的值将远大于 $\lambda_2^{10}\boldsymbol{x}_2$。实际上，具有最大特征值的特征矢量将主导较高幂次的矩阵。不应惊奇，求解特征矢量的第一种方法就是将矩阵一次又一次地与自己相乘（Haas 和 Meixner，2011）。

对于层次分析法，将特征矢量归一化是非常重要的。观察表 6.7，在方程的左侧所有的列是源于感兴趣的方案—方案矩阵的特征值。注意，这些都近似为归一化的列，因为它们由当列中的每一项被单独地平方并相加时累加和近似为 1 的分数组成。现在想象分配协作的人员来寻找由准则♯4 可靠性表示的列，但忘记归一化了，所得到列的值，不是 [0.0755 0.2291 0.6954]，而是 [75 229 695]，这是一个比其他的准则列大 1000 倍的因子。注意第 4 列右乘 C1～C4 列时，仅仅乘了 C1～C4 列的底部的数，这意味着应该有 0.2179 的权重的准则实际被加了 218 的权，而其他的准则的权重小于 1。由于解决方案♯3 刚好相对于准则♯4 可靠性表现得非常好，表 6.7 中的方程的右侧所表示的总的排序将会变化。由于有这样的比例尺错误，解决方案♯3 将比解决方案♯2 排序得更高，因为在这一行中数的成比例增大将大于在对应于解决方案♯2 的那一行中数的增大。而根据表 6.7，在列得到正确的归一化时，正确的排序是解决方案♯2 优于解决方案♯3。这一虚构的排序的例子说明了为什么归一化对于层次分析法在功能上是重要的。

因此，概括而言，第一种求解特征值的方法涉及将矩阵一次又一次地与自身相乘，直到列收敛到一个近似固定的矢量方向。对几个列进行平均以产生一个列，然后通过将组元数与它们的累加和相除，对这一平均的列进行准归一化。如果矩阵的列平均为 [2 1]，则它将除以 (2+1)，得到 [2/3 1/3]。由于矩阵的迭代的自相乘，像 MATLAB 程序那样能够避免截断误差的稳健的算法，能很好地处理这种方法。

第二种估计准归一化特征矢量的方式要快得多，但牺牲了一些精度。第二种方法涉及对列归一化，然后对行平均以得到归一化的特征矢量（Haas 和 Meixner，2011）。实际上，矩阵的所有列被当作矩阵的代表性的特征矢量进行处理。矩阵的每一列被准归一化，因此在每一列的数的累加和为 1。然后对列本身进行平均，以得到一个平均的列，其累加和应该为 1，这一列是矩阵的估计的特征矢量。对于层次分析法中的准则—准则矩阵，只要利益攸关者排序表现出传递性、独立性和一致性，这可能是一个合宜的假设，正如在本节的开始一段讨论的那样。

现在将把这两种特征矢量估计方法应用在准则—准则排序矩阵。表 6.4 代表利益攸关者优先级和相对重要性信息。系统提供商系统工程团队将利益攸关者排序和陈述转换到这一矩阵中。

下一步是得到每个准则的相对优先级的累加和矢量。采用第一种矩阵相乘的方法估计矩阵的特征矢量。由于矩阵自乘方法可以迭代无穷次，应当采用工程判据来确定何时停止。图 6.4 包括在二次幂时停止的估计。为了得到最后的列 [0.0718 0.5877 0.1224 0.2182]，矩阵的所有的行可以累加，这产生了构成一个单一的列中的行单元的 4 个累加和，然后将该列的所有单元除以矩阵中的所有的单元的累加和（在这种情况下是 116.5），第一行的累加运算和对各单元的归一化是 (4+0.4968+2.381+1.345)/114.6。

有多种类似的算法可以对图 6.4 的右侧的方向矩阵进行准归一化，总的目标是以百分比的形式表示特征矢量。如果计算了 $\boldsymbol{A}^4$，则对得到的 $\boldsymbol{A}^4$ 矩阵的列进行平均，得到一个列,然后对所得到的列进行准归一化,得到一个特征矢量估计[0.0722,0.5872,0.1228,0.2179]。即便 A^2 和 A^4 可能看起来根本不像,最终的特征矢量估计没有大的变化。这表明,特征矢量值是收敛的。当采用 A^8 时,得到相同的 [0.0722,0.5872,0.1228,0.2179]。尽管答案是略有不同的,在这一有效位数水平上,结果没有变化。

当对表 6.4 所示的矩阵采用第二种方法时得到表 6.5 那样的结果,在这种情况下算法更稳健,因为表 6.4 的准则—准则矩阵的列是相对于它们自身进行归一化的,第一列的 [1 7 2 3] 被除以它的总和 14,这变成了表 6.5 中的[0.0769 0.5385 0.1538 0.2308]列,每一列是相对于它自身归一化的,因为不假设所有的列收敛到相同的方向。因此,对于表 6.4 的矩阵中的所有 4 个列方向,希望采用相同的权重。相对每一列进行准归一化得到表 6.5 的方形矩阵,这些列的平均得到表 6.5 的右侧的单一的列,这就是特征矢量的估计。注意,这与第一种方法所得到的列矢量的幅度是类似的,然而,并不完全相同。一般来说,这是一种不太精确的方法。

表 6.4　层次分析法四准则比较矩阵的例子

	S	O	A	R
可支持性	1	1/7	1/2	1/3
光学性能	7	1	5	3
可用性	2	1/5	1	1/2
可靠性	3	1/3	2	1

表 6.5　有归一化列和特征矢量的 4 准则矩阵的例子

0.0769	0.0852	0.0588	0.0690	0.0725
0.5385	0.5966	0.5882	0.6207	0.586
0.1538	0.1193	0.1176	0.1034	0.1236
0.2308	0.1989	0.2353	0.2069	0.218

这一构建一个优先级矩阵并估计特征矢量的过程,也可以用于方案—方案排序矩阵。表 6.6 示出了方案—方案排序矩阵的结果,有 4 个矩阵,因为有 4 个准则。对于准则♯4,可靠性,列出了所有 3 个可能的解决方案和它们的相对排序。矩阵中的数值是采用与将利益攸关者优先级转换到一个固定的尺度那样的类似的规则确定的。观察可靠性矩阵的第 3 行、第 1 列,这一矩阵单元为 7,这意味着对于可靠性而言,方案 3 比方案 1 的优先级高 7 倍,无论是否合理,对于可靠性而言,方案 3 应该 7 倍于方案 1 优先选择。

表 6.6　三方案/四准则评估矩阵和特征矢量的例子

Criteria 1	Sol♯1	Sol♯2	Sol♯3	C1 EV	Criteria 2	Sol♯1	Sol♯2	Sol♯3	C2 EV
Sol♯1	1	1/4	3	0.2051	Sol♯1	1	1/3	5	0.2654
Sol♯2	4	1	8	0.7166	Sol♯2	3	1	9	0.6716
Sol♯3	1/3	1/8	1	0.0783	Sol♯3	1/5	1/9	1	0.0630
Criteria 3	Sol♯1	Sol♯2	Sol♯3	C3 EV	Criteria 4	Sol♯1	Sol♯2	Sol♯3	C4 EV
Sol♯1	1	1/2	1/5	0.1220	Sol♯1	1	1/4	1/7	0.0755
Sol♯2	2	1	1/3	0.2297	Sol♯2	4	1	1/4	0.2291
Sol♯3	5	3	1	0.6483	Sol♯3	7	4	1	0.6954

有许多处理方案—方案排序的方式,应当针对一个总的准则来讨论解决方案—具体的措施的排序。我们首先讨论特征矢量的使用。表 6.6 总体说明每个矩阵产生一个特征矢量(本质上是总的排序矢量),对应可靠性准则的方案—方案矩阵所产生的矢量将对技术方案进行排序,好像仅要考虑可靠性这一准则。

在可靠性准则矩阵中,方案 1、2 和 3 分别对应于 7.55％、22.9％和 69.54％,这实际上表明方案 3 对于满足利益攸关者的可靠性要求具有最高的分数。几何特征矢量解释可能表明,在[0.0755 0.2291 0.6974]方向,这一满足矢量具有最大的长度,因为这些项对应于技术轴。当然,这一解释是取决于具体情境的。

然而,可靠性不是唯一要考虑的准则,有 4 个准则,这些矩阵没有包括它们的相对重要性。因此,它们的特征矢量排序结果应该进行准归一化,以使外部报告的重要性,不会由于内部的排序数而夸大。然而,由 A^4 收敛特征矢量估计过程产生的准则—准则排序特征矢量,包含这些准则的相对重要性。如果每个隔离准则的方案—方案特征矢量乘以准则—准则矩阵的特征矢量,则方案—方案矢量将按照相对重要性进行加权。

表 6.7 说明了怎样以矩阵的表示法进行这一乘法运算。注意,准则—具体的方案—方案特征矢量被划分到一个 3×4 矩阵中,并乘以一个 4×1 列准则—准则特征矢量,以产生最右边的最终的 3×1 列矢量。一般地,分组的方案—方案特征矢量构成了一个 $M \times N$ 矩阵,其中 M 是方案的数目,N 是准则的数目。

表 6.7 层次分析法解决方案排序的例子

	准则 1	准则 2	准则 3	准则 4	C1—C4	Sol♯1/♯2/♯3
Sol♯1	0.2051	0.2654	0.1220	0.0755	0.0722	0.2021
Sol♯2	0.7166	0.6716	0.2297	0.2291	0.5872	0.5242
Sol♯3	0.0783	0.0630	0.6483	0.6954	0.1228	0.2738
					0.2179	

最右边的列表明:方案 2 是最好的,因为 0.5242 这一解大于最右边一列的任何其他"满足度"幅度。备选方案的解释是:为了使利益攸关者的满意度最大,52％的资源应该分配给方案 2,20％的资源应该分配给方案 1,28％的资源应该分配给方案 3。如果方案不能混合或综合,这种解释就是无效的。在后面的相互排他的情况中,最高分数的胜出!

在得到方案排序时,层次分析法还没有完成。在结果可以用于提交决策制定过程之前,应当针对逻辑一致性、由于估计方法造成的不准确性,以及假如变化时造成的整个排序的可能的偏离,对结果进行检查。

灵敏度分析通常估计基于输入参数的变化性做出一个"并非最佳"的决策的风险。在矩阵中的假设可能宽泛地变化,或者可能是错误的。灵敏度分析检查由于输入的变化性导致最终的方案的排序有什么样的变化,如果灵敏度分析报告排序有非常高的概率会变化,且方案对应于一个关键的功能,则在提出一个方案选择时有大量的风险。应对这一风险的策略可以是通过消除不确定性,或者通过搜索更多的备选方案(需要由开发团队提供)。在另一方面,如果通过灵敏度分析表明变化的概率较低,则层次分析法能实现稳健的分析,或者一种解决方案明显优于其他备选方案。这两种场景都意味着值得信任的结果。

正如在本节的开始时所讨论的那样,一致性分析检查逻辑错误。如果不能通过一致性分析，则可能需要针对基本的假设检查利益攸关者排序和方案排序矩阵。一致性分析也要捕获与层次分析法中采用的数学估计假设相关的过量的误差。实质上，一致性分析主要依靠观察所估计的特征矢量是否接近于矩阵的实际特征矢量。估计误差和一个矩阵的内部排序系统的结构性问题将表现为特征矢量偏差的形式。

在讨论计算机理之前，测试的数学基础对于理解是有用的。回顾特征矢量的特性，当一个矩阵乘以其本身的特征矢量时，它将返回一个处于相同的方向但乘以一个标量乘子 λ 的特征矢量。实质上，一致性检查将估计的特征矢量放回特征矢量方程，并检查它偏离一个标量相乘的特征矢量多大，任何偏差表明所估计的特征矢量的方向与矩阵的实际特征矢量有略为不同的方向。以下方程说明了这一点：

$$\boldsymbol{A}\boldsymbol{x}_{\text{est}}=\boldsymbol{x}_{\text{mut}} \tag{6.4}$$

一致性分析在开始时将每个估计的特征矢量 $\boldsymbol{x}_{\text{est}}$ 和由此导出的矩阵插入这一方程，这应当对准则—准则矩阵和所有的解决方案—解决方案矩阵进行。与式(6.1)中的确切的特征方程不同，式(6.4)中的矩阵列乘不大可能得到相同的乘以一个标量的列矢量，除非能得到完全相同的特征矢量，方向和幅度应当同时变化，得到的列矢量为 $\boldsymbol{x}_{\text{mut}}$。

实质上，所估计的列的每一行已经由于一个未知的因素而发生了变化，一种得到 $\boldsymbol{x}_{\text{mut}}$ 的每个单元的幅度的未知的变化的方式是将 $\boldsymbol{x}_{\text{mut}}$ 的每个单元除以 $\boldsymbol{x}_{\text{est}}$ 的相应的单元，所有这些因子可以累加并相除以得到 λ_{avg}。回头看看式(6.1)，λ_{avg} 估计特征矢量。根据 Saaty(1987)和数学证明，λ_{avg} 将超过矩阵的阶，除非选择一个完美的特征矢量。如果评估了逻辑上不一致的 4×4 矩阵，应当有 $\lambda_{\text{avg}}>4$。表 6.8 给出了怎样采用准则—准则矩阵和它的估计的特征值导出未知因子的一个计算实例。

表 6.8　准则排序矩阵，一致性计算

	准则＃1	准则＃2	准则＃3	准则＃4		CEV		结果		结果/CEV		λ
Crit＃1	1	1/7	1/2	1/3		0.0722		0.2901		0.2901/0.0722		4.0183
Crit＃2	7	1	5	3	×	0.5872	=	2.3603	λ=	2.3603/0.5872	=	4.0196
Crit＃3	2	1/5	1	1/2		0.1228		0.4936		0.4936/0.1228		4.0195
Crit＃4	3	1/3	2	1		0.2179		0.8758		0.8758/0.2179		4.0194

实际的偏差不是由 λ_{avg} 表示的，而是由其期望值 n 的偏差表示，期望值是矩阵的阶。对于一个 4×4 矩阵，采用 $n=4$。对于一个 3×3 矩阵，采用 $n=3$。一致性指数(CI)可以累加这一偏差，它是采用以下方程计算的：

$$\text{CI}=\frac{(\lambda_{\text{avg}}-n)}{n-1} \tag{6.5}$$

为了使 CI 有意义，需要一个标准进行比较。借用统计学和经验证据理论的概念(Saaty,1987)，确定了一个比较的标准，以概括一致性容差。必须计算 CR，以与 Saaty 的标准进行比较。式(6.6)说明了怎样采用 CI 计算 CR。平均一致性系数(ACI)是由 Saaty 确定的一个用于不同阶数的矩阵的一个标准的比例因子，必须查找 ACI，见以下方程：

$$\text{CR}=\frac{\text{CI}}{\text{ACI}} \tag{6.6}$$

采用表 6.8 中的准则—准则场景，可以通过首先计算 λ 的平均值(如 $\lambda_{\text{avg}}=4.0192$)来计算 CR，将 λ_{avg} 和 $n=4$ 插入式(6.5)得到 CI 为 0.0064。为了得到 CR，必须将 CI 除

以式(6.6)中所示的 ACI。对于 $n=4$，查表得到的值为 0.90，计算的 CR 为 0.0071。采用表 6.6 中的有关方案－方案矩阵的信息，其他的 CR 可以计算为 0.0158、0.0251、0.0031 和 0.0659。

注意 CR 都小于 0.10 或 10％，这就是 Saaty 标准，如果 CR 低于 10％，则该矩阵的特征矢量解是足够一致的。Saaty 将 CR 门限设定为 0.10 的理由是："尽管主要关注构建一个一致的决策，必须允许较小的不一致性，以允许按照老的判据新的信息有一定的变化。然而，不一致性与一致性相比幅度要低一个数量级（10％的容差范围）"（Saaty，1987）。迄今的实例矩阵都在这一一致性容差范围内。

用于估计特征值的计算方法是否有所影响？如果采用不同的方法，最终的 CR 将略为变化。然而，这基本上不会改变一致性检验的结果。采用矩阵自乘方法得到的特征矢量估计所导出的 CR=0.0071，具体地说，采用了准则－准则矩阵的自乘 A^4 所得到的数据。如果采用归一化列评估方法得到数据，特征矢量为 [0.0725 0.586 0.1236 0.281]，CR 为 0.0055，这表明有近 30％的变化，两种方法有明显的不同。然而，与 Saaty 的 10％规则相比，这仅是小的变化。通过观察所计算的 4.015 的 λ_{avg} 背后的变化性，可以得到进一步的洞悉。尽管在表 6.8 的最右一列的单个相乘的因子是非常一致的，采用列方法计算的因子数据 [4.0000 4.0358 4.0057 4.0183]，具有更大的离散性。

在表 6.9 中给出了一个更有趣的案例，这一 4×4 的矩阵是有意不一致的。实质上，将进行 Saaty 测试，看看是否能捕捉不一致的矩阵，这一矩阵是不一致的，因为几个对之间的排序不能跨其他的对平移。注意，准则♯3 的重要性是准则♯1 的 2 倍，准则♯3 的重要性是准则♯1 的 3 倍，可以发现许多其他矛盾性，但一致性测试将显示数据有多大程度的不一致性。

表 6.9　不一致的 4×4 准则排序矩阵、特征矢量和 λ

	准则♯1	准则♯2	准则♯3	准则♯4	CEV	结果	结果/CEV	λ
Crit♯1	1	1/9	1/2	1/3	0.0533	0.2547	0.2547/0.0533	4.7819
Crit♯2	9	1	2	7	0.6036	2.8862	2.8862/0.6036	4.7819
Crit♯3	2	1/2	1	1/5	0.1198	0.5728	0.5728/0.1198	4.7819
Crit♯4	3	1/7	5	1	0.2234	1.0683	1.0683/0.2234	4.7819

（表中：× ＝ λ＝ ＝ ）

数据的特征矢量 [0.0533 0.6036…] 是采用矩阵自乘法产生的。当采用式(6.4)通过矩阵重算矢量时，输出是 [0.2547 2.8862] 的 x_{est}。采用所概括的算法以得到隐含的乘性因子，得到表的右侧。插入 4.7819 的 λ_{avg} 和 $n=4$ 到式 4.5 中，得到 CI=0.2606。对于 0.90 的 ACI，采用式(6.6)得到 0.2896 的 CR。Saaty 规则成功地将这一矩阵标记为可疑的。采用列准归一化方法产生一个估计的特征矢量 [0.0570 0.5564 0.1399 0.2467]。采用相同的过程，在 0.3047 处计算 CR。观察特征矢量的不同，在不同的方法之间有显著的变化，但仍然低于 Saaty 的方法的灵敏度。如果完成层次分析法的团队产生这样一个矩阵，他们要负责寻找以前讨论的可能导致不能通过不一致性检查的逻辑错误。

6.1.8　可行性和风险之间的关联性

从逻辑上讲，可行性和风险是互补的项，随着可行性的增大，风险降低，随着事情的风险增大,项目的可行性降低。可行性和风险之间的关联性是成反比的,比例是滑动的。在可行性研究一节中,指出可行性研究度量可行性的大小。实际上,可行性研究问询在给定的进度、技术和预算约束内项目是否可能成功。

可行性研究试图为项目建立一个稳健的开端,以便降低风险。这不仅涉及预测技术可行性,而且也记录所遇到的可能的问题并做出响应。例如,有大量的与可生产性相关的风险,因此,可行性研究要事先确定一种模型或其他方法是否可以验证一种设计方法有没有制造问题。一个明确的论点是:在可行性分析和权衡研究上花费的时间和精力越多,项目的风险将越小。如果可行性研究的结果发现系统提供商不能满足需求,则这就是成功的,避免了导致时间、金钱和资源的浪费的事件或工作。

在可行性研究中形成文档的可能的问题和备选的技术途径要直接反馈到风险分析中。在可行性研究中研究的各种技术途径变成了应对风险的因素,如果采取一种备选的技术途径,则在一种当前的技术途径无效的机会事件中,将不会显著地阻碍项目的进展,因为可以有其他的备选技术途径。例如,考虑一个考虑波长和相位分集技术的便携式监视设备项目,以实现航空交通管制。它们可能初步决定采用相位分集,因为技术上更加成熟。然而,如果后面发现支持图像处理的硬件太重、太昂贵,这时没有任何损失,因为他们仍然有机会采用已形成文档的第二个技术途径(采用波长分集)。初步的可行性研究的结果也将进入风险分析,并提供有关故障的似然度、故障严重性的有用信息,并确定可以提供有用的量化预测的模型。

6.1.9　转向光学系统构成模块:辐射的传播

对光学系统的一个基本的考虑是它必须能得到足够的光功率,以在探测器上形成图像或可探测的信号。在本节,我们更近地观察电磁波传播的辐射度学方面,以帮助我们理解和建模源和光学成像系统之间的相对的信号水平。

6.2　光学系统构成模块:光辐射和它的传播

在本节,我们讨论将辐射源特性传播到一个远的探测平面上的概念和方法,用于确定光学系统所接收到的信号量,本节的重点是诸如吸收那样的概念和测量光谱的通用仪器。最后,重点是红外和可见光谱段。

为了确定在这里所描述的光学系统的置信级,采用了一种称为"决策工程"的方法,决策工程是一个综合了各种用于进行决策的现代工程方法的新学科,这方面的一些工具包括传统的需求分析方法、用例和场景策划、质量工程/保障、信息安全、最优化,以及设计方法。"在决策执行阶段,可以以多种方式运用在设计阶段产生的输出,采用像业务表板和基于假设的规划那样的监控方法跟踪决策的输出,并在适当时启动重新规划"(Pratt 和 Zangari,2008)。

图 6.5 示出了怎样对这些单元进行组合以创建一个决策工程框架。

尽管对那些支持决策的方法已经研究和发展了几十年,但经常发现,与传统的决策制定的表格软件方法相比这些方法不具吸引力。"决策工程寻求弥合这一鸿沟,创建一个供大量的关键用户采用的、用于一个决策中的核心的要素(如假设、外部价值、事实、数据和

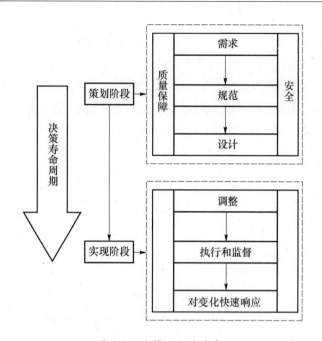

图 6.5 决策工程的要素

(取自 Prazan,http://en. wikipedia. org/wiki/File:DEFramework. png。)

结论)的通用的方法学和语言。如果一种过去在业界采用的模式仍然有效,通过确定可以从一个组织共享到另一个组织的通用的成熟的模型和路线图,这样的方法学也是便于新技术采用的。"(Pratt 和 Zangari,2008)

Parnell 等人(2011)在《系统工程与管理中的决策制定》一书中讨论了以下的方法学,"牵头的系统工程师应当负责指导团队,并确保决策制定过程是基于已经验证的方法的"。通常,当评估一个复杂系统时,采用一种称为"聚焦价值的思维"(VFT)的方法是实际的。VFT 聚焦于人们所关注的价值。例如,6.2.1~6.2.7 节是基于通过各种数值和建模分析方法进行量化度量的,VFT 方法可以采用从这些度量和模型所检索到的值,因为它们是可以用于确定设计风险和不确定性的明确的指标。这些值也可以用于确定实际的和可能的行动或不行动的结果(Parnell 等,2011)。

6.2.1 辐射度学

辐射度学被定义为涉及对电磁波谱的测量或探测的研究的一个科学领域(McGraw-Hill辐射度学,2006)。更简单地,辐射的能量是由电磁波所发射的能量,辐射度学是对这一能量的度量。本章的这一部分聚焦于对在电磁波谱的紫外、可见光和红外部分的电磁辐射的功率(或通量)的度量。我们也对理解源相对于背景辐射的辐射特性、源的辐射与其环境的交互作用、以及源的辐射怎样传播并被探测到感兴趣。图 6.6 示出了源、目标、信道和光学探测系统。

当考虑探测物体(如目标)时,有两大类非常有用的源,即点源和扩展源。一个点源的物理尺寸比像素投影在物空间中的投影尺寸更小,一个扩展源的物理尺寸比像素投影在物空间中的投影尺寸更大。

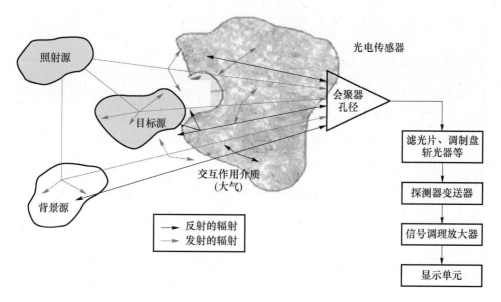

图 6.6　光学系统的一般探测模型

在图 6.7 中,给出了立体弧度量单位的概念。一个立体弧度(sr)是在国际单位制中对在一个球面上的立体角的度量,一个立体角是距一个点源 r 米处的一个球面的一部分的面积与半径为 r 的球面的面积之比,一个完整的球面为 $4\pi sr$ 或者大约 12.57sr。注意,球面的面积为 $4\pi r^2$,球面的立体弧度是全球面的面积除以 r^2。在辐射度学领域,经常采用 sr 单位计算辐射强度,或者一个未分辨的物体有多亮(单位为 W/sr)。

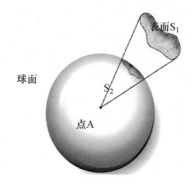

图 6.7　用于确定立体角(立体弧度)的几何

如果我们考虑一个辐射到一个半球中的点源,计算的相关的立体弧度将是 $2\pi sr$,下式给出了一个辐射到一个半锥角为 θ 的圆锥中的源所张的立体角:

$$\Omega = 2\pi(1-\cos\theta) \tag{6.7}$$

如果 θ 为 $90°$,结果是半球面的 $2\pi sr$。采用决策工程来评价辐射强度指标,在辐射强度度量中确定立体角的几何如图 6.7 所示。由式(6.7)支持决策工程理念,可通过可视化的语言(如数学模型)在利益攸关者和开发团队之间实现更好的交流,并促进更宽泛地使用解析方法和技术方法(Pratt 和 Zangari,2008)。

6.2.2　吸收

电磁吸收有几种方式,例如,当产生连续光谱(包括所有光谱的波长)的光源通过气体或液体介质时产生吸收(Penguin 辐射计,2009),在介质的另一端,输出的光谱有间隙和切断,部分光谱被介质吸收或散射到探测系统的视场之外。回顾前面章节的介绍,当电磁波通过包含原子、气溶胶和分子的介质传播时,在特定波长的电磁波的能量会被吸收、散射或透射。一种材料的吸收光谱示出了相对于入射辐射在一定波长范围内由材料所吸收的电磁辐射部分。化学元素在与原子轨道能量差对应的特定波长上具有吸收线,采用这种方式给出的吸收线经常用于确定恒星或其他遥远的气体物体的材料特性。在我们这种情况下,我们考虑大气是我们的介质,辐射源(如星光)是我们的目标。图 6.8 给出了吸收概念的另一种表示,这里采用哈勃望远镜观察远距离恒星,正如你可以看到的那样,光谱中的间隙是吸收的证据,假设在恒星和哈勃望远镜探测器之间没有产生干扰的大气或介质,所探测到的吸收线是由于在恒星内部产生的吸收过程形成的,这给出了恒星成分的指纹。然而,如果在恒星和传感器之间有暗物质,吸收线可能是由于暗物质而不是黑体造成的。

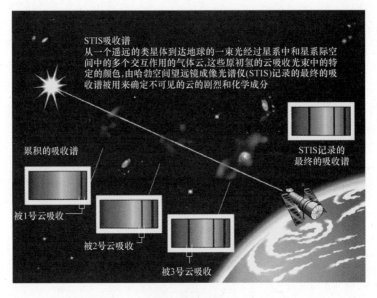

图 6.8　哈勃空间望远镜成像光谱仪(取自 NASA/STSci：http://hubblesite.org /newscenter/newsdesk/archive/releases/1998/41/image/r.)

采用决策工程来评估吸收时,采用已有的功能设计和模型来提供"推理结构","推理结构被应用在由其他代表性的技术得出决策过程的设计方面的复杂的决策(Cokely 和 Kelly,2009)。在这种情况下,采用哈勃空间望远镜来说明:光谱中的间隙可以直接与吸收并进而与恒星的组分联系起来。"

6.2.3　气体吸收谱

一个分子的旋转谱是旋转能量的变化的结果,类似地,振荡谱是分子的振荡能量的变化的结果(图 6.9)。

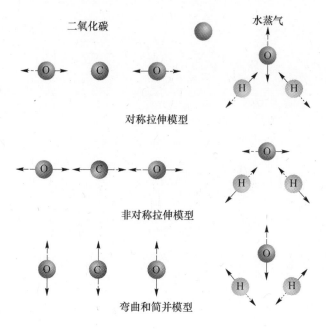

图 6.9　气体的振荡模型

分子内的交互作用是非常复杂的,这可以包括振动谐波带、加或减的组合带,以及旋转频率对较高的振动频率的影响,振动的速度与气体的绝对温度成正比。辐射的吸收和最终的温度变化可能干扰我们探测一个物体的温度或辐射的能力,图 6.10 示出了二氧化碳的振动－旋转带的波长(μm)。

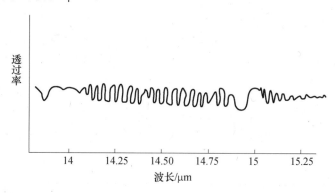

图 6.10　二氧化碳的 15μm 振动－旋转带(取自 Hudson,R.D.,Infrared SystemEngineering,Wiley & Sons,New York,1961。)

6.2.4　液体和气体吸收谱

液体和固体的密度比气体大得多,使振动－旋转谱效应展宽,并随着密度的增大而消失。当从气态移到液态时吸收谱段没有相关的波长移动。在液态中没有气态中存在的旋转谱。随着温度进一步连续降低,吸收带变窄并略微移向较长的波长。图 6.11 给出了气态和气态的氯化氢的透过率的比较。

235

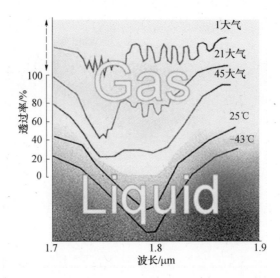

图 6.11 氯化氢的相对的 1.75μm 泛音谱带(取自 Hudson，R.D.，Infrared System Engineering，Wiley & Sons，New York，1961。)

图 6.12 示出了对光功率的组合系统综合效应。正如你所看到的那样，最终在光学传感器上探测的功率是源的光谱特性、传播距离、大气或交互作用介质的透过率、光学透过率和探测器的光谱响应的乘积。对于辐射探测器，探测器材料对落在探测器的有效区域内的总功率(如对入射到探测器上的所有波长上的功率积分)产生响应。

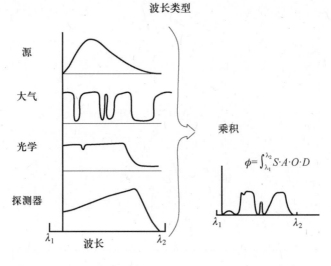

图 6.12 源、信道和系统对光功率的组合效应(与波长有关)

6.2.5 辐射计

辐射计是一种在一个宽的谱段内测量辐射通量的器件(宽带测量)，这种器件通常用于测量在可见光、红外和近紫外谱段的辐射。在图 6.13 中可以看到辐射计的基本单元，一个辐射计通过光学系统汇聚来自源的辐射通量，并把它聚焦在探测器单元上，形成正比于入射通量的电信号,所感兴趣的典型的辐射度量是落在探测器上的通量(光功率)或辐照度(光功率密度)。

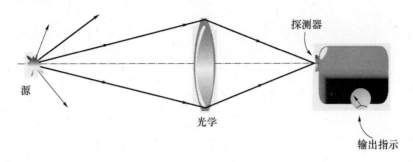

图 6.13　辐射计基本单元

6.2.6　光谱辐射计

光谱辐射计是用于在一个窄的光谱间隙内测量辐射通量的器件(窄带测量)。如果没有干扰介质,光谱辐射计测量辐射通量的光谱分布(即辐射通量随波长的变化),它包括两部分:称为分光计的波长选择部件(提供在一个窄的波段内的辐射通量)和辐射度计(测量辐射通量)。在分光计内,采用棱镜或衍射光栅将来自源的通量色散成光谱,接着,辐射通量的一小部分通过分光计的出射狭缝传输到辐射度计。分光计具有在中心波长附近调谐光的不同的窄带的特征,光的这些窄带可以在一定的波长内调谐,从而能确定源的光谱特性,如源的面辐射强度(图 6.14)。

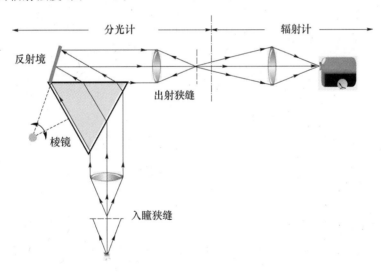

图 6.14　光谱辐射计的单元

成像的另一个重要的考虑是反射率,反射率指由一个表面反射的辐射的数量与入射在表面上的总的辐射之比(McGraw－Hill 辐射度学,2006)。如图 6.15 所示,反射率越高,反射的能量越大。在白天,在电磁波谱的可见光波段,太阳是主要的电磁辐射源。雪是一种优良的可见光辐射体,但它的反射率是低的。云是可见光辐射的优良的反射体。通过计算反射率,天基光学传感器可以分辨"白"的云和"白"的雪。图 6.15 的水平轴是光在材料中传播的光学深度。

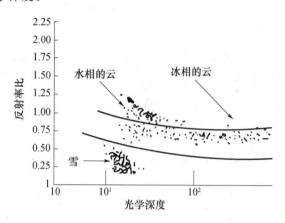

图 6.15　雪和云的反射率比的例子

6.2.7　在电磁波谱的可见光和红外部分的辐射

本节讨论用于探测可见光和红外辐射的几种有用的技术。电磁波谱的可见光部分主要是反射光占主导的,这就是为什么当太阳低于地平线之后天就变暗的原因。对于温度处于或低于我们体温的低温物体,在我们的眼睛可以探测到的可见光频率部分,没有足够的能量,而在红外谱段则包括更多的可探测到的辐射能量。对于监视应用而言,红外谱段是一个非常有用的电磁谱段,工作在这一谱段的传感器可以在可见光敏感技术不能获取一个目标的信息的恶劣天气条件下探测目标。红外谱段超出了可见光谱段,电磁波谱的这一谱段在 0.75μm～1mm 的范围内。不同的红外谱段涉及到不同的探测技术。表6.10 概况了用于红外谱段的不同的探测技术。

表 6.10　红外辐射谱

波段名称	波长/μm	特　　性
近红外	0.75～1.4	红外谱段中最接近于可见光的部分,由于其波长比红外谱段的其他部分都短,空间分辨率更好
短波红外或近红外	1.4～2.5	用于远距离通信的谱段
中波红外	3.3～8	用于制导导弹技术中,如面空导弹导引头(DESIDC,1990)。这一部分红外谱段具有反射性和辐射性,其空间分辨率优于长波红外,但比短波红外要差
长波红外	8～15	对于探测像人员那样的被动辐射源较好,可工作在全黑暗的,无反射的环境中,空间分辨率低于除远红外以外的其他红外谱段
远红外	15～1000	更接近于电磁波谱的微波区域(NASA,2007),用于波谱学、等离子物理诊断,爆炸探测和化学战检测。由于波长更长,其空间分辨率比其他红外区域低

表 6.10 对于确定可用于红外探测系统的有用的红外谱段部分是有用的。有时,光学探测系统安装在有人驾驶飞机或无人机上,大多数机载平台包括能够产生可见光和红外图像的探测系统,某些成像系统包括工作在可见光、近红外、中波红外和长波红外谱段的探测器,这些谱段都有其专门的探测器和匹配的光学系统,可以看作是单独的光学成像系统,组合的系统可以提供综合的图像探测能力。激光有时也被用于在黑暗的条件下提供

光源。可见光传感器可在白天提供高分辨率的图像,红外系统可以在夜间和较差的天气条件下提供较低分辨率的热成像。中波红外(夜间版)可以采用反射光(月亮、恒星或者激光)工作,长波红外基本上仅探测发射的辐射。

我们给出一个例子,考虑典型的无人机载监视系统将遇到的目标。我们将分析来自目标的红外辐射,并给出在整个光学成像场景中必须考虑的一些问题,我们的主要目标是人,为了分析成像场景,我们必须确定以下哪个定义最适合:

(1) 点源——如果成像系统的空间分辨率大于目标的最大空间尺度。

(2) 扩展源——如果成像系统的空间分辨率小于目标的最大空间尺度。

正如在前面的章节所讨论的那样,如果光学系统在地球的大气层内,则在估计光学成像系统的空间分辨率时,必须考虑大气湍流效应(除非采用自适应湍流补偿或自适应光学方法)。探测器像素尺寸在目标上的投影必须小于光学系统的空间分辨率(自适应光学补偿/自适应光学系统的衍射限空间分辨率,或非自适应光学补偿/自适应光学系统的大气湍流限空间分辨率)。对于良好设计的光学系统,像素的投影尺寸通常与光学系统的空间分辨能力相匹配。例如,如果光学系统具有自适应光学补偿/自适应光学系统,则探测器像素的投影尺寸被设计为小于光学系统的经典的衍射限分辨率。如果没有自适应光学补偿/自适应光学系统,则像素的投影尺寸与期望的大气湍流限光学系统空间分辨率相匹配。一个实际的法则是看看有多少个像素覆盖在目标上(在一个给定的方向),如果在一个给定的方向有10个或更多的分辨单元(像素),则我们可以假设目标特征在这一方向是可以识别的。例如,如果我们想要识别一个个体眼睛的颜色,则按照这一法则,我们想要在1cm宽的眼睛内有10个分辨单元(像素的投影),这样希望光学系统的空间分辨率为1mm,这是一个保守估计,可识别的图像特征可能有较少的分辨单元,10这个数目可以看作一个基准。

红外成像器是一种将不可见的红外图像转换为可见的图像的器材,在这种情况下用于成像的辐射是由目标发射的(热辐射),或者,在中波红外情况下,是反射的辐射和发射的辐射。图6.16示出了红外成像系统的主要组件的高层级的框图。

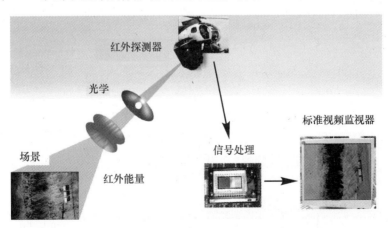

图 6.16　基本的红外成像探测系统

正如较早所提到的那样,机载监视系统通常将可见光和红外系统组合在一个单一的一体化装置中,通常有一个探测电磁波谱的可见光部分的可见光探测系统、一个探测以热的形式发射的辐射的热敏感系统和一个探测反射光的夜视系统(通常具有比长波红外成像系统更高的空间分辨率)。在感兴趣的目标有足够的反射光(如在有月光的情况下或受到激光照射的情况下)时,可见光光学系统是有效的。夜视子系统对所探测到的低照度可见光产生的电子或红外辐射进行放大,并将结果显示在一个观察屏幕上。

要考虑的一个关键的方面是光学系统和探测器必须能够捕获足够的辐射以探测到物体或目标。因此,我们需要确认考虑源的辐射度。在辐射度学意义上,我们首先感兴趣的是确定相关的辐射度量,如单位是每单位面积每单位立体角的物体的辐射通量或 $W/(m^2 \cdot sr)$ 的源的面辐射强度(N),单位为每单位源面积发射或反射的通量(W/m^2)的辐射出射度,或每立体角通量(W/sr)的辐射强度。所有这些辐射量的关系都可用,但其中辐射强度最容易处理。如果我们知道源的辐射强度,我们可以通过将源的辐射强度乘以由成像系统会聚孔径所张立体角来确定成像系统所会聚的光功率。可以通过将成像系统会聚孔径(如一个良好设计的望远成像系统的入瞳)面积除以源/目标距离(m)的平方给出会聚孔径所张立体角的一个好的近似,对于宽带探测器,这一结果必须乘以大气透过率,对于光谱敏感探测器(如光谱仪),必须乘以对应于响应波长的大气光谱透过率。在确定了光学系统入瞳处的光功率后,光学系统的功能是将这一功率中继到探测器的有效响应面上。在入瞳上的功率再乘以光学系统的透过率,得到探测器面上接收到的光功率。然后可以确定许多有用的探测指标,如探测器输出信号电平、探测器输出信噪比和探测器灵敏度。

在机载成像器这种特殊情况下,一个人的面积可能随着传感器的观察视角而变化。如果传感器在感兴趣的目标正上方,需要考虑的源的面积显著小于成像系统以一定的角度观察目标时需要考虑的源面积。我们观察以下从不同的视角观察时的不同的形状面积(图 6.17)。

所示图像来自 NASA Skylab 的评估自然的人体坐姿(由图中的角度和标准差示出)的图像。对于我们这一用途,我们注意到从正前方观察和从上部观察时人的横截面积的差别,注意,这一差别在人站立时更加显著。我们观察一下人的平均面积:假设我们的目标是大约 170cm 高、大约 50~60cm 宽,从水平视角观察,总的面积将是大约 $1m^2$。然而,如果我们考虑一个 $25°$ 的角度,从我们的光学系统观察,人的面积大约为 $74cm \times 60cm$ 或 $0.445m^2$,当确定源的辐射度量值时需要做这些调整。

在引言中我们提到,安装在一个无人机上的红外光学探测系统要能探测红外波谱的不同的部分(如短波红外、中波红外和长波红外)。我们提到,通常能够得到一个获取低照度的光并进行放大从而形成一个可观察的图像的夜视系统。图 6.18 说明了夜视敏感系统是怎样工作的。

最好地描述一个夜视成像系统的模型是光子模型。想象在低照度条件下,由夜视系统探测一个源光子。在一种结构下,被探测到的光子在光倍增管的探测面产生一个电子,这一电子由几个放大级放大(在每一级单个电子产生多个电子,如 10 个),在第一级,单个电子产生 10 个电子,在第二级,10 个电子中的每个电子产生 10 个电子,这样我们总共得到了 100 个电子,在第三级产生了 1000 个电子,在第 6 级之后,将产生 100 万个电子,这样,经过多个放大级之后,低照度的光子就容易被探测到了。注意,夜视系统仍然需要有一些反射的光子,在完全黑暗的条件下,夜视系统无效,这时需要探测发射的辐射光的热

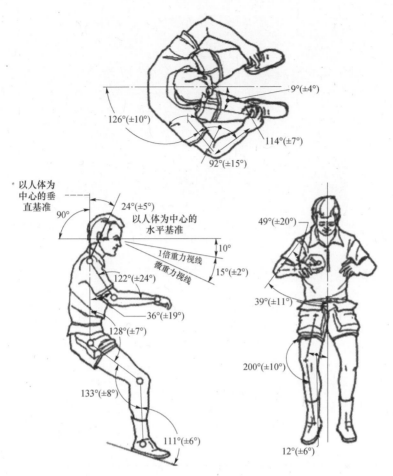

图 6.17　从不同的方向观察的目标截面积

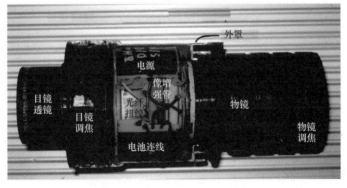

图 6.18　AN/PVS—5C 夜视系统

成像系统。

对于热成像光学探测系统,一个物体的辐射随着温度变化,我们将计算由目标所发射的、足以被我们的成像系统探测并形成热图像的辐射,一个人的热图像如图 6.19 所示。

现在,我们已经讨论了红外辐射是什么,以及它在监视探测系统尤其是机载成像传感

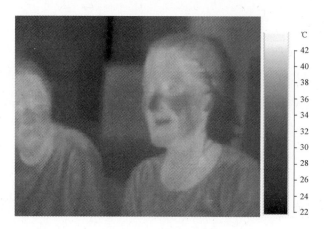

图 6.19　女孩的热图像

器中的重要作用。我们也看到,由于人体有相对固定的、稳定的温度,典型的监视装备可以辨别从人体发出的红外辐射。我们也提到:反射、散射和吸收对通过地球大气层的辐射的传播有怎样的影响。在图 6.20 中,我们看到大气对光学辐射的影响。

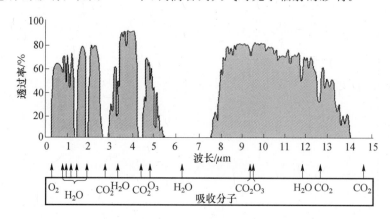

图 6.20　大气透过率与波长的关系

在电磁波谱的紫外部分的低端,大气是不透明的,强烈吸收紫外辐射。你也可以看到由于水、二氧化碳和氧产生的强的分子吸收。在这些光谱区域,辐射被强烈吸收,因此不建议在这些光谱区域构建远距离的探测器或源,这是不实际的。

6.3 节给出了一个综合案例分析,重点是怎样在一个虚拟的工作环境中采用可行性分析和光学传输分析,目的是说明怎样结合诸如可行性分析那样的基本的系统工程原理与方法和技术分析来理解、分析和定量描述光学系统。

6.3　综合案例分析:通过光学传输分析确定技术可行性

在本节,我们将继续我们的综合案例分析,并说明在一个模拟的实际技术设定中,怎样将系统工程概念中的可行性分析、权衡研究和备选方案分析与在前面的章节学到的光学技术原理结合起来。在这一案例分析中,我们看到,FIT 千方百计进行可行性分析,以证明他们的概念将能满足主要的利益攸关者国土安全部的美国海关和边境防护需求。在准备与客户的第一次正式会议时,FIT 详细地进行了可行性分析、权衡研究和备选方案分析,包括光学传输分析和空间分辨率分析,以证明他们的概念性的光学探测场景是可行的。安装 FIT 的光学探测系统的无人机平台如图 6.21 所示。

图 6.21　Reaper 无人机

在这一综合案例分析场景中,我们有 Bill Smith 博士,FIT 的首席执行官;Tom Phelps,FIT 的首席技术官和光学专家;Karl Ben,FIT 的高级系统分析师;R. Ginny,FIT 的无人机载光学系统项目经理;S. Ron,FIT 的系统工程师;K. Phil,FIT 的软件工程师;B. George,FIT 的硬件专家;R. Amanda,FIT 的机械工程师;Wilford Erasmus,国土安全部的美国海关和边境防护项目的运行与采购主管;H. Glen,国土安全部的技术专家。

6.3.1　第一部分:一次未预期的会议

Karl(走到 Ron 的办公室停下,通知他即将召开的会议):"Ron,我希望您参加与我们的利益攸关者就捕食者无人机项目所召开的会议,会议中将讨论有关某些分析的一些问题,Tom 和你可以提供一些细节。"

Karl:"另外,请告诉我光学传输分析工作已经完成。我需要在与 DHS 的会议之前得到结果。"

Ron:"是的,Tom 小组在周末完成了工作。结果表明我们可以可靠地得到探测到一个人所需的足够的信号。光学小组现在有将源、大气模型和他们的基本的传感器光学模型以及探测器联接起来的基本的光学模型,他们也已经采用软件进行了初步的空间分辨率分析,但你需要和 Tom 讨论这些事情。我确信 Tom 将很高兴讨论这些。看起来我们不需要一个主动成像系统,可以采用被动成像技术途径。"

Karl:"这是好消息! 我将告诉 Bill,他会高兴的,今天到现在他还没有喝咖啡呢!"

Ron:"今天与国土安全部会议将讨论什么?"

Karl:"正如你所知道的那样,我们的利益攸关者正在考虑将一个改进的光学成像系统装在无人机上以监视美国－墨西哥边境的非法越境者,并已经选择由 FIT 来构建、集成和支持用于他们的无人机的光学系统。他们已经进行了内部的可行性分析、权衡研究和备选方案分析,作为项目推动会议的一部分,他们想和我们的结果进行比较。"

Ron:"决策工程过程在某些点上将起作用吗?"

Karl:"你知道,我已经听说过决策工程,但我并不很了解。为什么你建议对这一项目采用决策工程过程。"

Ron:"这种方法学基于一些用于决策制定的最佳的工程实践,并推动采用结构化技术途径来解决问题。"

Karl:"这是有意义的。让我们看看这次会议的情况,如果你觉得需要应用它,就讨论这一主题。"

Ron:"好的。我要看看你给我的文件,并在上面加一些注解用于讨论。我得到的信息越多越好,你能告诉我在这次会议中我们想实现什么吗?"

Karl:"好的! 利益攸关者给出了一个很有进取心的进度需求,有一些意味着需要某些非常先进的技术的运行使用需求。由于技术和进度的约束,这可能是一个非常有风险的项目。这次会议的目的是与利益攸关者对利益攸关者的需求和文件进行交流,并问询一些有助于我们的可行性研究的问题,且与他们的技术团队建立起联系。在以后几周,我们需要完成可行性分析和权衡研究,看看能否按照他们要求的时间和成本目标完成这一光学系统。在会议期间得到有关运行使用优先级的感受也是重要的,因为它将帮助我们为我们的利益攸关者设计一个成功的系统。当我们进行备选方案分析和权衡研究时,这是重要的。"

Eon:"我希望这一会议将能形成具有充分的信息的结论,能够帮助我们更清晰地理解驱动备选方案的价值,而不是像常规的方法那样,首先仅仅定义备选方案。"

Karl:"好! 听起来不错! 现在我们去会议室。"

(Karl 和 Ron 到达会议室)

Karl:"早上好! Tom。"

Tom:"早上好,Karl。我已经得知,由于客户的行程安排,今天的会议将是简短的。"

Tom:"首席执行官 Smith 先生过一会儿将陪同国土安全部的两位代表一起过来。我们先做个简短的介绍,然后切入讨论的正题。"

(其他参会者来到会议室)

Bill:"早上好! 欢迎大家! 先向不认识我的介绍一下,我是 Bill Smith,FIT 的首席执行官。在我们这次面对面的会谈中,我想我们绕着桌子,每个人都做一下自我介绍,从 Tom 开始。"

Tom:"谢谢 Bill。早上好! 我是 Tom Phelps,是 FIT 的首席技术官。Karl?"

Karl:"各位早上好。我是 Karl Ben。我是 FIT 的高级系统工程师。Ron?"

Ron:"我是 Ron,我是 FIT 的系统工程师。谢谢你们。"

Jen:"Hi,我是 Jen,我也是 FIT 的系统工程师。"

Ginny:"我是 Ginny,这项工作的项目管理经理。Hi,Wilford,很高兴再次见到你!"

(Wilford 挥手)

Wilford:"我叫 Wilford Erasmus,我是美国海关和边境防护、边境巡逻的运行和采购主管，我们受美国国土安全部的领导。"

Glen："我是 Glen H. 博士。我已经应 Erasmus 的要求，在这个项目上，担任国土安全部和 FIT 之间的联络人员。今天我将回答有关用于捕食者无人机的光学系统的需求方面的任何技术问题。我可以回答你们所要问到的有关光学系统的运行使用的问题。"

Bill："好的。谢谢你们的自我介绍。现在我将交到 Tom 和 Ginny，他们见证了我们从国土安全部得到的合同的签订。"

Karl："Erasmus 先生，你想对合同做些阐述吗：你们还希望我们把其他哪些利益攸关者纳入到这项工作中？有关这个项目的资金的现状如何，您在考虑未来的备选项吗？对每套系统的期望的价格如何？"

Wilford："没有问题，叫我 Wilford！合同来自国土安全部。合同是成本加奖励费用合同。如果合同按期、按预算交付的话，合同商将得到 10% 的奖励。如果合同超出预算或超出进度，合同奖励将减少 5%。总的合同将是我们的无人机大队的 22 套光学成像系统，再加上另外 8 套备份，总共 30 套系统，首套产品要在合同签订两年内集成在我们的无人机上，8 套在 2～3 年内完成集成，其余 21 套在 4 年内交付。每套光学系统单元和配套的分析软件，以及任务控制中心/机动的指挥中心图像/数据分发能力的成本应该是每个单元不超过 400 万美元，合同的开发成本部分是 1.20 亿美元，寿命周期维护、支持和预先统筹产品改进(PPPI)成本是每年 8%，并根据通货膨胀情况对整个合同加以调整，或者是每年 960 万美元加上通货膨胀调整。期望的性能周期是最后一个单元交付后 10 年，希望延长到 25 年。基于性能，在 4 年内将备选开发地基光学系统和直升机载光学系统，还有可能为我们的一些朋友研制一些额外的系统。

至于利益攸关者，由无人机所获取的信息将主要由边境巡逻机构使用，但我们也将把边境的图像和视频数据库与其他机构共享，包括中央情报局、国际警察、当地执法部门等。无人机的实际的操作人员的基地在我们在科罗拉多州 Springs 的 Schriever 的任务控制中心。如果你看一看合同的话，有一些有关可用性需求和人素工程的信息（如对操作人员的典型的技能等级和训练）。"

Tom："Erasmus 先生，系统是仅监视美国—墨西哥边境，还是还要监视其他边境？监视区域的典型的天气和地形条件如何？在监视区域一般会遇到什么样的人员，为什么要监视这一边境？"

Wilford："目前的目标是美国—墨西哥边境。我们想监视沿着边境的 10 个可变的"热点"，它们是远离人口中心的，地形环境是变化的，有不同的地貌，热点可能会随着时间而有所变化。我们应当准备应对沿着边境的所有的地形。边境巡逻监视是热点的原因是要为移民局、海关和国土安全部门监视步行的人流。对于大部分区域，当前安装的系统可以探测 1 英里之外的车辆。在白天和夜间探测生物特征，并把它们分类为人流和动物是一个挑战，这驱动着对系统的需求。"

Karl："H. Glen 先生，我想我已经读了项目征求建议书和后续您签发给我们的合同，你们有 10 架捕食者无人机，计划根据需要装备更多的无人机。我也看到：应当每周 7 天、每天 24 小时进行目标探测，可用性要达到 98%。我没有看到无人机简易机场相对于热点的位置，但你说 10 个热点可能是变化的，捕食者无人机从简易机场到热点之间的转场飞行时间需要考虑，平均维护时间和 MTBF 也是要考虑的，我们建议另外购买一些捕食者无人机。你想我们应当怎样考虑这些变数?"

Glen:"叫我 Glen! 好问题! 在项目征求建议书期间,我们有 10 架无人机。此后,我们又增加了 7 架无人机,到年底还会有另外 5 架无人机。你们应当在你们的可行性研究中考虑到这些变数。我知道我们的无人机将从亚利桑那州 Fort Huachuca 和德克萨斯州 Corpus Christi 的海军飞行站飞出,也有其他一些基地。在美国—墨西哥边境区域距离捕食者无人机基地的距离都不超过 300 英里。MQ-9 无人机的巡航速度为大约每小时 200 英里,我们设定最大的往返飞行距离为 3600 英里,或者飞行时间为 14h。对于给定的任务使命,我们采用较低的飞行极限,以确保不会损失装备。由于这种原因,我们也希望它们能飞的高些,且离边境远些。我的记忆很好,但你也应当确认一下位置、距离和捕食者无人机的性能指标。我想你们可以创建一个满足这些准则的系统模型,将热点位置随机化,并采用蒙特卡洛方法计算分布,模拟到热点的转场飞行时间,这样你们就可以估计满足这一任务使命所需要的捕食者无人机的数目。"

Bill:"这提醒了我,我们有一种有趣的方法来采用博弈论确定"热点"位置。我们已经与一所大学的一些从事这方面研究的教授进行了交流,他们有一些结果。"

Wilford:"是吗? 我知道空军、陆军和海军对辅助决策感兴趣。我想这将与我们已经有的一些协同工作紧密结合起来,可以满足我们对这一项目的需求。我很感兴趣,有结果了告诉我。"

Bill:"一定"。

Wilford:"好。现在还有人有问题需要回答吗?"

Ron:"Erasmus 先生,你可以对你们组织对运行参数和特性的重要性进行优先级排序吗? 评分尺度为 1~9。"

Wilford:"在 1~9 的评分尺度上,能够判断是人并提醒操作人员注意是 1。可运行性是非常重要的,如果我们不知道正在发生什么,我们就不能强化边境安全,我给它评定为 7。进度是 6,通常有一些变化空间,但我们在跨边境的上空开始获取数据会有较大的政治压力,要尽快。可用性是大约 5,如果我们的操作人员不能连续地、有效地使用系统,你们提供的钟和哨就没有用。成本是 3,我们可以接受成本略高一些的系统,只要它能够为我们提供超出我们需求的特征。灵活性和可适应性也是要考虑的。最后,无人机的安全运行,如避免碰撞和被击落是非常重要的,这将影响到可运行性和成本,这应该是 2。我们的无人机已经运行使用了一段时间了,在这一区域,无人机的损失看起来并不是问题。日常的维护也是显然要关注的,可维护性应该是 4。"

Wilford:"抱歉,Smith 博士,但我需要结束这次会议了。我马上要乘飞机赶回华盛顿了,H. Glen 博士要去德克萨斯看一下运行中的机动的边境巡逻控制中心。"

Bill:"好。谢谢各位。FIT 团队,我希望我们星期三早上 9 点来讨论我们的可行性分析的进展。"

(大家都离开了会议室)

Karl:"Ron,在会议上表现不错。Tom 和我忘记了在研讨会上让利益攸关者介绍优先级排序了,这样我们将再等几天等 Erasmus 回来告诉我们这些信息。Tom 和我过一会儿将一起开始就合同细节进行头脑风暴。过一会儿,你和我可以讨论在会议中提交的一些材料和你汇总的注解。"

Ron:"好的!"

6.3.2　第二部分:午餐和学习

Karl:"Ron。你们已经开始系统设计和建造了吗?"

Ron:"是的! 我正在试图指出怎样开始!"

Karl:"Ron,你可以在合同的细节方面给我一些帮助吗?"

Ron:"好的!"

Karl:"好! 我们到咖啡厅吃个午餐,然后我们回来,拿上你的笔记和我的笔记本电脑到讨论室。"

(在午餐之后,Karl 和 Ron 来到了讨论室)

Karl:"好,我们需要尽快加上我们今天了解到的信息。如果你回顾一下会议,边境巡逻部门正在寻求在无人机上装备先进的光学系统,这样他们可以发现试图非法跨越美国—墨西哥边境的"两足目标"。国土安全部已经给出了一份高层工作描述(SOW),这基本上列出了他们需要我们做的工作。国土安全部的合同要求我们对每项需求进行可行性分析,这表明我们需要对我们的设计提供支撑文件,这意味着我们需要进行备选方案分析,为 H. Glen 提供输入,并给出权重。这也要求进行支持我们的系统结构的权衡分析。"

Ron:"什么是两足目标?"

Karl:"人,主要指非法跨越边境的人员。他们不关心野生动物(狗、山羊、马等)。他们也不想探测气象事件、沙暴或其他噪声或杂波。"

Karl:"我们必须开发一种可以安装在无人机(具体是 MQ-9 无人机)上作为有效载荷的光学系统,这些系统要能够使国土安全部每周 7 天、每天 24 小时监视 10 个"热点"或目标区域,要达到 98% 的任务可用性。热点可能随时间变化,整个无人机编队必须足够覆盖无人机从基地到热点的飞行时间,要考虑到光学和无人机子系统的 MTBF 和维护特性。光学系统必须存储所获取的一定的时间周期内的图像,图像必须借助于卫星传送到边境巡逻指挥中心。我们主要关注可以装在飞机头部的 Raytheon 的 MTS-B-20 框架吊舱内的光学系统"

Ron:"如果需要,我们可以设计一个新的吊舱,对吗?"

Karl:"对也不对。我说不对是因为利益攸关者描述了进度。即使他们愿意承担安装能够装进更大孔径、能得到更清晰的图像的光学系统的新的吊舱,他们不能推迟进度。由于这种原因,这是不可行的。"

Ron:"我猜主题是我们应当针对已经有的系统做得最好。根据图 6.22 这一简单的运行使用概念方案,我看我们需要通过已有的卫星和移动指挥链路传送我们的视频。我猜带宽是有限的,但在确定我们的探测器之前还不知道要发送多少信息。"

Karl:"是的,这是我和 Tom 要讨论的事。我们以前的一个项目开发了一个 2048×2048 的探测器、探测器控制系统和某些相对可重用的软件。我们要做一些系统工程假设,并用于可行性分析,这是一个好的基线。我们已经有发展的很好的技术,因此几乎没有进度风险,不需要由利益攸关者再投入经费进行开发,如果这种探测器能够通过初步的可行性分析,这将帮助我们控制成本。无论如何,像素数目直接导致信道带宽问题,这将

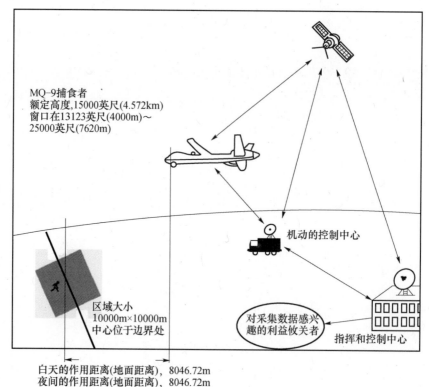

MQ-9捕食者
额定高度,15000英尺(4.572km)
窗口在13123英尺(4000m)~
25000英尺(7620m)

机动的控制中心

区域大小
10000m×10000m
中心位于边界处

对采集数据感兴趣的利益攸关者

指挥和控制中心

白天的作用距离(地面距离),8046.72m
夜间的作用距离(地面距离),8046.72m

图 6.22　基本的运行使用方案图

影响到运行使用概念方案的作用距离。我们需要将像素的尺寸投影到目标的最大和额定高度上。然后我们将基于探测器来判断我们能不能看到目标。我们也需要考察采用和不采用大气湍流补偿或自适应光学系统的光学系统的空间分辨率。"

　　Ron:"但是,我们需要知道瞬时视场(IFOV),我们要把由探测器像素确定的瞬时视场与高度和最远及额定的距离联系起来,我们要确定我们需要的像素大小,并回头得到瞬时视场,以使我们的不放大的图像能达到对于这样的作用距离的可敏感的分辨率。我们也需要考虑可用的有效焦距,这是我们的起点。有几个性能参数:放大率、探测器像素和到目标的距离。我们要进行权衡研究,针对我们的运行准则(探测人流和可用性)改变这些参数以得到最佳的组合。例如,如果操作人员必须使用电子放大系统,我怀疑我们的操作人员将是非常愉快和有效的。"

　　Karl:"这对权衡研究是一个好主意。这可以让我们定量评判我们怎样构造我们的光学子系统。然而,你提到的某些事情,使我们认识到我们的方向反了。我们应当首先从需求开始,然后要指出我们需要的分辨单元的投影的大小,并指出我们是否能在将我们的反射镜、棱镜、透镜和探测器集成在一起前能完成这项工作。"

　　Ron:"我开始感到我们遗忘了需求,我感到需要回头看一下。"

　　Karl:"如果我们回到需求,它并没有说我们需要在目标上有多少个像素,它只是说我们需要识别出是一个人员而不是一只狼或其他野生动物。我们需要有多少个像素才能实现这一目的?"

　　Karl:"实际上,Tom 和我刚讨论过。某些人素工程研究表明,一个观察屏幕的操作人员需要在一个目标上有 10 个或更多的像素来确定它是否像一个人一样运动。我假设如果我们正在写一个提示操作人员某些物体正在像人一样运动的探测算法,我们需要在目标上有 10 个或更多的分辨单元。如果我们将分辨单元的投影尺寸用 Δx 表示,我们需要在 0.1 和 0.2m 范围内。"

　　Ron:"因此我们需要我们的探测器单元的水平和垂直尺寸。按照今天会议上得到的新的需求,目标和无人机之间的距离在最坏的场景下是 18.616km,额定的场景下的距离是 10.995km。吊舱内的光学系统的最大孔径是多大?"

　　Karl:"大约 0.5m"。

　　Ron:"按照这一数值,我们应当分析一下我们是否有足够的空间分辨率来将一个目标分类为人或其他。我们可能需要大气湍流补偿来得到我们需要的空间分辨率。"

　　Karl:"为什么不把新的数值放在 Tom 小组和 Jen 开发的模型中,看看得到什么结果?"

　　Ron:"好的,我将在会后加进去。让我们讨论一下我们的空间分辨率可行性研究策略。对于人员探测,我们想通过将我们估计的像素投影的大小与衍射限、相关长度限比较,确定是否可以在 18.616km 处达到 0.2m 的 Δx。"

　　Karl:"不要忘记我们有夜间使用需求,我们要使用红外成像系统,但过程基本相同。"

　　Ron:"还有可用性。我想我们的光学系统确实不会影响利益攸关者需要的捕食者无人机的数目,因为这主要是一个飞行和部署到位对策。"

　　Karl:"是和否。我们应当进行可行性分析。如果我们不做,我们可能没有足够的传感器来可靠地满足国土安全部的任务使命。记得 Bill 在上周的会议上的发言吗? 我们需要确定我们要交付什么样的系统才能完全满足他们的需求。此外,我们需要形成我们的系统需求文件,我们的子系统故障率和维护概念不能显著影响整个系统的可用性。我想对于我们涉及到的无人机,可以得到大量的外场数据,因此我们能够计算对我们的整个光学系统有什么需求。此外,我们也需要确定我们考虑了商用货架产品(如果是可行的、可以得到的)解决方案。"

　　Ron:"基于 Erasmus 给我们的排序,我们应当考虑快速维护概念。商用货架产品,如果我没有搞错的话,确实对可靠性和可维护性有帮助。需要进行权衡研究,要考虑到已有的解决方案是否能满足快速维护概念。如果系统是采用可以现场更换的模块(或者现场可更换单元)构建的,在进行诊断之后,可以快速拆出并送到维修车间。我们可以证明我们的维护概念和 MTBF 系统需求对于满足可用性需求是可行的。"

　　Karl:"好的,我有一个感觉,当我们下次和 CEO 会谈时,我们将能成立一个综合产品组,我们能够向通信专家咨询带宽问题。我还不确定卫星上行链路是否能让我们每秒上传 30 个图像帧(2048×2048 像素×3 色×12 位(每个像素的量化位数);这是我们将实时传输的全视场的视频的数据的粗略估计。我假设我们将压缩和发送图像段。我们也必须考虑所有的备选方案,包括商用货架产品视频压缩和图像管理软件。"

Ron:"好的。对于可行性,最好尽早量化,并证明是可行的。"

Karl:"这是一件难事。我的初步计划是研究一下捕食者无人机操作人员使用什么软件,然后借用他们采用的指标来说明软件满足有技巧的操作人员对地面站的工作性能需求。实质上,我们必须写下我们增加的所有功能(压缩、自动湍流补偿、电子放大、边缘检测模式等)的需求,这不会显著改变现有的接口并对指标有负面影响。如果我们不太多地偏离我们的需求,我们可以采用商用货架产品解决方案。"

Ron:"我不能不假思索地考虑其他运行使用需求,我需要看看实际的合同文件。"

Karl:"在会后我将发 E−mail 给你。在进行了光学系统可行性研究之后,我们将能知道是否可行。我们已经讨论了我们可以采用的几个替代技术途径和对几个系统特性之间进行的某些权衡。下面的几个步骤将是确定我们可以采取哪种可能的技术途径。对此,在会议上已经得到了对利益攸关者的运行使用特性的排序的粗略估计,这将对你有所帮助。"

Ron:"这让我想起了 Arlene 和 Jen 在上周开展的层次分析法分析。你知道,你参与了利益攸关者准则矩阵和对每个准则响应的技术方案矩阵。上周也讨论了决策工程,以及我们怎样实际设计我们在进行决策的过程中的某些决策。"

Karl:"我正准备谈层次分析法。层次分析法是一个强大的工具。我认为我们将经常使用它。我们也能采用你对决策工程所给的建议。我必须指出哪个利益攸关者准则对我们的技术评估影响最大,选择成对比较优选者,并实现层次分析法。不要忘记采用一致性比检查对准则分配的评分和备选方案−备选方案矩阵的一致性。"

Ron:"另外,你们的敏感性分析怎么样?"

Karl:"我采用蒙特卡洛方法,我可以随机地改变利益攸关者准则排序和备选方案以观察输出是否变化,这建模了如果利益攸关者的备选方案改变会出现什么情况。采用相同的方法,我可以改变方案−方案排序,这通常通过改变指标测度进行,当然我没有随机地做。你可以随机地做,但我是以有序的方式做的。基本上,我以物理上可信的方式来接近用于比较的参数,并得到统计分布的方差。有多种估计指标测度的变化性的方法。我有来自以前 FIT 的项目的大量内部数据,因此我们具有实际数据,我们可以借用它们得到分布。另外,我们可以采用输出指标测度的数学模型,并完成误差传播分析,输入实际的测量误差。"

6.3.3　第三部分:开始权衡

(在第二天进行的工作午餐中)

Ron:"Gary,我们有一个问题。我计算了所需要的空间分辨率。可见光没有问题,但红外有一个问题。"

Karl:"什么? 抱歉,Ron,但我还没有去做这一分析。你能解释吗?"

Ron:"对于 $9.5\mu m$ 的辐射,在 $10.995km$ 的距离上,像素投影尺寸太大,大于 $0.25m$。"

Karl:"这与在物体上有 10 个像素的规则差别不大,这非常接近于要求的 $0.2m$,实际上对于由人员可靠地把目标分类为是不是人可能是足够的。记住,10 个像素的规则是指导性的。我不是太关注这一点。对于最差的场景呢?"

Ron:"下面我将进行分析。让我把数值代入模型看看结果怎么样。(Ron 点击他的笔记本电脑)。在 18.616km 的距离上，采用自适应光学或自适应湍流补偿系统，我们得到的分辨率为大约 0.43m。"

Karl:"这有些难以接受，这在目标上只能给我们大约 3~4 个分辨单元。我们有什么备选方案吗?"

Ron:"改变吊舱会让利益攸关者不高兴，这要重新进行设计，导致非常长时间的延迟，并给产品阶段带来更大的风险。因此我们需要飞得较低，根据我的了解，这不会产生什么影响。为什么他们需要飞行在那样的高度?"

Karl:"我猜想是由于政治原因，他们不想被看到、听到或被击落。我相信无人机可以飞得更低、更近，这没有问题，但是会被听到和击落。至于可见性，在夜间可能没有问题。"

Ron:"我不确定我理解了。您能解释一下吗?"

Karl:"我们采用层次分析法做一下备选方案分析，并试图让我们的利益攸关者确信我们的技术途径是最佳的。我们有 3 种解决方案:采用新的框架、飞得更低和更近，或者什么都不改。"

Ron:"好的，我将创建一个表格并它这些汇总在一起。"

Karl:"好!"

6.3.4　第四部分:更改

(星期三,FIT 团队再次开会)

Bill:"我昨天得到报告说已经更改了无人机边境巡逻探测场景的运行参数。对于夜间运用,飞行高度和斜距已经减小了。Erasmus 说这一更改是我们的技术团队的交流的结果。很好的工作!"

Bill:"到目前为止,看起来 Karl 和 Ron 的可行性研究进行的很好。我想知道这对我们的辐射度学传播分析有什么影响。Tom?"

Tom:"我很高兴和您谈论这个问题;通过 Ron、Jen 和我们的团队的努力工作,得到了一个集成的辐射度学模型。我们现在可以在出现变化时进行"what-if"场景分析。我们决定首先运行最差情况下的场景,如果这种想定下可以的话,改变到您今天提到的场景想定(如增大信号和放松约束)也是可以的。在任何情况下,我们首先更新我们的源模型。对于我们预期的人员(成人和儿童),人的截面积为 $2m^2$ 似乎太大了,但这一数值在文献中经常采用,我们决定保持这一数值,但做一些参数化的调整。接下来,对于一个裸露的人体,发射率为 0.98,我不认为这是我们感兴趣的情况,我们要考虑到人体中的大部分(80%~90%)是被衣物遮挡的,这样,有效的发射率降低到 0.9。这样,等效辐射出射度为 $551.6W/m^2$。假定这一辐射出射度是一个宽带的结果,而我们的光学系统有一个中心在 $9.5\mu m$ 的峰值波长的窄带滤光片用于抑制杂波,我们必须开发源的光谱辐射出射度模型。在窄带滤光片的通带内的源辐射出射度为 $35W/m^2$。这一结果假设我们直接观察目标,但传感器在无人机平台上,与到目标的法向矢量有一定角度。按照最差成像场景的情况确定角度(这一角度也是参数化的),我们可以看到,在我们的模型中,辐射度量随着这一角度的变化而变化。在任何情况下,我们采用新更改的运行场景,并分析最坏情况下的成像场景。在高于当地地面 4572m 的额定的巡航高度,为了安全,应工作在距离边境的美国一侧的警戒线 8046.72m 的远距离模式,对于在距离边境的墨西哥一侧 10km 的一个目标,相对于目标法向方向的观察角为 15°。假设一个用于人员目标的散射模型,辐射出射度与观察角的余弦有关,在我们的传感器的观察方向,光谱辐射出射度为 33.8W/m²。大气散射和吸收模型给出的在窄带滤光片的通带波长范围内的大气透过率为 80%,因此由于这些影响,信号被降低到 27W/m²。正如在前面所提到的那样,在源处,人的散射截面为 2m²。我们也考虑到了观察角,采用我们对散射表面的假设,我们可以利用辐射出射度和截面积确定等效辐射强度为 17.22W/sr。对于最远的 18616m 的斜距,成像系统入瞳所张的立体角为 $5.66×10^{-10}$ sr,因此,成像系统所会聚的光功率为 9.75nW。在从光瞳到探测器时,光学组件本身产生另外 2% 的损耗,从一个人产生的到探测器的光功率为 9.56nW,这在市场上可以获得的常规探测器的可行的探测距离内。正如前面所说,放松安全裕度,使无人机飞到距离我们的警戒线更近的距离可以增大在我们的探测器上的信号。"

Bill:"很好! 我想也运行一下最好情况和额定情况下的场景"。

Tom:"我做一下。"

Bill:"成像系统的空间分辨率如何?"

Tom:"好的,这有一些意思。像素的投影提供了足够的空间采样。即便对最差的场景想定,我们得到的像素的投影尺寸小于按照我们的分类规则所要求的 20cm 的分辨率。然而,对于经典的衍射限情况,像我们采用自适应光学系统可以得到的那样,沿着长的维度,我们仅得到 3~4 个分辨单元,这在正常的飞行包线之内。Bill,在新的飞行包线下,最差情况下人到传感器的斜距是多少?"

Bill:"他们正在讨论将无人机的飞行距离降低到 4000m,且让无人机在夜间飞到距警戒线 2000m。当然,无人机可以一直飞到警戒线,但在最坏的防护模式下,它们将飞行在 2000m 之外,不低于 4000m 高。此外,他们的运行使用概念将在墨西哥扫描 5km,在美国扫描 5km。警戒线将设定在扫描区域的中间。"

(Ron 在集成的光学模型中打入了新的数值)

Ron:"很好! 分辨单元为 0.184m"。

Bill:"好。然而,我想原来的运行使用概念方案对于分类仍然是有用的,但这低于我们的跨目标有 10 个分辨单元的规则。在不采用自适应湍流补偿/自适应光学的情况下,通过大气观察时,目标看起来像一个点源,我们不能判断它是什么。看起来我们需要自适应光学或自适应湍流补偿系统。"

Bill:"每个人都做得很好。Tom,为什么你不叫上 Glenn 和他一起讨论? 我想他们倾向于自适应光学/自适应湍流补偿,这是我们与竞争者的差别。告诉他们如果他们不想在极端距离下性能略微下降,我们可以采用新的运行使用概念方案。让我了解一下你发现了什么。"

Tom:"知道了! 明白!"

Bill:"另外,我要介绍一下 B. George,K. Phil 和 R. Amanda。George,他是我们的硬件专家,他能够解决我们的图像处理和通信硬件子系统问题。Phil 是软件工程师,Amanda 在我们的光学科学实验室工作,她将负责我们所关注的自适应光学、光学材料和光学系统维护。"

(CEO 离开了会议室)

Phil："Karl，你是对的。没有卫星上行链路能处理所有的原始数据。我们将分配以下功能能力：机上存储、机上图像处理、瞬时视场内的感兴趣行为探测、用于实时传输的图像数据段选择。这将等待权衡研究，但根据介绍，看起来我们可以增加自适应光学/自适应湍流补偿。"

Karl："这是对的。我们正在考虑在无人机上放置自适应光学和自适应湍流补偿的权衡。我们将考察像重量、成本、硬件和软件、集成风险和对可维护性与可用性的影响等事项。"

Amanda："好，我最熟悉自适应光学的变形反射镜了。我的实验室已经进行了组装和测试，它们工作得很好，但它们的控制系统可能有些大，而且必须进行标定。此外，它们的制造要求很高的技巧。将它们放在飞机上是有可能的。哈勃望远镜是在空间工作的，这里有一些哈勃望远镜所没有的一些挑战。NASA 可以围绕光学系统设计卫星，我们要设计能放置在吊舱中的光学系统。如果我们采用常规的自适应光学系统，会出现某些可维护性、重量、成本和进度风险问题。我想 Phil 熟悉自动湍流补偿软件方法。Phil？"

Phil："是的，有几种不同的方法可供我们采用，大多数太慢，仅能用于天文学和后处理应用。我正在考虑相位分集方法，我也听说过波长分集方法。我首先谈相位分集，这种方法以前已经有所应用，是一种得到验证的方法，在采用它工作方面没有太多风险，实现起来也不贵，只是对计算能力要求较高，我觉得我们需要显著地提高处理能力来支持这一功能，或者在移动的指挥中心进行处理。不好的消息是，相位分集使需要送出捕食者无人机的数据量加倍，因为现在需要两幅同时捕获的图像（一个聚焦的和一个略微离焦的图像对）。更多的不好的消息是，相位分集需要特殊的硬件来同时捕获图像。更不好的消息是，传统的自动湍流补偿方法对于视频数据是难以实现的，因为这会延长处理时间。好的消息是，我们正在和 Tom 的小组一起开展这方面的工作。现在波长分集几乎是相反的。佛罗里达有人刚发表了这方面的论文，似乎这是可行的。不管是不是有源代码，它还没有发布。因此，我们需要和像 Amanda 那样的光学工程师或者物理学家合作，在我们得到授权之后开发软件，这有一些进度风险，但仍然比 Amanda 实验室的自适应光学系统要便宜。此外，它更加有效，它可以在并行处理板上实现，它没有使所需要的数据加倍，也不需要专门的硬件。"

Tom："我们需要确定我们的光学系统采集多个波长，并以一种特殊的方式存储数据。实在地说，这不是一个主要的挑战。对光学端的调整是非常次要的。甚至有一些探测器可以同时在每个像素上采集多个波长上的信息（如 RGB 数字摄像机）。"

Amanda："谢谢 Tom。如果对 100×100 的图像块进行处理，波长分集似乎能够足够快地交付实时视频，但肯定不是 2048×2048。"

George："采用专门用于我们的光学系统的并行处理结构，我想我们可以对小的图像块得到足够的吞吐率，并且仍然还有计算和总线资源进行存储处理。我必须看看算法。"

Ron："抱歉。我不能对这次会谈增加更多的内容。看起来波长分集是一种提供自动湍流补偿能力、且不增加太多的重量或成本的有潜力的候选方案。此外，如果我们的自动湍流补偿系统断开，它不会影响系统的常规运行。系统将回到我们的典型的高端的、常规成像系统。"

George："基于 Ron 的观点，我们要加强机上处理器，我们可以在以后随时更新软件，系统可以完成自动湍流补偿。"

Karl:"这种方法将为我们将来的需要提供灵活性和适应性。"

Tom:"FIT 可以对增加一个实际上没有进度风险的特征进行权衡研究,只要我们对未来的工作功能加以星号标注,这只是能力和金钱的直接的交换。"

Karl:"假设我们没有忽略一些事情。我可以根据我们公司有关新软件技术开发的数据库进行成本估计,并将报告交给 H. Glen 博士。"

Tom:"好的! 大家都到 Karl 那里了解一下他需要你们做什么。"

6.4　小结

可行性研究、权衡研究、备选方案分析和层次分析法对于影响到系统的构成、功能、成本和风险的决策是重要的。对这些研究最重要的输入是跨整个系统生命周期、多学科团队、研究、数据、利益攸关者的需求和资金的稳健的系统工程支撑环境,采用一个集成的产品和过程开发原则建立的环境,是确保这类系统工程支撑环境的一种方式。

可行性研究是在系统工程过程的早期启动的,它们确定需求的基本的可行性,它们也可以基于成本、进度和技术风险评估可行性,包括提前获取有关所提出的系统设计的信息。这可能包括 DDP、模型、经济研究、备选的技术类型和初步的结构。可行性研究是高层级的、综合的行动,在确定可行性的过程中经常衍生出创造性的解决方案。在需要时,任何参与可行性分析的团队,将与项目中的其他部分和利益攸关者交流。

权衡研究和备选方案分析是用于决策制定的结构化的方法。备选方案分析通常涉及到较宽范围的不同类别的技术路径,当对正在开发的系统进一步完善和定义时,在功能分析中需要权衡研究。一般的指南将说明怎样形成并进行这项决策制定过程。对主要的利益攸关者重要的准则被设定为比较准则,并针对这些准则评估不同的备选方案。准则可以包括系统满足技术性能的能力、成本目标、项目的生命周期活动和诸如可维修性、可靠性和可生产性的属性。

层次分析法是用于完成备选方案分析的一种非常具体的过程。层次分析法将利益攸关者的运行需求排序和其他准则,转化成对这些排序进行量化的矩阵。像用于备选方案分析和权衡研究的结构化过程一样,要事先陈述用于比较的规则。性能和生命周期对技术决策的影响,是采用对由利益攸关者选择的准则重要的性能测度量化的。可能的方案是根据相对于特定的准则的性能确定的矩阵中的每个准则进行排序的。特征矢量矩阵处理过程将技术排序矢量与准则排序矢量相乘,尽管在这一点产生一个排序的解决方案清单,在接受这一结果并作为建议提交给利益攸关者之前,应当完成灵敏性分析和一致性分析。

6.A　附录:首字母缩略词

ACI　　　　　　　　　　平均一致性指标

AHP	层次分析法
AoA	备选方案分析
ATC	大气湍流补偿
AT&T	美国电话电报公司
BS	理学学士
CEO	首席执行官
CI	一致性指标
CMMI	能力成熟度模型集成
CMU	卡内基梅隆大学
CONOPS	运行使用概念
COTS	商用货架产品
CR	一致性比
CTO	首席技术官
DAR	决策分析和解决方案
DHS	国土安全部
EV	特征矢量
FIT（与上下文有关）	Fantastic 成像技术公司
	佛罗里达理工学院
	Fashion 理工学院
FOM	品质因子
INCOSE	国际系统工程学会
IPPD	综合的产品和过程开发
IPT	综合产品团队
JCIDS	联合能力集成和开发系统
MTBF	平均无故障工作时间
NASA	国家航空航天局
RFP	征求建议书
SE	系统工程
SEI	软件工程研究所
SG	特定目标
SOW	工作陈述
SP	具体做法
TPM	技术性能测度
UAV	无人机
U. S.	美国
VLOS	可见光光学系统

参 考 文 献

Black Sea Trade and Development Bank. 2014. Operational risk management policy. http://www.bstdb.org/about-us/key-documents/Operational_Risk_Management_policy.pdf (accessed April 12, 2014).

Blanchard, B.S. and W.J. Fabrycky. 2011. *Systems Engineering and Analysis*, 5th edn. Pearson Education, Inc. Upper Saddle River, NJ.

Cokely, E.T. and C.M. Kelly. February 2009. *Cognitive abilities and superior decision making under risk: a protocol analysis and process model evaluation*, in Judgment and Decision Making, 4(1): 20–33.

Defense Acquisition University. 2007. Specification and Levels of Development. http://en.wikipedia.org/wiki/File:Specification_and_Levels_of_Development.jpg (accessed November 26, 2014).

Department of Defense. 1984. Military standard. System Safety Program Requirements. MIL-STD-882A MIL-STD-882B.

Department of Defense. 2009. Operation of the Joint Capabilities Integration and Development System. Chairman of the Joint Chiefs of Staff Instruction. CJCSI-3170.01-H.

Defense Scientific Information and Documentation Centre (DESIDC). 1990. Guided missiles. Delhi, India: Defense Scientific Information and Documentation Centre (DESIDC) http://drdo.gov.in/drdo/data/Guided%20Missiles.pdf (accessed April 17, 2014).

Felix, A. 2004. Standard approach to trade studies. A technical paper from *INCOSE 14th Annual International Symposium Proceeding*, Toulouse, France, June 20–24, 2004.

Griffin, B.N. 1978. *The Influence of Zero-g and Acceleration on the Human Factors of Spacecraft Design*. JSC-14581, NASA-JSC, 8-78.

Haas, R. and O. Meixner. 2011. An illustrated guide to the *analytic hierarchy process*. https://alaskafisheries.noaa.gov/sustainablefisheries/sslmc/july-06/ahptutorial.pdf (accessed May 2014).

Haskins, C. 2006. *INCOSE Systems Engineering Handbook: A Guide for System Life Cycle Processes and Activities*. San Diego, CA: International Council on System Engineering.

Hudson, R.D. 1961. *Infrared System Engineering*. New York: John Wiley & Sons.

Kitson, D. 2010. AN/PVS-5C Night Vision System. http://en.wikipedia.org/wiki/File:AN-PVS-5C-Cut_image.jpg (accessed November 26, 2014).

McGraw-Hill Radiometry. 2006. *McGraw-Hill Concise Encyclopedia of Science and Technology*. http://www.credoreference.com.portal.lib.fit.edu/entry/conscitech/radiometry (accessed April 6, 2014).

Miller, G. 1956. The magical number seven, plus or minus two, and some limits on capacity for processing information. *The Psychological Review*, 63: 81–97.

NASA/STSci. 1998. Hubble Space Telescope Imaging Spectrograph. http://hubblesite.org/newscenter/newsdesk/archive/releases/1998/41/image/r (accessed November 26, 2014).

NASA. 2007. The electromagnetic spectrum. The infrared. http://science.hq.nasa.gov/kids/imagers/ems/infrared.html (accessed April 17, 2014).

Parnell, G.S., P.J. Driscoll, and D.L. Henderson. 2010. *Decision Making in Systems Engineering and Management*, 2nd Ed. Hoboken, NJ: John Wiley & Sons.

Pratt, L. and M. Zangari. 2008. Decision Engineering White Paper: Overcoming the Decision Complexity Ceiling through Design. Denver, CO: Quantellia Inc.

Prazan. 2008. Elements of Decision Engineering. http://en.wikipedia.org/wiki/File:DEFramework.png (accessed November 26, 2014).

Saaty, T. 1987. Its priority and probability: Risk analysis.

Saaty, T.L. 2012. *Decision Making for Leaders: The Analytical Hierarchy Process for Decisions in a Complex World*. Pittsburg, CA: University of Pittsburgh.

Shishko, R. et al., 1995. *NASA: Systems Engineering Handbook*. Washington, DC: National Aeronautics and Space Administration.

Strang, G. 1993. *Introduction to Linear Algebra*, 2nd edn. Wellesley, MA: Wellesley Cambridge Press.

The Penguin Radiometer. 2009. *The Penguin Dictionary of Physics*. http://www.credoreference.com.portal.lib.fit.edu/entry/pendphys/radiometer (accessed April 6, 2014).

US Navy. 2006. Atmospheric transmittance as a function of wavelength. http://web.archive.org/web/20010913094914/http:/ewhdbks.mugu.navy.mil/transmit.gif

第7章 系统与需求

> 同时对比不仅仅是一种奇妙的光学现象,它是油画的核心。
>
> ——Josef Albers

这一部分都是关于需求的!本章涉及系统工程最重要的方面和系统开发工作的核心——需求。我们介绍了在整个系统研制生命周期(方案设计阶段、初步设计阶段、详细设计和开发阶段、生产/制造/建造阶段、运用和保障阶段以及系统退役和处置阶段)中需求的主要作用。

系统工程原理与政府、商业、工业和学术部门有很大的关系,并且对大规模的和小规模的工作都有益处,从设计一个具有高端有效载荷的卫星,到运行一个小的、高技术咨询业务,到大学中的长期的研究项目所涉及的学生。在当今的复杂的、高速发展的、国际化的、多学科的世界,适当地剪裁和正确地应用系统工程原理、方法和技术是实际的、有益的和高效费比的。系统需求定义一个系统和子系统及组件/部件/零件的必要的特性和/或属性,它们定义着系统功能性能以及系统的非功能方面(如可靠性、可生产性、可用性和其他所谓的 ilities)。实质上,需求与系统研制项目要做什么、实现什么有关(表 7.1)。

表 7.1 非功能需求的例子

可靠性需求
质量需求
可生产性需求
可维护性需求
感官需求
安全需求
可制造性需求
美学需求

国际系统工程学会对系统工程给出了以下的定义:"一种能够实现一个成功的系统的多学科途径和方法"(INCOSE,2004)。系统工程涉及定义利益攸关者需求和所需要的系统功能能力,并"形成需求文件,然后考虑完整的问题进行设计综合和系统验证"(Valerdi,2012)。在一个更宏观的层次上,系统的定义是组合在一起以满足利益攸关者希望的预期的一组单元或服务。一个系统可以具有各种各样的组件/单元,以满足所要求的目标,系统工程为确保满足这些目标提供资源和指导,实现整个生命周期的总目标。在所有这些定义中,理解利益攸关者需要什么、想要什么,并确定反映这些需要和需求的需求集,是定义整个系统开发工作的活动。如果不能正确地完成这一活动,则将会建造一个错误的系统。

在系统开发者和利益攸关者确定了采用客户的语言描述的系统功能需求之后,系统开发者和它的团队要进一步进行分析以系统性地确定功能,确保所有的系统单元都得到分析,并分层分级地分配功能,用文件描述关键的功能。应当对利益攸关者的需求进行深度分析,以确保这些需求易于理解,并在形成最终的基线需求集之前得到各方认可。图7.1示出了光学系统的开发过程,并解释了系统需求是怎样启动光学系统开发过程的。光学系统的开发过程从光学系统需求开始,要全面地分析每一项需求,以从技术、成本、风险和进度方面理解这些需求是否可行。

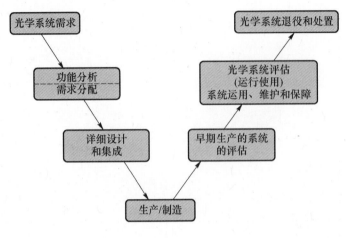

图 7.1　光学系统开发过程

必须评估需求以确定在利益攸关者的约束下它们是否可行,在不能满足特定的需求的情况下,有必要发展一个替代的技术途径,或者与利益攸关者一起修订或取消这样的需求。当在初步的系统开发过程中没有修正或考虑这些类型的问题时,在产品的寿命周期的较后的时间,可能会出现显著降低项目的成功概率并增加生命周期成本的问题。因此,生命周期考虑应当是系统替代方案研究的一部分。

在前期及早确定清晰的需求对项目的生命周期执行有整体性的影响。在以下的章节里,将介绍系统开发者实际实现什么,与编写得不好的需求相比什么是好的需求,怎样管理(控制)需求的更改,以及其他的一些将能评价需求对于系统工程原理的重要性的概念。

7.1　需求生成过程

需求是对于系统的用途而言最基本的系统(或一个子系统、过程、产品或服务)特性和/或属性。也就是说,没有需求,系统是没有得到定义或者定义得不好的。需求通常在生命周期的初步阶段(设计之前)定义,但有时也可以在设计过程中定义。需求通常以"shall"(应当)的方式阐述,而不是以建议的方式阐述。要求系统开发者必须制定和维护一份合同性的协议,系统开发者不能在此后简单地更改。在需求文件中的阐述采用"should"而不是"shall"之处应解释为一项建议。在最终确定前,这些需求是通过大量的思考,按照利益攸关者提供的许多输入定义的。这是因为它们不是总是现实的,有时是不可行的。利益攸关者可能要求某些需求,但他们并不总是了解可行性(从技术上讲,或者在给定的预算或进度约束下,实际可以做什么)。在7.11节,我们将讨论需求生成过程和用户需求与系统需求之间的差别,并识别正确的和不正确的需求。

7.1.1　确定"whats"

理解一项需求的第一点是"一项需求涉及系统应当做什么而不是系统应当怎样做"(Maiden,2012a)。相应地,系统开发者应当被告知要做"什么"而不是"怎样"做。以下的例子说明了一个较差的需求阐述。

（1）光学系统应当与现有的位于指挥中心的、采用基于 Java 的协议的计算机数据库互操作。

这一需求违背了解释系统需要做"什么"的规则,而是定义需要设计团队怎样使光学系统与计算机数据库互操作,这对系统开发者产生了一个约束,使他们不能考虑满足需求的最佳的技术途径。他们不仅被迫采用一种可能并不有效的解决方案,而且这一次最优的解决方案,可能也会由于下游的重复工作的需求,导致较高的开发成本和/或进度的延期。一个更适当的需求应当是如下的阐述:

（2）光学系统应当与位于指挥中心的现有的计算机数据库互操作。

这一约束较少的需求,使系统开发者能够把重点放在系统必须做什么,使他们的开发团队能提供创造性的解决方案。良好表述的需求也应使系统开发者提出一个更可能满足期望的成本和进度目标的系统。

在系统工程过程的开始阶段应当得到两种类型的需求:利益攸关者需求和系统需求(Maiden,2008,pp.90－100)。利益攸关者需求源于"用户或其他类型的利益攸关者,要表达通过引入一个新的系统将给某一方面或业务过程带来什么特性"(Maiden,2008,pp.90－100)。本质上,利益攸关者需求是要满足合同条款的一个必要的系统组件。利益攸关者需求的两个好的例子如下:

（1）光学系统的用户应当能够搜索到在内部的存储器中的文件。

（2）所有的用户应当能够增加、编辑或删除在光学系统内部存储器中的文件。

这两个需求解释了利益攸关者可以做什么而不是系统可以做什么。

系统需求"表示在某一方面或业务过程中实现时所希望的系统特性,这将实现至少一个用户需求"(Maiden,2008,pp.90－100)。注意从需要满足的运行使用需求到系统要做什么以满足需求的视角的变换。以下两个例子说明了基于前面的利益攸关者需求的好的系统需求:

（1）光学系统应当具有从其内部的存储器件中检索文件的能力。

（2）光学系统应当允许从其内部的存储器件中增加、编辑和删除文件。

虽然这两类需求似乎是相似的,但实际上有很多区别。第一个例子是从用户的视角写的,第二个需求是从系统必须做什么才能满足用户的需求的角度写的。系统工程过程采用一组从用户的焦点转变到系统的焦点的过程来清晰地描述这一转变。开始,有一个需要满足一组利益攸关者要求的具体的要求。系统工程过程开始要确定相关的利益攸关者,并在问题定义过程中理解他们的需要、想法和动机。在理解之后,用一组称为利益攸关者需求的精确的、简短的陈述,来表达这些需要。正如前面所阐述的那样,这些需求反映了需要实现什么,并描述了项目成功或失败的标志。换言之,如果利益攸关者需求得到满足,则认为系统、服务、产品或过程是成功的。如果利益攸关者的需求得不到满足,项目就是失败的。在需求本身的技术名词中经常通过采用"shall"或"should"来区分单项需求的相对重要性。如果一项需求被看作非常重要,采用"shall",如一项需求被看作非常希望的,但不是强制性的,则在具体的需求阐述中用"should"一词。注意,在前面的需求例子中,所有的需求都采用"shall",因此被看作是强制性的需求。强制性指如果强制性的需求不能得到满足,则认为给定的一项工作是失败的。不能满足采用"should"陈述的一项需求,并一定意味着项目失败。例如,如果不满足"装运光学传感器系统的木条板箱应当漆成蓝色,在箱子的 6 个侧面上显著地写有"Woo hoo, we're done",这样就不能看作项目失败。

在利益攸关者的需求得到完全定义之后,概念方案设计阶段要采用这些需求,形成针对利益攸关者需求的概念性解决方案,从可以得到的备选方案中选择最佳的解决方案,并通过概念方案设计过程,将利益攸关者需求转换成系统需求。在称为系统技术性能指标规范(A 类规范)的需求规范中将反映、存储和维持系统需求。在系统技术性能指标规范中的需求集合"基线"(即进入正式的配置管理),是在主要的里程碑事件系统阶段评审(标志着系统开发工作的概念设计阶段的结束和初步设计阶段的开始)时确定的。在现代系统工程环境中,在基于模型的系统工程工具中包括需求集合(利益攸关者需求、系统需求和在开发工作的后期形成的其他需求),而不是采用或者仅仅采用传统的基于文件的系统。开发团队能够立刻得到需求集合,并且与其他基于模型的系统工程工具(如体系架构工具和快速原型工具)集成在一起。通过适当地运用这些基于模型的系统工程工具,能便于团队综合,减少了需求误差和其他误差,并使开发过程流畅化。

需求可以划分为两类:功能需求和非功能需求(Baca,2007)。功能需求说明系统必须做什么,这涉及系统必须执行什么活动来满足利益攸关者的需要。非功能需求是系统必须具有的特性(Baca,2007)。通常,我们把非功能需求看作使产品更具吸引力、更加可用或者更快的品质,它们说明了功能需求的价值(Baca,2007)。例如,一个功能需求可以说明一个手电筒应该有 30 英尺的作用距离,而一个非功能需求将说明手电筒应当能连续工作 72h。根据作者 Claudia Baca 的说法,"功能需求和非功能需求之间的差别在于,非功能需求是满足功能需求的实体"(Baca,2007)。

将需求与在开发过程早期确定的目标联系起来是有用的(Ramasubramaniam 和 Venkatachar,2007)。正如前面所讨论的那样,需求是与所开发的系统必须实现的合同绑定的。因此,在系统开发工作的早期确定需求的可行性和风险是关键的。注意,可行性和风险之间有互逆的关系,需求的可行性越大,实现需求的风险就越低。

7.1.2 "ilities"

非功能需求通常被称为"ilities","ilities"指对诸如可维护性、可靠性和可支持性那样的要求的设计考虑。图 7.2 示出了当设计一个系统时需要考虑的"ilities"的集合。

"ilities"对于得到覆盖全生命周期内的非功能方面的系统整体需求是非常有用的。我们将描述几个常用的"ilities"。在这样做时,我们可以更好地理解它们的重要性和它们与设计过程的关联性。

经常影响着系统的性能和利益攸关者的最终的满意度的最重要的非功能需求是系统的可靠性。可靠性是"系统在常规的环境和敌对的或预料不到的情况下完成和保持其功

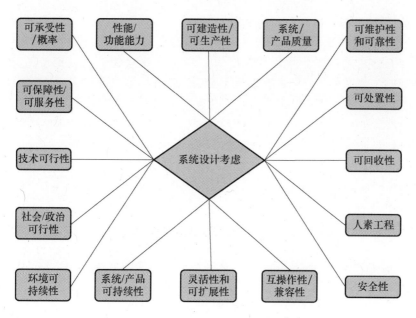

图 7.2 "ilities"和它们与系统设计的关系

能的能力"(Blanchard 和 Fabrycky,2011),这是系统在运行使用中,按照预期成功地满足给定的需求的能力。在开发过程中要采用用例和运行使用场景来分析在系统设计中的性能空间。通常在系统功能分析工作中,结合功能框图和功能流图,得到基于概率的可靠性模型,然后采用可靠性模型来预测与性能参数相关的可靠性,如平均无故障工作时间(MTBF)、平均故障时间(MTTF)和系统、子系统或组件故障率等。这些参数经常被用来作为需求中的技术性能参数。我们将在以后的章节更详细地讨论预测系统可靠性的方法。

另一类有用的非功能需求是可用性需求。可用性是"一个人造物品的易用性和可学习性"(Blanchard 和 Fabrycky,2011),这意味着系统便于使用,基本上指的是终端用户使用的舒适性,以及在终端用户操作系统时能多快地完成任务。对于这类要求而言,诸如培训要求、文件、人的因素、安全性、人机工程学和所需要的技能水平是关键的考虑。

可维护性与按照预定的需求对系统进行维护的便利性有关。在生成这类需求时必须有一系列的考虑:应该有什么级别的维护? 需要多少备件? 维修系统需要多长时间? 预防性维护的计划是什么? 需要什么装置? 诸如这样的问题仅是冰山的一角。认真地分析这些问题能够得到与维护性相关的需求。如果没有很好地完成这一"ility",在故障之后系统可能就变得没有用了,这可能会影响到完成任务的能力,并对利益攸关者的满意度、维护人员的信誉和未来的业务产生不利的影响。如果一个系统经常需要大量的、昂贵的维护,也可以看到可维护性和可靠性之间的关联性。以最短的时间、最低的成本和最少的资源可靠地修理和替换组件的能力,是可维护性分析的目的。系统开发者应当在需求生成过程中生成可维护性需求,以确保最终的系统设计可以得到适当的维护。例如,一个汽车的发动机的设计,如果必须拆开发动机以便更换燃料过滤器,就是对可维护性没有适当考虑的一个例子。

可承受性涉及整个系统的全生命周期成本。例如,维护行动和故障率的成本显著影响着整个系统的成本。通过增加冗余度、采用高质量的组件和设计维护点,提高整个系统的可靠性,可能会增加系统的初始成本,但由于提供了更加可靠、更便于维护的系统,降低了系统的全生命周期成本。可靠性模型可以用于预测可能的设计更改对系统的总的MTBF 的影响。如果作为合同的交付的一部分,必须对系统进行维护,更多的故障意味着需要更多的维修或更多的预防性维护。在设计中通过采用较廉价的部件节约成本,可能会由于提高了可维护性要求,而很快丧失成本优势,或者在运行使用阶段成本超出。必须认真地评估系统组件是应当修理还是更换,以考察哪个备选方案成本更低。在类似的模式中,每个"ility"是从要形成什么样的非功能需求,以全面地描述对整个生命周期所需要的系统的性能的视角考虑的。

在考虑了"ilities"并形成了完整的非功能需求集合后,采用功能需求和非功能需求的组合来驱动设计过程。在概念方案设计阶段,目标是从利益攸关者的需求开始,形成系统需求。设计过程要把"whats"(即利益攸关者需求)转换为"hows"(由系统需求得到的系统级设计)。实质上,较高层级的利益攸关者需求被分解成完全地描述所需要的系统特性、性能的更详细的、较低级别的系统需求。作为概念方案设计过程的一部分,要建立技术性能测度,也称为性能测度。技术性能测度帮助系统开发者和利益攸关者定义系统能多好地满足其高层级的需求。技术性能测度反映了与系统性能相关的必要的技术方面。作为设计过程的一部分,特定的设计选择可能迫使在不同的技术性能测度之间进行权衡。由于这种原因,与利益攸关者一起对技术性能测度进行优先级排序是重要的。技术性能测度经常分类为与设计相关的要进行权衡研究的参数,一个例子可能是由具体的光学成像系统提供的空间分辨率。顾名思义,与设计相关的参数是一个与设计有关的函数。如果光学组件或它们的相对安排、配置随着设计的变化而变化,与设计相关的参数也变化,可能要确定一些与设计相关的参数。例如,对于一个光学系统,等效焦距、入瞳的直径、像素的大小和光学系统的垂轴和轴向放大率,都是与设计相关的参数的代表性的例子。作为设计活动的一部分,要进行权衡研究、备选方案分析、可行性分析、功能分析和需求分配,以找到实现所阐述的需求的最佳技术途径。

7.1.3 写作好的需求的技巧

编写好的需求既是艺术又是科学。这一说法意味着可以学习一些方法和技术来帮助编写好的需求,然而,编写好的需求的一些成分是与技巧和经验相关的。正如前面所阐述的那样,必须很好地编写需求,对于利益攸关者和开发团队必须是清晰的,必须是意义完整、没有遗漏的。在利益攸关者层级上的需求集合,必须完整地描述项目的成功期望要完成什么。在系统层级上,需求必须完整地描述系统的功能和非功能方面,不仅是交付时,而是要覆盖整个生命周期。当编写需求时,循序渐进地涉及到用户的每项需求,并组织成一个对于所涉及的各方都是清晰的、可理解的表述,通常是有用的。

在编写需求之前,通常有利益攸关者来承担以下角色:作者、出版者、评审者和实现者(Hull 等,2005)。作者是需求的编写者,并要在需要时进行更改。出版者分发和存档需求文件。评审者评估需求并对文件提出修改建议。最后,实现者检验需求,提出修改建议,并最终实现需求。这些利益攸关者对于确保所编写的每项需求满足以下准则都是需要的:

（1）描述要做什么而不是怎么做。

（2）有一个用途或思路，而不是两个或更多。

（3）是唯一的，不是重复的。

（4）依据重要性、类型和紧迫性对一个需求的每项陈述进行分类。

（5）使需求具有可追溯性，以使我们能够了解它是什么时候编写、评审、满足要求和合格的。

（6）根据性能信息、量化、测试、原理或采用其他方法评审需求的完整性。

关键的需求，通常缩写为"KUR（关键用户需求）或 KPI（关键性能指标）是从整个需求集中选取的一个能够反映系统的实质的小的需求子集"（Hull 等，2005）。当考察关键用户需求时需要考虑两个重要的问题：在利益攸关者层级，"如果解决方案不能提供我这一能力，我还会买这种产品吗（或者我还对这种产品感兴趣吗？"（Hull 等，2005）。在系统层级，"如果系统不能做这些，我还会买它吗？"（Hull 等，2005）。当然，回答应当自动的是否！关键需求是必需的，而不是可选的。

关键性能参数（KPP）是用于实现一个有效的能力的一个系统的关键性能属性。关键性能参数通常本质上是军用的，有一个门限值，表示可以以低到中等的成本、进度和性能风险实现的最低可接受值。也有一个目标值，表示希望实现的目标，但是风险较大。效能测度是"用于评估系统特性、能力或运行环境的变化的准则，它试图度量到达的终端状态、实现的目标或产生的效果"（军事词典，2014）。表 7.2 给出了关键需求的几个定义。

表 7.2　与需求、性能和效能相关的测度的定义

术　语	定　义
关键性能参数（KPP）	对于发展一个有效的军事能力至关重要的系统性能属性（国防采办大学采办百科[KPP]，2014）
关键用户需求（KUR）	这些需求是从整个系统需求中抽取的一个小的子集，它捕捉了系统的本质（Hull 等，2005）
关键性能指示（KPI）	与一个组织或一项工作的关键的成功因素相关的，得到认可的、可量化的测度（国防采办大学采办百科[KPI]，2014）
性能测度（MOP）	系统的特定的性能参数，如速度、有效载荷、距离、就位时间、频率或其他可量化的性能特征（国防采办大学采办百科[MOP]，2014）
技术性能测度（TPM）	通常体现在系统层级，技术性能测度是与技术性能方面和设计本身的属性相关的
效能测度（MOE）	用于评估在系统表现、能力或运行使用环境上的变化的准则，试图测度到达的终端状态、实现的目标或产生的效果（军事词典，2014）

为了反映利益攸关者需求的实质，需求必须是清晰的、简洁的。系统开发者和利益攸关者必须认可和理解系统需求。建立一个一致的、完善的需求属性集，对于确定需求和与开发团队进行有效的交流是有益的。

例如，以下是一个有代表性的，对于定义需求属性和有效的交流是有用的需求类：需求辨识、固有特性、优先级、源、归属、情境、满意度、验证、审批机构（权限）、过程支持等（Hull 等，2005）。这些类别的需求的每一类将帮助把预期在整个系统生命周期内遇到的需求综合起来，它们提供了有关需求的现状的有用信息，并且能够与需求联系起来，并采

用常规的需求管理工具对需求进行跟踪。生命周期阶段属性定义将需求分配到项目生命周期的哪个部分且进行管理,并起着重要的作用。优先级属性将需求分配到诸如强制性的、可选的或希望的等关键的类别,以帮助聚焦开发工作的重点。对于各个优先级等级,国际系统工程学会采用必须、应该、可能和应当等类别(Tronstad,1996,64)。在需求分析中,估计的成本这一类别是一个通常被忽视的属性,这是因为成本估计通常是在争取立项时确定的,用来确定期望的项目成本。在需求已经分配到子系统后,工程人员要评审并确定开发和设计成本。由于将单项需求与设计、开发、测试和保障层级联系起来需要额外的时间和工作,成本估计很少分配到具体的需求,通常是在更高的和更聚合的层级上给出的。然而,必须管理和搜集对于项目的成功高风险的需求,以洞察可能影响成本的因素。

当编写需求时,一个重要的方面是模糊性(或者没有模糊性更好)。为了减少误解,利益攸关者和开发团队必须正确地解释需求。以下是由 Tronstad(1996,64)给出的对编写需求有用的指南,一个典型的利益攸关者需求可以写为如下形式:

"利益攸关者"应当具有"……能力"。

有约束时,应当看起来像是下面这样:

"利益攸关者"应当能够在以下"运行使用条件"下对于"事件"有达到"……性能"的"……能力"

一个编写良好的需求采用的指南将采用如下的形式:

无线电操作人员应当能够在严重的暴雨条件下在他的传感器启动 3s 时间内利用无线电台发送语音。

助记符对于建立一致的需求流,并确保需求是完整的是有用的。需求要指导设计者/开发者了解系统在期望的运行使用条件下必须做什么。它们指导测试者,以验证所开发的系统满足所阐述的需求。

7.1.4　需求文件的重要性

在系统设计工作中,编写的需求通常包括在一个单独的文档中。现在,基于模型的系统工程工具也被用作需求的存储库。无论是采用基于模型的系统,还是采用基于文件的系统,或者两个系统都采用,有必要有一个容纳工程师和利益攸关者对系统的契约式期望的公共的场所。正如前面所阐述的那样,这类似于在利益相关者和开发团队之间绑定一个合同,并全面地理解需要什么(Burns,2010)。除了指导设计活动外,需求文档的主要的用途是在项目结束阶段检验测试的结果是否满足需求(Maiden,2013,pp.16-17)。系统开发者的职责是向利益攸关者证明测试结果符合每项需求。测试团队的任务是解释需求,并确定通过分析、验证、测试与检验验证和确认需求的测试计划和测试规程。

应当规范化需求文档,以便于开发团队快速查阅。这一文档是一个通常要很好地使用的工作文档,因此像一个具有编号的章节的参考文档那样编写是重要的。需求文档的开始应当有一个与内文一致的目录,目录应当是整体性的且可以重复使用,但对每个项目要有所剪裁。以下是编写一个需求文档前的一些必要的考虑:

(1)确保已经进行了很好的准备,并且建立了反映了所有主题的需求文档大纲(目录)。

(2)认识到需求文档在由利益攸关者签署之前要进行多次迭代。

（3）从各个视角来考虑系统，并与利益攸关者和终端用户面谈，以很好地理解高层级的利益攸关者的需要。

（4）强调终端用户的运用，并考虑对系统的什么样的更改可能使它有更强的功能，且不会过多地偏离对系统的高层级的需求。

（5）以清晰和简洁的方式编写文档，使它便于读者理解。

（6）聚焦需求文档的结构，确保每个章节是完整的、切合主题的。

需求文档采用一个单独的文档解释系统必须做的每件事情（Maiden,2012b,pp.8—9），在整个测试中，可以取一个产品，对每项需求进行测试，确定系统满足每项需求。除了需求文档之外，系统开发者也负责创建（形成）需求验证可追溯性矩阵（RVTM），这一矩阵通过相关的计划和试验规程，对利益攸关者准确地确认每项需求得到验证。测试报告用来形成有关测试结果的文档。总之，每项系统开发工作是基于对需求文档的解译和开发团队认真地创建满足这些需求的设计文件的能力的，但不要把系统的范围扩展到超出与利益攸关者商定的范围。一个好的规则是保持需求简单化，仅陈述系统必须"做"什么，而不是它必须"怎么"做。

7.1.5　需求管理和更改：基于模型的系统工程需求工具

在一个足够复杂的开发工作中，有可能有大量的需求，有几百个或更多的需求是很正常的。需求管理工具允许多个人和组织参与需求起草工作，并对需求进行编辑、更改跟踪，并可在需要回到前一版的需求时提供配置管理能力（Bangert,2010,pp.24）。现在，有多种能为利益攸关者和开发团队提供综合的能力的、基于模型的系统工程工具。好的例子是便于在复杂系统开发工作中对多个实体进行综合的企业体系架构工具，这些工具具有诸如国防部体系架构框架（DODAF）那样的固有的体系架构框架和工具集，以快速地构建企业体系架构模型和体系结构框架，并用于综合各个利益攸关者的工作。

选择一个需求管理工具时，成本是要考虑的一个主要因素。大多数工程需求工具是昂贵的，每个许可证都要收费。最近的研究表明工程需求工具的 30 个提供商的 60% 的成本为每个许可证 1000 美元（Carrillo de Gea 等,2011）。取决于开发团队所需要的可选项，需求管理工具可能是非常强大的，也可以是简单的，这些工具提供了模板和报告，以交流需求变化性和状态信息，并帮助保持需求可控和有组织性。需求管理工具也完成需求可追溯性，给出每项需求的验证/确认的状态，并搜集相关的需求属性数据（如实现状态、测试状态和缺陷率），这些数据经常用来呈现给利益攸关者、管理或开发人员。这些工具被广泛应用于项目质量控制和配置管理功能，以确保有更新和更改记录的历史数据库。需求管理工具可以跨平台，甚至跨组织同步更改，并与组织体系架构工具和其他工具综合，以为系统开发者和利益攸关者提供一个强大的能力组合。国际系统工程学会列出了一个有用的需求管理工具和它们的供应商的清单（国际系统工程学会,2010）。

面向对象的动态需求系统（DOORS）和 MagicDraw 是两个常用的基于模型的系统工程工具。DOORS 是一种能够优化需求，并实现整个组织内的需求交流和认证的需求管理工具（Feinman,2007,p.22）。DOORS 的一个最大的特性是易于管理，而且可用于获取、跟踪和评审在整个系统开发工作中由于需求的演进造成的需求更改。DOORS 为每个用户提供可配置权限的账号，这样某些用户仅能阅读文件（或文件的章节），而其他的用户允许进行修改。对于多用户,DOORS允许进行编辑、配置管理和分析,可以进行追溯,这样更改是可归属的,在需求生成过程中不会丢失(Rubinstein,2003)。在项目的集成和试验阶段,DOORS被用于通过跟踪测试计划和规程来跟踪需求的实现和成功率。由于在多种场合中需求经常是与外部源有关的,可以将这些需求与外部信息关联起来。

将需求文件转换为采用与需求文件大纲类似结构的DOORS格式的好处是有可扩展性,容易建立多个需求层级之间和从需求到测试的关系。在DOORS和其他类似的需求管理工具中实现了之后,比基于文件的系统更容易增加、删除和修改完整的章节。例如,如果一个系统满足当前的利益攸关者的需求,但必须针对国际用户的需求进行修改,更改的需求集可以很容易作为整个系统需求的一部分,增加到DOORS数据库的新的章节。这可以与单独的利益攸关者是隔离的。当需求更改时,可以动态地评估更改对于其他需求和对测试的影响,并快速地实现。

MagicDraw是一种集成了来自DOORS(和其他)需求管理工具的信息和团队协同支持的建模工具(MagicDraw,2014)。MagicDraw是面向对象的,并且专门面向商务/软件分析人员、编程人员和质量保证工程师。它允许用户将一个项目分解成可由项目团队的单独的小组完成的更好管理的部分。MagicDraw对于需要由多个项目团队成员同时阅读和更新项目人造制品的协同性的工作是非常有用的。它也为用户提供了以各种格式(如PowerPoint、XML和HTML)输出报告的能力。总之,MagicDraw是一种在整个开发工作中都有用的工具。MagicDraw也有很多插件来定制工具,并能提供增强的能力。采用插件的MagicDraw可以用于各种基于模型的系统工程应用,包括需求管理、组织体系架构建模、业务过程建模、系统建模、系统分解和分析等。

7.1.6 转到光学系统构成模块:光调制器

需求驱动着系统设计。当建立和维持了一个适当的系统工程开发环境时,需求本身就成了设计活动的必须的功能。当涉及系统时,将对任何层级上的需求进行可行性分析和权衡研究,以确定实现需求的最佳技术解决方案。例如,将需要对一个在给定的运用场景中在某一距离上观察一个特定的目标的利益攸关者需求,进行可行性分析和权衡研究,以确定满足需求所需的基本的光学系统。作为基本的光学系统的一部分,光学调制方法对于抑制杂波,并在含噪环境中提取出微弱信号可能是需要的。在7.2节,我们将讨论作为光学系统的一部分的光学调制方法,光学调制对于探测感兴趣的信号或感兴趣的目标也是需要的。

7.2 光学系统构成模块:光学调制

光学调制器是放置在成像系统光路中的一个用于目标跟踪、目标鉴别、测向和背景抑制的器件(Diggers,2003)。光学调制器、调制盘或斩光器,通常是能够将目标与周围的杂波的属性区分开来(如单个或多目标检测、目标尺寸确定、目标距离、速度、航向和/或目标类别识别)的机械器件。在光学系统中加入调制盘事关用于给定的用途的光学系统的成败。调制盘经常用于补充基于软件的信号和图像处理方法,有时是一个光学成像或光学跟踪系统的关键的光学组件。光学调制器可以是一个有透明和不透明材料部分的旋转机械器件,输入的光学辐射被调制盘上的特定的图案"调制",然后对探测器上的辐照度进行处理,以发现感兴趣的目标的属性。光学调制器也可以是静态的,在采用电光调制器或声光调制器时,采用电子或声学特性来调制入射光。在本节,我们强调调制盘图案和与感兴趣的目标属性的关系。我们将在后续讨论诸如电光调制器和声光调制器那样的特殊的器件。

调制盘的某些更一般的用途包括:

(1) 信号变换(直流到交流)。

(2) 背景抑制。

(3) 目标属性模式。

作为一个简单的例子,图 7.3 所示的光调制器在一个旋转的圆盘上有一系列交替透明和不透明的三角形部分,调制盘放在成像面上,以旋转频率 f_r 旋转。

在光学调制器后面的探测器可以是单元探测器,探测器的输出测量通过旋转的调制盘的总的辐照度,或者可以使用一个多元探测器(像一个成像摄像机一样),所采用的探测器的类型取决于光学系统的用途。注意,在不透明的扇叶后面的区域(在图 7.3 中用黑色表示)是不受辐照的,而透明的区域(在图 7.3 中用白色表示)是受辐照的。探测器的不同的区域随着调制盘的旋转是露出或被遮挡的。如果目标的图像的大小比调制盘的透明的部分小,当不透明的部分在目标图像和探测器之间旋转时有可能短暂丢失目标。当不透明的部分转出,透明的部分使目标辐照到探测器时,在信号相对于噪声的强度足够大时,目标就是可探测的。

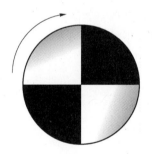

图 7.3 简单的光学调制盘

7.2.1 光学调制的早期历史

在图 7.3 所示的光学调制器的一个物理实例中,通过一个常用的家用风扇(有三角形的扇叶)观察一个运动的物体,当风扇的扇叶经过观察的眼睛的前面时,物体的最后一个位置保留在观察者的大脑中。实际上,物体是连续运动的,当不透明的扇叶不再遮挡场景时,目标似乎瞬时跳到了新的位置。如果是一个在黑暗的室内的一个房间的静止的发光笔(模拟点源物体),发光笔将看起来似乎是由于风扇的旋转而闪烁。尽管这一效应在过去有可能注意到,光学调制器的出现还是相对较近期的事情。以下我们给出了光学调制器的历史发展的关键事件时间表。

1928 年:A. H. Pfund(Pfund,1928)初步采用光学调制器方法,采用一个摆动体对照射一个热堆探测器的辐射通量进行"斩光"。

1934 年：H. A. Dahl 申请了采用目标的热辐射来发现目标的专利。

1940 年：德国在第二次世界大战中采用调制盘用于其跟踪和制导系统中。

1950 年：H. L. Clark(Clark,1950)提出了对太阳寻的的 V−2 火箭制导方法。

1956 年：一种基于调制盘的红外跟踪系统被应用在响尾蛇导弹中。

1959 年：G. F. Aroyan 发展了空间滤波方法。

1966 年：L. M. Biberman 发展了调制盘计算的改进方法。

1984 年：地形轮廓匹配被用于战斧导弹制导系统。

2001 年：国际空间站试验基于激光反射计的跟踪系统用于空间器对接。

由于这一主题的军事应用的敏感性，有关基于调制盘跟踪和制导方面研究的非保密文献发表的不多。但可以得到有关用于非军事应用的光学调制的一些基本原理，后面将详细讨论。

7.2.2　光学滤波

光学滤波是一个良好设计的光学系统的关键组件，与具体的应用相关。我们将讨论与应用相关的各种光学滤波器。某些光学滤波器是基于硬件的，而另一些可以采用软件实现。光学滤波器可以单独使用，或者与其他滤波器组合应用。光学调制器，尽管严格地说不是光学滤波器，在其所实现的某些功能方面（如背景抑制和目标探测），具有与光学滤波器类似的特性。光学滤波器主要用于感兴趣的信号的频率域，例如，空间滤波器可以用于消除光学系统的像差或者消除由于激光增益介质中的波动造成的激光光束的高阶模。空间滤波器可以是一个放置在透镜的焦点上的微小的针孔孔径，透镜对它接收的光进行二维傅里叶变换，在激光的情况下，透镜将激光光束的二维傅里叶变换聚焦到针孔上，如果针孔足够小，仅有激光光束的最低的模（TEM$_{00}$）能透过针孔孔径。类似地，对于光学像差，透镜将有像差的光的二维傅里叶变换聚焦在针孔上，光束的中心部分有最小的像差，由针孔孔径透过，另外一个焦距位于针孔后面的透镜完成对空间滤波的光的另一个二维傅里叶变换，以减小像差、净化光束。采用空间滤波器的一个局限性是针孔越小，越多的光被抑制，通过光学系统的光功率将下降。如果入射的辐射照度水平低，则经空间滤波的信号可能太低，以至于探测不到，探测器噪声可能抑制感兴趣的信号。另一种常用的光学滤波器是窄带滤波器。在许多应用中，感兴趣的区域被限定在窄的频带，例如，如果一个信号是在 500nm 波长辐射的，则根据：

$$\lambda\nu=C \tag{7.1}$$

我们知道感兴趣的信号的光频率是 6×10^{14} Hz。如果我们想要隔离这一波长，仅透过处于这一中心频率和处于这一中心频率附近的一个窄的频带内的光，则我们可以采用一个窄带滤光片来实现这一目的。作为一个例子，假设我们有一个中心位于 500nm、窗口宽度为 50nm（达到滤光片的最大透过率的一半的宽度）的滤光片。如果我们对式(7.1)相对于频率 ν 进行微分，并取幅度，我们得到

$$|\Delta\nu|=\frac{C}{\lambda^2}|\Delta\lambda| \tag{7.2}$$

这里，带宽 $\Delta\nu$ 为 6×10^{13} Hz，是原始光频率的 10%。如果这是一个理想的滤光片，则在 5.4×10^{14} Hz 和 6.6×10^{14} Hz 之间的信号将能通过，而其他的频率将被抑制。由于许多

类型的噪声是散布在所有的频率上的,这一滤光片能有效地降低系统噪声,并抑制背景噪声和杂波。实际上,滤光片不是完美的,因此有些不希望的噪声、杂波和/或背景信号会通过滤光片,但噪声水平降低了很多。窄带陷波滤光片是非常重要的,因为许多探测器响应非常宽的光波段(如在整个可见光波段或更宽),如果我们可以隔离出我们感兴趣的信号的光谱响应,则我们可以开发一个匹配于我们的感兴趣信号的匹配滤波器组,探测器仅"看到"在感兴趣的频率范围内的光,但抑制不希望的光。如果事先可以知道或预测感兴趣的信号,这种方法将很有效。有时,不能事先知道感兴趣的信号,但是知道信号有窄带特性,在这种情况下,可调谐滤光片可能是有用的,可以用诸如声光可调谐滤光片和电光可调谐滤光片那样的器件将滤光片调谐到不同的中心频率。还有其他类型的滤光片,如仅通过低于确定的截止频率的频率、抑制高于截止频率的频率的低通滤光片。高通滤光片则通过高于确定的截止频率的频率、抑制低于截止频率的频率。我们将在本书的信号处理章节来更详细地讨论这些类型的滤波器。其他类型的滤光片有选择入射光的一定的偏振态的偏振滤光片和降低光的总的亮度但非频率选择的自然密度滤光片。在探测器太敏感、落在传感器上的辐照度将损毁或致盲传感器时,自然密度滤光片是有用的。

对于热传感器,在"冲蚀"条件下会出现光学滤光不能发挥作用的问题,当有用背景产生的辐照度与目标的热辐射可以相比时,会出现"冲蚀"。可见光的类比是在一片雪野中试图找到一个白兔,在这种情况下,光学滤光将不起作用。在热成像应用中,红外传感器在一天中通常会至少两次遇到这种情况。图 7.4 示出了对冲蚀问题的实际考虑,在图 7.4(a)中,我们有一个 Humvee 卡车的彩色图像,这对应于由光学成像系统捕获的正常图像,一个光学系统可以通过采用诸如红、绿、蓝色彩体系那样的色彩体系,形成彩色图像。某些传感器单元,像在许多现代数字摄像机中一样,在探测器设计中提供了三色探测组件,例如,一个单一的像素可能包括对应于 RGB 中心波长的辐射的探测单元。也有探测器可能采用宽带传感器,需要窄带滤光片来分离出特定的波长(如 RGB 色差分量),以形成彩色图像(Holst,2006)。在图的右上部,我们看到了通过对一幅彩色图像进行 RGB 分量加权组合形成的灰度图像。

图 7.4　有代表性的探测到的图像

(a)正常的视觉图像;(b)灰度图像;(c)最佳条件;(d)冲蚀。

如果通信带宽有限,不能在一个给定的通信信道内传送整个三色图像,形成灰度图像可能是有用的,这样可以形成一幅可由数据链发送的没有颜色分量的、仅有灰度的图像(而不是图像的所有三个颜色分量),显著地减少了要发送的数据量。图 7.4(c)示出了一幅红外图像,这里悍马越野车比周围的背景热得多。图 7.4(d)示出了"冲淡"的概念,背景辐射与感兴趣的目标相比明显要大,因此难以从背景中辨别出感兴趣的目标,对于许多不同类型的物体,这种条件一天中至少出现两次。例如,在悍马越野车情况下,在夜间,如果悍马越野车的发动机是关闭的,悍马越野车上的金属在整个夜晚是较冷的,则周围的环境会导致负对比度条件,悍马越野车将看起来比周围的地形要黑。如果悍马越野车的发动机是工作的,则发动机的热将加热 Humvee 的金属,在夜间,热成像摄像机将产生一幅类似于图 7.4(c)的图像,正对比度的场景。对于悍马越野车在整个夜间没有使用的情况,当太阳出现时,悍马越野车将比周围的环境更快地受到加热。在相同的点,悍马越野车将加热到悍马越野车与周围的环境类似的温度,这是冲淡的第一个条件。在白天的其他时间,悍马越野车继续吸收辐射,比周围的环境要热。当太阳落下时,悍马越野车开始变冷,由于悍马越野车比周围的环境冷得更快,在相同的点,悍马越野车的温度将再次等于周围的环境的平均温度,这是第二次冲淡条件。如果源的辐射不能与背景或杂波区分开来,则宽带光学调制器或滤光方法将不起作用,也就是说,某些背景抑制方法、主动探测方法和/或光谱方法(将在后面讨论),有时对于将目标与背景或杂波区分开来是有用的。

7.2.3　背景和杂波抑制

当试图将感兴趣的目标与周围的场景或杂波环境区分开来时,目标光谱与背景光谱和杂波光谱相比的相对的光谱内容和分布是非常重要的,背景和杂波之间有数量级上的差别。背景信号是当从一个没有目标或杂波物体的场景中采集数据时的信号。杂波物体是场景中的可能与目标混淆的物体,杂波物体的某些特性与感兴趣的目标类似,正如在所谓的"岩石中的老鼠"那样的场景中一样。作为一个例子,我们说我们有一个针对一个褐色的岩崖训练的成像系统,在场景中有各种具有不同的尺寸和形状的,在尺度上类似于我们的感兴趣目标(一个灰的啮齿动物)的物体,如果我们想要采用我们的成像系统发现在岩崖附近游荡的小的、灰的啮齿动物,观察者在区分灰的啮齿动物和杂波(灰的石头)方面有某些困难。如果我们扫掠山边,并消除灰色的岩石(杂波),也会消除掉灰鼠(目标),我们将仅留下背景场景(褐色的岩崖)。如果我们现在将灰鼠放到褐色的地面上,观察者将更容易发现在褐色的地面上的灰色的啮齿动物,因为杂波已被消除。由于我们经常工作在空间频率域,背景和杂波将具有它们的空间频率成分和结构,如果在频谱的可观察到的频谱部分,背景和杂波频率成分与目标的频率成分显著交叠,则滤除背景和杂波将是挑战性的。由于不同的材料有不同的光谱成分,将滤光片放在选择的光谱位置,可以帮助将感兴趣目标与背景和杂波区分开来。如果杂波或背景的光谱贡献在感兴趣目标的主要的光谱特征之外,可用光学调制和滤光方法抑制背景/杂波,并显著提高成像系统探测感兴趣的目标的能力。例如,所探测到的来自云对阳光的散射的辐照度,有时可能比来自远距离目标的辐照度的幅度高 4～5 个数量级,光学调制器可以用于抑制云背景,并在这种情况下检测目标。

Schmieder 和 Weatherby 将杂波划分为三类,即低杂波、中等杂波和高杂波,通过他

们的实验得出了由下式给出的信杂比的定义(Schmieder 和 Weatherby,1983):

$$SCR = \frac{|\text{max tgt value} - \text{background mean}|}{\text{rms(clutter)}} \tag{7.3}$$

式中:SCR 为信杂比;max tgt 为目标的最大信号电平;background mean 为背景信号电平的平均值;rms 为均方根。

7.2.4　斩光频率方程

在这一点,我们需要描述光学调制器的旋转效应。由于在许多应用中,感兴趣目标比成像系统的瞬时视场要小许多,来自探测器的后端的信号看起来是被"斩光的"。在位于目标和探测器之间的光学调制器的透明区域,亮的、小的目标是"打开"的,在不透明区域,目标是"关闭"的,输出是一个由"开"和"关"状态调制的信号,容易将感兴趣的目标与较大的、相对不变的背景信号区分开来。由下式定义的"斩光频率"是一个重要的参量:

$$f_c = n f_r \tag{7.4}$$

在式(7.4)中 n 代表透明的和不透明的分割区域对的数目。作为参考,在图 7.3 中,在光学调制器中有两对透明的和不透明的三角形对,斩光频率 f_c 是光学调制器的透明的和不透明的分割区域对的数目和调制盘选择频率 f_r 的乘积。在 7.2.5 节,我们将观察一个简单的光学调制器和对目标的探测过程,在讨论中将概括基本的方法,以理解光学调制器的功能。

7.2.5　简单的调制盘系统

在本节,我们给出了一个简单的调制盘的例子,以说明怎样用调制盘来抑制背景信息,以及怎样采用来自探测器的信号区分感兴趣的目标和背景。我们首先假设感兴趣目标远小于图 7.5 所示的不透明扇叶的大小(一般是这样的),光学系统的探测器的输出在图 7.5 的右下图示出,假设目标位于远离成像系统的"光学系统"(将光会聚在探测器的入瞳上的入瞳孔径和中继光学)的某一点上,光学调制器直接放置在像平面的探测器单元的前面。光学调制器以斩光频率 f_c 旋转,经常用一个会聚透镜将"斩光"的光聚焦在一个探测器单元上,由于是单元探测器,这意味着探测器的输出仅提供时域信息,没有目标的空域信息。实质上,探测器没有任何像元(像素),仅包括一个对跨探测器单元的整个输入辐照度产生响应的材料的表面,最终在探测器上的辐照度,将是由光学系统的瞬时视场和光学调制器决定的一个空间调制的场景的辐照度。这一光学调制概念在可见光、红外和

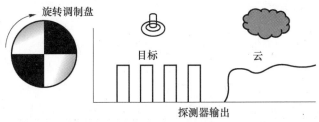

图 7.5　采用旋转调制盘的空间滤波(取自 Hudson, R. D. , Infrared System Engineering, John Wiley & Sons, Inc. , New York, 1969; Courtesy of Dong Wang. With permission。)

电磁波谱的其他部分同样有效。可以通过将红外探测器换成在电磁波谱的可见光部分的波长上敏感的探测器,使探测器响应电磁波谱的可见光部分。在图7.5的中部和底部对应于不同类型的目标和背景的探测器输出。在图7.5的左部,我们看到在光学系统中采用的调制盘,在这种情况下,与图7.3所示出的调制盘相同。

我们首先假设在光学系统的瞬时视场中没有目标,进一步假设光学系统正在观察一个像无云天空那样的无杂波的均匀背景。在这种情况下,无论不透明的扇叶的相对位置如何,调制盘的透明的区域将透过相等数量的光,探测器的输出在时间上将是恒定的,对应于一个固定的背景光学辐射电平。探测器的输出将是恒定的、非常低的电压或电流。如果背景正好是一个非常大的云,则探测器输出将是大体上恒定的,但由于云本身的表面的小的波动,会有一些小的波纹,这种情况在图7.5的右部示出。我们现在考虑一个位于瞬时视场内(接近如图7.5的左部所示的光学调制器的顶部)的小的(像点源目标)、非常亮的(相对于背景)、恒定亮度的目标,当光学调制器旋转时,小的物体(假设远小于图中的扇叶的宽度)将产生一个如图7.5的中部所示的方波图案。当调制盘的不透明的叶片遮挡时,探测器的信号输出将等于前面所提到的仅有恒定的背景的情况下的电平,当目标位于风扇的透明的区域时,来自物体的全部的辐照度(假设远亮于背景)落在探测器上,一个好的精神意象可能是位于接近于图7.5中的旋转调制盘的顶部的一个非常亮的、小的点源目标。注意,方波的周期将随着小目标物体向着调制盘的中心运动而减小。在接近中心处,探测器的输出将在完全遮挡和完全透明状态之间快速振荡,当目标被不透明的中心遮挡时,突然等于没有目标的背景照射的状态。如果我们略微改变调制盘,使中心那部分是透明的而不是不透明的,则完全位于光学视场的瞬时视场内的目标将产生一个远高于在探测器上的背景辐照度的恒定的探测器输出。通过将探测器标定到预测的背景电平上,采用这一光学调制器和单元探测器的光学系统可以确定在场景内是否存在一个点源目标,并确定这一目标距离光轴的中心有多近,或者光学系统是否瞄准目标。

如果我们现在假设目标具有一定的空间范围,但仍然小于不透明的扇叶,则可以引入一个新的可观测的用于辨别的量。当目标完全在不透明的扇叶后面时,所探测到的辐射与背景辐射相同(假设背景辐射没有可观测到的变化)。当扩展物体(为了简化,假设是方形的)开始从扇叶后面露出,探测到的辐照度开始增大。目标从不透明的扇叶后面露出的越多,辐照度增大的越多,直到整个物体位于调制盘的透明的部分。调制盘继续旋转,辐照度保持恒定,直到目标的边缘开始受到调制盘的下一个不透明的扇叶的遮掩,此时辐照度开始减小,直到当目标受到不透明的扇叶完全遮掩时,再次达到背景的辐照度水平。探测器输出的时域形状看起来像是一个梯形!辐照度水平的上升和下降的正的和负的斜率表明物体具有一定的面积。对于一个点源物体,从完全被遮挡到完全被观测到是瞬时的,探测器的时域输出图案更像是一个方波脉冲而不是一个梯形。注意,如果扩展的物体的大小等于接近于调制盘的顶部的不透明的扇叶的宽度,则探测器的图案看起来有些像一个三角形的脉冲串。如果这一扩展的物体向调制盘的中心运动,则物体的部分更多地从透明的扇叶露出,使具有叠加的三角形调制的平均的辐照度增大。如果扩展物体是具有均匀的辐照度的圆形物体,并处于调制盘的中心,则探测器输出将是恒定的,对应于比背景辐照度水平更高的平均辐照度水平,且没有明显的调制。目标辐照度的非均匀性和物体的细节将可能导致模糊性(例如,我们是观察一个处于调制盘的中心的一个具有细节的扩展物体,还是我们正在观察部分看到的不均匀性较小的云的特征)的调制效应。为了降低模糊性,这种调制盘经常被限制为用于可以建模为一个点源的目标。

我们考察目标和云出现在光学成像系统的瞬时视场内的情况。正如前面所述,云的辐照度可能比目标的辐照度高 $10^4 \sim 10^5$ 倍。我们进一步认为云仅覆盖调制盘的一部分,几个透明的扇叶观察着云。我们知道,由于有多个透明的扇叶观察着云,在探测器上的辐照度将增大,在探测器的输出信号上斩光的量将减少,由于云分量造成的输出信号看起来是相对平坦的,如图 7.5 的右部所示。目标将产生如图 7.5 的中部所示出的良好调制的方波图案。组合的目标和云的图像将是略为调制的、大体平坦的信号。如果采用一个中心频率为斩光频率的窄带滤波器,则云背景将得到抑制,可以提取出目标图形。当目标进一步运动离开光学系统,目标产生的调制变得越来越小。当目标调制处于由背景场景所产生的调制的级别时,则称为背景限条件,背景限光子探测器工作在这一条件下。在早期的红外系统中,探测器单元有时工作在 $2 \sim 2.5 \mu m$ 波长范围,电磁波谱的这一部分对云反射的太阳光是敏感的。许多较新的红外探测系统的探测器单元工作在 $3.2 \sim 4.8 \mu m$ 波长范围,对云产生的太阳反射不敏感。

7.2.6 光学调制与编码

光通信涉及采用视觉或电子器件用光携载信息传输一定距离。通常,采用一个诸如激光那样的源来通过一个有噪声的信道发送编码和调制的信号。图 7.6 示出了这一过程,在图 7.6 的左侧,U 表示通过有噪声的信道发送的用户的信息(如报文),这一信息首先分解成码位,并标上纠错码,如图 7.6 的第一个方框所示。纠错码被采用光调制器模块(图 7.6 中的第二个方框)光学调制并聚合成可识别的符号。在图 7.6 中表示为 X 的调制的和编码的信息通过含噪声的光学信道传输,产生图 7.6 中的"含噪声的光学信道"方框右边所示的含噪声的编码和调制的信息 Y。含噪声的被调制和编码的信息被解调,以产生用编码的符号 X 表示的信息(如图 7.6 的解调方框的右边所示)。最后,符号被解码器解码并产生重构的信息 U。

图 7.6 光通信信道(图像取自 NASA,放在公开域中)

加入纠错码和符号结构增加了在接收机处恢复正确信息的概率,这是许多现代通信系统的一部分。

7.2.7 调制盘应用

在前面的章节中,我们描述了一个可以用于抑制云杂波,以便检测出小的、明亮目标存在的简单调制盘。我们发现,通过正确地解译探测器的输出,可以确定目标的位置信息。有许多有各种各样的图案的不同类型的调制盘,我们将观察几种调制盘,并描述它们的关键功能特性和它们的应用。例如,在军事应用中,某些有代表性的光学调制器的例子是用于目标探测、跟踪、瞄准和操控、目标识别、卫星和导弹导航以及监视。调制盘在工业领域也是有用的,如用于质量监视、测距、瞄准和跟踪。医学方面的应用的例子包括内窥镜、显微镜的对比度增强和噪声抑制。

7.2.8　调制盘的考虑

必须理解许多调制盘对可近似为点源的远的、小目标很有效,有些调制盘用于扩展目标可能会由于背景和/或杂波信号产生模糊性问题。对于均匀间隔的光学调制器,当目标的大小等于调制盘图案的大小时,来自探测器的调制的输出信号有最大的调制。目标的大小、调制盘旋转频率的干扰的相对影响,和杂波/背景的幅度和光谱分布,显著影响着调制盘的功能能力,在光学系统设计过程中必须考虑。光学调制器可能有各种各样的图案,某些有细的间隔和复杂的图案。调制盘需要精密的制造方法。Aroyan(1959)和Biberman(1966)已经发展了用于处理复杂的调制盘信息的数学方法。Whitney发展了一种抑制背景信号且不需要滤光片的调制盘(Whitney,1961)。

7.2.9　用于得到方向信息的调制盘

调制盘可以用于得到目标的方向信息,这些调制盘的应用的例子包括用于导弹制导系统的调制盘、用于导航的星体/太阳寻的跟踪器和用于火控系统的跟踪器。可以通过应用不同类型的调制盘来获得目标方向信息。由于感兴趣的目标、杂波和背景产生的辐照度照射到调制盘上,可以根据最终的空间调制的探测器的输出来确定方向信息。所提取的信息的类型取决于所采用的调制盘的图案。我们将给出调制图案从非常简单到复杂的光学调制盘的几个功能细节。

7.2.10　旋转调制盘

有两类常用的调制盘,固定的调制盘和旋转的调制盘。在本节,我们描述旋转调制盘。一种最简单的光学调制器是双扇区旋转调制盘。这种光学调制器有一半是透明的,另一半是是不透明的。图7.7示出了这种光学调制器。在图7.7的上部,旋转调制器的白的一半表示透明的部分,黑的部分表示不透明的部分。有一个点源目标,表示为在调制盘的透明的部分的一个“点”,这一目标与坐标的水平轴成δ_1度角,调制盘以逆时针方向旋转,旋转频率为f_r。我们假设目标是静态的,当调制盘的不透明的部分向着目标运动时(例如,调制盘的旋转小于δ_1度角),探测器“看到”目标并给出恒定的输出信号,直到调制盘到达目标(旋转到确切的δ_1度角),在这一点,调制盘遮蔽目标使探测器看不到目标,探测器输出降为0。图7.7的左上部的第一个脉冲说明了这一情况。

注意,目标可能位于沿着图7.7的右上部所示的虚线的任何位置,在图7.7的左上部所示的对应的探测器的输出将和第一个脉冲相同。实质上,由δ_1所给出的目标的角位置,可以由来自探测器的第一个调制信号(如在图7.7左上部分的最左边的脉冲)的长度来确定。为了强调这一结果,我们想象目标运动到图7.7的右上边的调制盘的右边,在这种情况下,目标的角位置将由不同的角度δ_2(没有示出)确定。如果调制盘的起始位置与前面一种情况相同,且如果调制盘的旋转频率和前面相同,则调制盘到达位于δ_2处的新的目标位置,将比达到位于δ_1所处的前一目标位置需要更长的时间。正如前面一

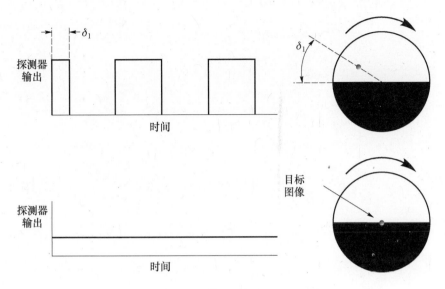

图 7.7 采用双扇区调制盘的方向信息

样,探测器的输出将表示存在目标,直到调制盘到达目标位置 δ_2,此时目标被调制盘的不透明的部分遮掩,探测器的输出变为 0。

在这种情况下,在图 7.7 的左上部所示出的第一个脉冲的长度,将比在第一种场景中的脉冲要长。实质上,点源目标的角度位置确定着第一个脉冲的长度。这种调制盘可提供角度信息,它不能确定目标距离调制盘的中心有多近,仅能确定目标相对于调制盘的起始点(这里假设为左边的水平轴)的角位置,相应的调制的探测器输出不能提供任何附加的信息。从调制盘的起始点开始的后续的脉冲的第一个脉冲,或相对于起始点的相对位移,确定着角位置信息。

注意,图 7.7 的下部示出的调制盘的例子。这里,目标位于调制盘的中心。如果调制盘的中心是透明的,则无论调制盘的角位置如何,探测器的信号输出总是"on"。探测器输出将是恒定的,如图 7.7 的左下部所示。如果调制盘的中心是不透明的,则探测器输出将是 0,而不是恒定的输出。正如所看到的那样,这种调制盘可提供角度方向信息,可以用于告诉调制盘是否瞄准目标。

防止在瞄准偏差为零的条件下丢失载波相位信息(例如,探测器输出"on"和"off")的一种好的方法是采用双调制方法,图 7.8 给出了这种方法的一个例子。只要目标保持在视场内,采用这种方法就可以得到载波信息。

将一个双扇区的调制盘放在一个有着数量很多的扇形格的调制盘(如图 7.8 右侧所示,作为调制盘 2)前面,无论物理目标在视场的什么位置,都能产生一个高频的载波,视场是由包含调制盘 1 的窗口决定的。由于载波信号的幅度正比于目标的辐照度,可以用于自动增益控制,或者用于探测目标的存在。第二个具有更密的扇区的调制盘帮助进行背景抑制。

7.2.11 背景抑制

调制盘图案产生各种有趣的效应,例如,如图 7.9 的调制盘图案能实现几项目标,

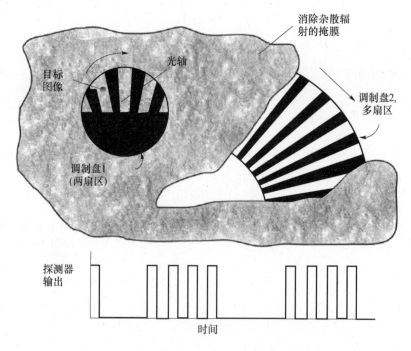

图 7.8　采用双调制载波防止瞄准偏差为零时丢失载波

图 7.9 底部示出的半透明的扇区产生角度方向信息,就像前面所讨论的双扇区调制盘一样,它也确保调制盘每旋转半圈产生一个调制中断,顶部的扇形图案帮助进行背景抑制。正如前面所讨论的那样,可能也需要以斩光频率为中心频率的窄带滤波器,如果一个小目标正好处于调制盘的中心,透明的部分将产生一个未调制的强的信号。

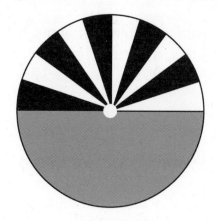

图 7.9　天空背景抑制调制盘

这种调制盘的输出由下式描述:

$$f_c = Knf_r \tag{7.5}$$

其中:f_c 为斩光频率;K 为由目标敏感部分在调制盘上所占的总面积的倒数;N 为在调制盘敏感目标区域的透明的和不透明的扇区的数目;f_r 为调制盘的旋转频率。

7.2.12　声光调制器

声光调制器采用声光效应来衍射电磁波。声光效应采用声来控制光,对于一个声光调制器,声被注入到像 Bragg 胞元那样的介质中,调控介质以使之改变通过介质的光的特性,声波使介质的折射系数得到扰动,并进而改变光的传播方向,一种可以实现这种效应的方式是采用压电变送器。压电变送器是基于压电效应的,由于机械压力在介质中产生电荷,这一变送器可以加在一个像玻璃那样的材料上,这样,电信号振荡迫使压电变送器振荡,这一振荡在玻璃材料内产生声波。在声光调制器中,这些声波调制折射系数,导致通过介质的电磁波以一个与声速相关的角度衍射。图 7.10 示出了角度衍射,在所发射的光的频率上也有移位。

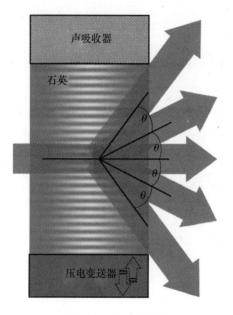

图 7.10　声光调制器

7.2.13　电光调制器

电光调制器是一种基于电光效应的光学调制器。电光效应是电场导致的介质的光学特性的变化,像折射系数和材料的吸收那样的光学特性可能随着电场的变化而变化,如果光学特性随着电场线性地变化,这称为 Pockels 效应。如果材料的光学特性的变化与电场的平方成正比,则称为 Kerr 效应。电光调制器可以用于改变或控制电磁波的相位、亮度、甚至偏振态。在各向同性材料中,电磁波的 x 和 y 线偏振态可能分别受到控制,这样可以用于一些有趣的应用,如幅度调制器、光开关(像激光 Q 开关那样)、光学延迟器和衍射器件(Saleh 和 Teich,1991)。将电光调制器放在两个交叉的偏转器之间,可以产生幅度调制。

7.2.14　双色调制盘

正如在下面的例子可以看到的那样,可采用双色调制盘抑制背景信号,想象一个如图 7.11 所示的在有阳光反射的背景中的一架喷气式飞机,太阳的温度近似为 5900K。表 7.3 给出了某些黑体关系。根据表 7.3,太阳光谱分布的中值波长为 $0.69\mu m$,因此,一半的辐射通量在这一波长的左侧或右侧。

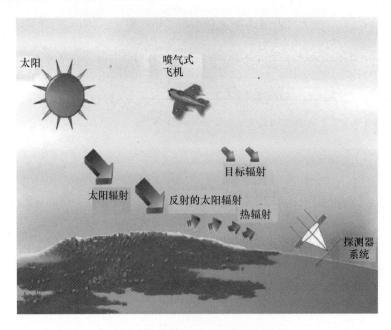

图 7.11 背景抑制场景的例子

表 7.3 对给定的 $\lambda(\mu)$、$T(K)$ 和 $W(W \cdot cm^{-3})$

波长类型	相关方程	波段内光功率
峰值	$\lambda_m T = 2898$	0.25W 在 0 到 λ_m 之间 0.75W 在 λ_m 到 ∞ 之间
半功率	$\lambda' T = 1780$ $\lambda'' T = 5270$	0.04W 在 0 到 λ' 之间 0.67W 在 λ' 到 λ'' 之间 0.29W 在 λ'' 到 ∞ 之间
中值	$\lambda''' T = 4110$	0.50W 在 0 到 λ''' 之间

当涉及源的光谱分布的变化和大气透过率的不确定性时,这种解决方案有一些困难,这使得有效的双色调制盘系统的构建非常困难。然而,在一定的受控条件下,如在一个静态的高空背景中探测具体类型的飞机,采用双色调制盘系统可能是有用的。

7.2.15 引导星系统和调制盘

在大型望远镜中将受照射的十字分划目镜和引导星系统结合使用,采用定位控制将一个十字线图案放置在视场中所希望的位置,引导星系统的一个例子是部署在 Keck 天文台的系统(Kinoshita,2003),如图 7.12 所示。当研究远距离物体时,Keck 天文台的这一引导星系统使科学家能够消除大气湍流效应的影响,因此显著地提高了 Keck 的成像系统的空间分辨率。这一引导星系统通过采用强激光将一个人造的恒星投影到天空中,将引导星当作一个点源,采用 Keck 接收机接收到的光回波分析光学像差,以实时地校正大气造成的像差。

图 7.12 采用引导星系统的 Keck 天文台

并非在天空的所有的部分都能得到足够明亮的自然星体。因此,采用"引导星"方法减小了对自然星体的依赖性(Kinoshita,2003)。科学家采用引导星系统可以使对天空的覆盖从 1% 到超过 80%。

7.2.16 目标跟踪

各种武器瞄准系统采用调制盘系统用于目标识别和跟踪,如采用十字分划目镜的瞄准具。响尾蛇导弹是一种最有影响力的军用光学目标跟踪系统,图 7.13 示出了位于导弹的头部的导弹的主传感器。

图 7.13 AIM—9L 导弹

响尾蛇导弹的主传感器采用一个红外探测器对目标喷出的热的气体进行寻的,也就是说探测目标的发动机。自 1956 年以来,已经对响尾蛇导弹的传感器进行了许多改进。响尾蛇的第一个版本是 AIM—9L,它采用调频调制盘来"降低目标尺寸随着弹目距离的接近的增大对导引头误差信号输出的影响"(Puckett,1959)。对响尾蛇的下一个重大的改进是 AIM—9R,它的瞄准传感器进行了升级,包括一个能够使导弹看到背景和目标的差别的光学器件。最近,响尾蛇导弹再次进行了升级,采用了中波红外焦平面阵列(Zimmerman 和 O'Donnell,2007)。

7.2.17　光学调制小结

光学调制涉及采用具有透明的和不透明的扇区图案的调制盘器件,调制盘或光轴是旋转的,对入射的通量产生斩光效应,这是一种用于背景抑制和目标探测与跟踪的有效的机制。

调制盘是一种对于点源目标最有效的选择性的调制器。当调制盘的透明的扇区与目标尺寸匹配时,对目标探测效率最高。

7.3　综合案例研究:系统需求和对光学调制的需求

本节将聚焦于一个综合案例研究,采用在本章前面所学到的专业知识用于假想的光学系统的研发工作。将讨论的主题是系统需求和光学调制。FIT 最近与主要的利益攸关者国土安全部、美国海关和边境防护部门的代表,就安装在国土安全部的无人机上的用于边境巡逻应用的高分辨率成像系统进行了会谈。FIT 已经就光学成像系统的某些关键的方面进行了可行性研究和权衡研究,以确定对于这一应用是否需要自适应光学系统或高速的大气湍流补偿系统。

在这一综合案例研究中,我们有 FIT 的 CEO,Bill Smith 博士,FIT 的高级系统工程师 Karl Ben,FIT 的首席技术官 Tom Phelps 和光学团队领导 R. Ginny,FIT 的无人机项目经理,FIT 的系统工程师 O. Jennifer(Jen),FIT 的软件工程师 K. Phil,硬件专家 B. George,光学工程师和自适应光学专家 R. Amanda,以及需求管理与配置管理专员 C. Marie。

在集成案例研究的这一部分,FIT 团队正在确定系统需求,但似乎有一些麻烦。我们在综合产品团队会议的中期加入了 FIT 的团队。

Ginny:"我知道我们的自适应光学系统或大气湍流补偿系统将为我们提供很高的空间分辨率,但我们似乎处于传感器的极端作用距离的临界性能。我不想请我们的利益攸关者改变他们的工作剖面,所以我们还要做一些事情。"

Tom:"Ginny,即便采用自适应光学或自适应大气湍流补偿系统,我们也受到光学汇聚孔径的大小的限制。我们将能得到优于常规方法能够获得的空间分辨率的图像,但仍然不能使我们得到在目标上能够跨 10 个分辨单元的红外图像,如果我们采用原来的保守的 18.616km 的目标-传感器距离,所得到的分辨单元大约为 43cm,这在沿着目标的长边的方向有少于 5 个分辨单元,在短边方向,仅能得到 1 或两个分辨单元,这是非常粗粒度的图像。在放松的 8628m 的距离上……"

Ginny:"抱歉,Tom,打断一下,但我不想放松要求,除非我们觉得需要放松要求。看起来,即便在最差的工作条件下我们的红外系统也能够探测出人员目标,但正好在临界的边缘。"

Tom:"对,我们没有办法提高空间分辨率,除非缩短波长,但这样做将影响我们可以得到的来自目标的信号水平,或者需要增大入瞳的直径,这将需要重新设计 Raytheon 的吊舱。"

Amanda:"或许我们走了一条错误的路线。我们总是想尽方法来找到一条提高在边际应用场景下(例如,最远的作用距离情况下)的空间分辨率的有效的途径。我认为,需求不是得到更高的空间分辨率(这是"怎样"),而是要提供在最远距离上探测试图非法越境的人员的能力(这是"什么"),我们并不一定要分辨出要非法越境的目标。"

Ginny:"你是什么意思?"

Amanda:"好,我们可以采用不需要分辨出目标的光学调制器。事实上,如果目标是一个点源,某些光学调制方法可以很好地探测目标。我们可以扩大视场以确保目标是一个点源,并可能采用某些光学调制方法来告诉我们探测到了"某一感兴趣的物体",然后由高分辨率的系统进行分选。"

Jen:"要点是什么? 如果我们增大瞬时视场,这样在目标上的像素尺寸将增大,使目标看起来像是一个点源,然后我们采用大视场引导和高分辨率勘察结合模式的光学系统,我们不还是必须要确认在像素中是什么吗? 这样不还是要使我们回到一个高空间分辨率的系统吗?"

Amanda:"Jen,分选,但是以一种安全的方式。如果我们有一个大视场引导和高分辨率勘察结合的模式,无人机可以以当前的保守的任务剖面飞行,采用较宽的瞬时视场观察感兴趣的可能的目标点,一旦它们发现某一物体是感兴趣的,即大视场引导和高分辨率勘察结合的系统的感兴趣的目标,它们可以勘察这些感兴趣的目标之间的区域,以观察是不是清晰的,然后飞得更近些,进行图像放大,并观察那里实际是什么物体,这将给出一个25cm 的空间分辨单元,在目标上有 8 个以上的分辨单元,这样就可能足以告诉我们所看到的是什么了。更好的是,这确保无人机的安全,并能在距离边境线 10000m 之外探测目标。此外,通过采用略微短些的波长,我们能够在目标上得到 10 个分辨单元或者至少接近 10 个分辨单元。"

Ginny:"这听起来很有希望! 但我不理解你所说的光学调制方法指的是什么。"

Tom:"这是一种在像导弹那样的红外跟踪系统中广泛采用的老的技术,它们在抑制背景信息和从背景中提取弱的信号方面表现得很好,也可用于各种其他的应用。"

Ginny:"但你在与顾客的会议上不是说源有足够的信号水平吗? 为什么我们需要光学调制器?"

Tom:"这是对的,我们有足够的信号,因此我们不是采用光学调制器来提取弱信号。你是否记得,当 Wilford 谈论动物时,他关注一些物体会引偏传感器并给出虚警? 如果我们采用光学调制器,我们能够对传感器对人员做出的响应信号进行分选,并降低虚警的数目。"

Ginny:"是吗? 怎样做到这样的?"

Amanda:"在这种情况下,我在考虑一种有相同大小的三角形片的光学调制器,就像是等分地切开的比萨饼,每个切片将有一个低通滤波器,其截止频率与人的光谱面辐射强度分布的中值匹配。根据表 7.3,这是 $13.5\mu m$。光学调制器中的其他切片是中心位于这一中值处的高通滤波窗口,我们将这一光学调制器放在光学系统中,以使整个瞬时视场包含在一个切片中。采用这种方式,整个像平面交替地看到低通滤波的或高通滤波的版本。由于系统位于人的中值波长的中心,可以得到的人辐射的光功率的一半通过低通滤波单元,另一半通过高通系统。实际上,如果我们观察一个人(或有类似的表面积和体表温度的其他物体），是不存在调制的。如果有另外一个明亮的、具有不同的温度的目标（如火），中值光功率将在不同的波长，通过低通和高通滤波器的光功率的量将是不同的，因此对接收的像素的亮度进行了调制。"

Tom："这是一个好主意。然而，我们可能想采用略为不同的中值频率，因为一个人的等效的温度可能与额定值有差别。"

Amanda："这是对的。在极端冷的气候条件下，体表的温度可能低到 0℃。我不认为我们将会经历这样的场景，但我们应当做一些计算。我也需要计及大气传输窗口，因为在大约 $13\mu m$ 波长上大气传输会迅速衰减，这将使光功率分布偏斜，我们还必须考虑选择一个对应于人员目标的中心波长，这样，光谱辐射出射度曲线将足够宽，这样预计的人员的温度变化将不会引人太多的调制效应。"

Ginny："听起来像是一个设计考虑。我喜欢这个主意！这样，无人机可以按照现在的安全的飞行剖面飞行，并能采用宽视场来搜索感兴趣的场景。如果有人在搜索场内，将增强像素，像素的亮度将保持相对恒定。无人机可以接着检查地貌以保证安全，飞的近些，然后打开高分辨率成像系统以确认。"

Jen："这对系统的复杂性和可维护性方面有什么影响？"

Amanda："正如 Tom 所说的那样，这一技术已经有相当长的时间了，已经在其他实际的系统中得到应用。纳入现在的系统中是低风险的。调制器偶尔需要清洁或者更换，但我们可以在设计过程和可保障性分析中加以考虑。"

Phil："我们是否需要提供某些代码来为用户进行调制分析？"

Ginny："是的。我们将以交钥匙的模式提供一个完整的总体解决方案。如果我们有一个能为操作人员提供关键的信息的光学单元（在这种情况下是光学调制器），操作人员将需要选择能力（在这种情况下是光学调制器），并要理解结果。"

Phil："我将把一个特征嵌入到图像处理模块中。"

Ginny："好的。我们将需要某些能反映这些讨论的系统需求，有关光学系统分辨人和其他目标的能力，有关可保障性，有关对系统的维护。"

Amanda："我将写下一些东西。"

Jen："白天系统怎么样？需要光学调制器吗？"

Amanda："实际上，我们的白天系统有足够的空间分辨率。500nm 的波长比红外系统小 4 倍，因此其空间分辨率的大小比红外系统小 4 倍，这样我们可以得到 2.2cm 的分辨率，这比我们在最坏的场景下所需要的分辨率好 9 倍。白天成像系统的问题不是空间分辨率，或者是否能够得到来自目标的足够的信号，而是我们会得到来自各种物体的太多的信号。在白天时，人、岩石、尘土、灌木，瞬时视场中的所有的物体都会反射太阳光，我们怎样从杂乱的场景中发现人员目标？我们有足够的信号和空间分辨率，但真正的问题是要知道瞄准哪个物体。或许我们在这里也可以采用光学调制器思想？"

Tom："继续。"

Amanda："好的。太阳的中值面辐射强度是在可见光范围，正好大约 $0.69\mu m$？"

Tom："是的。"

Amanda："因此所有反射的能量的峰值都在电磁波谱的可见光部分，对处于人的光谱面辐射强度曲线的中值峰值波长 $13.5\mu m$ 上的长波红外信号，贡献很小。如果在人的热辐射的峰和背景的热辐射的峰之间有足够的间隔,我们可以采用相同的光学空间调制器来区分人员目标和背景。我们将采用红外系统来引导可见光系统。"

Tom:"我不确定这是否有效。在白天,尘和沙的光谱辐射出射度曲线的峰值波长与人的光谱辐射出射度的峰值波长大致相同。来自背景的面辐射强度实际上是与人的温度大致相同的杂波信号。我们不能采用前面的光学调制器来区分背景。"

Amanda:"嗯,但这是一个思路。"

Tom:"稍等。我们先不讨论这一思路。我们可以采用另一种光学调制器。杂波辐射分布在整个场景中,而人的光谱辐射在 $2m^2$ 范围内。我们查一下在场景中的一般的材料的白天的光谱面辐射强度,并采用在场景中的最差情况(最大的光谱面辐射强度)的材料来考察杂波的辐射有多大的贡献,如果它显著低于相同表面积的人的光谱面辐射强度,则人将看起来像是场景中一个亮的点源。我们可以采用典型的有交替的透明和不透明的比萨切片(正如光学调制器的三角形单元一样)的光学调制器。我想我记得在《光学系统工程》一书中看到有一幅这样的图。Ron,你是不是从我们的图书馆借过一本?"

Ron:"是的！我正好带着,就是这本。"

(Tom 翻页)

Tom:"在这里。看起来最亮的背景源是土壤,看起来几乎像是一个黑体。这一图表看起来有点粗糙,但背景峰值看起来像是在 $10\mu m$,在 $9\mu m$ 的波长和 23℃ 的温度的最坏情况下的光谱面辐射强度为 $1.1\times10^{-3}\,W/(cm^2 \cdot sr)$,如果我们假设是漫散射表面,这给出了大约 $22W/(cm^2 \cdot sr)$ 的杂波信号,或者 $69.1\,W/m^2$ 的杂波辐射出射度。记住,根据我们的辐射度学模型,人的辐射出射度为 $33.8\,W/m^2$。我不确定,与背景场景的波动相比,是否能给我们提供足够的调制信号。我们将进行一些分析。"

Ginny:"等一下。对这有什么需求?我可以看看我们为什么需要对夜间系统做些什么,因为我们的概念系统在极端的作用距离下的空间分辨率性能有些问题。然而,对于可见光传感器,我们可以提供一个具有足够的空间分辨率的系统来发现目标。指出要瞄准哪里超出了这一项目的范围。此外,用户可能已经有一些自动目标识别算法,或者他们可能让操作人员看向他或她想看的区域。我们是不是可能增加一个声音提示?"

Karl:"Ginny,你是对的！如果我们可以设法拿出一些东西,我们可以在未来进行改进,但这不是当前工作的范围。好想法！我要和 Bill 一起午餐,我将给他提供一些新的信息,他或许想要我们与 Wilford 团队一起工作。"

Tom:"好的,我将让我的团队运行光学模型以确定数值。Amanda 将在今晚工作结束时给您提供初步的系统需求。还有什么吗?好,每个人都工作的很好。"

(第二天上午 10 点)

Karl:"欢迎各位。在我们进入需求之前,我们先简短地概括一下我们要实现什么目标,确定一下这次会议的主题。无人机光学系统的主要任务是为用于边境巡逻的任务控制中心提供有效的人员目标探测和分析。系统也必须能在 5s 之内可靠地将从无人机上获取的视频/图像发送到固定的任务控制中心或机动的指挥中心。也必须为任务控制中心或机动的指挥中心提供对光学系统的遥控和图像分析能力。图像产品必须采用与任务控制中心数据/图像分发系统相兼容的格式。计划生产总共 30 套光学系统,其中 8 套是备件。所有的光学系统、软件和硬件在部署后应当保障和维护 10 年,可以运行 25 年。预先统筹产品改进将作为系统支持的一部分。Marie,你可以将我们的需求管理工具中加入当前的运行使用需求吗?"

Marie:"是的!"

(Marie 将表 7.4 举到头顶)

Marie:"表 7.4 是 4 列的初始需求表。第一列解释它们的符号表示。第二列详细说明由第四列的利益攸关者需求导出的运行使用需求,第三列简单地示出了所列出的需求的重要性等级(从 1 级到 5 级),1 级是最低重要度,5 级是最高重要度。"

Karl:"好的,这是一个好的开始。随着概念方案设计的进一步的进展,我们将增加少量几个需求。"

Ron:"什么样的需求?"

Karl:"好的,我们需要陈述我们的运行可用性需求。目前,需求阐述的方式是:我们必须满足无人机的运行可用性需求。我们不负责无人机的需求,我们需要阐述支持无人机的任务需要什么样的运行可用性,并按照"光学系统的运行可用性应当达到 99%"的方式编写。此外,测试需求、勤务保障需求、可靠性需求如何?我们已经有一个好的开端,我们现在需要详细填写。Marie,我们需要在我们的需求管理工具中有一个 A 类规范模板。"

Marie:"是的。我已经为项目组的所有成员提供了一份有效的版本。我维持着官方配置控制的版本。"

Karl:"很好! 让我们采用 A 规范模板作为开展概念方案设计的指南。随着项目的进展,我们要确认需求是可行的,我们需要有对需求进行定量化的策略,我们要确定技术性能测度和指标、关键的用户需求和关键的性能参数。我们还需要将需求与设计和试验项目联系起来。我们采用我们的需求管理工具的具体的类别来进行跟踪。此外,我们要确定我们采用了基于模型的系统工程工具,并在必要时进行更新。"

表 7.4 运行使用需求

标识	运行使命需求	利益攸关者排序	利益攸关者期望/需要
任务使命需求			
OR-1	光学系统应当运行在一个在 4.572km 的额定高度飞行的无人机上,运行高度窗口为 4000~7.620km	(5)非常重要	UAV 运行使用
OR-2	在无人机的运行高度窗口内、光学系统应当能够辨别人员目标的流动	(5)非常重要	人员流探测
OR-3	光学系统应当能够在白天工作	(5)非常重要	白天工作
OR-4	光学系统应当能够在夜间工作	(5)非常重要	夜间工作
OR-12	光学系统应当能采用与现有的无人机干线通信和无人机视线通信兼容的方式发送图像	(4)很重要	干线通信

标识	运行使用需求	利益攸关者排序	利益攸关者 期望/需要
OR-5	光学系统应当在以 30Hz 的帧频获取图像/视频后的 5s 或更短的时间内将图像发送到任务控制中心或机动指挥中心	(5)非常重要	实时图像
OR-6	光学系统应当满足无人机的 98% 的运行使用可用性需求	(5)非常重要	连续运行使用
OR-9	光学系统的图像存储介质应当采用信息安全措施	(4)很重要	信息安全
操作人员/用户接口需求			
OR-10	光学系统应当运行操作人员独立地选择白天/夜间工作模式	(4)很重要	白天/夜间模式
OR-11	光学系统应当允许操作人员选择在观察图像时是否采用自动湍流校正	(4)很重要	自动湍流补偿控制
OR-7	光学系统应当允许用户完成鉴定的维护	(5)非常重要	便于维护
OR-13	光学系统应当允许用户完成软件更新	(4)很重要	可升级的软件
OR-15	光学系统图像存储产品应当允许用户检索所存储的图像	(3)重要	存储图像的检索
保障需求			
OR-8	FIT 应当在预期的产品寿命周期内对光学系统提供维护保障	(5)非常重要	维护保障
OR-8a	维护保障应当包括培训、文档、服务和预先策划的软件更新	(5)非常重要	维护保障
OR-16	FIT 应当在预期的产品寿命周期内对光学系统提供技术支持	(5)非常重要	技术支持
OR-16a	技术支持应当包括培训、文档和提供技术支持人员	(5)非常重要	技术支持
OR-14	FIT 应当提供足够的备件,以满足在预期的产品寿命周期内的任务使命需求	(4)很重要	备件可用性

参 考 文 献

Aroyan, G.F. 1959. The technique of spatial filtering. *Proceedings of the Institute of Radio Engineers*, 47: 1561.

Arrasmith, W.W. 2007. A systems engineering entrepreneurship approach to complex, multi-disciplinary university projects. *National Conference of the American Society of Engineering Education*, Honolulu, HI, June 23–27, 2007.

Baca, C. 2007. *Project Management for Mere Mortals*. Boston, MA: Addison-Wesley.

Bangert, M. 2010. Managing customer specific requirements. *Quality*, 49(9): 24.

Biberman, L.M. 1966. *Reticles in Electro-Optical Devices*. New York: Pergamon.

Blanchard, S.B. and W.J. Fabrycky. 2011. *Systems Engineering and Analysis*, 5th edn. Boston, MA: Prentice Hall.

Burns, M. 2010. How to document requirements. *CA Magazine*, June–July, 143 ed., p. 13.

Carbonara, V. E., et al. 1960. Star Tracking System. U.S. Patent No. 2.947.872, August 2, 1960.

Carrillo de Gea, J.M., J. Nicolas, J.L.F. Aleman, A. Toval, C. Ebert, and A. Vizcaino. 2011. Requirements engineering tools. *Software*, 28(4): 86–97.

Chitayet, A.K. 1962. Light modulation system. U.S. Patent No. 3.024.699, March 13, 1962.

Clark, H.I. 1950. Sun follower for V.2 rockets. *Electronics*, 23: 71.

DAU Acquipedia (KPI). 2014. Measure(s) of performance. https://dap.dau.mil/glossary/pages/2237.aspx (accessed July 28, 2014).

DAU Acquipedia (KPP). 2014. Key performance parameter (KPP). https://dap.dau.mil/acquipedia/Pages/ArticleDetails.aspx?aid=7de557a6-2408-4092-8171-23a82d2c16d6 (accessed July 28, 2014).

DAU Acquipedia (MOP). 2014. Measure(s) of performance. https://dap.dau.mil/glossary/pages/2237.aspx (accessed July 28, 2014).

Driggers, R.G. 2003. *Encyclopedia of Optical Engineering*, Vol. 3. Boca Raton, FL: CRC Press.

Feinman, J. 2007. Telelogic opening DOORS for business software projects. *Software Development Times*, 171: 22.

Holst, G.C. 2006. *Electro-Optical Imaging System Performance*. Winter Park, CO: JDC Publishing.

Hudson, R.D. 1969. *Infrared System Engineering*. New York: John Wiley & Sons, Inc.

Hull, E., K. Jackson, and J. Dick. 2005. *Requirements Engineering*. London, U.K.: Springer.

INCOSE. 2004. International council on systems engineering homepage. http://www.incose.org/practice/whatissystemseng.aspx (accessed April 23, 2014).

INCOSE. 2010. INCOSE requirements management tools survey. http://www.incose.org/productspubs/products/rmsurvey.aspx?&session-id=b0d230059a2b6b3432b0ba46443858c3 (accessed July 28, 2014).

Kinoshita, L.K. 2003. W. M. Keck Observatory, October 2003. http://www.keckobservatory.org/article.php?id=46 (accessed June 13, 2007).

MagicDraw. 2014. MagicDraw Homepage, http://www.nomagic.com/ (accessed November 28, 2014).

Maiden, N. 2008. User requirements and system requirements. *Software*, 25(2): 90–100.

Maiden, N. 2012a. Exactly how are requirements written? *Software (IEEE)*, 29(1): 26–27.

Maiden, N. 2012b. Framing requirements work as learning. *Software (IEEE)*, 29(3): 8–9.

Maiden, N. 2013. Monitoring our requirements. *Software (IEEE)*, 30(1): 16–17.

Military Dictionary. 2014. Official US DoD definition of measure of effectiveness (accessed June 14, 2014).

Pfund, A.H. 1928. Resonance radiometry. *Science*, 69: 71–72.

Puckett, A.E. 1959. *Guided Missile Engineering*. New York: McGraw-Hill.

Ramasubramaniam, K.S. and R. Venkatachar. 2007. *Goal-Aligned Requirements Generation*. Berlin, Germany: Springer-Verlag, pp. 245–254.

Robert, A. and J. Deslaudes. 1961. Tracking devices. U.S. Patent No. 2.975.289, March 14, 1961.

Rubinstein, D. 2003. Telelogic opens DOORS to new development. *Software Development Times*, 82: 5.

Saleh, B.E.A. and M.C. Teich. 1991. *Fundamentals of Photonics*. New York: John Wiley & Sons.

Schmieder, D. and M. Weathersby. 1983. Detection performance in clutter with variable resolution. *IEEE Transactions on Aerospace and Electronic Systems*, AES-19(4): 622–630.

Tronstad, Y.D. 1996. Requirements drive system engineering. *Electronic Engineering Times*, p. 64.

Valerdi, R. 2012. What is systems engineering? Industrial Engineer, IE 44, 2.

Whitney, T.R. 1961 (February 21). Scanning discs for radiant energy responsive tracking mechanisms. U.S. Patent No. 2.972.276.

Zimmerman, M. and J. O'Donnell. 2007. *The Evolution and Effects of the Smart Weapons System*. Pittsburgh, PA: University of Pittsburgh. http://fie.engrng.pitt.edu/eng12/Author/final/7065.pdf (accessed June 13, 2007).

第8章　维护与保障策划

一分的预防胜似十分的治疗（事前预防胜过事后补救）。

——Benjamin Franklin

当开发一个系统时,一个最大的挑战是在一个动态的、国际化的市场中实现性能、质量和成本之间的平衡的优化。在设计任何系统时,可靠性是一个重要的因素,它是与系统的质量和性能直接相关的。在由利益攸关者规定的时间周期内,要求被设计的系统能足够可靠地工作,设计一个仅能在初始阶段工作的系统是不够的。例如,一个满足利益攸关者的功能需求,但仅在 10% 的时间内是可用的系统,不是非常有用的。正如 John Hsu 和 Satoshi Nagano 所说的那样:"宇航项目的成功与系统工程的成功应用直接相关"(Hsu 和 Nagano,2011)。对一个系统的支持只有在其终结时才结束,在整个系统周期内需要有效地维护系统。

维护和保障策划是系统工程师的一项基本的活动。根据 Kamrani 和 Azimi 的说法,系统工程师通过在其整个生命周期内将系统作为一个整体观察来优化系统的成本和性能(Kamrani 和 Azimi,2010)。因此,维护和保障策划是对系统思维和生命周期规划的一个自然的响应。为了在全球市场内进行竞争,在开发系统时,开发者必须实现更好的性能、更低的成本和更短的开发周期。然而,有效的系统开发正在变得越来越具有挑战性。技术在迅速地发展,系统在变得越来越复杂,而期望的交付时间在缩短,可以得到的资源在减少。考虑到实际运行使用的系统,机械部件可能失效,代码可能包括缺陷,组成单元可能不能正确地协同工作,这些问题都需要解决,因此需要对系统进行有效的维护和保障。

系统工程团队的主要责任之一是在系统开发周期的早期策划适当的维护、服务和保障。一种标准的方法是在系统可靠性、可维护性和可用性(SRMA)三个相关的领域对系统进行分析和建模。

SRMA 参数经常包括在需求中,是系统设计的一个重要部分,因为它们描述能多好地完成系统功能。我们驾驶到居住的家的车辆的每一部分均可以被看作是系统,这些系统的功能能力与它们的可靠性、可维护性和可用性直接相关(Dhillon,2006)。必须在系统开发的早期,考虑维护和保障方面,因为可维护性需求可能对系统设计有显著的影响。此外,不能适当地考虑这些需求可能严重降低在运行使用和保障阶段的运行使用性能,并提高整个系统的生命周期成本。

8.1　维护和保障策划简介

本章的第一部分将讨论维护和保障策划的系统工程过程。要讨论的主要内容包括:

尽早地考虑维护和保障单元的重要性;可靠性和可维护性及可用性模型的生成;贯穿系统全生命周期的某些 SRMA 方法。第二部分将讨论光学探测器,包括各种类型的光学探测器,以及它们的性能和比较。本章的第三部分和最后一部分是采用一个虚构的从事光学系统开发工作的 Fantastic 成像技术(FIT)公司进行的综合案例研究,以说明和应用本章给出的原理、方法和技术。

8.1.1 尽早考虑维护和保障单元的重要性

改进系统的可靠性和可维护性,是改进质量、提高利益攸关者的满意度、显著降低成本,并保持可靠的生产系统的途径(Madu,2005)。通过使系统易于维护,系统更容易修理,避免组成部分失效和需要更换。与此互补的是,提高系统的可靠性,可以使系统持续更长的时间且免维护。综合采用可维护性和可靠性方法,可显著提高系统的可靠性。可靠性和可维护性的提高,将能降低保障和维护成本,因为产品可持续的时间越长,需要的修理次数、部件和备件越少,维护时间越短。

对于预防性维护行动,以及影响到系统的正常的功能的预料不到的事件的修正,要有维护计划。在某些情况下,维护不是事先策划的,但由于有未能预见的故障,有必要进行策划。对于预防性和修正性的维护情况,应当形成解释怎样维护系统的详细的规程,这些规程应当得到检验,应当训练技术人员来完成维护行动。除非系统在保修期内,维护成本通常由系统的用户承担。

系统维护成本也包括生产、采办和贮存备件的成本,这可能经常是系统拥有者的最大的成本(Wessels,2010)。生产过多的备件是很贵的,公司要浪费资金生产不用的零部件,而且这些备件占用的存储空间本来可以由其他系统使用。备件占用的空间可能会妨碍其他项目,因为缺乏存储空间可能会影响生产,并导致不能满足要求。另外,缺乏备件可能会导致其他的成本问题,手头没有备件将导致延误对系统的修理,必须订购有问题的零部件,或者在最坏的情况下,必须专门生产。如果必须专门生产零部件,但原来用于生产这些零部件的生产设施已被分配用于其他项目,甚至会导致延误和成本的上升。如果没有生产备用零部件的机器,公司将必须购买更多的机器、外购产品,或停止生产当前产品,以重新分配机器来生产所需要的零部件。所有这些场景都会耗费公司的时间和金钱,最后一种场景可能导致丧失其他系统的机会成本。这些成本可能会变得非常高,并且对公司在市场中的位置造成负面的影响。(Wessels,2010)

如果不尽早地考虑维护和保障,公司将会面临着系统的可持续使用策略的风险。为了减轻系统可靠性问题,应当在开发的早期进行 SRMA 分析,这时更改方案对系统研发的成本影响较小(Birolini,2010)。尽早地考虑维护和保障,对于适当地规划系统全生命周期内的维护和保障是必要的。

8.1.2 SRMA

在系统发展的早期,理解利益攸关者对系统的维护和保障方面有什么样的期望是重要的,这些期望通常可以在利益攸关者的需求中找到,通常被标识为划分到系统可靠性、可维护性和可用性(SRMA)类需求的非功能需求。SRMA 与系统怎样在给定的时间周期内实现所指定的目标有关,当设计一个系统时,重要的是,在每个设计阶段都想到 SR-

MA,而不是仅在开发过程的某一个点完成一个 SRAM 步骤。建立 SRMA 模型应当作为功能分析过程的一部分,并在可以获得更多的信息与设计演进和成熟时,更新更多的有关系统的信息。通过功能框图和功能流图进行的系统功能分解,是开始建立可靠性模型的一个良好的时机。在确定了功能分解的层级后,这些模型可以用于预测系统、子系统或者组件的可靠性。此外,可以在系统的运行使用阶段对这些模型进行验证和改进。下面我们给出了理解可靠性模型所需的某些概念。

8.1.2.1 可靠性

可靠性是一个对象在规定的时间周期内完成其功能的概率(Birolin,2010)。系统的可靠性是非常重要的,因为它直接反映着系统工作的能力,并直接与系统的维护、保障和运行可用性有关。对于系统的可靠性,可以建立模型,以确定系统可能出现的故障模式(Wessels,2010)。为了得到一个系统的可靠性,在分析系统的组件时必须考虑到系统的具体的运行使用条件,包括诸如环境条件、工作温度和由于外力造成的振动等因素。考虑系统在存储和运输中所面临的条件也是重要的。取决于环境,一个系统必须花费大量的时间来存储和运输,例如,一个被设计为工作在沙漠中的系统,仍然应当被设计为能适应于储存场地的潮湿的条件。此外,如果一个系统是采用卡车运输的,如果没有适当的保护措施,在运输中持续的振动可能导致内部组件的损坏。在理解并定义了额定的工作范围后,可以通过采用概率方法来从数学上确定系统、子系统和组件的可靠性。

在可靠性分析中,故障的概率是某一系统、子系统或组件在给定的时间周期内发生故障的概率。概率是一个事件将发生的机会,在这种情况下,事件是在给定的时间周期内某一系统、子系统或组件发生故障。例如,如果一个系统在 3 周的时间周期内的故障概率为 30%,则在这一时间周期内系统将有 30% 的机会出现故障。注意,时间周期是时间的一个固有的部分,必须加以定义。为了进行解释,我们从发生故障的时间(τ)入手,假定一个对象发生故障的时间有一个概率密度函数 $f(\tau)$,t 为被分析的时间量,则在时间间隔(0,t)内发生一个故障的概率为 $F(t)$,由下式给出:

$$F(t) = \int_0^t f(\tau) \mathrm{d}\tau \tag{8.1}$$

类似地,可靠性函数 $R(t)$ 是在时间间隔(0,t)内不发生故障的概率。它可以写成

$$R(t) = 1 - F(t) \tag{8.2}$$

采用 $R(t)$,我们可以得到瞬时故障率 $\lambda(t)$,这是在一个给定的时间周期内的故障的数目,由下式给出:

$$\lambda(t) = \frac{-\mathrm{d}R(t)/\mathrm{d}t}{R(t)} \tag{8.3}$$

如果系统是新的,时间将等于 0,$R(0)=1$。可以通过将变量 x 代入表达式(8.3),并在两边相对于时间间隔(0,t)进行积分来得到 $R(t)$:

$$R(t) = \mathrm{e}^{-\int_0^t \lambda(x)\mathrm{d}x} \tag{8.4}$$

在许多应用中,可以假设瞬时故障率随时间变化保持恒定,即 $\lambda(t)=\lambda$。在这种情况下,$R(t)$ 可以由下式给出:

$$R(t) = \mathrm{e}^{-\lambda t} \tag{8.5}$$

一个系统的可靠性通常不用其故障率 λ 表示,通常采用平均无故障工作时间(MT-

BF)表示,这给出了发生一个给定的故障的平均时间(Wessels,2010)。对于一个恒定的故障率,MTBF 是故障率的倒数,MTBF 可以表示为

$$MTBF = \lambda^{-1} \tag{8.6}$$

$R(t)$可以重新写成

$$R(t) = e^{-t/MTBF} \tag{8.7}$$

注意,当时间等于 MTBF 时,系统能够工作的概率为大约 37%。可靠性的另一个特性是平均故障时间,这是从当前的没有故障的时间点测量的平均时间(Birolini,2010),这也是 MTBF 和当前的时间之间的时间差,可以写为

$$MTTF = MTBF - t \tag{8.8}$$

MTTF 一般用于不可修理的、可更换的零部件,MTBF 一般用于可修理的零部件(Bazovsky,2004)。

获得一个系统的每个组成部分的可靠性,并不意味着已经得到了整个系统的可靠性。尽管每个组件的可靠性是重要的,考察每个组件和零部件与系统的其他部分的交互作用也是重要的。

8.1.2.1.1　可靠性框图

可靠性框图是被设计用来将"单个模块的可靠性与其构成模块或单元的可靠性联系起来"的一个数学模型(Blanchard,2004)。实质上,一个系统的可靠性是通过对它的组件交互作用的方式(尤其怎样处理系统内的每个组成部分的输入、输出)进行建模来建模的。不同的组件可以以串行或并行两种方式之一交互作用,这两种方式如图 8.1 所示。

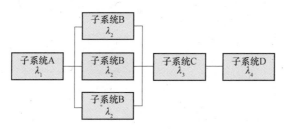

图 8.1　可靠性框图(取自 Wyatts,可靠性框图,http://en. wikipedia. org/wiki/File:Reliability_block_diagram. png。)

在图 8.1 中,子系统 C 是与子系统 B 串行的一个统计上独立的组件。在可靠性意义上,采用串行方式连接的单元不当作其他子系统的冗余,例如,如果两个灯泡是串行连接的,则断开连接第一个灯泡的导线会导致两个灯泡都不能工作,第二个灯泡不是第一个灯泡的冗余,因此,在可靠性意义上,组件是彼此串行排列的。对于串行的系统,可靠性是每个单元的可靠性的乘积。例如,对于两个子系统,总的系统可靠性由下式给出:

$$R_T = R_A \times R_B \tag{8.9}$$

式中:R_A 和 R_B 分别为串行的每个子系统的可靠性。

对于串行的系统,最终的总的系统可靠性小于每个单独的子系统的可靠性。

子系统的第二种交互作用方式是并行方式,如图 8.1 所示。在该图中,子系统 B 由接收来自子系统 A 的输入的 3 个并行设置的实体构成,在可靠性意义上,如果一个子系统当作其他子系统的冗余的子系统,或用于故障防护,则子系统被看作是并行的。重新考

虑前面的灯泡的例子,如果两个灯泡是并行的,断开其中任何一个灯泡不会导致另一个灯泡不能工作,灯泡实际上是彼此冗余的。在这种情况下,两个灯泡之间的连接是并行连接。一个具有并行的独立同分布的单元的系统的总的可靠性为

$$R_T = 1 - [(1-R_1)(1-R_2)\cdots(1-R_n)] \tag{8.10}$$

其中:R_T 为系统的总的可靠性;R_n 为并行的第 n 个单元的可靠性;R_1 和 R_2 分别为第一个和第二个组件的可靠性。

如果单元是独立同分布的,单元可靠性 R_1、R_2 到 R_n 将是相同的。

注意到尽管单元(如子系统或组件)以串行或并行交互作用,整个系统可能是串行的和并行的组件的组合。在这种情况下,对系统必须一部分一部分地进行简化,串行的可靠性方框要相乘,而并行的回路要采用式(8.10)进行简化。可以对某些复杂的、相互联接的单元进行简化,以通过重复地应用串行和并行可靠性方程,来确定整个系统的可靠性。对于统计相关的单元和复杂的可靠性相互联接方式,需要采用高等可靠性方法。

可靠性方框图是有用的,它说明了可靠性单元之间的相互联接,可以用于确定一个系统的总的可靠性,它也可以用于确定设计的弱点,并确定可能需要的冗余点,它还可以用于作为以可靠性为中心的维护计划的基础。

8.1.2.1.2　故障模式、影响和临界性分析模型

采用一个系统的可靠性方框图,可以发现系统中的薄弱环节。一种分析系统的薄弱环节的方法是采用故障模式、影响和临界性分析(FMECA)模型,或故障模式和影响分析(FEMA)模型。Marquez 指出,这种方法"包括分析一个系统可能发生故障的所有的路径,故障对系统性能的可能的影响,以及这些影响的严重性的必要的步骤"(Marquez,2009)。FMECA 可以以功能或物理的方式应用。Fabrycky 和 Blanchard 指出,"需要在产品和过程中应用 FMECA"(Fabrycky 和 Blanchard,2011)。总之,不仅要应用于系统本身,而且还要用于系统的开发、存储、运输和操纵中。FMECA 可按如图 8.2 所示的 8 个步骤进行。

FMECA 的第一步是定义系统和它的工作环境。第二步是定义基本规则并确定对系统的必要的假设。第三步是构建系统的方框图,以清晰地定义系统和它的边界。第四步是确定系统是怎样失效的(如故障模式)。第五步是确定这些故障的原因,这一步也包括确定一个故障的影响,以及它将怎样影响系统的单元和系统的其他部分。第六步是对故障模式分配检测方法,并确定某些补偿措施。第七步是基于对故障的分类分配严重性排序,这是常用的 FMEA 模型的最后一步。第八步,也就是最后一步是确定 FMECA 的关键零部件,在这一步,故障的严重性或后果被映射到[0,1]区间,并确定发生故障的概率,经常也要确定检测出故障的概率,对这些归一化的后果、故障概率和故障检测概率排序相乘,产生每种故障模式的风险优先数(RPN)(Blanchard,2004)。作为最后一步的一部分,要确定系统的关键故障模式,这包括找到具有高的风险优先数的故障模式,找到它们的原因,并给出改进建议(Fabrycky 和 Blanchard,2011)。因此,如果一个特定的系统单元具有高的发生故障的概率、高的严重性分值和较大的未被检测出的概率,应当对这一系统单元进行分析,以确定怎样降低其临界性。应当分别考虑极端的组合,如非常严重的后果和非常低的发生概率,或非常严重的后果和非常低的检测概率。

FEMCA 模型对于确定系统的什么故障模式单元是最关键的是有用的。尽管这是一

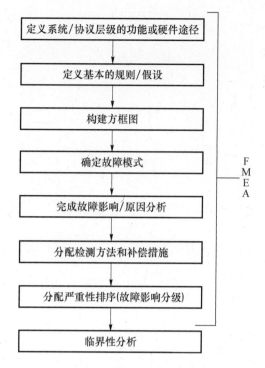

图 8.2　典型的 FMECA 流(取自陆军部,TM 5－698－4,指挥、控制、通信、计算机、情报、监视和侦察(C⁴ISR)设备故障模式、影响和临界性分析(FMECA))

个非常有用的系统工程工具,FMECA 模型是有局限性的,它不能捕获导致故障的事件链或条件。通常,要采用故障树分析(FTA)来实现这一目的。正如将在下一节中看到的那样,FTA 与 FMEA/FMECA 是相互补充的,对于理解一个系统的故障模式是必要的。

8.1.2.1.3　故障树分析

另一种常用的分析系统可靠性的模型是 FTA。Harms－Ringdahl 将 FTA 定义为"产生所定义的某一不希望的事件或状态的原因的逻辑组合的图形表示"(Harms－Ringdahl,2001)。总之,FTA 被用于确定可能发生一个特定的故障模式的不同的路径。与FMECA 不同,FTA 可以描述导致一个特定的故障的事件,并能更好地处理人员和环境对一个系统的故障的影响(Birolini,2010)。一个 FTA 是一系列的和与/或门相连的事件,如图 8.3 所示。

FTA 从一个顶层事件开始,这一事件需要是特定的,因为它分析一个特定的故障模式,简单地说"某一组件故障"是没用的。接着需要确定导致这一事件的原因,这些原因称为中间事件。然后要确定导致中间事件的原因。这一周期要重复进行,直到达到了最低的故障事件级别,称为一个基本事件。在将一个事件进行分解变得太复杂时,被标识为一个未展开的事件,可以采用一个单独的 FTA 进行分析。在构造了故障树之后,可以确定发生顶层事件的概率,这是通过确定树上的所有其他事件的概率,并基于逻辑(如"与"和"或"门)来组合这些概率来实现的。

FTA 和 FMEA/FMECA 是相互补充的。在建立了一个系统的可靠性方框图之后,可以建立 FMEA/FMECA 模型来确定系统的可能的问题区域,从这一点,可以采用 FTA

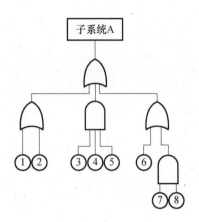

图 8.3 故障树（取自 Wyatts, *fault tree*, http://en.wikipedia.org/wiki/File:Fault_tree.png。）

来洞察导致具体故障模式的事件。采用这些方法,系统工程师能确定直接影响到系统的整体可靠性的系统的关键故障方面。在现实的情况下,完全可靠的系统是不可能的。因此,把重点放在通过维护来应对可能出现的故障是重要的。

8.1.2.2 可维护性

可维护性可以看作对可靠性的一个补充,可靠性确定一个系统或组件工作的失常,而可维护性则与怎样降低系统故障的风险(预防性维护)和如果系统或组件故障怎样修复有关。可维护性是一个系统的设计特性,它是对一个系统进行维护和修理的能力(Fabrycky和Blanchard,2011)。维护可以划分为两类,第一类是修正性维护,第二类是预防性维护。当设计一个系统时,应当准备两类维护措施。

修正性维护是对系统所发生的故障进行的未经事先计划的修理(Dhillon,2006)。尽管它是由于一个未预料到的故障而进行的,修正性维护的步骤一般采用相同的模式,这一模式是如图8.4所示的修正性维护周期。

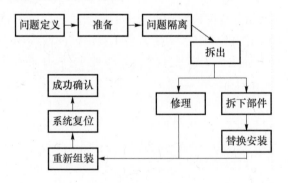

图 8.4 修正性维修周期

修正性维护从问题的检测开始,这通常是发生故障时进行的,在发现故障之后,准备对系统进行维护。在维护开始后,定位并隔离问题组件,在此之后,拆下或取出问题组件,在这一点,维护以两种方式之一进行,或者采用备件来替代问题部件,或者对问题部件进行维修。在此之后,将部件重新组装到系统中。大部分由软件构成的系统可能对修正性维护带来挑战,因为不能简单地将软件从系统中拆除。对于软件,修正性维护通常涉及发现和定位软件中的错误,重新构建软件,并安装修正后的软件(经常称为"打补丁"),然后将系统重新调整到能够正常工作的状态。最后,要对系统进行测试,以确认维护是成功的。对于大部分由软件组成的系统,要完成一个"回归"测试集,以确认对软件的更改不会对软件的其他部分产生不良的影响。

预防性维护是一类按照计划进行的周期性维护,以避免部件故障,并保持系统处于正常工作状态(Dhillon,2006)。这是通过各种方法进行的,包括周期性的检查,和在预定的运行时间后更换零部件。尽管这种类型的维护可以避免故障,有一些因素限制着预防性维护的次数,一个因素是由于更换零部件和维护人员带来的成本,另一个因素是时间,因为如果平均无维护工作时间太短,或维护占用时间太长的话,系统就不能像预期的那样是可用的。其他的因素包括用于维护的测试、运输和设施,如果不能在现场修理,可能成本会很高。预防性维护和修正性维护都受这些因素的影响。

对于大部分由软件组成的系统,预防性维护可能包括确保硬盘或其他存储介质没有被占满那样的任务。对于许多必须每周 7 天、每天 24 小时工作的高可靠系统,系统的组件可以是冗余的。可以对冗余的系统进行周期性的预防性维护,以确保系统能够正常工作。另一项任务可能是作为一种预防性的措施,周期性地停止和重新启动计算机,以避免由于很多月或很多年才会表现出的,未检测到的存储器故障或其他问题,导致系统崩溃。

仅准备一种类型的维护不是一个好的主意。纯粹的预防性维护,在系统突然出现故障时是脆弱的。纯粹的修正性维护可能是昂贵的,可能导致系统效率变低,因为随着时间的推移,零部件将变得更不可靠。因此,混合采用预防性和修正性维护是必要的。得到对系统或组件进行维护的时间,可以用来确定什么时候进行预防性维护,以及多长时间进行一次修正性维护。

8.1.2.2.1　维护时间

一种最容易的衡量可维护性的方式是通过时间进行度量。一个例子是平均修正性维护时间(MCMT)(M_{ct}),也称为平均修理时间(MTTR)。M_{ct} 是用于修正性维护的平均时间。假定我们有 n 个维护设施,每个的平均修正性维护时间为 M_{cts},则对于所有的服务中心,平均修正性维护时间为单个修正性维护时间的总的平均:

$$M_{ct,mean} = \frac{\sum_{x=1}^{n} M_{cts}}{n} \tag{8.11}$$

在每个维护中心,在该维护中心的 MCMT,M_{cts} 由下式给出:

$$M_{cts} = \frac{\sum_{i=1}^{l} \lambda_i M_{cti}}{\sum_{i=1}^{l} \lambda_i} \tag{8.12}$$

其中:λ_i 为被维护组件的故障率;M_{cti} 为该组件的平均修正性维护时间;l 为在服务中心的总的修正性维护事件的次数。

维护时间通常为三种分布之一。图 8.5 所示的正态分布被用于具有小的方差和固定时间的简单任务。指数分布用于可以简单地进行更换的零部件。第三个分布,对数正态分布,对应于随时间变化的维护任务。

一个正态分布的标准差可由下式给出:

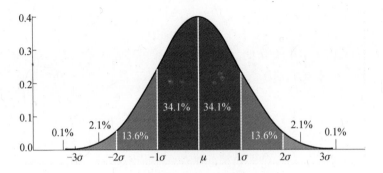

图 8.5　正态分布曲线示出了标准差

$$\sigma = \sqrt{\frac{\sum_{i=1}^{l}(M_{\mathrm{cti}} - M_{\mathrm{cts}})^2}{l-1}} \tag{8.13}$$

采用这些数据,可以确定服务中心的 MCMT 和对于期望的任务的 MCMT 期望的标准差。采用支撑的财务数据,可以将这些估计与期望的维护成本联系起来。

可维护性的另一个度量是平均预防性维护时间(MPMT)(M_{pt})。M_{pt} 是在 m 个维护周期内以预防性维护频率(f_{pt})进行预防性维护行动所花费的平均时间。如果我们采用下标 s 来表示一个特定的服务中心(例如,对于第 1 个、第 2 个……第 n 个服务中心,$s=[1,2,\cdots,n]$),则在服务中心 s 的 MPMT 由下式给出:

$$M_{\mathrm{pts}} = \frac{\sum_{i=1}^{m} f_{\mathrm{pti}} \times M_{\mathrm{pti}}}{\sum_{i=1}^{m} f_{\mathrm{pti}}} \tag{8.14}$$

式中:f_{pti} 为第 i 个系统单元的预防性维护频率;M_{pti} 为第 i 个系统单元所对应的 MPMT;m 为预防性维护事件的总数。

这样,可以估计在服务中心的平均预防性维护间时间。其他常见的可维护性度量包括修正性维护时间(M_{act})中值和预防性维护时间(M_{apt})中值。M_{acts} 是在服务中心所需的时间,修正性维护时间的一半等于或低于这一值。M_{acts} 由下式给出:

$$M_{\mathrm{acts}} = \mathrm{antilog} \frac{\sum_{i=1}^{l} \log M_{\mathrm{cti}}}{l} \tag{8.15}$$

当在一个如图 8.5 所示的正态分布曲线上观察时,这一时间是对应于高斯曲线的峰值的平均时间。在其他分布中,并不总是这种情况。对于对数正态分布,中值与几何平均相同(Fabrycky 和 Blanchard,2011)。M_{acts} 实质上与在服务中心的预防性维护时间是一回事,可以计算为

$$M_{\mathrm{apts}} = \mathrm{antilog} \frac{\sum_{i=1}^{m} \log M_{\mathrm{pti}}}{m} \tag{8.16}$$

然而,正如较早所阐述的那样,规划预防性和修正性维护是重要的,这可以采用平均维护时间(MAMT)(M_{amt})来完成。M_{amt} 是完成 M_{ct} 和 M_{pt} 的平均时间。如果我们考虑在服务中心 s 的维护行动,则我们得到

$$M_{\mathrm{amts}} = \frac{\lambda_s \times M_{\mathrm{acts}} + f_{\mathrm{pts}} \times M_{\mathrm{pts}}}{\lambda_s + f_{\mathrm{pts}}} \tag{8.17}$$

式中：λ_s 是在服务中心 s 的平均故障率；f_{pts} 是平均预防性维护频率。

最大修正性维护时间（M_{max}）是应当完成所有的修正性维护的一个规定的比例所需的维护时间。对于服务中心 s，最大修正性维护时间由下式给出：

$$M_{maxs} = \text{antilog}(\overline{\log M_{acts}} + Z\sigma_{\log M_{cti}}) \tag{8.18}$$

式中：在 $\log M_{acts}$ 上面的横杠表示 M_{acts} 项的对数的平均值；$\sigma_{\log M_{cti}}$ 项为采用 M_{cti} 项的对数得到的标准差（Fabrycky 和 Blanchard，2011）。

注意，如果仅有一个服务中心，则可不考虑式(8.11)，可以去掉所有后面提到的方程中的 s 下标。

一个重要的考虑是这项公式没有考虑后勤延迟时间或管理延误时间。后勤延误时间是在维护时订购用于维护的零部件或工具所占用的时间（Blanchard，2004）。管理延误时间是在维护时由于管理或修理准备所占用的时间。这些值包括在维修停机时间中，维修停机时间是维护和延误所占用的总的时间（Dhillon，2006）。

维修时间所涉及的其他因素是用于维护的人工工时和人工成本，每项预防性和修正性维护行动都要耗费经费。人工、备件和维修设备都是影响系统运行成本的因素。此外，维修停机时间越长，系统能够有效工作并完成其任务的时间越短。形成一个好的维修计划是将这些成本降低到可接受的水平的关键。

8.1.2.2.2　以可靠性为中心的维护

一种形成维护计划的方式是采用以可靠性为中心的维护。Linneberg 指出，"以可靠性为中心的维护涉及具有可预测的故障模式的单元和系统，在故障前不能有效地测量性能下降"（Linneberg，2012）。如果组件或子系统的性能下降是显著的，且可测量的，在性能降低到一个确定的门限时，可以进行预防性维护，但如果一个零部件的性能下降不容易检测到，将难以确定进行预防性维护的适当的时间。通过聚焦到一个可预测的故障模式，可以防止发生这样的情况，可以针对故障组件或子系统策划预防性维护。在某些情况下，对系统进行修理在经济上可能是不可行的，为了确定何时是这种情况，应当采用另一种类型的维护计划。

许多系统采用由系统获取的数据来分析由系统获得的信息，以做出以可靠性为中心的维护，确定预防性的或修正性的维护。例如，在寒冷的气候条件下，一个铁道系统可以使用天气传感器来检测什么时候可能会有出现冰的条件，冰可能出现在道岔机构的零部件之间，并导致道岔出现故障。系统将自动打开道岔加热器或吹雪器，以清洁道岔。此外，系统将启动道岔的一个自动工作循环，并周期性地请求每个道岔运动，以预防性地检测由于气候原因造成的道岔故障。

8.1.2.2.3　维修级别分析

维修级别分析是为了确定对一个系统进行维护是否会有太高的代价进行的一种分析（Fabrycky 和 Blanchard，2011）。在某些情况下，进行修正性或预防性维护的代价太高。例如，必须拿下系统的外部，取下组件，拆解组件，然后替换一个零部件，这样代价太高。在这些情况下，拆下有问题的部件或组件，并采用一个新的组件进行替换，可能更好。

上面提到，修理一个系统可能代价太高，这一成本包括费用和时间，时间对于一个系统是一个非常重要的因素。如果维修占用太长的时间，系统可用的时间将缩短，这将使系统的可用性低于所希望的可用性。

8.1.2.3 可用性

一个系统的可用性并不给出系统的任何尚未讨论的信息。然而,它以一种系统工程师和利益攸关者都易于理解的方式来提供信息。可用性是系统的工作状态时间与总的时间(工作状态时间加非工作状态时间)之比(Birolini,2010)。可用性有三种形式,每种都考虑了不太理想的状态。我们假设一个服务中心,并省去了前面的方程中的下标 s。

可用性的第一种形式是固有可用性,这是在一个理想的支持环境下一个系统在任何给定的时间像所希望的那样工作的概率(Fabrycky 和 Blanchard,2011),一个理想的支持环境是指能够方便地得到所需要的任何工具、备件或人员。重要的是,这不包括预防性维护工作、后勤延迟时间或管理延误时间。一个系统的固有可用性(A_i)可以采用 MTBF 和 MCMT 表示为

$$A_i = \frac{\text{MTBF}}{\text{MTBF} + M_{ctMean}}$$ (8.19)

第二种形式的可用性称为实现的可用性,它是当一个系统在理想的支持环境中,在给定的设定条件下,在任何给定的时间能够像所希望的那样工作的概率(Fabrycky 和 Blanchard,2011)。尽管这一定义与固有的可用性接近,差别是在计算实现的可用性时考虑的一些因素。这种形式的可用性考虑了系统的预防性维护,这是根据系统的 MTBM 和 MAMT 计算的,但仍然没有包括系统的后勤延迟时间或管理延误时间。实现的可用性(A_a)可以表示为

$$A_a = \frac{\text{MTBM}}{\text{MTBM} + M_{amt}}$$ (8.20)

第三种形式的可用性是工作可用性,这覆盖了更现实的条件,被定义为一个系统运行在同实现的可用性相同的设定条件时,在实际的运行环境中正确地工作的概率(Fabrycky 和 Blanchard,2011)。这里的关键的术语是环境,这种形式的可用性考虑了后勤延迟时间和管理延误时间。工作可用性(A_O)可以写成

$$A_O = \frac{\text{MTBM}}{\text{MTBM} + \text{MDT}}$$ (8.21)

当描述一个系统的可用性时,工作可用性是最常采用的,通常用百分比表示。例如,可用性可以表示为 99.9%、99.99% 或 99.999%,它们分别指"3 个 9"、"4 个 9"和"5 个 9"的可用性。然而,在设备供应商并不能控制它们的装置预期的工作环境时,当确定特定的组件或装置的设计需求时,这一术语可能不适于作为一个指标值。在每种情况下,重要的是定义"可用性"的确切含义,以及怎样运用它。

现在已经定义了 SRMA 概念,有必要来说明怎样在实践中使用这些概念。可靠性、可维护性和可用性在系统开发中都要采用。事实上,应当在系统开发生命周期的早期采用 SRMA。

8.1.3 系统开发全生命周期 SRMA 方法

正如前面所提到的那样,SRMA 是系统开发的一个重要部分,应当在系统生命周期的早期考虑。然而,这不是仅在系统生命周期的早期要做。在设计一个系统时,SRMA 应当是贯穿系统的所有阶段的一个因素。事实上,在系统已经部署之后还要考虑 SR-

MA。在本节,将讨论用于确定和定义系统全生命周期(概念设计、初步设计、详细设计和开发、生产/建造、工作使用和系统支持以及系统处置和退役)SRMA 的方法。

8.1.3.1　概念设计中的 SRMA

系统开发生命周期的第一个阶段是概念方案设计阶段,在这一阶段,有关 SRMA 应考虑几个因素,包括确定运行使用需求,运行使用需求将构成确定系统是否运行于一个"满意"的状态的基础。运行使用需求将说明工程师将设计的系统的工作环境,以及所要求的可靠性和可维护性。根据系统需求所定义的某些关键的参数包括 A_0、MTBM 和 MDT。在此基础上,应当定义基本的维护和支持周期,这可以通过在系统功能分解时分配可靠性和可维护性测度与指标来完成。然后将可维护性和可靠性需求转换成较低层级的设计准则(Fabrycky 和 Blanchard,2011)。这些较低层级的需求作为定义系统的全生命周期的支持因素。在系统设计的早期考虑产品预先统筹改进(PPPI)也是重要的。

PPPI 是一类考虑了在系统的生命周期内进行性能改进的维护和支持策略。例如,产品的初步设计将考虑到通过改进满足产品的工作环境的变化。PPPI 也可用于降低系统的全生命周期成本(采办策略指南,1999)。例如,你可以准备有可能使用不同的组件对系统进行维护,这样在采用其他的组件比采用现有的零部件在经济上更有利(如新的供应商协议)时,可以这样做。在完成了这些步骤之后,应当估计设计的有效性,一种方式是进行建模或仿真。前面的故障树分析可以用于检查在概念设计中是否有缺陷。

8.1.3.2　初步设计中的 SRMA

在初步设计中,完成更深入的设计功能分析,通过系统分析确定备选的功能和子功能。在完成了高层级的功能设计后,可以计算和比较可能的单个组件的可靠性。在确定了每个组件的可靠性之后,可以得到可靠性框图,在这一阶段要分配各个系统需求,包括分配性能因素、效能需求和系统支持需求,所有这些对期望的系统可用性都有影响,在这一时刻,可以对为系统选择的零部件进行 FMECA,以确定可能的故障区域。应当采用运行使用需求来定义可能对系统中的组件的可靠性产生影响的工作环境因素。例如,如果期望系统工作在高空条件下,某些零部件比在海平面具有较低的 MTBF。在选择和比较系统的零部件时,应当考虑这些因素。在确定了系统的零部件和功能之后,可以采用更详细的信息,来产生更复杂的 FTA 和 FMEA/FMECA。随着设计的进一步深入,最终将进入详细设计和研发阶段。

8.1.3.3　详细设计和研发中的 SRMA

在详细设计阶段,子系统进一步分解为组件。在这一阶段在可能时要建造原型样机。原型样机是重要的工具,因为可以测量它们的性能,以确定当前的设计的总的可靠性和可维护性。在这一阶段,随着原型样机或设计的更改导致的系统设计更改,要完成更多的 FMEA/FMECA 和故障树分析,这些模型可以给出与保障因素相关的因素,如基于零部件和可能的故障模式,要求便于拿取或便于修理的要求。原型样机还有其他的好处。例如,可以更好地估计零部件的可用性。在这一阶段,可以进行系统设计的测试和评估,以考察它是否能满足运行使用需求。在得到了实际的物理组件后,可以对它们进行严格的测试。一个具体的零部件在严酷的环境条件下的表现,可能对系统的总的可靠性和可用性有大的影响。如果证明一个零部件在一定的严酷的环境条件下会失效,可能要进一步定义对这一零部件的预防性维护措施,并可能要采用一个更可靠的零部件来完全替代这一零部件。

最后,应当考虑对系统退役的要求。当系统变得过时,或者不再能够维护时,必须废弃。对系统的处置应当对自然环境有小的影响。通过在系统完成前确定退役计划,对系统的处置将变得更加容易、快速和低成本(Fabrycky 和 Blanchard,2011)。在认为设计已完成时,开始进入生产阶段。

8.1.3.4 生产阶段的 SRMA

系统生命周期的生产阶段开始系统的生产。在这一阶段,必须订购零部件并建立生产设施。在这一阶段,重要的是启动对系统的后勤支持结构。当系统移交到利益攸关者时,开始保障和服务工作,具体地说,要建立和装备维护场所,要系统性地对人员进行培训,并对系统进行预防性维护,还应当考虑备件配送,因为缺乏备件可能影响系统的可用性。在系统作为产品售出后,开始了系统生命周期的最后一个阶段。

8.1.3.5 运行使用和保障阶段的 SRMA

在系统交付利益攸关者(用户)并投入运行使用后,进入系统生命周期的运行使用和保障阶段。在运行使用时,要监控系统状态,并完成在较早阶段确定的预防性维护。在前面的阶段定义的后勤保障支持结构对于维护系统是必要的。由于系统已经投入运转使用,应当能支持修正性维护,在系统使用时间较长时,也应当分析并优化这些保障结构,以保持系统具有较高的性能。例如,随着使用时间较长的零部件的可靠性变差,可能需要更多的备件。可以采集有关可靠性指标的外场数据,如系统/子系统/组件 MTTF,并反馈给设计团队,以更新他们的 SRMA 模型(和其他模型)。最后,进入以前在系统设计和研发阶段所定义的退役条件,在系统确实适合于退役时,将以适当的、预定的方式对系统进行处置。

尽管我们已经覆盖了在系统全生命周期内使用的 SRMA 方法,更详细地理解系统,对于确定系统的可靠性和可维护性因素是必要的。为了更好地理解什么决定着这些因素,我们以光学探测器作为一个代表性的例子来加以说明。

8.1.4 光学探测器和相关的维护和保障概念

虽然在本章已经讨论的所有的主题可以用于任何系统、子系统、组件或零部件,我们想以光学系统实例来说明这些概念。一个光学系统将有与其关键的系统相关的各种维护和保障需求。一个光学系统的一个主要的关键系统是光学探测器,光学探测器必须正常工作以使系统能够完成其所希望的功能。在 8.2 节,我们将简介光学探测器,并说明某些性能特性和有用的性能指标

8.2 光学探测器基础

光学探测器是通过吸收由物体所辐射的电磁辐射来"观察"物体的器件,探测器将输出通常正比于物体的辐射通量密度的电信号。辐射通量密度是从一个物体辐射的,将到达另一个物体的表面的辐射能量的数量(Smith,2007)。光学探测器通常被设计为工作在窄的波段范围内,对于光学探测器,这些波长范围通常在电磁波谱的可见光或红外部分。

　　光学探测器的工作机理是：当用于探测的材料受到光的照射时将会产生变化（Jones，1959），这一变化可以是材料的电阻的变化，或者是材料吸收光的能量使其中的电子排出并产生电压，只要光仍然照射着材料，这样的现象将持续出现，只有在光不再照射材料时，这种效应才结束。不管是哪种方式，这些变化不仅影响着探测器材料，而且会改变与其连接的线路的电压或电流，具体地说，电压改变，电流保持不变，或者电流改变，电压保持不变。这些变化被用来探测光的存在以及光的亮度。

　　用于探测在电磁波谱的红外部分的光学探测器被用作电磁波的辐射能量的传感器，这意味着红外探测器获取辐射能量，并将其转换为另一种类型的能量，这可以是产生一个电流、采用化学变化黑化照相板，或者是探测器的物理性质的机械变化。

　　在 $0.2\sim15\mu m$ 区域采用的探测器的某些例子如图 8.6 所示，箭头表示每个探测器的响应至少为其最大值的 20% 的范围，中部的图像是大气的透过率曲线，展示了这些波长的大气窗口。正如图中所看到的那样，图 8.6 中的大多数探测器仅能覆盖电磁波谱的一个特定的范围。

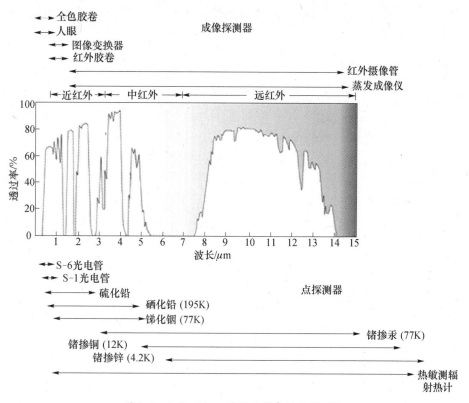

图 8.6　$0.2\sim15\mu m$ 范围的代表性的探测器

　　图 8.6 中所示的探测器划分为两类，这两类包括成像探测器和点或单元探测器。一个成像探测器像一个标准的摄像机那样工作，它在瞬间获得整个图像。点探测器则通常需要顺序扫描其目标来形成一幅图像，具体地说，点探测器响应其感应的区域（在成像应用中，通常是一个对物体场景进行空间采样的小的方形的像素区域）的平均的辐射通量密度。有趣的是，一个成像探测器可以当作点探测器的集合，每个点探测器响应一个像素的辐照度。

8.2.1 光学探测器的类型

光学探测器是采用其探测的物理机理分类的,这些类别可以进一步根据探测的实现方式划分为子类。第一类探测器是热探测器,热探测器采用诸如电阻那样的与热有关的材料特性来探测入射的辐射,实质上,用于热探测器的材料对温度响应。对于光学探测器,热探测器吸收一个物体入射的辐射所产生的热,这导致探测器的某些变化,如电阻的增大或者材料的吸收特性的某些变化。尽管能够用作光学探测器,仅有一个物体所辐射的热影响热探测器,因此,热探测器可以不依赖于电磁波谱而独立的工作,这与其他类型的光学探测器是不同的。

光学探测器的第二种类型是光子探测器。在光子探测器中,来自光的能量与探测器的敏感材料交互作用(Hudson,1969)。入射光的光子与材料的电子交互作用,这一响应导致材料产生自由电子。与热探测器不同,光子探测器是高度依赖于电磁波谱的。实质上,一个光子探测器的波长响应有一个截止波长,如果入射的光子的波长大于截止波长,由光子所产生的能量过小,不能产生自由电子。最终的结果是,对于超过截止波长的波长,光子探测器的响应降到 0。应当采用制冷来降低探测器的噪声(Crouch,1965)。

图 8.7 描述了作为波长的函数的光子探测器的输出曲线的相对形状。光子探测器的输出随着波长的增大而增大,在达到截止波长后输出降到 0。而热探测器有恒定的响应。正如前面所指出的那样,热探测器响应温度的变化,对波长的变化不敏感。总之,这两类探测器对入射的辐射有不同的响应,热探测器对它们所吸收的来自目标的热量产生响应,光子探测器则对电磁辐射本身产生响应。

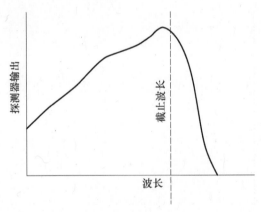

图 8.7 光子探测器的探测器相对输出与波长的关系

8.2.2 热探测器

正如前面所提到的那样,热探测器依靠吸收从一个物体入射的辐射产生的热,产生探测器材料的物理变化。这一响应与波长无关,仅与所吸收的热量有关,由于这与波长无关,热探测器在不需要制冷的系统中是流行的。

热探测器的一个缺点是其时间常数较长,通常大约几毫秒,因此热探测器很少用于需要高数据采样率(如搜索应用)的场合。有各种用于热探测器的实现机理,有些热探测器,如水银温度计,能提供所吸收的热量的视觉反馈。对于探测光辐射有用的热探测器包括测辐射热计、高莱辐射计、热偶、量热计和热释电探测器。

8.2.2.1 测辐射热计

测辐射热计是一种其电阻与温度有关的热探测器(De Waard 和 Wormser,1959)。测辐射热计可以采用各种温度敏感材料(如热敏电阻、碳基电阻、超导体或锗)制成(Hudson,1969)。测辐射热计的热容量取决于温度反应材料的大小,这将影响探测器的时间常数。对于所有的热探测器,这一材料需要涂黑以更好地吸收入射辐射的热。与大部分热探测器不同,某些测辐射热计需要进行制冷,从而能有效探测,这样的一个例子是碳电阻测辐射热计(Hudson,1969),这种测辐射热计采用碳晶片制成,需要采用制冷液制冷,以降低其温度,并提高灵敏度,这对于隔离电联接器的热以避免误差也是必要的。黑化的碳晶片面向入射的辐射,制冷液冷却另一侧,这将降低碳晶片所受的电加热,从而使材料所造成的电压的变化非常小,需要精密的仪器来正确地测量电压随温度的变化。

尽管测辐射热计在探测温度效应方面是有用的,在一些情况下不希望采用测辐射热计,一个例子是远距离探测应用。如果目的是探测远距离处的物体的温度,测辐射热计周围的局部温度是一个重要的考虑,如在暴风雪等环境下,测辐射热计的探测材料周围的冷空气和雪将降低其正确地读出远距离物体温度的能力,在这种情况下,采用使其探测器材料能对环境实现防护的探测器设计将是更好的选择,高莱辐射计就是一种这样的探测器。

8.2.2.2 高莱辐射计

高莱辐射计是用气体包围热敏材料的热探测器(Hudson,1969)。高莱辐射计工作在室温条件下,是最早的一种红外探测器。高莱辐射计的温度敏感材料位于在两端的充满气体的小室内,这种材料通常是一个黑化的膜,它吸收小室一端的入射辐射,当材料被加热时,它周围的气体的温度由于热对流而升高,在小室的另一边有一个对气体加热的温度敏感的柔性反射镜,气体加热所导致的反射镜的形变将由光学系统敏感并测量到,并转换成温度的变化。有趣的是,高莱辐射计所接收的噪声通常仅来源于气体的传导(Putley,1973),由于如此,高莱辐射计可能是非常精确的。

然而,尽管高莱辐射计是精确的,但可能是非常柔弱的,因为它需要将一个反射镜和探测器材料放在一个密闭的小室的侧面,外力和振动会影响测量,甚至可能毁坏器件。此外,如果小室被覆盖或透明度有所下降,读数可能是不准确的。对于某些应用,可能需要一个较简单的探测器,如热偶。

8.2.2.3 热偶和热堆

热偶是有不同水平的热电功率的两根线的组合(Hudson,1969)。通常,一个热偶被用于借助于物理接触测量温度,但当一个热偶被黑化或者接触某些黑化的东西时,它可以探测入射的辐射。热堆实质上是一组串联的热偶,这提高了探测的灵敏度和时间常数。

热偶的时间常数(τ)可以用它的结的热容量(C)和能量损失速率(Delta)来得到,可以表示为

$$\tau = \frac{C}{\text{Delta}} \tag{8.22}$$

通常 τ 在 4~50ms 范围内,这取决于探测材料厚度和类型,以及涂在探测材料上的黑化的辐射吸收材料的厚度和类型,黑化的涂层增加了探测材料的热容量。如果采用一个密闭的封装,将探测到的信号传导到封装室外的传导路径,可能会影响时间常数。例

如,一个足够大的热导数将导致热偶的时间常数降低。

对于某些应用,时间常数不是重要的因素。当你需要简单地测量一个短周期内的温度时,可能难以从热偶精确地读出温度,在这种情况下,采用测热计可能是一个更好的选择。

8.2.2.4 测热计

测热计通常用于测量热能的脉冲或短暂的突发。已经发展了不同类型的测热计,以便测量在一个光脉冲中的热量,黑化的辐射探测器是这样的一个例子,其结果可以用于确定其他探测器的响应率(Hudson,1969)。然而,这些测量仅确定在一个脉冲中的能量的确切数量,测热计通常不具有确定这一脉冲的形状的能力,因为它们通常不能足够快地响应,这可能是由于标准的测热计的尺寸造成的,因为脉冲测热计一般是非常小的,测热计的温度敏感材料也必须是小的,这样能够将吸收的能量迅速地分布在器件内。对测热计的另一个需求是它必须与周围的环境热隔离,这将避免测热计所吸收的热的损失(会造成其精度降低)。对光学探测有用的测热计一般采用具有低热量的黑体吸收体,通过将测热计放在吸收体旁边,可以确定温度的变化,利用这一信息,可以得到从光学脉冲中获得的能量。尽管确定一个单一的脉冲的能量是有用的,有时一项应用要求探测一个较长的信号的热辐射,对于这一应用,考虑采用热电探测器。

8.2.2.5 热电探测器

热电探测器探测热,通过一个三步的过程产生电信号:第一步,热辐射与探测器表面交互作用改变其温度;第二步,温度的变化导致电极的电荷密度的变化,从而产生电流;第三步,信号处理电路放大探测器电流,产生正比于输入热和探测器面积的信号,这一电流(i_p)可以采用热电常数(p)、探测器单元的面积(A_s)和温度相对于时间(dt)的变化(dT_p)确定,可以表示为

$$i_p = p \times A_s \times \frac{dT_p}{dt} \tag{8.23}$$

对于所有这些不同类型的热探测器,可能难以选择哪种热探测器对于你的系统最佳,选择哪种类型的热探测器取决于热探测应用的性质。在某些情况下,光子探测器可以当作一个可能的备选方案。

8.2.3 光子探测器

通常,光子探测器的灵敏度比热探测器高出一到两个数量级。探测率是一个探测器性能测度,将在 8.2.4 节讨论。由于光子和探测器材料的电子直接交互作用,响应时间非常短。尽管这样,许多光子探测器只有在制冷到低温时才能很好地工作,进入探测器的光子必须有超过探测器的截止能量的足够能量,这是通过确保照射的波长短于截止波长来实现的。

像热探测器那样,光子探测器可以根据探测器的基本的物理响应来分类。某些基本的探测器类型如下:

(1)光电型:这些探测器是非常简单的。当光子落在光敏探测器材料上时,它们逸出能量到材料的表面上的电子上,这可能有足够的能量来逸出这些电子(Hudson,1969),这些自由电子产生电流并由外部电路收集。

(2)光导型:当其电阻受到光的照射而减小时,这种材料被看作光导材料(Cashman,

1959),来自光的自由电子使光敏材料的电导率相对于光的辐射通量密度而变化,光导探测器通常是采用半导体材料制成的。

(3) 光伏型:这些探测器由具有 PN 结的半导体构成(Hudson,1969),这类结是在一个特定的材料中 N 型材料和 P 型材料的结合区域。在这种类型的探测器中,落在探测器材料上的光子产生可以采用施加的电场分离的电子—空穴对,这一电荷的分离将产生光电压(例如,正比于入射的光子的电压)。

(4) 光磁电型:这类探测器也是采用半导体制备的,当半导体的表面受到光子的照射时产生电子—空穴对,电子扩散到材料中以平衡材料中的电子,由外加磁场分开电子—空穴对,并由探测器探测到(Hudson,1969)。

对于成像应用,通常采用两类光子探测器将入射的电磁辐射转换为存储并存放为图像数据的电子信号。这些探测器类型称为电荷耦合器件(CCD)和互补性金属—氧化物半导体(CMOS)。

8.2.3.1　电荷耦合器件

CCD 是一种经常用于成像应用的电子器件。在其成像结构中,CCD 由通过相关的读出电路存储和传输电荷的像素阵列组成。像所有其他的光子探测器一样,这类探测器可以响应入射光,然而,这类探测器也可以响应电荷形式的输入。CCD 的输出是电信号。用于制备 CCD 的典型的衬底是 P 型的,它有一个薄的 N 型材料表面,其结构如图 8.8 所示。在 N 型衬底的顶部是一个由氧化硅制备的绝缘材料。最后,将电极,也称为栅,放置在绝缘体上面,栅可以是金属的,或采用重掺杂的多晶硅制备的,并形成一个导电层。

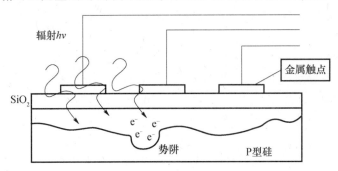

图 8.8　CCD 示意图

CCD 探测器的一个常见的应用是成像应用。每个像素产生由光子照射产生的电荷,这一电荷由在探测器一侧或探测器背面的读出电路读出。有时,一个应用可能需要每个像素单独地读出,在这种情况下,可以采用像 CMOS 探测器中那样的一种单独的点探测器。

8.2.3.2　互补金属氧化物半导体探测器

CMOS 探测器是另一类常见的成像探测器。与 CCD 不同,CMOS 中的每一个探测器能够将其电荷转换为电压,一个有用的特性是 CMOS 探测器具有将每个像素的输出转换为数字信号所需的电路,这使它成为一个点成像探测器阵列。然而,这并非没有缺点,因为增加的电路有时会使有效的探测区域错位,并会增加探测系统的复杂性,探测器均匀性也相对较低,因为每个像素都有其独立的电路。

理解一个探测器的基本特征有助于确定哪种探测器适用于给定的应用。然而,通常需要更详细的信息来最终选择探测器。在 8.2.4 节,我们给出了可以用于评估、分析或预测探测器性能的某些基本的探测器性能指标,我们的重点是基本的性能指标,在第 9 章将介绍更详细的性能指标。

8.2.4 探测器性能

为了确定一个光学探测器的性能,首先必须定义和解释某些关键的术语。描述一个光学探测器的性能的最容易的方式是其响应率。一个探测器的响应率是其输出信号与其输入功率之比(Jones,1959)。许多红外探测器是与斩光器结合使用的,正如我们在前面的章节所看到的那样,斩光器可以用于对输入到探测器的辐照度的相位或幅度进行调制。为了降低某些探测器噪声,通常需要低温制冷(Crouch,1965)。一个探测器的响应率(R)是从其信号电压(V_s)、输入的辐射通量密度(H)和探测材料暴露给辐射的面积(A_d)导出的一个函数,可以表示为

$$R = \frac{V_s}{H \times A_d} \tag{8.24}$$

探测器的响应率越高,它所产生的电压就越高。一个探测器的响应速度可由探测器在其接收到的入射辐射变化后,探测器的输出达到其最终值的 63% 所需要的时间来描述,这称为响应时间常数。如果采用一个旋转光学调制器(斩光器),则探测器的响应率将受到斩光频率的影响。对于大多数探测器,作为斩光频率 f 的函数的响应率服从指数规律,而且与在 0 频率时的响应率(R_0)和时间常数(τ)有关:

$$R_f = \frac{R_0}{(1 + 4 \times \pi^2 \times f^2 \times \tau^2)^{1/2}} \tag{8.25}$$

随着探测器的斩光频率的增大,其响应率降低。响应率是一个用于比较各种不同的探测器的方便的参数。然而,它不能表示可以探测到的最低辐射通量,在输出处的最低数量的噪声可以与另一个对于描述探测器的性能有用的参数关联起来。噪声等效功率(NEP)为探测器分析引入了噪声项,NEP 指在探测器的有效探测面积上产生的探测器输出信号等于探测器噪声时的光功率,在这种情况下输出信号难以测量(因为探测器输出信噪比为 1),这一测量通常是在较高的信号水平上实现的,这可以采用与响应率相同的参数表示,但加上了噪声所产生的电压输出(V_n),可以计算为

$$NEP = \frac{H \times A_d \times V_n}{V_s} \tag{8.26}$$

注意,这些计算假设探测器的信号输出相对于其输入是线性的。对于 10^3 或较低的信噪比,这一假设通常是成立的。还有必要说明用于测量噪声的电路的带宽,因为 NEP 是电路带宽的函数。

在描述光学系统探测器性能中所采用的一种类似的测度是噪声等效辐射通量密度(辐照度)NEI,NEI 是产生一个等于探测器噪声的探测器输出所需要的空间光功率密度(辐射通量密度):

$$NEI = \frac{H \times V_n}{V_s} \tag{8.27}$$

　　当比较探测器时,对输入功率产生最大的输出响应的探测器具有最高的响应率。然而,能够响应最低的信号水平的探测器具有最低的 NEP。因为很少采用较低的值作为性能更好的评价,采用 NEP 的倒数作为评价值,称为探测率(Nudelman,1962)。为了方便起见,严格采用这种评价指标,就像采用 NEP 计算的倒易一样,更好的探测器将是具有更高的探测率的探测器。探测率(D)可以测量为

$$D = \frac{1}{\mathrm{NEP}} \tag{8.28}$$

　　为了准确地比较由不同的实验室测量的,或由不同的工程团队分析的探测器,必须对测量条件进行标准化。这将立刻使人注意到与当前的探测率指标相关的一个问题。首先,较大的探测器面积将产生较大的输出信号,这样难以直接比较具有不同的有效探测面积的探测器。第二,NEP 是斩光频率的一个函数,因此采用不同的斩光频率时,探测器将具有不同的探测率。第三,NEP 也是电路带宽的函数,因此,对于不同的电路带宽,探测器的响应率也是不同的。像工作环境(振动、温度和噪声)和照射波长这样的因素也影响着 NEP 和探测率。对于温度,一种常见的做法是使测量更易于实现且易于复现,这样一般在正常环境温度(300K)、干冰温度(195K)、液氮温度(77K)、液氢温度(20K)和液氦温度(4.2K)下进行。

　　一系列理论和实验研究表明,探测率与探测器的面积的平方根成反比,可以表示为

$$DA_\mathrm{d}^{1/2} = \mathrm{constant} \tag{8.29}$$

　　注意到这一事实,发展了一个更具可比性和标准化的指标 D^*,D^* 这一量是电路带宽为 1Hz、探测器面积为 $1\mathrm{cm}^2$ 时的探测率,采用斩光频率 Δ_f,可以写为

$$D^* = \frac{(A_\mathrm{d}\Delta_f)^{1/2}}{\mathrm{NEP}} \tag{8.30}$$

　　注意,当任务是比较探测器时,D^* 指标是有用的。然而,为了理解一个给定探测器的性能,采用探测率 D 经常是最好的。当测量 NEP、NEI 或 D^* 时,采用一个标定的黑体源经常是便利的,这样能够精确地规定在探测器上的辐射通量或辐照度。为了进一步定义测量条件,采用 D^* 并规定黑体温度和斩光频率是有所帮助的。例如,$D^*(300K,600)$ 表示 D^* 是采用 300K 的黑体,在斩光频率为 600Hz 的条件下测得的值。如果希望探测器在特定的平均波长上的响应,则 D^* 可以写为 $D^*(9.5\mu m,600)$,在这种情况下,圆括号中的第一个数是进行测量的波长,第二个数指斩光频率。最后,当波长处于探测器的光谱带宽中的最大波长,温度为 300K,斩光频率为 600Hz 时,归一化探测率由 D^*(峰值,300K,840)给出。

　　这些数构成了一个能够洞悉探测器的性能的基本的测量集。注意,尽管一种探测器可能比另一种探测器性能要好,但它可能不能满足系统的需求,因此在考虑比较时应当注意探测器的类型。

8.2.5　探测器比较

　　当对探测器进行比较时,通常将热探测器与光子探测器分别示出,对每类探测器进一步基于它们的工作温度进行划分。一个理想的热探测器对所有的波长的响应是相同的。在这种情况下,对于相同的输入功率,在任何波长下的 D^* 值是相同的。期望的平坦的光

谱响应之间的差是与理想的情况的偏差。

不同的光子探测器有不同的探测率和不同的光谱范围,以及处于电磁波谱的不同部分的峰值波长。尽管某些探测器可能具有更好的波长范围,但它们在确定的波长范围内也具有不同的探测率。例如,一个热堆覆盖的波长范围宽,但有较低的探测率;一个理想的光伏探测器在一个特定的波长上具有非常高的探测率,但在更高的波长上探测率显著下降。在 8.2.6 节,我们计算了某些有用的探测器参数,作为用于无人机综合案例研究的背景材料。

8.2.6　应用于综合案例研究

FIT 的无人机项目的主要的利益攸关者需求是昼夜人员流监视。对于白天工作,像摄像机那样的简单的成像探测器,可以给出最高的空间分辨率。对于夜间应用,由于没有光照,不可能采用这样的成像探测器,在这种情况下,可以采用红外探测器,因为人体是非常好的红外辐射源。在前面的章节中,对于在夜间的冷的环境中的穿衣服的人员,我们采用 305K(或大约 31.9℃或 89.3℉)的等效温度。为了保持标准化,这里我们采用人的源温度为 310.2K(或 37℃或 98.6℉)。由于人和背景之间有温差,有温度梯度和热的交换。为了确定探测器特性,首先有必要从源的辐射特性着手。

正如较早所讨论的那样,普朗克定律可以用于近似人的辐射特性,这给出了人的辐射特性的上限。对于一个典型的人体(假设是裸露的,且处于额定温度),这一曲线如图 8.9 所示。该曲线示出了在电磁波谱的红外部分的辐射,峰值波长接近 $9.35\mu m$。

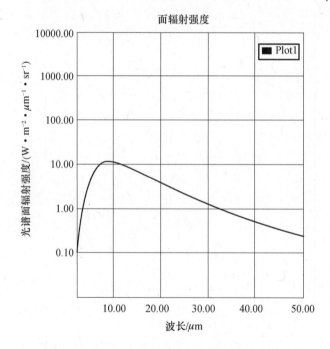

图 8.9　人体的黑体面辐射强度

经常采用 305K 的等效温度,以考虑到夜间室外温度和穿衣带来的影响,这样峰值辐射波长在 9500nm($9.5\mu m$)。通过查询各种材料的红外探测率—波长曲线(可以从文献和互联网上得到），在人体的辐射波长范围内具有最大的探测率的探测器是 HgCdTe 探测器。SOFRADIR 公司生产的 VENUS LW，是工作在 $7.7\sim9.5\mu m$ 谱段范围内的一种典型的 HgCdTe 探测器。对于完美的辐射体，辐射功率(P)由斯特潘—玻尔兹曼定律乘以辐射体的面积给出：

$$P = \sigma \times A \times T^4 \tag{8.31}$$

式中：σ 为斯特潘—玻尔兹曼常数；A 为辐射体的表面积；T 为辐射体的温度。

对于并非完美的辐射体或吸收体的物体，应当包括物体的发射率：

$$P = \varepsilon A \sigma T^4 \tag{8.32}$$

人体的发射率为 0.98，考虑到一般给出的一个人员的面积为 $2m^2$，这样由 310K 的温度的人体所辐射的功率等于 1026W，辐射出射度等于 $513.2W/m^2$。在峰值波长 $9.35\mu m$ 处的光谱面辐射强度为 $11.5W/(m^2 \cdot sr \cdot \mu m)$。通过将图 8.9 中的曲线在 $8.75\sim9.35\mu m$（用于峰值大气透过率的窄带滤光片的光谱范围）谱段内进行积分，波段面辐射强度为 $6.9W/(m^2 \cdot sr \cdot \mu m)$。采用人的面积为 $2m^2$，并忽略观察角，源的辐射强度为 $13.8W/sr$。

在入瞳处的辐照度(H)是采用目标和入瞳之间的距离(r)和信号的强度(J)计算的，这可以计算为

$$H = \frac{J}{r^2} \tag{8.33}$$

假设最恶劣的情况下目标和入瞳之间的距离为 18616m，辐照度为大约 $39.8nW/m^2$。

考虑到在电磁波谱的 $8.75\sim9.35\mu m$ 谱段的大气效应近似由图 8.6 给出，为 80%（即仅有大约 20% 的辐照度被大气吸收或散射），在成像系统的入瞳处的实际的辐照度近似由 $0.8 \times 39.8nW/m^2$ 或大约 $31.9nW/m^2$ 给出。

在入瞳处的通量(ϕ)由辐照度(H)和入瞳的面积(A_d)确定：

$$\phi = H \times A_d \tag{8.34}$$

假设圆形入瞳的半径等于 20ft(0.508m)，光学系统入瞳的面积为 $0.81m^2$，因此，辐射通量等于 25.83nW。假设探测器的平均温度为 $20\sim35°C$，探测器在 $35°C$ 时的响应率为 $8.14 \times 10^2 V/W$（从 HgCdTe 探测器技术规格表中得到），因此，在探测器的输出处的信号电压为 $21.03\mu V$。如果探测器的噪声电平比较低，这是一个需要放大和数字化的可用的探测器输出信号（有关噪声和信号处理将在后面的章节更详细地介绍）。

现在已经讨论了某些基本的探测器能力和性能指标，探测器与 SRMA 的关系比较清楚了。每种探测器有其本身的可靠性和可维护性问题，某些探测器可能需要制冷，某些探测器可能需要隔离振动和冲击或屏蔽局部环境条件。仅仅采用一种满足利益攸关者光学需求的模型，并不意味着能满足可维护性和可靠性约束。为了给出更实际的例子，我们回到我们的综合案例研究中的虚构的 FIT 公司。

8.3 综合案例研究：在组织架构在情境下的维护和保障

在本节中，我们看到概念方案阶段中，FIT 评估某些光学探测器的效用，需要很快对探测器的类型做出决策。光学设计团队想要更新它们的基于模型的光学系统系统工程工

具,使之包括探测器模型。系统工程团队想要发展用于光学系统的可靠性、可维护性和可用性模型。

参加综合案例研究的有:Bill Smith 博士,FIT 公司 CEO;Karl Ben,FIT 高级系统工程师;Tom Phelps,FIT 首席技术官和光学专家;R. Ginny,FIT 无人机项目经理;O. Jennifer(Jen),FIT 公司系统工程师;S. Ron,新雇用的系统工程师;B. Rodney,FIT 公司现场服务人员。

(我们看到 Jen 在办公室紧张地等待着 Ron 的到来)

现在是下午 2:00,Jennifer 在忙着进行当前的光学探测装置的故障树分析,她注意到新员工 Ron 进了办公室,Jennifer 快速地收起了她的笔记。

Jen:"嘿,Ron! 我能耽误你几分钟吗?"

Ron:"好的! 我刚吃完午饭……"

(Jennifer 打断了 Ron,试图快速切入主题)

Jen:"好! 我很高兴你现在吃完午饭回到工作状态。"

Ron:"是的,实际上我已经把有关我目前在探测器方面所开展的一些研究工作的书面报告交给了 Karl。"

Jen:"很好! 你在我们在这个项目上应该选择什么类型的探测器方面有什么进展吗?"

Ron:"是的,有些进展,实际上,Tom 的小组对我有很大的帮助。我的意思是我已经阅读了相关的论文,我开始开展探测器的选型工作,但我不是专家。"

Jen:"好的,你是我们部门能够帮我制定选择准则的最佳候选人。"

(Ron 不知所措地不时看看四周)

Ron:"选择准则? 我们只是缩窄了要采用的探测器的类型,在研发周期的这么早的时间选择实际的探测器是不是过早?"

Jen:"是的。但,这对于我们开始考虑对于我们的应用怎样选择好的探测器并不是太早。我不认为你想要等到详细设计和研制阶段才去考虑探测器需要满足什么准则,到那时再考虑就太迟了,如果不能满足所有的准则,你能怎么样? 如果你在这样晚时才发现你选择的探测器有问题,这会对项目产生严重的影响。"

Ron:"我明白了。另外,如果我现在开始考虑探测器准则,我们要构建用于判断我们的选择的案例。我们可以采用这一准则来进行探测器权衡分析,以选择具体的探测器和我们做出这样的选择的理由。我喜欢这样! 我应该使用层次分析法吗? 这似乎很流行。"

Jen:"我认为我们现在还不需要采用完全配置的层次分析法。我认为加权因素评分方法更快,而且可以完成同样好。层次分析法在你的决策涉及相对优先选择时是很好的方法,例如,你对系统的可靠性方面比对系统的可维护性方法有多大的优先选择度? 在这种情况下,我们没有相同类型的考虑,至少在这一阶段我们没有足够的信息来做出这类的比较。"

Ron:"您是什么意思?"

Jen:"在这种情况下,我们要对将用于评估的一组技术因素(如尺寸、重量、功耗、像素数目、像素尺寸、响应率、噪声等)进行加权,并最终选择这一项目所采用的探测器。在某些情况下,回答对一个因素比另一个因素偏爱多大程度并没有太大意义,例如,对响应率(越大越好)比对像素尺寸(越小越好)有多大的偏好,是一个难以回答的问题,因为你需要两个因素都是成功的。如果响应率低,则探测器不能得到足够高的输出信号,可能探测不到目标。如果像素尺寸太大,光学系统可能没有足够高的空间分辨率,可能看不到目标。实质上,需要光学系统的响应率和空间分辨率都比较高,从而足以在预期的工作环境下探测到目标。这可能更像是二元决策,可能足以满足人的探测需求,也可能不能。一个具有更高响应率的探测器有更大的可能探测到低辐射通量密度的目标,如果其他技术因素允许的话,一个具有较小尺寸的像素有更大的可能提供更高的空间分辨率。"

Ron:"你是什么意思?"

Jen:"好,仅仅因为你增加了更多的像素,这不意味着你的空间分辨率提高了。记着另一天的会议吗? 如果有大气湍流补偿系统,则可以得到的最高的分辨率是经典的衍射限,这与光学系统的入瞳(通常是望远镜的主反射镜)的大小有关。光学系统必须被设计为其像素的投影尺寸小于经典的衍射限,然而,任何小于衍射限的像素尺寸不能带来其他的好处。事实上,如果像素太小,会减小瞬时视场。要点是技术因素的交互作用,有时比像层次分析法能够清晰地定义的成对对比方法更加复杂。"

Ron:"为什么进行因素评分?"

Jen:"对因素进行加权评分! 在这种情况下,我们有一组我们知道是重要的但不知道相对而言多么重要的技术因素。因此,开始你要将每个因素设定为相同的权重,这样每个因素是同样重要的。目前,我们仅采用响应率、重量和尺寸这三个因素,我知道有更多的因素,但作为一个例子,我仅用这 3 个因素。我们将在初始时将每个权值都设定为 1/3,权值的和为 100%。在评估这 3 个因素时,我们发现大多数可用的传感器不能满足安装在无人机平台上的安装空间。我们假设我们的研究表明我们对信号的保守的估计有大约10%的裕量,而重量有较大的裕量(即探测器的重量显著低于所分配的重量),在这种情况下,我们可以将重量类的权重改为 10%,将尺寸类的权重改为 50%,将响应率类的权重改为 40%。我们可以使用 1~10 的评分方案,在每一评价类中,1 是最差的,10 是最好的,并根据评分对每种探测器进行评估。此外,你可以包括每种类的某些二元判决或门限条件,从而在不满足条件时消除某一候选探测器。例如,如果一个候选探测器的尺寸太大,不能装在环控单元中,或者耗费过多的功率,或者探测器像素不能提供可接受的视场或足够的空间采样,则这种探测器应不予考虑。"

Ron:"我明白了! 所有的类是重要的,它们的相对的重要性通过对因素进行加权来调整。如果技术因素不足以满足光学系统的需求,则不予考虑。如果光学系统设计改变,或者新的设计采用了以前拒绝采用的探测器会怎么样? 嘿! 我有思路了。如果我们构建一个能够得到探测器的约束和选择准则的工具会怎么样? 我们可以将它与光学和成像组正在开发的分析工具集成在一起。"

Jen:"Ron,这是一个好想法。光学团队正在发展探测器模型,并更新他们的基于模型的系统工程工具。这一模型将是我们的企业架构模型中的一个模型产品。我们可以将设计因素拖进我们的基于模型的系统工程工具,将这些因素与光学系统需求联接起来。这样,当我们评估可能的候选探测器时,我们将采用当前的光学系统设计和光学系统性能指标来评估探测器。如果设计改变,模型将筛选我们的系统中的所有的探测器,并自动地重新检查约束。如果通过的话,候选的探测器将自动地重新根据我们当前的准则和权重集进行评估。此外,如果我们在运行"what-if"场景,坏的假设将导致决策逻辑中的一个约束,并表明不满足需求。我们也得到了探测器选择和设计本身的内建的评判。如果我们对我们所构建的工具是精心的,这一特征可以在其他项目中重用。"

Ron:"这种方法也适用于我们在 FIT 公司中已经有的快速原型方法"。

Jen:"我们让 Amanda 到这里来介绍一下他们规划的技术指标,并看看他们的想法。我们也让软件团队的 K. Phil 或其他人过来讨论一下有关编程的事宜。我们也需要 Garry Blair 过来介绍一下组织架构。我们要确保这一基于模型的系统工程工具可以跨项目重用,因此,我们要仔细地考虑怎样建立起利益攸关者和系统需求的联系。在我们进一步深化之前,我先与 Karl 交流一下。"

Ron:"好的!"

Jen:"你较早说过你已经进行了探测器类型研究吗?"

Ron:"已经开展了大量的工作。我们还要考虑更多的一些事情,但我们对采用什么样的探测器已经有很好的思路了。"

Jen:"这很好!我有 3 天的时间要完成初步的高级故障模式和影响分析,我需要知道探测器的类型,以进一步的推进。你知道,不同类型的探测器有不同的故障模式。"

Ron:"是的。我忽略了热探测器,因为我们需要扫描相对宽广的范围,而且要非常快。我们正在考虑采用一个热点探测器以观察一个宽广的区域,但这意味着我们将需要一个辅助光学系统来引导一个较高分辨率的成像摄像机。最终,我们选择了光子探测器,倾向于基于 HgCdTe 材料的探测器,这类探测器具有较高的 D^*、响应率和噪声等效功率性能。我们还没有决定是采用 CCD 还是 CMOS 结构,这仍然需要分析。"

Jen:"这很有帮助!我可以得到足够的信息来进行 FMEA。他们采用的 D^*、响应率和噪声等效功率 NEP 值是多少?"

Ron:"我看看我的笔记……。这是初步的,因为迄今他们仅考察了几种探测器,他们所感兴趣的 HgCdTe 探测器采用光伏探测机理,噪声等效功率(NEP)为 2×10^{-12} W,探测率为 5×10^{11},D^* 峰值在 $10.6 \mu m$,在 $9.5 \mu m$ 处、温度为 77K 时的 D^* 值为大约 3×10^{10} cm·Hz$^{1/2}$/W,它的响应率为 4×10^4 V/W。"

Jen:"温度是 77K?低温制冷可以实现,但它给光学系统增加了复杂性。我不想采用低温制冷,除非我们必须这样。此外,这是否会增加维护成本?我假设你将需要某些定期的维护以便更换制冷液并维护制冷系统。"

Ron:"对,我们也需要检查制冷系统的可靠性,因为如果制冷系统故障,探测器将不能正常工作。如果制冷系统的可靠性不是足够高的话,我们应当考虑采用预防性维护。"

Jen:"好的,Ron。我们不要自己推进了。我们首先必须确定实际的探测器,并要考察一下对它的制冷需求。这样就可以更好地建立制冷系统的可靠性模型。"

Ron:"好的,看起来我需要开展我的下一步的工作了。此外,为了避免我们的探测器是过时的,或许我们可以计划在我们的系统中采用新的模型,以便在有了新发展的探测器,或者新的探测器变得更加便宜,可以采购时,采用这些模型。"

Jen:"对!产品预先统筹改进,我喜欢。好,看起来我们已经有一个可以开始进行探测器评估过程的初步的技术因素集。我们还要确定约束、门限和目标值,然后采用基于模型的系统工程工具,将设计和需求联系起来。我将要与 Karl 交流我们的方法。Ron,你的工作做得很好!"

Ron:"谢谢 Jen。我要与 Amanda 和 Phil 联系一下,让他们不要离开。"

(第二天早上,外场服务部门的 B. Rodney 与 Jen 进行了讨论)

Rodney:"Jen。你是否有时间讨论一下新的无人机项目的维护计划。"

Jen:"好的,Rodney。我们从得到的无人机可靠性数据中发现它们有很高的故障率。你将涉及这一领域,你有什么建议?"

Rodney:"基于我以前的观察,我认为我们应该把重点放在某种类型的预防性维护计划上。如果我们可以在出现故障之前进行维护,我们可以保持光学系统正常工作,这将使大家都开心!"

Jen:"对! 除了 Ginny 之外,她担心在不必要时更换零部件的成本问题。我想我们需要在过多的维护和过少的维护之间找到一个平衡点。让我们一起来做些事情,然后我将把报告送给你审查。谢谢。"

Rodney:"没有问题,我将在你完成后进行审查。"

(当天晚些时候,Jennifer 在休息室见到了 Ron)

Jen:"Ron,你在初步的可靠性模型方面对 Karl 提供了帮助吗?"

Ron:"还没有。它并不像我想象的那样难,但我不知道我是否可以自己来完成。"

Jen:"不,不要担心。我正好需要你在其他事情上帮忙。我正在制定维护计划,刚与外场服务部门的 Rodney 谈过,他建议我们考虑光学系统的维护方面。我已经发现可以采用以可靠性为中心的维护概念的可靠性分析。"

Ron:"好的,我明白。你可以采用我们得到的故障率来确定预防性维护计划。"

Jen:"是的! 我们也可以使维护计划加入我们得到的部署的无人机光学系统的可靠性数据,并反馈到计划中进一步进行调整。你能不能收集一下光学系统的顶层方框的故障率,稍后你到我这里一下,我们再进行讨论?"

Ron:"好的,一会儿见。"

(当天较晚时间,Ron 来到 Jennifer 办公桌旁)

Ron:"Jen。我已经搜集了你需要的数据。如果我们考察顶层方框并把无人机看作一个功能方框,光学系统也看作一个功能方框,我们看到无人机的 MTBF 为 288h,光学系统的 MTBF 为 10 年。"

Jen:"为什么你带给我无人机数据? 我们只负责光学系统部分。无人机维护是国土安全部考虑的。"

Ron:"对。但当无人机故障时,它们有可能会影响框架和光学传感器机箱。如果这影响到我们的系统,或者影响到我们的系统的电源,我们需要做一些系统校准和测试。我们也可以利用无人机的故障停机时间来检查我们的系统,并确保系统能最好地运行。你知道,如果我们装有制冷系统,我们需要检查光学系统,并确保系统是标校好的。无人机故障率数据也可能影响我们需要的备件数目。"

Jen:"这些是要点。我们必须在我们的计划中都加以考虑。我们对故障率的 λ 值感兴趣,你有 λ 值吗?"

Ron:"有。无人机的 λ 值为每年 12 次故障,对于光学系统,λ 值为每年 0.1 次故障。"

Jen:"这些数值有很大的差别。我猜想,这是由于无人机有大量的零部件经受摩擦、振动、硬着陆等,而光学系统被密封在机箱内部。"

Jen:"我将编写预防性维护计划,以包括每月进行修正性维护的可能性,包括测试和校准无人机光学系统,和对光学系统的预防性维护。我们可能想要在光学系统的可靠性降到70%时进行维护。此外,我将在一个章节中写上我们获得的部署的无人机光学系统的数据,并反馈到计算中,以调整故障率估计,并相应地更新预防性维护计划。谢谢你的帮助。"

(下周后期,Rodney 来到 Jennifer 的办公室)

Rodney:"Jennifer,这是我对维护计划输入的评注。很高兴你给我看到这么多。我要回去并试图得到更多的经费用于外场服务,基于你和 Ron 提供给我的数据,我可以这样做。从现在起的一年内,我不能覆盖这些费用,因此你们现在找到的数据节省了我的费用。"

参 考 文 献

Bazovsky, I. 2004. *Reliability and Theory Practice*. Mineola, NY: Dover Publications.

Birolini, A. 2010. *Reliability Engineering: Theory and Practice.* Berlin, Germany: Springer-Verlag.

Blanchard, B.S. 2004. *Logistics Engineering and Management*, 6th edn. Upper Saddle River, NJ: Pearson Education.

Cashman, R. 1959. Film-type infrared photoconductors. *Proceedings of the Institute of Radio Engineers*, 47(9): 1471–1475. doi:10.1109/JRPROC.1959.287039.

Crouch, J. 1965. Cryogenic cooling for infrared. *Electro-Technology*, 75: 96–100.

Department of the Army, TM 5-698-4. Failure Modes, Effects and Criticality Analyses (FMECA) for Command, Control, Communications, Computer, Intelligence, Surveillance, and Reconnaissance (C4ISR) Facilities. September 29, 2006.

De Waard, R. and E.M. Wormser. 1959. Description and properties of various thermal detectors. *Proceedings of the Institute of Radio Engineers*, 47(9): 1508–1513. doi:10.1109/JRPROC.1959.287049.

Dhillon, B.S. 2006. *Maintainability, Maintenance, and Reliability for Engineers*. Boca Raton, FL: CRC Press.

Fabrycky, W.J. and B.S. Blanchard. 2011. *Systems Engineering and Analysis,* 5th edn. Upper Saddle River, NJ: Pearson Education.

Harms-Ringdahl, L. 2001. *Safety Analysis*. London, U.K.: Taylor & Francis.

Hudson, R.D. 1969. *Infrared System Engineering*. New York: John Wiley & Sons.

Hsu, J. C., and S. Nagano. 2011. Introduction: Systems Engineering, *Journal of Aircraft*, 48(3): 737.

Jones, R.C. 1959. Phenomenological description of the response and detecting ability of radiation detectors. *Proceedings of the Institute of Radio Engineers*, 47(9): 1495–1502. doi:10.1109/JRPROC.1959.287047.

Kamrani, A.K. and M. Azimi. 2010. *Systems Engineering Tools and Methods*. Boca Raton, FL: CRC Press.

Linneberg, P. 2012. Reliability based inspection and reliability centered maintenance. In *Bridge Maintenance, Safety, Management, Resilience and Sustainability*, F. Biondini and D.M. Frangopol (eds.). pp. 2112–2119. Leiden, the Netherlands: CRC Press.

Madu, C.N. 2005. Strategic value of reliability and maintainability management. *International Journal of Quality & Reliability Management*, 22(2): 317–328.

Márquez, A.C. 2009. The maintenance management framework: A practical view to maintenance management. *Journal of Quality in Maintenance Engineering*, 15(2): 167–178.

McDaniel, N.A. 1999. *Acquisition Strategy Guide*, 4th edn. Fort Belvoir, VA: Defense Systems Management College Press.

Nudelman, S. 1962. The detectivity of infrared photodetectors. *Applied Optics*, 1(5): 627–636.

Putley, E. 1973. Modern infrared detectors. *Physics in Technology*, 4: 202–222.

Smith, W. 2007. *Modern Optical Engineering: The Design of Optical Systems*, 4th edn. New York: The McGraw-Hill Companies, Inc.

Strandmark, P (aka Mwtoews). 2007. Standard deviation diagram. http://en.wikipedia.org/wiki/ File: Standard_deviation_diagram.svg (based on figure by Jeremy Kemp [2005], accessed November 28, 2014).

Wessels, W.R. 2010. *Practical Reliability Engineering and Analysis for System Design and Life-Cycle Sustainment*. Boca Raton, FL: CRC Press.

Wyatts. 2005a. Fault tree. http://en.wikipedia.org/wiki/File:Fault_tree.png (accessed April 3, 2014).

Wyatts. 2005b. Reliability block diagram. http://en.wikipedia.org/wiki/File:Reliability_block_ diagram.png (accessed April 3, 2014).

第9章 技术性能测度和指标

测量是实现控制并最终得到改进的第一步,如果你不能对某一事物进行测量,你就不能理解它,如果你不能理解它,你就不能控制它,如果你不能控制它,你就不能改进它。

——H. James Harrington

9.1 技术性能测度和指标

在系统工程领域,需求是将利益攸关者的期望和需要与动态的、可能是复杂的系统/服务/产品/过程联系起来的重要的方面。需求被看作是系统工程的最重要的概念之一,需求能定义系统的特性和属性,但不限制实现方式。然而,重要的需求可能是将系统的特性和属性转换为可量化、可测量的任务的行动,这构成了系统开发工作的基础。在需求生成过程中,技术性能测度和指标对定义需求的必要的可测量的特性和属性起着关键作用,当对系统及其单元进行测试时,用于验证需求。在确定技术性能测度和指标之后,可以用来确定系统或系统单元的性能包络。技术性能测度和指标可以划分为技术性能测度和它们的相关指标,例如,如果一个需求要求系统必须能够工作在相对于海平面3km的高度,对这一需求的技术性能测度将是相对于海平面的高度(km),技术性能指标将是3km。如果在详细设计和开发阶段,所开发的原型样机不能达到这一高度,则这一需求显然不能得到满足,系统不满足这一性能需求。又回到了图板设计阶段!正如这一例子所说明的那样,技术性能测度和指标可能触发诸如需要更改审查、需要增加经费或重点要转移的指示的标志。在文献中,经常使用技术性能测度这一术语,相关的指标是暗含的。我们将采用这一惯例,并在需要时包括技术性能指标。

作为另一个例子,技术性能测度或许是一个加固的桌面电脑必须能够正常工作的环境温度的一个门限,设计团队在整个系统工程寿命周期内应遵从这一技术性能测度,这可能导致特定的环境试验,或者可能将工程团队的注意力聚焦在某种具体金属的热传递速率,以便在峰值性能下快速地散热。总而言之,技术性能测度不仅允许一个设计团队在整个项目生命周期内跟踪系统需求,而且允许设计师彼此评估需求。在这一过程中涉及优先的因素,这样,设计能够满足利益攸关者的需求。通过采用诸如质量功能展开(QFD)模型和质量屋矩阵那样的工具,技术性能测度为工程团队提供了跟踪项目的满意的进展,并确定要关注的方面的能力。

Bahill博士,"技术性能测度"的作者,将技术性能测度定义为"说明一个系统能多好地满足其需求或满足其目标的工具",认为它们是"通过设计、实现和测试实现对产品和过程的评估"的"时间的函数"(Bahill,2004—2009)。类似地,"技术性能测度模块"的作者Guerra指出,技术性能测度是"基于高风险的或重要的需求或技术参数……的系统技术性能的测度"(Guerra,2008)。最后,《系统工程与分析》的作者 Blanchard 教授指出,技术性能测度"是描述系统性能的量化值(估计的、预测的和/或测量的)(Blanchard 和 Fabrycky,1990)。或许最综合的定义是:"技术性能测度测量系统中的一个要素的属性,以确定系统或系统要素能够多好地满足规定的需求"(Roedler 和 Jones,2005)。总之,技术性能测度确定了与目标和需求相关的测度,以便确定可测量的性能准则,以验证实现目标和满足需求的进展。

从历史上讲,和系统工程的其他方面一样,确定技术性能测度的思路可能称为提问。严格的测量性能的程式(规程)需要搜集、分析和报告系统行为的各个方面,这是一个复杂的设计过程的一项附加的工作。然而,测量性能参数的科学使系统利益攸关者对项目性能承担管理者的责任,并且可度量成功的进展。根据"技术测度:PSM、INCOSE 和工业界的一项协同的项目",技术测度的属性能够"连续地验证所期望的技术参数和实际实现的技术参数"(Roedler 和 Jones,2005)。通过按照以下定义技术性能测度模板,可以进一步定义技术性能测度:①已经实现的;②当前的估计;③里程碑;④规划的值(目标);⑤规划的性能轮廓(解析模型);⑥容差带(决策准则);⑦门限;⑧偏差(Roedler 和 Jones,2005)。总之,技术性能测度可以用于判断供方为利益攸关方提供的产品的价值,也能为管理者提供改进性能必要的数据。(Behn,2003)。

图 9.1 描述了一种重点是速度、质量、灵活性、可靠性和成本这 5 个常用的参数之间的关系的模型(Lichiello 和 Turnock,1999),该图也说明了当正确地使用性能测度时,与系统收益的内部和外部关系(正如在方框内看到的那样)(Tangen,2003)。正如所看到的那样,在这 5 个参数的情境下对不同的需求进行分类,并转换到性能测度。图 9.1 表明,尽管这 5 个参数是彼此独立的,它们均源于总的成品率高这一需要。

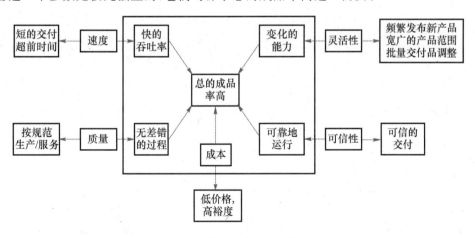

图 9.1　性能测度的交互作用

NASA 的 Hubble 空间望远镜(最著名的望远镜之一),或许可当作系统的技术性能测度不完备可能会导致失败的一个完美的例子。这一望远镜长近 12.8m,在 1990 年发射时已经超出预算 25 亿美元(Kasunic,2011)。在发射的几周内,检验望远镜性能的科学家和工程师发现了光学系统的一个缺陷,在假设实现了完美的聚焦后获取了第一幅图像,但主反射镜存在像差问题,这归因于主反射镜的形状误差导致了离焦的图像。

NASA 成立了一个由前喷气动力实验室主任 Lew Allen 牵头的调查委员会,来确定误差是怎样产生并传播的。他们发现,一个用于确定反射镜表面缺陷的称为反射零位校正器(RNC)的器件的制造有错误。按照合同对反射镜进行测量的 PerkinElmer 公司采用一个常规的器件来完成这一任务。然而,在项目完成之前,采用了一个没有正确组装的校正器,它仍然是精密的,但不是正确的。在标准的器件和定制的器件之间有不一致的结果,其中一个产生了完美的结果,另一个是有误差的。最终,在反射镜上存在的球差被忽略了,以迎合不正确的器件的结果,这是任何测试方法中的一个显著的误差。以下是从NASA 对项目失败的调查报告中摘出的:

(1)"……令人惊奇的是,在制造阶段,竟然缺乏具有制造大型望远镜的经验的光学专家"。

(2)"在 Perkin−Elmer 公司的质量保证人员……不是光学专家,因此,不能确定光学测试中的不一致的数据"。

(3)"哈勃望远镜的反射镜的制造是由 Perkin−Elmer 公司的光学业务部负责的,Perkin−Elmer 公司光学设计科学家没有参与,没有利用他们的技能……但 Perkin−Elmer 公司是有光学设计科学家的"。

(4)"Perkin−Elmer 公司的管理人员没有充分地审查或监督他们的光学业务部。事实上,Perkin−Elmer 公司的管理结构,对实际从事工作的人员和 Perkin−Elmer 公司内部和外部的较高级的专家的交流有很大的障碍。"

(5)"Perkin−Elmer 公司的光学业务部工作在"闭门"的环境中,允许不经评审忽略不一致的数据。"

(6)"Perkin−Elmer 公司的技术咨询组在光学制造过程没有进行深入的探究……这是非常令人惊奇的,因为咨询组的成员了解历史……球差是常见的问题"(Allen 等,1990)。

调查委员会的报告明显注明,由 RNC 所产生的数据被保留在内部级。在出现问题之后,Perkin-Elmer 公司为了避免诉讼,付出了 2500 万美元。由于面临着要对哈勃望远镜的光学系统的问题承担经济责任,Perkin-Elmer 公司卖出了它们以前的高度成功的光学部门。如果考虑到对常规的器件所提供的技术性能测度给予较大的可信度,本来可以更早地发现错误,并得到避免。

测量性能和它在系统工程过程中的作用是重要的,并且是本章的重点。首先,我们将探究技术性能测度的组成,以及它们怎样在系统工程设计过程中实现负责的设计。然后,详细地介绍了探测器和噪声及其与光学系统的关系。最后,进行了案例分析,重点是在该光学探测器的产品生命周期内采用技术性能测度的重要性。

9.1.1 技术性能测度在系统工程过程中的作用

技术性能测度是与系统工程开发过程的许多部分相关的。图 9.2 示出了作为重复的系统分析和控制方框的组成部分的技术性能测度。

从图 9.2 可以看出,系统工程过程是非常详细的。在开始时,需要利益攸关的有关任务使命、约束和效能测度的输入,这是通过与利益攸关者会谈以帮助确定重要的项目并进行优先级排序,并要确定在系统开发和整个系统生命周期内要监控的项目来实现的。下一步涉及进行需求分析,这评估用于形成顶层的系统需求的利益攸关者的所有的输入。然后进行功能分析/需求分配和综合研究。在形成了需求之后,要定义/确定技术性能测度,以建立需求的性能准则。技术性能测度可以用作工程团队的可量化的需求属性。在已经定义之后,技术性能测度可以用作性能尺度,以评估设计或结果,或者当作可行性研究的目标值。总之,技术性能测度的顶层目标是通过测量和评估跟踪项目进展,最终用于衡量系统满足利益攸关者需要和期望的进展。

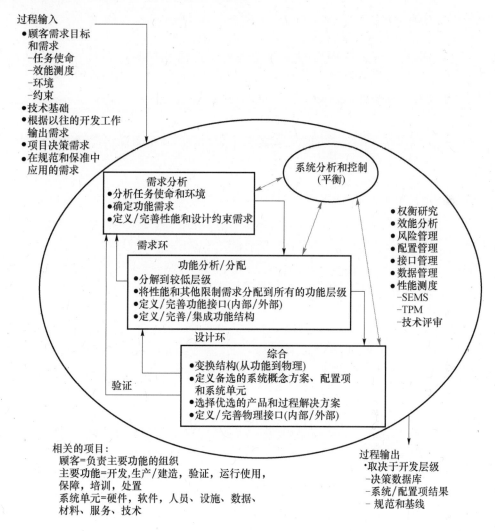

图9.2 系统工程过程(取自防务采办大学,系统工程基础补充教材,http://www.acqnotes.com/Attachments/DAU%20Systems%20Engineering%20Fundamentals.pdf,p. 31,2001,accessed November 29,2014)

9.1.2 测度的类型

按照一般的技术测度视角,有4种不同的用于描述性能的术语,已经讨论了这些测度中的两个,技术性能测度和关键性能参数。验证和评判系统整体性能的另外两个常用的测度是效能测度 MOE 和性能测度(MOP)。

效能测度 MOE 关注性能、适用性和可承受性,但洛克希德·马丁公司的高级项目经理 Garry Roedler 的更流行的定义是:"在规定的条件集、规定的工作环境中评估的,与任务或作战目标紧密关联的成功运行的测度,即解决方案能多好地实现预定的目标"(Roedler 和 Jones,2005)。从客户/利益攸关者的视角来看,效能测度是按照目标和任务使命需求对项目进行评定的标准。在某些情况下,只要利益攸关者同意修改,其中一些技术特性有一些修改的空间。

性能测度 MOP 与 MOE 有关,可以描述为"在规定的测试和/或运行使用环境条件下,定量评定与系统的运行使用相关的物理或功能属性的测度"(Roedler 和 Jones,2005)。由于 MOE 设定了任务目标的标准,MOP 判断系统是否有满足这些需求的能力,当一个系统具有实现系统的任务目标的关键组件时,采用 MOP。MOP 也分析所交付系统满足原始的系统层级需求的能力。MOE 与系统需求或关键性能参数密切相关,它们包括诸如速度、质量或距离那样的量化的特征。像所有的技术测度那样,MOE 被当作整个开发过程的评判标准。与 MOP 相比,它们可以使系统工程师或设计师洞悉开发中的问题和应关注的方面。

技术性能测度过程的某些最重要的要素是关键性能参数。关键性能参数被描述为"代表着那些非常重要的能力和特性的关键的性能参数子集,如果不能满足那些重要的能力和特性的门限值,可能导致要重新评估所选择的概念或系统,或者要重新评估或终结项目"(Roedler 和 Jones,2005)。应该给出大约 5 个关键性能参数,因为一个项目的关键性能参数越多,预算和进度延迟的可能性越大。由于技术性能测度涉及"预测正在发展的较高层级的终端产品的未来的值",注意,超出由关键性能参数设定的标准被看作一个希望的结果(Hagan,2009)。关键性能参数用于定量描述诸如可保障性、互操作性和运行使用性能等因素,能够考察是否能够满足用户的需求,并能使设计团队了解开发工作的总体进展。与 MOE 和 MOP 不同,关键性能参数包括:一个门限值和一个目标值。利益攸关者可以采用关键性能参数来评估决策和设计选择。

洛克希德·马丁公司在 2002 年 6 月 22 日发布的一条涉及他们的 F—22 猛禽战斗机项目的成功的新闻,可以当作怎样采用关键性能参数和技术性能测度来说明成功地满足了利益攸关者的技术需求的一个很好的例子。该新闻发布较详细地描述了公司怎样满足和超过利益攸关者的需求,新闻称实现了包括"隐身、超巡航速度和先进的综合电子系统这三项技术的完美的、平衡的融合"的关键性能参数(Polidore,2002)。应该注意,该新闻发布没有提及洛克希德·马丁公司怎样确保满足他们的目标。

技术性能测度、效能测度 MOE、性能测度 MOP 和关键性能参数 KPP 被用来评估项目的进展,目的是确定是否成功。所有这些测度彼此之间是相互关联的,尽管它们分别与项目的某一方面相关,它们可以顺序使用。如果目的是考虑项目本身并确保其性能最佳,则考虑采用性能测度。而是否满足利益攸关者的期望/需求可以采用效能测度,对于这一用途,重要的是理解确认(证实)和验证之间的差别,在验证过程中,被问到的实质的问题是:"我们是否按照设计技术规范建造系统?"而确认(证实)过程问到的问题是:"我们是否建造了利益攸关者想要的系统,系统能够在现实世界环境中运行吗?"在一个系统的生命周期内,验证是在组件、子系统和系统测试中使用的,而确认是在实际工作(运行)条件下对完整的系统进行测试时使用的。注意,效能测度、性能测度、关键性能参数和技术性能测度的相对的优先级。由效能测度导出关键性能参数和性能测度,而技术性能测度是由性能测度导出的,关键性能参数在性能测度的确定上起着重要作用,这些技术测度之间的关系如图 9.3 所示。随着系统研制的进展,技术解决方案的范围缩小,对技术细节的洞悉加深。随着时间的推移,这些不同的测度能帮助聚焦系统研发工作。

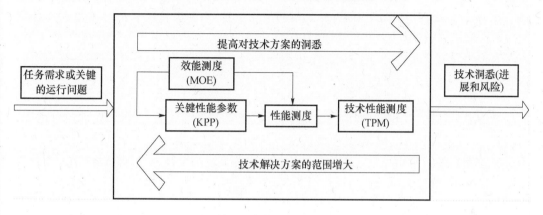

图 9.3　技术测度之间的关系

考虑简单的例子(Roedler 和 Jones,2005):

(1)MOE:用于记录高度敏感的数据的数据系统的运行时间。

(2)MOP:系统故障停机时间不应超过每年工作运行时间的 5%。

(3)TPM:系统冗余、容错和故障关键性能参数。

通过统一的定义有可能在不同类型的技术性能之间进行纯粹的比较(Mitchell,2010)。当评估可用性和可靠性测度之间的相关性时,经常遇到的一个场景是:如果对于正常的运行不需要冗余的设备,但要根据需要进行维护,怎样应对这一情况?对于冗余的系统,如果要取出备用设备进行维护,如果主设备没有故障,系统不应立刻受到影响。系统的可用性不会变化,只要主设备保持正常工作。然而,如果由于维护,冗余的系统从设备中取出,系统的可靠性已经降低。如果所讨论的系统与生命保障有关,降低可靠性的方案可能是不可接受的。在这种情况下,在对备用的设备进行维护时,必须采用相同的设备代替备用的设备。对于生命保障系统的需求可能是:"系统应当有××年的平均无故障工作时间(MTTF)。"这一需求要基于利益攸关者的需要来确定,并可以考虑系统能有多长的功能工作周期这样的因素。如果使用是不连续的,故障时间可能指数型地缩短。MT-TF 可以由诸如故障模式、影响和临界性分析(FMECA)以及故障树分析那样的量化分析方法的组合来确定。可以对诸如电路板或机械联接器那样的系统组件进行 FMECA,接着一个量化的故障树可以使用由 FMECA 导出的不希望的事件,完成与不希望的输出相关的故障模式的顶层分析。诸如可靠性 Workbench 那样的软件工具可以处理非常复杂的场景,并完成得到 MTTF 率所需要的数学计算。以下章节将进一步探讨技术性能测度和对正确地编写技术需求的要求,并详细地描述技术性能测度与需求的基本关系。

9.1.3　技术性能测度与需求的关系

在一个项目的婴儿期,在其提出阶段,建立一个技术性能测度集是重要的,它可以作为判断是否满足利益攸关者的期望/需要的评判标准集。技术性能测度必须是重要的、相关的和可测量的,因此,技术性能测度是与技术规范和详细的需求密切相关的。技术性能测度经常与项目方面相关,如满足时间表要求、利益攸关者认可,或在成本(经济性)门限之内等。尽管需求是与技术性能测度直接相关的,系统工程师的目标应当是限制与一个特定的技术性能测度相关的需求的组合,这样的做法可以提高效率,并帮助避免在生命周期内的混淆。技术性能测度可以是任何数目的系统特性,如可靠性、成本或吞吐率。在分配技术性能测度时,系统的复杂性、利益攸关者和资源可获得性都是必须要考虑的因素。在完成了所有这些之后,可以分配一个优先考虑的方案,并对每个技术性能测度进行适当的评估(Oakes,2004—2005)。

不能低估将权重因素分配到一个系统的输入或特性的重要性。无论所评估的系统是商品的搭配组合还是一个潜艇,所有的技术性能测度不是等同的。例如,在一种应用中,卡尔曼滤波器是用于制导和导航系统的定位的一种常用的数学算法,这是在系统中被分配给高的优先级因子的一个例子。卡尔曼滤波器尤其适用于在一个迭代过程中采用各种不同的输入,来确定定位的有效性。例如,一个导航系统的输入可以包括 GPS 系统、基于测程和罗盘进行的船位推算以及 RFID 传感器,如果监测到 RFID 传感器处于某一确切的经度和纬度,到系统的任何与 RFID 相关的变量输入,应该比作为速度和时间的函数的基于测程和罗盘进行的船位推算的变量,具有更高的置信度权重。由于事实上利用速度和时间不一定能精确地预测位置,除非运动是完全直线运动,而且速度估计是精确的,基于测程和罗盘进行的船位推算,随着测量周期的推延可能变得很不精确。因此,系统设计师需要对 RFID 输入,给予比基于测程和罗盘进行的船位推算的输入和计算更高数学重要性的加权。尽管给卡尔曼滤波器的所有的输入对于系统作为一个整体完成其功能都是重要的,但某些单元有更高的优先级权重。这一例子强调了在分配与系统相关的技术性能测度的相对重要性时,需要仔细地考虑和专业领域的经验。

形成、排序和跟踪技术性能测度的一种最常用的方法是采用 QFD 和相关的 HOQ。QFD 参考利益攸关者的需要/期望和相关的需求优先级,这是确定系统研制工作的重要的方面的一种非常有效的方法,并给出了记录利益攸关方的偏好的方法,利益攸关方的每项需要/期望被列在 QFD 的列上,通常由利益攸关方进行排序,这可以向开发团队说明利益攸关方的需要/期望的相对重要性,图 9.4 中所示的 HOQ 说明了 QFD 的各种有用的属性。

注意,在这一例子中,所有的利益攸关者需要/期望是等权的,左边的利益攸关者需要/期望三角形说明了各项需要/期望的相关性(例如,如果一项需要/期望增大,对其他的需要/期望有什么影响?)QFD 中的行通常是开发者对利益攸关者的需要/期望的响应。HOQ 的三角形"屋顶"说明了技术响应之间的相关性。矩阵中利益攸关者需要/期望与技术响应的交点通常说明基于一个相同的评分方案得到的技术响应对利益攸关者需要/期望的相对重要性(在图 9.4 的例子的左上方示出)。HOQ 的底部与技术响应行确定的技术性能测度相关,并提供了诸如实现技术响应的组织架构难度、技术响应的加权重要性和技术响应的相对重要性那样的有用的信息。基于目标受众和 QFD 的用途,可以在QFD 中给出不同的有用的分类。

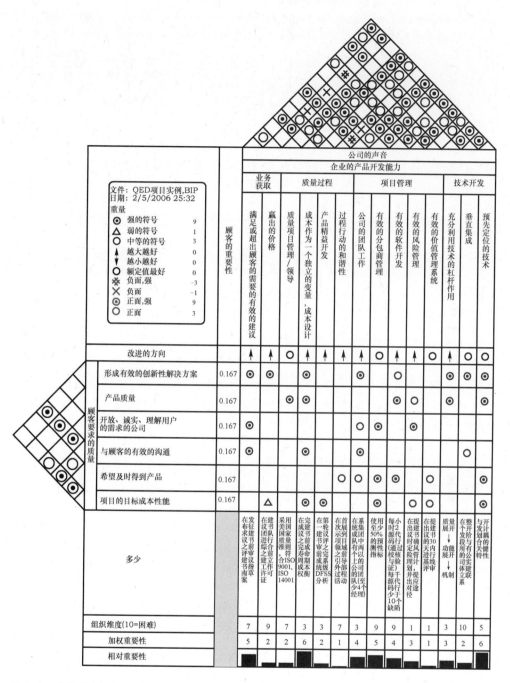

图 9.4　质量屋（取自 Cask05，http://en. wikipedia. org/wiki/File：A1_House_of_Quality. png，2006，accessed November 29，2014。）

9.1.4　光学系统的系统工程方法

当系统工程师定义利益攸关者需求时，他们必须首先确定利益攸关者需要和期望之间的差别，确定这一差别可能是困难的，因为利益攸关者可能不能区分两者的差别，利益攸关者可能感到他们"需要"一辆宝马(BMW),但他们的预算仅支持价格更适中的汽车,现实是利益攸关者"期望(想要)"宝马,但"需要"可靠的交通工具。在这种情况下,供货商清晰地为利益攸关者列出可选价格,利益攸关者在另一个经销商处满足了他的"需要"。在这种情况下,"期望"不是现实的,感觉到的需要不能得到满足。在另一方面,另一个有足够的经费的利益攸关者可能走到相同的宝马经销商处,他的需要是一辆可靠的汽车,"期望"是具有蓝色外观和红色内饰的宝马敞篷车,利益攸关者具有满足需要和需求的预算。在这种情况下,利益攸关者开着一辆新的宝马敞篷车离开了经销商处,他的需要和期望得到了满足。需要和期望都是重要的,利益攸关方的需要和期望最终演化成了利益攸关方的需求。

在设计一个光学系统时,观察距离、视场和成像质量与系统使用环境都需要考虑。在理解了运行使用条件和期望系统实现的任务后,可以确定性能需求。通过将性能需求交给开发团队,可以更容易、更简单、更直接地实现用户的需要和期望。

通常要创建一个技术指标表格以梳理出影响系统开发工作的重要因素,它展现出构成系统的关键的要素,而无须深入地探究设计细节,它说明了工程师可以满足利益攸关者需求的技术途径。将关键因素组织到一个表中能够实现可计量性和可追踪性。例如,想象要发射到空间的一个高倍率的望远镜,为了满足视场和空间分辨率需求,可能有必要采用大量的透镜。然而,随着光学组件数目的增加,光学载荷的成本、重量和尺寸将增大,同时,尺寸、重量和成本可能会超标。采用技术指标表格,使工程师能够清晰地看到是否超出了预定的边界。技术指标表也可用于确定冗余的技术指标,通常,冗余的技术指标是由于有多个利益攸关者造成的。技术指标表也可用于发现不一致性和/或不完整的技术指标。必须识别出不一致的技术指标并解决不一致性,以避免在研制后期出现设计冲突。不完整的技术指标在设计过程中留下了缺口,会导致设计本身的模糊性和可能的错误。通过将重要的技术指标汇总在一张表中,可以展现所涉及的所有指标,用于观察、理解、参考和评估。

技术性能测度在权衡研究中也起着重要的作用,权衡分析的一种用途是确定满足系统/子系统/组件级需求的技术能力,在表9.1中可以看到权衡研究表的一个例子。通过比较不同的特性,单项技术的优点和缺点一目了然。

表9.1 权衡表的实例

关键性能参数	数码相机	空间望远镜	双目望远镜
可用性	现在	推迟	很快
尺寸	小	大	小
成本	低	高	中等
重量	小	大	小
功耗	中等	高	低
视场	大	小	大
可靠性	中等	高	高
图像存储	是	否	否
商用货架产品	是	否	是

当将权衡表应用于一个光学系统时,同任何系统需求确定工作一样,必须考虑利益攸关者的需要和期望。这种选择(技术)可以为利益攸关者做什么? 一个利益攸关者可能想要一个轻质、紧凑的光学系统,但他们可能不知道他们是否需要高可靠性。光学系统将工作的环境是否需要高可靠性地工作? 光学系统任务是否需要高可靠性? 权衡表将把问题的类型带到面上,它们也表示技术之间的权衡。在权衡研究中包括技术性能测度,经常可以帮助利益攸关者确定最佳的技术备选方案或技术途径。

子系统的初步设计不仅要确定每个单独的子系统的需求,而且要定义这些子系统彼此之间的接口如何。在需求中必须考虑、评估和定义硬件和软件组件。此外,在定义子系统交互作用的方式时,必须考虑关键性能参数,如要求故障停机时间不超过 5%。电源在出现功率电涌时会怎么样? 所有的子系统都有防护吗? 子系统会停止工作超过 5% 的时间吗? 采取什么样的冗余措施能够避免系统故障停机时间超过 5%? 系统怎样跟踪 5% 的故障停机时间?

在开始设计子系统时,同时开始一个独立的过程:确定测试计划,测试计划概括对需求的测试方法,通过对每项需求进行测试,可以验证一个系统已经满足需求。测试计划经常包括几种不同类型的测试,如黑箱、白箱和 bata 测试。测试可以是复杂的,要验证系统在生命周期的 95% 的时间是可靠的,或者简单地证明年龄在 15~25 岁之间的首次使用者能够在 5min 内启动器件。

9.1.5 转到光学系统构成模块

同任何工程系统一样,一个光学系统的技术性能测度和指标给出了光学系统的关键的技术指标,并能洞悉光学系统的性能。不能适当地规定技术性能测度,将给需求生成过程产生不确定性,并对整个光学系统设计带来不利的影响。在一般的光学系统中,某些技术性能测度包括最近和最远探测距离、瞬时视场、光学系统的空间和角度分辨率、光学系统垂轴和轴向放大率、等效焦距、图像质量指标以及探测器信号和噪声性能测度和指标,这些技术性能测度经常是相互关联的,某些技术性能测度的变化会影响到其他的技术性能测度。例如,对于一个一般的光学系统,探测距离的变化会影响到探测器的信噪比特性。某些技术性能测度可能不受其他技术性能测度的变化的影响,例如,只要光学系统的垂轴和轴向放大率保持不变,距离的变化不影响瞬时视场角。在光学系统设计情境下,必须针对具体的运行使用方案对技术性能测度进行优化。采用光学系统建模和仿真方法和多参数优化方法结合,能帮助确定光学系统的性能界,并便于探索性建模和敏捷的系统工程方法。在本节,我们的重点是探测器本身的技术性能测度,具体地说,我们讨论了探测器噪声的解析建模,并评估和分析了探测器的重要的特性和属性,我们也给出了确定光学探测器的性能限的数学关系,并讨论了基本的光学系统测试。

9.2 光学系统构成模块:探测器噪声、特性、性能限和测试

9.2.1 探测器噪声简介

噪声可以看作在一个系统的电子信号中不希望的波动。噪声在光学系统中是常见

的,本章的重点是光电和红外光学系统中的噪声,在光电/红外系统中,所考虑的噪声是探测器内部或外部的噪声。

影响光电/红外系统的外部噪声源是由自然造成的或由人造器件造成的。某些自然噪声源的例子包括背景辐射、在光学系统的瞬时视场中的光散射、自然杂波信号、多路径效应,诸如地壳构造运动或海洋隆起那样的自然运动造成的冲击和振动耦合效应,诸如闪电、风暴和局部环境条件(如温度、压力、湿度、高度、大气效应、雨、雪、尘和风)那样的自然事件,光子本身也是统计光学探测场景中的噪声源。人造噪声源包括在光学系统中引入的振动和冲击(如电机振动和冲击耦合或由于人或机器操纵光学系统引入的抖动)、诸如在电磁波谱的可见光部分中的伪装那样的人造杂波物体,以及在电磁波谱的红外部分中的辐射热或光子的人造物体。

与外部噪声源相反,内部噪声源是在光学系统本身内部产生的,例如,对于一个红外光学系统,组件本身的温度将在电磁波谱的红外部分产生辐射,通过对探测器制冷可以降低这部分噪声。内部的电机耦合到光学组件上的振动和冲击会导致抖动和脉冲噪声,必须通过滤波使之降至最低,以保证光学系统的正常性能。在本节,我们给出了与光电/红外探测器相关的各个噪声源的数学描述。我们从噪声的统计描述开始。

9.2.2 噪声的统计描述

即便所有的内部和外部噪声效应都被降至最低,光子本身的变化性也会在光学系统中引入噪声。在本节,我们介绍了适当地描述探测器噪声所需要的某些基本的统计概念。统计分析的核心是概率密度函数,如果概率密度函数已知或者可以估计,则可以采用统计分析这一强有力的框架来描述和分析探测器噪声特性。通常有连续和离散两类概率密度函数模型,离散概率密度函数模型通常出现在诸如低照度探测场景(如光子计数摄像机)那样的孤立事件中,在这种情况下,离散泊松概率密度函数是适当的。在其他的极端情况下,如高照度成像场景中,有大量的独立光子事件,连续的高斯概率密度函数经常是适当的。由于许多应用涉及高照度水平,我们从高斯分布入手,高斯概率密度函数如图 9.5 所示。

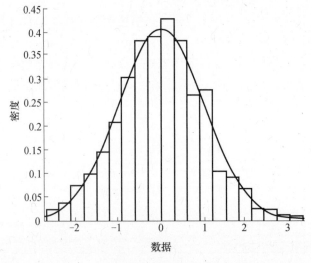

图 9.5　高斯分布的概率密度函数

单变量高斯概率密度函数的数学表达式如下：

$$p(x) = \frac{1}{\sigma\sqrt{2\pi}} e^{-\left(\frac{x-\mu}{2\sigma}\right)^2}$$ (9.1)

式中：σ 为标准差；μ 为均值。

如果 x 表示一个感兴趣的光学统计参数，则发生这一统计参数的概率由 $p(x)$ 给出，均值和标准差可以根据测量数据计算，均值 m 的估计可以采用样本平均确定：

$$m = \frac{\sum\limits_{i=1}^{N} x_i}{N}$$ (9.2)

其中，N 被定义为数据集中的总的单元的数目，参数 x_i 为第 i 个样本单元，样本的方差 s^2 由下式给出：

$$s^2 = \frac{\sum\limits_{i=1}^{N}(x_i - m)^2}{(N-1)}$$ (9.3)

随着数据量的增加，m 接近于 μ，s^2 接近于 σ^2。作为一个例子，我们在附录 9.A 中给出了一个 MATLAB 程序，它采用一个纯正弦波和一个高斯分布的随机噪声信号产生如图 9.6 所示的含噪信号。

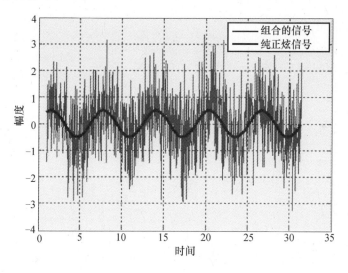

图 9.6　含噪声的正弦波信号

在图 9.6 中，正弦的幅度被设定为 0.5，高斯噪声的标准差被设定为 1。零均值正弦波和随机高斯噪声输入的直方图将表现出一个正态分布，99% 的采样值在均值的 3 倍标准差之内。实质上，对于服从正态分布的噪声，已经建立了重建原始信号的滤波和信号处理方法，而且在恢复高质量的原始信号方面有很高的成功率，高斯噪声大部分被消除。

9.2.3　系统噪声和性能指标

性能指标在描述探测器性能方面起着重要的作用。已经建立了诸如探测器那样的器件的性能指标，以确定它们的有用性和效用。性能指标概念是在前一章介绍的。在本节，我们将说明系统噪声对光电/红外探测器性能指标的影响。

在系统层级,描述光电/红外系统的性能的某些最著名的性能指标是信号传递函数(SiTF)、噪声等效温差(NEDT)、噪声等效功率(NEP)、信噪比(SNR)、噪声等效辐射通量密度(NEI)、响应率和探测率。

(1)SiTF 是将输入温差转换为探测器信号响应指标,或将视频亮度输入转换为探测器电压或电流响应的因子。这一函数通常被测量为红外光学系统中的电压/度、安培/度或光子数/度,或者光电系统中的电压/安培/光子数一瓦,这一函数对于确定红外系统的NEDT 是重要的。

(2)NEDT 是产生的信噪比为 1 的输入,这是系统可以区分的最小的信号。NEDT被用来定义光学系统的动态范围。

(3)NEP 是输入功率与输出的信噪比之比。

(4)SNR 是在光学系统的一个特定的基准点(在探测器的输入处、探测器的输出处、在入瞳处等)的信号(如一个感兴趣的物体的辐射在探测器上产生的电压、电流和光子数)与噪声(如总的噪声、背景限噪声和光子噪声)之比。

(5)NEI 是 NEP 除以探测器的有效面积。

(6)响应率是探测器响应(电压或电流)与探测器的输入功率之比。

(7)探测率是 NEP 的倒数。

理解这些性能指标能洞悉一个光学系统的性能。例如,确定 NEI 将能洞悉探测一个可能的感兴趣物体所需的信号水平,如果感兴趣的物体的辐射通量密度水平低于噪声水平,则必须采用附加的滤波或调制方法以使信号从噪声中提取出来。图 9.7 示出了从源到显示器的成像链的各个性能指标。

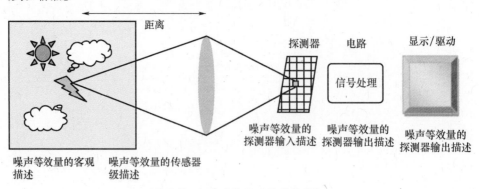

图 9.7　红外系统的顶层性能指标

在确定整个成像系统的性能时,性能指标与诸如环境噪声、环境因素、总的距离、探测器本身的品质、复杂性和信号处理电路的滤波能力等光学系统特性相关,图 9.8 示出了作为时间或幅度的函数的噪声的可视化表示。

9.2.4　三维噪声模型

一个典型的三维噪声模型包括两个空间维和一个时间维,三维噪声模型也可以有作

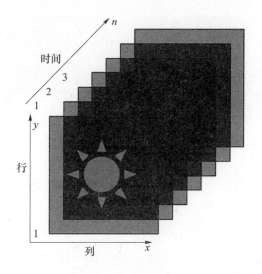

图 9.8　噪声的立体图

为频率、波长的函数的第三维（就像在光谱成像系统中一样），或者第三个空间维（像在三维成像应用中那样）。在许多情况下，一个二维空间（光电）或热（红外）成像摄像机获取序列图像帧（就像在视频摄像机中一样），这可以当作理解三维噪声的代表性的三维光学系统。为了理解三维噪声模型，在光学系统中有几种常见的噪声项，这些噪声项列在表 9.2 中，它们构成了通常所称的三维噪声模型（Holst,1998）。

表 9.2　三维噪声模型分量

三维噪声分量	描述
σ_{TVH}	随机三维噪声
σ_{VH}	在时间维固定的空间域噪声,也称为固定图案噪声
σ_{TH}	列信号随着时间的变化,也称为雨
σ_{TV}	行信号随着时间的变化,也称为条纹
σ_{V}	在时间维固定的行噪声,也称为水平线或带
σ_{H}	在时间维固定的列噪声,也称为垂直线
σ_{T}	帧强度随时间的变化,也称为闪烁

有代表性的三维噪声模型的维度如图 9.8 所示。

顾名思义，有三个维度，第一个维在 y 轴上，测量在 y 方向的像素数，第二个维是 x 轴，测量在 x 方向的像素数，n 轴测量在视频中的帧数（时间）。

可以在如附录 9.B 所示的一个简单的程序中运行一个图像，以建模一幅图像中的噪声分量的影响。时域噪声项可以通过评估序列图像帧中的与时间相关的噪声分量（如随机噪声、雨、条纹和闪烁）来确定。这种效应可以在图 9.9 中看到。

重要的是要理解要通过多个时间帧测量的某些噪声分量（不能采用单个图像帧确定）。例如，固定图案噪声是与数字成像传感器中的噪声图案相关的，通常在扩展的采样周期内出现，这是由易于识别的亮的和暗彩色的像素阵列组合描述的。类似地，行和列噪声沿着水平和垂直轴的图案，是探测器本身的不均匀的采样特性的结果。可采用数字信

329

图 9.9　图像噪声的例子

(a)理想图像;(b)固定图案噪声;(c)列噪声;(d)行噪声。

号处理方法消除固定图案、行或列噪声,图 9.9(a)示出了一幅清晰的基准图像。

9.2.5　噪声源

在一个给定的光电/红外成像场景中,噪声的类型取决于探测器的类型及其运行使用环境。像光子通量那样的可观测量和探测器、前放和模数变换电路等组件是光学系统的噪声源。与其他类型的噪声相比,在光学系统中占主导地位的噪声被看作是限制噪声。图 9.10 中示出了噪声限性能。

在图 9.10 中,越靠左,感兴趣信号的噪声越小,从感兴趣信号所到达的光子也有随机波动,因此也是噪声源。噪声经常用光子探测器的电压、电流或电功率来表示。采用较早所讨论的概率密度函数概念,噪声的方差可以采用以下方程描述,随机变量(v)用于描述噪声电压随时间的波动:

$$\overline{(\Delta v)^2} = \overline{(v - \bar{v})^2} = \frac{1}{\Delta t}\int_0^{\Delta t}(\nu - \bar{\nu})^2\,\mathrm{d}t \tag{9.4}$$

其中,Δt 是所考虑的时间间隔,统计假设是时间平均与系综平均相同。通过假设平均电压等于 0,可以确定均方电压波动方程,如式(9.5)所示。当 $\Delta t = 0$ 时,时域的电压信号的自相关简化为信号的平均功率(假设为单位电阻)(Bradshaw,1963):

$$R(\Delta t = 0) = \int_{-\infty}^{+\infty} v(t)v(t)\mathrm{d}t = \int_{-\infty}^{+\infty} v^2(t)\mathrm{d}t \tag{9.5}$$

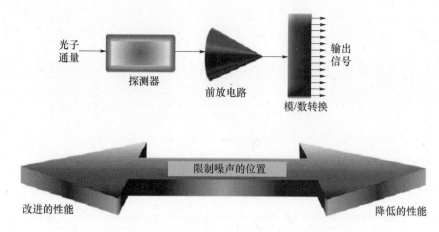

图 9.10　限制噪声的位置和对性能的影响

式(9.5)是有用的,因为虽然随机噪声电压信号有 0 均值,平均功率是一个可观测的量。

9.2.6　噪声的类型

在本节,我们将扩展到光电/红外成像系统中的更一般的噪声项。正如将要看到的那样,这些噪声项中某些取决于温度,因此可以采用制冷方法来降低这些噪声项。其他噪声项可能与光学系统的瞬时视场有关,因此采用对杂散光信号进行遮光的方法可能是有效的。经常采用检测前和/或检测后光学调制方法和滤光方法,以显著降低光学系统噪声,并将低电平信号与其他噪声效应区分开来。我们重点讨论与光学探测器相关的常见的噪声项:

(1)Johnson－Nyquist 热噪声(Johnson 噪声);

(2)散弹噪声;

(3)$1/f$ 噪声;

(4)产生－复合噪声;

(5)跳跃噪声;

(6)辐射或光子噪声;

(7)量化噪声。

在以下几节,我们分别考察这些噪声,并给出噪声项的来源、噪声项的数学描述等基本的信息。我们首先描述与温度有关的 Johnson－Nyquist 热噪声项。

9.2.6.1　Johnson－Nyquist 热噪声(Johnson 噪声)

1928 年,基于在电阻中发现的噪声,人们发展了描述所谓的 Johnson 噪声的均方电压方程。Johnson 噪声是由具有与温度有关的微电流的导电材料产生的一类热噪声,这些导电材料允许电子运动并与探测器材料交互作用,电子的运动产生非常小的电流,尽管随着时间的推移,所有这些电流的总的效应是可以忽略的,在短的时间周期内,这些电流的波动会导致 Johnson 噪声。Johnson 噪声取决于探测器材料的温度和电阻(与探测器电路模型相关)。Johnson 噪声与具体电路的频率无关,但它是电路带宽的函数。对于

Johnson 噪声,在不施加电压且没有平均电流流动时,有均衡的电流波动。这些概念可表示如下:

$$(v^2)^{1/2} = v_j = \sqrt{4kTR\Delta f} \tag{9.6}$$

式中:k 为玻尔兹曼常数;T 为探测器材料温度(K);R 为探测器电路等价电阻(欧姆);Δf 为探测器的电路带宽。

图 9.11 表明 Johnson 噪声不是任何特定的频率的函数,但它是电子系统的带宽的函数。

正如在图 9.12 中所看到的那样,Johnson 噪声可以采用在电压表处产生一个噪声电压的一个理想的电压源来建模,所示出的模型是一个与探测器相关的 Johnson 噪声源的 Thevenin 等效电路模型。

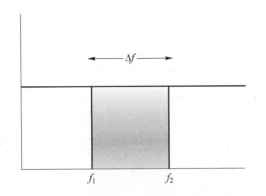

图 9.11 Johnson 噪声与频率无关

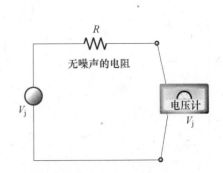

图 9.12 Thevenin 等效电阻噪声

在考虑探测器的阻抗时,Johnson 噪声仅是探测器的电阻的一个函数,因此不是其电感或电容的函数。

探测器的 Norton 等价电路也可以用于电流产生器模型中,一个理想的探测器的 Norton 等价电路的电阻部分如图 9.13 所示,其中 i_j 等于将式 9.6 中的均方噪声电压除以探测器电阻得到的 Johnson 均方噪声电流。

式 9.7 与 Norton 等价噪声电流 i_j 有关,i_j 为:

$$i_j = \frac{\sqrt{4kTR\Delta f}}{R} \tag{9.7}$$

其中,分母中的 R 为与探测器阻抗相关的电阻单元。图 9.14 示出了跨一个电阻—电容组合有持续的波动电压的 Johnson 噪声电路。

Johnson 噪声被看作"白噪声",其功率谱是平坦的。因此,如前所述,Johnson 噪声是与频率无关的。然而,由于 Johnson 噪声功率谱是平坦的,电子系统带宽的增大将使 Johnson 噪声增大。对探测器进行制冷,能够降低 Johnson 噪声的影响(Bradshaw,1963)。

在有电容的电路中有另一个热噪声项,在一个简单的电阻—电容电路中,这种热噪声被称为 kTC 噪声,如下式所示,是电容和温度 T 的函数:

$$v^2 = \frac{kT}{C} \tag{9.8}$$

式中:分母中的 C 是电路电容;k 是玻尔兹曼常数;T 是温度。

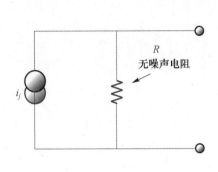

图 9.13　Norton 等价电路

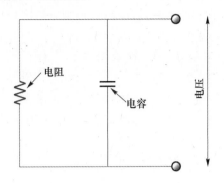

图 9.14　Johnson 噪声电路

　　就像在 Johnson 噪声情况下那样,对这样的探测器制冷可以降低 kTC 噪声。增加电路电容也可降低 kTC 噪声,但对电路的时间常数有不利影响。在下一节,我们考察另一种也与带宽有关的噪声源(Bradshaw,1963)。

9.2.6.2　散弹噪声

　　像 Johnson 噪声一样,散弹噪声与电子流相关。散弹噪声的一个例子是真空管,其电子到达集电极的速率是随机的,相应地成为集电极上的噪声源(Hudson,1969)。1918年,Schottky 发现,散弹噪声在电子和电信器件中是常见的。散弹噪声和 Johnson 噪声的一个区别是散弹噪声有直流,单个电子随机到达它们的目的地;而在 Johnson 噪声中,电子的随机运动累加为 0,在短周期内电子的随机运动的变化产生 Johnson 噪声。展现出散弹噪声的器件的一个例子是温度限二极管。

　　与 Johnson 噪声类似,散弹噪声有平坦的谱,因此与任何单个频率无关。由于它反映一个计数过程,可以采用泊松概率密度函数来计算统计噪声参数。类似于在一个真空管的电子到达集电极板上速率,由于到达光子计数探测器上的光子的随机到达性,而产生散弹噪声(或光子噪声)。在以下方程中,变量 I 表示入射到探测器表面上的亮度:

$$\Delta I^2 = (I - I)^2 \tag{9.9}$$

由于来自探测器的电子的发射,平均亮度项造成一个平均电流,这一电流可以由下式描述(Bradshaw,1963):

$$\overline{i^2} = 2eI_{DC}\Delta f \tag{9.10}$$

式中:左边的项上面的横杠是时间平均;e 是一个电子的电荷;I_{DC} 是直流电流;Δf 是探测器电流带宽。

　　散弹噪声是许多高端光学系统的限制噪声,光子的随机到达率—光子噪声,引入了如式(9.9)所示的波动项,这一效应可以在光倍增管和雪崩光子二极管中看到。

9.2.6.3　1/f 噪声

　　一种更主要的噪声项是所谓的 1/f 噪声,这一噪声项出现在电子线路较低的频率上,与频率成反比,随着频率的增大,这类噪声降低,在频率高于几百赫兹时经常小于其他噪声项,其均方噪声电压和/或电流的表达式是复杂的。然而,由于它正比于直流电流(现在产生了一个近似为 2 的 α 值),功率谱方程相对简单,而且与频率成反比(产生一个范围在 0.8 到 1.5 的参数 β）。$1/f$ 噪声的其他常用的名称是接触噪声（对于碳电阻）、调制噪声（在二极管中）、闪烁噪声（在真空管中）和电子线路中的超额噪声（因为它超出了低频处的散弹噪声）。

9.2.6.4 产生复合噪声

产生复合噪声是由于在探测器材料中电荷载流子的产生和复合的速率的差别造成的。产生复合噪声出现在半导体和典型的光子探测器中，可以在 $1/f$ 噪声主导的频率和 Johnson 噪声主导的频率范围之间的电子线路频率上观察到。产生复合噪声是跨频谱平坦的（直到近似等于载流子的寿命的倒数的截止频率），对于更高的频率，产生复合噪声每 10 倍频程降低大约 6dB。

9.2.6.5 跳跃噪声

跳跃噪声可能是由各种条件（如，在半导体中的表面的污染和在制造过程中的缺陷）产生的，一个显著的特征是噪声电压电平的快速变化，可能持续许多毫秒（Markov 和 Kruglyakov，1960）。跳跃噪声也可能是由于在制造过程中高能离子植入材料时产生的。跳跃噪声可能是由于在界面上的电荷载流子的捕获或释放产生的，可能在短的或长的时间内出现。跳跃噪声这一名称起源于当连接一个话筒时这种噪声会发出特殊的爆音。跳跃噪声的其他的名称是脉冲噪声、猝发噪声、双稳态噪声和随机电报信号噪声。

图 9.15 示出了几种重要的噪声项和它们所占据的频谱。图 9.15 还表明，由于光导体的 $1/f$ 噪声、产生复合噪声和 Johnson 噪声的效应，总的噪声功率是频率的函数。

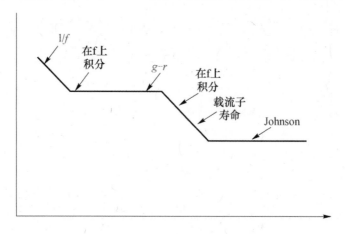

图 9.15 不同频率上主要的光导探测器噪声类型

图 9.15 的曲线表明总的探测器噪声电压是频率的函数，由下式表示

$$v_{\text{total,rms}} = \sqrt{v_{1,\text{rms}}^2 + v_{2,\text{rms}}^2 + \cdots + v_{m,\text{rms}}^2} \tag{9.11}$$

在式 9.11 中，假设每个噪声项是彼此独立的，因此光学器件的总的噪声电压由每个噪声分量的平方累加和的平方根给出。

9.2.6.6 辐射或光子噪声

在所有的光学探测器中噪声的限制形式是光子噪声，即使消除了所有其他形式的噪声，这种噪声仍然存在。光子噪声，或辐射噪声，是由于探测器与到达光子的交互作用产生的。光子的到达速率是随机的，因此入射的通量有波动，这会在探测器输出上产生相关的噪声电压,在许多商用应用中这种噪声是可以忽略的,但在高端的、制冷的光学探测装备中可以观察到。在高端光学装备,如光子计数摄像机中,光子到达速率可以看作一个计数过程,因此泊松分布是适用的,相应地,与信号相关的噪声的方差等于平均信号电平。在一个光子计数摄像机中,对一个光子的探测可以看作一个光子事件(例如,光子被探测到,并由探测器材料产生一个电子)。在除了光子噪声没有其他噪声的情况下,探测器的平均信号电平与光子事件的平均数目成正比。相应地,光子计数摄像机的信噪比被换算为光子事件的平均数目的平方根。图 9.16 示出了平均被探测到的光子事件为 100 的情况,在泊松过程中,相对于均值的标准差等于均值的平方根,因此标准差为 10 个光子。

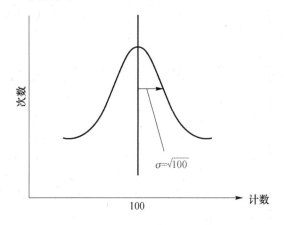

图 9.16　光子事件的数目的分布

即便所有其他的噪声都降到最低或被消除掉,光子到达的波动也是显著的,因此光子噪声是对探测器性能的最根本的限制。

9.2.6.7　量化噪声

量化噪声与从连续信号转换为离散时间信号时的信号转换过程相关,由于离散时间和数字信号是真实的连续信号的近似,存在取整和截断误差(Bradshaw,1963)。当一个连续值由最接近的量化电平表示时,产生取整误差,例如,如果单个的量化电平在连续时间的幅度范围内是均匀分布的(例如,对量化器的每个量化单元,电压步长大小 Δv 是相同的),这样,落在量化器的一个特定的单元中的任何连续信号返回相同的数字输出,例如,由 Δv 所给定的一个电压范围可以定义量化器的一个特定的电平,从 $-\Delta v/2$ 到 $+\Delta v/2$ 之间的任何电压在 A/D 变换器中将产生相同的数字输出信号。图 9.17 说明了这一概念。

在图 9.17 中,在间隔 Δv 中的任何连续电压信号将产生相同的数字输出信号。式 9.12 给出了由 A/D 变换器产生的最大的可能取整误差的幅度:

$$E_R \leqslant \frac{2^{-m}}{2} \tag{9.12}$$

其中,m 是 A/D 变换器的位数(Oppenheim 和 Shafer,1975)。

当一个需要无限累加的方程采用有限数目项近似时,出现截断误差。例如,在方形脉冲的正弦级数展开中,在级数中需要无限的项来完全描述物体的边界,当仅采用级数中的

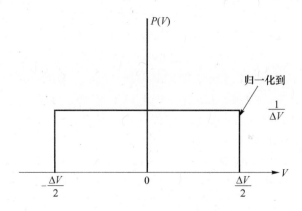

图 9.17　在一个量化单元内的电压的概率的随机分布

有限的单元来近似物体的边界时会出现截断误差。式 9.13 给出了在 A/D 变换器中的截断误差的最大误差幅度：

$$E_T \leqslant 2^{-m} \tag{9.13}$$

9.2.7　等效噪声带宽

在前面的许多方程中,我们采用电子带宽项(如描述 Johnson－Nyquist 噪声的式 9.6),数学定义和描述是按照顺序的。在本书中我们采用以下的等效噪声带宽定义(与 Hudson(1969)相同)：

$$\Delta f = \frac{1}{G(f_{\max})} \int_0^\infty G(f) \mathrm{d}f \tag{9.14}$$

其中：$G(f_{\max})$是功率增益的最大值；$G(f)$是电子线路的功率增益(与频率有关)。

可以通过对与频率有关的电压增益进行平方,得到功率增益。可以通过评估式 9.14,并假设一个与 $G(f_{\max})$ 具有相同高度的矩形(矩形的宽度取为产生与功率增益曲线的面积相同的宽度),来得到噪声等效带宽 Δf(表 9.3)。

9.2.8　探测器性能指标和性能特性

光学系统的繁忙的研制业务的一个关键的方面是要有高质量的光学测试设备和量化评定光学探测器的特性的方法,对于任何希望在他们的项目中设计和集成光学探测器的组织,这是必要的。通过理解和创建一个能够测试多种探测器的高质量的测试环境和测试设备,并有效地标定设备,可以进行光学测试测量。以下章节描述了包括探测器性能测度和性能指标、进行测量所需的设备、实验室设备规程和某些探测器的特性等主题。

表 9.3　3dB 噪声等效带宽

滤波器中的极点数	Δf
1	$\left(\dfrac{\pi}{2}\right)\Delta f_{\mathrm{adB}}$
2	$\left(\dfrac{\pi}{2}\right)^{1/4}\Delta f_{\mathrm{adB}}$

滤波器中的极点数	Δf
3	$\left(\dfrac{\pi}{2}\right)^{1/6}\Delta f_{\mathrm{adB}}$
4	$\left(\dfrac{\pi}{2}\right)^{1/8}\Delta f_{\mathrm{adB}}$
5	$\left(\dfrac{\pi}{2}\right)^{1/10}\Delta f_{\mathrm{adB}}$

9.2.8.1 探测器性能指标

探测器性能可以采用与探测器的重要特性相关的性能指标来确定,这样工程师能够在将一个特殊的组件集成到一个系统中时预测和评估性能。假设完美的条件(如无噪声的条件下),可以提供有用的性能界,尽管是理想化的。在完美的世界中,假设一个探测器不受外部或内部噪声的影响,背景限光子探测器或 BLIP 探测器就是这种情况,BLIP 探测器是基本不受光学系统噪声影响的光导或光伏探测器,它们的性能仅受背景辐射本身的限制。

本章的后面将给出 BLIP 探测器的某些结果。首先,我们简要地描述与光学探测器相关的重要的性能指标。

第一个和最一般的性能指标是探测器的光谱响应,这一性能指标简单地描述探测器响应与波长或光学频率的关系,换言之,光学探测器的光谱响应指探测器对输入的光谱辐射有怎样的响应。以放置在辐射计前面的、仅将光的一个窄的波段落在探测器的有效面积上的可调谐的分光计为例,将分光计在产生可观察到的探测器输出的波长范围内进行调谐,测量探测器输出电流,最终的曲线是光谱响应。

下一个性能指标是响应率,它将入射到探测器表面上的光功率与输出信号联系起来。对于红外探测器,一种常见的方法是采用一个标定的黑体源在有效面积为 A 的探测器上提供固定的辐射通量密度。将黑体基准的温度设定为所希望的温度,如 500K,并测量探测器的输出电压或电流,探测器输入功率与输出电压或电流之比称为响应率,响应率的单位为安培/瓦或伏特/瓦:

$$R(T,f)=\frac{v_s}{p}=\frac{v_s}{HA} \tag{9.15}$$

其中,v_s 是在频率为 f 时,有效面积为 A 的探测器响应均方根功率为 p 的入射辐射和来自温度为 T 的黑体的以频率 f 调制的辐射通量密度 H 的输出的均方根信号电压。类似地,$R(\lambda,f)$ 表示在调制频率 f 上测量的、响应于中心波长 λ 附近的窄带辐射测量的光谱响应率。

与探测器的响应率相关的一个性能指标是均匀性。均匀性是在成像应用中重要的一个一致性。例如,在电荷耦合器件中,均匀性性能指标将度量给定的输入功率测量探测器响应的像素-像素波动。均匀性可以采用宽带的方法或光谱的方法测量。可以考虑像素响应率之间的差别,并在图像后处理中进行补偿。

一个更常用的性能指标是所谓的信噪比,信噪比提供了信号强度与噪声强度指标的相对测度,这一指标有一些与应用有关的不同的版本,它们都是有效的,例如,信噪比可以在成像场景的不同的物理位置计算或估计(如,在入瞳处,在探测器的输入处,在探测器的输出处,在显示器的输入处),信噪比也可以在一个波段内计算,也可以是一个宽带量。对于噪声项,信噪比可以包括所有实际的噪声项,或者像确定性能界时那样,仅包括较少的噪声项。给出与要评估的量相关的具体细节是适当的和实际的,例如,可以说在所定义的噪声项下探测器输出电压信噪比,或者在探测器的输入处的 BLIP 功率信噪比。诸如"我们需要计算信噪比"这样的陈述是模糊的、没有得到明确定义的。信噪比性能指标在辐射度学计算中是有用的,并可表明在成像场景中是否有对应于一个探测事件的足够强的信号。一个有用的规则是,对于大部分应用,信噪比为 10 或更大可以提供足够的信号强度,例如,如果在一个成像摄像机上像素的平均信号电平比该像素的总的平均噪声大 10 倍,则通常有足够的信号使我们确信探测器将"看到"探测事件,能够在该像素位置从总的噪声中区分出探测事件。必须注意,选择信噪比为 10 仅是一个规则,在较低的信噪比下也可以进行探测。采用光学调制方法、基于硬件的光学滤光方法和后处理滤波方法,甚至可以在信号低于噪声时仍然能够可靠地探测。

与探测器输出电压信噪比相关的一个性能指标是 NEP,NEP 是落在探测器表面上的入射光的均方根功率与在探测器的输出处的电压信噪比之比,在探测器上的入射功率可以通过将探测器辐射通量密度乘以探测器的有效响应面积来得到,这一性能指标可以在高信噪比下确定,这时更容易观测到输出信号和噪声之间的差别。NEP 的倒数是探测率性能指标,NEP 越低,探测率越高。可以通过增大在探测器的输出处的电压(或电流)信噪比来降低 NEP,可以通过使在探测器的输出处的噪声项的影响最小,增大探测器输出电压(或电流)信噪比。

NEI 性能指标容易根据 NEP 确定,可以将 NEP 除以探测器有效面积得到。顾名思义,这一指标给出了在探测器上的辐照度,将产生一个可与噪声相比的输出信号。因此,NEI 是一个用于确定在成像场景中的辐射度量的低限的好的指标,例如,将 NEI 投影到目标空间,将表示在探测器上产生等于探测器的噪声电平的信号所需的源的辐射出射度。在分析源的辐射量特性时,可以预测一个特定的源是否能产生一个探测事件。

另一个重要的性能指标是 D^*,这一性能指标是与探测率有关的,但通过归一化消除了探测器大小(如探测器有效面积)和探测器带宽的变化的影响,因此可以更好地、对等地比较不同的探测器的响应率。对于 D^* 性能指标,假设探测器等效噪声带宽或电路带宽 Δf 为 1Hz,探测器面积为 1cm^2,因此这一性能指标给出了,采用不同的电路带宽的电路时,比较具有不同的探测器面积的探测器的性能的一种很好的方法。NEP 与 D^* 有如下关系:

$$D^* = \frac{(A_D \Delta f)^{1/2}}{NEP} \tag{9.16}$$

其中:A_D 为探测器面积(cm^2);Δf 为噪声等效带宽(Hz)。由于 NEP 是一个与探测器有效面积和电路带宽有关的性能指标,D^* 性能指标消除了探测率方程对这些因素的敏感性,能够直接比较不同的探测器。然而,对于已经确定了探测器有效面积和电路带宽的单个的探测器,探测率是一个更好的性能指标。

另一个重要的性能指标 D^{**},它有效地对将与探测测量相关的瞬时视场归一化到 π 立体弧度立体角(等效于半球),这一性能指标对于比较探测器性能是有用的,由下式给出:

$$D^{**} = D^* \left(\frac{\Omega}{\pi}\right)^{1/2} \tag{9.17}$$

其中,分子中的 Ω 项被计算为环绕一个半球的等价立体角,通过采用测得光学系统的限制孔径相对于探测器的半张角 θ 来评估这一等价立体角,D^{**} 与 D^* 之间的关系由下式给出:

$$D^{**} = D^* \sin(\theta) \tag{9.18}$$

如果没有限制孔径,则 θ 为 $90°$,等价立体角为半球,在这种情况下,任何物理孔径不会限制落在光学系统的探测器上的输入辐照度,D^{**} 与 D^* 具有相同的值。

可以通过响应时间常数来描述一个探测器的响应时间,时间常数是探测器的输入功率开始变化后,探测器输出达到其最终值的 63% 所需的时间,τ 时间常数性能指标由下式给出:

$$\tau = \frac{1}{2\pi f_\tau} \tag{9.19}$$

其中,f_τ 是探测器的响应率为其低频值的 0.707 倍时的频率。现在开始出现了某些有趣的折衷,例如,为了缩短探测器响应时间,需要增大电路带宽,然而,增大电路带宽也增加探测器噪声。在下一节,我们介绍了测量这些性能指标需要的基本的组件,并分析了一个给定的光学探测器的实际性能。

9.2.8.2　测量探测器性能指标的基本设备

在上一节,我们定义了一些常见的性能指标,用于确定一个给定的探测器的性能特性,并比较不同的探测器的性能。本节我们描述测量这些性能指标所需的某些基本的设备。用于光电/红外探测器的基本的测试装置一般测量以下探测器特性:信号和噪声电压、电子系统时间常数、探测器频率响应和探测器电阻。图 9.18 示出了一个光电/红外探测器性能测量系统的基本的配置和组元,这一基本的方框图适于红外探测器,包括以下的组元:光源(对于红外探测器为黑体源)、光探测电路、斩光器和相关的控制电路、前放和放大器、挡光板、电压表和诸如示波器与频率发生器那样的测试仪表。

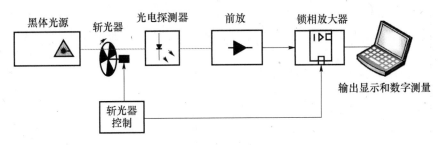

图 9.18　光电/红外探测器的基本测试配置

如图所示,受测器件在斩光器的右部,包括光束整形光学系统(如,滤光片、限制孔径、准直器、扩束器、挡光板、偏振片、安装夹具、电压表、隔振器和环境控制装置),我们在后面一章更详细地讨论光学测量,但在下一节概述一个光学测量装置的基本的组元。

9.2.8.2.1　定标光源和控制器

为了精确地确定一个探测器的输出,需要控制落在探测器上的功率,定标源用于这一用途。可以从美国国家标准和技术研究院得到定标光源和定标的探测器,定标光源和定标的探测器有宽带的和光谱标定版的,例如,对于红外源,美国国家标准和技术研究院可以提供精确地产生源辐射度量的定标的黑体源,如在规定的温度上和/或在一个选择的温度范围内可以调谐面辐射强度或辐射出射度的黑体源,这可以追溯到美国国家标准和技术研究院维持的一个标定标准。采用这一定标光源,可以通过分析,确定入射到探测器上的精确的功率。另外,美国国家标准和技术研究院的定标探测器将精确地确定入射到探测器表面的辐射度量,并可追溯回在美国国家标准和技术研究院的标定程序。

为了控制落在探测器上的光的量,要采用光束形成和光束整形光学系统,采用光束扩束器和平行光管来产生具有希望的直径的平行光束,这些光束可以与探测器表面积相匹配,以精确地控制落在探测器表面的光功率,平行光管的一个例子如图 9.19 所示。

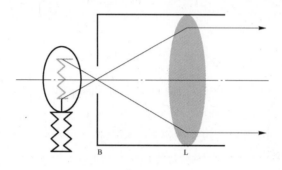

图 9.19 平行光管

顾名思义,扩束器可以改变由平行光管产生的光束的宽度,将一个匹配的会聚透镜放在一个发散透镜后面,可以构成一个简单的扩束器,第一个透镜使光束发散,第二个匹配的透镜使具有较大的光束直径的光束准直。当然,采用会聚透镜和匹配的发散透镜的组合,利用相反的过程,可以用于较小直径的光束。

9.2.8.2.2 采用限制光阑控制光量

为了控制和减小落在一个具体的探测器上的辐照度,采用限制光阑(Pedrotti 和 Pedrotti,1993),有各种大小的光阑,从远小于 1mm(几十微米甚至更小,并进行制冷)到英寸级,甚至更大的光阑,这些光阑被用于限制入射到探测器上的光功率,也可精确地控制照射探测器的光功率量。如果探测器对电磁波谱的红外部分敏感,限制光阑可能必须制冷,以避免成为红外摄像机探测到的一个热源。

9.2.8.2.3 调制器控制电路

在基本的光学测试配置中,下一个感兴趣的组件是光学调制器控制电路(Hudson,1969),在一般的工作范围内,经常难以确定这些调制器的可靠的、可重复的旋转速率,采用这一组件的目的是产生一个特定类型的波形(如方波或三角波),事实上,难以实现恒定波形的调制脉冲,保持恒定的调制频率,并消除电机和速度控制器产生的瞬间的噪声尖峰。取决于具体的应用,期望旋转频率可以从几赫兹(用于热探测器)到超过 10kHz(对于光子探测器)。

调制器的几何参数(χ)可以定义为孔径张角(θ_a)与齿—槽对张角(θ_t)之比:

$$\chi = \frac{\theta_a}{\theta_t} \tag{9.20}$$

傅里叶分析方法表明:一个方波包括基波和谐波,我们知道,限制光阑一般为圆形的,因此,近似一个方波的一个较好的方式是采用外缘有一系列直线切槽的圆盘,如图 9.20 所示为这种圆盘的几何图形。

在图 9.20 中,D_a 为源限制光阑的直径,D_c 为斩光盘的直径,当 θ_a 的值减小时,我们知道,D_a 的值将接近于 0,从而会产生一个方波。落在探测器上的辐照度由它的基波的分量的均方根值决定,峰—峰值从 0.28 到 0.45,这当然取决于斩光器类型的设计。表 9.4 给出了与斩光器几何图形相关的转换因子。

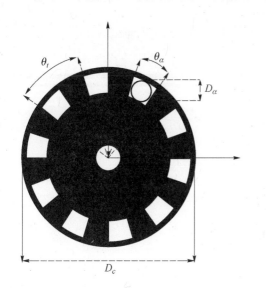

图 9.20　方波斩光器的几何

表 9.4　各种斩光器几何的转换因子
· 均方根值

χ	转换因子(RMS)
0（方形）	0.450
0.05	0.448
0.08	0.445
0.10	0.442
0.15	0.433
0.20	0.421
0.25	0.405
0.30	0.386
0.40	0.340
0.50（三角形）	0.286

如表 9.4 中所看到的那样,方波的基波分量的均方根值为峰—峰幅度的 0.45 倍,下式描述了当斩光图案模拟一个方波时落在探测器上的辐照度(Hudson,1969):

$$H = 0.45 \frac{\sigma T^4 A_s}{\pi d^2} \tag{9.21}$$

其中:T 为黑体源的温度(K);A_s 为源限制光阑(cm^2);d 为限制光阑和探测器单元平面之间的测量距离;σ 为玻尔兹曼常数。

当 θ_a 等于 $\theta_t/2$ 且 χ 为 0.5 时,产生一个三角波,三角波的基波分量的 RMS 值是峰—峰幅度的 0.28 倍,χ 的方程可以重写为:

$$\chi = \frac{\eta D_a}{\pi (D_c - D_a)} \tag{9.22}$$

其中,η 是斩光器上的总的齿数。在大多数情况下,假设采用方波计算在探测器上的辐射通量密度,可以根据表 9.4 中的转换系数的百分比差来计算这一假设的误差,例如,χ 值等于 0.05 时,均方根转换系数和假设的方波的转换系数之间的误差为小于 1/2%。均方根转换系数与真正方波调制器的转换系数之差小于 1% 的调制器的最大齿数由下式给出(Hudson,1969):

$$\eta = 0.251 \frac{D_c - D_a}{D_a} \tag{9.23}$$

341

我们可以在例子中采用该式来说明这一概念。如果给定一个限制光阑直径为 0.2cm 的调制器,调制器的直径为 20cm,则为了保持真正的方波的转换系数和所采用的调制器几何图形产生的波形的转换系数之间的误差小于 1%,调制器的齿数应限为少于 24 个。

调制器的可能的最高速度也带来了安全隐患,需要采用安全防护措施以避免造成严重伤害。可变速调制器可以产生从几 Hz 到 kHz 的调制频率,可以采用可变速电机来产生 50kHz 和更高频率的调制频率。采用具有自动频率控制功能的波形分析仪,是可以在实验室实现稳定的调制频率的相对最佳的解决方案。

9.2.8.2.4　频率计

在探测器测试的基本的测试装置中,这一组件用于与调制器结合来确定其旋转频率,有几种电机速度控制器具有频率测量特征。在进行不同的测试以及测试不同的探测器时,调制频率可能从几 Hz 到非常高的频率(50kHz),调制器用于监控旋转频率的频率计,并帮助确保在测试中不会由于调制器旋转的不确定性而引人误差。

9.2.8.2.5　挡光板

挡光板用于遮挡光源,以便在无输入信号时测量探测器的噪声特性。例如,对于红外系统,挡光板可以遮挡张开的光阑,并阻挡来自黑体源的光到达探测器。探测器可以用于测量环境条件,或者如果屏蔽环境,探测器可以提供探测器本身的噪声。如果探测器是红外探测器,则必须对将探测器与其周围的环境隔离开来的探测器屏蔽冷却,因此,屏蔽本身不辐射不希望的信号。

9.2.8.2.6　安装夹具

性能定量评定工作的核心是被评估的探测器这一受测单元本身,在测试中通过校准和调节位置能够调节探测器的位置和朝向是实际的。通过具有精确地调节探测器的位置和朝向的能力,可以可靠地确定源到传感器的间距,以保证实验的可重复性和在探测器上看到的辐射通量密度的一致性。定标的光学安装夹具能用于这一用途。

9.2.8.2.7　噪声隔离和信号放大组件(前放)

前放是一个关键的测试组件,前放的目的是放大探测器的低信号电平输出。选择前放的一个关键的考虑是:由前放和其他电路带来的噪声必须远低于探测器本身的噪声。其他考虑包括低阻抗,这样可以采用低阻抗的连接电缆来将前放与读出电路的其他部分连接起来。

9.2.8.2.8　屏蔽盒

屏蔽盒对于实现对探测器和其他测试组件的电磁防护是必要的。为了进一步确保环境光不进入屏蔽盒,屏蔽盒内部应涂黑。在某些情况下,需要射频屏蔽,这是通过在需要屏蔽的组件周围构造一个金属盒或管实现的,金属管的内侧经常有涂黑的屏蔽层以帮助屏蔽不希望的光。如果需要射频屏蔽,屏蔽盒应该有金属垫片,以对外部的组件提供必要的滤波,引入、引出屏蔽盒的引线也要屏蔽(Hudson,1969)。

9.2.8.2.9　音频振荡器和校准好的衰减器

有一个定标器件用于产生在音频范围内的定标电压,这些电压有已知的幅度和频率,用于确定探测器和输出器件之间的增益。校准好的衰减器在电路中引入一个已知的信号衰减,这可以采用分压电路实现,但必须仔细考虑其对探测器的工作点的不利影响。

9.2.8.2.10　精密电位计

精密电位计的用途是与一个铂电阻温度计或热电偶结合,以精确地测量黑体腔和探测器部分的温度。电位计本身采用可变电阻测量和/或引入可变的电压,电阻本身由非常紧密地缠绕在一个绝缘体上的细线组成。重要的是,要注意到,电位计有物理限制,有可能对输出信号产生随机的影响(Wheeler 等,1996)。

9.2.8.2.11 放大器

由于从前放出来的信号电平太低,不能直接用于最后的读出器件,为此需采用一个放大器,由于事实上大多数调制频率在音频范围内,可用音频放大器。一个重要的考虑是当引入放大器(或其他电路组件)到输出探测电路时的阻抗匹配,如果不能适当地匹配阻抗,可能在读出电路中引入信号损耗(Wheeler 等,1996)。

9.2.8.2.12 示波器和波分析器

市场上有多种示波器,示波器能够直接测量诸如周期、脉宽、上升时间、下落时间和带宽等信号特性。现代示波器包括诸如触发、高采样率、屏幕捕获、多仪器同步、混合信号能量、存储器和分析软件等附加的特征。重要的是,尽管采用电压表可以测量某些典型的特性,传感器的输出变化的非常快,采用示波器有效的多。波分析器是能在一定的频率范围内调谐(直到大约 50kHz)的窄带电压表。

9.2.8.2.13 制冷器和制冷箱

控制探测器的温度的制冷器和制冷箱是确定探测器的性能指标的必要的单元,某些探测器噪声项是温度的函数,因此必须有精确控制探测器尤其是其焦平面上的温度环境的措施。用作探测器性能的基准点的某些常见的温度是室温(298K)、液氮温度(77K)和液氦温度(4.2K)。我们将在后面一章更详细地讨论制冷器和制冷箱。

9.2.9 测量探测器属性、特性和性能指标的例子

在本节,我们讨论用于测量某些关键的探测器属性、特性和探测器性能指标的一组测试集。为了说明一组基本的探测器测试的校准,在以下的例子中,我们将讨论硫化铅探测器,探测器将被制冷到 77K 的工作温度。

9.2.9.1 探测器的有效面积的测量

探测器的有效面积是需要定量评定的一个必要的探测器参数。在成像摄像机中,"填充系数"也是一个重要的量,填充系数是有效表面有多少被用于读出电路的一个度量,如果读出电路装在探测器有效区域的背面,填充系数可能是 100%,如果读出电路在探测器的有效表面上,在确定探测器响应计算所使用的探测器面积时,要考虑读出电路所占的面积。在成像探测器场合,填充系数是探测器的光敏面积与探测器的总的面积之比,例如,如果一个探测器的物理面积为 $1cm^2$,填充系数为 80%,则可用于响应率计算的面积是 $0.8cm^2$。正如在前面的章节所讨论的那样,可以采用光学比较器或工具显微镜来测量探测器面积。

9.2.9.2 探测器工作点的确定

当讨论一个探测器的工作点时,可以将探测器划分为两类:需要外加偏压源的探测器和自生偏压的探测器。需要采用外加偏压源的探测器包括:光电子发射探测器、电阻测辐射热计和光电导探测器,它们和偏压源及负载电阻串联,如图 9.21 所示。在图 9.21 中,R_d 是可变的探测器电阻、R_l 是负载电阻,入射的光通量的变化将改变探测器的电导率,

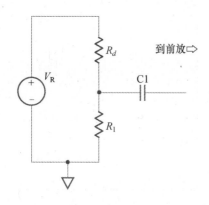

图 9.21　光电探测器的外加偏压方式

从而使通过电路的电流变化,耦合电容 C1 是为了避免跨负载电阻的信号的波动。

以下给出了负载电阻上的电压:

$$V_{Rl} = V_B \left(\frac{R_l}{R_d + R_l} \right) \qquad (9.24)$$

其中:V_B 是偏压;R_l 是负载电阻;R_d 是探测器电阻。

在偏压的探测器上的入射光通量改变探测器的电导率,最终负载电阻使信号电压的幅度的变化,可以通过将式 9.24 相对于探测器电阻进行微分得到,结果如下式所示(Hudson,1969):

$$V_s = \frac{V_b R_d R_l}{(R_d + R_l)^2} \frac{\Delta R_d}{R_d} \qquad (9.25)$$

此式对于理解负载电阻和偏压对输出信号的影响是有用的,当负载电阻和探测器匹配时,跨负载电阻产生最大的信号电压。表 9.5 示出了硫化铅光导探测器的性能特性,对于这一特定的光导探测器,对红外辐射的探测在近似 2200nm 波长上是最佳的。与常见的当光照射表面时产生电流的光伏探测器相比,光导探测器材料在有光照射时电阻减小。

表 9.5　硫化铅光导探测器技术指标

电气性能指标		
探测器		Pbs
有效面积		3.0×3.0 mm^2(9 mm^2)
波长范围	λ	1000 - 2900 nm
峰值波长	λ_p	2200 nm(typ)
峰值灵敏度	$\mathfrak{R}(\lambda)$	2×104 V/W(min) 5×104 V/W(typ)
上升时间($0-63\%$)	τ_r	200μs
探测率(λ_p,600,1)	D^*	1×10^{11} $\frac{cm * \sqrt{Hz}}{W}$(typ)
暗电阻	R_D	0.25 - 2.5 MΩ
偏置电压	V_B	100 V
一般性能指标		
封装		TO-5
工作温度		-30°C to 65°C
贮存温度		-55°C to 65°C

光的照射导致电子迁移率的上升,从而降低了电阻,并使可测量的电压变化,这就是为什么响应率(峰值灵敏度)用单位 V/W 表示的原因,图 9.22 示出了响应率。

9.2.9.3　需要偏压的探测器的工作点的确定

对于一个需要偏压的探测器,可以采用包括许多高精度的低噪声负载电阻的测试装置来确定工作点,直流偏压源将产生从 1V 到 500V 变化的直流电压,这对于确保测试装置没有由直流负载产生的附加信号是重要的。可以通过将探测器装在测试装置上,并测

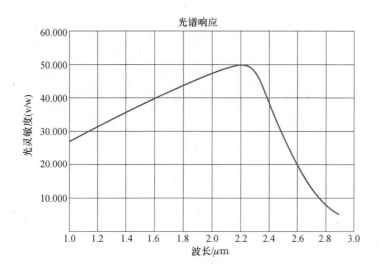

图 9.22 硫化铅光导探测器的峰值灵敏度

量负载电阻上的电压,来确定探测器的电阻。测量的负载电压和已知的负载电阻,能够用来计算探测器负载电阻,在确定了探测器电阻之后,通常采用匹配的负载电阻来确定最佳的探测器偏压。这样做的目的是确定噪声和信号电压与偏压的关系。后续的信号测量是在不同的探测器偏压下进行的,在每个偏压电平下关闭信号并测量噪声,可得到相应的噪声测量。最佳偏压是使得在探测器输出处测量的信噪比最大的偏压值,通过确定在探测器输出处产生最大信噪比的偏压,可以使探测率最高。

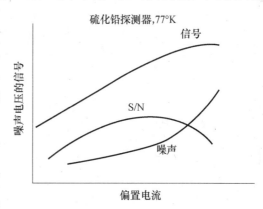

图 9.23 硫化铅探测器的信号和噪声电压

信噪比、噪声电压和信号电压随偏压代表性的变化如图 9.23 所示。注意,在低偏压电流时,噪声值比信号值增加的慢,随着偏压电流增大,噪声值比信号值增加的快得多。

9.2.9.4 在测试配置中接入校准电压

图 9.24 说明了怎样将一个校准电压接入到包括光电探测器和偏压源的电路中。校准衰减器(如图 9.24 下部所示)在 100Ω 的电阻上形成了校准电压,较大的千欧姆级电阻为校准衰减器提供一个适当的负载,与电阻值 R_d 和 R_l 相比,被校准的电压是小的,这样不会对已经建立的偏压条件产生扰动。采用这种模式,可以将校准电压接入到探测器电路中。

9.2.9.5 确定调制频率对探测器输出信号的影响

在这一测试中,改变调制频率,并确定对探测器输出信号电压的影响。开始设定一个低的调制频率(如 30 Hz),并将波分析仪调谐到这一频率,然后调制斩光频率,重复调谐波分析仪,绘出相对于初始的低频探测器输出电压响应的探测器输出电压,在到达某一截止频率之前响应看起来是相对平坦的,在达到截止频率之后探测器输出电压开始下降。

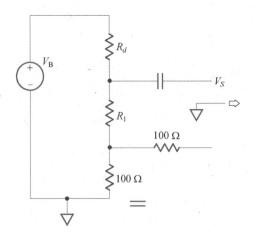

图 9.24　在探测器电路中接入校准电压的方法

9.2.9.6　测量光谱噪声特性

本节描述怎样确定探测器的光谱特性,对于这一应用,波分析仪仍然是一种很好的仪器,因为它有很小的噪声带宽。在这一测试中,源没有打开或使用,遮蔽了任何来自源的可能的不希望的信号,针对各个频率调谐的波分析仪用于确定光谱信号响应,将结果除以波分析仪噪声带宽的平方根,得到功率谱平方根。

9.2.9.7　确定探测器时间常数

探测器响应时间是探测器响应输入功率的变化所用的时间,当入射光通量变化时,探测器响应时间不是瞬时的。回想到响应率是描述与输入功率有关的探测器响应指标的,下式说明了在低频时的响应率(R_0)是怎样随着斩光频率 f 的变化而变化的:

$$R_f = \frac{R_0}{(1 + 4\pi^2 f^2 \tau^2)^{1/2}} \tag{9.26}$$

可以逐渐增大调制频率,采用波分析仪来确定使响应率降低到初始值的 0.707 倍的调制频率,当响应率降低到其初始值的 0.707 倍时,采用相关的频率 f_1 确定探测器响应时间(τ),τ 是这一频率($2\pi f_1$)的倒数。

9.2.10　高端光子探测器

本节我们考虑高端光子探测器(就它们的 D^* 和 D^* 性能指标而言)。对于高端,我们指已经进行了充分的研发,消除了产品工艺问题,而且消除了相关的过高的噪声项,光子探测器的性能与理论预测的性能匹配的相对较好。在消除了过高的噪声项后,剩下的噪声项通常是 $1/f$ 噪声和产生复合噪声,通过采用频率高于 $500-1000Hz$ 的调制器,相关的 $1/f$ 噪声可以最小化,产生复合噪声是由电荷载流子的波动造成的,对探测器进行制冷可以减少由晶格振动产生的电荷载流子数目,从而使产生复合噪声最小化,仅剩余光子噪声。如果在探测器上没有信号,周围的背景环境或杂波会产生光子,我们假设没有杂波信号,并进行适当的屏蔽以避免杂散光子到达探测器,在这种情况下,仅有背景光子导致光子探测事件,这样就是背景限探测器。在背景限光导探测器中,背景光子到达率的波动导致电荷载流子的产生率的波动。在重新组合时,光伏探测器不表现出这些波动,因此将限制噪声降低到光子探测器的 40%（Hudson，1969）。

对于工作在特定的波长的背景限光导探测器 D^* 的理论值：

$$D_\lambda^* = \frac{\lambda}{2hc}\left(\frac{\eta}{Q_b}\right)^{1/2} \qquad (9.27)$$

其中：η 是量子效率；Q_b 是来自背景的光子通量；

如果我们替代 h（普朗克常数）和 c（光速），并采用以微米为单位的 λ，我们得到：

$$D_\lambda^* = 2.52 \times 10^{18} \lambda \left(\frac{\eta}{Q_b}\right)^{1/2} \qquad (9.28)$$

对于光伏探测器，没有复合噪声，因此，上式增加为 2 的平方根倍：

$$D_\lambda^* = 3.56 \times 10^{18} \lambda \left(\frac{\eta}{Q_b}\right)^{1/2} \qquad (9.29)$$

对于在峰值光谱上计算的 D^*，这两个方程是成立的，对于光子探测器，峰值光谱与截止波长相同，Q_b 的单位是每平方厘米每秒光子，Q_b 是一个宽带量。

对于一个理想的探测器，量子效率等于 1。对于目前可以在市场上得到的光子探测器，量子效率 η 为 0.1 到 0.4。然而，先进的高端单光子计数探测器的量子效率可以接近 90%，实验版本的探测器甚至高于 90%，例如，一个激光干涉仪引力波探测器可以测量 1km 的距离的 10^{-18}m（均方根值）级的距离变化，其量子效率达到 93%（Goda 等，2008）。

9.2.10.1 探测器对辐射的屏蔽

进行辐射屏蔽的意义在于：如果采用的话，可以通过显著降低背景光子通量，提高背景限探测器的 D^* 值。对于辐射屏蔽，可以采用冷屏或制冷的滤光片方法。

采用冷屏的目的是，采用一个足够大的限制光阑来使锥形光通量照到光器件上，目标是使探测器放在冷屏中，以便仅接收到信号光子，这样，背景光子通量由于光阑的尺寸显著降低。对于探测器，D^* 现在是视场角的一个函数，D^{**} 考虑了与视场角的关系。

与采用冷屏不同，制冷滤光片法直接在探测器前面采用一个制冷的滤光片，这一滤光片的光谱通带被选择为能够尽可能多地抑制背景光子通量，但最小地抑制目标光子通量。假设系统工作在地球大气内，在确定滤光片通带时需要考虑大气透过率。在图 9.25 中示出了温度和性能的关系，随着温度的升高，光导探测器的灵敏度下降。制冷和屏蔽效应对于光学工程是重要的，它们可以降低噪声并控制辐射通量。

9.2.11 热探测器和 Haven 限

热探测器的性能分两步计算。第一步，通过考虑系统的热特性，导出入射辐射与温度变化的关系；第二步，确定热变化导致的探测器输出信号的变化，输出相对于输入的辐射通量密度变化的变化决定着探测器的响应率。尽管第一步的计算对于任何热探测器是相同的，第二步的计算则不是这样，与探测器的类型有关。

通过研究各种热探测器，导出了 Haven 限，这不是一个内在的限，而是由工程师做出的估计，这个值用来量化热探测器的性能。Haven 限是相对保守的，任何室温微测辐射计或热电偶都没有超过。Haven 最初的结论是：对于任何类型的热探测器，可以探测的最低的能量是相同的。Haven 限由下式给出：

$$(\Delta P)(\tau) = 3 \times 10^{-12} \qquad (9.30)$$

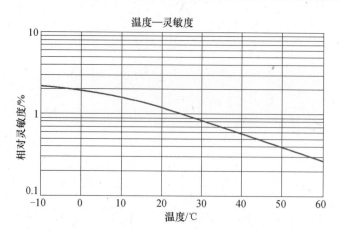

图 9.25　硫化铅探测器的温度和灵敏度的关系

其中，ΔP 为可以探测的最小的光功率（W）；τ 为照射脉冲的时间（s）；探测器有效面积为 $1mm^2$。Haven 限的单位为焦耳。可以通过将探测器面积归一化到 $1cm^2$，并使 τ 等于探测器的响应时间，将量 ΔP 转换为 NEP：

$$NEP = \frac{10^{-11}}{\tau} \tag{9.31}$$

根据上式回想到 D^* 的定义：

$$D^* = \frac{(A_d\Delta f)^{1/2}}{NEP} \tag{9.32}$$

假设探测器的有效面积为 $1cm^2$，在这种情况下不会影响到 D^* 的值。对于热探测器，带宽和时间常数的关系为（Hudson,1969）：

$$\Delta f = \frac{1}{4\tau} \tag{9.33}$$

将这些值代入 D^* 方程，Haven 限的 D^* 值被计算为：

$$D^* = (1.67 \times 10^{10}\tau^{1/2}) \tag{9.34}$$

9.2.12　探测器选择的重要考虑

对于光学系统，一个重要的系统设计考虑是选择一个适当的探测器。除了要考虑前面所讨论的不同的性能指标外，当选择一个探测器时，要考虑以下一些要点（Hudson，1969）：

（1）任务使命或应用；

（2）大气透过率（如果适用时）；

（3）探测器类型：热探测器（如，热电阻、热堆和高莱探测器）和光子探测器；

（4）探测器材料（如硫化铅、碲镉汞、砷化镓、硅）以及它们的光谱响应曲线；

（5）工作模式：热电、微测辐射热计和气体膨胀；光伏、光导和光磁电；

（6）有用的波长范围（$\Delta\lambda$）；

（7）峰值响应波长（λ_p）；

（8）噪声电平和噪声谱；

(9)探测器的线性响应范围;

(10)探测器制冷(允许的尺寸、重量和功耗);

(11)期望的探测器输出信号电平(动态范围);

(12)探测器电阻和读出电路;

(13)封装;

(14)维护;

(15)可靠性;

(16)成本。

上面列出的是开发团队应该进行的宏观考虑,最大的驱动因素是任务使命或应用场合。探测器需要提供满足利益攸关方需求的可靠的信息。任务场合和大气透过率将确定需要采用的探测器类型。噪声特性和期望的信号电平级尺寸、重量和功耗考虑将决定着是否采用制冷。比较各个制造商的性能参数表可以极大地简化系统工程师的选择过程。然而,在某些情况下,光学系统工程师可能需要从制造商处订购样件,并模拟其最终的系统期望的工作条件进行测量。探测器电阻和读出电路对于得到从探测器材料到信号处理电路的信号是重要的,读出电路也会影响整个光学系统的噪声,经常被单独地分类和定量化(如读出噪声电子数)。其他电子组件,如放大器、A/D 变换器、缓存和数模变换器用于信号处理功能,对探测器的输出进行处理,以使其与显示、存储或传输装置兼容,信号处理将在后面的章节讨论。探测器的可靠性和可维护性以及成本,也是选择探测器的重要的驱动因素。在下一节,我们将把本章所介绍的概念应用在一个综合案例分析中,这涉及用于边境巡逻任务场景的无人机平台上的光学系统。

9.3 无人机应用案例分析

本节我们将说明在开发团队和利益攸关者之间的典型的对话。注意,在这一案例研究中所进行的会谈中,发言者所说的是常识,但为了表明事实的完整性,为了准确,在案例分析中进行了解释或引证。此外,尽管这是对各种类型的工程师—利益攸关者互动的假设性描述,这种场景是经常遇到的。另外,我们试图尽可能现实和准确,但某些设计参数不容易获得,是虚构的。这一案例分析的目的是采用实例说明本章的过程和概念,但应当验证事实和数值。

正如在其他章节中已经展开的案例分析中所看到的那样,国土安全部委托 Fantastic 成像技术公司设计一个昼夜全天时工作的人员流监视系统(国土安全部 2010;Jeffry,2011)。在这一案例分析部分,FIT 的工程师要确定可能用于预测探测器和光学系统的性能技术性能测度和相关的指标,这对于探测器的分析、建模、评估和最终的选择是有用的。

在这一场景中涉及以下人员:Tom Phelps,FIT 的首席技术官;Karl Ben,FIT 的高级系统工程师;O. Jennifer(Jen),FIT 的系统工程师;S. Ron,FIT 的系统工程师(新雇员);R. Amanda,FIT 的光学工程师;R. Christina(Tina),FIT 的光学技术人员;K. Phil,FIT 的软件工程师。

(我们发现 Ron 拿着一叠纸和咖啡杯并走向光学实验室门口,看着有些危险)

Jen:"给我,免得掉下来。如果我们弄乱她的实验室,Amanda会责备我们的。"

Ron:"谢谢！或许我应该有一个袋子什么的。"

Amanda:"Ron,Jen,请进！探测器定量评定结果在这里！"

Jen:"很好！看起来怎么样?"

Amanda:"它们看起来很好。Ron,你需要把你的咖啡杯放在这里,在设备周围不能放食物和饮料。"

Ron:"好⋯"

Jen:"你运行了额定的任务参数吗?Karl和Tom对确定传感器性能极限感兴趣,每次我看到Karl,他都问我:"好了吗?"。"

Amanda:"好,我们刚完成。Christina正在把参数放到我们的光学系统模型中。Phil说,我们的新的探测器模块现在已经集成到其他的基于模型的系统工程工具中,因此,现在你们可以得到最新的探测器参数。"

Jen:"那太好了！Phil仍然在进行系统建模工作,以确认结果,并将你们的集成光学系统模型的结果与需求联系起来。他也在采用集成的基于模型的系统工程工具来动态地更新和报告我们的效能测度、性能测度、关键性能参数和技术性能测度与指标。Ron和我要理解你们的探测器定量评定过程,以确保将适当的效能和性能指标放在我们的基于模型的系统工程工具和组织结构架构中。"

Amanda:"好！我们将给你们介绍一下红外探测器定量评定。Tina,你可以介绍一下你所做的吗?"

Tina:"是的！我们重新配置了几何参数以模拟Karl和Phil想要的额定条件,我们被告知要模拟45度的角度,传感器距离目标5英里,因此将无人机放在5689.9m或者大约18667.7英尺的高度。由于我们要考察夜间观察系统,我们考察了技术指标,发现HgCdTe探测器在人具有峰值面辐射强度的光谱区域具有最好的D^*值,我们有另一个项目剩下的几个HgCdTe探测器,因此我们借了一个用于这一初步的定量评定研究。"

Ron:"我们可以在我们的项目中使用这些探测器吗?"

Amanda:"不行,它们达不到我们需要的像素密度,但材料特性与我们的应用足够接近,这样我们可以很好地估计探测过程的辐射度学方面。基于建模和定量评定结果,我们可以进行权衡分析,看看我们是采用商用货架系统还是构建我们自己的系统。我们需要在系统权衡分析上得到你们的帮助。但Tina还需要继续开展工作。"

Tina:"好的。对于人员探测和分类任务使命,我们需要的是一个光伏型红外成像器。我们需要能够在电磁波谱的红外部分实现对目标的空间分辨。当然,我们现在不进行测试,但由于需要搜索场景并完成探测人员目标的任务使命,我们考虑光子探测器(尤其是成像探测器)而不是热探测器。HgCdTe探测器材料具有从$6\mu m$到$15\mu m$的光谱通带,峰值波长在$10.6\mu m$处。我们考察了在人体辐射峰值波长$9.5\mu m$附近的一个窄的波段中的大气透过窗口,针对$305°K$的等效人体温度,运行了我们的模型,我们假设由于冷的环境条件和穿衣的影响,夜间探测时人体的等效温度有所下降,我们采用了一个从$8.75\mu m$到$9.5\mu m$波段的窄带滤光片。等一下,让我把它投到屏幕上。"

(Tina的手指滑过她的iPad Mini,把结果投影到墙上的屏幕上)

Tina:"假设一个辐射面积为$2m^2$的散射物体,我们的模型给出了以下相关的辐射度

量和基本的探测器的结果:

- 在峰值处的面辐射强度:10.59W/(m² sr μm);
- 面辐射强度(黑体):153.07 W/(m² sr);
- 辐射出射度:480.89 W/m²;
- 窄带滤光片波段:8.75μm—9.5μm;
- 通带内面辐射强度:7.90 W/(m² sr);
- 通带内辐射出射度:24.82 W/m²(通带内);
- 通带内光功率(辐射通量):49.64W(通带内);
- 通带内辐射强度:15.8W/sr(通带内);
- 通带内大气透过率:0.77;
- 传感器视看角:45 度;
- 传感器—目标距离:8046.7m;
- 入瞳直径:20 英寸(0.508m);
- 入瞳面积:0.203m²;
- 入瞳辐射通量密度(自由空间;没有(有)视看角效应):244.02[172.55]nW/m²;
- 在探测器上的光功率(自由空间;没有(有)视看角效应):49.54[35.03]nW;
- 入瞳辐射通量密度(在大气中;没有(有)视看角效应):187.90[132.86]nW/m²;
- 入瞳光功率(在大气中;没有(有)视看角效应):38.14[26.97]nW;
- 成像系统光学透过率:0.975;
- 在探测器上的光功率(在大气中;没有(有)视看角效应):37.19[26.3]nW;
- 红外探测器响应率:4×10^4 V/W;
- 红外探测器信号输出(没有(有)视看角效应):1.49[1.05]mV;
- 红外探测器 NEP:0.089nW;
- 探测器有效面积:1cm²;
- 电路带宽:16Hz;
- 探测率(D):1.124×10^{10} W^{-1};
- $D^*(\lambda_{9.5\mu m}, 77K, 100)$:$4.5 \times 10^{10}$ cm² Hz$^{1/2}$ W^{-1}(测量值);
- 探测器电阻:35 欧姆(测量值)。

我们仅示出了辐射度量和基本的探测器功能。我们有单独的模块用于可视化、扫描、空间分辨率和其他光学分析,但这些很好地概括了我们的结果。

Ron:"你是怎么从建模或测试中得到所有这些数值的?"

Tina:"有些是采用我们的基本的测试装置得到的,这些用测量值表示,其他的用我们的建模软件分析得出,我将给您展示建模结果。"

Jen:"好!"

Tina:"我们首先采用下式计算由人体辐射的功率:

$$P = \varepsilon \sigma A T^4 \tag{9.35}$$

其中,σ 是斯特藩—玻尔兹曼常数,A 是辐射体的表面积,T 是辐射体的温度,ε 是发射率(对于人体是 0.98)。

对于一个等效温度为 305K、面积为 2m² 的人体,我们得到的功率为 961.78W,辐射

出射度为 $480\mathrm{W/m^2}$，为了帮助降低噪声，我们采用一个波段在 $8.75\mu\mathrm{m}$ 到 $9.5\mu\mathrm{m}$ 的窄带滤光片，并确定在这一波段的光功率为 $49.64\mathrm{W}$，在这一波段的辐射出射度为 $24.82\mathrm{W/m^2}$，在这一波段的辐射强度为 $15.8\mathrm{W/sr}$。对于一个散射的目标，辐照度与视看角的余弦有关，因此我们得到的在模拟的无人机的光学传感器方向的辐射强度为 $11.17\mathrm{W/sr}$。下式给出了在成像系统的入瞳处的辐照度：

$$H = \frac{J}{r^2} \tag{9.36}$$

按照上式进行计算，得到：$H = 11.17\mathrm{W}/(8046.7)^2\,\mathrm{m^2} = 172.6\mathrm{nW/m^2}$.

观察图 9.26，我们看到了大气对光谱的不同的波长的影响。由此，我们发现在电磁波谱的红外部分的实际的辐射通量密度为大约 $0.77 \times 172.6\mathrm{nW/m^2} = 132.9\mathrm{nW/m^2}$。

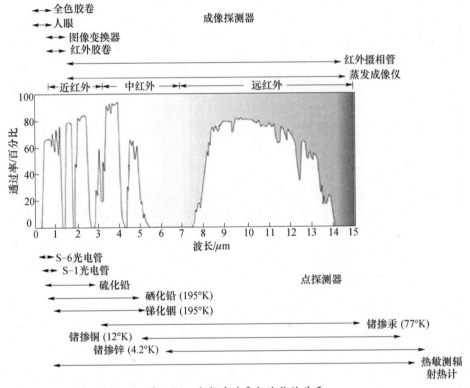

图 9.26　大气透过率与波长的关系

在入射孔径处的通量计算为：

$$\phi = H \times A_{ep} \tag{9.37}$$

其中，H 是在入瞳处的辐射通量密度，A_{ep} 为入瞳的面积，为了得到入瞳的面积，我们知道入瞳孔径为圆形的，半径为 20 英尺（0.508m），因此入瞳面积为 $A_{ep} = 0.203\mathrm{m^2}$。相应地，在入瞳处的光功率为 $132.9\mathrm{nW/m^2} \times 0.203\,\mathrm{m^2} = 26.98\mathrm{nW}$。光学系统的光学透过率为 0.975，这样，落在探测器上的光功率为 $26.31\mathrm{nW}$。所选择的探测器的 D^* 的测量值为 4.5×10^{10}，由此，我们采用下式得到 NEP：

$$D^* = \frac{(A_d \Delta f)^{1/2}}{NEP} \tag{9.38}$$

其中 A_d 是探测器的有效面积 $=1\mathrm{cm}^2$，Δf 是测得的 16Hz 的电路带宽。

$$\mathrm{NEP} = \frac{(A_d \Delta f)^{1/2}}{D^*} = \frac{(1\mathrm{cm}^2 \times 16\mathrm{Hz})^{1/2}}{4.5 \times 10^{10}} = 0.089 \times 10^9 \mathrm{W} = 0.089\mathrm{nW} \qquad (9.39)$$

在上式中所得到的 NEP 值与对应于目标的探测器上的光功率相比是非常低的，因此，对于这一额定的探测场景，我们必须放大信号以探测人员目标。我们仍然在开展建模工作，以包括像光子噪声、散弹噪声、$1/f$ 噪声和跳跃噪声那样的探测器噪声项，但现在 NEP 能给出我们所需要的。

接着我们通过在试验装置中加入了一个方波斩光器，模拟了一个宽视场引导加高分辨率勘察系统。我们采用一个校准的、可调谐的黑体源、窄带滤光片、自然密度滤光片和光阑，模拟在入瞳平面上的信号电平，并采用可追溯到 NIST 的探测器，检查入瞳和探测器平面的光功率水平。最终在探测器上的光功率 P_d 为：

$$P_d = \alpha 0.45 \frac{\sigma T^4 A_s}{\pi d^2} = 26.31\mathrm{lnW} \qquad (9.40)$$

其中，σ 为玻尔兹曼常数，T 为校准源的温度，A_s 为黑体源的出射口的面积，d 是源到入瞳平面的间距(m)，α 是反映着滤光片和光阑的组合衰减系数，以模拟期望的探测器上的功率。光斑的大小被设置的比一个像素小，以模拟大视场引导加高分辨率勘察系统的大视场。考虑到调制器，系数取 0.45。采用校准探测器来验核在 HgCdTe 像素上有适当的功率水平，我们验证了在探测器上有可探测的调制信号，我们所采用的调制频率为 100Hz。

接着，我们要确定探测器的时间常数。我们首先测量低调制频率响应并得到 $4.0 \times 10^4 \mathrm{V/W}$。接着，我们增大调制频率，直到响应率降到其原始值的 0.707 倍，这出现在频率 f 为 318Hz 时。接着我们采用下式(9.41)求解时间常数 τ 并得到 0.5ms：

$$\mathfrak{R}_f = \frac{\mathfrak{R}_0}{(1 + 4\pi^2 f^2 \tau^2)^{1/2}} \qquad (9.41)$$

在上式中，R_f 是在调制频率 f(318Hz)处的响应率，R_0 是在零频率(4×10^4)处的响应率，τ 是探测器的时间常数(0.5ms)"。

Jen："Tina，很好的归纳！看起来我们在辐射度学分析、计算方面做的很好。我们现在需要进行权衡分析，看看我们是不是能在市场上找到一种有适当的辐射度量和成像质量的 HgCdTe 成像传感器，否则我们将必须构建我们自己的成像传感器。"

Ron："成像质量？"

Amanda："是的，诸如像素均匀性、填充系数、像素大小、像素面积和动态范围那样的东西。"

Ron："好的，我看看。不要忘记考察探测器的可靠性、可维护性和可用性指标！"

Amanda："这就是为什么我们需要系统工程人员帮助我们的原因！"

Ron："看起来我们可以使用大量的技术性能测度。采用诸如探测率、D^*、响应率、NEP 和像素尺寸、等效焦距、探测器面积及大小、入瞳直径等技术参数来确定光学系统的整体性能。我将开始整理这些参数，并与我们发展的系统模型关联起来。我们将把其中一些技术性能测度反映在关键性能参数中。如你所知，关键性能参数是对任务使命的成功至关重要的系统性能属性。为了成功,光学系统必须能够在所期望的距离上"看到/探测到"人员目标,它必须能够为操作人员提供将人员分类为目标所需的具有足够质量的信息。为此有两个考虑:第一,对应于在最远距离和最差的探测条件与假设的最小的可探测的信号,第二,光学系统正确地对人员分类所需的空间分辨率。这些考虑应当转换为具有最小的门限值和目标值的关键性能参数。我将开始将技术性能测度加入到我们的基于模型的系统工程工具和企业体系架构产品中。"

Amanda:"什么企业体系架构产品中?"

Ron:"我们用于这一项目的一组有序的、动态的效能测度、性能测度、性能指标、关键性能参数和技术性能参数,以及它们与需求、设计和测试的关系。关键性能参数是与效能测度关联的,效能测度和关键性能参数要形成性能测度,技术性能测度通常更加详细,技术性能测度是从性能测度导出的,通常直接与需求相关。"

Jen:"好的,我们继续开展工作。我要让 Karl 知道测试进行的怎么样。谢谢你们让我了解了这一切!"

(Ron 盯着他的咖啡杯)

首字母缩略词

CCD	电荷耦合器件
FIT	Fantastic 成像技术公司
HOQ	质量屋
HST	哈勃空间望远镜
IR	红外
KPP	关键性能参数
MOE	效能测度
MOP	性能测度
MTTF	平均无故障工作时间
NEDT	噪声等效温差
NEI	噪声等效辐射通量密度
NEP	噪声等效功率
PDF	概率密度函数
QFD	质量功能展开
RNC	反射零位校正器
SiTF	信号传递函数
SNR	信噪比
TPM	技术性能测度
TPMs&Ms	技术性能测度和指标

9. A 附录:MATLAB 代码 1

```
% % Gaussian Distribution Example
% Author: Carlos J. Rivera - Ortiz
% Date: June 12, 2007
% Course: SYS5380, IR Systems Engineering
% Instructor: Dr. William Arrasmith
%
% % Generate a 1000 - elements of random number added to a sine wave
n = 1000;
% % Generate the x - axis of n - elements in radians
a = linspace(1,10 * pi,n);
% % Generate random numbers with a Gaussian distribution
b = randn(n,1);
% % Generate a pure sine wave of amplitude + / - 0.5
c = 0.5 * sin(a);
d = b + c;
% % plot the combined random numbers
figure(1)
plot(a,d)
hold on
plot(a,c,k,Linewidth,3)
grid
hold off
xlabel(time)
ylabel(amplitude)
legend(Combined signal,Pure sine wave)
% % Display a histogram of the random numbers with a bin - size of 25
figure(2)
hist([d b],15)
legend(combined signal,pure random signal)
s = std(b)
```

9. B 附录:MATLAB 代码 2

```
% % Video Noise Example
% Author: Carlos J. Rivera - Ortiz
% Date: June 17, 2007
% Course: SYS5380, IR Systems Engineering
% Instructor: Dr. William Arrasmith
%
% % load image into Matlab workspace
% % Image source: Wikipedia
photo = imread(Lenna. png);
% % Convert to gray scale
```

```
photo = rgb2gray(photo);
photo = im2double(photo);
[x y] = size(photo); % % get image size
% % Display images
subplot(2,2,1)
imshow(photo)
title ('Ideal Image')
% %
subplot(2,2,2)
photo_vh = 1 + 0. 2 * randn(x,y);
photo_vh = photo. * photo_vh;
imshow(photo_vh)
title('Example of fix - pattern noise')
% %
subplot(2,2,3)
noise = 1 + 0. 15 * randn(1,y);
line_noise = repmat(noise,x,1);
photo_v = line_noise. * photo;
imshow(photo_v)
title('Example of column noise')
% %
subplot(2,2,4)
noise = 1 + 0. 15 * randn(x,1);
line_noise = repmat(noise,1,y);
photo_h = line_noise. * photo;
imshow(photo_h)
title('Example of row noise')
```

参 考 文 献

Allen, L., J.R.P. Angel, J.D. Mongus, G.A. Rodney, R.R. Shannon, and C.P. Spoelhof. 1990. The Hubble Space Telescope optical systems failure report. NASA report. Washington, DC: NASA.

Bahill, T. 2004–2009. *Technical Performance Measures*. Tucson, AZ: University of Arizona.

Behn, R.D. 2003. Why measure performance? Different purposes require different measures. *Public Administration Review*, 63(5): 586–606.

Blanchard, B.S. and W.J. Fabrycky. 1990. *Systems Engineering and Analysis*, Vol. 4. Englewood Cliffs, NJ: Prentice Hall.

Bradshaw, P.R. 1963. Improved checkout for IR detectors (Detector test measurements essential for stability and uniformity in design, manufacture and checkout procedure of airborne infrared detectors). *Electronic Industries*, 22: 82–86.

Cask05. 2006. *House of Quality*. http://en.wikipedia.org/wiki/File:A1_House_of_Quality.png (accessed November 29, 2014).

Cox, C. 2014. *Basic test configuration of EO/IR detectors*. Adapted from Biezl [2006]. http://en.wikipedia.org/wiki/File:Lock-in_amplifier_experimental_setup.svg (accessed November 29, 2014).

Defense Acquisition University. 2001. *Systems Engineering Process*. Ft. Belvoir, Washington DC: Defense Acquisition University Press.

Department of Homeland Security. 2010. Fact sheet: Southwest border next steps. Washington, DC: Department of Homeland Security. http://www.dhs.gov/news/2010/06/23/fact-sheetsouthwest-border-next-steps (accessed March 6, 2014).

Goda, K., O. Miyakawa, E.E. Mikhailov, S. Saraf, R. Adhikari, K. McKenzie, R. Ward, S. Vass, A. J. Weinstein, and N. Mavalvala. 2008. A quantum-enhanced prototype gravitational-wave detector. *Nature Physics*, 4: 472–476.

Guerra, L. 2008. *Technical Performance Measures Module*. Austin, TX: University of Texas at Austin.

Hagan, G. 2009. *Glossary of Defense Acquisition Acronyms and Terms*. Ft Belvoir, VA: Defense Acquisition University Press. http://www.dau.mil/pubscats/pubscats/13th_edition_glossary.pdf (accessed November 29, 2014).

Holst, G.C. 1998. Testing and evaluation of infrared imaging systems. In *Testing and Evaluation of Infrared Imaging Systems*, Vol. 1, G.C. Holst, Ed. Winter Park, FL/Bellingham, WA: JCD Pub./ SPIE Optical Engineering Press.

Hudson, R.D. 1969. *Infrared System Engineering*. New York: John Wiley & Sons.

Jeffrey, T.P. 2011. Federal auditor: Border patrol can stop illegal entries along only 129 miles of 1,954-mile Mexican border. http://www.cnsnews.com/news/article/federal-auditor-border-patrol-can-stop-illegal-entries-along-only-129-miles-1954-mile (accessed March 6, 2014).

Kasunic, K. 2011. *Optical Systems Engineering*. New York: McGraw-Hill.

Krishnavedala. 2012. *Collimator*. http://en.wikipedia.org/wiki/File:Collimator.svg (accessed November 29, 2014).

Lichiello, P. and B.J. Turnock. 1999. *Guidebook for Performance Measurement*. Seattle, WA: Turning Point.

Markov, M.N. and E.P. Kruglyakov. 1960. Zonal sensitivity of PbS photoconductors. *Optics and Spectroscopy*, 9: 284.

Mitchell, J.S. 2010. Physical Asset Management Handbook. Key Performance Indicators. London, England: Springer-Verlag, pp. 319–322.

Oakes, J. 2004–2005. *Technical Performance Measures*. San Diego, CA: BAE Systems.

Oppenheim, A.V. and R.W. Schafer. 1975. *Digital Signal Processing*. Englewood Cliffs, NJ: Prentice-Hall, Inc.

Pedrotti, F.L. and L.S. Pedrotti. 1993. *Introduction to Optics*, 2nd edn. Upper Saddle River, NJ: Prentice Hall.

Polidore, M.J. 2002. F-22 raptor—A transformational weapon that continues to meet and exceed all key performance parameters. Farnborough, U.K.: Lockheed Martin Aeronautics Company.

Pruett, G.R. and R.L. Petritz. 1959. Detectivity and preamplifier considerations for indium antimonide photovoltaic detectors. *Proceedings of the IRE*, 47(9): 1524–1529.

Roedler, G.J. and C. Jones. 2005. Technical measurement. A Collaborative Project of PSM, INCOSE, and Industry, INCOSE -TP -2003 -020 -01. Practical Software and Systems Measurement (PSM) and International Council on Systems Engineering (INCOSE) Measurement Working Group. https://www.incose.org/ProductsPubs/pdf/TechMeasurementGuide_2005-1227.pdf (accessed November 29, 2014).

Tangen, S. 2003. An overview of frequently used performance measures. *Work Study*, 52(7): 347–354.

ThorLabs. 2014a. *Peak Sensitivity of a Lead Sulfide Photoconductor*. Rev. B, September 9, 2014, p. 8. http://www.thorlabs.us/thorcat/24700/FDPS3X3-Manual.pdf (accessed November 29, 2014).

ThorLabs. 2014b. *Temperature and sensitivity relationship of a PbS photoconductor*. Rev. B, September 8, 2014, p.11. http://www.thorlabs.us/thorcat/24700/FDPS3X3-Manual.pdf (accessed November 29, 2014).

ThorLabs. 2014c. *Lead Sulfide Photoconductor Specifications*. FDPS3X3 *Lead Sulfide Photoconductor Users Guide*. Rev. B, September 8, 2014, p. 8. http://www.thorlabs.us/thorcat/24700/FDPS3X3-Manual.pdf (accessed November 29, 2014).

Wheeler, A.J., A.R. Ganji, V.V. Krishnan, and B.S. Thurow. 1996. *Introduction to Engineering Experimentation*. Englewood Cliffs, NJ: Prentice Hall, p. 159.

第 10 章　功能分析和探测器制冷

形式和功能应当从精神上合一。

——Frank Lloyd Wright

通过功能分析,系统工程采用"一个迭代的过程将系统需求转换为详细的设计准则" (Blanchard 和 Fabrycky,2011)。系统工程是"一个能够实现成功的系统的跨学科的途径和方法"(INCOSE,2004)。通过系统工程过程,"在需求分析中确定的功能、性能、接口和其他需求,被转换为可以用于指导后续的设计综合活动的系统功能描述,为此,设计师需要知道系统必须做什么,能够做得多好,什么设计约束将限制设计灵活性"(INCOSE, 2004)。功能分析通过将所有的较高层级的功能分解成较低层级的功能,将功能按照逻辑顺序进行排列,确定每个功能所需要的资源,来帮助定义这三个需要。功能分析创建功能结构图,这将当作所有后续设计活动的基线。功能分析用来确定功能框图,功能框图用于将复杂系统的功能迭代地分解到详细的层级。功能框图也可用于说明系统各单元之间的关系,并确定每一部分所需要的资源。许多系统工程过程(如可靠性分析、可维护性分析、人素工程分析、维护、支持、可生产性和经济性分析)与来自功能分析的输入直接相关。

本章参考在各种工程学科中验证了采用功能分析过程的价值的相关工具和方法,探讨功能分析的概念和过程。为了便于讨论,以对现有的光学系统的功能分析为例进行说明。本章还进一步将功能分析过程应用在一个用于对行走的人员进行机载监视和探测的无人机载光学系统案例研究中。作为一个代表性的例子,本章将涉及用于无人机载光学系统的光学传感器的热控系统的功能分析。在本章中我们还将继续前面章节涉及称为 Fantastic 成像技术公司的虚构公司案例研究,内容覆盖无人机载光学系统设计,Fantastic 成像技术公司的一些成员在进行功能分析工作。本章将编排为以下主要的章节:

- 10.1 节介绍了功能分析,讨论了功能分析的价值、功能分析过程和某些工具,本节还讨论了功能分析的三个主要的工具:概念图、功能流方框图和功能框图。本节最后举例描述了在前面几个小节讨论的对一个成像系统进行功能分析的功能分析工具。
- 10.2 节包括理解用于降低探测器噪声的探测器制冷概念和方法的必要的技术背景。本节给出了探测器制冷、探测器和制冷剂的理论基础,接着探讨了不同的制冷系统,包括开环制冷机、闭环制冷机和固体制冷机。
- 10.3 节将前面讨论的概念和涉及用于美国边境巡逻应用的无人机载光学系统结合起来进行了案例分析。

10.1　功能分析和它们的需求

系统工程过程从问题定义开始,问题定义是开发过程的最重要的部分。不好的问题定义将导致返工,从历史上讲,会影响成本和进度。Norman Augustine 在其著名的"Augustine 定理"中指出:"任何任务可能仅用当前估计的 1/3 多的时间完成"(Augustine,1983)。一个项目的方案设计阶段将利益攸关者的需要转换为需求,这将是系统开发的基础(Blanchard 和 Fabrycky,2011)。当确定"系统需要做什么"时,第一个需求几乎总是功能需求。然而,当确定需求时有许多其他的设计考虑,包括可承受性、可生产性、质量、可靠性、可维护性、可处置性、技术可行性、社会/政治可行性、环境可持续性、可扩展性和互操作性;人素工程和安全性也需要考虑。基于这些考虑的最终的需求称为非功能性需求。

一个功能可以被定义为解决问题和满足利益攸关者的需要的一系列活动,由于功能是满足利益攸关者的需要所必须的,它们与需求直接相关。在任何需求层级上的功能需求是根据较高层级的需求综合的,功能分析过程将较高层级的功能翻译成将支持形成更详细的需求的较低层级的、展开的功能,它是用于定义功能的层级和功能需求的一个迭代的过程,要把细节等级提高到所需要的层级,以满足利益攸关者的需要。功能分析的目标是尽可能精确,但并不一定完善。

理解功能分析过程所希望的最终结果是重要的,功能分析的最终结果将成为系统工程过程的后续阶段的输入,这意味着功能分析在系统模块化或"封装"、可靠性、可维护性、可生产性、可处置性、生命周期成本等的分析上起着重要作用。由于这种原因,应当对整个系统进行功能分析和功能分解。

Blanchard 强调了在系统需求中描述系统的各个方面的重要性,他指出,功能需求应能捕捉到在系统生命周期内所需要的所有功能能力(Blanchard 和 Fabrycky,2011)。国际系统工程学会(INCOSE)也强调涉及外部接口和系统、子系统、组件、部件的功能分析(INCOSE,2004),在组件部分,INCOSE 涉及采用一组功能技能表示的人力需求,并定义非人力的资源需求,扩展了功能分析的范围(INCOSE,2004)。在功能分析过程中,确定了全面支持运行使用需求的功能。

随着系统工程过程的继续,通过将功能分配到结构化的组件和子系统,对系统进行"结构化",这一过程称为功能分配,它在功能分析和需求分配之间搭建了桥梁(Kamrani 和 Azimi,2010)。换言之,它将功能和需求分解到更高的细节,以构建子系统,是一种自上而下的方法(项目管理学院,2013)。功能分析从概念设计阶段的一个自上而下的过程开始,随着研发团队进入初步设计阶段,要继续自下而上进行功能分析(Blanchard 和 Fabrycky,2011)。

这种对一个系统工程化的方法,开始涉及一个自上而下的过程,然后是自下而上的过程,可能与实际的做法是有差别的,因此值得考虑这种过程的用途和价值。功能分析的目的是从功能的观点描述系统,并明确每个组件的需求,这是通过系统性地将系统分解成较小的功能组件来实现的,各个分层级的功能有其自身的需求和功能分配。因此,每个组件具有根据系统的技术性能测度分配的技术性能测度。一个完整的功能分析考虑了整个系统的生命周期。功能分析过程在确定系统初步概念方案的差距、用例场景和初步需求方面具有较大的优势,这一信息和细节将使后续设计活动能够以较低的风险有效执行。

项目管理知识体也强调对能够跨学科和跨文化交流的工具的需要(项目管理学院,2013)。功能分析过程能通过改进系统之间和跨学科的交流提供附加价值(Blanchard 和 Fabrycky,2011),它是一种能形成各学科的利益攸关者(研发工程、测试工程和其他非技术领域的利益攸关者)易于理解的工作产品的有效的工具。

采用可理解的工作产品(如功能方框图)将能更好地对系统进行递进的分解。Arlitt 的研究讨论了采用功能分析的收益,重点是建立由 Hirtz 所引入的功能基线(Hirtz 等,2002,Arlitt 等,2011)。他们的结论是,采用功能分析能在后续的设计步骤中更好地确定好的结构。Eriksson 所做的工作通过采用将传统的用例分析和功能分析相结合的案例实现方法描述了功能结构(Eriksson 等,2006)。Eriksson 还强调功能分析过程是交流的基础,并在他的论文中以一个涉及软件密集型防务系统的研发的案例讨论了效能。

10.1.1 用于功能分析的基于模型的系统工程工具

在企业体系架构中,功能分析的重要性和价值是非常明显的,企业体系架构的每个分部或部门综合起来构成了整个企业。正如前面所讨论的那样,功能分析渐进地确立系统功能,因此它被用于系统的所有的设计阶段,即,概念方案设计阶段、初步设计阶段、详细设计阶段和研制阶段。在所有设计阶段进行功能分析有助于对整个系统的文档进行梳理,以便于所有的利益攸关者理解。Blanchard 认为,理想状态下,采用完全集成了过程的整个工作流的工具执行系统工程过程(Blanchard 和 Fabrycky,2011)。所有的工程学科都有相应的处于不同成熟度的工具。这样的一个例子是软件工程领域的例子,有用于综合系统工程过程(从定义系统需求到软件测试过程)的综合工具组合。

10.1.1.1 Rational 工具组合

作为一个例子,在系统和软件工程领域能够得到的这样一个工具组合是 IBM 的 Rational 工具组合,这一工具组合是基于模型的系统工程工具的一个标准,它具有各种有用的综合系统结构、系统/软件开发、需求管理、配置控制和管理和测试组件。更著名的一些组件是用于企业架构应用的系统架构工具、面向对象的动态的需求系统(DOORS)、用于软件配置管理和更改控制的 Clear Case 工具、提供 UML 建模环境的 Rhapsody 和用作软件测试的自动化测试工具的 Functional Tester。这一工具组合可以用于系统的功能分解,并在初步设计阶段生成基于功能的模型(Hoffmann,2009)。随着系统工程过程的继续,可以完善相同的模型,并用于自动化地生成用于实现原型样机的代码,并生成用于最终设计的可用代码。这样,需求分析、功能分析之间的界限,以及详细设计阶段和研制阶段之间的界限就变得连续了。IBM 的 Rational 组合提供了采用系统工程和软件工程规程,并跨越整个系统和软件开发寿命周期的一个完整的综合工具组合(Rational 软件公司,2002)。IBM 的 Rational 组合也改进了团队和部门内部的交流,因此缩短了开发时间,并提高了最终系统/软件的质量。其他的供应商也有提供类似功能能力的系统和软件工程工具组合,例如,No Magic 提供了 MagicDraw 工具,这是一种基于 UML/SySML 的,具有需求管理、国防部体系结构框架(DODAF)和英国国防部体系结构框架(MODAF)插件的架构、协同、业务过程建模和软件与系统建模工具。

10.1.1.2　SysML

SysML 是一种由各种广泛的应用领域的系统工程师广为应用的建模语言。在 2011 年的 INCOSE 会议中,会议主席将 SysML 描述为一个可以用于表示系统组件的综合的语言集(Paredis,2011)。SysML 通过构建行为图、活动图、序列图、用例图和方框图来帮助确定一个系统的功能描述,它有多个构造或图形工具来帮助创建使团队能将高层级的功能能力分解到较低层级的功能描述。最后,这一分解可以转换为一个帮助进行设计备选方案选择的模型。Paredis 也评价了采用电子表格程序的系统分析,指出:采用电子表格程序是有误差的,可能对业务有所影响(Paredis,2011)。

10.1.1.3　发明问题解决理论

Bonnema 讨论了采用发明问题解决理论(TRIZ)来捕捉一个系统的较高层级的功能。TRIZ 理论是苏联发明家和科幻作家 Genrich Altschuller 的一项发明(Bonnema,2006,2010)。这里,Bonnema 的主要重点是开展结构化设计的过程,但他也强调和讨论了在开始结构化设计之前完成功能分析的重要性和必要性。他进一步在他的论文中解释了功能分析能够形成对系统的共识,并帮助提供有关所有的系统需求的具体信息,且确保这一系统的可获得性。他描述了采用 TRIZ 通过采用耦合矩阵建立系统的功能要素和性能测度之间的关系。在质量功能展开(QFD)方法中,也采用了类似的关联矩阵(Kinni,1993),这种方法描述功能和提供功能能力的手段之间的关系,并标志着一个系统的功能分配的开始。

10.1.1.4　Simulink 和 MATLAB

Simulink 是 MathWork 的 MATLAB 中的一个仿真和基于模型的设计工具,是一种用于多领域仿真和设计的方框图环境(MathWork,2013)。Simulink 包括一系列的用于模拟线性和非线性系统的工具箱,Simulink 有一组可以定制的库和能够建模和仿真静态和动态环境(连续的和离散的)的求解器,还有一个非常有用的鼠标拖放的图形化编辑器。它具有一个图形化的前端,能够使建模和开发过程变得容易和更具直觉性。它除了具有设计、建模和仿真技术系统方面的效能外,还能自动生成代码,能够对嵌入式系统进行连续的测试和验证。人们在创建更加集成化的基于 MATLAB 的工具,以通过不断的努力帮助降低开发和生产可重用组件的成本(Brisolara 等,2008;Shi－Xiang,2010)。Brisolara 研究了将统一建模语言(UML)序列图集成在 MATLAB Simulink 模型中(Brisolara 等,2008),这可以更加容易地将系统的功能分析转换到系统设计。这类工具使工程师能够运用矩阵数学并创建可执行代码(Banerjee 等,2000)。Kennedy 指出:"需要创建用于基本功能的标准的库,这是将系统模型转换为可执行的和快速的软件所需要的。"(Kennedy,2005)

10.1.2　功能分析工具

借助于适当的工具集,一个组织内的团队能够直接将功能分析与可以采用建模工具评估设计概念和备选方案的可行性分析联接起来。也具有将功能分析输出直接与开发过程联接起来的能力,但可能会受到所涉及的技术的约束。

不推荐在执行功能和分配过程中采用诸如电子表格程序、word 文件和绘图工具那样的简单工具,因为在 2005 年进行的研究表明这些工具中有 94％包括错误(Panko,1998)。

然而,当得不到更先进的、更加集成的工具时,可以采用这些简单工具。不论用于功能分析的工具的自动化级别如何,这些工具提供了将系统需求转换为处于较高层级的完整的问题定义的手段(INCOSE,2004)。图 10.1 描述了功能分析和分配过程的输入、输出、控制/约束和机制。

图 10.1　功能分析概念图

功能分析活动可以产生许多不同类型的工作产品。正如 INCOSE 系统工程手册中所建议的那样,一个好的作法是有超过一种形式的文档作为工作产品。本章进一步把重点放在一个虚构的案例研究场景中,在功能分析和分配过程中采用概念图、功能框图和方框图来描述一个光学系统。表 10.1 中列出了在功能分析和分配中有用的各种形式的图和功能。

表 10.1　图的类型和功能

图的类型	功能
行为图	描述激励和响应之间的联系,焦点是事件和功能之间的联系(就时间和条件而言)(Bernard,2005)
概念图	示出每个功能的输入、输出、机制和约束
控制流图	指围的总的类别,包括方框图、功能流图、IDEF 图、PERT 图、状态获迁图等
数据字典	用于定义系统中的数据单元、数据库结构和数据流(Bernard,2005)
数据流图	帮助描述组件之间的接口和组件的行为,这些图在本质上是分层级的,可以与概念图结合使用(Bernard,2005)
实体联系图	描述系统的功能和结构组件之间的逻辑关系(Bernard,2005)
功能和并发线程分析	图形化地表示一个系统在所提供的初始条件下的响应路径,这类分析用于在基于软件的系统中更广泛地使用(Kharboutly,2008)
功能流图	将一个分层级的系统组件集和它们的行为联系起来,提供图形化的细节来描述组件之间的流(Blanchard 和 Fabrycky,2911)
综合定义图	在每个功能图的顶部示出的过程控制信号,与支持机制相关规定的输入在底部,输入在图的左面,输出从每个功能框的右边流出
基于模型的系统工程图	当作抽象,用于模拟系统组件,模型的输出可以用于评估所提出的设计的能力
N-squared 图	通过说明每个组件之间的相互关系描述一个系统的功能和组件的复杂性
时序图	给出涉及功能操作的持续时间和功能操作之间的时间的图形化细节

10.1.2.1　概念图

概念图通常用于在概念设计阶段捕捉和描述最高层级的功能,然而,对一个功能方框图的任何方框都可构建一个概念图(Blanchard 和 Fabrycky,2011)。概念图清晰地描述在功能分析中评估的一个功能的输入、输出、控制/约束和赋能机制。图 10.2 给出了概念图的一个例子。

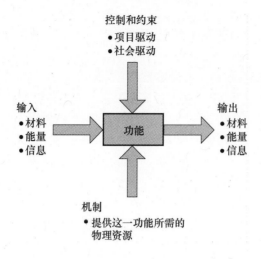

图 10.2　经典的概念图

如果对功能有所限制,前面所讨论的任何系统设计考虑可能是约束和控制,这些考虑可能包括技术、环境和互操作性考虑,例如,它是否违反物理规律,它是否工作在极端的环境条件中,它是否与已有的装备兼容? 功能所需要的资源指功能的赋能机制,包括人员和计算机资源、材料、设施、维护和保障(Blanchard 和 Fabrycky,2011)。

10.1.2.2　功能流框图

功能流框图描述系统的功能组件之间的流和基于流的逻辑条件。在一个功能流框图中,实线框表示所有的功能,图的流向通常从上到下、从左到右,将每个功能采用水平线联接描述串行的功能,并行的和可选的路径通常采用包括逻辑操作(如"与"或"或")的圆圈,通常用对角线与方框联接。某些功能流框图,如描述与维护相关的过程的,采用"Go"和"No go"标志来表示沿着一个逻辑功能的状态是"是"还是"否"。图 10.3 示出了所描述的功能流框图结构,如果功能的输出是"是",则选择并执行"Go"路径,如果输出是"否",则选择和执行"No go"标志的路径。

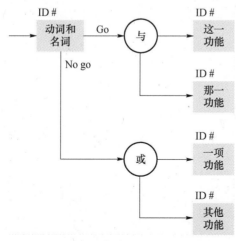

图 10.3　流程图构造

数字用来为每个功能方框提供唯一的标志,这一数值不表示操作的次序,它仅用来帮助一个观察者按照功能分析进行分解,功能流框图的每个框可以分解成具有更高细节的较低的层级,直到足以描述系统的功能。当分解每个功能时,必须采用系统化的方法来对分解的功能编号,以保证清晰性。如果主要的功能被编号为 2.0,直接将它下面的分解的功能编号为 2.1、2.2、2.3 等,这一方法能帮助更好地理解功能分解过程的分层分级特性。

随着分层分级过程的继续,基于开发团队的选择对功能方框进行聚合,这一将功能方框分解到各个分组(如子系统)的分解是基于许多条件(如位置、使分组之间的交互作用最少、使接口最少以降低复杂性或强调系统重用)进行的。功能聚合的目的是开始构建系统架构。

10.1.2.3 综合定义图

缩略语 IDEF 表示综合定义,它是一类建模语言。IDEF0 图用于功能建模,它们有一定的构图规则和方法,用于定义产生它们的方式(商务部,1993)。国家标准和技术研究院设定了生成 IDEF0 图的构建规则和方法。

10.1.3 功能分析在柱镜光栅光学成像系统中的应用

在本节,以柱镜光栅成像系统为例说明了运用概念图和功能流方框图的功能分析过程。首先,解释了柱镜光栅成像系统背后的概念,然后,对成像系统采用前面的章节所描述的功能分析过程。

10.1.3.1 柱镜光栅式光学成像系统

"柱镜光栅"这一术语指在一面有一系列圆柱形透镜单元的分光器件。当将图像印制在柱镜光栅介质上时,观察者能够采用一个单一的图像卡看到一系列的图像。图 10.4 所示为有代表性的柱镜光栅介质的简化的俯视图和侧视图。每个圆柱形透镜单元称为"柱镜",并当作成像系统的透镜。

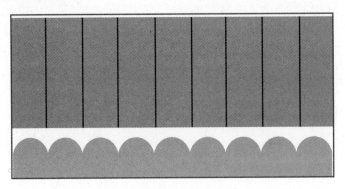

图 10.4 柱镜光栅介质的侧视图和俯视图

在日常生活中经常能看到柱镜光栅成像的情况,如在早餐谷物盒中的赠品或早期的广告牌上的看起来像动画的图像。柱镜光栅成像实际上是将图像放在柱镜光栅介质的平坦的一面,并通过柱镜光栅观察到的多个交织的图像。在谷物盒赠品和告示牌上所采用的柱镜光栅成像,实际上是相对低质量的。较高质量的柱镜光栅成像,需要精确地对准柱镜光栅器件和通过它们观察的图像。Morton 解释了采用柱镜光栅介质传播图像的基本原理(Morton,2000)。参见图 10.5,可以看到这是一个简单的过程,每个图像线被顺序排列放置,并合成在合成的图像文件中。

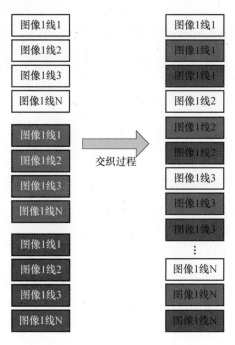

图 10.5　图像交织

对于一个精确合成的图像(尺寸和位置的对准实际上是完美的),必须良好地控制柱镜单元的形状,柱镜光栅必须与图像精确地配准。此后,如果从一个适当的观察距离旋转图像卡,它将选择来自一幅图像的线,这样,观察者可以看到其中一幅原始图像。

正如图 10.6 中的眼睛图形所表示的那样,有两个观察角度,第一个观察角度仅允许看到选择的对应于暗的阴影表示的线。作为一个从不同的角度观察图像的备选方案,可以通过旋转图像介质实现类似的效果,使观察图像的过程变得容易,这使观察者能看到以前在柱镜光栅下面的交织的图像序列。正是这种效应使谷物盒赠品和其他广告器材能产生动画效果。Cobb 的研究表明,“在每个柱镜上可以交织并印制 30 个图像线,从而提供相对于 0.015 英寸的柱镜光栅间距足够小的成像线”(Cobb 等,2004)。

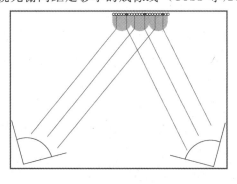

图 10.6　观察柱镜光栅图像

这些柱镜光栅成像系统中的光学系统被设计为将图像直接印制在感光的塑料柱镜光栅介质上(Cobb 等,2004)。图 10.7 示出了一个感光的柱镜光栅材料的实例,该图表示由感光层组成的结构化介质,由敷在介质的平坦的一侧上的细的着色条带来图形化地描述,这样可以采用一个三色激光绘图系统将颜色印在介质上。

图 10.7　感光的柱镜光栅成像器件

图 10.8 是由 Cobb 所描述的柱透镜光栅成像系统的一个较高层级的图形描述(Cobb 等,2004),该图描述了成像的三色激光光束的光路,三色激光束首先通过光束成形光学系统,接着通过一个多边形扫描器,接着通过用于将光束指向装有感光柱透镜光栅介质片的柱透镜光栅卷轴上的折叠式反射镜。多边形扫描器的旋转导致三色光束沿柱透镜光栅的轴扫描(对于这种用途,这一运动将使光束进出页面)。如果在波束扫描时,柱透镜光栅卷轴运动通过成像区域,并且基于图像的内容对光束进行调制,感光介质将变化,从而在柱透镜光栅介质上形成一幅照相图像。如果沿着一个平行于柱透镜光栅成像系统的长轴的轴旋转柱透镜光栅介质,将看到印制在介质上的图像的一部分,如果印制的图像是交织的,多个图像交织到一个单一的图像中,在观察者旋转介质时将能看到图像序列。

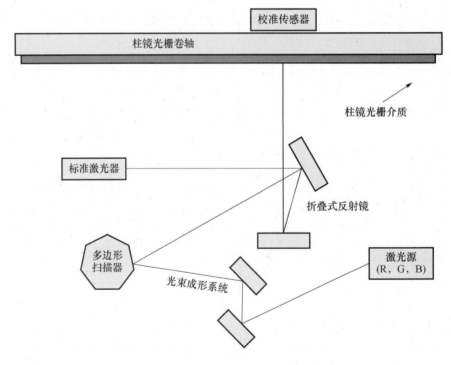

图 10.8　柱镜光栅成像系统

必须保持成像线和柱透镜光栅成像系统之间的严格的配准,这能保证在旋转过程中产生相干的图像序列。正如 Cobb 所描述的那样,在实际印刷之前要采用一个标定的激光器和探测器来扫描和监控柱透镜光栅介质的尺寸(Cobb 等,2004),这一预扫描过程便于在整个过程中对三色成像光束的配准控制。

在预扫描中,产生一个红外校准激光光束并指向柱透镜光栅介质,校准光束的简图如图 10.9 所示。正如前面所描述的那样,柱透镜介质会使光束偏转,在介质下面的传感器帮助识别柱透镜光栅介质的精确的位置,位置敏感传感器放在一个固定的点上,在介质运动通过固定的校准光束的路径时,这些固定位置的传感器通过电信号在检测到光束时给出指示,采用简单的信号处理导出柱透镜运动通过光束的速率。湿度和温度会引起基于塑料的介质的形状和尺寸的变化。因此要由电信号得到水准补偿和页面基准的开始点,从而能够同步成像光束的扫描和柱透镜光栅,以确保传动过程具有较小的速率抖动。水准补偿用于校准伺服系统,伺服系统控制在成像扫描时通过成像三色光束的柱透镜光栅介质的运动。成像扫描是在预扫描后进行的。

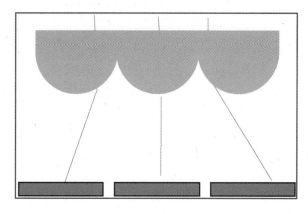

图 10.9 校准探测器光束偏差

类似的一个敏感概念被用来旋转对准由卷轴所支撑的柱透镜介质。必须确保正确地放置起始图像线,即与柱透镜的长轴正确地垂直配准。此外,还必须确保在介质上印制图像的三色激光光束的角度与柱透镜的长轴平行,如果这些是不正确的,在旋转中将在介质上出现断裂的图像。图 10.10 给出的顶视图对成像卷轴进行了图形化解释,该图示出了扩展到整个卷轴长度的两个窗口,两个探测器用虚线示出,表示它们是在卷轴下面的。这些探测器是固定的,当扫描光束指向卷轴表面时,可以比较来自探测器的信号,以便导出柱透镜相对于扫描光束的扫描轴的旋转角度。采用曲屈节来安装卷轴,并与使卷轴相对于校准光束旋转的伺服机构连接。采用两个传感器的数据来确定卷轴的正确的旋转。介质的放置误差

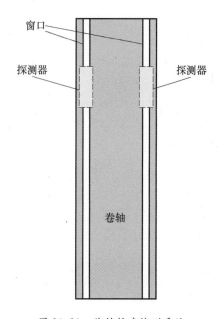

图 10.10 旋转校准检测系统

和制造商的介质容差的综合误差必须小于一个柱透镜。

10.1.3.2　系统的功能分析

现在我们已经清晰地理解了柱透镜光栅成像系统的概念,我们可以聚焦在功能分析过程及其在系统功能分析中的应用。我们首先从如图 10.11 所示的系统运行使用概念方案入手。柱透镜光栅成像系统是另一个系统的一个子系统,一个用户采用柱透镜光栅成像系统来产生一个图像序列,接着通过互联网将这些图像传送到柱透镜光栅成像网站中,在接收到用户传送的图像之后,公司完成图像制作并发送给用户。

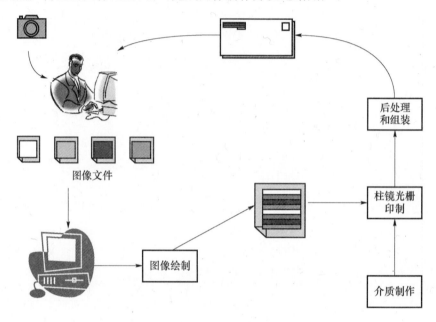

图 10.11　柱镜光栅成像系统的运行使用

如图 10.12 所示的高层级的功能流框图描述柱透镜光栅印刷系统的生命周期。注意,连接每个功能的水平线说明这些功能是串行的。高层级功能流图能帮助准确地确定与每个系统相关的需求,除了功能需求外,功能流框图还关注非功能需求,也称为"ilities",如可测试性、可生产性和可维护性。在系统的设计和研发阶段,将建造子系统的原型样机并进行测试,以确保子系统能够满足低层级需求,将确定与子系统的建造、校准、标定和测试相关的需求,因为要考虑在系统生命周期的每个点所需要的功能。

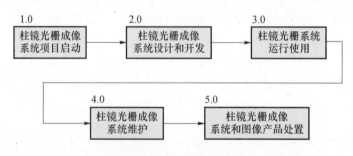

图 10.12　顶层功能流框图

　　然而,对于本章的目的,为了更好地理解功能分析及其工具的目标和价值,范围将限制在 Block3.0"柱透镜成像系统的运行使用",这涉及前面所讨论的系统的运行使用。因此,本章的重点在柱透镜图像印制,尤其是光学系统的功能上。

　　图 10.13 进一步将"柱透镜成像系统运行使用"这一方框分解为子功能。我们可以看到顺序列出的柱透镜成像系统的基本功能。正如前面所提到的那样,这些功能可以进一步分解到所需的细节等级上。

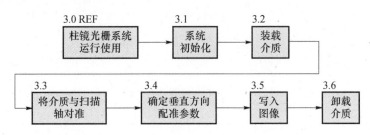

图 10.13　柱镜光栅系统的功能流框图:运行使用

　　现在我们关注"装载介质"这一方框(图 10.13 中的 3.2)的功能分解。对于要装载在卷轴上的介质,要指示走带机构走到装载位置,一个单独的系统要拿起介质并将介质放在卷轴上。这一过程非常复杂,可以分解为几个步骤,涉及传感器、特征配准、符合的组件和用于传送后夹持介质的一个真空系统,以及装载的材料的清除。图 10.14 表明,装载介质功能过程分解成顺序完成的三个子功能。

图 10.14　功能流框图:装载介质

　　前面图 10.13 所示的功能 3.3 的功能能力是:"将介质对准扫描轴",这涉及对准通过扫描光路的非成像光束,从而可以由位于柱透镜光栅介质的左侧或右侧位置的敏感探测器探测到实际的扫描光束的位置。图 10.15 进一步将这一功能能力分解成三个分任务:3.31"移动介质"、3.32"检测旋转"和 3.33"校正旋转"。此外,在功能流框图中的编号系统与 10.1.2.2 节中解释的编号方式是相符的。

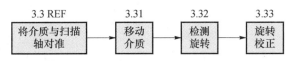

图 10.15　功能流框图:介质与扫描轴对准

　　图 10.16 描述将介质相对于成像光束进行对准的过程,这一过程涉及在预扫描过程中通过一个固定的红外光束时,以及在印刷过程中通过一个成像光束时,对柱镜光栅的检测。它涉及在过程中监视卷轴的运动,并借助于位置传感器探测用作页的起始基准的基准标志。在完成后,通过对传感器数据的信号处理确定第一个图像线的起点,并检查传送机构的修正因子,这将确保图像线与柱透镜的同步。

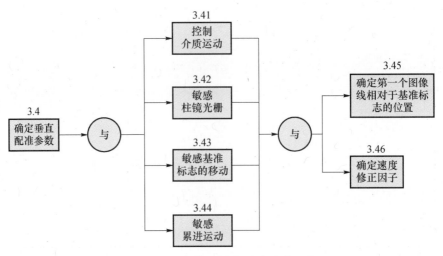

图 10.16　功能流框图：确定垂直配准

　　图 10.17 是写图像过程的分解。注意，采用 AND 标记和并行地运行的并发的功能来表示并行执行的功能。传送机构(介质)运动，系统监控触发写图像过程的开始的传感器的信号。在写图像过程开始时，系统监控传感器的信号，以维持和确保通过相对于位置调制激光束，将图像正确地印制到柱透镜介质上。

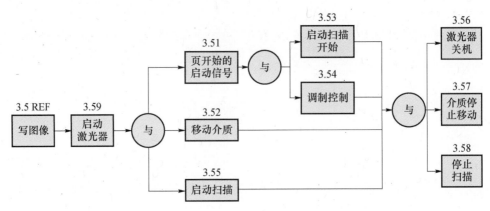

图 10.17　功能流框图：写入图像

　　显然，在每个子功能的过程中有多个相同的功能，前面所讨论的分解中的多个功能涉及传动机构的运动，我们使传动机构运动以扫描位置、装载介质、在介质上运行预扫描，并采用三色光束在介质上实际成像。由于有这些相同的功能，在确定系统结构时有可能采用公用的模块。

　　随着过程进展到系统架构确定，基于功能流框图和对团队的功能能力分解方式的理解，将能够形成如图 10.18 所示的功能分解图。

　　表 10.2 所示的列采用独特的标识符(分配给每个功能和子功能的数)将功能组元与它们的功能流图联系起来。注意，表 10.2 是不完整的。如果考虑与产生适当的激光功率和光斑大小和形状相关的功能，光学系统需具有更多的功能。此外，如果考虑相对于对准系统的振动，则我们还要包括一个补偿措施，如振动隔离组件。随着设计的演进，能够得

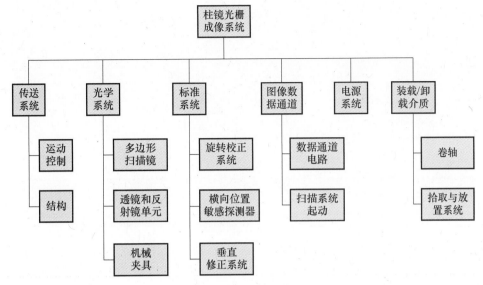

图 10.18　功能分解

到更多的信息,可以扩展表 10.2 的细节并填上,并将把功能标识符分配给这些组件。

表 10.2　采用功能流功能标识的功能分解

子系统	组件	功能标识
传送	运动控制结构	3.21,3.31,3.41,3.52,3.57
光学	多边形扫描镜	
	透镜,反射镜	
	机械夹具	
校准系统	旋转校正系统	3.33
	横向位置敏感探测器系统	3.32,3.42
	垂直修正系统	3.43,3.44,3.45,3.46
图像数据通道	数据通道电路	3.59,3.56,3.51,3.55,3.58,3.54
	扫描系统起动	3.53
电源系统	卷轴	3.23
介质装载/卸载	拾取与放置系统	3.22

当进展到系统的需求分配时,Blanchard 描述了一个称为功能分配的步骤(Blanchard 和 Fabrycky,2011)。对于柱透镜光栅成像系统这种情况,一个重要的性能考虑是成像光束与柱镜光栅配准的质量。

图 10.19 表示分配到每个功能组件的配准技术性能测度。在这种情况下,我们将柱镜光栅成像系统中的这一技术性能测度用单位 L 来表示。

采用所包括的性能测度,现在我们可以创建一个系统方框图。柱透镜成像系统的完整的方框图如图 10.20 所示。如果必要,也可以创建与每个功能相关的附加的文档,这一附加文档能提供设计过程中更深层的细节,从而支持完整的系统方框图。在这一文档中,每个功能应当采用在功能流框图中分配的功能单元的标志符来标识。除此之外,这一文档应当包括每个功能单元的输入、输出、约束和资源需求清单。这一描述可以以表格的形

371

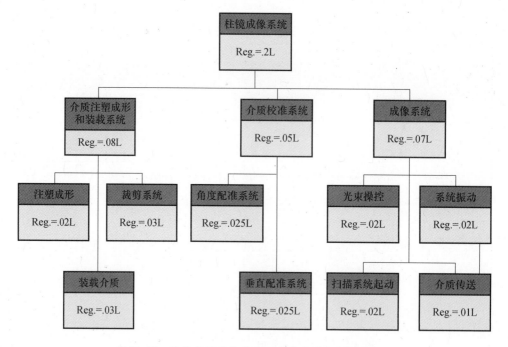

图 10.19　柱镜光栅成像系统配准技术性能指标的分配

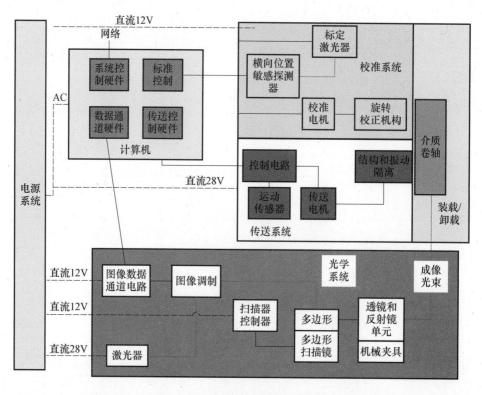

图 10.20　柱镜光栅成像系统框图

式或图 10.20 所示的概念图的形式表示。

在本节，我们以柱镜成像系统为例介绍了功能分析的应用。我们给出了某些与功能分析相关的基本概念，重点是采用功能框图和功能流框图。在 10.3 节的综合案例研究（采用功能分析方法对一个无人机上的光学系统的制冷系统进行功能分析）之前，我们给出了光学探测器制冷的某些背景信息。

10.2　探测器制冷方法

在 10.3 节，我们将对设计用于无人机应用的一个光学系统进行功能分析，这一光学系统的目标是探测步行的人员。由于我们采用在前一节讨论的功能分析概念，我们将主要关注无人机载光学系统实现探测人员的目标所需要的环境控制，环境控制单元将调节诸如压力、辐射水平、光照条件、温度、湿度和尘等因素。在后面的案例分析中，我们将关注温度调节方面——对红外成像探测器进行制冷。

Petries 的"机载数字成像技术"的论文概述了适于无人机应用的多种现有的成像传感器（Petrie 和 Walker，2007）。研究表明，在用于无人机成像应用时，互补式金属氧化物半导体（CMOS）传感器比电荷耦合器件传感器更有优势（Sumi，2006；Axis 通信，2010）。CMOS 传感器更加便宜，能够方便地支持加窗处理（传送图像的一部分），而且它们产生的热量较小，这使它们成为无人机应用的一个非常可行的选择。对 CMOS 传感器的制冷是需要的，这是为了控制图像噪声（如影响图像质量的热源）。通常采用热电制冷器来对 CMOS 传感器进行制冷（Allen，1997）。热电制冷器具有冷却到−70℃的能力，它们相对于干冰制冷器的优势是没有易磨损和产生振动的部件。可以采用建模工具分析噪声源对 CMOS 传感器的图像质量的影响，这样的工具对于评估传感器的选择和成像传感器的制冷解决方案是有用的。Gow 描述了一个采用 MATLAB 编程的完整的工具（Gow，2007）。在本节，作为在 10.3 节中的一个应用实例，我们概述了探测器制冷概念和方法与我们的无人机成像场景。

10.2.1　探测器制冷简介

像所有电子设备一样，探测器产生热或辐射。对于高灵敏度的光学系统，额外的热将使图像过曝光或增加噪声，使所获得的数据无法用于探测，为了避免这一问题，要采用多种可用的制冷技术之一来对探测器制冷。我们确定了功能流框图，以正确地确定传感器功能、制冷器和成本之间的关系。采用前面所定义的层次分析法，可以应用预定的评分系统来评价不同的制冷方案，对这些评分值进行归一化并进行比较，以针对一组给定的准则选择最佳的光学传感器和制冷系统。

Johnson 噪声或热噪声，或 Nyquist 噪声被当作光子探测器的本底噪声，这一类型的噪声是由于在有电阻的材料中激发的带电粒子的运动造成的（Dereniak 和 Devon，1984）。由于所接收的光子必须产生比噪声电平更高的一个电压，降低噪声电平将使光子探测器更加灵敏，使其探测率更高。我们在上一章简要地评述了相关的噪声项。

式（10.1）给出了由 Johnson 噪声所产生的噪声电压，红外探测器中，探测器电阻、电路带宽和工作温度是影响 Johnson 噪声的仅有的参数，这些是可由设计师控制的。这一

噪声与绝对温度成正比,温度越低,噪声越小:

$$V = \sqrt{4kTR\Delta f}$$

(10.1)

式中:k 为玻尔兹曼常数=1.38×10^{-23} J/K;T 为温度(K);R 为电阻(Ω);Δf 为等效噪声带宽(Hz)。

影响红外探测器的噪声电平的另一个因素是产生-复合噪声。产生-复合噪声是由电荷载流子产生和复合的速率的波动造成的(Hudson,1969),这类噪声也与温度相关。正如这些例子所表明的那样,探测器噪声和红外探测器的探测率取决于器件的工作温度(Wiecek,2005)。因此,红外探测系统设计中的一个重要的考虑是降低噪声的方法。在高端探测平台中,通过降低噪声电平来提高探测器性能是常见的做法。

本节详细描述了用于对光电系统尤其是红外探测器进行制冷的各种方法。如果不制冷,红外探测器将被其本身的辐射所淹没。当涉及低温范围时,经常采用"低温学"(cryogemic)这一术语,这是由希腊语术语"低温(cryo)"导出的,这意味着非常冷,后缀"gen"意味着"产生器",低温的范围从近似 125K 到 0K。要制冷到低温的探测器装在一个真空封装壳体或杜瓦中,然后进行低温制冷。将探测器放置在一个密闭壳体或杜瓦内的两个主要的原因是:①避免空气中的水凝结在图像面上破坏成像;②通过与周围的显著热传导来使对探测器的制冷更有效。

10.2.2 探测器制冷容器:杜瓦

受到制冷的探测器经常放在一个称为杜瓦瓶的绝热封装中。杜瓦,是按照其发明者 James Dewar 的名字命名的,是一个与热水瓶很像的容器,有两层壁,外壁通常与周围的环境有接触,内壁则与探测器有接口,两个壁之间是真空。

在建造一个杜瓦时,一些重要的考虑包括杜瓦内侧和外侧的材料的选择,窗口材料的选择,从杜瓦中所探测的信号提取的方式和探测器的安装方式。在传出所探测的信号时,采用非常细的线将探测器单元和触点连接,这些线应尽可能短,以降低由于线的振动所产生的不希望的信号(颤噪效应)。采用特殊的导电漆将杜瓦的外部输出与探测器触点连接。到杜瓦的光学窗口镀高透膜。如图 10.21 所示,一种典型的制冷探测器封装可以实现低达 50K 的制冷温度,实现更低的温度需要精心的设计。

在组装最终的产品时,必须格外注意零件的融接和抽空过程,因为探测器单元是非常敏感的,过多的热或过高的机械压力可能导致近引线的位置的损坏,并导致泄漏。

10.2.3 典型的制冷剂的特性

两种最常用的制冷剂是液氮和液氦,由于它们容易获得,与其他类型的制冷剂相比,这些类型的制冷剂更常采用,不太采用其他的材料的另一个原因是安全性考虑。大部分人有采用液氮冷却香蕉和其他物品的经验,制冷后的香蕉非常硬,可以用来钉钉子。液氮和其他液体气体可能是非常危险的,在使用时必须格外小心。表 10.3 给出了制冷剂的某些有趣的特性,表 10.3 的第一列是沸点温度,这表示液态和气态之间的转换温度。液氮的沸点温度为 77.3K,这样可以将探测器制冷到这一温度附近。注意,液氢可以将探测器制冷到 20.4K 左右,液氦可以制冷到 4.2K。表 10.3 中的第二列是气化容积,这一列给出了通过施加 1W 的热能所气化的材料的体积(单位 cm³),这一列是非常有意义的,因为

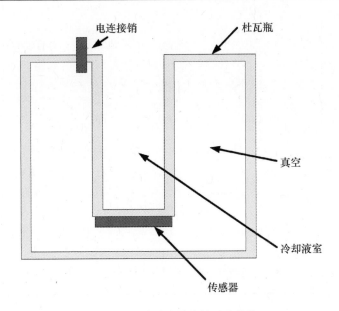

图 10.21　典型的制冷探测器封装

它表明较高温度的液体的气化容积与较低温度的液体的气化容积有很大的差别。气化容积越大,它使 1cm³ 的体积的材料耗散的热载荷越大。如果在液氦制冷器上放置一个较大的热载荷,与液氮相比,将需要更多的液氦来耗散热载荷。比重在确定需要的制冷剂的重量方面是有用的,三相点是等量的固体、液体和气体的温度。

10.2.4　采用开环制冷机制冷

开环制冷机通过将热传递到具有低温沸点的液化气体来对探测器制冷,液化气体的蒸发将吸收热,它的沸点决定着探测器的温度,这些制冷机经常在实验室中采用。在从载荷中吸收了热之后,不试图回收和重新利用制冷剂,由于不回收和重新利用使用过的制冷剂,这类制冷机被称为开环制冷机。

表 10.3　低温制冷剂的通用物理参数

制冷剂	沸点温度/K	气化容积/(1W·h·cm³)	比重/(kg/m³)	三相点/K
冰	273.2	—	—	—
干冰	194.6	—	—	—
液氪	120.0	14	423	115.77
液氧	90.2	15	1141	54.40
液氩	87.3	16	1393	83.85
液氟	85.0	14	1502	53.54
液氮	77.3	22	809	63.15
液氖	27.1	35	1205	24.57
液氢	20.4	114	71	13.96
液氦	4.2	1410	125	

10.2.4.1 采用液化气体制冷

最简单的液化气体制冷机采用前面所讨论的杜瓦来盛放制冷剂,采用一条将制冷剂传递给探测器的气管与杜瓦连接。在这种结构中,不回收和重新利用制冷剂(因此是开环的)。图10.22示出了通过气化液氮来消除热量的一种有代表性的制冷机的工作原理,这一系统也可采用液氮工作。

这一系统被设计为使样本制冷到2.0K,然而,通过精细地控制所传递的液氦的量,可以选择制冷的温度(直到300K),样本(探测器单元)暴露给被调节为流量恒定的液氦流,整个过程是非常有效的,采用一个针形阀精确地调节流量,使温度稳定度达到±0.01K。

这一制冷机有两个主要的部件:一个有相关传输氦气的柔性气管的杜瓦和一个冷端组件,它产生两组气流(一个气流用于喷嘴顶端,另一个气流用于屏蔽外部环境),采用一个小的气管将液氦施加到样本上。在对样本制冷后,液氦也对辐射屏蔽制冷。如果需要制冷到4.2K,要将用过的液氦释放到空气中。如果需要将样本制冷到低于这一值,需用真空泵重新回收氦气,并通过控制压力使温度降低。

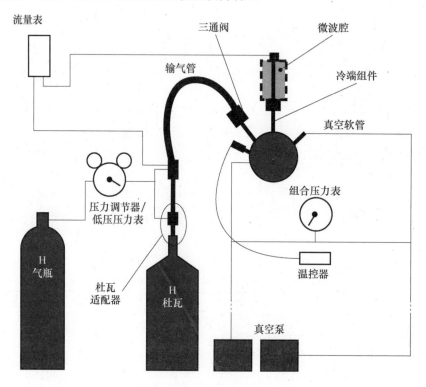

图10.22 液化气体制冷机的工作原理

10.2.4.2 采用 Joule-Thomson 效应制冷

这些制冷机具有一个负责制冷的特殊器件——Joule-Thomson 低温制冷器。Joule-Thomson 低温制冷器是一个能够使气体液化的小的器件,它足够小,能够放置在探测器旁边的制冷室内。Joule-Thomson 低温制冷器通过将一个或多个高压气瓶中的气体直接膨胀来实现制冷,通过采用一个节流阀使高压气体膨胀实现制冷过程。如图10.23所示,采用一个逆流热交换器来对膨胀的气体预冷,直到气体液化。低温制冷器可以使液化的制冷剂到达装有探测器单元的背面处。

为了将气体转换到液态,必须显著降低其温度,使之低于沸点温度。如果通过使气体膨胀或节流使温度降低,Joule-Thomson 系数 μ 是有用的,Joule-Thomson 系数由下式给出:

$$\mu = \left(\frac{\delta T}{\delta P}\right)_h \tag{10.2}$$

式中:δ 表示温度(T)相对于压强(P)和恒定的热焓值(h)的变化,热焓是与系统的总的热容量相关的一个热力学特性。给定气体的 Van der Waals 模型,Joule-Thomson 系数为

$$\mu = \left(\frac{\delta T}{\delta P}\right)_h \approx \frac{2}{5R}\left(\frac{2a}{RT} - b\right) \tag{10.3}$$

式中:R 为通用气体常数,8.314J/(mol·K);T 为温度(K);a 和 b 为用于各种气体的常数。

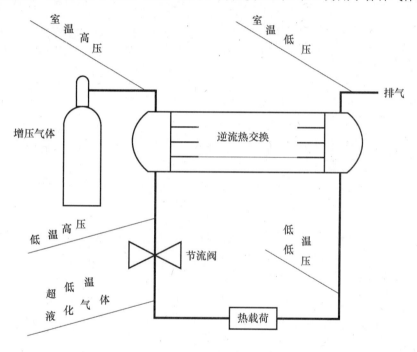

图 10.23　理想的 Joule-Thomson 开环制冷机

如果 μ 是正的,则气体被冷却。相反地,如果 μ 是负的,则气体被加热。根据式(10.3),我们可以得出在 $2a/RT < b$ 时,Joule-Thomson 系数为负的结论,这是与温度严格相关的。转变温度被称为逆温度 T_i,在高于逆温度时,在膨胀时气体被加热,在低于逆温度时,膨胀气体被冷却。表 10.4 示出了典型气体的 Joule-Thomson 常数、系数和逆温度。

Joule-Thomson 制冷机有两个主要优点:首先,在系统中没有运动的部件与探测器接触,降低了产生颤噪效应的可能性;其次,压缩机(如果使用)可以放置在距离低温制冷器较远的距离上,与其他系统相比便于组装。虽然相对简单,Joule-Thomson 制冷机循环有一定的缺点:首先,它是一个不可逆的过程,这使它相对来说不很高效;其次,在 0.002~0.007 英寸的细的节流孔内的污染问题,任何可凝结的杂质可能会堵塞节流孔,

这样就要求采用不加润滑油的压缩机或者采用超洁净技术。

表 10.4　Joule－Thomson 常数和系数

	$a/(\mathrm{J} \cdot \mathrm{m}^3/\mathrm{mol}^2)$	$b/(\mathrm{m}^3/\mathrm{mol})$	$\mu/(\mathrm{K/Pa})$ $T = 300\mathrm{K}$	T_i/K
He	0.003457	2.37×10^{-5}	-1×10^{-6}	35.1
Ne	0.021349	1.71×10^{-5}	1.40×10^{-9}	300.3
H_2	0.024764	2.66×10^{-5}	-3.25×10^{-7}	223.9
Ar	0.136282	3.22×10^{-5}	3.71×10^{-6}	1018.1
O_2	0.137802	3.8×10^{-5}	3.49×10^{-6}	872.4
N_2	0.140842	3.91×10^{-5}	3.56×10^{-6}	866.5
CO	0.150468	3.98×10^{-5}	3.89×10^{-6}	909.5
CH_4	0.228285	4.28×10^{-5}	6.75×10^{-6}	1283.1
CO_2	0.363959	4.27×10^{-5}	1.20×10^{-5}	2050.4
NH_3	0.422525	3.71×10^{-5}	1.45×10^{-5}	2739.7
空气	0.1358	3.64×10^{-5}	3.48×10^{-6}	897.5

10.2.4.3　采用固体制冷

甲烷、氩、一氧化碳、氮、氖和氢是主要用于在空间飞行器上的红外探测器制冷的制冷机上的某些最常用的固体制冷剂。这些制冷剂可以在零重力条件下使用,耗用的功率最小,是高度可靠的,重量小于其他制冷解决方案。这些特性使它们称为空间环境应用中的理想的候选者。这些制冷剂储存在一个绝热的容器内,采用一个热导棒将热从探测器传递到空间,在储箱内维持的压强决定着制冷剂的储存温度。表 10.5 和表 10.6 列出了某些常用的制冷剂的一些重要的物理特性。

表 10.5　常用的制冷剂的沸点和凝点

制冷剂	沸点/K	凝点/K
甲烷	111.5	90.6
氩	87.0	84.0
二氧化碳	194.6	216.5
氮	77.4	63.15
氖	27.1	24.5
氢	20.4	13.9

表 10.6　常见的制冷剂的分子量和比热

制冷剂	分子量/(g/mol)	比热/(J/kg/K)
氩	39.948	520.33
二氧化碳	44.01	约720
氮	28.0134	1040
氖	20.179	1030
氢	2.016	14300
氦	4.0026	5193.1

10.2.4.4　通过把热辐射出去制冷

辐射传递制冷机采用将探测器的热辐射出去的原理,在空间应用这经常是实际的,空间器周围的环境温度可能达到低温温度,从探测器产生的热被传导到空间飞行器的外部,然后辐射到空间,这种制冷机能够通过将热辐射到空间,实现空间飞行器的被动制冷。锥形屏蔽罩和贴片(patch)系统的热平衡方程可以用于确定辐射器的尺寸,贴片的热平衡方程如下:

$$\sigma A_p T_p^4 = \sigma A_p F_a \varepsilon_{cp} T_p^4 + K_{cp}(T_c - T_p) + Q_d \qquad (10.4)$$

式中:A_p 为贴片的外部面积(cm^2);T_p 为贴片的绝对温度(K);T_c 为头锥的绝对温度(K);F_a 为头锥—贴片结构因子(取决于贴片和头锥的几何结构);ε_{cp} 为头锥—贴片等效发射率;K_{cp} 为从头锥到贴片的热导(W/K);Q_d 为来自探测器的热输入(W);σ 为斯特藩—玻尔兹曼辐射常数($W/cm^2/K^4$)。

头锥的热平衡方程为

$$\sigma \varepsilon_c A_c T_c^4 = A_c a_s (E_s + E_a) + A_c E_{ER} \varepsilon_c + Q_{ac} \qquad (10.5)$$

式中:ε_c 为头锥的发射率;A_c 为头锥的有效面积(cm^2);E_s,E_a,E_{ER} 分别为由于太阳直接辐射、反射(地球对太阳辐射的反射)和地球的红外辐射所造成的辐照度;a_s 为头锥对太阳辐射的吸收率;K_{cp} 为从头锥到贴片的热导(W/K);Q_d 为从空间飞行器到头锥的热输入,包括辐射和传导(W)。

理论上,在理想条件下可以采用辐射器制冷到大约 60K。然而,在低于 100K 时,由于热传递的 T^4 辐射律,它们的抑制能力显著下降。在这种情况下,总的可行性取决于空间器轨道、朝向和姿态控制限制。一个典型的应用涉及将探测器制冷到足够低的温度,以使探测器能够有效地工作,例如,在量子探测器情况下,探测器必须充分地制冷,以使光子能量 $h\nu$ 大于探测器的热能噪声。

图 10.24 示出了得克萨斯休斯顿 Johnson 空间中心的一个辐射型红外制冷机,这一辐射制冷机有三个主要组件,即一个锥形遮热罩、一个锥形辐射器和一个用于安装辐射器的基座,在锥形辐射器上采用高红外发射率的罩面漆,以提高辐射到空间的传递效率。采用非金属的联接器将辐射器与内部的器件连接。

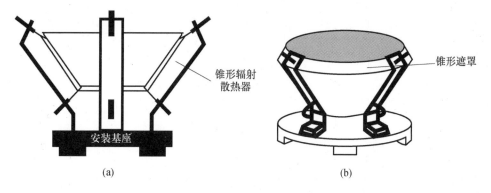

图 10.24　辐射传递制冷器
(a)侧视图,取下了遮热罩;(b)斜视图,有遮热罩。

探测器放置在一个简单的夹具上,并与辐射制冷机连接。制冷机本身安装在空间飞行器上,安装方式要使它不面向任何会加热它的物体(如太阳、行星和临近的物体)。采用这种方式,辐射单元经受冷环境,并可以有效地将探测器产生的热辐射出去。锥角的选择要能最优地屏蔽热,以使探测器看不到周围的热源,能够有效地抑制热。被动辐射制冷器安装在一个面向太阳或行星的空间飞行器结构上。由于空间飞行器的轨道在一个特定的高度上,样本座和样本受到辐射制冷,辐射器的锥角被选择为能承受足够的辐射热抑制,且使头锥能够屏蔽样本,使之看不到其他可能对样本的热平衡产生不利影响的物体(地球、太阳或邻近的物体)。作为性能的一个例子,被动辐射器能够与在 116K 的温度下测试的样本热隔离,尽管安装面的温度为 240K(NASA,2010)。

10.2.5 采用闭环制冷机制冷

10.2.5.1 采用 Joule－Thomson 闭环制冷机制冷

这些类型的制冷机的工作原理与开环 Joule－Thomson 制冷机类似,通过像图 10.25 那样增加一个对离开低温制冷器的气体重新增压的压缩机,可以将一个开环的 Joule－Thomson 制冷机转换为闭环制冷机。压缩机是这一系统的最重要的组件,压缩机通过给已经用过的制冷剂增压来循环利用已经用过的制冷剂,循环利用的制冷剂需要没有被污染。高压气体离开压缩机并流过换热式热交换器,对气体进行预冷。通过膨胀阀膨胀到较低的压力实现对气体的进一步的制冷,此时液体流到一个绝热的热交换器,在这里施加负载。然后,在再次通过换热式热交换器吸收增压的气体的热之后,液体回到压缩机中,在这里通过泵回到高压,并重复这一循环。

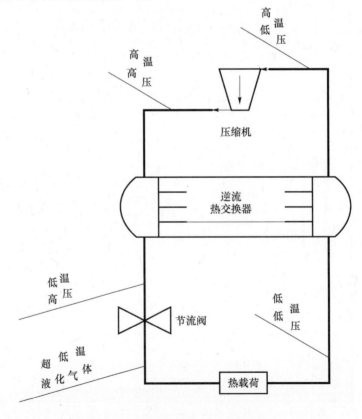

图 10.25　Joule－Thomson 闭环制冷

取决于运行使用时间,可以使用不同的压缩机。油润滑压缩机的寿命受到避免油受到污染的滤油器的寿命的限制,而干的(不润滑的)压缩机的寿命周期相对略短,一种可选的替代方案是膜式泵,但这需要确定可以接受的膜材料。

像开环型制冷机一样,闭环制冷机是易于构建的,此外,在这些制冷机中没有颤抖效应,因为在低温一侧没有运动部件。连接压缩机与液化器的气管仅携载高压气体,因此不需要热隔离,这样,在飞机或舰艇中,压缩机可以放置在空间允许的部位,制冷机是可以移动的。

10.2.5.2　采用克劳德循环制冷

基于克劳德循环的制冷机更适于中等规模的制冷,它们在原理上与 Joule－Thomson 制冷机类似,都使用逆流热交换器进行制冷。第一个克劳德系统是由法国工程师 Georges Claude 在 1902 年采用一个往复移动膨胀引擎发明的,其工作原理非常类似于常规的蒸气机。可以采用膨胀的高压氦气所产生的热能产生力,所产生的力使启动一个发电机或电机的飞轮运动。然而,在这种应用中,目的不是运动,而是通过耗用能量使温度降低。

由于克劳德循环是可逆的,它比 Joule－Thomson 循环更加有效,气体也不需要制冷到低于它的逆点。与 Joule－Thomson 循环类似,污染对于克劳德循环是一个问题,尽管它不像 Joule－Thomson 循环那样严重。

当用于机载红外探测装置时,克劳德制冷机的可靠性不是很好,克劳德制冷机中的运动部件也会导致颤抖噪声。当进行小型化时,在不润滑的低温环境中实现长寿命是困难的。

10.2.5.3　采用斯特林循环的制冷

斯特林循环起源于对苏格兰 Robert Stirling 的发明的反向应用,Robert Stirling 在 1816 年获得了空气加热机的专利,这种空气加热机能够通过对处于不同的温度的液体反复地压缩和膨胀的一个可逆的过程来换热,这一专利的关键的单元是再生换热器,这是一种用于振荡的气流的非常有效的绝热的热交换器。

斯特林循环如图 10.26 所示。首先,如步骤(a)所示,将伸缩式的压缩机活塞推到其压缩室的一半处,以压缩系统中的气体,同时,完全伸展的扩张器活塞保持原位置不动,通过一个后制冷机热交换器消除在活塞室内的压缩的热,系统的气体体积减小、压强增大。由于斯特林循环是一个绝热过程,压缩室处于一个恒定的温度。其次,压缩机和扩张器一起运动使压缩的气体通过再生换热器,并进入扩张室,如步骤(b)和(c)所示,气体以恒定的体积从压缩室传递到扩张室,这是一个等容过程。经过这一部分过程,温度和压强降低。最终,扩张活塞运动到其完全扩张的位置,如步骤(d)所示,这一运动导致系统压强的降低,工作液体被冷却,并吸收热,制冷是在循环的这一部分实现的。最后,压缩机和扩张器一起运动使压缩气体移出扩张室,如步骤(d)和(a)所示。

1834 年,John Hershel 基于闭环斯特林过程开发了斯特林机,他采用这一斯特林机来制冰,这一过程涉及采用斯特林机来抑制在绝热压缩中产生的输入功 W_c 所产生的热量 Q_c:

$$Q_c = mRT_c \ln\left(\frac{V_{\max}}{V_{\min}}\right) = W_c \tag{10.6}$$

式中:m 为质量;R 为气体常数;T_c 为压缩气体温度;$V_{\max}$ 和 $V_{\min}$ 为最大和最小体积。

热能 Q_e 在等温膨胀过程中被吸收,下式给出了被吸收的热的表达式:

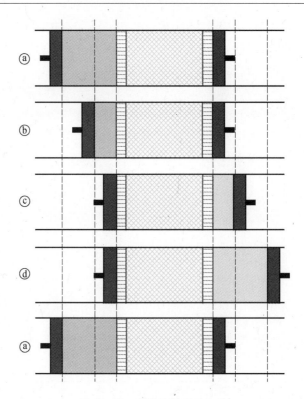

图 10.26　斯特林循环的工作

$$Q_e = mRT_e \ln\left(\frac{V_{\max}}{V_{\min}}\right) = W_e \tag{10.7}$$

式中：T_e 为膨胀气体温度；W_e 为膨胀能量。

　　性能系数是与制冷相关的一个重要的性能指标，性能系数被定义为总的消耗的功所吸收的热量，或者：

$$\mathrm{COP} = \left(\frac{Q_e}{W}\right) = \left(\frac{Q_e}{W_c - W_e}\right) = \left(\frac{T_e}{T_c - T_e}\right) \tag{10.8}$$

　　自斯特林机提出以后，其基本思想一直没有变化。然而，对制冷机中所采用的密封、支承面和材料的改进可提高制冷器有效性和可靠性。用于红外探测器制冷的斯特林制冷机主要由活塞、气缸和热再生换热器组成，热再生换热器使气体通过气缸前后之间。采用斯特林制冷机所能实现的最低温度为近似 15K。采用斯特林制冷机的其他两个主要的收益：一是对污染不像其他制冷机那样敏感；二是可以在相对低的压强水平下工作。这样，斯特林制冷机可以具有长的生命周期。斯特林制冷机的一个缺点是，由于探测器安装在膨胀器上，它们可能是有噪声的，即便这样，斯特林制冷机可以单级制冷到 20K，再加一级甚至可以制冷到 4.2K。

10.2.6　采用电或磁效应制冷

10.2.6.1　采用热电特性制冷

　　热电制冷采用基于 Peltier 效应的工作原理（Keyes，1977），Peltier 效应指如果电流通过一个具有不同的金属的材料，可以观察到某些有趣的效应，基于电流的方向，在金属中的一个结被加热,另一个结则被制冷,通过简单地改变电流的方向,这一效应可以切换"加热"和"制冷"结。热电器件的效率很低,温差相对较小。然而,它们不产生振动,非常适用于热探测器(Keyes,1977)。

Peltier 效应是由于在 p 型和 n 型半导体与金属中的电荷载流子的能量不同。在热电制冷机的冷结,电流从具有较低的能量的 p 型半导体单元流向具有较高能量的 n 型单元。在热结,我们观察到相反的现象,电流从 n 型流向 p 型单元。这一过程会产生和吸收能量,电子在电路中流动所需的能量由电源提供。

图 10.27 示出了热电制冷器的截面,这种制冷器由掺杂的半导体材料(大多数是铋碲)构成。热电制冷器可以采用 n 型或 p 型材料制成,通过泵将热从材料冷结传递到热结,所耗散的热量与流过电路的电流和采用多少个结有关。

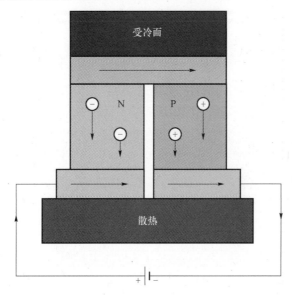

图 10.27　典型的热电制冷器的截面

图 10.28 示出了连接的热电制冷器以构成一个制冷模块。多级热电制冷机可以采用几个制冷器级联构成,每个制冷器的热结和冷结与临近的制冷器有好的热接触,所希望的工作温度越低,需要的级数越多,这会增大器件的体积和功耗。从实用的角度出发,三级或四级是级联的制冷器的最大的限制。

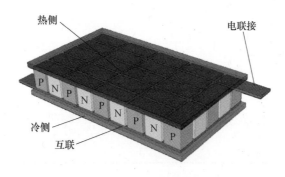

图 10.28　典型的热电模块组件

　　由于体积较大,难以将这种制冷机放置在一个常规的杜瓦中,而是要采用各种泡沫隔离来封装探测器和热电制冷器。由于不能实现多于 3 或 4 级的级联,采用这些制冷机不能实现足够低的温度。

10.2.6.2　采用热磁特性进行制冷

　　这些制冷机是基于 Ettingshausen 和 Nernst－Ettingshausen 效应的,这两个效应是动态连接的,最终可以实现制冷效应。El Saden 分析了基于 Ettingshausen 效应的制冷系统的特性和响应。主要有 4 种横向的磁效应,即 Ettingshausen、Nernst－Ettingshausen、Hall 和 Righi－Leduc 效应,在分析中仅考虑了前两种效应,后两种必须在静态条件下维持。

　　图 10.29 说明了具有正的 Ettingshausen 系数的材料的 Ettingshausen 效应,在方框的顶侧和底侧进行热隔离,在左侧和右侧进行电隔离,如果电流密度 J 在 y 方向流动,磁场 H 在 z 方向,Ettingshausen 温度梯度$(\mathrm{d}T/\mathrm{d}x)$在 x 方向。

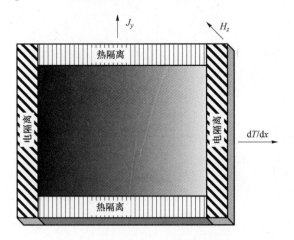

图 10.29　热磁制冷系统的结构

　　在没有任何热流时,Ettingshausen 温度梯度由下式给出:

$$\left(\frac{\mathrm{d}T}{\mathrm{d}x}\right)_{\mathrm{E}}=PJH \tag{10.9}$$

　　或者,近似地:

$$\Delta T_{\mathrm{E}}=\left(\frac{PIH}{c}\right) \tag{10.10}$$

式中:

　　P 和 ΔT_{E} 分别为 Ettingshausen 系数和温差;I 为总的电流;c 为在 z 方向的方框的大小。

　　这种效应的等价电路如图 10.30 所示,我们可以观察到,如果有平均密度为 q 的热流流动,则温度梯度降低。恒定的温度梯度由热流源来表示,$R_{\mathrm{K}}=1/K$ 是材料在热流方向的内部热阻,K 为热导率,而 R_{L} 是外部热载荷。

　　因此,

$$\left(\frac{\mathrm{d}T}{\mathrm{d}x}\right)_{\mathrm{E}}=\left(\frac{\mathrm{d}T}{\mathrm{d}x}\right)+\left(\frac{q}{K}\right) \tag{10.11}$$

且

$$\Delta T_{\mathrm{E}} = \Delta T + \left(\frac{aq}{K}\right) \qquad (10.12)$$

其中:dT/dx 和 ΔT 分别为在有热流流过时的温度梯度和温差;a 为方框在 x 方向的尺寸。

本节介绍了制冷的某些背景,并讨论了用于光电尤其是红外探测器的各种制冷器和制冷机理,效果是降低某些常见的噪声项,从而提高探测器探测率。在 10.3 节,我们将

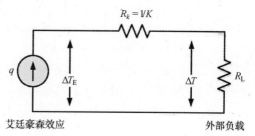

图 10.30　艾廷豪森效应的等效电路图

10.1 节的功能分析原理和 10.2 节的探测器制冷原理应用到无人机边境巡逻光学系统的探测场景中。

10.3　无人机综合案例研究:探测器和制冷机的集成

正如在前面的章节那样,下面的案例研究还是基于虚构的 Fantastic 成像技术公司(一个中等规模的研发用于各种应用的光电/红外系统的公司)的。在这种场景下,FIT 在进行探测器的制冷方面的功能分析。此外,为了降低探测器单元的噪声,FIT 必须选择需要采用的制冷机的类型。

参加这一场景的主要人员是 Karl Ben,FIT 的高级系统工程师;R. Ginny ,FIT 的无人机项目经理;O. Jennifer(Jen),FIT 的系统工程师;S. Ron ,FIT 的系统工程师(新雇员)和 R. Amanda,FIT 的光学工程师。

(这是星期三早上 10 点,正在进行设计团队和系统团队之间的技术交流会议)

Amanda:"不,不,我们必须对探测器制冷,室温不行。"

Ron:"但是为什么? 辐射度学分析表明,在正常的成像场景下有充足的信号。记住,我们的探测器在以 45°的视看角探测距传感器 8046.7m 的目标时得到的信号是毫伏级。"

Amanda:"是的,但我们用于 HgCdTe 探测器的性能规范假设探测器被制冷到 77K。如果传感器工作在室温(295K),我们将得不到这样的信号水平,探测率将降低,因此响应率也将降低。此外,噪声项将增大,尤其是 Johnson 噪声和产生—复合噪声。"

Ron:"OK"。

Jen:"此外,我们不应基于正常条件的案例做出决策,我们应当考察最坏条件的场景。"

Amanda:"好主意! Ron,打开你的 iPad 并登录到 OPSI。"

Ron:"OPSI"。

Amanda:"对,光学传播系统集成模块,我们刚命名的。把它投影到屏幕上,这样我们能够看到它。"

Ron:"OPSI……我已经登录了。"

(Ron 点击了几个宏和 OPSI 图形用户接口,并显示在会议室的墙上的三星大屏幕上)

Amanda:"好的,现在选择 HgCdTe 传感器类型,并加载默认的传感器参数,这与我们上次在实验室测试得到的一样(在屏幕加载时暂停)。现在,将传感器到目标的距离改变为 18616m,视看角改为 15°,这是最坏的情况。现在运行辐射度学传播模型。"

Ron："通过改变视看角和传感器到目标的距离，并保持其他参数和前面的一样，我们得到在探测器上的光功率为 6.711nW，这仍然高于探测器的 0.089nW 的噪声等效功率，即使对于最坏的场景，仍然有相当的裕度。"

Amanda："是的，但 NEP 是工作在 77K 的探测器条件下的，不是室温下的。暗电流密度可能随着温度的增高增大几个数量级。看一下在 2010 年的一篇 IEEE 论文中绘出的 CMOS 成像探测器的噪声效应，它说明了我说的意思。观察所绘制的噪声信号电平与温度的关系曲线(Lin，2010)(图 10.31)。"

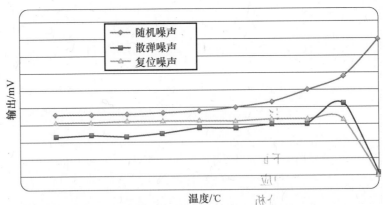

图 10.31　代表性的 CMOS 成像传感器的噪声—温度关系

Amanda："Gow 提到，温度每升高 6~8℃，暗电流增大一倍(Gow，2007)，暗电流经常是造成图像质量差的主要原因，我们需要将传感器制冷到 77K，以控制与温度相关的探测器噪声效应，并得到可以接受的探测器性能。"

Ron："好的。我们怎样进行制冷？"

Amanda："这是我们需要推敲的。我们首先看一下对不同类型的制冷机理的比较。Ron，你可以点一下 OPSI 中的制冷方框然后点一下文件链接，然后选择制冷机比较吗？"

Ron："好的(表 10.7)。"

表 10.7　常见的制冷机的比较

制冷机		描述	温度(类型)	热升(典型)	优点	缺点
被动制冷机	辐射	将样本的热能辐射到一个像空间那样的冷的贮室	116K	0.1W	可靠性高 振动小 寿命长	热载荷和温度受限
	低温制冷	可以使制冷遥度低于辐射传递法，采用杜瓦和像液氦那样的低温制冷材料	4.2K	0.25W	优越的温度稳定性 振动小	寿命较短(受所储存的制冷剂的数量的限制)
主动制冷机—采用热力学循环传递热以使冷端的温度较低，代价是要耗用电能	Joule-Thomson	通过节流阀和逆流热交换器，采用高压气体膨胀将气体冷却到液态	77K	0.25W	振动小 在系统中没有与探测器接触的运动部件 噪声水平低	过程不可逆，效率相对较低 小的节流孔可能会受到污染(任何可凝结的杂质会结冰并堵塞节流孔)

续表

制冷机		描述	温度(类型)	热升(典型)	优点	缺点
主动制冷机——采用热力学循环传递热以使冷端的温度较低,代价是要耗用电能	Claude	原理与 Joule－Thomson 相同,但 Claude 采用可逆的膨胀机理以代替不可逆的 Joule——Thomson 膨胀机理	单级:35K　多级:4.2K		没有液体对污染相对具有容忍性	中等压力零部件必需在低温下工作复杂性高可靠性问题
	Stirling	采用称为 Stirling 循环的两个绝热过程,在制冷过程中重复压缩和膨胀	1 级循环:可变(最低到20K)2－3 级循环:4.2K	1 级循环:0.8W2－3 级循环:0.2W	可容忍污染重量轻压力低效率高2 级循环:低温	噪声振动颤噪效应
	热电制冷	这些制冷机采用基于 Peliter 现象(通过两种材料的结时产生热流的流动)的原理	170K	1W	质量轻重量小	温度高效率低电流大

Amanda:"这里汇总了某些代表性的候选制冷机和某些粗略的性能剖面、优点和缺点,我们没有列出我们不准备用于这一应用的制冷机,如热磁制冷机或某些像光学制冷那样的前沿的方法,我们进行了基于利益攸关者偏好(性能、可靠性、可维护性和尺寸、重量和功耗)的层次分析法分析,我们选择了斯特林制冷机。你可以点一下制冷机权衡研究链接下面的层次分析法分析。"

Ron:"它怎样工作?"

Amanda:"斯特林循环是一个可逆的过程,并且是高度有效的。压缩和膨胀采用相同的活塞,因此工作效率接近理论的最大效率值。这一过程是在一个简单的机器中完成的,压缩机和膨胀器之间不需要阀。由于所采用的工作压强和压缩比低,设计是轻量化的。"

Ginny:"好的,我们看看斯特林制冷机。"

Karl:"既然我们涉及制冷机,我们看一下对我们的系统的功能分解。我们需要理解功能需求和它们对运行使用的影响。Jen,你可以打开我们正在制定的功能流图和功能方框图吗?"

Jen:"好。我们看图 10.32,这一概念图确定了一个功能的输入、输出、控制、约束和机理。"

Jen:"采用在中心的一个方框示出需要实现的功能,而系统的输入和输出分别在左侧和右侧示出。此外,在顶部的输入是对功能的实质约束。在图的底部示出实现功能所需的资源。这一概念方案图可以应用在一个功能分解的任何层级,这有助于发现缺失的约束、机理、输入、输出和缺少的需求。"

Jen:"现在转到功能流图,功能流图示出了系统的各个功能和这些功能之间的过程流,它包括许多方框,方框中的文字描述其功能能力,连接方框的箭头说明系统中的功能是按什么顺序进行的,可以使用像"与"和"或"节点那样的逻辑关系。这一过程采用了分层分级的方法,每个方框被加了编号。每个方框进一步分解成更小的单元,用于描述更高层级的功能需要什么。此外,当方框被编号时,较高层级的方框的编号作为较低层级的方框的前缀,让我向你展示一下。"

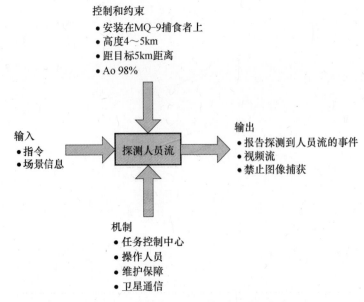

控制和约束
- 安装在MQ-9捕食者上
- 高度4~5km
- 距目标5km距离
- Ao 98%

输入
- 指令
- 场景信息

探测人员流

输出
- 报告探测到人员流的事件
- 视频流
- 禁止图像捕获

机制
- 任务控制中心
- 操作人员
- 维护保障
- 卫星通信

图 10.32　无人机光学系统的概念方案图

（Jennifer 展示了图 10.33 所示的光学子系统）

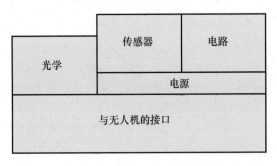

传感器　电路
光学
电源
与无人机的接口

图 10.33　无人机光学系统的高层级的功能框图

　　Jen:"这一功能方框图给出了光学系统的高层级功能的描述和它与无人机的其他系统的关系,这是我们的功能分解的一个好的起点。"

　　Ron:"好,我已经理解了。我们实际必须记下吗？对我来说这似乎是常识。"

　　Jen:"耐心些,年轻的Jedi,都会清楚的。功能分析是理解利益攸关者需求,并将需求分配到较低层级的子系统和子系统需求的一种强有力的技术途径,采用这一技术途径可以非常全面地理解系统需要提供的所有的功能能力,可以定义和分析从概念方案到研发、制造、部署甚至处置的全生命周期的系统,这使我们可以避免没有测试一个子系统的手段,或者缺少将用于标定或进行诊断的一个关键接口。这一过程也有助于帮助每个人理解可交付的功能能力,找到能交付功能能力的其他技术途径。功能框图和功能流框图是实现功能分解的工具。"

　　Ron:"听上去很好,我想看看它。"

　　Jen:"好的。我们开始构建功能流框图,我们首先说明系统的生命周期的不同的阶段和它们之间的关联性,我们首先看看运行使用阶段的功能流图,然后回到其他阶段,无人机系统的生命周期如图 10.34 所示。"

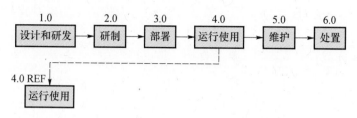

图 10.34　无人机项目的寿命周期阶段的功能流图

Jen:"所希望的系统的功能?"

Ron:"获取图像并送回地面站或任务控制中心。"

Jen:"这在本质上是对的。我们现在研究任务控制中心部分。"

(Jen 在三星屏幕上显示如图 10.35 所示的信息)

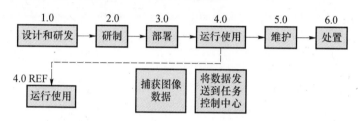

图 10.35　无人机光学系统运行使用功能流图进展 1

Karl:"我们要注意系统需要实现的整个使命,我们需要探测双足的人员的系统,当获取一幅图像后,要将图像送回任务控制中心,但我们需要认识到所传送的图像仅是图像的一部分。此外,我们需要确保需要在 5s 内传送图像,只要我们注意到这些问题,我们就不受一种特定的解决方案的约束。"

A Ron:"当系统在它在地面的点和将获取图像的点之间时,系统怎样工作? 我认为我们可能需要更多的功能,我们有与系统加电相关的功能吗? 它是否需要完成飞行前工作检查?"

Jen:"现在你明白了!"

(Jen 在基于模型的系统工程工具上加了几个方框,如图 10.36 所示)

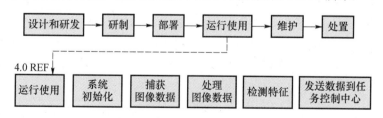

图 10.36　无人机光学系统运行使用功能流图进展 2

Karl:"是的,这是一个要确认的点,系统初始化工作经常被忘记。我们也需要在系统飞上空中时对其进行监控。此外,我建议给系统增加冗余度,因为按照需求的规定,系统需要每天运行使用 24h。在维护功能中应当有对系统的监控。"

Ron:"可能需要使系统的运行模式(手动或自动)成为功能流框图的一部分。"

Karl:"是的,这是对的。Jen,请这样做,更新功能流框图。还要对我们已经列出的方框标号。"

(他们继续更新光学系统的功能流框图。Jen在三星屏幕上显示了最终的功能流框图(图10.37))

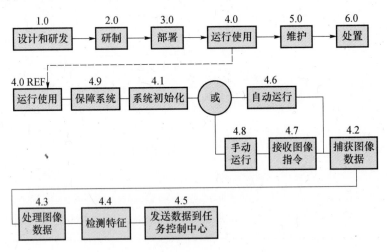

图 10.37　无人机光学系统运行使用功能流图进展 3

Ginny:"不要忘记 Karl 所说的,要监控光学系统的健康状态。即便是在运行使用中进行监控,我想我们可以将这些任务放在维护中,因为要维护保持系统能够运行。"

Karl:"Jen,你可以画出维护的高层级的功能流图吗?(图10.38)"

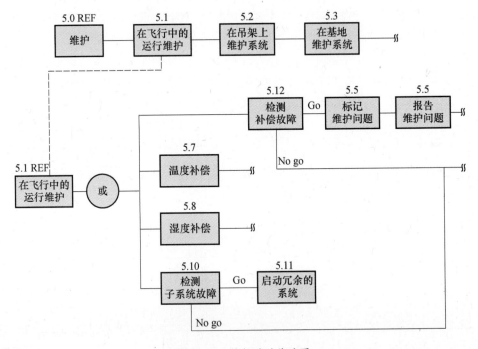

图 10.38　维护的功能流图

Amanda:"我们也需要考虑在光学系统上的凝结,因为系统将从地面飞到其工作高度。"

Karl:"你可以展开温度补偿方框吗?"

Jen:"可以。"

(Jen 更新如图 10.39 所示的温度补偿功能流图)。

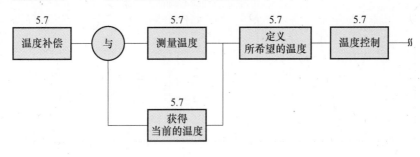

图 10.39　温度补偿功能流图

Karl:"这一功能流图没有考虑系统可以采用的其他运行方式。如果我们考虑系统出现故障的概率,我们需要确保系统能够容忍故障,因为 98% 的可用性是我们的另一个需求。如果我们不能满足我们的系统可用性目标,我们必须准备备用组件,如果主组件故障,将自动采用备用组件。要进行诊断检查看看是否需要切换到备用组件。"

(Jen 将备用系统加入图 10.40 中)

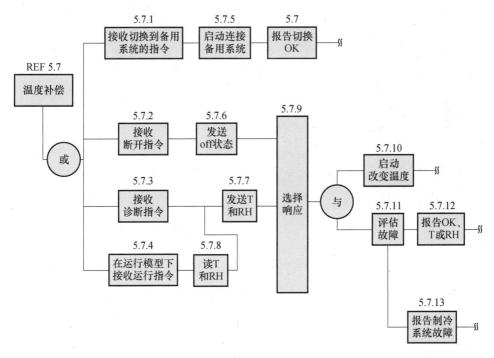

图 10.40　温度补偿功能流图进展 2

Karl:"现在已经足够好了,现在我们转向功能分配。我们已经形成了大量的技术性能测度,我们需要将它们分配到功能分解的各个层级。例如,我们的光学系统可用性的技术性能测度需要分配到子系统级,并最终分配到组件/部件/零件。图 10.41 说明了将技术性能测度分配到我们最终要扩展的下一个层级,并随着设计的演进完全填好(Blanchard 和 Fabrycky,2011),光学系统的设计要保证满足给每个方框分配的技术性能测度。"

(Jen 在屏幕上显示所分配的技术性能测度(图 10.41))

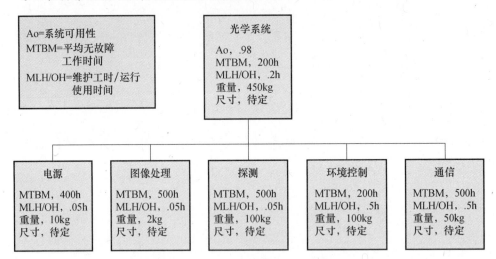

图 10.41　技术行能测度的功能分配

Jen:"基于我们的讨论和功能流图得到的制冷系统的表格形式的概念图如下。"
(Jen 在屏幕上显示图 10.42)

制冷 5.7	来自系统控制器的指令 温度探测器信号 (待定, V, 直流) 温度传感器信号 (待定, V, 直流) 敏感的来自制冷驱动器电路的电流	MTBF, 200h MLH/OH, 0.5h 重量, 待定 尺寸, 待定	机械结构 到传感器的热接口 功耗(待定)V, 待定 A 通信电缆敷设	状态信息 温度变化

图 10.42　采用表格形式的制冷系统概念方案图

Jen:"正如你可以看到的那样,我们参考功能流图中的唯一的标识号,随着过程的进展,我们开始看到成形的设计。随后,我们将开始采用自下而上的技术途径,而不是迄今为止我们所采用的自上而下的技术途径。例如,对于一个硬件子系统,我们可以确定采用 RS—232 联接器,因此定义了该输入的接口。然而,现在我们想要确定需要的功能。"

Jen:"为了在一幅图上观察系统的高层级的单元,我们可以形成一个高层级的方框图。"

Jen 在屏幕上显示了如图 10.43 所示的方框图,该图描述了无人机载光学探测系统的所有主要的子系统,该图也给出了主控系统之间的通信接口、系统的每个组件的本地控制和电源系统。随着过程的继续,图中的每个方框将分解到更低的层级,就像描述每个子系统的组件、部件、零件和接口的功能流图一样。

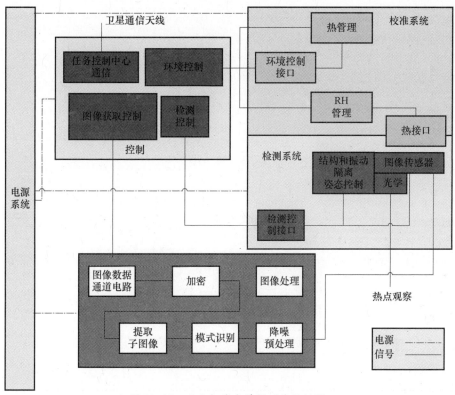

图 10.43　无人机载光学探测系统框图

Jen:"我们也可以通过形成一个功能分解图来说明哪个功能属于系统的哪一部分,这是描述系统的另一种方式。"Jen 在屏幕上显示图 10.44。

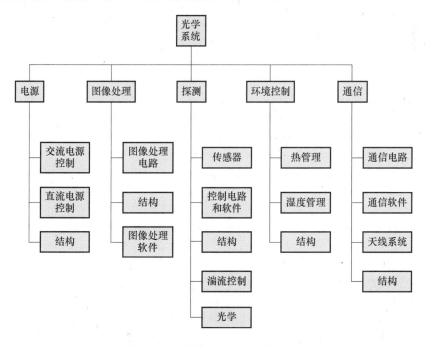

图 10.44　光学系统顶层功能框图

Karl:"这是很长的一天,我欣赏你们的耐心。我们已经开展了某些功能流图、概念方案图和功能框图方面的工作,我们都有机会来参与这些工作。然而,这一过程才仅仅开始。高层级的功能框图需要进一步分解到各个组件、部件和零件。正如你们能看到的那样,我们将在我们的整个设计行动中采用功能分析过程。"

参 考 文 献

Adwaele. 2010. The Stirling cycle in four steps. Wikipedia. https://en.wikipedia.org/wiki/File:Stirling_Cycle_Cryocooler.jpg (accessed April 7, 2014).

Allen, W. A. 1997. Thermoelectrically cooled IR detectors beat the heat. Laser Focus World. Vol. 33. http://www.laserfocusworld.com/articles/print/volume-33/issue-3/world-news/thermoelectrically-cooled-ir-detectors-beat-the-heat.html (accessed December 1, 2014).

Arlitt, R.M., K.D. Balinski, C.H. Dagli, and K. Grantham. 2011. Functional analysis of systems using a functional basis. Paper presented at *2011 IEEE International Systems Conference (SysCon)*, Montreal, Quebec, Canada, April 4–7, 2011, pp. 563–568.

Augustine, N.R. 1983. Norman Ralph Augustine. http://www.qotd.org/search/search.html?aid=5218&page=3 (accessed April 12, 2014).

Axis Communications. 2010. CCD and CMOS sensor technology. http://www.axis.com/files/whitepaper/wp_ccd_cmos_40722_en_1010_lo.pdf (accessed April 1, 2014).

Banerjee, P., N. Shenoy, A. Choudhary, and S. Hauck. 2000. A MATLAB compiler for distributed, heterogeneous, reconfigurable computing systems. Paper presented at *IEEE Symposium on Field Programmable Custom Computing Machines*, Napa Valley, CA, April 17–19, 2000, pp. 39–48.

Bernard, S. 2005. *An Introduction to Enterprise Architecture*, 2nd edn. Bloomington, IN: Author House.

Blanchard, B.S. and J.W. Fabrycky. 2011. *Systems Engineering and Analysis*. Upper Saddle River, NJ: Prentice Hall.

Bonnema, G.M. 2006. *Function and Budget Based System Architecting*. Delft, the Netherlands: Delft University of Technology.

Bonnema, G.M. 2010. Insight, innovation, and the big picture in system design. *Systems Engineering*, 14(3): 223–238.

Brazier, K. 2008. A diagram of a thermoelectric cooler, January 11, 2008. Wikipedia. http://en.wikipedia.org/wiki/File:Thermoelectric_Cooler_Diagram.svg. Derivative work of Cullen C. Thermoelectric Cooler. http://en.wikipedia.org/wiki/File:ThermoelectricCooler.jpg, 2007 (accessed April 7, 2014).

Brisolara, L.B., M.F.S. Oliveira, and R. Redin. 2008. Using UML as front-end for heterogeneous software code generations strategies. Paper presented at *Design Automation and Test in Europe*, Munich, Germany, March 10–14, 2008, pp. 504–509.

Cobb, J., J. Hawver, A. Rivers, and R. Morton. 2004. Detection of pitch variation in lenticular material. US Patent 6727972, filled April 5, 2002 and issued April 27, 2004.

Crowe, T.J., J.S. Noble, and J.S. Machimada. 1998. Multi-attribute analysis of ISO 9000 registration using AHP. *International Journal of Quality and Reliability Management*, 15(2): 205–222.

Department of Commerce. 1993. *Draft Federal Information Processing Standards Publication 183: Integration Definition for Function Modeling*. Gaithersburg, MD: Department of Commerce, National Institute of Standards and Technology.

Dereniak, E. and G.C. Devon. 1984. *Optical Radiation Detectors*, 1st edn. New York: Wiley.

Eriksson, M., J. Börstler, and K. Borg. 2006. Performing functional analysis/allocation and requirements flow down using use case realizations—An empirical evaluation. Paper presented at *16th International Symposium of the INCOSE 2006*, Orlando, FL, July 2006.

Gow, R. 2007. A comprehensive tool for modeling CMOS image-sensor noise performance. *IEEE Transactions on Electron Devices*, 54(6): 1321–1329.

Hands, B.A., ed. 1986. *Cryogenic Engineering*. London, U.K.: Academic Press.

Hirtz, J., B.S. Robert, A.M. Daniel, S. Simon, and L.W. Kristin. 2002. A functional basis for engineering design. NIST Technical Note 1447, National Institute of Standards and Technology, US Government Printing Office, Washington DC., pp. 65–82.

Hoffmann, H.-P. 2009. Rational statemate from code to concept. Armonk, NY: IBM Corporation. https://publib.boulder.ibm.com/infocenter/rsdp/v1r0m0/topic/com.ibm.help.download.statemate.doc/pdf46/concept_to_code.pdf (accessed April 1, 2014).

Hudson, R.D. 1969. *Infrared System Engineering.* New York, NY: John Wiley and Sons.

INCOSE. 2004. INCOSE home page. www.incose.org (accessed July 30, 2014).

Kamrani, A. and M. Azimi, eds. 2010. *Systems Engineering Tools and Methods.* Boca Raton, FL: CRC Press.

Kennedy, K. 2005. Telescoping languages: A system for automatic generation of domain languages. *Proceedings of the IEEE,* 93: 387–408.

Keyes, R.J. 1977. *Topics in Applied Physics—Optical and Infrared Detectors.* Berlin, Germany: Springer-Verlag.

Kharboutly, R.A. 2008. *Architectural-Based Performance and Reliability Analysis of Concurrent Software Applications.* Ann Arbor, MI: ProQuest LLC.

Kinni, T.B. 1993. What's QFD? Quality function deployment quietly celebrates its first decade in the US. *Industry Week,* 242: 31–32.

Lin, D.-L. 2010. Quantified temperature effect in a CMOS image sensor. *IEEE Transactions on Electron Devices,* 57(2): 422–428.

MathWorks. 2013. Simulink simulation and model based design. MathWorks. http://www.mathworks.com/products/simulink/ (accessed April 1, 2014).

Michbich. 2010. Schematic of a Peltier device. Wikipedia. http://en.wikipedia.org/wiki/File:Peltierelement.png (accessed April 7, 2014).

Min, G., D.M. Rowe, and K. Kontostavlakis. 2004. Thermoelectric figure-of-merit under large temperature differences. *Journal of Physics D: Applied Physics,* 37: 1301–1304.

Morton, R. Apparatus for image display utilizing lenticular or barrier screens. US Patent 6078424, filed July 13, 1998 and issued June 20, 2000.

NASA; S.L. Rickman, R.G. Iacomini et al. 2010. Passive radiative cooler for use in outer space. http://www.techbriefs.com/component/content/article/9-ntb/tech-briefs/physical-sciences/6996 (accessed June 25, 2014).

Panko, R.R. 1998. What we know about spreadsheet errors. *Journal of End User Computing's,* 10(2): 15–21. (Revised 2008).

Paredis, C. 2011. System analysis using SysML parametrics: Current tools and best practices. Atlanta, GA: Georgia Institute of Technology Model-based Systems Engineering Center, Georgia Tech. http://www.modprod.liu.se/MODPROD2011/1.252922/modprod2011-tutorial4-Chris-Paredis-SysML-Parametrics.pdf (accessed April 1, 2014).

Petrie, G. and A.S. Walker. 2007. Airborne digital imaging technology: A new overview. *The Photogrammetric Record,* 22(119): 203–225.

Project Management Institute. 2013. *Project Management Body of Knowledge.* Newtown Square, PA: PMI, Inc.

Rational Software Corporation. 2002. Rational suite, Version. 2002.05.00. ftp://ftp.software.ibm.com/software/rational/docs/v2002/rs_intro.pdf (accessed April 1, 2014).

Shi-Xiang, T. 2010. The conceptual design and simulation of mechatronic systems based on UML. Paper presented at *Second International Conference on Computer Engineering and Technology (ICCET),* Chengdu, China, April 16–18, 2010, pp. V6 188–V6 192.

Simpson, J.J. 2009. System of systems complexity identification and control. *IEEE International Conference on System of Systems Engineering, 2009 (SoSE 2009),* Albuquerque, NM, May 30–June 3, 2009, pp. 1–6.

Sumi, H. 2006. Low-noise imaging system with CMOS sensor for high quality imaging. *International Electronic Devices Meeting 2006 (IEDM),* San Francisco, CA, December 11–13, 2006, pp. 1–4.

Wiecek, B. 2005. Cooling and shielding systems for infrared detectors: Requirements and limits. *27th Annual Conference of the IEEE Engineering in Medicine and Biology,* Shanghai, China, September 1–4, 2005, pp. 619–622.

第11章 需求分配

有时候,重要的不是尽最大努力去做,而是要满足要求。

——Winston Churchill

11.1 需求分配过程

　　根据系统工程和分析,系统工程是"一个将系统当作一个整体的自上而下的方法"(Blanchard 和 Fabrycky,2010)。系统工程综合生命周期开发工作的所有阶段,并将各个学科、组织和团体综合成一个内聚的团队。它也提供一个包括概念(方案)设计阶段、初步设计阶段、详细设计和研发阶段的结构化的设计和开发过程(Ascendant Concepts LLC—主页,2013)。在这三个设计阶段有三个主要的系统单元:系统的组成部分、组件的属性或特性和组件之间的关系或相互联接的方式。生产/制造/建造阶段、运行(使用)和支持阶段以及系统退役或报废阶段构成了标准的系统工程生命周期的其他的阶段。需求分配活动与前面提到的三个系统工程设计阶段的设计活动相关,因此我们聚焦在这三个设计阶段中。

　　需求处于系统工程方法、原理和技术的核心位置。事实上,系统工程开发是需求驱动的活动,系统工程方法和过程是有效地开发一个满足利益攸关者需求的系统的基础。在问题定义过程中,利益攸关者需要演进为利益攸关者需求。概念(方案)设计、初步设计和详细的设计和研发阶段均有细节逐步提高的需求生成过程。初步需求/需求基线驱动着每个阶段的设计活动。例如,利益攸关者需求是概念(方案)设计的初步的驱动因素,概念(方案)设计阶段的目的是通过形成系统层级设计概念(方案)、选择最优的概念(方案)设计、针对选择的概念(方案)确定相应的系统层级需求(如 A 类系统规范)来满足利益攸关者的需求,在系统需求评审中获得批准的系统规范确定了功能基线,这标志着概念设计阶段的结束。

　　在 A 类系统规范中包括的系统层级需求被当作进行子系统设计的初步设计阶段的设计活动的驱动因素,针对每个硬件和子系统形成一系列子系统需求和接口控制文件,这些需求记录在研发规范(B 类规范)中,在初步设计评审中确定的分配的基线标志着初步设计阶段的结束。

　　在最终的设计阶段——详细设计和研发阶段,采用 B 类规范需求文件来驱动详细设计和研发阶段的活动。这一阶段的需求输出是在生产基线里程碑事件——关键设计评审中确定的产品规范(C 类规范)、工艺规范(D 类规范)和材料规范(E 类规范)。

　　在每个阶段,有一系列概念上重复的过程。在任何一个阶段的开始,采用受到配置管理的需求文件或一组需求文件来驱动该阶段的设计活动。首先,实现功能分析以将在需求文件中规定的功能分解到下一个较低的层次,然后采用需求分配过程来形成在分解层级上的功能的需求。

例如,在系统层级,需求分配是将较高层级的系统需求分配到多个较低层级的子系统需求的过程。

需求分配是需求生成和设计过程的一个重复的必要的部分。需求分配首先在概念(方案)设计阶段开始,然后在每个设计阶段重复需求分配过程。图 11.1 示出了适于其他基本的系统工程过程的需求分配的那些场合。

在图 11.1 中,需求分配的路线从需求定义开始,正如前面所阐述的那样,在概念(方案)设计阶段的起点是利益攸关者需求。在初步设计阶段,A 类规范是起点,在详细设计阶段,B 类规范是起点。图 11.1 中的第二个方框说明功能分析是对所定义的需求实现的。在其他事项中,功能分析将较高层次的功能分解成较低层次的功能,功能方框图(FBD)和功能流方框图(FFBD)在这一方面是有用的。功能分析已在上一章讨论。在实现了较低层次功能的分解后,可以在图 11.1 的"需求分配"步骤将图 11.1 上部方框的较高层次的需求分配到较低层级的需求,这三个步骤是相互联系的,并在系统开发的每个设计阶段重复,确保以有效的、完全的方式将系统的每个层级的需求分配到较低层级的系统分解中。

图 11.1 需求分配的路线

11.1.1 衍生、分配和分派

在需求分配过程中,采用功能分析确定的功能方框被合并(分组)成逻辑分区。在可能时,将通过不同的需求确定的类似功能合并在一起。在功能分解方框得到适当的分区后,采用衍生、分配和分派三种方式将较高层级的需求与较低层级的子单元连接起来。衍生指衍生出新的、较低层级的需求,以定义在较低的功能分解中需要什么,例如,考虑一个从系统层级使用需求进行的功能分解,"系统应当能够在白天和夜间环境中探测和识别人员目标"。我们假设通过可行性研究和权衡研究,最终选择采用一个被动的白天可见光望远镜成像系统和一个被动的夜间红外望远镜成像系统,作为这一需求的技术解决方案。功能分析可以定义两个方框为白天成像传感器子系统和夜间成像传感器子系统。我们知道,两个系统都是望远系统,因此我们可以进一步把这些方框分解为望远镜子系统、中继光学系统、探测子系统、信号处理子系统、控制子系统、通信子系统、电源子系统和环控子系统。这些方框可以进一步分解,然而,我们首先观察望远子系统,对于这一方框,需要附加的权衡研究,应当设计哪种类型的望远子系统?格雷戈里?卡塞格林?牛顿?答案取决于评估设计考虑(如大小、重量、功耗、接口机构和中继光学的位置、安装、指挥和控制、与其他所需的部件的集成,以及可靠性、可维护性、可保障性和封装等问题),必须进行的权衡研究。在完成了权衡研究之后,必须通过需求衍生过程衍生出一组完全描述望远子系统必要的属性需求,这样设计和研发团队具有实现它们的任务所需的信息,要针对白天可见光望远系统和夜间红外望远系统导出一系列子系统需求,如"白天可见光传感器的望远系统应当具有曲面半径为 3m 的主反射镜"。

　　一个适当的要求是通过较低层级的功能分解共享/分发的指标要求,其中一个例子是重量分配。如果系统级要求指出"光学子系统重量不应超过 120 磅",则重量这一技术性能测度需要分配到光学系统的所有子系统。例如,望远系统的最大重量是多少？白天型可见光传感器、夜间红外传感器、白天型可见光传感器的中继光学、夜间红外传感器的中继光学及信号处理子系统的最大重量是多少？将采用工程分析来确定这些值,它们的累加和应当不大于 120 磅(通常小于)。适当要求的其他例子包括功耗分配、可靠性分配、抖动分配(光学系统可以接受的总的抖动量)和成本。

　　要求分配是将较高层级的要求分配到多个较低层级的要求。例如,在前面的例子中,系统必须能在白天和夜晚条件下探测和识别人员目标这一系统层级的使用要求产生了两个代表性的功能分解方框(白天型可见光传感器和夜间红外传感器),这两个方框需要满足上述要求,探测和识别人员目标的要求被分配到白天型可见光传感器和夜间红外传感器。

　　不管是通过分配、分派还是衍生,需要在功能分解层级上形成足够的要求(例如,在这种情况下是子系统层级),因此设计团队能确切地了解下一步应当怎样做,并且规定了在功能分解层级上开展设计所需的信息。如果没有规定在功能分解层级上开展设计所需的信息,则需要进行附加的可行性研究和权衡研究,并形成在功能分解层级上的要求。所有的较高层级的要求和功能与非功能、定量与定性要求要进入要求分配过程,所有的性能因素、人员因素、物理因素和与"ilities"(如可生产性、可保障性、可处置性)相关的因素也必须包括在内。必须建立要求的可追溯性,在较低层级的功能分解必须能追溯到较高层级的要求,要求必须能追溯到评定试验项目,包括测试计划、测试大纲和测试报告。

11.1.2　需求的层级(层次化)和需求分配

　　正如前面所指出的那样,在系统的每个设计阶段都有需求分配过程,图 11.1 的前两个方框示出了需求分配过程与需求生成和功能分析过程的关系,这三个过程在每个系统设计阶段重复地进行,它们可以划分为两类相互补充的活动,即需求生成和基于需求的设计。这两个过程经常被称为"什么"和"怎样"。在图 11.1 的第一个方框中定义了需求,这些需求用需要做什么——"whats"来描述,需求生成过程用于定义每个特定的需求层级(利益攸关者、系统、子系统或组件/部件/零件)的需求。在给定了需求基线集后,重点转向设计,新生成的需求变成了驱动设计的基础。设计活动包括在全面地规定较低层级的功能分解需求时所需的可行性研究、权衡研究、建模和仿真、原型样机和分析活动以及功能分析与需求分配过程(Robertson 和 Robertson,2012)。实际上,设计过程生成较低层级的需求,这些较低层级的需求规定了"怎样"实现较高层级的需求,但它们仍然写为需求文件,这些低层级的需求规定了在较低的层级上需要做"什么",需要一个例子来说明这一点。在我们前面的可见光传感器的"望远子系统"方框的例子中,衍生出来的一个较低层级的需求是"白天型可见光传感器的望远系统应当有一个曲面半径为 3m 的主反射镜",这一需求是由光学系统需要探测和识别人员目标这一系统层级的需求导出的。较高层级的系统需求定义着需要做"什么",较低层级的子系统需求说明了"怎样"实现(如提供一个曲面半径为 3m 的反射镜)这些较高层级的需求,这一子系统需求是作为针对系统层级的需求进行的设计过程的一部分生成的。在另一方面,在子系统层级,相同的需求与其导出、分配的和分派的其他的子系统需求组合起来规定了需要做"什么"。需要做什么？

需要采购或研制一个曲面半径为 3m 的反射镜。在进行采购或研制之前,需要在子系统层级定义许多其他的需求,需要生成涉及主反射镜的尺寸和重量、反射镜的材料、镜面的平坦度和均匀性、镜面的镀膜、怎样安装、反射镜与其他光学组件的相对位置、反射镜的运输、贮存、测试、装配、清洁、备件的需求和其他更多的需求。必须针对上述这些属性生成较低层级的需求,并且需要在获得反射镜之前做出研制或购买的权衡研究。

注意,设计过程是与一个特定的需求层级相关的,并受特定的需求层级的驱动。在系统工程过程中有 4 个需求层级,分别为利益攸关者层级的需求、系统层级的需求、子系统层级的需求以及组件、部件/零件层级的需求,每一个层级比前一个层次更加详细,每个层级都有与其相关的功能分析和需求分配过程。利益攸关者需求是概念(方案)设计阶段的输入,相应的功能分析和需求分配过程形成了 A 类规范(系统规范)。利益攸关者层级的需求的目的是定义在系统开发工作中需要实现什么(例如,系统必须实现什么和系统必须具有什么品质)(Robertson 和 Robertson,2012)。在确定了利益攸关者并确定了他们的需要后,可以汇总一个利益攸关者需求列表,用于进一步评估并转换为系统需求(Halaweh,2012)。作为一个例子,表 11.1 示出了在 11.3 节讨论的无人机光学系统案例研究中的一些利益攸关者需求。

表 11.1 利益攸关者需求

标 号	利益攸关者需求
SR-1	应当在获取图像 5s 内为 MCC 提供图像产品
SR-2	应当按需提供图像和/或视频
SR-3	应当提供对人员目标的探测和分类能力
SR-4	应当支持每周 7 天、每天 24 小时的运行使用能力
SR-5	应当提供采用标准联接器和接口协议与无人机平台的现有系统(如通信系统、控制系统、点源系统和瞄准与跟踪系统)集成的能力
SR-6	应当提供易于由利益攸关方的维护部门维护的能力
SR-7	应当提供由其他供应商进一步进行升级改进的能力
SR-8	应当提供自动和手动控制模式
SR-9	应当提供在本地存储 2h 的任务关键数据的手段

这些需求表示期望系统做什么。系统层级的设计过程从利益攸关者需求、运用方案和支持性信息开始,并涉及将利益攸关者需求转换成可行的和最优的系统方案设计的几个关键步骤。在确定了利益攸关者需求后,开始系统规划和架构设计,并制定项目管理计划以对后续的管理和技术活动提供指导(Leonard,1999)。项目管理计划指导系统开发工作的管理,并指导制定系统工程管理计划。在概念(方案)设计阶段的一些基础的活动是确定系统层次的架构、功能架构、使用需求(A 类规范),进行可行性分析,评估备选的技术方案,确定维护和保障方案、技术性能测度,并进行从利益攸关者层级到系统层级的功能分析和需求分配。这一方案设计过程形成了系统级规范,也称为 A 类规范(Blanchard 和 Fabrycky,2010)。最终的系统层级的需求为启动初步设计阶段提供了一个框架。图 11.2 归纳了一个光学系统的概念(方案)设计阶段的主要的活动。

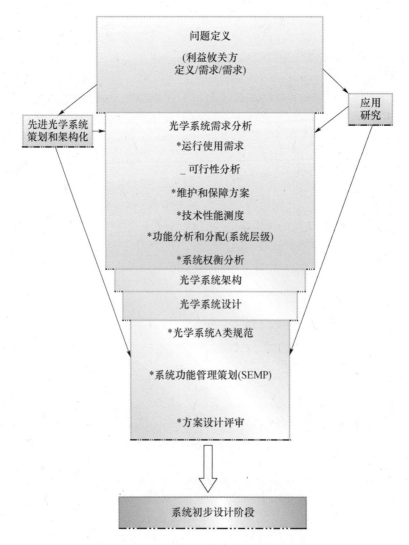

图 11.2 系统层级需求定义和分配

图 11.2 的上部的方框表示问题定义步骤,在这一步,确定了利益攸关者和他们的需要和期望,并形成了光学系统的利益攸关者需求集。在下一个方框,对这些需求进行可行性(如技术、成本、使用、动机、进度和组织可行性)和相关的风险分析。功能分析和需求分配过程用于确定系统层次的运用需求,并启动维护与保障方案的规划活动。由于系统层级的需求是在方案设计过程中生成的,形成了高层级的技术性能参数和关键性能,并建立了效能测度和性能测度。

权衡研究和可行性研究是方案设计过程中的必要的活动,用于消除不能接受的备选方案设计,并确定最佳的方案。在选择了最佳的方案后,要选择架构组元(企业架构、系统架构和物理架构),要采用功能分析和需求分配过程来形成光学系统的系统需求(A 类规范),还将形成系统工程管理计划,并将 A 类规范纳入方案设计评审里程碑事件(通常是系统需求评审)的配置管理中,在系统需求评审中批准的 A 类规范通常标志着方案设计阶段的结束和初步设计阶段的开始。

11.1.3 商用货架产品考虑和技术性能测度分配

在需求分配过程中,通过分派、衍生或分配形成在功能分解层次的新的需求。通常,这一过程伴随着系统研制的每个设计阶段,然而,在一定的情况下有可能跨越某一需求层级。初步设计阶段一般要获得高层级的设计信息,因此,对于诸如商用货架产品那样的无须设计的组件会出现什么情况? 在这种情况下,对于商用货架产品不需要初步设计,需求流直接从系统规范(A 类规范)转到产品规范(C 类规范)。图 11.3 说明了这一概念,并给出了用于光学系统的三个商用货架产品的技术性能测度的分配过程。在系统层级的技术性能测度是在顶层的光学系统方框中确定的,并进一步分解到光学系统的三个组件(组件 1、组件 2 和组件 3),如果必要,组件可以进一步分解到部件或零件级,注意,这一附加的分解仍然处于详细设计和研制层级,不产生额外的设计阶段。为了加以说明,在图 11.3 中,示出了与每个组件相关的零件。注意,技术性能测度是怎样通过功能分解分配到下面的层次的。例如,三个组件的成本的累加和是怎样加到光学系统方框的总的成本中的。还要注意,其他技术性能测度是怎样满足较高层次的光学系统技术性能测度的分配的。但是,等等! 这里有与尺寸相关的问题! 组件的尺寸将不能放置在分配的一个 3 英寸×3 英寸×3 英寸的光学系统级尺寸中,在这种情况下采用商用货架产品就不是一个好主意! 工程团队必须解决这一问题! 对技术性能测度进行功能分解能帮助确定这样的问题。

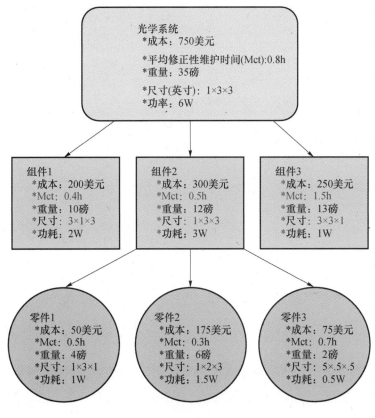

图 11.3 子系统层级的需求分配

注意,这仅是一个 A 类规范,如果设计将涉及的话,系统中还将有多个 B 类规范。如果有商用货架产品,功能分解将直接从 A 类规范到 C 类规范。如果工程团队需要做设计工作,则不能跳过初步设计阶段。如果系统研制是设计工作和商用货架产品的集成工作的混合,则功能分解将涉及所有设计工作的 B 类规范,对于商用货架产品则直接从 A 类规范到产品规范(C 类规范)。可以通过正规的需求评审或通过召集配置管理委员会会议,对任何层级上分配的需求进行改进或更改。在系统开发生命周期的制造/建造阶段、运行使用阶段和系统保障阶段,可以进行额外的需求分配,以便加入配置管理委员会认为确实必要的新的需求、改进和需求更改(Wasson,2006)。

11.1.4　与功能分析的关系

功能分析表示需求分配之前的一个中间的步骤,这一步要将在系统研发的每一层级的需求转换为详细的设计准则,并确定系统运行使用和保障所需要的资源(Grady,2006;Blanchard 和 Fabrycky,2010)。对于确定可行的系统架构并针对所确立的驱动需求确定可以接受的技术解决方案,这一功能分析起着重要的作用。图 11.4 示出了功能分析/需要分配在重要需求分析和设计综合过程中的作用。

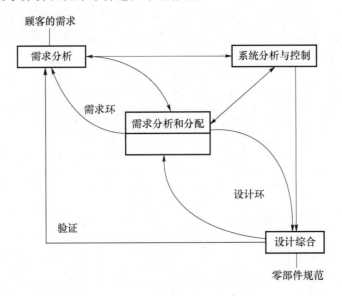

图 11.4　系统工程中的功能分析

可以在图 11.4 中的中间的方框中看到功能分析和需求分配,它们是需求分析环和设计综合环的组成部分。例如,在确定了客户或利益攸关者需要之后,开始需求分析,如图 11.4 左上方的需求分析方框所示,在需求分析方框和功能分析/分配方框之间形成了一个迭代环。在对需求进行功能分析时,必要的更改反馈回需求分析方框,最终修订的需求被送回功能分析/分配方框。在功能分析分配方框和设计综合方框之间也有一个类似的环,功能分解或需求分配可能影响设计,反之亦然。系统分析和控制方框监控所有的过程和产品。在完成时,形成一个适于特定的设计层级的新的规范。总之,图 11.4 通过将功能分析和需求分配放在中心位置,强调了其重要性和它与其他关键的系统工程过程方框之间的关系。

　　功能分析过程的两个重要的工具是 FBD 和 FFBD。FBD 表示从一个需求层级到下一个需求层级的分层分级的、可视化的功能分解,FBD 可以在从利益攸关者需求开始的任何一个层级形成,但最普遍的是在系统需求层级及其以下的层级。作为一个例子,在图 11.5 中我们示出了将在 11.3 节中讨论的无人机载光学子系统的一个 FBD,注意,正如图中所示的那样,功能分解是按照光学系统是无人机的一个子系统的视角进行的,因此,光学子系统是无人机的较大的 FBD 的一个方框,其他的无人机系统层次的功能方框可能是无人机通信子系统、飞行控制子系统、电源子系统等。然而,有利益攸关者仅对光学系统本身感兴趣,这些利益攸关者可能把无人机看作一个装载光学系统的平台,对于这些利益攸关者,光学系统是他们感兴趣的主系统,因此他们有自身的利益攸关者需求集,对光学系统的有代表性的利益攸关者需求集见表 11.1,让我们考虑从仅对光学系统感兴趣的利益攸关者的视角出发的功能分解。

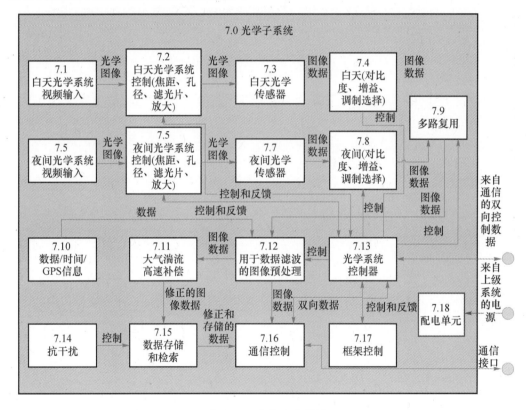

图 11.5　光学系统 FBD

　　在图 11.5 中,标号为 7.1～7.18 的方框表示所需要的光学系统功能,这表示了系统必须实现的基本功能。作为一个例子,图中的方框 7.18 表示配电单元提供的电源网格。

　　除了分解的功能外,也示出了分解的功能方框之间的控制线、电源线和数据线及其他外部接口。除了 FBD 外,功能分析中的最有用的工具是 FFBD。这些方框图示出了顺序的关系和先后次序。FBD 和 FFBD 之间的概念差别是 FBD 中的方框可能在相同的时间都是有效的,而 FFBD 中的方框是顺序排列的。例如,在图 11.5 中,光学系统的控制器

(方框 7.13)、通信控制(方框 7.16)和数据存储和检索(方框 7.15)可以同时工作,彼此是可以相互独立的。当需要完成系统各功能项的系统流描述时,FFBD 在将较高层级的功能分解成许多较低层级的功能方面是有用的(Blanchard 和 Fabrycky,2010)。FFBD 用图形化流程图示出了利用功能分析导出的功能之间的逻辑关系,具有"与"门的 FFBD 表示在流程进入下一步之前必须实现的并行的功能能力,具有"或"门的 FFBD 表示一个单一的功能能力路径,可以逆向流动(Pineda 和 Smith,2010)。图 11.6 示出了根据一个给定的启动指令序列产生一幅图像所需的步骤。框架系统,作为瞄准和跟踪系统的一部分,将光学系统的瞄准轴对准目标。

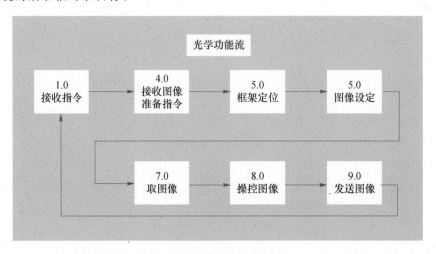

图 11.6　光学系统 FFBD

FFBD 可以进一步细化以得到下面的细节层级。作为一个例子,图 11.6 有一个标识为"6.0 设定图像设置"的方框,它可以进一步分解成如图 11.7 所示的更低层级的功能。在图 11.7 中,"设定图像设置"被分解成 5 个顺序进行的步骤,这定义着光学系统的图像设置功能所需的功能和功能流。图像设置功能选择所要采用的成像传感器的类型(白天型和夜间型),并相应地以特定的次序(即功能流)设定放大倍率、对比度、增益控制和成像系统的孔径。

类似地,图 11.7 的方框 6.2"设定放大倍率",可以进一步分解为如图 11.8 所示的功能方框。如图 11.8 所示,存在确保是否接收到是否调整放大倍率的指令的逻辑流,如果不需要改变放大比率,则不启动调节系统放大倍率的驱动电机。

通过形成 FFBD,功能分析以逐渐提高的细节层级提供所需的功能流的信息。在FBD/FFBD 已经被分解到足够的细节层级后,工程团队剩下需要做的就是确定怎样实现功能方框。系统概念图(SCD)是一种用于确定怎样实现光学系统的各功能方框的有用的工具。

对于系统概念图,要分析 FBD、FBD 的每个方框的输入和输出。此外,要确定外部控制和约束,因为它们是实现所需的功能的基础设施或物理资源。图 11.9 示出了用于在无人机平台上的顶层的光学系统的输入、输出、控制、约束和结构,光学系统所需的某些输入是与框架控制器相关的信息和对光学系统所需的倍率设置。类似地,输出是光学系统产

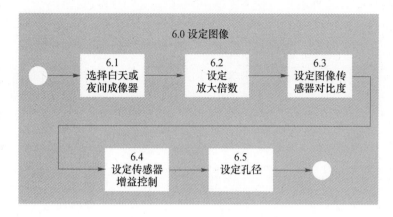

图 11.7　设定图像 FFBD

生的图像和视频。控制和约束可以包括限制光学系统的开发的选择的政治、技术和安全问题,例如,无人机本身不能越过边境,因此必须保持在美国境内,这对采用无人机作为携载平台的光学传感器的作用距离产生了限制。其他的约束是对光学系统的物理限制,如对光学系统的物理尺寸、重量和功耗要求。

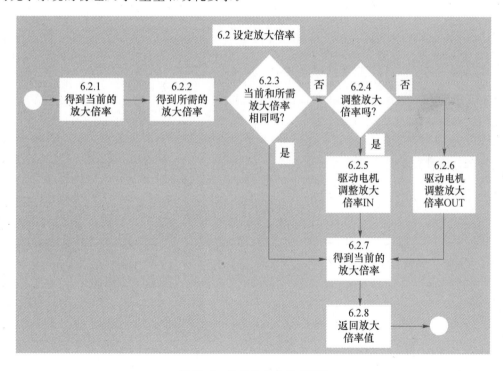

图 11.8　设定放大倍率 FFBD

　　结构是实现功能所需的资源,这些资源可能包括设施、专用测试设备、试验场和使用场所。通过确定 FBD/FFBD 的每个功能适用的所有结构,对光学系统和它的各个单元的物理规划就成形了。在定义了这些功能单元之后,应当考虑怎样组装这些功能单元,在这一功能组装活动中,主要目的是将密切相关的功能划分到通用的资源和组合。系统单元

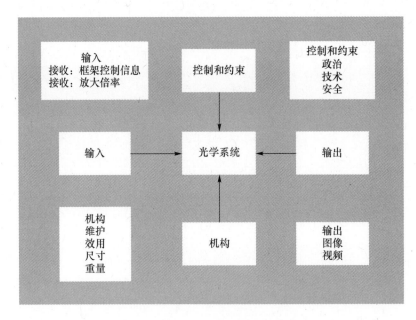

图 11.9 光学 SCD

可以基于共享相同的地理位置、具有相同的使用环境、共享相同的设备或提供相似的功能能力等考虑来进行划分。单个系统功能的组装应当尽可能保持独立,以使不同的功能块之间所需的交互作用最小,减少功能块之间所需的交互作用的好处是降低了整个系统的复杂性、组件之间所需的通信,并简化了测试和维护活动,即使单个功能组成单元内部的复杂性增加也可以实现。采用这种模式将相同的单元组装在一起的主要的好处是在开发系统时可以采用开放结构方法,开放结构方法包括采用具有良好定义的接口的通用的、标准的模块,从而可以以有效的方式组合系统的单元。图 11.10 示出了被功能分解为逻辑上有用的组成部分的光学系统的一个例子。

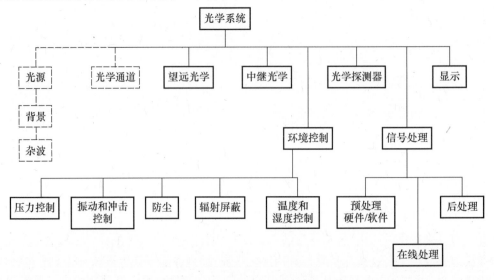

图 11.10 系统到组件的功能分解

这些方框中有些可能是光学系统的实际的组合,有些可能是逻辑上构建的组合。在11.2节,我们给出了光学系统的某些技术性能测度,并讨论了它们与光学系统的关键性能参数之间的关系,目的是举例给出一个代表性技术性能测度集。一个完整的技术性能测度集是由应用规定的,读者可以在需要时扩展技术性能测度集。在适用时,我们也给出了相关的基本的解析表达式。

11.2　光学系统构成模块:有代表性的技术性能测度和关键性能参数

光学系统的分析涉及技术性能测度以及具体的指标(如关键性能参数)的确定和分配。系统功能分析和需求分配过程将系统组合成功能不同且相互兼容的子系统,这样可以通过较低层级的需求定义过程来确定对每个子系统的较低层级的需求。技术性能测度是描述系统性能、测量系统的属性或特性的量化值(Blanchard 和 Fabrycky,2010)。技术性能测度包括设计寿命、重量、可维护性、成本、可用性和可保障性的细节,这些测度是在定义了系统使用需求和维护与保障方案后得到的,这些技术性能测度被赋予了相对重要性值,这取决于利益攸关方的希望或需要,这一相对重要性排序对于需求分配是必要的,因为在确定将加入系统的设计中的特性时,某些具体的技术性能测度值与其他技术性能测度值可能是不一致的,例如,降低探测器噪声的需求可能希望给光学系统增加一个制冷机,但这可能对尺寸、重量和功耗技术性能测度产生不利的影响,设计解决方案可能是要采用另一种探测器(如果可能具有较低的噪声特性)。最佳的系统设计方案必须能够使技术性能测度相对于给定的或期望的应用最佳。为了帮助跟踪技术性能测度,并帮助确保在设计过程中适当地采用技术性能测度,要将技术性能测度分配到较低层级的需求。采用配置管理和需求管理方法来确保能将需求和技术性能测度追溯到最低的需求层级,并与设计联系起来。另一个关键的系统性能测度是关键性能参数。国防采办大学的采办百科全书中给出的关键性能参数的定义是:

对于实现有效的能力至关重要的系统性能属性。关键性能参数有一个表示具有低到中等的风险的、可以接受的最低可接受值的门限值,和一个代表所希望的目标但有较高的成本、进度和性能风险的目标值。关键性能参数包含在能力开发文件和能力生成文件中,并且在采办计划基线中包括全文记录。关键性能参数被运行使用试验界当作性能测度(ACQuipedia,2005)。

下面我们给出了在许多光学系统(尤其是光学成像系统)中常用的某些技术性能测度,并给出了用于确定这些测度的值的某些解析表达式,在性能预测分析中经常采用这些技术性能测度,并且在某些应用中可以关联到关键性能参数(单个地或组合地)。例如,角度或空间分辨率技术性能测度可以关联到涉及光学传感器对感兴趣的目标的额定或最大作用距离的关键性能参数。因为技术性能测度的选择是面向应用的,这些技术性能测度不是全部包括的,但是被解释为可应用于各种应用的代表性的值。应当选择性地应用、采纳这些技术性能测度,对于给定的应用应当根据需求补充必要的技术性能测度。最后我用一个表格来归纳了结果,我们也在我们11.3节的综合案例研究中说明了怎样采纳和补充这些技术性能测度。

源辐射出射度:源辐射出射度是从一个源的表面辐射的每单位面积的光功率(或通

量)(W/m²),辐射出射度、面辐射强度(W/(sr. m²)和辐射强度(W/sr)由下式给出:

$$W = \pi N = \frac{\pi J}{A} \qquad (11.1)$$

式中:W 为辐射出射度;N 为面辐射强度;J 为源的辐射强度(Hudson,1969)。

应当注意,辐射强度的单位限于点源,因此,当涉及具有一定的空间范围的物体时,这应当被看作一个等价的强度。

源面辐射强度:面辐射强度测量从一个具有一定范围的源每单位面积辐射的、落在一个给定的方向的一个给定立体角内的功率。源面辐射强度的 SI 单位是每平方米每立体角瓦(W/(m². sr))。对于漫散射物体,面辐射强度用辐射出射度和辐射强度表示为

$$N = \frac{W}{\pi} = \frac{J}{A} \qquad (11.2)$$

式中::N 为源面辐射强度;W 为辐射出射度;J 为辐射强度;源面积 A 为一定范围的辐射体的表面积(Hudson,1969)。

光学不变性:光学不变性指出,源面积和源到光学系统入瞳(假设为圆形)张角的乘积等于在探测器上的图像的面积与在成像面(探测器位置)上光轴与光学系统的出瞳之间角度的乘积。光学不变性表示为

$$A_s = \frac{A_i \Omega_i}{\Omega_s} \qquad (11.3)$$

式中:A_s 为源的面积;A_i 为在图像平面上像的面积;Ω_s 为从源观察光学系统的入瞳孔径时的立体角;Ω_i 为从探测器观察光学系统的出瞳的探测器立体角(Guenther,1990)。

源的峰值波长(对于热辐射体):峰值波长是热辐射源辐射出最大数量的辐射的波长,峰值波长由维恩定理给出(Joos 和 Freeman,1987):

$$\lambda_m = \frac{2898}{T} \qquad (11.4)$$

式中:λ_m 为在最大辐射处的波长(μm);T 为源温度(K)(Rudramoorthy 和 Mayilsamy,2013)。

作为温度的函数的源辐射出射度(对于热辐射体):斯特藩—玻尔兹曼定律给出了一个源的总的辐射出射度(温度的函数)(Joos 和 Freeman,1987):

$$W = \sigma T^4 \qquad (11.5)$$

式中:σ 是斯特藩—玻尔兹曼常数($5.670373(21) \times 10^{-8}$ W/m²/K⁴)。

源的光谱特征:源的光谱特征是与频率或波长相关的辐射特性,例如,光谱辐射出射度给出了在一个特定的谱段内每单位面积的光功率。作为一个例子,维恩定理给出了黑体辐射出峰值辐射的波长,通过测量一个源的辐射出射度与光的波长(或光的频率)的关系,我们可描述源的光谱特征,在这种情况下将使用光谱辐射出射度。类似地,光谱面辐射强度和光谱辐射强度将给出与光波长或光频率有关的辐射度量(Hudson,1969)。对于一个黑体辐射体,辐射出射度 W_λ 的光谱分布由普朗克定律给出:

$$W_\lambda = \left(\frac{c_1}{\lambda^5} \right) \left(\frac{1}{e^{c_2/\lambda T} - 1} \right) \qquad (11.6)$$

其中:c_1 为第一辐射常数,$c_1 = 2\pi h c^3 = 3.7415 \times 10^4$ W · cm² · μm^4;c_2 为第一辐射常数,

$c_2 = ch/k = 1.4388 \times 10^4 \cdot \mu m \cdot K$。

在前面所示的表达式中，h 为普朗克常数($6.6256 \times 10^{34} Ws^2$)，$c$ 为光速($2.9979 \times 10^{10} cm/s$)，$k$ 为玻尔兹曼常数($1.38054 \times 10^{-23} Ws/K$)。

光学系统工作高度：光学系统工作高度是在光学系统的入瞳处测量的光轴相对于地面基准的高度，工作高度可以相对于当地地面高度或一个固定的基准面(如海平面)来表示，例如，在无人机应用中，光轴穿过装在无人机框架吊舱内的主反射镜的中心，光学系统工作高度是从主反射镜中心到地面基准的距离。

传感器到源/目标的距离：这一指标是从光学系统(如传感器)入瞳中心到光轴与源或感兴趣目标相交的点的距离，这一距离可用于将辐射度量从源或目标投影到光学系统入瞳面以及光学系统的空间分辨性能的计算，所做的假设是光学系统瞄准感兴趣目标。如果光学系统位于地面，感兴趣目标也在地面，则传感器到源的距离是从光学系统的入瞳中心到感兴趣目标的距离。

经典的角度衍射限：经典的角度衍射限是光学系统的角度或空间分辨率的一个测度，这一极限是一个完美的成像系统(例如，没有光学像差或系统噪声或大气)能够得到的理论上"最好"的分辨率。对于一个圆形入瞳，角度衍射限由下式给出：

$$\theta = 1.22 \times \frac{\lambda}{D} \tag{11.7}$$

式中：θ 为角度衍射限；λ 为波长(cm 或 m)；D 为光学系统入瞳的直径(cm 或 m)(Jackson,1975)。

对其的解释是：成像系统不能分辨张角小于经典的衍射限的特征，如果小角度近似成立(例如，如果目标的空间范围远小于传感器到目标距离)，则由成像系统可以探测的最小的空间特征是由式(11.7)中的角度衍射限与传感器到源/目标的距离的乘积给出。如果入瞳不是圆的而是方形的，式(11.7)中将没有因子 1.22。注意，这些论点仅有在成像系统工作在真空中才成立，如果成像系统工作在大气中，则入瞳直径由弗雷德参数 r_0 代替(见式(11.8))，光学系统的角分辨率变为

$$\theta_a = 1.22 \frac{\lambda}{r_0} \tag{11.8}$$

式中：λ 为照射光的平均波长；经典的衍射限空间分辨率可以通过将式(11.8)乘以传感器-目标距离来确定。对于大的入瞳孔径，大气衍射限(而不是经典衍射限)经常限制光学系统的角度或空间分辨率。

像素的角度大小(横向和轴向)：这是从一个成像系统的出瞳处观察时，一个像素在横向或轴向所成的角度，通过将这一角度乘以成像系统的放大率(在横向或轴向)，确定了从入瞳到目标平面的投影的像素的角度(投影的像素的角度大小)。在良好定义的光学系统中，投影的像素角度小于光学系统的空间分辨率(对于真空中的成像系统是衍射限空间分辨率，对于工作在地球大气中的成像系统是弗雷德参数修正空间分辨率)。在设计不完善的光学系统中，像素大小可能大于光学系统的空间分辨率，因此投影的像素大小本身限制了光学系统的空间分辨率。

望远镜的类型：一个望远镜的主要用途是会聚来自一个大的主反射镜的光，并将光聚焦在一个用于观察的物镜上，或者会聚在对会聚的光进行整形并放置在探测器平面上的

中继光学系统。有不同类型的望远镜,取决于光是怎样聚焦的。最简单的望远镜是 Herschelian 望远镜,一个略微弯曲的主会聚反射镜放置在与入射光略为倾斜的角度上,将会聚的光聚焦在球面形的主反射镜表面的远的曲率中心。牛顿望远镜有一个将入射光聚焦到一个平坦的反射镜上的空间弯曲的反射面,这将把会聚的光反射到望远镜一侧的一个小的窗口内。卡塞格林望远镜有一个在中心有孔的反射主面,光从主反射镜反射到一个在到达主反射镜的焦点之前接收到光的凸反射镜的表面,来自凸反射镜的光线通过孔聚焦在望远镜后面的主反射镜上。类似的原理可用于格里高利望远镜,其凸反射镜放置方式使在主反射镜的光通过其焦点后被凸反射镜接收到,凸的反射次镜将光通过主反射镜中心的窗口聚焦。也有一些用于诸如卫星和无人机那样应用的专用望远镜,例如,紧凑的双视场望远镜有可能位于光谱不同部分(从紫外到长波红外)的两个不同视场(窄视场和宽视场),在组合双波长传感器时,成像系统的焦平面上可以同时获得窄视场和宽视场的图像,紧凑的双视场望远镜在尺寸和重量上也有优势,而且便于快速装配(Peterson 和 Newswander,2009)。

广义成像模型参数:解析模型能将一个具有多个组件的光学系统简化为具有一些良好定义的参数的“黑箱”,以便确定成像系统的有用的性能特性(Pedrotti 和 Pedrotti,1992;Born 等,1999;Barrett 和 Myers,2003)。这一模型在几何光学近似条件下是有效的,类似于在电子工程学科中非常著名和实用的 Norton 和 Thevenin 等效电路方法。在广义成像模型中,光学设计师需要知道入瞳、出瞳和孔径光阑的大小和位置,主平面和次主平面和等效焦距是产生这一模型所需要的参数,主光线和边缘光学是帮助确定诸如像平面位置和在探测器上的图像尺寸等重要的成像特性的有用的光学追迹概念。主光线是从物体的边缘到孔径光阑的中心,并以一定的角度离开出瞳的一个虚拟的光线,如果探测器位于成像系统的焦平面上,主光线给出了在探测器上的图像的尺寸。边缘光线是一个从在物体处的光轴出发并经过孔径光阑的边缘,且与在图像面中的光轴交叉的一个虚拟光线,入瞳是从光学系统的物方观察的孔径光阑的图像,出瞳是从光学系统的探测器一侧观察的孔径光阑的图像。

入瞳直径:光学系统的入瞳通常是放置主会聚孔径(通常是望远成像系统中的主反射镜)的地方,入瞳直径是主反射镜的直径,这一指标是重要的,因为它被用于许多关键的光学计算(如光学成像系统的衍射限性能)。知道入瞳的位置和直径对于建立一个光学系统的广义成像模型是必要的。第一和第二主面是垂直于光轴的平面,源于焦点的光线将在对应的主面成为平行于光轴的光线,而在通过主面时平行于光轴的光线最终将会聚在焦点处。第一主面是与光学系统的前焦距相关的,第二主面是与光学系统的后焦距相关的。在大气和真空中,从主平面到与在光学系统的前面和后面由于会聚与光轴相交的平行光线的交点处的距离分别是前焦距和后焦距。如果成像系统具有对称的透镜单元,则入瞳面和主平面将是一致的,术语“对称的光学单元”指在光学系统的孔径光阑的前面和后面的透镜单元是相同的。如果不是这种情况,则主平面和入瞳和出瞳将处于不同的位置。

孔径光阑直径:孔径光阑是在一个光学系统中限制光的吞吐量的孔径,入瞳是从光学系统的物方观察的孔径光阑的图像。在良好设计的成像系统中,入瞳的大小与成像的孔径光阑是匹配的,较大的入瞳是没有意义的,因为孔径光阑将不会让这部分光通过光学系统并落在探测器上,较小的入瞳大小将不能有效地利用通过光学系统的光。望远镜的主要用途是会聚尽可能多的光,因此与成像的孔径光阑直径与入瞳直径不匹配的话,可能将对光学系统的吞吐量产生不必要的限制。

入瞳采样间距:为了在计算机上建模一个成像场景,对入瞳孔径必须进行适当的采样(Oppenheim 和 Schafer,1975,Goodman,1988)。确定入瞳的采样间距的一种方式是采用有关所希望的物体的细节的信息。假设我们有一个处于光学成像系统的远场的物体,则在物体上的最大的空间特征将确定为了分辨这一大的特征在入瞳上所需的最小采样间距。按照傅里叶分析,在入瞳上的最大采样间距的表达式由下式给出:

$$\Delta x_{\mathrm{p}} = 1.22 \frac{\lambda}{D_{\mathrm{o}}} z \tag{11.9}$$

式中:λ 为平均光学波长(m);D_{o} 为物体的最大直径(m);z 为成像系统到物体的距离(m)。

式(11.9)给出了可以用于恢复尺寸可达 D_{o} 的物体的空间频率信息的入瞳上的采样间距,大于 D_{o} 的特征将得不到充分的采样,一个好的定则是在入瞳内跨 Δx_p 有两个采样,以保证在入瞳中有足够的空间采样。

EFL:等效焦距 EFL 是从第一主面到光学成像系统的前焦平面的距离(前焦距)和从第二主面到光学系统的后焦平面的距离(后焦距)。在对称的透镜组件成像系统中,等效焦距也是从出瞳到后焦平面的距离,这些焦距有时是难以测量的,因为主面位于安装光学组件的镜筒内部,在这种情况下,有时定义一个法兰焦距,即从可测量的法兰基准点到焦平面的距离。EFL 有时也称为光学系统的等效焦距。

瞬时视场(IFOV):来自在光学系统的成像平面中的探测器的边缘的光线与主点所成的角度可以用来确定如下式给出的瞬时视场角:

$$\alpha_{\mathrm{IFOV}} = 2m_{\mathrm{a}} \arctan \frac{D_{o}}{2f_{\mathrm{eff}}} \tag{11.10}$$

式中:m_{a} 为光学系统的角度放大率;D_{o} 为探测器的直径;f_{eff} 为等效焦距。

瞬时视场给出了在任何一个给定的瞬间,探测器可以看到的在物平面中的一个维度上的最大角度,如果探测器是方形的,则式(11.10)在两个维度(如轴向和垂轴方向)都是成立的,如果探测器在轴向和垂轴方向的大小不同,则需要分别计算对应于轴向和垂轴方向的两个瞬时视场角,在这种情况下,式(11.10)中的 D_{o} 分别用探测器在轴向的大小 D_{l} 和垂轴的大小 D_{t} 来代替。

FOV:对于不运动或扫描的凝视成像系统,FOV 与 IFOV 相同,对于可以在轴向和垂轴方向旋转的框架式光学系统,垂轴角度 FOV 是在垂轴方向的角度 IFOV(IFOV$_{\mathrm{t}}$)的某一倍数 $c_{\mathrm{t}}(c_{\mathrm{t}} \geqslant 1)$:

$$\mathrm{FOV}_{\mathrm{t}} = c_{\mathrm{t}} \mathrm{IFOV}_{\mathrm{t}} \tag{11.11}$$

类似地,垂轴角度 FOV 是在轴向方向的角度 IFOV(IFOV$_{\mathrm{l}}$)的某一倍数 $c_{\mathrm{t}}(c_{\mathrm{t}} \geqslant 1)$:

$$\mathrm{FOV}_{\mathrm{l}} = c_{\mathrm{l}} \mathrm{IFOV}_{\mathrm{l}} \tag{11.12}$$

对于在运动平台上的凝视光学系统,经常采用瞬时视场 IFOV 并投影到目标场景上。当平台运动时,在目标场景上投影的 IFOV 也运动,这种工作模式经常称为"推扫"模式,类似于在一个给定的方向推扫帚。在地面上投影的所采集的像素的典型的方形或矩形图形是 IFOV,平台的运动使 IFOV 在一个方向运动。

f-数($f/\sharp$):$f/\sharp$ 是光学系统会聚光能量的能力的一个测度,这一术语类似于光学摄影中的术语透镜率，$f/\sharp$ 是由下式给出的（Saleh 和 Teich，2007）：

$$f/\sharp = \frac{f_{eff}}{D}$$ (11.13)

式中：；f_{eff} 为等效焦距；D 为孔径光阑的直径。

对于一个给定的等效焦距，增大孔径光阑直径将使更多的光通过光学系统，因此产生较小的 $f/\sharp$。

数值孔径（NA）：光学系统的数值孔径是一个与它的集光能力相关的一个有用的指标，与 $f/\sharp$ 不同，这一指标的优点是它随着光学吞吐量的增大而增大，数值孔径与 $f/\sharp$ 的关系为

$$NA = \frac{1}{2f/\sharp} = n'\sin\theta$$ (11.14)

式中：n' 为最后一个光学组件和后焦面之间的折射系数；θ 为与边缘光学相关的半角（Hudson，1969；Saleh 和 Teich，2007；Naidu，2009）。

等平面角：等平面角是在假设大气湍流统计相同的条件下测量的一个角度测量。对于小于等平面角的角度，可以采用基于大气的统计特性的大气湍流补偿方法校正大气湍流效应。大气湍流经常是一个设计良好的大孔径光学成像系统的限制因素，当角度瞬时视场大于等平面角且需要采用大气湍流补偿方法来实现可以接受的空间分辨率时，必须采用不大于由等平面角所给定的块来处理物体场景，然后再拼接在一起。以下方程描述了等平面角与弗雷德参数 r_0 的关系：

$$\theta_{iso} \approx 0.31\frac{r_0}{h}$$ (11.15)

其中：θ_{iso} 为等平面角；r_0 是弗雷德参数；h 为对 r_0 是有最大的贡献的湍流层的高度（Roggemann 等，1996）。

大气相干长度（弗雷德参数）：弗雷德参数是大气统计特性相关时的湍流尺度的测度，弗雷德参数有时称为大气相干长度，它给出了具有相似的统计特性的大气的块的直径。弗雷德参数通常在 $1\sim20cm$ 范围内，且如式（11.8）所示，它在确定通过地球大气观察的一个成像系统的空间分辨率方面起着实质性的作用。

大气的透过率：当辐射通过大气传播时，大气中的分子与气溶胶吸收和散射辐射，这样，在某些波长上的能量受到了强烈的吸收，而在其他波长上的能量受到的影响较小。由于二氧化碳分子的强吸收，对于大气层内成像而言，某些谱段是不透明的，对于成像是不好的，而在光谱的其他部分大气透过率可能是非常高的。如果在某一波长范围内大气透过率是高的，因为光学功率损失的较少，我们采用"大气窗口"这一术语来表示这一对于大气层内的成像较好的波段。大气透过率光谱给出了在一个给定的波长上有百分之多少的光功率能从海平面传输到空间的与波长有关的曲线。在某一波长上的大气透过率 τ_a 可以用于确定在给定的波长上在大气内辐射传输较远的距离时的大气效应，例如，如果空间中的一个点源具有给定的辐射强度，可以采用直接的解析方法来确定在海平面上的一个真空中探测器上的功率，可以通过将计算的在探测器表面上的功率乘以在感兴趣的波长上的大气透过率来包括并建模大气效应。

光学透过率：类似于大气透过率，光学系统的透过性也可以采用描述光学透过率的系数 τ_o 来表示，这一透过率也是波长的函数，表示为在一个波长范围内的百分比。光学单

元对光学系统的输入处(如一个望远成像系统的入瞳)的光功率的影响,可以通过将输入光功率乘以光学透过率来建模。

噪声等效温差(NETD):对于热传感器,这是在探测器上产生信噪比为 1 的输出信号时,在物平面的场景内的两个相邻的单元之间的最小温差。

等效噪声辐照度(NEI):NEI 是在探测器上产生信噪比为 1 的输出信号时,在探测器上每单位面积照射的功率(Bass 等,2009),NEI 可表示为

$$NEI = \frac{NEP}{A_d} \tag{11.16}$$

式中:NEP 为噪声等效功率;A_d 为探测器有效面积(cm^2)。

NEP:NEP 为产生一个等价于探测器的均方根输出噪声的输出信号所需的光功率(W),NEP 值应当在特定的波长、调制频率、探测器面积、温度和探测器带宽来表述。NEP 是产生一个输出信噪比为 1 的探测器输出的光功率。NEP 适用于处于给定的数据—信号速率和等效噪声带宽的一个给定的探测器,它是一个最小可探测的功率。NEP 值越小,在规定的工作条件下探测器更灵敏。式(11.17)描述了怎样通过采用探测器面积、波长和比探测率来计算 NEP:

$$NEP = \left(\frac{\sqrt{A_t \times \Delta f}}{D^*} \right) \tag{11.17}$$

其中:D^* 为比探测率;A_d 为探测器的有效面积;Δf 为探测器电路带宽;NEP 的单位是 W。

探测器类型:光学探测器通常划分为光子探测器和热探测器两类。在光子探测器中,光子的能量与材料直接交互作用以产生载流子,光子必须有足够的能量以在探测器材料中产生自由电子(Jackson,1975),光子探测器的波长响应在截止波长处有显著的截止。相反,热探测器对入射的辐射在探测器表面上沉积的热能产生响应,热探测器通过对材料与温度相关的效应(如材料的热阻)产生响应来工作,热探测器的响应仅与沉积在其表面上的总的热量有关,与波长无关。有几类光子探测器(Ready,1991):

(1)光导型:这类探测器由于光与探测器材料的交互作用产生自由电子,光生电流改变材料的电导率从而产生一个与在探测器有效面积上的光功率成正比的输出信号。这些类型的探测器经常采用像硅那样的半导体制成。

(2)光伏型:这类探测器通过在半导体材料的一个 PN 结中产生分离的电荷来产生电压,所产生的电压正比于落在探测器表面上的光功率。

(3)光发射型:这类探测器通过照射光直接使材料表面释放电子来工作,采用光电效应释放电子,并由外部电路来收集电子。

探测器材料:探测器材料的选择影响着探测器响应输入光辐射的响应的光谱范围,也影响着响应的强度。采用不同类型的材料来精细地调节探测器的光谱响应区域,并给出对于给定的应用最佳的探测器性能特性,例如,HgCdTe 是一种三元半导体材料,能够通过其组元的相对比例来选择截止波长,通过改变合金的组分,可以在红外谱段内调整峰值波长和范围。如果光子的能量大于材料的带隙能量,则电子进入导带,相应地,材料的电导率增大。为了确保偏置电流在有效的探测器材料内均匀地分布,通常采用方形或矩形的形状。HgCdTe 材料被用于各种应用场合,如激光探测、导弹制导和高性能的红外光学

探测器。

滤光片(窄带、低通、高通、陷波、匹配、偏振):滤光片在区分信号和噪声方面是重要的,并且在信号处理中有广泛的应用。滤光片可以是基于硬件的,放置在探测器的前面,它们也可以是基于软件的,是后处理分析过程的一部分。某些更常见的滤光片类型如下:

(1)窄带:窄带滤光片是在一个窄的谱带内通过信号的滤光片,这种滤光片抑制在窄的谱带外的信息。

(2)低通:低通滤光片是仅允许从 0 Hz 到截止波长的低频信号通过的滤光片,它显著地降低了高于截止频率的信号。

(3)高通:高通滤光片,顾名思义,仅允许高于截止频率的频率通过,低于截止频率的频率被阻止。

(4)陷波:陷波滤光片消除在一个小的谱段内的频率,并通过所有其他的频率。陷波滤光片可以通过低通滤光片和高通滤光片的组合来构成,其低通滤光片的截止频率低于(但接近)高通滤光片的截止频率。

(5)匹配滤波器:匹配滤波器是对于一个给定的应用针对具体的噪声条件专门设计的滤波器,对于加性噪声,匹配滤波器使信噪比最大化。在图像处理中,经常采用二维匹配滤波器(Keller,2013)。

(6)偏振滤光片:偏振滤光片消除信号中的一个偏振态,例如,消除入射辐射的水平偏振分量,仅留下垂直偏振分量。

探测率:探测率(D)被定义为 NEP 的导数(Hudson,1969)。探测率是一个随着 NEP 的减小而增大的指标,因此给出了探测器的品质的测度(较高的探测率意味着较低的 NEP,对于规定的工作条件者意味着更灵敏的探测器)。探测率由下式给出:

$$D = \frac{1}{\text{NEP}} \tag{11.18}$$

探测率的单位是 W^{-1},这一指标将随着所采用的探测器的面积和探测器的电路带宽而变化,为此建立了一个对这些变化的效应进行归一化的探测率指标,称为 D^*。

比探测率:比探测率(D^*)是一个针对不同探测器的参数的变化(如不同的探测器有效面积和不同的电路带宽)进行归一化的指标,这样能够在假设相同的输入条件下时对探测器进行"苹果对苹果"的比较。由于噪声功率正比于电路带宽 Δf,噪声信号正比于 $\Delta f^{1/2}$(Hudson,1969),D^* 指标被表示为

$$D^* = \frac{\sqrt{A_d \Delta f}}{\text{NEP}} \tag{11.19}$$

式中:A_d 为探测器面积;Δf 为电路带宽;D^* 的单位为 cm·$Hz^{1/2}$/W(Joshi,1990)。

D−double star(D^{**}):D^{**} 指标相对于输入条件进一步进行了归一化,由于探测器可能受到背景噪声的影响,相对于输入辐射的观察角进行归一化是必要的。D^{**} 包括一个考虑到周围的一个假设的半球的观察立体角的校正因子,D^{**} 与 D^* 之间有如下的关系:

$$D^{**} = D^* \sin\theta \tag{11.20}$$

式中:D^* 为比探测率;θ 为具有有限的孔径的探测器的立体角的半角。

响应率:响应率是探测器对在其表面的输入功率的响应能力的测度,响应率是输出电

压(或电流)与输入功率之比,它的单位是 A/W 或 V/W,取决于探测器输出信号是电流还是电压。对于电流和电压输出,响应率可表示为

$$R = \frac{v_\circ}{HA_d} = \frac{i_\circ}{HA_d} \tag{11.21}$$

式中:$v_\circ$ 为探测器输出电压;$i_\circ$ 为探测器输出电流;H 为在探测器上的辐射通量密度;A_d 为探测器的有效面积(Razeghi,2010)。

电路带宽:电路带宽是探测器的电子线路响应的频率范围,它从 0Hz 到截止频率,高于截止频率的电子信号被显著地衰减。在噪声计算中所采用的电路带宽称为噪声等效带宽。

传感器环境条件:探测器性能经常是高度依赖于环境条件的,其中一个条件是温度,传感器的温度可能对传感器的噪声特性有重要的影响,例如,散弹噪声是温度的一个函数,可以通过对传感器制冷来减小这一噪声。其他环境条件包括压强、湿度、冲击、振动、尘、电气干扰和辐射。

探测器的波长范围:探测器的波长范围给出了探测器产生可测量的响应的波长范围,认为在这一波段内的能量是可探测的,在这一波段范围之外的波长处的能量受到显著的衰减,认为是不可探测的。

中心波长(CWL):中心波长通常用于窄带应用,它是功率加权的平均波长,中心波长通常处于或接近所考虑的窄带的峰值处,被用作在与波长相关的计算中的代表性的波长。

平均无故障工作时间(MTBF):MTBF 是与器件的可靠性相关的一个统计测度,它是预计器件将出现故障之前的平均工作时间,MTBF 是与维护活动相关的一个重要的指标。

平均修理时间(MTTR):MTTR 是与需要多长时间修理相关的一项指标,MTTR 基于统计给出平均修理时间(小时),这一指标在以可靠性为中心的维修活动中是有用的。

平均无维护工作时间(MTBM):MTBM 是一个与期望的无维护活动时间相关的统计量,这一指标对于可靠性分析和以可靠性为中心的维护分析是有用的。

可用性($A_\circ$):可用性是一个系统的正常运行时间的一个测度,它度量一个系统在给定的条件下能够正常运行,并完成一项指派的任务的平均时间。$A_\circ$ 考虑了系统可靠性、系统可维护性和诸如勤务延迟时间那样的延迟时间的影响:

$$A_\circ = \frac{MTBD}{MTBM + MMT + MLDT} \tag{11.22}$$

式中:MTBM 为平均无维护工作时间;MMT 为平均维护时间(国防部,1997)。

表 11.2 中汇总了这些指标的主要属性,给出了指标的名称、相关的公式、单位和简短的描述。

表 11.2　各指标的属性

名　　称	方　　程	单　　位	描　　述
源辐射出射度	$W = \pi N = \dfrac{\pi J}{A}$	W/m^2	从源辐射的光亮度
源和辐射度	$N = \dfrac{W}{\pi} = \dfrac{J}{A}$	$W/m^2/sr$	辐射度度量从一个有限范围的源处每单位面积在一个给定方向的给定立体角内辐射的功率
光学不变性	$A_g = \dfrac{A_g \Omega_l}{\Omega_s}$	m^2	源的面积

续表

名　称	方　程	单　位	描　述
源的峰值波长	$\lambda_m = \dfrac{2898}{T}$	μm	最大辐射点出的波长
辐射出射度	$W = \sigma T^4$	W/m	从一个源辐射的总的辐射出射度（与温度有关）
光谱辐射出射度	$W_t = \left(\dfrac{c_1}{\lambda^5}\right)\left(\dfrac{1}{e^{c_2/\lambda T}-1}\right)$	$W/m^2/\mu m$	源的光谱特征是与频率或波长有关的辐射特性
角度衍射限	$\theta = 1.22 \times \dfrac{\lambda}{D}$	$(°)/rad$	一个光学系统的角度或空间分辨率的度量
大气中的光学系统的角度分辨率	$\theta_p = 1.22\dfrac{\lambda}{r_0}$	$(°)/rad$	角度分辨率经常受大气的限制，不是经典的衍射限
入瞳采样间距	$\Delta x_p = 1.22\dfrac{\lambda}{D_o}z$	m	在入瞳中的最大采样间距
瞬时视场角（一个维度）	$\alpha_{IFOV} = 2m_a\arctan\dfrac{D_o}{2f_{eff}}$	$(°)/rad$	瞬时视场是在一个给定的瞬时探测器可以在一个维度上看到的物空间内的最大张角
横向视场	$FOV_t = c_t IFOV_t$	$(°)/rad$	在横向方向的视场
纵向视场	$FOV_l = c_l IFOV_l$	$(°)/rad$	在纵向方向的视场
f-数	$f/\# = \dfrac{f_{eff}}{D}$	无量纲	f-数是一个光学系统聚集光能量的能力
数值孔径	$NA = \dfrac{1}{2f/\#} = n'\sin\theta$	无量纲	一个光学系统聚光的能力
等平面角	$\theta_{nt} = 0.31\dfrac{r_o}{h}$	$(°)/rad$	假设大气端流在这一角度范围内相等的角度
NEI	$NEI = \dfrac{NEP}{A_d}$	W/cm^2	使探测器输出信噪比等于1时在探测器上每单位面积入射的功率
NEP	$NEP = \left(\dfrac{\sqrt{A_t \times \Delta f}}{D^*}\right)$	W	使一个探测器的输出信号等于1时所需的光功率
探测率	$D = \dfrac{1}{NEP}$	W^{-1}	探测率定义为 NEP 的逆
比探测率	$D^* = \dfrac{\sqrt{A_d\Delta f}}{NEP}$	$cm\cdot Hz^{1/2}/W$	一个归一化探测器-探测器输出变化（如不同的探测器有效面积和不同的电路带宽）的量
D^{**}	$D^{**} = D^*\sin\theta$	$cm\cdot Hz^{1/2}/W$	D^{**} 考虑到探测器的入光角进一步进行了归一化
响应率	$R = \dfrac{v_o}{HA_d} = \dfrac{i_o}{HA_d}$	A/W 或 V/W	探测器对输入到其表面的功率的响应的能力的测度
可用率	$A_o = \dfrac{MTBM}{MTBM+MMT+MLDT}$	$\%$	衡量系统的正常运行时间的测度

在 11.3 节,我们说明了怎样将这些技术性能测度与在 11.1 中描述的较高层级的系统工程原理和方法综合起来。

11.3　综合案例研究

在本节,我们发现 FIT 正在评审某些技术性能测度(作为需求分配的一部分),在这次会议中,FIT 建立了一个综合产品团队来评审和讨论技术性能测度,这样在技术性能测度讨论中,对于所涉及的学科和各个生命周期都有适当组织的代表。对于这一场景,参与人员主要有:Bill Smith 博士,FIT 的首席执行官;Tom Phelps 博士,FIT 的首席技术官;Garry Blair,FIT 的首席信息官;Karl Ben,FIT 的高级系统工程师;R. Ginny,FIT 的无人机项目经理;O. Jennifer(Jen),FIT 的系统工程师;S. Ron,FIT 的系统工程师(新雇员);R. Amanda,FIT 的光学工程师;C. Marie,FIT 的需求管理和配置管理人员;N. Kyle,FIT 的维护和保障工程师;N. Andy,FIT 的维护保障;E. Steven,FIT 的技术支持和 IT 人员;B. Rodney,FIT 的现场服务人员;P. Malcolm,FIT 的产品工程师;M. Warren 政府机构联络人员;H. Doris,FIT 的管理支持人员。

Bill:"欢迎各位! 在我们正式开始之前我先说几句。我想在座的各位都在做着重要的工作,我感谢大家所做的一切。我已经看到了某些基于模型的系统工程模型、企业架构产品、最近的权衡研究结果,更重要的是,这一项目已经取得了重要的进展。我们一直在努力地致力于进行功能分析并形成子系统的需求。在功能方框图和功能流方框图方面都取得了很好的进展。通过上述艰苦的工作,我们形成了许多需要跟踪的技术性能测度。我们还不能跟踪作为我们的设计工作的一部分所提出的所有的技术参数,但我们需要跟踪所有的技术参数。今天我把大家召集到这里来考虑我们为此所做的一切,并确定我们需要跟踪的技术性能参数。尽管大家正在从事这方面的工作,请看看是不是所有这些技术性能测度都关联到我们的出资人所给出的关键性能参数。在确定之后,我们需要将这些技术性能测度和需求分配到下一个功能层级。我邀请在座的每一位到这里,因为你们对这一项目都有独特的视角。我想确认我们已经有了一个尽可能完备的技术性能测度集。在我们已经有了尽可能完备的技术性能测度集之后,Garry 可以将它们放在企业架构中,用于集中的在线存储,并用你们的基于模型的系统工程工具进行评估。有什么问题吗?"

Marie:"我们要把这些都纳入配置管理吗?"

Bill:"好问题。让我们保持一个正式的技术性能测度配置管理清单,所有的无人机项目团队成员具有阅读的权限。但因为参数有可能更改,我们要在系统中有技术性能测度的一个工作备份,该功能的领导具有写入的权限,例如,我们知道 Amanda 正在进行集成光学模型方面的工作……它称为什么?"

Amanda:"OPSI。"

Bill:"OK,OPSI。好的,Amanda 将需要基于设计的演进确定光学参数,因此她负责这一基于模型的系统工程工具。Karl,你可以再给我们介绍一下技术性能测度和关键性能参数的定义吗?"

Karl:"好的,Bill。我把这些定义放在系统中。我们正在对这一项目采用国防部体系结构框架(DODAF),我们有一个定义术语的集成词典,在这里。"

（在会议室的三星大屏幕上出现了以下定义）

技术性能测度（TPM）：TPM 是"描述系统性能的量化值，度量在系统的设计中所涉及的属性和/或特性"（Blanchard 和 Fabrycky，2010）。

关键性能参数（KPP）："对发展一个有效的能力至关重要的系统的性能属性。关键性能参数通常有一个表示以低到中等的风险可以实现的最低可接受的门限值，还有一个表示所希望的使用性能目标但具有较高的成本、进度和性能风险的目标值。关键性能参数包括在能力开发文件和能力生产文件中，在采办项目基线中也包括全文记录。在运行使用测试界，把关键性能参数当作性能测度"（ACQuipedia，2005）。

Bill："谢谢 Karl。Warren，我们的出资方所给出的关键性能参数是什么？

Warren："他们向我们提供了 5 个关键性能参数：

1. 作用距离（额定〔低到中度风险〕，最大〔中到高风险〕）

a. 额定：8046.7

b. 最大：18616.0

2. 数据延迟（额定〔低到中度风险〕，目标〔中到高风险〕）

a. 额定：5s

b. 目标：3s

3. 虚警概率（额定〔低到中度风险〕，最小〔中到高风险〕）

a. 额定：<5%

b. 最小：<2%

4. 漏探测概率（额定〔低到中度风险〕，最大〔中到高风险〕）

a. 额定：<3%

b. 最小：<1%

5. 可用性（额定〔低到中度风险〕，最大〔中到高风险〕）

a. 额定：98%

b. 最大：99.9%

正如大家看到的那样，这些关键性能参数实际上涉及我们的系统的各个方面。第一个关键性能参数涉及系统的作用距离，内容是额定的或最大的作用距离，我们的系统必须在这样的距离探测到行走的人员并进行分类。第二个关键性能参数与我们的信息响应时间相关，我们必须及时地将所获取的图像和/或视频流发送回任务控制中心或移动指挥中心，这样它们可以及时地发送到响应单元。第三个关键性能参数与系统多频繁地将一个目标错误地分类为人员有关。第四个关键性能参数与系统在场景中有人员目标的时候系统不能探测到人员目标的情况相关。最后一个关键功能参数与期望的系统保持正常运行的能力相关。"

Bill："我希望你们在项目进行过程中考虑所有这些关键性能参数。我希望将我们确定的适当的技术性能测度与这些关键性能参数关联起来。好，我们开始！"

Jen："当我们确定技术性能测度时，要将它们与相应的功能分解对应起来（在可能的情况下），这样，相应的功能分组的领导可以考虑他们负责的技术性能测度。"

Bill："Jen，好主意。让我们分解到功能分组，并形成一个技术性能测度表，如果你需要的话，你可以使用白板。我们将在一个小时之后继续开会，我们将审查技术性能测度一

418

览表。Doris,你可以将一览表列在一个表格中吗?"

Doris:"好的,Smith 博士。"

Bill:"好的,让我们忙起来。Ginny,我可以和你聊一会儿吗?"

(在完成了这些工作后,形成了以下的技术性能测度表)

Bill:"欢迎回来!Karl,在我们进行需求分配之前你可以概括一下结果吗?"

Karl:"是的。正如大家可以看到的那样,表 11.3 给出了我们汇总的一个技术性能测度表,它们还不是完备的,因为我们仍然要等待完成一些权衡研究来进一步完善技术性能测度表。技术性能测度表的第一列给出了可以用于确定功能牵引的技术性能测度类别和技术性能测度的名称。第二列给出了技术性能测度的符号,并给出了与技术性能测度相关的需求层级,0 级是利益攸关者需求,1 级是系统级(A 类规范),2 级是子系统级(B 类规范),3 级是组件/零件/部件级(C 类规范,D 类规范和 E 类规范)。当我们将这些项纳入我们的需求管理系统时,我们可以将它们直接关联到适当的需求和设计产品与测试文件。第三列给出了技术性能测度的单位。第四列给出了技术性能测度的额定值(如指标)。第五列给出了技术性能测度的范围(在适用时)。如果技术性能测度与一个有数字标识的关键性能参数相关,在第六列给出了一个标识,数字标识表示受到影响的那项关键性能参数。在我们将这些技术性能参数加入我们的基于模型的系统工程工具中之后,在需要时可以加入更多的属性和连接。注意,我们在还不知道技术性能测度的值的地方放了"待定",这可能是因为我们还没有完成权衡研究,或者是因为我们的设计还没有演进到这一点。如果我们按照需求等级进行分级,待定项的数目能够使我们快速地了解设计的成熟度。"

表 11.3　无人机项目关键性能测度

功能类别/名称	技术性能测度(符号,等级[0,1,2,3]	单位	额定值	范围	影响到的关键性能参数
运行使用性能					
作用距离(白天,额定)	$z:0,1$	m	8,046.72	±1	1,3,4
作用距离(夜间,额定)	$z:0,1$	m	8,046.72	±1	1,3,4
入瞳(额定高度)	$h_{ep,nom}:2$	m	5,689	±1	1,3,4
入瞳(最低高度)	$h_{ep,min}:0,1$	m	4,000	±1	1,3,4
入瞳(最大高度)	$h_{ep,max}:0,1$	m	15,240	±1	1,3,4
目标场景面积	$A_{ts}:0,1$	m^2	100×10^6	±1	1,3,4
视频数据率	0,1	Hz	30	±1	2
机上存储(彩色视频)	$sto_{cv}:2$	h/天	1	$\pm1/60$	
机上存储(彩色图像)	$sto_{ci}:2$	Images/天	144	±1	
机上存储(按需获取的视频)	$sto_{odv}:2$	min/天	10	±1	
机上记录周期(最大)	$t_{arch}:2$	天	1	$1\sim1.000694$	
UAV/MCC/MoCC 数据延迟	$t_{lat}:2$	s	5	目标 2 额定 5	对 Kpp2 有部分影响

续表

功能类别/名称	技术性能测度（符号,等级[0,1,2,3]）	单位	额定值	范围	影响到的关键性能参数
最大热点数目	$N_{hs}:0,1$	#	10	9～10	
最大重量	$w_{os}:1$	kg	54.431	±0.01	
MTBF	MTBF:1	年	10	±0.001%	5
瞬时可靠性	$R_{inst}:1$	%	70	±1	5
MTTR	MTTR:1	h	8	±1	5
可用性	$A_o:0,1$	%	98	±0.1	KPP 5
运行使用寿命（可选）	$t_{ol}:1$	年	10(+15)	±0.1	5
系统数目	$N_{os}:1$	#	22	±0	
备件数目	$N_{sp}:1$	#	8	±0	
数据加密	$N_{sec}:2$	bit	256	±0	
光学系统					
等效焦距（可见光/红外）	$f_{eff}:2$	m	1	0.2～2/0.2～2	1
横向放大率（可见光/红外）	$m_t:2$	#	1	1～25/1～25	1
纵向放大率（可见光/红外）	$m_l:2$	#	1/1	1～25/1～25	1
入瞳之间（可见光/红外）	$D_{ep}:2$	m	0.508/0.508	±0.001	1
出瞳直径（可见光/红外）	$D_{ex}:2$	m	TBD/TBD	TBD	1
峰值波长（可见光/红外）	$\lambda_p:2$	μm	0.5/9.5	±0.1/0.1	1
大气透过率（λ:visible/IR）	$T_{\lambda p}:2$	%	65/80	±2%	1
波段内平均大气透过率（可见光/红外）	$T_{IB}:2$	%	TBD/77	±2%	1
波段内平均光学透过率（可见光/红外）	$T_{opt}:2$	%	TBD/97.5	±0.1%	1
源辐射出射度（红外）	$H_s:2$	W/m²	480.89	±TBD	1,3,4
源的面辐射强度（红外）	$N_s:2$	W/m²/sr	153.07	±TBD	1,3,4
源的辐射强度（红外,波段内）	$J_s:2$	W/sr	15.8	TBD	1,3,4
源的等效面积	$A_s:2$	m²	2	±10%	1,3,4

续表

功能类别/名称	技术性能测度（符号，等级[0，1,2,3]	单位	额定值	范围	影响到的关键性能参数
窄带滤光片波段波长范围（可见光/红外）	$F_{NM,IR}:2$	μm	—	$(8.75\sim9.5/TBD)$	1,3,4
大气相干长度（可见光/红外）	$r_o:2$	cm	10/342	$(8\sim12/273\sim411)$	1,3,4（仅可见光）
瞬时视场（纵向、可见光/红外）	$IFOV_l:2$	Rad	多个	$(0.0025\sim0.625)/0.0025\sim0.625$	1,3,4
瞬时视场（横向、可见光/红外）	$IFOV_t:2$	Rad	多个	$(0.0025\sim0.625/0.0025\sim0.625)$	1,3,4
探测器					
尺寸:红外（纵向/红外）	$D_{det,l}:2$	cm	1	±0.05	1,3,4
尺寸:可见光（纵向/红外）	$D_{det,t}:2$	cm	1	±0.05	1,3,4
波长范围（可见光/红外）	$\Delta\lambda_{det}:2$	μm	—	$0.5\sim1.1/6\sim15$	1,3,4
探测器阵列温度（可见光/红外）	$T_{det}:2$	K	295/77	±1	1,3,4
探测器阵列温度（可见光/红外）	$F_{c,tq}:2$	Hz	100	±0.1	1,3,4
阻抗（可见光/红外）	$\Omega_{det}:2$	Ohm	TBD/45	$\pm1\%$	1,3,4
电路带宽（可见光/红外）	$\Delta f_e:2$	Hz	16	±1	1,3,4
响应率（可见光/红外）	$R_{det}:2$	A/W 或 V/W	$(0.7A/W,4\times10^4V/W)$	$\pm5\%$	1,3,4
均匀性（可见光/红外）	$PIU_{det}:2$	%	90/90	±1	1,3,4
探测率（可见光/红外）	$D:2$	W^{-1}	TBD/1.124×10^{10}	$\pm2\%$	1,3,4
比探测率（可见光/红外）	$D^*(9.5\mu m,77,100):2$	cm/Hz/W	TBD/4.5×10^{10}	$\pm3\%$	1,3,4
等效噪声功率（可见光/红外）	$NEP:2$	W	TBD/0.089×10^{-9}	$\pm8\%$	1,3,4
像素数,可见光	$Npx,Npy:2,2$	#	$2046\times2046/2046\times2046$	—	1,3,4

Ginny:"我也可以采用这些在定期召开的技术状态会议中来看看设计和开发工作的进展,并结合基于模型的系统工程模型,预测我们的系统的性能。"

Bill:"非常正确。这一技术性能测度表似乎有大量的与可见光传感器相关的待定项,为什么?"

Amanda:"我们还没有真正深入到可见光传感器。我们的重点是分辨率较差的红外成像系统。我们很快将开始聚焦在可见光传感器。此外,成像模型还没有完成,因此我们还不能提供像 $f/\sharp$、数值孔径等有用的技术性能测度。我们还没有全力开展对可见光传感器将有显著的影响的实际的大气湍流的研究,因此还不能确定像等平面角那样的技术性能测度,我们将在工作进展到那一点后增加这些项。此外,大家应该知道,现在的技术性能测度表中还有一些是估计值,这需要加以区分,例如,某些距离是估计的,因为它们最终将取决于我们的探测器选择。"

Marie:"你需要对估计值进行颜色编码,或者加以标志,这样开发团队的其他人员可以知道这些可能会有变化。对于"接受/基线"值采用绿色、"工作数值/当前的最好的估计"采用黄色、对于不能证实的数值采用红色怎么样?我们也可以消除具有不能接受的值的项,并用待定来替代。"

Bill:"我同意 Marie 的看法。共享一个尚有不确定的项的技术性能测度很可能会带来问题。我们需要明确标识不确定的项或消除它们,并像 Marie 所建议的那样用待定来代替。看起来颜色编码能为我们提供额外的信息,如我们的实际的技术性能测度值的置信度。我将让 Ginny 和系统团队来确定是否采用绿、黄和红色方案或其他标识方法。"

Ginny:"我想颜色编码方法更好,我会让您了解我们的进展。"

Bill:"谢谢 Ginny。这是我们的技术性能测度的汇集和编排的一个良好的开始。在我们确定了更多的技术性能测度后,我们将追加到技术性能测度表中。我希望在我们的项目月度审查会上看到这一技术性能测度表的更新。此外,我希望根据技术性能测度需求层级梳理技术性能测度表,从而能了解设计的演进情况和我们向着下一个里程碑事件有多大的进展。说到这,Karl,你可以在我们中断之前介绍一下需求分配工作的情况吗?"

Karl:"好的。正如大家所知道的那样,我们是从表 11.1 所列出的利益攸关者需求集入手的,注意,怎样采用我们利益攸关者需要的能力表述这些需求,这些是方案设计阶段的驱动性需求。接下来,开发团队进行了功能分析,我们确定了满足利益攸关者需求的光学系统功能。我们采用 FBD 和 FFBD 进行功能分析和层级分解,将光学系统分解到系统级。图 11.5 给出了我们的光学系统的顶层 FBD。"

Marie:"等等。这一方框图将我们的光学系统显示为一个子系统。这是一个子系统的 B 类规范层级的文件吗?"

Karl:"这是一个好的问题。事实上,你是对的。作为我们的项目文件的一部分,我们得到了一个用于无人机的更高层级的功能框图,在这一功能分解中,光学系统是更大的无人机系统的一个子系统(如无人机电源子系统、无人机通信子系统、无人机飞行控制子系统等)。要求我们的功能图的编号与它们的较高层级的功能分解图的编号保持一致。因此,我们没有把我们的顶层的光学系统方框从 1.0 开始编号,而是从 7.0 开始,这是无人机光学子系统。实质上,无人机光学子系统是我们的系统层级方框。这只是我们的利益攸关者要求的编号方式,以保持与它们的文件的一致性。我们将使用我们的内部的系统工程过程和传统的系统工程设计阶段,以及我们的基于模型的系统工程工具和方法,来发展这一光学传感器系统。Jen,你可以简要地讨论一下功能分析的结果吗?”

Jen:“是的。如果你观察图 11.5 并有意地调整子系统一词为系统以反映 FIT 的视角,你可以看到方框说明了我们的系统需要满足的功能特性。例如,我们的光学系统必须提供白天和夜间成像能力,我们的光学系统必须能补偿大气效应,并与无人机的电源和通信系统交互作用。注意,灰色的部分定义了我们的光学系统的边界。为了支持这一FBD,图 11.6~图 11.8 示出了这些顺次的 FFBD,作为必要的过程流的代表性的例子。注意,因为它们采用了不同的功能分析方式,并且用于单独的功能(例如,FBD 提供了功能分解,而 FFBD 提供了功能流的描述),我们要采用用于 FFBD 的一个单独的编号序列。无论所选择的编号方式如何,FBD 和 FFBD 必须是分层分级分解和编号的,这样较低层级的分解能追溯回较高的层级。在功能被分解到较低层级的功能后,需求分配过程将这些功能”打包“成逻辑上较低层级的分区。在完成了功能分析之后,则较高层级的需求(例如,在我们的情况下是利益攸关者需求)可以被分配或分派到较低层级的功能方框(在我们的情况下是系统层级),根据需要可以生成新的系统层级需求。这样就得到了这些系统层级的需求,并最终建立了我们的系统规范(A 类规范)的基线。在较低层级的分配、分配或衍生可以是一对一、多对一或一对多的,强调好的需求可追溯性方法的重要性。例如,利益攸关者需求:

SR 8:应当提供自动和手动控制模式

可以形成至少两个系统层级的需求:

AR001:光学系统应当具有自动控制模式

AR002:光学系统应当具有手动控制模式

作为衍生的需求的一个例子,需要生成一系列描述 FBD 和 FFBD 的属性的需求。例如,为了描述图 11.5 中的方框 7.10,需要以下的需求:

AR003:光学系统应当为获取的视频提供头信息,包括日期、视频起始时间和所有的记录的视频的 GPS 坐标。

AR004:光学系统应当为获取的图像提供头信息,包括日期、图像获取时间、图像帧号和所有的记录的图像的 GPS 坐标。

AR005:光学系统应当为获取的图像段提供头信息,包括日期、图像获取时间、图像帧号、图像段号和所有的记录的图像段的 GPS 坐标。

AR006:日期的格式应当是 dd－mmm－year(如,07－JUN－2014)。

AR007:时间信息的格式应当采用 24 小时时钟:hr:mn:sc(如 22:54:38)。

注意从能力的视角的利益攸关者需求到从系统视角的系统层级的需求的变化。当然,需要更多的需求来完整地描述图 11.5 中的 7.10 方框和其他方框的属性。”

Karl:“谢谢 Jen。我们不仅需要像 Jen 刚才阐述的那样要生成系统层级的功能需求,还要生成安全性需求、可靠性需求、可维护性需求和可用性需求等非功能需求。我们也需要确保我们的技术性能测度正确地分配和分派到系统层级,并且在需要时生成新的技术性能测度。系统层级需求将与其他描述性信息一起组织到 A 类规范中。最终的 A 类规范将进行内部审查,并作为我们的系统评审过程的一部分提交给我们的利益攸关者。”

Bill:“感谢 Karl 和 Jen。Ginny,请和功能领导一起尽快解决待定的事项,并让我们知道你们还需要什么。Malcolm、Rodney、Julian 和 Andy,请和系统团队人员合作,确保我们有好的系统层级的需求和你们的相关的方面的技术性能测度。愿每位都能很好地完成工作。"

11.4　小结

需求分配是系统工程原理的一个组成部分,是三步骤的过程(需求定义、功能分析和需求分配)的第三个活动。在需求的每一个层级,在需求定义过程之后要确定在低于当前的需求层级的下一层级(例如,从利益攸关者需求层级,功能分析确定在系统需求层级的功能分配)的功能分解。功能分析也提供设计团队所需的支撑的技术细节。需求分配将需求分解打包到逻辑的分组,并通过分配、分派和/或衍生,将较高层级的需求扩展到打包的功能分组中。这个三步骤的(需求生成、功能分析和需求分配)过程出现在系统工程过程的每个设计阶段(针对利益攸关方需求到系统需求层级的方案设计,针对系统需求层级到子系统层级需求的初步设计,从子系统层级的需求到底层的开发需求的详细设计和开发)。在每一个需求层级,要确定能获得必要的需求的规范(在 A 类规范中得到系统层级需求,在 B 类规范中得到子系统需求,在 C 类规范中得到详细设计和开发需求。)

参 考 文 献

ACQuipedia. 2005. Key Performance Parameters (KPPs). *ACQuipedia*. https://dap.dau.mil/acquipedia/Pages/ArticleDetails.aspx?aid=7de557a6-2408-4092-8171-23a82d2c16d6 (accessed February 25, 2014).

Ascendant Concepts LLC-Home. 2013. Systems engineering support for industry and government. http://ascendantconcepts.com/index.html (accessed March 11, 2014).

Barrett, H.H. and K.J. Myers. 2003. *Foundation of Image Science*, 1st edn. Hoboken, NJ: Wiley-Interscience Press.

Bass, M., C. DeCusatis, J. Enoch, V. Lakshminarayanan, G. Li, C. MacDonald, V. Mahajan, and E.V. Stryland. 2009. *Handbook of Optics*, 3rd edn. Vol. II: *Design, Fabrication and Testing, Sources and Detectors, Radiometry and Photometry*. New York: McGraw-Hill Professional Press.

Blanchard, B.S. and W.J. Fabrycky. 2010. *Systems Engineering and Analysis*. Upper Saddle River, NJ: Prentice Hall Press.

Born, M., E. Wolf, A.B. Bhatia, P.C. Clemmow, D. Gabor, A.R. Stokes, A.M. Taylor, P.A. Wayman, and W.L. Wilcock. 1999. *Principles of Optics: Electromagnetic Theory of Propagation, Interference and Diffraction of Light*, 7th edn. Cambridge, U.K.: Cambridge University Press.

DAU. 2001. Systems Engineering Fundamentals, Supplementary Text. Fort Belvoir, VA: Defense Acquisition Press.

Defense Department, Defense Systems Management Co. 1997. *Acquisition Logistics Guide*. Washington, DC: United States Government Printing Office Press.

Goodman, J.W. 1988. *Fourier Optics*. New York: McGraw-Hill Press.

Grady, J.O. 2006. *System Requirements Analysis*. San Diego, CA: Academic Press.

Guenther, R.D. 1990. *Modern Optics*. New York: Wiley Press.

Halaweh, M. 2012. Using grounded theory as a method for system requirements analysis. *JISTEM—Journal of Information Systems and Technology Management*, 9(1): 23–38. http://www.jistem.fea.usp.br/index.php/jistem/article/view/10.4301%252FS1807-17752012000100002 (accessed April 16, 2014).

Hudson, R.D. 1969. *Infrared System Engineering*. New York: John Wiley & Sons.

Jackson, J.D. 1975. *Classical Electrodynamics*, 2nd edn. New York: Wiley Press.

Joos, G. and I.M. Freeman. 1987. *Theoretical Physics*. New York: Dover Publications.

Joshi, N.V. 1990. *Photoconductivity: Art, Science, and Technology*. New York: CRC Press.

Keller, J. 2013. Persistent surveillance with UAV-mounted infrared sensors is goal of DARPA ARGUS-IR program. *Military and Aerospace*, 21(2), p:1.

Leonard, J. 1999. *Systems Engineering Fundamental: Supplementary Text*. Fort Belvoir, VA: Diane Press.

Naidu, S.M. 2009. *A Textbook of Applied Physics*. Delhi, India: Pearson Education India Press.

NIST. 2014. The NIST reference on constants, units, and uncertainty. http://physics.nist.gov/cgi-bin/cuu/Value?sigma (accessed June 28, 2014).

Oppenheim, A.V. and R.W. Schafer. 1975. *Digital Signal Processing*. Englewood Cliffs, NJ: Prentice Hall.

Pedrotti, F.J. and L.S. Pedrotti. 1992. *Introduction to Optics*, 2nd edn. Englewood Cliffs, NJ: Prentice Hall.

Peterson, J. and T. Newswander. 2009. *Compact Dual Field-of-View Telescope for Small Satellite Payloads*. Logan, UT: Utah State University Press.

Pineda, R.L. and E.D. Smith. 2010. Functional analysis and architecture. In: *Systems Engineering Tools and Methods*, 5044: 35–79. Engineering and Management Innovation. New York: CRC Press.

Razeghi, M. 2010. *The MOCVD Challenge: A Survey of GaInAsP-InP and GaInAsP-GaAs for Photonic and Electronic Device Applications*, 2nd edn. New York: CRC Press.

Ready, J. 1991. Optical detectors and human vision. Fundamentals of photonics. https://spie.org/Documents/Publications/00%20STEP%20Module%2006.pdf (accessed April 25, 2014).

Robertson, S. and J. Robertson. 2012. *Mastering the Requirements Process: Getting Requirements Right*. Upper Saddle River, NJ: Addison-Wesley Professional Press.

Roggemann, M.C., B.M. Welsh, and B.R. Hunt. 1996. *Imaging Through Turbulence*. Boca Raton, FL: CRC Press.

Rudramoorthy, R. and K. Mayilsamy. 2013. *Heat Transfer: Theory and Problems*. Coimbatore, India: Pearson Education India Press.

Saleh, B.E.A. and M.C. Teich. 2007. *Fundamentals of Photonics*, 2nd edn. Hoboken, NJ: John Wiley & Sons, Inc.

Trishenkvo, M.A. 2010. *Detection of Low-Level Optical Signals: Photodetectors, Focal Plane Arrays and Systems*, Vol. 4. Solid-State Science and Technology Library. Norwell, MA: Kluwer Academic Publishers.

Wasson, C.S. 2006. *System Analysis, Design, and Development: Concepts, Principles, and Practices*. Hoboken, NJ: John Wiley & Sons, Inc.

第 12 章　系统设计导论

当你需要知道事物实际上是怎样工作的时候,在它们处于分离的状态时研究它们。

——William Gibson

系统工程是一门用于实现系统/服务/产品/过程,在整个寿命周期内对它们进行维护和保障,并在它们的使用寿命周期结束时见证对它们的安全和有效的处置/回收/转换的学科。系统工程覆盖整个系统,覆盖整个生命周期,而且是需求驱动的。系统工程有一系列的原理、方法论、方法和工具,用于有效地将这些系统组合在一起。这些系统可以是大的和复杂的并涉及许多利益攸关者的系统,如一个卫星研发项目。系统也可以是非常小的,如一个局部的、单个的业务。在后一种情况下,要针对较小的系统对系统工程原理、方法、工具和技术进行剪裁和适应。系统工程可用于系统(诸如复杂的空间或防御系统)、服务(如像高端图形处理站那样的服务提供商)、产品(如商用和工业品)或者过程(如石化或化学生产设施)。

本章描述系统设计过程,这是系统工程方法论中的一个最基本的过程。系统设计过程不仅关注设计本身,而且作为一个综合的设计驱动器,还要考虑系统的生产、制造、建造、使用、保障、退役和处置等方面。

系统设计包括方案设计、初步设计和详细设计阶段。这三个阶段的细节逐渐提高,同时设计选择范围逐步缩小,最终形成了一个将用于系统的全生命周期研发和保障、维护的完整的设计,关键点是系统工程方法学是整体主义的,并在全生命周期内体现在系统的每个方面。这样,系统的设计、研发、退役和处置是一个高度多学科的活动,需要全面地理解系统工程原理、方法和技术,有强烈的团队协作意识和优异的交流技能。

本章将用三个部分来讨论系统设计。12.1 节通过说明怎样将系统开发寿命周期与系统设计主题关联起来,简要地概述了系统开发生命周期过程。接着,讨论了系统设计的三个阶段,采用输入、输出、活动和里程碑,说明了设计阶段相互之间的关系和与整个系统开发生命周期的关系。在 12.2 节,我们给出了用于光学系统分析的补充材料,这一解析分析对于光学系统性能建模是必要的,并为光学系统设计师提供了用于光学系统设计的有用的信息。在本节,给出了用于理解成像系统的面向系统工程的表达式,推导了基本的距离方程,它采用源的辐射量特性、信道效应和高层级的光学系统技术参数的函数来表示光学系统的作用距离。最终的距离方程可以用于设计过程,以进行关键的系统性能参数之间的权衡研究。

本章的最后部分,12.3 节,用作一个案例研究,以文字报告的形式说明了 12.1 节和 12.2 节所选择的主题。12.3 节采用一个虚构的无人机光学系统作为一个代表性的例子说明了设计过程方面。我们将采用我们虚构的 Fantastic 成像技术公司作为我们面向应用场景的背景。本节的主要目的是：理解怎样采用概念性的主题和本章学习的光学方法来模拟一个光学系统的实际的开发活动。

12.1　系统工程设计过程

系统工程设计过程是整个系统开发生命周期的一个必要的方面。系统工程设计过程内的每个阶段都有其独特的作用，将在本节详细地讨论。然而，在讨论系统工程设计过程之前，我们需要定义从不同的视角观察系统开发生命周期和系统工程设计过程及其活动的基本的视角集，表 12.1 给出了系统工程的基本的角色，以说明某些必要的动态性。

表 12.1　系统工程的角色

角色	描述
利益攸关者	定义需求以启动设计过程的主要实体
系统	被设计的实体
系统工程师	系统工程团队的成员，在分析和设计活动中分别承担不同的任务
用户	系统的终端用户

来源：数据取自 L. Szatkowski，2013。

在表 12.1 中，利益攸关者包括负责启动系统开发工作并有批准系统需求的职权的外部实体。每个角色都有他们自己的视角，系统工程师角色代表设计和开发团队的视角以及与利益攸关者和用户的技术接口的视角。这只是一个用于说明不同的视角和动机的代表性的角色集，和代表性的系统工程师角色一样，其他的角色（如项目经理、设计师、制造商、保障、管理、法务和测试）是设计、开发和保障活动的一部分，仍然共享"系统设计、开发和保障"的视角，没有单独地列出。这样，所列出角色的视角基本上是不同的。

12.1.1　系统工程和系统生命周期过程

本节的主要目的是理解系统设计的整体功能。在国际标准化组织/国际电气技术委员会（ISO/IEC）的生命周期管理系统生命周期过程国际标准（ISO/IEC，2008）中对系统设计过程有详细的描述，这一系统工程标准覆盖生命周期过程、生命周期阶段，并将系统生命周期过程划分为企业过程、协定过程、项目过程和技术过程四大类。

在系统工程生命周期过程标准中描述的第一个过程集是企业过程，这一过程关注对基本的企业过程的管理，企业过程类由 5 个过程构成，即企业环境管理过程、投资管理过程、系统生命周期过程管理过程、资源管理过程、质量管理过程（ISO/IEC，2008）。注意，这些过程是管理过程。例如，系统生命周期过程管理过程描述怎样对系统生命周期过程本身进行管理。协定类有两个过程，即采办过程和供货过程，涉及怎样获得和交付产品。项目过程类涉及与项目相关的策划、评估、控制、决策和必要的管理活动过程。项目过程类由 7 个过程构成，分别为项目策划过程、项目评估策划、项目控制过程、决策过程、风险管理过程、配置管理过程和信息管理过程（ISO/IEC，2008）。

在典型的系统工程活动中，最值得注意的过程或许是技术过程。ISO 15288 标准列出了 11 个技术过程，以指导宽范围的基本的系统工程活动，这些过程包括利益攸关者需求定义过程、需求分析过程、结构化设计过程、实现过程、集成过程、验核过程、转换过程、确认过程、运行使用过程、维护过程和处置过程(ISO/IEC,2008)。

表 12.2 根据 ISO 15288 标准概况了系统的生命周期阶段。注意,方案和研制阶段是经典的系统工程方案设计阶段(方案阶段)、初步设计、详细设计和研制(研制阶段)的简称。方案和研制阶段包括生命周期内的内容最丰富的开发工程活动,但从生产到退役的阶段也包括工程活动。

表 12.2 系统生命周期阶段

生命周期阶段	用途
方案阶段	确定利益攸关者需求 方案探索 提出和评估可能的备选方案 选择最佳备选方案
研制	形成综合需求 设计系统 建造和评估原型样机
生产	建造/生产/制造系统 测试、交付和移交系统
运行使用和保障	运行使用系统并在剩余的生命周期内维持系统
退役	系统处置、回收和/或退役

来源:数据来自 L. Szatkowski,2003。

所有这些阶段是相互补充的,对于成功地开发一个系统并在其生命周期内对其进行支持是必要的。

生命周期阶段在开发团队的管理、活动和交互作用方面起着重要的作用。开发团队围绕在各个生命周期阶段必须开展的活动进行组织。事实上,阶段这一名称就说明了开发团队将开展的活动的类型。例如,在方案阶段,开发团队将理解利益攸关者的需要和愿望,确定能反映需要和愿望的利益攸关者需求,研究能满足利益攸关者需求的各种方案。接着针对可行性、风险和最优性对方案集进行进一步的分析和评估,并选择一个特定的方案。然后在 A 类规范中的系统层级需求集中对所选择的方案进行全面的描述。图 12.1 示出了对方案和研制生命周期阶段的高层级的活动和任务的分解和分类。

系统设计的重点是方案和研制阶段以及在这两个阶段进行的过程,尽管系统设计主要关注技术过程领域,在设计活动中所有的过程类(企业、协定、项目和技术类)都是重要的。必须有企业过程,以开展协商并进行基本的运行。协商过程是开发团队在设计中提供和分配产品和服务所需要的。项目过程是基本的项目管理和控制所需要的。技术过程对系统设计中的必要的技术活动提供指导。图 12.2 概括了技术、项目、协商和企业过程。

12.1.2 系统文档和基线

系统工程的一个主要功能是形成记录设计活动的文档,设计文档的集合称为技术数据包,技术数据包括设计过程的产品,有助于系统的后续的生产、使用和保障,也有助于过程改进、质量工作和后续的工作中学习经验。

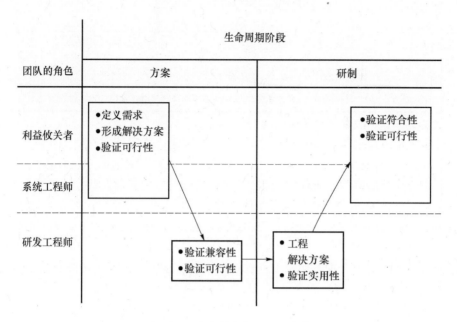

图 12.1　生命周期各阶段的角色

企业过程

●企业管理
●投资管理
●系统生命周期管理
●资源管理

协定过程

●采办
●供货

项目过程

●策划
●评估
●控制
●决策
●风险管理
●配置管理

技术过程

●利益攸关者需求定义
●需求分析
●结构设计
●实现
●集成
●验核
●转换
●验证
●运行使用和支持
●处置

图 12.2　系统生命周期过程(基于系统工程中的信息——系统生命周期过程,ISO/
IEC/15288:2002(E),第 1 版,2002 年 11 月 1 日,PP60 和 61/图 D7 和 D8;可以无限制使
用,L. Szatkowski, 2013)

　　在开展设计的过程中,要依次形成多个需求规范,顶层的规范是系统规范,也称为"A 类
规范",从这一系统规范可以衍生出全面地描述系统的需求所需的其他许多需求规范,如子
系统规范、组件/部件/零件规范、过程规范和材料规范。表 12.3 描述了这些规范。

表 12.3　规范类型

规范类型	规范名称	规范内容
A 类规范	系统规范	在系统层级的技术和任务需求与约束
B 类规范	研发规范	阐述工程研发需求,具有足够的细节来有效地描述性能特性
C 类规范	产品规范	系统层级以下的配置项的计算需求,可以是面向功能或面向制作的

429

续表

规范类型	规范名称	规范内容
D类规范	过程(工艺)规范	适于在产品或材料上完成的服务的需求
E类规范	材料规范	适于原材料(化合物),混合材料(涂料)或半成品材料(电缆)的需求

来源:基于国防部标准规范指南,1985-06-04,ML-STD-490A,P6-13。

系统规范是由技术数据包的其他单元所支撑的,包括图表、图纸、模型和仿真、设计文档、培训和使用手册及保障大纲(ISO/IEC,2008)。规范的类型和数目及技术数据包的内容取决于系统设计的范围。系统文档本身不回答与文档是怎样维持的相关的所有问题。配置管理是一个描述着记录文档的更改并辨别文档版本过程的项目过程,本章提到配置管理,是为了说明配置管理在文档的组织和维持方面的作用,以及它与基线的关系。

在系统开发工作中,基线是非常重要的。从一个系统开发生命周期阶段转到下一个阶段由确定一个特定的需求基线的里程碑事件来标志。基线指遵从规范的配置管理的一个人工产物,并被看作是受控的人工产物,例如,如果确定A类规范是基线,这一版本的A类规范被看作是受控的系统需求文档,对它的任何进一步的更新或更改必须得到正式的批准和认可,文档受到严格的控制,这一里程碑事件出现在方案设计阶段完成之后,称为功能基线。所建立的功能基线提供了研制阶段的文档化的起点。ISO/IEC在ISO/IEC 15288将基线定义为"当作进一步研制的基础的,得到正式评审和认可的一个规范或产品,只能通过正式的更改控制程序进行更改"(ISO/IEC,2008)。在文档达到基线状态之前,它可能有多个评审周期,评审过程可以出现在整个阶段,或在阶段结束时进行。在文档达到基线状态之后,未经正式批准,不能进行更改。系统设计的主要基线是功能基线、分配的基线和产品基线,分配的基线是在研制过程的初步设计部分结束时建立的,产品基线是在研制阶段结束时(系统设计已经完成,开始进入生产阶段)形成的。

系统设计生命周期阶段包括两个设计阶段:方案和研制。在本章的讨论中,研制阶段进一步分解为初步设计、详细设计和研制,以为设计过程提供更多的粒度,并更好地说明怎样将基线分配到系统设计阶段。系统设计生命周期阶段如图12.3所示。

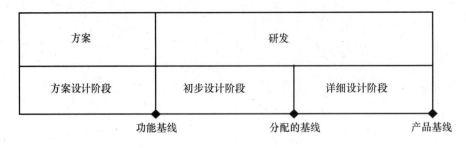

图12.3 设计阶段及其相关的基线

12.1.3 三阶段的设计过程:方案设计、初步设计和详细设计与研制

系统设计包括方案设计阶段、初步设计阶段和详细设计与研制阶段,在12.1.3.1~12.1.3.3节分别从输入、输出和主要的活动的视角描述了这几个阶段。当在阶段开始时

需要/提供信息时,这些信息被看作输入,在阶段中间产生的项被称为这一阶段的输出和到下一阶段的输入,在阶段内发生的行动称为活动。

12.1.3.1　方案设计阶段

方案设计阶段是研究整个系统的方案并提高其成熟度、证明可行的阶段。方案设计是系统设计过程中的第一个阶段,也是最重要的阶段,这一阶段定义问题的边界,确定设计的目标,为后续阶段提供必要的输入,并确定系统的性能如何,确定在整个生命周期内系统与其环境的交互作用。

方案设计阶段的主要输入是对系统需要的表述。在方案阶段,将研究和分析各种备选方案,最终确定一个方案。系统规范(A 类规范)是这一阶段的主要输出。表 2.4 给出了系统规范和在方案设计阶段形成的其他重要的文件。

表 12.4　输出方案设计阶段

文档类型	文档名称	描述
A 类规范	系统规范	系统层级的技术、性能、运行使用和支持需求
系统工程管理计划	系统工程管理计划	从管理的视角支持 A 类规范需求
测试和评估计划	测试和评估计划	从验证的视角支持 A 类规范需求

正如我们迄今所看到的那样,系统设计过程有各种面向过程的活动,诸如支持 A 类规范需求和设计活动的系统工程管理策划以及测试与评估策划那样的一些技术活动。

12.1.3.1.1　系统工程管理策划和测试与评估策划

系统工程管理策划关注设计工作的策划方面,包括与系统工程功能和任务相关的信息、技术项目策划、配置管理、风险管理和所关注的其他管理(Blanchard,2008)。测试和评估策划包括与测试和评估需求相关的信息、测试类别、测试规程和所关注的其他测试策划(Fox,2011)。大多数组织将提供系统工程管理策划以及测试与评估策划模板(作为他们的企业过程描述的一部分),用于帮助建立这些文件。模板也可以通过美国的多个政府机构的网站免费获得。

在方案设计阶段进行的活动的高层级的视图如图 12.4 所示,并在以下章节描述。如图 12.4,方案设计是一个迭代的过程,它对前面的活动提供反馈,当对方案设计进行优化或改进,以及前面的活动框需要信息以进行适当的更改时,要进行反馈。

12.1.3.1.2　问题描述和需求确定

方案设计阶段的第一个活动是问题描述。可以采用许多方式开展问题描述活动,如形成一个运行使用方案,确定利益攸关者需要/需求,确定目标,确定实现目的的可测量的目标集。

在确定和描述所要解决的问题的过程中,一个主要的需求是确定利益攸关者。有两类利益攸关者(主要的和次要的利益攸关者):主要的利益攸关者可能对当前的系统开发工作产生正面和负面的影响;次要利益攸关者对当前的项目没有直接的影响;但在项目得到成功的验证后可能具有兴趣。一个例子是当前的项目的副产品,或想要采用这一系统用于他们的用途的将来的用户。注意,出于安全原因,有时不披露主要利益攸关者。为了得到用于系统设计的准确的需求,有必要与利益攸关者就编写的利益攸关者需求进行良

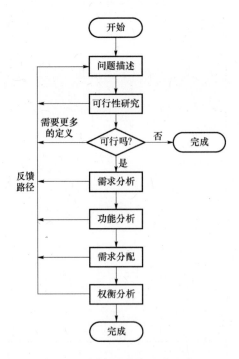

图 12.4　概念设计阶段的活动

好的交流，以确保准确地描述问题。即便在不披露利益攸关者的情况下，也必须有交流渠道，以完成问题阐述并获得必要的认可。如果没有实现这一步骤，存在开发者解决错误的问题或者开发一个不想要或不需要的系统的风险。

　　Robertson(2006)进一步确定了 4 类利益攸关者：系统的指定用户、运行使用方、相关业务方、更宽泛范围的利益攸关者，这些类别帮助确定和划分一个特定的系统的具体的利益攸关者。系统的指定用户这一类是系统的终端用户，他们对系统有直接的影响，或者将直接从系统受益。涉及系统的维护和管理的利益攸关者属于运行使用方。将从系统受益（即便他们实际不涉及系统）的利益攸关者属于相关业务方。更宽泛范围的利益攸关者是在系统范围之外，但会对系统设计产生影响或具有兴趣的利益攸关者。核心的开发团队应当被当作利益攸关者列出，因为这些个体涉及所有层级的设计和研发活动中。表 12.5 给出了采用 Robertson 分类方案的一些代表性的例子。

表 12.5　系统的潜在的利益攸关者

较宽泛的环境	负面的利益攸关者	竞争者
		黑客
		公众意见
	外部咨询人员	审计师
		安全专家
		商用货架产品供货商
	客户	部门经理
		其他组织
		公共部门人员

续表

咨询业务	内部咨询人员	系统架构 市场专家 技术专家
	功能受益人	运营经理 业务决策制定者 报告的使用者
	客户	投资经理 战略项目管理者 首席执行官
运行使用工作区	接口技术	现有的软件系统 现有的硬件 现有的机器
	维护操作人员	硬件维护人员 软件维护人员 机器零部件维护人员
	运行使用保障	咨询人员 培训师 安装人员
	正常运行使用人员	运行使用技术人员 运行使用业务人员 公共部门人员

　　Blanchard 和 Fabrycky 建议应当将利益攸关者放在一个如表 12.6 所列的矩阵中,以对知识进行分类,揭示利益攸关者代表所缺乏的知识(Blanchard 和 Fabrycky,2011)。这一矩阵也给出了一个利益攸关者应当经过的路线图。

　　正如 Blanchard 和 Fabrycky 所指出的那样,当考虑利益攸关者、需要和愿望要花费时间时,设计团队一方可能有他们了解利益攸关者的想法、不需要咨询利益攸关者的倾向(Blanchard 和 Fabrycky,2011)。不只是设计团队,核心团队也可能犯这样的错误。表 12.7 给出了代表性的核心团队利益攸关者。

表 12.6　利益攸关者知识类

目标
业务约束
技术约束
功能能力
外观
可用性
性能
运行使用环境
轻便性
保密性
文化接受规则
维护
估计
风险
设计思想

表 12.7　核心团队利益攸关者

核心团队	项目经理 业务分析师 需求分析师 系统分析测试师 技术写作人员 系统架构师 系统设计师

　　如果利益攸关者不参与设计过程,开发团队将会由于没有正确地理解利益攸关者的想法、需求和意图而产生技术问题,并超出预算及拖延进度(Freeman,2010)。如果到了

一个设计过程的最后阶段,但没有认识到并正确地将利益攸关者的需求和想法纳入设计解决方案中,可能会产生严重的后果(包括导致项目终结)。

在定义了利益攸关者之后,可以开始问题和需求确定过程,以得到将驱动系统设计过程的利益攸关者需求。问题定义和需求确定过程是利益攸关者的"需要/想法"和最终的利益攸关者需求之间的桥梁。一个完整的问题定义将覆盖开始系统设计过程所需要的所有必要的信息,包括任务定义、利益攸关者层级性能和效用参数、环境因素、使用部署考虑、寿命周期和系统在其使用环境中的效能因素、互操作性因素。表12.8汇总了这些类别。系统设计中的问题定义过程将用于以足够的细节描述系统能力,以包括系统的功能和非功能特性。

表 12.8　问题定义的组件

组件	内容
任务定义	定义任务、目标和目的
性能和物理参数	系统功能、运行使用参数、物理特性
运行使用部署	资源的数量和它们的地理位置
运行使用生命周期	运行使用生命周期是系统能够正常使用的时间周期
使用需求	对系统和相关的组件的使用
效能因素	性能测度、效能测度、关键性能参数、技术指标、技术性能测度
环境因素	系统工作或交互作用的环境的属性

需求确定采用从问题定义过程获得的信息来获得利益攸关者对系统必须和应当做什么的想法。除了要阐述利益攸关者的需求外,还必须考虑利益攸关者的需要。在进行问题定义时,必须进行需求分析,以将需求/需要转换为更具体的系统需求。在需求分析过程中间的问题要发现需要什么样的系统需求。需求确定也确定系统设计中需要的主要和次要功能。由于利益攸关者需求充分地反映了利益攸关者的需要/需求,所确定的利益攸关者需求被看作是"顾客的声音"。需求确定的重点是寻求实现特定的解决方案所需要的系统设计需求。(Laplante,2011)。

12.1.3.1.3　运行使用概念

为了理解系统设计解决方案的范围,采用运行使用概念图,这一运行使用概念图帮助用户理解系统与环境中的其他实体的接口。运行使用概念也大量采用书面文件的形式,并采用案例或一系列交互图,而不是简单的上下文图。运行使用概念的形式必须选择为能全面地展示与系统的交互作用。对用户交互作用的考虑通常将形成大量的A类和/或B类规范层级的需求。正如前面讨论的其他的文件一样,可以从多个信息源(包括IEEE和美国政府机构)获得运行使用概念的模板。此外,可以用作运行概念的一部分的图形形式,被描述为统一的建模语言的一部分。

12.1.3.1.4　系统策划

如果需要启动一个新的系统或者对现有的系统进行显著的改进,则必须启动早期的策划工作。为了指导开发项目的执行和管理,作为项目初始文件的一部分,要确定项目管理计划。项目管理计划是为了对项目的所有活动提供管理计划而制定的。应当注意,技术需求是由在前面描述的系统工程管理计划中定义的系统工程过程所确定的。尽管把项目管理计划作为制定的第一个文件(所有其他的文件是根据这一文件制定的)是理想的,但这经常是不实际的。在许多情况下,需要在项目管理计划之前,或并行地开展必要的项目启动/开发活动,以便定义项目的范围,并进而完成项目管理计划。

12.1.3.1.5　可行性研究

为了评估各个设计解决方案和技术途径,在方案设计阶段要进行可行性分析。"必须约定:'需求'应当支配和驱动'技术'……"(Blanchard 和 Fabrycky,2011),是在考虑任何给定的需求的可行性时必须记住的。可行性研究有三个步骤(Blanchard 和 Fabrycky,2011):

(1)确定系统层级的设计途径。

(2)找到最希望的技术途径并进行评估。

(3)推荐优选的行动路线。

上述三个步骤看起来是简单的,但一个高质量的可行性研究看起来超越了设计阶段,它应当评估分析制造、运行、支持和退役等生命周期阶段。例如,在描述和比较备选方案时一个生命周期费用模型是一个有用的工具,这一模型应当确定高成本的单元和影响成本的因素,应当评估在设计途径中的因果关系。图 12.5 概括了生命周期成本分析过程。

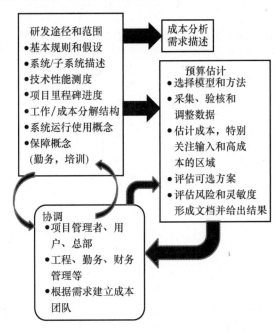

图 12.5　生命周期成本分析

可行性分析也应当证明已经考虑了所有适当的技术、选择了现有的可行的技术,并且选择了在需要时可以获得的技术(Blanchard,2008)。可行性研究提供了影响着设计和所采用的技术途径的结果。可行性研究也影响着系统最终的运行使用特性以及对系统的支持、维护和处置方面。

12.1.3.1.6　系统需求分析

ISO/IEC 15288 将需求分析描述为将系统从利益攸关者(需求驱动的)视角转化为系统的技术表示(ISO/IEC,2008)。在已经确定了设计和需求并得到认可之后,开始系统需求分析。采用系统需求定义运行使用需求,并实现功能分析。在这一阶段的系统需求分析的目标是 A 类规范(包括运行使用需求和其他系统的具体信息)。正如在第 11 章所讨论的那样,功能分析和需求分配过程生成下一个较低的层级的需求,并定义处于设计和研制阶段的演进的系统细节。

编写完备的、可测试的和明晰的需求可能是非常困难的。编写需求经常被称作是一门艺术,是一门"可以从中学到技艺并在实践中做得更好的"艺术。(Gilb 和 Finzi,1988)。

12.1.3.1.7 系统需求

系统需求是通过分析利益攸关者需求以及像运行使用概念和任务目标与目的那样的支撑性文件得到的,这些需求采用运行使用方面的术语来描述系统,并以操作人员/使用人员的语言来写作。这些需求可能是完整地描述系统必须做什么的功能和/或非功能需求。为了生成系统需求,在系统性地考虑必要的要素时采用一个四步骤的过程是有用的,这一四步骤的过程包括以下部分:

确定:在这一步,分析任务使命,包括次要的或备选的任务使命,目的是确定成功完成任务使命需要实现哪些需求,结果是一个确定了任务使命的高层级目标和目的的任务剖面集。

性能:这一步定义系统所需要的运行使用特性和功能,也要涉及关键的系统性能参数以及这些参数怎样关联到任务使命场景。

分配:这一过程的这一部分考虑怎样把诸如设备、人员、设施和其他系统单元资源分配到运行使用场所。这一步骤也包括相关的运输和勤务需求。

约束:约束是在预算和进度等方面影响着系统设计的范围的特殊类型的需求(Robertson 和 Robertson,2006)。约束需求限制着技术解决方案,应当在设计过程中及早辨别。

考虑这四个步骤能帮助确保系统需求能够涉及和覆盖到所有相关的运行使用细节和任务使命。

12.1.3.1.8 维护和保障方案

根据 Blanchard 和 Lowery(1969),要定义维护和保障需求,以开发和设计可以以尽可能最低的成本和最小的资源耗费进行维护的系统和设备,且不会影响最终系统的性能和安全性特性。在方案设计阶段涉及到维护和保障方案和包括系统维护和保障需求的 A 类规范。正如系统本身一样,需要设计、开发、维护和保障功能。A 类规范包括规划、设计和开发维护和保障基础设施所需要的所有系统层级的信息,维护和保障基础设施包括支持系统全生命周期的维护、修理功能以及活动的人员、零件、设备、设施、备件、培训和勤务。

12.1.3.1.9 技术性能测度

技术性能测度是"对设计本身所固有的或衍生的属性、特性的测度"(Blanchard 和 Fabrycky,2011,p. 37)。作为一个例子,可以通过在方案设计阶段分析维护和保障方案来得到维护和保障技术性能测度。由分析所生成的设计准则是确定系统规范中的使用维护和保障需求所必须的。技术性能测度用于指导设计工作,并帮助确保设计满足利益攸关者的期望。

可以被看作候选的技术性能测度的两类设计参数是与设计相关的参数(DDP)和与设计无关的参数(DIP)。DDP 被用来确定设计的内部特性,并且可由诸如重量、尺寸和可靠性那样的已知量估计。DIP 被用于设计可以估计或预测的设计的外部特性,如劳动率或材料成本。DDP 和 DIP 是设计的重要特性,但 DDP 能形成最佳的技术性能测度(Fabrycky,2011)。

在确定技术性能测度的过程中,系统工程师应当咨询利益攸关者,以将定性的目标转化为可以用于评估系统设计的量化测度。例如,"易于使用"在采用量化的术语表达时是一个可能的技术性能测度,一个量化的解释可能是"不需要点击鼠标三次以上"。

技术性能测度可以包括诸如尺寸、重量、性能、互操作性、可靠性和许多其他参数,当定义技术性能参数时,目标是选择能洞悉系统的设计或系统的性能的具体的测度。

设计团队必须对技术性能测度进行排序,以从中得到最大的收益,仅仅辨别技术性能测度是不够的,利益攸关者和设计团队成员应在系统开发生命周期的所有阶段重新评估排序。

质量功能展开方法中的"质量屋"是将利益攸关者需求与技术响应关联起来的一种优异的工具,图 12.6 给出了一个高层级的质量屋的例子。质量屋的一种实现是沿着质量屋的列(左方框)列出利益攸关者需求,并将它们与相应的设计和开发团队的技术响应(行)关联起来,列和行的交叉处的单元项表示利益攸关者需求与技术响应的联接强度。技术性能测度在每一列的底部给出并且可关联到技术响应。

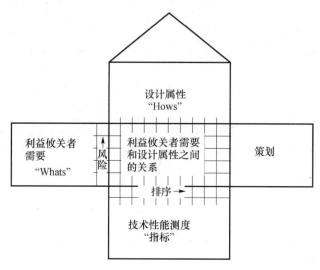

图 12.6　修改的质量屋

12.1.3.1.10　设计过程中的功能和非功能需求

功能和非功能需求是最基本的需求类别。顾名思义,功能需求涉及系统的功能方面,例如,给定一个诸如"探测系统应当能够昼夜全天时工作"这样的运行使用需求意味着应当有白天敏感功能、夜间敏感功能,或许还要有一个在黎明和黄昏时的暮光敏感功能。非功能需求不涉及系统的功能方面,如像可靠性、可维护性、可用性、可保障性和可制造性那样的不影响到系统所需要的功能(如探测和分类人员目标的基本能力)的几性,它们与系统能够多好地实现其任务使命相关。例如,可靠性需求就与一个系统能够在多长的使用时间内正常完成其功能以及在系统中要设计什么样的冗余度有关。还有其他一些有用的需求类别,如运行使用需求、任务使命需求、质量需求、关键需求和约束需求等,但所有这些需求可以划分为功能和非功能需求类别。

12.1.3.1.11　满足性准则

满足性准则与说明需实现什么需要以便满足需求的那些需求密切相关。通常,满足性准则是与诸如重量、尺寸、温度、压力那样的需求或同需求相关的值的范围关联的测度和指标。例如,如果一个需求指出,"系统的重量不应超过 120 磅",则与需求相关的测度是以磅为单位的重量,指标是 120 磅,满足性准则是"小于或等于 120 磅"。需求需要满足性指标,以做出是否满足需求的结论,建立与需求相关的测度和指标是形成满足性指标的措施。

12.1.3.1.12　方案设计阶段的功能分析

设计团队必须在一个复杂的、经常是国际化的环境中设计一个解决方案。设计过程的目的是为经过功能分解的系统提供较低层级的、较高细节的需求。功能分析过程是开发较低层级的功能单元,并相对于较低层级的功能方框分析系统的过程。在方案设计阶段,起始层级的需求是利益攸关者需求。采用功能分析过程和后续的需求分配过程将利益攸关者需求转换为系统需求(包括在 A 类规范中)。在确定 A 类规范和较低层级的规范时生成一个规范树,有助于说明较高层级和较低层级的规范之间的关系。

功能分析的结果应当提供反映在 A 类规范中的信息集:①可行性研究的结果;②系统的技术、运行使用、性能和保障特性;③系统层级的技术性能测度和指标;④系统的功能描述和需求分配;⑤分配到系统层级的需求。功能分析的用途是提供设计和分析基线和传递物理资源需求的基础(Cogan,2012)。功能分析也为系统单元的功能组合提供了输入,这对于技术插入点、模块化、开放结构设计和设备组合可能是重要的。功能分析也为可靠性分析活动提供信息,这些活动包括构建系统的可靠性模型和确定系统/子系统/组件的平均无故障工作时间、故障树分析、故障模式效应分析/故障模式效应和临界性分析以及可靠性预测等。功能分析的结果可以用于可维护性分析活动,如形成以可靠性为中心的维护模型、修理层级分析、维护任务分析和可维护性预测等。人素分析也使用功能分析的结果,以产生运行维护序列图,进行操作人员任务分析、安全性/危害性分析,以及形成培训需求。功能分析也用于规划和形成用于维护和勤务保障活动的需求,如确定备件、零件数目,确定库存需求,确定专门的操纵需求,可保障性分析,运输需求和维护需求。功能分析也为可生产性分析、可处置性分析、确定维护人员的数量和类型、测试设备、保障设备、生命周期成本分析提供输入。

功能分析可以采用一系列功能框图和功能流框图来表述,两类框图之间的差别是:功能框图可以示出对系统的同时的分解(例如,可以同时工作的电源子系统、通信子系统、控制子系统),功能流框图则采用实际的"流"或序列。功能框图和功能流框图都是有用的,都有其应用场合。图 12.7 将顶层功能(参考方框 9.2)分解到有顺序的要求的几个方框。

例如,方框 9.2.1 必须出现在方框 9.2.2、9.2.3 和 9.2.4 之前。"与"和"或"门提供了组合信号路径的逻辑,作为一个例子,需要来自方框 3.5 和 1.1.2 的输入作为方框 9.2.1 的输入。分解(从较高层级的功能生成较低层级的方框)的方法学是设计过程的一个关键的方面。每个方框可以进一步分解到更低的层级,直到分解提供了足够细的粒度,使开发者可以构建分解的系统单元。当然,为了得到足够详细的功能分解层级,需要几个设计阶段(即方案设计阶段、初步设计阶段和详细设计阶段)。注意,在图 12.7 中,可以采用虚框将暂定的功能包括在功能流图中。一个功能框图看起来与图 12.7 相似,只是不是顺序化的或者不需要流。

在功能框图和功能流框图中已经确定了所有的功能后,下一步是规定实现每个功能所需的输入、输出、控制/约束和方式。每个方框之间的关系和每个方框的代表性的考虑如图 12.8 所示。

功能框图和功能流框图的每个方框是按照其输入、输出、约束和方式进行分析的,以确保能得到适当的资源以实现方框内的功能,而且没有漏掉功能或需求。在确定了功能之后,接着对功能进行分析以确定功能编组。一个简化的、一般的编组的例子如图 12.9 所示。

注意,在图 12.9 的最右边,功能的逻辑上的编组被编组在一起。对于不同的使用场景可能需要不同的编组,例如,某种应用场景需要一个提供距离和方位信息的探测器,而另一种应用场景可能仅需要距离信息,这样将导致两种不同的功能编组结构。传感器诊断功能可能对两种功能编组都是重要的,因此可以组合在这两种编组结构中。

12.1.3.1.13　方案设计阶段的权衡研究

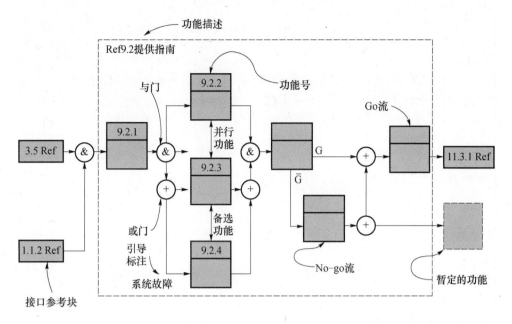

图 12.7　一般的功能流框图

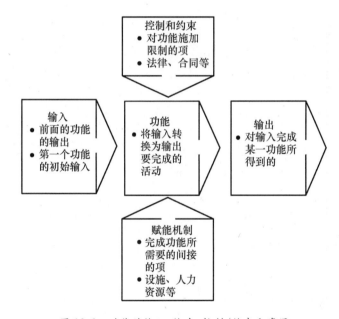

图 12.8　功能的输入、输出、控制/约束和资源

权衡研究经常用于比较备选设计方案并考虑设计解决方案。在方案设计阶段,要进行权衡研究以聚焦在系统层级的设计问题上,如,要采用的最好的技术是什么,或者要采用哪种系统架构。权衡研究的一种高层级的过程描述如图 12.10 所示,有多种用于执行权衡研究的方法学,但许多涉及表格式(列表式)可选设计和加权的评价准则矩阵。通常可以采用优先选用的量化的方法。在许多情况下,采用相对评分而不是绝对值,这样能将量化准则分配到量化的值,并能采用各种解析方法(如加权平均、统计方法和层次分析法)来评估结果。

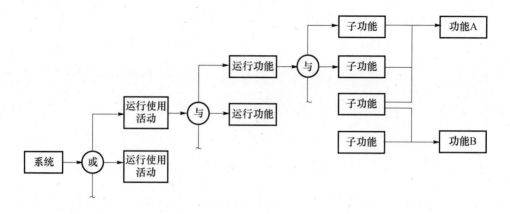

图 12.9 功能编组的例子

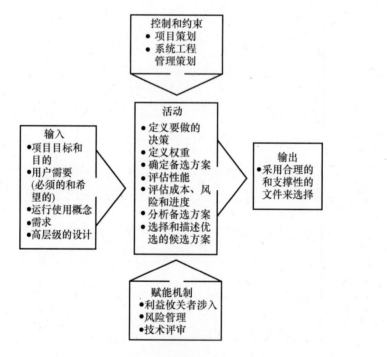

图 12.10 权衡研究过程

12.1.3.1.14 系统需求评审

在方案设计阶段进行的第一个正式的系统工程设计评审是系统需求评审。然而,在方案设计阶段还有一系列非正式的技术需求和设计评审。系统需求评审在方案设计阶段结束时进行,并构成了从方案设计阶段转到系统研发工作的初步设计阶段的里程碑事件,这一评审强调系统层级的需求,并评估系统转到初步设计阶段的就绪度。在成功地完成了系统需求评审后,建立了系统的功能基线,以下列出了在系统需求评审中期望交付的事项:

(1)可行性分析。

(2)系统需求。

(3)系统保障方案。

(4)功能分析。

440

(5)适用的性能指标和技术性能测度。

(6)系统规范(A 类规范)。

(7)SEMP(系统工程管理计划)。

(8)TEMP(测试和评估计划)。

(9)设计产品(权衡研究、模型、仿真结果)。

(10)系统层级的设计(包括接口)汇编。

(11)系统层级的设计和系统层级需求的符合性证明。

这一评审也按照系统需求,对在方案设计中包括的整个系统和子系统与组件(如商用货架组件)进行正式的评估。如果在评审中辨识出许多问题,则在问题得到解决并完成另一次正式评审之前,将继续留在方案设计阶段。如果在评审中仅发现少量的不符合项,在不符合项得到解决之后可以结束方案设计阶段,无需另一次全面的评审。评审可作为各个利益攸关者之间的确认过程,例如,设计团队有机会解释和说明设计途径。

系统需求评审过程也提供包括所有的分析、预测和不同的设计之间的权衡的配置管理机制,也支持对所采用的设计途径的最终的决策。文件包构成了系统层级的设计基线。系统需求评审的一个主要目的是建立系统需求规范(A 类规范)的基线,接受 A 类规范的一个指导方针是:规范至少 90% 有防止误解的说明,剩下的 10% 中没有关键需求!

12.1.3.2　初步设计阶段

在方案设计阶段已经定义了系统层级的需求且经系统需求评审得到核准后,开始初步设计阶段。初步设计阶段的重点是子系统,在初步设计阶段的开始部分,要完成方案设计阶段未闭环的事项,并重复进行功能分析和需求分配设计序列,重点是子系统,这一阶段的目标是完成系统及其子系统的高层级的设计。在初步设计阶段,要定义所需要的子系统,并确定它们需要完成的功能,要编写更详细的需求集,以全面地描述子系统必须实现什么。这一阶段的主要的准则是:根据系统层级的需求确定子系统的设计需求。在系统层级需求完成功能分析和需求分配过程,可确定初步设计需求和相关的设计文件(如接口控制文件)。这一阶段也确定工程设计和分析所需的适当的工具(Blanchard 和 Fabrycky,2011)。

初步设计阶段的输入包括方案设计阶段的 A 类规范和技术包,这一阶段的主要输出是描述每个子系统必须实现什么的较低层级的需求规范(B 类规范),这通常是针对所要交付的每个子系统和软件形成的许多 B 类规范,B 类规范统称为研制规范。通常,将形成较低层级的(C、D 和 E)规范,以尽早发现可能的较低层级的设计问题。表 12.9 汇总了不同类型的规范。子系统 B 类规范应当至少完成 90%,才能转出初步设计阶段,并进入详细设计和研制阶段。每个规范包括根据系统层级需求对开展的设计规定的性能、效能和保障特性(Blanchard 和 Fabrycky,2011)。

表 12.9　输出、初步设计阶段

规范类型	规范名称	规范内容
B 类规范	开发规范	阐述用于工程开发的需求,具有足够的细节来有效地描述性能特性,对每个子系统编写一个规范
C 类规范	产品规范	在系统层级以下的配置项的技术需求;根据情况,可以是功能需求或面向制造的需求;对每个配置项编写一个规范
D 类规范	过程规范	对一个产品材料完成的服务所适用的需求;对每个过程编写一个规范
E 类规范	材料规范	适于源(化学组分)材料,混合材料(涂料)或半制备的材料(电缆)的需求,对每种材料类型编写一个规范

在初步设计阶段,子系统是主要的焦点,在这一阶段开展的主要的设计和权衡研究活动如图12.11所示,该图表明这些活动是迭代的,并对前面的方框提供反馈。

12.1.3.2.1 子系统功能分析

从一个完整的系统层级的功能分析出发,应当能够确定子系统、较低层级组合,或者甚至某些组件。在初步设计阶段,功能分析从系统层级分析扩展到对所有的子系统的分析。作为方案设计阶段的设计活动的一部分形成的FBD和FFBD现在得到细化,并扩展到子系统层级。在进一步将FBD和FFBD分解到子系统层级时,要在需求分配过程中确定类似的功能并进行编组。通过根据系统层级规范从系统层级FFBD分解到子系统的FFBD,得到具有相同和类似的功能的编组。要定义子系统功能方框,使子系统有最大的独立性,使子系统之间的通信最少,并最大化地采用标准接口和组件(Blanchard和Fabrycky,2011)。

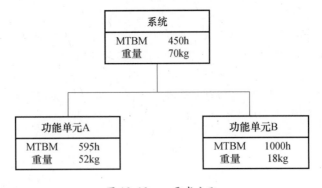

图 12.11 初步和详细设计
阶段的主要活动

12.1.3.2.2 初步设计阶段的需求分配

需求分配是将需求和它们相关的设计准则分配、分派和衍生到下一个较低的层级的过程。在初步设计阶段,开始的层级是系统层级,较低的层级是子系统层级。系统工程师的很大一部分的职责是将设计准则分配到下一层级,图12.12示出了将系统层级的设计准则分配到功能单元的一个例子,这个非常简单的例子说明了怎样将某些准则分配到功能单元,而其他准则表现出不同的关系。重量是加性的,因此分配到功能单元的总的重量简单地累加到针对系统规定的重量。但平均无维护工作时间(MTBM)必须采用与可维修性分析相关的数学规则进行分配,比简单累加更加复杂。最终的分配必须满足(最好超过)系统的总的MTBM,以确保满足系统的MTBM。注意,必须留有一些未分配的余量,从而能分配给不能满足最初的分配的子系统。

系统	
MTBM	450h
重量	70kg

功能单元A	
MTBM	595h
重量	52kg

功能单元B	
MTBM	1000h
重量	18kg

图 12.12 需求分配

12.1.3.2.3 在初步设计中进行的权衡研究

随着设计的进展,继续进行分析和评估过程,形成建议的设计结构和系统的不同的单元,并进行权衡研究,以评估并确定是否有备选的设计途径更可取。可以采用许多解析模型来评估子系统的设计结构的备选途径,这里进行的分析比在方案设计阶段进行的分析具有更深入的层级。

12.1.3.2.4　初步设计评审

根据需要在初步设计阶段要安排初步设计评审。尽管初步设计阶段主要关注子系统,初步设计评审要继续关注系统结构和主要的系统单元和子系统,这种方法能确保在这一阶段由 A 类规范驱动初步设计。在这一阶段可能有许多评审,取决于系统的复杂性。初步设计评审可以覆盖从功能分析到需求分配到产品开发,以及涉及的过程和材料规范(Blanchard 和 Fabrycky,2011)。

作为初步设计阶段的里程碑事件(初步设计评审)的一部分,在初步设计阶段形成的 B 类规范要受到正式的配置管理。在成功地通过了初步设计评审后确定的基线称为分配基线,从这一点开始,对 A 规范基线或 B 规范基线进行的更改需要正式的评审和批准过程。这一程序确保在设计中出现的任何更改得到正式的确认、跟踪和控制。注意,C 类规范、D 类规范和 E 类规范可以在初步设计阶段形成初稿,但这些规范不是分配的基线的正式的组成部分。

12.1.3.3　详细设计和研制阶段

详细设计和研制阶段的输入包括在初步设计阶段评审的文件,最重要的是 B 类规范,在这一阶段,主要的重点是描述子系统、单元、组合、较低层级的组件和软件模块,并研究它们之间的关系(Blanchard 和 Fabrycky,2011)。详细设计和研制阶段的主要输出是表 12.10 所列出的相关的组件、过程和材料的规范。

表 12.10　输出,详细设计阶段

文件类型	文件名称	描述
C 类规范	产品规范	系统层级下面的配置项的技术需求;可以是面向功能的或制造的;对每一项编写一个规范
D 类规范	过程规范	需求适于对一个产品或材料完成的服务;对每一个过程编写一个规范
E 类规范	材料规范	需求适于原材料(化学组分)、混合材料(涂料)或半制备的材料(电缆);对每种类型的材料编写一个规范

详细设计和研发阶段所涉及的基本步骤如图 12.13 所示,详细设计方框接收详细的装配和验证方框中的活动的反馈,尽管图 12.13 是非常基本的,在这一阶段有大量的活动。我们在下一节进一步给出了细节。对于大部分详细设计活动,设计工程师必须牵头,系统工程师参与支持。

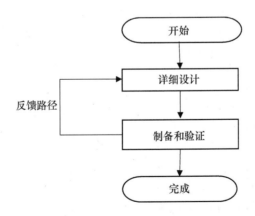

图 12.13　详细设计和开发阶段的活动

12.1.3.3.1　详细设计和研发活动

详细设计引入了系统工程原理中的非常重要的设计和研发过程,它确定系统的所有低层级的组件、部件和零件的设计需求,并验证设计目标得到满足,它为集成所有的系统单元奠定了基础。这一阶段的需求是从 A 类规范导出的,并形成了较低层级的规范,如 B 类、C 类、D 类和 E 类规范(Blanchard 和 Fabrycky,2011),设计随着更多的细节得到规定进一步演进。在设计过程中总是要进行验核和平衡,在每个设计阶段有内在的评估和反馈机制以确定问题,并采取修正措施。

12.1.3.3.2　系统单元的集成

在详细设计和研发阶段,系统单元的集成是非常重要的,设计工程师必须做出最后怎样满足规范的每个需求的决策,这包括完成设计解决方案中"做还是买"的决策的权衡研究。全生命周期成本是在做出这些决策时要切记的一个重要因素。在设计中采取权宜之计可能导致全生命周期成本的增加。

12.1.3.3.3　设计工具

为了成功地完成设计过程,需要合适的工具以帮助设计团队以有效的方式完成设计目标。企业架构和基于模型的系统工程工具、计算机辅助工程和计算机辅助设计、计算机辅助制造及计算机辅助保障那样的工具,都能帮助开发团队和设计工程师借助于计算机详细地评估它们的工程设计。这些工具可显著地减少错误数、加快计算速度和分析时间,并能提高精度。对系统的验证变得更加容易和有效。仿真工具被用来开发像真实场景那样的问题案例。除了这些工具外,要为设计师提供物理模型以构建一个实际的系统架构(Blanchard 和 Fabrycky,2011)。

12.1.3.3.4　数据采集

随着新技术的引入,对设计进行记录、说明的方法也在快速变化。在当今世界,即便是复杂的、三维的模型也不再需要一个描图器来手动地创建。通过采用 CAD 工具、体系架构工具和基于模型的系统工程工具,设计数据和关键的项目数据的收集、防护、存储和分发变得更加可靠和有效。

12.1.3.3.5　关键设计评审

根据需要在详细设计和研发阶段要安排技术评审,技术评审的重点是诸如设备、硬件、软件、组件、部件和零件等系统单元,每次评审通常聚焦在一个单独的系统单元。关键设计评审在详细设计和研发阶段的末期,在其他详细设计评审完成之后进行。作为关键设计评审的一部分,要建立产品基线。

关键设计评审的成功的完成,标志着设计过程的结束,允许转到生命周期的生产、建造和制造阶段。在详细设计和研发阶段要形成产品规范(C 类规范)、过程规范(D 类规范)和材料规范(E 类规范),并在关键设计评审之后纳入正式的配置管理。在此之后,对从 A 类到 E 类的规范的任何更改必须经过正式的评审和批准过程,这一规程确保能够正式地辨识、跟踪和控制对设计的任何更改。

注意:产品基线有时称为"设计出的"规范,这一名字有别于"要建造的"规范,基于在系统生产过程中引入的对设计的更改,两者可能是不同的。

12.1.4　备选方案设计过程

三阶段的设计过程较早经常称为"瀑布式模型",这一名称是源于在 Gantt 型进度图表(阶段被绘制为横坐标,起点在概念设计阶段,位于顶部,时间为纵坐标)中这一过程所呈现的方式,它反映了常规的过程流,并已经而且仍然继续在大量的研发项目中采用。然而,这不是唯一可以采用的设计过程。

采用常规的方法难以成功地估计软件项目的成本和进度,为此,人们开展了对瀑布型模型的改进和替代方法的研究,敏捷开发方法是其中一个已经形成了显著的势头的研究分枝。

12.1.4.1　敏捷开发宣言

在 20 世纪 90 年代,软件界认识到,由于软件自身的特点,软件可以采用较小的步骤来有效地构建,引入了瀑布型模型的替代方法。2001 年,17 个软件开发者聚焦在一起,讨论他们提出的用于代替传统的文档很笨重的瀑布模型开发模式的不那么笨重的开发方法。他们发表了敏捷开发宣言,并采用"敏捷"这一术语来表征新的一类软件开发方法学(Back 等,2011)。敏捷开发宣言是简称,具体内容如下(Back 等,2011):

我们提出了更好的软件开发的方式,这项工作具有以下核心价值:

(1)个体和交互胜过过程和工具;

(2)可工作的软件胜过面面俱到的文档;

(3)客户合作胜过合同谈判;

(4)响应变化胜过遵循计划。

也就是说,尽管右边的事项也有价值,但我们认为左边的事项更有价值。

Kent Beck	James Grenning	Robert C. Martin
Mike Beedle	Jim Highsmith	Steve Mellor
Arie van Bennekum	Andrew Hunt	Ken Schwaber
Alistair Cockburn	Ron Jeffries	Jeff Sutherland
Ward Cunningham	Jon Kern	Dave Thomas
Martin Fowler	Brian Marick	

此后,敏捷开发方法论得到了进一步的深化,并在软件工业中得到了广泛的应用。10 年以后,敏捷开发方法在软件界的成功推动了敏捷开发方法论的研究,以应用于整个系统的开发。

12.1.4.2　敏捷开发循环

正如在敏捷开发宣言中可以看到的那样,敏捷方法不是在开始开发之前规划雕刻用的凿刀的方法,它将以较小的块进行分块开发,并沿着项目的开始没有明确定义的路线进一步分块开发。敏捷开发循环是闭环的,有两个输入和一个输出,根据需要可以通过多次。敏捷开发循环采用了美国空军 Colonel John Boyd 所提出的"观察、判断、决策和行动(OODA)"环(Stelzmann,2012),这一环中的 4 个步骤大致类似于瀑布型模型,只是有更小的范围和略微粗略的文档,在图 12.14 中的括号中标注了对两者的类比。与敏捷开发宣言的联系可以通过执行环的方式来举例说明。"个体和交互"是通过较少的结构化和高度协作的工作环境来实现的,"可工作的软件"采用一个迭代的开发循环来实现,迭代是采用最少的文档快速地完成的,这样可以保证开发的速度。"客户合作"是通过频繁地验证和基于验证获得新的或变更的目标和需求实现的。"对变化的响应"是通过将这个环多次通过整个开发过程来执行的。

12.1.4.3　具体的敏捷开发方法学

已经发展了多个敏捷开发方法学,现在正以不同的程度获得应用,更流行的方法包括水晶球、极限编程、精益软件开发、特征驱动的开发和 scrum 方法(Stelzmann,2012)。为了更深入地理解,将非常流行的 scrum 方法概述如下:

"scrum"这一术语来自曲棍球运动,scrum 在曲棍球中由于在出现小的碰撞后重新开始游戏(Wikipedia,2014),这一术语可用于敏捷开发过程,因为如图 12.14 所示的开发循

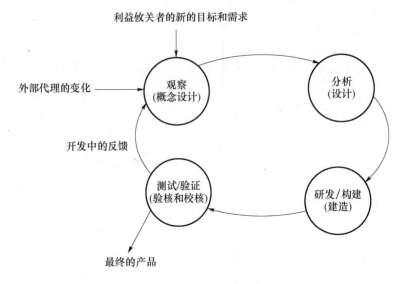

图 12.14 敏捷开发周期

环可以在项目过程中重复多次,在整个循环中每经过一次中断都重新开始。

Scrum 团队由项目(或团队承担的项目的一部分)中的每一个人组成,包括全时开发人员和受团队开发的项目部分影响的其他利益攸关者(Hu 等,2009)。"backlog"是处于各个层级的任务清单,产品/项目 backlog 和子集称为一个 sprint backlog(Hu 等,2009),sprint 是一个短的周期,通常 30 天,在这个短的 sprint 开发周期的范围内仅关注满足backlog 事项,在完全通过之后消除这一短的开发周期内的 backlog(Hu 等,2009)。在 30天的一个 sprint 周期结束时,针对 sprint backlog 目标演示结果(Hu 等,2009)。作为sprint 周期的一部分,所有的 scrum 团队成员每天早晨要参加一个短会,团队领导(称为scrum 主管)向每位团队成员提问三个问题:(1)针对你的目标取得了什么进展?(2)遇到了什么问题,什么将有助于解决这些问题?(3)在下次会议前你将做什么?(Hu 等,2009)每天的会议的目的是以成本和进度上有效的方式暴露并快速解决问题和错误(Hu等,2009)。

Sprint 结构是通过一个计划和结构阶段和一个闭合阶段推进的(Hu 等,2009)。计划和结构阶段不是瀑布型模型中的完全的方案设计阶段,因为敏捷开发方法论的成员组不是"BRUF",BRUF 意味着在前面有大的需求。然而,每个 sprint backlog 集是一组较小的、在短的 sprint 周期内开发的需求(Murphy,2007)。

闭合阶段可以出现在任何环的完成时,每个 sprint 形成一个可能可以交付的产品(Johnson,2011)。因此,管理者可以在有市场和业务压力时根据产品当前的特征状态确定什么时候投放产品。

12.1.4.4 敏捷开发方法学在全系统中的应用

采用 scrum 作为具体的例子进行说明的敏捷开发方法学并不适于涉及硬件的项目,从成本上考虑,不允许每 30 天生产一种可以达到交付级水平的硬件产品,事实上,经常需要比 30 天长很多倍的时间来采办构建机械或电子硬件所需要的组件,由于价格昂贵而且需要提前量,硬件迭代的次数应当最少。但这并不意味着敏捷开发的单元不能应用于全系统。事实上,它们可以用于减少硬件迭代的次数(Huang 等,2012)。可以采用两种方法(都以适当的比例采用):一是使系统本身敏捷(如可编程、模块化);二是在可能时采用敏捷设计过程,即便在小的生命周期子集内(Haberfellner 和 de Weck,2005)。

采用小的团队解决一个问题的特定的子集的概念可以适用于或注入到瀑布型模型的功能分解中,分解将不锁定在某一层级,直到所分解的层级达到足以降低较高的层级的风险,而不是一级一级地冻结。由于没有进行以前所进行的锁定,根据较低层级的研究揭示的需求可以流到受影响的区域,并可能改变较高层级的模型。此外,可以创建能最大程度地应对不确定性的结构。可以在软件和柔性的硬件单元(如现场可编程门阵列)中放入更多的功能能力,可以更经济地执行更改管理。在模拟的环境中,可以有效地采用像 scrum 那样的设计周期。在机械方面,也可以在像 scrum 那样的设计周期中采用三维模型和三维打印。这些在硬件领域的方法并不满足在每个迭代交付可交付的系统的目标,但当整体上采用敏捷开发哲学时,可以缩短进度、降低成本和减少实际建造的硬件的数目。

敏捷系统工程概念仍然在发展中(Stelzmann,2012),并将继续得到发展,以实现敏捷开发宣言的第四部分"响应变化"。正在进行研究,并将用大量的时间来获得有关性能的测量数据,因为全系统项目通常有长的周期。

12.1.5　转到光学系统构成模块

在 12.2 节,我们将考察怎样通过将技术性能测度和其他性能测度综合到建模工作中来理解和影响光学系统设计,采用诸如关键性能参数和技术性能测度那样的性能测度来分析、定义、设计和评估我们的光学系统的性能方面。作为一个例子,推导了用于确定与高层级的系统工程参数有关的光学系统作用距离的基本的距离方程。

12.2　光学系统构成模块:分析光学系统

12.2.1　理解要分析的问题

基于在前 11 章所给出的所有的信息,现在是考察作为一个整体的光学系统的时候了。我们的目标是组装我们所学习的源、辐射传播、大气效应、光学系统效应和探测器效应的必要的材料,形成与光学系统性能相关的有用的综合表达式。这是一项有挑战性的任务,因为所采用的方法与具体的应用相关,甚至光学方式和诸如应当采用哪部分光学电磁频谱那样的基本的概念也取决于一个给定的场景。在实验室进行辐射度量标定与远距离确定气体云的组分或医用层析成像系统有很大的差别。在本节,我们给出了一种用来定义用于特定应用的适当的、通用的光学模型的方法,接着说明怎样基于我们以前学到的知识实现模型。由于涉及的复杂性和深度,我们不能覆盖每种可能的成像场景或光学模型,但我们将说明确定和产生适当的宏观光学建模的一种方法,我们也将给出一个代表性的例子来说明怎样将前面章节的结构组合到有用的系统层级的表达式中。为了实现这一目标,我们必须从任务使命/应用和大图开始。

12.2.2　选择建模框架

正如我们在第 5 章所讨论的那样,问题定义这一步对于正确地理解需要解决的问题是至关重要的。正确地理解"大图"和应用是确定任何解决问题的具体途径的先决条件。诸如利益攸关者确定、需求分析以及开发一个可行的运用方案那样的系统工程过程是确定给定问题的正确技术途径的关键步骤。例如,回顾我们在第 2 章的讨论,如果应用要求精确地确定从某些相对基本和简单的物体的附近所散射的电磁场,则采用积分或微分形式的经典电动力学和麦克斯韦方程的建模方法可能是适当的。如果可观测量也是非常小的(如原子级),则量子电动力学框架将是合适的。另外,如果小的粒子或物体以接近光速的速度运动,则采用相对论量子电动力学可能是必要的。如果要考虑相对大的物体(相对于照射波长的尺度较大),经典电动力学建模方法就会计算量过大。在大的、复杂的物体位于光学系统的近场或远场的情况下,傅里叶光学和统计光学方法是非常有用的。在涉及高能场与复杂材料的交互作用时,非线性光学方法是重要的。如果应用涉及光子的特性和传播,则光子学方法是适当的。可以看出,全面地理解具体的应用是确定需要采用的正确的分析框架所需要的,在这一阶段有如下一系列有用的问题:

(1)指定的应用(如目标跟踪、监视、探测、分类、光通信、医学成像、通过大气的成像)是什么?

(2)需要什么类型的信息(如辐射量、光度学量、亮视觉、暗视觉、成像、非成像、光谱和热)?

(3)相关的运行使用参数(光学系统距离所要观察的目标的距离、物体相对于照射波长的相对尺度和距离光学系统的距离、白天、夜间、黄昏、黎明)是什么?

(4)所期望的照射源的特性(如高能、低能、高光照水平、低光照水平、热辐射目标、直接照射目标、间接照射目标、被动照射、主动照射、全相干、部分相干、非相干、定向的、宽带的、窄带的、单色的、准单色的、黑体、灰体和选择性辐射体)如何?

(5)目标特性(如在光学波长尺度上是平滑的还是粗糙的、反射的/吸收的/透过的/发射的光、形状、面积、体积、相对于光学系统的空间分辨率的尺寸)如何?

(6)环境考虑(如在光学系统瞬时视场内的杂波物体、背景电平、在观察期间杂波和背景的变化、大气光行差、系统光行差(像差)、噪声、杂散光、温度、湿度、压力、冲击、振动)如何?

对这些问题的回答将有助于理解应当采用什么建模框架,并在实现模型时提供附加的有用信息。有时,一种以上的建模框架是适用的和必要的。例如,辐射度学方法可以用来提供在感兴趣的点(如物平面、入瞳或探测器输出处)所期望的信号电平。对于确定诸如在光学系统的成像面上的探测器上期望的图像的尺寸那样的重要的细节,简单的几何成像模型是足够的。一个线性的、位移不变光学系统模型可以提供诸如光学传递函数、相干传递函数和调制传递函数及点扩展函数、广义瞳函数和光学系统的脉冲响应那样的频率空间信息。傅里叶光学模型和统计光学模型对于建模远距离的光学成像场景是非常有用的。在确定了建模框架之后,则可以开始确定适当的模型参数的分析过程。我们接着给出选择一个面向应用的模型的例子,并推广模型以得到有用的分析结果。对其他建模框架可以重复这一过程。

12.2.3　建立模型:一个面向应用的例子

让我们考虑一项应用:利益攸关者要求我们开发一个用于从一个飞行在高于当地的地形 6km 的额定高度的直升机上确定在一个 5km×5km 的网格内的车辆的运动的夜间光学系统。我们知道,所要探测的目标(车辆)远大于光学波长,而且其速度比直升机与目标之间的相对速度慢得多,我们也知道具有不同的形状和尺寸的多辆车辆的车辆群的运动通常比单个车辆更加复杂。直接应用麦克斯韦方程不是最实际的方法,我们可以排除经典电动力学、量子电动力学和相对论电动力学。由于我们的利益攸关者不想让我们采用像激光那样的主动照射源来照射目标(出于安全原因),我们可以排除诸如非线性光学那样的高能模型。由于我们的利益攸关者想要看到车辆的运动,我们想采用成像解决方案而不是非成像解决方案。对于成像应用,有两个主要的考虑影响到建模框架的选择,即可探测的光信号电平和光学成像系统的空间分辨率。由于我们的利益攸关者想要"看"到图像/视频,我们不需要考虑人眼的响应(例如,我们不对眼睛后面的信号感兴趣,而是对在显示器上的信号感兴趣),相应地,我们不必有光度学、明视觉或暗视觉模型。我们将辐射度学模型、傅里叶光学模型、统计光学模型和几何光学模型作为备选模型。取决于具体采用的方法,我们也可以采用某些光子建模方法。类似地,所有这些将证明对于开发工作是有用的。由于我们知道我们的利益攸关者喜欢 SI 单位,因此在进一步的示例中采用 SI 版本的辐射度学模型。

至此,我们对指定的应用及其对候选的光学系统的用途和本质有了一些了解。我们知道在光学波长尺度上目标是粗糙的,因此在开始采用散射模型是适当的,随着开发工作的进展,可以进一步构建更复杂的模型。我们现在想要采用前面所学到的知识来理解系统参数对光学成像系统的辐射度学方面有多么重要的影响。我们将从概念上把成像场景分解为其构成组元(如源效应、信道效应、会聚孔径效应、成像系统光学效应、光学调制器效应和探测器效应)。我们将从源开始,选择一个适当的辐射度学量,接着将这一量通过信道传播到入瞳,通过成像系统中的光学和其他器件传播到探测器,并确定在探测器的后端形成的信号输出。我们将看到探测器信号输出可以采用几个因子的乘积的形式写为

$$S_o(\lambda) = F_s(\lambda) F_C(\lambda) F_{ep}(\lambda) F_{op}(\lambda) F_{det}(\lambda) \tag{12.1}$$

式中:S_o 为探测器的信号输出;F_s 为源因子;F_C 为信号因子;F_{ep} 为入瞳因子;F_{op} 为光学因子;F_{det} 为探测器因子。

我们从源因子开始并依次通过其他因子项。

要确定的第一个事项是最好地反映着特定应用所感兴趣的量的特定的辐射度学量,因为我们处于成像模式而不是非成像模式,我们期望在大部分情况下在我们的感兴趣目标上有多个像素。相应地,对于额定的条件,我们预计主要观察到的是扩展物体而不是点源,因此源的面辐射强度或源的辐射出射度辐射度学量是适当的选择。然而,在极端距离处,我们会遇到感兴趣的物体远小于光学系统的分辨率大小的情况,此时感兴趣的物体是点源。我们可以把源的光谱辐射度学量 $RQ_S(\lambda)$ 写为

$$RQ_S(\lambda) = \begin{cases} N_S(\lambda) \\ H_S(\lambda) \\ J_S(\lambda) \end{cases} \tag{12.2}$$

其中:$N_S(\lambda)$ 为扩展源光谱面辐射强度 $W/m^2/sr/\mu m$;$H_S(\lambda)$ 为扩展源光谱辐射出射度 $W/m^2/\mu m$;$J_S(\lambda)$ 为等价的点源光谱辐射强度 $W/sr/\mu m$。

这些光谱量是显式地写出的,以表明他们与波长相关。将感兴趣的光谱辐射度学量转换为等价的辐射强度 $J_S(\lambda)$ 的形式经常是一个好主意,因为可以方便地确定入瞳功率(例如,通过将 $J_S(\lambda)$ 与入瞳所张的立体角相乘来确定),这一简单的关系对于真空是成立的。将简单地处理信道效应和几何因子,在信道因子中包括式(12.2)形式的变换并指定目标到入瞳的距离,我们得到以下的用开始的光谱辐射度学量表示的源因子:

$$F_S(\lambda) = \begin{cases} N_S(\lambda) A_S \\ \dfrac{H_S(\lambda) A_S}{\pi} \\ J_S(\lambda) \end{cases} \tag{12.3a}$$

式中:A_S 为源面积(m^2)。注意,较前面的三个项都给出了散射源的等价源辐射强度。假设我们可以确定与车辆的发动机或喷气口相关的特征峰值温度,这给出了在光谱的红外部分的峰值波长。我们还假设我们在光学系统中将采用窄带滤光片以降低系统噪声。式(12.1)中所给出的光谱辐射度学量将在与其他因子组合之后在谱带的波长内进行积

分,由于经常是这种情况,波长参数 λ 表示与波长相关的辐射度学量。

但是且慢,为什么我们把目标称为源?是不是不可能采用像跃迁或星光或街灯那样的另一个源?回答是肯定的,将对较早的模型进行调整,在源因子之后采用另外一个因子 F_{targ},在源和感兴趣目标之间还加入了另外一个信道因子。然而,由于月光和恒星在有云的夜晚会消失,而且由于地形的影响,有可能看不到街灯(如在乡村条件下),基于反射光的系统并不总能有效工作。利益攸关者需要一个能够在全黑的条件下工作的系统(例如,一个基于目标的热辐射特性的系统)。在这种情况下,照射源和目标是同一个物体,思路是选择场景中的有代表性的物体,并将适当的辐射度学量分配给物体。在这种情况下,我们的感兴趣目标是车辆,因此现在所需要的是选择一种有代表性的车辆并分配辐射度学量。我们不需要一个用于辐射度学量的具体的值,因为我们想要保持通用性,我们将在后面确定具体的值。

我们需要考虑的另一个事项是信道效应,这将包括诸如大气透过率和源与成像系统之间的距离等因素。对于由于信道散射或对辐射的吸收(如原子、分子和气溶胶吸收和在较高的波长处的后形成的辐射)造成的信道噪声,这些效应经常被当作背景源效应,就像杂波信号一样。例如,在观察飞机的白天成像系统中,可以通过观察空中没有目标或杂波信息的一块"蓝天"来测量背景信号。然而,太阳照射着大气,大气的散射和吸收效应变成了背景辐射的一部分。我们感兴趣的是由我们的设计良好的光学系统的入瞳所会聚的光功率,这样我们将式(12.2)中的光谱辐射度学量转换为光学系统的入瞳处的光谱功率。对于每个相应的项,信道效应由下式给出:

$$F_{\text{C}}(\lambda) = \tau_{\text{a}}(\lambda) \frac{A_{\text{ep}}}{R_{\text{S;EP}}^2} \tag{12.3b}$$

式中: $\tau_{\text{a}}(\lambda)$ 为作为波长的函数的大气的透过率; A_{ep} 为入瞳的面积 (m^2); $R_{\text{S;EP}}$ 为从源到光学系统的入瞳的距离。

注意,这并不包括任何由于观察角或扫描造成的几何因子。我们将把这些几何因子作为入瞳因子的一部分,式(12.3b)的右边所示出的分数项是对立体角的一个近似,在这一例子中,对于用于直升机监视系统的典型的入瞳直径,这一近似是合理的。当然, A_{ep} 也可以表示一个球体的一个球缺的表面积,半径为 $R_{\text{S;EP}}$,锥角为 $\tan(r_{\text{ep}}/R_{\text{S;EP}})$,这里 r_{ep} 是成像系统的入瞳的半径,在这种情况下,式(12.3b)中的分数项是实际的立体角 (sr)。

通过将式(12.2)乘以式(12.3),我们得到了在入瞳处的光功率。如果源是各向均匀辐射的,不需要几何修正。然而,如果源是散射辐射到一个半球中的,则通过将光谱辐射强度乘以辐射表面的法向与观察者之间的夹角的余弦,得到对源的光谱辐射强度的与角度相关的修正因子。例如,假定我们将一辆车辆建模为一个理想的散射辐射体,辐射半球的表面在地面,最大辐射强度的方向在地面的法向或垂直向上的方向,如果直升机光学探测系统位于车辆正上方且下视车辆,则表面法向和观察者(如直升机光学系统)之间的角度为 0rad,修正因子为 1。如果直升机不是在车辆正上方,则修正因子为 $\cos(\theta)$, θ 为表面法向与观察者平台之间的夹角,光谱辐射强度要乘以这一因子。我们现在可以将入瞳因子描述如下:

$$F_{\text{ep}} = \text{COS}(\theta) \tag{12.4}$$

下一个因子是光学系统的光谱透过率,由下式给出:

$$F_{\text{op}}(\lambda) = \tau_{\text{o}}(\lambda) \tag{12.5}$$

通过将前面的如式(12.1)所示的因子的乘积乘以式(12.5),我们得到在探测器表面的光谱功率。光学系统的透过率包括滤光片、孔径或入瞳与探测器表面之间的光学元件的光谱透过率。

在这一点所需要的最后的因子是探测器因子,回顾我们以前所学到的知识,探测器的光谱输出信号与输入信号可以通过探测器响应率联系起来:

$$F_{\text{det}}(\lambda) = \begin{cases} \Re_{\text{v}}(\lambda) = \dfrac{v_{\text{det}}(\lambda)}{\Phi_{\text{det}}(\lambda)} \\[3mm] \Re_{\text{i}}(\lambda) = \dfrac{i_{\text{det}}(\lambda)}{\Phi_{\text{det}}(\lambda)} \end{cases} \tag{12.6}$$

其中:$\Re_{\text{v}}(\lambda)$ 是在波长 λ 处的探测器响应率;$v_{\text{det}}(\lambda)$ 是在波长 λ 处的探测器输出电压;$\Phi_{\text{det}}(\lambda)$ 是在波长 λ 处探测器表面的光功率;$i_{\text{det}}(\lambda)$ 是在在波长 λ 处的探测器输出电流。

对于探测器因子 $F_{\text{dec}}(\lambda)$,根据探测器输出信号是电压还是电流选择适当的响应率,探测器的输出信号 s_{det} 可以通过将式(12.2)~式(12.6)的适当的项代入式(12.1)并进行积分得到:

$$S_{\text{det}} = F_{\text{ep}} \int_{\lambda_1}^{\lambda_2} F_{\text{S}}(\lambda) F_{\text{C}}(\lambda) F_{\text{op}}(\lambda) F_{\text{det}}(\lambda) \mathrm{d}\lambda \tag{12.7}$$

其中,因子 F_{ep} 从积分中取出,因为它与波长无关,积分的限是从整个光学系统的最短的波长 λ_1 到最长的波长 λ_2,例如,如果一个窄带滤光片限制了光谱吞吐量,则与窄带滤光片相关的波长可以用来限制式(12.7)的积分。不幸的是,这一积分是非常难以求解的,因为大气透过率项是波长和距离的函数。幸运的是,将前面的式子中的每个与波长相关的项用它们在波段内的平均量代替将产生很小的误差(Hudson,1969)。如果我们将与波长相关的参数用它们的波段内平均量所代替,我们得到用重要的探测场景参数表示的探测器输出信号的表达式如下:

$$S_{\text{det}} = \text{COS}(\theta) J_{\text{S}} \tau_{\text{atm}} \tau_{\text{o}} A_{\text{ep}} \frac{\Re}{R_{\text{S;EP}}^2} \tag{12.8}$$

在式(12.8)中,响应率项 $\Re$ 是对应于探测器输出信号(如电压响应率或电流响应率)的波段内平均响应率。式(12.8)是非常有意义的,它是非常通用的。注意,无论我们是考虑成像还是非成像应用,它都没有差别。还注意到,式(12.8)的底部的项是从传感器平台的会聚孔径到感兴趣目标的距离。如果我们将式(12.8)的两边除以系统噪声功率(如平均带内噪声信号)的均方根值 s_n,则我们得到探测器输出处的信噪比:

$$\text{SNR}_{\text{det}} = \frac{S_{\text{det}}}{S_n} = \text{COS}(\theta) J_{\text{S}} \tau_{\text{a}} \tau_{\text{o}} \frac{A_{\text{ep}}}{R_{\text{S;EP}}^2} \frac{\Re}{S_n} \tag{12.9}$$

求解方程(12.9)以得到距离,我们得到采用在探测器上的信噪比和某些有用的探测场景参数的目标与探测系统之间的距离的表达式:

$$R_{\text{S;EP}} = \left[\cos(\theta) J_{\text{S}} \tau_{\text{a}} \tau_{\text{o}} \frac{A_{\text{ep}}}{\text{SNR}_{\text{det}}} \frac{\Re}{S_n} \right]^{1/2} \tag{12.10}$$

式(12.8)~式(12.10)的结果使我们可以全面地理解光学系统的性能,这些方程也可以进一步采用光学系统参数进行扩展,以洞察重要的技术性能指标的影响。例如:

(1)响应率可以采用比探测率写出,以洞察探测器面积和电路带宽。

(2)数值孔径可以与入瞳的直径关联(与表达式中的入瞳面积是关联的),在表达式中采用数值孔径替换可以洞察焦距参数对成像场景的影响。

(3)通过等效焦距和探测器面积可以将瞬时视场引入公式。

这些点只表示怎样重写式(12.8)~式(12.10)以洞察探测场景的几个例子,也有可能采用噪声等效功率/辐照度、D^{**} 或光学系统扫描参数来表示表达式中的一部分。在进行这项替换时,必须慎重对待单位,因为像 D^* 那样的一些参数通常采用厘米而不是米来表示。

作为一个例子,在式(12.10)中,我们首先可以采用探测器输出信号 s_{det}、探测器辐照度 H_{det} 和探测器面积 A_d 来表示响应率。接着我们可以通过将用 D^* 表示的 NEP 用在探测器的输出处的光功率(采用探测器辐照度 H_{det} 和探测器面积 A_d 来表示)与在探测器的输出处的信噪比(例如,s_{det}/s_n)之比来替换,以将 D^* 的表达式与响应率联系起来。注意到探测器面积可以采用光学系统的瞬时视场 IFOV 和它的等效焦距 f_{eff} 写出(例如,$A_d = \mathrm{IFOV} f_{eff}^2$),采用入瞳几何面积来表述入瞳的面积($A_{ep} = \pi(D_o/2)^2$),并采用数值孔径的定义($\mathrm{NA} = D_{ep}/(2f_{eff})$),可以得到以下距离方程:

$$R_{S;EP} = \left[\cos(\theta)\frac{\pi D_{ep}(\mathrm{NA})D^* J_S \tau_a \tau_o}{2(\mathrm{IFOV}\Delta f)^{1/2}\mathrm{SNR}_{det}}\right]^{1/2} \tag{12.11}$$

- D_{ep}:cm;
- D^*:$(\mathrm{Hz})^{1/2}$cm/W;
- J_s:W/sr;
- IFOV:sr;
- Δf:Hz;
- (NA):无量纲;
- τ_a:百分比;
- τ_0:百分比。

这一表达式给出了采用源、信道和光学系统参数表示的作用距离。一个有趣的应用是通过将式(12.11)中的 SNR_{det} 项设为 1 来计算最大作用距离。反过来,式(12.11)可以用来确定对于给定的距离的最小带内源辐射强度(通过设定 SNR_{det} 为 1 并求解 J_s)。式(12.8)~式(12.11)对于设计过程中的决策的权衡分析和可行性分析是有用的,这些方程易于适用于诸如跟踪系统、搜索系统、热测绘系统和测量辐射度学特性那样的应用(Hudson,1969)。

在一个光学系统的设计中所有各个参数组合在一起会怎么样?需要实现哪些步骤来演进光学系统设计?通过将较高层级的需求分解到设计的较低层级可以得到答案。通常,首先定义任务使命和运行使用参数,接着用于确定顶层的光学系统特性(如波长范围、成像或非成像方式,以及其他的高层级的设计特性),例如,图 12.15 示出了一个代表性的需求分解流,它说明了用于一个天基红外系统的光学系统设计的演进过程(Lawrie 和 Lomheim,2001)。

图 12.15 表示一个从与传感器相关的需求到红外传感器的设计的代表性的决策流,在图 12.15 中上面的方框中,传感器需求用于驱动图中示出的一系列设计步骤。

注意,到目标的距离是在顶部的方框中列出的一个需求。这些需求的集合被用来确定应当采用什么类型的传感器(例如,焦平面阵列凝视传感器、扫描整个场景的单元探测器传感器、推扫型扫描传感器、制冷考虑等)。在做出这些决策之后,则可以确定像瞬时视场、等效焦距、噪声模型那样的光学系统参数和其他探测器参数。通过选择焦平面特性、光学系统的大小、重量和体积和瞄准与跟踪系统的特性继续开展设计。在下一节,我们说明了怎样采用某些运行使用考虑来驱动 FIT 的无人机载光学系统的光学系统设计。

12.3 综合案例研究:光学分析模型在 FIT 的系统中的应用

本节继续和 FIT 一起进入无人机载光学系统开发工作的系统设计阶段。FIT 需要及时掌握国土安全的一些可能的需求变化,必须对国土安全部的"what if"问题做出快速的响应。

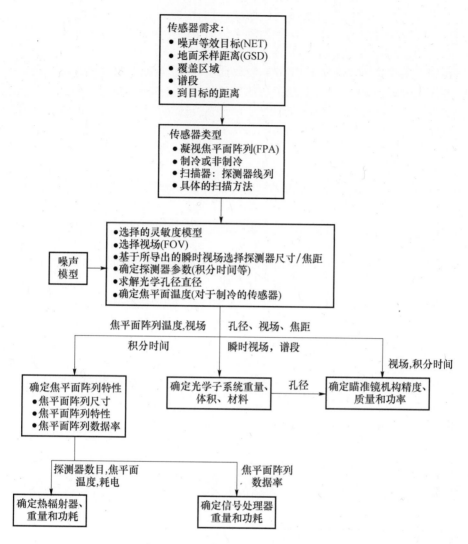

图 12.15　红外系统需求流分解实例

　　在这一场景中,我们见到了 Bill Arrasmith 博士,FIT 的首席执行官;Tom Phelps 博士,FIT 的首席技术官;Garry Blair,FIT 的首席信息官;Karl Ben,R. Ginny,FIT 的无人机项目经理;O. Jennifer(Jen),FIT 的系统工程师;S. Ron,FIT 的系统工程师(新雇员);K. Phil,FIT 的软件工程师;R. Amanda,FIT 的光学工程师;R. Christina,FIT 的光学技术人员;M. Warren,FIT 负责与政府机构联络的人员。

　　Bill:"欢迎来到国土安全部无人机项目的每周团队会议。本周,我想讨论两件事情:一是预测的红外光学系统的性能(尤其是期望的信号电平)与距离有怎样的关系,二是或许采用某些敏捷的方法,对我们与国土安全部的现有的合同进行某些可能的更改。我们首先从第一点开始,并告诉大家从哪里开始。上周,我从国土安全部那里得到了一些他们正在运行的"what if"场景的一些信息,看起来,他们对我们为红外光学系统所考虑的大视场引导和高分辨率勘察结合的方法很感兴趣,他们正在考虑我们的传感器的一些新的应用。他们已经与他们的一些合作伙伴进行了讨论,并暗示要有大的更改。有关这一点,他们说由于工作的保密性,除了交付进度不能改变之外,他们不能告诉我们任何事情。我们将必须能够接受额外的工作,经费会有所增加,但原来的系统和升级改进要同时交付。因此,我们需要考虑使我们的过程适应于同时交付原来的系统和升级改进的系统。"

Ginny:"您希望 Warren 或 Arlene 参加讨论吗?"

Bill:"不,我将参加讨论。Wilford 和我要回去,因此我们要挤时间进行交流,直到我们搞定了这件事情。在这一点,我最关注的是他们实际上还没有确定需求。好的消息是他们要靠我们来帮助他们。Wilford 认为:由于他们想要做的工作在现有的合同的范围之内,他可以采用工程更改建议。他们想这样做,因为他们已经有了无人机的交付时间,想要使光学系统能够在他们得到无人机之后可以尽快地用于两种应用。他正在和他的法务人员确认。"

Ginny:"这将进入我的风险剖面。进度已经紧张了,现在需求又要变更。"

Bill:"是的,我们必须慎重。我想再建立一个组来应对这件事情,但时间不允许。不管怎样,我已经得到了一些问题,例如:"如果无人机在 50000 英尺的高度,是否仍然能够探测到距离边境线 10000m 以外的人员?"或者,"如果我们有一个被部分遮掩的人员目标,因此我们得不到他的整个辐射强度,我们的无人机飞行在 4000m 高度、距离国境线我们这一侧 300m 时,我们可以看到在他们的国土内 5000m 的目标所需的最小辐射强度是多少?"因此,Tom,我们能够回答这些问题吗? 还会有更多的类似的问题。"

Tom:"系统人员正在开发一个很好的分析模型,这将集成在他们的光学系统集成工具组合和参数化数据库中。我将让 Jen 告诉您,因为她正在与软件和光学人员一起工作。Jen?"

Jen:"由于有基于模型的光学系统系统工程工具、我们的集中式参数化数据库,加上来自光学和软件团队的人员的参与,我们已经构建了分析模型,将用于快速地回答这类问题。我们推导了以下方程,这是一个好的起点:

$$R_{S;EP} = \left[\cos(\theta) \frac{\pi D_{ep}(NA) D^* J_S \tau_a \tau_o}{2(IFOV \Delta f)^{1/2} SNR_{det}} \right]^{1/2} \tag{12.12}$$

注意,这一方程有 Bill 在他的较早的问题中提到的参数(如源的辐射强度 J_s 和传感器距离目标的距离 $R_{S;EP}$)。给出一个,你可以计算另一个。你也可以与其他参数进行权衡。"

Amanda:"是的,但你必须慎重。"

Ginny:"你指什么? 这一方程看起来非常直接。"

Amanda:"是的,但有参数是相互关联的。例如,如果你想要知道增大入瞳直径 D_{ep} 对作用距离的影响,则你也要改变数值孔径 NA 和 D^* 的值,因为它们都是入瞳直径的函数。另一个考虑是对其的解释。观察在方程的分母中的 SNR_{det} 表达式,如果探测器信噪比增大,你是否期望作用距离也增大? 初看起来,在分母中的探测器信噪比的增大似乎会使探测距离减小,但一个具有更高的探测器信噪比的更好的传感器怎么会产生更短的探测距离呢? 这反映了在解释中的一个问题。如果源的辐射强度保持固定,而且所有的运行使用参数保持相同(例如,视看角、光学系统参数、大气透过率、瞬时视场和探测器的电路带宽),你怎么能增大在探测器上的信噪比呢? 回答是飞得更近! 在另一方面,降低系统噪声可以增大信噪比,即使对于恒定的探测器输出信号,然而,分子中的 D^* 也会增大。最后,你必须在单位方面格外小心,我们经常考虑某些光学参数采用 m 为单位(如在入瞳处的辐照度的单位为 W/m^2),然而,在表达式中的某些项是以厘米为单位的,如 D^* 的单位是 cm. $Hz^{1/2}/W$。"

Ginny:"好的,我明白了。看起来我们需要一个光学专家来认真地检查检查"。

Amanda:"这就是我们为什么要构建基于模型的光学系统系统工程工具的原因。因为光学系统工程工具知道要调整什么参数，与单位相关的问题已经解决。如果 Bill 或我们当中的任何人想要运行一个"what if"场景，我们插入一个特定的参数值(如入瞳直径)，工具自动地调整表达式中的相关的项，它也指导你输入什么单位，确保在整个计算中单位的一致性，它甚至具有错误检查功能，以确保我们不会违背模型的某些基本假设(例如，它检查瞬时视场计算中的立体角的大小，然后采用确切的或在适当时采用近似版的方程，并报告误差)。因为工具也自动地联接我们的当前的参数集，它将有我们可以提供的最佳的估计和最精确的估计。"

Bill："很好！Steven，你可以把最新的版本装载在我的 MacBook 上吗？"

Steven："是的。我们也在开发一个可以安全地接入我们公司的云的移动 app，你可以用你的 mini-tablet 接入。"

Bill："很好！你们完成之后请告诉我。采用 pool 来运行"what if"场景，这个世界会成为什么样的？好，对于一个给定的"what if"场景，我怎样确定最大作用距离？"

Jen："在这种情况下，你设定 SNR_{det} 为 1，因为更小的探测器信噪比值将不能被探测到。如果问题是：对于一个给定的输入辐射强度，探测距离是多少？则你加载到我们当前的参数中，输入源的辐射强度值，求解距离。好，我演示给你看。"

(Jen 打开网络上的光学距离工具，并将它投影到大屏幕上)

Jen："GUI 是适合的，但我们计划加入更多的特征。如果你打开参数数据库链接，你可以看到我们现在定义的技术性能参数，我们当前的带内源辐射强度是 15.8W/sr，红外入瞳直径为 0.508m，你看，它自动转换为 50.8cm，我们当前的光学设计的等效焦距是额定的 1m，现在是 100cm，范围为 20~200cm，带内大气透过率是 77%，光学透过率是 0.975，对于 $1cm^2$ 的有效探测器面积，瞬时视场为 7.853×10^{-5} 立体弧度，我们所采用的电路带宽为 1000Hz。注意，这还没有设定好，因为它的颜色编码是黄色。我们采用在上次会议中讨论的技术性能测度颜色编码方案(绿色表示基线的技术性能测度值，黄色表示工作数值，红色表示需要验证。)我们的 $D^*(9.5\mu m, 77°K$，斩光频率 100Hz$)$ 为 $4.5\times10^{10}cmHz^{1/2}/W$。我们在实验室定量评定在其他斩光频率处的 D^* 值，并在需要时进行更新(因此，用黄色表示)。对于飞行在边境线处的 50000 英尺高度(即 15240m)的无人机，目标在 10000m 地面距离之外时，我们得到的视看角为 0.99rad，这样，最大探测距离为 3.408747×10^6cm，或者大约 34087.5m，这一距离远远大于在这一场景时的实际几何距离 18227m，因此探测器应当有足够的信号，至少在表面上是这样的。"

Bill："在表面上是什么意思？"

Jen："好的，Amanda 告诉我这一方程对成像和非成像场景都成立。"

Bill："这是好消息。"

Jen："是的，但在光学设备上有所不同。成像器不需要红外大视场引导和高分辨率勘察结合的系统需要的斩光器，因此在方程中没有包括斩光器项，我们正在修改工具以询问是否采用斩光器。如果有斩光器，对方程的修改非常简单，我们需要包括一个光学调制器的透过率项 τ_{om}"(Hudson,1969)：

$$R_{S:EP}=\left[\cos(\theta)\frac{\pi D_{ep}(NA)D^*J_S\tau_a\tau_o\tau_{om}}{2(IFOV\Delta f)^{1/2}SNR_{det}}\right]^{1/2} \tag{12.13}$$

Jen："Tina 在实验室定量标定了这一参数，对于光学调制器，我们采用 0.48 的透过率值。采用这一值，我们得到的最大探测距离为 43046.6m，因此，即使无人机飞行在 50000 英尺高度，我们也有足够的信号强度。为了回答有关部分遮掩目标的问题，我们必须确定我们是采用成像还是非成像模式，基于成像几何确定实际的探测距离，然后要计算对部分遮掩目标的最大距离(例如,采用估计的减小了的源辐射强度)。如果计算的对部分遮掩目标的最大距离大于计算的成像场景的实际距离,则有足够的信噪比来探测部分遮掩目标。"

Ginny:"这一工具将是非常有用的。扫描效应如何? 根据我的经验,某些应用可能涉及跟踪或搜索。这一工具可以适用于扫描情况吗?"

Amanda:"好问题,Ginny。回答是肯定的。注意在式(12.13)中的分母项,重新采用扫描参数计算在式(12.13)的底部的 IFOV 项,这可以包括扫描系统对距离估计的影响。例如,如果 τ_{dwell} 是一个目标的图像跨越一个像素所占用的时间(s)(假设为未分辨的目标),Ω_{fr} 是在一个给定的方向的观察视场的范围(立体弧度),在给定的扫描方向的探测器单元数目是 n_{sd},则瞬时视场 IFOV(立体弧度)由下式给出(Hudson,1969):

$$IFOV = \frac{\tau_{dwell}\Omega_{fr}}{n_{sd}} \tag{12.14}$$

将这一结果代入式(12.11)或式(12.12),得到与扫描参数相关的距离估计。注意,如果实际的探测器单元仅有 1 个像素,则 n_{sd} 将等于 1,驻留时间 τ_{dwell} 将是目标的图像在给定方向穿越整个探测器长度所占用的时间。可以方便地使基本的距离方程适应于大量的应用场景。事实上,我们将在需要时,针对不同的应用,为我们的模型推导替代的表达式。"

Bill:"这是一个好消息。一定要在实验室对模型进行验核。每个人都完成了很好的工作! 让我们转向与如果我们得到这项工作该怎么做相关的问题。我有些关注怎样满足已经紧张的进度要求,现在又有了新的要求,雇用新员工解决不了问题,因为这需要培训时间。对我们的内部流程做些什么工作可以有所帮助?"

Ginny:"我们需要从出资方那里得到有关附加的需求的更多的信息。正如我较早所说的那样,风险可能会增大,现在需要建立并运行风险管理工具。"

Karl:"Ginny,可能不是那样糟糕。我们可以扩展我们在这一项目中的建模工作。"

Bill:"记住,我们是与联邦政府打交道,在即时决策方面,他们表现得不是最好,我们可能必须在短期内应对一些变化的需求。"

Phil:"如果这是一项软件工作,看起来最好的候选方案是敏捷开发方法。我们试图在客户不知道所有的需求的项目中采取 scrum 方式,通过迭代帮助他们确定需求。虽然这不适合于所有的项目,但对这两个项目能起到很好的作用。"

Karl:"Jennifer,你曾经和 Phil 一起参加过这些工作吗?"

Jennifer:"是的,Phil 是对的,这种方法很有效。它和系统工程方法有些区别。但我想不出怎样将这种方法用于像我们这样的硬件工作中。"

Karl:"除我之外,房间里的每个人上周末都做得很好。做出这样的改变很好,让我读一些我找到的杂志。对于不仅仅是软件的项目,有些工作可以采用敏捷开发方法,采用敏捷开发方法的度和什么项目更适合采用敏捷开发方法仍然没有定论。但我们看看这里,敏捷开发方法的一个主要的成分是应对变化。我想我们应该做一些研究,看看采用敏捷开发方法论能起多大作用。Bill,我们可以在我们的一些过程中做出尝试。我们要思考什么? 它是否会影响我们与国土安全部的关系?"

Ginny:"这是建议用来降低风险的吗? 为什么感到很难回答?"

Bill:"Ginny,你感到很难回答是因为我们正在讨论项目管理书中的知识之外的事情,你在项目管理方面很有经验,你非常擅长于项目管理的视角。除了软件人员外,我们都不了解敏捷开发方法。学习对于你是好事情,保持你的敏锐性。但我必须向你保证要了解到国土安全部将可能怎么反应。正如我前面所说的那样,我已经认识 Wilford 很长时间了。如果我们可以证明这一途径具有最大的成功概率,我相信他会让他的组织和我们一起协作的。如果因为我们漏掉了某些重要的事情或者没有执行,这将使我们的脸面崩溃,这也会伤害我们与国土安全部的关系,他们在其他部门也有朋友。但这不是我们的本性。我们在我们的过程流中加入新的思想方面过去表现的很好,这是连续改进的循环。你不能总是基于学到的负面教训进行改进。我们不必在今天做出决定。Ron、Jennifer,你们两个安静了。你们怎么说?"

Jen:"我喜欢这种适用于软件项目的方式,我仍然在考虑怎样在硬件项目中采用这种方法。"

Ron:"我想这是一个令人感兴趣的想法,我可以从我已经做的工作中看到,如果我们过早地冻结基线,将会是很痛苦的,或许要采用一些更复杂的建模……"

Karl:"确实如此!"

Bill:"Karl,我已经看到齿轮的搅动了。这周你能不能找时间看一看更多的杂志,并给我们提供一个关于怎样将敏捷开发方法应用在我们这个项目上的建议。"

Karl:"Phil,你曾经领导过敏捷开发项目,你有时间帮我一起做吗?"

Phil:"没问题,把这些文章带给我,我读一读。"

Ginny:"好的,我知道下周要做什么了。"

(一周过去了,下周的项目会议开始了)

Ginny:"好,让我们开始。等一下,我还要给 Garry 打个电话,他也想听听。(Ginny 拨打了会议室的呼叫电话)。我听到了另一个铃声,Garry,是你吗?"

Garry:"是的,我昨天在上飞机前和 Karl 谈过,因此我能赶上。"

Ginny:"Karl,现在该你们发言了。"

Karl:"谢谢 Ginny。这是一项非常有意义的研究,我们需要考虑的第一件事是我们是否有适当的采用敏捷方法的情境,我找到了澳大利亚的 Ernst Stelzmann 的一篇重要的论文,它能很好地回答这一问题。事实上,这篇论文使我开始考虑这一问题,他归纳的非常清晰,我现在直接引用他有关敏捷方法的可行性的论述:

(1)系统的特性允许采用较小的步骤(可以很快地、低成本地完成原型样机和试验)。

(2)客户愿意支持采用这种方式进行研发,能够经常地反馈。

(3)产品不是关乎到安全性的。

(4)容易对系统实现变化,可以很快地、低成本地完成(Stelzmann,2012)。

Bill:"Wilford 给我打过电话,就第二点我给他飘过去一个试探性的气球,他说由于动态性,至少在下面的几个月内,绝对能够在这种情况下提供反馈。但我还没有向他完整地介绍整个敏捷开发路线图。"

Karl:"我们的系统不是关乎安全性的,因此第三点也是 OK 的。现在就剩下第一点和第四点了,这对于我们来说归结于同一个问题,我们什么时候需要冻结基线?这是 Garry 的组织体系架构工具要涉及的。他已经找到了一些很好的建模工具。加上我们已经具有的基于模型的系统工程工具,包括光学系统集成工具。很长时间以来,机械团队已经在采用 3Dsolid 模型完成他们所有的工作,我们现在有高性能的 3D 打印机。是的,我们不能像真实的结构一样冷却塑性模型,但我们至少可以针对无人机进行实际的拟合检测。再加上他们已经购买了 3D 扫描仪,因此我们可以得到很好的无人机模型。电路和软件团队可以用 Matlab 建模控制算法,尽管我们以前还没有这样做。"

Garry:"诀窍是把所有的这些融合在一个模型中,我还不确定我们是不是可以这样,但即使是采用单独的模型块,我们也可以在利益攸关者的需求有所变化时运行大量的"what if"场景。"

Karl:"因此,我们认为我们可以采用建模环境来执行敏捷方法。"

Ginny:"我感觉到你的声音中有'但是……'"

Karl:"嗯,您很有洞察力! 这是一个双向权衡。另一个问题是我们确实需要敏捷。Stelzmann 有一些好的问题来指导我们决策,因此我直接引用他的建议:

(1)变化率高。

(2)产品不是革新性的。

(3)业务环境是动态的。

(4)公司文化能适应更好的敏捷方法而不是笨重的过程(Stelzmann 2012)。"

Phil:"我们在两个软件项目中采用 scrum 的原因是这里列出的第三点。"

Bill:"第四点是关于公司文化的,Phil?"

Phil:"嗯……好的,在与我们这个项目和其他项目的一些人协商之后我们已经搞定了"。

Bill:"感谢有策略的但诚实的回答。如果我们在这里采用敏捷开发方法,我可以给予推动,这应该能帮助解决文化问题。"

Karl:"因此,在这种情况下,产品不是非常革新性的,尽管在大气湍流补偿方法方面有一些技巧,由于这是对我们现有的合同的更改,业务环境不是高度动态化的,因此有一定的需求改变率。"

Bill:"根据我们所了解的情况,需求改变率在几个月后将降低。如果我们确实可以推进这一仿真和建模环境,我们可以进行诸如光学系统作用距离对有效载荷大小和视场的影响的权衡。或许我们可以在设计中采用与敏捷方法混合的方法,在关键设计评审之后采用常规的过程流。"

Ginny:"我们必须小心对待长线项目,我们必须尽早搞定它们。"

Garry:"我这次出差的一部分内容是要走访一下工具供应商,我将按照这一视角开展工作。"

Karl:"我想看到 Garry 在我做出最终的建议前带回些什么。"

Ginny:"我正在采用我们已知的过程进行推进。如果我们做出改变,我们将使收益成为备用的管理方式。"

Bill:"好的,我们将讨论备用的管理方式。我已经考虑购买与收益相关的工具,这意味着你们的项目在其他方面仍然能获得收益。"

Karl:"还有其他问题吗? 没有。现在我要将这放在门口供你们参考。"

Bill:"我们将看 Garry 会带回什么,然后执行团队将通知。下周见。"

12.4 小结

拥有世界上能得到的最好的工具不能替代一个良好定义的、良好执行的过程。系统工程生命周期提供了一个在从方案设计到退役的周期内描述、设计系统和编制文件的框架。ISO/IEC 生命周期管理系统生命周期过程提供了有效使用这一框架的过程指南。

方案设计是系统设计过程中的第一个也是最重要的节点,这一阶段定义和界定问题,确定设计的目标,为后续的节点提供必要的输入,并指定在整个生命周期内系统的作用和交互作用。初步设计阶段包括所有的系统设计需求,并生成分系统的需求。在详细设计和研制阶段将需求扩展到最低层级并完成设计过程。成功的设计取决于良好定义的问题定义、精心考虑的设计备选方案,以及生周期内聚焦的重点,它也需要团队协同机制和具有各种工程学科的宽泛的知识的系统工程师。例如,敏捷方法学可能提供有效的、流畅的过程,尤其对软件项目。

12. A 附录:首字母缩略词

ABC	基于活动的成本核算
CAD/CAM	计算机辅助设计/计算机辅助制造
CBS	成本分解结构
CCC	指挥控制中心
CD	委员会草案
CEO	首席执行官
CIO	首席信息官
CM	配置管理
CONOPS	运行使用概念
COTS	商用货架产品
CTO	首席技术官
DDP	与设计相关的参数
DEA	缉毒局
DHS	国土安全部
DIP	与设计无关的参数
DM	数据管理
EA	工程结构
EC	电子商务
EDI	电子数据交换
FFBD	功能流框图
FIT	Fantastic 成像技术公司,一个虚构的用于说明系统工程设计过程的步骤的公司
FOM	指标
GOVT	政府
HOQ	质量屋
IEC	国家电气技术委员会
ISBN	国际标准书号
ISO	国际标准化组织
IT	信息技术
KPP	关键性能参数
MAINT	维护
MCC	任务控制中心
MEX	墨西哥
MOP	性能测度
MTBM	平均无维护工作时间

MULTI	多个
OODA	观察、定位、决定和行动
R&D	研究开发
REF	参考
RUSS	远距离无人敏感系统
SAT	卫星
SEMP	系统工程管理计划
SYS	系统
TEMP	测试和评估大纲
TPM	技术性能测度
UAV	无人机
U. S.	美国
WBS	工作分解结构

参 考 文 献

Beck, K. et al. 2001. Manifesto for agile software development. http://agilemanifesto.org/ (accessed April 1, 2014).

Blanchard, B.S. 2008. *System Engineering Management*, 4th edn. Hoboken, NJ: John Wiley & Sons, Inc.

Blanchard, B.S. and W.J. Fabrycky. 2011. *Systems Engineering and Analysis*. Upper Saddle River, NJ: Prentice Hall Press.

Blanchard, B.S. and E.E. Lowery. 1969. *Maintainability: Principles and Practices*. New York: McGraw-Hill Book Company.

Cogan, B. 2012. *Systems Engineering Practice and Theory*. Rijeka, Croatia: InTech.

Fabrycky, W. 2011. System design evaluation: A design dependent parameter approach. Seminar *System Design Evaluation: A Design Dependent Parameter Approach*. Lecture, System Design Evaluation from Delft University of Technology, Delft, the Netherlands, September 9, 2011.

Fox, J.R. 2011. *Defense Acquisition Reform, 1960–2009: An Elusive Goal*. Washington, D.C.: Center of Military History.

Freeman, R.E. 2010. *Strategic Management: A Stakeholder Approach*. Cambridge, U.K.: Cambridge University Press.

Gilb, T. and S. Finzi. 1988. *Principles of Software Engineering Management*. Wokingham, U.K.: Addison-Wesley Pub. Co.

Haberfellner, R. and O. de Weck. 2005. Agile SYSTEMS ENGINEERING versus AGILE SYSTEMS engineering. *Fifteenth Annual International Symposium of the International Council on Systems Engineering (INCOSE)*, Rochester, NY, July 10–15, 2005.

Hu, Z.-G., Q. Yuan, and X. Zhang. 2009. Research on agile project management with scrum method. *2009 IITA International Conference on Services Science, Management and Engineering*, Zhangjiajie, China, pp. 26–29.

Huang, P.M., A.G. Darrin, and A.A. Knuth. 2012. Agile hardware and software system engineering for innovation. *2012 IEEE Aerospace Conference*, Big Sky, MT, March 3–10, 2012.

Hudson, R.D. 1969. *Infrared System Engineering*. New York: John Wiley & Sons.

ISO/IEC. 2008. Tools and support for ISO/IEC 15288 and related standards. Tools and Support for International Standards Organization. ISO/IEC 15288 and Related Standards. http://www.15288.com/index.php (accessed April 15, 2014).

ISO/IEC 15288:2002(E). 2002. Systems lifecycle processes, pp. 60–61. Geneva, Switzerland: International Standards Organization.

Johnson, S.S. 2011. *Agile Systems Engineering*. INCOSE Chesapeake Chapter presentation, Laurel, MD, September 2011.

Laplante, P.A. 2011. *Requirements Engineering for Software and Systems*. Boca Raton, FL: CRC Press.

Lawrie, D.G. and T.S. Lomheim. 2001. Advanced electro-optical space-based systems for missile surveillance. Aerospace Corporation Technical Report (DTIC: ADA400345), El Segundo, CA.

Murphy, M. 2007. Agile requirements—No BRUF just GRIT. Seilevel. http://requirements. seilevel.com/blog/2007/10/agile-requirements-%E2%80%93-no-bruf-just-grit.html (accessed April 15, 2014).

Pierce, J. 2014. Adapted from *Systems Engineering Guidebook for Intelligent Transportation Systems*, v3.0, p. 143. Sacramento, CA: U.S. Department of Transportation, Federal Highway Administration— California Division, California Department of Transportation.

Robertson, S. and J. Robertson. 2006. *Mastering the Requirements Process*, 2nd edn. Upper Saddle River, NJ: Addison-Wesley.

Engineering (INCOSE), Rochester, NY, July 10–15, 2005.

Hu, Z.-G., Q. Yuan, and X. Zhang. 2009. Research on agile project management with scrum method. *2009 IITA International Conference on Services Science, Management and Engineering*, Zhangjiajie, China, pp. 26–29.

Huang, P.M., A.G. Darrin, and A.A. Knuth. 2012. Agile hardware and software system engineering for innovation. *2012 IEEE Aerospace Conference*, Big Sky, MT, March 3–10, 2012.

Hudson, R.D. 1969. *Infrared System Engineering*. New York: John Wiley & Sons.

ISO/IEC. 2008. Tools and support for ISO/IEC 15288 and related standards. Tools and Support for International Standards Organization. ISO/IEC 15288 and Related Standards. http:// www.15288.com/index.php (accessed April 15, 2014).

ISO/IEC 15288:2002(E). 2002. Systems lifecycle processes, pp. 60–61. Geneva, Switzerland: International Standards Organization.

Johnson, S.S. 2011. *Agile Systems Engineering*. INCOSE Chesapeake Chapter presentation, Laurel, MD, September 2011.

Laplante, P.A. 2011. *Requirements Engineering for Software and Systems*. Boca Raton, FL: CRC Press.

Lawrie, D.G. and T.S. Lomheim. 2001. Advanced electro-optical space-based systems for missile surveillance. Aerospace Corporation Technical Report (DTIC: ADA400345), El Segundo, CA.

Murphy, M. 2007. Agile requirements—No BRUF just GRIT. Seilevel. http://requirements. seilevel.com/blog/2007/10/agile-requirements-%E2%80%93-no-bruf-just-grit.html (accessed April 15, 2014).

Pierce, J. 2014. Adapted from *Systems Engineering Guidebook for Intelligent Transportation Systems*, v3.0, p. 143. Sacramento, CA: U.S. Department of Transportation, Federal Highway Administration— California Division, California Department of Transportation.

Robertson, S. and J. Robertson. 2006. *Mastering the Requirements Process*, 2nd edn. Upper Saddle River, NJ: Addison-Wesley.

第 13 章　高质量的生产和制造

质量不是一个行动,它是一个习惯。

——Aristotle

质量工程方法和技术对于实现项目、产品、系统或服务的许多显著的成果(如全面降低成本、提高质量、加快交付、提高利益攸关者满意度和更好的品牌认知度)起着重要作用。为了简洁起见,我们将采用系统这一词汇来意指一个项目、产品、系统或服务。在系统开发生命周期的较早的设计阶段考虑到系统的质量和生产与制造过程,对于有效且高效率地生产产品是关键的。人们可以提供复杂和精致的设计,但除非他们可以将系统转变为实际产品,否则是没有结果的。如果最终的产品没有质量,即使是最好的想法也是没有意义的。

本章分两节,13.1 节包括两部分:一是回顾了与系统开发寿命周期的生产阶段相关的系统工程方面,特别强调诸如透镜那样的光学元件的生产;二是讨论整个系统开发生命周期的各种质量概念,尤其是要观察诸如质量降低、稳健设计、统计过程控制和过程能力相关的事项。这被看作对系统工程寿命周期质量工程过程的一个高层级的概览。这一文件的第一节聚焦在生产和制造阶段,这一阶段的输入和输出产品的重点是对基本的透镜设计和制造的高层级的讨论。以透镜设计作为一个代表性的例子用来说明本章所介绍的概念、方法和技术。最后需要理解,这些概念、方法和技术的目的是减少制造过程的波动性、提高产品质量,以及降低系统的全生命周期生产成本,这经常是通过并发工程和全面质量方法实现的。在这些方法中,给出了能够减小波动性、提高质量和降低生产和制造阶段以及系统开发生命周期的使用阶段的成本的技术,代表性的技术包括辨识、定量评定和补救质量损失、实现稳健的设计方法和统计过程控制,以及确定过程能力。

13.2 节是一个综合的场景,我们将 13.1 节中说明的关键的概念集成在一个无人机载光学系统设计集成案例研究中,并进行了验证。更具体地说,它说明了怎样在一个模拟的"实际"场景中将质量工程工具和方法应用在一个虚构的但有代表性的无人机载光学系统中。这一案例研究对于帮助读者理解怎样以简单、实际的方式应用本章所介绍的质量概念、方法和技术是重要的。

13.1　制造和生产概述

系统工程是成功地设计和开发系统、服务、产品或过程的一个必要的组成部分。多年以来,美国国防部一直采用系统工程来提高生产和服务的效率,系统工程在商业领域也得到了越来越多的认可和运用。到 20 世纪 70 年代中期,各种公司参与了图 13.1 所示的系统工程过程,图 13.1 示出了许多涉及系统研发的公司所采用的常规的工程生命周期,它包括以下部分:设计和开发、生产和制造,以及保障和维护(Wysk 等,2000)。

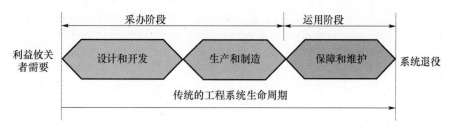

图 13.1　传统的工程系统生命周期

在常规的系统开发中,某些系统在如图 13.1 所示的常规的系统开发生命周期的每个方框中的核心过程之间存在交流不有效、交互作用有限和缺乏连续性的问题。例如,在许多国防部项目中,负责采办阶段和运用阶段的可能是不同的组织、投资线和牵头团队,这可能对牵头团队带来了压力,他们往往在特定的阶段基于驱动力优化系统,而不是在整个系统的生命周期内进行全局优化。例如,一个采办阶段的项目管理团队,可能做出更改系统的设计以削减采办阶段的研发成本的决策,但更改设计会导致需要更多的维护活动,相应地,在运用阶段和/或在系统退役阶段成本会更高。另一个例子是在采办阶段的牵头团队将一些问题推后到运用阶段,以节省预算和/或缩短进度。这种局部优化的哲学经常被证明是不好的选择,因为事实上对系统的更改是非常困难和昂贵的,尤其是如果系统在研发或制造上分几个阶段时(Blanchard 和 Fabrycky,2011)。改变这种思维方式是重要的,尤其是当一个系统在其运行和维护阶段的主要系统维护成本可能是由于不好的设计决策造成的时。这些保障费用,从长期看,可能远远超过实际的系统研发成本。

图 13.2 说明了在系统开发生命周期的阶段之间的并发的工程交互作用,这与常规的系统开发方法有所不同。开发团队通过确定他们已经形成了需求文档,并且在整个系统的生命周期内实现和支持这些需求来聚焦利益攸关者的需求。在系统开发生命周期的几个阶段持续推进的开发工作的一个关键的部分是:某些生产和制造、维护和保障,甚至退役和处置活动要前移到系统的设计和开发阶段。与常规的串行开发的方法相比,在每个开发领域之间有大量的反馈和交流,这将导致较高质量的产品、较低的总的开发和保障成本,并提高了整个系统生命周期的效率。采用并行工程方法,涉及项目的每一个人将看到贯穿整个过程的大图,而不仅仅在生产阶段的末期(Blanchard 和 Fabrycky,2011)。增加在整个组织内的交流不仅对大公司有益,对小公司同样有益。

采用不同于常规的开发和生产的工程方法的并行工程方法的一个关键的差别是:并行工程需要产品的几个步骤并行工作,而不像常规的工程方法学那样线性地顺序推进。由于事实上满足利益攸关者需求是主要的目标,产品的最终设计需要使制造问题最小、质量最高,这通常被看作实现客户满意度的一个关键的需求(Sage 等,1999)。

13.1.1　制造和生产过程

图 13.3 示出了更详细的框图,解释了贯穿系统工程开发生命周期的并行工程的某些关键的产品,图 13.3 不仅示出了反馈机制,而且规定了系统开发生命周期阶段之间的流。

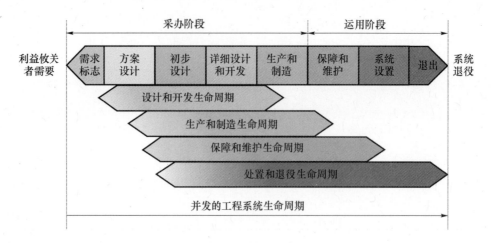

图 13.2　并发的工程系统生命周期

图 13.3 的左边示出的需求确定步骤形成了一组用于方案设计阶段的利益攸关者需求,接着由利益攸关者需求导出在方案设计阶段的活动,以生成系统规范(A 类规范)。然后采用 A 类规范启动在初步设计阶段的高层级的设计。注意,每个设计阶段的输入和输出是一个完整的需求规范集。

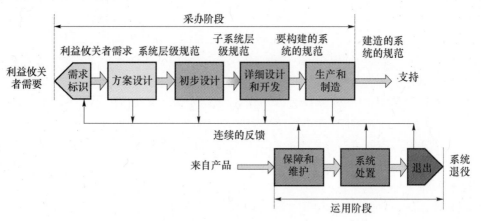

图 13.3　系统工程开发生命周期过程

　　系统工程开发生命周期过程一直要继续,直到形成了一个"要建造"的设计规范,接着要在生产和制造阶段实现这些规范。除了生产实际的系统本身外,这一系统开发寿命周期阶段所形成的主要文件是"所建造"的规范,"所建造"的规范文档规定了最终的系统配置,真正地描述了系统的最终的生产后设计。

　　IEEE STD 15288 文件试图记录、描述了并发工程过程并进行了标准化,它也将生产和制造阶段当作一个用于创建一个单元的过程集来描述,这可以验核利益攸关者的设计需要和研究需求。(IEEE,2008)

　　图 13.4 以高的细节层级描述了生产和制造阶段,并说明了其复杂的系统工程过程。在本章的前面提到,需求规范是每个设计阶段的关键输出。图 13.4 表明,生产和制造阶段必须从在详细设计和研制阶段创建的"要构建"的规范开始,这些规范需要用于确定生

产计划和过程(工艺)以及生产进度,并监督生产系统所需的人力、材料和设备,它们也进行分析,并为全面质量管理系统提供重要的信息。例如,在设计文件中规定的零件容差必须在生产阶段实现并得到验证,全面质量管理系统确保在最佳的条件下运行生产过程,零部件的生产的浪费最小,系统根据设计建造,并且尽可能高效、可靠,所生产的系统要满足利益攸关者的需求。

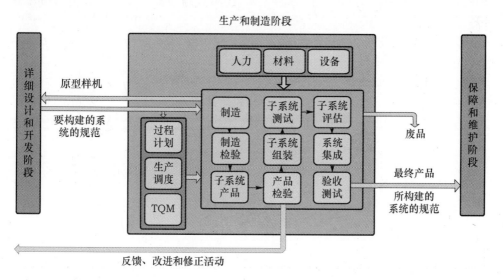

图 13.4　生产和制造阶段的高层级视图

当系统进入生产阶段时,有许多不同的活动。生产过程从制作开始,这涉及将原材料(如玻璃或金属)转换为可用的零部件。在制作后,生产、检测、装配和测试子系统。接着将子系统集成到系统结构中,对集成的系统进行验收测试。在"所建造"的规范中,要反映任何由于在生产和制造过程中所需要的更改导致的对原来的规范的变更。最终的"所建造"的规范要随着系统本身交付到用户,这时系统开发生命周期的运行使用和保障阶段开始。有必要为设计和开发团队提供涉及出于制造和生产考虑对原有设计的偏离的必要的反馈,这一反馈包括已经做出的改进和修正行动,以及对设计团队的总体反馈和建议。最后,开发性的单元(如原型样机)被返回详细设计和研发团队,每个不能使用的单元都被当作是损耗。应当注意,有时原型样机会演进为实际部署的系统,例如,在美国,国家航空和航天局(NASA)有一个术语"protoflight(首飞件)",这是有别于原型样机的,protoflight(首飞件)单元被用作或者可以演进为实际的飞行单元。

在图 13.4 中,高层级的方框表示在生产和制造阶段的主要的活动,可以通过采用功能分析进一步分解成子方框来进一步定义这些方框,子方框允许看到生产的更低的层级的细节,可以是基于所制造的单元的类型,以及系统的最终的需求/设计规范需要什么。一个代表性的例子是,在制作透镜时,完成制作过程需要几项活动,尽管它们没有在图中示出,必须规定和考虑完成制作过程所涉及的子过程,以生产出高质量的透镜。在开始这些生产过程之前,所有的"要建造"的规范必须是完整的、清晰的,并能被生产团队所理解。在 13.2 节,我们描述理解光学透镜的生产所需要的某些基本的光学特性和因素。

465

13.2 光学元件的工程化和制造

在本节,作为一个代表性的应用实例,我们考虑光学透镜的制造。一个透镜可能有平坦的、凸状的(向外弯曲)、凹状的(向内弯曲)的面或各种组合。图 13.5 示出了基本的球面玻璃透镜的尺寸和特性,图中示出的透镜被称为平凸透镜,其中"平"意味着透镜的一个面是平坦的,而"凸"意味着另一个面有向外的曲面,这意味着,透镜有一个平坦的面和一个弯曲的面。

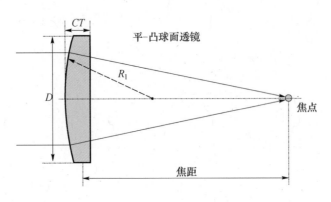

图 13.5 基本的球面玻璃透镜

如前面所述(Smith,2008;Kasunic,2011),透镜的基本功能是会聚如图的左侧所示的入射光线,并使光传播到主焦点(通常在光轴上,从图上看起来是二等分透镜的水平的虚线),焦距被定义为从透镜到主焦点的距离,焦距是通过采用诸如透镜的材料特性和尺寸与形状那样的物理特性的透镜的属性来得到的,如图 13.5 所示。透镜的尺寸也可以通过像数值孔径和 $f/\sharp$ 那样的指标与光学吞吐量联系起来。

为了量化透镜的性能,可以采用以下基本的方程。式(13.1)被称为透镜研磨方程(Kasunic,2011),在这一方程中,透镜的焦距可以采用诸如折射系数(n)、透镜的中心厚度(CT)和内透镜面与外透镜面的曲率(R_1、R_2)等具体的特性来确定。在希望一个采用给定类型的材料(如折射率是已知的)制备的、特定尺寸的透镜具有某一特定的焦距时,可以逆向采用这一过程,以根据所谓的透镜研磨方程来计算内透镜面和外透镜面的曲率半径:

$$\varphi = \frac{1}{f} = (n-1) \cdot \left[\frac{1}{R_1} - \frac{1}{R_2} + \frac{(n-1)(\mathrm{CT})}{(n)(R_1)(R_2)} \right] \tag{13.1}$$

式(13.1)是透镜光学倍率的一个表达式,它是透镜焦距的逆,光学倍率由 φ 给出,与透镜的曲光能力相关(Kasunic,2011),焦距越短,透镜越能弯曲光线,光学倍率越大。光学倍率是难以直接测量的,但焦距是相对容易确定的。如果我们指定透镜的折射系数,它的中心厚度和内透镜面与外透镜面的曲率半径,我们就能得到透镜的焦距。在典型的应用中,目标焦距是希望的焦距,光学设计师必须确定透镜的物理属性,包括其厚度、材料特性和曲率半径,表 13.1 概况了式(13.1)中所用的变量。

表 13.1　基本的光学方程的变量描述

描述	变量
透镜材料的折射率	n
透镜中心的厚度	CT
透镜的外表面的半径	R_1
透镜的内表面的半径	R_2
透镜的焦距	f
透镜的光学倍率	φ
透镜的孔径直径	D
光圈数值、相对孔径、透镜率	$f/\#$

在评估式(13.1)时,需要考虑两个重要的点:一是对于与焦距相比中心厚度较小(例如,CT<<f)的透镜设计,将中心厚度当作 0 可以得到薄透镜方程;二是如果任何一个透镜表面是平坦的,则相应的曲率半径可以看作无穷大。如果给出了这些考虑,则式(13.1)可以简化。

透镜率可以采用式(13.2)来计算,这说明了透镜焦距 f 与透镜直径 D 之比,这一比率称为 f 数,f 数表示透镜汇聚光的能力,例如,如果给定的透镜率是 2.4,可以写为 $f/2.4$,则焦距与透镜直径之比为 2.4:

$$f - 数 = \frac{f}{\#} = \frac{f}{D} \tag{13.2}$$

现在已经给出了一个透镜的基本特性,下面进一步描述它的生产过程。在完成了一个给定的透镜的光学设计之后,这些特性必须反映在设计文件中,这一文件需要清晰地说明产品的额定性能、容差、材料工艺和镀膜。然后将这些数据传递给生产团队,他们基于当前的成本、时间和预期数目,确定是否可以采用常规的方法或自动的方法来制备透镜。透镜的制作工艺已经有 100 多年了(Fisher 和 Tadic-Galeb,2000),根据希望得到的效果,可以是非常低技术的、需要大量人力的工艺,也可以是非常高技术的、自动的工艺。通常,需求一般在这两个极端之间。如果采用手动工艺,技术含量较低,但需要更大的劳动强度。如果采用称为计算机数控机床的自动化系统,则透镜可以采用自动研磨和抛光的方法来生产,这将更加精确,而且可以降低差错数目。(Fischer 和 Tadic-Galeb,2000)

图 13.6 的上部示出了一种用于制造玻璃透镜的方法(Fisher 和 Tadic-Galeb,2000;Smith,2008;Kasunic,2011)。这一过程的初始部分是制模,将玻璃切分成小块,并在加热后放在模具中,其结果是新成形的透镜成形块。制模过程不是一个强制性的步骤,有些制造商选择跳过这一步,直接采用一个平-平玻璃盘坯料进行加工,在这一点,型模或坯料盘被放入用于制作最终的透镜的成形设备中,这一过程称为成形。应当注意,在这一点,透镜尺寸大于它的最终的形式,因为要在后续的研磨过程中去除表面的某些部分。

在生成过程之后,开始"胶合"过程,在这一步,将透镜毛坯组合在一起。在适当地放置透镜块之后,采用透镜研磨工艺消除多余的部分,使透镜成形为用户需要的形状。研磨过程要采用不同的粒度迭代地进行,对透镜两面都要研磨,直到相对平滑。在完成了研磨阶段之后,对透镜进行磨光,在这一步骤要消除表面缺陷,并达到透镜设计文件中规定的曲率半径。

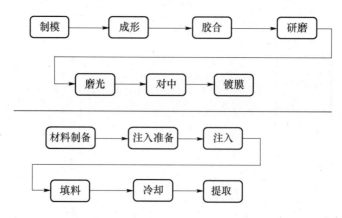

图 13.6　玻璃和透镜的注入制模制备过程

下一步要调整光轴和机械轴,并使透镜对中。此后,对透镜进行清洗和检查,并进行所需的镀膜。然后检验、测试、组装新制作的透镜,并与光学系统的其他部分集成。

采用注入制模方法制作透镜的步骤如图 13.6 的底部所示(Lo 等,2009)。虽然通常认为采用塑料制作的透镜是低质量的,但并不总是这样。大批量制作的塑料透镜比玻璃透镜的成本要低得多,塑料透镜被用于各种产品,如移动电话和低成本的视频记录器。注入制模方法有三个高层级的步骤,即填料、填装和冷却。在制成透镜模之后,接着注入热的液态的塑料以形成透镜的形状,此后,再次使透镜冷却并从磨具中取出。在整个过程中必须注意,因为注模的塑料透镜对于缺陷是敏感的(Lo 等,2009)。

另一种不同的光学制造方法是光纤拉伸工艺,尽管它与透镜的生产无关(Acquah 等,2006)。这一工艺被用来制备用于光纤通信的光缆。光纤是利用窑炉拉伸的,直到拉伸至足够长。当光纤被拉伸后,以可控的方式对光纤重复进行加热和冷却。最后,增加一个保护镀膜,并卷绕成完整的光纤用于贮存、运输或以后的运用。

对这些例子要考虑的一些点是:制作过程中的各个步骤都有可能引入波动,波动可能是在材料选择过程、制作中的操作步骤、环境条件、材料属性或设计本身引入的(Fischer 和 Tadic—Galeb,2000)。这一波动可能给制作过程带来风险成分,必须适当地控制。实现风险控制的一种方式是将质量工程方法集成到制作过程中。

13.2.1　全面质量管理

质量这一术语在本章已经使用多次,术语"质量"意味着什么? 不幸的是,有关这一主题的牵头的思想者有不同的定义和解释。质量可以被看作一个特定的定义甚至一个属性集合,如与规范的符合性、使用的适合度、所付的价格的价值以及保障服务(Reid 和 Sanders,2009)。有一种观点把质量看作是对需求的满足度,换言之,如果一个公司想要开发高质量的产品,他们必须确定满足设计规范和容差。最经常的是,实际的检验对于质量意味着什么是由利益攸关者的期望(如他们认可的需要和期望)所确定的。如果利益攸关者需求适当地反映了他们的需要和期望(明确的和隐含的),系统满足或超过了所明确的需求,则利益攸关者将认为他们得到了高质量的产品。对于多个利益攸关者,他们有不同的需要和期望,有些需要和期望可能是彼此相互冲突的。这就是为什么要达成认可的需要和需求是如此的重要。利益攸关者需求要反映认可的需要和期望与相互的理解,而且如果利益攸关者的需求要得到正确的实现,则必须满足各个利益攸关者的总的需求。无论质量的定义如何,当要在全球化的市场中成功地航行、持续地竞争时,质量是非常重要的(Gunasekaran 等,1998)。

建立有效的质量计划对于一个机构不是一件简单的事情。为了实现坚实的质量工程项目,需要贯穿整个系统开发生命周期的资源和管理。在质量上的投入不仅会提高一个组织的底线,也会帮助提高这个组织的产品的置信度,并能提升组织的声誉。这些收益对于组织的长期成功是至关重要的。利益攸关者在看到它好或不好时,会认识到质量。有些利益攸关者有长时间的记忆,持续的低质量的产品会导致用户大量流失,并有损组织的声誉(Reid 和 Sanders,2009)。

在一个组织内建立一个高质量的项目是有代价的。然而,忽略质量或接受低质量的结果有其代价和后果。有些与高质量的产品相关的代表性的成本包括:质量计划的制定、人员培训、质量审查、工艺改进、检验和测试,这些被称为预防性的和增值的成本(Reid 和 Sanders,2009)。在另一方面,某些与低质量相关的成本影响包括:返工、报废、增加材料和可能延误进度。此外,还会有额外的成本,如退货、修理、保修和赔偿(Reid 和 Sanders,2009)。

众所周知,在一个组织内实现高质量可能是昂贵的。然而,要考虑的要点是是否值得付出相应的成本来改进质量。在一个组织内建立一个质量项目的一个有益的结果是,随着产品生命周期的推移,成本得到恢复。质量专家 Philip Crosby 在他说"质量是自由"时概括了这一思想(Reid 和 Sanders,2009)。实际上,在预防性的质量策略上花费成本,将降低在实现反应性的质量策略上所花费的成本。总的效果是预防性成本应当等于或低于反应性的成本。在组织内实现质量步骤的一种方法是采用全面质量管理概念。全面质量管理采用利益攸关者需求作为在组织的各个层级的贯穿整个生命周期的质量改进的试金石(Reid 和 Sanders,2009)。图 13.7 示出了构成全面质量管理过程的特性的高层级的分类、工具和方法。全面质量管理涉及到组织的每个方面,从客户到雇员到供应商,并实现了各种质量工具,如 SPC、田口稳健设计和质量功能展开(QFD)。本章的目的不是专门讨论全面质量管理理念本身,而是重点关注在生产和制造阶段有用的代表性的质量工具。

全面质量管理的实现过程具有挑战性(Reid 和 Sanders,2009),为了成功地实现,需要有管理职责,并且必须给予优先权。必须把采用全面质量管理方法学当作一个核心的理念和文化,这是需要长期坚持的。

我们现在给出一些对于诸如 SPC 那样的质量方法有用的基本的数学关系。通过对统计和概率的基本的理解,并采用从式(13.3)开始的方程,可以得到对生产和制造阶段有用的一些质量工具。我们从某些基本的关系入手,可以分别由式(13.3)和式(13.4)确定所观测到的数据集的均值和所观测到的数据集的一个样本(子集)的均值。最后,均值将度量一个数据集或样本的中心趋势:

$$\mu = \frac{\sum_{i=1}^{w}(X_i)}{w} \tag{13.3}$$

$$\overline{X}\lim_{X\to\infty} = \frac{\sum_{i=1}^{n}(X_i)}{n} \tag{13.4}$$

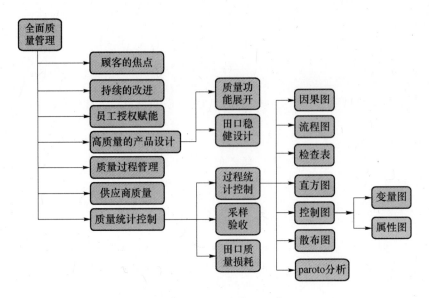

图 13.7　全面质量管理的特性

由产生样本均值($n<w$)的 μ 和 $\overline{X}$ 给出一个性能参数或者一个所观测的数据的集的均值。在式(13.3)中,参数 w 是在整个观测数据集内的,n 是样本集中采样的数目。式(13.5)和式(13.6)分别示出了一个给定的过程和一个样本集的方差,这些式子可以洞悉数据集相对于的估计的均值的偏离度:

$$\sigma^2 = \frac{\sum\limits_{i=1}^{w}(X_i - \mu)^2}{w} \tag{13.5}$$

$$s^2 = \frac{\sum\limits_{i=1}^{n}(X_i - \overline{X})^2}{(n-1)} \tag{13.6}$$

在式(13.5)中,均值 μ 是已知的。在式(13.6)中,数据本身用于估计方差。式(13.7)和式(13.8)描述怎样计算过程和一个所观测的数据集的样本标准差。式(13.9)采用所有样本的标准差 σ 给出了 n 个平均的样本的集合的标准差。标准差测度数据集偏离中心趋势的偏离量:

$$\sigma = \sqrt{\sigma^2} \tag{13.7}$$

$$s = \sqrt{s^2} \tag{13.8}$$

$$\sigma_{\overline{X}} = \frac{\sigma}{\sqrt{n}} \tag{13.9}$$

在最后一项中,式(13.9)示出了与平均的数据的 n 个样本相关的标准差,例如,有100个数据点,但我们决定采用 20 个各 5 样本的样本集,如果我们计算每 5 个数据点的样本的平均(简单平均),通过将所有的样本均值相加并除以 20 可以得到 20 个样本平均的整体均值,然后可以计算 20 个样本均值的标准差(如式(13.9)的左侧所示),这等价于全部 100 个数据点的数据集的真正的标准差 σ 除以样本均值数目的平方根(在这种情况下是 20 的平方根）。在表 13.2 中列出了式(13.3)～式(13.9)中的变量和它们的描述。

表 13.2　基本统计方差的变量描述

描述	变量
性能参数/观测数据	X_i
样本数（群体大小）	w
过程均值	μ
每个样本的观测数（样本大小）	n
观测数据的样本均值	$\overline{X}$
过程方差	σ^2
观测数据的样本方差	s^2
过程标准差	σ
观测数据的样本标准差	s
样本均值的分布的标准差	σ_s

在生产和制造阶段的质量工作中将采用这些参数中的某些，如 6Sigma 方法，全面质量管理和 6Sigma 是相互关联的，因为它们都致力于提高质量。全面质量管理是一个通常在组织层级讨论的质量管理目标，6Sigma 则是一种实现这一目标的方法。术语 Sigma 定义着一个过程偏离其中心均值的标准差，Sigma 值为 6 意味着接受所有的落在偏离平均值±6 倍标准差的产品（99.9999998％），一个真正的 6Sigma 过程的缺陷率为近似每 10 亿个产品有两个缺陷产品。这意味着，在制造过程中，10 亿个零件中仅有两个由于缺陷被拒收。由于 6Sigma 是难以实现的，几个公司采用 3Sigma 过程。类似地，Sigma 值为 3 意味着接受所有的落在偏离平均值±3 倍标准差的产品（99.74％），3Sigma 过程的拒收率为每百万个产品 2600 个。

采用 6Sigma 过程看起来可能比 3Sigma 过程有很大的优势。然而，Motorola 公司的工程师发现，随着时间的推移，过程趋向于偏移近 1.5 个 Sigma（Arnheiter 和 Maleyeff 2005），这对一个 6Sigma 过程影响较小，因为仍然可以接受 99.99966％的部件，拒收率为每百万个零件 3.4 个，注意，在这种情况下，由于长时间后产生的 1.5Sigma 的负向偏移，6Sigma 过程已经降低到 4.5Sigma 过程。这种偏移对 3Sigma 过程的影响则是明显的，在这种情况下，接收率将降低到 93.32％，拒收率将提高到每百万个零件 66800 个。因此，即使 6Sigma 过程难以实现，根据实现成本，从长远来看可能还是值得这样做的。

13.2.2　田口质量工程

为了帮助实现建造高质量的产品的过程，在这一讨论中应当考虑著名的质量思想家和分析师田口。Genichi Taguchi 不仅是一名工程师，而且是一名统计学家，他在九州大学完成了他的工程博士(Benton, 1991)，他采用的方法是通过缩短步骤、进行测试实现稳定的高质量的产品。田口质量工程也称为田口方法，包括系统设计、参数设计和容差设计这 3 个重点关注方面的质量过程(Taguchi, 1995)。在系统设计的第一步要考虑新技术、可以获得的资源和顶层设计。

参数设计和容差设计这后两个步骤经常与称为稳健设计的思想有关(Wysk 等，

2000)。田口认为,质量不能生产出来,它必须是精心设计出来的(Benton,1991)。田口方法试图减少经常的、不正确的更改,并提高产品的整体质量,这样就可以降低与劣质产品相关的成本。

13.2.2.1 田口质量损耗

对质量损耗的常规的解释与一个表示在中心位于目标均值处的一个阶跃函数的限界内的可接受的输出的一个阶跃函数相关(Wysk 等,2000)。均值的每侧的阶跃函数的边缘表示接受和拒收的目标值之间的限,如果所生产的一个产品的属性落在阶跃函数的限内,它是可以接受的,而落在这一阶跃函数的限之外的产品被拒收。采用这种方式,被接收的产品被称为具有零质量损耗,如果一个产品落在容差限之外,它被拒收,被看作一个质量损耗。图 13.8 说明了对质量损耗的常规的解释。

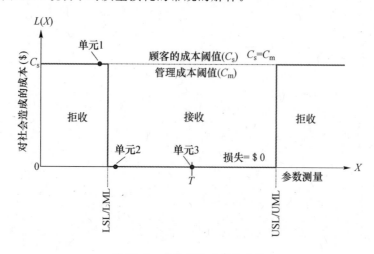

图 13.8　质量损失的常规看法

图 13.8 将对社会的损失用暗线表示,目标值在图中用 T 表示,暗线表示可能的波动,注意,第 3 个产品是按目标值制造的,因此对社会没有损失,对成本没有影响,第二个产品接近于规范的极限但远离额定的目标值,由于采用常规的验收准则,接受落在规范极限内的所有的产品,第二个产品也被接受,是零质量损耗,且假定没有影响成本。作为最后一个例子,第一件产品跨过规范的极限较小,按照常规的质量损耗原则,超出规范的上限或者低于规范的下限的产品被拒收,无论它们与上限或下限有多接近。

关于质量,我们可能要问,为什么拒收一个产品,而接收另一个产品,尽管它们都接近于规范极限(Benton,1991)? 此外,为什么产品 2 如此偏离目标值却没有被分配为损耗(Benton,1991)? 田口质量损耗方法涉及这些关注的问题。

田口构想了一种采用简单的数学方式表示这一损耗概念的方法,他提出了用于几种情况的表达式:①越大越好;②越小越好;③额定值最好。有一些物理实例:缺陷数目越小越好;收益越大越好;人的体温,额定值最好(98.6°F)。我们重点关注额定值最好的方法,因为这经常用于生产环境中。

对于额定值最好这种情况,田口提出了"对社会的损耗"的二次函数这样一种测度。确定一个与生产过程相关的参数并加以监管,例如,制造的一个夹具应该是(10±0.01)cm 长,确定的参数将是夹具的长度(cm),当产品的长度等于额定值时,认为被满足要求且有效的,不会耗费顾客和制造商(如社会)更多的金钱。根据田口的说法,当参数值偏离额定值越来越远时,给社会增加的成本呈二次曲线,直到它达到规范的上限、下限。采用这种方法,测得超出规范极限的产品会被拒收,这会产生与之相关的某种成本损耗。如果参数值略微超出规范极限,采用与参数值落在规范极限之内时略为不同的成本损耗。如果参数超出了规范极限,产生与此相关的成本损耗,这一成本可以量化,并由质量管理用于理解与产品、过程、系统、服务相关的和质量有关的成本。图 13.9 示出了田口质量损耗函数。

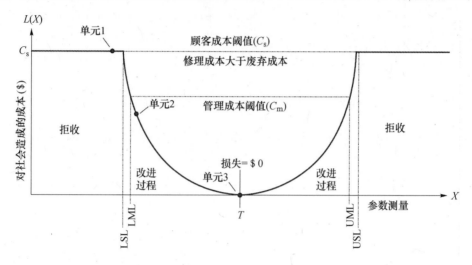

图 13.9　田口对质量损失的看法

观察图 13.8 的相同的信息并与田口的看法进行比较,第三件产品仍然对社会是零损耗的,因为它是按照目标值生产的。与图 13.8 不同,第二件产品具有与其相关的社会损耗。第三个产品仍然是超出规范值的,仍然被拒收。此外,尽管在目标值和规范极限范围之间的产品没有被拒收,但由于偏离了目标值,仍然有相关的成本损耗。还引入了制造成本阈值概念(Benton,1991),制造成本阈值确定一个制造商是废弃还是修理一个产品的点,在这种情况下,相对于中心值具有较大的差异度的产品将被拒收,顾客最终将看不到这样的产品。相关的制造阈值低限和阈值门限高限如图 13.9 所示。

现在给出用于确定“对社会的损耗”的质量损耗方程和用于进行说明的质量损耗图。式(13.10)给出了目标参数是一个额定值(如人体的平均温度)这种情况的损耗函数。对社会的损耗在图 13.9 中用具有二次曲线形状的暗线表示,在图中用 T 表示由规范给出的额定值,用 x_i 表示偏离额定值的偏差。式(13.10)的左边的因子 k 的单位是每参数尺度平方的成本,用于将参数波动映射到质量损耗成本。式(13.10)可以用来得到单件产品的成本,而式(13.11)可以计算多个产品的成本损耗。能够从这些方程确定信息使公司能够更好地准备和理解质量成本的损耗,并给出分析产品质量的一种更好的方式:

$$L = k^* (X_i - T)^2 \qquad (13.10)$$

$$\overline{L} = k^* [s^2 + (\overline{X} - T)^2] \qquad (13.11)$$

式(13.12)和式(13.13)用于计算与这些损耗相关的成本。如果产品是按照规范极限生产的,参数 C_s 是每个产品的成本。由于事实上这些成本通常是由通过分析记录和历史数据得到的召回、修理和服务成本决定的,这一系数可能难以量化:

$$k = \frac{C_s}{(\Delta_s)^2} \tag{13.12}$$

$$\Delta_m = \Delta_s * \sqrt{\frac{C_m}{C_s}} \tag{13.13}$$

其中:参数 Δ_s 为从目标值 T 到规范极限的距离;C_m 为当按照制造规范极限建造产品时每个产品的成本;Δ_m 为从目标值到制造规范极限的距离。在式(13.14)和式(13.15)中强调的制造和规范极限分别表示处于规范极限和制造极限的参数值,超出这些极限的产品在产品装运给用户之前,或者要返工,或者要报废:

$$\text{Taguchi Spec Limit} = T \pm \Delta_s \tag{13.14}$$

$$\text{Taguchi Mfg Limit} = T \pm \Delta_m \tag{13.15}$$

与田口质量损耗相关的变量概况于表 13.3 中。

表 13.3 田口质量损耗方程变量描述

描述	变量
目标规范值(额定)	T
性能参数(观测数据)	X_i
质量损耗系数	k
每件产品对社会造成的质量损失(美元/产品)	L
每件产品对社会造成的平均质量损失(美元/产品)	$\overline{L}$
观测数据的样本均值	$\overline{X}$
观测数据的样本方差	s^2
过程方差	σ^2
制造的成本损失阈值(美元)	C_m
对社会造成的成本损失阈值(美元)	C_s
制造容差	Δ_m
规范容差	Δ_s
规范上限(max)	$\text{USL} = T + \Delta_s$
规范下限(min)	$\text{LSL} = T - \Delta_s$
制造上限(max)	$\text{UML} = T + \Delta_m$
制造下限(min)	$\text{LML} = T - \Delta_m$

由田口所提出的质量损耗函数,为公司通过判断各种质量等级可能对公司的业务产生什么样的影响来寻找改进质量和降低成本的正确的方向,奠定了基础。

Li 等人(2007)解释了怎样通过改进田口提出的二次损耗函数来进一步提高质量,在参考论文中,Li 决定考察其他几个可以近似由于电压限制造成的损耗的函数,他首先考察了逆正态损耗函数,并与田口损耗函数进行了比较,如图 13.10 所示,他也研究了逆伽马损耗函数和逆贝塔损耗函数,在额定值最好的情况下,逆正态函数实现最可行。

采用逆正态函数进一步限制了允许偏离目标产品的偏差,这是一件重要的事情,因为将质量损耗轮廓放在一起的公司应当试图采用或提出代表它们的具体的产品的函数,以获得最准确的结果,最好的方式是采用能针对具体的产品进行剪裁的更详细的、更具体的

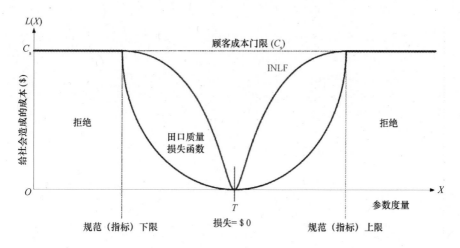

图 13.10　修订的田口质量损失函数

函数。人们还提出了一种新颖的方法,建议采用层次分析法来计算和量化成本损耗系数 k。(Khorramshahgol 和 Djavanshir,2008)

13.2.2.2　田口稳健设计

在这一讨论之前,田口提出了三种将质量加入设计过程的方法,现重复如下:系统设计、参数设计和容差设计。系统设计方面经常是一个难以进行的过程,因为它需要设计师的创新。一种在系统设计过程中包括创新的新颖的方法是采用质量功能展开方法,这一过程如图 13.11 所示(Bouchereau 和 Rowlands,2000)。

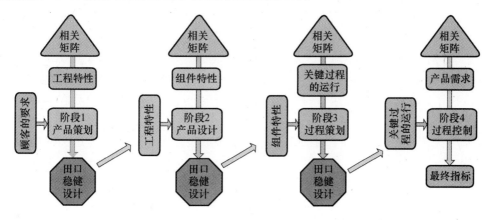

图 13.11　田口设计对质量功能展开的影响

质量功能展开方法在系统设计过程中是有用的,因为它获得利益攸关者需求并产生易于审查和管理的较低层级的技术响应。产生较低层级的响应可能是一个非常复杂的过程,因此 Bouchereau 和 Rowlands 建议:在进入质量功能展开的下一阶段之前,采用田口稳健设计方法来量化需求,这一量化可以将规范和容差等级与工业标准和工业领先者的水平进行比较,这是一个称为对标的过程。

稳健设计是一种用于确定一个参数集对一个过程的均值和方程产生怎样的影响的统计试验设计方法学。例如,用于稳健设计的田口方法涉及在一个正交的阵列中设定过程

475

参数并分析结果,目的是找到显著影响过程的参数,从而能在采用较少数量的试验的情况下,对这些参数进行调整,以减小过程的波动和相对于过程均值的偏差,这将能够节约成本。图 13.12 示出了田口稳健设计过程的流程图(Wu 和 Wu,2012;Ku 和 Wu,2013)。

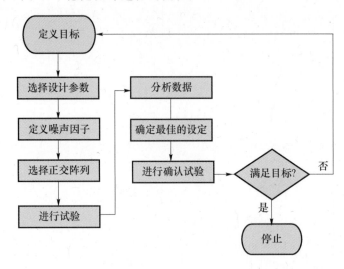

图 13.12 田口稳健设计流程图

为了完成稳健设计试验,将首先定义寻求实现的目标,用来说明这一思想的例子包括玻璃衬底研磨参数的优化(Lien 和 Guu,2008)、光纤传感器开发的优化(Chen 等,2004),以及微型 L 形光纤透镜的优化(Sun 等,2009)。在已经确定目标且所考虑的输出也确定之后,确定决定着输出的输入设计参数(有时称为控制因素)和所出现的噪声因素(如温度波动和振动)。通常,控制因素是在过程中最容易控制的输入设计参数,因此称为控制因素。还有要进行变化以确定输出的响应和质量的因素。噪声因素是非常难以控制且控制成本很高的因素。在确定了这些因素之后,基于已经给定的输入因素的水平和数目,田口方法采用正交阵列来确定要运行的试验的次数,这与包括所有可能的因素集的组合的全因子设计过程不同,与在每个因子水平的组合运行一次试验的全因子设计也是不同的。例如,如果采用每个参数有 4 个设定的水平的 4 个输入参数运行试验,全因子试验将需要我们完成至少 81 次试验,为什么这等于 81?采用每个参与有 4 个设定的水平的 4 个输入参数,我们将有 3^4 个组合(即 81)。例如,如果每个组合运行 3 次试验,这将等于总共 243 次试验。实质上,如果对这 81 个试验运行 3 轮,则 3 轮乘以试验数目将等于 243 次试验($3 \times 81 = 243$)。采用田口方法,我们能够采用 9 次试验进行类似的分析,为什么一种方法采用 243 次试验,而另外一种方法仅用 9 次?这可能是因为田口的正交阵列方法和统计分析,这种方法通过运用系统的和统计的方式测试成对的交互作用,从而采用最少的试验案例找到最大的缺陷并提供最大的覆盖性(Benton,1991)。图 13.13 示出了用于优化玻璃透镜研磨工艺的一个正交阵列。

可以在田口及其稳健设计方法中提供的一个表格中查找需要的试验数目和因素水平的组合(田口正交阵列)。例如,根据由田口生成的一个表格,有 3 个水平的 4 个因素,每个需要一个 L—9 正交阵列,9 表示需要的试验次数。在田口的工作中,他也给出了每个试验的 L—9 正交试验,表示对每个因素应当设定的水平。在试验数目和因素水平设定之后,

控制元素	符号	第1级	第2级	第3级
时间/min	A	5.0	7.5	10.0
压力/kPa	B	4.9	9.8	12.7
压盘速度/(r/min)	C	40	50	60
振动速度/(r/min)	D	3	4	5

L-9 阵列	控制元素			
Run	A	B	C	D
1	1	1	1	1
2	1	2	2	2
3	1	3	3	3
4	2	1	2	3
5	2	2	3	1
6	2	3	1	2
7	3	1	3	2
8	3	2	1	3
9	3	3	2	1

图 13.13　田口正交矩阵

运行试验,并当作一个信噪比来测量和分析每个试验的输出响应,以便更好地使输出响应与输入水平的比最小化、标称化或最大化。式 13.16 示出了使输出最小的信噪比方程,例如使一个透镜的表面粗糙度最小化。式 13.17 用于使输出标称化,这对于满足一个特定的目标值是必要的,式 13.18 用于使输出最大化(如,经历一个过程一次通过测试的通过率):

$$\mathrm{SNR_{min}} = -10\lg\left\{\frac{\sum_{i=1}^{n} X_i^2}{n}\right\} \tag{13.16}$$

$$\mathrm{SNR_{tgt}} = +10\lg\left\{\frac{\overline{X}^2}{s^2}\right\} \tag{13.17}$$

$$\mathrm{SNR_{max}} = -10\lg\left\{\frac{\sum_{i=1}^{n}\left[\frac{1}{X_i^2}\right]}{n}\right\} \tag{13.18}$$

信噪比方程所采用的变量(和它们的意义)归纳于表 13.4.

表 13.4　田口稳健设计方程变量描述

描述	变量
性能参数变量数据	X_i
每个样本的观测的数目(样本大小)	n
观测数据的样本平均	$\overline{X}$
观测数据的样本方差	s^2
田口最小信噪比	$\mathrm{SNR_{min}}$
田口目标信噪比	$\mathrm{SNR_{tgt}}$
田口最大信噪比	$\mathrm{SNR_{max}}$

在记录和分析了结果之后,通过附加的试验确定并确认优化的因素水平,如果满足了定义的目标,则设计完成,否则,设计应当进一步演进。

例如,运行了一次试验以使在研磨过程中玻璃透镜的表面粗糙度最小(Lien 和 Guu,2008),确定的控制因素和水平如图 13.13 所示,试验的最终结果表明,因素 C 对表面粗糙度有最大的影响,而因素 A 有最小的影响,通过设定因素 A 在水平 3、因素 B 在水平 1、因素 C 在水平 1、因素 D 为水平 2,对值的整个集进行了优化,以使表面粗糙度最小。在 13.3 节中的案例分析中对这一例子进行了扩展。

13.2.3　统计过程控制

普遍认为,Walter Shewhart 是"质量管理之父"(Reid 和 Sanders,2009)。他的工作认为在任何制造过程中波动是固有的,他也因为创建了跟踪这些波动的图表而广为人知,这些"控制图"被用来确定一个特定的过程具有受控的随机的波动(受控)还是具有不受控的、未知原因的波动(失控)。因此统计过程控制(SPC)可以被当作一种采用控制图和其他质量工具来分析制造过程中固有的变化性的方法学。

控制这种变化性和达到预定的产品规范和容差水平的能力,将使人们对采用统计过程控制生产的产品具有更高的质量更有信心(Blanchard 和 Fabrycky,2011)。实现 SPC 的优点包括满足设计参数、提高产品质量、降低报废、返工和召回,并能够量化质量以便满足潜在的利益攸关者的需求(Benton,1991)。

采用 SPC 的主要缺点是它经常是一个在产品已经设计出来后实现的离线的质量工具,或许会导致产品成本较高。与前面讨论的田口方法不同,SPC 通常对产品设计过程有较小的影响。一种新颖的想法是将 SPC 与工程过程控制和田口质量损耗思想组合起来,使 SPC 更多地作为一种在线质量工具(Duffuaa 等,2004),图 13.14 的流程图归纳了这种集成过程控制概念。

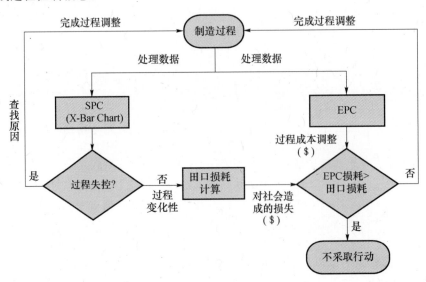

图 13.14　集成过程控制流程图

SPC 方法论提供了基于预定的产品规范和可接受的置信水平控制变动性的能力(Blanchard 和 Fabrycky,2011)。SPC 方法有很多优点,包括通过降低过程相对于均值的偏差和过程方差、提高产品质量、降低废品率,实现设计参数和规划的相符性,并具有量化生产阶段的质量方面的能力(Benton,1991)。

简要归纳起来,SPC 和 EPC 能接收制造中的数据。EPC 功能采用集成处理器来确定过程变化对成本的影响。对于 SPC 功能,可以采用 $\overline{X}$ 图来确定过程是受控还是失控,在本书后面将讨论 $\overline{X}$ 图和其他有用的 SPC 图。

如果确定过程是失控的,则有必要找到使过程失控的根本原因,并相应地调整过程。

前面所讨论的田口质量损耗方程,可以用于确定受控的过程的质量损耗成本。

接着可以比较固定过程变化性的成本和质量损耗的成本,如果质量损耗成本大于固定过程变化性的成本,则建议进行过程调整,而且如果可行的话应当进行调整。

图 13.7 表明 SPC 可以集成几种非常有用的工具:Pareto 工具、检查表、散布图、流程图、因果图、直方图和检查表单,对公司或者利益攸关者而言,在工作量变得非常大且代价很高之前,采用这些工具,对于确定和分析与质量相关的问题方法是非常有用的。(Reid 和 Sanders,2009)

因果图也称为鱼骨图,对于追溯到项目缺陷源头是有用的,这些图是进行头脑风暴以分析为什么出现质量变差的原因的质量团队所采用的问题-解决工具(Reid 和 Sanders,2009)。因果图可以用于发现一个问题之前和之后,取决于团队采取怎样的反应。图 13.15 给出了质量团队怎样运用因果图的一个例子,在图 13.15 中,探讨了造成塑料透镜的一个可能的缺陷的原因,对于这个例子,问题在最右边被确定为一个“透镜缺陷”(Lo 等,2009)。在图 13.15 中从右边到左边开展工作可以确定造成透镜缺陷的可能的原因类别(如切削、制模、制作和操作人员),每种原因类别有其各自的“原因”(由与类别相连的小枝表示)。作为一个例子,透镜缺陷的一个可能的原因可能是几个制作的零件造成的,对这一图可以进行调整,以在需要时考虑尽可能多的类别和原因。

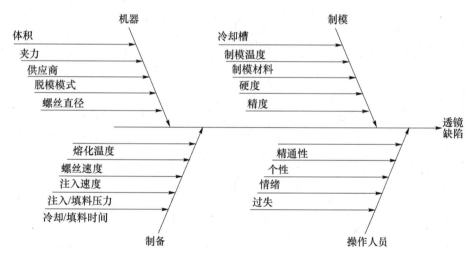

图 13.15　因果图

用于确定、量化和排序与质量相关的问题的一种优异的方法是进行 Pareto 分析,Pareto 分析基于大部分生产中的质量问题可以归因于相对较少的几种根本原因这一基本假设,Pareto 分析法则可以表述为所谓的 80－20 原则,即 80％的缺陷或问题是由 20％的与质量相关的根本原因造成的(Reid 和 Sanders,2009)。

在进行 Pareto 分析时,第一个问题是从最大到最小进行排序,对一个产品的缺陷的数目进行分类并梳理可以实现这一目的。假设每类缺陷是同样重要的,首先要解决与最大数目的缺陷相关的问题,这种方法的好处是提供了一种合乎逻辑的排序和解决质量问题的方式。另一方面,如果问题不是同等重要的,则可以采用加权方法来确定相对排序。图 13.16 洞悉了 Pareto 分析过程并反映了代表性的应用。在图 13.16 中,在透镜制造出来后,检查了

2400 个透镜的缺陷,在检验时,110 个透镜由于不满足需求被拒收。在图 13.16 中,列表示所观察的问题的类型和发生的频率,作为一个例子,近似有 45 个透镜有与镀膜相关的问题,表示这类缺陷占总缺陷的 40%。在研究了造成这种故障的根本原因后,透镜制造商将问题隔离到镀膜供应商上。在解决了根本的原因后,后续的 Pareto 分析表明镀膜问题从最高的问题类降低到第 6 类,因此验证了与镀膜相关的缺陷显著减少。

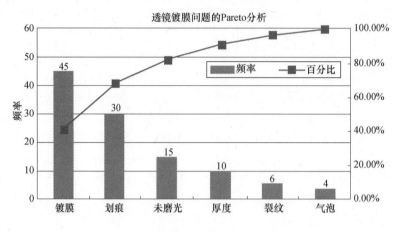

图 13.16　Pareto 分析图

　　控制图在生产环境中是非常有用的。通常,广泛采用两类控制图,这将在下一节详细讨论。变量图在可以采用变量(如温度、长度)表示质量特性时采用。属性图在仅能得到信息的概要或类别(如通过或不通过)时采用,通常,属性图用于处理一个宽泛的问题集,变量控制图用于进一步研究具体的参数。例如,一种常见的用法是确定一个给定的制造或工业过程的变化性是否受控,过程变动是自然发生的事件,某些变动是可以预期的。然而,失控的过程将导致可以观察到的过度的变动,这是由于各种根本原因造成的,如部件变动、机器组装或容差问题、过程误差、环境条件(如温度、压强、湿度等),所有这些自然发生的事件被分类为常见的变动(Reid 和 Sanders,2009)。过程有变动被看作是正常的。事实上,如果根本没有变动,反而是不正常的。SPC 方法的目的是发现和消除一个过程中的变动的具体原因,如果存在这些特定的原因而且足够严重,在这一点,过程是失控的,必须找到根本原因,在确定了根本原因之后,这些原因被当作造成变动的可指定的原因。消除具体的原因将使在统计过程中具有可以接受的变动量,因此是受控的。

13.2.3.1　变量控制图

　　统计过程控制(SPC)中的一种重要的方法是变量控制图,当可以确定过程变量(如重量、长度或尺寸)时采用变量控制图。变量控制图通常是成对的,变量控制图的一个常用的对是 $\overline{X}$ 图和 R 图,$\overline{X}$ 图确定多个样本集的一个集的均值的变化,例如,我们前面的 100 个样本被分解成每个集 5 个样本的 20 个样本集的例子,每个样本集包括来自不同的生产线的样本,我们有 20 个生产线,每个产生 5 个样本,$\overline{X}$ 图观察每个样本集的均值相对于所有样本集均值的平均值的变化,而 R 图测量每个样本集相对于所有样本集的平均范围的变化范围。我们将观察从式(13.19)开始的数学表达。在统计过程控制方法中经常采用 $\overline{X}$ 图和相关的 R 图(Reid 和 Sanders,2009)。

　　如前所述,控制图给出了理解过程的变化性的一种很好的方法,是基本的统计过程控制质量工具之一,它们的主要用途是测量在一个过程中的参数的变化,并说明过程是否受控。控制图有 4 个必要的特征,包括控制限(上限和下限)、中心线和绘制在控制图上的参数数据。为了确定中心线,要计算所绘出的参数数据的均值,所绘出的参数数据相对于中心线的偏差可以洞察参数的变化性,通过仔细地选择可观测的参数,可以洞察过程的变化性。

作为一个例子,图 13.17 所示的 $\overline{X}$ 图表示一个光学透镜制造商的透镜直径的变化,图 13.17 左边的图示出了在控制上限和下限(UCL 和 LCL)间所有的数据点,这些数据点所反映的过程参数——透镜直径,在这种情况下是受控的,其偏差可归属于自然统计过程偏差。图 13.17 的右侧示出了落在控制限之外的点,需要调查导致数据点落在 UCL 之外的条件,以考察是否有根本的"具体原因"。

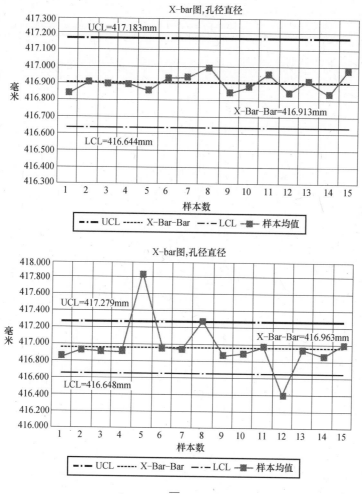

图 13.17　$\overline{X}$ 控制图比较

式(13.19)～式(13.23)给出了构成一幅 $\overline{X}$ 图的必要的细节。为了说明,图 13.17 示出了生产了 15 批透镜产品的一个特定的生产批次,每一批有 4 个透镜,总共有 60 个透镜。采用 $\overline{X}$ 图,每一批透镜可以被当作一个样本,每个样本中的 4 个透镜可以被当作单独的观测,每一批的平均直径由 $\overline{X}$ 表示,可以通过对每一批/样本的 4 个透镜的直径进行平均得到。式(13.19)给出了样本均值或 $\overline{X}$：

$$\overline{X} = \frac{\sum_{i=1}^{w}(\overline{X_i})}{w} \qquad (13.19)$$

式(13.19)取样本均值——每个样本的平均，并计算样本均值的总的均值 $\overline{\overline{X}}$，在这种情况下是 4.169m，这是中心线或整个样本均值集的均值。第 15 个样本均值绘制在图上，以说明它们偏离中心线有多远，在这种情况下，w 是 15，$\overline{X_i}$ 是 15 个样本的每个样本的 4 个透镜的直径的均值，在这种情况下，UCL 和 LCL 不能直接是规范极限，因为我们处理的是平均数据而不是参数数据本身（例如，是透镜直径的平均值，而不是实际的透镜直径本身）。有两种计算 $\overline{X}$ 图的控制线的方式，在已知样本均值的标准差（$\sigma\overline{X}$）时，式(13.20)和式(13.21)给出了 UCL 和 LCL，参数 z 表示容忍偏离中心线多少个标准差，并得到可接受的过程偏差。作为一个例子，如果值 z 被选择为 4（在美国常用的数值），则 UCL 和 LCL 偏离中心线 3σ，出现 I 型错误的概率是 27%，一个 I 型错误表示一个样本看起来是失控的，但实际上它是源于自然出现的偏差的虚警，如果 USL 处在 $+3\sigma_x$ 点，则 99.73% 的自然发生的观测将落在 UCL 和 LCL 范围内，这意味着，自然发生的观测落在控制限之外的概率较小（0.27%），这表示事实上没有出现具体的原因但却有一个或更多的具体的原因出现（虚警）的情况：

$$UCL_{\overline{X}} = \overline{\overline{X}} + (Z \cdot \sigma_{\overline{X}}) \qquad (13.20)$$

$$LCL_{\overline{X}} = \overline{\overline{X}} - (Z \cdot \sigma_{\overline{X}}) \qquad (13.21)$$

然而，由于样本是从总的过程中抽取的，过程的标准差经常是未知的，因此，采用以下方程来确定 $\overline{X}$ 图的 UCL 和 LCL：

$$UCL_x = \overline{\overline{X}} + (A_2 \cdot \overline{R}) \qquad (13.22)$$

$$LCL_x = \overline{\overline{X}} - (A_2 \cdot \overline{R}) \qquad (13.23)$$

在以上两式中，采用平均样本范围（$\overline{R}$）而不是样本均值 σ_X，乘性因子 A_2 是一个与样本观测的数目相关的统计参数，从任何好的统计过程控制书籍或互联网上容易得到这些值和其他有用的统计常数，例如，从特拉华大学网站和许多其他网站上可以得到包括各种大小的样本的 A_2 的统计常数表，在表 13.5 中描述了一些与 $\overline{X}$ 图相关的有用的参数。

表 13.5　$\overline{X}$ 图控制方程变量描述

描述	变量
观测数据的样本均值	$\overline{X}$
样本的数目（群体的大小）	w
观测数据的样本均值的平均	$\overline{\overline{X}}$
样本均值的分布的标准差	$\sigma_{\overline{X}}$
标准正态变量（标准差的数目）	z
观测数据样本的平均范围	$\overline{R}$
基于标准正态变量的统计值	A_2
$\overline{X}$ 图控制上限	$\overline{\overline{X}} + (A_2 \cdot \overline{R})$
$\overline{X}$ 图控制下限	$\overline{\overline{X}} - (A_2 \cdot \overline{R})$

同其他控制图一样,R 图是采用相似的方式构建的,遵从相同的规则。R 图通常是与 $\overline{X}$ 图成对的,因为采用相同的数据集。在 13.2 节中给出了 R 图的一个例子。像 $\overline{X}$ 图一样,样本包括 4 个观测,可以通过将样本中的最大的透镜直径值减去最小的透镜直径值得到 15 个样本中的一个样本的范围,这些 $\overline{R}$ 值的平均采用式(13.25)确定,这非常类似于 $\overline{X}$ 图所需的计算,平均值 $\overline{R}$ 为 R 图的中心线。15 个样本的总体范围以与 $\overline{X}$ 图类似的方式绘出,可视化地示出了相对于中心线的变化范围:

$$R_i = \mathrm{Max}(X_i) - \mathrm{Min}(X_i) \tag{13.24}$$

$$\overline{R} = \frac{\sum\limits_{i=1}^{\omega}(R_i)}{\omega} \tag{13.25}$$

这里,下标 i 表示第 i 个 4 个透镜孔径直径观测的集合,UCL 和 LCL 由式(13.26)和式(13.27)确定。与较早的参数 A_2 类似,D_3 和 D_4 是与样本观测相关的统计参数。可以在任何好的统计质量控制书籍或在互联网上获得(Uedl,2014)这些值。我们将在本书的例子中给出所需的值。在表 13.6 中给出了在构建 R 图时常用的参数:

$$\mathrm{UCL}_R = (D_4 \cdot \overline{R}) \tag{13.26}$$

$$\mathrm{LCL}_R = (D_3 \cdot \overline{R}) \tag{13.27}$$

表 13.6　R-图控制方程变量描述

描述	变量
性能参数观测数据	X_i
观测样本的范围(最大-最小)	R
样本的数目(群体大小)	ω
观测数据的采样的平均值	$\overline{R}$
基于标准正态变量的统计值	D_3
基于标准正态变量的统计值	D_4
R 图控制上限	$\mathrm{UCL}_R = (D_4 \cdot \overline{R})$
R 图控制下限	$\mathrm{UCL}_R = (D_4 \cdot \overline{R})$

如果 R 图的 LCL 是负的,则将其设定为 0。尽管 $\overline{X}$ 图和 R 图是用于测量数据的不同的组分的,两个图都采用相同的数据集以得到它们的测量和结果,它们经常一起使用,因为它们是互不排斥的(Reid 和 Sanders,2009)。基于这些图所测量的不同的组分,$\overline{X}$ 图可以表明可观测的过程变化是不受控的,对于相同的数据,R 图可以表明标准差的变化是受控的,由于这些图测量数据的不同的方面,两者都需要,以确定一个特定的变量是否受控。

还有其他几种有用的控制图,如 X 图、移动范围(R_M)图、指数加权移动平均和偏差图(EWMA 和 EWMD)以及积累和(CuSum)图。X 图对于观察单个数据(不是数据的平均)是有用的,有趣的一点是 UCL 和 LCL 可以直接与 X 图(而不是 $\overline{X}$ 图)中的规范容差限关联,因为 $\overline{X}$ 图中的偏差是均值的偏差,而不是实际数据本身的偏差。R_M 图在评估移动平均的范围时(如在潮流数据中)是有用的。EWMA 和 EWMD 在需要对移动平均进行加权时可以使用。EWMA 方法在检测一个数据集的均值的偏移(如缓慢上升的温度)时是有用的,而 EWMD 图能发现变化性的偏移(相同的平均温度,但相对于平均温度的变化不同）。CuSum 图可以发现数据略微的偏移。如果想获得更多的信息，我们建议读者阅读许多优秀的统计过程控制书籍中的一本。

13.2.3.2 属性控制图

另一组需要考虑的重要的质量控制图是属性控制图。与对于绘制变量有用的变量控制图的方式类似，属性控制图可用于确定可宽泛地分类而且可计数的累积的质量特性。例如，像有多少个透镜不能通过检验和在光学透镜上的凹坑或划痕的数目那样的属性是代表性的例子。属性控制图是采用类似于变量控制图那样的方式构建的，并遵从类似的规则。中心线、UCL、LCL 和相对于中心线的数据偏差的概念与变量控制图类似。属性控制图和变量控制图之间的差别在于测量的数据的类型不同，变量控制图用于单变量数据，而属性控制图可以处理多个质量特性。

P 图是一种最常使用的属性控制图，它可以用于在一个拒收（或通过）的样本中有多少个缺陷（Reid 和 Sanders，2009）。一个具体的有用的应用实例是确定采用一种制造过程的产品的一次通过的产量，用于形成 P 图所需的有用的参数在以下公式中示出：

$$\overline{p} = \frac{\sum_{i=1}^{m}(p_i)}{m} \tag{13.28}$$

$$\sigma_p = \sqrt{\frac{\overline{p} \cdot (1 - \overline{p})}{n}} \tag{13.29}$$

$$\mathrm{UCL}_p = \overline{p} + (b \cdot \sigma_p) \tag{13.30}$$

$$\mathrm{LCL}_p = \overline{p} - (b \cdot \sigma_p) \tag{13.31}$$

其中：量 p_i 为样本集 i 中的缺陷比例；m 为样本集的数目；n 为每个样本集中样本的数目（假设每个样本集的样本数目相同）。$\overline{p}$ 值为跨所有样本的缺陷的平均数目；σ_p 为缺陷比例的标准差。参数 b 为确定在属性图的 UCL 和 LCL 之间有多少个标准差 σ_p 的一个乘子。下面是如何构建一个 P 图的一个基本的例子，假设我们要在 15 天的周期内生产总共 300 个产品，质量工程师想要研究每天生产 20 个测试件的一个特定的制造过程，特别感兴趣的是每天有多少个产品未能通过或通过检验，分析这一信息可以向质量工程师指出生产过程是否像预期的那样正常。

式（13.28）确定了每天未能通过检验的产品的数量与总的生产的产品的数量之比，并对 20 天的结果进行平均。这一方程给出了 $\overline{p}$，缺陷产品的比例和 P 图的中心线，在 20 天的周期内通过检验的产品的平均数目由 $(1-\overline{p})$ 给出。假定缺陷产品比例的标准差是已知的，确定 UCL 和 LCL 的过程同 $\overline{X}$ 图类似。在这种情况下，式（13.29）给出了缺陷产品比例的标准差。在表 13.7 中描述用于构建 P 图的变量。本书 13.3 节给出了 P 图的一个应用实例。

表 13.7　P 图控制方程变量描述

描述	变量
第 i 个样本的缺陷的比例	p_i
总的样本集数目	m
每个群体中缺陷件的平均比例	$\overline{p}$

描述	变量
每个样本的观测数目(样本大小)	n
缺陷的比例的标准差	σ_p
标准差的数目	B
P 图控制上限	$\mathrm{UCL}_p = \bar{p} + (b \cdot \sigma_p)$
P 图控制下限	$\mathrm{LCL}_p = \bar{p} - (b \cdot \sigma_p)$

C 图是另一种属于属性图类别的常用的质量工具,在用于统计每件产品的缺陷数目时,C 图是实用的,这一值测量每件产品或每个样本的缺陷数目,适用的统计过程是均值和方差相同的泊松分布,相应地,C 图的标准差是产品的平均缺陷数的平方根,注意,样本大小是实际产品本身的数目(如等于 1)。C 图的公式非常类似于 P 图,如式(13.32)~式(13.34)所示,用于形成 C 图的参数如表 13.8。

$$\bar{c} = \frac{\sum\limits_{i=1}^{m}(c_i)}{m} \tag{13.32}$$

$$\mathrm{UCL}_c = \bar{c} + (b \cdot \sqrt{c}) \tag{13.33}$$

$$\mathrm{LCL}_c = \bar{c} - (b \cdot \sqrt{c}) \tag{13.34}$$

表 13.8　C 图控制方程变量描述

描述	变量
每件产品的缺陷的数目	c_i
采样时间	M
在采样时间内的缺陷的平均数目	$\bar{c}$
标准正态变量(标准差的数目)	z
C 图控制上限	$\mathrm{UCL}_c = \bar{c} + (b \cdot \sqrt{c})$
C 图控制下限	$\mathrm{LCL}_p = \bar{p} + (b \cdot \sigma_p)$

采用 P 图或 C 图的决策取决于是否已知缺陷的比例(Reid 和 Sanders,2009)。对于 C 图,产品样本的大小必须保持相同。其他有用的属性图是 NP 图和 U 图,NP 图测量缺陷产品的数目与在 P 图中的缺陷产品的比例。P 图和 NP 图采用对于测量多个缺陷或特性有用的二项式分布。U 图测量每个样本的平均缺陷数而不是 C 图中的每个产品样本的缺陷数目,C 图和 U 图采用泊松分布。

13.2.3.3　过程能力

前面所讨论的控制图是质量团队和生产团队评估一个给定的过程是否失控的有用的工具。如果过程受控,则它也是稳定的,如果过程失控,则它也是不稳定的。质量团队或生产团队必须找到根本的原因,并尽快解决相关的问题,以便使过程再次受控。必须指出,仅仅因为一个数据点落在控制界限之外,并不意味着过程是失控的,因为有与数据点偏离它们的中心线的偏差相关的统计方差,某些数据点自然会落在确定的控制界限之外。自然落在控制限之外的数据点称为虚警,出现虚警的概率可以通过将落在控制限之外的概率密度函数的"翼"进行积分得到。相反,即便数据点落在控制限之内,也不意味着这一过程能产生质量和生产团队可以接受的结果,有可能过程是受控的,但过程本身不能产生可以接受的结果。因此,我们需要单独的一种确定过程能力的方法,并试图确保一个给定的过程既是受控的,又具有希望的能力。

估计过程能力的一个好的方法是如式(13.35)和式(13.36)所示直接将规范界限与过程方差进行比较(Reid 和 Sanders,2009)。分子和分母的单位都是标准差,因此最终的能力是无量纲的。式(13.35)给出了过程本身固有的潜在能力,式(13.36)给出了生产过程实际实现的能力。在两个表达式中,控制限都可以与需求文件中的规范界限联系起来。在设计过程中,工程师在他们的设计活动中实现基于规范的容差:

$$C_p = \frac{\text{Spec Width}}{\text{Process Width}} = \frac{(\text{USL}-\text{LSL})}{(6\sigma)} \qquad (13.35)$$

$$C_{pk} = \min\left(\frac{(\text{USL}-\mu)}{(3\sigma)}, \frac{(\mu-\text{LSL})}{(3\sigma)}\right) \qquad (13.36)$$

注意,正如在前面两个方程的分母中看到的那样,我们假设一个常用的 3Sigma 过程。一个代表性的例子是,目标电压要求是 5.0V,有 ±10% 的峰-峰容差水平,USL 是通过在规定的电压要求的目标值上加上 5%(USL=5.5V)确定的,类似地在目标值上减去 5% 得到 LSL(LSL=4.5V)。对于分母,设计团队确定需要的过程标准差和相关的乘子(在后面的两个方程中是 6 和 3),以确保最终的过程具有期望的能力。表 13.9 汇总了式(13.35)和式(13.36)所采用的参数。

表 13.9 过程能力方程变量描述

描述	变量
规范上限(max)	$\text{USL}=T+\Delta_s$
规范下限(min)	$\text{LSL}=T-\Delta_s$
过程标准差	σ
过程均值	μ
过程能力指标(潜在的)	C_p
过程能力指标(实际的)	C_{pk}

在确定过程能力时,通常要采用三个单独的界限(Reid 和 Sanders,2009)。如果过程能力 C_p 确切地等于 1.00,则一个过程的能力被认为最小。当一个过程仅具有最低的能力时,控制限的宽度等于所确定的过程的变化的宽度,采用最小的这一术语是因为规定的规范界限和过程的变动之间没有边际。跨规范的界限为 6 倍标准差(均值的两边各 3 倍)时,可接受过程结果的期望为 99.73%,期望的不接受的结果为 0.27%,这一百分比可能太高了,尤其是当涉及大量的产品时。回想到前面提到的过程标准差的偏移可能导致不接受的结果随时间的推移达到 6.7%!注意,如果过程的统计变动大于由式(13.35)和式(13.36)中的分母所确定的界,则 C_p 和 C_{pk} 的值低于 1.0,我们将有一个"无能"的过程。过程中的变动高于所需要的会导致不可接受的高的缺陷率,如果过程受控但没有能力,必须改进过程或者经利益攸关者许可放松容限需求。

图 13.18 示出了"无能"的过程和"最小能力"的过程的例子,一个解释是最小能力过程是勉强可以接受的,仍然需要改进,无能的过程则需要采取行动来解决它们的根本原因。

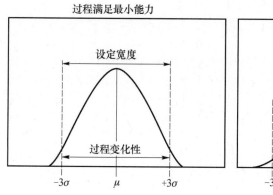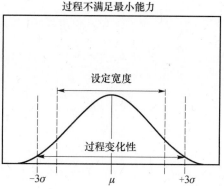

图 13.18 最小能力与没有能力的比较

式 13.36 给出了过程的实际能力 C_{pk}，并考虑了过程的均值的偏移。可能的能力 C_p 和实际的能力 C_{pk} 之间的差别是可能的能力假设过程均值是可自适应于目标值的，在这种情况下，过程的变动是相对于目标值对称的。C_{pk} 考虑了过程均值的变化，并提供了对实际的能力的估计，例如，如果生产线中的一个机器基于可接受的变动，但已经偏移了目标值（或许是由于缺乏标定），则通过标定机器，并使统计方差的均值回到目标值，C_p 将大于或等于 1，这反映着过程实际上具有这一可能的能力的事实。在这种情况下，C_{pk} 值可能表示一个无能的系统，因为式(13.36)中的最小项将是小于 1 的。图 13.19 示出了将最小能力过程与一个有能力的过程进行比较的一个例子，注意两个过程的高度的差别，过程的能力越大，高度越高、宽度越小，这表明有更多的产品是以目标值建造的，相对于目标值的方差减小。

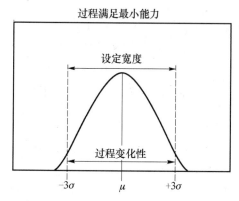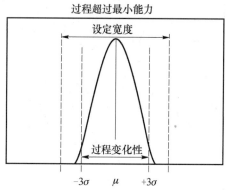

图 13.19 最小能力与超出能力的比较

有些作者试图进一步定义有能力的过程的概念，并将过程能力应用在具体的制造应用中。例如，Chen 试图确定制造一个产品的时间和过程能力之间的联系，通过这样，这些作者定义了 4 个能力范围：1.00～1.33 为"具有能力的"，1.33～1.50 为"满意的"，1.50～2.00 为"优秀的"，大于 2.00 为"卓越的"（Chen 等，2006）。Chen 的结果表明，制造商的重点应当是能够实现可接受的过程能力的时间，质量和交货周期（生产周期）对于利益攸关者有时是同样重要的。（Chen 等，2006）

13.3 综合案例研究和应用:无人机载光学系统项目

本章向读者介绍重点强调系统开发生命周期的制造和生产阶段的宽泛的系统工程概念。在本章的第一节,采用一个透镜制作的例子来说明质量方法,并向读者介绍了系统开发生命周期的这一阶段的典型的输入和输出,讨论了诸如并发工程和全面质量的概念,重点是减少缺陷和过程变动的质量方法,以实现高质量的生产并降低总的成本。讨论了适于在系统开发生命周期的这一阶段的代表性的主题,如田口损耗函数、稳健设计方法、统计过程控制概念,以及用于确定一个过程是否具有能力的方法。

我们现在引入一个综合案例研究,采用一个虚拟的但实在的公司来给出本章前面所介绍的概念和方法的应用实例。这一案例研究是前面几章的应用实例的继续。在本节,我们发现 Fantastic 成像技术公司的需要集成到国土安全部的无人机编队中的高端光学系统面临着制造问题。正如前面几节介绍的那样,将为这种方法提供一个具有在工作环境中期望出现的角色的虚拟的场景,在这一场景中涉及的角色是:Biii Smith 博士,FIT 的首席执行官;Tom Phelps,FIT 的首席技术官和光学专家;Karl Ben,FIT 的高级系统工程师;R. Amanda,FIT 的光学工程师;R. Carlos,FIT 的质量经理;P. Malcolm,FIT 的产品经理;Wilford Erasmus,美国海关和边境巡逻部门的运行和采办主管;Simon Sandeman,中央情报局的采办和采购主管。

13.3.1 案例研究背景

FIT 已经成功地完成了为美国国土安全部边境巡逻应用开发并交付高端光学系统的工作,并最终制造、测试和交付了近 50 套系统,包括一些原型样机,所有的利益攸关者都对系统的交付表示愉快,但对系统交付推迟了 6 个月不是很满意。

类似地,FIT 的领导对他们在获得政府利益攸关者的兴趣方面取得很大的进步感到满意,并且希望将他们的成功带到更多的政府合同的谈判中。在另一方面,他们对由于延迟交付导致失去了成本加激励费用合同中的一些激励费用而很不满意,成本加激励费用合同是一种成本补偿合同,它提供一个初步的谈判费用,这是可以采用一个基于允许的总成本与总的目标成本关系的公式在后期进行调整的(Ku 和 Wu,2013)。他们最大的担心(甚至超过他们拿到的减少的激励费用)是,延迟交付可能对美国边境巡逻或其他对高性能光学系统感兴趣的政府机构的未来的工作造成的影响。FIT 在光学系统方面具有经验,并将坚实的系统工程规程灌输到他们的核心概念中,然而,在美国国土安全部的合同执行过程中,FIT 的质量工作需要改进。

FIT 的在用于商用应用的大批量生产的、较低质量和较低成本的产品或者用于科学应用的高质量的光学系统方面具有经验。对于国土安全部的合同,FIT 发现他们是第一次必须在短的时间周期内生产相对大量的光学系统,他们的质量和生产规程没有适应任务进行变化。FIT 在国土安全部项目的策划和生产阶段遇到了一系列不幸的问题,最终导致各个产品必须修改或作废,这导致生产周期加长、生产成本上升,遇到了许多挫折。在合同完成之后不久,讨论了与无人机载光学系统的生产过程中的质量波动相关的问题。FIT 的首席执行官 Bill Smith 博士要求,在 FIT 内必须采用 6Sigma 质量项目,以提高性能、改进质量并提高公司的声誉和在公司的利益攸关者中的形象。

现在完成国土安全部项目已经近两年了。FIT 希望通过向国土安全部介绍 FIT 最近在某些专利的人脸识别方面的进展,重新攻下国土安全部的新的合同。由于 FIT 希望在他们的光学系统的原始设计过程中,这一技术有所突破,他们准备开展研发工作。在硬件和软件的原始设计中,FIT 对所需要的设备增加了必要的接口,这样当技术有新的更新时,易于对设备进行升级。最后,FIT 希望通过有效地提供一个对美国边境巡逻部门的现有的单元进行升级的短期合同,来重新获得他们的主要的利益攸关者——美国边境巡逻部门的信任和关注,并构建与将来的新的利益攸关者的桥梁。

由于有了新的人脸识别技术和 6Sigma 的成功的实现,Smith 博士给 Erasmus 先生打电话来交流这一新的机会,Erasmus 先生本人对能够采用人脸识别技术这一新的机会和事实上可以提高他们当前的产品的质量感到非常振奋。Erasmus 先生请 Smith 博士到首都去见他,并向他的团队介绍人脸识别方法。Smith 博士不知道,Erasmus 先生邀请了一个特殊的顾客参加会议。

13.3.2　初次顾客会议

Bill:"Wilford 你好! 我很高兴今天有机会再次见到您。你的夫人和孩子怎么样?"

Wilford:"Bill 你好! 我也很高兴有这样的机会,他们都很好,我夫人很好,孩子们成长的很快,谢谢问候。你怎么样? 业务怎么样? 我希望你有一个美好的、放松的旅行。"

Bill:"好的,Wilford。我必须说,到这里的旅行是非常平淡的,但我很高兴能在这样美好的、温暖的天气下来到这里。Melbourne 热的太快了。你现在的业务怎么样?"

Wilford:"诚实地说,我们已经日子不好过了。由于抵押,现在更难从政府那里获得更多的经费了,这使我甚至不能到这里喝杯好咖啡!"

Bill:"我很抱歉听到这。看起来大家这些天都遇到困难了。我们的大部分政府合同都在奋力前行,其中有些项目已经取消。我很抱歉这样率直,但如果美国边境巡逻部门如此紧张,为什么又邀请我来到这里?"

Wilford:"我知道这看起来有些奇怪,但不要担心,因为我有好的理由邀请您到这里。尽管经费正在削减,我仍然对推进我们早先在电话里谈到的这种新的识别方法非常感兴趣。我知道在我这里要得到批准是很困难的,所以我把您请来。我邀请的另一个部门在我告诉他们你将要到来之后变得更加感兴趣,我希望我们能够在一起推进这一项目申请的通过。让我把您介绍给中央情报局的 Simon Sandeman 先生。"

Simon:"Bill,您好,我期待着同您的会面。"

Bill:"Simon,您好。很高兴见到您。我希望你不介意我的提问,请问您在中央情报局是做什么的?"

Simon:"Bill,我恐怕这是保密的信息……和你开玩笑的! 相不相信我的工作与 Wilford 在美国边境巡逻部门的工作差不多,但中央情报局在规模上大得多。由于需要在国土之外进行监视的原因,我希望组建一个大的无人机编队。这是我现在可以共享的所有的细节,其他的信息实际上是保密的。"

Bill:"有意思! 我所知道的是 FIT 总是愿意以任何可能的方式来帮助中央情报局。Wilford 是不是有机会告诉你为什么我来这里?"

Simon:"是的,我们的意见一致。今天早上较早的时候我们在一起审查了你们的技术要点,认为显然值得开展这方面的工作。中央情报局一直在寻找以不同的方式更好地识别人员的技术途径。"

Wilford:"Bill,我听到你的电话很高兴。你们给我们安装的探测无人机工作的非常好,这些系统已经帮助我们成功地抓获了几个不良分子(在他们进入美国之前),显著地减少了我们不希望的访客的数目。"

Bill:"我很高兴我们在这一问题上能够帮助你们,并使我们的国家更加安全。你想要分享一下你们正在寻求什么和我们必要参与的时间段吗?"

Wilford:"Bill,在我们进入正题之前,我不得不说,我们的上级主管对于几年前系统交付有些推迟不太高兴。现在,我们听说你们实现了6Sigma,这将帮助我们说服他们再次与你们合作,这是一件了不起事,因为我知道这次的重新接触对于得到这一合同是重要的。对吧,Simon?"

Simon:"是的,Bill。我知道我们需要在今后的两年总共需要交付2000个系统,这些系统包括中央情报局和美国边境巡逻部门的需求。基本上每个月要交付大概83套系统。我知道你们刚刚完成了6Sigma,但我们考虑到了你们以往的记录和我们所要求的量很大,在我们这部分,任何合同将取决于FIT证明他们实现了统计过程控制以改进质量。"

Wilford:"Bill,我们想要陈述所有的事实,因此我不得不说,由于当前的经济气候,这些需求是没有商量的。我知道我们要求的质量是非常高的,但诚实地讲,这大概是我们可以做这件事情的唯一的方式。你认为你们的人员能够胜任这一任务吗?"

Bill:"我知道我们能够胜任这一任务!这是一个令人振奋的机会,我们不想失去它。我想要同我在Melbourne的团队来讨论它,然后在一个星期之内联系你们,告诉您我们下一步要怎么做。怎么样?"

Wilford:"这对我是个好消息。及时向我们通报信息,我希望你们最近能完成一些纸面工作,我希望您安全回到家中。"

Simon:"Bill,很高兴遇到您。这是我的名片,希望很快能听到你们的消息。"

13.3.3 FIT执行团队会议

Bill:"各位团队成员。我感谢你们在听到通知后很快来到这里。正如你们中大部分所知道的,我刚从华盛顿回来,在那里我会见了美国国土巡逻部门和我们的潜在顾客中央情报局的人员!我需要与你们会面,因为我们有非常重要的决策要做,这涉及一个重大的机会,我们今天的一个大的问题是我们是否能够在两年之内实际生产2000套系统?我们需要有什么样的系统来证明我们完全采用了6Sigma?"

Tom:"关于这一点,我相信我们的设计是非常坚实的。我想我们所要做的是将新的识别组件嵌入在美国边境巡逻部门和中央情报局所需的新的设计中。Karl,你有什么想法?"

Karl:"尽管我们的主要设计是稳定的,最近对一个原型样机的测试表明,需要重新设计主透镜以适应新的识别系统,但我不认为这会有太大的问题,因为我们有最好的设计师来做这项工作,这应该是个低风险项,因为我们公司在透镜制作方面很好。"

Carlos:"抱歉,Karl,但在这一点上我有不同的看法。从质量角度来看,几年前我们的无人机透镜在制作过程上有许多缺陷,这些缺陷是为什么我们的项目推迟的主要原因。"

Bill:"Carlos,虽然这是对的,但我们现在已经符合 6Sigma 了,由于这一事实,我们应该不会再有这些问题了。"

Carlos:"Bill,你是否认识到我们公司将用几年时间来真正地全面满足 6Sigma? 要实现这些不是小的风险。是的,我们已经部分引入了许多 6Sigma 概念,但到目前为止,我们还是主要采用全面质量管理体系。我们的主要目标是改进质量、降低成本和提高利益攸关者的满意度。由于我们把质量放在了我们公司的优先的地位,在质量改进上已经有了很大的进步。尽管如此,我们需要知道,我们在全面满足 6Sigma 方面仍然有路要走。我们现在实际上是在 3Sigma 水平,再过两年,我想我们会达到 4Sigma 水平。"

Bill:"我不知道我们还不满足 6Sigma! 我怎样向政府解释我基本上对他们撒了谎? 这样就不会和他们有一个非常愉快的对话了。"

Carlos:"根据我的理解,我认为中央情报局和美国边境巡逻部门仅想证明我们采用了统计过程控制方法来提高我们的系统的质量。从这一方面来看,我们基本上是符合的。统计过程控制是我们强调高质量标准以来所做的第一件事情。"

Bill:"现在我可以喘口气了,但我仍然需要知道我们应当以什么样的最智慧的方式来告诉他们我们现在的生产过程仅仅在 3Sigma 水平? 这意味着什么?"

Carlos:"实际上,我在最近的一份报告中做了一些图并且送给你了,这可以更容易地理解这一信息,图 13.20 是当前的 Sigma 模型的图,仔细看,图中的黑线表示正态分布,我们生产的大部分产品是在这一图的白色区域中。"

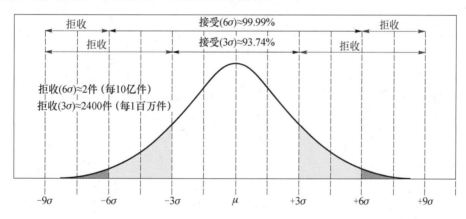

图 13.20　Sigma 模型

Carlos:"考虑这样,如果对我们的透镜的一个需求是等效焦距是 1m,则采用我们的生产工艺所建造的大部分透镜接近这一值。然而,不会满足规定的容限。例如,如果我们规定一个透镜的焦距为 1m,则生产的大部分透镜的等效焦距将接近 1m,其他的透镜不满足这一要求。根据我们的 3Sigma 过程,近似有 99.74% 的透镜在 1m 目标值的 3Sigma 范围内,任何落在 3Sigma 水平之外的产品被认为不符合要求,被拒收。我们期望有大约 0.26% 的透镜在容限范围之外,被拒收。换言之,每生产 1 百万个透镜有大约 2400 个被拒收。这些事实是与 6Sigma 标准不符的,6Sigma 标准要求更高的性能和更小的波动性,在这种情况下,99.99% 的产品是无缺陷的! 这意味着在 10 亿件产品中,仅有两件产品被拒收。这就是为什么在一个制造过程中要真正实现 6Sigma 非常困难而且非常耗费时间的原因。"

　　Bill："这对我意味着社么。为什么我们要费这么多额外的周折来实现 6Sigma？保持在 3Sigma 水平有什么问题？为什么我们要投入额外的金钱,但在回报上却没有显著的不同？"

　　Carlos："我理解您的问题,但实际上有非常好的理由要这样做。我们看一下图 13.21 所示的偏移的 Sigma 模型,第一个模型假设均值是不会移动的。最初发明 6Sigma 的公司 Motorola 观察到随着时间的推移,均值会向上或向下偏移 1.5 个 Sigma。"

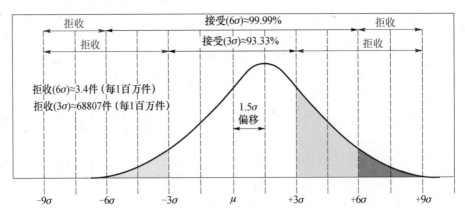

图 13.21　位移的 Sigma 模型

　　Carlos："这基本上意味着工作在一个 3Sigma 过程会大大地增大产生更多的误差的可能,更大的误差意味着有更多的产品会被拒收,这将导致更昂贵的成本,例如,如果我们的制造工艺最初的 3Sigma 过程能提供 99.74% 的产品被接受的百分比(0.26% 的产品被拒收),而且如果出现了我们前面所讨论的 Sigma 偏移,则我们的接受比将降低到 93.33%,拒收百分比将增加到 6.67%。Sigma 偏移也会影响 6Sigma 过程,但 Sigma 偏移是不显著的,对于 6Sigma 情况,偏移将使接受百分比降低到 99.99%(0.01% 的产品被拒收)。作为一个比较,对于 3Sigma 过程,拒收的零件将达到 1 百万个产品中有 68807 件被拒收,而对于 6Sigma 过程则是每 1 百万个产品有 3.4 件被拒收。这就是我们在制造工艺中推进实现 6Sigma 过程的原因。至于对政府方面,我们只需要告诉他们,我们现在已经采用了统计过程控制方法,正在推进 6Sigma 项目。"

　　Bill："好的,我明白你们的理由了。我理解了整个概念,因此我的问题是你们有什么建议吗？"

　　Carlos："是的。显然我们的问题大部分出现在制作过程中,因此我想试着采用田口分析,重点在研磨工艺中,这将帮助我们确定最佳的加工参数,以降低表面粗糙度的波动性,这是我们的产品两年以来的主要问题。"

　　Bill："这看起来是一个好的计划。我想我们有了一个好的开端,现在我们可以推进我们会议了。Malcolm,按照你的意见,你是否认为我们可以为顾客生产大量的产品？为了满足这样的量,我们将需要每个月交付 83 套系统,每周至少要生产 20 套系统。"

　　Malcolm："Bill,尽管数量很大,我想我们能在必要的时间段内生产这么多套产品。工厂已经实现了 Carlos 分享给我们的大部分质量原则,将这些原型运行在工程中使我们在产品质量改进上有了大的跃进,因此我们可以实现这一目标。"

Bill:"很高兴听到这样的回答。好的,各位,我已经得到了我们可以开展并获得这个项目的成功的答案。我将要去接洽美国边境巡逻部门和中央情报局,这样我们可以开始起草一份粗略的合同轮廓。感谢各位。"

13.3.4　第二次顾客会议

Bill:"Wilford,您好,这是 FIT 的 Bill 的电话。我和我的团队已经会谈过了,我们讨论了你们的建议。我们现在已经在我们的制造工艺中实现了统计过程控制和某些质量措施,我们正在向我们的 6Sigma 目标推进。我的团队已经向我保证我们可以接受这一项目,并满足所有的需求。我们可以向前推进了,并在你们准备好后起草正式的合同。"

Wilford:"Bill,我很高兴听到这,Simon 也会这样。我知道你们已经通过自己的研发投入在设计过程中获得了显著的进步。你们能够在下面的两个月内准备好设计评审吗?在从我们的预算中抽走更多的钱之前,我们正在推动这个项目得到批准。"

Bill:"Wilford,我知道对我的团队来说这不是问题。我将向你和 Simon 发送邀请,请你们参加我们的设计评审。"

Wilford:"这很好,Bill! 我期待着能很快见到你,保重!"

13.3.5　设计评审

Bill:"各位好,我们的团队! 我想感谢各位过去两个月来为完成我们为特殊客人所做的设计包所付出的长时间的辛苦工作。各位,我想你们都很高兴欢迎美国边境巡逻部门的 Wilford Erasmus 先生和中央情报局的 Simon Sandeman 先生。我希望两位欣赏我们展示的方案,并请在任何时间插话或提问。为了便于 Simon 先生了解情况,我想我们首先将简要地介绍一下 FIT 的系统工程过程。图 13.22 所示的这张 V 形图您应该是非常熟悉的,这张图描述了 FIT 的系统工程技术过程模型。"

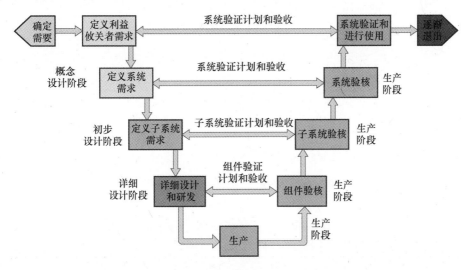

图 13.22　FIT 的系统工程技术过程模型(V 形图)

Bill:"在确定了顾客的需要之后,我们将定义一个清晰的利益攸关者需求集,这一利益攸关者需求的目的是推动系统层级、子系统层级以及组件/部件/零件层级的开发,以便能得到一个用于系统生产的完备的需求集(如"要建造的"规范)和相关的文档。各个层级的需求必须得到验核和批准,例如,所有的需求必须通过正式的评审形成每个层级的基线。现在有什么问题吗?"

Wilford:"好的,Bill,我有一个问题……这实际是简要的吗?"

Bill:"我得到了一些暗示,Wilford 先生。让我们继续,请允许我介绍一下 Malcom,我们的产品经理,Malcom 将告诉你我们的生产运行和过程,Malcolm?"

Malcom:"谢谢 Bill。请大家参见图 13.23,这是我们对这一产品所采用的制造过程流程图。"

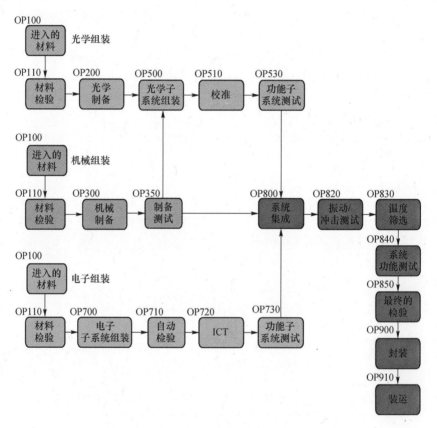

图 13.23　FIT 的无人机光学系统的制造流

Malcom:"对于这一光学系统,我们要制造三个主要的组合:电路组合、光学组合和机械组合。制造过程从由 OP100 接收的用于透镜的原材料开始,我们在 OP110 有一个过程中检验组。在此之后,在 OP200 进行透镜制作。在 OP500,集成机械组合与光学组件。在此之后,在 OP530 对集成的组合进行校准和测试,准备将受测的组件与其他的机械组件进行系统集成。用于电路组合的过程与此类似。区别在于我们不为电路系统制作任何东西,而是采用商用货架电子组件组装电路板,检验完成的电路板,然后在送到功能测试并与系统集成之前对电路板进行板级测试。在 OP800 进行系统层级的集成,在这里集成电路、光学和机械系统,并进行系统层级的测试。在这一阶段,对集成的系统进行几项测

494

试,如冲击、振动和温度测试。在进行了这些测试之后,在将产品交付给我们的顾客之前要进行最后的功能测试。"

Wilford:"我喜欢这幅图! 它清晰地展示了你们的生产流,并展示了你们的测试和检验点。"

Malcolm:"谢谢您,先生,您的意见对我们意味着很多。我们确实正在努力生产卓越的、高质量的产品。说到这里,请允许我向您介绍我们的质量经理 R. Carlos"。

Carlos:"您好,先生。正如你们可以回想到的那样,我们原来的无人机载光学系统透镜有一些质量问题,这导致我们推迟了交付日期。在此之后,我们花了一些时间来确定这一问题的根源,确定我们的研磨工艺需要更新,以便恒定地生产出满足规范要求的透镜。图 13.24 给出了我们进行的田口稳健试验设计分析,通过这一分析,我们能够确定我们的在透镜研磨过程中易于受控的变化的 4 个重要的控制因素的 3 个关键的水平。基于控制因素的数目和每个控制因素的水平的数目,田口方法提供了一个交叉参考矩阵来查找必须使用什么样的正交阵列,这得到了所需要的试验数目和所需要的控制因素的变动。在我们的情况下,这些因素被放在一个 L-9 田口阵列系统中,以完成 9 个试验,确定 4 个因子的最佳设置。"

控制因素	符号	水平1	水平2	水平3
时间（分）	A	5.0	7.5	10.0
压力(kPa)	B	4.9	9.8	12.7
卷轴速度(RPM)	C	40	50	60
振荡速度d(RPM)	D	3	4	5

L-9 阵列	控制因素			
运行	A	B	C	D
1	1	1	1	1
2	1	2	2	2
3	1	3	3	3
4	2	1	2	3
5	2	2	3	1
6	2	3	1	2
7	3	1	3	2
8	3	2	1	3
9	3	3	2	1

图 13.24　透镜磨光的田口稳健设计控制因素

Carlos:"我们采用田口方法来确定我们需要运行的试验数目,而不是采用全因素方法针对每种可能的组合运行所有的试验,分析的结果如图 13.25 所示。"

Carlos:"我们选择田口方法的原因是可以削减成本和节省时间,而且仍然能够得到有效的结果。将结果应用到我们的透镜研磨问题中,采用通过田口稳健设计分析确定的最优值来优化我们的过程并提高质量。因素 A 被设定运行在水平 3,因素 B 被设定运行在水平 1,因素 C 运行在水平 1,因素 D 运行在水平 2"

Simon:"Carlos,这是一个很好的概述! 我可以看到你们在质量项目上已经取得了很大的进步,我非常相信你们能把事情做好。"

Carlos:"谢谢! 现在我向你们介绍我们的光学设计师 R. Amanda,她将共享怎样设计新的透镜,以使我们的光学系统可以用于识别和辨认用途。"

Amanda:"谢谢你,Carlos。在测试了我们的原型样机后,我们能够确定需要进行一些调整,以便使透镜能够用于识别应用。透镜被确定为光学链中的关键的组件,因此,为了简短起见,我在这里做概述。图 13.26 给出了这一透镜要"要建造"的规范。

L-9 阵列	控制因素				表面粗糙度/nm			均值	最小SNR
运行	A	B	C	D	Trail 1	Trail 2	Trail 3		
1	1	1	1	1	1.41	1.80	2.32	1.84	-5.4861
2	1	2	2	2	2.05	2.76	1.91	2.24	-7.1232
3	1	3	3	3	3.32	5.52	4.17	4.34	-12.9286
4	2	1	2	3	1.55	2.18	2.02	1.92	-5.7346
5	2	2	3	1	4.46	4.97	5.08	4.84	-13.7044
6	2	3	1	2	1.52	2.10	1.09	1.57	-4.2097
7	3	1	3	2	2.08	2.42	2.70	2.40	-7.6524
8	3	2	1	3	2.48	2.04	1.94	2.15	-6.7135
9	3	3	2	1	1.90	2.49	2.30	2.23	-7.0186

因素A

L1	2.8067	-8.5126
L2	2.7744	-7.8829
L3	2.2611	-7.1282
变化范围	0.5456	1.3845

排序: 4

因素C

L1	1.8556	-5.4698
L2	2.1289	-6.6255
L3	3.8578	-11.4285
变化范围	2.0022	5.9587

排序: 1

因素B

L1	2.0533	-6.2911
L2	3.0767	-9.1804
L3	2.7122	-8.0523
变化范围	1.0233	2.8893

排序: 2

因素D

L1	2.9700	-8.7364
L2	2.0700	-6.3284
L3	2.8022	-8.4589
变化范围	0.9000	2.4080

排序: 3

图 13.25 透镜磨光的田口稳健设计结果

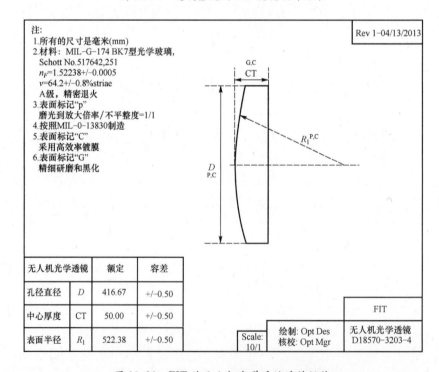

图 13.26 FIT 的无人机光学系统透镜规范

Karl:"我们所设计的透镜的等效焦距为 1m,在可见光波段的中心波长为 486.1nm,这一透镜的目标 $f/\sharp$ 为 2.4,我们采用 Schott 生产的 BK7 玻璃作为透镜材料,它的规定的折射率为 1.52238 ± 0.0005(在 486.1nm 处测量),这一透镜将为我们提供用于识别和辨认应用(采用我们的高速自适应光学/大气湍流补偿方法)所需的衍射限空间分辨率。我们采用 Zemax 来设计用于到焦平面的中继光学的光学系统。现在,我把话题交给 Carlos,他将介绍我们的统计过程控制方法。"

Carlos:"Karl,非常感谢您。我们在 FIT 非常努力地实现用于我们的制造过程的稳健的统计过程控制能力。我们正在采用统计过程控制方法来控制我们的生产过程中的关键系统参数。我们不仅实现统计过程控制方法,而且 FIT 还成立了一个委员会来实现全面质量管理方法,以提高我们产品的总的质量。除了对我们的生产线进行改进之外,全面质量管理方法也关注为我们的利益攸关者和我们的雇员提高质量。我们的质量保证方法也扩展到我们的供应商,我们要求他们保持相同的高标准。例如,如果我们的供应商不能提供高质量的零件和服务,则或者他们解决问题,或者我们寻找新的供应商。我们已经实现并正式采用了基本的质量过程,我们想你们可能感兴趣的是几种日本的质量工具:控制图、检查表、Pareto 分析、因果图、流程图、直方图和散布图。我们愿意向你们介绍我们的控制图过程,但在我转向这一主题前,有人有问题要问吗?"

Wilford:"是的,Carlos,我有问题。我非常满意 Malcolm 较早介绍的流程图的细节以及控制图,但我仍然对其他两种方法不太明白。你可以更详细地介绍一下吗?"

Carlos:"Wilford,我很愿意提供更多的信息。尽管在这一简介里没有例子,我可以向您更详细地解释这一信息。这两种质量工具被分类为"离线"质量方法,为了使用这些工具,从以前的制造过程中得到了数据,并进行离线分析。如果在数据分析中发现了质量问题,我们采用因果图来确定这一质量问题的根本原因,Pareto 被用来反向确定所发现的质量问题的相对优先排序,如果质量问题足够严重,我们可以停下生产线,直到问题得到解决。因果图质量工具对于采用头脑风暴全面地考察由质量团队确定的所观察到的质量问题的可能原因是很有用的,这可以是一个预防或响应式的质量方法,它可以在确定质量问题前或后采用。因果图(或鱼刺图)是作为分析过程的一部分产生的,它被称为鱼刺图是因为完整的图看起来像鱼的骨架。在一个典型的应用中,要确定质量问题并变成鱼刺图的焦点,质量团队接着对导致质量问题的原因进行头脑风暴,并记录在图上的一系列确定所观察到的质量问题的可能原因的线和相交的线段上。在 Pareto 分析情况中,根据它们的重要性,对所发现的质量问题进行分类和排序。Pareto 分析背后的基本概念/假设是,大部分与质量相关的问题源于少数几个根本原因,相应地,聚焦在导致最大数目的明显可观察到的缺陷的问题,可以最大限度地改进产品质量,并能提供下游的质量改进。采用这种方式,将 Pareto 分析当作用于质量问题排序的一种优良的工具。由于所有的质量问题可能不是同等重要的,对缺陷类别的相对优先级进行工程评审,对于确定缺陷的适当的相对重要度是必要的,例如,在我们的透镜上的一个单个的裂缝,比在安装夹具下的透镜的边缘的 4 个表面的划痕更受关注。这对您有帮助吗?"

Wilford:"是的,谢谢你,Carlos。我现在已经更好地理解了这些信息。请转向控制图。"

Carlos:"我们继续往下讲。有两个主要的参数可以采用三种不同类型的图来测度。

我们首先介绍变量控制图,这样我们可以控制 Amanda 所讨论的新的透镜的孔径直径。根据我们过去的经验,这一问题有最大的风险,我们设定一个 $\overline{X}$ 图来监控我们所生产的透镜的平均直径,我们也采用一个 R 图来绘出相关的范围。此外,我们要采用属性图(P 图)监控在 OP840 的一次通过率,P 图用于对集成的光学系统的最终的系统功能测试。我已经提到……"

Simon:"Carlos,我很抱歉打断你,但你可以在进一步介绍之前先解释一下在 $\overline{X}$ 图中有什么吗?"

Carlos:"Simon,请原谅,我假设每个人都熟悉这一术语。让我往后退一点,我分享一下要关注的基本控制图,以便更容易理解。基本控制图与我已经提到的图非常类似,它们非常适于发现过程的波动,如过程均值的偏移或者过程的范围或方差的变化。采用这些图的一个主要原因是要分析评估一个给定的过程是否统计受控。如果可以确定与所观察到的质量问题相关的一个过程变量,变量控制图是非常有用的。诸如体积、长度、温度、高度或重量等变量是代表性的好例子。对于我们的应用,感兴趣的变量是我们制作的主透镜的直径,我们采用 $\overline{X}$ 图来绘出样本的均值,采用 R 图通过绘出样本的范围或标准差来说明透镜直径的变动,$\overline{X}$ 图和 R 图在实际中是非常常用的。另一类控制图是属性图,属性图克服变量控制图的单变量限制,可以用于监控与质量相关的许多参数。属性控制图可以用于评估可以划分为两类(如通过或未通过)的质量问题。另一个例子将是监控缺陷产品的比例。对于我们的应用,采用 P 图来确定与未通过检验的产品数目相比首次通过检验的产品数目。产生属性图的规则非常类似于产生变量控制图的规则。两种方法都确定中心线,并绘出数据相对于中心线的变动(方差)。变量控制图和属性控制图都有控制上限和下限,可以用于确定一个具体的过程是否统计受控。两类图的主要的差别是所分析的数据的特性:变量数据和分类的质量特性。我知道这其中有许多内容需要理解,让我给出一个例子,图 13.27 示出了一个代表性的 $\overline{X}$ 图(上)和对应的 R 图(下)。"

Carlos:"$\overline{X}$ 图绘出了一系列的样本的样本均值的波动。在我们的例子中,这是在一系列批次中一个批次的透镜直径的均值波动。类似地,R 图绘制了在一系列批次中的一个特定批次的透镜直径的范围的变化。尽管有所不同,这些控制图有下列共同点:中心线、控制上限、控制下限,以及被分析和绘制的相同的起始变量数据集。数据均值由中心线表示,在所有的样本/批次上的样本平均透镜直径的实际的曲线表示样本/批次均值的变动。如果所绘制的 $\overline{X}$ 图和 R 图有跨越控制上限和控制下限的点,则制造过程可能是不统计受控的。我们的目标是绘制的点在控制上限和控制下限之内,仅允许自然的统计变动超出这些限。这意味着我们需要确定:一个落在控制上限和控制下限之外的点,是由于自然统计变动,还是由于表明有质量问题的原因造成的。"

Simon:"我想我明白了。我要尝试一下。如果我们的目标是使过程受控,则我们希望我们的大部分点落在控制上限和控制下限之内。我仍然对怎样解释一个落在这些界限之外的点有些模糊。你说,即使点落在控制上限/控制下限之外,它仍然可能是统计受控的?"

Carlos:"Simon,这是对的。如果我们看到一个监控的数据点超出了控制上限/控制下限,如果可能的影响足够严重,我们会停下生产线。我们接着围绕这一问题分析情况,并确定这一问题是由于自然的统计变动,还是由于与质量问题相关的根本原因造成的。

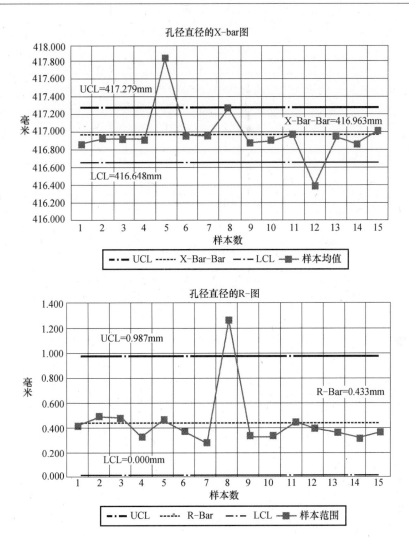

图 13.27　无人机光学系统透镜制备：失控

在我们的例子中，我们确定我们的测试检验人员采用错误的调准程序，这导致所报告的数据是错误的。然而，由于我们有统计控制方法，我们马上发现了这些问题，因此我们的质量损耗和停机时间得到了最小化。"

Simon："这很有意义！因此这些图能提供一种检测质量问题的清晰和简明的手段，让你们在质量问题造成昂贵的损失之前能及早发现这些问题。"

Carlos："谢谢您。图 13.28 示出了在 OP840 的控制图，它给出了我们的光学透镜系统的一次通过率。我们刚刚对我们的生产线进行了一些调整，在我们对此进行修正之前，这是我们的起点，因此这些结果不会给你们造成警告。"

Carlos："在图 13.28 中，左边的图有两个点（第一个和第二个）超过了控制低限，这表示可能有质量问题，在这些数据中我们的一次通过率是 76.7%。注意，整个数据集看起来有一个正的斜率，我们观察了这些结果背后的原因，发现产品线有标定误差。在解决了这些问题后，我们在一周后再次进行了试验，右图示出了这些结果，虽然我们的一次通过

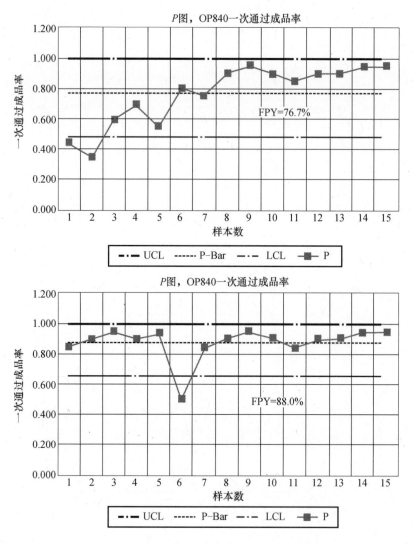

图 13.28　无人机光学系统的 OP840 工序的一次通过成品率

率提高到了 88.0%,仍然有一个点超过了控制低限。我们发现,操作人员失误是这一结果背后的原因,我们修正了我们的培训项目来避免这一问题再次发生。"

Wilford:"Carlos,我非常高兴你共享给我们的这些信息。显然,FIT 公司在提高质量方面有了一个新的转折。我感谢你,并且完全理解了这一过程需要一定的时间来解决所有的问题。诚实地讲,我很高兴你们很快确定了所发生的问题,并且得到了解决。Bill,我对你们已经取得的进步印象很深。Simon,你还要说些什么?"

Simon:"Wilford,我同意你的看法。我也对 FIT 已经做的和今天所展示的有很深的印象。关于质量,我不是一个专家,概率和统计从来不是我的强项。我感谢你们介绍的所有信息,这使我可以更好地理解。我可以说的是继续开展这项重要的工作,看起来所有的事情都很对头。"

Bill:"Wilford 和 Simon,我很高兴你们对我们目前的工作感到满意。我们将努力满足我们的顾客的每一项需求。至于 FIT 团队,谢谢你们艰苦的工作。在我们结束这次会议前,还有人要说什么吗?"

Wilford:"实际上,我有一个请求。我对跟踪你们的生产结果非常感兴趣。我知道你们的工作正在很好地进行,但我希望保持在环路中并跟随你们的进展。正如罗纳德里根曾经说过的那样,"信任,但是要验核!"很高兴听到你们正在做的惊人的工作。"

Bill:"没问题。事实上,从现在开始我们可以计划每个月补充报告一次。谢谢你们,祝一路平安。"

13.3.6　第一次质量会议

Bill:"Wilford,您好! 我是 Bill。正如曾经许诺的那样,我们将向您汇报我们的生产过程,我让 Carlos、Malcolm 和我一起在线上。如果你回想一下,Carlos 是我们的质量负责人,Malcolm 负责我们的生产部门的运行。他们在一起协作得很好。Simon 和您在一起吗?"

Wilford:"Simon 没和我在一起。Simon 现在正在忙于其他工作,今天不凑巧,他不在这里。我告诉他我将稍后和他联系。在佛罗里达阳光州的情况进展的怎么样?"

Bill:"Wilford,我必须说情况进展得很顺利。尽管在我们的测试和生产过程中出现了一些预料到的困难,我们的质量体系现在工作得很好。我们已经注意到我们的一次通过率有所提高,我们的生产线的波动性有所降低,整个生产成本有所降低。最重要的是,Carlos 在这里实现的一些过程改进,使我们的进度有所改进,缩短了我们预计的交付时间,这就是说我们将能够提前两个月交付。"

Wilford:"这是我这几个星期听到的最好的消息。政治环境变得越来越不可预测,因此知道你们的情况进展得很顺利很好。目前你们遇到了什么问题吗?"

Carlos:"Wilford,您好,我是 Carlos,我可以回答这个问题。请看在您的简报包里的图 13.29。我们上个月在综合系统试验台(如果您记得的话,是 OP840)进行了一次 Pareto 分析,我们较早的生产阶段的生产线上生产的 50 套产品有大约 20 套产品有缺陷,显然 60% 的通过率不够好。"

Carlos:"在我们观察发生了什么问题时,我们发现 9 个故障有模糊的图像,我们知道光学组装过程出现了一些问题。通过与其他问题比较,我们确定这一问题是最关键的,因此我们将我们的注意力聚焦在首先解决这一问题。我们很快发现了造成图像模糊的根本原因,并且解决了问题。在解决问题后,我们重复进行了测试,100 个产品单元有 10% 的缺陷率。图 13.29 右边所示后续的 Pareto 分析表明我们解决了问题。有意思的是,通过解决图像模糊问题,我们也解决了"不能变焦"的问题。事实上,这两个问题是相关的。我们的一次通过率提高到大约 90%,与以前的 60% 相比有显著的变化。质量团队,生产团队成员和我在一起形成了因果图,来帮助我们理解造成模糊图像的原因。图 13.30 示出了我们的结果。"果"是图像模糊,团队评估了可能导致这一效果的所有可能的原因:组装过程和系统的操纵,我们确定在 OP840 上进行集成系统测试之前没有进行足够的测试,最终的问题归因于在 OP820 进行的振动测试中引入的光学系统的校准问题。我将让 Malcolm 向您介绍有关我们怎样解决这一问题的更多的信息。"

Wilford:"Carlos,谢谢你。这是一个重要的信息。很高兴你们实现的质量工具是有效的,并帮助你们发现了问题,改进了你们的生产过程。这使我更加确信 FIT 对质量是

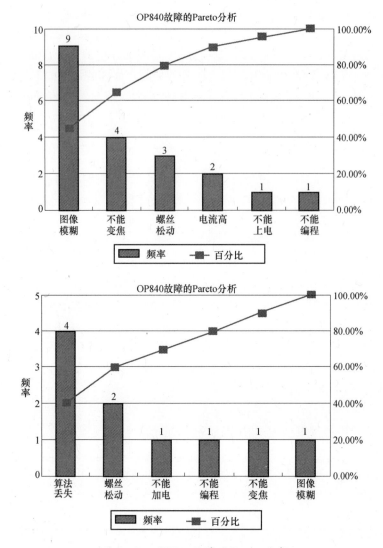

图 13.29 OP840 故障的 Pareto 分析

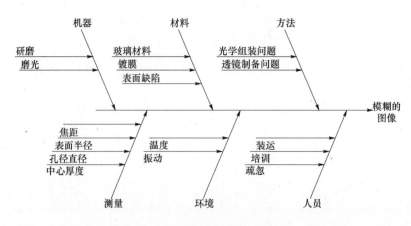

图 13.30 OP840 故障的因果分析

严肃的。我也感谢能看到这些鱼刺图。"

Carlos："没有问题！我很愿意为您服务。现在由 Malcolm 介绍。"

Malcolm："Wilford,您好！我不会淡化当我们发现图像模糊问题时对我们有很大震动这一事实。我们关注的是我们可能有一个严重的缺陷。60％的一次通过率从长期来看是不可持续的,因此当时我们非常关注。我们的质量团队确实帮我们度过了难关。事实是我们能够及早确定问题,这使我们能对生产流程进行一些小的调整。我们引进了一个早期测试点,这让我们能够确认对光学系统进行了正确的校准。图 13.31 给出了我们的更新的过程流。这幅图类似于我在上次会议中给您看的图,只是增加了一些附加的操作步骤,这些操作步骤在图中灰色的方框中示出,说明了我们增加的附加的测试,我将简要地介绍并解释这些方框。"

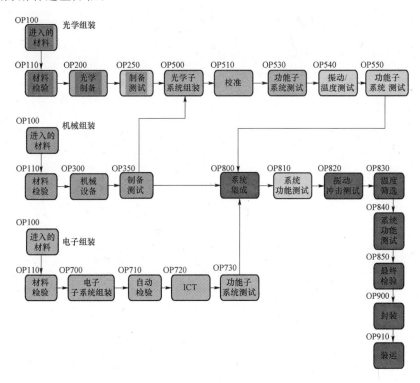

图 13.31　FIT 的更新的无人机光学系统制造流

Malcolm："当我们分析原来的生产流程时,我们注意到我们实际上在 OP530 的光学子系统功能测试之前没有对透镜制作进行测试,然而这一测试是在 OP500 的光学系统组装之后进行的,结果,我们不知道在 OP530 进行的功能测试中发现的问题,是由于在 OP500 中引入的组装问题还是在 OP200 中引入的透镜或金属件制作问题造成的。我们通过在光学制作步骤(OP200)中引入一个制作测试(OP250)来解决这一问题。Carlos 指出,造成图像模糊的根本原因是由于由振动测试所加重的校准问题造成的。以前,我们仅在 OP820 完成光学系统的完全组装之后进行振动测试,理解振动测试和图像模糊之间的关联性占了我们一些时间。这一问题是与光学系统本身、机械系统还是电路系统相关呢？在发现了校准问题后,我们想隔离光学系统,因此在 OP540 引入了一个对光学子系统的振动测试,在 OP550 引入了一个对光学子系统的功能测试。我们也在 OP810 增加了一个系统功能测试,以确保集成的系统在进行在 OP820 和 OP830 的最终的环境测试之前是功能正常的。这一规程提高了我们的置信度,并让我们能够在问题发生时能够更好地隔离问题。"

Wilford:"很好,Malcolm。看起来你们应对得很好,在问题发展成一个严重的问题之前很快得到了解决。有关你前面讨论的生产线的控制方法还有新的信息吗?"

Carlos:"是的,Wilford,事实上,我们有新的信息。如果你往下看图 13.32,这些图将给出生产线的最新的结果。注意,我们的有关透镜的直径的透镜制作过程现在看起来很好。我们能以可以接受的波动来按照中心线来生产透镜,正如我们今天较早时提到的那样,我们的一次通过率现在为 90% 的量级。"

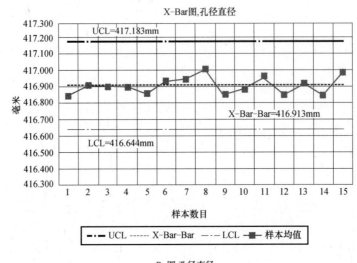

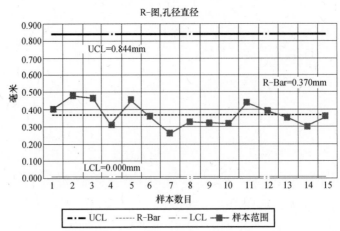

图 13.32　无人机光学系统透镜制备:受控

Wilford:"这很好! 这是否意味着工厂现在能尽可能高效地运行?"

Carlos:"我将说现在是这样的。我们的生产过程现在是受控的,然而,可能还会出现更多的问题,需要我们再次对过程进行调整。现在,透镜直径变动在中心线的 3Sigma 水平上,我很高兴有这样的开始。然而,我们将希望通过对设备进行一些改进来进一步减少这些波动。我们也有一些将在近期内实现的一些过程更改。"

Wilford:"很好。再次感谢你们的好消息,我期望着下次同样有好消息。继续推进,你们做得很好。"

13.3.7　第二次质量会议

Bill:"Wilford,您好! 我是 Bill,我和 Carlos 和在线上。你们在华盛顿这些天事情进展的顺利吗?"

Wilford:"我很好。我们得到了你们交付的无人机光学识别系统,我们非常高兴。我们都很振奋! 你们在为我们提供这些系统方面都完成了惊人的工作。Simon 让我向你们致歉,他今天再次缺席,但他听到你们的整个进展后很高兴。他担心随着时间的推移,你们会有大量的变动。"

Carlos:"我们有好消息告诉您! 请看你的简报包的图 13.33,正如您看到的那样,我们已经优化了我们的生产过程,现在的一次通过率超过了 90%,结果示出了我们直到 OP840 的一次通过率。"

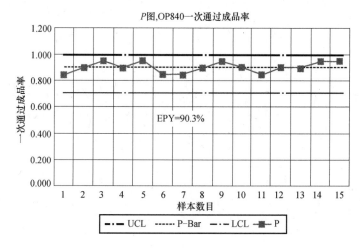

图 13.33　UAV 光学系统的 OP840 的一次通过成品率,有流程更新

Wilford:"Carlos,这是一个好消息。很高兴看到你们的确提供了优良的产品,尤其是因为这些系统将用在要保证生命安全的前线。你还有更多的新的信息给我吗? 透镜的制作还好吧?"

Carlos:"我们在透镜制作工艺方面开展了艰苦的工作。在进行了很多研究之后,我们对工艺进行了足够的调整,现在可以制作出波动量很小的透镜。我的意思是我们有一个有能力的过程,我们的透镜直径的 3Sigma 偏差现在小于我们的变量控制图的控制线。我现在对 FIT 能够为 Simon 生产大量的、高质量的系统没有疑问了。图 13.34 示出了我们的最新的结果。"

Wilford:"很好! Bill,我必须说你们都完成了很好的工作。继续开展这一卓越的工作,我相信我们这里的人员将在我们度过这些预算危机后继续升级你们的系统。"

Bill:"Wilford,谢谢您,我们很高兴你对我们的展示表示满意。保重,Wilford,请带我们向 Simon 先生问好。如果下一次能见到他就太好了。"

Wilford:"谢谢您! 期望能再次和你合作!"

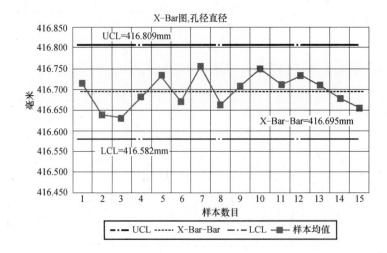

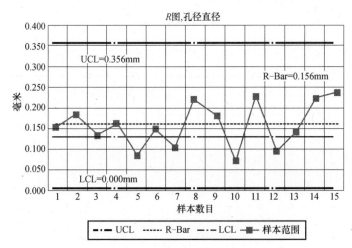

图 13.34　无人机光学系统透镜制备:受控

13.A　附录:首字母缩略词

AHP	层次分析法
CBP	美国海关和边境防护机构
CEO	首席执行官
CIA	中央情报局
CNC	计算机数值控制
CTO	首席技术官
DHS	国土安全部
EPC	工程过程控制
FIT	Fantastic 成像技术公司
FPY	首次通过率
IBLF	逆贝塔损耗函数
ICT	在线测试

IGLF	逆伽马损耗函数
INLF	逆损耗函数
IPC	综合过程控制
OP	运行
QE	质量工程
QFD	质量功能展开
QLF	质量损耗函数
SE	系统工程
SNR	信噪比
SPC	统计过程控制
SQC	统计质量控制
TQM	全面质量管理
UAV	无人机
USBP	美国边境巡逻

13.B　附录:变量描述

$f/\#$	f—光阑数,相对孔径,透镜的亮度或速度
α	I 型错误
β	II 型错误
Δ_m	制造容差
Δ_s	规范容差
Σ	过程标准差
σ_p	产品的平均比例的标准差
σ_s	样本均值的分布的标准差
σ^2	过程方差
μ	过程均值
φ	透镜的光学倍率
A_2	标准正态变量的统计值
C_i	每个单元的缺陷数
$\overline{c}$	在整个样本时间内的缺陷的平均数
C_m	制造的费用损失门限(美元)
C_p	过程能力指数(中心的)
C_{pk}	过程能力指数(非中心的)
C_s	社会的成本损失门限
CT	透镜的中心厚度
D	透镜的孔径直径
D_3	基于统计正态变量的统计值

D_4	基于统计正态变量的统计值
f	透镜的焦距
k	质量损失系数
L	每个单元对社会的质量损失
$\overline{L}$	每个单元对社会的平均质量损失（美元/单元）
LCL_C	C 图控制低限
LCL_P	P 图控制低限
LCL_R	R 图控制低限
$\text{LCL}_{\overline{X}}$	$\overline{X}$ 图控制低限
LML	制造低限（min）；$\text{LMT}=T-\Delta_\text{m}$
LSL	规范低限（min）；$\text{LSL}=T-\Delta_\text{s}$
m	总观测的数
n	每个样本的观测数（样本大小）
η	透镜材料的折射率
P_i	每个样本的占比的单元的数目
$\overline{p}$	
R	样本观测的范围（最大—最小）
$\overline{R}$	样本观测数据的平均范围
R_1	透镜外表面半径
R_2	透镜内表面半径
s	观测数据样本标准差
s^2	观测数据样本方差
SNR_min	田口最小信噪比
SNR_tgt	田口目标信噪比
SNR_max	田口最大信噪比
T	样本时间
T	目标规范值（额定）
UCL_C	C 图控制上限
UCL_p	P 图控制上限
UCL_R	R 图控制上限
UCL_X	$\overline{X}$ 图控制上限
UML	制造上限（max），$\text{UML}=T+\Delta_\text{m}$
USL	规范上限（max），$\text{USL}=T+\Delta_\text{s}$
W	样本数（样本大小）
x_i	性能参数观测数据
$\overline{X}$	观测数据样本均值
$\overline{\overline{X}}$	观测数据样本均值的平均
z	标准正态变量（标准差的数值）

13. C　附录:控制图和田口稳健设计数据

这一附录示出了用于产生本文件中的控制图和 Pereto 的微软 Excel 数据。完整的田口计算在图 13.24 和图 13.25 中的文件的主体中示出。

X-Bar 图/R 图　受控，能力不足

样本编号	观测				平均	范围
	1	2	3	4	X-Bar	R
1	416.77	416.82	416.71	417.11	413.85	0.40
2	417.17	416.69	416.84	416.96	416.92	0.48
3	416.87	417.14	416.95	416.67	416.91	0.47
4	417.00	417.04	416.73	416.86	416.91	0.31
5	416.70	417.16	416.70	416.89	416.86	0.46
6	416.92	416.96	417.13	416.77	416.95	0.36
7	417.06	417.05	416.80	416.90	416.95	0.26
8	417.02	417.14	416.81	417.08	417.01	0.33
9	416.69	416.82	416.91	417.01	416.86	0.32
10	417.06	416.74	416.83	416.93	416.89	0.32
11	417.15	416.89	416.71	417.13	416.97	0.44
12	416.69	417.08	416.94	416.72	416.86	0.39
13	416.82	416.79	416.96	417.14	416.93	0.35
14	416.98	416.68	416.78	416.96	416.85	0.30
15	417.02	417.05	417.13	416.77	416.99	0.36

所有的单位为毫米

416.913	0.370
X-Bar-Bar	R-Bar

控制上限 (UCL):	417.183	0.844
控制下限 (LCL):	416.644	0.000

样本数目 (w):	15	15
每个样本的观测数目 (n):	4	4

观测的数目的 A_2 值:	0.729	
观测的数目的 D_3 值:		0
观测的数目的 D_4 值:		2.282

额定值 (T):	416.670
上容差:	0.500
下容差:	0.500

指标上限 (USL):	417.170
指标下限 (LSL):	416.170

过程均值 (μ):	416.913
过程标准差 (σ):	0.1554

过程能力 (C_{pk}):	0.5507

509

X-Bar 图/R 图　不受控，能力不足

样本编号	观测				平均	范围
	1	2	3	4	X-Bar	R
1	416.77	416.82	416.71	417.11	416.85	0.40
2	416.17	416.69	416.84	416.96	416.92	0.48
3	416.87	417.14	416.95	416.67	416.91	0.47
4	417.00	417.04	416.73	416.86	416.91	0.31
5	417.70	418.16	417.70	417.89	417.86	0.46
6	416.92	416.96	417.13	416.77	416.95	0.36
7	417.06	417.05	416.80	416.90	416.95	0.26
8	417.02	417.14	416.81	418.08	417.26	1.27
9	416.69	416.82	416.91	417.01	416.86	0.32
10	417.06	416.74	416.83	416.93	416.89	0.32
11	417.15	416.89	416.71	417.13	416.97	0.44
12	416.19	416.58	416.44	416.22	416.36	0.39
13	416.82	416.79	416.96	417.14	416.93	0.35
14	416.98	416.68	416.78	416.96	416.85	0.30
15	417.02	417.05	417.13	416.77	416.99	0.36

所有的单位均为毫米

416.963	0.433
X-Bar-Bar	R-Bar

控制上限 (UCL):	417.279	0.987
控制下限 (LCL):	416.648	0.000

样本数 (w):	15	15
每个样本的观测数 (n):	4	4

观测数的 A_2 值:	0.729	
观测数的 D_3 值:		0
观测数的 D_4 值:		2.282

额定值(T):	416.670
上容差:	0.500
下容差:	0.500

指标上限 (USL):	417.170
指标下限 (LSL):	416.170

过程均值(μ):	416.963
过程标准差(σ):	0.3547

过程能力 (C_{pk}):	0.1942

X-Bar 图/R 图 受控，有能力

样本编号	观测				平均	范围
	1	2	3	4	X-Bar	R
1	416.77	416.62	416.71	416.76	416.72	0.15
2	416.57	416.69	416.74	416.56	416.64	0.18
3	416.67	416.54	416.64	416.67	416.63	0.13
4	416.60	416.64	416.73	416.76	416.68	0.16
5	416.70	416.76	416.70	416.78	416.74	0.08
6	416.62	416.66	416.63	416.77	416.67	0.15
7	416.76	416.75	416.80	416.70	416.75	0.10
8	416.52	416.74	416.71	416.68	416.66	0.22
9	416.79	416.72	416.61	416.71	416.71	0.18
10	416.80	416.74	416.73	416.73	416.75	0.07
11	416.65	416.86	416.71	416.63	416.71	0.23
12	416.69	416.78	416.74	416.72	416.73	0.09
13	416.65	416.79	416.66	416.74	416.71	0.14
14	416.69	416.68	416.78	416.56	416.68	0.22
15	416.76	416.53	416.55	416.77	416.65	0.24

所有的单位均为毫米

416.695	0.156
X-Bar-Bar	R-Bar

控制上限(UCL):	416.809	0.356
控制下限(LCL):	416.582	0.000

样本数(w):	15	15
每个样本的观测数 (n):	4	4

观测数的 A_2 值:	0.729	
观测数的 D_3 值:		0
观测数的 D_4 值:		2.282

额定值(T):	416.670
上容差:	0.500
下容差:	0.500

指标上限(USL):	417.170
指标下限 (LSL):	416.170

过程均值(μ):	416.695
过程标准差(σ):	0.0772

过程能力(C_{pk}):	2.0505

*P*图，倾斜向上

样本编号	通过观测 (*p*)	缺陷观测 (/*p*)	每个样本的观测 (*n*)	缺陷品比例 (*d*)	一次通过率
1	9	11	20	0.55	0.45
2	7	13	20	0.65	0.35
3	12	8	20	0.40	0.60
4	14	6	20	0.30	0.70
5	11	9	20	0.45	0.55
6	16	4	20	0.20	0.80
7	15	5	20	0.25	0.75
8	18	2	20	0.10	0.90
9	19	1	20	0.05	0.95
10	18	2	20	0.10	0.90
11	17	3	20	0.15	0.85
12	18	2	20	0.10	0.90
13	18	2	20	0.10	0.90
14	19	1	20	0.05	0.95
15	19	1	20	0.05	0.95

230	70	300
总的通过的观测	总的缺陷观测	总的观测 (*m*)

P-Bar:	0.767
σ_p:	0.095

控制上限(UCL):	1.000
控制下限 (LCL):	0.483

样本数目(*w*):	15
每个样本的观测数目(*n*):	20

P图，不受控

样本编号	通过观测 (p)	缺陷观测 (/p)	每个样本的观测 (n)	缺陷品比例 (d)	一次通过率
1	17	3	20	0.15	0.85
2	18	2	20	0.10	0.90
3	19	1	20	0.05	0.95
4	18	2	20	0.10	0.90
5	19	1	20	0.05	0.95
6	10	10	20	0.50	0.50
7	17	3	20	0.15	0.85
8	18	2	20	0.10	0.90
9	19	1	20	0.05	0.95
10	18	2	20	0.10	0.90
11	17	3	20	0.15	0.85
12	18	2	20	0.10	0.90
13	18	2	20	0.10	0.90
14	19	1	20	0.05	0.95
15	19	1	20	0.05	0.95

264	36	300
总的通过的观测	总的缺陷观测	总的观测 (m)

P-Bar:	0.880
σ_p:	0.073

控制上限(UCL):	1.000
控制下限 (LCL):	0.662

样本数(w):	15
每个样本观测数 (n):	20

513

P图，受控

样本编号	通过观测 (p)	缺陷观测 (/p)	每个样本的观测 (n)	缺陷品比例 (d)	一次通过率
1	17	3	20	0.15	0.85
2	18	2	20	0.10	0.90
3	19	1	20	0.05	0.95
4	18	2	20	0.10	0.90
5	19	1	20	0.05	0.95
6	17	3	20	0.15	0.85
7	17	3	20	0.15	0.85
8	18	2	20	0.10	0.90
9	19	1	20	0.05	0.95
10	18	2	20	0.10	0.90
11	17	3	20	0.15	0.85
12	18	2	20	0.10	0.90
13	18	2	20	0.10	0.90
14	19	1	20	0.05	0.95
15	19	1	20	0.05	0.95

271	29	300
总的通过的观测	总的缺陷观测	总的观测 (m)

P-Bar: 0.903
σ_p: 0.066

控制上限 (UCL): 1.000
控制下限 (LCL): 0.705

样本数 (w): 15
每个样本观测数 (n): 20

无人机光学系统，OP840故障

项目	故障	频率	百分比	累计频率	累计百分比
1	图像模糊	9	45.00%	9	45.00%
2	不能电子放大	4	20.00%	13	65.00%
3	螺丝松动	3	15.00%	16	80.00%
4	电流过高	2	10.00%	18	90.00%
5	不能加电	1	5.00%	19	95.00%
6	不能编程	1	5.00%	20	100.00%
	合计	20			

无人机光学系统，OP840故障

项目	故障	频率	百分比	累计频率	累计百分比
1	算法丢失	4	40.00%	4	40.00%
2	螺丝松动	2	20.00%	6	60.00%
3	不能加电	1	10.00%	7	70.00%
4	不能编程	1	10.00%	8	80.00%
5	不能电子放大	1	10.00%	9	90.00%
6	图像模糊	1	10.00%	10	100.00%
	合计	10			

参 考 文 献

Acquah, C. et al. 2006. Optimization of an optical fiber drawing process under uncertainty. *Industrial & Engineering Chemistry Research*, 45(25): 8475–8483.

Arnheiter, E.D. and J. Maleyeff. 2005. The integration of lean management and Six Sigma. *The TQM Magazine*, 17(1): 5–18.

Benton, W.C. 1991. Statistical process control and the Taguchi method: A comparative evaluation. *International Journal of Production Research*, 29(9): 1761–1770.

Blanchard, B.S. and W.J. Fabrycky. 2011. *Systems Engineering and Analysis*, 5th edn. New York: Prentice Hall.

Bouchereau, V. and H. Rowlands. 2000. Methods and techniques to help quality function deployment (QFD). *Benchmarking: An International Journal*, 7(1): 8–19.

Chen, K.S., M.L. Huang, and P.L. Chang. 2006. Performance evaluation on manufacturing times. *International Journal of Advanced Manufacturing Technology*, 31: 335–341.

Chen, X., Y. Zhang, G. Pickrell, and J. Antony. 2004. Experimental design in fiber optic sensor development. *International Journal of Productivity and Performance Management*, 53(8): 713–725.

Duffuaa, S.O., S.N. Khursheed, and S.M. Noman. 2004. Integrating statistical process control, engineering process control and Taguchi's quality engineering. *International Journal of Production Research*, 42(19): 4109–4118.

Fischer, R.E. and B. Tadic-Galeb. 2000. *Optical System Design*. New York: McGraw-Hill.

Gunasekaran, A., S.K. Goyal, T. Martikainen, and P. Yli-Olli. 1998. Total quality management: A new perspective for improving quality and productivity. *International Journal of Quality & Reliability Management*, 15(8/9): 947–968.

Henderson, G.R. 2011. *Six Sigma Quality Improvement with Minitab*, 2nd edn. Chichester, U.K.: John Wiley & Sons.

IEEE. 2008. *Systems and Software Engineering—Systems Lifecycle Processes*, IEEE STD 15288–2008.

Kasunic, K.J. 2011. *Optical Systems Engineering*. New York: McGraw-Hill Professional.

Khorramshahgol, R. and G.R. Djavanshir. 2008. The application of analytic hierarchy process to determine proportionality constant of the Taguchi quality loss function. *IEEE Transactions on Engineering Management*, 55(2): 340–348.

Ku, H. and H. Wu. 2013. Influences of operational factors on proton exchange membrane fuel cell performance with modified interdigitated flow field design. *Journal of Power Sources*, 232: 199–208.

Li, G., M. Zhou, B. Zhang, and J. Yang. 2007. Economic assessment of voltage sags based on quality engineering theory. *IEEE Power Tech 2007*, 617: 1509–1514.

Lien, C.H. and Y.H. Guu. 2008. Optimization of the polishing parameters for the glass substrate of STN-LCD. *Materials and Manufacturing Processes*, 23: 838–843.

Lo, W.C., K.M. Tsai, and C.Y. Hsieh. 2009. Six Sigma approach to improve surface precision of optical lenses in the injection-molding process. *International Journal of Advanced Manufacturing Technology*, 41: 885–896.

Reid, R.D. and N.R. Sanders. 2009. *Operations Management*, 4th edn. New York: John Wiley & Sons.

Sage, A.P., W.B. Rouse, and K.P. White. 1999. *Handbook of Systems Engineering and Management*. New York: John Wiley & Sons.

Smith, W.J. 2008. *Modern Optical Engineering: The Design of Optical Systems*, 4th edn. New York: McGraw-Hill.

Sun, J.H., B.R. Hsueh, Y.C. Fang, and J. MacDonald. 2009. Optical design and extended multi-objective optimization of miniature L-type optics. *Journal of Optics A: Pure and Applied Optics*, 11: 1–11.

Taguchi, G. 1995. Quality engineering (Taguchi methods) for the development of electronic circuit technology. *IEEE Transactions on Reliability*, 44(2): 225–229.

Udel. 2014. Table of statistical process control constants. University of Delaware, Newark, DE. http://www.buec.udel.edu/kherh/table_of_control_chart_constants.pdf. (accessed July 7, 2014).

Wu, H. and Z. Wu. 2012. Combustion characteristics and optimal factors determination with Taguchi method for diesel engines port-injecting hydrogen. *Energy*, 47(1): 411–420.

Wysk, R.A., B.W. Niebel, P.H. Cohen, and T.W. Simpson. 2000. *Manufacturing Processes: Integrated Product and Process Design*. New York: McGraw-Hill.

第14章　光学系统测试和评估

制造不只是将零件放在一起，还要提出思想、测试原理，并要对工程完善化，最终要完成组装。

——James Dyson

根据国际系统工程学会(INCOSE)的说法，测试是"一个在受控的实际或模拟条件下验证一个系统的可使用性、可保障性或性能能力的活动。"(INCOSE，2006)这通常需要在评估过程中直接采用验证过程中得到的产品的参数化数据(Goldberg 等，1994)。

评定过程是整个系统的研发工作的一个必要的方面，这一过程在系统开发生命周期内进行，并包括诸如形成测试计划、测试规程、评审、检验、分析、建模和仿真，以及对组件、子系统和系统本身的实际测试那样的活动(Hull 等，2005)。通过实现一个贯穿系统开发全生命周期的全面的评定计划，我们可以向利益攸关者保证，能在每个开发阶段的逻辑上的进步点满足他们的需要和期望。

在需求和测试过程之间有内在的关联。我们怎样确定是否满足需求？对于不同的场景应当采用什么测试和评估方法？这些问题处于评定过程的核心，是系统工程师必须理解的，以确保系统能够在其应用中正常地实现其功能。在本章，我们将以光学系统为背景开展讨论。

在开发一个一般的光学系统时，把需求定义过程看作任何给定的系统工程需求层级（如利益攸关者层级、系统层级、子系统层级和组件/部件/零件层级）的起点。例如，我们较早所讨论的方案设计阶段的问题定义阶段，首先确定利益攸关者和他们的需要和期望，然后定义利益攸关者需求。这种方法学接着通过重复的需求定义、功能分析和需求分配周期，形成较低层级的需求。如图 14.1 所示的系统需求评估周期是对系统开发过程的互补，它确保根据在系统的开发过程中所产生的需求构建系统。在已经定义了任何特定层级的需求后，开始像如图 14.1 中的系统建模方框所示的那样，对该层级进行适当的建模。这些模型是描述性的，或者在可能时是预测性的、定性的和定量的，并覆盖整个系统开发工作。

其中一些例子包括采用比系统更大的环境和与其他系统及实体的关系来定义的企业架构模型、基于模型的系统工程的模型、基于分析和仿真的模型、图形化模型、可靠性模型、后勤和保障模

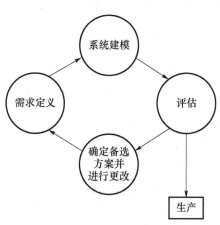

图 14.1　系统需求建模周期

517

型、物理模型等。对于评估而言,这些模型给出了描述性的信息,并且经常给出预测的性能,这样对测试结果进行比较性分析是有用的。例如,如果测试结果或评估给不了期望的结果,可能经常采用建模活动解释结果并确定原因。在评估过程中,如果结果不像所期望的那样,则要确定替代方案以解决问题。

有时发现实际的测试本身有问题,可能需要改变测试计划和规程。有时,设计可能不能产生所期望的结果,设计团队需要重新评估和更改设计以实现需求。问题也可能出现在需求上,这需要利益攸关者参与来修改、取消或放弃需求。建立贯穿整个系统开发生命周期的建模方法并集成建模活动,对于解决问题是非常有用的,对于避免出现问题也是有用的。

本章的重点在光学系统,并讨论了用于测试和评估这些系统的某些工具。本章从介绍对光学系统的测试和评估过程开始,接着详细地观察了所采用的某些工具,最后,给出了一个案例研究来应用概念并验证我们所讨论的内容。

14.1 光学系统测试和评定的一般概念

根据红外与光电系统手册,"光电成像系统将处于光学波长的电磁辐射转换为电信号,用于对源的探测和/或模拟视频显示"(Dudzik,1993)。光电系统可以用于探测、放大和操控所接收到的目标的光(宽频带或窄频带的),这些光学系统对电磁辐射是敏感的,与红外系统组合,覆盖了电磁波谱的紫外、可见光和红外部分。不幸的是,由于涉及短的波长,这些系统对任何类型的干扰、噪声或缺陷是敏感的。因此,光电/红外系统需要稳健的、专门的、精心考虑的测试和评估方法,以确保正确地工作运行。

14.1.1 系统生命周期和测试

一个系统的生命周期划分为多个阶段,每个阶段在系统的开发、运行使用和保障以及最终的退役和处置中起着独特的作用。在系统开发工作中的步骤可以串行或并行地执行,取决于系统的性质、系统当前的开发阶段,以及在开发工作中是否采用并发工程的做法。为了成功地开发系统,并验证系统满足需求驱动的设计和利益攸关者的需要与期望,全面的评定计划是必要的。相应地,评定计划必须精心地集成在整个系统开发生命周期,而且必须是其中一个重要的核心组成部分。

如图14.2所示,为了便于区分系统设计师和系统使用者的活动,光学系统的生命周期可以分解成两个主要的阶段:采办阶段和使用阶段(Blanchard 和 Fabrycky,2011)。系统可以进一步分解成通常所称的系统工程生命周期阶段:方案设计阶段、初步设计阶段、详细设计和开发阶段、生产和建造阶段,运行使用和系统保障阶段,以及系统退役和处置阶段。

对测试的错误的概念和错误的理解,可能导致在系统开发中采用昂贵的、不合适的测试做法。根据"成本管理:审计和控制",降低成本的策略应当明确地辨识在寿命周期的早期采取的、能够降低后期的生产和使用阶段的成本的行动(Hansen 和 Mowen,2006),在评定计划实现得越早,在后面的开发阶段出现相关缺陷的风险越小的意义上,这一思想直接适用于评定计划。

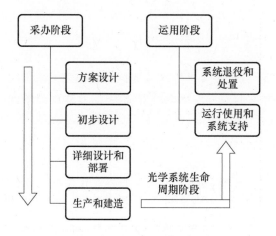

图 14.2　系统生命周期阶段

正如在图 14.3 中可以看到的那样,降低生命周期成本的最大的机会出现在开发活动的早期阶段。在一个开发活动的开始,相应的生命周期成本增加得很快,而整个生命周期的成本增加得相对较慢。相应地,在开发的较早的阶段的正面的改进,可能显著地影响运行和保障阶段。例如,在系统开发工作的需求生成阶段所发现的问题,可以通过修改或取消需求来解决,但如果在运行使用阶段发现问题,可能导致大量的重新设计、重新研制和重新测试,这将是成本高昂的。

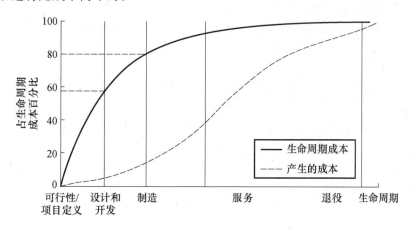

图 14.3　生命周期成本—产生的成本曲线

较早地采用评定计划并精心地集成在系统开发工作中,能够更早地评估系统的进展,这是确定系统对项目目标、目的和需求的满足性的核心。

14.1.2　测试验证和确认

验证和确认测试是测试过程的基本的、互为补充的术语,这两个术语对应于系统评估过程的非常具体的、单独的任务。根据 NASA 系统工程手册,“所完成的确认类型将是寿命周期阶段的一个功能,处于系统结构的终端产品的位置”(NASA,2007)。确认的目的是验证在所开发的系统或系统单元中已经成功地实现了某一给定的需求层级的所有需求。验证通常在测试过程中进行,由观察者(如系统工程师、质量工程师、测试工程师或技术人员)采用检验、分析、验证、测试或其他方法,来确保所考虑的系统、服务、产品或过程满足给定的需求文件所阐述的需求。

顺序是先进行验证测试,接着进行确认测试。在构建了系统后,在所分解的系统的最低层级——组件、部件和/或零件层级进行验证测试,在这一分解的层级,按照详细层级的设计需求(C 类规范)进行验证测试,在必要时按照过程需求(D 类规范)和材料需求(E 类规范)测试系统组件/部件/零件。在组件/部件/零件得到验证后,继续集成这些组件进行验证测试(集成测试),按照相应的 B 类规范对集成的组件/部件/零件进行验证。最后,按照 A 类规范对系统本身进行验证。这些验证活动通常称为研发测试和评估(DT&E)。

确认关注的是检验系统是否满足利益攸关者的实际需求,它涉及评估在真实世界环境中系统能够很好地满足这些需求。在系统设计和开发活动中,可以通过诸如建模、仿真、原型样机和用户评估等活动来对系统进行部分确认。与确认相关的评定活动的一个例子是:作为详细设计和研发阶段的一部分,建造一个原型系统,并在模拟真实世界或真实世界条件下进行测试。在系统已经研制出来,并且成功地通过了作为研发测试与评估活动的一部分的验证测试后,必须在真实世界条件下的运行使用环境中对系统进行测试,这通常称为确认测试,这是在运行使用测试与评估(OT&E)活动中进行的,这标志着研制活动的结束,系统将转到顾客/用户利益攸关者手中。运行使用测试与评估的目的是:向利益攸关者证明系统满足所有的需求,能够满足他们的需要和期望。

大多数设计良好的产品可能在完成了系统验证过程之后完成确认测试。然而,正如NASA 系统工程手册所描述的那样,有许多完成了验证试验的系统,在关键的外场确认试验中未能成功(NASA,2007)。验证过程确保所有的需求都得到了正确的实现,但不能确保最终的系统满足利益攸关者的需要。由于在系统开发周期中发现问题时间越晚,解决一个问题的成本越高,在中间阶段而不是在研发工作结束时进行确认测试是有益处的,其中一种方式是采用有时可以用于替代实际测试的确认模型。例如,给定某些天线参数,可以采用复杂的经过验核的电磁模型来验证和确认天线的某些方面的性能。利益攸关者可以认为这些结果是可以接受的,而无需对实际的天线本身进行实际的物理测试。

14.1.3　经常测试、及早测试:一体化测试

在研发和运行使用测试之间缺乏结合是系统工程界的一个长期的关注点(Wilson,2009,pp.375－380)。许多成功的项目已经采用一体化测试来确保所发展的系统的各个方面都能正确地工作。一体化测试寻求"改进贯穿整个系统生命周期的研发测试和运行使用测试之间的互补的关系"(Wilson,2009,pp.375－380)。国防部政策指出:"研发和运行使用测试活动需要尽可能地一体化,以提高整个测试和评估效率,且更加强调与运行使用的相关性。"(Wilson,2009,pp.375－380)测试一体化有助于及早确定运行使用问题,并帮助减少所需要的修正活动的影响。

成功的一体化测试计划采用以下三种方法学:协同策划、协同执行和共享数据。根据国防工业协会(NDIA)的说法,协同策划涉及系统开发者和各个测试/鉴定机构(Wilson,2009,pp.375－380)。关键的重点是必须尽早开展协同工作,测试工作的时间越长,在较晚的时间成功协同的难度越大。较早地涉及试验是"通过在项目初始的需求确定阶段就

进行一体化的试验"实现的(Wilson,2009,pp. 375－380)。建立一个一体化的试验事件矩阵,可以通过提供一个单一结构的文件来驱动试验的执行,从而为试验的执行奠定坚实的基础。

接下来是"协同执行",重点是"……实现一体化的测试团队","这些团队进行协同和协作,以执行一体化的测试策略"(Wilson,2009,pp. 375－380)。为此,项目管理必须创建能够实现一体化的测试计划的考虑周密的团队,这需要在过程的每一步分配预算、共享资源并留出专门的时间。即便这是一项超前的投入,"这种类型的团队工作为可以显著扩展测试工作的效能的协同测试提供机会"(Wilson,2009,pp. 375－380)。

最后一步是"共享数据",这被描述为"使所有的参与者能够获得的有用的数据最多"(Wilson,2009,pp. 375－380),参与者包括所有那些涉及到测试过程的人员。在这一步,目标是在一个考虑周密的、标准化的报告结构中得到测试项目的清晰的、精密的和准确的数据。共享数据通过消除不必要的通信提高生产率,也提高了及早检测到存在的问题的能力。在系统开发周期的早期实现一体化的测试方法是必要的。这样做有许多优点,如减少非工作状态时间、避免不必要的成本、避免重复的工作,以及在开发生命周期的较早时间检测到问题。

14.1.4　系统测试和评估的类别

INCOSE 列出了对系统或系统单元进行的主要的四类测试:研发、评定、验收和运行使用测试(INCOSE,2006)。图 14.4 示出了 4 种基本的类别,并给出简要的表述。研发测试通常用于解释方案的可行性,评定测试的重点是原型样机或首件产品,注意,评定测试与较早提到的建立评定计划是有区别的,这里的评定测试实际上是较大的评定计划的一个小的方面(Hull 等,2005)。性能测试的第一个类别是验收测试,评估是否成功地满足合同或规范需求。取决于验收测试的结果,顾客可以决定系统是否满足所定义的规范,以及是否批准采办。最后一类是运行使用测试,验证系统在真实世界条件下是否满足其规范(INCOSE,2006)。

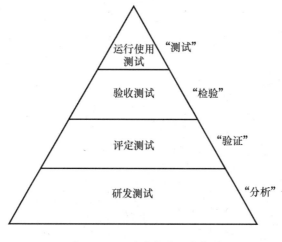

图 14.4　四种基本的测试类别

这四类基本的测试类别可以进一步分解,并按常规的系统工程生命周期组织。图14.5示出了贯穿运行使用和保障阶段的系统工程生命周期,以及适于每个阶段的测试,每个阶段被分配给一种"类型",取决于它在开发生命周期中的位置。在方案设计阶段早期开始发展分析性测试和分析性模型,在概念(方案)设计阶段的建模的目的是开发用于方案研究的高层级的模型。计算机辅助设计、计算机辅助工程、计算机辅助制造和计算机后勤保障模型也和分析性模型一起使用。Ⅰ型测试是在试验板和原型样机上进行的,通常在初步设计阶段和详细设计与研发阶段的早期进行。Ⅱ型测试比Ⅰ型测试具有更细的细节,应当在对系统影响有限的前提下暴露问题。Ⅲ型测试涉及到在指定的测试场所或在模拟环境条件下对产品单元的测试,在生产和建造阶段进行。Ⅲ型测试聚焦在一个设计评审或其他验证或确认活动,并验证系统可以用于生产。Ⅲ型测试通常是正规的测试,验证与在外场进行的确认活动紧密结合。Ⅳ型测试在系统的运行使用和保障阶段在运行使用场所进行,Ⅳ型测试是用于系统的运行使用和持续发展工作的,它可能必须加入新的技术和新的能力。在系统已经成功地部署,需要改进和升级时,采用Ⅳ型测试。测试的范围取决于系统的复杂性和可靠性。此外,当在系统中引入新的零件或部件时,要采用测试方法来重新评估系统,并验证系统仍然满足需求,能够正常地实现功能。然而,"可能有系统单元是不需要前面讨论的各种类型的系统测试的真正的(商用)货架产品部件"(Blanchard 和 Fabrycky,2011)。

图 14.5 系统生命周期中的测试类型

有效的系统测试的关键点是确定确认正常的运行工作所需的最佳数目的测试,太多的测试浪费时间和金钱,太少的测试可能会导致有可能降低系统性能并危害系统的运行使用的错误继续传递。

14.1.5 系统测试方法学和问题解决工具

在许多情况下,测试和评估工作失败的主要原因是由于组织的文化。某些组织倾向于内部的划分,而且在不同的组织单元之间缺乏充分的沟通交流,缺乏沟通交流可能导致弱的测试和评估计划,而且会妨碍实现有效的一体化的测试机制。应当鼓励提供稳健的测试评估能力和一体化的测试环境的方法学。根据 Hopkins 的说法:"应当持续地加强方法学,以使系统测试能有助于系统发展"(Gearhart 和 Vogel,1997)。源于所获取的数据的反馈,可以为设计团队提供改进机会,应当有快速的反馈,这意味着,在开始时有一个精致的试验设置可能是不实际的。如果不能快速地反馈,设计团队可能不能从测试结果中收益,导致在研发中一直执行可能的设计缺陷和错误,在过程的后期才能被发现。

下一种重要的测试方法学的重点是模块化。一个典型的趋势是在太高的层级开始测试,并寻求"一个能普遍适用的测试","当涉及一个复杂系统时,没有银色子弹(致命武器);测试需要模块化"(Gearhart 和 Vogel,1997)。仿真文化也是测试与评估工作的一个热点,仿真用于测试是非常有用的,它有可能模拟可能对系统带来压力的各种条件,并能帮助检测可能的弱点。此外,确认的模型和仿真器可以产生看作实际测试的结果。这可以简化测试过程,并降低总的成本。

最后一个方法学涉及隔离系统问题。作为一个测试组织,有必要不仅要验证和确认系统,"而且要发现系统的脆弱性"(Gearhart 和 Vogel,1997)。测试有验证系统满足验收准则的能力的目的,并要对系统进行不一定是额定条件下的、有压力的条件下的测试,以观察可靠性和性能缺陷。

在一个组织中使一个好的测试方法制度化的其他方式是理解和采用质量工程原则和方法。当前在工业界采用的一种称为"策略管理方法"的有效的方法(Dhillon,2004),策略管理是日本的一个术语,重点是采用一种逻辑的和有组织的策划来改变组织的系统的方法。如图 14.6 所示,策略管理涉及组织的调准和方向。这种方法指出:目标(或者,在这种情况下是需求)必须是可测量的,必须确定满足这些需求的关键的测试。"团队成员需要在每个生命周期阶段的末端达成一致,为了改进能力,过程应当受到挑战"(Dhillon,2004)。

图 14.6　策略管理

有许多属于系统测试与评估范畴的问题解决工具,有些可能与解析设计工具、统计工具,甚至系统安全性和可靠性工具相关(Goldberg 等,1994)。某些例子包括与设计相关的工具,如灵敏度分析、像方差分析(ANOVA)那样的与统计相关的工具,以及像故障树那样的可靠性工具。为了确定系统稳健性,灵敏度分析是一个重要的工具,灵敏度分析改变系统中的许多参数,并考察可能的叠加问题(Goldberg 等,1994)。ANOVA 研究样本集之间的变动,以便确定在测试中系统的偏移。另一种有用的工具是如图 14.7 所看到的那样的故障树分析,采用这种方法,可以采用自上而下的方法确定可能的故障原因。它也可以以相同的方式用于系统的质量方面。故障树分析是一种用于发现故障的根本原因的高度有效的、有逻辑的问题解决方法(Goldberg 等,1994)。为了确定一个故障的根本原因,必须评估可能影响到故障条件的多个因素。

故障树分析对于发现可能故障模式是非常有用的。故障树从故障开始,如出现试验征兆或不能得到适当的测量。故障的可能原因被列在树的顶部,并在树的较低的层级扩

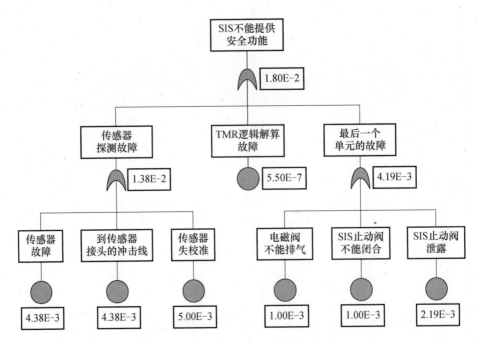

图 14.7　故障树的例子

展到进一步的细节,这是一种广泛用于确定故障的根本原因的故障分析的工具。故障树也可以与统计方法组合,以估计故障发生的概率或导致发生故障的条件的概率。

14.1.6　系统测试的策划和准备

"验证策划对于实现满足顾客需求的系统是关键的,应当是一个测试策划的第一步"(NASA,2007)。验证策划应当从需求开始并由需求驱动,并与系统工程测试策划和评估过程相结合(Kasser,2007)。正如图14.8所看到的那样,有针对每个需求进行测试的4个主要的点。第一点,验收准则,将确定一个系统是否满足规定的需求。所列出的下一个点是策划的验证方法,包括对所采用的验证方法和分析方法的描述。接下来是测试参数点,定义相关的测试参数,并帮助定义测试计划和规程的界。最后一步是确定测试需要的资源,这可能包括测试设备、完成测试的时间、需要的人员,甚至实验室空间(Kasser,2007)。

在进行任何需求的测试之前,测试团队要完成验证策划,确定对系统进行验证的适当的途径和方法。正如图14.5所示,有4种主要的测试类别(测试、检验、验证和分析)供选择,必须采用这些测试类别中的一种对每个需求进行测试,这取决于相对于所要测试的需求哪种方法最有效。

必须在策划阶段的早期明确必须验证的需求的清单或需求集,这一清单应当有相关的验证准则、方法学、参数和具有详细信息的资源(例如,在参数规范部分,策划团队应当在清单中汇总所需要的精度、灵敏度、特征、结果的范围、额定值和界限)。

有与测试环境/条件或者需要完成的具体测试相关的其他一些重要的验证方面。正如表14.1所列,有一些可能需要满足系统需求的具体测试的例子(NASA,2007)。首字

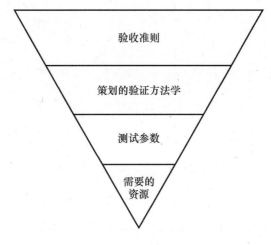

图 14.8　4 个主要的测试策划点

母缩略词 HALT、HAST 和 HASA 分别代表高加速度的生命测试、高加速度的压力测试和高加速度的压力分析,这些是为了模拟长时间效应和可靠性测试进行的测试。重要的是:在实施之前,要由适当的利益攸关者评审验证策划,这是确定验证策划考虑到他们的期望的一个关键的步骤,这样做的最大的收益是,确保利益攸关者是决策过程的一部分,他们将支持验证测试的结果。

表 14.1　测试的例子

测试实例		
泄漏测试	振动	运行使用测试
环境	HALT,HASS,HASA	电压极限
空气动力学	射频辐射	安全保护
系统测试	盐雾	验收测试
老化	真菌生长	跌落测试

另外,团队也应当策划"像验证产品一样验证手册"(Carrico,2009),"技术文件编写者应当持续地编写并更新用户手册,以确保在产品开发周期内有效性(国际验证论坛)"。在完成了这一过程后,管理者可能采用用户手册来确定是否投放系统、服务、产品或过程。这一过程是重要的,但经常不受重视。系统用户应当评估用户手册,并回馈系统专家和技术团队,用户应当采用文献来指导他们完成系统的功能,这一评估过程可以确保面向顾客适当地交流出版物。(Carrico,2009)

14.1.7　报告和反馈

正如 Joseph E. Kasser 在他的"用于理解系统工程的框架"一书中所指出的那样,立即报告"降低不能交付和不满足需求的风险"(Kasser,2007)。他甚至专门有一章写报告反馈,标题为"你不能告诉我,我的项目已经完成了多少意味着什么?"(Kasser,2007)这一章解释了采用报告反馈的基本原因是说明项目状态,取决于变量的数目和项目复杂性,这可能是一个非常复杂的过程。Kasser 推进了从传统的测试和评估角色到在验证系统开发生命周期的每一步进行监控和报告的方法学的转变,这可以更精确地估计项目完成百分比。

创建了一种反馈报告的方法(与过程中的需求分类方法结合)来跟踪和报告满足客户需求的状态(Kasser,2007)。过程中的需求分类方法(CRIP)可以分解成 4 步:

(1)对需求分类。

(2)将每类需求量化到范围。

(3)将每项需求放在相应的范围内。

(4)监控每个需求的状态的差别。

基于实现成本,CRIP 首先对需求和顾客的要求进行分类。接着以项目完成百分比来报告反馈测试解决方案的实现和它们的效果。这种类型的报告有许多优点,包括较容易追溯、增加了对项目当前状态的了解,以及按照重要度对每项需求进行排序(Kasser,2007)。

反馈报告的另一个重要方面是验证报告本身(NASA,2007)。应当对每个主要测试活动创建一个验证报告,具体地说,实验室功能性能、全系统兼容性和环境测试均应创建验证报告。验证报告应当包含类似的信息,包括测试总体目标、测试描述、说明与外场测试的差别的配置设置,以及对与预期结果偏差的描述。另外,每次实验应当得到具体的结果。这一信息可以通过图形分析、图像或者数据表来进行交流。最后,每个报告应当有结论,并基于测试的结果提出行动路线建议。测试报告也可以包括对要进一步采取的改进系统性能的行动建议。

除了报告实验反馈外,应当分析测试数据的一致性、有效性和质量。"应当复查任何异常的读数并进行解释"(NASA,2007)。

14.1.8　清洁测试环境

正如一个习语所说的那样:"清洁仅次于神圣性",这仍然是对的,尤其在高精度光学世界中。一个不清洁的测试环境可能会导致对一个光学系统的测试结果产生偏移。比这更糟的是:事实上,不清洁的测试可能使被测系统产生永久性的损害。即便触摸某些透镜也可能损坏透镜的镀膜,使其不能工作。"

制造商已经实现了"5S"计划,以便提高效率并改进工作环境的清洁度,这是一个从整理开始但最终实现一个改进的、高效的工作场所的计划(Harkins,2009)。大量的创新性组织已经实现了 5S,目的是提高性能和整个工作场所的士气。5S 指持续改进工作环境的计划的 5 个步骤:整理、整顿、清洁、规范、坚持(Harkins,2009)(图 14.9)。整理工具、设备和被测产品本身可以提高效率,并避免设备的损失。下一步是整顿,这涉及对设备和资源建立逻辑化的组织结构,包括阶梯式的计划和优化的过程流。此外,标签、标志和公告板可以帮助确保每件东西都放在正确的位置。下一步是系统化的清洁,强调"建立一个持续

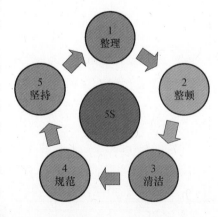

图 14.9　5S

的清洁模式"的重要性(Harkins,2009),这里的清洁反映着每件产品的精度和一致性。

规范化的工作可能包括规范化的测试规程、标定方法、生产规程等。采用一个规范化的方式来做所提到的事项可以帮助提高互换性,这将提高效率并降低成本。最后一步是坚持,这是必须采取的行动,以确保前四个步骤的一贯性。

作为一个代表性的例子,NASA 的空间望远镜很好地说明了 5S 方法学。"微粒和分子污染可能显著地降低一个空间望眼镜的可靠性、整体性能和图像的清晰度"(NASA Marshall 空间飞行中心,2007)。微粒可能造成云,这将影响光学反射镜或光学传感器的图像质量。

表 14.2 说明了在测试过程中的一些典型的污染源。NASA 倡导采用 5S 那样的做法来控制对光学系统的污染(NASA Marshall 空间飞行中心,2007),如适当的材料选择、预先清洁系统组件和在制造/运输过程中保持清洁。必须建立污染控制规程,并用于从方案设计到轨道系统发射的整个过程(NASA Marshall 空间飞行中心,2007)。

表 14.2　主要的污染源

颗粒污染	分子污染
从空气产生的机载颗粒	制造过程产生的驻留残余物
喷漆、绝缘纤维、织物纤维	材料排出的气体
陷落在内表面、由于振动重新弥散的颗粒	氧化作用(由于低轨道时 O2 分子造成) 空间飞行器推进系统的尾焰在光学表面上沉积的材料
推进系统喷出的尾喷焰和水汽将导致残余的颗粒云	在组装时暴露给环境中的挥发性材料

14.1.9　无静电测试环境

除了需要清洁的环境外,在光学系统的组装、测试和运输中,必须防止静电放电事件。静电放电是电子的快速放电现象,可能永久性地损害系统内的敏感器件。静电放电可能导致在车间出现故障,或者更糟糕的,在外场出现故障。制定静电放电控制计划,对于确保系统的质量和可靠性是重要的。

美国国家标准局已经制定了一个防静电放电的工业标准 ESD－ANSI－S20－2。这一文件的重点是"制定一个用于防护电气或电子零部件和装备的静电放电控制计划"(ANSI/ESD,2007)。有三个用于控制静电放电,并在标准测试环境中实现和保持控制的主要原则。第一个原则是系统必须电接地,或者处于与在被防护区域中的导体相同的电势。第二个原则是当与地面连接时,在受防护区域的非导体不能放电,在防护区域不允许出现像泡沫聚苯乙烯、纸和木头那样的可能产生电荷并快速地放电的材料。最后,当在受防护区域之外运输时,必须密闭在防静电材料中(ANSI/ESD,2007)。

美国国家标准局的标准用于描述实现静电放电控制的管理和技术要求。这包括人员接地系统、工作面要求、楼梯、座椅和设备接地,以及静电放电封装。在这些敏感的光电和红外系统的开发中,应当总是考虑静电放电控制。

14.1.10　光学工作台

光学台是光学测试世界中的一个主要的设备。通常,光学台由一个支撑光学组件、光源、探测器和专门的设备的特殊的工作台组成,光学组件可以是简单的基本的源和探测器,或者有大量的光学组件,包括光谱和偏振滤光片、定标源和探测器、波束形成和波束整形光学、像差控制和校正、环境控制装置和其他专门的检测和测试设备。

一个非常简单的例子是一个源、平行光管、被测物、成像光学和显微镜。平行光管用来由光源产生一个可以用来均匀地照射被测物的光束或光柱。成像光学会聚由被测物散射的光,并形成被测物的图像。显微镜用于评估图像。在其他配置中,显微镜可以用于精确地测定长度、检验一个物体受到的物理损伤,或者验证一个透镜的曲面或其他物理特性。

光学工作台不仅是一个单纯的工作台,它具有降低由测试环境产生的噪声量的特性,光学工作台被设计为能在测试中隔离振动和冲击。在光学波长上,即使略微的振动和冲击也可能造成测试或定标测量的偏差。光学工作台通常是非常重的,并采用像气动弹簧那样的隔离机制以消除大部分振动。有时,光学工作台本身必须放在一个隔离的支柱上,以避免通过地面耦合的振动和冲击。例如,一部电梯可能导致一个建筑物的框架的轻微振动,这可能耦合到一个光学台上。为了消除这些影响,有时需要一个与建筑物物理解耦,并且固定在一个坚实的基础上的巨大的混凝土板。在必要时,建筑物可能产生微小尺度的运动和冲击,但隔离的支柱和光学工作台本身是与这些振动和冲击隔离的。光学工作台表面必须是完全平坦和水平的,经常采用高度磨光的金属制成,表面包括一些用来安装固定光学系统和光学组件的夹具的孔。当光学工作台具有隔离机制时,将其称为"浮动"的。

光学工作台对于完成许多光学测试或定标测量是关键的,在一个非光学工作台的表面上完成测试或定标可能会导致最终产品的公差问题,而且可能是一个特定测试的结果不好或者失败的主要原因。

14.1.11　光学标定标准

在过去几十年中,光学系统标定的复杂性和验证过程已经发生了显著的变化。在胶卷照相机时代,照相机是采用其"成像几何"标定的(Sandau,2010)。在对照相机标定时,仅需要少数几个关键的组件,如透镜、标志和压力板(Sandau,2010)。较新的数字技术的工作原理复杂,需要更加严格的全系统标定。随着数码相机时代的到来,标定程序经历了全面的变化,它们现在不仅涉及光学系统,而且涉及数字图像记录器。要求实验室精度足以标定这些光学系统的等效分辨率和光谱响应率。现在已经诞生了一些用于评定数字成像系统的授权的标定实验室。

14.1.12　光学系统的测试和定量评定的一般概念小结

迄今,我们已经讨论了制定一个评定计划的重要性,以及评定项目怎样与系统开发周期、不同类型的测试、测试环境和光学工作台关联起来。下一节将更详细地介绍用于光学系统的具体测试方法。14.2节将涉及四种用于光学测试的基本方法学,即干涉仪、光谱仪、偏振仪和辐射度计。此外,将描述用于这些测试的某些工具和所需要的设施。

14.2　光学系统测试方法

为了成功地开发光学系统,有必要具有(或者能使用)光学测试设施,并确保光学系统像预期的那样工作。本节,我们概述了测量光学系统必要的基本特性所需的光学系统测试方法、工具和设施。四种基本的光学测试方法是干涉仪、光谱仪、偏振仪和辐射度计法,每种方法为测试者提供了有关系统的相对性能的独特的信息。并不需要对每一种情况使用所有这些方法,例如,如果光学系统对偏振不敏感,就不必采用偏振仪方法。干涉仪方法对于确定反射镜或透镜特性,并检测诸如激光光束质量那样的相干效应是有用的。光谱仪方法对于定量评定源、探测器或物质的光谱响应是有用的。偏振仪测试方法对于评估电磁辐射的不同的偏振态与材料的交互作用是有用的。辐射度学测试方法对于理解沿着从源经过光学信道、光学系统到探测器的光学路径的信号水平是有用的。下面我们更近地观察每种基本的光学测试方法和所需的相关设备和设施。

14.2.1　干涉仪法

干涉仪是一种用于测量透镜和反射镜的表面轮廓的有用的工具,这种测试方法学对于高精度测量、生产高质量的透镜、反射镜和光学组件所需的小尺度的公差是重要的。哈勃望远镜的反射镜的近乎灾难性的问题是一个用来说明干涉仪测量的相对重要性的例子,在制造时,反射镜的公差超出了 $2.3\mu m$,然而这足以导致严重的球差,导致来自透镜边缘的光聚焦在反射镜的中心之外的点。图 14.10 示出了在采用补救措施之前和之后哈勃望远镜所成的像,在该图中 COSTAR 表示空间望远镜轴向校正光学替换,指的是发现问题后进行的补救。

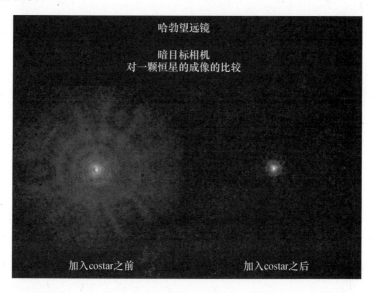

图 14.10　COSTAR 组,1994(安装空间望远镜轴向补偿光学系统(COSTAR)之前和之后所形成的恒星的像的比较)

"干涉仪法是一类将波（通常是电磁波）进行叠加以便提取有关波的信息的方法"（Bunch 和 Hellemans，2004，p. 695），可以测量一个源或材料的空域或时域相关特性。例如，一个反射镜的表面的空间波动将导致一个像 Mach－Zehnder 干涉仪那样的空间敏感的干涉仪的干涉图案的变化。某些干涉仪采用称为牛顿环那样的物理现象来计算材料表面的表面轮廓的测量，当来自一个平坦的表面的单色光与来自平坦的表面上面的球面的光相干地干涉时，就会产生这种现象，在平坦的表面上产生了同心的亮和暗环图案。由于光具有像波那样的运动，当光波彼此相干地叠加时，这产生了一个在干涉仪中所看到的干涉图案（Goldberg 等，1994）。图 14.11 示出了牛顿环的一个例子。

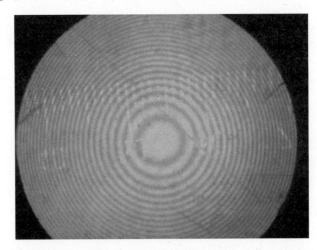

图 14.11　牛顿环的一个例子

由于来自透镜的球面的光与来自光学平坦的表面的光的干涉产生牛顿环，对于波长为 λ 的法向入射到球面透镜上的光的暗环，其半径由下式给出：

$$\rho_m^2 \frac{m\lambda R_1}{n_g} \tag{14.1}$$

式中：ρ_m 为第 8 个暗条纹的半径；R_1 为与平坦的底板相邻的球透镜表面的曲率半径；n_g 为曲面表面和平台的底板表面之间的间隙处的材料的折射系数。

图 4.12 示出了前面讨论的简单的干涉仪的一个例子。

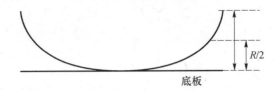

图 4.12　简单的干涉仪

在图 14.12 中，缝隙的高度由下式给出：

$$R = \frac{\rho_m^2}{2R_1} \tag{14.2}$$

式中：R 为从平坦的表面上测得的距离球面上的曲面的间隙高度。这种简单的干涉仪对于测量光学透镜的特性是非常有用的,透镜的像差会表现为同心圆环的畸变。我们现在讨论现在实际上使用的不同类型的常规的干涉仪。

　　双光束干涉法是一种最简单的干涉法,因此也是在干涉法测试中最常用的方法。在一个双光束干涉仪中,采用分束镜将一个相干光束分成两束,分离的光束通过分开的光路,并在一个平坦的表面重新合并,如果不同的分离的光束的光程长度之差为零,则光束彼此相干地干涉,形成像牛顿环那样的同心圆环或者亮区与暗区相间的条纹(取决于源的类型和源与干涉仪的光轴之间的校准)。双光束干涉仪的一个例子是如图 14.13 所示的迈克尔逊干涉仪。

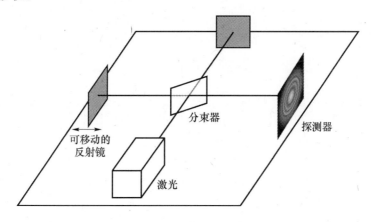

图 14.13　迈克尔逊干涉仪

$$I = I_1 + I_2 + 2\sqrt{I_1 I_2}\cos\left(\frac{2\omega d}{c}\right) \tag{14.3}$$

　　如果改变可移动的反射镜,光程长度开始不同,一个明亮的带从中心孔径向外运动,且具有以下的亮度:

式中:I_1:第一个分离的光束的亮度;I_2:第二个分离的光束的亮度;ω 为光的径向频率 $2\pi c/\lambda$;d 为两个光路之间的光程差;c 为光速。

　　有时,考虑到由于表面的反射造成的相位变化,在其中一个分离的光路中插入一个校正板。迈克尔逊干涉仪有时要校准到使两个光路的光程长度相同,并将被测物体插入其中一个光路中,以分析其时间相干特性。同心光环或条纹的相对运动表示由被测物体产生的光程差。式(14.3)适用于直到两个光路之间的时间相干性不再成立的情况,在时间相干性不成立时同心的圆环或条纹会消失。作为一个例子,对于白光光源,两个分离的光路之间的光程差是非常小的,在波长尺度量级,光程差必须小于它,以形成干涉条纹。激光光源,由于有高的相干性和方向性,可以容忍比白光光源更大的光程差,因此被用于测试应用中。因此迈克尔逊干涉仪可以用于确定源和被测物体的视觉相干特性,是一个光学测试设施中的一个必要的组元。

14.2.1.1　多光束干涉仪

　　"多光束干涉仪方法,放置两个高度反射的、接近的平行表面,插入一个定向的、相干的光束,并采用一个透镜来会聚经受两个表面之间的多次反射的光束"(Komatsu 等,2000)。这种方法的一个优点是干涉图案条纹变得非常窄,因此提高了可以实现的分辨率和测试台的精度。多光束干涉仪的一个例子如图 14.14 所示(光学在线教程,2009)。这种方法采用具有高度抛光的相对的反射镜的经典的 Fabry-Perot 型干涉仪,并采用光纤以进行多次反射。

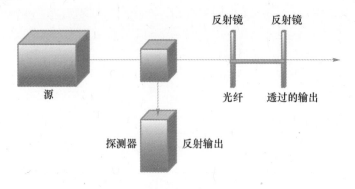

图 14.14　多光束干涉仪

多光束干涉仪方法可以产生比常规的双光束方法所产生的条纹细近 50 倍的条纹。采用多光束设置,极限分辨率可以达到 0.5nm 量级,实现这些分辨率需要特殊的考虑,如确保反射板有高反射率、低吸收率的镀膜,两个表面之间的距离应当保持尽可能小,输入光应当准直为一个束散角小于 3°的平行光束,源应当尽可能接近于基准板(Komatus 等,2000)。

14.2.2　光谱仪法

光谱仪法涉及对与波长有关的光学现象的研究,它有许多用途,从发现材料的化学组分,到天文学中理解星体的构造。本节给出了光谱仪法的基本概念,如发现一个源的光谱功率分布、大气或一个给定的物质的光谱吸收/透过特性,以及一个光学元件的光谱响应。一个光谱分析仪是一个能够分离光信号的光谱分量的光学器件。例如,一个棱镜将光分光为其构成的颜色分量。类似地,一个单色仪可以选择一个窄的波段的光,并在一个较宽的光谱范围内调谐这一窄带,这样,通过将一个辐射度计与一个可调谐的单色仪相结合,能够测量在一个特定的波长范围内的窄带光的光功率。光谱分析仪的典型框图如图 14.15 所示。

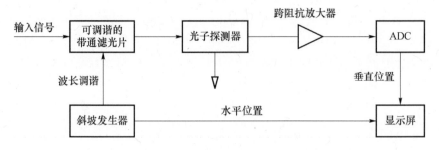

图 14.15　光谱分析仪的典型框图

该图表明,采用一个可调谐的带通滤光片对宽带的输入信号进行处理,然后由光子探测器探测。前面提到的单色仪是可调谐的带通滤光片的一个例子,辐射度计是光子探测器的一个例子。斜坡发生器用于调谐可调谐的带通滤光片,放大器和模数变换器对信号进行处理用于显示。大多数光谱分析仪可以划分为基于衍射光栅的光谱分析仪和基于干涉仪的光谱分析仪两类(Agilent 技术公司,1996)。

14.2.2.1　基于干涉仪的光谱分析仪

基于干涉仪的光谱分析仪是采用迈克尔逊和 Fabry－Perot 两种结构中的一种构建的。正如前面所讨论的那样,迈克尔逊光谱分析仪产生一束输入光和它的延迟版本的干涉图案。实质上,通过沿着不同的路径长度得到一个测量序列,等价于对输入信号取时间自相关。通过对延迟的干涉图案的序列取傅里叶变换,可确定输入信号的功率谱。这种类型的干涉仪被用于相干时间和相干长度测量(Agilent 技术公司,1996)。基于 Fabry－Perot 的频谱分析仪采用高度磨光的反射镜作为一个类似于激光器的谐振腔,基于 Fabry－Perot 的频谱分析仪的示意图如图 14.16 所示。

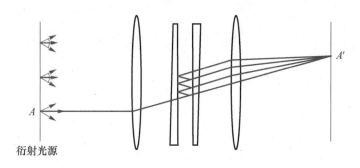

图 14.16　基于 Fabry－Perot 的光谱分析仪

正如在图 14.16 中所看到的那样,Fabry－Perot 腔放置在两个透镜之间。第一个透镜将漫射的输入源的平行的分量聚焦在腔的间隙使反射光在右边的腔表面构造性地干涉的腔内。从腔中发射的光是同相的,并聚焦在有可能形成非常细的条纹宽度的观察屏上。Fabry－Perot 结构的好处是它能得到高的光谱分辨率。这对于测量在一个窄的频率范围内(如在一个激光线性调频脉冲内)信号波动程度较大的现象是重要的,在一个线性调频脉冲内,信号在短的光谱间隔内迅速地增大或减小。

14.2.2.2　基于衍射光栅的光谱分析仪

大部分光谱分析仪实现一个基于衍射光栅的结构。在这种类型的光谱分析仪中,像在一个铝或金材料上放置一组棱镜一样,以不同的方向衍射光的细线(反射凹线)。像一个棱镜一样使不同的波长在不同的方向衍射,仅有从光谱分析仪的小出口光阑中出来的波长的光到达探测器上。光谱分析仪基于衍射光栅的散射角选择特定的中心波长,出口光阑的宽度决定波长范围(Agilent 技术公司,1996)。与基于棱镜的光谱分析仪相比,基于衍射光栅的光谱分析仪有较大的波长间隔,因此基于衍射光栅的光谱分析仪具有更高的光谱分辨率。

14.2.3　偏振测定法

偏振测定法测量和解释横波的偏振(Mishchenko 等,2011)。横波是在与电磁波的传播方向的法向平面内振荡的电磁波。横波的偏振可以采用两种方式测量:机械方式和电子方式。一种采用线偏振的方法涉及到两个机械式偏振器,采用一个偏振滤光片通过一个偏振态(如水平偏振状态或垂直偏振状态),另一个偏振器成十字形放置在距第一个偏振器一定距离处,避免光通过它。可以改变偏振电磁波的初始偏振态的受试件放置在这些偏振器之间,可以通过第二个成十字形放置的偏振器的光功率量来测量改变的偏振状态。

为了测试一个样本的偏振效应,可以采用如图 14.17 所示的偏振测量系统。一个线偏振器放置在偏振测量系统的前部,仅使一个线性偏振状态(水平或垂直)进入测量系统,采用法拉第调制器来改变输入的偏振状态相对于样本的方向。

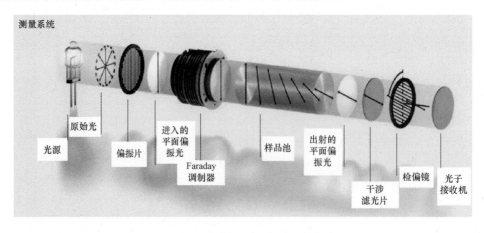

图 14.17　Agilent 光波偏振分析仪

相应地,可以控制在受试样本上施加的线偏振光的角度。图 14.17 的右边示出的检偏镜通常校准到相对于入射的偏振光 45°,没有样本放入,在这种情况下,没有光能够透过分析仪,没有信号落在探测器上。现在,通过引入样本,改变了注入样本的线偏振光,探测器可以看到与检偏镜校准的偏振分量。通过旋转检偏镜,可以确定样本材料对基准光的偏振状态的影响。

为了测量一个远距离源的偏振特性,可以在探测器单元的前面引入一个线偏振器,测量结果。然后将线偏振器旋转得到正交的偏振状态测量,直接测量水平偏振分量和垂直偏振分量。如果在旋转线偏振器期间,源的偏振没有变化,这种方法是可行的。另一种方案是采用一个偏振光束分束镜来分离输入光的偏振态,采用两个探测器同时测量源的垂直偏振和水平偏振分量。

14.2.4　辐射度学测试

正如在前面章节所讨论的那样,光子探测器是一个用作输入光和输出电路之间的变换器的器件,它将光能转换成一个与其成正比的电流或电压。可以采用辐射度计测量一个光学系统的辐射度学特性。Crooke 辐射度计是简单的辐射度计的一个例子,Crooke 辐射度计可以采用一个在部分真空中装有光敏传感片的密封的玻璃灯泡制成,光敏传感片安装在一个摩擦系数非常小的旋转轴上,在传感片上的辐照度越大,传感片旋转得越快。如图 14.18 所示为 Crooke 辐射度计的照片。

由于辐射度计每分钟的转速与在传感片上的光功率成正比,通过这一线性关系可以

图 14.18 Crooks 辐射度计

导出精确的测量。现在在市场上可以得到各种电子辐射度计,像 Crooke 辐射度计一样,它们对光功率线性地响应。当考虑一个辐射度计时,需要它的等效噪声功率(NEP)、响应率和动态范围足以在其期望的范围内以足够的分辨率测量感兴趣的信号。

在许多辐射度学应用中,也有必要在窄的谱段或一个确定的波长范围内测量光功率。在这种情况下,采用诸如光谱辐射计那样的仪器。正如前面所讨论的那样,将单色仪和宽带辐射度计结合起来,可以在窄的波段内测量光功率,这可以在一个宽的波长范围内进行调谐。

14.2.4.1 光学系统测试的应用

对于任何类型的光学传感器,产品不一致性或透镜未调准可能导致不同单元的波动(Smith,1997)。为了确保这些零部件的质量和一致性,需要进行严格的测试。通常,探测器越复杂,所需的测试越复杂。当系统变得更加复杂时,具有基本的硬件、软件和集成系统测试能力是必要的。在本节,我们给出了前面所讨论的光学测试方法和工具的应用实例,以熟悉这些方法和工具是怎样应用的。

一个重要的应用领域是采用干涉仪来测量像反射镜和透镜那样的光学组件的平坦度,这对于直径超过 3m 的大型反射镜是非常具有挑战性的,反射镜的表面是研磨、抛光和镀膜的,表面偏差要远小于一个光学波长!可以采用干涉仪产生的干涉图案精确地确定表面变形和非均匀性。类似地,也可以采用干涉仪来观察到透镜上的缺陷和像差。

辐射度学测量在许多学科中是普遍采用的。在其最简单的形式中,辐射度计仅测量光信号的功率。可以按照美国国家标准和技术研究院的可追溯的源对辐射度计进行标定,其后可以用来在测试结构中确定绝对功率测量。例如,标定的探测器可以测量在入瞳上的光功率,以验证理论或仿真计算。它可以用于确定在探测器可能放置的任何位置的绝对光功率,在这种方式下,可用标定的辐射度计确定在一个特定位置的实际光功率。将一个受试物放置在源和标定的辐射度计之间,可以测量通过受试物的透过功率,通过知道在探测器之前的功率和在探测器之后的功率,可以确定器件的透过率特性,以及受试物吸收和反射了多少光。通过组合辐射度计和一个光谱滤光器件(如单色计或像一个可调谐激光器那样的光谱窄带源),可以确定受试物的与光波长或光频率有关的透过率、吸收率和反射特性。这是用于确定一个材料样本中是否具有某一物质的法医检定法的基本原理之一。物质对光辐射响应不同,光谱辐射计测量方法可以用于探测、跟踪、分类和/或识别材料(或缺乏某一材料)。辐射度计基本上可以看作一个对落在其表面上的总的光功率进行响应的"光斗"。

一个成像摄像机可以看作称为像素(与其他像素具有已知的空间关系)的光斗的集合。成像摄像机除了辐射度学特性外,还需要诸如 NEP、探测率、响应率、非均匀性、电路带宽、动态范围、光学系统的分辨能力等特性。像素尺寸本身引入了一个分辨率限,因为当像素被投影到物空间时,不能分辨小于像素投影尺寸的特征。在另一方面,光学系统的理论上最好的空间分辨率(假设完美的光学系统,没有像差,没有大气,没有系统或探测器噪声)是由所谓的经典衍射限决定的。实际的空间分辨率限可能远大于经典的衍射限,例如,大气湍流可能是不采用自适应光学系统或大气湍流补偿系统的光学系统的限制因素。经常可以通过消除大气的影响来提高空间分辨率。

在一个成像系统中,像素在物空间上的投影的尺寸应当小于所要分析的最小的尺度(Austin,2010)。为了测试一个光学成像系统的空间分辨率,必须发展诸如在 1951 年发展的并在 MIL-STD-150A 中采用的美国空军分辨率杠形图板那样的标准测试靶。美国空军分辨率杠形图板有一组标定的各种尺寸、间距和取向的杠形图案,当对这一图板成像时,刚好能通过视觉观察到的间距确定着成像系统的空间分辨率。图 14.19 表明,被测试的图像的质量不仅与辐射度有关,而且与光学系统的几何标定有关。

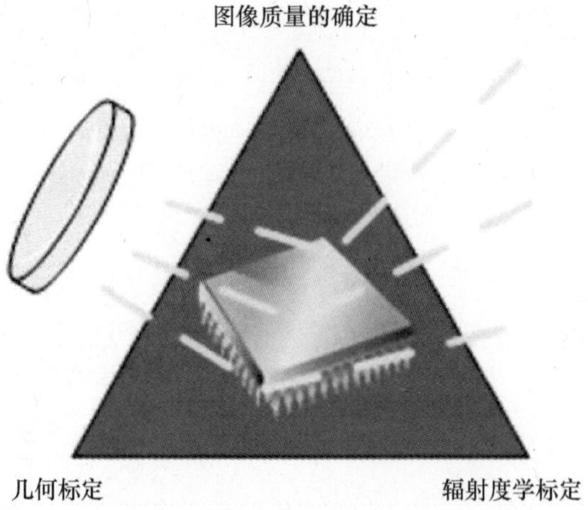

图 14.19　图像质量的标定

当成像系统在不同的波长获取图像时,它们被称为光谱成像系统,这些一般是非常高端的光学敏感器件。如果仅在少数几个波长(6 个或更少)上获取图像,则成像系统被称为多光谱成像系统。如果在 100 个以上的不同的波长获取图像,成像系统被称为高光谱成像系统。如果在 1000 个以上的不同的波长获取图像,成像系统被称为超高光谱成像系统。这些系统融合了光学成像系统的空间成像特性和光谱系统的材料区辨能力。实质上,每个像素提供了光谱响应能力和提供图像的能力。这些高端成像系统的下面是所产生并需要处理的海量的数据!以一个在 1000 个不同的波长上获取数据的 1024×1024 像素的超高光谱成像系统为例,如果每个像素有 24 位的分辨率,则在 5min 内以视频(30Hz)获取的数据量将在 1024×1024(像素^2/帧周期/波长)$\times 30$Hz(帧周期/s)$\times 24$(位/像素)$\times 1000$(波长数/像素)$\times 5$min$\times 60$s/min 量级,或者 2.265×10^{14} 位! 让我们来处理它! 也可以与光谱系统类似的方式应用偏振态,以洞悉材料的特性。

在建立一个测试站时,正确地校准光学组件是关键的。当建立测试台时,对光学元件进行视觉较准是一个良好的第一步。然而,由于需要更精密的测量,因此,建议采用激光作为校准工具(Smith,1997)。透镜必须与光轴对准以确保测试的图像是正确聚焦的(Smith,1997)。此外,采用由钢杆制作的测试滑撬,可能是确保透镜在轴上的一种便宜且有效的辅助手段。

当在做光谱测量时需要非常窄的线宽时也使用激光,也采用激光给出具有恒定相位的基准光束(作为检测工具)。在光学测试中还采用激光发射一个经过一段距离或通过一个测试站的光脉冲,如激光探测和测距(激光雷达)应用。某些更神密的应用是从大气的钠层散射一个高能激光束,以模拟一个星体(所谓的激光导星),用于自适应光学应用。激光的用途太多了,不能一一列举,它们是光学试验室和/或光学测试设施的必要组元。

作者 Warren J. Smith 采用不加修饰的方式描述了怎样测量和分类光电系统(Smith,1997),在他写的《实用光学系统配置》一书指出“一个复杂的光学系统的初步设计经常不是由透镜设计专家而是由系统工程师等人员进行的(Smith,1997)”。他说明了几个可以应用于从望远镜到显微镜的许多不同的光学器件的几种有用的工具。他的书专门有一节涉及将库存透镜加入到设计中,而不是制作透镜。像许多其他的系统单元一样,在将商用货架产品光学元件加到系统中时,需要对商用货架产品光学元件进行验证。可能有许多不同的缺陷会严重地降低采用库存的透镜的系统性能,表 14.3 列出了库存透镜的一些常见的缺陷原因。然而,在某些应用中,自适应光学商用货架产品组件可能是有效的,而且是效费比高的,设计的稳健性足以应对这些缺陷。

表 14.3　透镜缺陷原因

透镜系统中的常见缺陷
轴向色差
横向色差
球形色差
彗形色差
像散
场曲
几何畸变

在光学系统中透镜可能是最关键的组件。有许多不同的验证透镜的功能能力和质量的方法,一种简单和有效的方法是采用一个环形测球仪,这是一个在末端有一个球状指示器的线性标度盘(Smith,2000),可以通过在一个平坦的表面上将标度盘置零,然后通过测量加上透镜时的“凹陷”距离来测量透镜的曲面半径。这是一种用于许多小的透镜的快速和有用的方法(Hilton 和 Kemp,2010)。第二种方法涉及采用一个测试板(采用光学玻璃制作)测量透镜的调制传递函数。采用这种方法,将被评估的透镜放置在光源上面的一个光学测试板上,MTF 测量仪器测量干涉条纹的数目,确定透镜的表面平坦度、焦距和轴

上与离轴成像质量(每毫米线对数)(Hilton 和 Kemp,2010)。另一种方法通常用于高质量、高精度的光学系统,涉及采用基于激光的干涉仪。一个有代表性的例子是采用精密的氦氖激光器(在 $0.6328\mu m$ 辐射)的激光干涉仪,以在一个适当地标定的光学工作台上测量透镜的特性(Hilton 和 Kemp,2010)。现在可以获得其他各种干涉仪,如 Twyman-Green、Fizeau、Fabry-Perto、全息、相移以其他类型的干涉仪。

　　扫描电子显微镜(SEM)也可以是一种强大的透镜评估工具(O'Shea 等,2004)。扫描电子显微镜采用一个高能电子束来从一个固体的表面产生大量的信号(Carleton 学院科学教育研究中心,2013)。扫描电子显微镜是超高精度的,可以产生高空间分辨率的图像。扫描电子显微镜可以实现 60000 倍的放大率。它也可能以微米精度级的容差对透镜的表面做三维测绘(O'Shea 等,2004)。采用扫描电子显微镜测量时,必须对透镜样本加以小心,因为高能电子可能损坏透镜。通常,要在样本上涂覆一个导电保护层,以避免损坏光学表面(O'Shea 等,2004)。采用扫描电子显微镜的缺点是这种方法非常昂贵。一个扫描电子显微镜通常几十万美元,对于某些测试设施是不实际的,在这种情况下,将样本送到第三方扫描电子显微镜评估机构进行评估可能是效费比最高的。图 14.20 示出了一个现代扫描电子显微镜。

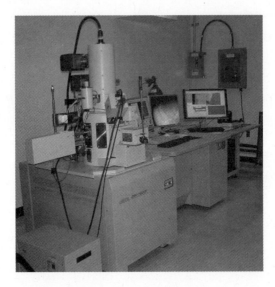

图 14.20　相移干涉仪

14.2.4.2　光学系统测试设备

　　除了用于实现前面所讨论的光学测试方法的设备外,对于给定的应用可能需要专门的测试组件,某些专门的试验包括环境试验、振动和冲击试验、热循环试验、真空试验和辐射试验。光学系统可能将放置在各种环境中,必须验证光学系统能够工作在所预期的环境中。经受振动和/或冲击试验的光学系统通常有与振动和冲击相关的需求,需要进行试验,有时采用振动台和冲击塔。可靠性相关的试验经常将光学器件放在经历温度循环(热循环试验)的环境舱。如果一个光学器件需要工作在使光学器件暴露在大量辐射的环境中,则需要进行辐射试验,以验证光学单元在这样的环境中可以正常工作。真空室用于测试需要工作在真空中的光学单元,一个例子是要发射到空间的光学系统。此外,需要模拟各种环境条件,以验证光学系统可以在期望会遇到的环境中正常工作。水汽、湿度、凝结、渗漏(如系统放置在水中)、尘、杂散光、温度冲击、背景噪声和杂波等项目都需要测试,以验证受试光学器件满足需求,可以像期望的那样正常工作。

14.2.4.3　光学系统测试方法小结

14.2 节中所讨论的材料概述了某些众所周知的光学测试方法,并给出了进行光学系统测试所需的必要的测试设备,目的不是提供详细的光学计算,而是介绍光学测试方法和必要的工具。任何有关光学的标准的教科书(如 Pedrotti 和 Pedrotti(1993)的《光学导论》),将提供基本的数学原理。Born 和 Wolf 的经典教科书光学原理(1999)和 Barrett 和 Mayers 的《成像科学基础》是优秀的高等教程。迄今,我们已经概述了四种常用的光学测量方法:干涉测量法、光谱测量法、辐射度测量法和偏振测量法。我们也介绍了用于这些方法的一些典型的仪器,并介绍了各种仪器在具体的光学测试中的应用。我们也简短地讨论了怎样运用这些方法,并讨论了在光学测试设施中可能需要的专门的测试设备。

本章的最后一节将把在本章前两节所学习的信息加入到案例研究中,这一案例研究将把我们迄今所讨论的系统工程和光学系统测试概念综合到一个实际的无人机载光学系统应用中,目的是说明在真实世界中怎样应用前面所描述的方法和工具。

14.3　综合案例研究:测试 FIT 光学系统

在本节,我们继续我们的综合案例研究,并说明怎样在一个模拟的实际技术场景中应用前面所学习的系统工程原理。在本章,我们看到 FIT 在考虑需要扩展他们的测试能力,以应对后续承担的美国国土安全部、美国海关和边境巡逻部门的新任务。参加这一场景的角色有:Tom Plelps,FIT 的首席技术官和光学专家;Karl Ben,FIT 的首席系统工程师;O. Jennifer(Jen),FIT 的系统工程师;S. Ron,FIT 的系统工程师(新员工);R. Amanda,FIT 的光学工程师;R. Christina,FIT 的光学技术人员;G. Arlene,FIT 的业务开发经理;R. Carlos,FIT 的质量经理;K. Phil,FIT 的软件工程师;A. Kari,FIT 的测试经理;P. Malcolm,FIT 的产品经理;F. Julian,FIT 的产品服务主管。

(这是一个晴朗的周一的早晨,Karl 和 James 来到了 Tom 的办公室)

Karl:"Tom,您好,如果您有时间的话,我和 Kari 一起来同您讨论一些事情。"

Tom:"可以,什么事情?"

Karl:"Bill 刚刚告诉我们,他接到了来自其他组织的电话,想让我们帮助他们。显然,他们喜欢我们为国土安全部边境巡逻部门所做的高速、高分辨率系统,他们想将我们的系统用于他们的应用。"

Tom:"好,这是好消息。"

Karl:"是的,但是我对 Bill 和我讨论的他们的一些应用,还有一点担心。"

Tom:"怎么了?"

Karl:"一些潜在的客户正在讨论将我们的系统放在 ATV 的后面、卡车上、气球上、水下、空间、直升机上和其他的平台上面,我不认为我们有对它们进行适当的测试的设施。"

Karl:"你是对的。在研发实验室和我们的测试设施之间,我们有一个好的开端。然而,我们没有装备能够应用于你所提到的一些应用的测试设施。"

Tom:"让我们到光学主实验室去和 Amanda 讨论一下,她是我们的首席设计师,她负责研发实验室,能够告诉我们,我们有什么。"

Karl:"好主意。"

(在大楼内转了几个弯,并下了几级台阶,Tom 来到了实验室)

Tom:"各位好! 继续做你们的事情。Karl、Kari 和我只是来看看一些设备。Amanda 和 Christina,你们可以中断一会儿吗,你们在忙什么?"

Amanda:"我有时间。我正在将我们的更新的测试参数导入到我们的基于模型的系统工程工具中。"

Christina:"我马上参加你们,我正在完成激光器的校准,用于我们正在进行的空间分辨率试验。"

Tom:"好的,你做好后加入我们。"

Christina:"好的。"

Karl:"整个实验室极其清洁! 你们是怎么做到的?"

Amanda:"Carlos 用他的 5S 计划塑造了我们。"

Karl:"这提醒了我,我们需要讨论更新我们的过程并采用最好的做法来应对新的工作。"

Amanda:"新的工作?"

Karl:"这就是为什么我来这里的原因。因为某些潜在的新的客户,我们正在考虑对我们的测试设备进行升级,我们首先想看看我们都有什么。"

Amanda:"就像在风暴来临之前先把船准备好。"

Karl:"这是一个好的类比! 我喜欢。Amanda,你可以快速地告诉我我们现在有什么吗,这样我们可以考虑我们还需要什么?"

Amanda:"是的,Tom。我需要一个 Aston Martin 跑车。"

Tom:"好的。下次我去玩具店时带一个给你。"

Amanda:"好! 我们有能够进行正常业务的测试设备。除了基本的反射镜、夹具、透镜、滤光片、孔径、偏振器和其他基本组件外,我们有用于测试我们设计和开发的探测器与光学系统的设备。我们有大量的光学光具座(这个实验室的大约 5 个,4 个在跨过大厅的那个实验室),这还不包括 Kari 的设施。我们有单色仪、几个辐射度计、光电和声光调制器、黑体源、调制盘和各种激光器。我们有一个小型摇摆台,我们有的这个不像 Kari 他们组的那个,但对于给光学测试环境引入一些振动是足够好了。就是这个。"

(Amanda 指向一个小的转台,上面有一些孔,液压振动器在腿上)

Amanda:"Kari 也有一个跌落塔,我们可以在需要时用来进行冲击测试。在那个角落是我们的用于检验透镜的平坦度和透镜像差的 ZYGO 干涉仪(Zygo,2014)。我们另外有一套用于高光谱分辨率测量的 Fizeau 干涉仪。在那边的墙上,我们有各种光源,有标定和未标定型的。我们有一些可追溯到 NIST 的黑体源和一些可追溯到 NIST 的光谱辐射度计。在 Christina 那里那个角落的光具座上,我们做我们的高空间分辨率试验和测试,我们有各种采用反射和透射光的空间分辨率靶板,你看到的桌子上的那个是美国空军的空间分辨率杠形靶板。我们也有几个目标,从简单的到复杂的,可以采用环境光或相干光照射。我们可以在那个空间分辨率台上模拟各种光学场景。我们在对面墙上大的密闭并遮光的光具座上,定量评定我们的探测器,并确定它们的性能特性。我们有用于探测器的制冷器和一个小的环境舱室来控制温度,它不像我们在生产中用的用于可靠性试验的热循环室,它适用于我们的应用。在穿过大厅的那个保密的实验室,有我们的大气湍流补偿测试装置。我们有具有波前传感器和可变形反射镜的基本的自适应光学系统,我们可以比较基于软件的高速补偿方法和基于硬件的传统的自适应光学系统。在那个实验室我们可以模拟远场大气湍流、近场大气湍流和分布式湍流。我们的信号和图像处理也在那里开展,包括我们的专利的算法和我们的并行处理、分布式处理以及云计算工作。这是我们的主要的硬件设施。在软件方面,我们有我们的光学设计软件以及分析工具,如我们的一体化光学工具。我们有大量的 MATLAB、Mathematica、ENVI 和 LabView 算法和图形用户接口,以及能赶上软件组的掌握这些软件的人员。我们也有运行和集成设备、进行快速原型仿真以及分析我们的结果的软件。我们也有基于模型的系统工程软件、组织架构软件。当然,Kari 有更多的测试设施。她有需要生产和运行使用测试与评估的大的物品。我们基本上是设计和研发系统,建造原型样机,使系统达到可以生产首套产品的状态。我们接着转到 Malcom 组生产,他们进行初始的低速率生产和以后的生产工作。Kari 有她们的安放大的物品的设施。”

Kari:“是的,像跌落塔、环境试验、可靠性试验、压力试验,对最终的产品测试等。”

Amanda:“我们谈论的是什么类型的顾客。”

Karl:“我们现在正处在初步阶段,但我们有兴趣将我们的系统用于各种应用,从水下成像到地面车辆,到直升机,到空间系统、科学站甚至媒体。我们想对这一新的业务进行策划,并开始灵活地适应这些新的需求。”

Kari:“在这种情况下,我们确实需要做出一些新的安排。对于水下试验,我们将需要可以开展水下试验的水池。取决于深度,我们可能需要压力舱室,以模拟水下的压力。”

Amanda:“是的,我们将需要蓝一绿激光器,并建造或购买可以将我们的系统装进去的水密舱室,以及仪器、电池和将数据传出来的通信设备。”

Kari:“我们也需要可以使用现场的设施与设备。对于空间应用,我们需要拥有辐射室,以评定我们的用于空间环境的零部件。我们也需要理解空间鉴定和认证过程,并确保我们有设备和培训来进行适当的测试。真空室也是需要的。”

Amanda:“Tom,不要忘记,我们离目标越远,入瞳的直径就需要越大。如果我们在讨论在地球对深空目标,或者是对地球大气层内的很远的目标成像,则我们将涉及的反射镜的尺寸将显著增大。迄今,我们的仪器是适于较小的透镜和反射镜的,如果所需要的光学单元变得太大时,就会遇到问题。Christina,你想到了别的吗?”

Christina:“我们所拥有的偏振设备仅适用于某些非常简单的测量,我们可能需要一个用于远距离的物体和可以放在一个样本室内的材料的偏振测量系统。此外,我们还没有很多的多光谱、高光谱和超高光谱成像测试能力。如果我们的工作涉及这些系统,则我们将需要某些特殊的探测器,并构建获取、处理和分析这样的数据的能力。超高光谱成像系统可以产生大量的必须处理的数据,处理这样的海量数据是一项艰巨的工作,需要适当地策划,否则数据就只好躺在那里,因为没有人有时间、工具或能量来处理这样的数据。我们最好也要拥有扫描电子显微镜,如果我们有一个扫描电子显微镜,我们就可以确切地

541

看到我们的透镜的情况。这是我现在头脑里可以想到的。"

Karl："你的头脑里能列出这么好的清单！谢谢 Amanda 和 Christina。我要叫业务开发部门的 Arlene 过来给我们介绍一下可能的前景和我们对这些需求有什么了解。如果你们可以带着这些信息，并形成一个我们需要什么测试设备来支持这些需求的清单，那将是有帮助的。我们将策划怎么得到这些测试设备，或者至少可以使用这些测试设备来支持我们的新的顾客。现在到了更新我们的战略规划的时候了。这将是我们逐步扩充我们需要的某些设备的好时机，尤其是如果我们将它与我们扩展顾客基础的工作和我们的企业体系架构的未来状态紧密结合起来。"

Karl："这是一个好的开端。我们将在午饭后在会议室讨论怎样来推进我们的进程。我将邀请质量团队和业务开发、生产和保障部门的人员参加。谢谢各位。"

Tom："好。每个人的工作都完成的很好。"

（下午稍后，Karl 的会议正在高潮中）

Karl："好，让我们听听关于改进我们的过程以便使我们能够有效地应对我们将会遇到的工作负荷的想法。Kari？"

Kari："我们应当做的一件事是推进一体化测试。现在，我们沿用传统的在研发测试和评估后进行单独的运行使用测试和评估活动的测试模式。一体化测试能改进研发和运行使用测试之间的互补关系，这将能提高整体测试和评估效率。想想看，如果你要等待很长的时间来测试，你可能会漏过一些大的暂时性的问题，还必须回头再测试和修正。采用一体化测试，你是进行周期性的测试的，采用基准作为开始测试和评估的停止点。"

Amanda："我已经看到仿真是一种好的、成本较低的测试方式。我建议我们将仿真和建模尽可能地一体化，这将非常适用于新的大气湍流补偿软件。我们可以快速地仿真各种大气湍流场景，而无需投入额外的设备或者必须进行单独的测试。"

Kari："这是一个好主意。我们必须验证和确认模型，而且我们还必须与利益攸关者合作，以确保他们可以把建模和仿真结果当作测试结果来接受。"

Karl："好主意。建模和仿真方法很适于我们的基于模型的系统工程方法，应当会得到国防部顾客的大力支持。"

Christina："我想我们可以采用灵活的测试站，这意味着采用简化的运行参数的模块化测试。这些测试站将能够适于我们的无人机载测试的任何需要，而且能够适用于将来的新产品。此外，模块化意味着可以快速地重新组合和更改测试，以满足我们的测试需求。"

Phil："模块化思想类似于我们在软件中采用的模块化设计方法学。我们有意将我们的软件设计和封装为尽可能既能用于自身的应用，又能在其他项目上重用。我们将参数传送到子程序并由子程序返回结果。例如，我们有一个计算一组像素的形心的模块，这一模块是非常模块化的，有一个能够传入和传出模块的通用的参数集，它允许我们针对各种不同的场合（例如，整个图像块，图像的一个区域中，对一个特定的波长，对一个波长集，对单独的图像帧）计算形心。在程序中也有大量的错误检查和健康和状态信息。在需要时，其他需要形心信息的例程或程序可以调用这一程序。"

Karl："我们将考察我们的测试过程，看看我们能怎样使这一过程流畅化和模块化。我们可能需要让一些人素工程和运筹学研究人员来帮助我们。"

Carlos:"产品手册怎么样？我们有一个测试策略吗？迄今我还没有听说有关产品手册的测试的事情。"

Kari:"还没有。我们曾经指出，一旦我们开始生产，我们可能只是采用大量的以前的产品手册，并让 Ron 把空白填上。为什么我们还要对手册进行测试？"

Carlos:"这是经常被忽视的事项。对手册需要像产品那样进行测试。Ron 不应当在事后填写空白。像 Amanda 那样的光学系统专家这样的领域专家应当现在就填上空白，并在如果需要时做出对修正的建议。我们需要有一个典型的用户在评估无人机光学系统的同时评估手册。新人 Ron 对于这一角色是完美的。这将确保手册的意图和用户的理解没有不一致性。"

Karl:"Carlos，好主意。较早地评审和测试产品手册和模拟的用户测试是好的建议。另外，我注意到实验室是极其洁净的。Amanda 说这是因为你们强调 5S 程序，这是什么？"

Carlos:"这是一个从整洁入手但达到改进工作场所的目的的程序，这有 5 个步骤（整理、整顿、清洁、规范和坚持），每个步骤都有其具体的任务。例如，规范包括规范的测试规程、现场校准方法、生产规程等，采用规范化的方式完成上述工作，可以帮助提高互交换性，这将提高效率、降低成本。"

Karl:"我们采用 5S 程序能得到什么收益？"

Carlos:"大量的创新性组织已经实现了 5S，目的是提高性能和工作场所的整体精神面貌。我们认为在 FIT 的工作中也应当实行。事实上，这是我们今年开始的一项倡议。我们已经看到缺陷率在降低，精神面貌也有很大的提升。我想你们的新的测试工作是不是也可以加入 5S 程序的"规范化"部分。"

Kari:"你是指像测试规程、现场校准方法那样的规范化吗？这应当不是问题。"

Malcolm:"整洁制造方法怎么样？一个整洁的工作环境是透镜制造的支柱之一。我在一些地方读到：'工作场所应当与手术室相比。'"

Karl:"好的，我告诉你我确信今天较早时候走进光学实验室时感到很震撼。我认为 5S 程序将收到成效。当我们让顾客在这里参观时，他们也会产生很深的印象。我们的信息流怎么样？我们还有什么可以改进的吗？"

Carlos:"Kari 和我昨天刚讨论过，我们已经推进了快速反馈思想，这将给设计师提供实时观察测试数据的机会，而不要等待一周或更长时间等反馈报告。"

Malcolm:"我们已经开始在产品服务器上采用产品评分卡，以实现即时的反馈，这一评分卡是采用来自自动测试站的测试数据自动更新的，对于手动测试可以由技术人员填写。这使我们可以确切地看到在生产过程所能够看到的。"

Jen:"我认为这很好。但我希望能看到与需求有更多的结合。我读了 Kasser 的《理解系统工程的框架》（Kasser，2007），书中有一节可能可以帮助你采用这种新的评分卡，这一节描述了一种称为 CRIP 或者过程中的分类的需求的反馈报告方法，在用于需求状态报告的 CRIP 中有一些好的方法是我希望看到的，具体地说，CRIP 图采用一个好的配色方案来说明对每项需求的验证的进展。Ron，我想让你今晚读读这一章，并为团队创建一个 CRIP 模板。"

Ron:"你可以更详尽地说明 CRIP 报告吗？"

Jen:"是的。这一过程的四个步骤是按照这样的顺序:①对需求分类;②评定每一类的范围;③将每项需求放到一个范围内;④监控每项需求的状态的差别(Kasser,2007)。接着实现测试解决方案,并将它们的效果作为估计的项目完成百分比来报告反馈。"

Ron:"好的,但这一过程的优点是什么?"

Jen:"有很多优点,包括由于有需求包能实现较早的跟踪,改进了对项目的现状的了解,对每项需求根据重要性进行排序。最重要的是,它可以跟踪和报告满足顾客的需求的状态。"

Ron:"很好! 谢谢你。"

Karl:"好,我想我们应该结束了。今天大家谈了一些好的思路。Jen,你可以牵头整理一下这些思路吗?我想进行一次内部评审来解决实质性的问题,Tom 和我将把结果带给执行委员会用于批准和实施。每个人都做得很好!"

14. A　附录:首字母缩写词

QA	质量保证
PMD	偏振模式色散
LCC	生命周期成本
5S	整理、整顿、清洁、规范和坚持
ANOVA	方差分析
ANSI	美国国家标准局
CCD	电荷耦合器件
CMOS	互补性金属氧化物半导体
CONOPS	运行概念(方案)
COTS	商用货架产品
CRIP	分类的需求的反馈报告方法
DOD	国防部
ESD	静电放电
FIT	案例研究公司:Fantastic 成像技术公司
HALT	高加速寿命测试
HASA	高加速应力抽检
HASS	高加速应力筛选
INCOSE	国家系统工程学会
IR	红外
ITEA	国际测试和评估协会
MTF	调制传递函数

NASA	美国航空航天局
OCR	光学字符识别
OT&E	运行使用测试和评估
QE	质量工程
SDLC	产品开发寿命周期
SE	系统工程
SOS	由多个系统组成的大系统
T&E	测试和评估
TOD	三角形朝向识别
UAV	无人机

参 考 文 献

ANSI/ESD. 2007. *ESD Association Standard for the Development of an Electrostatic Discharge Control Program for Protection of Electrical and Electronic Parts, Assemblies and Equipment (Excluding Electrically Initiated Explosive Devices)*. ANSI/ESD S20.20-2007. Rome, Italy: American National Standards Institute/Electrostatic Discharge Association.

Antonpaar. 2013. Functionality of a Polarimeter. Wikimedia Commons. http://commons.wikimedia.org/wiki/File:Polarimeter_measuring_system.jpg (accessed December 5, 2014).

Austin, R. 2010. *Unmanned Aircraft Systems: UAV Design, Development, and Deployment*, 1st edn. John Wiley & Sons, Hoboken, NJ.

Agilent Technologies. 1996. Optical spectrum analysis basics. http://cp.literature.agilent.com/litweb/pdf/5963-7145E.pdf (accessed April 09, 2014).

Barrett, H. H. and K. J. Myers. 2004. *Foundations of Image Science*. Hoboken, NJ: John Wiley & Sons.

Blanchard, B. S. and W. J. Fabrycky. 2011. *Systems Engineering and Analysis*, 5th edn. Boston, MA: Prentice-Hall.

Born, M. and E. Wolf. 1999. *Principles of Optics*, 7th edn. Cambridge, England: Cambridge University Press.

Bunch, B. H. and A. Hellemans. April 2004. *The History of Science and Technology*. New York: Houghton Mifflin Harcourt, 695pp.

Carrico, R. J. 2009. *Back to basics–Testing, testing, 1, 2, 3*. http://asq.org/quality-progress/2009/09/back-to-basics/testing-testing-1-2-3.html. Quality Progress Magazine (online), September 2009: American Society of Quality (accessed December 5, 2014).

ColinEberhardt. 2004. The Michelson Interferometer Experimental Apparatus. Wikipedia. http://en.wikipedia.org/wiki/File:Michelson-interferometer.png (accessed December 5, 2014).

Dhillon, B. S. 2004. *Reliability, Quality, and Safety for Engineers*, CRC Press, Boca Raton, FL.

Dudzik, M. C. (ed.). 1993. *The Infrared & Electro Optical Systems Handbook*, Vol. 4: Electro-Optical Systems Design, Analysis, and Testing. Ann Arbor, MI: Infrared Information Analysis Center, Environmental Research Institute of Michigan (ERIM)/Bellingham, WA: SPIE Optical Engineering Press.

INCOSE-TP-2003-002-03. June, 2006. *Systems Engineering Handbook*, Version 3. Cecilia Haskins (ed.). San Diego, CA: INCOSE—International Council on Systems Engineering. http://www.incose.org (accessed April 09, 2014).

Gearhart, S. A. and K. K. Vogel. 1997. Infrared system test and evaluation at APL. *Johns Hopkins APL Technical Digest*, 18(3): 448–459.

Goldberg, B. E., K. Everhart, R. Stevens, N. Babbitt III, P. Clemens, and L. Stout. December 1994. *System Engineering "Toolbox" for Design-Oriented Engineers*. NASA Reference Publication 1358. Huntsville, AL: National Aeronautics and Space Administration Marshall Space Flight Center MSFC.

Hansen, D. R. and M. M. Mowen. 2006. *Cost Management: Accounting and Control*, 5th edn. Mason, OH: Thomson/South-Western.

Harkins, R. 2009. One good idea–Gimme five. http://asq.org/quality-progress/2009/08/one-good-idea/gimme-five.html, *Quality Progress Magazine* (online), August 2009, American Society of Quality (accessed December 5, 2014).

Hilton, A. R. and S. Kemp. 2010. *Chalcogenide Glasses for Infrared Optics*.

Hubble Site. 1994. Comparative view of a star before and after the installation of the Corrective Optics Space Telescope Axial Replacement (COSTAR). HubbleSite. Space Telescope Science Institute. http://hubblesite.org/newscenter/archive/releases/1994/08/image/a/ (accessed April 09, 2014).

Hull, E., K. Jackson, and J. Dick. 2005. *Requirements Engineering*, 2nd edn. London, U.K.: Springer.

Kasser, J. E. 2007. *A Framework for Understanding Systems Engineering*. Cranfield, U.K.: Right Requirement Ltd.

Komatsu, H., T. J. Felleres, and M. W. Davidson. 2000. Principles and applications of multi-beam interferometry. Nikon MicroscopyU. http://www.microscopyu.com/articles/interferometry/multibeam.html (accessed April 09, 2014).

Mishchenko, M. I., Y. S. Yatskiv, V. K. Rosenbush, and G. Videen (eds.). 2011. *Polarimetric Detection, Characterization and Remote Sensing, Proceedings of the NATO Advanced Study Institute on Special Detection Technique (Polarimetry) and Remote Sensing*, Yalta, Ukraine. September 20–October 1, 2010, Series: NATO Science for Peace and Security Series C: Environmental Security, 1st edn.

NASA ARES SEML. 2014. JEOL JSM-7600F Scanning Electron Microscope. Obtained from NASA Johnson Space Center ARES Scanning Electron Microscopes Laboratory. http://ares.jsc.nasa.gov/images/new_ares_images/SEM-JEOL-JSM7600F.jpg (accessed December 5, 2014).

National Aeronautics and Space Administration, NASA Headquarters. December 2007. NASA/SP-2007-6105: *NASA Systems Engineering Handbook*.

National Aeronautics and Space Administration MARSHALL SPACE FLIGHT CENTER. 2007. Preferred reliability practices—Contamination control of space optical systems, NASA PRACTICE NO. PD-ED-1263.

O'Shea, D. C., T. Suleski, A. Kathman, and D. Prather. 2004. *Diffractive Optics: Design, Fabrication, and Test*. Bellingham, WA: SPIE Press.

Optique Online Courses. 2009. Multibeam interferometers. http://www.optique-ingenieur.org/en/courses/OPI_ang_M06_C04/co/Contenu_08.html (accessed April 09, 2014).

Pedrotti, F. L. and L. S. Pedrotti. 1993. *Introduction to Optics*, 2nd edn. Upper Saddle River, NJ: Prentice-Hall.

Sandau, R. (ed.) 2010. *Digital Airborne Camera Introduction and Technology*.

Science Education Research Center at Carleton College. 2013. Scanning Electron Microscopy (SEM). Geochemical Instrumentation and Analysis. http://serc.carleton.edu/research_education/geochemsheets/techniques/SEM.html (accessed April 09, 2014).

Smith, W. J. 1997. *Practical Optical System Layout: And Use of Stock Lenses*. New York: McGraw-Hill.

Smith, W. J. 2000. *Modern Optical Engineering: The Design of Optical Systems*, 3rd edn. New York: McGraw-Hill.

Stigmatella aurantiaca. 2012. Fabry Perot Interferometer Diagram. Wikimedia Commons. http://commons.wikimedia.org/wiki/File:Fabry_Perot_Interferometer_-_diagram.png (accessed December 5, 2014).

Suttinger, L. T. and C. L. Sossman. 2002. Operator Action within a Safety Instrumented Function. Obtained from National Technical Information Center. http://sti.srs.gov/fulltext/ms2002091/ms2002091.html (accessed February 5, 2014).

Task Group SAS-054. 2007. Methods and Models for Life Cycle Costing. Obtained from Defense Technical Information Center. http://www.dtic.mil/cgi-bin/GetTRDoc? *AD=ADA515584* (accessed February 5, 2014).

Timeline. 2005. Crookes Radiometer. Wikipedia. http://en.wikipedia.org/wiki/File:Crookes_radiometer.jpg (accessed December 5, 2014).

Warrencarpani. 2011. Newton's rings as observed through a microscope. Wikimedia Commons. http://commons.wikimedia.org/wiki/File:20cm_Air_1.jpg (accessed December 5, 2014).

Wilson, B. 2009. Integrated testing: A necessity, not just an option. *International Test and Evaluation Association (ITEA) Journal*, (30): 375–380.

Zygo. 2014. *Laser Interferometers*, Zygo Metrology Solutions Division, Middlefield, Connecticut. http://www.zygo.com/?/met/interferometers/ (accessed April 09, 2014).

第 15 章　光学系统使用和保障

后勤是世界上最重要的事情,它创造文明并维持文明的持续,没有后勤,正如我们所知道的那样,这世界将逐渐消失。

——James V. Jones(2006)

本书前面 14 章所给出的大量信息已经考察了沿着系统开发寿命周期的瀑布型模型的要点。在已经按照前面的章节设计、建造和测试了系统之后,我们现在进入了运行使用和系统保障阶段。这是一个很长的阶段,持续到产品的生命结束,它是处置和退役阶段(这是下一章和最后一章的主题)之前的最后的生命周期阶段。本章的重点是系统使用、一体化后勤、服务和保障以及系统改进/可持续性维护等主题。在这一阶段所完成的活动中,获取用法、性能和可靠性数据并进行分析,并当作下一个系统设计的一部分,从而能够持续地提高性能和可靠性。

本章分为三个部分,第一部分论述系统工程管理方面——"Big M",第二部分的重点是光学信号处理领域的专家工程主题——"Big E",第三部分试图通过需要为主要客户国土安全部美国海关和边境巡逻部门升级某些信号处理能力的一个虚构的公司 Fantastic 成像技术公司的综合案例研究,来说明怎样融合并应用前两节所论述的材料。FIT 开发了一个装载在用于在美国—墨西哥边境使用的无人机编队上的昼夜边境巡逻用高分辨率光学系统。为了开始本章,让我们设定一个场景,考虑某些要物理监视美国边境的边境巡逻机构喜欢什么,并研究为什么采用现代的无人机技术途径是明智的。

想象你是一名在临近边境的热点的隐蔽区域的边境巡逻人员,你是孤独的。在夜间你所能听到的仅有的声音是在一定距离内偶尔出现的鸟或飞机的声音,突然,你听到了一个噪声,你的心脏开始砰砰跳了,你的大脑开始快速运转。这是什么噪声?是一个动物在这片原野咆哮吗?是有人接近边境并试图非法越境吗?

这是得克萨斯的巡逻人员 Jeff Milton 作为 19 世纪 80 年代的第一代边境巡逻员的生活,他的工作与现在的美国边境巡逻员的工作类似。那时的边境巡逻的目的与现在的类似:防护我们的边境,防止不属于我们国家的敌人或其他人非法进入国境。现在,美国边境巡逻部门主要防止走私集团、非法移民、恐怖分子或其他可能的威胁越过美国边境,对美国和美国公民造成威胁(国土安全部,2013)。这是一个危险的工作,在日常的业务中,美国国土安全部(如防御、情报和执法机构),面临着这些类型的威胁。

随着对边境防护的威胁的增加,美国国土安全部提高了对采用无人机来防护我们的边境的兴趣。已经证明:无人机对于在不使士兵或飞行员处于危险的情况下观察地面活动是有用的。无人机可以携载光学传感器(如摄像机或前视红外传感器)来获得在感兴趣的区域的地面事件的图像。这些光学器材比雷达难以探测到,这进一步为我们采用无人机增加了安全的特征和收益(Schwartz 等,1990)。

携载光学传感器的无人机和它们具备的为边境巡逻部门安全、高效地昼夜监视边境的能力是 15.3 节讨论的案例研究的前提。

15.1 系统使用和保障导论

系统工程的目标是构建一个满足利益攸关者需求的产品或系统。在已经发展了一个系统之后,准备由利益攸关者使用系统,并且可能需要对系统进行改进和/或保障。通常需要保障来帮助利益攸关者理解怎样使用系统,并正确地使用系统来满足他们的需求,这经常是采用培训和技术保障的形式进行的。保障也可以采用预防性维护活动或者对随机的硬件故障进行维护的形式进行。改进可能是需要的,因为有系统交付部署之前没有表现出来的潜在的设计错误。由于对怎样运用技术有新的见解,或者由于新技术的出现或过程的更改,可能需要其他的改进。为了适当地支持一个系统、服务、产品或过程(简称系统),在整个系统开发生命周期内应当遵从系统工程原理和过程。

15.1.1 背景和定义

为了以高效费比的方式有效地开发一个新的产品或系统,需要考虑整个系统开发生命周期。需要考虑的成本不仅是系统开发和最终的系统成本,如果在开始没有考虑诸如维护、保修和顾客培训那样的保障成本,并分解到成本分析中,系统成本可能是非常高的,并使整个公司的收益受损。系统开发生命周期过程考虑一个产品或系统从开始的方案到最终的处置的所有阶段(Asiedu 和 Gu,2010)。系统开发寿命周期被分解成三个阶段:采办、运用和退役/处置/回收,如图 15.1 所示。

图 15.1 系统开发生产生命周期

在采办阶段,确定利益攸关者需求并完成方案设计、初步设计、详细设计和研发以及生产/建造/制造,它包括系统的设计、研发和生产阶段,最终得到制造的产品,在设计已经演进为一个生产出来的系统后,开始运用阶段。

在运用阶段,顾客/用户拥有了产品和系统并开始将它用于其用途,在这一阶段,顾客/用户将运行系统并评估其性能和可靠性。此外,用户也可能确定系统的其他用途,并确定新的或改进的性能需求。这一信息将驱动系统的改进、增强,并启动组块升级改进,组块升级改进将作为产品改进预先策划(PPPI)活动的一部分,在运行使用的系统中实现一组规划的特征和能力(组块)。

回收阶段是系统退役、处置并在可能时回收的阶段。在系统已经部署并被终端用户使用之后,连续地评估其效能,并确定系统性能是否仍然满足运行使用需求,在这一时段,要考虑系统退役或维护的可能性,权衡维修成本与更换成本(Koopman,1999)。作为一个例子,"所有的嵌入式系统最终要退役、废弃或更换,设计一个适当地退役的系统可以显著地降低制造商、用户或社会作为一个整体的成本"(Asiedu 和 Gu,2010,p.29)。在确定了系统不再满足性能需求,且进行维护在成本上不再合算时,作出系统退役的决策,在这时,将基于当地的适当的法律对系统进行处置。

当开发一个系统时,考虑运用和退役,以确保在开发过程中进行适当的权衡是重要的。适当地关注并策划保障和运行使用活动,能确保系统持续地满足利益攸关者需求,具有适当的、高效费比的系统可靠性、可维护性和可用性,并且实现在其使用寿命内的后勤保障。对于回收阶段,某些可能使用系统的国家可能有关于材料的使用的专门处置要求和法律,称为系统的危险物质限制,如果不能满足这些要求,系统的制造商可能要负责系统的处置。如果在系统开发生命周期的开始没有考虑和适当地涉及,结果可能会产生未期望到的成本增加,并且可能对公司的底线产生显著的后果。建立一个如图 15.2 所示的与系统研发并行的系统后勤保障过程是非常重要的。建立贯穿整个系统开发生命周期的并行的制造过程和配置、保障和维护过程与退役过程,能确保在驱动系统需求并分解到产品的整个产品开发过程的早期考虑这些,这能确保进行系统权衡。采用这种方法可以显著地降低成本。系统设计应当采用在以往的系统开发生命周期中得到的历史数据进行持续地改进。几十年来的经验表明:一个有效的、经济上具备竞争力的正常工作的系统,是不能在已经研制出来后才做大量的工作的系统的情况下实现的。因此,在系统的设计和研发阶段的早期阶段就应当考虑系统的运行使用阶段及其以后的预期的结果。(Asiedu 和 Gu,2010,p.29)

下一节将聚焦在运用阶段。图 15.2 描述了在这一阶段进行的活动,这些活动包括系统的使用、保障、改进和维护。

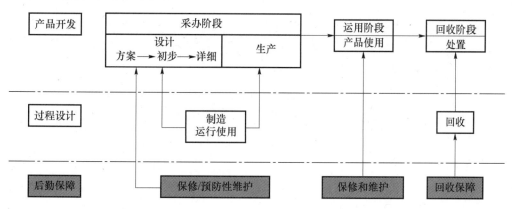

图 15.2　并行的生命周期开发

15.1.2　系统的使用、保障、改进和维护

在设计已经演变为一个已建造好的产品或系统,并被利益攸关者接受且使用之后,开始系统的运用阶段。为了转到运用阶段,要进行正规的设计评审、建立系统基线、验证系统能满足所有需求,并准备运用。即便一个系统转到了运用阶段,仍然可能要对系统进行更改。在整个系统开发生命周期内,由于许多原因可能需要对系统设计进行更改。例如,

可能在设计评审(如关键设计评审)中发现不是当前的需求基线或工作范围的一部分的功能问题,在运用阶段可以策划分阶段的设计改进(例如,策划的组块升级改进)。其他的系统升级改进的例子是:由于可以采用新技术,或者是由于在系统使用过程中出现的兼容性问题进行的改进。更改也可能是由于对利益攸关者需求或者对系统的应用的误解,或者是由于利益攸关者提出或要求的新的需求。在引入和实现这些建议的更改时也需要后勤保障,以确保能够得到用户所需要的一个有效的系统。

15.1.3 根据工程更改建议进行的系统改进

当需要实现新的需求或者确定系统具有性能缺陷时,需要在运用阶段进行改进。当要进行系统改进时,要修订所建立的产品或系统基线,以满足所要求的更改。基线被定义为:"经过批准并发布的定义所设计的产品或系统的参数和文件集。"(Mottier,1999)无论更改的规模如何,必须遵守适当的配置更改管理。对系统基线的小的更改可能有大的影响,即便最初认为对硬件、软件、数据或过程的某些更改对系统的性能有小的影响,它们经常具有潜在的影响,因为更改会影响到整个系统。例如,对主设备的设计结构的一个更改(如尺寸、重量、封装和增加的性能能力),可能会影响相关的软件、测试和支持设备的设计、备件/修理件的类型和数量、技术数据、运输和拿放要求等。(Blanchard 和 Fabrycky,2011)

任何单元的更改可能对其他的单元会有影响,或者可能会对整个系统产生影响。有时,需要进行相互关联的多项更改,如果在一个给定的时间需要多于一项更改,跟踪和维护需求变得难度更大。必须慎重地管理所有的更改,必须更新所需要的文件,必须对需求进行重新测试。在需求和/或设计被更改时,必须进行回归分析,以确定对系统有怎样的影响,以及需要重新进行什么测试来确保适当的性能。在重新测试表明已经满足了新的需求后,可以将更新的系统交付给顾客。有些更改可能是自发的,而其他更改可能是为了适当地、安全地运行使用,或者由合同规定的。这些增加的活动会产生开发者的直接成本,除非能够根据合同确定开发者无需负责这样的更新。在大多数情况下,在系统开发生命周期越晚的时间进行更改,成本就越高。通常,如果是在一个特定的基线已经确定后进行的更改就被看作是较晚的更改,例如,如果系统需求规范(A 类规范)已经处于配置管理中,在里程碑事件 1 的系统需求评审中已经获得批准,任何对 A 类规范的更改都被看作较晚的更改。

在系统开发生命周期中,更改是不可避免的,因此必须适当地策划,这些对系统基线的更改,可能会影响不同的系统单元或者整个系统,所有这些更改会影响到生命周期成本,使对生命周期成本的影响最小的关键是在适当的生命周期阶段进行更改。为了避免在错误的阶段引入更改,或者未完全实现一项更改,需要一个规范的更改过程,有一个规范的更改过程,能确保从一个基线到另一个基线,以及在整个系统开发生命周期内的可追溯性和可复现性。

图 15.3 所描述的工程更改建议是对所建议的更改进行管理的规范化的过程。根据MIL-HDBK-61A(国防部,1999,MIL-HDBK-61A)军用手册,一项工程更改建议是用于在采办过程(以及在采办后过程中,如果政府是对配置文件的当前文件进行更改的授权方)中的一个配置项及其政府基线性能需求和配置文件提出配置更改的管理工具(国防

部,1999,MIL－HDBK－61A)。

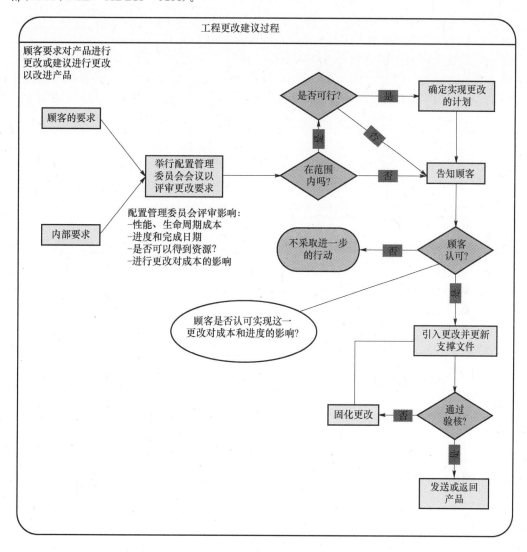

图 15.3　工程更改建议过程

　　加入建议的更改必须与系统的需求相匹配,所做的任何更改必须遵照相应的需求或者驱动对需求的更改。系统性能必须满足在当前版本的需求文件中定义的需求是重要的,为此,配置管理委员会要对在工程更改建议过程中提出的所有更改(在实现之前)进行评审。对每项更改的评估必须考虑对整个系统的影响,由委员会所批准的更改将导致更改的实现,以及所有的支撑文件(如需求文件、详细设计文件、测试规程/报告、安装指南和运行操作手册)的更新。相应地,从开始以及在整个系统生命周期内需要一个高度原则化的配置管理过程。这对于成功地实现系统工程过程是非常重要的。(Blanchard 和 Fabrycky,2011,p.147)

　　配置管理能为配置管理委员会创造便利条件,并控制对经工程更改建议过程批准的与系统相关的文件、硬件图纸或软件基线的更改,工程更改建议规定所建议的更改的细节和影响以及更改优先级和等级,它们涉及进行更改的所有可能的原因:缺陷、策划的产品改进和系统改进。在整个系统开发生命周期内,必须严格遵守工程更改建议过程,以确保准确的文件描述、系统的正常运行和需求、设计和终端产品之间的一致性。

15.1.4　策划的改进

在系统开发生命周期内,由于许多原因要对系统进行改进或更改。在系统开发的开始预测这些变化是困难的,即便不是不可能的。随着利益攸关者的需求的变化、技术的改进、对产品或系统的了解的提高,要对产品和系统进行演进。相应地,系统工程过程也通过演进来降低与规划的和未预期的变化相关的风险。

需要采用有策划的产品投放和改进策略来克服与以下事项相关的挑战性的工程问题:

(1)在项目开始时未能完全地定义或得到全面理解的需求。

(2)没有完全发展的技术的实现或新技术的实现。

(3)利益攸关者的变化的需求、增加的需求或升级的需求是不同的。

(4)由于政府政策、标准或规章的变化带来的需求变化。

(5)由于运行使用方式、后勤保障方式或其他规划或做法的变化产生的需求变化。

(6)使系统具有更好的性能和/或降低的成本的技术进步。

(7)使系统的使用、维护或保障成本降低的可能的可靠性和可维护性改进,包括拓展新的供应支持源。

(8)翻新和改进系统以提高服务寿命的服务寿命延长计划(国防采办大学,2011)。

在发生与安全相关的问题时,必须立即进行未策划的、必须进行的改进。产品和系统必须考虑到未来的需求、升级改进或预期的变化进行开发,要在整个系统开发生命周期的性能和可支持性升级改进中识别这些必要的更改,并重新建造或进行配置更改。解决性能问题或改进系统性能是在进行产品使用、支持和维护等活动的运用阶段的基础。

在系统开发生命周期的不同阶段有相应的产品改进策略,这些策略包括演进性的采办、PPPI 和开放系统。

15.1.4.1　演进性的采办

Aldridge 将演进性采办定义为:"定义、开发、生产或采办、部署一个初始运行使用能力的硬件或软件增量(或 block)的采办策略,它基于在相关的环境中验证技术、分阶段的系统需求和分阶段地验证所制造、部署的硬件或软件的能力,可以在较短的时间内提供这些能力,然后随着时间的推移,采用改进的技术增加新的能力增量,从而实现一个随着时间推移不断演进的完整的和自适应的系统。"(Aldridge,2002)

演进性采办是一种以尽快地为利益攸关者交付有用的能力为目标的方法,重点是交付所需功能能力的 80%。演进性采办有两种主要的技术途径,即增量式开发和螺旋式开发。采用增量式开发,终端产品是已知的,但性能或特征是在运用阶段开始后分阶段地加入到系统中的,增量式开发也称为 PPPI,将在后面的章节讨论。螺旋式开发假设完整的性能需求或者所需要的特征是未知的,需要用户的输入来洞悉最终的系统结构,在用户开始与系统接触并使用系统后,将驱动附加的性能需求并进行系统更新。当采用这种技术途径时,初始投放的需求聚焦在基本的系统,这一核心的基本系统将持续改进和演进,直到整个系统满足用户的需求。这种方法的重点是定义核心的性能和升级改进的路线,以便在未来实现附加的特征。通常,这种技术途径采用开放系统或模块化设计途径,从而为升级改进提供便利条件。这也允许对将集成到产品或系统中的技术进行升级改进,以帮助控制成本。演进性采办为一个产品或系统的全生命周期的策划的产品改进铺平了道路。这种方法是美国国防部所优选的,最终发布了国防部 5000.1 指南(国防部,2000,5000.1 指南,2000)和国防部 5000.2 条令(国防部,2000,5000.2 条令)。演进性采办通过对其产品或系统的升级改进,使之与当今快速演进的技术同步,确保国防部的军事武器和防御机制的技术领先性。

15.1.4.2　预先策划的产品改进

PPPI 允许在整个系统开发生命周期内进行改进,这种技术途径也称为 P^3I。这一策略有意延缓在确定的时间进度内难以实现的需求或改进工作(Pinkston,2000,p.18),它也被用于延缓实现那些不能全面地理解的需求或那些提供先进的特征的需求。正如较早时所指出的那样,这种技术途径的关键是尽快地为用户交付 80% 的系统性能。陆军采用 PPPI 作为"达到陆军的升级改进现有的系统,提高能力、提高可靠性和延长设备寿命的目标"(Pinkston,2000 p.18)。当可以提供或实现过渡的特征和能力解决方案,而系统的其他部分仍然处于发展阶段时,可以采用 P^3I。这种技术途径的成功的关键是被看作设计的一个组成部分的良好定义的接口需求,当可以得到时,应当完成接口的集成。当系统是复杂的,而且有变化的性能水平或特征时,应当考虑 PPPI。PPPI 技术途径也被用于实现技术进步或简单的性能改进。为了实现这些系统改进,关键是具有良好定义的接口的模块化设计,接口定义得越好,越容易开发易于集成并成功地应用在现有的系统中的可替换的模块。对于将模块化的设备或开放系统作为设计的一部分的长期的、平行的工作,应当考虑这种技术途径。

15.1.4.3　开放系统方法

根据美国三军 OSA 工作组 1995 年 11 月修订的国际电气与电子工程师学会(IEEE)POSIX1003.0/D15,开放系统的定义如下:

　　一个充分地实现开放的接口、服务和支持格式规范,从而能够在进行最小的更改的条件下跨宽泛的系统运用适当工程化的组件的系统。开放系统具有以下特性(James 和 McFadden,2010,p.115):

　　(1)良好定义的、宽泛使用的、非专有的接口/协议。

　　(2)采用由工业界认可的标准开发的原则。

　　(3)定义系统接口的所有的方面。

　　(4)对扩展或升级有明确规定。

开放系统设计方法的目标是便于采用接口管理将新技术集成到现有的系统中。为了成功地采用这种方法,该设计必须考虑到未来的变化和现在还不能预期到的技术进展。系统必须设计的容易实现改进,并便于有效地吸收新技术。

　　作为一种优选的业务策略,开放系统方法得到了大型复杂系统的商用制造商们的广泛采用,也引起了国防部管理者的关注,国防部管理者要求国防部系统的开发者采用开放系统,以保持可承受的、持续的、优越的作战能力。采用开放系统概念和原则的系统设计更容易适应技术的变化,以通过推进多源的供应和技术插入,从而在成本、进度和性能上获得收益(Larson 等,2002,p. 2)。

确定采用开放系统方法学所带来的可支持性收益和挑战是重要的。开放系统设计采用由不需要许可的供应商所提供的越来越多的商用货架产品来更新它们的产品,某些更新可以改进性能,另外一些更新可以改变所需要的性能。通过向制造商咨询,确保了解采用商用货架产品时可能带来的任何变化是重要的。由于开放系统方法的成功高度取决于接口管理,这需要更加严格的接口工业标准,并保持与最新的技术并行发展。采用标准化的协议和接口的开放系统的其他的收益是:具有灵活性,并且增加了可以采用的商用货架产品解决方案的数目,这可以提高可获得性并降低成本。采用标准化接口经常能提供比国内的内部解决方案更加稳健和灵活的解决方案。当采用商用货架产品系统时,可能需要更多的策划、研究、测试和数据管理,以确保可以得到高度可靠和可用的高质量的产品或系统。

采用开放系统技术方法,充分利用商用货架产品,尽管可以带来降低研制成本的收益,但对后勤界提出了新的挑战。质量保证、配置管理和数据管理需要预计新技术将怎样影响供应商支持,并适当地调整资源。类似地,系统集成和测试将需要调整资源,以适应在现有的系统中引入新的组件。如果没有得到适当的管理,采用商用货架产品可能增加整个生命周期的成本。更新文件、图纸、规范和培训材料对采用开源方法的系统开发和支持团队是一个挑战。需要采用开放系统设计方法创建文档,从而能在整个系统开发生命周期内进行有效的更新。良好的配置管理是这种方法获得成功的关键。适当地估计或预测支持这些活动所需的时间和资源成本是挑战性的,许多时间是低估的。

有策划地改进这一途径的另一个收益是:它能够在实现之前,提高有挑战性的利益攸关者需求的成熟度。在系统处于运用阶段时,将能更好地理解有关使用和性能需求的问题,这样可以更好地理解利益攸关者需求以及怎样实现它们,可以更好地实现需求,从而使系统能够满足利益攸关者的实际需要,而不是过于设计或设计不足的。

策划的改进涉及三种不同的策略,即演进性采办、P^3I 和开放系统方法,每一类策略采用使用商用货架产品或成熟度不足的产品的开放系统,具有降低生命周期成本的收益,但也给后勤支持界带来了新的挑战。

15.1.5 一体化后勤保障

在分析采用开放系统给后勤界带来的挑战时,必须首先定义后勤保障。根据 MITRE 公司(一个提供他们在系统工程概念和技术方面的经验的非营利的组织)的说法,后勤保障是"在系统或设备的设计以及系统或设备的整个生命周期内考虑集成可保障性和后勤保障的管理和技术过程,它是以及时的、高效费比的方式策划、采办、测试和提供所有的后勤保障单元的过程"(MITRE 组织,2014)。换言之,在整个生命周期内对一个产品或系统所需的改变是由一体化的后勤保障来管理、规划和支持的。为了有效地支持贯穿整个系统开发生命周期的一体化的后勤保障的所有方面,需要强有力的技术背景和专业技能。一体化的后勤保障所支持的领域如图 15.4 所示,有以下几个方面:

1. 培训支持

(1)开发培训材料并进行课程管理。

(2)培养培训人员。

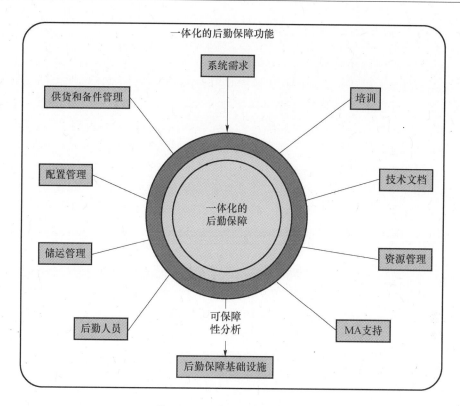

图 15.4　一体化后勤保障功能

(3)线上帮助或支持团队。

2. 供货或库存品管理

备件、修理件或过时的零件。

3. 编写技术文件

(1)编写和交付操作手册、快速入门指南等。

(2)编写维护或服务手册。

4. 配置控制和管理

以规范、图纸、编码基线等形式来支持硬件、软件基线和更改。

5. 资源管理

测试设备和资源的管理。

6. 储运管理。

产品或系统的封装、拿放和运输。

7. 后勤人员管理

提供后勤和维护支持所需要的人员。

8. SRMA 支持

(1)确定系统/子系统/组件/部件/零件故障概率和相关的故障率。

(2)确定所需的预防性和修正性维护。

(3)确定保修期和覆盖什么内容。

图 15.4 中所包括的输入是影响着一体化后勤模式的系统工程考虑。为了确保适当

的一体化后勤模式,需要实现可保障性分析,如图 15.4 的底部所示(Blanchard 和 Fabry-cky,2011,pp.503—531)。

后勤保障是任何产品或系统成功的关键,尤其是长期的复杂的项目。光学系统是依靠系统工程方法来满足后勤需求的复杂系统的一个好的例子。

15.1.5.1 系统支持和服务背景

提供适量的系统支持很大程度上取决于系统的特性、环境和利益攸关者的需要和期望,例如,市场上的许多产品已经不再采用长期的可支持性或常规的系统工程服务等级,而是开始回到成本更低、更快的模式,或者采用成本更低、更快、更好的开发策略。在工程界和其他业界经常讨论成本更低、更快、更好的模式,重点是怎样适当地开展业务,以及在产品和系统构建中在何处找到平衡点。有许多专著和参考资料表明,在最近的历史中,已经有远离更好的趋势,我们应当采用的最好的做法是将最好重新纳入我们的开发策略中,以减少在将来可能出现的问题。成本更低、更快、更好的模式假设你可以实现三个方面中的两个方面,但不是成本更低、更快、更好的这所有三个方面。最后,正如工业界的很多人(包括作者 Michael Hammer)所说的那样,成本更低和更快正在胜过更好,工程师和专家正在讨论使我们的工业界重新回到最好的做法的途径(Hammer 和 Hershman,2010)。它提出了某些产品和系统是否能在满足成本更低和更快的方法学的前提下做的更好的问题。例如,采用我们今天所看到的日益增多的技术,在诸如智能手机和 MP3 播放器那样的市场,采用成本更低和更快的方法学可能更好,这些市场涉及不断改进的技术和强烈地需要最新的、最强大的产品特征的顾客市场,大多数产品在顾客权衡是否购买下一个更新的型号时有两年的寿命,这通常指使用后抛弃的产品,强调投放市场的时间,而不强调耐用性或可维护性。在另一方面,许多像军用系统那样的系统和有人在现场的系统,可能要规划长时间服务,将强调耐用性、可升级性和可维护性需求。后勤保障的一部分工作是:确定对于所提供的产品或服务,需要什么级别的保障,并非所有的产品需要或者希望相同等级的后勤保障。必须关注后勤保障系统/产品需求的发展,以确保满足顾客或利益攸关者的实际需求。

15.1.5.2 过去和现在的一体化后勤保障

对系统工程和计划的后勤保障的支持不是新事物。事实上,这些概念已经使用了很多年了,可以追溯到几千年前。当埃及人建造金字塔时,他们不是建造需要法老批准的最终的金字塔产品,他们要建造能够让法老在下一个生命中生活几个世纪的金字塔。事实上,对于保障人员而言,能够为法老造墓是他们的荣誉。埃及人的概念是为了永垂不朽。在金字塔背后的后勤保障是难以置信的地图绘制术和良好训练的领班团队、成千上万的工匠,以及持续几十年的连续的远距离物资供应流,他们完全采用近 1000 磅的石头建造能经得起时间的检验的金字塔。事实上,金字塔建造者被看作那个时代的系统工程师。已经开展了很多关于金字塔的工程和建造的研究,包括深入研究了供应链和金字塔的生产本身这样的系统的连续性。例如,由马里兰大学的 Bill Jacobs 所进行的研究指出了现在的系统工程做法和古代的建筑师的原理的相同性(Jacobs,2002)。

可保障性的思想是在他们的系统开发过程中自然地根深蒂固的。当罗马人建造引水渠时,他们关注的不是怎样低成本地、快速地建造它们,而是关注怎样使他们的城市最好地得到新鲜水,这些引水渠必须建造为能够承受战争和灾难,并能跨越几千英里进行远距离供水。因此,系统保障自然构建在引水渠的系统设计中。引水渠被建造为甚至与我们今天的系统工程原理相关的一系列子系统。罗马人采用经典的罗马拱来支撑引水渠,这是持续到现在都如此坚固的结构,并且在现在的许多建筑技术和风格上仍然可以看到,现在仍然被看作一种"现存的超级结构",这在 Mark Denny 的《超级结构:桥梁、建筑、大坝和其他工程奇迹》一书中可以看到(Denny,2010)。

随着时间的推移,尤其是在最近几百年中,系统已经变得越来越复杂了,在这和对更快和成本更低的系统的需求之间,在许多现代的设计中,系统可维护性有时被放在了次要的地位,已经被遗漏或者未充分利用。过去,当系统较小、较不复杂,而且不会对许多其他系统产生影响时,较容易确定和实现必要的因素,以将可维护性加入到设计过程中。然而,我们的系统和技术在快速地持续演进,因此我们需要发展和改进我们的整个过程。摩尔定律已经突破了原来的与晶体管和集成电路的技术联系,现在已经扩展到不仅适于在半导体领域的技术进步,而且适于硬件、软件和系统。此外,正如在 D. E 的"摩尔定律的更宽泛的影响"(Liddle,2006)这一报告中所指出的那样,现在有重新定义整个工业和经济的可能。

由于作为新系统的发明者和创建者,我们要尽可能快地进步,我们不再能简单地只着眼于交付系统,我们必须着眼于整个图像,并且有效地设计交付系统后的后勤和保障结构。不仅能在实现后保障系统,而且能以最有效和效费比最高的方式对这些系统提供服务,在当今和未来的复杂的、一体化的技术中正变得越来越重要。

15.1.5.3　一体化后勤保障定义

国防系统管理学院将一体化后勤保障定义为"一种用于以下必要的管理和技术活动的规范的、统一的和迭代的方法:①将保障考虑集成在系统和设备设计中;②确定与准备就绪目标、系统设计相关的保障需求;③获得所需要的保障;④在运行使用阶段以最低的成本提供所需的保障"。(国防系统管理学院,1994)。此外,根据国防部的说法,军事定义是"涉及以下内容的那些军事作战方面:①设计和研发、采办、储存、运输、交付、维护、评估和材料的处置;②人员的运送、转运和医疗;③设施的采办或建造、维护、运行使用和处置;④服务的采办或配备"。(国防部,2006,联合出版物 1−02)。

为什么考察这些定义?在美国,国防界和其他政府机构长期以来是系统工程的强烈的倡导者,并且牵头发展这一领域的关键的过程、原则和方法方面。军事和政府产品/系统很像那些金字塔和引水渠,耐用性和维护是很有价值的。政府和军方的几乎所有的描述系统和系统采办的文件都参考某种类型的系统工程(包括可保障性)模型,例如,美国海岸警卫队在他们的后勤保障政策手册中,定义了 4 个迭代的阶段:①采办阶段,由系统的材料、供应和规范定义,定义相关的保障需求,然后开发、采办和交付那些资源,并初步运行使用系统;②持续阶段,定义为寿命周期内持续的成本增长和系统的材料和组件的补偿;③应急阶段,定义为确保系统易于复制和/或重建;④处置阶段,确保对环境和健康影响最小,并确保对系统进行适当的处置,使之不会落到未授权人员的手中(美国海岸警卫队,2002)。美国空军进一步指出:"由于在管理实现一体化后勤保障的空军供应链的能力方面的提高,他们已经接到了基于对这一过程的进一步改进的兴趣所提交的几百份申请文件。"(Tosh 等,2009)陆军在其有关一体化后勤保障的文件中指出:"这是促进所有的用于陆军系统的采办、试验、部署和保障的后勤保障单元的发展和一体化的过程。"(陆军部,2012)

15.1.6 保障要素

当确定怎样保障一个系统以及创建一个用于系统的长期使用的综合维护计划时,必须考虑许多变量。当前的工业标准示出了必须分解到系统开发和保障计划中的 9 个系统保障要素,图 15.5 示出了这些要素和对它们的相关的考虑。

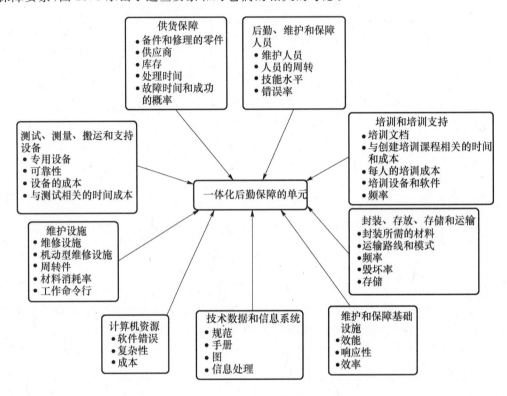

图 15.5 一体化后勤保障的要素

这没有完全包括所有的要素,但涉及一个系统时,这是一个好的起点。这些要素结合在一起,将为确定系统的全面保障计划奠定基础。需要考虑许多要素以适当地提供一体化后勤保障。一体化后勤保障将从维护和保障策划,到用于维护、测量、供应、培训、测试、拿放、运输设备和其他资源的过程、设备、设施、资源和人员的支持设施这些关键的领域综合于一体,并为确保系统在运用阶段继续有效地满足它们的任务/运行使用需求,提供必要的能力。

当考虑用于一个特定系统的一体化后勤保障时,系统的复杂性和规模决定着所需的保障、维护活动和后勤的类型。例如,一个像如图 15.6 所示的显微镜那样的简单光学系统有相对简单的保障需求。

显微镜是在各种环境中常用的,从初中到化学实验室,到跨越整个世界的医药界。按照光学和系统的定义,它们是简单光学系统,它们的通用性和简单性产生了相对简单的一体化后勤保障结构。考虑一个从图 15.5 中的一体化后勤保障单元的视角观察的如图 15.6 所示的基本的、简单的显微镜。如图 15.5 所示,对于这种小型的光学器材,许多任务不需要作为采办和保障策略的一部分来实现。例如,从顾客(如购买显微镜用于某一特

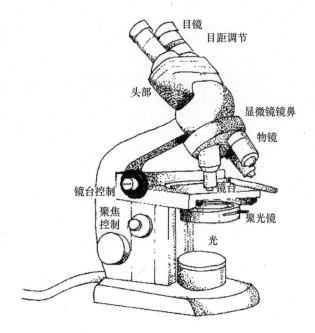

图 15.6　组合显微镜构成图

殊的应用的人)的视角来看,我们可能不必建造一个用于显微镜的维护设施,如果出现了透镜有裂纹等情况,我们简单地在保修期更换透镜,或者从其他供应商那里获得透镜来解决。如果我们有许多显微镜(如在一个实验室中),而且如果一个显微镜损坏了,当显微镜在修理或更换时,我们可以简单地使用其他的显微镜。从顾客的视角来看,不需要复杂的后勤活动来保障显微镜。

　　然而,如果我们考虑如图 15.7 所示的哈勃空间望远镜那样一个更复杂的系统的例子,则需要一个涉及面更广的详细的一体化后勤保障过程(Loftin,1995,Mattice,2005)。

　　哈勃望远镜是迄今为止最著名的空间望远镜,由于它尺寸巨大而且具有大量的零部件,再加上系统的物理工作的难度,哈勃望远镜所需要的一体化后勤保障,比显微镜那样的小型系统,要复杂得多,涉及面也大得多。例如,哈勃望远镜有专门的测试设备,必须有冗余的、可靠的系统,必须达到空间级质量,而且有非常专用的零部件。涉及哈勃望远镜的工作人员必须进行专门的培训,完成维护的能力超出了极限!读者在下面的章节记住这两个例子,并考虑对这两个系统所运用的后勤保障有什么差别,应当是有用的。

15.1.6.1　维护和保障策划

　　维护和保障策划涉及对在运用阶段为保证系统的持续运行使用所需的所有维护和保障活动的策划,这为一体化后勤保障的其他所有单元奠定了基础。维护和保障策划是一个迭代的过程,这将形成一个定义并涉及各种不同场景的详细的维护和保障计划。当进行保障策划时要考虑到三个方面:有效性、响应性和效率。

　　系统保障和维护活动必须有效和可靠地将系统维持在所希望的性能水平上。有效性涉及有适当的资源、专业知识、能力和动机(如工具、人员、设备、设施、过程、培训和时间)来实现所需的维护和保障功能。如果需要系统每周 7 天、每天 24 小时工作,则保障的效能必须与性能准则相匹配,且需要备用的或冗余的系统。例如,即使当系统设备有故障或

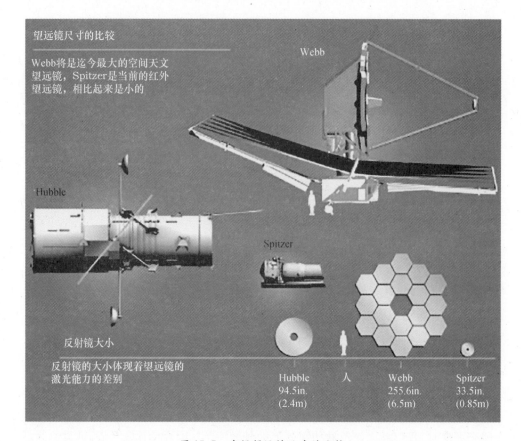

图 15.7　空间望远镜尺寸的比较

问题时,通常也必须保持一个光纤网络运行工作,因为它们要对大量的人员、顾客和工业界提供支持。为此,大多数系统应当冗余地构建,不仅要部署冗余的光纤,而且要部署冗余的光生成器(Bischoff 等,1996)。这确保当在主线中检测到故障时系统仍然保持运行,使维护人员有必要的时间来解决这些问题。

响应性是当出现问题时修复系统所需的时间,例如,冗余系统接入需要多长时间,以及维护或修理人员到达系统并解决问题所需的时间。

效率与相对于总的工作要完成的有用的工作相关。对于高效的维护活动,提高有用的工作所占的高百分比是有用的(如错误少、重复工作少、中断时间短)。效率也可以从系统本身考虑,如果系统有用的工作输出相对于维持系统运行所需的修理工作相比较低,则这确实是一个效率低的系统,应当考虑进行更换。

有各种因素决定着维护工作的响应性、效能和效率,如要完成以下工作需要多长的时间等因素:①发现问题;②准备系统/子系统/组件用于维护;③将维护件拿到维护场所;④处理要维护的部件;⑤完成维护;⑥验证维护活动;⑦将维护件返回运行场所;⑧安装维护件(如果需要)或者将维护件放在库存中用于将来使用。

有一系列有用的指标被用于评定维护和保障活动的效能、响应性和效率,以前已经讨论了这些指标,现归纳如下(Blanchard 和 Fabrycky,201):

(1)因维修造成的停工时间(MDT):这是系统不能用于运行使用的总的时间(包括管

理性延迟时间(ADT)和维护延迟时间(LDT)以及实际的威胁时间)。

(2)ADT:与由于管理原因而不能及时维护相关的时间(如对系统进行记录、安排维修进度、基于优先级进行等待的时间)。

(3)LDT:将系统运到维护设施、等待进行维护所需的部件或设备或资源所占用的时间。

(4)平均维护时间(MAMT):完成维护活动所用的平均时间(预防性的和修正性的),这也称为平均修理时间(MTTR)。

(5)平均预防性维护时间(MPMT):对系统进行预防性维护所占的时间,这是预防性维护的频率和进行每次预防性维护所用的时间的函数。

(6)平均修正性维护时间(MCMT):对系统进行修正性维护所用的平均时间,这是每个可修正件的故障率和维修可修正件所用的时间的函数。

(7)平均无维护工作时间(MTBM):所有维护活动之间的平均时间(计划的和未计划的)。

(8)平均无更换工作时间:在一个部件被更换时的平均时间,这一指标影响备件和后勤保障,并涉及预防性和修正性维护活动。

(9)平均无故障工作时间(MTBF):系统出现故障所用的平均时间,这是故障率的逆,是可靠性分析的一个中心参数。

(10)平均故障时间(MTTF):从当前时间(从系统投入使用的时间)到系统出现故障的时间($MTTF = MTBF - t$,其中 t 是当前时间)。

(11)可运行使用性(A_o):系统处于运行使用状态的概率,这一指标由 MTBM 除以 MTBM 加 MDT 的和给出。

(12)固有可用性(A_i):系统工作在理想状态下的概率,这一指标由 MTBF 除以 MTBF 与 MCMT 的和给出。

(13)实现的可用性(A_a):这与固有可用性的定义类似,但包括预防性维护,这一指标由 MTBM 除以 MTBM 与 MAMT 的和给出。

(14)平均工作时间(MLH):用于维护活动的平均工作时间。

(15)效费比(CE):反映着相对于生命周期成本而言系统能多有效地完成任务使命,有几个指标与效费比有关,如系统收益-生命周期成本之比,可支持性-生命周期成本之比和可用性-生命周期之比。

可以采用统计分析估计这些指标,不同的概率密度函数适用于不同的维护和保障活动,例如,正态分布适于标准的日常维护类型;指数分布用于涉及替换零部件的方法;对数正态分布用于维护活动有几项相关的任务的情况。

重要的是要记住:维护和保障策划为所有其他的后勤和保障活动奠定了基础。此外,正如系统工程生命周期的所有其他方面一样,在方案设计中策划维护,对于确保在工程过程的所有的阶段考虑到维护方面是重要的。在系统工程生命周期的第一个阶段,即方案阶段,要确定保障需求,随着在后续的阶段迭代这一过程,最终的输出是指导系统可保障性的详细维护策划。

15.1.6.2　后勤、维护和保障人员

保障的第二个要素包括后勤、维护和保障人员,这包括整个系统开发生命周期的可保

障性所需要的所有人员,它包括所需要的人员数目和他们的技术水平、人员的周转率、完成一项给定的活动或维修工作需要多长时间、这些人员的错误率和每个组织每个人员的成本等信息,也需要确定维护策略,以全面地了解所需人员的数目和类型。当确定和策划用于系统保障的维护和人员时,所有这些因素将起到作用。

15.1.6.3 供给保障

供给保障是系统保障中第三个或许是最重要的、最复杂的因素。这包括范围宽泛的事项和可能的问题。所考虑的最通常的问题是零部件的可获得性或提前量,这涉及许多其他的因素,例如:这些零部件是不是总能获得,库存中应当保持多少,在库存中存储这些零部件的成本是多少。其他应当考虑的因素是可以供应零部件的供货商的数目、零部件的处理或采购时间、这些零部件能否解决系统的问题,以及库存的周转率。如果我们更细致地观察供给保障,我们可以分解一些更重要的因素。零部件供给是需要的,不仅用于像更换望远镜上的橡胶垫片那样的计划的维护,也用于更换有裂痕的透镜那样的非计划的维护。

供给保障的一个功能是确定保障系统所需备件的初始的数量。当确定一个给定的系统的初始库存的水平时,必须考虑以下因素:修正或预防性维护措施所需的备件数目、补充修理件或进一步的维护所需的附加的库存水平、考虑到采购件未来的提前量所需的附加的零部件数目,以及当现有的零部件完全报废或被认为不可修理时要使用的附加的产品或零部件。确定你所需要的备件的数目经常是挑战性的,如果你有过少的备件,可能导致 MTTR 和系统停机维护时间增长,导致一个效率较低的系统。反之,如果你订购了太多的备件,将给公司带来更多的成本,如与零部件的采购和储存相关的成本。如果将零部件的过时放到公式中,你可以看到为什么备件的确定可能是一项困难的工作。

确定供给的零部件和库存的第一步是确定一个工作的系统出现一个故障的概率,这里的假设是这种故障将触发维护行动。采用泊松概率密度函数来确定与系统故障率、故障数和故障时间有关的系统可靠性,则一个工作的系统出现某一给定的故障的概率由下式给出(Blanchard 和 Fabrycky,2011):

$$P = \mathrm{e}^{-\lambda t} + (\lambda t)\mathrm{e}^{-\lambda t} \tag{15.1}$$

式中:λ 为故障率;t 为自产品(如系统、子系统、组件、部件和零件)开始使用的时间;P 为仅需一个备件来成功解决系统的一个故障的概率。例如,如果在周期 t 内一个零件的可靠性被确定为 0.8,且 λt 的值为 0.223,则工作的系统仅有一个故障的概率为97.84%。对此的另一种解释是,给定在时间 t 的某一个点(从系统开始投入使用和运行开始),系统能工作的概率为 0.8(80%)。如果在运行使用上能够接受在 t 时间有 1 个或更少的故障,则成功的概率从 80% 提高到了 97.84%。

后面提到的方程代表仅有一个备件的系统,每个附加的备件在泊松表达式中增加了一个项,如果在系统中有 n 个具有相同的故障率的组件,具有 n 个组件和 x 个备件的系统(假设可以采用所有 x 个备件高效地修理而不会影响系统运行使用)的成功的概率(如系统工作)由下式给出(Blanchard 和 Fabrycky,2011):

$$P(n, x, \lambda, t) = \mathrm{e}^{-n\lambda t} + (n\lambda t)\mathrm{e}^{-n\lambda t} + \frac{(n\lambda t)^2 \mathrm{e}^{-n\lambda t}}{2!} + \cdots + \frac{(n\lambda t)^x \mathrm{e}^{-n\lambda nt}}{x!} \tag{15.2}$$

这假设所有的备件是可以互换的。基于这一方程,必须确定应当储存多少个零部件以保持系统具有一定的成功运行的概率。此外,应当调整获得零部件所需的提前时间。换言之,手头的备件数目取决于需要多少个备件来保持以一个给定的成功概率运行一个系统,包括得到备件并放入所需的时间。假设手头有所有的备件,而且所有的修理工作不会影响到系统的运行,成功概率由以下紧凑的形式给出:

$$P(n,\lambda,t) = \sum_{x=0}^{s} \frac{(n\lambda t)^x e^{-n\lambda t}}{x!} \tag{15.3}$$

式中:$P(n,\lambda,t)$ 为系统成功的概率;s 为库存的备件数目;n 为系统的零部件数目(例如,系统中可能出现故障且需要库存的备件的零部件)。

所有这些可以导出一个给定的系统从开始使用到进行初次维护并贯穿系统的整个生命周期所需的供给。

最后,当考察需要有多少库存时,我们需要了解系统中的关键零部件和这些零部件的成本。一种部件可能会导致一个系统不能运行使用,而另外一种部件可能仅造成系统使用不方便,一种零部件可能成本为 20 美元,另一种零部件可能成本为 20000 美元。所有这些将要求对每种零部件需要多少备件以保持系统在规定的时间内能够运行的精细的平衡。

系统的复杂性和规模将决定对系统进行保障所需的零部件或修理活动,并设计到保障过程中。

15.1.6.4　培训和培训保障

培训和支持驱动着对专门的人员的需求,需要对技术和服务人员进行从系统的日常维护到故障处理等各个方面的培训,对这些人员的培训的相关的费用是显著的。必须考虑与保障人员相关的几个问题,如培训这些人员需要多长时间,在一个给定的时间可以培训的人员的数目,对这些人员需要多经常地进行培训,或重新培训或者更新与系统相关的新技术方面的知识,创建一个培训项目和相关的文件的成本,培训需要什么设备,对人员培训需要什么软件,培训所需要的人员需要多少成本。例如,一个必须每周 7 天,每天 24 小时运行使用的系统需要一个以上的保障人员,即便是一个小的系统,单独一个人员也不能在任何时间都能参加保障,保障人员需要随时都能到位并能够高效地对系统进行维修,以确保满足系统可用性需求。

15.1.6.5　测试、测量、装卸和保障设备

这一领域包括在系统中所使用的用于测试、测量、装卸、诊断、标定、保障等活动的所有装备。在系统已经建造完成后,维护活动部分要确保系统的所有部分能够按规定的容差和指标运行,为此,通常需要专门的设备来验证满足这些容差要求,而且设备得到适当的维护。为了确定所需要的测试设备的数量,必须考虑以下因素:手头的专门设备的可用性、设备的可靠性、每次测试的成本、每使用一个小时的成本,以及被测试或修理的设备的可靠性。也需要考虑测试设备的维护,因为在某些情况下技术标定设备是昂贵的,必须细心地使用和保养。测试设备也需要标定和维护,以保持其处于良好的工作状态。

15.1.6.6　维护场所

维护场所是进行维护和后勤工作的所有物理场所,必须在系统开发生命周期的早期考虑这些场所的位置、大小和布局,以确保在系统进入运用阶段前能够准备好。取决于系统,有可能不能将系统送到一个维护场所进行修理,由于这些系统的尺寸太大,或者由于它们的安装方式,可能要去现场进行维护。某些系统可能需要维护人员在现场,以确定故

障的原因并更换故障组件。维护人员可能将故障组件送到一个维护场所进行修理。维护场所可能是维护车、车间、实验室,必须在整个可维护性策划中加以考虑。当涉及一个与维护场所相关的策划时,必须包括的常见的项目是在每个场所要处理的维护件的数目、维护件的处理时间、周转时间、维护工作排队的长度、材料消耗和每个维护周期的消耗、每次维护活动的成本。

15.1.6.7 包装、装卸、储存和运输

包装、装卸和存储与运输可能占有系统大量的成本。许多光学系统有非常精密的部件,必须采用与大多数其他存储要求不同的处理方式。例如,一个单面长毛绒玩具,只要有外壳包装就不需要担心怎么装运,但一个有反射镜的光学系统对划痕和裂痕、震动、冲击是非常敏感的,因此必须花大量的时间和工作进行包装,以保证在整个装运过程中保持原有的状态。怎样运输物品也是重要的,因为当采用非常规的方式运输或者在加急的条件下运输时,成本可能会上升。对这一因素进行策划需要考虑运输路线和源、运输的频率、成本、包装箱和安全或专门的包装箱、包装箱的成本和可重用性、运输的可靠性、运输时间、装运期间的环境条件(振动和冲击、稳温度和湿度)和包装毁坏率。

15.1.6.8 计算机资源

可保障性的策划必须涉及计算机资源,或者更具体地说是计算机硬件和软件。重要的是考虑和定义必要的硬件/软件需求,包括可升级性、网络、专门的场所、环境条件以及硬件和软件之间的接口。计算机资源也有对零部件库存、跟踪维修历史、跟踪外场问题、完成维护和修理以及更新和维护文件的需求。还需要考虑硬件和软件可靠性以及软件/硬件复杂性和成本。由于软件即便有一些错误也经常能够正常工作,可靠性实际上是按照在一定的时间内、在给定的环境中软件能无缺陷或无故障地运行来进行衡量的。

15.1.6.9 技术数据和信息系统

技术数据和信息系统必须被分解到整个可保障性模型中,这包括用于系统的任何文件和规程,它包括技术表格或系统数据、报告、指南、供应商清单、保障数据库、零部件库存、跟踪的修理历史、跟踪的外场问题、对单元历史文件的更新和维护,以及其他对整个系统进行支持的重要的文件。当讨论用于可保障性的技术数据和信息时所指的事项包括:每个系统的零部件数目、规格和容量、接入时间、数据库规模、处理时间和更改实现。作为一个例子,当你采购技术上复杂的系统时,你通常会收到一个提供有关怎样设定、配置和运行使用系统的信息的系统手册(如用户手册),它也包括在出现运行使用问题时怎样排除系统故障的信息,并提供了技术支持电话号码。

15.1.7 系统全生命周期的后勤保障

在上一节,我们讨论了系统保障和后勤的细节。在本节,我们将涉及到整个系统开发生命周期的后勤保障的宏观图景。下面的几小节将综合所有具体的要素,并概述系统可保障性和后勤背后的过程。可保障性分析被看作一个将形成说明在整个系统开发生命周期内怎样对系统进行保障和维护的整体性文件的一个综合的、迭代的定义过程。可保障性分析的两个主要的功能包括:①在初始交付系统后影响系统设计,并为使系统成为灵活的、可保障的系统提供指导;②帮助确定系统的后勤和维护资源与准则。图15.8详细给出了与系统生命周期相关的可保障性模型。

当解释贯穿需求、分析、评审、测试和验证以及保障和维护策划的基于性能的后勤过程时,参看图 15.8,看看这些过程在整个设计过程中的什么位置。正如前面所看到的那样,在图的右下部所示的可保障性审查之后,如果发现系统保障是不可行的或不完全的,则要重新进行可保障性需求或可保障性分析过程,以进行改进或解决问题。

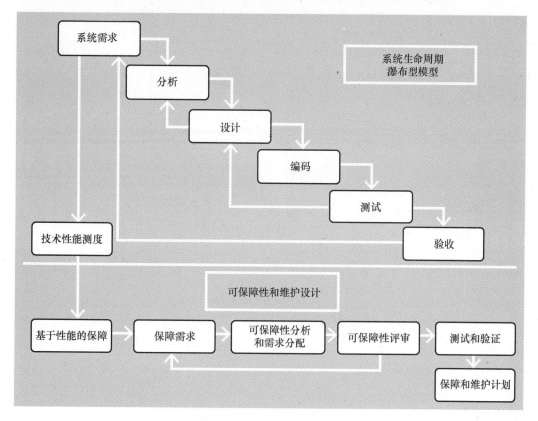

图 15.8　可保障性和维护设计

15.1.7.1　系统保障需求

正如图 15.8 所示,当定义系统的运行使用和保障需求时,开始进行可保障性分析过程。在系统开发工作的开始,要形成系统需求和技术性能指标,并作为设计考虑的一部分考虑到后勤保障,这一概念被称为基于性能的后勤保障,相应地,有与维护、后勤和可保障性相关的技术性能测度。这样,基于性能的后勤保障将形成对在可保障性和维护设计过程中各个单元的需求。

15.1.7.2　可保障性分析和需求分配

可保障性分析和需求分配涉及获得较高层级的保障需求并将它们转换为较低层级的设计准则,要进行分析以确定怎样满足后面提到的需求,例如,基于系统层级的后勤保障需求,必须确定保障人员的数目、备件和各种时间因素(如 MTBR、MTTR)与需要的技能水平。在规定了这些因素后,它们可以用作较低层级的设计的"要设计为"准则,并针对各个后勤分解层级写出较低层级的需求。

15.1.7.3　可保障性评审

在得到分配的需求后,必须对每项需求进行分解并传递到较低层级的需求。可保障性评审确保每项需求得到分解、传递和实现,这一过程确保涉及了所有的后勤考虑。一项可保障性评审必须对所有的需求进行,要有一个可保障性检查表以确保没有忽视主要的项目。下面的检查表不是一个完全包括的检查表,它给出了评估可保障性模型时要考虑的某些要点(Blanchard 和 Fabrycky,2011):

(1)是否充分定义了对整个系统的全寿命周期的主要的后勤和保障功能?

(2)是否适当地定义了供应链结构?

(3)是否定义了系统维护概念?

(4)是否定义了正确的技术性能测度,以及用于保障基础设施的各个单元的正确的基于性能的后勤保障?

(5)在整个设计和开发过程中是否迭代地进行了可保障性分析?

(6)可保障性分析是否由维护概念进行演进?

(7)可保障性分析是否用于评定可保障性设计?

(8)可保障性分析是否确定了系统所需的后勤和维护资源?

(9)可保障性分析是否集成了用于设计和各个分析领域的各种模型?

(10)是否全面地定义和充分地界定了每个单元的具体需求?

(11)是否规定了对需求的正确的设计?

在 Blanchard 和 Fabrycky 的《系统工程与分析》(2011,pp. 530-531)中有这些指南的进一步的细节。当考虑供应链管理时,可能对系统保障产生显著影响的一个关键领域是零部件可用性。单个零部件的生命周期必须满足它们所支持的系统生命周期,有时,这也许是不可能的,但这应当是一个自觉的决策,不要有侥幸心理。

15.1.7.4 测试与评估

在认为系统保障分析和设计是可行的以后,要实现系统验证,在这一阶段,要评估最终的后勤、维护和保障结构,以确保满足原定的可保障性需求。与可保障性相关的验证测试经常是系统测试活动的一部分,可能涉及各种类型的测试(通常从 2 型〔详细设计和开发阶段〕到 4 型〔运用阶段〕),所进行的测试类型的一些例子包括(Blanchard 和 Fabrycky,2011):

(1)可靠性评定测试:在与期望的运行使用条件相同的环境条件下对系统单元进行可靠性测试。

(2)可维护性验证:在所支持的运行使用环境中针对后勤和维护任务进行测试。

(3)人员测试和评估:这一测试确定用于运行使用和维护任务的人员是合适的,要对人员数目和技能水平以及对给定的维修件进行维修所用的时间等项目进行评估。

(4)测试和保障设备兼容性:这一测试证明用于对系统进行测试和标定的设备能正常工作。

(5)后勤验证:这一测试验证像系统单元采办、装卸、运输、材料流动、仓储和组装等与后勤相关的活动的过程。

沿着系统开发生命周期进一步深入,可以更深入、更详细地了解系统。某些一体化测试,需要开发者/顾客/供应商协同和交互作用,仅能在系统处在实际的运行使用环境中才能进行测试。

15.1.8　保障和维护小结

本章的第一节描述了系统的运用阶段,在这一阶段进行保障和维护。本节的重点是系统保障的主要要素,并强调创建和维持一个贯穿整个系统开发生命周期的全面的后勤保障和维护策划的重要性。本节讨论了一体化后勤保障和基于性能的后勤。采用与基于性能的后勤相关的技术性能测度和与可保障性相关的系统需求,进行可保障性分析和分配过程,以形成演进到较低层级的后勤、维护和保障需求的规范。本节最后简要地讨论了测试,并介绍了在系统开发的后期进行并持续到运用阶段的几种不同的有用的测试。

15.1.9　转到光学系统构成模块

作为我们日常生活的一部分,我们每天会使用到非常复杂的光学系统,或许大部分人都要使用的最常用的光学系统就是如图 15.9 所示的人眼。

如图 15.9 所示,人眼是一个包括透镜、视网膜、视神经盘、视神经等构成模块的光学系统,这些构成模块协同工作以为大脑提供光信号,在大脑中对信号进行处理和解释。当光照到一个物体上时,电磁波将得到反射,如果电磁波进入眼睛的瞬时视场,将被获取并聚焦在视网膜上,视网膜将所探测到的光信息转换为电信号,然后将电信号送到大脑进行处理(McBride,2010)。人脑是眼睛的光学系统的关键的构成模块,它接收信号、进行滤波,并处理成一幅图像。大脑是对许多种不同类型的输入信号(包括听觉、味觉和感觉)进行处理的高端的信号处理器。

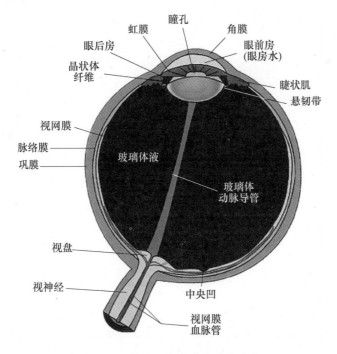

图 15.9　作为一个光学系统的眼睛

其他常见的光学系统的例子是显微镜、双目望远镜、望远镜、投影仪、放大镜和摄像机。这些光学器材采用类似的光学构成模块,如透镜、探测器和信号处理,来获取,并以可用的形式显示信息。

本节,我们将聚焦在运用阶段非常适当和重要的光学系统构成模块——信号处理,在运行使用中,光学系统将实现其获取数据/信息并转换为可由利益攸关者的用户/顾客使用的形式。

15.2 光学系统构成模块:使用所探测到的信号——信号处理

信号处理是光学系统中最必要的构成模块,没有信号处理,我们就没有可用的信号或信息,如果信号处理做得不好,我们可能会失去必要的数据,或者在数据中引入可能遮掩、干扰或改变我们试图探测的信号的虚假数据。模拟器件公司有这样的评价:"信号处理构成模块是光网络的核心,依靠高性能的信号处理的密集波分复用方案和光学组件是当今的大容量光网络的赋能技术。无源光学组件(发射、接收和调节光)和无源光学组件(路由、分光和组并光)都依靠高性能的信号处理半导体来提供速度、精度、可靠性和高效费比"。(模拟器件公司,2010)

信号处理实现大量的有用的和必要的功能,它获得相对弱的信号并进行放大,以使它能够被探测到或转换为有用的形式。信号处理涉及将模拟信号转换为数字信号和将数字信号转换为模拟信号,滤除所探测的信息中的不想要的分量,降低系统噪声,并将信号进行转换用于显示、存储和/或传输。信号处理是信息的路由、格式化、调制、编码和加密活动的核心。信号处理将探测器的后端的电流或电压操纵和变换为我们所需要的信息。图像处理通常是在一个阵列中的单个的传感器之间有某些有用的空间联系的传感器阵列上进行的信号处理。信号处理是任何光学系统的一个关键的构成模块。

15.2.1 信号处理的定义

什么是信号?简单地说,信号是携载数据、信息或指令的,信号到处都有,是我们日常生活的必要部分,它们被用来从汽车收音机发送音乐和声音到我们的耳中,在计算机监视器上显示图像供教授评阅期中试卷(Karu,1995)。信号相对于时间是离散的或连续的,离散时间信号是仅出现在时间上的离散点处的一系列信号值,如图15.10所示。

离散时间信号的一个例子是由像素组成的计算机图像(Karu,1995)。注意,水平轴(时间)是非连续的,在离散的时间上有单独的采样。此外,还注意到,对于垂直轴,对采样点落在哪里没有限制。实质上,在垂直轴上的采样点的投影可以与垂直轴相交于任何点。如图15.11所示,连续时间信号是沿着一个连续的时间轴定义的,经常被称为模拟信号。

注意,在连续时间信号中,垂直轴和水平轴都有连续的点,可以通过对沿着时间轴的连续时间信号进行采样来从连续时间信号得到离散时间信号。一个数字信号是时间和幅度都是离散的离散信号,如图15.12所示。

数字信号处理是在模拟信号被转换成数字形式后对信号进行的处理(Smith,1998)。数字信号处理器对已经数字化的信号进行数学处理,换言之,DSP快速地对信号进行加、减、乘或除运算。

IEEE信号处理学会在他们组织的文件中对信号处理有一个长的描述。根据IEEE信号处理学会组织章程第二款的说法:

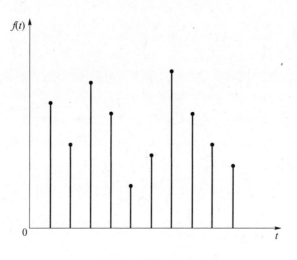

图 15.10　离散时间信号

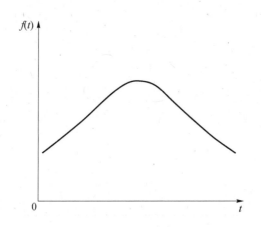

图 15.11　连续时间信号

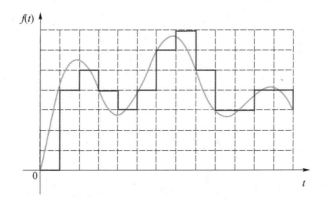

图 15.12　数字信号

　　信号处理是生成、变换和解释信息的赋能技术，它包括与对宽泛地被称为信号的许多不同格式的信息的处理相关的理论、算法、结构、实现和应用。信号指任何对信息的提取、符号化或物理表现,具体的例子包括声频信号、音乐、语音、语言、文本、图像、图形、视频、多媒体、传感器、通信、地球物理、声纳、雷达、生物、化学、分子、染色体和医学、数据或符号序列、属性或数值量。信号处理采用数学、统计、计算、启发式和/或语义学表示、形式论、建模方法和算法来生成、变换、发送模拟或数字信号,并从模拟或数字信号中进行学习,可以采用硬件或软件进行。信号生成包括敏感、获取、提取、合成、渲染、重建和显示。信号变换可以涉及滤波、恢复、增强、转换、检测和分解。对信息的发送或传输包括编码、压缩、加密、检测和授权。学习可以涉及分析、估计、识别、推理、发掘和/或解译。信号处理有必要整合在与人和环境交互作用的复杂系统设计方面的其他工程和科学学科的贡献,或者作为信号所涉及的领域的基本工具,或者作为新的设计方法学。因此,信号处理是一种用于解决关键的社会挑战(包括健康医疗、能源系统、可持续发展、交通运输、娱乐、教育、通信、协同、防御和安全)的核心技术(IEEE 信号处理学会组织章程,2012)。

对信号处理的一个较简单的解释是,得到一个信号并将其转换为一种不同的形式,这样可以根据原始的信号提取或解译数据。在时间的开始,人类已经有了自身的信号处理器,所有的人类在使用他们的大脑处理数据或信息时要完成信号处理,人脑是一个 25W 的处理器,它采用 10W 来处理数据(Taylor 和 Williams,2006)。图 15.13 描述了对一个人声音的声信号进行处理并传送到另一个人的耳朵中。

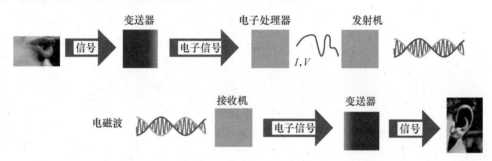

图 15.13　信号处理

"在真实世界中,类似的产品探测诸如声、光、温度或压力等信号并对它们进行处理"(Skolnick 等,1995)。一个 A/D 变换器采用在它的输入处的模拟信号产生以 1 和 0 表示的数字形式的输出,DSP 采用数字化的信息作为输入,对它进行处理,输出可以用于实际的应用的数字化信息,所有这些都是以非常高的速度进行的。

计算机可以采用来自 DSP 的信息来直接控制有用的电子或机械器件。为了使信号能快速地传送,需要像远程会议那样对它们进行压缩,在远程会议中,通过电话线传输视频和音频信号。也可以对信号进行处理来改善或增强信号,这样信号可以提供人不能探测到的信息,如一个头戴受话器的噪声对消能力或计算机增强的图像。数字信号处理允许以高速率来解译信号,且能得到很准确的结果。

DSP 可被用于各种应用,如滤波(Abilove,1999;Douglas 等,1999;Skolnick 等,1995;Wang,1982)。由于滤波是信号处理的许多应用中的一种,易于理解它作为光学系统的一个构成模块的重要性。在娱乐业、交通运输、宽带通信、控制系统、医疗器械、视频图像和军事技术中,可以看到数字信号处理的应用。

军事系统经常采用模拟信号处理器件来处理光频信号,因为模拟器件可以高速度地完成处理,比数字系统更快,由于模拟信号没有对水平轴和垂直轴的离散化,可能具有更高的精度,这些器件被用于导航、成像和雷达等军事运用或场景,如 15.3 节所看到的那样。

15.2.2　用于光学系统的信号处理

探测器被用于将光信号转换为模拟电信号,典型的探测器所产生的信号很小,因此,在送到中央处理单元和图形用户接口上时,必须进行放大,尽管这看起来似乎像把一个放大器联接在你父亲的汽车后面的超低音喇叭上一样简单,但这实际上是对电子本身的一场战斗,以确保所显示的信号是所接收到的信号。本章将介绍一些与信号处理相关的常见的技术名词,比较了常规的信号处理装置和现代的信号处理装置,给出了用于降低信号中的噪声的方法,并讨论了当前的某些显示技术。

信号处理功能通常是:获取在探测器上接收的低电平的信号,优化探测器输出的信噪比、放大信号、限制信号的带宽、将模拟信号转换成数字信号、处理数据并将其转换成有用的格式用于终端器件(如显示、图形用户接口、传输器件、存储和/或分析工具),如图 15.14 所示。对系统的动态使用可能需要系统使用是灵活的。相应地,信号处理功能经常必须是可自适应的,而且与给定的应用是兼容的。

图 15.14　信号获取与处理

在我们的信号处理讨论中,我们假设一个线性、时不变的系统。对于一个线性系统,其输出可以采用比例和叠加原理与输入联系起来。

关于时间不变性,在输入上的时间延迟会导致在线性系统的输出上的延迟,因此,如果我们现在施加一个输入,或者在 t 秒之后施加一个输入,在一个时不变系统中,输出是一样的。因此,输入信号被当作一个点源的连续体,而输出的信号是加权的脉冲响应的叠加,这里假设叠加意味着系统的解的一个线性组合也是相同的线性系统的解。

15.2.2.1　增益

在电子线路中,增益通常被当作输出信号与输入信号的比,通常涉及信号值的均值,一个 5 倍的增益意味着电压、电流或功率提高到 5 倍。不幸的是,计算机和显示器所需的对探测器的增益比 5 : 1 的增益要大许多倍,因此,通常采用对数比例。起初,采用"bel"单位:

$$G_{bel} = \lg\left(\frac{P_{out}}{P_{in}}\right) \tag{15.4}$$

式中:G_{bel} 为以贝(bel)为单位的增益;P_{out} 为系统的输出功率;P_{in} 为系统的输入功率。

采用现在的技术,有可能实现大得多的增益值,因此改为采用分贝:

$$G_{dB} = 10\lg\left(\frac{P_{out}}{P_{in}}\right) \tag{15.5}$$

或者采用信号比表示为

$$G_{dB} = 20\lg\left(\frac{S_{out}}{S_{in}}\right) \tag{15.6}$$

式中：S_{out} 和 S_{in} 分别为系统的输出信号和输入信号（电压或电流）。类似地采用自然对数的单位称为奈培。

15.2.2.2 放大器

自从电子放大器的早期发展以来,放大器已经历了显著的变化。在第一代真空管放大器中,通过控制真空管中的电子的运动来放大信号,当被加热时,一个发射热电子的灯丝(电极)将电子发射到真空中,这样,在真空中形成一个具有负电荷的电子云(空间电荷),在真空管中的一个带正电荷的金属板吸收电子,并相应地产生电流,这一过程是单向的,因为正电荷板不能被加热。

当晶体管出现之后,真空管很快被这一新技术所代替。图15.15示出了各自的一些例子。

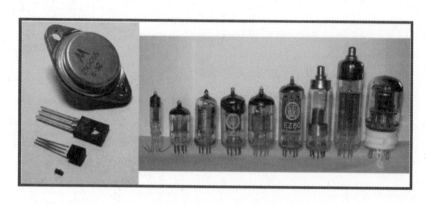

图 15.15　真空管和电子管

这种转变的原因与为什么在其他器件中采用晶体管的原因类似,即晶体管可以做得更小,成本更低,耗电更小,可以在较低的温度下工作,有更快的响应时间,能持续更长的时间。此外,晶体管是多用途的,除放大外可以用于许多应用,如信号控制、电压稳定和信号调制。

集成电路将晶体管缩小到纳米尺度,例如,Intel称它已经采用45nm的晶体管线宽制造了一种153Mb的静态随机存储器(SRAM)芯片。集成电路正变得越来越流行,就像晶体管很快变得流行的原因一样。

15.2.2.2.1 运算放大器

随着集成电路的发明,出现了运算放大器。运算放大器,或者运放,是可以完成诸如加法和滤波等许多功能的电子线路的一个大的集合,所有这些都是基于理想放大器的特性,最初的运算放大器是经常用作前放的差分放大器,在图15.16中可以看到一个例子。

15.2.2.2.2 仪表放大器

仪表放大器对于信号处理中的前置放大器是理想的。然而,它的一个缺点是需要精确地匹配电阻和源阻抗,以尽可能最好地抵消共模信号。共模信号是来自环境的在两个输入端是相同的信号,如噪声。这种类型的前放仅采用跨探测器的差分模式的信号。不幸的是,某些共模噪声仍然可通过仪表放大器,因为在两个输入端的噪声信号有自然的波动,因此,采用共模抑制比衡量信号中有多少共模噪声通过了仪表放大器。如果以下第一个方程(差分模式电压方程)是成立的,则可以采用第二个方程(CMRR)：

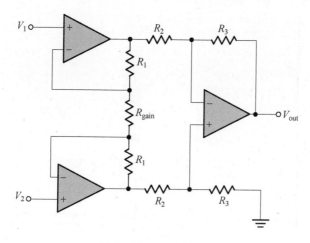

图 15.16　运算放大器

$$v_{out} = A_{dm}(v_b - v_a) + A_{cm}\left(\frac{V_b + v_a}{2}\right) \tag{15.7}$$

$$CMRR = \left|\frac{A_{dm}}{A_{cm}}\right| = 20\lg\left(\left|\frac{A_{dm}}{A_{cm}}\right|\right) \tag{15.8}$$

式中：A_{dm} 为差分模式增益；A_{cm} 为共模增益；CMMR 为共模抑制比。

　　第一个方程是通过将共模项和差分模式项的输出电压累加得到的。第二个方程是 CMRR 的定义（Holt，1978）。在理想情况下，CMRR 将是无穷大，因此差分模式增益远远大于共模增益。CMRR 经常被写成仪表放大器的电阻值的形式，但这是针对特定的仪表放大器线路规定的。通常，这一值从低频的 70dB 到高频的 120dB（模拟器件公司，2008）。

　　正如较早所提到的那样，需要可调节的信号处理。例如，需要可调节的增益来补偿距离对目标信号的影响。如果探测器飞向目标源，则增益需要减小，因为在探测器上接收到的电磁辐射水平在增大。采用一个具有可配置的增益的数字化的放大器可以设置可编程的增益。

　　现在，已经不再需要构建离散的仪表放大器，可以购买商用货架产品仪表放大器集成电路。表 15.1 给出了可以在商业市场上得到的代表性的仪表放大器清单。

表 15.1　仪表放大器集成电路

Analog Devices	Texas Instrument
AD8422	INA121
AD8479	INA827
AD8232	INA333
AD8219	INA129
Linear Technology	
LT1167	
LTC1100	
LT1168	
LTC2053	

15.2.2.2.3　差分放大器实例

一种常见的信号处理功能是信号放大。差分放大器在探测器技术中有很大的效用，它们可以同时放大感兴趣的信号，并降低信号中的噪声。以下给出了一个简单的例子。图 15.17 给出了一个可以用于放大信号和抑制噪声的常见的、基本的差分放大器。

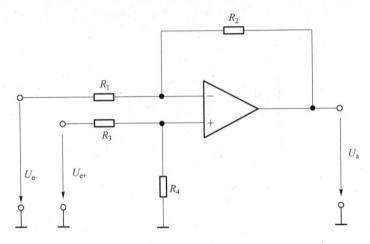

图 15.17　差分放大器

这一差分放大器放大一个输入的弱信号的输入端之间的差，并抑制共模电压，共模电压包括偏置电压和共模噪声。采用差分放大器的增益放大两个输入之间的差并输出，输出信号 U_a 和差分输入电压 U_{e+} 和 U_{e-} 之间的关系由下式给出(Braun,2007)：

$$U_a = \frac{(R_1 + R_2)R_4}{(R_3 + R_4)R_1}U_{e+} - \frac{R_2}{R_1}U_{e-} \tag{15.9}$$

如果 $R_1 = R_3$ 且 $R_2 = R_4$，我们得到

$$U_a = (U_{e+} - U_{e-}) \times \frac{R_2}{R_1} \tag{15.10}$$

正如我们可以在该式中看到的那样，仅有在输入端电压的差分得到放大，由于噪声是两个输入端的相同的因素，被作为一个差得到抵消。怎样运用这种放大器的一个例子是将与信号无关的噪声电压放在负端，而将具有近乎相同的噪声贡献的所探测到的信号放在正端，通过观察式(15.10)可以看出，噪声被抵消，而信号被增益 R_2/R_1 放大。

15.2.3　带宽

最佳带宽的确定是信号处理中的一个重要的决策。一个运算放大器的带宽是它可以处理的最高的频率。当选择所需要的带宽时，必须考虑信号和噪声的频谱特性。图 15.18 说明了怎样定义一个 3dB 频率在 F_1 和 F_2 处的带通滤波器的带宽。对于一个低通滤波器或运算放大器，带宽是输出降低 3dB 处的频率范围($0 \sim F_2$)，对于一个放大器，输出幅度近乎恒定，直到处于 F_2 的 3dB 截止频率。一个输出 r 在强度上是均匀的，但在规定的窗口内陡峭地截止的放大器是优选的，然而，运放的性能通常不是理想的，因此我们选择具有最小的可实现带宽的运放。

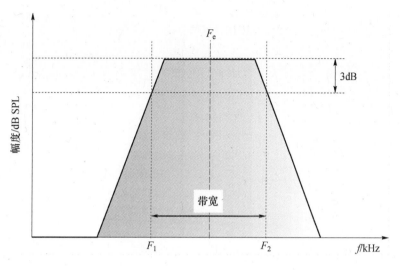

图 15.18　带通滤波器

15.2.4　信号调理

离开探测器的信号要进行预放大,因为信号是小的,而处理单元可能位于距探测器一定距离处,当信号传输到处理器时,在从探测器到数据处理器的线路上将自然地损失一些信号强度,并且会遇到额外噪声效应。因此,典型的联接是采用具有屏蔽的线,如阻抗与前放匹配的同轴线。取决于探测器单元的数目,重的屏蔽线可能是不合适的,而是要采用可以通过一根线传输许多信号,并将它们在接近数据处理器处再分开的多路传输器。实际上,信号要在接近探测器处放大,以使信噪比最大。对于许多光电和红外系统,如机载系统,为了保持平衡和飞机的空气动力学性能,需要将数据处理器放在机体的内部,在这样的情况下,对信号进行屏蔽并放大是必要的。

在信号到达数据处理器后,要采用一个 A/D 变换器将信号转换为数字信号。图 15.19 示出了一个连续的模拟信号,对它在离散的时间采样以获得离散数(如一个数字信号),这一处理的分辨率是基于表示信号的位数确定的,对于 12 位,有 $2^{12} = 4096$ 个量化等级,对于 10V 的信号每个量化等级或位的分辨率是 2.44mV。在采样一个信号时,必须满足 Nyquist－Shannon 采样条件,Nyquist－Shannon 采样定律指出:为了避免混淆,模拟信号的复现需要采样率高于信号中感兴趣的最高频率的 2 倍。

至此,噪声已经被最小化,从而能得到尽可能大的信号电平。实际上,这将决定显示的对比度,最终决定着是否能将目标与其背景区分开来,如果不由其他的数据处理器进行处理、存储或传输到另一个位置,系统的显示通常是信号的最终的目的地。

15.2.5　显示

笔记本计算机工业已经驱动了性能远超过常见的阴极射线管的各种具有强烈对比度的显示器的发展。目前,有源矩阵液晶显示器(AMLCD)是一种在计算机工业中用于笔记本计算机的常用的显示技术,这种平板技术有很好的色彩范围、快速的响应,能提供高质量的图像,并且重量轻。这一技术的有源矩阵部分指显示器中的每个像素有一个专门

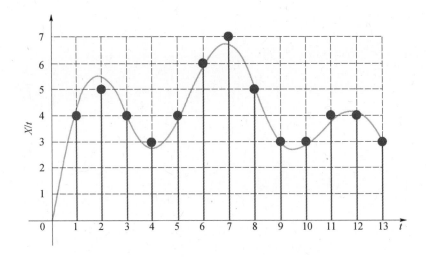

图 15.19　AD 变换

的晶体管,这样的晶体管阵列是在一个薄膜上实现的,当与偏振和颜色滤光片结合时,能够直接寻址并为液晶显示器的每个像素提供功率,晶体管和电容也可以存储像素的当前状态,状态跃迁可以局部化到改变的像素本身。

　　另一种平板显示技术是等离子显示平板,采用荧光灯提供高质量的图像,这一技术采用玻璃平板之间的惰性气体由于等离子造成的气体放电与荧光剂的交互作用产生图像。等离子显示平板中采用的气体是氙和氖的混合,不含有汞(与 AMLCD 不同)。等离子显示有比液晶显示更好的观察角、更高的对比度和更小的运动模糊。它的一些缺点包括比液晶显示耗电更多、比液晶显示重,在高空使用可能会出现问题,可能有射频干扰。

　　一种有趣的显示技术是数字光处理(DLP)技术,采用芯片上小的可控制的反射镜来形成图像,这一技术最初是由得克萨斯仪器公司发展的,采用在一个半导体上的具有单个的可控制的、微小的反射镜的阵列结构的数字微反射镜器件,并当作像素来产生图像。其优点包括可替换的光源技术(采用发光二极管或激光技术),具有超长的寿命,优越的对比度,可以获得更多的颜色,不使用液体,比液晶显示器和等离子体显示要轻。它的一些缺点包括:可能比等离子体或液晶显示技术耗电更高;在背投显示实现中,不像液晶显示和等离子显示技术那样薄,可以获得的观察角小于液晶显示和等离子显示;当从较低的分辨率转换到高清晰度时,响应时间比液晶显示和等离子显示要长。

15.2.6　系统工程工具和方法

　　通常,显示器的系统设计师应当有一些需要用户回答的问题:

(1)分辨率需求是什么?

(2)你需要多大的屏幕?

(3)纵横比应当是多少?

(4)有什么样的输入电压要求?

(5)有什么样的刷新率要求?

(6)在这一应用中应当采用什么技术?

(7)什么样的偏振模型是最优的？

为了帮助仿真这些需求,光学研究协会已经发展了一种称为 Lighttools 的软件包,Lighttools 使系统工程师能在三维空间中通过采用计算机辅助设计模拟一个显示系统。它的应用的一个例子是模拟一个用于个人数字助手器件的背光液晶显示,这一软件将运行仿真多偏振,以测试背光的对比度。另一个特征是能够模拟屏幕镀膜,以观察采用不同的镀膜材料时对液晶显示的颜色会有什么影响。这是系统工程师能够得到的许多光学仿真工具的一种。

15.2.7　用于光学系统的信号处理的例子

以下是用于一般的光学探测器的一个例子。可以采用辐射度学计算确定落在探测器上的光功率量,利用探测器的响应率可以得到探测器的输出信号电平(在这一例子中假设是模拟的),这是信号处理系统的起点。

15.2.7.1　探测器的增益计算

作为一个代表性的例子,假设我们采用一个 MCT—1000 前放,这一前放提供的典型的增益值在 50～1000 范围内,增益通常表示为输出电压与输入电压之比。知道增益的高界和低界,我们就可以确定这种前放对我们的信号有什么影响(采用功率增益)。回顾式(15.6):

$$G_{dB} = 20\lg\left(\frac{V_{out}}{V_{in}}\right) \tag{15.11}$$

由这一前放所提供的增益的低界为

$$G_{dB\_LB} = 20\lg(50) \tag{15.12}$$

$$G_{dB\_LB} = 33.978dB \tag{15.13}$$

类似地,这一探测器的增益的高界为

$$G_{dB\_UB} = 20\lg(1000) \tag{15.14}$$

$$G_{dB\_UB} = 60dB \tag{15.15}$$

根据这些计算,可以得出一个单一的前置放大器可以将一个信号放大 1000 倍的结论,因此,增益值的低界和高界分别是 33.978 和 60dB。采用前面的章节的探测器信息,有

$$D^*(9.5\mu m, 77K, 100) = 4.5\times10^{10} cm. Hz^{1/2}/W \tag{15.16}$$

$$A_d = 1cm^2 \tag{15.17}$$

$$\Delta f = 16Hz \tag{15.18}$$

式(15.16)～式(15.18)可以用于确定等效噪声功率(NEP):

$$NEP = 8.9\times10^{-11} W \tag{15.19}$$

在给定响应率时,NEP 可以转换为在探测器的输出处的等效噪声电压,前面章节给出了一个代表性的响应率 R:

$$R = 4\times10^4 V/W \tag{15.20}$$

如果我们假设在探测器的有效区域的光功率比 NEP 大 10 倍,则在探测器上有 $8.9\times10^{-10} W$ 的光功率。给定式(15.20)所示的响应率,探测器的输出电压将为 $35.6\mu V$,采用最高的增益设定时在 MCT—1000 前置放大器的另一侧产生的信号电平是

多少？如果我们采用式(15.11)和式(15.15)，我们得到

$$60\mathrm{dB}=20\lg\left(\frac{V_{\mathrm{out}}}{35.6\mu\mathrm{V}}\right) \tag{15.21}$$

$$V_{\mathrm{out}}=0.0356\mathrm{V} \tag{15.22}$$

一个 0.0256V 的输出电压对于驱动一个典型的显示器是不够的,对于液晶显示器,驱动电压在几伏量级。因此,需要额外的放大器以驱动对这一非常低的信号的显示。由于探测场景的变化(如不同的目标距离、目标信号强度水平、杂波信号水平和光学系统设置的差别),在设计放大电路时,必须考虑探测器输出信号的动态范围。在末端,期望的探测器输出信号的范围必须被映射到驱动显示器件可接受的电压范围。

15.2.8 光学系统组成模块小结

本章介绍了不同的信号处理和显示概念。第一个概念涉及光学系统中的信号处理,我们描述了在信号处理电路中所需的某些必要的电子组件,在这里,我们介绍了作为提高从工作环境中采样的信号强度的手段的增益和放大器,还介绍了用于信号传输的信号调理概念,并说明怎样将信号转换为有用的信号,我们给出了用于理解常用的差分放大器的性能的一些有用的表达式。本章还简要地讨论了显示技术,并采用一个使用前面的章节所给出的参数进行的增益计算实例来结束了本节。在 15.3 节,我们将 15.1 节和 15.2 节的代表性材料应用到我们的综合案例研究中的无人机载光学系统中。

15.3 综合案例研究:FIT 光学系统上的信号处理

前面两节为理解用于改进、使用和保障一个系统的系统工程方法奠定了基础,并介绍了有关光学信号处理的概念,这一基础将用于作为我们的综合案例研究的基本的无人机载光学系统。在综合案例研究这一部分,我们发现我们的虚拟的 Fantastic 成像技术公司必须应对与信号处理子系统相关的某些问题以及一些后勤和维护问题。在这一场景中的角色是 Bill Smith,FIT 首席执行官;Karl Ben,FIT 高级系统工程师;O. Jennifer(Jen),FIT 系统工程师;A. Lena,FIT 后勤分析师;R. Amanda,FIT 光学工程师;R. Christina,FIT 光学技术人员;A. Kari,FIT 测试经理;B. Rodney,FIT 外场服务;F. Julian,FIT 产品服务;N. Andy,FIT 维护和保障;Wilford Erasmus,美国国土安全部海关和边境巡逻部门运行使用和采办主管;H. Jean,国土安全部运行使用主管;N. Kyle,国土安全部光学系统用户;G. Ben,现场维护人员。

(这是星期三下午两点,Ginny 召集了一个光学系统保障和服务团队专门会议,包括某些系统工程人员和设计团队的一些人员参加。)

Ginny:"谢谢各位在得到通知后很快来参会。我们出现了一些问题,看起来我们部署的光学系统的故障率突然有所上升,我们需要去了解一下,问题似乎出在信号处理单元上。还有一个问题是,一个有经验的供应商将他们的业务转到了劳动力更便宜的区域,他们制造完成噪声抑制、放大和探测器输出信号与通信系统之间的信号调理的电路,这样信号处理单元的备件要有三周才能运到这里。我们需要知道这些故障的情况,以及这一部件的延迟所造成的影响,我想知道这一运输延误是否会影响到我们的后勤需求。"

Andy："我将给在现场的 Ben 打个电话,看看能了解到什么。"

Ginny："谢谢 Andy。Kari,我已经要求一些在海外生产的线路板送到我们这里,这样我们可以检查核证一下。我不能相信我们会同时看到我们的信号处理单元出现问题和我们的信号处理组件的供应商之一有重大的变化。我已经要求他们把出现问题的系统中的信号处理单元送到我们这里。我希望他们会在今天稍晚时到达这里。"

Kari："我已经告诉 Andy,他们到了之后,我们将看看是放大器板还是信号处理单元的其他部件的问题。"

Ginny："好! Karl,系统工程团队可以和 Andy 的后勤人员 Lena 一起看看延误会对我们的保障需求造成什么影响码? 此外,我们可能需要 Bill 给 Wilford 打个电话向他通报一下。我想让 Wilford 知道我们正在尽快地解决问题。"

Karl："这是一个好主意。你知道我们出现问题的产品到底怎么样了。我相信我们都不想让这样的问题重复出现。此外,基于我们和国土安全部的成功的合作,我们准备进入和几个新的顾客的合同谈判,我们需要展示出我们能够当出现问题时很快解决问题的能力,这可能是展示这一能力的一个机会。"

Ginny："对。Kari,在你和 Andy 看到了返回的信号处理单元时请通知我。我们再把各位都召集到一起来看看到底有什么问题。谢谢!"

(在完成测试两天之后会议继续举行,每一位都介绍了他或她学到了什么。)

Ginny："欢迎各位回来。Hi,Bill,我没有想到你会参加会议。"

Bill："我马上要去华盛顿,到这里参加几分钟会议。我要去华盛顿会见一些特殊的顾客。我已经与 Wilford 通过话,他告诉我一些事情,这使情况清楚明朗了。显然,他心情不佳,而且他们那里经费被削减了,短期内,他必须将维护和保障预算削减 20%,他也必须相应地对他的运行使用规程做一些更改。他也说他感谢我们的快速响应。不管怎么样,祝这次会议顺利。如果需要的话与我联系,我必须赶飞机了。"

Ginny："感谢 Bill。我将在会后联系您。祝您到华盛顿的旅途顺利!"

Bill："谢谢!"

Andy："这解释了一些事情。我与在现场的 Ben 讨论过了,他们说国土安全部的运行使用主管 H. Jean 告诉他们,由于预算削减,那里没有很多光学系统备件,他们必须做更多的本地修理,以支持系统每周 7 天每天 24 小时的工作节奏,再加上事实上要用更长的时间来从供应商那里得到放大器板,现场技术人员需要对放大器板进行某些修理而不是要把板送回供货商那里进行翻新或更新,他们甚至对某些零部件进行了预防性维护,要求供货商进行日常维护。由于预算削减而且当某件零部件出现故障时也不能足够快地得到可供替换的产品,他们手头没有放大器板模块来互换。由于他们没有放大器电路的所有详细的文档,他们采用逆向工程来采用等价的部件来替代放大器板上的零部件。"

Kari："这解释了我们对于故障的信号处理单元所了解的情况,每个问题单元都进行了现场修理,换用了不同的前放和它的电路。此外,新的在海外制造的单元在使用较差的元器件,与前放电路上采用的运算放大器相连接的电阻的容差超出了规范的指标要求,它们采用了有 10% 的波动的电阻,但电阻的波动应当是 1% 或更小。我把问题给你们展示一下。"

(Kari 把图 15.17 投影到会议室的三星大屏幕上,并在白板上写了式(15.9)和式(15.10)

Kari:"Christina 在设计中指出电阻的容差必须是严格的,否则就不能在式(15.9)中进行对消以得到式(15.10)。电阻值 R_1 需要等于电阻 R_3,误差在 1% 之内,电阻值 R_2 需要等于电阻 R_4,误差也要在 1% 之内。如果不是这样,你就不能可靠地近似式(15.10),会有噪声通过系统,并引起增益的波动。例如,如果 R_2 的值为 $100k\Omega$,低 10%,R_1 为 100Ω,高了 10%,则增益项 R_2/R_1 将从额定值 1000 降到 818,增益降低了 18.2%!与此相比,如果所用的电阻的容差为 1%,则增益仅降到 980.2。此外,更多的系统噪声将通过差分前放,因为信号和噪声电压与式(15.9)右边的第一项所示的电阻值成比例,相应地,噪声电压项不能有效地对消,被通过系统的其他部分和信号一起放大,增益降低、噪声增大,因此产生了所观察到的问题。"

Ginny:"啊。海外生产的板子也有这一问题吗?"

Kari:"是的。在现场的维护技师在对信号处理板进行逆向工程时使用了国外的电路板,因为他们没有电路板的详细的规范,他们采用类似的超出规范指标的电子元件替代了电阻。如果他们幸运的话,所代替的组件的电阻值将接近于它们所需要的,系统能够正常工作,如果不是这样,则对于较弱信号的探测场景,系统将表现出问题。"

Ginny:"好,让我们把这些信息反馈给现场。他们必须将那些容差 10% 的电阻换成容差 1% 的电阻。他们还需要让供应商知道问题,我怀疑他们需要加严他们的质量控制规程。延误将会对我们的保障需求产生怎样的影响?"

Jen:"Lena,Kyle 和我正在考察这一问题。第一点是导致延误的供应商是基地的保障供应商,不是我们,这个供应商不应当使用超出规范的指标的零部件,基地不应当进行可能不符合我们的保修条款的修理。在这种情况下,我可以看看他们的动机。在预算削减和备件减少之前,基地的 50 架无人机的编队的每个必要的组件都有一个备件,由于预算削减,备件减少到他们的无人机编队仅有 60% 的关键件备件。"

Lena:"由于我们的以可靠性为中心的维护保障是按照每架无人机的每个组件至少有一个备件的用户维护策略策划的,如果一架无人机的光学系统有问题,一架备用的无人机将接替它执行任务,同时解决问题。由于我们采用了基于模块化的设计原则,我们可以替换和修理我们的任何系统组件,并在发现问题的 5h 内完成修理和测试(假设手头有零部件)。我们的维护停用时间仅为 5h,我们的平均无维护工作时间是 30 天,这样我们的 A_0 为 99.31%,超过了对光学系统的 A_0 的 98% 的要求。然而,由于备件的数目不足,而且放大器电路板的后勤延误时间增加,MDT 已经增加为 24h,A_0 降低为 96.8%,这低于对光学系统的 98% 的运行可用性要求。

Ginny:"Lens,你可以解释一下我们怎样有这样高的 A_0,以及备件怎样才能满足它吗?"

Lena:"是的!如果假设手头有备件,有一个给定的无人机发生了故障,可以用零部件进行修理,如果保修协议允许,可以在当地修理老的零部件,或者订购隔夜空运来的新的部件,第二天,将替换的零部件放入我们的备件库存,准备用于下一次故障事件。然而,由于预算削减,很大一部分备件不在库房中,如果发生故障,一架备用的无人机必须接替执行任务,直到完成了修理,有故障的系统可以重新运行使用。MDT 将受到后勤延误时间的很大的影响。我们的平均修正性维护时间可能仍然相同,但由于 LDT 的增大,影响了运行可用性。此外,固有的可用性 A_i 也会受到影响,因为不正确地修理的零部件将使平均无故障工作时间减小,如果你回想一下,固有的可用性是 MTBF 除以 MTBF 和平均修正性维护时间(MCMT)的和。"

Ginny:"我们怎样解决这一问题?"

Karl:"国土安全部需要确保按照我们的维护协议备有充足的部件。他们也必须确保他们的供应商解决线路板的问题,这将重新恢复我们原来的 MTBF 值,我们将能再次满足我们的固有可用性要求。至于运行可用性要求,国土安全部需要使 LDT 充分地减小,供应商将需要在美国附件生产和运输组件,或者解决与它们的技术问题相关的延误问题。或者,国土安全部将需要寻找新的供应商。为了避免将来发生这样的问题或类似的问题,或许我们应当与国土安全部谈谈,让我们进行与光学系统相关的信号处理系统的保修工作。"

Ginny:"好主意,我将向 Bill 提。"

15. A　附录:首字母缩略词

AMLCD	有源矩阵液晶显示
CCB	配置管理委员会
CDCA	当前文件更改授权
CEO	首席执行官
CI	配置项
CM	配置管理
CMRR	共模抑制比
COTS	商用货架产品
DHS	国土安全部
DLP	数字光处理
DMD	数字微反射镜器件
DOD	国防部
DSMC	国防系统管理学院
DSP	数字信号处理器
DWDM	密集波分复用
ECP	工程更改建议
FIT	Fantastic 成像技术公司
FLIR	前视红外传感器
IFOV	瞬时视场
ILS	综合后勤保障
IR	红外

PBL	基于性能的后勤
PDP	等离子显示平板
Pixels	像素
RMA	可靠性、可维护性、可用性
TPM	技术性能测度
UAV	无人机
U. S.	美国

参 考 文 献

Abilove, A., O. Tuzunalp, and Z. Telatar. 1999. Real-time adaptive filtering for non-stationary image restoration using gaussian input. *Proceedings of the 7th Mediterranean Conference on Control and Automation*, Haifa, Israel, pp. 2152–2160.

Aldridge, E.C. 2002. Evolutionary acquisition and spiral development. Memorandum for Secretaries of the Military Departments. The Under Secretary of Defense, Washington, DC.

Analog Devices, Inc. 2008. Tutorial MT-042: Op-Amp CMRR. http://www.analog.com/static/imported-files/tutorials/MT-042.pdf (accessed July 15, 2014).

Analog Devices, Inc. 2010. http://www.analog.com/static/importedfiles/overviews/172112347OpNet_Brochure_8-2-02.pdf (accessed April 15, 2010).

Asiedu, Y. and P. Gu. 2010. Product lifecycle cost analysis: State of the art review. *Internal Journal of Production Research*, 36(4): 883–908.

Bischoff, M., M.N. Huber, O. Jahreis, and F. Derr. 1996. Operation and maintenance for an all-optical transport network. *IEEE Communications Magazine* 34(11): 136–142.

Blanchard, B.S. and W.J. Fabrycky. 2011. *Systems Engineering and Analysis*, 5th edn. Boston, MA: Prentice Hall.

Braun, D. 2007. Operational amplifier. http://de.wikipedia.org/wiki/Operationsverst%C3%A4rker (accessed July 15, 2014).

Brown, D. 2007. Differential amplifier. Wikipedia. http://commons.wikimedia.org/wiki/File:Differential_Amplifier.svg (accessed December 7, 2014).

Coleman, P. 1994. A labeled diagram of a compound microscope. Wikimedia. http://commons.wikimedia.org/wiki/File%3ALabelledmicroscope.gif (accessed December 6, 2014).

Defense Acquisition University (DAU). 2001. *System Engineering Fundamentals*. Fort Belvoir, VA: Defense Acquisition University (DAU) Press.

Defense Systems Management College. 1994. *Integrated Logistics Support Guide*. Fort Belvoir, VA: Defense Systems Management College.

Denny, M. 2010. *Super Structures: The Science of Bridges, Buildings, Dams, and Other Feats of Engineering*. Baltimore, MD: The John Hopkins University Press.

Department of Defense (DoD). 1999. *Military Handbook—Configuration Management Guidance*. September 30, 1997. pp. 4–12. MIL-HDBK-61.

Department of Defense. 2000. *The Defense Acquisition System*. October 23, 2000. Directive 5000.1.

Department of Defense. 2003. *Operation of the Defense Acquisition System. 2003*. 12: s.n., May 2003. Directive 5000.2.

Department of Defense. 2006. *Dictionary of Military and Associated Terms. Joint Publication 1-02*.

Department of Homeland Security. 2013. Securing America's borders. http://www.cbp.gov/xp/cgov/about/history/legacy/bp_historcut.xml (accessed December 11, 2013).

Department of the Army. 2012. *Integrated Logistics Support, Army Regulation 700-127*. Washington, DC: Department of the Army.

Douglas, S.C. 1999. Introduction to adaptive filters. K.M. Vijay and D.B. Williams (eds.) *Digital Signal Processing Handbook*, p. 18. Boca Raton, FL: CRC Press LLC.

Fabrycky, W.J. and B.S. Blanchard. 2011. *Systems Engineering and Analysis*, 5th edn. Upper Saddle River, NJ: Pearson, pp. 147 and 504, ISBN 13: 978-0-13-221735-4.

Gu, P. and Y. Asiedu. 1998. Product life cycle cost analysis: State of the art review. *Internal Journal of Production Research*, 36(4): 883–908.

Hammer, M. and L.W. Hershman. 2010. Faster Cheaper Better, The 9 Levers for Transforming How Work Gets Done. New York, NY: Crown Business Publishing.

Holt, C.A. 1978. *Electronic Circuits*. New York: John Wiley & Sons.

IEEE. 2012. Signal Processing Society Constitution, Article II. http://www.signalprocessingsociety. org/about-sps/governance/constitution/ Piscataway, NJ: IEEE Signal Processing Society (accessed December 6, 2014).

Inductiveload. 2009. Op-Amp Instrumentation Amplifier. Wikipedia. http://en.wikipedia.org/ wiki/File:Op-Amp_Instrumentation_Amplifier.svg (accessed December 7, 2014).

Jacobs, B. 2002. *Were the Ancient Egyptians System Engineers? How the building of Khufu's Great Pyramid Satisfies System Engineering Axioms*. Rockville, MD: B & I Computer Consultants, Inc.

James, A. and LTC W.J. McFadden, II. 2010. Open systems: Designing and defining our operational interoperability. http://www.dau.mil/pubscats/pubscats/AR%20Journal/ARJ53/Ash53.pdf (accessed February 14, 2014).

Jones, J.V. 2006. *Integrated Logistics Support Handbook*, 3rd edn. New York: Sole Logistics Press McGraw-Hill.

Karagiannis, A., P. Constantinou, and D. Vouyioukas. 2011. Biomedical time series processing and analysis methods: The case of empirical mode decomposition. In: *Advanced Biomedical Engineering*, G. Gargiulo (Ed.), InTech, DOI: 10.5772/20906. Available from: http://www.intechopen.com/ books/advanced-biomedical-engineering/biomedical-time-series-processing-and-analysis-methods-the-case-of-empirical-mode-decomposition.

Karu, Z. 1995. *Signals and Systems Made Ridiculously Simple*. Cambridge, U.K.: ZiZi Press, ISBN: 0-9643752-1-4.

Koopman, P. 1999. Life cycle considerations. Carnegie Mellon University, Pittsburgh, PA. Spring, 18-849b Dependable Embedded Systems.

Larson, A.G., C.K. Banning, and J.F. Leonard. 2002. An open systems approach to supportability. p. 2. http://www.dtic.mil/docs/citations/ADA404574 (accessed February 14, 2014).

Liddle, D.E. 2006. The wider impact of Moore's law. *IEEE Solid-State Circuits Newsletter*, 11(5): 28–30.

Lifeguard, M. 2009. Band-pass filter. http://en.wikipedia.org/wiki/File:Band-pass_filter.svg (accessed December 7, 2014).

Loftin, R. 1995. Training the Hubble space telescope flight team. *IEEE Computer Graphics and Applications*, 15(5): 31–37.

Mattice, J.J. 2005. *Hubble Space Telescope Systems Engineering Case Study*. Wright-Patterson AFB, OH: Center For Systems Engineering at the Air Force Institute of Technology.

McBride, D. 2010. The human eye and vision. *Modern Miracle Medical Machines*. http://web.phys. ksu.edu/mmmm/student/vision.pdf (accessed February 12, 2014).

MITRE. 2014. *Systems Engineering Guide*. https://www.mitre.org/publications/systems-engineering-guide/ systems-engineering-guide (accessed July 13, 2014).

Mottier, M. 1999. Configuration management—Change process and control. Revision 1.1, November 16, 1999, EST/ISS Document, p. 5. LHC-PM-QA-304.00.

NASA. 2014. Space Telescope Sizes Compared. Obtained from Flickr. http://www.flickr.com/photos/ nasawebbtelescope/6802406019/sizes/o/in/photostream/ (accessed December 7, 2014).

Ohare, B. 2012. Signal Processing. http://commons.wikimedia.org/wiki/File:Signal_processing_ system.png (accessed December 7, 2014).

Pinkston, D. 2000. P3I BAT preplanned product improvement: A simulation-based acquisition that meets the army's 2020 vision. Innovations in Acquisition. November–December 2000, p. 18.

Rhcastilhos. 2007. The eye as an optical system. http://commons.wikimedia.org/wiki/ File:Schematic_diagram_of_the_human_eye_en.svg (accessed December 7, 2014).

Riepl, S. 2008. *Eine Zusammenstellung von Elektronenröhren*. Wikipedia. http://en.wikipedia.org/ wiki/File:Elektronenroehren-auswahl.jpg (accessed December 7, 2014).

Schwartz, C.E., T.G. Bryant, J.H. Cosgrove, G.B. Morse, and J.K. Noonan. 1990. A radar for unmanned air vehicles. *The Lincoln Laboratory Journal*, 3(1): 119–143.

Skolnick, D., N. Levine, M. Byrne et al. 1995. *A Beginner's Guide to Digital Signal Processing*. http:// www.analog.com/en/content/beginners_guide_to_dsp/fca.html (accessed February 12, 2014).

Smith, D. 1998. ARRL—The National Association for Amateur Radio. http://www.arrl.org/dsp-digital-signal-processing (accessed April 15, 2013).

Taylor, F. and A. Williams. 2006. *Electronic Filter Design Handbook*, 4th edn. New York: The McGraw-Hill Companies, Inc., ISBN: 978007141718.

Tosh et al. June 22, 2009. *The Free Library*. S.v. Improving air force enterprise logistics management tools. Retrieved from http://www.thefreelibrary.com/Improving+Air+Force+enterprise+ logistics+management+tools.-a0212035133 (accessed December 6, 2014).

Tosh, G.R., A.Y. Briggs, R.K. Ohnemus et al. 2009. Improving Air Force enterprise logistics management tools. *Air Force Journal of Logistics*, 55–60.

Transisto. 2008. *Assorted Discrete Transistors*. Wikipedia. http://en.wikipedia.org/wiki/

File:Transistorer_(croped).jpg (accessed December 14, 2014).

United States Coast Guard. 2002. *System Integrated Logistics Support (SILS) Policy Manual*. Washington, DC: U.S. Department of Transportation.

Wang, C.D. 1982. Adaptive spatial/temporal filters for background clutter suppression and target detection. *Optical Engineering*, 21(6): 216033.

Wdwd. 2010a. Digital Signal. http://commons.wikimedia.org/wiki/File:Digital.signal.svg (accessed December 7, 2014).

Wdwd. 2010b. File:Digital.Signal.svg. http://commons.wikimedia.org/wiki/File:Digital.signal.svg (accessed December 7, 2014).

第16章　光学系统的处置和退役

世事有起终有落。

——Isaac Newton

16.1　引言

大多数项目的重点放在使它们进入运行使用阶段。然而,有时没有太多地考虑项目到达运行使用寿命结束时会发生什么。一个项目当前的进度和成本压力可能形成近期的关注点,并会影响对寿命结束问题的适当的考虑。本章涉及从系统工程观点出发对光学系统的退役和处置问题的考虑。我们将以一个天基光学系统作为一个复杂的、有代表性的例子,说明系统退役和处置的常规的和独特的方面。对天基光学系统的退役和处置活动有独特的挑战,需要慎重地策划,因此被当作困难的退役和处置活动的一个好的例子。有时,对光学系统进行简单处置是不够的,必须进行恢复活动,由于如下某些原因需要恢复系统(或系统的部分):回收非常重要的物品;评估机上数据、样本或试验结果;保护和存储保密的信息/秘密;安全原因。尽管本章的重点是天基光学系统,但所讨论的大部分内容也可用于复杂的地面光学系统。

本章首先介绍了与系统退役和处置相关的一些一般的主题,包括各种处置方法,以及当策划寿命结束时的活动应当考虑的许多因素。接下来本章将讨论与系统处置相关的工程活动,并应用于光学卫星系统实例。最后,本章将试图采用一个综合案例研究将一般的系统处置主题和具体的工程活动结合起来,这一综合案例研究涉及 Fantastic 成像技术公司,一个假想的涉及为商务和政府部门设计、研发和保障高端光学系统的公司。

16.1.1　系统退役和处置

美国国防部将系统的处置或退役定义为对资产的"再分配、运输、捐赠、销售、废弃、摧毁或其他处置"(美国国防部,1997)。这一定义表明:对于系统的寿命周期终结,有多种选择方案。对于地面和天基的系统,在策划和执行一个系统的处置过程中会遇到一些挑战。工程师必须从项目一开始就考虑这些挑战。

例如,地面系统通常在系统生命周期的各个阶段都是可达的。然而,一个天基系统(如一个卫星)实际上在系统开发生命周期的两个阶段是不可达的。到系统的不可达性对系统工程师、设计和研发团队、运行维护及处置团队带来了独特的挑战。图 16.1 中所给出的系统工程过程模型功能流方框图(FFBD),以 FFBD 的形式策划了整个系统开发生命周期的建议路线图。

为了命名方便,不同的作者对方框的命名法可能略有不同,但一般的概念是相同的。

例如,某些作者将方框 1.0~6.0 聚合起来称为采办阶段,而把从方框 6.0~8.0 称为运用阶段(Blanchard 和 Fabrycky,2011)。我们已经将这些方框放在单独的灰色的椭圆形中,以强调这样的聚合。其他一些作者采用常规的 6 个生命周期阶段,分别为方案设计阶段,初步设计阶段,详细设计和研发阶段,生产、制造和建造阶段,运行和保障阶段,退役和处置阶段。某些作者在方框 7.0 中采用"运用和保障"代替"运行使用和保障"。另外一些作者将方框 7.0 称为"产品使用和保障"。我们认为术语"运用和保障"是合适的,合乎我们的喜好,因为这一术语意味着运用一个工作的系统、产品、过程、服务或者这些事物的组合,而"保障"是一项与运用互补的支持活动。我们在方框 7.0 中所采用的"运用"这一词汇,与有些作者对方框 7.0 和 8.0 所采用的"运用阶段"这一术语不是同一件事,这在我们的讨论的大背景下是明显的。由于在现在实际上有各种术语和分类方法,出于这一考虑,我们采取了一些灵活性。

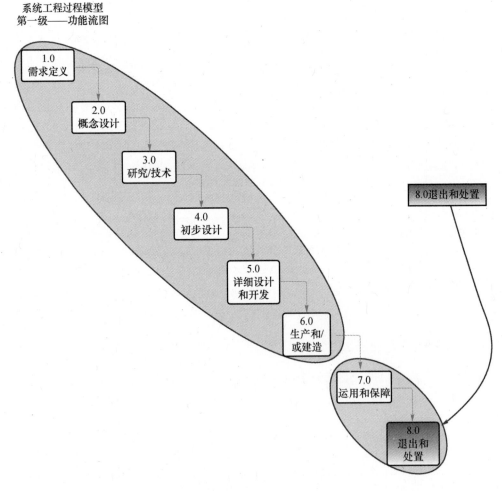

图 16.1　系统工程过程工程流图

　　如图 16.1 所示,在系统开发生命周期的方框 6.0 和 7.0 之间有一个明显的间隔,这一间隔表示在部署在轨之后与卫星系统交互作用的难度。因此,方框 1.0~6.0 必须包括对运用和保障阶段(方框 7.0)和退出与处置阶段(方框 8.0)的适当的策划。取决于系统的可达性,后两个阶段可能更加困难和昂贵,在最后的阶段,一个系统将进行预定的处置过程,或者进入一个评估周期,以确定采用什么样的处置方法。

在本章,我们强调系统发展生命周期的最后一个阶段,即图 16.1 中方框 8.0 所示的退出和处置阶段。16.1.2 节将介绍对地面系统和天基系统的某些可能的处置方法。

16.1.2 系统处置方法

当涉及系统的生命结束阶段时,系统工程师可以选择多种可选方案,不同的处置方法可以划分成不同的类别,这些分类方法基于在完成处置活动后的系统的最终状态。系统可以丢弃、放置在长期存储库房中、重新使用、回收或者销毁。

16.1.2.1 废弃

废弃一个系统对于地面系统不是一个常用的做法,但在空间卫星系统中经常被看作是实际的。将一个系统废弃在地球上不像把它拿走或丢弃那样简单,对物品必须适当地处置。例如,不再适航的老龄化的飞机通常被废弃在一个称为飞机墓地的区域,类似地也有汽车墓地,汽车的前拥有者可以把汽车交给汽车墓地的拥有者,由他们看怎么处理合适。废弃一个天基卫星系统有一点复杂,这通常涉及将卫星机动到一个称为墓地轨道的更高高度的卫星轨道,并终止通信。另一种可选方案是将卫星驱动到地球轨道之外,把系统送到深空或太阳。

16.1.2.2 长期存储

将一个系统或一个系统的部分放在一个长时间存储的仓库是另一种常见的处置方法。当对系统进行销毁代价太高、重新使用太复杂、如果废弃太危险,或者没有其他处置方法实际时,通常采用这种方法。当放置在仓库中时,应当进行慎重的考虑,以避免或减轻系统随着时间的推移而退化。长时间存储的一个例子是将系统放在博物馆里。退役的飞机和空间器,如 SR-71 黑鸟和空间飞船 Endeavour 是变成博物馆展品的系统。甚至在系统进入其生命结束期之前,就有一些系统的部分被放置在长期存储仓库中,以核电站为例,对消耗的核燃料棒进行处理以减小废料的体积,然后储藏在特殊的封装内,并进行辐射屏蔽。

16.1.2.3 重用

重用一个旧的系统经常是系统工程师在发展中进行策划时的一个明智的选择,这种方法经常被当作节省成本或时间的措施,它也可以是在开发一个新的系统时降低风险的方式。此外,重用一个系统或一个系统的组件,将减少必须处置的材料的数目(与其他方法相比)。

16.1.2.4 循环利用

最近几年,循环利用已经成为一种常用的对系统进行处置的有效的途径。循环利用是改变材料的形态以避免浪费、减少对新的原材料的消耗、降低能耗、减少污染的一个过程。循环利用也是"降低处置成本并增加产品的总的价值的一种重要的途径"(Blanchard 和 Fabrycry,2011)。为了有效地对一个系统进行循环利用,必须精心策划,以便于产品恢复、便于拆解,推进循环利用,并确保以对环境友好的方式处置不可恢复材料。对系统进行循环利用有许多种方式,像铝或金那样的金属可以重新利用,塑料可以融化并重新成形。整个系统可以清洁并沉到海底变成新的海底栖息场所。每个子系统可以在一个新的系统中以新的方式使用。

16.1.2.5 销毁

销毁一个系统通常是最后一种处置方法,有无数种拆除一个系统的方式,系统可以被焚化、敲碎、压碎、压缩、爆炸或者甚至拆解,所有这些可选方案对于销毁地面系统都是可行的。据了解,美国海军已经采用所有类型的废弃的舰船作为靶船,他们已经使用了海上遗弃的船只,甚至无线电控制的船只,来试验他们的武器系统,并训练他们的技能。对于天基系统能够采用的可选方案较少。卫星可用脱轨燃烧,或者从原有的轨道投射到向着太阳飞行的一个轨道来在空间销毁。另一种更加昂贵的可选方案是将卫星返回地球,并试图恢复其使命,一旦回到地面,则可以考虑采用地面系统可用的各种处置方案。

16.1.3 在系统生命结束时进行的考虑

在系统生命结束时,必须适当地考虑对系统的安全和环境友好的处置和退役。作为这一考虑的一部分,必须考虑到对系统退出和处置团队造成挑战的风险因素,如果不能适当地考虑这些风险因素,在系统退出和处置过程中可能出现复杂性,从而可能增加成本、安全问题,甚至使任务较早地终结。在以下几节讨论需要适当地评估的某些风险。

16.1.3.1 腐蚀的金属

腐蚀是由于与环境的反应造成的材料的逐渐的剥蚀,有不同类型的腐蚀,如氧化、电解腐蚀和微生物腐蚀。腐蚀可能导致各种物理特性的降低,如结构整体性、电导率或外观。腐蚀在金属中是最常见的,需要考虑许多预防性方法,以降低在系统运用和保障阶段以及系统退役和处置阶段的风险。在重量是一个重要的因素的情况下,铝和镁合金是轻质的、广泛应用的,然而,它们是高度活跃的,因此,对腐蚀是敏感的。经常通过金属电镀或涂漆来将活泼的金属与环境屏蔽开来,以降低对腐蚀的脆弱性,在采用铝和镁的情况下会做这样的处理,这两种金属都是高度活跃的,但它们的轻质特性是非常希望的,因此,它们被广泛用于飞机和卫星制造,利用某种形式的防腐型涂料来降低腐蚀的风险。海船经常采用稀有金属来防护其钢制外壳免受腐蚀。必须慎重考虑涂料本身,因为某些涂料可能对环境或人类是不好的。例如,产品中和涂料中的镉是高度有毒性的,被称为致癌物(OSHA,2014)。在早期的设计中适当地策划,将降低在系统处置时腐蚀的风险和可能的故障。

16.1.3.2 电气组件

电气组件是采用各种材料制成的,在光学系统基础设施中是普遍采用的。适当地考虑对这些与电气组件相关的有害材料的处置,是在光学系统的生命结束时的一个关键的考虑。从安全的观点来看,如果这些组件[如只读存储器(ROM)、随机存取存储器(RAM)和电子可擦除可编程 ROM(EEPROM)]包括敏感的数据,它也是重要的。采用模块化的设计有可能拯救电气组件,并将生命周期结束时的活动的目标从破坏改为回收。

16.1.3.3 液体金属渗透

液态金属渗透到金属的槽沟边界可能导致固态的金属变得非常脆弱。渗透通常需要某种形式的应力使液态金属的原子进入固态的金属,但对某些与汞接触的铝金属却不是这种情况,液态汞被用作一个卫星阻尼系统中的一种组成物质,阻尼系统吸收能量,并帮助对卫星进行机械稳定。液态汞除了是一种有害材料外,还有一个问题是它会渗透到一些不锈钢管材的银铝接头中。通过适当的策划和设计,可以减少液态金属的渗透的风险,并消除在运行使用和处置期间的复杂性。

16.1.3.4　结构问题

预测在一个光学系统的生命周期内有什么类型结构问题是困难的,这些问题可能对采用一种处置方法时带来困难,可能发生的两个问题是疲劳断裂和热膨胀/收缩,由于在发射时经受的力和应力可能在材料中形成微观结构裂纹,疲劳断裂是光学系统被发射到空间时,在子系统、组件和零部件要经受振动和冲击的情况下,要主要关注的一个问题。温度变化时产生的热胀冷缩会导致物质的膨胀或收缩,并相应地使系统的体积变化。当连接的材料以不同的膨胀或收缩率使材料的体积变化时,会产生不同的热膨胀或收缩,不同材料的不同的膨胀变化率可由它们的热膨胀系数表示,这些缺陷在地面上的系统中可能是相对不重要的,但可能成为空间中的系统中的关注点。

16.1.3.5　低压力环境

在 1976 年,美国标准大气委员会出版了一本书,该书定义了直到 1000km 的地球大气的数学模型(美国标准大气委员会,1976)。采用从这一数学模型导出的数据,图 16.2 示出了高度的增高对大气压力有怎样的影响。注意,在 35000 英尺的高度,大气压力低于在海平面时压力的 1/4。

工作在低压环境中也有其挑战,有一个导致物质从高压区域运动到低压区域的力,这个力在液体和气体中是非常显著的,可能是准备生命周期结束时的活动的一个关注点。

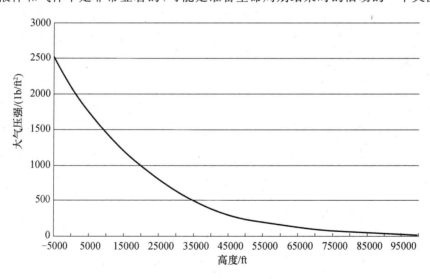

图 16.2　高度和大气压强

润滑油是在许多系统中发现的可能的液体的一个例子,在卫星中的各种组件需要润滑油以便正常地工作。例如,展开太阳能板、改变诸如光学系统放大率、瞬时视场等光学特性或瞄准线,以及光学系统的框架功能,都涉及需要润滑的运动的部件。维持受到润滑的材料的长期稳定性将带来挑战,尤其在像空间那样的低压环境中。由于压力梯度丧失,润滑油可能导致组件被黏附,并妨碍运行使用和处置活动。

气体可以存储在容器中,冻结在固体中,或者悬浮在液体中。气体对由于压力梯度造成的力是最敏感的,可靠的密封将保持气体留在容器中。当工作在非常低压的环境中时,气体的泄漏是密封的压力容器所要关注的一个不同的问题,一个常见的例子是当碳酸饮料打开时释放出的二氧化碳。在低压环境中保持气密性经常是困难的,相应地,诸如溶剂、聚合树脂、增塑剂和水汽那样的材料可能从环境中逸出,这些被释放的材料可能导致性能降低,甚至导致其周围的系统组件的失效(Babecki 和 Frankel,2009)。例如,被释放到周围的环境的材料可能附着在光学单元的表面,从而影响它们的性能。

当一个卫星系统进入生命结束时,也需要适当地考虑能源子系统和燃料源,对相关的有害材料进行适当的密封,并处理逸出的材料,这是在设计和研发阶段必须策划的挑战性的问题。如果不能适当地处理,在任务运行时脱逸的材料可能威胁到任务本身,可能会降低性能,和/或干扰系统的处置和退役活动。此外,由于不当的或失败的处置机制,在空间中产生的不可收回的材料或留在空间中的物品,会对未来在空间中的运行造成威胁,必须进行精心的考虑和设计,以确保在预期的寿命内子系统保持工作,且在需要时密封和处置子系统能够工作。

16.1.3.6 有害材料和特殊的装运

大多数系统是由各种材料构成的。各种卫星子系统组件经常具有有害材料,或者需要在它们的生命周期内和在处置和系统退役活动中需要进行特殊的处理。"有害和固体废料管理活动必须符合适用的联邦、州和地方法规"(NASA,2011)。例如,有限的空间轨道碎片的指南和评估规程(NASA,1995)对空间系统到达其寿命结束时如何处置空间碎片提供了指南。以下给出了空间系统中的某些有害材料和对它们的使用方法:

(1)铍——一种代替铝的材料。

(2)肼(联氨)、甲基苯氨联氨(MMH)和四氧化氮(NTO)——火箭燃料需要。

(3)镍—氢(N_iH_2)、锂离子、锂亚硫酰氯化物(LiSOCl)、氢、镍—镉(NiCd)——用于储能。

(4)放射性同位素——用于核发电系统、核热电发电机和核加热器单元。

对地面系统所使用的有害材料的适当处置也是主要的关注点,复杂系统所采用的许多液体对生态系统脆弱的平衡带来了威胁。允许油、润滑油、燃料或其他合成的液体释放到大自然,可能会损害生态系统所有的层级,并且会持续多年才能修复。相应地,这些液体通常要排出,并送到专门进行处置的场所进行处理。电动机油可以进行精化,并用作加热器的燃料,馏出到柴油燃料中,或作为另外一种类型的润滑油重新使用。

对有害材料进行适当处理的某些驱动因素是各种政府法规,如果发现违反了法规,公司可能面临巨额的罚款。此外,顾客的评价可能受到公司所采用的涉及有害材料的处置方法的影响。因此,适当的策划可以帮助避免有害的运行使用和对环境的危害,避免政府的罚款,并且避免顾客评价产生负面影响。

16.1.3.7 处置成本

处置成本可能是生命结束时活动的一个限制因素,对于许多公司,为处置付出成本可能被当作一个负担,因为这很少能回报以直接可见的收益。当然,一个例外是专门进行处置处理并以此为其业务重点的公司。然而,花钱来适当地处置材料可能对公司的声誉是有益的。在最近几年,一些公司已经在赢得被称为"绿色"企业的权利取得了进步,一个"绿色"公司是环境友好的,并且花费额外的成本来确保适当地处置或有效地循环利用材料,这一"绿色"标签经常被用作广告工具或者提高声誉的途径。通过适当的策划,一个公司可以确保能够获得资金来成功地完成处置活动,同时保护环境、人员,并留下"绿色"的财富。

处置成本是基于系统的特性变化的,应当很好地思考。例如,对天基光学系统的处置成本通常高于对相应的地面光学系统的处置成本,因为不容易到达天基系统的位置并对组件进行简单的处置。最近,卫星开发者已经开始更加关注对他们的系统的处置考虑。在过去,卫星系统经常用到直到运行使用寿命的结束,并在轨道上弃用。此后,这些卫星将再入地球大气并且烧毁,它们也可能与其他卫星或空间废料碰撞,并在低地球轨道产生更多的碎片。

已经发展了辅助系统来帮助对到达寿命结束阶段的卫星进行处置。某些更特殊和昂贵的方法需要一个单独发射的飞行器来抢救组件,和/或以安全的方式安全地捕获/离轨/机动卫星。一种更实际的解决方案是在卫星设计和开发中包括处置特征。

卫星开发者和制造者已经有一个为处置活动提供足够燃料的需求,这样对处置系统的成本影响可能不是很显著。作为一个例子,意大利一个称为 D－Qrbit 的供应商生产了一种装在卫星系统上的处置系统,在卫星到达生命结束时,这一器件使卫星安全地离开轨道,这样它可以在地球的大气中烧尽。该公司的 CEO Luca Rossettini 指出:由于需要额外的燃料,"尽管 D－Orbit 器件给发射增加了另外的重量,它不一定增加额外的成本"(Emanuelli,2013)。然而,要注意到,欧洲空间局估计在地球同步轨道的 70% 的卫星不完成任何生命周期结束处置机动(Emanuelli,2013),之所以这样的一些原因是:由于用于延长运行使用时间或者由于系统泄漏,没有用于生命结束机动所需的燃料。在任何情况下,在设计和开发阶段考虑卫星的处置,可以消除可能的处置问题和在卫星寿命周期结束时出现的处置成本问题。

16.1.3.8　安全性考虑

确保一个光学系统在其整个生命周期内是安全的,经常是设计和开发团队的一个驱动性需求和主要的考虑。一个光学系统可以获取各种敏感的或者甚至保密的数据,因此需要采取预防措施来保护这些信息。此外,光学系统的构建本身可能采用商用秘密,并且需要保护。卫星系统需要考虑四个安全方面,即发射和控制场所、通信链路、电磁频谱和卫星平台本身的脆弱性(军事技术－MILTECH,2008)。有一些任何自主系统需要关注的方面。发射和卫星控制设施位于固定的场所,因此对物理的和在线的威胁更加敏感。自主系统失控可能是灾难性的,尤其是如果处置过程是预先编程的,并且能够遥控激活时。

16.1.3.9　历史数据库

另一个重要的问题是历史数据库。在某些情况下,项目数据文档是保持在一个单独的、遥远的场所的,这一场所可能包含敏感数据,而且经常有在较长时间内汇集的关键项目信息,所汇集的数据量取决于可用的存储空间和项目信息汇集活动的类型、数量和频率。历史数据库经常包括由传感器所获取的整个任务数据和适当的支持信息,并且被组织为易于采用现代档案库存储方法和安全协议进行检索。这些档案存储方法提供了全面的搜索工具,允许压缩和对数据加密,并且便于对数据的组织。

16.1.3.10　转向光学系统构成模块

天基系统对它们的生命周期结束时的处置带来了严重的挑战,如严酷的空间环境以及空间装置的非常遥远的位置。空间系统必须采用冗余设计,以提高它们的可服务性,或者能够接受用于维护或辅助处置。由于要考虑大量的策划和大量的细节,系统工程师需要在早期的开发阶段的各个设计图和文档中包括系统处置。以下一节将以一个光学系统卫星为例来说明怎样在开发活动中包括系统处置。

16.2　光学系统构成模块:空间光学系统

地基光学系统可以与天基光学系统有很多共同处(如望远镜、透镜、反射镜、孔径、滤光片和探测器)。然而,它们也有显著的差别,如修理的便利性、所要求的组件可靠性,以及环境条件(在天基光学系统情况下,要考虑到辐射、极端的温度变化和在真空中工作)。空间系统需要非常详细的权衡分析,并且经常受到以下方面的约束:重量、大小、可服务性、可靠性、可维护性、可用性、可运行性、可处置性和成本。

天基系统受到发射运载器的可用资源的限制,与对等的地面系统相比,诸如重量、尺寸和功耗那样的技术参数经常受到严格的限制,太阳能帆板必须折叠在发射运载体的有效载荷舱内,并在飞行器到达其目的地后展开,精密的装备必须防护发射时的力和应力的冲击,并防护严酷的空间环境。

卫星的服务和维护也带来了重大的挑战。对于地基系统,技术人员可以直接维护失效的光学系统组件,或者将组件送到服务中心。在发射后,天基光学系统经常要通过采用备份的系统来应对故障,即便提供了检修门来在空间完成维护,由于设备位于遥远的位置,技术人员需要空间维护工具,缺乏故障诊断设备,这限制了在空间可以进行的修理次数、类型和便利性。由于如此,在空间系统的设计和建造中应采取一定的步骤:第一,设计高可靠性的系统,如果某些关键组件失效,则必须接入备份系统,以确保系统能够完成其使命,系统必须被设计为能提供高可用性和长时间的运行服务;第二,故障诊断设备必须作为光学系统设计的组成部分,以隔离故障并帮助对问题进行遥诊断;第三,光学系统必须有关键子系统和部件的冗余的系统。

这使技术人员能够在确定了组件的故障后,切换到一个类似的没有故障的组件或备份的系统,以继续工作。最后,卫星的外部必须是可达的而且可以进行维护的,如果在设计中已经采取了适当的对策,如果光学系统的一个组件、部件或零件失效,可以发送一个飞行器与卫星对接,以进行对失效组件的维修。

可运行性是保持一个系统处于正常工作条件的能力。空间系统的可运行性与地面系统没有显著的差别,但存在以下差别。对于地面系统,操作人员和修理/维护技师人员通常能够接触到光学系统,因此对地面系统进行功能更改是相对容易的。天基系统没有这样的便利性,因此需要进行涉及任务的范围和可能的意外事件的周密的策划。

对系统的处置能力应当是一个主要的关注点,因为不适当的处置可能影响环境或者影响其他系统。对于地基光学系统的处置有许多可选方案。对空间系统的处置仅有较少的可选方案,更难以策划和执行处置活动。相应地,在早期的开发阶段进行适当的策划,对于确保成功地完成处置活动是必要的。

最后,对于空间光学系统,整个生命周期成本总是令人很感兴趣的。作为一个例子,James Webb 空间望远镜目前计划在 2018 年运行,估计成本在 62～68 亿美元(NASA,2014)。相反,最昂贵的地面光学系统项目是 Atacama 大型毫米波/亚毫米波阵列(AL-MA),估计的生产成本是 14 亿美元(Atacama 大型毫米波/亚毫米波阵列,2013)。

16.2.1　空间光学系统的背景

1957 年 10 月 4 日,世界上第一个人造卫星 Sputnik Ⅰ 从苏联的 Tyuratam 发射基地(拜科努尔航天发射场)发射升空,这震惊了世界。Sputnik Ⅰ 在大约 92min 内从地球发射到空间轨道,在 2 个月的时间内围绕地球旋转了 1400 圈,从此开始了"空间竞赛"。自从球形的、篮球大小的 Sputnik Ⅰ 发射以来,已经发射了大约 6910 颗卫星(Kyle,2014)。图 16.3 示出了与这些卫星相关的发射统计。

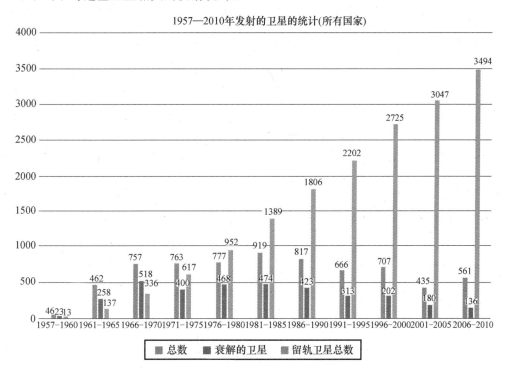

图 16.3　发射的卫星的统计

图 16.3 统计了 1957—2010 年总的卫星发射、在轨道上衰解的卫星和保留在轨道上的卫星的数目,所有国家成功的和不成功的发射的总的数目,在轨道上衰解的卫星的数目是在轨道上衰解的卫星、降低高度延长时间的卫星的总的数目,通常这些卫星在再入地球大气后解体。这些卫星在轨道上的衰解可能是有意的或无意的(例如,由于灾难性的故障),或者到达了其预期的寿命结束。"总的保留在轨道上的"卫星,是仍然保留在轨道上,且具有原来的轨道速度和加速度的卫星,不论其运行状态如何。对这幅图的另一种视角揭示了有关这些卫星状态的信息(图 16.4),这描述了历史趋势分析。

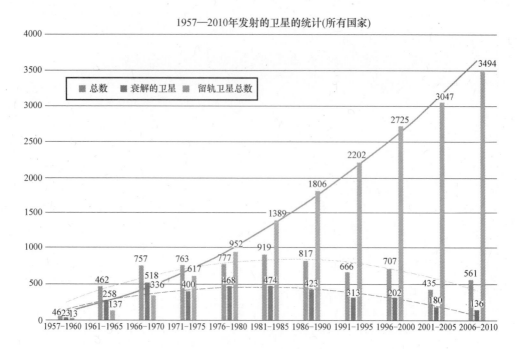

图 16.4　卫星发射的趋势分析

图 16.4 的黑的实线的趋势线表明剩余的在轨的卫星有显著的增加,而虚线的钟形曲线趋势线表明总的卫星发射数目和现有的卫星在轨道上衰解的数目在下降。随着部署的用于各个领域的卫星的技术的发展,持续的在轨系统的数目显著增加。随着新的卫星的部署,预期的生命结束时间将延长。1957—2010 年,地球轨道卫星系统已经增加了近26.7777％,这些系统中大部分被遗弃。由于较少考虑生命结束过程,它们大部分被忽视了,被留在轨道上。现在人们清楚地认识到,需要考虑对现有的和未来的卫星系统的更全面的系统生命周期管理方法,这一全面的系统管理方法必须包括寿命结束处置概念(Janovsky 等,2002)。图 16.5 是由 NASA 给出的碎片图,它描述了现在由 NASA 跟踪的在地球轨道中的物体。

这很形象地说明了空间碎片问题和对在轨运行的卫星的威胁。卫星的碎片是由已经到达生命结束,但没有进行适当处置或退役处理的卫星产生的。“到 2002 年 1 月,自1957 年以来的总共 4191 次发射,部署了 17050 个载荷、火箭箭体和与任务相关的物体,这产生了 27044 个可探测和跟踪的地球轨道物体,在这 27044 个物体中,18051 已经在地球大气中衰解,留下了 8993 个在轨物体”(Wertz 和 Larson,2008)。

16.2.2　空间项目的系统工程原则

空间项目的系统工程遵从地面系统项目中包括的系统工程准则。空间任务和目标从星体之间的通信到在空间制造物品、星际探索甚至空间埋藏。即便如此,对一个空间任务的策划,与地球上商业、政府或教育机构的发射任务的策划很类似。

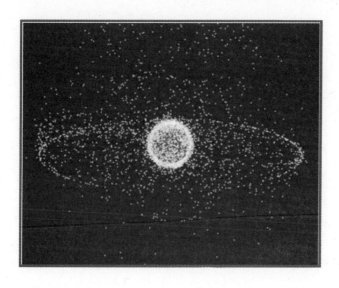

图 16.5　NASA 所绘制的空间碎片

16.2.3　空间系统生命周期

通常,一个空间系统的生命周期贯穿传统的系统工程生命周期阶段:

(1)方案设计阶段。

(2)初步设计阶段。

(3)详细设计和开发阶段。

(4)制造、生产和建造阶段。

(5)运行和保障。

(6)退出和处置。

我们将快速地回顾这些传统的系统工程阶段和空间系统的一些主要属性。注意,我们正在采用传统的"运行和保障"术语,因为涉及在空间运行使用的空间系统。

方案设计阶段包括一个形成空间任务和它的概念属性的"研究"阶段,操作人员和终端用户定义他们的需要和需求,并提供给从事方案研究的研发者。表 16.1 列出了在这一阶段进行的许多需求分析和方案研究工作。里程碑事件是建立系统层级的需求规范(A规范)的基线的系统需求评审。

第二个阶段是初步设计阶段,开展高层级的子系统设计,并形成子系统需求文件,尽管重点是子系统,这一层级的设计可能是非常详细的,包括伪代码和产品模型。初步设计评审是确定 B 层级规范基线的里程碑事件。详细设计和研发阶段是最后一个设计阶段,要基于初步设计需求形成系统的详细设计,在这一阶段要研制原型飞行和原型样机,这一阶段的里程碑事件是形成详细需求文档基线的关键设计评审。接着,生产、制造和建造阶段包括实际建造地面和飞行硬件和软件,也包括发射有效载荷。在有效载荷在轨之后进入下一阶段,运行和保障阶段,包括对系统的日常运行、维护和保障。最后,在系统进入其生命结束阶段时,进入退出和处置阶段,这一阶段包括系统的"退役"。

表 16.1　需求分析和概念方案研究

需求分析	概念方案研究
基于以下因素形成可能的需求：	在需求分析中形成的重新评估的需求
使命目标	
运行使用方案	研究和评估备选的运行使用概念方案
进度	
生命周期成本和可承受性	研究和评估备选的空间任务结构
变化的市场	
研究需要	估计：
国家空间政策	性能和可保障性
对国家防御的威胁的变化	生命周期成本和生产能力
军事作战学说	进度和资金剖面
新技术的发展	投资风险和回报
商业目标	

16.2.3.1　空间系统退出和处置

正如上面所提到的那样,退出和处置需要大量的策划工作。采用方框图是系统工程和开发团队组织它们的策划和工程活动的一种方式。采用图 16.1 所示的生命周期作为起点,可以更详细地展开退出和处置阶段,功能流分解的下一个层级(退出和处置 FFBD 的退出和处置)描述了构成退出和处置阶段的顺序的活动框,如图 16.6 所示。

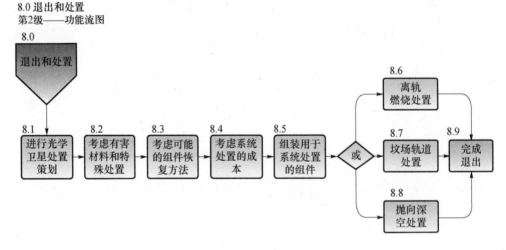

图 16.6　退出和处置功能流图

在图 16.6 中,方框 8.0(退出和处置)被分解成 9 个阶段(方框 8.1~方框 8.9),这 9 个阶段被进一步分解到分系统(或子系统),这些子系统被设计为能支持其父系统,并更详细地描述它们。把我们的注意力转向图 16.7,方框 8.1(进行光学卫星处置策划)展开为方框 8.1.1~方框 8.1.8。

参见图 16.7,有三种方法可用于光学系统卫星的处置:方框 8.1.4,离轨燃烧处置;方框 8.1.5,坟场轨道处置;方框 8.1.6,抛向深空处置。任务策划团队选择哪种方法取决于对风险因素、执行所需的轨道机动可用的燃料、安全性和总的成本的考量。我们将在本章的案例研究(16.3 节)中以实例的形式来开展讨论。

离轨过程涉及降低卫星的速度直到空间飞行器再入地球大气并被焚化。坟场轨道是位于地球高轨道的一个轨道,它是一个专门用于到达寿命结束的卫星系统的轨道。抛向深空是将光学系统送到深空或朝向太阳飞行的处置方法。从经济观点来看,卫星的安全退役的最佳选择取决于为了实现特定的退役/处置机动所需的速度变化(以及相应所需的燃料量)。

8.1 进行光学卫星处置策划
第3级——功能流图

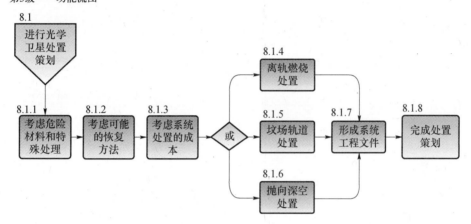

图 16.7 进行光学卫星处置策划的功能流图

把我们的注意力转向图 16.6,对方框 8.2 展开以描述用于处理有害材料和其他特殊的组件的子系统,如图 16.8 所示。

8.2 考虑有害材料和特殊处理
第3级——功能流图

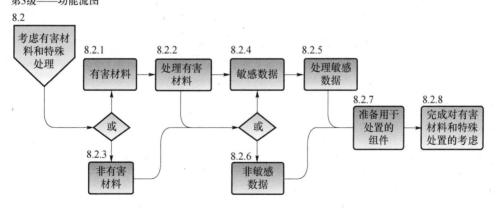

图 16.8 考虑有害材料和特殊处理的功能流图

图 16.8 表明:将采用特殊的过程处置敏感数据,取决于数据防护和处置需求,某些数据可能需要恢复,而其他数据可能需要安全的销毁方法。有害材料(如燃料、润滑油和各种化学材料)需要适当的处置方法,以避免可能对人类生活或其他在轨物体造成威胁。

图 16.9 中示出的 FFBD 中给出的退出和处置过程的另一个重要的功能是对特殊的

光学卫星组件(如保密数据)的可能的恢复。

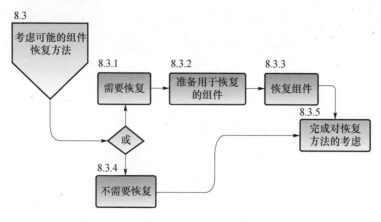

8.3 考虑可能的组件恢复方法
第3级——功能流图

图 16.9　对可能的恢复方法的考虑的功能流图

　　在光学系统设计阶段的早期必须考虑和策划需要进一步在地面进行分析的设备和其他的信息。图 16.10 示出了与一个系统的处置费用相关的代表性的高层级的费用考虑。风险方框(方框 8.4.4)包括技术、费用和进度风险,方框的具体的次序不是法定的,可以改变。

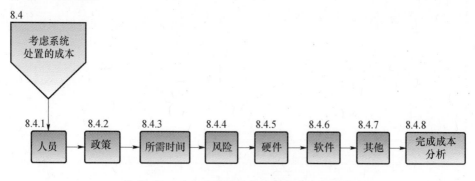

8.4 考虑系统处置的成本
第3级——功能流图

图 16.10　对系统处置成本的考虑的功能流图

　　精确地估计卫星上的光学系统的成本对于成功地开发、部署、运行、保障和处置空间系统是关键的。在光学卫星系统的整个生命周期内会遇到各种成本驱动因素,必须辨别并定量评定,这些成本驱动因素可被用于整体模型、参数化模型和详细的自下而上的模型,以洞悉光学卫星系统的生命周期的各个阶段的成本。作为一个例子,NASA 和国防部采用了参数化成本估计模型,仅需要高层级的需求/设计信息及历史成本数据和回归分析来产生有用的成本估计结果(Wertz 和 Larson,2008)。在退出和处置阶段的重要的考虑是诸如人员、设备、场地、材料等必要资源和进度、不可预见性、风险和国际条约与法律。图 16.11 示出了对空间系统进行处置所需要的必要组件的代表性的功能流图。

　　处置和退役过程的一个考虑是:是否需要一个恢复任务以恢复关键的任务数据或物品。可以考虑各种方法,如从卫星上抛出一个包括数据/所希望的物品的受防护的再入飞

8.5 组装用于系统处置用组件
第3级——功能流图

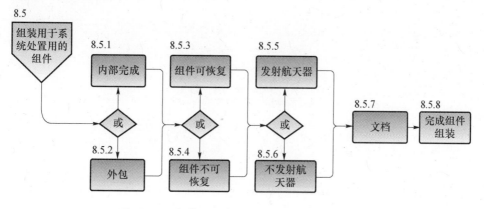

图 16.11　组装用于系统处置的组件的功能流图

行器。随着空间的商业化,这些活动的一些可能由具有完成这些工作的手段(采用卫星系统附加装置的形式,或者具有恢复功能的基础设施)的商业机构完成。图 16.12 示出了使一个卫星离轨实现系统退役的一个代表性的过程。

由于在离轨过程中,光学系统将再入地球大气,一个风险是卫星在再入地球大气后没有完全烧尽,而是分解成较小的碎片,从大气重新弹回到低地球轨道,给位于这一轨道的其他航天器带来威胁,或者落到地球表面,并有可能造成危险情况。在设计阶段需要考虑这些类型的不可预见事件,必须通过选择卫星的材料、构造和策划的离轨机动以使再入造成的危险最小。

8.6 离轨燃烧处置
第3级——功能流图

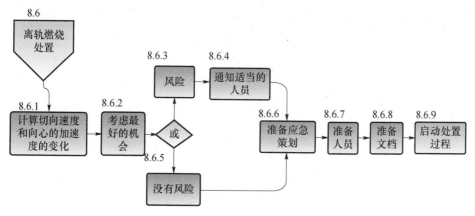

图 16.12　离轨处置功能流图

图 16.13 示出了用于系统退役的坟场轨道处置方法。

处置卫星的一个相对通用的方法是将它们放置在一个坟场轨道上,在那里它们不可能干扰有效的卫星,这种形式的处置对地球上的生命和系统产生的威胁较小。然而,这种方法仍然需要慎重地策划不可预计事件,以执行适当的系统退出机动,像对其他有效的卫

8.7 坟场轨道处置
第3级——功能流图

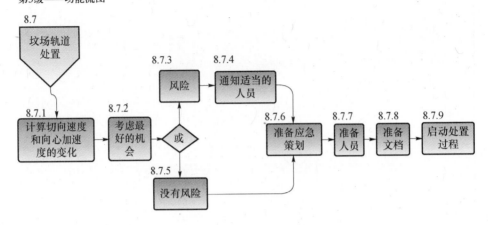

图 16.13　坟场轨道处置功能流图

星的可能的撞击、遭遇其他空间碎片和产生空间碎片等问题都是重要的考虑。

另一种可能的处置考虑是将卫星抛到深空,如图 16.14 所示。

8.8 抛向深空处置
第3级——功能流图

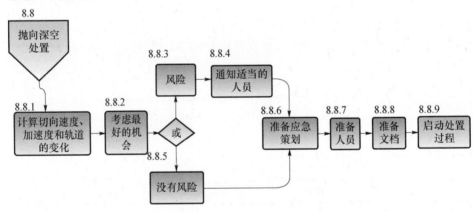

图 16.14　抛向深空处置功能流图

也可以将卫星送到朝向太阳的路线,并被太阳焚化,具体的思路是改变卫星的速度,使之足以突破地球和太阳的引力(在向深空抛射的情况下),或降低卫星的速度,使它落入太阳引力的捕获范围内。在对卫星机动来实现这一目的时,存在与送入墓地轨道类似的风险,可能会与其他的卫星或空间碎片碰撞,这需要避免。我们将在本章的16.3节看看这些可选方案是否可行。

图 16.15 的 FFBD 可作为一个说明是否完成系统的退出和处置的检查表,这些考虑对于确保所有的活动都完成、所有的利益攸关者都知道结果是重要的。

16.2.4　环境对光学系统卫星的影响

在轨后,光学系统将经受地面系统一般不会遭遇到的各种环境效应,这些效应带来了

8.9 完成退出
第3级——功能流图

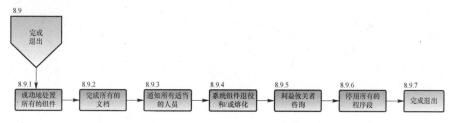

图 16.15　完成系统退出功能流图

一些挑战,工程师必须在设计、运行和处置阶段加以考虑。

16.2.4.1　等离子体和空间飞行器充电

在空间环境中有不同的区域,如电离层和磁化层,卫星必须在这些区域工作。在磁化层,有单独的、明显的能级,每个能级是由与地球磁场接触的太阳风产生的,并从动能转换为磁能,图 16.16 示出了地球的磁化层的各个层。

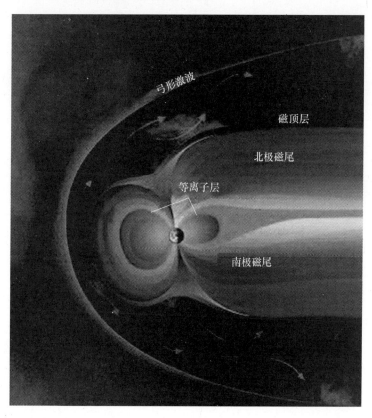

图 16.16　有代表性的地球磁层

有时,磁能是以高能的等离子体(5~20keV 量级)的形式释放的,这些等离子体可能与处在它们的飞行轨道上的卫星交互作用。当这些等离子体与空间飞行器的机体接触时,可能形成电荷,取决于机体的材料电容和接地,沿着空间飞行器的表面可能会产生电弧,这一效应可能以电磁干扰的形式对空间飞行器的电子设备造成危害。大多数空间飞行器系统不需要担心这一效应,除非能量差达到 10~20keV。当设计一个空间光电/红外系统时,设计师可以对这一效应采取某些预防措施。首先,应当测试所有在飞行器外面的透镜材料的电容特性,可能的话,所有不能充分满足接地要求的零部件应当覆盖导电涂料。其次,在设计或选择一个空间光电/红外系统的电子组件时,应当采用电磁干扰(EMI)屏蔽技术。

16.2.4.2 辐射陷波

当在空间运动时,所有的系统必须关注来自 Van Allen 辐射带的辐射,图 16.17 简要地描述了 Van Allen 辐射带层。

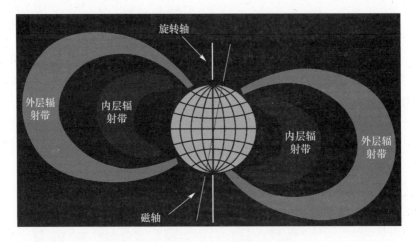

图 16.17 Van Allen 辐射带层的表示

在 Van Allen 辐射带捕获的粒子的能量幅度在 30keV 或更高的水平。有两个描述 Van Allen 辐射带能量的模型(AP8MIN 和 AP8MAX 模型),这些模型给出了在太阳能最小和最大时的能量。一个光电/红外系统设计师将希望考虑任务的驻留时间,因为能量水平取决于太阳周期。需要记住,辐射屏蔽是重要的,然而,太多的屏蔽可能增加重量,而且收益较小。由于低能的粒子将它们的能量留在空间飞行器表面,而且会降低喷漆和防护玻璃的效果,某些空间飞行器可能经受的辐射剂量效应会增强红外背景噪声。

16.2.4.3 太阳粒子事件

太阳粒子事件又被称为太阳耀斑。当发生太阳粒子事件时,大量能量在 1MeV 和 1GeV 之间的高能粒子将传向地球。如果不进行防护,太阳粒子耀斑效应将包括"增大许多类型的光电传感器的背景噪声,以及降低太阳能电池阵列的性能"(Marietta,1993)。

16.2.4.4 银河宇宙射线

银河宇宙射线或许是对空间电子系统最有害、最频繁的问题。当宇宙射线与存储器或微处理器接触时,射线的能量可能足以造成单粒子事件现象,每个单粒子事件现象可以被划分为三种类型中的一种。

第一种类型是单粒子翻转事件,单粒子翻转事件导致一个晶体管的状态的变化,这是有害的,因为它实际上可能破坏任何预先加载的软件或来自一个器件的数据流。目前,已经发展了可以检测这些翻转并进行修正的技术,然而,大多数技术的进展是缓慢的而且非常昂贵。这种类型的事件是非常常见的,不会导致零部件的任何物理损坏。

第二种类型是单粒子闩锁事件。单粒子闩锁事件导致一个零部件悬起,产生过量的电流,并导致中断工作。防护设备遭受这样的事件的影响的途径是检测过量的电流,并重新启动器件。由于有过量的电流,单粒子闩锁事件可能导致零部件损坏,然而,如果及时地检测到事件,可以使损坏最小。

第三种类型的效应是单粒子击穿事件,这是最不常见的事件,然而,这是最有害的。一个单粒子击穿事件会导致一个零部件的永久性损坏,造成零部件故障。

尽管不能完全预测单粒子事件现象,现在有可能通过三种实验室测试之一得到故障概率。第一种类型的测试采用计算机程序来基于器件因素(如对器件周围的屏蔽量、导致翻转所需的最小电荷和晶体管的大小)得到概率。第二种测试采用一个粒子加速器并轰击一个工作单元一定的时间,然后由计算机统计故障的次数和类型。最后一种测试采用高空环境,并测量在一个较长的时间内的故障数量。

16.3　综合案例研究:FIT 的特殊顾客

在本节,我们给出了一个综合案例研究,说明在本章的前两节学习的原理和方法。我们发现我们虚构的光学系统开发公司 FIT 正在参与他们的国土安全部的老顾客与一个新的对将 FIT 的高空间分辨率的光学系统发射到空间感兴趣的"特殊的顾客"的一项可能的协作。现在的主题是怎样处置天基光学系统,以及怎样在寿命结束时,从光学系统恢复某些重要的信息。参与这一场景的角色是 Bill Smith 博士,FIT 的首席执行官;Karl Ben,FIT 最近提升的系统工程部主任;Tom Phelps 博士,FIT 的首席技术官和光学专家;Wilford Erasmus,美国国土安全部海关和边境巡逻部门运行和采办主管;Glen H,国土安全部技术专家;H. Rebecca,特殊的顾客,组织未知;S. Muz,特殊顾客的技术顾问。

Bill:"Wilford,Rebecca 和 Nuz 好!很高兴再次见到你们。感谢你们参加视频会议。你们都记得我们的系统工程部主任 Karl 吧?"

Wilford:"Karl,你好,祝贺你得到提升!在 Melbourne 的事情怎么样了?"

Karl:"又热又湿"。

Rebecca:"今天我邀请 Muz 参加。他是我们的技术顾问之一。他现在正在西海岸与 Aerospace 公司会谈,因此这对他有些早。谢谢你加入我们,Muz。"

Muz:"很高兴参加。"

Bill:"Rebecca,我们有一个团队在研究怎样将我们的改进的高空间分辨率光学系统装在你们的专门的空间平台上。我想你将对它能提供的新的能力而感到高兴。Wilford,这种光学系统也将能为国土安全部提供专门的空间监视能力。"

Wilford:"我们迫不及待地等着这一系统投入运行,它将为我们提供改变游戏规则的能力。这一系统将会得到关注,因此我们现在需要做一些事情。"

Rebecca:"我刚才想说我们迫不及待地等着这一新的高空间分辨率成像能力,你们为国土安全部和国防部所提供的系统是令人惊奇的,我们对你们公司有很深的印象。请让我们知道你们需要什么,我们将尽力促成。"

Bill:"谢谢你,Rebecca,我们非常高兴能与你们合作。我们将确保能以最高的标准来开发这一光学系统。"

Wilford:"毫无疑问！让我们把工作推动起来。"

Bill:"好的！在这一点,我们现在仍然需要做的事情是讨论这一新系统的退出和处置策划,因此我们召开这一视频会议。我知道在系统的存储器和记录系统上有一些敏感信息和一些高度机密的算法和数据,需要在系统的寿命结束时进行适当的处理。为了使工作启动起来,我们想要了解一些在卫星的寿命结束时可以采用的可选方案。"

Rebecca:"好的。Muz,你可以给我们快速地介绍一些方法吗?"

Muz:"好的。我将从用于较大的卫星结构的寿命结束时的一些可选处理方案开始。我们基本上有三种类型的处置方法。可选的方案是使卫星离轨、将它送到墓地轨道,或者将它抛到深空(或抛向太阳)。每种方法都有其优缺点。为了让卫星离轨,装载你们的光学系统的卫星将缓慢地机动到地球大气中,在进入大气之后,大气将使卫星加热,取决于系统的材料,卫星将被焚化,这种方法在低轨道的空间物体的退役和处置方面是常见的。这种方法的固有的风险是,在再入大气后卫星未能完全解体。此外,必须保证在再入过程中有害材料或敏感的、机密的或受到保护的信息被毁掉。从经济上讲,这经常是最便宜的解决方案。"

Muz:"第二种可选方案是将卫星推到远离有效卫星的更高轨道,这是所谓的坟场轨道,位于比我们的地球同步轨道的工作轨道更高的轨道,坟场轨道远离卫星的典型轨道。这种可选方案是否吸引人取决于到达坟场轨道所需的燃料数量,所用的指标被称为Delta−V,这描述着作出轨道机动所需的速度变化量。"

Tom:"速率的变化是运动的目标的质量的函数吗?"

Muz:"是的！由于空间飞行器的质量有很大的变化,质量不是一个好的指标,而速度的变化量是空间飞行器的质量、周围的引力物体的质量(如地球、月球、太阳、行星)、空间飞行器初始速度、位置和轨道及它们的特定的机动的函数。例如,在一个火箭发动机中,燃料是连续地消耗的,因此质量在连续地变化。然而,最后的结果−空间飞行器速度的变化是进行一个特定的机动所需要的。例如,对于一个空间飞行器,无论空间飞行器的质量如何,需要大约9300~10000m/s的速度变化(ΔV)使之从地球(Kennedy空间中心)到达低地球轨道(Delta−V,2014)。速度变化(ΔV)对于比较空间飞行器的机动是非常有用的。"

Tom:"这样,基本上讲,速度变化(ΔV)越大,一个特定的机动所需的燃料更多?"

Muz:"这一般是正确的,除非你可以利用像来自周围的引力体的引力等其他物理现象来增大你在希望的方向的速度,就像引力弹弓那样。"

Tom:"好的,我明白了。"

Muz:"无论如何,这种可选方案是否吸引人取决于对将空间飞行器机动到最终的目的轨道所涉及的速度变化(ΔV)和将卫星离轨所需的速度变化(ΔV)进行的比较。例如,一个在地球同步轨道的卫星需要大约1500m/s的速度变化(ΔV)来使卫星离轨,需要11m/s的速度变化(ΔV)来把卫星推到超同步坟场轨道(坟场轨道20914)。更大的速度变化(ΔV)值通常意味着需要更多的燃料,因此一般选择需要最低速度变化(ΔV)的轨道机动方式。然而,坟场轨道方案涉及其他的问题,包括需要保护的保密的或敏感的信息、与上述的有害材料相关的风险,以及需要连续地或周期性地监测轨道和/或台站保持的需求。注意,在由于地球引力使卫星脱离其坟场轨道时,与有效的空间设施碰撞的风险较大。从保密和安全的角度来看,确保卫星完全解体或者永久性地消除,以避免可能被接触,是优选的可选方案。说到永久性地消除,这把我们带到了下一种方法。"

MUz:"最后一种处置方案是考虑把卫星送到深空,具体思路是增大卫星的速度使之到达能够突破地球和太阳引力场的轨道,并把卫星送到远离我们的太阳系的深空。从安全的观点来看,这种方法将是除了让卫星朝着太阳的方向飞行之外的最好的可选方案。此外,在它离开了我们的太阳系之后,我们将无需再监测卫星。"

Wilford:"发射为了改变轨道保留足够数量的燃料的卫星是不是会增加成本?"

Muz:"是的。然而,如果我们将这一成本包括在我们的初始策划中,将有一些不同类型的推进技术可能是有用的,假定我们可以产生足够的速度变化(ΔV)以将我们的空间飞行器机动到能够借助引力的地方,我们可以采用引力来辅助增加空间飞行器的速度,并改变其方向。"

Tom:"引力辅助?"

Muz:"引力辅助方法基本上借助行星、月球或更大的引力体的引力,利用引力弹弓将空间飞行器转到新的方向,并使其速度增大,且不使用燃料。采用星体对空间飞行器的引力的吸引,空间飞行器的速度可能由于空间中的星体的相对速度而增大或减小。也有加力的引力弹弓,空间飞行器的发动机在适当的时间点火,以增大引力弹弓效应。在 Voyager 计划中已经采用了引力辅助方法(Delta-V 预算,2014),在阿波罗探月旅行中也曾采用。归根结底,它仍然是一个对于特定的机动需要的总的速度变化(ΔV)的问题。"

Muz:"为了理解所涉及到的 Delta-V,我们首先讨论必须考虑的轨道区。有三种著名的不同的轨道区:低地球轨道、中地球轨道和高地球轨道,也有其他重要的像拉格朗日点那样的轨道点,但那与有关处置的讨论无关。低地球轨道区从大约 160km(或 99.4 英里)到大约 2000km(或 1242.7 英里),中地球轨道区占据 2000~35900km(或 22307.2 英里)的高度,高地球轨道从 35900km 到更高的高度(NASA,1995)。图 16.18 中说明了所讨论的三个轨道区。"

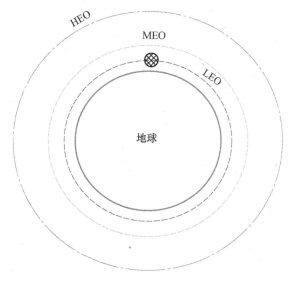

图 16.18　轨道区

Muz:"现在的大部分卫星位于低地球轨道区,这也是你们的卫星的工作位置。在这一区域,有一个特定的轨道能提供恒定的太阳照射角,称为太阳同步轨道(Marietta,1993)。这种类型的轨道需要一个极轨和相对于卫星的固定的太阳角度,以便提供相对恒定的观察和照射条件。"

Muz:"正如图 16.19 所示,在一个太阳同步轨道上,卫星的轨道平面与通过地球和太阳中心的平面成大约 37.5°的角度。太阳同步轨道对在电磁频谱的可见光部分的光学成像应用提供优良的照射条件。"

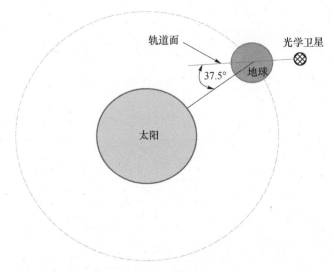

图 16.19　太阳同步轨道

Karl:"好的,所以我们的空间飞行器开始处于一个与太阳的相对位置固定的极轨上,用于最优地成像,这很好,我明白了。我仍然对你刚才谈到的各种可选方案所涉及的速度变化(ΔV)有些不确定,你可以进一步解释吗?"

Muz:"好的,我进一步解释。我们首先从描述离轨过程开始,在图 16.20 中,我们可以观察到当卫星在一个标准的轨道上围绕地球旋转时在卫星上作用的力,参数 r 是从地球中心到圆形的卫星轨道的距离,V 是卫星的速度,地球对卫星施加的引力由 F_g 给出,F_c 是卫星的向心力,如果引力等于向心力,则轨道是稳定的,卫星轨道是围绕地球的一个圆形轨道。"

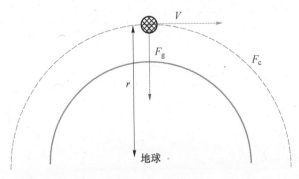

图 16.20　标准轨道

Muz:"如果你打开你的高中物理书,向心力由下式给出:

$$F_c = \frac{mV^2}{r} \qquad (16.1)$$

式中:m 为空间飞行器的质量(kg);V 为沿着绕质心(地球)的一个圆形轨道运动的空间飞行器的速度(m/s),质心到空间飞行器的距离为 r。

地球施加在空间飞行器上的引力由下式给出:

$$F_g = \frac{GMm}{r^2} \qquad (16.2)$$

式中:G 为引力常数,$6.6738 \times 10^{-11}\,\mathrm{m^3/kg/s^2}$;$M$ 为地球的质量($5.9737 \times 10^{24}\,\mathrm{kg}$);$m$ 为空间飞行器的质量(kg);r 为从质心到空间飞行器的距离。

使以上两式相等,并求解速度项 V,我们得到了使空间飞行器保持在地球上方的某一轨道上所需的速度。求解 V,我们得到

$$V = \sqrt{\frac{GM}{r}} \qquad (16.3)$$

这一方程是非常有用的,因为它告诉我们低地球轨道上的空间飞行器的起始速度。有时,GM 的乘积是作为地心引力常数(GGC)给出的(因为要经常采用这一数值),这是由 $3.986005 \times 10^{14}\,\mathrm{m^3/s^2}$ 给出的。如果我们想要使卫星离轨,我们必须降低卫星的速度,以减小其前向动量,这可以通过采用向前推进的火箭助推器来实现,这样可以减小卫星的向心力(图 16.21),现在引力超过了向心力,卫星被"拉向"地球大气,卫星将由地球大气的摩擦力加热并烧毁。"

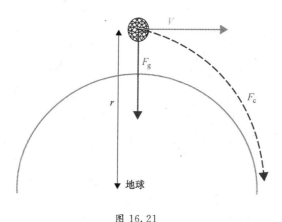

图 16.21

Tom:"我们必须确保卫星完全烧毁吗?我们不想让任何关键的信息或组件穿过大气层到达地面,并被某些人恢复。此外,我们不希望剩下任何材料并再次进入低地球轨道区成为空间碎片。另外,我们希望能消除任何可能的有害物,确保没有零部件落到地面造成连带伤害。"

Muz:"是的,我们需要竭尽全力来确保卫星的离轨过程是安全的。例如,在 2011 年秋天,美国 NASA 的一颗气象卫星被离轨,这一卫星是大气层上面层研究卫星(UARS),在 2011 年 9 月 23 日再入地球大气层的过程中被分解成大约 26 个大块,美国 NASA 估计,并由其他机构验证,这些块中的一块打中一个人的概率为 1/3200(Malik,2011)。"

Wilford:"发生了什么?"

Muz:"NASA 指出,碎片的位置是未知的(Potter 等,2011)。然而,没有与碎片伤害相关的报道。即便如此,有大的卫星碎片落在了地球的某一地方,因此这样的关注是实际的。这就是为什么精心策划处置工作是重要的原因。"

Bill:"Muz,这是一个很好的例子,请继续。"

Muz:"谢谢! 我现在想要考虑要把卫星送到它的坟场轨道要怎么做。如图 16.22 所示,坟场轨道位于高于低地球轨道区很高的位置,这被称为超同步轨道,它的位置高于地球同步轨道大约 300km,在高地球轨道区。"

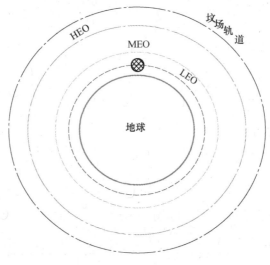

图 16.22　坟场轨道

Muz:"为了将卫星送到坟场轨道,需要改变速度来实现这一机动。当然,在卫星的寿命结束时要有必要的足够的燃料,以改变卫星的轨道,使之进入超同步轨道。"

Karl:"你可以解释这一过程吗?"

Muz:"好的,我们通常采用霍曼转移,这采用一个椭圆轨道来将空间飞行器从低地球轨道转移到高地球轨道,这是将卫星在这些轨道之间转换的最有效的、高效费比的方式。其思路是:空间飞行器位于围绕地球的低地球轨道,对它施加一个速度变化(ΔV)脉冲,并将其放在一个椭圆轨道上(霍曼转移轨道),在它到达高地球轨道后,施加另一个速度变化(ΔV)脉冲,使它回到处于高地球轨道的一个圆形轨道。使空间飞行器从低地球轨道转移到高地球轨道的总的速度变化(ΔV)取决于初始的和最终的轨道和轨道力学(如是否需要轨道面变化)。然而,作为一个大致的数字,从肯尼迪空间中心发射,并从低地球轨道转移到高地球轨道所需的速度变化(ΔV)在 4330m/s 量级(Delta-V 预算,2014)。坟场轨道机动如图 16.23 所示。考虑到安全性,将采用寿命周期结束处理方法来消除或清除敏感数据,并终结卫星的功能,卫星将安全地停留在这一轨道上。"

Glen:"由于事实上你可能需要比离轨机动更多的燃料来实现这一机动,这种方法比离轨方法是不是更加昂贵?"

Muz:"并不总是这样。有时,需要某些轨道机动或制动来使卫星安全地离轨,这需要额外的速度变化(ΔV)。你必须对每种情况进行评估。"

608

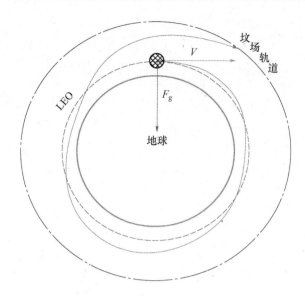

图 16.23　坟场轨道机动

Karl：“看起来需要进行权衡。我可以看看通过选择替代的离轨方法能在降低损害设施或人员方面得到怎样的收益，我们都知道，有大量的空间废物或碎片，我们不想再增加空间废物或碎片问题。如果在离轨过程中出现了错误，卫星可能解体，并可能造成危害，或者可能产生更多的空间碎片。没有人想要更多的空间碎片。”

Muz：“这在某种程度上是对的。记住，较早的卫星可能没有进行最佳的设计，以使它能够在再入中完全解体。采用现代设计方法并精心地选择材料，我们可以使再入的风险最小。考虑到节约成本，如果在卫星的寿命周期结束时不需要特别复杂的变轨，离轨所需的速度变化(ΔV)只是将轨道的近地点降低到地球大气层内所需的轨道机动量。在另一方面，如果在空间飞行器离轨之前需要变轨，如将从肯尼迪空间中心发射的倾角改变到从赤道发射的倾角，这可能涉及与将低地球轨道卫星推到高地球轨道同样多的速度变化(ΔV)(例如，从肯尼迪航天中心低地球轨道到赤道低地球轨道的大约 4240m/s 加上用于离轨的速度变化(ΔV)，和从肯尼迪航天中心低地球轨道到高地球轨道的 4330m/s 加上从高地球轨道到坟场轨道的 11m/s)。”

Karl：“这样，我理解了坟场轨道和离轨场景。将卫星送到深空或送到太阳是什么情况？这的确可以避免空间废物吗？”

Muz：“好。对于这种场景，我们要评估逃逸速度，这可以通过采用能量守恒来得到，初始的动能加初始的势能之和等于最终的动能和最终的势能之和，式(16.4)给出了这一关系：

$$\frac{MV_i^2}{2} - \frac{GM}{r_i} = \frac{MV_f^2}{2} - \frac{GM}{r_f} \tag{16.4}$$

式中，第一项是卫星地球系统(双体系统)的初始状态的动能，第二项是双体系统的初始状态的势能；右边的第一项和第二项分别是双体系统的最终状态的动能和势能。参数 V_i 为卫星在低地球轨道初始轨道的速度(m/s)，r_i 为在低地球轨道初始轨道时从地球的中心到卫星的半径，r_f 为从地球中心到卫星的最后位置的半径，V_f 为在卫星的最后位置的速度。参数 G 和 M 分别为引力常数和地球的质量(Wertz 和 Larson，2008)。对于逃逸速

609

度,在距离地球的半径为无穷远时,最终的速度是 0,因此最后的动能和势能项为 0,利用初始动能和势能项求解速度,我们得到以下的逃逸速度表达式:

$$v_e = \sqrt{\frac{2GM}{r}} \qquad (16.5)$$

这里,式(16.5)中的 G 和 M 参数和前面的相同,r 是处于围绕地球的初始轨道的卫星距地球中心的半径。如果我们假设我们的卫星位于高于赤道 200km 的圆形轨道上,则式(16.5)中的 r 为 6578.1km(地球赤道半径 6378.1km 加低地球轨道的 200km)。如果我们试图在这一位置脱离地球的引力,则所需的逃逸速度将是大约 11.0km/s。如果我们已经在低地球轨道的这一高度,则可以采用式(16.3)来确定当前的轨道速度(大约 7784m/s),这样脱离地球的引力所需的速度变化(ΔV)为大约 3324m/s。图 16.24 示出了在低地球轨道上增大速度直到达到逃逸速度的思路。"

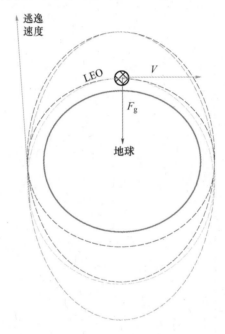

图 16.24　逃逸速度

然而,地球在空间是以大约 29.78km/s 的速度相对于太阳运动的,一旦我们脱离了地球的引力,我们的卫星将以相对于太阳这一相同的速度被甩到空间。如果我们想要把卫星射向太阳,我们需要把空间飞行器的速度降到大约 26.9km/m,以使空间飞行器到太阳的最接近的点在太阳捕获半径之内,否则,一旦助推器关机,卫星将和地球和其他行星一样绕着太阳运动,这样所需要总的速度变化(ΔV)将是 26.9km/s + 3.224km/s = 30.124km/s,这一大致的结果已经得到了确认(Delta-V 预算,2014)。对于深空机动,需要大约 42.1km/s 来脱离我们的太阳系,以与地球运动相同的方向脱离地球将需要 42.1 - 29.78(地球在空间的相对速度) = 12.32km/s。采用能量守恒原理,最终的空间飞行器速度为 12.32km/s(在脱离地球引力之后)。再求解所需要的空间飞行器的速度,我们得到大约 16.65km/s(Adler,2014)。在这一讨论中,我们忽略了 Oberth 效应(例如,较高速度的火箭产生的有用的能量大于较低速度的火箭)。如果空间飞行器在脱离地球的影响后以 11.0km/s 的速度运动,则仅需要另外加上 16.65－11.0＝5.65km/s 的速度,以将卫星发射到深空。按照我们前面的 200km(赤道)低地球轨道的例子,这将是 3.224＋5.65＝8.874km/s,比将卫星发射到太阳上的情况要好,但仍然大于坟场轨道或离轨所需要的速度变化(ΔV)。"

Karl:"嗯,这样就不考虑抛向深空或让太阳把卫星烧毁的方案了?"

Muz:"是的,除非我们可以采用其他行星的引力辅助或某些新颖的推进技术,拦截其他行星将仍然需要将空间飞行器放在拦截行星的轨道上所需的速度变化(ΔV),因此,这也不实际。此外,为了了解所需的速度变化(ΔV)需要的火箭燃料,我们可以采用以下方程(Wertz 和 Larson,2008):

$$m_p = m_f \left[e^{(\Delta v / I_{sp} g)} - 1 \right] \tag{16.6}$$

式中:m_p 为得到所需的速度变化(ΔV)需要燃烧的推进剂的质量;m_f 为最终的飞行器质量(净重加剩余的推进剂);I_{sp} 为比冲;g 为标准引力加速度,9.806m/s²。

另一种分析速度变化(ΔV)对所需的推进剂的影响的方式是直接采用火箭方程(Wertz 和 Larson,2008):

$$\Delta V = V_e \ln \left(\frac{m_p}{m_f} \right) \tag{16.7}$$

式中:m_0 为飞行器的初始质量;m_f 为飞行器的最后质量;V_e 为火箭发动机的有效喷出速率(注意 $V_e = I_{sp} g$)。

因此,对于给定的一个脉冲,较大的速度变化(ΔV)意味着需要更多的推进剂,使用越多的推进剂意味着要占用更多的空间、重量和更高的任务成本。"

Bill:"好的,看起来通过细致的策划,离轨方法可能是可选的技术途径。除非我们需要进行某些轨道机动,将我们的系统放到墓地轨道需要更大的速度变化(ΔV)。我们将必须确保光学系统的存储器、数据和关键的组件在再入时烧毁,或者确保提供自毁能力。我们也必须确保我们的设计不会使卫星过早地解体,使散开的碎片重新回到低地球轨道。同意吗?"

Rebecca:"我认为是这样的。"

Wilford:"我也认为是这样的。"

Bill:"好的。我想我们都得到了需要的东西。还有什么问题吗?"

Rebecca:"没有了。我很高兴参加这次讨论。"

Bill:"谢谢 Muz 的精彩的解释!"

Muz:"如果你们还需要了解任何事情,请随时和我联系!"

Bill:"会的。另外,我们也听到了一些想要在卫星被烧毁之前回收某些设备或数据感兴趣的恢复方法,但我们将在改日讨论这一事项。谢谢各位!"

16.4　结束语

处置和退役活动是任何系统的生命周期中的一个重要的阶段,一个人造系统不大可能持续到永久。因此,系统最终将以某种形式进行处置或退役。与系统的生命周期结束阶段相关的系统工程活动需要大量的预测和应急策划,一个全面的处置策划可以确保安全地、成功地完成寿命周期结束活动，并且确保在预算之内。

参 考 文 献

Adler, M. 2014. Space exploration (Beta). http://space.stackexchange.com/questions/3612/calculating-solar-system-escape-and-and-sun-dive-delta-v-from-lower-earth-orbit (accessed July 19, 2014).

Atacama Large Millimeter/Submillimeter Array. 2013. ALMA inauguration heralds new era of discovery. http://www.almaobservatory.org/en/press-room/press-releases/533-alma-inauguration-heralds-new-era-of-discovery (accessed April 2, 2014).

Babecki, A.J. and H.E. Frankel. 2009. Materials problems in satellites. *Eighth Structural Dynamics and Materials Conference*, Greenbelt, MD, p. 430.

Blanchard, B.S. and W.J. Fabrycky. 2011. *Systems Engineering and Analysis*, Upper Saddle River, NJ: Prentice Hall, p. 557.

Chang, K. November 10, 2010. A21 Telescope Is Behind Schedule and Over Budget, Panel Says. *The New York Times*, Section A, p. 21.

Delta-v Budget. 2014. Delta-v budget. http://en.wikipedia.org/wiki/Delta-v_budget (accessed July 18, 2014).

Emanuelli, M. March 28, 2013. Orbit: De-orbit add-on deorbits satellites, minimizes space debris. http://moonandback.com/2013/03/28/d-orbit-add-on-deorbits-satellites-to-minimize-space-debris/ (accessed on April 2, 2014).

Gallahger, D. 1999. Artist's concept of the magnetosphere. Wikimedia Commons. http://commons.wikimedia.org/wiki/File:Magnetosphere_Levels.jpg (accessed December 8, 2014).

Graveyard Orbit. 2014. Graveyard orbit. http://en.wikipedia.org/wiki/Graveyard_orbit (accessed July 18, 2014).

Janovsky, R. et al. 2002. *End-of-Life De-Orbiting Strategies for Satellites*. DGLR-JT2002-028. Stuttgart, Germany: German Aerospace Congress.

Klinkrad, H. 2006. The current space debris environment and its sources. In *Space Debris Models and Risk Analysis.*, H. Kinkrad, Ed. Berlin, Germany: Springer, pp. 5–59.

Kyle, E. September 2014. *Space Launch Report: Worldwide Orbital Launch Summary by Year*. http://www.spacelaunchreport.com/logyear.html (accessed December 8, 2014).

Malik, T. September 16, 2011. Huge defunct satellite falling to earth faster than expected, NASA says. http://www.space.com/12982-dead-nasa-satellite-falling-earth-sept-24.html (accessed April 2, 2014).

Marietta, M. 1993. Geometry of a sun-synchronous orbit. NASA. http://landsat.gsfc.nasa.gov/wp-content/uploads/2013/01/sun-syn_orbit.jpg (accessed April 2, 2014).

Martin, C. 2006. Artist's representation of the Van Allen belt. Wikipedia: http://en.wikipedia.org/wiki/File:Van_Allen_radiation_belt.svg (accessed December 8, 2014).

Military Technology—MILTECH. 2008. *Space Security; Growing Dependence Brings Vulnerability.*

NASA. 1995. NASA Safety Standard 1740.14: Guidelines and Assessment Procedures for Limiting Orbital Debris. Obtained at, http://orbitaldebris.jsc.nasa.gov/mitigate/safetystandard.html. Johnson Space Center, TX: NASA Orbital Debris Program Office (accessed December 8, 2014).

NASA. 2011. Environmental assessment for launch of NASA routine payloads. http://www.nasa.gov/pdf/603832main_FINAL%20NASA%20Routine%20Payload%20EA%20Resized.pdf (accessed July 30, 2014).

NASA. 2014. The James Webb Space Telescope. http://www.jwst.nasa.gov/ (accessed July 16, 2014).

NASA. 2014. Orbital debris. http://orbitaldebris.jsc.nasa.gov/photogallery/beehives.html. Johnson Space Center, TX: NASA Orbital Debris Program Office (accessed December 8, 2014).

OSHA. 2014. Safety and health topics: Cadmium. https://www.osha.gov/SLTC/cadmium/ (accessed July 17, 2014).

Potter, N., G. Sunseri, and K. Dolak. September 24, 2011. NASA UARS Satellite Crashes Into Earth: Location Unknown. http://abcnews.go.com/Technology/nasa-uars-satellite-crashes-earth-location-unknown/story?id=14595092#.UW15gZxmZWg (accessed April 2, 2014).

Scitor Corporation. *Satellite Box Score Count, by Country*. In *Space-Track*. Joint Functional Component Command for Space, United States Strategic Command. Contract No: JFCC SPACE/J35.

U.S. Committee on Extension to the Standard Atmosphere. 1976. *U.S. Standard Atmosphere, 1976*. Washington, D.C.: U.S. Government Printing Office.

U.S. Department of Defense, Defense Logistics Agency. August 1997. *Defense Material Disposition Manual*. http://www.dtic.mil/whs/directives/corres/pdf/416021m.pdf (accessed April 2, 2014).

Wertz, J.R. and W.J. Larson. 2008. *Space Mission Analysis and Design*, 3rd edn. New York, Hawthorne: Springer and Microcosm Press.

附录 数学公式

A.1 三角恒等式

毕达哥拉斯公式

$$\sin^2 x + \cos^2 x = 1$$
$$1 + \tan^2 x = \sec^2 x$$
$$1 + \cot^2 x = \operatorname{cosec}^2 x$$

互易公式

$$\sin x = \frac{1}{\operatorname{cosec} x} \quad \cos x = \frac{1}{\sec x} \quad \tan x = \frac{1}{\cot x}$$

$$\operatorname{cosec} x = \frac{1}{\sin x} \quad \sec x = \frac{1}{\cos x} \quad \cot x = \frac{1}{\tan x}$$

积公式

$$\sin x = \tan x \cos x \quad \cos x = \cot x \sin x \quad \tan x = \sin x \sec x$$
$$\cot x = \cos x \operatorname{cosec} x \quad \sec x = \csc x \tan x \quad \operatorname{cosec} x = \sec x \cot x$$

$$\sin\alpha \sin\beta = \frac{1}{2}\cos(\alpha - \beta) - \frac{1}{2}\cos(\alpha + \beta)$$

$$\cos\alpha \cos\beta = \frac{1}{2}\cos(\alpha - \beta) + \frac{1}{2}\cos(\alpha + \beta)$$

$$\sin\alpha \cos\beta = \frac{1}{2}\sin(\alpha + \beta) + \frac{1}{2}\sin(\alpha - \beta)$$

$$\cos\alpha \sin\beta = \frac{1}{2}\sin(\alpha + \beta) - \frac{1}{2}\sin(\alpha - \beta)$$

和差公式

$$\sin(\alpha + \beta) = \sin\alpha \cos\beta + \cos\alpha \sin\beta$$
$$\sin(\alpha - \beta) = \sin\alpha \cos\beta - \cos\alpha \sin\beta$$
$$\cos(\alpha + \beta) = \cos\alpha \cos\beta - \sin\alpha \sin\beta$$
$$\cos(\alpha - \beta) = \cos\alpha \cos\beta + \sin\alpha \sin\beta$$

$$\tan(\alpha + \beta) = \frac{\tan\alpha + \tan\beta}{1 - \tan\alpha \tan\beta}$$

$$\tan(\alpha - \beta) = \frac{\tan\alpha - \tan\beta}{1 + \tan\alpha \tan\beta}$$

$$\sin(\alpha + \beta)\sin(\alpha - \beta) = \sin^2\alpha - \sin^2\beta$$
$$\cos(\alpha + \beta)\cos(\alpha - \beta) = \cos^2\alpha - \sin^2\beta$$

双倍角公式

$$\sin2\alpha=2\sin\alpha\cos\alpha=\frac{2\tan\alpha}{1+\tan^2\alpha}$$

$$\cos2\alpha=\cos^2\alpha-\sin^2\alpha=2\cos^2\alpha-1=1-2\sin^2\alpha=\frac{1-\tan^2\alpha}{1+\tan^2\alpha}$$

$$\tan2\alpha=\frac{2\tan\alpha}{1-\tan^2\alpha}$$

$$\cot2\alpha=\frac{\cot^2\alpha-1}{2\cot\alpha}$$

幂公式

$$\sin^2\alpha=\frac{1}{2}(1-\cos2\alpha)\quad\sin^3\alpha=\frac{1}{4}(3\sin\alpha-\sin3\alpha)\quad\sin^4\alpha=\frac{1}{8}(3-4\cos2\alpha+\cos4\alpha)$$

$$\cos^2\alpha=\frac{1}{2}(1+\cos2\alpha)\quad\cos^3\alpha=\frac{1}{4}(3\cos\alpha+\cos3\alpha)\quad\cos^4\alpha=\frac{1}{8}(3+4\cos2\alpha+\cos4\alpha)$$

$$\tan^2\alpha=\frac{1-\cos2\alpha}{1+\cos2\alpha}\quad\cot^2\alpha=\frac{1+\cos2\alpha}{1-\cos2\alpha}$$

半角公式

$$\sin\frac{\alpha}{2}=\pm\sqrt{\frac{1-\cos\alpha}{2}}\quad\cos\frac{\alpha}{2}=\pm\sqrt{\frac{1+\cos\alpha}{2}}$$

$$\tan\frac{\alpha}{2}=\pm\sqrt{\frac{1-\cos\alpha}{1+\cos\alpha}}=\frac{1-\cos\alpha}{\sin\alpha}=\frac{\sin\alpha}{1+\cos\alpha}$$

$$\cot\frac{\alpha}{2}=\pm\sqrt{\frac{1+\cos\alpha}{1-\cos\alpha}}=\frac{1+\cos\alpha}{\sin\alpha}=\frac{\sin\alpha}{1-\cos\alpha}$$

欧拉公式

$$e^{\pm i\alpha}=\cos\alpha\pm i\sin\alpha\quad i=\sqrt{-1}$$

$$\sin\alpha=\frac{e^{i\alpha}-e^{-i\alpha}}{2i}\quad\cos\alpha=\frac{e^{i\alpha}+e^{-i\alpha}}{2}$$

$$\tan\alpha=-i\left(\frac{e^{i\alpha}-e^{-i\alpha}}{e^{i\alpha}+e^{-i\alpha}}\right)=-i\left(\frac{e^{i2\alpha}-1}{e^{i2\alpha}+1}\right)$$

函数和与函数差公式

$$\sin\alpha+\sin\beta=2\sin\frac{1}{2}(\alpha+\beta)\cos\frac{1}{2}(\alpha-\beta)$$

$$\sin\alpha-\sin\beta=2\cos\frac{1}{2}(\alpha+\beta)\sin\frac{1}{2}(\alpha-\beta)$$

$$\cos\alpha+\cos\beta=2\cos\frac{1}{2}(\alpha+\beta)\cos\frac{1}{2}(\alpha-\beta)$$

$$\cos\alpha-\cos\beta=-2\sin\frac{1}{2}(\alpha+\beta)\sin\frac{1}{2}(\alpha-\beta)$$

$$\tan\alpha+\tan\beta=\frac{\sin(\alpha+\beta)}{\cos\alpha\cos\beta}$$

$$\tan\alpha - \tan\beta = \frac{\sin(\alpha-\beta)}{\cos\alpha\cos\beta}$$

A.2 极坐标系

固定一个原点 O 和一个从 O 发出的初始射线,则每个点 P 可以通过给它分配一个极坐标对 (r,θ) 来定位,其中 r 是从 O 到 P 的定向距离,θ 是初始射线和 OP 之间的夹角。

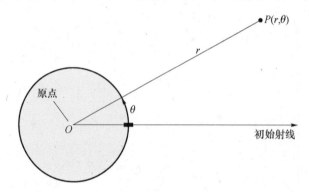

极坐标系中的原点对应于笛卡儿坐标系中的原点,我们可以想象在上面叠加一个具有一致的原点的 x,y 平面,为了从笛卡儿坐标系转到极坐标系,我们观察以下恒等式:

$$x = \gamma\cos\theta$$
$$y = \gamma\sin\theta$$
$$\frac{x}{y} = \tan\theta$$
$$x^2 + y^2 = r^2$$

A.3 复数

因为没有满足方程 $x^2+1=0$ 的实数,我们定义了一组形式为 $a+bi$ 的复数,a 和 b 是实数,$i=\sqrt{-1}$。我们把 i 称为单位虚数,它具有 $i^2=-1$ 的特性。如果 $z=a+bi$,我们说 a 是 z 的实部,b 被称为 z 的虚部,我们分别用 $\mathrm{Re}\{z\}$ 和 $\mathrm{Im}\{z\}$ 表示。

当且仅当 $a=c$ 且 $b=d$ 时,两个复数 $a+bi$ 和 $c+di$ 是相等的。我们认为实数是复数的一个所有的 $b=0$ 的子集。

一个复数 $a+bi$ 的复共轭,或共轭是 $a-bi$。复数 z 的共轭通常用 $\overline{z}$ 表示。

复数的基本运算如下:

(1)加:$(a+bi)+(c+di)=a+bi+c+di=(a+c)+(b+d)i$。

(2)减:$(a+bi)-(c+di)=a+bi-c-di=(a-c)+(b-d)i$。

(3)乘:$(a+bi)(c+di)=ac+adi+cbi+bdi^2=(ac-bd)+(ad+bc)i$。

(4)除:$\dfrac{a+bi}{c+di}=\left(\dfrac{a+bi}{c+di}\right)\left(\dfrac{c-di}{c-di}\right)=\dfrac{ac-adi+bci-bdi^2}{c^2-d^2i^2}$

$$=\frac{ac+bd+(bc-ad)\mathrm{i}}{c^2+d^2}=\frac{ac+bd}{c^2+d^2}+\frac{bc-ad}{c^2+d^2}\mathrm{i}\text{。}$$

A. 3. 1　复数的绝对值

一个复数 $a+b\mathrm{i}$ 的绝对值被定义为 $|a+b\mathrm{i}|=\sqrt{a^2+b^2}$ 。

如果 $z_1,z_2,z_3,\cdots,z_n$ 是复数,以下性质成立:

(1) $|z_1z_2|=|z_1||z_2|$, $|z_1z_2\cdots z_n|=|z_1||z_2|\cdots|z_n|$ 。

(2) $\left|\dfrac{z_1}{z_2}\right|=\dfrac{|z_1|}{|z_2|}$,如果 $z_2\neq0$ 。

(3) $|z_1+z_2|\leqslant|z_1|+|z_2|$, $|z_1+z_2+\cdots+z_n|\leqslant|z_1|+|z_2|+\cdots+|z_n|$ 。

(4) $|z_1+z_2|\geqslant|z_1|-|z_2|$, $|z_1-z_2|\geqslant|z_1|-|z_2|$ 。

A. 3. 2　复数的有序对形式

我们可以将一个复数定义为一个有序对 (a,b) ,这使我们可以以图形的方式表示复数,在一个笛卡儿坐标平面上图形化地表示实的有序对,其中 x 轴为实轴, y 轴为虚轴,我们在 (r,i) 轴上绘出我们的有序对。

我们将等于、和与乘定义如下:

当且仅当 $a=b$ 且 $b=d$, $(a,b)=(c,d)$

$(a,b)+(c,d)=(a+c,b+d)$

$(a,b)(c,d)=(ac-bd,ad+bd)$

$m(a,b)=(ma,mb)$

这仅是前面的公式的不同的表示法,复数的所有特性保持不变。进一步地,复数可以构成一个场。

A. 3. 3　复数的极坐标形式

如果 P 是在复平面上的一个点,坐标为 (x,y) 或 $x+\mathrm{i}y$,则:

$$x=r\cos\theta,y=\gamma\sin\theta$$

其中 $r=\sqrt{x^2+y^2}=|x+\mathrm{i}y|$ 被称为 $z=x+\mathrm{i}y$ 的幅度、模或绝对值, θ 被称为 $z=x+\mathrm{i}y$ 的幅角,是 OP 与正的实轴所成的角度。它遵从:

$$z=x+\mathrm{i}y=r(\cos\theta+\mathrm{i}\sin\theta)$$

A. 3. 3. 1　De Moivre 定理

如果 $z_1=x_1+\mathrm{i}y_1=r_1(\cos\theta_1+\mathrm{i}\sin\theta_1)$ 和 $z_2=x_2+\mathrm{i}y_2=r_2(\cos\theta_2+\mathrm{i}\sin\theta_2)$,则:

$z_1z_2=r_1r_2(\cos(\theta_1+\theta_2)+\mathrm{i}(\sin(\theta_1+\theta_2)))$

$\dfrac{z_1}{z_2}=\dfrac{r_1}{r_2}(\cos(\theta_1-\theta_2)+\mathrm{i}\sin(\theta_1-\theta_2))$

我们可以将此推广到许多复数值。因此,如果 $z_1=z_2=\cdots=z_n=z$,de Moivre 定理指出:

$$z^n=(r(\cos\theta+\mathrm{i}\sin\theta))^n=r^n(\cos n\theta+\mathrm{i}\sin n\theta)$$

A.3.4　复数的点积和叉积

假设 $z_1=x_1+iy_1$ 和 $z_2=x_2+iy_2$ 是两个复数，$\overline{z}$ 表示 z 的共轭，我们定义 z_1 和 z_2 的点积（也称为标量积）为

$$z_1\circ z_2=|z_1||z_2|\cos\theta=x_1x_2+y_1y_2=\mathrm{Re}\{\overline{z_1}z_2\}=\frac{1}{2}\{\overline{z_1}z_2+z_1\overline{z_2}\}$$

其中 θ 是 z_1 和 z_2 之间的夹角，$0<\theta<\pi$。

z_1 和 z_2 的叉积被定义为

$$z_1\times z_2=|z_1||z_2|\sin\theta=x_1y_2-y_1x_2=\mathrm{Im}\{\overline{z_1}z_2\}=\frac{1}{2i}\{\overline{z_1}z_2-z_1\overline{z_2}\}$$

将这些组合在一起，我们得到

$$\overline{z_1}z_2=(z_1\circ z_2)+i(z_1\times z_2)=|z_1||z_2|e^{i\theta}$$

我们也有以下的结论：

(1) z_1 和 z_2 垂直的充分必要条件为：$z_1\circ z_2=0$。

(2) z_1 和 z_2 平行的充分必要条件为：$z_1\times z_2=0$。

(3) z_1 在 z_2 上的投影的幅度为：$|z_1\circ z_2|/|z_2|$。

(4) 一个大小为 z_1 和 z_2 平行四边形的面积为：$|z_1\times z_2|$。

A.4　传导链规则

如果 $q(x)=u(x)v(x)$，则

$$\frac{d}{dx}q(x)=\frac{d}{dx}(uv)=u\frac{dv}{dx}+v\frac{du}{dx}$$

如果 $q(x)=\frac{u(x)}{v(x)}v(x)\neq0$，则

$$\frac{d}{dx}q(x)=\frac{d}{dx}\left(\frac{u}{v}\right)=\frac{v\left(\frac{du}{dx}\right)-u\left(\frac{dv}{dx}\right)}{v^2}$$

如果 $q(x)=\frac{c}{u(x)}$，$c\in\Re$，则

$$\frac{d}{dx}q(x)=\frac{d}{dx}\left(\frac{c}{u}\right)=C\frac{d}{dx}\left(\frac{1}{u}\right)-\frac{c}{u^2}\frac{d}{dx}(u)$$

如果 $q(x)=u^n(x)$，则

$$\frac{d}{dx}q(x)=\frac{d}{dx}(u^n)=nu^{n-1}\frac{d}{dx}(u)$$

令 $y=f(u)$ 和 $u=g(x)$，则我们可以将 y 写为一个函数的函数，$y=f(g(x))$。现在，如果 y 是 u 的可微函数，而且如果 u 是 x 的可微函数，则 $y=f(g(x))$ 是 x 的一个可微函数，

$$\frac{dy}{dx}=\frac{dy}{du}\frac{du}{dx}$$

如果 $z = f(x,y)$ 是变量 x 和 y 的一个连续函数，且具有连续的偏导数 $\partial z/\partial x$ 和 $\partial z/\partial y$，而且如果 x 和 y 是变量 t 的可微函数，$x = g(t)$，$y = h(t)$，则 z 也是变量 t 的一个函数，$\mathrm{d}z/\mathrm{d}t$（称为 z 相对于 t 的全导数）由下式给出：

$$\frac{\mathrm{d}z}{\mathrm{d}t} = \frac{\partial z}{\partial x}\frac{\mathrm{d}x}{\mathrm{d}t} + \frac{\partial z}{\partial y}\frac{\mathrm{d}y}{\mathrm{d}t}$$

如果 $z = f(x,y)$ 是变量 x 和 y 的一个连续函数，具有连续的偏导数 $\partial z/\partial x$ 和 $\partial z/\partial y$，而且如果 x 和 y 是独立变量 r 和 s 的连续函数 $x = g(r,s)$ 和 $y = h(r,s)$，则在是 r 和 s 的函数，且有：

$$\frac{\partial z}{\partial r} = \frac{\partial z}{\partial x}\frac{\partial x}{\partial r} + \frac{\partial z}{\partial y}\frac{\partial y}{\partial r} \quad \frac{\partial z}{\partial s} = \frac{\partial z}{\partial x}\frac{\partial x}{\partial s} + \frac{\partial z}{\partial y}\frac{\partial y}{\partial s}$$

假设 $f(\boldsymbol{x}) = g(\boldsymbol{x})h(\boldsymbol{x})$，其中 g 和 h 是矢量 $\boldsymbol{x} \in \Re^{n \times 1}$（$\boldsymbol{x} = [x_1, x_2, \cdots, x_n]^{\mathrm{T}}$）的连续可微的标量函数，则

$$\nabla_x f(\boldsymbol{x}) = \nabla_x g(\boldsymbol{x})h(\boldsymbol{x}) + \nabla_x h(\boldsymbol{x})g(\boldsymbol{x})$$

其中：$\nabla_x f(\boldsymbol{x}) = \dfrac{\partial f(\boldsymbol{x})}{\partial \boldsymbol{x}} = \left[\dfrac{\partial f}{\partial x_1}, \dfrac{\partial f}{\partial x_2}, \cdots, \dfrac{\partial f}{\partial x_n}\right]^{\mathrm{T}}$ 是相对于 $\boldsymbol{x}$ 的 f 的梯度。

A.5 代数

A.5.1 矢量和矢量空间

在一个域 $\mathscr{F}$ 上的一个矢量（线性）空间用 $(\mathscr{L}, \mathscr{F})$ 表示，包括称为矢量（具有任意的长度）的元素集合 $\mathscr{L}$，一个域 $\mathscr{F}$ 和两个算子（标量乘和矢量加）。

两个常用的矢量空间是 $(\Re, \Re)$ 和 $(\mathscr{C}, \mathscr{C})$，尽管 $(\mathscr{C}, \Re)$ 是一个矢量空间，$(\Re, \mathscr{C})$ 不是，因为标量乘一般不能产生单元是实数的矢量。

A.5.2 矩阵和矩阵运算

一个矩阵是数的一个矩形阵，阵中的数被称为矩阵的一组单元，一个矩阵中的一组单元的列可以被看作矢量，矩阵的行也可被看作是矢量：

$$\boldsymbol{A} = \begin{bmatrix} a_{11} & a_{12} & a_{13} & a_{14} \\ a_{21} & a_{22} & a_{23} & a_{24} \\ a_{31} & a_{32} & a_{33} & a_{34} \end{bmatrix}$$

a 的下标表示元的行和列的位置，我们可以把矩阵 $\boldsymbol{A}$ 看作一组行矢量：

$$\boldsymbol{b}_1 = (a_{11}, a_{12}, a_{13}, a_{14})$$
$$\boldsymbol{b}_2 = (a_{21}, a_{22}, a_{23}, a_{24})$$
$$\boldsymbol{b}_3 = (a_{31}, a_{32}, a_{33}, a_{34})$$

或者看作一组列矢量：

$$\boldsymbol{c}_1 = \begin{bmatrix} a_{11} \\ a_{21} \\ a_{31} \end{bmatrix}, \boldsymbol{c}_2 = \begin{bmatrix} a_{12} \\ a_{22} \\ a_{32} \end{bmatrix}, \boldsymbol{c}_3 = \begin{bmatrix} a_{13} \\ a_{23} \\ a_{33} \end{bmatrix}, \boldsymbol{c}_4 = \begin{bmatrix} a_{14} \\ a_{24} \\ a_{34} \end{bmatrix}$$

我们采用一个矩阵所包含的行和列数来定义矩阵的大小:矩阵 A 是一个 3×4 的矩阵,我们采用上标来表示一个矩阵的大小:$M^{m,n}$ 表示一个具有 m 行和 n 列的矩阵 M,我们可以说矩阵是实域 $\Re^{m,n}$ 的一个单元或复域 $C^{m,n}$ 的一个单元。

一个具有 n 行和 n 列的矩阵被称为一个方阵,矩阵元 $a_{11}, a_{22}, a_{33}, \cdots, a_{nn}$ 被称为矩阵的对角元。

当两个矩阵 A 和 B 具有相同的大小时,两个矩阵的和 $A+B$ 被定义为两个矩阵的对应的元的和。

一个标量 c 和一个矩阵 A 的积——由 cA 表示——是 A 的每个矩阵元乘以 c。

矩阵 A 和矩阵 B 的乘积需要如果 A 是 $m \times r$ 大小,则 B 必须是 $r \times n$ 大小,矩阵 AB 的 i 行和 j 列的元的计算如下:

(1)选出矩阵 A 的 i 行和矩阵 B 的 j 列。

(2)将对应的元相乘。

(3)将所有的乘积加在一起,这变成了 AB 的 ij 元。

一个零矩阵是所有的元是 0 的矩阵。

一个对角元都是 1 其他元都是 0 的矩阵 $M_{m,n}$ 是单位矩阵,用 I_n 来表示。

一个矩阵的转置用 M^T 来表示。为了对一个矩阵转置,矩阵的行和列互换,即

$$A^T = [a_{ij}]_{n \times m}^T = [a_{ji}]_{m \times n} \in \Re^{m \times n}$$

下面是转置的性质:

(1)$(A^T)^T = A$。

(2)$A \in \Re^{n \times m}, B \in \Re^{m \times p}, (AB)^T = B^T A^T \in \Re^{p \times n}$。

(3)$(A+B)^T = A^T + B^T$。

一个矩阵 M 的逆由 M^{-1} 表示,如果一个矩阵 $M \in \Re^{n \times n}$ 是可逆的,它也称为非奇异的,这是一个使 $MM^{-1} = M^{-1}M = I_n$ 的矩阵 M^{-1}。

令 $A \in \Re^{n \times n}, B \in \Re^{n \times n}$,则

(1)$(A^{-1})I = A^{-1}$

(2)$(AB)^{-1} = B^{-1}A^{-1}$

(3)$(A^T)^{-1} = (A^{-1})^T = A^{-T}$

A.6 特征值问题

令 A 是一个 n 阶的方阵,如果以下线性系统存在一个非零的矢量 Λ 解,数值 λ 是 A 的一个特征值:

$$A\Lambda = \lambda\Lambda$$

矢量解 Λ 是对应于特征值 λ 的一个特征矢量,这通常称为标准的特征值问题。

如果 A 是实对称的,特征值问题有如下希望的特征:

(1)特征值都是实的。

(2)特征矢量可以被选择为互相正交的,即

$$Az_i = \lambda_i z_i, i = 1, 2, \cdots, n$$

或者,等价地:

$$AZ = Z\Lambda$$

其中:

Λ 为实对角矩阵;对角单元 λ_i 是特征值;

Z 是实对角矩阵;列 z_i 是特征矢量。

这意味着:

$$z_i^T z_j = 0, i \neq j \text{ 且 } \|z_i\|_2 = 1$$

进一步,我们可以写成 $A = Z\Lambda Z^T$。

这也被称为 A 的特征分解或谱因子分解。

如果 A 是实非对称的,当有复共轭对时,它可能有复的特征值。如果 x 是对应于一个复特征值 λ 的一个特征矢量,则复共轭矢量 $\overline{x}$ 是对应于复共轭特征值 $\overline{\lambda}$ 的特征矢量。

A.7　卷积

如果函数 f 和 g 是在 $[0, \infty)$ 区间成对连续的,则由 $f * g$ 表示的 f 和 g 的卷积由以下积分给出:

$$f * g = \int_0^t f(\tau) g(t - \tau) \mathrm{d}\tau$$

卷积是可交换的,即 $f * g = g * f$。

A.7.1　卷积定理

令 $f(t)$ 和 $g(t)$ 是在 $[0, \infty)$ 区间成对连续的,而且具有指数阶,则

$$\mathfrak{F}\{f * g)\} = \mathfrak{F}\{f(t)\}\mathfrak{F}\{g(t)\}$$

其中,$\mathfrak{F}$ 表示在下面所描述的傅里叶变换。也就是说,在一维(即时间)中的卷积等于在其他域(即频率)中的成对的相乘。

A.7.2　傅里叶级数

在区间 $(-p, p)$ 上定义的一个函数 f 的傅里叶级数,由下式给出:

$$f(x) = \frac{a_0}{2} + \sum_{n=1}^{\infty} \left(a_n \cos \frac{n\pi}{p} x + b_n \sin \frac{n\pi}{p} \right)$$

其中:

$$a_0 = \frac{1}{p} \int_{-p}^{p} f(x) \mathrm{d}x$$

$$a_n = \frac{1}{p} \int_{-p}^{p} f(x) \cos \frac{n\pi}{p} x \mathrm{d}x$$

$$b_n = \frac{1}{p} \int_{-p}^{p} f(x) \sin \frac{n\pi}{p} x \mathrm{d}x$$

A.7.3　傅里叶变换

傅里叶变换是成对发生的,如果

$$F(\alpha) = \int_a^b F(x) K(\alpha, x) \mathrm{d}x$$

是一个将 $f(x)$ 变换成 $F(\alpha)$ 的积分,则函数 f 可通过另一个积分变换来恢复:

$$f(x) = \int_c^d F(\alpha) H(\alpha, x) \mathrm{d}\alpha$$

这称为逆积分或逆变换。函数 K 和 H 被称为变换的核。

某些常见的傅里叶变换为

(1)傅里叶变换: $\mathfrak{F}\{f(x)\} = \int_{-\infty}^{\infty} f(x) \mathrm{e}^{\mathrm{i}\alpha x} \mathrm{d}x = F(\alpha)$

傅里叶逆变换: $\mathfrak{F}^{-1}\{F(\alpha)\} = \dfrac{1}{2\pi} \int_{-\infty}^{\infty} F(\alpha) \mathrm{e}^{\mathrm{i}\alpha x} \mathrm{d}\alpha = f(x)$

(2)傅里叶正弦变换: $\mathfrak{F}_s\{f(x)\} = \int_0^{\infty} f(x) \sin\alpha x \, \mathrm{d}x = F(\alpha)$

傅里叶正弦逆变换: $\mathfrak{F}_s^{-1}\{F(\alpha)\} = \dfrac{2}{\pi} \int_0^{\infty} F(\alpha) \sin\alpha x \, \mathrm{d}\alpha = f(x)$

(3)傅里叶余弦变换: $\mathfrak{F}_c\{f(x)\} = \int_0^{\infty} f(x) \cos\alpha x \, \mathrm{d}x = F(\alpha)$

傅里叶余弦逆变换: $\mathfrak{F}_c^{-1}\{F(\alpha)\} = \dfrac{2}{\pi} \int_0^{\infty} F(\alpha) \cos\alpha x \, \mathrm{d}\alpha = f(x)$

我们看到傅里叶变换是傅里叶级数的一个推广,并采用了复数,傅里叶变换对于分析连续信号的频率成分、评定光学信息、研究电场和磁场及它们的特性非常有用。傅里叶变换取一个时域内的具有实变量的信号,并把它变换到一个具有复变量的角频率的函数,见下图:

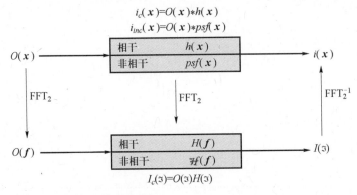

一些常用的傅里叶变换和特性包括:

运算	$f(t)$	$F(\omega)$
加	$f_1(t) + f_2(t)$	$F_1(\omega) + F_2(\omega)$
标量乘	$kf(t)$	$kF(\omega)$
复共轭	$f*(t)$	$F*(-\mathrm{i}\omega)$
时间倒转	$f(-t)$	$F(-\mathrm{i}\omega)$
缩放(a 是实数)	$f(at)$	$\dfrac{1}{\lvert a \rvert} F\left(\dfrac{\omega}{a}\right)$
时移	$f(t - t_0)$	$F(\omega) \mathrm{e}^{-\mathrm{i}\omega t_0}$
频移(ω_0 是实数)	$f(t) \mathrm{e}^{\mathrm{i}\omega_0 t}$	$F(\omega - \omega_0)$
时间卷积	$f_1(t) * f_2(t)$	$F_1(\omega) F_2(\omega)$

续表

频率卷积	$f_1(t)f_2(t)$	$\dfrac{1}{2\pi}F_1(\omega)*F_2(\omega)$
时间微分	$\dfrac{\mathrm{d}^n f}{\mathrm{d}t^n}$	$(\mathrm{i}\omega)^n F(\omega)$
时间积分	$\displaystyle\int_{-\infty}^{t}f(x)\mathrm{d}x$	$\dfrac{F(\omega)}{\mathrm{i}\omega}+\pi F(0)\partial(\omega)$

$f(t)$	$F(\omega)$
$u(t)$	$\pi\partial(\omega)+\dfrac{1}{\mathrm{i}\omega}$
$\mathrm{Sgn}(t)$	$\dfrac{2}{\mathrm{i}\omega}$
$\cos(\omega_0 t)u(t)$	$\dfrac{\pi}{2}[\partial(\omega-\omega_0)+\partial(\omega+\omega_0)]+\dfrac{\mathrm{i}\omega}{\omega_0^2-\omega^2}$
$\sin(\omega_0 t)u(t)$	$\dfrac{\pi}{2\mathrm{i}}[\partial(\omega-\omega_0)-\partial(\omega+\omega_0)]+\dfrac{\omega_0}{\omega_0^2-\omega^2}$
$\mathrm{e}^{-at}\sin(\omega_0 t)u(t)$	$\dfrac{\omega_0}{(a+\mathrm{i}\omega)^2+\omega_0^2},a>0$
$\mathrm{e}^{-at}\cos(\omega_0 t)u(t)$	$\dfrac{a+\mathrm{i}\omega}{(a+\mathrm{i}\omega)^2+\omega_0^2},a>0$
$\mathrm{Rect}\left(\dfrac{t}{\tau}\right)$	$\tau\,\mathrm{sinc}\left(\dfrac{\omega\tau}{2}\right)$
$\dfrac{W}{\neq}\mathrm{sinc}(Wt)$	$\mathrm{rect}\left(\dfrac{\omega}{2W}\right)$
$\Delta\left(\dfrac{t}{\tau}\right)$	$\dfrac{\tau}{2}\mathrm{sinc}^2\left(\dfrac{\omega\tau}{4}\right)$
$\dfrac{W}{2\pi}\mathrm{sinc}^2\left(\dfrac{Wt}{2}\right)$	$\Delta\left(\dfrac{\omega}{2W}\right)$
$\displaystyle\sum_{n=-\infty}^{\infty}\partial(t-nT)$	$\omega_0\displaystyle\sum_{n=-\infty}^{\infty}\partial(\omega-n\omega_0),\omega_0=\dfrac{2\pi}{T}$
$\mathrm{e}^{-t^2/2\sigma^2}$	$\sigma\sqrt{2\pi}\,\mathrm{e}^{-\sigma^2\omega^2/2}$

A.8　线性系统理论

一个随着时间变化且其数学模型是一个线性微分方程的物理系统被称为线性系统，一个线性系统具有叠加原理成立的特性，即输入的叠加的响应是输出的叠加。一个线性系统也可能是位移不变的，即输入的相移在输出产生相同的相移。

对于一个线性微分方程

$$a_n(t)y^n+a_{n-1}(t)y^{n-1}+\cdots+a_1(t)y'+a_0(t)y=g(t)$$

在一个特定的时刻 t_0 的变量 $y(t),y'(t),\cdots,y^{(n-1)}(t)$ 的值描述系统的状态。函数 g 被称为输入函数，强迫函数或激励函数。一个解 $y(t)$ 被称为系统的输出或响应。

A.9 叠加原理

简单地说,叠加原理指出:

(1)一个线性微分方程的一个或更多解的累加也是一个解。

(2)一个线性微分方程的解与一个常数的积也是一个解。

参 考 文 献

Anton, H. 1991. *Elementary Linear Algebra*, 6th edn. Hoboken, NJ: John Wiley & Sons, Inc. http://www.amazon.com/Elementary-Linear-Algebra-Howard-Anton/dp/0471509000.

Simmons, G.F. and S.G. Krantz. 2007. *Differential Equations: Theory, Technique, and Practice*. New York: McGraw Hill.

Thomas, G.B. and R.L. Finney. 1990. *Calculus and Analytic Geometry*, 7th edn. Reading, MA: Addison Wesley.

Zill, D.G. and M.R. Cullen. 1986. *Differential Equations with Boundary-Value Problems*, 3rd edn. Boston, MA: PWS-KENT Publishing Co.